管道应力分析与工程应用

宋岢岢　编著

中国石化出版社
HTTP://WWW.SINOPEC-PRESS.COM

内 容 提 要

本书为配管设计(管道设计)参考书，既有系统的管道应力分析理论知识介绍，又有国内外大、中型工程应用实例，同时能够紧密结合最新的现代化工程技术在管道设计中的应用，介绍了现代计算机技术在配管设计中的应用及提高配管设计工作效率的一些技巧，并结合最新版的国内外标准规范，对配管设计应力分析进行了系统的讲解。

主要章节包括：配管设计应力分析基本概念、特点，计算机辅助应力分析软件，管道系统静力分析，管道系统动力分析，管道抗震设计，管道荷载计算，管道支吊架设计。

本书内容实用、资料新颖、图文并茂，可靠性、权威性、先进性、通俗性相结合，可作为配管设计(管道设计)专业人员的实用技术参考资料和培训教材，也可作为工艺、项目管理、施工等人员的参考用书和高等院校相关专业的实用教学资料。

图书在版编目（CIP）数据

管道应力分析与工程应用 / 宋岢岢编著. —北京：中国石化出版社，2020.9（2023.8重印）
ISBN 978－7－5114－5957－2

Ⅰ. ①管… Ⅱ. ①宋… Ⅲ. ①管道工程－应力分析 Ⅳ. ① U172

中国版本图书馆 CIP 数据核字（2020）第 170578 号

中国石化出版社出版发行
地址：北京市东城区安定门外大街 58 号
邮编：100011 电话：(010)57512500
发行部电话：(010)57512575
http://www.sinopec-press.com
E-mail:press@sinopec.com
北京柏力行彩印有限公司印刷
全国各地新华书店经销
*
787×1092 毫米 16 开本 35 印张 874 千字
2020 年 10 月第 1 版 2023 年 8 月第 2 次印刷
定价：180.00 元

前　言

在石油、化工、轻工、食品、制药、冶金、电力等工程设计中，管道设计起着举足轻重的作用，尤其是在石油化工行业，管道设计专业是石油化工工程设计的主体专业，管道设计水平直接关系到装置建设的投资和装置建成投产后能否长期、高效、安全、平稳运行。伴随工业装置规模的日益大型化、现代化、集约化、信息化和智能化，对管道设计的技术要求也越来越高。

管道设计专业是一门运用多种学科的综合技术，要求从事这项设计的工程技术人员既具有工艺、设备、生产操作、检修和施工等方面的知识，也具有材料、力学、机械、设备、结构、仪表、电气等多学科知识，还要求能够运用好计算机和外语两个重要的工具，根据拟设计装置工艺、设备、土建、仪表、电气等各专业的设计要求，结合装置建设地地理、地质、水文、气候和气象条件，并遵循相关法规和规定，用管道及其组件将装置中各设备安全、经济、合理地连接。国际上通用的 ASME B31 管道设计系列规范指出：“设计者是负责管道系统工程设计的人员，应具有使用本规范的经验。设计者所要求的资格和经验取决于系统的复杂性和临界性，以及个人经验的性质。如果设计人员不满足下列准则之一，就要得到业主的批准：(a)完成了要求 4 年以上脱产学习的工程学位，并具有不低于 5 年的相关管道设计的经验。(b)有地区法定机构认可的注册专业工程师资格及相关管道设计的经验。(c)15 年的相关管道设计经验。包括压力、持续荷载和偶然荷载及管道柔性的设计计算经验来说明相关管道设计的经验是令人满意的。”可以看出，ASME B31 系列规范对管道设计者资格提出了严格的要求。

我国颁布了 TSG 07《特种设备生产和充装单位许可规则》，该法规替代原 TSG R1001《压力容器压力管道设计许可规则》。该标准要求，一名管道设计人员，按照研究生 25 岁毕业，如果一切顺利的话在 42 岁时方可获得审定资格。TSG 07 规定管道专业负责人需具备高级职称。有的设计单位要求管道专业负责人必须具备审定资格。一些企业标准常比这个国家最低标准要求更加严格一些，并在学历、经历、专业论文等方面有条件要求。

管道设计技能包括：装置设备布置、管道布置、管道材料选用及管道应力分析。国内外有些工程公司把管道专业工作划分为装置设备布置、管道布置、管道材料选用及管道应力分析等进行流水作业，有些工程公司由管道设计人员独立完成装置设备布置、管道布置、管道材料选用及管道应力分析四项基本工作。无论怎样分工，管道设计人员能够更好地、全面地掌握四项基本技能，将能更好地做好管道设计工作。

作者发现，有的设计人在做配管设计时，仅是对设备、管道等设施的摆放布置设计，不碰撞、便于支承、符合防火防爆规范、还挺美观，就万事大吉，校审人列出的问题仅仅是碰撞、间距等表面问题，而涉及管道系统工艺、柔性等重要问题却视而不见，更别提利用技术经济原理进行设计优化。这些不达标的设计成品造成了成本浪费，造成了工程质量和安全的巨大隐患。好的管道设计成品，就像有经验的音乐家用情谱写的一首美妙的歌曲，好听沁人心脾，就像有经验的厨师精心烹饪的一顿可口的佳肴，美味唇齿留香。本书针对配管设计中存在的这些问题，进行了详细的讲述。内容新颖、实用，本书可作为配管设计(管道设计)专业人员的实用参考手册。

《管道应力分析与工程应用》是原《工业管道应力分析与工程应用》的修订，本版内容更新了国内外标准规范的有关内容。书中在系统阐述基本理论的基础上，紧密结合了很多国内外实际工程项目的精华内容，紧密结合现代化的工程新技术，紧密结合计算机辅助管道设计新技术，紧密结合管道设计常用到的上百种最新标准规范，力求成为实用而系统的管道设计参考书，力求对提高设计水平、加快设计速度、增进设计质量起到一定的作用。

书中融入了作者几十年来国内外大、中型工程配管设计生产一线的经验和体会，图文并茂，资料齐全，内容丰富；紧密结合现代工程设计的实际，汇集了许多管道设计的思路和实例，读者遇到类似的设计工作内容可以直接参考使用，在很大程度上提高读者的工作效率。内容系统通俗，变抽象理论为具体实践经验，融合了很多工作技巧和创新。同时，也凝聚了众多工程的经验教训。书内还重点编写了现代化计算机技术在管道设计专业工作中的创新创效。

现实中，系统的、实用的配管设计参考书少之又少，很难发现。以前的配管设计参考书多为抽象的理论描述，汇编国内外标准规范和规定居多，缺少工程实践经验的介绍，多属一般的规定，在工程实践参考中，发现很多不合理的地方。本书将在系统地介绍管道设计理论基础上，配上丰富多彩的工程设计实际应用，更加有助于读者理解和学习。

本书可以作为石油、化工、轻工、食品、制药、冶金、电力等行业从事管道设计(配管设计)人员手头既有实用价值又有参考价值的必备技术资料，也可作为高等院校相关专业的教学参考资料。

感谢中国寰球工程公司教授级高级工程师汪平、马学娅的大力支持并提出许多中肯建议，感谢北京化工大学博士生导师钱才富教授的大力支持，感谢一直关心本书编写的技术专家和领导，感谢同行朋友们的大力支持和帮助，感谢我的家人。路漫漫其修远兮，吾将上下而求索。我愿在未来的工程项目配管设计工作实践中，以更加丰厚的成绩来答谢曾经关心、帮助和支持过我的老师、同事、朋友！参加本书编写的还有兰斌、马顺利、李艳松、尚庆雨、嵇霞、路清泉、郝文利、赵银虎、张建秋、赵强、宫贵萍等。

由于作者水平有限，书的内容方面不可避免地存在某些疏漏和不足之处，望读者和专家不吝赐教。

目　录

第一章　绪　　论

第一节　管道应力分析的概念

一、管道(配管)设计的概念

1. 管道(Piping)

管道是由管道组成件、管道支承件组成，用于输送、分配、混合、分离、排放、计量、控制或截止流体流动。管道组成件是用于连接或装配管道的元件，包括管子(Pipe & Tube)、管件(Fitting)、法兰(Flange)、垫片(Gasket)、螺栓 & 螺母(Bolt & Nut)、阀门(Valve)以及管道特殊件等设施。管道支承件(Pipe-supporting Elements)是管道安装件和附着件的总称。安装件(Fixtures)是将负荷从管子或管道附着件上传递到支承结构或设备上的元件，包括吊杆、弹簧支吊架、斜拉杆、平衡锤、松紧螺栓、支承杆、链条、导轨、锚固件、鞍座、垫板、滚柱、托座和滑动支架等。附着件(Structural Attachment)是用焊接、螺栓连接或夹紧等方法附装在管子上的零件，包括管吊、吊(支)耳、圆环、夹子、吊夹、紧固夹板和裙式管座等。

2. 管道设计

管道设计(配管设计，Piping Design)主要包括装置设备布置、管道布置、管道材料设计、管道应力分析和二维或三维制图等工作。管道设计的基本过程是，根据工艺、总图、仪表、电气等专业的设计条件要求，根据标准规范的要求，规划设计装置设备和有设施的布置，向有关专业提出设计条件，合理选用和设计管道材料，根据管道和仪表流程图(Piping and Instrument Diagram，简称 P&ID)的要求利用管道将各个设备连接起来。管道应力分析工作是管道设计安全、经济和合理的保障和重要方式，见图 1.1.1。

二、某管道的热拱问题工程应用

在刚开始运行的某工厂，笔者发现某 40″高压蒸汽管道错误设计选用了不锈钢管道材料，造成高压蒸汽管道在运行时每几十米起一个上拱形翘空。厂内维护人员和原设计人以为支吊架设计错误，把原管托修改成了倒钩形限制上拱，但事与愿违，把结构横梁顶弯了也没有限制住高压管道的热拱。

其实这种现象管道应力分析无问题，原自然补偿弯布置和支吊架设计没有问题，如果错误修改成倒钩型支架无法解决根本问题。笔者分析这个高压蒸汽管道热拱应力问题主要有以下原因引起：(1)管道材料错误设计选用了不锈钢，不但价格比合金钢高数倍，而且不锈钢热膨胀系数比合金钢大很多，自然补偿弯也多了很多。这种不锈钢材料热膨胀后并不能完全恢复原长度，每次冷热循环，管线就会热拱更大一些。(2)如把原管托修改成了倒钩形管托，限制了管子的热膨胀，违背了管道柔性设计原则，限得越死越易出问题。(3)操作人员开工时送的蒸汽温度偏低，这根高压蒸汽管道配套的疏水阀不合格，造成高压蒸汽管道内产生了冷凝水排出不畅通，造成 40″管子的底部比顶部低 100℃，这也是造成这根高压蒸汽管道拱起的原因。

一般情况下管道内介质通过管道截面时是均温的，但是，有时管道横截面上温度的分布

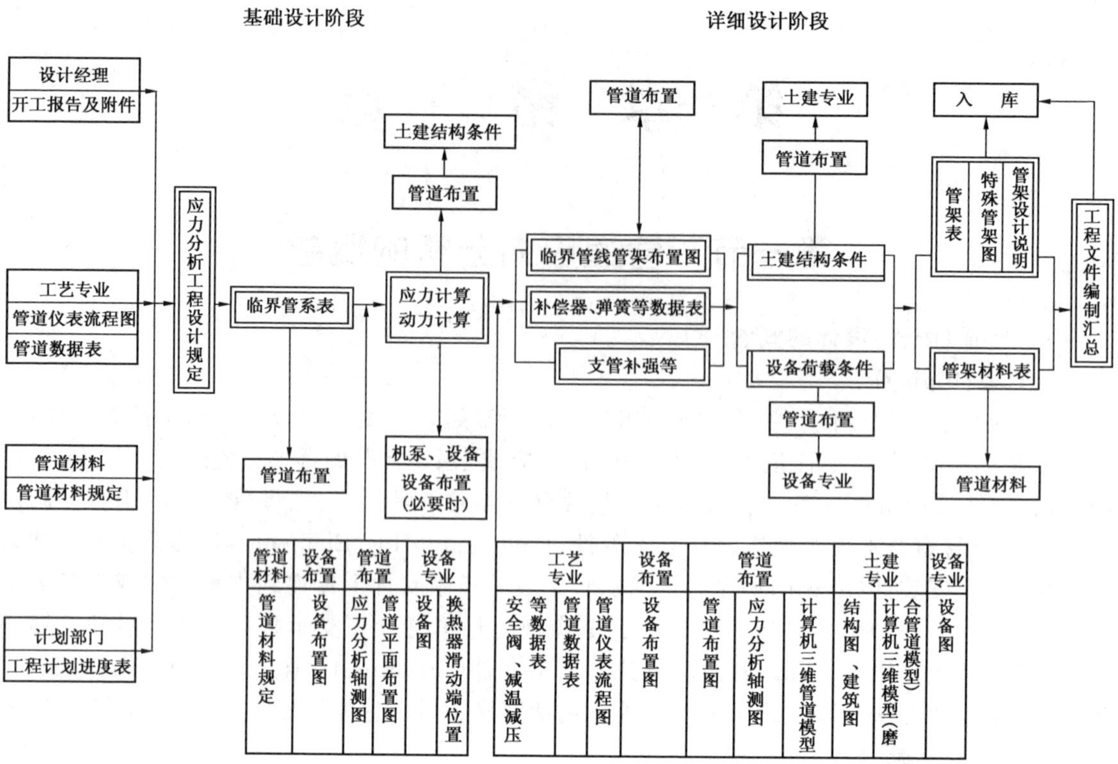

图 1.1.1　国外一些工程公司管道应力分析工作在工程设计阶段的条件关系

注　1. 图内双线框为管道应力分析工作内容，半个双线框的表示和管道布置共同完成的工作。

2. 管道专业设计工作通常包括装置设备布置、管道布置、管道材料设计和管道应力分析四部分。

是不均匀的。在水平管道的上表面温度高于下表面的温度，管道同一个段上下部的热膨胀是不同的，就产生了热拱(Thermal Blowing)现象。热拱使管道产生相当大的弯曲位移，可能导致管道支架失效、材料疲劳破、管道阀门法兰泄漏、结构框架超载等情况。

热拱多发生在：①大口径高温管道，因疏水问题导致水平管道上部和下部温差偏大引起热拱。②液化天然气(LNG)的管道，在预冷调试过程中，当低温液态流体进入到常温的管道中，在未充满管的情况下，管道的上下表面就会产生较大温差，形成热拱。③大口径不保温的空管道或者低流速管道，暴露在阳光下暴晒，传热效果不充分使得管道的受热不均匀，管道的上表面与下表面产了温差. 当这个温差达到一定程度. 就产生了热拱。④转化炉的琴式集气管，由于炉管的温度高，在不均匀的热辐射下。下集气管道上部的温度高于下部，再加上外界环境、温度及通风效果的影响。当其上下表面达到一定温差时，就产生了热拱。⑤大口径、长距离的衬里管道中，受外界风载的影响，造成迎风面的管道外壁温度低、背风面的管道外壁温度高，也会出现热拱。

如图 1.1.2 所示，通过如下公式可计算出管道上拱时的弯曲半径和弯曲位移 Y：

$$R=D/[\alpha K(T_1-T_2)]$$

$$Y=R-[R^2(R^2-(L/2)^2]^{1/2}$$

式中　R——管道上拱时的弯曲半径，mm；

D——管道公称直径，mm；

K——温度修正因子；

T_1——管道上表面温度，℃；

T_2——管道下表面温度，℃；

α——平均线膨胀系数，10^{-6} mm/(mm·℃)；

Y——管道的弯曲位移，mm。

在实际管道中还需综合考虑管道约束及自重抑制等因素的影响。有一些管道应力分析软件中也给出了热拱应力分析的需求。

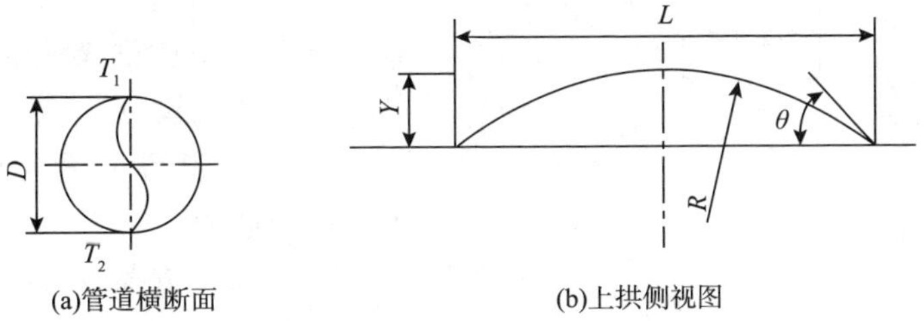

图 1.1.2　管道热拱示意图

三、大高差管道液击与重力流问题的工程应用

长距离油品输送管道、炼油化工厂或电厂等长距离输送液态流体管道可能会遇到大高差管道的设计。笔者发现有些管道设计人未考虑大高差管道的设计问题。

大高差管道易造成的问题有：

①管道内介质动压过大；

②管道内液柱拉断；

③管道可能会在通过高点后形成不满流，不满流分为三段，上段为汽化段，介质从正压区进入负压区，液体中气核失去稳定性，发生汽蚀；中段为加速段，管段上方形成空气和液体蒸汽的空穴，使流体脱离管道边界，形成类似明渠流的流动，在重力作用下流速越来越快，液高越来越小，阻力能耗越来越大，最后达到某一最大流速产生液击，给管道和下游管道或设备造成破坏。管道停运时造成管道最低点静压过大，影响管道的安全。

在设计大高差管道时，一些设计人往往会考虑到液击的影响，但经常会忽略由于重力引起的重力流问题，错误地认为管道中不存在不满流，都是满管流。因此很多相关设计的管道，在实际运行时，大高差管道的下降管中不是噪声很大就是振动得厉害。

油品管道常在大高差管段中设置减压站，因为在管线停输时可隔断静压，提高了管线的运行安全性，也有效地减小了管线壁厚，节省了投资。也常采用变径处理，增加水力摩阻，降低小输送量时管道的动压，采取分段选取壁厚的办法，增加管道承压能力。针对水来说，常采用分段输水(多级泵站)，以降低管道的工作压力，保证安全运行；在地形隆起处布置排气阀，一般平均 0.9km 有一座排气阀井。

在进行短距离大高差管道设计时。常采用新型多喷孔套筒式锥形阀轴流式节流阀，虽解决了问题，但泵的扬程较大，运行时耗能较多；也可给介质供给罐和回流罐加压，虽既满足设计要求又节省泵扬程，但针对大型储罐时实际操作难度较大。

在进行长距离大高差管道设计时，常采用设置减压站、采用变径处理、布置排气阀等措施。

在大高差管道中存在水锤时，常采用以下两种方式消除：一是改变阀门开关时间或改变阀门开关方式(线性或两阶段等)；二是改变泵的启停时间和方式。由于这两种方式是在不添加任何设备、不改变管道布置的情况下进行的，一般作为消除水锤第一选择的方式。

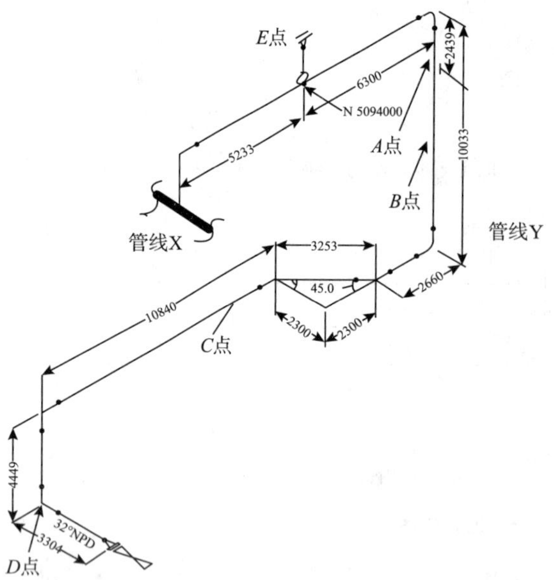

图 1.1.3 蒸汽管道支吊架设计错误的修改

如果解决不了汽蚀或水锤现象，可采用如下添加设备或阀门等方案：在管道上添加单向调压塔；在管道上添加双向调压塔；在管道上添加进排气阀。

四、蒸汽管道支吊架托空问题的工程应用

见图 1.1.3，某设计温度为 420℃的 40″蒸汽管道 X，从框架上抽 32″分支到地面，支吊架设计，设计人仅在 *E* 点设计了承重架，在 *D* 点设置了承重和导向架。管架设计是不合理的。

E 点承重支架可能被托空，后来把 *E* 点承重支架修改成了弹簧架，仍然有问题。

经校审后把 *E* 点支架删除，修改为在 *A* 点做承重支架，*A* 点高应与 X 管在同一高度，这样就不会存在托空问题，也不用弹簧架。同时管线 Y 在 *B* 点和 *C* 点增设导向架，以增加管线 Y 稳定性。

五、管道阀门布置位置引起应力问题的工程应用

见图 1.1.4，某管线 A 通过埋地临时管线 C 与管线 B 连接，设计人只计算了这段管子柔性，完全没有问题。

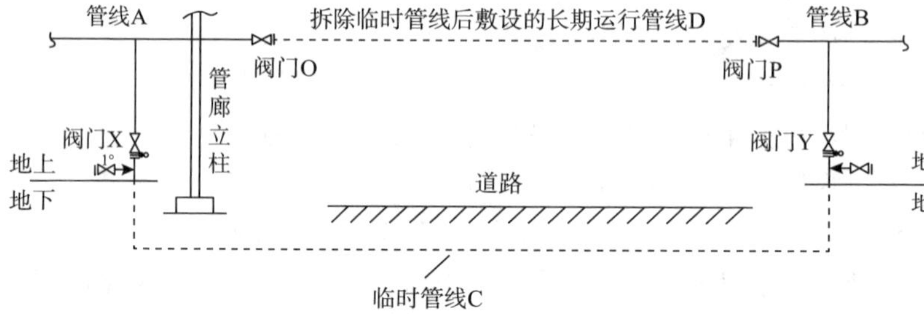

图 1.1.4 管线配管和应力计算错误

但是，管道设计人没有真正理解管线系统的含义。实际上，施工现场在运行一段时间后，会把管线 D 敷设上去，并关闭阀门 X 和阀门 Y，打开阀门 O 和阀门 P。

管道设计人漏计算了管线 A+管线 D+管线 B 的应力，造成施工现场管线泄漏事故。

另外，阀门 X 和阀门 Y 也是错误的设计，因正式投用后，阀门 X 和阀门 Y 会关闭，造成阀门距离管线 A 和管线 B 偏长，按 API 标准称为死端(Dead Line)，会引起应力腐蚀等现象，是被严格禁止的。

六、无补偿器无伸缩缝高速列车铁轨技术在管道设计中的工程应用

火车，是大家非常熟悉的一种重要的交通和运输工具。而乘坐火车时“哐当、哐当……”的声音，也是很多人难以忘却的经历和回忆。不过，坐在今天的火车上，车轮与铁轨间有节奏的“哐当”声响很难再听得到，坐在高速运行的火车上，刚装好的开水都不会因为颠簸而溢出，也不用担心因为站不稳在车厢里摇摇晃晃。

笔者多次组织考察并调研了高速列车铁轨，确实没有缝隙，长度可以达到几十公里甚至上百公里的长度，整个钢轨没有轨缝接头。这种技术的发展，确实推进了整个行业质的发展。

那么，为什么要使用这种无缝轨道呢？难道真的只是为了消除火车的哐当声吗？车轮会对钢轨产生冲击，列车运行速度过高的时候，会有脱轨的危险。当火车的时速超过 140km 之后，就必须要使用无缝线路。

在我们的记忆中，蜿蜒曲折的铁道是用一根根长度相同的钢轨连接而成的。在钢轨衔接的地方总会留有专为钢轨受热膨胀伸长而设的缝隙。如果没有这个缝隙的话，钢轨受热伸长就会相互挤压、扭曲、上拱，使整条铁路变形。如果说现在的铁轨没有缝隙，那么问题来了，铁轨的热胀冷缩问题怎么解决呢？

这种无补偿器、无伸缩缝高速列车铁轨技术在管道设计中也可以应用。有些管道可以不加补偿器敷设，在节省管线长度、增加管线工艺性能、节省投资上具有较好的效益。

七、应变与应力

1. 应变(Strain)

当材料在外力作用下不能产生位移时，它的几何形状和尺寸将发生变化，这种形变称为应变。

2. 应力(Stress)

(1) 强度破坏

管子及其元件若受到外部荷载的作用，当外部荷载较小时，它能够正常工作，但如果受到的外部荷载较大且超出某一极限值时，管子及其元件可能发生断裂、爆破或较大的变形而不能正常工作。管子及其元件因受荷载过大而导致的断裂、爆破等损坏称之为强度破坏，管子及其元件的强度是指它在荷载的作用下抵抗断裂、爆破的能力。

(2) 刚度破坏

管子及其元件因受荷载过大而导致的过度变形使其不能正常工作，通常称之为刚度破坏，管子及其元件的刚度是指它在荷载的作用下抵抗变形的能力。管道力学研究的任务就是寻找使管子及其元件不发生强度破坏或刚度破坏时能承受的最大荷载，并在保证满足强度和刚度要求的前提下，以最经济为原则来选择合适的管子元件材料、壁厚、空间结构等。

(3) 应力

管道及其元件能够承受的最大荷载除与材料本身的物理性能(如材料的强度和刚度)有关外，还与其规格尺寸、壁厚、结构形状、空间布置等有关。而管道及其元件的破坏实质上是反映了材料物理性能的破坏，即受力超出了材料的强度或刚度指标。为此引入应力(Stress)的概念(注：应力常用 S 代表，例如管道轴向 S_L，环向(或切向、周向)应力 S_P，有时应力也常用字母“σ”、“τ”代表)。将管道元件的受力与材料的物理性能指标挂上钩，即消除管道元件的规格尺寸、壁厚、结构形状等因素的影响而直接以材料的性能指标作为设计判据。材料由于外因(受力、温度变化等)而变形时，在材料内各部分之间产生相互作用的内力，以抵抗这种外因的作用，并力图使材料从变形后的位置回复到变形前的位置。在所考察的截面某一点单位面积上的内力称为应力。

管道的应力概念避开了管子及其元件规格尺寸、壁厚等因素的影响，只要外部荷载使材料产生的应力超出材料本身的强度指标，即认为管子及其元件将发生强度破坏。

按照应力和应变的方向关系，可以将应力分为正应力(法向应力)σ 和切应力(剪应力)τ，正应力的方向与应变方向平行，而切应力的方向与应变垂直。按照荷载(Load)作用的形式

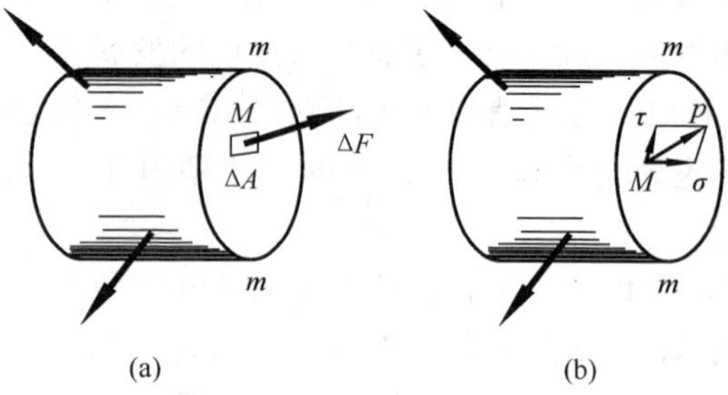

图 1.1.5

不同，应力又可以分为拉伸压缩应力、弯曲应力和扭转应力。见图 1.1.5。

平均应力　　$$p_m=\frac{\Delta F}{\Delta A} \tag{1.1.1}$$

全应力 $$p=\lim_{\Delta A\to 0}p_m=\lim_{\Delta A\to 0}\frac{\Delta F}{\Delta A}=\frac{dF}{dA} \tag{1.1.2}$$

应力的量纲：国际单位制：Pa（N/m^2）、MPa、GPa；工程单位制：kgf/m^2、kgf/cm^2。

3. 应力的特点

应力会随着外力的增加而增长，对于某一种材料，应力的增长是有限度的，超过这一限度，材料就要破坏。对某种材料来说，应力可能达到的这个限度称为该种材料的极限应力。极限应力值要通过材料的力学试验来测定。将测定的极限应力作适当降低，规定出材料能安全工作的应力最大值，这就是许用应力。材料要想安全使用，在使用时其内的应力应低于它的极限应力，否则材料就会在使用时发生破坏。

有些材料在工作时，其所受的外力不随时间而变化，这时其内部的应力大小不变，称为静应力；还有一些材料，其所受的外力随时间呈周期性变化，这时内部的应力也随时间呈周期性变化，称为交变应力。材料在交变应力作用下发生的破坏称为疲劳破坏。通常材料承受的交变应力远小于其静载下的强度极限时，破坏就可能发生。另外材料会由于截面尺寸改变而引起应力的局部增大，这种现象称为应力集中。对于组织均匀的脆性材料，应力集中将大大降低构件的强度，这在构件的设计时应特别注意。

八、笛卡尔(Descartes)坐标系

笛卡尔坐标系分为左手系和右手系。在这两种坐标系中，正 x 轴指向右面，正 y 轴指向上面。通过沿正 x 轴方向到正 y 轴方向握拳，大拇指的指向就是相应坐标系统的正 z 轴的指向。图 1.1.6 显示了这两种坐标系统。这两种不同的坐标系统，称为右手坐标系与左手坐标系。右手坐标系又称为标准坐标系，或正值坐标系。

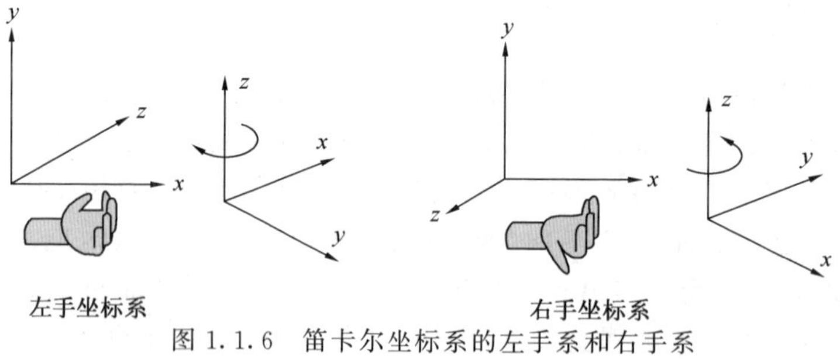

图 1.1.6　笛卡尔坐标系的左手系和右手系

配管设计管道应力分析采用右手坐标系。右手坐标系这名词是由右手定则而来的。先将右手的手掌与手指伸直。然后，将中指指向往手掌的掌面半空间，与食指呈直角关系。再将大拇指往上指去，与中指、食指都呈直角关系。则大拇指、食指与中指分别表示了右手坐标系的 x 轴、y 轴与 z 轴。同样地，用左手也可以表示出左手坐标系。笔者发现有的配管设计人把坐标系弄错，造成力的方向错误。

九、管道的变形

管道变形的基本形式有拉伸(压缩)、剪切、扭转和弯曲共四种，受多种荷载作用的管道变形都可视为这四种基本变形的组合，见表 1.1.1。因此，管道的基本变形形式是解决复杂应力状态问题的基础。

表 1.1.1　管道的变形

变形	原　因	图　示	计　算
拉伸 (压缩)	管道的轴向拉伸和压缩表现为管道沿轴线方向发生伸长或缩短。由大小相等、方向相反、作用线与管道中心轴线重合的一对外力引起的管子变形形式。图 1.1.7 表示的是管道轴向拉伸和压缩时的受力简图。图中实线表示受力前的外形，虚线表示受力后的形状	 图 1.1.7　拉伸和压缩	根据圣维南原理可知，管子的两端部沿截面上的力不一定均匀分布，但远离端部的任一横截面上的内力是均匀分布的。 设管道的原长为 L，在轴向拉力(或压力)作用下，变形后的长度为 L_1，以 ΔL 表管道在轴向的伸长(或缩短)量。则管道的轴向长度变化为： $\Delta L = L_1 - L$ ΔL 称为管道的绝对变形。对于受拉管道，ΔL 为正值。对于受压管道，ΔL 为负值。绝对变形只表示了管道变形的大小，但不能表示管道变形的程度。能表示管道变形程度的量称为相对变形或称为应变，以 ε 表示。 $\varepsilon = \frac{\Delta L}{L}$ ε 是个比值，无单位，也可用百分比表示
剪切	管道的剪切变形是由大小相等、方向相反、作用线垂直于管道中心轴线且距离很近的一对外力引起的管道变形形式。其变形特点表现为受剪管道的两部分沿力的方向发生相对错动，如图 1.1.8(a)所示	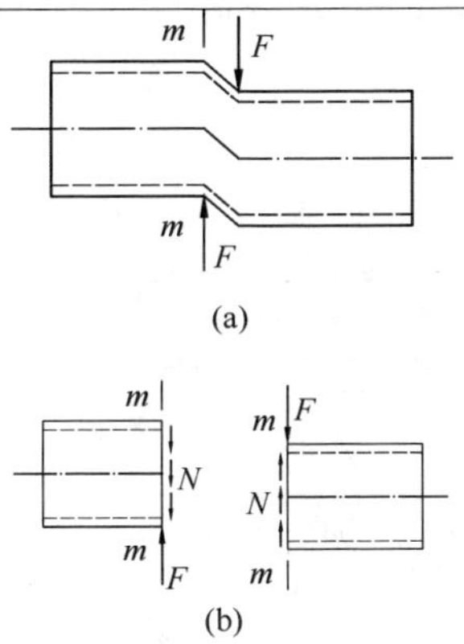 图 1.1.8　剪切	选择管道上 $m-m$ 截面作为研究对象，如图(b)所示。 对于各向同性材料，可认为剪应力是沿截面均匀分布的，故有 $N=\tau \cdot A$； 根据力的平衡法则，可知 $N=F$，于是： $\tau = \frac{N}{A} = \frac{F}{A} \leqslant [\tau]$
扭转	管道的扭转变形是由大小相等、方向相反、作用面垂直于管道中心轴线的一对力矩引起的管道变形形式。其变形特点表现为管道元件的任意两个横截面绕管道中心轴线发生相对转动，如图 1.1.9 所示	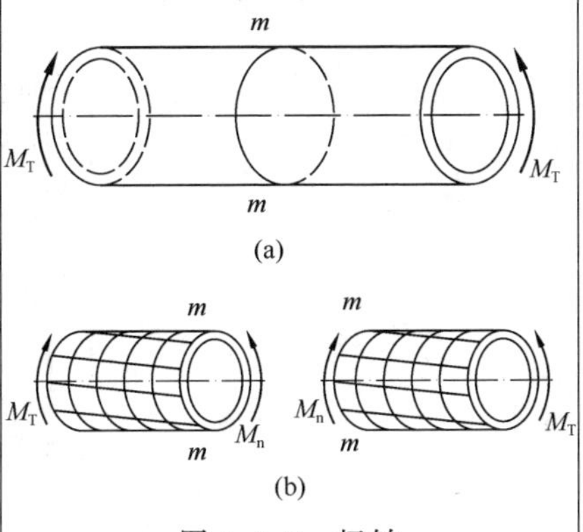 图 1.1.9　扭转	根据圣维南原理可知，在管道的任一截面上的内力(矩)M_n 是均匀分布的，且根据力的平衡法则，可知 $M_n = M_T$。选择管道上 $m-m$ 截面作为研究对象，如图 1.1.9 所示。 对于管道的扭转变形，其应力在管道各截面上的分布已不再是均匀的。横截面上任意点的剪应力与该点到管中心的距离成正比，且同一圆周上的应力相同。 $\tau_\rho = \frac{M_T \cdot \rho}{I_P}$ 其中，ρ 为所在点到管中心的距离，I_P 为管道横截面的极惯性矩。 $I_P = \frac{\pi}{32}(d_o^4 - d_i^4)$ 显然，在管道的外表面处 ρ 达到最大值 $d_o/2$，这时得到剪应力的最大值 $\tau_{max} = \frac{M_T \cdot d_o/2}{I_P} = \frac{M_T}{2I_P/d_o} = \frac{M_T}{W_n} \leqslant [\tau]$ 其中，W_n 为管道的抗扭截面模量。 $W_n = \frac{I_P}{d_o/2} = \frac{\pi}{16d_o}(d_o^4 - d_i^4)$

续表

变形	原　因	图　示	计　算
弯曲	管道在垂直于轴线的横向力或一对力矩的作用下，其轴线由原来的直线变成曲线，这种变形称为弯曲，见图 1.1.10	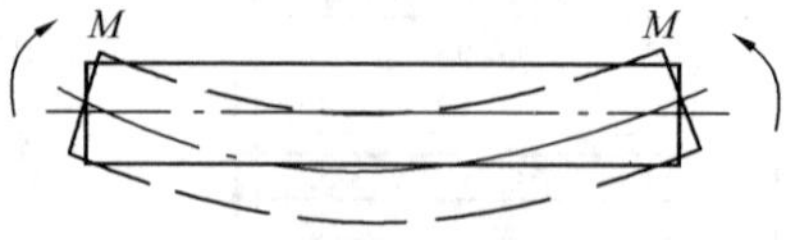 (a)力矩作用下的弯曲 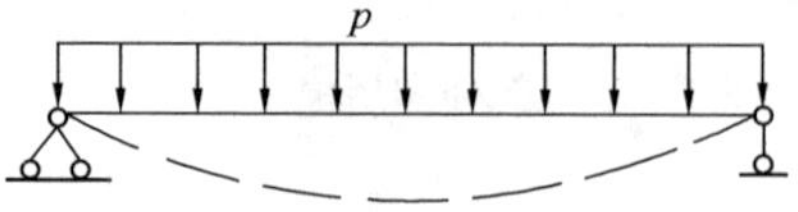 (b)横向力作用下的弯曲 图 1.1.10　弯曲  (a) 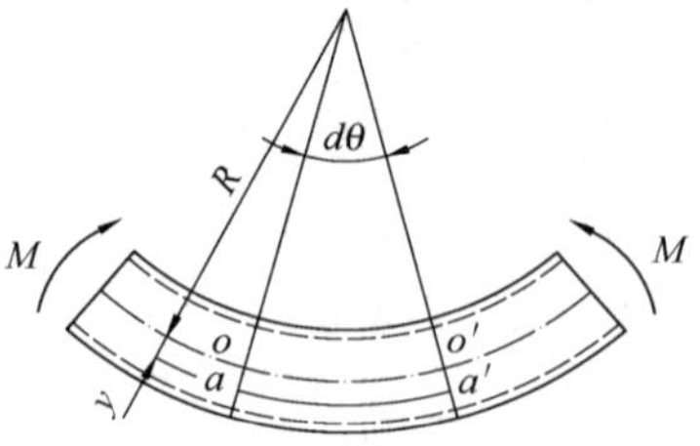 (b) 图 1.1.11　力矩作用下弯曲的解析	对于力矩作用下的弯曲如图 1.1.11 所示。在管道上用两个横截面截取得到一个微元。在弯矩作用下，两个横截面都绕截面内的某一轴线转了一个角度，此时微元的两个截面形成一个夹角 $d\theta$，如图 1.1.11(b)所示。在微元中，靠近弯曲内侧的金属受压缩，靠近弯曲外侧的金属受拉伸。那么在每个截面上，金属由压缩变为拉伸时，肯定存在一层金属不发生变形，并称这层金属为中性层。中性层的曲率半径为 R，那么距中性层为 y 的金属变形后的长度为 $aa'=(R+y)d\theta$。 由于中性层的长度不变，微元的原长为 $oo'=Rd\theta$，那么距中性层为 y 的金属线应变为 $$\varepsilon=\frac{(R+y)d\theta-Rd\theta}{Rd\theta}=\frac{y}{R}$$ 根据虎克定律，可得 $$\sigma=E\cdot\varepsilon=E\cdot\frac{y}{R}$$ 根据力的平衡法则，可得 $$\frac{1}{R}=\frac{M}{EI_z}$$ 其中，I_z为管道横截面对(z 轴)中性轴的截面惯性矩。 $$I_z=\frac{\pi}{64}(d_o^4-d_i^4)$$ 于是，管道横截面上的正应力为 $$\sigma=E\cdot\frac{y}{R}=E\cdot y\cdot\frac{1}{R}=E\cdot y\cdot\frac{M}{EI_z}=\frac{M\cdot y}{I_z}$$ 可见横截面上任意点的因弯矩产生的正应力与该点到中性层的距离成正比，且根据该点所在的位置不同，该正应力可能为拉应力或压应力。以中性层为界，在管道变形后凸出的一侧为拉应力，凹入的一侧为压应力。 显然，在管道横截面上距离中性层最远点处 y 达到最大值 $d_o/2$，这时得到管道横截面上正应力的最大值 $$\sigma_{max}=\frac{M\cdot d_o/2}{I_z}=\frac{M}{2I_z/d_o}=\frac{M}{W_z}\leqslant[\sigma]$$ 其中，W_z 为管道的抗弯截面模量。 $$W_z=\frac{I_z}{d_o/2}=\frac{\pi}{32d_o}(d_o^4-d_i^4)$$

十、管道应力的分类与比较

1. 管道在压力荷载、机械荷载及热负荷等作用下，在整个管路或某些局部区域产生不同性质的应力，其分类见表 1.1.2。

表 1.1.2　管道所受应力分类

<table>
<tr><th>划分标准</th><th colspan="2">应力分类</th></tr>
<tr><td rowspan="4">按应力方向</td><td>管道环向（或切向、周向）应力（Hoop Stress，简写为 S_P，或 Circumferential Stress）</td><td>环向（或切向、周向）应力 S_P：由管道内压或外压产生的，如图 1.1.12 所示。
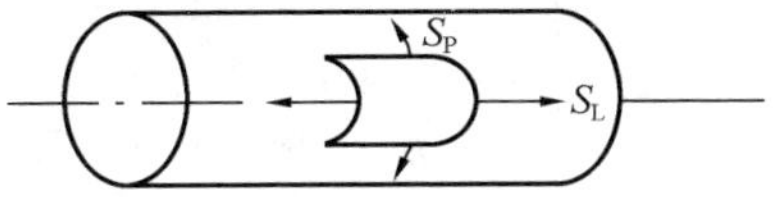

图 1.1.12　管道上产生的应力</td></tr>
<tr><td>管道轴向（或纵向）应力（Longitudinal Stress，简写为 S_L，或 Axial stress）</td><td>轴向（或纵向）应力 S_L 主要由内压或外压所产生的轴向应力，活动支架的摩擦力所产生的轴向应力，管道自重和热膨胀所产生的力和力矩作用于管道上的轴向应力，以及其他力和力矩作用于管道上的应力组成。如图 1.1.12 所示。
$$S_L=S_{LP}+S_{LA}+S_{LB}$$
式中　S_{LP}——由管道内（外）压力产生的轴向应力，MPa；
S_{LA}——由作用于管道上的其他外力产生的轴向应力，MPa；
S_{LB}——由作用于管道上的其他外力矩产生的轴向应力，MPa。
由于内压力作用下产生的轴向应力较小，因此，不再讨论这方面的问题，而是转向因为管道运行和安装的温度不同面产生的轴向应力。
在常温下安装的管道投入运行后，如果介质温度高于安装时的温度，管道就会产生热膨胀。根据虎克定律，当杆件横截面上的正应力未超过某一极限值时，应力与应变成正比，它的数学表达式是：
$$S_L=E\cdot\varepsilon$$
式中应力 S_L 的极限位称为比例极限。E 为材料的弹性模量，它表示材料抵抗变形的能力，E 值越大，抵抗变形的能力也就越强，材料不同，E 值就不同。即使同一种材料，在不同的温度下，其 E 值也不同。ε 值是通过试验测定出来的。ε 是纵向应变的比值或称相对压缩量，即 $\varepsilon=\Delta L/L$，L 为杆件（或管道）的原长度，ΔL 为膨胀伸长量。因此，上式可改写为：
$$S_L=E\cdot\frac{\Delta L}{L}$$
管道受热的膨胀量是按下式计算的：
$$\Delta L=\alpha\cdot\Delta t\cdot L$$
α——管材的线膨胀系数；
$$S_L=E\cdot\alpha\cdot\Delta t$$</td></tr>
<tr><td>管道径向应力（Radial Stress，简写为 S_r）</td><td>径向应力 S_r 由管道内（外）压产生。当管道承受内压时，内壁的径向应力等于内压，外壁的径向应力为零。由于管道的径向应力与环向和轴向应力比较相对较小，除管道外径与内径比值大于 1.1 的高压管道外，在管道系统应力分析时一般忽略不计。
管道承受内压力时，就必然产生径向应力，其计算公式为：
$$S_r=\frac{pD}{2t}$$
S_r——径向应力，MPa；
p——管道内压，MPa；
D——管道内径，mm；
t——管壁厚度，mm。
管道径向应力在做管道壁厚计算时使用。</td></tr>
<tr><td>管道剪切应力（Shearing Stress）</td><td>剪切应力 τ：主要由管系的热胀、自重作用于管道的扭矩和剪力所产生的</td></tr>
</table>

续表

<table>
<tr><th>划分标准</th><th colspan="4">应力分类</th></tr>
<tr><td rowspan="5">按应力对管道破坏作用</td><td rowspan="3">一次应力(Primary Stress)</td><td rowspan="3">一次应力是指由于外加荷载，如压力或重力等的作用产生的应力。
其特征为：一次应力满足与外加荷载的平衡关系，随外加荷载的增加而增加，且无自限性，当其值超过材料的屈服极限时，管道将产生塑性变形而破坏。因此在管系的应力分析中，首先应使一次应力满足许用应力值。
一般情况下，工业管道系统一次应力分析不用细分为一次总体薄膜应力、一次弯曲应力和一次局部薄膜应力</td><td>一次总体薄膜应力</td><td>此应力是遍于整个管道的基本应力，它在管道截面上是均匀分布的，这种应力达到屈服极限时，将引起管道截面整体屈服，不出现荷载的再分配。例如，由于内压引起的管道环向应力和轴向应力，杆件受拉伸(压缩)所产生的应力，都属于一次总体薄膜应力</td></tr>
<tr><td>一次弯曲应力</td><td>此应力也分布在管路的很大区域内，它在管道截面上沿厚度变化，呈线性分布。这种应力达到屈服极限时，只是局部屈服，如果继续增加荷载，应力在管道截面的分布将重新调整，因此一次弯曲应力允许比总体薄膜应力具有较高的许用应力。一次弯曲应力一般是由机械荷载或压力荷载引起的</td></tr>
<tr><td>一次局部薄膜应力</td><td>此应力是指在局部范围内，由于压力或机械荷载引起的薄膜应力。这种应力达到屈服极限时，也只引起局部屈服，塑性应变仍然受到周围弹性材料的约束，所以屈服是允许的。例如，在管道支架处或管道接管连接处由于外载产生的薄膜应力，通常划为一次局部薄膜应力</td></tr>
<tr><td>二次应力(Secondary Stress)</td><td colspan="3">二次应力：由于变形受到约束所产生的正应力或剪应力，它本身不直接与外力相平衡。
特征：①管道内二次应力通常是由位移荷载引起的(如热膨胀、附加位移、安装误差、振动荷载)。
② 二次应力是自限性的，当局部屈服和产生少量塑性变形时，通过变形协调就能使应力降低下来。
③ 二次应力是周期性的(除去安装引起的二次应力)。
④ 二次应力的许用极限是基于周期性和疲劳断裂模式，不取决于一个时期的应力水平，而是取决于交变的应力范围和交变的循环次数</td></tr>
<tr><td>峰值应力(Peak Stress)</td><td colspan="3">峰值应力是由于荷载、结构形状的局部突变而引起的局部应力集中的最高应力值。峰值应力的特征是整个结构不产生任何显著的变形，它是疲劳破坏和脆性断裂的可能根源。例如，管道中小的转弯半径处、焊缝咬边处等的应力属于峰值应力。
对峰值应力的评定，应采用断裂力学的理论进行。工程上一般采用应力集中系数进行简化求解</td></tr>
</table>

2. 一次应力

一次应力存在于管道运行周期内，是持续性存在的荷载。重量(包含管道重量、流体介质重量、隔热保温重量等)、介质压力等是管道应力分析里面最常见的持续性荷载。管道承受风荷载、地震荷载、水击和安全阀泄放荷载产生的应力也属于一次应力，但这些荷载属于偶然荷载。

在配管设计时，一次应力问题主要体现在“管道壁厚”和“支架跨距”的设计。

如表 1.1.2 所述一次应力最明显特征是：无自限性和塑性变形不可恢复性。

(1)无自限性

在理想的拉伸曲线中，无自限性表现在，当外力作用产生的应力大于管道的屈服极限时，外力荷载并不会因为管道的屈服而变小，将使管道截面以加速度而不是均匀的方式收缩而破裂。它始终随所加荷载的增加而增加，超过屈服极限或持久强度将使管道发生塑性破坏或者总体变形。

(2)塑性变形不可恢复性

在运行中，管道可能会反复加载、卸载，如果由重量、压力等产生的一次应力大于管道的屈服强度，由于塑性变形的叠加，管道由于断面变化可能造成破裂。如图 1.1.13 所示，当外荷载产生的应力大于屈服强度时，管道加速变形到 X 点，假设管道没有破裂，将外荷载完全去除时管道应力变为 0，那么管道变形将会从 X 点回到 Y 点，管道应变不变为 0，会留下 OY 比例的残留变形。

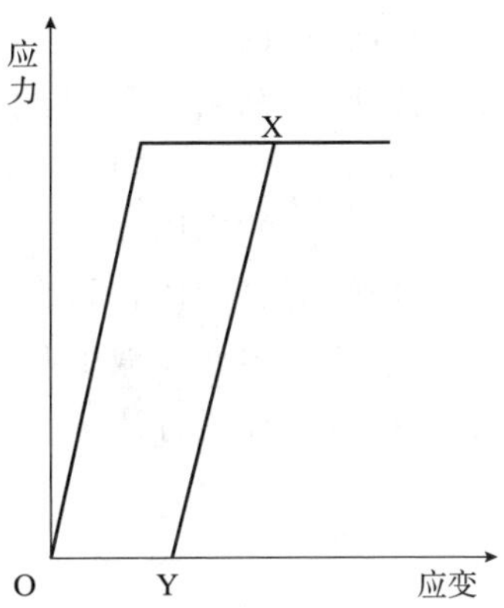

图 1.1.13　管道一次应力拉伸曲线

工程设计时，使用屈服强度乘以一定安全系数，而是并考虑管道抗拉强度、断裂极限、蠕变后综合成一个可接受的许可数值，作为管道一次应力的许用载荷，这个数值也叫许用应力。管道的许用应力是管道最高设计温度时的许用应力。

3. 二次应力

二次应力是由于热胀、冷缩、端点位移等位移荷载的作用所产生的应力，它不直接与外力相平衡，即局部屈服或小量变形就可以使位移约束条件或自身变形连续要求得到满足，从而变形不再继续增大。一般在管系初次加载时，二次应力不会直接导致破坏，只有当应变在多次重复交变的情况下，才会引起管道疲劳破坏。但也应该注意，当位移荷载极大，局部屈服或小量变形不足以满足位移约束条件或自身变形连续要求时，管道也可能在一次加载过程中就发生破坏。

如图 1.1.14(a)所示，如果一根直的管道，一端固定，一端自由，当升温时管道将会变长，由于一端是完全自由滑动的，则管道将自由膨胀而不承受任何膨胀力。如果将一根管道如图 1.1.14(b)所示两端固定，等价于将如图 1.1.14(a)由于热膨而伸长的 ΔL 长度压缩回去，这就会在管道的两个固定点产生热应力 F_x。

$$S_E = eE/100$$

$$F_x = AS_E$$

式中　e——单位线膨胀量，$e=\Delta L/L$，cm/m；

　　L——管道的计算长度，m；

ΔL——管道的热膨胀量，cm；

E——管材的弹性模量，MPa；

A——管道的截面积，mm^2；

S_E——热应力，MPa；

F_x——对固定点的作用力，N。

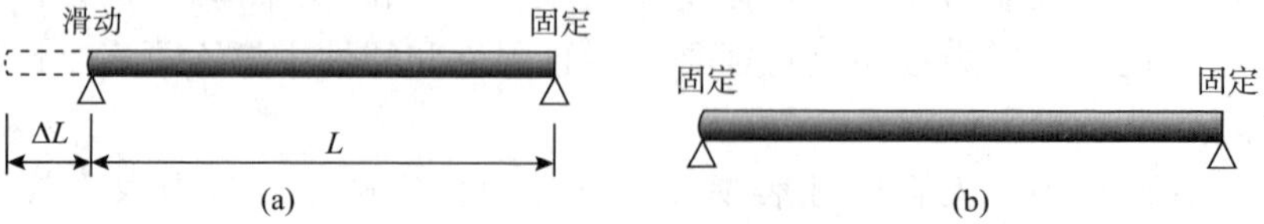

图 1.1.14 管道的热膨胀

设两端固定的管道长 $L=1m$，$DN200$，管子壁厚 8mm，见图 1.1.14(b)。求当温度由 20℃升到 200℃的热应力和对固定点的作用力。

①按美标系列，$DN200$ 管子外径为 219mm，壁厚为 8mm，则截面积 $A=5303mm^2$。

②查得碳素钢在 200℃的弹性模量 $E=1.9\times10^5$MPa。

③查得碳素钢从 20℃升到 200℃的线膨胀量 $e=0.219cm/m$。

④热应力 $S_E=0.219\times1.9\times10^5/100=416MPa$

⑤对固定点的作用力 $F_x=5303\times416=2206048N$

可见当管道温度比较高时，足以摧毁支承它的管架而造成事故。在实际设计中，应适当增加管道系统的柔性，减少两个固定点之间的受力，图 1.1.15 是增加管道柔性减小固定点受力的 5 种自然补偿方法。

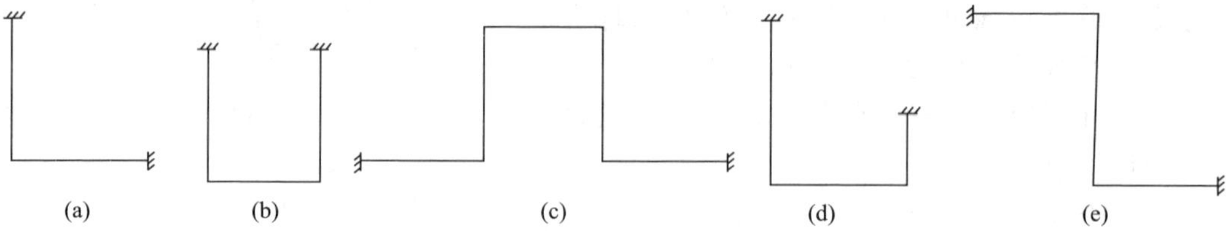

图 1.1.15 管道自然补偿增加管道柔性

采用了柔性设计方法，管道还是会产生一定力，这个应力需要满足怎样的条件才合格呢？这就是二次应力的问题。二次应力是自限性的，在理想情况下，这个力最大值取决于管道屈服时能抵抗的力大小，当管道屈服时，管道在屈服方向将变得毫无刚度可言，相当于自由了，不会限制管道自由膨胀，管道受力也将不再增大了，所以是自限的。

如图 1.1.16 所示，当温度产生的应力超过 A 点屈服后达到 B 点，如果管道温度降低，管道变形将沿着 BD 线先回到 C 点，此时管道的应力为 0。管道的温度降低了原来的一半。随着温度继续降低，应力将从正方向变为负方向，从拉应力转为压应力，当管道温度回到初始温度时，应变曲线刚好到达 D 点，此时应力刚好为 S_2。如果再次升温，将从 D 点开始，线性的运动到 B 点。只要温度产生的应力范围在 $S_1\sim S_2$之内，管道将一直沿着直线 DB 循环变形，这样的情况将被认为是安全的，这就是二次应力的限定条件。只要在安定范围内运行，管道运行周期内的循环次数一般不超过 7000 次，本管道的设计将被认为二次应力是安全的。

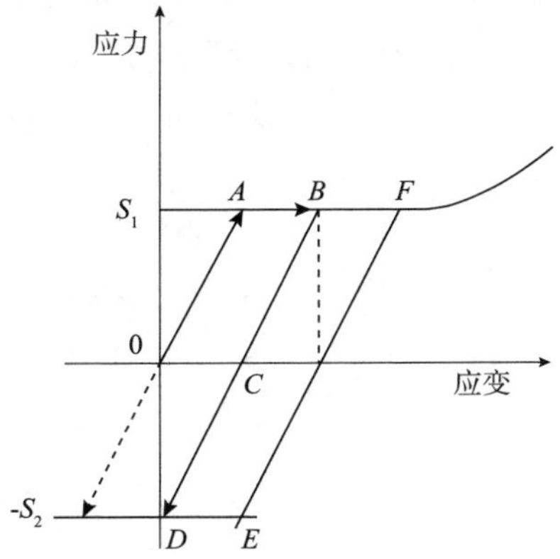

图 1.1.16 管道二次应力分析简图

但是，即使温度更高，产生的温度应力使得管道应变超过 B 点到达 F 点时，管道同样又是降温升温，那么此时管道的应变将是沿着 $DBFE$ 运动，不是直线运动了，每次加载都会超过 B 使得管道经历屈服阶段，这种情况下，金属的内部组织易产生损伤、错位等，当细微的损伤积累，在一定的循环次数下而破坏。也即说超过 B 点，从理论上来说，也是可以的，只不过说使用的次数达不到 7000 次。一般情况下，如果没有特殊必要，一般都按规范要求的安定性进行分析，控制管道的二次应力范围在安定性的范围之内，如果需要超出的话，那需要做详细的疲劳分析才能确定是否安全。

如果管道温度应力超过屈服以后，回到安装温度时，即回到 D 点时，这时管道不是初始 0 应力的。在工厂将运行后停车的管道法兰螺栓卸掉时，会发现两个法兰面相互错开，与冷紧的效果相同，这种现象称为自冷紧。自冷紧现象常出现在运行后又停下来的高温管道，是正常现象。

十一、管道应力分析中的薄壁假设

工业管道的设计应力分析理论基础是薄膜理论，就是忽略内力矩和横向剪切力的影响。薄壁的可以直接忽略，厚壁的忽略这种影响对计算结果影响较大。薄壁圆筒与厚壁圆筒的划分一般以 $K=D_o/D_i=1.2$ 为界，D_o和 D_i分别为管道外径和内径。当 $K\leqslant1.2$ 时为薄壁圆筒，$K>1.2$ 时为厚壁圆筒。对于薄壁圆筒的应力分布，在理论上有以下假设：

① 由于壁厚很薄，认为应力沿壁厚均匀分布；

② 对薄壁圆筒，径向应力 S_r与环向应力 S_P和轴向应力 S_L相比很小，可以忽略不计，即认为 $S_r=0$。对于内压圆筒，如果采用薄壁假设，$K=1.2$ 时的计算误差约为 10%，这在工程上是允许的。

第二节 管道应力分析过程

一、管道应力分析的目的

管道应力分析主要解决管道的强度、刚度、振动等问题，为管道布置、安装、配置提供科学依据。主要体现在以下几个方面：

1. 保证装置运行的安全性

管道布置不合理将会使整个装置运行存在安全隐患。例如，由于管道热应力而导致的管架被推坏，设备管口被撕裂或被顶坏，弯头、三通等焊缝处裂缝以及法兰泄漏的现象时有发生，严重者还会引起爆炸或燃烧。如果管系固有频率与震源的激振相同，则整个装置系统将发生共振，对建筑物和设备造成损坏。笔者曾见有的设计单位的4″液氨管线，由于管架形式设计错误，引起泄漏事故，如图 1.2.1 所示。

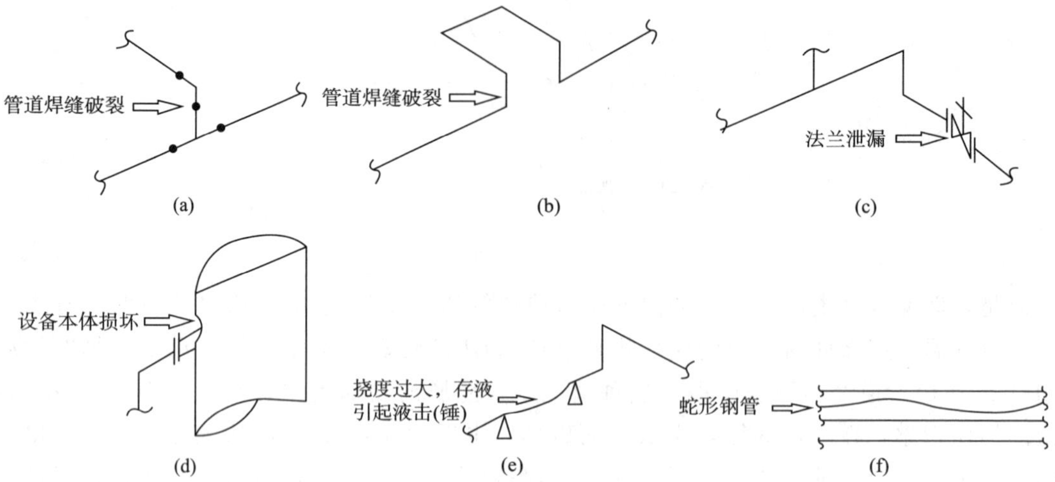

图 1.2.1 配管应力问题

在一些化工厂中由于管道应力而出现事故也时有发生，严重时还会引起人员伤亡。为此对易发生上述现象的管道或管系需进行应力分析。通过应力分析可以保证其具有较好的柔性，同时对于一些易产生振动的管道，通过合理布置使其振动频率错开震源的激振频率，避免共振，最终保证整个装置安全稳定地运行。

2. 保证管道系统设计安全的要求

管道安全性能的总体要求包括：

① 耐压强度；

② 密封性；

③ 耐腐蚀性。

管道耐腐蚀性的设计是管道强度设计的内容。管道在均匀腐蚀的条件下分为 4 级，以腐蚀速率衡量：

① 充分耐腐蚀≤0.05mm/a；

② 耐腐蚀>0.05～0.1mm/a；

③ 尚耐腐蚀>0.1～0.5mm/a；

④ 不耐腐蚀>0.5mm/a。

3. 保证管道的柔性

管道的柔性是反映管道变形难易程度的一个物理概念。管道在设计条件下工作时，因热胀冷缩、端点附加位移、管道支承设置不当等原因会产生应力过大、变形、泄漏或破坏等影响正常运行的情况。管道的柔性就是管道通过自身变形吸收因温度变化发生尺寸变化或其他原因所产生的位移，保证管道上的应力在材料许用应力范围内的性能。

4. 减少工程投资

管道应力分析尤其是通过计算软件分析，不但可以保证系统装置的安全运行，而且由于应力分析是通过计算软件来进行的，因此数据精确，结果可靠，用其辅助配管设计，可以减少不必要的工程投资。首先，通过应力分析可以合理地布置管架，精确计算管架个数及承重，从而减少不必要的土建投资；其次，通过应力分析可以得出弹簧、管件、补偿器等管道配件的准确设计参数，也将使这一方面的投资更加合理化。

二、管道应力分析的主要内容——静应力分析和动应力分析

管道应力分析的核心是管道的强度和刚度设计，它包括管道及其元件的强度、刚度是否满足要求，管道对相连设备的附加荷载是否满足要求等。通过对管系应力、管道振动等内容的力学分析，适当改变管道的走向和管道的支承条件，以达到满足管道强度和刚度要求的目的。管道应力分析进行的好坏，直接影响到管系的安全可靠性。工业管道支吊架是管道的支承件，除短小的管道直接连接到两个设备无需设支吊架外，一般都要设置支吊架支承管道，限制管道位移。管道支吊架主要有固定支架、导向支架、滑动支架、刚性吊架、可调刚性吊架、弹簧支吊架、恒力支吊架等。支架的设置和选用的型式对管道应力和抗振动能力起着关键性的作用。总之，管道应力分析可以分为静力(Dead Stress)分析和动力(Dynamic Stress)分析两部分，见表1.2.1。

表1.2.1　管道应力分析的主要内容

应力分析的内容种类		分析目的
静力分析	指在静力荷载的作用下对管道进行力学分析，并进行相应的安全评定，使之满足标准规范的要求	(1)压力荷载和持续荷载作用下的一次应力计算——防止塑性变形破坏；计算管道中的应力并使之满足标准规范的要求，保证管道自身的安全(包括防止法兰泄漏)； (2)管道热胀冷缩以及端点附加位移等位移荷载作用下的二次应力计算——防止疲劳破坏； (3)管道对设备作用力的计算——计算管道对与其相连的机器、设备的作用力，并使之满足标准规范的要求，保证机器、设备的安全； (4)管道支吊架的受力计算——计算管道对支吊架和土建结构的作用力，为支吊架和土建结构的设计提供依据，保证支吊架和土建结构的安全； (5)管系位移计算——计算管道位移，防止位移过大造成支架脱落或管道碰撞，并为弹簧支吊架的选用提供依据
动力分析	指往复压缩机和往复泵管道的振动分析、管道的地震分析、水锤和冲击荷载作用下管道的振动分析。其目的是使地震和振动的影响得到有效控制。为便于工程应用，一部分动力分析采用等效静力法进行	(1)往复压缩机和往复泵管道的固有频率和振型分析，防止管道系统发生机械共振； (2)往复压缩机管道的强迫振动分析，控制管道的振动应力，防止管道因振动发生疲劳破坏； (3)往复压缩机管道气体压力脉动的声学模拟分析。计算管内气体的气柱固有频率和压力脉动，避免气柱共振和压力脉动过大，从而防止管道振动过大； (4)水锤，安全阀泄放荷载两相流所产生的支架荷载计算，为支架和土建结构的设计提供依据； (5)管道的地震分析，防止管道在地震中发生破坏

在进行上述分析的过程中，应该根据实际情况对管道布置和支吊架设置加以修改，在满足安全性的前提下，力求得到最优化的管道设计。

三、管道静力分析与动力分析的关系

实际分析当中管道静力分析与动力分析这两者彼此联系却又互相矛盾。

管道静力分析的目的之一是对管道进行柔性设计，保证管道有足够的柔性，从而吸收由于热胀冷缩及端点位移产生的变形，使管道各节点一、二次应力小于其许用应力(两许用应力不同)。

管道动力分析的目的之一是对管道进行防振设计，保证管系有一定的刚度，避免在干扰力作用下发生强烈振动。由此可见，如果管道刚度较小则使管道具有良好的柔性，但由此而引起管道或管系的固有频率较低，容易受外界作用使管道发生振动；反之，则管道防振动控制较好，但柔性较差。

因此在进行管道应力分析时应对管道静力分析与动力分析的结果进行对照比较，使管道最终布置及支架设置既要满足柔性设计的要求，也要满足防振设计的要求。

四、管道应力分析的工作程序和任务(见表 1.2.2)

表 1.2.2　管道应力分析的工作程序和任务

设计阶段	设计程序和任务	备　注
基础设计 (Basic Design)	1)应力分析人员需要的文件和资料准备，包括： (1) 工程项目开工报告； (2) 工程项目装置布置工程规定和管道布置工程规定； (3) 工艺流程图； (4) 工艺管线数据表； (5) 设备数据表及简图； (6) 装置设备布置图； (7) 管道材料等级规定	项目的管道应力分析技术统一规定，是对项目执行中各种管道应力问题解决方案的规定。与工程标准不同，管道应力分析技术统一规定一般涉及以下方面： (1) 适用范围； (2) 使用的标准规范； (3) 温度、压力等计算条件的确定方法； (4) 需要考虑的荷载及计算方法； (5) 管道应力分析使用的计算机软件； (6) 需要进行详细应力分析的管道； (7) 管道应力的安全评定条件； (8) 机器、设备的允许受力条件或遵循的标准； (9) 防止法兰泄漏的条件； (10) 膨胀节、弹簧等特殊元件的选用要求； (11) 摩擦力、冷紧等的处理方法； (12) 不同专业之间的接口关系； (13) 其他要求。
	2)编制管道应力分析工程规定、管道支吊架工程规定	
	3)编制临界管线表，选择适宜的应力分析方法，进行应力分析；根据应力分析结果，提出管道走向的修改建议	编制临界管线表(确定需要进行详细应力分析的管道，应力分析管线表)。详细应力分析，是指利用可靠的管道应力分析计算机程序，对管系进行分析计算

续表

<table>
<tr><th>设计阶段</th><th>设计程序和任务</th><th>备　　注</th></tr>
<tr><td rowspan="8">详细设计
(Detail Design)</td><td>1）根据新版设计条件编制新的临界管线表，对管线进行分类和分级，确定需要详细应力分析管线</td><td rowspan="8">需要进行详细应力分析的管道确定之后，管道布置人员对表中所列管道进行布置规划后，绘制成管道应力分析三维立体图（或者管道轴测图），提交管道应力分析人员进行分析计算。
（1）管道应力分析三维立体图（或者管道轴测图）通常包含以下主要内容：
① 管号、管道材料等级、管道类别、管道材质；管道走向、尺寸、标、高、管内介质流向；
② 管径、壁厚，弯头的曲率半径；
③ 可以设置支吊架的位置及支吊架形式；
④ 阀门、法兰等刚性元件的重量、保护层的厚度和密度，以及其他集中或均布荷载条件；
⑤ 管道计算温度、计算压力、管内介质密度；
⑥ 正常操作条件外的特殊工况，如开车、停车、除焦、再生等工况；机器制造商的允许受力要求；
⑦ 往复机泵的激振频率；
⑧ 管道端点约束条件或附加位移、管道所连接的设备。
（2）应考虑端点附加位移的情况。与下列机器、设备连接的管道应考虑端点附加位移：
① 静设备热胀冷缩时对连接管道施加的附加位移；
② 转动机器热胀冷缩在连接管口处产生的附加位移；
③ 加热护管对加热炉进出口管道施加的附加位移；
④ 储罐等设备基础沉降在连接管处产生的附加位移；
⑤ 不和主管一起分析的支管，应将分支处主管的位移作为支管端点的附加位移</td></tr>
<tr><td>2）对于基础设计阶段计算过的应力分析管线，根据最新设计条件更新原应力分析文件。
卧式容器固定端确定，立式设备支耳标高确定；重要管线的壁厚计算，特殊管件的应力分析；支管补强计算；夹套管计算（端部强度计算和内部导向翼板位置确定）；安全阀、爆破膜泄放反力计算</td></tr>
<tr><td>3）根据详细设计阶段的管道布置图或三维计算机模型等设计条件，选择适宜的方法进行应力分析。如果应力分析结果不能满足要求，给出走向研究的修改建议</td></tr>
<tr><td>4）评定并提交设备和机器管口荷载
在管系应力不超标的基础上，需要评定静设备和机器的管口荷载校核是应力分析结果能否满足要求。当超出管口标准荷载时，且在管道自身无法解决的情况下，应及时向设备专业提出管口荷载条件，供设备专业校核计算。对于机器（或称敏感设备，如泵、压缩机、汽轮机和空冷器等），应该将管口荷载控制在相应标准规范或制造商文件规定的许用范围内</td></tr>
<tr><td>5）对往复式压缩机、往复泵等进行动力分析</td></tr>
<tr><td>6）标准管架设计、非标准管架设计和管架综合材料表设计</td></tr>
<tr><td>7）根据应力分析结果，编制膨胀节和管架特殊件的 MR 文件，评标和评阅制造商文件。管架特殊件一般包括：
（1）弹簧支吊架（恒力弹簧、可变弹簧）；
（2）液压阻尼器；
（3）刚性拉杆；
（4）PTFE 滑动底板；
（5）保冷管架（保冷管托、保冷块）；
（6）高温隔热管托</td></tr>
<tr><td>8）根据现场施工需要，到现场检查重要应力分析管线的管道敷设和管架施工情况</td></tr>
</table>

五、国外工程管道计算机应力分析程序(见表 1.2.3)

表 1.2.3 国外工程管道计算机应力分析程序

程序步骤	主要工作内容
1. 建立计算模型，编节点号(进行计算机应力分析时，管道轴测图上需要提供给计算机软件数据的部位和需要计算机软件输出数据的部位称作节点)	目前管道应力分析软件所采用数值分析方法均为有限元法，所以分析计算时，首先要将管系通过节点划分为有限个单元，建立管系的计算模型。建立计算模型时，在下列各处应设节点： ① 管道端点； ② 管道约束点、支承点、给定位移点； ③ 管道方向改变点、分支点； ④ 管径、壁厚改变点； ⑤ 存在条件变化点(温度、压力变化处)； ⑥ 定义边界条件(约束和附加位移)； ⑦ 管道材料改变处(包括刚度改变处，如刚性元件)； ⑧ 定义节点的荷载条件(保温材料重量、附加力、风载、雪载等)； ⑨ 需了解分析结果处(如跨距较长的跨中心点)； ⑩ 动力分析需增设点
2. 初步计算(输入数据符合要求即可进行计算)	① 利用计算机推荐工况(用计算机应力分析软件计算，集中荷载、均布荷载特别加入)； ② 弹簧可由程序自动选取； ③ 计算结果分析； ④ 查看一次应力、二次应力的核算结果； ⑤ 查看冷态、热态位移； ⑥ 查看机器设备受力； ⑦ 查看支吊架受力(垂直荷载、水平荷载)； ⑧ 查看弹簧表
3. 反复修改直至计算结果满足标准规范要求(计算结果不满足要求可能存在的问题)	① 一次应力超标，缺少支架； ② 二次应力超标，管道柔性不够或三通需加强； ③ 冷态位移过大，缺少支架； ④ 热态水平位移过大，缺少固定点或 Π 形支架； ⑤ 机器设备受力过大，管道柔性不够； ⑥ 固定、限位支架水平受力过大，固定、限位支架位置不当或管道柔性不够； ⑦ 支吊点垂直力过大，可考虑采用弹簧支吊架； ⑧ 弹簧荷载、位移范围选择不当，人为进行调整
4. 编制计算书，向相关专业提交分析计算结果	(1) 计算书内容： ① 一次应力校核内容； ② 二次应力校核内容； ③ 约束点包括固定点、支吊点、限位导向点和位移点冷态、热态受力； ④ 各节点的冷态、热态位移； ⑤ 弹簧支吊架和膨胀节的型号等有关信息； ⑥ 离心泵、压缩机和汽轮机的受力校核结果； ⑦ 经分析最终确定的管道三维立体图，包括支吊架位置、形式、膨胀节位置等信息。 (2) 向相关专业提交分析计算结果： ① 提交管道应力分析计算书给管道专业负责人，计算书不提供给甲方； ② 向设备专业提交设备需确认的设备受力； ③ 如果支承点、限位点、导向点的荷载较大，应向结构专业提交荷载数据； ④ 将往复压缩机管道布置及支架设置提交压缩机制造方

六、国外工程应力分析设计文件组成(见表 1.2.4)

表 1.2.4　国外工程应力分析设计文件组成

设计文件组成		备　注
1. 管系柔性分析和应力计算	—	—
2. 往复式压缩机进出口管道动力计算输出文件	1) 复杂管系气柱固有频率计算输出文件; 2) 气流脉动计算输出文件; 3) 复杂管系结构振动计算输出文件	—
3. 管架表	—	管架表填写管架号、管架图号和系列号、管架类型、管架所在管道布置图号、所支承管道的管段号和管径、零部件系列号、标高、数量和相关尺寸数据
4. 管架材料表	1) 型钢材料汇总表; 2) 标准零部件汇总表; 3) 弹簧支(吊)架汇总表; 4)膨胀节数据表	编制管架材料表要分类(型)填写，对钢性吊架和弹性支吊架可按套统计，总量(即实际用量)由专业负责人统一组织填写。设计人员编制管架材料表时，只填写设计用量。一般总量在设计用量的基础上增加 10%或按项目合同要求执行
5. 管架图	1) 工程项目需要的标准管架图; 2) 非标准管架图	管架图中包括标准管架图和非标准管架图。标准管架图从标准管架图册中选取，非标准管架图由设计人员绘制
6. 管架的加工和安装说明	—	管架的加工和安装说明是厂商制造管架和现场施工安装的指导性文件，管架制造厂和施工安装公司务必遵照执行

七、使用计算机软件 3D 模型做管道布置设计的详细应力分析流程图(图 1.2.2)

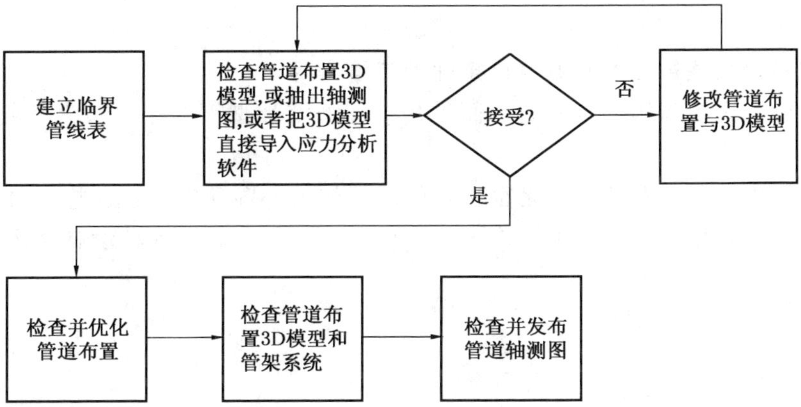

图 1.2.2　使用计算机软件 3D 模型做管道布置设计的详细应力分析流程图

八、管道设计与工艺专业设计条件的工程应用

工艺设计条件需包含应力计算必需的一些参数，如口径、设计温度、材质等，还需交代

清楚管线的运行工况，如是否蒸汽吹扫、是否一开一备运行等内容。

不能认为将每个管道都按设计温度计算就是安全的。例如，如图 1.2.3 所示，节点 100 是固定架；节点 10 是导向架，管线可以沿管子轴向运动。节点 50、60、110、120 都是普通刚性滑动架。如果两条支管的温度是一致的，两个支管的膨胀量基本一致，两个支管基本不存在相互作用力，两个支管的热应力范围都是可接受的。但是，如果两个支管温度不一致，膨胀量不一样，两个支管将会相互牵制，温差越大，作用力也越大，即使操作温度不高，两个支管的温差足够大的话，也会造成三通处节点 20、80 处应力范围超标。

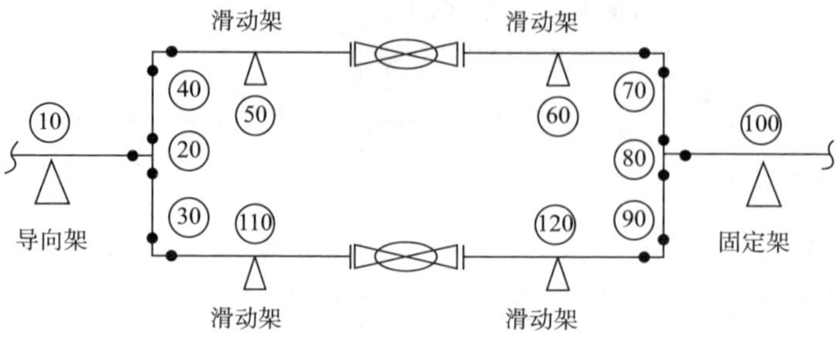

图 1.2.3 两个支管膨胀量不一致的处理

这种现象经常存在于一开一备过程、试车开车过程。试车开车操作过程中哪些系统正常操作哪些管道关闭，需要工艺提出各管线的开停工操作说明。另外某些管道、设备虽然同时开停车，但是升温、降温速度不一样，也会产生问题。

另外，控制阀前后有异径管，如果口径变化大的话，异径管位置也是应力集中点。

九、管道设计与设备专业设计条件的工程应用

对于容器、罐、塔等静设备，需要管道与设备专业商定一个双方都可接受的管口荷载。对于在静设备上生根的支架需要提出预焊件条件，有的预焊件需要热处理，如到施工现场后就不易再焊接了。

对于泵、压缩机、汽轮机等动设备，国内外均有相应的标准规范规定了许用管口荷载，但是这些许用荷载原值比较保守，在与厂家谈判时，一般要求比这些标准许用荷载原值大，例如，离心泵管口许用荷载数值一般要求是 API 610 表 2 规定数值的 3 倍，见本书有关章节详述。

十、管道设计与建筑结构专业设计条件的工程应用

就需要增加一些特殊构件与构造，而不是单纯的增加型钢大小，最大节约成本的同时，控制最大位移。

下游专业需要上游专业的条件是很正常的，但如果都等到整个管道的应力分析都做完再来提土建条件，那对项目进度来说，肯定是不可取的，大多数设计院没有这么做的。

第三节 确定需要详细应力分析的管道

一、详细应力分析的概念

(1) 详细应力分析是指利用可靠的管道应力分析计算机程序，对管系进行分析计算。

需要进行详细应力分析的管道，一般是管径较大、温度较高或与重要机器、设备相连的管道。不需要进行详细应力分析的管道，并不意味着布置管道时不需要考虑应力分析。只是有些管系可以通过目测进行分析，有些管系可利用经验公式或图表进行分析，有些管系根据相应的标准规范及设计手册中规定的常规设计方法进行布置就可以。

(2) 确定哪些管道需要进行详细的应力分析，是管道应力分析的一项重要内容。

管道是否需要进行详细的应力分析，一般与管径、温度和所连接的设备有关。不同的国家、不同行业、不同工程公司甚至不同设计项目经常互相参考和借鉴，可能有些不同，下面对国内常用的管道设计规定来比较分析。

二、GB 50316 对管道柔性计算的范围和方法的规定

GB 50316《工业金属管道设计规范》对管道柔性计算的范围和方法的规定：

① 管道的设计温度小于或等于-50℃或大于或等于 100℃，均应为柔性计算范围；

② 对柔性计算的公称直径范围应按设计温度和管道布置的具体情况在工程设计时确定；

③ 按第①所述条件以外的且符合下列条件之一的管道应列入柔性计算的范围：

A. 受室外环境温度影响的无隔热层长距离的管道；

B. 管道端点附加位移量大，不能用经验判断其柔性的管道；

C. 小支管与大管连接，且大管有位移并会影响柔性的判断时，小管应与大管同时计算。

④ 具备下列条件之一的管道可不做柔性分析：

A. 该管道与某一运行情况良好的管道完全相同；

B. 该管道与已经过柔性分析合格的管道相比较几乎没有变化。

⑤ 柔性计算方法应符合下列规定：

A. 对于与敏感机器、设备相连的或高温、高压或循环当量数大于 7000 等重要的以及工程设计有严格要求的管道，应采用计算机程序进行柔性计算；

B. 对简单的 L 形、Π 形、Z 形等管道可采用表格法、图解法等验算，但所采用的表和图必须是经计算验证的；

C. 无分支管道或管系的局部作为计算机柔性计算前的初步判断时，可采用简化的分析方法。

三、ASME B31.3 和 ASME B31.1 对管道柔性计算的范围和方法的规定

ASME B31.3《工艺管道》与 ASME B31.1《动力管道》对此的规定类似，这里以 ASME B31.3 为例进行说明。在 ASME B31.3 中，将正式的管道柔性分析方法划分为简化的近似分析方法和详细分析方法两类，并且规定了不需要进行正式的柔性分析的管道，见表 1.3.1。

凡不满足条件(1)～(3)的管道，均应采用简化的近似方法或详细分析方法对管道进行分析，简化的近似方法只能应用于一些特定的管系。ASME B31.3 中所说的详细分析方法，可以是解析法也可以是图表法，但这些方法应能够计算出位移应变所引起的作用力、力矩和应力。详细分析方法还应能够考虑管件的应力增强系数及其柔性。ASME B31.3 在规定详细分析方法时，没有说明计算机辅助程序应力分析，而将其定义为解析法或图表法。

表 1.3.1 ASME B31.3 规定不需要进行正式的柔性分析的管道及分析方法

ASME B31.3 规定不需要进行正式的柔性分析的管道	备 注
(1) 与运行良好的管道相同或没有重要变动的管道	—
(2) 与分析过的管道相比较，能够容易地判断出具有足够柔性的管道	—

(3) 对具有同一尺寸、不多于两个固定点、无中间约束，并且满足以下经验公式的管道：

$$\frac{D_o\delta}{(L-U)^2}\leqslant 208.4^{[注]} \tag{1.3.1}$$

D_o——管道外直径，mm；

L——管道的伸展长度，m；

U——固定点之间的连线长度，m；

δ——作用于管道的总热位移荷载，mm，由管端处管道自由热胀冷缩位移以及设备热胀冷缩位移叠加构成，前者在热胀条件下取正值，在冷缩条件下取负值，后者以造成端点相向移动取正值，相背移动取负值。

注：有的参考书或标准规范上写为 208.3。

作用于管道的总热位移荷载 δ 计算方法和步骤说明如下：

(a) 确定一个空间坐标系 XYZ。X 轴、Y 轴和 Z 轴指向哪个方向都可以。坐标系确定之后，下列计算均参照该坐标系进行；

(b) 假设两固定端一端为 A 端，另一端为 B 端；

(c) ΔX_1、ΔY_1、ΔZ_1 为 B 端沿 X 轴、Y 轴和 Z 轴方向的附加位移值减去 A 端相应方向的附加位移值，附加位移与坐标方向相同时取正值，相反时取负值；

(d) ΔX_2、ΔY_2、ΔZ_2 为假设 B 端放松后由于管道热胀引起的 B 端沿 X 轴、Y 轴和 Z 轴方向的位移值。ΔX_2、ΔY_2、ΔZ_2 按下式计算：

$$\Delta X_2=\alpha L_x\Delta T$$
$$\Delta Y_2=\alpha L_y\Delta T$$
$$\Delta Z_2=\alpha L_z\Delta T$$

式中：

ΔX_2、ΔY_2、ΔZ_2——B 端放松后由于管道热胀引起的 B 端沿 X 轴、Y 轴和 Z 轴方向的位移值，mm；

α——管道材料从安装温度变化到操作温度的平均线膨胀系数，mm/(mm·℃)；

L_x、L_y、L_z——以 A 端为坐标原点时，B 端在 X、Y、Z 三个方向坐标值，mm；

ΔT——管道从安装状态(一般取为 20℃)到操作状态的温度变化值，℃。

(e) 管系在 X、Y、Z 三个方向的变形 ΔX、ΔY、ΔZ 为：

$$\Delta X=\Delta X_2-\Delta X_1$$
$$\Delta Y=\Delta Y_2-\Delta Y_1$$
$$\Delta Z=\Delta Z_2-\Delta Z_1$$

(f) 需要由管系吸收的总变形合成值为：

$$\delta=\sqrt{\Delta X^2+\Delta Y^2+\Delta Z^2}$$

工程实例：ASME 简单判断式的工程应用

有一 $\phi 273\times 8$ 的碳钢管道，其设计温度为 250℃，安装温度为 20℃，热胀系数为 $\alpha_T=12.8\times 10^{-6}$ mm/(mm·℃)。管道走向如下图，其中 A、D 为固定点。请计算其柔性是否足够。

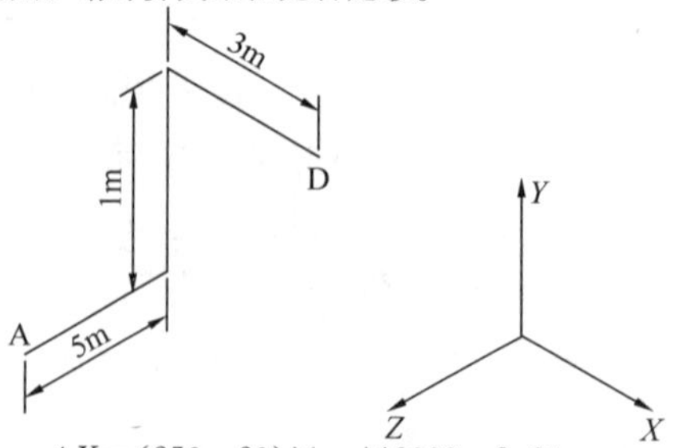

$$\Delta X=(250-20)\times\alpha_T\times 3000=8.83\text{mm}$$
$$\Delta Y=(250-20)\times\alpha_T\times 1000=2.94\text{mm}$$
$$\Delta Z=(250-20)\times\alpha_T\times 5000=14.72\text{mm}$$
$$\delta=(\Delta X^2+\Delta Y^2+\Delta Z^2)^{1/2}=17.42\text{mm}$$
$$L=5+1+3=9\text{m}$$
$$U=(5^2+1^2+3^2)^{1/2}=5.92\text{m}$$
$$D\cdot\delta/(L-U)^2=501.12>208.4$$

所以该管道不能满足柔性要求

备注：

ASME 简单判断法是由 ASME B31.1 和 ASME B31.3 标准给出的一种快速确定管系热膨胀补偿是否满足要求的简便方法，在工程设计中仍得到了广泛的应用。但是，该方法仅是一个判断式，它并不能计算出管系中的应力、边界反力和位移等数值，只作简单的判断。它的判断结果是粗略的，也是比较保守的，因此对贵重的管道(如合金钢、不锈钢、特殊耐热钢、超低温用钢管道等)不宜用它作最终分析。

具有同一直径、同一壁厚、无分支管、两端固定、中间无支承约束的非剧毒管道若无下列情况则可以按 ASME 简单判断式判断：

(1) 存在剧烈冷热循环变化的管道；

(2) 大直径薄壁管；

(3) 不等腿的管路展开长度大于端点连线长度 2.5 倍的 U 形管道；

(4) 不在端点连线方向上的端点附加位移占总位移量的大部分；

(5) 近似直线的“锯齿”形状的管道。

ASME 简单判断式不适用于下列管道：

(1) 在剧烈循环条件下运行，有疲劳危险的管道；

(2) 大直径薄壁管道(管件应力增强系数 $i\geqslant 5$)；

(3) 与端点连线不在同一方向的端点附加位移量占总位移量大部分的管道；

(4) $L/U>2.5$ 的不等腿 U 形弯管管道，或近似直线的锯齿状管道。

在进行 ASME 简单判断式的求解时，一般情况下并不困难，只需要将式中各参数按各自的定义求出并代入公式计算即可。但当管系两端点有附加位移时，一些设计人员往往将端点位移的正、负号区分错而导致计算错误。为此，特将端点位移的正、负号判断方法进行介绍。端点位移的正、负号可按以下两种方法确定：

1) 第一种方法(热胀趋势法)：

(a) 选任一端为始端，另一端则为末端；

(b) 假想始端固定，而末端开放，并以此判断管系的热胀方向；

(c) 管系中各管段的热胀量($\Delta L=\alpha\cdot\Delta T\cdot L$)。同一方向的管道热胀量为各管段的热胀量的代数和，并判断末端在该方向上的位移趋势；

(d) 两端点有附加位移时，始端附加位移方向与管系的热胀趋势相同时取“+”，与管系位移趋势相反时取“-”；末端附加位移方向与管系的热胀趋势相同时取“-”，与管系的热胀趋势相反时取“+”；

2) 第二种方法(热胀坐标法)：

(a) 选任一端为始端，另一端则为末端；

(b) 假想始端固定，末端开放，并以始端为原点建立坐标系；

(c) 从始端(坐标原点)沿管系向末端行走，与坐标同向时位移为正，反向时为负，最后分别取各方向的位移代数和。该代数和具有“+”“-”号，“+”号表示该方向的总位移方向与坐标轴同向，而“-”号表示该方向的总位移方向与坐标轴反向；

(d) 端点有附加位移时，对于始端，如果其附加位移方向与坐标轴同向则为“+”，反向则为“-”；对于末端，如果其附加位移方向与坐标轴同向则为“+”，反向则为“-”。

热胀趋势法和热胀坐标法得到的结果相同

四、SH 3041 对管道柔性计算范围和方法的规定

SH 3041《石油化工管道柔性设计规范》根据石化行业的特点，将管道柔性设计方法划分为简化分析和计算机分析两种方法。规定下列管道宜采用计算机分析方法进行柔性设计：

① 操作温度大于 400℃或小于-50℃的管道；

② 进出加热炉及蒸汽发生器的高温管道；

③ 进出反应器的高温管道；

④ 进出汽轮机的蒸汽管道；

⑤ 进出离心压缩机、往复式压缩机的管道；

⑥ 与离心泵连接的管道，可根据设计要求或按图 1.3.1 确定柔性设计方法；

⑦ 设备管口有特殊受力要求的其他管道；

⑧ 利用简化分析方法分析后，表明需要进一步详细分析的管道。

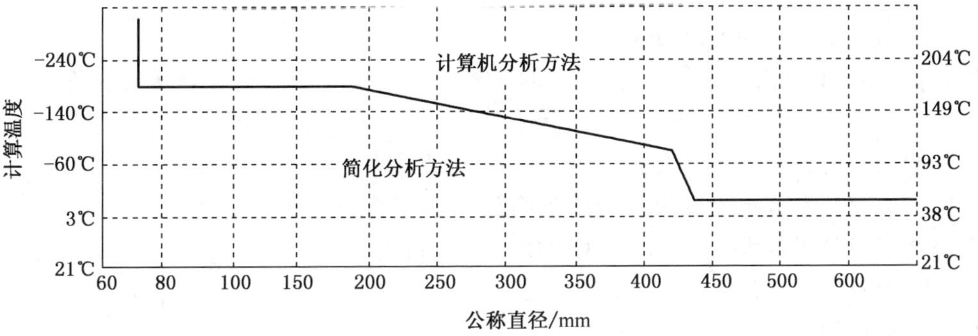

图 1.3.1　离心泵柔性设计方法的选择

下列管道可不进行柔性设计：

① 与运行良好的管道柔性相同或基本相当的管道；

② 和已分析的管道比较，确认具有足够柔性的管道；

③ 对具有同一直径、同一壁厚、无支管、两端固定、无中间约束并能满足式(1.3.1)要求的非极度危害或非高度危害介质管道。

SH 3041 是一个行业标准，不可能在各方面都做出非常具体的规定。例如，规定操作温度大于 400℃或小于-50℃的管道宜采用计算机分析方法进行分析，实际上，根据各工程公司的规定，很多小于 400℃的管道，也需要用计算机分析方法进行分析。

五、HG/T 20645 对管道柔性计算和应力计算的规定

HG/T 20645《化工装置管道机械设计规定》提出管系柔性分析和应力计算(临界管系)表由以下三部分组成。

1. 必须通过计算机计算的管系

① 汽轮机进出口连接的管道。

② 离心式压缩机进出口连接的管道。

③ 往复式压缩机进出口连接的管道。

2. 一般应进行计算的管系

(1) 泵的进出口连接管道

① 公称管径等于或大于 100mm，且温度等于或高于 230℃，或者等于或低于-20℃的管道。

② 管径比泵接口大(指异径连接)的管道。

(2) 有关规范要求的管道

① 锅炉规范中规定要进行柔性分析的管道。

② 规范中规定要进行柔性分析的管道。

(3) 与空冷器连接的管道

① 公称管径等于或大于 150mm 的连接管口的管道。

② 温度等于或高于 120℃的连接管口的管道。

(4) 与炉子连接的管道

① 公称管径等于或大于 150mm 的连接管口的管道。

② 温度等于或高于 230℃的连接管口的管道。

(5) 其他管道

① 温度等于或高于 340℃的所有管道。

② 所有与冷箱连接的低温管道。

③ 公称管径等于或大于 150mm ，且温度等于或高于 230℃或者等于或低于-20℃的管道。

④ 连接到压力容器的重要管道。

⑤ 所有由工艺专业提出的重要管道和内部绝热管道。

⑥ 公称管径等于或大于 150mm 的管廊上的管道。

⑦ 所有铝及铝合金的管道。

⑧ 所有衬里的管道。

3. 对于上述范围以外的管道，应根据工程的具体情况确定是否应进行应力计算。

六、GB/T 20801 对埋地管道应力分析的规定

GB/T 20801《压力管道规范——工业管道》对埋地管道应力分析的规定：

① 设计计算时，可将管道与周围土壤整体考虑；

② 埋地管道(包括受压和非受压系统)的设计荷载还应包括管道上方土壤(或回填土)荷载和预期交通荷载等其他荷载；

③ 在平整砂土层上铺设的埋地管道，其设计荷载可不包括因管道自重产生的轴向应力；

④ 对于直接埋地的弯头和大直径支管(包括三通)，管道应力分析时可将其简化为轴向完全受约束的端点；

⑤ 当管道的敷设环境温度与工作温度之间的温差大于 35℃时应进行应力分析，且相邻约束端点的间距不得小于 5 倍的公称直径；

⑥ 抗震计算时，可将管道与土壤之间视为刚性连接；

⑦ 静态分析时，应将埋地段与土壤之间视为无相对位移，非埋地段应保证足够的柔性以减少界面处的局部荷载，同时应考虑埋地段可能的下沉位移对界面处管道的影响。

七、某炼油工程管道应力分析设计方法的工程应用

以下为某炼油工程管道应力分析设计方法的举例。

1. 一般要求

① 考虑管道热补偿及防振要求。

② 考虑管道及设备安全，应避免管道对相关设备造成危害。

③ 优先用自然补偿方法解决管道柔性问题，安装空间狭小而不具备自然补偿条件时方

考虑采用金属膨胀节。采用膨胀节应考虑满足工艺条件及防腐要求，不得采用填函式伸缩节和球形补偿器。

④ 采取冷紧措施减小管道对设备、法兰以及固定架的作用力，但冷紧措施一般不应用在敏感转动设备的管道上。

⑤ 存在明显振源的管道应优先考虑防止其振动。

⑥ 往复式压缩机管道应按照与制造商签订的合同要求进行防振计算。

2. 应力分析设计条件

① 计算基础数据应由化工工艺专业提供。

② 计算工况应涵盖最不利工况，如烘炉、催化剂再生、烧焦、吹扫等特殊工况。

③ 如果没有特殊规定，热态计算温度按最高操作温度状态确定。对于有外隔热层管道，计算温度取介质温度；对于无外隔热层管道，计算温度取95%介质温度；对于有内隔热层管道，计算温度应根据热传导计算确定。

④ 如果没有特殊规定，安装温度取20℃。冷态计算温度取安装温度。计算压力取最高操作压力。

⑤ 金属管道的许用应力按 ASME B31.3 附录 A 取值。

⑥ 柔性系数及应力加强系数按 ASME B31.3 附录 D 计算。

⑦ 金属弹性模量及膨胀系数按 ASME B31.3 附录 C 取值。

⑧ 非金属管道的许用应力按 ASME B31.3 附录 B 取值。

3. 荷载

① 如果没有特殊规定，仅需考虑管道重力和介质压力及温度变化因素。

② 一般仅需考虑热位移荷载，即沿管道轴线发生的热胀冷缩以及与温度有关的设备附加位移，不考虑沉陷位移。

③ 风荷载、地震按有关规定执行。

④ 不需要考虑风和地震同时发生的情况。

⑤ 冲击荷载，动力放大系数取2。

4. 冷紧

① 力与力矩的计算中计入冷紧因素。

② 在应力校核中不考虑冷紧效应。

5. 摩擦力

① 下列管道不得忽略摩擦力的影响：

A. 公称直径大于或等于600mm的管道；

B. 敏感转动设备管道。

② 滑动摩擦系数按下列取值：

A. 滑动面为钢对钢时，取0.3；

B. 滑动面为钢对混凝土时，取0.6；

C. 滑动面为不锈钢对聚四氟乙烯时，取0.1。

③ 滚动摩擦按不锈钢对聚四氟乙烯滑动摩擦考虑。

④ 仅需要考虑载重支承面上摩擦效应。

6. 应力计算

① 计算由持续荷载引起的管道纵向应力时，计算壁厚应剔除腐蚀裕量；计算热应力变

化范围时，计算壁厚取管道名义厚度。

② 按常温下管材弹性模量计算热应力变化范围。

③ 引入应力增强系数计算管件应力。计算持续荷载引起的管件应力时，应力增强系数取 0.75i，但不得小于 1；计算管件热应力变化范围时，应力增强系数取 i。i 值按 ASME B 31.3 附录 D 计算。

7. 力与力矩计算

① 按管道名义厚度计算力与力矩。

② 按操作温度下弹性模量计算管道在操作状态下对设备的作用力。

8. 校核标准

(1) 管道应力

① 由重力、压力等持续荷载引起的管道纵向应力之和不得超过材料在最高操作温度下的许用应力。

② 由风或地震等偶然荷载与重力、压力等持续荷载共同引起的管道纵向应力不得超过 1.33 倍材料在最高操作温度下的许用应力。

③ 由热位移荷载引起的应力变化范围不得超出许用范围，该许用范围按式(1.3.1)计算。

$$\sigma_E = f\{1.25([\sigma]+[\sigma]^t)-\sigma_L\} \tag{1.3.1}$$

式中 σ_E——应力许用范围，MPa；

$[\sigma]$——管材在冷态的许用应力，MPa；

$[\sigma]^t$——管材在热态下的许用应力，MPa；

σ_L——由于重力、压力等持续荷载引起的管道纵向应力之和，MPa；

f——管道应力许用范围减小系数，按 GB 50316 取值。

(2) 作用于法兰的力与力矩

管道施加到法兰上的力与力矩应满足式(1.3.2)和式(1.3.3)，若不满足，应减小力与力矩，或提高法兰压力等级。

$$p_{eq} + p_p \leqslant p_f \tag{1.3.2}$$

$$p_{eq} = \frac{16M}{\pi D_G^3} + \frac{4F}{\pi D_G^2} \tag{1.3.3}$$

式中 p_{eq}——当量压力，MPa；

p_p——计算温度下管道介质压力，MPa；

p_f——计算温度下法兰允许使用压力，MPa；

M——作用于法兰的外加弯矩，N·mm；

F——作用于法兰的外加拉力，N；

D_G——垫片作用中心圆直径，mm。

(3) 作用于设备的力与力矩

① 对于转动设备，管道在工作状态下作用于机器管口的力与力矩应符合机器制造厂提出的限制性条件或取得机器制造厂的书面认可，在机器制造厂没有提出要求情况下，应符合以下标准的相关规定：

A. 对于离心泵，应遵守 API 610；

B. 对于离心压缩机，应遵守 API 617；

C. 对于汽轮机，应遵守 NEMA SM23。

管道在安装状态下作用于机器管口的力与力矩应接近于零值。

② 对于静设备，管道作用于设备管口的力与力矩应符合设备专业提出的要求或取得设备专业认可。

9. 柔性分析方法

进行柔性分析可以采取多种方法，如对比分析法、经验公式判断法和数值解析法。应根据具体情况选择采用。

（1）对比分析法

符合下列条件之一的管道，可认为满足柔性要求：

① 与实际运行良好的管道相同；

② 与经过详细柔性分析并合格的管道相比，没有实质变化。

（2）经验公式判断法

具有同一直径、同一壁厚、无分支管、两端固定、中间无支承约束的非剧毒管道若不存在下列情况则可以按式(1.3.4)进行判断：

① 存在剧烈冷热循环变化的管道；

② 大直径薄壁管；

③ 不等腿的管路展开长度大于端点连线长度 2.5 倍的 U 形管道；

④ 不在端点连线方向上的端点附加位移占总位移量的大部分；

⑤ 近似直线的“锯齿”形状的管道。

$$\frac{D_o\delta}{(L-U)^2} \leqslant 208.4 \tag{1.3.4}$$

式中 D_o——管道外直径，mm；

L——管道的伸展长度，m；

U——固定点之间的连线长度，m；

δ——作用于管道的总热位移荷载，mm，由管端处管道自由热胀冷缩位移以及设备热胀冷缩位移叠加构成，前者在热胀条件下取正值，在冷缩条件下取负值，后者以造成端点相向移动取正值，相背移动取负值。

（3）详细计算解析法(可借助计算机分析方法)

符合下列条件之一的管道，应采取详细计算解析法：

① 进、出加热炉的工艺管道；

② 进、出高温反应器的工艺管道；

③ 进、出蒸汽发生器的管道；

④ 进、出汽轮机的蒸汽管道；

⑤ 进、出离心式压缩机、鼓风机的工艺管道；

⑥ 进、出往复式压缩机、往复泵的工艺管道；

⑦ 符合 SH 3041 规定需要详细计算解析的泵管道；

⑧ 有特别要求的管道；

⑨ 操作温度大于 400℃或小于-50℃的管道；

⑩ 用简单计算法判断补偿不够或者用图表法无法查到的管道；

⑪ 有弹簧支吊架的管道；

⑫ 有波纹膨胀节的管道；

⑬ 有冷紧的管道。

除此之外，对下列管道应根据具体情况确定是否需要用计算机进行详细应力分析：

① 贵重金属管道(如合金钢、不锈钢、特殊耐热钢、超低温用钢管道等)；

② 开停工频繁的管道；

③ 直管部分较长、热胀冷缩量较大的管道；

④ 相连机械或设备的管口有较大位移的管道；

⑤ 刚度较大的厚壁管道；

⑥ 剧毒介质管道。

第四节　管道安全评定

一、管道失效的形式

管道设计应力分析的主要目标是阻止管道失效，管道常见的失效形式如下：

1. 准静态断裂(Quasistatic Fracture)。

2. 韧性断裂。随着荷载增加，材料屈服并产生塑性变形直至破坏。断裂前的伸长量可达到 25%，可见韧性材料的能量吸收能力。能量吸收能力对于静态荷载的影响较小，但对于抵抗冲击荷载的影响较大。如果没有较大的能量吸收能力，非常小的冲击荷载都可能产生破坏性的应力。韧性断裂主要发生在裂纹缺陷处或形状不连续处。由于屈服，荷载将会转移到管道系统的其他部位。

3. 脆性断裂。不可预期且突然发生，脆性材料、塑性材料当温度低于某一限定值时韧性降低。

4. 疲劳断裂。在低于材料强度的交变应力作用下突然断裂。

5. 蠕变断裂。在高温情况下，温度和应力保持不变而应变不断增加最终断裂。

6. 失稳。管道失稳主要由压应力导致，主要出现在大直径薄壁管道，深水环境中的厚壁管也可能出现失稳，如图 1.4.1 所示。

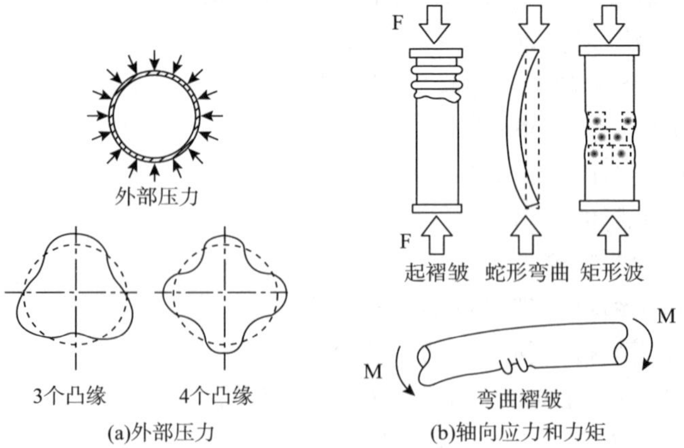

图 1.4.1　压应力失稳

7. 其他失效形式。例如：腐蚀，壁厚减薄，小腐蚀坑处应力增大降低了疲劳强度。应力腐蚀，金属材料在腐蚀介质中经历一段时间拉应力后出现裂纹与断裂的现象。氢蚀氢脆现象，溶于钢中的氢聚合为氢分子，造成应力集中，超过钢的强度极限，在钢内部形成细小的裂纹。

以上是与管道应力分析关系较大的主要失效形式，其他失效形式还有很多，不在此赘述。

二、ASME B31 系列标准的管道应力校核准则综述

1. ASME B31 系列标准

管道应力分析的重点是整个管系的应力和柔性，而不是详细分析某一局部。管道应力分析所依据的标准主要是 ASME B31 系列。

ASME B31 系列标准系列采用了薄壁圆筒假设。在管道系统应力分析中管道用梁模型进行模拟，三通等几何不连续处不进行详细的局部分析，而是采用应力增强系数对应力集中的影响进行近似计算。

在以下 ASME B31 系列标准介绍了管道应力校核准则：

ASME B31.3，Process Piping(工艺管道)；

ASME B31.1，Power Piping(动力管道)；

ASME B31.4，Pipeline Transportation Systems for Liquid Hydrocarbons and Other Liquids(输油管道)；

ASME B31.8，Gas Transportation and Distribution Piping Systems(输气管道)。

2. 应力分类

管道设计遵循的规范是 ASME B31 系列，ASME B31 系列中各标准在应力校核准则方面存在一些区别，总的来讲这些区别是非原则性的。下面仅以 ASME B31.3 来说明。

在 ASME B31.3 中并未直接提及“一次应力”和“二次应力”这两个术语。但其应力校核准则实际上是按一次应力和二次应力分别进行的。

在管道应力分析中，一次应力和二次应力的概念与压力容器分析设计中的定义基本相同，只是不再细分为一次总体薄膜应力、一次局部薄膜应力和一次弯曲应力，也没有峰值应力的概念。这主要是管道应力分析中采用了薄壁假设以及不进行详细的局部应力分析的缘故。

ASME B31.3 的规定对于偶然荷载作用下一次应力的校核条件，ASME B31.3 的规定与 ASME B31.1 略有不同，在 ASME B31.3 中，要求偶然荷载产生的一次应力满足以下条件：管道在工作状态下，受到压力、重力、其他持续荷载和偶然荷载所产生的纵向应力之和，不得超过操作状态许用应力的 1.33 倍，风和地震荷载的作用不需同时考虑。

三、ASME B31.3 应力校核准则的分析与工程应用

ASME B31.3 中的一次应力校核准则为：由重力和其他持续荷载在管道中产生的纵向应力之和 S_L 不得超过热态许用应力 S_h，即：

$$S_L \leqslant S_h \tag{1.4.1}$$

ASME B31.3 中的二次应力校核准则为：由热膨胀及端点位移等因素引起的位移应力范围 S_E 不得超过许用值 S_A：

$$S_A = f(1.25S_c + 0.25S_h) \tag{1.4.2}$$

式中 S_c——冷态许用应力；

f——在预计寿命内，考虑总循环次数影响的许用应力范围减小系数。

当 S_h 大于 S_L 时，它们之间的差值可以加到式(1.4.2)中的 S_h 上，许用应力范围 S_A 成为：

$$S_A = f[1.25(S_c + S_h) - S_L] \tag{1.4.3}$$

条件中式(1.4.3)比式(1.4.2)要保守。

在 ASME B31.3 中，二次应力范围 S_E 是忽略轴向力作用情况下的最大剪应力理论的当量应力。即：

$$S_E = (S_b^2 + 4S_t^2)^{1/2} \tag{1.4.4}$$

式中 S_b——管道在热膨胀、冷缩及端点位移等作用下合成弯矩引起的应力；

S_t——管道在热膨胀、冷缩及端点位移等作用下扭矩引起的应力。

ASME B31.3 要求在计算二次应力范围 S_E 时考虑管道在几何不连续处产生的应力集中，其方法是乘上一个应力增强系数，而不是进行局部的详细分析。

1. 持续应力

ASME B31.3 要求由重量、内压和其他持续载荷所产生的纵向应力之和 S_L 不超过在操作温度下材料的基本许用应力 S_h，但 ASME B31.3—2010 年以前的版本并没有明确给出纵向应力的计算公式。ASME B31.3 以前版本要求计算纵向应力时考虑轴向力的作用。因此，一般认为管道纵向应力由附加轴向外力、弯矩和内压引起，计算公式为：

$$S_L = \frac{F_{max}}{A} + \frac{\sqrt{(I_i M_i)^2 + (I_o M_o)^2}}{Z} + \frac{pd_o}{4t} \leqslant S_h$$

ASME B31.3 的 2010 年以后的版本给出了纵向应力的计算公式：

$$S_L = \sqrt{(|S_a| + S_b)^2 + (2S_t)^2}$$

$$S_b = \frac{\sqrt{(I_i M_i)^2 + (I_o M_o)}}{}$$

式中 I_i——平面内持续力矩指数，在缺少更多应用数据时，I_i 取为大于 $0.75i_i$ 或 1.00。

I_a——平面外持续力矩指数，在缺少更多应用数据的时，I_a 取为大于 $0.75i_a$ 或 1.00。

M_i——由持续载荷如压力和重量引起的平面内的力矩。

M_o——由持续载荷如压力和重量引起的平面外的力矩。

Z——持续不变的断面模量 Z，在计算中使用公称管尺寸时要减去裕量。

S_b——合成的弯曲应力；

i_i——平面内应力增强系数；

i_o——平面外应力增强系数；

M_i——平面内的弯矩；

M_o——平面外的弯矩；

Z——管子的截面模量；

S_A——允许位移应力范围，MPa(ksi)；

S_a——由于位移应变引起的轴向应力范围，$S_A = i_a F_a / A_p$；

S_c——在分析的位移循环期间，预计最低金属温度下的基本许用应力；

S_h——在所分析的位移循环期间，预计最高金属温度下的基本许用应力，最大为 138MPa(20ksi)

管壁径向应力很小，分析时通常忽略不计，管壁的应力状态可以看作二向应力状态。

2. 偶然应力

由于压力、重量等持续载荷所产生的纵向应力 S_L，以及诸如风或地震等偶然载荷所产生的应力之总和，可以是基本许用应力的 1.33 倍。不需要考虑风和地震载荷的同时发生。

公式与一次应力相同，应力放大系数 K 取 1.33。

3. 位移应力

2010 版及以前：

$$S_E = \sqrt{S_b^2 + 4S_t^2}$$

2012 版及以后：

$$S_E = \sqrt{(|S_a| + S_b)^2 + (2S_t)^2}$$

式中 A_p——管子的横截面积；

F_a——在二个被评价条件之间由位移应变引起的轴向力的范围；

i_a——轴向的应力增强系数，在缺少更多应用数据的情况下，对于弯头和斜接弯管（单个、紧排和松排）$i_a=1.0$；在附录 D 中的其他组件，i_a 为 i_0（或当表列时，为 i）；

i_t——扭转应力增强系数，在缺少更多应用数据的情况下，$i_t=1.0$；

M_t——扭矩；

S_a——由于位移应变引起的轴向应力范围，$S_a=i_aF_a/A_p$；

S_b——合成弯曲应力；

S_t——扭转应力，$S_t=i_tM_t/2Z$；

Z——管子的截面模量。

ASME B31.3 位移应力范围计算区分弯矩扭矩，区分平面内和平面外应力增强系数；位移应力范围许用值计算公式与 ASME B31.1 一致，但两个规范的许用应力取值不同。

4. 管道应力校核准则的特点

① ASME B31.3 中一次应力的校核只考虑纵向应力。二次应力的校核为了简化计算不考虑轴向力的作用，二次应力校核准则中的当量应力采用了最大剪应力的形式，但在计算当量应力时只考虑弯矩和扭矩的作用。二次应力校核的是位移应力范围，许用值与压力容器不同。

② 工业管道应力分析的重点是整个管系的应力和柔性，不进行局部详细分析；同时为使计算进一步简化还采用了薄壁假设，各类应力沿管道壁厚均匀分布。

③ 工业管道中的一次应力分析也不再进一步细分为一次总体薄膜应力、一次局部薄膜应力和一次弯曲应力。对于几何不连续处的应力集中，工业管道应力分析中采用应力增强系数的方法进行处理。根据不同的几何形状乘以一个大于 1 的系数。应力增强系数的数值一般根据实验得出。

④ ASME B31.3 的二次应力校核准则来源于结构的稳定性条件，满足稳定性条件只能防止低周疲劳。ASME B31.3 为防止高循环疲劳，在二次应力校核准则中引入了应力范围减小系数 f，当循环次数较高时，对允许应力变化范围进一步加以限制，从而防止疲劳破坏的发生。

四、GB系列标准的管道应力校核准则的分析与工程应用

1. GB 系列标准

应力校核是管道强度和安全评定的重要指标之一，管道应力的校核准则按照管道类型的不同，各类管道具有各自不同的校核准则。对于工艺管道和动力管道目前国内统一采用的规范为 GB 50316《工业金属管道设计规范》，对于长输管道按照输油或输气分别执行 GB 50253《输油管道工程设计规范》或 GB 50251《输气管道工程设计规范》。另外，对于火力发电厂汽水管道执行 DL/T 5366《火力发电厂汽水管道应力计算技术规定》。

以上 GB 系列标准有关管道应力分析的内容均参考了 ASME B31 系列，下面按照 GB 50316《工业金属管道设计规范》对一次应力和二次应力的校核条件做介绍。

2. GB 50316 一次应力的评定

（1）持续荷载作用下一次应力的校核条件

① 管道组成件的厚度及补强计算满足要求时，则由于内压所产生的应力应认为是安全的。

② 管道组成件的厚度及稳定性计算满足要求时，则由于外压所产生的应力应认为是安全的。

③ 管道中由于压力、重力和其他持续荷载所产生的轴向应力之和 σ_L（即一次应力），不应超过材料在预计最高温度下的许用应力 $[\sigma]_h$，即

$$\sigma_L \leqslant [\sigma]_h \tag{1.4.5}$$

（2）偶然荷载与持续荷载共同作用下一次应力的校核条件

① 管道在工作状态下，受到内压、自重、其他持续荷载和偶然荷载所产生的纵向应力之和，应符合下式规定，且式中应力增强系数 i 的 0.75 倍的值不得小于 1。

$$\frac{pD_i^2}{D_o^2 - D_i^2} + 0.75i\,\frac{M_A}{W} + 0.75i\,\frac{M_B}{W} \leqslant K_T[\sigma]_h \tag{1.4.6}$$

式中 K_T——许用应力系数，当连续运行任何 24h 内，偶然荷载作用时间少于 10%时，$K_T=1.15$；时间少于 1%时，$K_T=1.2$；

M_A——由于自重和其他持续外载作用在管道横截面上的合成力矩，N·mm；

M_B——安全阀或释放阀的反座推力、管道内流量和压力的瞬时变化、风力或地震等产生的偶然荷载作用于管道横截面上的合成力矩，N·mm；

W——截面系数，mm^3；

i——应力增强系数，按附录 E 计算；

p——设计压力，MPa；

D_i——管子或管件内径，mm；

D_o——管子或管件外径，mm。

对于非剧毒类流体以外的钢制管道，由于风或地震引起的纵向应力之和超过上式规定时，K_T 可提高至 1.33。

② 不需要考虑风和地震荷载同时发生。

3. GB 50316 二次应力的校核条件

计算的最大位移应力范围 σ_E（即二次应力）不应超过许用的位移应力范围 $[\sigma]_A$，$[\sigma]_A$ 由下式计算：

$$[\sigma]_A = f(1.25[\sigma]_c + 0.25[\sigma]_h) \tag{1.4.7}$$

若$[\sigma]_h$大于σ_L，其差值可以加到上式中的0.25$[\sigma]_h$项上，则许用位移应力范围为：

$$[\sigma]_A = f[1.25([\sigma]_c + [\sigma]_h) - \sigma_L] \tag{1.4.8}$$

式中　$[\sigma]_c$——在分析中的位移循环内，金属材料在冷态（预计最低温度）下的许用应力；

$[\sigma]_h$——在分析中的位移循环内，金属材料在热态（预计最高温度）下的许用应力；

σ_L——管道中由于压力、重力和其他持续荷载所产生的纵向应力之和；

$[\sigma]_A$——许用的位移应力范围；

f——管道位移应力范围减小系数，f可由表1.4.1确定。

表1.4.1　位移应力范围减小系数 f

循环当量数N	系数f	循环当量数N	系数f
$N\leqslant7000$	1.0	$45000<N\leqslant100000$	0.6
$7000<N\leqslant14000$	0.9	$100000<N\leqslant200000$	0.5
$14000<N\leqslant22000$	0.8	$200000<N\leqslant700000$	0.4
$22000<N\leqslant45000$	0.7	$700000<N\leqslant2000000$	0.3

循环当量数N应按下式计算：

$$N = N_E + \sum[r_j^5 N_j],\ j=1,\ 2,\ \cdots,\ n \tag{1.4.9}$$

式中　N——管系预计使用寿命下全位移循环当量数；

N_E——与计算的最大位移应力范围σ_E相关的循环数；

σ_j——按小于全位移计算的位移应力范围；

r_j——按小于全位移计算的位移应力范围σ_j与计算的最大位移应力范围σ_E之比；

N_j——与按小于全位移计算的位移应力范围σ_j相关的循环数。

五、二次应力校核准则原理

对于二次应力，应避免出现反复的循环塑性变形，防止疲劳破坏。结构的稳定性条件是，弹性应力范围（采用虚拟弹性分析得到的应力变化范围）不大于屈服极限的2倍（$2\sigma_s$）。

图1.4.2所示的是材料的塑性应力应变循环。ε_s是材料达到屈服应力σ_s时的应变，塑性模型为理想弹塑性模型。在应变从0增加到$2\varepsilon_s$的过程中，应力应变由图中O点经A点到达B点。

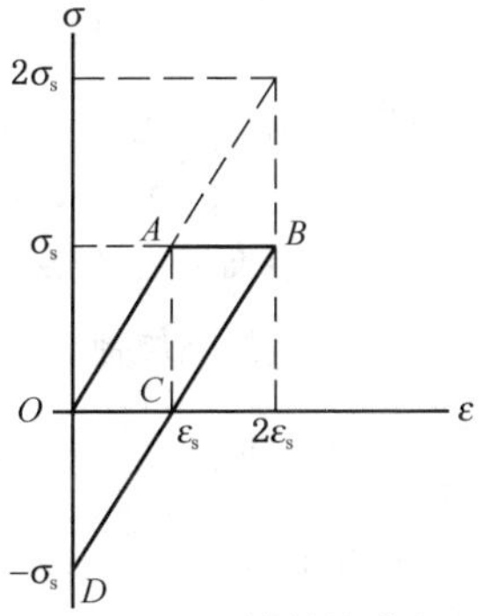

图1.4.2　材料的弹塑性应力应变循环

在卸载过程中，应变由$2\varepsilon_s$减小为0。材料将按弹性规律反向加载，应力由0变为$-\sigma_s$（即产生残余应力$-\sigma_s$）。在应变由$2\varepsilon_s$减小到0的过程中，应力应变由图中B点经C点到达D点。

循环结束时所产生的残余应力$-\sigma_s$，使后继循环中不再产生塑性变形（这种现象也称为自冷紧，在本书的第三章重点讲述）。在以后的循环中应力应变将沿直线DB反复变化，不再产生塑性变形，即结构将达到安定。

如果弹性应力范围超过$2\sigma_s$，如图1.4.3所示，当应变从0增加到$2\varepsilon_s+\varepsilon_0$时，相应的弹性应力范围为0到$2\sigma_s+\sigma_0$，应力应变将按理想弹塑性规律从$O$点经$A$点和$B$点到达$B'$点。当应变从$2\varepsilon_s+\varepsilon_0$减小到$\varepsilon_0$（应力应变由图中的$B'$点经$C$点到达$D$点）时，应力将按弹性规律卸载，并反向加载达到反向屈服点$-\sigma_s$。进一步应变从ε_0减小到0（应力应变由图中的D点变到E点）时，产生反向的塑性应变ε_0。

在以后的循环中，应力应变将沿图中的平行四边形$B'DEB$交替产生正反两个方向的塑

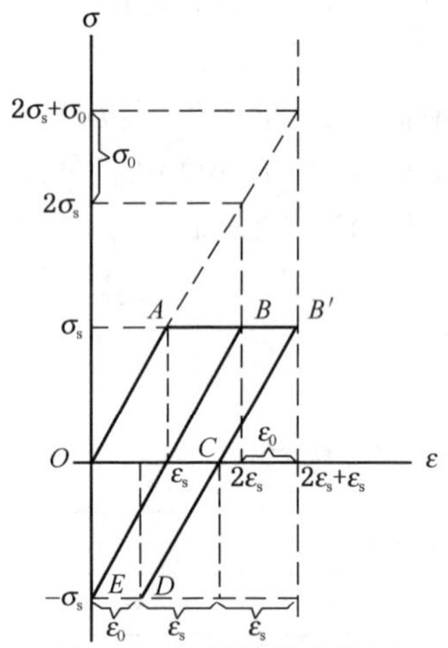

图 1.4.3 材料的弹塑性应力应变循环

性变形，结构不安定，产生塑性疲劳。

稳定性条件为弹性应力范围不大于屈服极限的 2 倍($2\sigma_s$)。弹性应力范围是一次应力和二次应力共同作用的结果，即稳定性条件为：

$$\sigma_{\mathrm{I}} + \sigma_{\mathrm{II}} \leqslant 2\sigma_s \tag{1.4.10}$$

对于屈服极限，许用应力$[\sigma]$的安全系数一般取 1.5 左右。即$[\sigma]=\sigma_s/1.5$，$\sigma_s=1.5[\sigma]$，这样式 1.4.10 成为：

$$\sigma_{\mathrm{I}} + \sigma_{\mathrm{II}} \leqslant 3[\sigma] \tag{1.4.11}$$

考虑到循环过程中管道可能处于冷态和热态两种状态，将许用应力$[\sigma]$取为冷态许用应力$[\sigma]^c$和热态许用应力$[\sigma]^h$的平均值。

$$[\sigma] = ([\sigma]^c + [\sigma]^h)/2 \tag{1.4.12}$$

这样式(1.4.11)成为：

$$\sigma_{\mathrm{I}} + \sigma_{\mathrm{II}} \leqslant 1.5([\sigma]^c + [\sigma]^h) \tag{1.4.13}$$

进一步留出一定的安全裕度，将 1.5 取为 1.25，并将式(1.4.13)左边的σ_{I}移到右边，得到：

$$\sigma_{\mathrm{II}} \leqslant 1.25([\sigma]^c + [\sigma]^h) - \sigma_{\mathrm{I}} \tag{1.4.14}$$

满足式(1.4.14)可防止塑性疲劳的发生。但某些循环次数较高的管道也可能发生弹性(高循环)疲劳破坏，仅仅满足式(1.4.14)并不能防止弹性疲劳的发生。根据疲劳分析的理论，高循环弹性疲劳的寿命与应力变化幅度的大小有直接联系。因此在式(1.4.14)中引入应力范围减小系数 f，对高循环弹性疲劳允许应力变化范围进一步加以限制，由此得到：

$$\sigma_{\mathrm{II}} \leqslant f[1.25([\sigma]^c + [\sigma]^h) - \sigma_{\mathrm{I}}] \tag{1.4.15}$$

此式就是管道二次应力校核条件式。

考虑到一次应力须满足$\sigma_{\mathrm{I}} \leqslant [\sigma]^h$，最不利的情况为$\sigma_{\mathrm{I}} = [\sigma]^h$，代入式(1.4.15)，可得更加严格的校核条件：

$$\sigma_{\mathrm{II}} \leqslant f[1.25[\sigma]^c + 0.25[\sigma]^h] \tag{1.4.16}$$

式(1.4.16)就是 ASME B31.3 管道二次应力校核条件式。

六、ASME B31.1 应力校核准则的分析与工程应用

1. 持续荷载引起的应力范围

美国计量单位制：

$$S_L = \frac{pD_o}{4t_n} + \frac{0.75iM_A}{Z} \leqslant 1.0S_h$$

SI 单位制：

$$S_L = \frac{pD_o}{(1000)4t_n} + \frac{(0.75i)M_A}{Z} \leqslant 1.0S_h$$

式中 M_A——重量和其他持续性荷载在横截面上的产生合成力矩，1bf·in.(N·mm)；

Z——截面系数，in^3(mm^3)；

i——应力增强系数，$0.75i$ 在任何情况下都不应小于 1.0；

S_h——在最高(热)温度时材料的基本许用应力；

S_L——压力、重量和其他持续荷载产生的纵向应力和。

ASME B31.1没有包含持续轴向外载产生的轴向应力 F_{ax}/A；在计算持续外载弯扭合成力矩产生的持续应力时考虑0.75i（且不小于1）的应力增强系数。

管道在内压作用下，管壁将产生内压环向应力 S_{HP}、内压轴向应力 S_{LP} 和内压径向应力 S_R。由于内压径向应力较小，通常忽略不计。在持续外载作用下，将产生持续外载轴向应力 S_{AX}、弯曲应力和扭转应力。由于外载产生的扭转应力较小，可以认为外载弯曲应力和扭转应力组合的当量应力方向基本沿管道轴向。因此，管道在内压和持续外载作用下，管壁上的三个主应力仍为环向应力、轴向应力（包括内压轴向应力 S_{LP}、持续外载轴向应力 S_{AX}、当量应力 S_C）和径向应力。

因此，合成轴向应力不大于内压环向应力。合成轴向应力最大时与内压环向应力相等，此时再依据第三强度理论

$\sigma_1=S_{HP}$

$\sigma_3=S_R-0$

$\sigma_1-\sigma_3=S_{HP}-0=S_{HP}\leqslant[\sigma]^t$

由于内压作用下直管壁厚计算公式是薄壁模型，基于第三强度理论：

$\sigma_1-\sigma_3\leqslant[\sigma]^t$

$\sigma_1=S_{LP}+S_{AX}+S_C$

$\sigma_3=S_R$

得到：$(S_{LP}+S_{AX}+S_C)-S_R\leqslant[\sigma]^t$

ASME B31.1没有包含持续轴向外载产生的轴向应力 S_{AX}，忽略内压径向应力 S_R，上式变为：$S_{LP}+S_C\leqslant[\sigma]^t$

即得到：$S_L=\dfrac{pD_o}{4t_n}+\dfrac{0.75iM_A}{Z}\leqslant1.0S_h$

2. 临时荷载引起的应力范围

美国计量单位制：$\dfrac{pD_o}{4t_n}+\dfrac{0.75iM_A}{Z}+\dfrac{0.75iM_B}{Z}\leqslant kS_h$

SI单位制：$\dfrac{pD_o}{(1000)4t_n}+\dfrac{0.75iM_A}{Z}+\dfrac{(0.75i)M_B}{Z}\leqslant kS_h$

除了下面所列的外，式中其他各项的意义均与上面所列的相同：

许用应力放大系数 $k=1.15$，对于在任一时期内作用时间不大于8h和每年不大于800h的临时荷载；

许用应力放大系数 $k=1.2$，对于在任一时期内作用时间不大于1h和每年不大于80h的临时荷载；

M_B＝临时荷载，例如泄放安全阀荷载、压力和流量的瞬时变化和地震等，在横截面上产生的合成力矩，lbf·in（N·mm）。

3. 位移应力（二次荷载范围引起的应力）范围

热膨胀或其他循环荷载的影响应满足：

美国计量单位制：$S_E=\dfrac{iM_C}{Z}\leqslant S_A$

SI单位制：$S_E=\dfrac{1000(iM_C)}{Z}\leqslant S_A$

除了下面所列的外，其他各项的意义均与第上面所列相同。

M_C=计算二次载荷范围在横截面上产生的合成力矩范围，lbf·in(N·mm)。对于柔性分析，一般采用室温至正常运行的载荷范围和持续载应力范围。

ASME B31.1没有区分平面内和平面外应力增强系数，采用最大剪应力理论。

4. 结构安定性条件

结构安定性是指当荷载在一定范围内反复变化时，结构不发生连续的塑性变形循环。也就是说，在初始几个循环之后，结构内的应力应变都按线弹性变化，不再出现塑性变形。为防止结构发生低周疲劳，结构必须具有安定性。ASME B31.1结构安定性条件：弹性应力范围不大于屈服极限的二倍(准确地说是冷态屈服强度与热态屈服强度的和)。

七、ASME B31.4应力校核准则的分析与工程应用

1. 完全受约束(Restrained)和非完全受约束(Unrestrained)

ASME B31.4管道的约束状态影响管道的应力及所采用的分析方法，出于设计目的，将管道分为完全受约束和非完全受约束两种情况。“非完全约束”指管道能够产生轴向应变和横向位移，不能满足以上两个条件的为“完全约束”。约束状态可能变化，与施工、支承条件、土壤属性、地形、时间等因素有关。

ASME B31.4的这种分类，目的在于区分应力类型，自限性/非自限性。场站内的埋地管道属于非完全约束。线路埋地长直管道属于完全约束，靠近弯管及锚固墩的部分应结合实际情况确定。

(1)非完全约束的管道包含以下但不限于以下方面：①能够吸收温度膨胀和支承移动的地上管道系统；②敷设在软质或非固结土壤中的弯头及与其相邻的管道；③埋地管道的未回填段(能够横向变形或包含弯头)；④未锚固段。

(2)完全约束的管道：①远离弯头部分的埋地管道；②靠近刚性支承、两端及方向改变处锚固的地上管道；③敷设在坚硬或固结土壤中的弯头及与其相邻的管道。

2. 环向应力

内压作用下管道的环向应力应按下式计算：

$$S_H=\frac{p_i D}{2t}$$

式中 D——管道外径，mm；

p_i——设计压力，MPa；

t——设计壁厚，mm；

S_H——内压作用下管道的环向应力，MPa。

上式适用于$D/t\geqslant 20$的管道。

3. 环向应力

(1)完全约束的管道膨胀应力应按下式计算：

$$S_E=E\alpha(T_1-T_2)$$

式中 E——弹性横量；

S_E——膨胀应力，MPa；

T_1——管道的安装温度,℃；

T_2——管道的操作温度,℃；

α——膨胀系数，mm/(mm·℃)。

(2)非完全约束的管道膨胀应力应按下式计算：

$$S_E=\sqrt{S_b^2+4S_t^2}$$

式中　S_b——弯曲应力，MPa，$S_b=\sqrt{(i_iM_i)^2+(i_oM_o)^2}/Z$

S_t——剪应力，MPa；

$$S_t=\frac{M_t}{2Z}$$

i_i——平面内应力增强系数；

i_o——平面外应力增强系数；

M_i——平面内弯矩，N·mm；

M_o——平面外弯矩，N·mm；

M_t——管子或管道元件所受扭矩，N·mm；

Z——管子或管道元件的抗弯截面模量，mm^2。

4. 纵向应力

(1)完全约束管道纵向应力应按下式计算：

$$S_L=S_E+\upsilon S_H+\frac{M}{Z}+F_a/A$$

式中　A——管道截面积，mm^2；

F_a——外部轴向力，N；

M——弯矩，N·mm；

υ——泊松比。

(2)非完全约束的管道纵向应力应按下式计算：

$$S_L=\frac{p_iD}{4t}+\frac{iM}{Z}+F_a/A$$

式中　i——管道元件平面内应力增强系数。

5. 组合应力

(1)完全约束的管道的组合应力

完全约束的管道的组合应力应按下式计算：

①依据形状改变比能理论的计算公式

$$S_{eq}=2\sqrt{(\frac{S_L-S_H}{2})^2+S_t^2}$$

式中　S_{eq}——组合应力，MPa。

②依据形状改变比能理论的计算公式

$$S_{eq}=\sqrt{S_H^2-S_HS_L+S_L^2+3S_t^2}$$

式中　S_{eq}——组合应力，MPa。

(2)非完全约束的管道的组合应力

对于非完全约束的管道，许用应力范围值 S_A 如下：

$$S_A=f[1.25(S_c+S_h)-S_L]$$

式中　f——许用应力范围折减系数，$f=6.0N^{-0.2}\leqslant1.0$；

N——预期工作寿命内，以最大应力范围为基准的的当量循环次数；

S_c——循环荷载作用下管道元件或管子材料在最低工作温度下的许用应力，MPa，对

于输油管道 $S_c=2/3S_Y$；

S_h——循环荷载作用下管道元件或管子材料在最高工作温度下的许用应力，MPa，对于输油管道 $S_h=2/3S_Y$。

6. 应力校核

计算的管道系统的应力值不应大于下表中的许用值。

位置	环向应力 S_H	膨胀应力 S_E	纵向应力 S_L	持久荷载与临时荷载纵向应力之和	等效组合应力 S_{eq}
完全约束的管道	$0.72(E)S_Y$	$0.9S_Y$	$0.90S_Y$	$0.9S_Y$	$0.9S_Y$
非完全约束的管道	$0.72(E)S_Y$	S_A	$0.75S_Y$	$0.8S_Y$	—

注：(1)E——焊接接头系数；

(2)S_Y——管道材料的最小屈服强度，MPa。

2009 版 ASME B31.4 纵向应力 S_L 校核条件是不大于 $0.54S_Y$。

八、ASME B31.8 应力校核准则的分析与工程应用

1. 完全受约束和非完全受约束

ASME B31.8 也将管道分为完全受约束和非完全受约束，两种情况，区分原则与 ASME B31.4 一致。

2. 完全受约束管道

对纵向应力的要求：

$$S_L=S_P+S_T+S_X+S_B<0.9ST$$

式中 S_L——纵向应力；

S_P——内压产生的轴向应力，$0.3S_H$；

S_T——温度产生的轴向应力，$E\alpha(T_1-T_2)$；

S_X——除内压和温度外产生的轴向应力；

S_B——由于重力和其他外部载荷引起的弯曲应力；

S——管道材料的最小屈服强度；

T——温度折减系数。

对完全约束管道组合应力的要求：

操作工况管线的两向组合应力按以下公式的其中之一计算：

(1) $|S_H-S_L|$

(2) $[S_L^2-S_LS_H+S_H^2]^{1/2}$

许用值为 kS_YT。

管件弯矩考虑应力增强系数，$0.75i$ 且大于 1；扭矩不考虑应力增强系数；温度应力计入纵向应力。

3. 非完全受约束管道

对纵向应力的要求：

$$S_L=S_p+S_x+S_B\leqslant 0.75ST$$

式中 S_L——纵向应力；

S_P——内压产生的轴向应力，$0.5S_H$；

S_X——除内压和温度外产生的轴向应力；

S_B——由于重力和其他外部载荷引起的弯曲应力；

S——管道材料的最小屈服强度；

T——温度折减系数。

对于非完全受约束管道，还要求对温度膨胀、周期性载荷引起的应力(二次应力)进行校核：$S_E \leqslant S_A$。

$$S_A = f[1.25(S_C + S_H) - S_L]$$

式中　S_E——由于温度、周期变化的位移等引起的应力范围；

S_A——允许的循环应力范围；

S_C——管道材料的冷态许用应力 $S_C = 0.33 S_u T$；

S_H——管道材料的热态许用应力 $S_H = 0.33 S_u T$；

S_u——最小抗拉强度；

S_L——纵向应力($S_L = S_P + S_X + S_B$)；

f——应力循环系数，$f = 6N^{-0.2}$，N 为寿命期内当量循环次数。

4. 应力校核

ASME B31.8 管道系统的应力许用值概括为下表：

位置	膨胀应力 S_E	轴向应力 S_L	组合应力
完全约束的管道	—	$0.90 S_Y T$	$k S_Y T$[注(4)]
非完全约束的管道	S_A	$0.75 S_Y T$	—

注：(1)T——温度折减系数，当温度小于 121℃时取 1；

(2)S_Y——管道材料的最小屈服强度，MPa。

(3)k——对于持久荷载，k 值不应大于 0.9，对于非周期的偶然荷载，k 值不应大于 1.0；

(4)上述组合应力的评定准则仅适用于直管道。

由于大部分长输管道的管道应力相对容易预见，长输管道规范许用应力与工艺管道相比较高。由于长输管道采用大口径高强钢、特殊地质条件及自然灾害导致的滑移、漂管、沉降等问题对管道应力分析提出了更高的要求。

九、ASME B31.5 应力校核准则的分析与工程应用

1. 内压应力

除了规范内所允许者外，根据内压计算的应力均不应超过规范内所给的许用应力值。

2. 外压应力

如果管道部件的壁厚及加强措施能满足按规范管道部件压力设计公式计算的要求，则因外压引起的应力应被认为是安全的。

3. 弯曲和扭转应力

在以弯曲的扭转为主的应力系统中膨胀应力的许用应力幅度，即膨胀应力幅度 S_E，不应超过由如下公式所给的许用应力幅度 S_A：

$$S_A = f(1.25 S_C + 0.25 S_h)$$

式中　f——在系统预期的有效运行总年数期间，全温度循环总次数为 N 的循环状态[见注(1)]下应力幅度的衰减系数(系统的有效运行可在规范内附图直读和插读出来)。全温度循环指温度从预期可发生的最低到最高变化的循环次数。[见注(2)]

注(1)适用于基本无腐蚀的工作条件。腐蚀会大大降低循环寿命。在预期会发生大量大应力循环的场合宜采用耐腐蚀材料。

注(2)如果有多种温度变化范围，则可从下式算出当量的全温度循环：

$$N=N_E+r_1{}^5N_1+r_2{}^5N_2+\cdots\cdots+r_n{}^5N_n$$

式中 N_E——已经算出膨胀应力 S_E 的全温度变化 T_E 的循环次数；

N_1，$N_2\cdots\cdots N_n$——较小温度变化 ΔT_1，ΔT_2，$\cdots\cdots\Delta T_n$ 的循环次数；

r_1，$r_2\cdots\cdots r_n$——$\Delta T_1/\Delta T_E$，$\Delta T_2/\Delta T_E\cdots\cdots\Delta T_n/\Delta T_E$，任一较小温度循环与已算出 S_E 的全温度循环之比；

S_C——在最低(冷)正常温度时材料的基本许用应力；

S_h——在最高(热)正常温度时材料的基本许用应力。

4. 纵向应力

在腐蚀状态下，由压力、重力及其他持续外载引起的纵向应力之和不应超过 S_h。在这些应力之和小于 S_h 的地方，S_h 与这一应力和间的差值可加到上面许用应力幅度 S_A 公式括号里的项内。

在计算纵向压应力时，内压被认为仅仅作用在内径限定的区域内。

5. 偶然荷载

运行时，由压力、活动载荷、静止载荷引起的纵向应力以及由偶然载荷如风或地震引起的应力之和不可超过规范内附表中给出的许用应力值的 1.33 倍。没有必要考虑风载与地震同时发生。

试验时，因试验条件产生的应力不受本规范的限制，没有必要把偶然载荷如风、地震与活动载荷、静止载荷及试验时存在的试验载荷同时来考虑。

十、GB 50316、ASME B31.1 和 ASME B31.3 中应力校核条件的比较

在 GB 50316 中，二次应力的校核条件参照了 ASME B31.1 和 ASME B31.3 的相关条款。在校核准则的表述上，ASME B31.1 和 ASME B31.3 基本相同，差别主要在于位移应力范围的计算方法有所不同。ASME B31.1 计算应力增强系数时，对平面内和平面外不加区分；ASME B31. 3 则将应力增强系数分为平面内和平面外两种情况，GB 50316 在计算位移应力范围时同时编入了这两种情况。ASME B31.1 和 ASME B31.3 规定，计算位移应力变化范围时应采用安装(室温)状态下的弹性模量。虽然 GB 50316、ASME B31.1 和 ASME B31.3 在进行二次应力校核，也就是计算位移应力范围时，只考虑了力矩的影响，没有考虑轴间力的作用，但在轴向力影响较大时，例如热介质埋地管、夹套管和多于一点连接的平行布置不等温管道，应考虑轴向力的影响。

十一、管道作用于设备管口的应力安全评定分析与工程应用

1. 静设备的允许荷载

① 管道作用于容器设备管口的许用荷载一般不应超过设备制造商或设备专业规定的允许值，若设备制造商或设备专业没有提出限制性要求，则应提交设备专业按相关规范的规定进行校核。这些允许数值应由管道专业与设备专业共同商定一个双方可接受的允许值。具体原因见本书后面详述。

② 管道作用于工业炉管口的许用荷载一般不应超过工业炉制造商或工业炉专业规定的允许值，若制造商或工业炉专业没有提出限制性要求，应将炉子管口的荷载及位移提交工业炉专业认可。API 560 Fired Heaters for General Refinery Services 的规定比较保守，也可与

商家谈并加大此值。

③ 管道作用于空冷器管口的许用荷载一般为 API 661 Air-Cooled Heat Exchangers for General Refinery Services 规定数值的 2 倍，或者是 GB/T 15386 规定数值的 3 倍，也可与商家谈并加大此值。

2. 转动设备的允许荷载

管道作用于转动设备管口的许用荷载一般不应超过设备制造商规定的允许值，当制造商无数据时，可参考下列标准进行核算。允许荷载为何是这些标准规范规定数值的倍数？具体原因在本书后面详述。

① 离心泵管口的允许荷载一般不小于 API 610 Centrifugal Pumps for Petroleum，Chemical，and Gas Service Industries 规定数值的 3 倍。

② 汽轮机管口的允许荷载一般不小于 NEMA SM23 Steam Turbines for Mechanical Drive Service 规定数值的 3 倍。

③ 离心压缩机管口的允许荷载一般不小于 API 617 Centrifugal Compressors for Petroleum，Chemical，and Gas Service Industries 规定数值的 1.5 倍。

④ 螺杆式压缩机管口的允许荷载一般不小于 API 619 Rotary Type Positive Displacement Compressors for Petroleum，Chemical，and Gas Service Industries 规定数值的 1.2 倍。

3. 往复机械的压力脉动及振动控制

① 往复式压缩机进出口管道的压力脉动和振动控制可参考 API 618 的方法三。标准中没有管口允许受力限制，管道设计人员不要向设备制造厂要管口允许受力。

② 往复泵进出口管道的压力脉动和振动控制可参考 API 674 的方法二。管口允许受力限制也无标准规定。

十二、ASME B31.1 和 ASME B31.3 的不同点

① ASME 标准，在世界上很多国家受到认可，或者被引用为重要的参考标准。其中，ASME B31.3 是工艺管线(Process Piping)标准，ASME B31.1 是动力管线(Power Piping)标准。

② 两个标准的管道壁厚计算公式不一样。在工程实际中动力管线(水或蒸汽等)的腐蚀情况一般要比工艺管线(石油或化工产品)严重。所以，在两个公式中，腐蚀裕量(Corrosion Allowance)的选择是不同的。在北美，工艺管线一般取 1/16in，而动力管线中取 1/8in。

③ ASME B31.1 的许用应力比 ASME B31.3 的许用应力更加严格。ASME B31.1 的管道材料的许用应力大约为钢材抗拉强度的 1/3.5(以前版本中，规定管道的许用应力为钢材抗拉强度的1/4，2007 版对许用应力进行了 ASME B31.1 诞生以来的最大一次更改，由 1/4 改为 1/3.5)，而 ASME B31.3 的管道材料的许用应力大约为钢材抗拉强度的 1/3。比如，A106 B 的许用应力(常温)，按照 ASME B31.1，其许用应力大约 117MPa，按照 ASME B31.3，大约为 135MPa。虽然 ASME B31.1 的许用应力有所放松，但是，为了保险起见，ASME B31.1 对焊接的要求有所提高。

④ 应力计算公式不一样。AMSE B31.1 有比较明确的应力计算公式，而 ASME B31.3 只是有一些应力计算方面概念性的东西。Caesar Ⅱ 里面关于 ASME B31.3 的应力计算体现了该标准的应力计算的精神，但是关于该应力计算公式，还没有标准答案。并且，在 ASME B31.1 应力计算公式中，不考虑扭转的作用，而在 ASME B31.3 里面，扭转的作用

是需要考虑的。这是 ASME B31.3 比 ASME B31.1 严格的地方。

⑤ ASME B31.1 对管道挠度有明确的规定，为 2.5mm。ASME B31.3 是没有明确规定的，在现实中，我们一般取 3mm。相应的，ASME B31.1 有比较明确的管道支吊架间距规定，而 ASME B31.3 没有关于支吊架间距的规定。

⑥ 两个标准的适用范围不一样。ASME B31.1 由于规定严格，会使用大量钢材，为了经济适用起见，一般只适用于电站锅炉外部管道。ASME B31.3 的应用要广得多，石油、化工、医药都可以。并且，在 ASME B31.3 里面有一句话，"本标准不适用于锅炉外部管道，有关锅炉外部管道的标准，请参照 ASME B31.1"。

⑦ 对管件、法兰和膨胀节等管道器材使用规定的不同。在 ASME B31.3 管道里，经常使用法兰连接。在 ASME B31.1 管道里，法兰使用的比较少(但是不是绝对不使用)，而是直接焊接。主要是因为电力管道一般高温(常达 550℃、600℃或者更高)高压(有的管道压力可达 47MPa)，法兰很难抵挡得住温度和压力的影响而不泄漏流体。ASME B31.3 管道会涉及夹套管、膨胀节等问题；而 ASME B31.1 里明文规定禁止在锅炉外部管道加膨胀节。至于夹套管，在动力管道系统一般不需要。

⑧ 对动荷载冲击问题的考虑不同。做 ASME B31.3 管道应力分析时，考虑水锤、汽锤等冲击荷载的情况比较少。对于在 ASME B31.1 范围内的亚临界电厂锅炉外部管道(尤其是 300MW 以下机组)，水锤、汽锤冲击荷载也可以不给予考虑。但是电站超临界机组和超超临界机组的水锤、汽锤等冲击荷载，对管道的稳定性有重大影响(尤其是汽锤)，需要认真考虑。

⑨ 应力增强系数的不同。ASME B31.3 里应力增强系数分为平面内的应力增强系数和平面外的应力增强系数。一般说来，平面外的应力增强系数要比平面内的小一些，这样做应力分析时候，管道应力比较容易通过。而 ASME B31.1 里，不区分平面内应力增强系数和平面外应力增强系数，而是采用了应力增强系数这一概念。ASME B31.1 里的应力增强系数基本和 ASME B31.3 里的平面内的应力增强系数相一致。ASME B31.1 的应力增强系数更加保守。

在看似严密周全的 ASME 标准中，允许设计者依靠经验变通的地方有许多，只要不与其他的标准冲突就行。还要注意，两个标准中同一种材料的许用应力的取值不尽相同，也需要注意。

⑩应力校核准则的不同。持续应力 S_{sus}、纵向应力 S_L 这两个术语分别是 ASME B31.1 和 ASME B31.3 规范中的一次载荷应力。ASME B31.1 规范中对于计算 S_{sus} 有具体的公式，而 ASME B31.3 对于计算 S_L 没有明确的公式，只有所应考虑事项的文字说明。ASME B31.3 要求，在管道系统上任何组成件的 S_L 计算中，考虑由于持续载荷(如压力、重量)的纵向应力，其值不应超过 S_h。

S_c、S_h 在两个规范中，均定义 S_c 是指在期望的位移循环分析中管道材料在最低温度下的基本许用应力。S_h 均被定义为在期望的位移循环分析中管道材料在最高温度下的基本许用应力。

ASME B31.1 的 S_{sus} 计算公式中，对于合成力矩(即包括弯矩和扭矩)乘以一个不小于 1.0 的系数 $0.75i$，其中 i 是应力增强系数；ASME B31.3 规范中对于 i 分成平面内 i_i 与平面外 i_o 两种，且仅用于弯矩中。将这里提到的形如 $0.75i$ 称作持续应力指数 SSI(sustained stress index)。ASME B31.3 曾在早些年规范解义中指出设计者可以在持续应力分析中使用

0.75i 这样的 SSI。

两个规范的位移应力范围的计算公式不同。两个规范的偶然载荷应力的评判不同。

ASME B31.1 公式中提供偶然载荷应力的计算公式，ASME B31.3 没有提供偶然载荷应力的计算公式，但要求由于持续和偶然载荷产生的纵向应力之和不得超过 KS_h。言外之意，要分别将持续和偶然应力加和进行评判，其中纯偶然应力的公式表达与持续应力的表达类似。

两个规范中许用应力的放大系数不同。

十三、某管线跨热电、化工和炼油区域安全评定分界工程实例

如图 1.4.4 所示，某大型工程一批管线来自新建热电厂，将通过石化工程化工区的管廊到炼油厂区，这批管线还有来自市政的燃气管线。在化工区的管廊上，是按照国家市政管道设计标准，还是按照国家电力管道设计标准，还是按照国家石化管道设计标准？这些行业标准规范对管道设计的要求是不同的。实际上，在化工行业的设计中，动力管线的外网也可以按照工艺管线标准去设计，管道在哪个区域就按照哪个行业的国家标准设计就可以了，以免引起混乱。

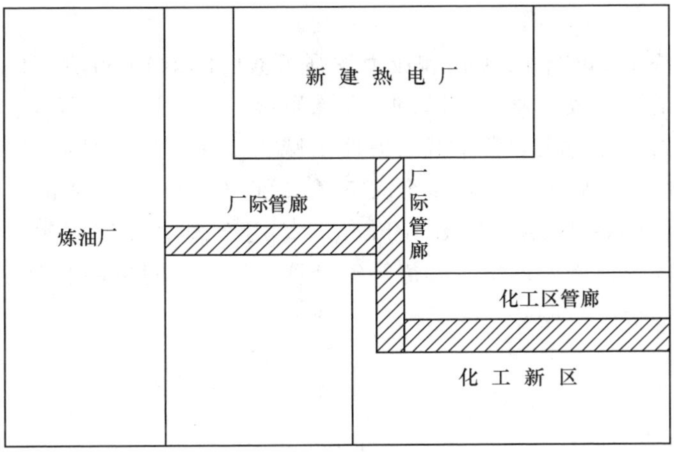

图 1.4.4　某工程热电厂动力管道路过化工区管廊到炼油厂示意图

笔者遇到多家设计单位因分界不清，引起 ASME B31.3 和 ASME B31.1 混用错误的情况。

十四、蒸汽吹扫短时操作应力校核

笔者遇到有的管道设计人员对需要蒸气吹扫管线，也按普通蒸汽管线做应力校核，其实，对于停车、蒸汽吹扫等短时操作条件一次持续时间≤50h，每年≤500h，许用应力及范围可以提高一定比例。

第五节　管道的物理特性理论

一、线膨胀系数(Thermal Expansion Coefficient)

大多数工程材料的线膨胀系数 α(热膨胀系数，Thermal Expansion Coefficient)近似的与温度成线性关系。一般为计算方便均以各温度范围内的单位长度的线膨胀量(cm/m)进行计算。见本书附录二常用钢材平均线膨胀系数表。

二、弹性模量(Modulus of Elasticity)

弹性模量 E 是材料的特性之一，说明在弹性限度内应力与应变的比例关系，在不同的温度下有不同的 E，见本书附录三。

美国卡森(M. Cutchan)与克鲁克(S. Crocker)给出了 E 与温度之间的关系式，即弹性模量是温度的函数。这个关系式与试验结果相符。

$$E_t = E_0[1-(t/945)^2] \tag{1.5.1}$$

式中 E_0——常温下的弹性模量，MPa；

E_t——在 t℃的弹性模量，MPa。

三、泊松比(Poisson Ratio)

泊松比 μ 也称横向变形系数。直杆在轴向拉力的作用下，将引起轴向尺寸的伸长和横向尺寸的缩短。反之，在轴向压力的作用下，则引起轴向尺寸的缩短和横向尺寸的增大。设轴向应变为 ε，横向应变为 ε'，试验结果表明：当应力不超过比例极限时，横向应变 ε' 和轴向应变 ε 之比的绝对值是一常数，即：$|\varepsilon'/\varepsilon|=\nu$。$\nu$ 即为泊松比。可表示为：

$$\varepsilon_y = \varepsilon_z = \nu\varepsilon_x \tag{1.5.2}$$

式中 ε_x、ε_y、ε_x——在 x，y，z 方向的线应变。

四、柔度系数(Flexibility Factor)和应力增强系数(Stress Intensification Factor)

柔度系数也称柔性系数。弯管(或弯头)在承受弯矩后，管子的截面会发生椭圆化，即扁平化。这样，在应力计算中犹如弯管截面惯性矩减少了 K 倍，刚度下降。若以同一弯矩值作用在弯管上比作用在直管上其位移量会大 K 倍。此 K 值称为弯管的柔度系数。

应力增强系数(Stress Intensification Factor)，用于表示弯头、三通等几何变形不光滑(或几何不连续)处的应力增大现象，其值等于直管应力与相同条件下弯头、三通等管件的应力之比，其值通常大于 1。见式 1.5.3。

$$i = \frac{S_{bw}}{S_{el}} \tag{1.5.3}$$

式中 i——应力增强系数；

S_{bw}——直管应力；

S_{el}——相同条件下弯头、三通等管件的应力。

应力增强系数的大小与管件的直径、壁厚、是否补强、弯曲半径等因素有关。ASME B31.1 和 ASME B31.3 均对应力增强系数提出了规定，并规定和罗列了各种管件的应力增强系数。针对管道的应力增强系数的研究均是以梁单元为模型进行实验得到的。换言之，上述应力增强系数的计算公式及软件的计算过程均针对 $D/t \leqslant 100$，当 $D/t > 100$ 时，管道进入薄壁系列，其局部失稳特性开始表现出来，此时再按照管道标准进行计算将引起误差。

根据 GB 50316、GB/T 20801、ASME B31.1 和 ASME B31.3 等规范的规定，计算二次应力时应采用应力增强系数。采用应力增强系数，是考虑局部应力集中的影响，而局部应力集中主要对管件的疲劳破坏产生作用。因为局部的高应力循环，将使材料产生裂纹并不断扩展，最终导致破坏。校核二次应力的目的正是为了防止疲劳破坏，因此在计算二次应力时必须考虑应力集中的影响，应该采用应力增强系数。另外，根据 ASME B31.3 的标准释义，计算一次应力可不考虑应力增强系数。主要是因为校核一次应力是为了控制管道的整体破坏，局部的应力集中对管道的整体破坏影响不大。一次应力采用弹性分析方法，认为某一点达到屈服管道失效，已经非常保守，如果在考虑应力集中的影响将导致过分保守。

确定应力增强系数可采用疲劳试验和数值分析两种方法。

①疲劳试验方法。是确定应力增强系数的直接方法，也是基本方法。按照一系列不同应力幅对直管和管件进行一系列疲劳试验，并根据试验结果，通过拟合得到直管和管件疲劳曲线表达式，见式 1.5.4。

$$S_{\frac{直管}{管件}} \cdot N^{n}=C \tag{1.5.4}$$

式中 $S_{\frac{直管}{管件}}$——循环应力幅，等于破坏点的弯矩幅值除以直管的抗弯的抗弯截面模量；

N——达到破坏时的循环次数；

C、n——材料常数。

②数值分析法。应用计算机程序进行详细的局部应力分析确定应力增强系数，有限元法是最为有效的一种方法。一般首先采用有限元法对特殊管件进行分析，得到应力集中系数，再求得应力增强系数等于应力集中系数的一半。

数值分析法步骤：建立管件有限元分析模型；提取峰值应力强度和基准应力；计算应力集中系数；应力增强系数取应力集中系数的 1/2。

这是因为依据规范进行柔性分析计算的弯曲载荷引起的应力范围约是峰值应力范围的一半。对于典型的对焊管的焊接接头，其应力集中系数为 2。由于应力是与对焊管的疲劳曲线相比较，计算得到的是实际峰值应力范围的一半。因此，理论应力，例如弯头中由弯曲载荷产生的应力，是按规范进行管道柔性分析计算的应力的 2 倍。

柔度系数和应力增强系数是在进行管道柔性设计中考虑弯管、三通等管件柔性和应力的影响所采用的系数。管道中的弯管在弯矩作用下与直管相比较，其刚度降低柔性增大，同时应力也将增加，因此，在计算管件时就要考虑它的柔度系数和应力增强系数。而管道中的三通等管件，由于存在局部应力集中，在验算这些管件的应力时，则采用了应力增强系数。

管道在内压、自重、外载和热胀等荷载的作用下在弯管、三通等薄壁管件上将产生局部应力集中。许多学者在研究柔性系数的同时，研究了与之相关联的应力增强系数。弯管的应力增强系数是指弯管在弯矩作用下的最大弯曲应力和直管受同样弯矩时的最大弯曲应力的比值。柔度系数和应力增强系数的数值见本书附录四。

五、焊接接头系数

焊接接头系数的数值见本书附录五。

六、蠕变和应力松弛

蠕变是指金属在高温和应力同时作用下，应力保持不变，其非弹性变形随时间的延长缓慢增加的现象。高温、应力和时间是蠕变发生的三要素。应力越大、温度越高，且在高温下停留时间越长则蠕变越甚。

应力松弛是指在高温下工作的金属构件，在总变形量不变的条件下，其弹性变形随时间的延长不断转变成非弹性变形，从而引起金属中应力逐步下降并趋于一个稳定值的现象。

蠕变和应力松弛两种现象的实质是相同的，都是高温下随时间发生的非弹性变形的积累过程。所不同的是应力松弛是在总变形量一定的特定条件下一部分弹性变形转化为非弹性变形；而蠕变则是在恒定应力长期作用下直接产生非弹性变形。

七、四种强度理论

工程中，很少有管子仅承受单一的拉压、剪切、扭转或弯曲荷载，而多是两种或多种荷载同时作用，这样就使得应力的求解变得复杂起来。

与简单的拉压、剪切、扭转和弯曲相比，它的难点主要是表现在以下两个方面：一是管子中各点的应力求解困难，此时因涉及的未知变量较多，建立的相应静力平衡方程、物理方程和几何方程较多，求解这些方程的计算工作十分浩繁；二是管子中的各点可能同时承受三个方向的主应力和六个面上的剪应力，这些应力对材料的强度都将产生影响。此时如何建立与许多应力有关的强度校核公式是十分棘手的，它既不能像简单变形形式那样用单一的强度指标进行判断，又不能对各个应力分别施以判断，这样做也是不现实的。

第一强度理论——最大拉应力理论，其当量应力 $S=\sigma_1$。它认为引起材料断裂破坏的主要因素是最大拉应力。亦即不论材料处于何种应力状态，只要最大拉应力达到材料单向拉伸断裂时的最大应力值，材料即发生断裂破坏。

第二强度理论——最大伸长线应变理论，其当量应力 $S=\sigma_1-\mu(\sigma_2+\sigma_3)$。它认为引起材料断裂破坏的主要因素是最大伸长线应变。亦即不论材料处于何种应力状态，只要最大伸长线应变达到材料单向拉伸断裂时的最大应变值，材料即发生断裂破坏。

第三强度理论——最大剪应力理论，其当量应力 $S=\sigma_1-\sigma_3$。它认为引起材料屈服破坏的主要因素是最大剪应力。亦即不论材料处于何种应力状态，只要最大剪应力达到材料屈服时的最大剪应力值，材料即发生屈服破坏。

第四强度理论——变形能理论，其当量应力为：

$$S=\frac{1}{\sqrt{2}}\sqrt{(\sigma_1-\sigma_2)^2+(\sigma_2-\sigma_3)^2+(\sigma_3-\sigma_1)^2} \tag{1.5.5}$$

它认为引起材料屈服破坏的主要因素是材料内的变形能。亦即不论材料处于何种应力状态，只要其内部积累的变形能达到材料单向拉伸屈服时的变形能值，材料即发生屈服破坏。

脆性材料，如铸铁、石墨、混凝土、玻璃等在通常情况下以断裂失效形式破坏，宜采用第一和第二强度理论；塑性材料，如碳钢、铜、铝等，在通常情况下以屈服失效形式破坏，宜采用第三和第四强度理论。第三和第四强度理论都适用于塑性材料，考虑的都是屈服失效破坏。第三强度理论中未考虑 σ_2 的影响，第四强度理论考虑全面，更加精确，与第四强度理论相比，第三强度理论表达形式简单，并在一定情况下与实验结果相比偏于安全，能足够精确地应用于工程实际。在管道强度设计中主要采用最大剪应力强度理论。

八、弹性变形和塑性变形

构件或物体在外力作用下产生变形，当外力除去后能完全恢复其原有形状，不遗留外力作用过的任何痕迹，这种变形称为弹性变形。

构件或物体在外力作用下产生变形，当外力去除后，构件或物体的形状不能复原，即遗留了外力作用下的残余变形，这种变形称为塑性变形。

九、弹性体的应力与虎克定律

弹性体的应力与应变服从广义虎克定律，其具体表达式如下：

$$\varepsilon_x=\frac{1}{E}\left[\sigma_x-\nu\left(\sigma_y+\sigma_z\right)\right];$$

$$\varepsilon_y=\frac{1}{E}\left[\sigma_y-\nu\left(\sigma_z+\sigma_z\right)\right];$$

$$\varepsilon_z=\frac{1}{E}\left[\sigma_z-\nu\left(\sigma_x+\sigma_y\right)\right]$$

$$\gamma_{xy}=\frac{\tau_{xy}}{G};\ \gamma_{yz}=\frac{\tau_{yz}}{G};\ \gamma_{zx}=\frac{\tau_{zx}}{G}$$

式中　ε_x、ε_y、ε_z——x、y、z 三个方向的线应变；

σ_x、σ_y、σ_z——x、y、z 三个方向的正应力；

γ_{xy}、γ_{yz}、γ_{zx}——xy、yz、zx 三个平面内的剪应变；

τ_{xy}、τ_{yz}、τ_{zx}——xy、yz、zx 三个平面内的剪应力；

E——材料的弹性模量；

ν——材料的泊松比；

G——材料的剪切弹性模量。

G 与 E 和 ν 之间有如下关系：$G=\dfrac{E}{2(1+\nu)}$

十、应力腐蚀断裂

应力腐蚀断裂(Stress Corrosion Cracking，SCC)是指金属材料在拉应力和特定介质共同作用下所引起的断裂，是由自身残余或外加应力导致的应变和腐蚀环境联合作用产生的材料破坏过程。一般均穿过晶粒(金属晶粒指在液态金属冷却凝固过程中，金属原子形成的若干以晶核为核心按照一定的规则不断地排列起来的晶体)，即所谓穿晶腐蚀，易导致管道泄漏。应力腐蚀具有以下特征：

①敏感金属：一般纯金属管道不会发生 SCC，只有含有杂质或者合金才可能发生 SCC。

②介质：对一定成分的合金，只有在特定组织环境介质中才发生应力腐蚀断裂。特定组织环境(包括腐蚀介质性质、浓度、温度)，特定材料对于特定的溶液介质，才能发生应力腐蚀。例如，奥氏体不锈钢-Cl 离子溶液、低合金高强度钢-潮湿大气中。

③应力：必须有应力特别是拉应力的作用，远低于材料的屈服强度，应力腐蚀造成的破坏是脆性断裂。

④速度：应力腐蚀断裂速度约为 $10^{-8}\sim10^{-6}$ m/s 数量级范围内，远大于没有应力时的腐蚀速度，又远小于单纯力学因素引起的断裂速度。整个断裂时间，短则几分钟长则达数年，应力降低则断裂时间延长。

产生应力腐蚀的材料和介质组合见表 1.5.1。

表 1.5.1　产生应力腐蚀的材料和介质组合

金属或合金	化学介质
碳钢和低碳钢	氢氧化钠溶液、硝酸盐溶液、(硅酸钠＋硝酸钠)溶液、海水等
高铬钢	NaCl 溶液、海水、H_2S 水溶液
奥氏体不锈钢	氯化物水溶液、熔融氯化物、海水
铜和铜合金	氨蒸气、汞盐溶液、含氨气体、含氨离子水溶液
镍和镍合金	NaOH 水溶液
蒙乃尔	氢氟酸、氟硅酸
铝合金	熔融 NaCl、NaCl 水溶液、海水、水蒸气、含 SO_2 大气
铅	$Pb(AC)_2$ 熔液
镁	海洋大气、蒸馏水、$KCl-K_2CrO_4$ 熔液

为了消除应力腐蚀断裂常采取以下措施：合理选材；使用涂层，使材料与腐蚀介质环境

隔开；改善介质环境；电化学保护；消除应力，本条是本书重点强调的。例如，优化管道布置设计，减小管道应力集中和避免腐蚀介质的积存。在管道部件的加工、制造和安装中尽量避免产生较大的残余应力，可通过热处理、表面喷丸等方法消除残余应力。

某新建工厂巡检人员发现某在运行大口径管道底部有裂纹并不断泄漏流体介质，迅速对有关装置进行停车并采取安全防护措施，及时避免了一起更重大的事故发生。经检查发现，此管道断断续续有裂纹的长度约60m，是配管的下袋形位置，在运行时有流体介质积存，这段管子应力也比较集中，有关装置排出的流体温度也特殊，多种因素造成了这起SCC事故的发生。

第六节 管道应力分析常用标准规范

一、国家标准规范

GB 50316《工业金属管道设计规范》——公称压力小于或等于42MPa的工业金属管道及非金属衬里的工业金属管道

GB/T 150《压力容器》

GB/T 12777《金属波纹管膨胀节通用技术条件》

GB 50253《输油管道工程设计规范》

GB 50251《输气管道工程设计规范》

GB/T 17116《管道支吊架》

NB/T 47038《恒力弹簧支吊架》

NB/T 47039《可变弹簧支吊架》

GB/T 20801《压力管道规范 工业管道》

二、石油化工行业标准规范

SH/T 3041《石油化工管道柔性设计规范》

SH/T 3073《石油化工管道支吊架设计规范》

SH/T 3059《石油化工管道设计器材选用规范》

SH/T 3039《石油化工非埋地管道抗震设计规范》

SH/T 3055《石油化工管架设计规范》

三、机械行业标准规范

NB/T 47039《可变弹簧支吊架》

NB/T 47038《恒力弹簧支吊架》

四、化工行业标准规范

HG/T 20645《化工装置管道机械设计规定》

HG/T 21629《管架标准图》

HG/T 20644《变力弹簧支吊架》

五、电力行业标准规范

DL/T 5054《火力发电厂汽水管道设计规范》

DL/T 5366《发电厂汽水管道应力计算技术规程》

六、美国机械工程师学会标准规范

ASME B31.3 Process Piping 工艺管道——基于炼油、化工、制药、纺织、造纸、半导

体和制冷工厂，以及相关的工艺装置和终端设备的管道

ASME B31.1 Power Piping 动力管道——基于发电站、工业设备和公共设施电厂、地热系统，以及集中及分区的供热和供冷系统的管道

ASME B31.4 Liquid Transmission and Distribution Piping Systems 液态烃和其他液体的输送管线系统——针对工厂与终端设备间以及终端设备、泵站、控制站和计量站内输送主要为液体产品的管道

ASME B31.8 Gas Transmission and Distribution Piping Systems 气体输送和分配的管道系统——生产厂与终端设备(包括压气机、控制站和计量站)间输送主要为气体产品的管道、气体收集管线

ASME B31.11 Slurry Transportation Piping Systems 浆液输送管道系统——生产厂与终端设备间以及终端设备、泵站和控制站内输送含水浆液的管道

七、美国石油学会标准规范

API 560 Fired Heaters for General Refinery Services，一般炼油厂用火加热器

API 610 Centrifugal Pumps for Petroleum，Chemical，and Gas Service Indusries，离心泵管口的允许荷载可参考的规定

API 617 Centrifugal Corpressors for Petroleum，Chemical，and Gas Service Indusries，离心压缩机管口的允许荷载可参考的规定

API 618 Reciprocating Compressors for Petroleum，Chemical，and Gas Industry Services，往复式压缩机进出口管道的压力脉动和振动控制可参考的规定

API 619 Rotary Type Positive Displacement Compressors for Petroleum，Chemical，and Gas Service Industries，螺杆式压缩机管口的允许荷载可参考的规定

API 661 Air-Cooled Heat Exchangers for General Refinery Services，包含管道作用于空冷器管口的荷载要求，规定比较保守，仅作为参考

API 674 Positive Displacement Pumps——Reciprocating，往复泵进出口管道的压力脉动和振动控制可参考的规定

八、NEMA 标准规范

NEMA SM23 Steam Turbines for Mechanical Drive Service，汽轮机管口的允许荷载可参考的规定

九、MSS 标准规范

MSS SP-58 Materials and Design of Pipe Supports 管架的材料与设计

MSS SP-69 Selection and Application of Pipe Supports 管架的选用与应用

MSS SP-89 Fabrication and Installation of Pipe Supports 管架的制造与安装

十、英国标准规范

BS 3974 Specication for Pipe Supports，Parts 1，2，and 3 管架规范 1，2 和 3 部分

第七节 管道专业设计人资质一般要求

一、美国国家标准对管道设计人资质的要求

美国国家标准 ASME B31 对管道设计人资格的规定，见 ASME B31.3 的 A301.1 管道设计师资格评定：管道工程师是管道系统工程设计的责任人员，并应对本规范有实践经验，设计师的资格评定和要求的经验取决于系统的复杂和严重程度以及个人经验的体现。如果个人的经历不符合任何下列准则之一，就要求业主认可、批准。

①完成不少于 4 年的全日制学位学习，并且需要不少于 5 年有关管道的设计经验。

②当地执法部门承认的专业工程师注册以及相关管道设计经验。

③完成不少于 2 年的全日制助理工程师级学习，加上不少于 10 年有关管道的设计经验。

④有关管道设计经验不少于 15 年，具有丰富的配管设计经验以及符合相关管道的设计经验，包括对压力、持续和临时载荷及管道柔性的设计计算经验。

二、我国国家标准对管道设计人资质的要求

我国颁布了 TSG 07《特种设备生产和充装单位许可规则》，该法规替代原 TSG R1001《压力管道设计许可规则》，要求如下：

审定人员具有 8 年以上压力管道设计审核工作经历，具有高级职称。

审核人员具有 5 年以上压力管道设计校核工作经历，具有中级职称。

校核人员具有 3 年以上压力管道设计工作经历，具有初级职称。

设计人员具有 1 年以上压力管道设实习工作经历，具有助理工程师职称。

TSG 07 规定管道专业负责人需具备高级职称。有的设计单位要求工程项目管道专业负责人必须具备审定资格。

按照 TSG 07 标准最低要求，一名管道设计人员，按照研究生 25 岁毕业从事压力管道设计工作，最快 26 岁获得设计资格，29 岁获得校核资格，34 岁可获得审核资格，如果一切顺利的话，在工作的第 17 年，也就是 42 岁时，方可获得审定资格。企业标准常比国家最低标准要求更加严格一些，例如，有一些设计单位为了保证设计质量，要求各级资质管道设计人员，工作年限比国家最低标准多 1～3 年，并在学历、经历、专业论文等方面有条件要求。

笔者调研某国外设计单位的资质要求，他们对于管道设计人的资质、学历、论文等方面要求比 ASME 更加严格。

第二章　计算机辅助应力分析软件

第一节　计算机辅助应力分析综述

一、计算机辅助应力分析特点与假设

计算机程序计算具有方便、快捷和计算结果准确、精度高等特点，因而被广泛采用。在建立程序的数字模型时，往往遵循以下假设，使数模既适用又得到合理简化。即认为管系材料完全具有如下特性：

① 弹性(服从虎克定律)；

② 连续性(视为连续整体，可用连续函数描述)；

③ 均匀性(具有相同的弹性性质，与位置无关)；

④ 同向性(各方向上具有相同的物理性质)。

在工程设计中，对管系的应力分析计算往往比较复杂，除所使用程序规定的要求外，还要注意对特殊节点的处理(如固定支架点、连接设备的端点均视其为绝对刚性)和构成独立管系的划分，以适应程序的功能要求。

二、计算流程(图 2.1.1)

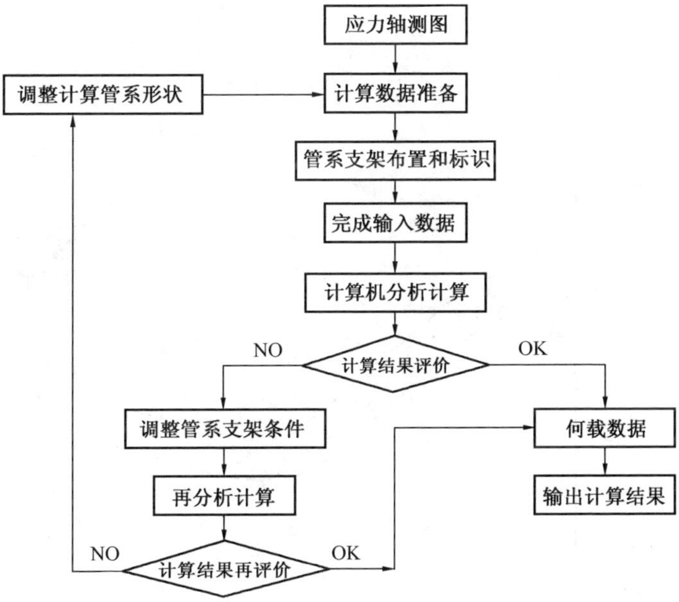

图 2.1.1　计算流程框图

三、计算机辅助应力分析注意事项

在工程设计中，一般不使用未批准的计算机程序。

当程序数模建立在线弹性理论基础上时，程序功能往往未考虑应力松弛和应变自均衡，

因此，对固定点的推力和力矩以及对约束点反力和力矩的计算值可能会大于实际值。

当程序中的某些假定条件(如未考虑约束点摩擦力；固定支架和固定端点为安全刚性/刚度非常大等)与管系的实际情况不一致时，应明确予以判断。设计者或程序使用者，应能全面、准确地对具体情况作出分析和判断并运用成功的经验，对计算结果作出合理和有效处理，达到在保证安全可靠的前提下，使费用得以控制。

管道设计过程中，尽量结合图表法、经验法、Excel公式表算法等快捷方法快速得出设计结果，可尽可能少使用和依赖专业的计算机辅助应力分析软件，以节省工程项目的工作时间和大型应力计算软件的使用费用。笔者曾遇到，用软件计算某节点应力非常大，但是客观上，这个节点应力非常小，是因为计算机软件不能全面客观地模拟实际，必须依赖管道设计人的知识和经验来评判才可。

四、应力分析中需要注意的边界条件

(1) 与卧式容器连接的管道应力分析要注意换热器的固定端和滑动段的相对位置，在设备专业允许的情况下，根据管道走向，恰当调换卧式容器的固定段和滑动段的位置，有时会明显减少对设备的管口和限制性支架的作用力。

(2) 卧式容器的支承在模拟时，如图 2.1.2 不能简单地在 1020 点给出 ANC(固定架)，在 1030 点给出简单的约束+Y，应根据容器的直径将中心点 1020 以无重量的刚性件方式延伸至容器外壁 1021，温度与这段设备的温度相同，并对 1021 做 ANC(固定架)，当容器的鞍座比较高时，还需再将 1021 点以无重量的刚性件方式延伸相应长度，对端点做 ANC(固定架)，温度与环境温度相同。容器的另一端为滑动段，需根据容器的实际约束形式按照固定端的模拟方式进行约束。

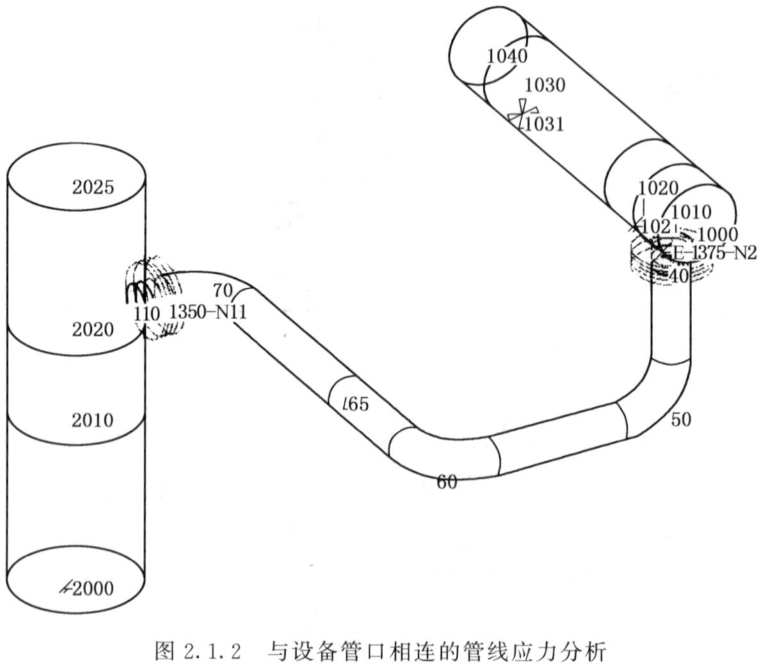

图 2.1.2 与设备管口相连的管线应力分析

(3) 与设备管口相连的管线，不能简单地把设备管口做 ANC(固定架)进行模拟计算，这样的计算结果和实际情况有较大出入。应将设备与管线一同模拟到模型中，常规的设备可以用相同直径和壁厚的管线方式来模拟代替。管线与设备同轴线时，相连的地方可以简单地用 CNODE 方式连接，如果管线与设备不是同轴线，需要将管线端点与设备中心线上的点用无重量的刚性件来连接。例如图 2.1.2 立式设备的 N11 管口的模拟，2000 点至 2025 点模拟的是设备，2000 点作为设备的基础，做 ANC(固定架)，自 2020 点引无重量的刚性件至设备外壁 110 点，将 110 点 ANC 并且 CNODE 点 111，111 点是管线与设备壁连接点，这样就可以通过计算比较真实的计算出设备管口的受力情况。

第二节　管道应力分析计算机软件 AutoPIPE

一、AutoPIPE 简介

在国际公认的管道应力分析程序中，AutoPIPE 是应用最广泛的软件之一，它通过了美国核规范的严格论证。通过该软件的应用，使国内的管道应力分析工作，无论在标准规范的应用还是软件工具方面，与发达的工业化国家进入同步阶段，提高国内管道应力分析的水平，实现了无障碍国际合作。

AutoPIPE 是有美国 Bentley 公司研制开发的专业管道应力分析软件。它被广泛应用于石油、石化、化工、电力、钢铁等行业。AutoPIPE 是以梁单元模型为基础的有限元分析程序，具有在线帮助、图形显示以及纠错等功能，可以用于分析大型管系、钢结构或二者相结合的模型。AutoPIPE 既能够进行静力分析也能够进行动力分析和埋地管道的分析(埋地管道的分析已经通过美国土木工程师协会严格论证)；它不但可以根据 ASME B31 系列以及其他国际标准进行应力校核，还可以按照 WRC、API、NEMA 标准进行静设备和动设备的受力校核；它与多种 CAD 绘图软件具有数据接口。AutoPIPE 具有丰富的材料库；管件参数及支架的输入直观、方便。该程序既可以计算架空管道，也可以用于计算埋地和海洋管道的计算和分析。

二、AutoPIPE 软件的应用

AutoPIPE 是一套直接基于 Windows 操作平台的工程分析软件，包括静态和动态条件下管线应力的计算、法兰分析、管道支吊架设计、设备管口荷载分析。AutoPIPE 成为了为数不多基于管道设计并且通过了美国核规范严格认证的单机软件之一。AutoPIPE 专为工业管道系统设计所开发，应用标准的 Windows 技术，包括面向对象的可视化图形界面技术和 CAD 接口界面来快速方便的建立管道及其附属的钢结构模型，如图 2.2.1 所示。

由于极限的管道荷载通常由管道支吊架、法兰或设备等因素影响，因此 AutoPIPE 集成了 ASME、BS、API、NEMA、ANSI、ASCE、AISC、UBC、WRC 和 BS5500 等组织制定的标准来分析和设计管道系统的应力、变形位移、反力和弯矩，并可将结果传输到其他系统进行法兰荷载、设备荷载及管口局部应力的分析，从而进行整个系统的分析。

AutoPIPE 的出现是为了满足工程公司对工业的管道系统设计的需求，利用窗口的标准指令，而不是基于其他图形技术的导入和 CAD 界面，使用户能够快而容易设计、修改和查看管道和结构的模型以及分析的结果。

建模时，模型的图形化显示，立即提供视觉的反馈。AutoPIPE 可以进行广泛的错误检查，例如，当数据正被错误的输入，AutoPIPE 就会提醒用户数据不符合管道的设计标准。使用图形化的显示所选择的 AutoPIPE 的管道出来，用户能对其进行插入、删除或修改管道的材料、支承或偏移整个范围内的点。图形化的显示所选择到的管道同样适用于剪切、复制和粘贴操作。

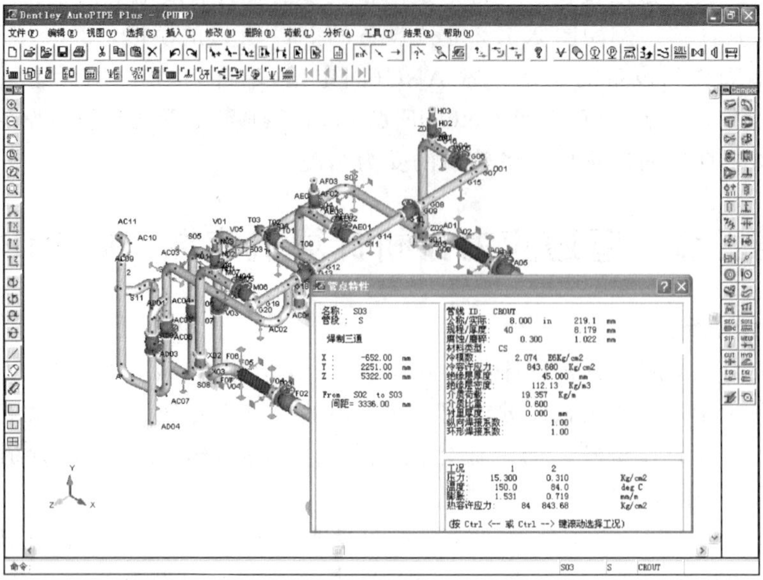

图 2.2.1

三、模型初始化参数输入

1. 模型基本属性录入

模型基本属性包括：项目名称、审核人员名称、管线标准、输入和输出的单位制、垂直轴向的坐标轴、计算的温度和压力工况数、环境温度，以及所使用的材料和组件库，如图 2.2.2 所示。

2. 模型管线属性的定义

管线的属性包括：管线的名称、管径、壁厚、腐蚀裕量、厚度负偏差、隔热层的厚度和材料、介质的重量以及管线的材料等，如图 2.2.3 所示。

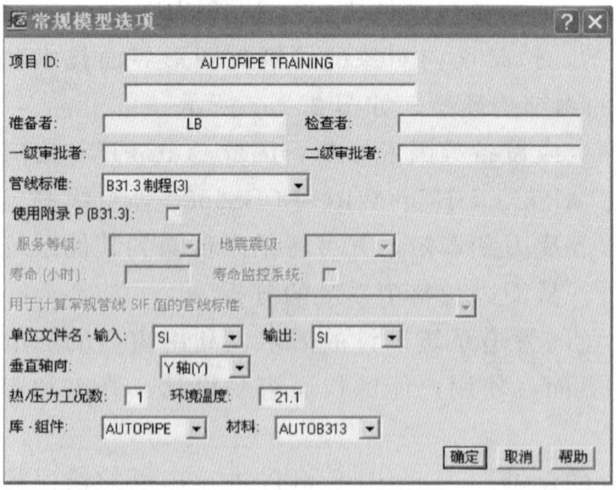

图 2.2.2

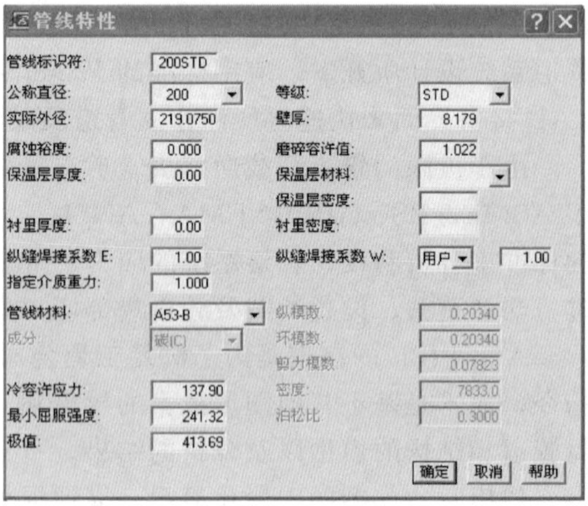

图 2.2.3

3. 管线操作工况的定义

计算的温度和压力，其他参数根据材料的特性自动从材料库里面提取，当然也可以手工修改，如图 2.2.4 所示。

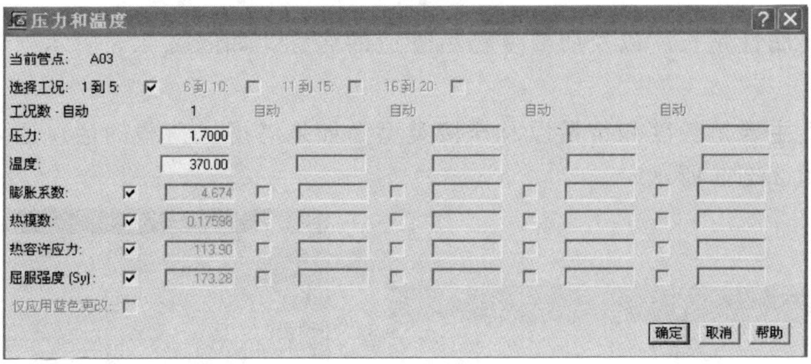

图 2.2.4

四、模型构件的建模

构件包括了管件、管支架和钢结构等，通过这些管件把整个模型的三维模型搭建起来，如图 2.2.5 所示。

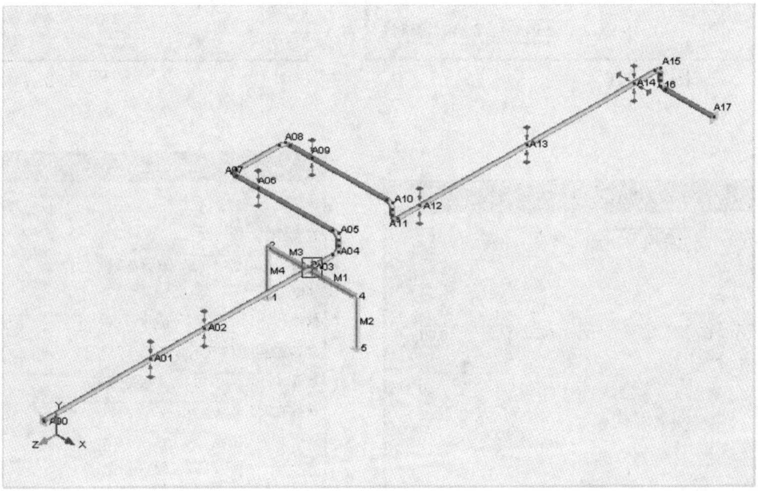

图 2.2.5

1. 管件模型的建立

管件模型包括直管、弯头、大小头和三通等。

(1) 弯头

弯头半径默认都是长半径弯头(1.5D)，用户可以直接输入弯头的曲率半径，如图 2.2.6 所示。

(2) 三通

三通处只设一个节点编号，三通组件里面也可以选择四通。

注意此处的三通实际上指的是管道的分支管连接，软件总共了六种支管连接形式，分别为带补强圈的开孔连接；不带补强圈的开孔连接；标准对焊三通；嵌入式加强支管；对焊支管台；挤压成型对焊三通。不同的接管形式，应力增强系数是不同的，各种支管连接方式的应力增强系数在指明类型后，软件将自动计算应力增强系数。如果特殊三通类型，用户也可以直接输入平面内和平面外的应力增强系数，如图 2.2.7 所示。

(3) 大小头

大小头主要属性是长度以及所要变径后管道的名称，如图 2.2.8 所示。

(4) 阀门

阀门的属性主要是长度和重量以及连接类型。如果考虑风荷载的话，还要注意表面积系数的输入，如图 2.2.9 所示。

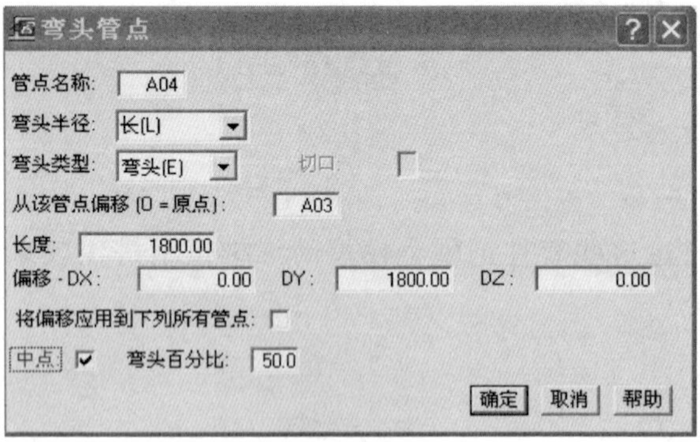

图 2.2.6

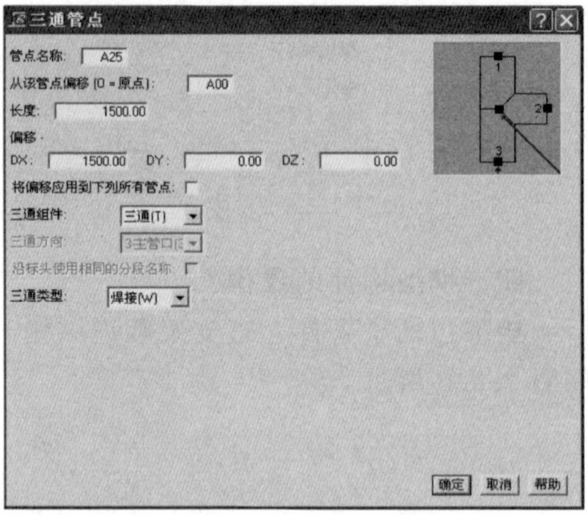

图 2.2.7

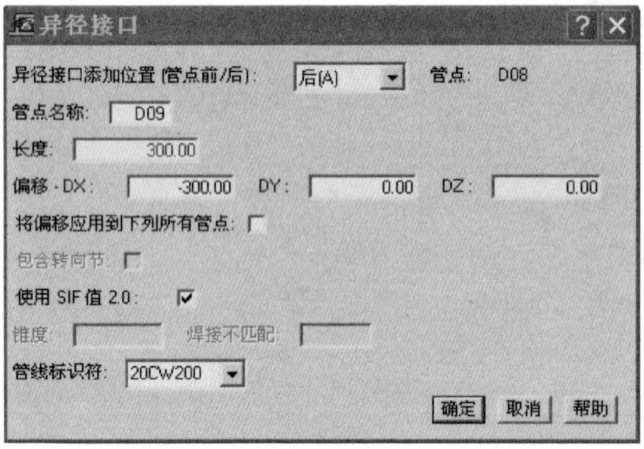

图 2.2.8

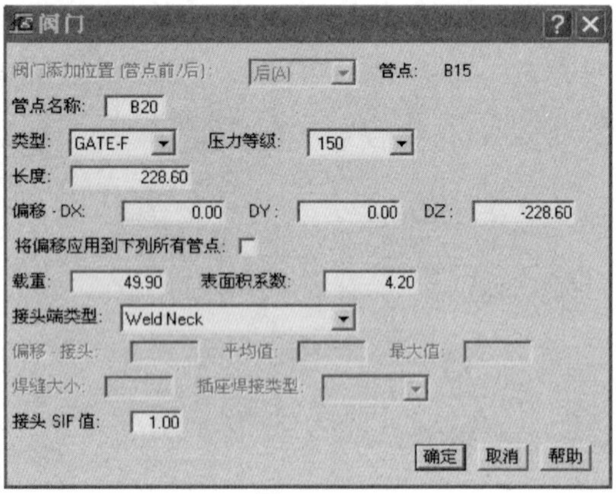

图 2.2.9

阀门在分析的时候考虑成了刚性件，所以在这里阀门类型对应力分析是没有作用的。

(5) 法兰

法兰主要考虑了重量，在 AutoPIPE 里面法兰没有长度。法兰的参数中重要的是重量和接头连接形式，如图 2.2.10 所示。

(6) 膨胀节

膨胀节的数据包括轴向刚度、横向刚度、弯曲刚度和扭转刚度，以及重量和有效面积。AutoPIPE 可以模拟各种膨胀节的类型，如图 2.2.11 所示。

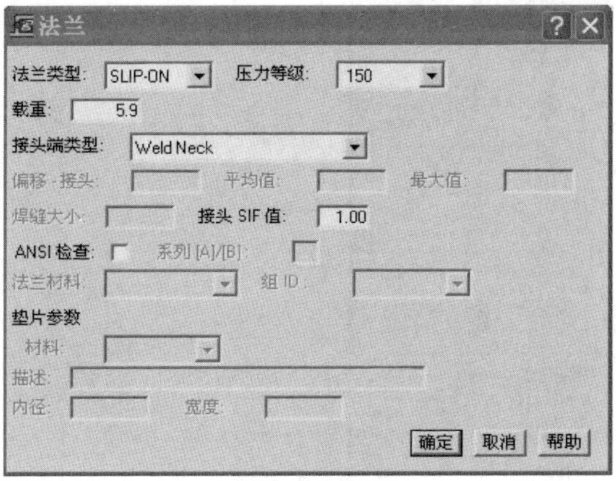

图 2.2.10

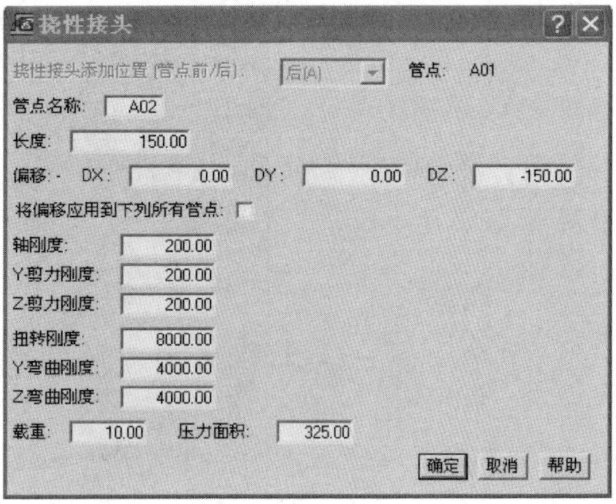

图 2.2.11

2. 管支架模型的建立(表 2.2.1、图 2.2.12)

表 2.2.1

种类	支撑类型	描述	限制方位	功能划分
弹簧	Spring	可变弹簧	只限制竖向	承重支架
	Constant	恒力弹簧	只限制竖向	
约束	V-stop	刚性支吊架	只限制竖向	
	Incline	斜向支承	自定义方向	限制性支架
	Line Stop	轴向限位支架	平行管道	
	Guide	导向支架	垂直管道	
	Rotation	转动限位支架	自定义方向	
连接	Damper	振动阻尼器/减振器	自定义方向	防振支架
	Tie/link	两点间的连接支承	两点间的轴线方向	限制性支架

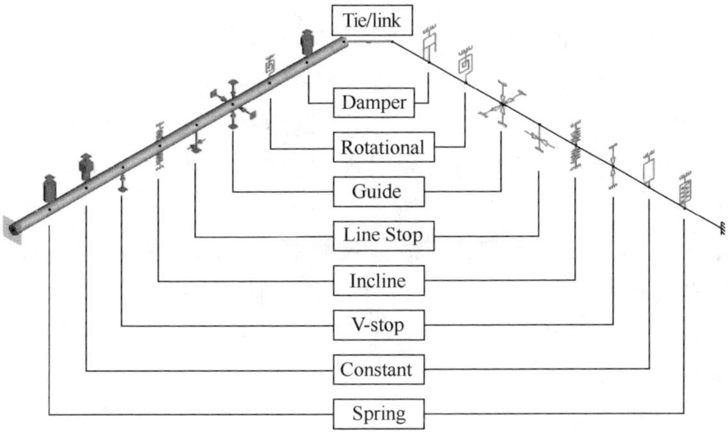

图 2.2.12

固定座比较特殊，属于约束，不属于支吊架。因为我们经常在接口设置为固定座，并且考虑热固定座的位移(管口的附加位移，以及地基的不均匀沉降)，如图 2.2.13 所示。

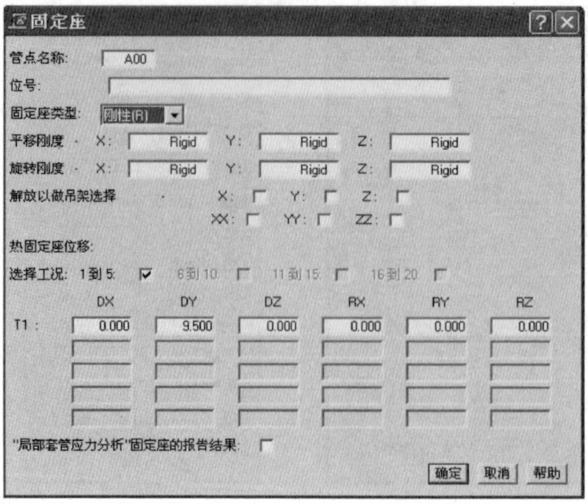

图 2.2.13

3. 钢结构模型的建立(图 **2.2.14**，图 **2.2.15**)

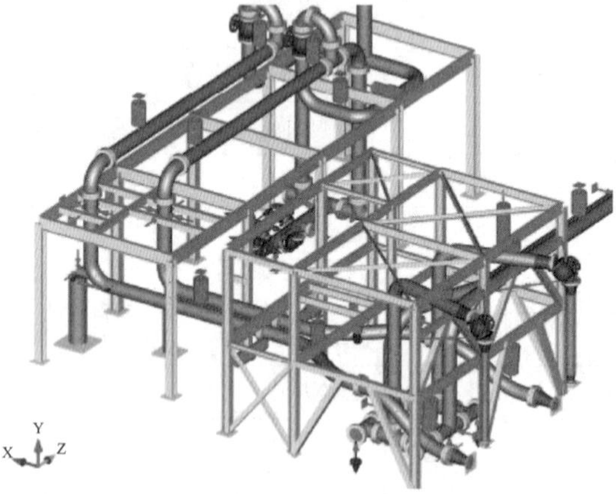

图 2.2.14　钢结构模型的建立

图 2.2.15　钢结构模型的建立相应的工程照片

AutoPIPE 提供了内置的钢结构框架分析，用户可将结构支承考虑为管道系统的一个部分进行分析。AutoPIPE 内置有 STAAD(专业的结构分析软件，广泛用于石化、化工和电力等行业)的型钢库，用户也可自定义型钢库。对于钢结构框架，在程序中和管道模型一样采用直观的可视化图形用户界面，用户可直观对模型和荷载条件进行定义。

4. 附加荷载的输入

附加荷载包括了地震荷载、风荷载、波浪荷载等，如图 2.2.16 所示。

浮力和波浪荷载是专门针对海洋管线设计的，流体瞬态是专门针对水锤和汽锤特殊工况，蒸汽安全主要针对的是安全阀泄放的问题。只需要简单的输入一些工艺参数，水锤、汽锤和安全阀反力都可以自动计算得到。

五、模型分析和计算类型

1. 管道静力分析

程序的运行由计算机自动完成，应力分析人员所要做的主要是错误检查修正和计算工况的组合。

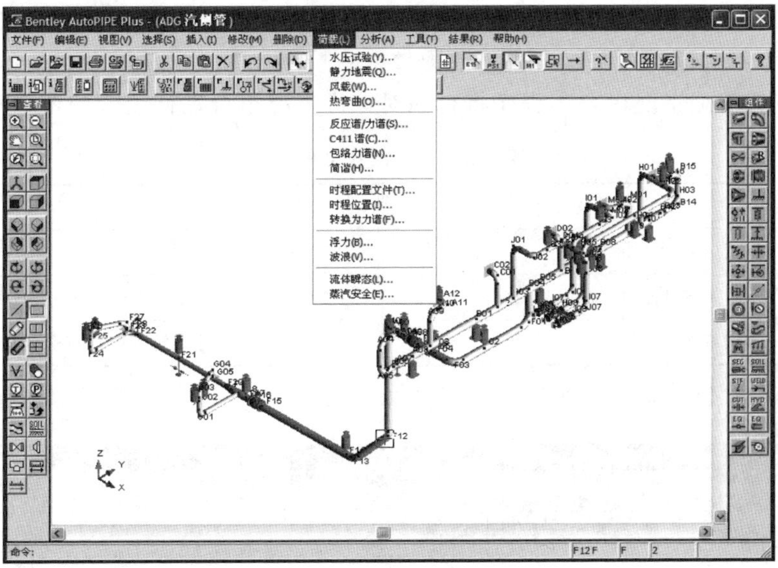

图 2.2.16

(1) 原始输入数据的检查

通常在输入一个新的管系数据后，经常会存在一些数据错误。当程序进行计算时，会自动对某些不符合逻辑的错误会提出警告或错误信息，此时应力分析人员应根据警告或错误信息的内容检查原始数据并进行更正。同时，分析人员也要检查一下计算温度和压力，以及尺寸等信息是否正确，用户可以利用程序的输入网格，并且结合图形来很好的检查，如图 2.2.17 所示。

检查组件数据

从	到	组件	长度 mm	分段	X 向偏移 mm	Y 向偏移 mm	Z 向偏移 mm	全局 X mm	全局 Y mm	全局 Z mm
Origi	A00	Point		A						
A00	A01	Run	300.00	A			-300.00			-300.00
A01	A02	Flex. Join	150.00	A			-150.00			-450.00
A02	A03	Bend	400.00	A			-400.00			-850.00
A03	A04	Bend	1800.0	A		1800.00			1800.00	-850.00
A04	A05	Bend	848.53	A	600.00		-600.00	600.00	1800.00	-1450.0
A05	A06	Run	1800.0	A			-1800.00	600.00	1800.00	-3250.0
A06	A07	Bend	1800.0	A			-1800.00	600.00	1800.00	-5050.0
A07	A08	Bend	1350.0	A		-1350.00		600.00	450.00	-5050.0
A08	A09	Bend	1350.0	A	1350.00			1950.00	450.00	-5050.0
A09	A10	Run	450.00	A		-450.00		1950.00	-0.00	-5050.0
A10	A11	Run	75.00	A		-75.00		1950.00	-75.00	-5050.0
A11	A12	Nozzle	20.00	A		-20.00		1950.00	-95.00	-5050.0

压力/温度/管线 ID | 管线特性 | 管点 | 固定座 | 支架 | 三通 | 弯头 | 阀门 | 法兰 | 挠性接头 | 异径接头 | 梁 | 截面 ID | 强制位移

图 2.2.17

(2) 计算工况选择(图 2.2.18)

荷载工况的代号如表 2.2.2 所示。

① 荷载工况组合分类：

自定义荷载组合可以分为：规范荷载组合和非规范荷载组合。目的：第一，求出各种工况组合情况下的力、应力及位移；第二，按照标准规范的要求进行应力及受力校核。

② AutoPIPE 荷载工况组合分类：

SUST—持续荷载工况组合，程序将自动对该类工况组合进行持续荷载作用下的一次应力校核；

DISP—纯热态荷载工况组合，程序将自动对该类工况组合进行二次应力校核；

Occ—偶然荷载工况组合，程序将自动对该类工况组合进行偶然荷载作用下的一次应力校核；

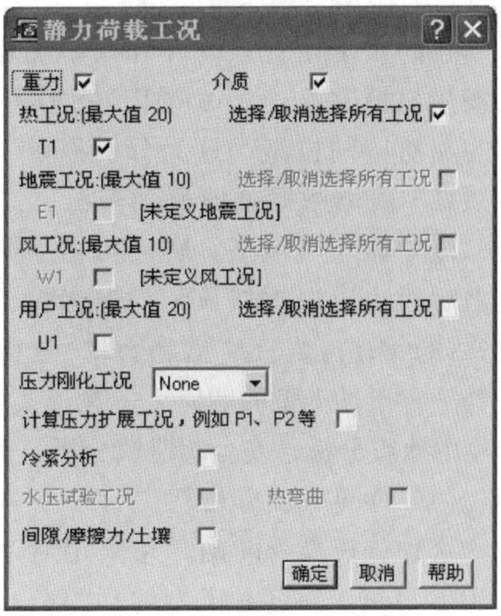

图 2.2.18 计算工况选择

Von mises—操作状态荷载工况组合，该类工况主要用于管道对支吊架和设备管口的推力的计算，程序不对该类工况组合进行应力校核；

Hoop—疲劳荷载工况组合，程序将自动对该类工况组合进行疲劳校核。

表 2.2.2 工况代号的意义

GR	重力	GR	重力
T1～T20	温度(操作)工况 1～20	W1～W10	风荷载 1～10
P1～P20	压力工况 1～20	U1～U20	自定义荷载 1～20
E1～E10	地震荷载 1～10	S1～S10	地震时支座位移引起荷载 1～10

2. 管道动力分析(图 2.2.19)

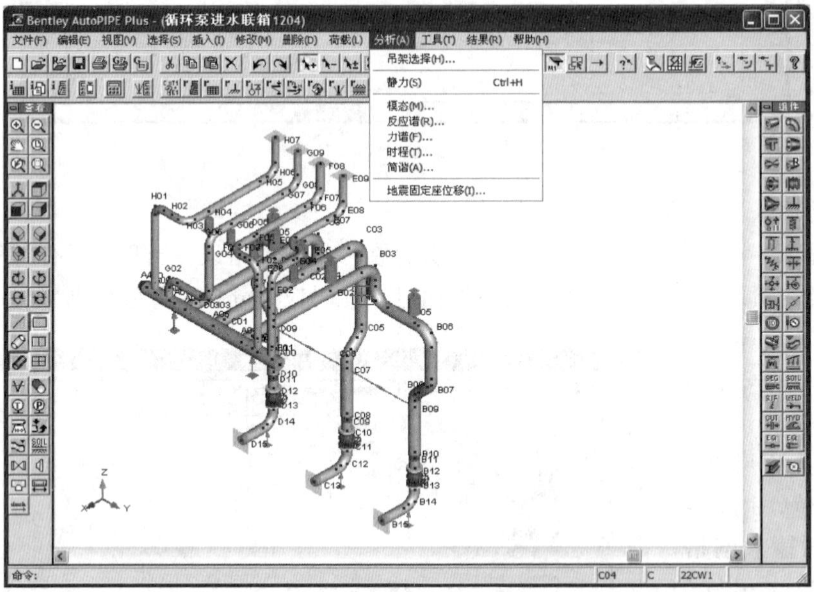

图 2.2.19

(1) 振型分析

目的是求出管系的固有频率和相应的振型。求出固有频率是为了避开激振频率，从而避免发生机械共振。AutoPIPE 不但可以求出管系的固有频率，而且可以动态显示各阶固有频率的相对应的振型，这为分析提供了很大方便。

(2) 简谐激振强迫振动分析

该功能应用包括：转动机器一起的管道振动；往复式机泵的压力脉动激振力经过适当简化之后，也可以近似认为简谐激振。

(3) 响应谱(反应谱和力谱)分析

适合于冲击型的响应——频谱类瞬态振动。管系的振动都同响应谱紧密相关。在 AutoPIPE 程序中地震分析、安全阀泄放分析、水锤分析、柱塞流分析均采用响应谱分析方法进行。

(4) 时间历程分析

这种分析最为准确。它采用对动力学方程直接进行数值积分的方法模拟系统响应。AutoPIPE 可以解决各种类型的动力分析问题，但是精确分析比其他方法费时，且需要高配置的计算机。因此采用响应谱分析等方法已能够获得足够的精度时，一般不采用该方法进行分析。

六、输出结果及安全评定

经过计算后，AutoPIPE 程序在输出结果中，将根据用户所选择的设计规范自动进行一次应力和二次应力的校核。同时程序还将输出各荷载工况组合下的以下信息：

① 弹簧报表：

弹簧选择结果

管点名称	热位移(mm)	热荷载(N)	冷荷载(N)	弹簧比率(N/mm)	荷载偏差(Percent)	弹簧大小	范围内径	总计 # 必需
A07 N	3.511	3163.4	3335.4	49.0	5.44	9	VS30	1 *
	3.511	3163.4	3249.4	24.5	2.72	9	VS60	1
	3.511	3163.4	3220.7	16.3	1.81	9	VS90	1
	3.511	3163.4	3206.4	12.2	1.36	9	VS120	1
	3.511	3163.4	3197.8	9.8	1.09	9	VS150	1
	3.511	3163.4	3192.1	8.2	0.91	9	VS180	1

② 各节点的位移和转角：

位移

管点名称	荷载组合	平移(mm)			旋转(deg)		
		X	Y	Z	X	Y	Z
A08	GR	0.000	0.000	-0.004	0.000	-0.002	0.023
	T1	0.000	0.000	-3.673	0.059	0.032	0.469
	E1	0.000	0.000	0.133	-0.004	0.001	-0.026
	E2	0.000	0.000	1.539	-0.001	0.004	-0.025
	W1	0.000	0.000	0.009	0.000	0.003	-0.004
	W2	0.000	0.000	0.001	0.000	0.000	-0.002
	GT1	0.000	0.000	-3.677	0.059	0.030	0.492
	GE1	0.000	0.000	0.129	-0.004	-0.001	-0.003
	GE2	0.000	0.000	1.535	-0.001	0.002	-0.002
	GW1	0.000	0.000	0.005	0.000	0.001	0.019
	GW2	0.000	0.000	-0.003	0.000	-0.002	0.021

③ 各约束点和端点的约束类型以及力和力矩：

管点名称	荷载组合	力(N)				力矩(N-m)			
		X	Y	Z	结果	X	Y	Z	结果
A00	Anchor	位号:	<None>						
	GR	-295	-860	87	913	-237	189	232	382
	T1	-8913	-688	6126	10837	692	4107	3013	5140
	E1	556	275	-20	620	124	-319	-276	440
	E2	-264	509	1164	1298	661	-315	268	780
	W1	4	-13	200	201	112	-42	-22	122
	W2	222	26	-11	224	16	-73	-98	123
	GT1	-9208	-1548	6213	11215	455	4296	3245	5403
	GE1	261	-585	67	644	-113	-130	-44	178
	GE2	-559	-351	1251	1414	425	-126	501	668
	GW1	-291	-873	287	964	-125	147	210	285
	GW2	-72	-834	76	841	-221	116	134	283

④ 各节点的应力：

ASME B31.3 标准规范

管点名称	荷载组合	平面内力矩 (力矩N-m)	平面外力矩	扭力力矩	S.I.F 内	S.I.F 外	Eq. no.	荷载类型	标准应力 (应力N/mm²)	标准容许值
A08	Max P						(3a)	HOOP	15	117
	GR + Max P	217	154		1.00	1.00	(18)	SUST	9	117
	Amb to T1	3608	2797	9255	1.00	1.00	(17)	DISP	74	310
	TR:AMB-T1	3608	2797	9255	1.00	1.00	(17)	DISP	74	310
	Sus. + E1	491	173		1.00	1.00	(18)	OCC	11	156
	Sus. + E2	352	380		1.00	1.00	(18)	OCC	11	156
	Sus. + W1	230	389		1.00	1.00	(18)	OCC	11	156
	Sus. + W2	228	207		1.00	1.00	(18)	OCC	9	156

AutoPIPE 程序还能够以图形方式显示各种计算结果：

(1) 规范应力比(图 2.2.20)

(2) 位移分析(图 2.2.21)

(3) 振型分析(图 2.2.22)

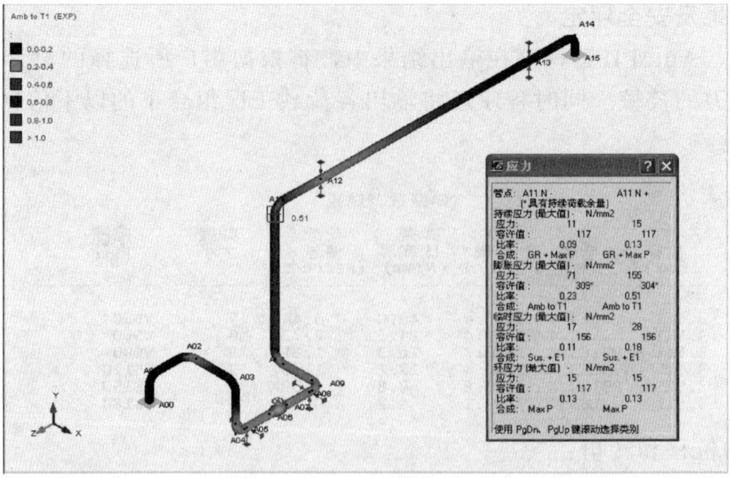

图 2.2.20 规范应力比

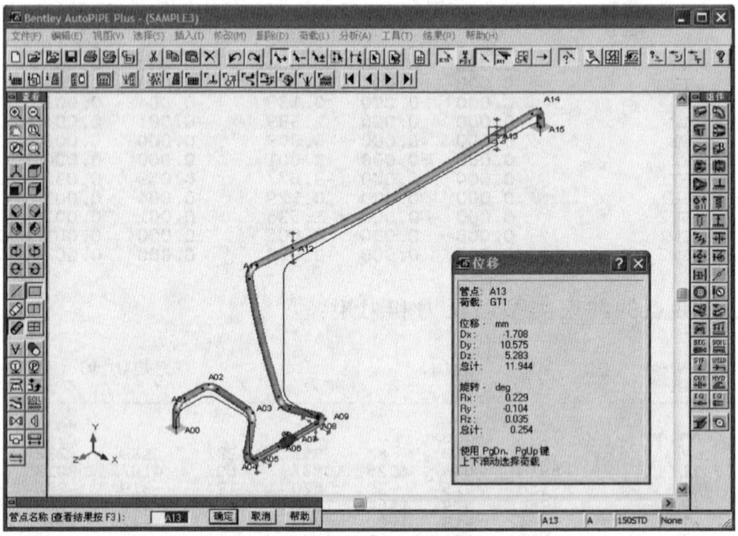

图 2.2.21 位移分析

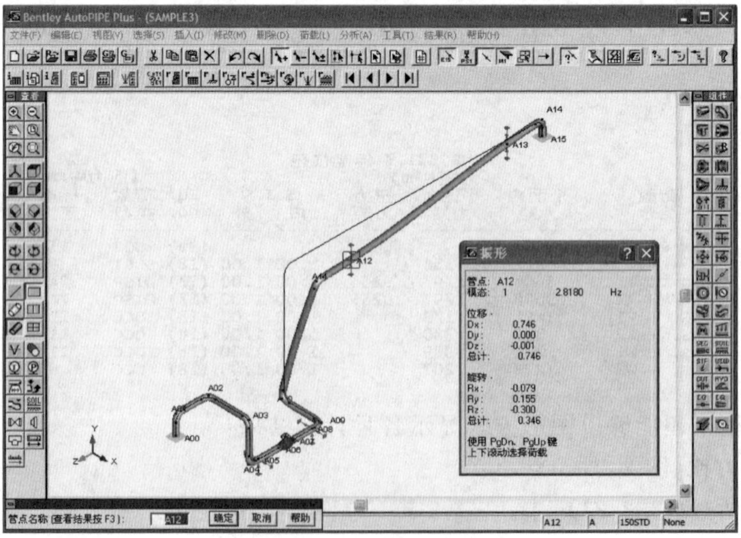

图 2.2.22 振型分析

第三节　管道应力分析计算机软件 Caesar Ⅱ

一、Caesar Ⅱ 简介

Caesar Ⅱ 管道应力分析软件是由美国 COADE 公司研发的压力管道应力分析专业软件，既可以分析计算静态分析，也可进行动态分析。Caesar Ⅱ 向用户提供完备的国际上的通用的管道设计规范，软件使用方便快捷。Caesar Ⅱ 解决的管道应力主要问题有：

① 使管道各处的应力水平在规范允许的范围内；

② 使与设备相连的管口荷载符合制造商或公认的标准（如 NEMA SM23、API 610、API 617 等标准）规定的受力条件；

③ 使与管道相连的容器处局部应力保持在 ASME 第Ⅷ卷许用应力范围内；

④ 计算出各约束处所受的荷载；

⑤ 确定各种工况下管道的位移；

⑥ 解决管道动力学问题，如机械振动、水锤、地震、减压阀泄放等；

⑦ 帮助管道布置设计人员对管系进行优化设计。

二、Caesar Ⅱ 软件的优缺点

1. Caesar Ⅱ 程序的优点

Caesar Ⅱ 程序是进行管道静力分析和动力分析的专有程序，功能相当齐全。该程序可计算管道由内压、自重、热膨胀和端点位移等荷载所产生的应力和各点位移，还可考虑管道的非线性约束，例如管道与支架之间的摩擦力、限位支架的间隙等。可计算有波形补偿器的管道，计算管道与设备连接的管口柔性和设备管口处的局部应力。可把管架与管道作为一个整体进行应力分析和对法兰连接进行泄漏的分析验算等。该程序还具有灵活的荷载组合和图形显示功能。程序还可按指定的各种国际通用规范进行计算。

2. Caesar Ⅱ 程序的缺点

① Caesar Ⅱ 程序虽然可考虑摩擦力，但计算时要经过多次循环，有时形成死循环计算不出结果，此时需要人工考虑。

② 在转动设备附近有时设置限位支架或固定支架以阻止管道传来的推力作用在转动设备上。在程序中往往假设此支架的刚度非常大。如果支架的实际刚度小，受力后有较大的变形，转动设备仍可能受力很大。

③ Caesar Ⅱ 程序为线弹性分析程序，程序中往往未考虑应力松弛和应力自平衡，因此程序给出的固定点推力可能比实际的推力大。

3. 使用 Caesar Ⅱ 前的准备工作

① 准备尺寸齐全的管道布置图或者轴测图。

② 进行节点（NODE）和单元（Element）编号。

③ 准备各管道、管件的有关尺寸和材质特性参数。

④ 确定边界条件：各部件的约束条件。

三、参数输入及建模

1. 节点的选取

在输入数据前应对要分析的管系进行节点的选择和编号，以便从输出结果中得到所希望的结构点数据，这是因为 Caesar Ⅱ 是按节点号输出数据的。管系中的节点可按下列原则

选取：

① 管道走向变化处，如弯头、三通处；

② 管道材料及截面尺寸变化处，如异径管；

③ 支吊架处；

④ 固定端或自由端处；

⑤ 刚性件(或柔性件)的两端处，如阀门或膨胀节两端；

⑥ 冷紧口两端处；

⑦ 集中荷载处；

⑧ 其他需要特殊处理的地方，如由刚性件组成的设备节点与连接接点处等。

在确定完管系中的各节点并给出相应的节点号后，就可打开 CaesarⅡ并进行数据输入了。一般情况下，数据的输入都是从管系的始端到末端沿管道的走向逐件进行。该程序输入时按屏幕的提示要求输入即可。输入的数据按其特性不同分为基本参数、管道元件结构特征参数和边界条件三种类型。

2. 基本参数

基本参数主要包括管系中各管道元件的安装温度、计算温度、材料代号、许用应力、弹性模量、泊松比、管道材质密度、介质密度、隔热厚度和密度等。

① 安装温度　安装温度是指管系在施工时的环境温度。不同的地区其环境温度是不同的，即使同一地区而在不同的季节甚至同一天的早晚其环境温度也是不相同的。为了简化计算，一般情况下取 20℃为安装温度。

② 计算温度　安装温度和计算温度都会影响到管道的热胀冷缩量的计算值，因此也就影响到最后的计算结果(包括力、位移和应力)，所以这两个温度的输入要慎重。一般情况下，计算温度按设计温度。如果该管系可能有多种工作工况，可以输入多个工况的计算温度(程序规定最多可以输入 3 个)，以便在不同的工况下取用。程序还允许在此输入热胀系数以代替计算温度。当输入的数据值<0.05 时，那么该数据将被自动认为是热胀系数。

当管系中有弹簧支吊架时，取实际操作介质温度为计算温度会使计算结果更贴合实际，因为设计温度比实际操作介质温度高，如果二者的差值会导致弹簧的选型发生变化时，应考虑选介质操作温度作为计算温度。

③ 计算压力　计算压力一般按设计压力。程序中允许给出两个计算压力，以适应不同的工况组合。

④ 材料代号　该程序在编制时设置了一个附加数据库，库中储存了许多基本数据，目的在于尽量减少应力计算人员的输入工作量、减少输入出错的机会。这些基本数据中包括了 20 多种 ASTM 材料的牌号、许用应力、线胀系数、弹性模量、泊松比等。如果选用了库存的 ASTM 材料牌号，那么程序会自动计入相应的数据，而与温度有关的数据如许用应力、线胀系数等则根据前面输入的计算温度也将分别在数据库中查询获得。如果所用材料不是 ASTM 材料，那么材料牌号则仅仅成了材料的标识，相关的许用应力、线胀系数等须逐个对应输入。在输入材料牌号时，当管子为焊接钢管时应特殊注明，以便计入焊缝的影响，如果管道元件是由双金属复合而成的，需要同时注明两种不同的材质。

⑤ 许用应力、弹簧模量、泊松比及管道材质密度　当材料牌号选用的是库存的 ASTM 材料时，程序会自动选取这些数据。当材料牌号不是库存的 ASTM 材料牌号时，应逐个查找有关的规范以获取数据。

许用应力分安装温度下的许用应力和计算温度下的许用应力(其个数与计算温度的个数应一致)。对应安装温度下的许用应力取20℃时材料的许用应力，而计算温度下的许用应力应查有关规范确定。若规范中的许用应力与计算温度值不对应时，可采用内插法确定。计算温度低于0℃时，取20℃时材料的许用应力值作为计算温度下的许用应力值。线胀系数的输入个数也应与安装温度、计算温度的个数相等，并一一对应。查有关规范时也可以用内插法选取。设计温度低于0℃时，冷缩系数按相同温度数值的热胀系数选取，但前面应冠以“-”号；弹性模量的选取同许用应力的选取；泊松比一般取0.33；管道材料的密度可查相应资料获得，一般取$0.0078kg/cm^3$。

⑥ 介质密度　应输入工艺专业提供的实际介质密度，并注明介质名称。对于气体介质管道，设计人员应能预见可能出现的凝液情况，一旦这种情况发生(例如减压转油线的淹塔情况)，会使管道自重骤然增加，那么此时应考虑一定量的凝液重量。一般情况下，当管道的公称直径≤100mm时，可按20%的凝液计入；当管道的公称直径100～500mm时，可按15%计入；当管道的公称直径>500mm时，可按10%计入。对于有弹簧支吊架的管系，这样的计入要慎重，必要时可作为两种工况分别核算。同理，管系是否充水、充水量为多少都应注明，并以不同工况分别考虑。

⑦ 隔热厚度及隔热材料密度　应根据项目统一规定数据填入。

3. 管道元件结构特征参数

管道元件结构特征参数主要包括管系中各管道元件的形状、结构特征以及是不是刚性件、膨胀节等。这一类参数决定了管系的空间走向和相应管道元件的规格尺寸、特性等。一般情况下管道应力计算人员应对被研究管系进行节点编号，并假定一个始端和末端，然后从始端向末端顺次填写各管道元件的特征参数。

① 直管元件　无论是直管单元还是后面将要讲到的其他单元，首先输入的是起止点的节点号，用于确定其他参数的适用范围。接着输入直管管段在坐标轴上的投影长度。当管道走向与坐标轴同向时，其投影长度前应冠以“+”号，但一般“+”号可缺省。当管道走向与坐标轴反向时，其投影长度前应冠以“*”号。当投影长度为零时缺省。然后按照提示输入直管段的外径、壁厚及腐蚀裕量。在输入壁厚时既可以直接输入名义壁厚(公称壁厚值)也可以输入管子表号。输入管子表号时，计算机会自动根据库存的ASME标准数据查取壁厚值。为了避免壁厚值和管子表号数据混淆，也为了避免实际的管子应用标准与ASME标准定义的壁厚值有差别而造成的错误，建议最好直接填写公称壁厚值，并带小数点以便与管子表号进行识别。

② 弯头　弯头输入的基本内容同直管元件。除此之外，当激活弯头参数的输入时，程序界面会提示输入弯头的特征参数，这些参数包括弯头的曲率半径、弯头两端的连接形式、弯头上附加节点相对于弯头始节点的角度及弯头上附加的节点号、虾米腰弯头的节数及弯头的壁厚。在填写弯头的结构特征参数时应注意下列问题：弯头的前端一般不设节点号，故弯头的坐标长度计入它前面的直管段内；弯头的角度不直接输入，而是通过其前后的直管段坐标暗示；弯头的曲率半径缺省时，计算机则自动取$1.5DN$。如果输入其他数据，则以输入数据作为弯头的曲率半径；在进入弯头输入菜单时，如果已经知道在弯头处有支承点，应选择相应的提示状态弯头壁厚值缺省时，计算机则自动取与前一个直管段相同的壁厚值。

③ 异径管　在异径管的两端设节点编号，使异径管单独成为一计算单元。该单元的外径和壁厚分别等于两端直管段的外径及壁厚的平均值，同时在两端输入应力集中系数。当它

为偏心异径管时，其计算单元为一斜直管单元，通过坐标值的变化来反映其偏心值。其他参数的填写同直管单元。

④ 三通　三通处只设一个节点编号。当激活三通参数输入菜单后，程序界面会提示输入三通类型、三通平面外的应力集中系数、三通平面内的应力集中系数、加强板厚度、三通肩部过渡区的曲率半径等特征参数。在填写这些特征参数时应注意下面一些问题：这里所说的三通实际上是指管道的分支处。程序共给出了6种分支类型，第一种是带补强圈的直接开孔分支；第二种是不带补强圈的开孔分支；第三种是采用一般成形工艺制成的焊接三通分支；第四种是采用嵌入式加强管支座的分支；第五种是采用一般加强管口进行的分支；第六种则是采用挤压成形工艺制成的无缝三通分支类型。不同的分支类型，其应力集中系数是不同的。各应力集中系数可以在指明分支类型后由计算机自动计入。三通的其他特征参数输入同直管单元。

⑤ 刚性件　刚性件作为一个计算单元常用于处理管系中刚性较大的管道元件，如管道上的阀门、法兰、小型设备等，它们在管道应力分析中常认为不发生变形，并且往往代表一个集中质量。在激活该输入菜单后，程序界面将提示输入刚性件的刚度和集中质量。在不能确定刚性件的刚度和集中质量的情况下，其刚度可按10倍的接管壁厚由计算机自动取值，而集中质量则取接管的“自重＋介质重＋隔热重”的1.75倍。

⑥ 膨胀节　激活膨胀节的输入菜单后，则在程序界面上提示相关的输入信息。由于膨胀节种类较多，提示输入的信息数据也较多，在此不再详细介绍。

4. 边界条件

边界条件主要包括管系中各管道元件的约束条件、附加位移、管系端点类型、冷紧等。对于管系中的集中荷载、风荷载等也可以按边界条件进行处理。边界条件尤其是各类约束条件是输入过程中最难掌握的部分，也是最容易出错的部分。如果约束条件的描述不当，或与实际情况出入太大，会直接影响到输出结果的正确性。边界条件的输入也是随管系的走向穿插进行的，即在沿管系走向逐次输入其他类型的参数时，对具有边界条件作用的点给出编号，并根据边界条件的特征激活相应输入菜单。

① 约束条件　激活约束条件菜单时，会提示相应的输入信息，这些信息包括约束类型、约束刚度、约束间隙、摩擦系数、连接节点等。在填写相应的数据时应注意以下几方面的问题：在填写约束类型时，主要是输入三个线位移（X、Y、Z）和三个角位移的（RX、RY、RZ）的限制描述。当该约束点为固定端或固定支架点时。工程中常用的约束类型有以下几种：固定支架（输入“A”或“X、Y、Z”）、止推支架（输入“$+X$”或“$+Z$”等）、导向支架（输入“X、Y”或“X、Z”等）、承重支架（输入“$+Y$”）、防振支架（输入“X、Y”等）。

约束间隙一般与导向支架相伴填写。当输入约束间隙后，如果管道元件的横向位移值在间隙范围内时其横向位移将不受约束，否则其横向位移将受约束。约束间隙可以不填写，即认为无导向间隙，此时管道元件在导向支架处始终受导向（横向位移）约束。摩擦系数一般与导向支架、承重支架、防振支架相伴填写，数值一般填写0.3。摩擦力为非线性力，求解很困难，经过反复试算后才能得出结果，故不是必须考虑摩擦时，一般不填该数值。

在输入约束条件时，应注意在有附加位移的活动端、“柔性管口”以及弹簧支吊点等处不要给出约束描述参数。

② 附加位移　在实际的管道工作状态中，管系中的许多点都可能受到边界条件等给予

它的附加位移，如设备管口因设备热胀而对相连管道产生的附加位移，设备基础下沉而对相连管子产生的附加位移，各种支吊架因生根位置的变化(如热胀、沉降等)而对管子施加的附加位移等。要计入这些附加位移的影响，只要激活该输入菜单，并在相应的输入提示信息中输入相应的线位移和角位移(同样也分为 *X*、*Y*、*Z*、*RX*、*RY*、*RZ* 六个参数)即可。然而，附加位移往往与支架约束点或设备管口重合，故如何处理它们之间的关系并进行参数输入就变得复杂起来。在处理这些边界条件时，应慎重处理。

③ 设备管口　关于设备管口的参数输入，一般不应将它按约束条件输入，而是将它视为具有一定柔性的端点。在处理其输入参数时，有两种处理方式：其一是将相应的设备参数如管口外径、管口厚度、设备加强圈厚度、管口的高度、设备在 *X*、*Y*、*Z* 方向上的长度、设备温度及设备材质代号等，程序在进行应力计算时将自动计入管口处的附加位移和柔性；其二是将管子在设备管口处的节点与设备中心之间建立一刚性元件，并赋予该刚性元件刚度值和附加位移。无论采用何种方法，关于设备管口的参数输入都是比较复杂的事。

④ 集中荷载　集中荷载的输入相对较简单，只要激活相应的输入菜单，并在有关的提示信息中输入相应的集中荷载值即可。集中荷载值也应按 *FX*、*FY*、*FZ*、*MX*、*MY*、*MZ* 对应填写。

⑤ 风荷载　激活风荷载输入菜单，程序界面将提示该单元的风载形状系数，并保持该系数自动计入下面的单元，直到改变它为止。一般情况下，风载形状系数取 0.5～0.65。

5. 弹簧支吊架参数

弹簧支吊架的参数输入与前面的数据输入有所不同，即它可以不受管系走向的前后顺序影响，完全可以在其他数据输入完成之后再输入弹簧支吊架的参数。

Caesar Ⅱ应力分析程序在处理弹簧支吊架问题时有一个最大的好处就是它能自动选择弹簧，并将它带入之后的应力计算中。这样处理的结果就使得弹簧参数的输入变得简单了，即此时弹簧参数的输入就变成了控制参数的输入。

Caesar Ⅱ选取弹簧遵守的原则是热态吊零原则，即所选取的弹簧在热态下承受的荷载等于冷态下管系分配给它的荷载。Caesar Ⅱ选择弹簧的思路：在自重工况下，将所有弹簧支吊架点变成刚性约束(*Y* 方向限位的刚性约束)，由此求得管系在自重工况下分配给各弹簧支吊架点的自重荷载，并将该荷载作为弹簧支吊架的工作荷载。在工作工况下再求出各弹簧支吊架点的位移，根据该位移值和前面求得的工作荷载即自动选出弹簧(即选出弹簧的刚度和型号)。Caesar Ⅱ程序中储存了一些世界上知名弹簧支吊架制造厂商的有关弹簧数据，从而给直接选出弹簧型号提供了基础。但该弹簧数据库中没有中国厂商生产的弹簧型号，故对我国的使用者来说，尚须根据程序计算出的位移和工作荷载再确定我国的弹簧型号。

有时根据管系力分配的需要，管道设计人员并不一定要采用热态吊零的原则选择弹簧，也可以采用冷态吊零的原则(即弹簧支吊架在安装状态下承受管系分配给他的自重荷载)选择弹簧，也可以指定某一工作荷载来选择弹簧。Caesar Ⅱ给出了这样一个可供机动处理的机会。激活弹簧支吊架参数输入菜单，程序界面将提供一系列提示信息，这些信息主要有以下几个方面：

① 操作工况号：它对应于多个操作温度下的某一温度工况；

② 允许的荷载变化率(%)：一般填 25；

③ 弹簧支承点的位移较小时可自动将它转为刚性支承：输入一个较小的位移极限值，

当计算位移低于该值时，程序将该弹簧支承自动改为刚性支承；

④ 弹簧支承点过大位移限制：输入一个位移值，当实际位移超出该值时，程序将自动把该点的可变弹簧支吊架变成恒力弹簧支吊架；

⑤ 多种工况下弹簧的选择方式：共给出7种工况，一般选择第一操作温度工况；

⑥ 弹簧支吊架所在的节点号：集中控制状态时可多选，单个控制状态下则单选；

⑦ 弹簧的工作荷载：计算人员可以在此指定弹簧的工作荷载(对单个控制状态)；

⑧ 自定义弹簧的刚度：计算人员可以在此指定弹簧的刚度(对单个控制状态)；

⑨ 自定义弹簧的安装荷重：计算人员可以在此指定弹簧的安装荷重(对单个控制状态)。

四、程序运行

程序的运行是由计算机自动完成的，此时留给管道应力计算人员所做的工作量已比较小，所要做的工作仅是计算工况的组合和错误检查修正。

1. 原始输入数据检查

一般情况下，在输入一个新的管系数据后，经常会存在一些数据错误。当计算机进行计算时，对某些不符合计算逻辑的错误会提出警告，此时管道应力计算人员应根据警告内容检查原始数据并进行更正。但是有些输入数据计算机是检查不出的，如管道元件的坐标值、集中荷载数值等，这就要求计算人员在计算前认真检查输入数据并确认无误。Caesar Ⅱ提供了一个图形显示功能，计算人员可根据显示图形查看管系的空间走向是否与原图形相符。

2. 计算工况选择

当确认原始输入数据无误后，即可进入计算工况选择阶段。

Caesar Ⅱ给出的工况代号表示如下：

W——代表自重荷载；

T1～T3——代表了三种温度工况。当选择了某一温度工况后，即考虑了该温度引起的热胀冷缩影响；

P1～P3——代表了两种压力工况。当选择了某一压力工况后，即考虑了该内压的影响；

F——代表集中荷载。当选择了“F”后，即计入了集中荷载的作用；

D——代表位移荷载，当选择了“D”后，即计入了位移荷载的作用。

Caesar Ⅱ推荐了三种计算工况组合，即：

操作工况：W＋T1＋P1＋F＋D，用于获得管系对边界(主要指支吊架和设备管口)的推力；

一次应力计算工况 W＋P1＋F，用于获得管系中各点的一次应力值；

二次应力计算工况 D1－D2，用于获得管系中各点的二次应力值；

当然，程序也给出了供计算人员自己组合计算工况的机会，尤其当管系中有弹簧支吊架或冷紧时，必须设置不同于程序推荐的工况组合。

当管系中有弹簧支吊架时，宜选用下列工况组合：

W＋F：用于计算弹簧工作荷载；

W＋T1＋P1＋F＋D：用于选取弹簧；

W＋T1＋P1＋F＋D：包括弹簧作用在内的操作工况，作用同上述的操作工况；

W＋P1＋F：一次应力计算工况，作用同上；

D1－D2：二次应力计算工况，作用同上。

当管系中有冷紧时，只要在相应的工况中加入集中荷载一项，就可计入冷紧的作用。冷紧的参数是通过激活输入菜单中提示信息输入冷紧量而体现出来的。参数输入部分有这样的参数输入时，只要在计算工况组合里包括了集中荷载F项，冷紧作用将会在计算中自动计入。一般情况下，考虑冷紧作用的工况选择如下：

W+T1+P1+F+D：操作工况，作用同前；

W+P1+F：一次应力计算工况，作用同前；

D1-D2：二次应力计算工况，作用同前。

二次应力的破坏主要是考虑防止发生疲劳破坏，而作为代表某一应力水平的冷紧作用，与疲劳破坏关系不大，故在应力范围中不计入冷紧的作用。换句话说，冷紧不改变许用应力范围，而只起平衡管系力、减少操作工况下管系对边界推力水平的作用。因此在有冷紧的二次应力计算工况中不列入集中荷载项F。在完成错误检查和工况选择后，即可启动程序开始进行应力计算。该过程是由计算机自动完成的。

五、输出结果及安全评定

1. 计算结果输出

管道应力计算结束后，管道应力计算人员应将计算结果摘抄到管道应力计算数据表后提交给有关(配管、设备等专业)人员。计算结果包括以下内容：

① 位移报表(DISPLACEMENT REPORT) 包括冷态管道各点位移(SUS工况)和热态管道各点位移(OPE工况)。

② 约束点受力报表(RESTRAINT REPORT) 包括设备管口、支吊架、弹簧支吊架等约束点受力情况。对于约束所受力矩，按右手螺旋定则，大拇指指向，沿坐标轴正方向为正，沿坐标轴负方向为负。常见的约束类型如下：

Rigid ANG 刚性固定(或设备管口)

Rigid GUI 刚性导向

Rigid +Y 活动支架

Rigid +Y/Rigid GUI 导向支架

Rigid XX 方向双向限位

Rigid +X+X 方向限位

Displ. REACTION 设备管口附加位移

VSH Redesign 可变弹簧支吊架

Prog Design CSH 恒力弹簧支吊架

③ 应力报表(STRESS SUMMARY) 一次应力校核(SUS工况)和二次应力校核(EXP工况)：

应力报表的首页列出管线的最大计算应力点，如果许用应力(ALLOWABLE)大于或等于计算应力(CODE STRESS)，则应力校核通过，否则需调整管线重新计算。

④ 弹簧支吊架报表(HANGER REPORT) 该报表包括弹簧号、弹簧个数、位移方向和位移量、热荷载、安装荷载、弹簧刚度、水平位移等数据。由于弹簧标准采用国外标准，故弹簧号、安装荷载、弹簧刚度须根据国内标准作相应调整。

报表中含有各种荷载工况(LOAD CASES ANALYZED)，典型工况组合有以下三种：

(OPE)W+DIS+T+P+FOR：通常指热态，含管系操作条件下的全部荷载。

(SUS)W+P+FOR：通常指承载状态，不含热膨胀和附加位移(注：计算应力与热态许用应力相比较）。

(EXP)D3＝D1－D2：指纯温度状态，即只含温度荷载和附加位移荷载(注：计算应力与许用应力相比较）。

工况组合中荷载表示如下：

W 自重　　DIS附加位移

T 温度　　P压力

FOR 集中力

2. 应力计算的安全性判断

正确的管道应力分析是确保管道安全的重要部分，此外正确选用管材和配件以及它们的制造质量、施工及焊接质量等也很重要。在应力分析中应考虑以下各点(以某工程项目为例)：

① 由内压而产生的环向应力不得大于其最高设计参数下的许用应力。

② 受外压的管道应核算管壁的稳定性，以及是否需要增设加强筋以提高其稳定性。

③ 经常性荷载，即内压、管道自重和经常作用于管道上的其他荷载(不包括热胀和端点位移)，在管道上所产生的纵向应力不得大于其在最高设计参数下的许用应力。

④ 偶然性荷载，如风力、地震等荷载与经常性荷载相组合，其纵向应力不得大于在最高设计参数下许用应力的1.33倍。风力和地震作用可不考虑同时发生。

⑤ 热胀和端点位移所产生的应力不大于在最高设计参数下的许用应力范围。当经常性荷载所产生的纵向应力小于许用应力时，其多余部分可加在许用应力范围内使用。

⑥ 管道对设备的作用力和力矩不得大于该设备允许的力和力矩。

⑦ 管道上法兰所承受的由管道自重和热胀等产生的力和力矩。折合成当量压力后，校核法兰的承载能力，使之不致泄漏。

⑧ 安全阀管道应能承受安全阀排放时流体的冲击及其反作用力。

⑨ 与往复式机泵连接的管道，由于流体脉动而产生的反复应力不得大于50MPa，与经常性荷载产生的纵向应力组合后不得大于最高设计参数下的许用应力。

⑩ 管道的支吊架应满足管道应力分析结果所提出的要求，例如强度、刚度、固定或限位的功能和摩擦系数等。

⑪ 用计算机进行计算时，在计算程序中未考虑的因素，在设计过程中也应加以考虑。例如摩擦力的影响、两相流的影响和支吊架之间荷载的分配偏差等。

⑫ 管道上所选用的管件和阀门应满足最高设计参数的要求。

应力的评定包括一次应力和二次应力的评定。由于二者的评定标准不同，故应分别进行评定。各种应力(主要指一次应力和二次应力)的评定方法。

(1) 一次应力的评定

管道元件中的一次应力不得超过设计温度下管道元件材料的许用应力。评定公式见第一章。

(2) 二次应力的评定

管道的二次应力不得超过设计温度下管道材料的许用应力范围，评定公式见第一章。如果二次应力不能满足要求，应考察其一次应力是否富裕。

(3) 临时或短时间作用荷载产生的应力评定

在评定管系的强度时，对于临时或短时间内作用的荷载，可以适当提高其许用应力，具体规定如下：

当一次超载持续时间不超过 10h，每年累计不超过 100h 时，其许用应力可以提高 33%；

当一次超载持续时间不超过 50h，每年累计不超过 500h 时，其许用应力可提高 20%；

当风荷载或地震荷载与压力、自重等其他持续荷载共同作用时，其许用应力可以提高 33%，但风荷载和地震荷载不得同时考虑。

(4) 位移的分析及评定

当管系中的一次应力和二次应力满足要求后，位移的判断实质上已不再涉及管系的强度可靠性，此时分析位移数据的目的主要有以下几个方面：

① 核算管道是否会由于有较大的位移而使得它与相邻平行布置的管道已经相抵触；

② 核算管道是否会由于有较大的位移而使得它与相邻的建、构筑物相抵触；

③ 核算水平管道是否会由于有较大的位移而使得其吊架有较大的偏转角(一般不大于 4°)；

④ 核算水平管道是否会由于有较大的竖向位移而使某些承重支架已脱空；

⑤ 核算水平管道的位移是否超出其滑动管托长度的 40%。

(5) 对设备管口的推力和力矩的分析与评定

如果管道对设备管口的推力(包括弯矩)过大，会给设备带来一系列不利的影响，例如引起设备的变形和局部应力增大；引起机泵等转动设备的壳体变形，使转子与定子发生摩擦接触而降低机泵寿命甚至损坏；引起设备如换热器基础的破坏等等。故必须对该力有一定的限制。管道对设备的推力和力矩限制见本书后面章节介绍。

同时，换热器基础受力应符合下列要求：

管箱端：$F \leqslant 0.3 \times 0.6W$

浮头端：$F > 0.3 \times 0.4W$

其中，W 为换热器设备重量，kgf。

压力容器管口的最大允许推力和力矩应符合按 Caesar Ⅱ 程序提供的 WBC-107 或 WRC-297 计算方法确定的数值。

(6) 对其他设施的推力和力矩的分析与评定

例如对管道法兰密封性的影响，对管道支吊架强度的影响等。在进行法兰密封性的核算时，Caesar Ⅱ应力分析的输出结果为其提供了荷载数据。对于支吊架强度的影响，可化为支吊架元件强度设计的条件，即将管系对支吊架的推力和力矩作为支吊架受力元件强度设计的荷载，核校支吊架受力元件的强度或重新设计支吊架。

(7) 经济性优化

工程设计在考虑管系强度可靠性的同时，还应考虑经济性。在对计算结果进行分析中，如果发现管系及其相关设施的强度富裕量很大，就应考虑改变管系，缩短其已有的而且主要是用于增加管系柔性的空间尺寸，使它在满足强度可靠性的同时，又是最经济的。

六、使用过程中注意的问题

① 首次输入完成后，Caesar Ⅱ 程序必须进行数据检查后方可进行静力计算，对于检查过程中出现的致命性错误，工程师必须返回到 Piping Spreadsheet 状态下进行修正，这样才能保证数据的可靠性。

② 常用的工况组合有三种：

一是工作状态(OPE)：一般由重力、压力、均布荷载、端点位移、集中荷载和温度构成的组合；

二是安装状态(SUS)：一般由重力和压力构成组合，另还包括集中荷载和均布荷载；

三是纯冷态(EXP)：为上述工作状态和承载状态的差值。工况组合的设计一定要科学。

③ 管道一次应力校核工况组合为：(SUS)W＋P1＋F1。如果许用值大于或者等于节点应力，表示一次应力校核通过。否则，不通过。根据屏幕上最大应力所对应的节点号可知道最大应力点所在位置。高温高压管道的一次应力如果超出许用应力的范围，一般可以通过合理的设置支架加以解决。为了避免因设置管架而影响到管道的自伸缩能力，最好在容器管口处增设贴板，管架支承在容器上，达到管道跟容器同步伸缩的目的。

④ 二次应力校核工况组合为：(EXP)DS3＝DSl－DS2。如果许用值大于或者等于节点应力，表示二次应力校核通过。如果许用值小于节点应力，但一次应力校核通过，可按合成应力进行校核，如果合成应力小于合成应力的许用应力范围，表示二次应力校核通过。如果二次应力超过许用应力范围，可以采用如下的方法改变管道的柔性：改变管道的走向、选用补偿器或选用弹性支吊架。

⑤ 在高温高压管道运行时，应力安全运行判断一般采用 ASME 规范：

内压产生的一次应力中的环向应力 S_p，不超过管道运行时材料的许用应力 S_h，即：$S_p \leqslant S_h$。

内压、自重和外载产生的一次应力中的轴向应力之和 S_L，不超过管道运行时材料的许用应力 S_h，即：$S_L \leqslant S_h$。

温度、管道端点位移等产生的轴向应力和剪应力的合成二次应力 S_E，不超过管道的许用应力范围 S_a。$S_E \leqslant S_a = f(1.25S_c + 1.25S_h - S_c)$，其中 f 为许用范围降低系数，温度循环次数在 7000 以下，系数 f 取 1；S_h 为管道在使用温度时(冷态)的许用应力值，MPa；S_c 为管道在安装温度时(热态)的许用应力，MPa。

七、应力计算超标的解决方法

①首先要保证一次应力(SUS)通过。如果超出范围值，单击超出范围的工况，在 Standard Reports 中选择 Stress 查看每个单元的应力值。可能是密度、压力等输入有问题，也可能是管架设置不合理。可以增加管架、改变管架形式、改变管道走向等方式解决。

②二次应力超标，说明管道柔性不够，可通过调整管架形式(弹簧)、改变管道走向、增加自然补偿、修改设备布置等方式解决。如果是局部三通不通过，可能是由于三通应力增强系数 SIF 过大，也可改变三通形式来解决。

③偶然应力超标，可能是缺少导向及限位，增加适当的导向和限位管架，再进行调试解决。

④水压试验超标，可能是缺少管架所致，可以增加管架解决。

⑤约束受力查看。在 Load Cases Analyzed 中选择所有的 HYD、OPE、SUS 工况，在 Standard Reports 中选择 Restraint Summary Extended，查看约束点的受力及位移。查看受力是否符合设备管口的受力规定。

⑥查看管道轴向位移，保证管托不掉落。查看管道径向位移，以保证管道不相撞。查看管道 SUS 位移(主要是弯头处及管道支架中间位置)，保证 SUS 工况的位移。

第四节　计算机辅助配管设计软件的选用

目前国内外计算机辅助应力分析软件种类较多，例如：Stress、AutoPSA、CAEPIPE、SisKMR、Caesar Ⅱ、AutoPipe、START、FEA Tools、NozzlePro、AFT Impulse 等应根据适用行业标准规范、精度要求、工程规模、成本、工作效率等要求进行合理选用。

计算机辅助管道设计软件技术在日新月异发展，由以前的单一化、繁杂操作、软件庞大，逐渐向综合性、简约化、智能化、多维度、高效率发展。在使用计算机软件进行设计时，需确定软件的适用标准范围，在边界条件输入上需要分辨清楚，避免边界条件不真实，造成应力数值失真。笔者遇到某设计人用软件计算的管口应力超标很多，但经过分析，是因为软件的边界条件不能真实模拟，造成实际上管口应力却非常小。

PDS、PDMS 等三维工厂管道(配管)协同设计早在 20 世纪 70 年代就开始应用，我国在 20 世纪 80 年代末开始在工程设计中广泛应用“三维工厂协同设计”。20 世纪末，国内很多设计单位已普及了三维协同设计。发展到现在，有些设计单位已经开始基于 5G 的广泛应用开始普及“四维协同设计”。

对于有些工程项目，可以根据工程规模、管道特点、工作效率、软件费用成本等因素，合理选用管道应力计算辅助软件。

有一些计算机辅助管道(配管)设计软件包含了管道设计、计划、费用、现场施工、运行维护等多维度，操作和使用更加智能化。特别是近年，我国的计算机辅助管道设计软件技术发展更加迅速，更加适应装置大型化、模块化、批量化、多维度、多平台、远程办公等设计要求。

第三章　管道系统静力分析

第一节　管道系统静力分析基本方法

一、管道系统静应力的复杂性

管道的应力主要由于管道承受内压力和外部荷载以及热膨胀而引起的，管道在这些荷载的作用下具有相当复杂的应力状态，如表 3.1.1 所示。

表 3.1.1　管道系统静应力的复杂性

涉及方面	特　　点
承受荷载	管道承受的荷载种类是比较多的
空间布置	管道既可能具有简单的平面走向，又可能具有复杂的空间走向
边界条件	既可能受到刚性约束，又可能受到弹性约束，同时还会因设备的热胀和不均匀下沉等给管道一个附加位移
工作工况	既可能在常温的试验工况下工作，又可能在高温或低温的操作工况下工作

二、静力分析方法的发展趋势

对某些简单管道，可以利用材料力学理论。对于复杂的静不定管道，除了材料力学的理论，还需要借助于结构力学的理论来求解，然后利用弹性力学或塑性力学的准则建立其强度判定条件。当这样的方程数量太多时，用手工进行计算有时是不现实的，它可能需要花费很长时间才能得出结果。

进行静力分析可以采取多种方法，而且新的应力计算方法也在不断出现。这些方法呈现出朝着两个相反方向发展的特点：①针对简单管道的计算方法，新的方法朝着如何快速、便捷地判断管道的强度是否安全的方向发展，以节省管道强度判断的人力和物力；②针对复杂管道的计算方法，新的方法则朝着功能更加强大、计算机操作更加快捷方便的方向发展，而且程序中存入大量的常用数据可随时调用，以减少输入的工作量。

在工程设计中，对操作条件缓和、相连设备对管道的附加力不敏感、管道空间形状简单且符合简单判断式或图表法分析条件的管道，不一定非要采用计算机进行详细计算和分析，以降低设计成本。

三、近似计算法、图表法、矩阵解析与计算机辅助分析法

1. 近似计算法

这类计算方法的代表是 ASME 简单判断式。除 ASME 简单判断式之外，还有导向悬臂法、弹性中心法等一些近似计算法在设计中也时常用到。ASME 简单判断式目前已被列入许多相关规范中。

2. 图表法

这类方法是通过其他方法对一些形状比较简单且比较固定的管道（如 L、Π 形补偿器）进

行系列性的数据计算，并将计算结果列成图表，设计人员在设计过程中通过查找相应的图表就可判断管道的应力是否符合要求，或者根据图表数据来确定管道的补偿臂长。这类方法的代表有凯洛格法、Tube 法和 Turn 法等。

3. 矩阵解析与计算机辅助分析法

矩阵解析方法是计算机管道应力计算的基础。它是利用结构力学的理论来建立管道的力学方程，通过矩阵传递原理形成关联方程组，并将方程组的求解转化为矩阵的求解，然后利用弹性力学和塑性力学的准则建立强度判断条件。以矩阵解析法为基础的应力分析程序已有很多。

管道应力分析主要包括三方面内容：正确建立模型、真实地描述约束条件、正确地分析计算结果。所谓建立模型就是将所分析管道的力学模型按一定形式离散化，简化为程序所要求的数学模型，模型的真实与否是做好应力分析的前提条件。应力分析的根本问题就是支吊架、管口等具体问题的模拟，真实地描述这些约束条件，才能得到正确的计算结果。要想能够熟练而正确地分析结果，首先会正确设计支吊架，另外需在一定时间内不断摸索，总结出规律性的问题。

计算机辅助软件进行应力分析的方法见第一章所述。不同的国家、行业标准规定的范围可能不相同。

四、快速管道应力分析方法

成熟的工程公司都拥有比较完备的快速管道应力分析手段，一般都采用一定的管道应力分析简化计算图表，配合少量的手工计算。当然，此类方法的计算结果总是偏于保守，不够准确，并且具有很大的局限性。但是这类方法总是基于一种简单的、可靠的计算方法，更多的是考虑管线的位移在允许的范围内——即管线有足够的柔性，能够吸收管线由于受热荷载等产生的位移。依据位移应力评定标准，只计算膨胀的二次应力，及对端点或设备的作用力及力矩。

第二节 管道系统的热膨胀

一、管道系统热膨胀的产生

管道受热会膨胀而受冷会冷缩。在工业生产中，大多数管道都是在高于或低于安装温度的情况下工作的，因此其热胀冷缩问题是普遍存在的一个问题。如果管道的热胀冷缩不予阻止而任其自由进行，那么它将不会在管道中产生力。工业生产中所使用的管道都将受到其端部设备管口和中间支吊架的约束，其热胀冷缩受到了不同程度的阻碍，便在管道中产生了管道力。管道的热变形如图 3.2.1 所示。

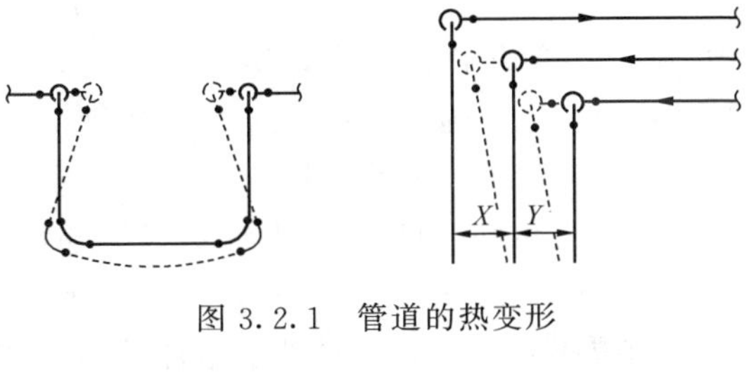

图 3.2.1 管道的热变形

二、管线的热胀量

管道受热时都会膨胀，其膨胀量按下式计算：

$$\Delta_t = \alpha_t \Delta T l \tag{3.2.1}$$

式中 Δ_t——管道在温度 t 时的膨胀量，mm。

α_t——管道材料在温度 t 时的热膨胀系数，mm/mm·℃。工程上常把20℃的相对热膨胀系数定为零，而温度变化时的热膨胀系数是相对于20℃的热膨胀系数。该系数在一般的资料中都能查到。

ΔT——管道的温升,℃。一般情况下 $\Delta T = t - 20$℃，这里的 T 指管道材料所遭受的温度，一般为管道的设计温度。

l——管道的长度，mm。在空间管道中它应是管道在某一个坐标方向上的投影长度。

三、热膨胀的应力

例：一根长4m的直管，管子的外径和壁厚为 $\phi273\times10$mm，管道材料为20钢。如果将管子的两端固定(见图3.2.2)，使其升温到200℃。求 B 点的热膨胀应力。

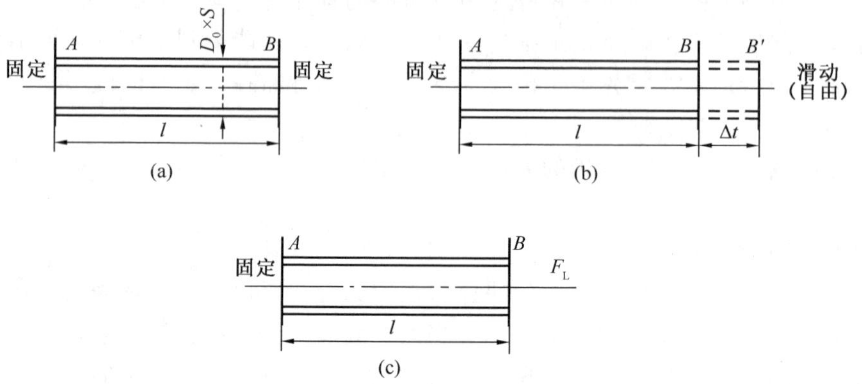

图3.2.2　管子两端固定时的热胀分析

根据材料力学的理论，首先解除 B 端的固定，使管子自由膨胀，那么其热胀量为：

$$\Delta_t = \alpha_t \cdot (200-20)\times4000 = 12.9\times10^{-6}\times(200-20)\times4000 = 9.29(\text{mm}) \quad (3.2.2)$$

管子的端部 B 点移到了 B' 点，即在 B 点产生一个9.29mm的位移。当管道受热时，如果不受约束，会使各点产生一个位移。如果 B 端固定根据材料力学的理论，管子变形，其应变量 ε_t 按下式计算：

$$\varepsilon_t = \Delta_t / l = 9.29/4000 = 0.0023 \quad (3.2.3)$$

由虎克定律可知：

$$\sigma_t = E_t \cdot \varepsilon_t \quad (3.2.4)$$

式中　σ_t——管子内的应力，MPa；

ε_t——管子的应变；

E_t——管子的弹性模量。

由附录三可知，$E_t = 1.91\times10^5\text{N/mm}^2$。将 E_t 和 ε_t 值代入式(3.2.4)可得：

$$\sigma_t = 0.0023\times1.91\times10^5 = 439.3(\text{N/mm}^2) = 439.3\text{MPa}$$

对于拉压变形，此时对管子施加的力可按下式计算：

$$F_t = \sigma_t \cdot A \quad (3.2.5)$$

式中　F_t——管子受压缩而且应变为 ε_t 时的压缩力，N；

A——管子的横截面积，mm^2；

D_o——管子外径，$D_o = 273$mm；

S——管子的壁厚，$S = 10$mm。

$$A = \pi(D_o^2 - D_i^2) = \pi S(D_o - S)$$
$$= 3.14 \times 10 \times (273 - 10) = 8258.2(\mathrm{mm}^2) \quad (3.2.6)$$

将 A 和 σ_t 值代入式(3.2.5)可得：$F_t = \sigma_t \cdot A = 439.3 \times 8258.2 = 3627827.26(\mathrm{N}) = 349321.86(\mathrm{kgf})$。

管子的 B 端是固定点时，推力就是 F_t 是非常大的。可得出以下结论：

① 管子受热就会膨胀，管子的膨胀量与管子的长度和所受的温度成正比。

② 管子的热胀导致管子端点沿热胀方向发生位移，当无其他附加位移时，管子端点的位移等于其膨胀量。

③ 管子的热膨胀或端点位移受阻时会在管子内产生内力，该内力只与管子的温度、管材的线胀系数和管子的截面积有关，且成正比关系，但与管子长度无关。

④ 管子内力将导致它对约束点施加一个推力，如果管子不发生变形时，该推力等于管子的内力值。

四、空间管道的膨胀量与推力

对于空间管道，可以利用三维坐标计算出其端点的膨胀量。设一个空间管道由 n 个管单元组成，第 i 个单元在 x、y、z 轴上的投影坐标分别为 $(x_i - x_{i-1})$、$(y_i - y_{i-1})$、$(z_i - z_{i-1})$，第 i 个管单元的温度为 ΔT_i，热膨胀系数为 α_i，那么管道的总热胀量为：

$$\Delta_x = \sum_{i=1}^{n} \alpha_i \cdot \Delta T_x (x_i - x_{i-1}) \quad (3.2.7)$$

$$\Delta_y = \sum_{i=1}^{n} \alpha_i \cdot \Delta T_x (y_i - y_{i-1}) \quad (3.2.8)$$

$$\Delta_z = \sum_{i=1}^{n} \alpha_i \cdot \Delta T_x (z_i - z_{i-1}) \quad (3.2.9)$$

如果管道端点没有附加位移，那么管道端点在各方向上的位移就分别等于各方向的膨胀量。如果管道端点有附加位移，根据结构力学的假设，那么管道端点在各方向上的位移就分别等于各方向的膨胀量与端点位移的代数和。同理，也可以求出系中任何一点的位移。

对于空间管道来说，每个管单元的热胀方向可能呈不同方向，可能同时受弯曲、扭转、剪切等变形。而管道的约束点也不再承受单独的推力或拉力，而可能同时承受 6 个力素即 F_x、F_y、F_z、M_x、M_y、M_z 的作用。无论对简单管道或者是空间复杂管道，当有温度变化时都会发生热胀冷缩，如果其热胀冷缩受阻，都会对约束点施加反力或自身产生内力。如果这个反力过大，会导致约束设施的破坏，如果管道中的内力过大，会引起自身的破坏。

五、塔顶部管口热膨胀量的确定

塔顶部管口可分三类处理，即封头中心管口、封头斜插管口和上部筒体径向管口，管口的热膨胀量分别按下列方法确定：

1. 封头中心管口热膨胀量的计算

封头中心管口只有一个方向的热膨胀，即垂直方向，考虑到从塔固定点至封头中心管口之间可能存在操作温度和材质的变化，故总膨胀量按下式计算：

$$\Delta Y = L_1\alpha_1(t_1 - t_0) + L_2\alpha_2(t_2 - t_0) + \cdots + L_i\alpha_i(t_i - t_0) \quad (3.2.10)$$

式中　ΔY——塔顶管口总的热膨胀量，cm；

L_i——塔固定点至封头中心管口之间因温度和材质变化的分段长度，m；

α_i——线膨胀系数，由 20℃至 t_i 的每米温升 1℃时的平均线膨胀量，cm/m·℃；

t_i——各段的操作温度,℃;

t_0——安装温度，一般取 20℃。

2. 封头斜插管口热膨胀量的计算

封头斜插管口有两个方向的热膨胀，即垂直方向和水平方向的热膨胀，垂直方向的热膨胀量计算同式(3.2.11)，水平方向的热膨胀量按下式计算：

$$\Delta X = L\alpha_1(t - t_0) \tag{3.2.11}$$

式中 ΔX——封头斜插管口水平方向的热膨胀量，cm；

L——塔中心线距封头斜插管口法兰密封面中心的水平距离，m；

α_1——线膨胀系数，由 20℃至 t 的每米升温 1℃时的平均线膨胀量，cm/(m·℃)；

t——塔顶部的操作温度,℃;

t_0——安装温度，一般取 20℃。

3. 上部筒体径向管口热膨胀量的计算

上部筒体径向管口有两个方向的热膨胀，即垂直方向和水平方向的热膨胀，垂直方向的热膨胀量计算同式(3.2.10)，水平方向的热膨胀量按下式计算：

$$\Delta X = L\alpha_1(t - t_0) \tag{3.2.12}$$

式中 ΔX——上部筒体径向管口水平方向的热膨胀量，cm；

L——塔中心线距上部筒体径向管口法兰密封面的距离，m；

α_1——线膨胀系数，由 20℃至 t 的每米温升 1℃时的平均线膨胀量，cm/(m·℃)；

t——塔上部的操作温度,℃;

t_0——安装温度，一般取 20℃。

第三节 管道柔性设计(静力分析)原理及评定标准

一、管道柔性的概念

管道的柔性是反映管道变形难易程度的一个物理概念，表示管道通过自身变形吸收热胀、冷缩和其他位移变形的能力。不同方式的支承将会对管道的热胀起到不同程度的阻碍作用。对于空间管道，可能同时受到弯曲、扭转、剪切等。管道对约束点的推力也因管道中各单元的变形而发生了较大的变化，如图 3.3.1 所示。图中，管子外径和壁厚为 $\phi 273 \times 10$mm，温度为 200℃，材料为 20 钢，管子两端固定。

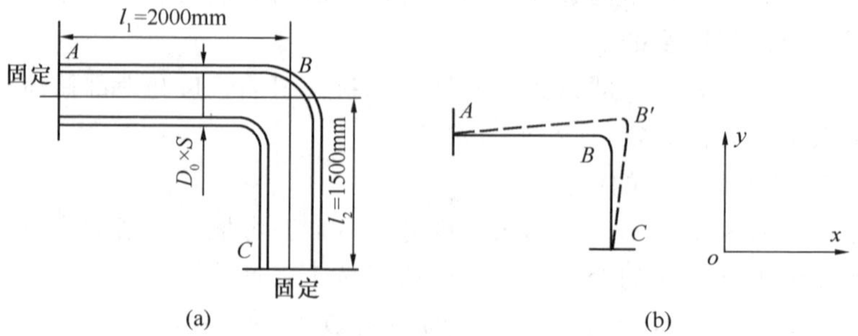

图 3.3.1 L 形管道两端固定时的热胀分析

固定时的热胀分析可借助于图表法求解端点 C 的力和力矩。管道在 B 点发生了变形，

使端点对管子的 AB 段热胀约束作用得到削弱。由于 BC 段的存在，吸收了一部分 AB 段的热膨胀。如果改变 BC 段的长度再来计算管道对端点 C 的推力和力矩，可以发现此时的推力和力矩会随 BC 段长度 l_2 的变化而变化。当 $l_2<l_1$ 时，随着 l_2 的增大，上述的力和力矩就会减小，也可以说管道的柔性越好。

进行管道设计时，应在保证管道具有足够的柔性来吸收位移应变的前提下，使管道的长度尽可能短。在管道柔性设计中，除考虑管道本身的热胀冷缩外，还应考虑管道端点的附加位移。

二、管道柔性设计的目的

管道柔性设计的任务是使整个管道系统具有足够的柔性，用以防止由于管道的温度、自重、内压和外载或因管道支架受限和管道端点的附加位移而发生下列情况：

① 因应力过大或金属疲劳而引起管道破坏。

② 管道连接处产生泄漏。

③ 管道推力或力矩过大，使与其连接的设备产生过大的应力或变形，影响设备正常运行。

④ 管道的推力或力矩过大引起管道支架破坏。

三、管道柔性设计的原理

在管系上的任一受(应)力点，往往受到多方向应力(轴向应力 S_L、环向应力 S_P、剪切应力 S_T)的作用，会对管道材料的力学性能产生影响，严重时将使其失效或破坏。这种影响程度通常用“当量应力强度”(简称应力强度)来衡量，而定量求解应力强度则要依据相应的强度理论。

1. 最大主应力强度理论

应力状态下，其强度计算准则表达式为：

$$S=0.5\left[S_L+S_P+\sqrt{4S_T^2+(S_L-S_P)^2}\right] \tag{3.3.1}$$

式中 S——最大主应力；

S_L——轴向应力；

S_P——环向应力；

S_T——剪切应力。

该理论仅指材料发生断裂破坏时，其受力横截面上的最大主应力即是最危险的应力。

2. 最大变形强度理论

应力状态下，其强度计算准则表达式为：

$$\varepsilon_{\max}\leqslant[\varepsilon] \tag{3.3.2}$$

式中 ε——变形量。

该理论亦指材料发生断裂破坏时，最大变形将是其受力横截面的最危险的情况。

3. 变形能强度理论

应力状态下，其强度计算准则表达式为

$$S=\sqrt{3S_T^2+S_L^2+S_P^2-S_L\times S_P} \tag{3.3.3}$$

式中 S——最大主应力；

S_L——轴向应力；

S_P——环向应力；

S_T——剪切应力。

该理论是指材料的破坏或性能失效，取决于材料单位体积变形所积累的位能(即变形能)，当其达到临界值时，则视为最危险的情况。

4. 最大剪切应力强度理论

应力状态下，其强度计算准则表达式为：

$$S=\sqrt{4S_T^2+(S_L-S_P)^2} \tag{3.3.4}$$

式中 S——最大主应力；

S_L——轴向应力；

S_P——环向应力；

S_T——剪切应力。

该理论是指材料的破坏或性能失效，仅取决于材料所受的最大剪切应力。目前，美国和我国的管道设计规范均依照最大剪切应力强度理论编制和实施，此理论认为：材料最危险的应力应是当其达到屈服点时(材料开始滑移)的最大均匀剪切应力，而该值正好等于最大主应力与最小主应力之差：

$$\tau_{max}=\frac{1}{2}(\sigma_{max}-\sigma_{min})\leqslant\frac{1}{2}[\sigma_s] \tag{3.3.5}$$

四、管道柔性设计计算方法分类

管系柔性分析和应力计算是建立在弹性理论基础上的，采用结构力学中超静定结构计算的力法(以多余未知力为基本未知量)和位移法(以独立节点位移为基本未知量)。对于简单管系可采用人工计算，对于复杂管系则需采用计算机计算，如表 3.3.1 所示。

表 3.3.1 管道柔性设计计算方法分类

序号	计算方法
1	表算法(人工手算，一般方法)
2	弹性中心法(人工手算，属力法)
3	应变能微分法(属力法)
4	等值刚度法(程序计算，属位移法)
5	追赶位移法(程序计算，属位移法)
6	始参数位移法(程序计算，属位移法)
7	有限单元法(程序计算，属位移法)

五、表算法应用范围

管系特性要求：适用于一个端点固定，其余端点释放的简单管系。

计算结果：作用力(力矩)、应力和位移。

六、弹性中心法应用范围

管系特性要求：仅适用于无分支且两端点(刚性连接)角位移为零的简单管系。

计算结果：力和力矩、应力。

不适应性：未考虑管系自重、支(吊)架、集中荷载的影响；不适合斜管、弧形管的计算。

七、应变能微分法应用范围

管系特性要求：适用于环状多分支且始端固定，末端释放的复杂管系。

计算结果：力和力矩、应力。

不适应性：未考虑剪切变形和轴向拉压变形的影响。

八、等值刚度法应用范围

管系特性要求：适用于非环状的多分支复杂管系。

计算结果：力和力矩、应力及位移。

不适应性：不能计算环状(闭合)管系。

九、追赶位移法应用范围

管系特性要求：适用于环状且多分支的复杂管系。为实用的程序计算方法。

计算结果：力和力矩、应力及位移。

十、原始参数位移法应用范围

其要求和计算结果同“追赶位移法”。

十一、有限单元法应用范围

管系特性要求：适用于环状且多分支的复杂管系。为常用的程序计算方法。

计算结果：力和力矩、应力和位移(该计算结果已考虑了拉压和剪切引进的变形)。

十二、管材许用应力

管材许用应力＝基本许用应力×质量系数

钢管基本许用应力可查本书附录六。

铸铁件质量系数(E_i)取$E_i=0.8$。

焊缝质量系数(E_i)：

① 双面对接焊缝：100％无损探伤时，取$E_i=1.00$；局部无损探伤时，取$E_i=0.85$；不作探伤时，取$E_i=0.70$。

② 单面对接焊缝(有垫板)：100％无损探伤时，取$E_i=0.90$；局部无损探伤时，取$E_i=0.80$；不作探伤时，取$E_i=0.65$。

③ 单面对接焊缝(无垫板)：层板纵焊缝时，取$E_i=0.95$；局部无损探伤时，取$E_i=0.70$；不作探伤时，取$E_i=0.60$。

铸铁管许用应力(在不能查得数据时)取室温下最小抗拉强度的1/10和设计温度下抗拉强度的1/10两者中之较小值；可锻铸铁管许用应力(在不能查得数据时)取室温下最小抗拉强度的1/5和设计温度下抗拉强度的1/5两者中之较小值。

十三、管道柔性设计计算结果

1. 工况输出格式

① 工况1：自重＋内压工况(即为一次应力，其特性为非自限性。当承载超过管材的屈服极限/持久强度时，管系将发生塑性破坏或总体变形)。

② 工况2：热胀工况(即为二次应力，其特性为有自限性。除脆性材料外，对管系初次加载，二次应力不会引起破坏，即不直接取决于热胀(位移)应力水平，而是取决于重复交变的应力范围和循环次数)。

③ 工况3：综合工况。包括自重和其他持续外载(如风荷载、地震荷载、水冲击、安全阀/调节阀动作反力等)、内压、热胀等所有外载的综合作用。

2. 输出基本内容

① 计算管系的固定点、端点、约束点和指定节点的作用力、力矩(如需要考虑摩擦作用，还包括约束点的摩擦反力)。

② 计算管系节点的应力值(按不同工况)。

③ 计算管系节点的位移值(线位移和角位移)。

④ 弹簧支(吊)架约束点的弹簧数据(表)。

⑤ 指定节点处的法兰承载校核数据(表)。

⑥ 列出管系节点的最大荷载(力和力矩)、应力(计算应力和许用应力)和位移值。

十四、管道柔性设计评定标准

1. 结果判断原则

(1) 力和力矩的判断

当计算的力/力矩不超过许用的力和力矩时，即视为是安全和可靠的。许用的力和力矩值(范围)来自：

① 设备(产品)厂商提供的符合国内外同类产品制造和检验标准要求的接管口许用荷载值；

② 相关设计专业提供的符合标准要求的接口许用荷载值。

③ 当以上两点都不能提供时，可由提供方(或专业)予以协调确定并使问题得到解决(包括采用其他附加保护措施)。

(2) 应力的判断

① 一次应力(工况 1)　当“工况 1”的应力计算结果不超过管道的许用应力时，即视为是安全和可靠的。由于在“工况 1”的条件不变的情况下，管系的一次应力是恒定的，一次应力是否超限就成为衡量管系是否安全和可靠的最基本的判断标准之一。即当“工况 1”未能通过时，就无须再进行其他工况的判断。

② 二次应力(工况 2)　当“工况 2”的应力计算结果不超过管系热态(热胀位移受约束)下的许用应力范围时，即视为是安全和可靠的。

③ 综合实力(工况 3)　当“工况 3”的应力计算结果不超过管系工作(设计)状态下的许用应力范围时，即视为是安全和可靠的。根据需要和经验，可一步进行综合应力的分析和计算，对管系是否安全和可靠作出最终判断。

(3) 位移的判断

① 线位移包括热胀产生的附加位移和释放约束后的应变位移。应以计算结果为依据，进行适应性处理(如热补偿、冷位、定向限位等)。

② 角位移其计算结果值不超过管道组成件或管道附件所允许的正常角位移值，即视为是安全和可靠的。

2. 结果判断数据与公式

① 常用钢管材料的许用应力见本书附录六。

② 管道中于热胀、冷缩和其他位移受约束而产生的二次应力范围不得大于按下式计算的许用应力范围。

$$[\sigma_r]^t = f(1.25[\sigma]^{t_0} + 0.25[\sigma]^t) \tag{3.3.6}$$

式中 $[\sigma_r]^t$——管道材料的许用应力范围，MPa；

$[\sigma]^{t_0}$——管道材料在安装温度下的许用应力，MPa；

$[\sigma]^t$——管道材料在计算温度下的许用应力，MPa；

f——在预计寿命内，考虑循环总次数影响的许用应力范围的减小系数，按表 1.4.1 选取。

③ 当计算的应力范围不能满足第②条的要求且内压和外部持续荷载产生的一次纵向应力 σ_L 低于 $[\sigma]^t$ 时，允许将 $[\sigma]^t$ 与 σ_L 的差值加在许用应力范围中，以扩大二次应力的许用范围，在此情况下，许用应力范围应按下式计算。

$$[\sigma_r]^t = f[1.25([\sigma]^{t_0} + [\sigma]^t) - \sigma_L] \tag{3.3.7}$$

式中 σ_L——由内压和外部持续荷载产生的一次纵向应力，MPa。

④ 对弯头、三通等连接处应考虑柔度系数和应力增强系数，并按本书附录四计算。三通的柔度特性与其肩部结构有关，选用三通时应予以考虑。

⑤ 为保证法兰连接的可靠性，法兰设计压力不应小于按相关公式确定的数值。见本章“标准法兰等级的校核”一节的详细介绍。

十五、管道作用在设备或固定点上的推力和力矩计算原则

1. 管道作用在设备或固定点上的推力和力矩

① 按热胀、冷缩、端点附加位移、有效冷紧、自重和支吊架反力等条件计算管道工作状态下的推力和力矩；

② 按冷紧、自重和支吊架反力等条件计算冷态下的推力和力矩；

③ 对于无中间约束的两端固定的管道，其推力和力矩的瞬时最大值计算方法见本章第七节所述。

2. 设备管口的允许推力和力矩

应由制造厂提出。当制造厂无数据时，可按下列规定进行核算。

① 离心泵管口的允许推力和力矩应符合 API 610 的规定；

② 蒸汽轮机管口的允许推力和力矩应符合 NEMA SM23 的规定；

③ 离心压缩机管口的允许推力和力矩应符合 API 617 的规定；

④ 空冷器管口的允许推力和力矩应符合 API 661 的推荐值。

⑤ 加热炉接管的允许推力和力矩应符合下列要求：

A. 加热炉接管的允许推力和力矩应由加热炉设计单位确定；

B. 加热炉接管的位移应由加热炉设计单位提出。

3. 压力容器管口的允许推力和力矩

应由压力容器设计单位提出，否则，管道施加在压力容器的力和力矩应由压力容器设计单位确认。

十六、影响管道柔性的因素

管道的柔性不仅与管道中各管段单元的结构尺寸有关，而且它还与管道的空间形状有关。一般情况下，管道拐弯越多，其柔性越好。因此，在管道设计时，如果将管道布置成一个有较好柔性的空间几何形状，就可有效地降低由管道热胀或附加位移而产生的应力水平，也可有效地降低管道对相连设备和约束点的附加力。总起来讲，影响管道柔性的因素有管单元的规格及尺寸、管道的空间几何形状、管道端部的刚度、管道中间的支承以及管道中存在的特殊管道元件等。

1. 管径和壁厚的影响

减小管道元件的直径或壁厚，可以有效地减少管子(管道)对端点的推力。管道元件的直径和壁厚越小，管道的柔性就越好。

改变管道中某些单元的尺寸，可以提高管道的自补偿能力。例如管廊上的Π形补偿器(如图 3.3.2 所示)，是专门用来吸收两固定支架之间长度为上的管道轴向位移的。Π形补偿

器臂长 l 越长，管道中的应力和它对固定支架的推力越小，因此说它的补偿能力越大，其柔性越好。增加补偿器的高度 h 值，也能起到提高补偿能力的作用，但它受管廊高度的影响，故常常通过增加臂长 l 的尺寸来提高其补偿能力，而不是增加 h 值。

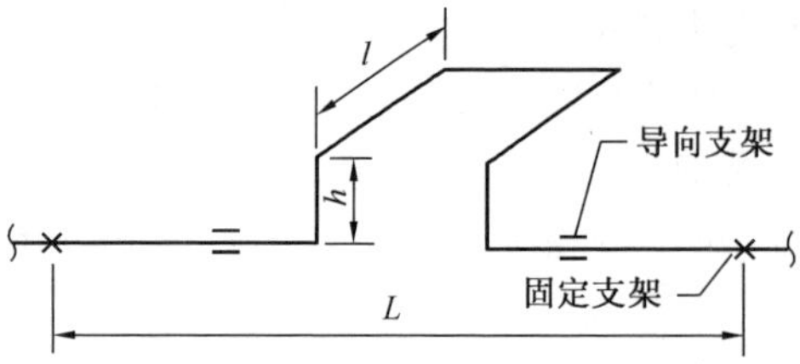

(a) Π形补偿器典型图

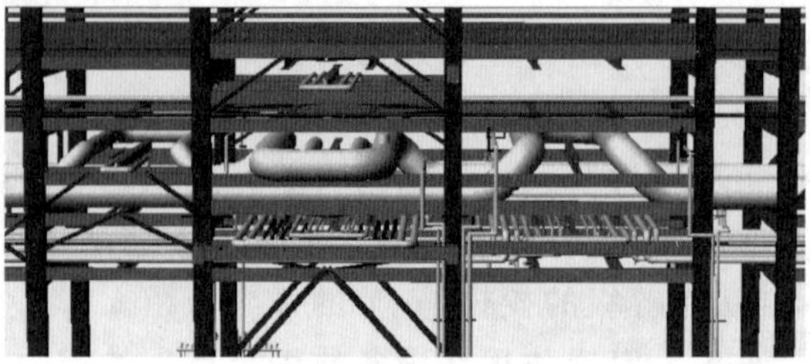

(b) 管廊的Π形补偿器

图 3.3.2 Π 形补偿器

2. 管道的空间几何形状影响

增加管道中弯头的数量，管道的柔性将增加。其一，弯头增加，相当于增加了变形点的数量，从而使一定的膨胀量分配到更多的单元上来吸收；其二，弯头自身的刚度较小，容易变形，这是因为弯头(或弯管)在承受弯矩后，其横截面会发生椭圆化或扁平化，从而使得其截面惯性矩或抗弯(抗扭)截面模量减小。在管道应力计算中，通常用 K 表示由于弯头(或弯管)横截面的扁平化而使得其截面惯性矩或抗弯(抗扭)截面模量减少的倍数，此 K 值称为弯头(或弯管)的柔性系数。

弯头(或弯管)的存在虽然增加了管道的柔性，它同时会引起应力集中问题。在管道应力计算中，通常以应力增强系数来体现其应力集中的影响。所谓的应力增强系数是指以同一弯矩值作用在弯头(或弯管)(对其他管件也有相应的应力增强系数)和直管后，所产生的最大应力值之比。

管件在管道中所呈现出的柔性和应力集中问题是一个比较复杂的问题，引入柔性系数和应力增强系数之后使得问题得到简化，即对管件呈现出的柔性和应力集中问题分别用一个系数来描述。ASME B31.3 等一些国内外标准给出了常用管件的柔性系数和应力增强系数的取值方法，本书附录四也列出了管件应力的柔性(度)系数和应力增强系数。

3. 管道端部相关设施刚度的影响

大多数管道的两端都是与设备管口连接的。如果将设备管口视为固定端，即 x、y、z、R_x、R_y、R_z(三个线位移和三个角位移)都进行约束时，会使管道变形困难。如果将三个角位移(R_x、R_y、R_z)放开，那么管道的应力水平会降低许多，经常进行计算机算题的人员都有这个体会。所以降低设备管口的刚度，也有利于管道的变形。

4. 管道支吊架约束的影响

当管道受热膨胀时，管道中的各点都会发生位移，而约束的实质就是位移和约束力的转化问题。约束力越小，管道中约束点的位移就越大。反之，约束力越大，约束点的位移就越小。这一现象在弹簧支吊架点处最能体现出来。如果支架为刚性支架，那么管道支承点处在刚性约束方向上的位移为零，也就是说管道在此处该方向上的位移完全被阻止，位移全部转化成了对支架的力。因此，选用不同的支吊架可以局部控制管道的变形或位移，从而改变了管道的柔性。

5. 刚性元件和柔性元件的影响

刚性元件泛指刚度比较大的管道元件，如法兰、阀门、小型管道设备等。由于刚性元件的刚度较大，自身难以变形，同时它在管道中也将牵扯到与其相接的其他管道元件的变形，从而降低了管道的柔性。

柔性元件泛指刚度较小的管道元件，如波纹管膨胀节、填料函膨胀节等。与刚性元件相反，由于柔性元件刚度较小，容易靠自身的变形来吸收管道的热胀，从而能有效地降低管道中的应力水平和边界的附加力，也就是说它有效地增加了管道的柔性。

十七、增加管道柔性的方法

增加管道柔性的方法有很多。例如在管道系统上增加膨胀节，可是这通常是不理想的，虽然使管道分析人员的工作简单化了，但是降低了整个管道系统的安全稳定性。

一般来说，有弯曲的管子的柔性近似正比于直管段长度的立方，因此较长的直管段比一系列被切成较短长度由弯头连接的直管段有更好的柔性；与需吸收的热膨胀方向垂直的管道能够提供柔性；管道系统的形心离两个端点间(对仅有两个固定支架的管系而言)的直线越远，热胀力就越低。

在图 3.3.3 中，图(b)的热应力比图(a)的热应力低很多。图(a)是近似锯齿形管道结构，虽然弯头数量较多，但是不如图(b)的管道结构柔性好。

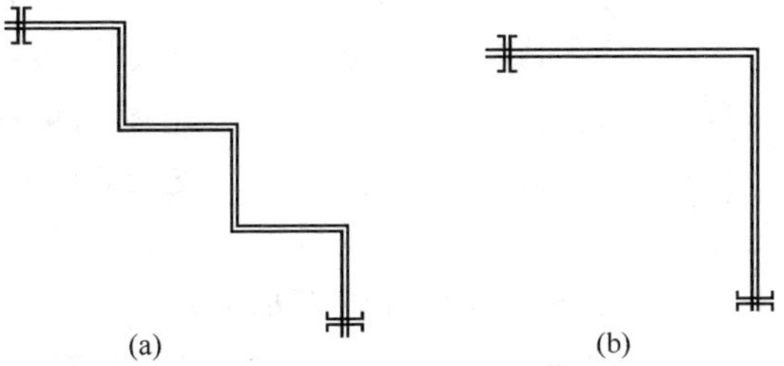

图 3.3.3 近似锯齿形管道结构与大 L 形管道结构

在管道设计中，增加管道柔性的方法主要有：改变管道走向(包括设置 Π 形弯、L 形弯)、选用波纹管膨胀节和弹簧支吊架。在条件允许的情况下，应首先考虑采用改变管道走向和选用弹簧支吊架的方法来增加管道柔性。当两固定点位置一定时，增加管系的长度和弯头的数量可以增加管道的柔性；管系在某一方向过于刚硬时，增加与其垂直方向的管道长度可减小管系的刚度。选用弹簧支吊架可使支吊架处存在垂直位移，从而将约束放松，增加管系的柔性。当管径较大、场地受到限制且所需补偿量较大时，可考虑采用波纹管膨胀节来增加管道柔性。但波纹管膨胀节制造较为复杂，价格高，适用于低压大直径管道。波纹管膨胀节是管道中的薄弱环节，应尽量避免采用。

进行管道柔性设计时，在保证管道具有足够柔性来吸收变形的前提下，应注意避免使管系过分柔软，这不但可以避免管系产生振动，还可以减少投资。

十八、通过管道空间走向增加柔性

管道的走向首先根据与它连接的设备位置、支承生根条件、工艺要求、操作要求、安全消防要求等确定的，并在满足上述要求的基础上使管道单元长度最短、拐弯最少。在这种情况下确定的管道空间走向和结构尺寸如果能满足管道柔性的要求，那么该管道的设计是最佳的。如果这样的管道不能满足管道的柔性要求，则可根据管道的边界情况适当改变管道的空间走向或结构尺寸使其柔性得到满足。

十九、变换设备管口连接方向和使用设备管口柔性管件增加柔性

管道的两端一般与设备管口相连，而设备管口的强度、刚度是由相应的设备专业或制造厂(如压缩机厂、泵厂、空气冷却器厂等)确定的，管道设计人员无法对其进行改变。但管道设计人员可以从两个方面来改变设备管口刚度的影响。

① 变换与设备管口的主要连接方向。一般情况下，设备管口的刚度在不同的方向是不相同的，沿设备管口方向的刚度较大，而与设备管口垂直的方向刚度较小。因此沿设备管口刚度较小的方向布置管道的主热胀方向，可以充分利用设备管口的柔性。但这样做的时候要充分考虑设备管口的受力能力，并以满足设备管口受力要求为原则，不能将管道的柔性矛盾完全转嫁给设备。总之，利用设备管口柔性缓解管道柔性矛盾的潜力是非常小的。

② 在管道与设备管口连接处设置柔性管件，如金属软管等。如果设置了柔性接头，就等于完全放开了设备管口对管道的限制作用，同时也解除了管道对设备管口的附加力。但一般的柔性接头如金属软管其自身的可靠性较差，操作维护、吹扫等都比较困难，故实际上应用的并不多。金属软管常用于温度和压力不高的加热炉燃料气管道、油品储罐的进出口管道以及油品装卸设施管道上，但这些应用主要是用于解决管道的操作、检修及设备下沉等问题的。

二十、使用弹簧支吊架增加柔性

刚性支架一般不会增加管道的柔性，常利用其约束作用限制管道的热胀方向，以防止管道将较大的热胀力转嫁到与它相连的设备管口上，或因管道的热胀而影响到周围相邻的管道。

将某些刚性支吊架改为弹簧支吊架可以增加管道的柔性。对于管道某一个节点来说，无支架时则无约束，也可认为其约束支架的刚度为零。当该节点设有刚性支架时，那么沿刚性支架限制的方向则认为其刚度为无穷大，即完全限制了约束方向的位移。弹性支架的刚度介于零和无穷大之间，它对管道有一定的约束作用，但同时又允许它沿约束方向有一定的位移。因此，将管道中一些点的刚性支架改为弹性支架，能够缓解支架的约束作用，从而增加了管道的变形能力，也就是说增加了管道的柔性。

二十一、管道柔性元件增加柔性

管道柔性元件利用其自身刚度较小的特点，可以有效地吸收管道的热膨胀，从而大大缓解了管道中的应力和对边界约束的附加力。就常见的管道柔性元件来说有以下几种：波纹管式补偿器、套管式补偿器和球形补偿器。

波纹管式补偿器(也叫波纹管膨胀节)是石化生产装置中常用的一种管道柔性元件，它是利用一组或数组塑性较好、厚度较薄的波纹管容易变形的特点来达到吸收管道热胀目的的。波纹管膨胀节与管道的自然补偿相比，具有补偿能力大、占用空间小等优点，但其可靠性较差，价格高。因此在进行管道柔性设计时应优先选用自然补偿，只有当管道介质压力不高但温度较高、管径较大、安装空间较小或者采用自然补偿需要增加较长的管道或较多弯头而实际并不经济时，才考虑选用波纹管膨胀节。

金属波纹管膨胀节的种类很多，常用的膨胀节有自由型、四连杆横向型(前两者称为无约束型金属波纹管膨胀节)、单式铰链型、单式万向铰链型、复式拉杆型、复式铰链型、复式万向铰链型、弯管压力平衡型、直管压力平衡型等多种型式。套管式或球形补偿器因填料容易松弛而发生泄漏，故在石化装置中很少采用。在剧毒、易燃、易爆介质管道中严禁采用套管式或球形补偿器。

二十二、减少管道摩擦力增加柔性

当管道中的各单元因热膨胀而发生位移时，它将与相关的支承面产生摩擦力。摩擦力与支承约束有点相似，即对管道的热胀总是起阻碍作用，或者说降低管道的柔性。但摩擦力与刚性支架的阻碍作用也有区别，即并不能完全阻止管道元件的热膨胀。对于小直径管道来说，摩擦力一般是比较小的，对热胀的阻力也很小以致可以忽略不计。

对于大直径(例如 $DN400$ 及以上的管道)管道来说，其摩擦力可能会很大，此时就应考虑摩擦力的影响。管廊上 $DN \geqslant 200$ 的长距离管道、常减压装置的转油线、催化装置的烟气管道等都是应考虑摩擦力影响的典型例子。对于常减压装置的转油线，由于它的支承点较高，支架刚度又不宜太大，或者太大时不经济。如果发生较大的摩擦力，会危及支架的安全，此时往往将其承重支架改为滚动支架、摆式支架或自润滑低摩擦支架等，以减少其摩擦力，从而减少管道热胀对支架的影响。系统管廊上的长距离大口径管道也常采用摩擦力较小的滚动支架、摆式支架或自润滑低摩擦支架等。

二十三、增加柔性时对冷紧、设备膨胀、不均下沉等因素的考虑

冷紧不能改变管道的柔性，因此也不能改变热胀的应力范围，但它能降低管道的热应力，故设计中时常被采用。冷紧可以减少管道吊架的偏移量，调整冷态和热态的荷载比例，对于可能产生蠕变的高温管道可缓解其蠕变的发生。详见本章第七节所述。

在考虑热胀时，不应忽视管道各边界点的位移(设备膨胀、不均下沉等产生的)的影响。对于管廊上较长的热管道，可用固定点将其分隔成若干个独立的管道，并分别设计其柔性，以减少管道的总位移长度。对于非工艺管道，当符合下列情况时，可考虑采用柔性管件进行热补偿：

① 受设备布置、空间、支承条件等限制，无法采用自然补偿时；

② 当管道对相连设备管口或基础对支承结构的推力太大时；

③ 对于大直径管道，采用自然补偿并不比用柔性管件补偿更经济时；

④ 与有较大不均匀沉降的设备相连接时。

二十四、管道柔性设计中支架摩擦力的影响

在管道柔性设计中，应考虑支架摩擦力的影响，摩擦系数应按表 3.5.2 选取。

重要管系进行应力分析时应考虑摩擦力对整个管系的受力分配。

对于转动设备应尽可能采用吊架，以减少摩擦力对设备管口受力的干扰。

当采用吊杆或弹簧吊架承受管道荷载时，可不考虑摩擦力的影响。

二十五、管道柔性设计时应考虑管道端点的附加位移

在管道柔性设计中，除考虑管道本身的热胀冷缩外，还应考虑下列管道端点的附加位移：

① 静设备热胀冷缩时对连接管道施加的附加位移；

② 转动设备热胀冷缩在连接管口处产生的附加位移；

③ 加热炉管对加热炉进出口管道施加的附加位移；

④ 储罐等设备基础沉降在连接管口处产生的附加位移；

⑤ 不与主管一起分析的支管，应将分支点处主管的位移作为支管端点的附加位移。

二十六、计算机柔性设计计算要点

(1) 在进行计算机管道柔性分析之前，应收集以下信息：

① 管道系统的操作和设计条件。应该认识可能发生的操作条件的各种组合，可能存在不同温度条件下的容器和管线的各种组合。例如，对于并行连接的换热器，一个换热器工作而处于热态，另一个关闭而处于常温条件。

② 本工程项目管道等级工程规定或其他说明管道系统材料的信息。

③ 以轴测图、平面图或三维管道模型给出的管道系统布置的尺寸信息。

④ 连接设备的信息，主要包括设备轮廓图、设备能承受的荷载。

⑤ 确定设备支座约束形式。

⑥ 许用应力执行的规范。

⑦ 管道组成件的重量。

⑧ 流体的密度。

⑨ 保温层的厚度和形式。

⑩ 如果系统中有膨胀节存在，关于膨胀节的信息，包括压力、推力、面积和刚度。

⑪ 如果系统中有耐火衬里存在，关于耐火衬里的信息，以确定耐火衬里对管道刚度的影响。

⑫ 风荷载、地震荷载以及需要考虑的其他临时荷载，如水锤。

⑬ 自振频率的限制。

⑭ 液压试验时管道承受水重量的考虑。

(2) 以上信息被用来建立管子应力轴测图。应力轴测图是将输入计算机程序的信息汇总，通常以下的信息应在管道应力轴测图上。

① 在应力分析中使用的全局坐标系统，给出 x、y、z 轴的正方向。

② 标注分析中使用的节点，并确定其位置。将两个节点间的尺寸分解成与三个全局坐标相平行的分量。

③ 所有支座和约束的作用位置、功能和方向。

④ 管道设计参数，如管子尺寸、厚度或强度等级，管道材料腐蚀裕量、负偏差，保温层、耐火衬里的密度，阀门和法兰(和其他管件)的重量和位置。

(3) 最后的应力报告也应包含以下信息：

① 管道连接的所有容器、换热器、加热器、旋转设备、储槽等设备轮廓图，应包括基本尺寸、材料、接管位置及设备支承位置。

② 荷载工况的压力、温度和介质密度。

③ 膨胀节的刚度和变形(轴向、横向或转动)，膨胀节组装后的总重。

④ 分析中要用到的任何动荷载数据。

⑤ 作用在设备上的荷载以及许用值。

⑥ 所用软件、版本号的记录。

⑦ 程序产生的图形，显示主要节点。

⑧ 当应力增强系数不取程序默认值时，对应力增强系数的假定或计算。

⑨ 当需要时，支承跨距的计算。

⑩ 压力设计校核，对壁厚、等面积补强等的计算(有的工程公司是在做管道材料设计时完成此项工作)。

(4) 设计校核需考虑的问题：

① 连接设备的热位移是否要包括？

② 所连接设备的热位移是否匹配？

③ 设备的设计温度是否被不恰当地使用来代替操作温度？

④ 在确定连接设备受到的荷载时，是否已考虑管道的推力？

⑤ 在确定应力范围时要考虑管系弯矩范围？

⑥ 如果摩擦力大，是否已考虑了摩擦力？

⑦ 如果管道应力分析中已包括了摩擦力，不包括摩擦力的应力分析是否已进行？通常，摩擦力并不是起决定作用的。摩擦力的有害效应要考虑，而有益效应不应考虑。因此，在有些情形下，需进行有摩擦力和无摩擦力两种情况下的应力分析，以确定哪一个情况更危险。

⑧ 作用于连接设备上的荷载是否在允许范围内？

⑨ 是否已包括腐蚀裕量？

⑩ 管系尺寸是否正确？

⑪ 阀门和其他零件的重量是否包括在内？

⑫ 沉降效应（如周围的储槽）是否已考虑？

⑬ 是否所有操作条件的组合都已考虑？

⑭ 是否已考虑了环境荷载（如风、地震、冰）？

⑮ 是否已考虑了当地的最低温度，或使用了默认的最低温度？

⑯ 弹簧模型是否合理？

⑰ 是否有管线的径向热膨胀很大的趋势（如底部支承的大直径高温管线）？

⑱ 是否已考虑膨胀节的压力推力？

⑲ 是否已考虑膨胀节本身的热膨胀和变形？

⑳ 如果热膨胀引起的轴向荷载大的话，是否在计算热膨胀应力范围时已考虑这个荷载？

㉑ 是否已考虑焊接了弯头附近法兰对于弯头应力增强系数和柔性系数的影响？

㉒ 对比值 D/t 大的管道，是否已考虑查取应力增强系数的限制？

㉓ 在分析中是否需考虑压力会使弯头刚度增大？

㉔ 是否已考虑荷载冲击作用对法兰泄漏的影响？

二十七、静应力分析与柔性设计的关系

管道静应力分析和管道柔性设计存在区别。管道的静应力分析只是验证管道柔性设计是否满足各方面力学要求的一个手段，是一个力学分析过程。管道的柔性设计则是研究管道如何布置、如何选择支承、如何选择有关管道元件，从而使管道的柔性满足力学分析的要求。

管道的静力分析与管道的柔性设计又是相互联系的。先进行管道的布置设计，然后将设计图进行管道静应力分析，并将分析结果和修正意见返回，使得管道布置既能满足强度要求，又符合管道布置的一般要求，同时又是最经济的。

二十八、应力集中(Stress Concentration)问题

工业管道元件开孔、分支、变径、拐弯等位置，在这些局部区域经常发生形状或断面面积的变化。当管道元件的形状或截面发生突变时，或者受到的外力发生突变时，该局部区域的应力将急剧增加，且随着远离这个区域，其应力水平则迅速降低。通常把因管道元件的外形突然变化或荷载的突然变化而引起局部应力增大的现象称为应力集中。

从微观上讲，管道元件中总避免不了气孔、夹渣、夹杂甚至裂纹等制造缺陷的存在，这些缺陷的存在导致材料的微观不连续，它不仅直接削弱了管道元件的承载能力，而且也会引起应力集中问题。由于应力集中的存在，可能会使得工业管道元件的整体应力在尚未达到材料的屈服极限时，而应力集中区域的最大应力已经达到或超过了材料的屈服极限。

二十九、高温管道用较厚的管子代替较薄的管子时应注意的问题

管子壁厚的增加提高了管道的刚度，增加了管壁面积和自重，因而必须对管道的柔性进行分析，以校核固定点、设备管口和各支吊架的荷载，还应校核弹簧支吊架的型号是否合适。

三十、某工程两设备间管道柔性布置实例

某工程 101 设备管口 A 与 102 设备管口 B 有一条 $DN200$ 管道连接，设计温度 200℃，见图 3.3.4。图(a)两个设备管口直连，是一种错误的设计。图(b)两个设备的管口错开了位置，但是管子柔性仍不能满足要求。改为图(c)形式后管道的柔性仍没有多大的改观。修改为图(d)形式，管道的柔性设计才满足要求。管道本身应有足够的柔性。尽量利用管道的自然形状吸收热胀自行补偿。当管道柔性不足时，最常用的方法是改变走向或在某个方向增加管道的长度。应注意，增加的管道长度应垂直于管道原来的主要走向。

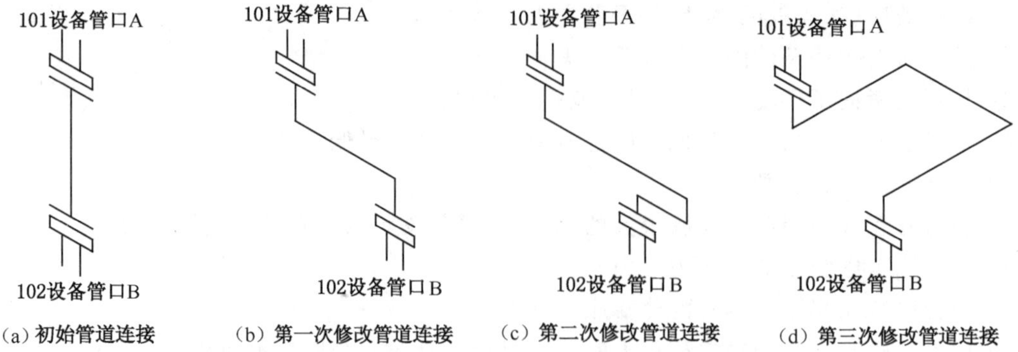

图 3.3.4 某工程两设备间管道柔性布置

三十一、SH/T 3041《石油化工管道柔性设计规范》与 ASME B31.3 对柔性分析和疲劳评定的比较

① 柔性分析和压力疲劳的关系。由位移对管道元件引起的交变应力对元件材料必然会导致疲劳损伤，这和由压力对管道元件引起的交变应力对元件材料构成的疲劳损伤从失效机理角度分析是相同的。ASME B31.3 对 D 类、M 类管道的柔性分析中的规定为：

$$S_E \leqslant S_A$$

S_E 为由交变位移对管道所引起的弯矩、扭矩，在元件上产生的弯曲应力 S_b、剪切应力 S_1 组成的当量应力范围，在计算时已计及各元件在受弯、受剪时因结构不同于直管而引入的应力增强系数，$S_E=\sqrt{S_b^2+4S_t^2}$。S_A 为许用应力范围，$S_A=f(1.25S_c+0.25S_h)$。其中 S_c、S_h 分别为该元件在循环荷载时最低和最高温度时的许用应力，f 为许用应力范围折减系数，和荷载的循环次数 N 有关。

② 对 K 类(即高压)管道和 D 类、M 类管道的柔性分析，所取交变应力范围的计算公式相同，但对 K 类管道的许用应力范围取 $S_A=(1.25S_c+0.25S_h)$，循环次数包括压力、温差和位移的循环次数在内；而对 D 类、M 类管道的许用应力范围则取 $S_A=f(1.25S_c+0.25S_h)$，f 为应力范围折减系数，和循环次数 N 有关，循环次数 N 则仅为位移循环的次数。

③ 对 K 类管道，规定除要满足柔性分析即 $S_E\leqslant S_A=(1.25S_c+0.25S_h)$的校核外，还要按照 ASME Ⅷ-2 进行疲劳评定。而对 D 类、M 类管道，除规定了柔性分析的限制条件以及不满足限制条件时所要采取的措施外，未提及压力疲劳的评定。

④ 在 D 类、M 类管道中，除取许用应力范围 $S_A=f(1.25S_c+0.25S_h)$外，还规定有“剧烈循环工况”，所谓剧烈循环工况是指 $S_E>0.8S_A$ 且 $N>7000$ 的工况。而在 K 类管道中，除取 $S_A=(1.25S_c+0.25S_h)$，即有所不同外，而无剧烈循环工况的概念。

⑤ 在柔性分析的应力计算和循环次数的说明中，都指明是由位移引起的应力以及与之对应的循环次数，只字未提及由压力引起的应力以及与之对应的压力循环次数；而在管道元件的轴向应力计算和校核中，不论是持久性荷载或持久性加临时性荷载共同作用的工况，都规定包括压力引起的轴向应力。在对 K 类管道的疲劳分析中，则直接列出了由压力引起的轴向应力公式。

⑥ 在对 K 类管道的疲劳分析中，计算应力幅时要引入应力集中系数，当为支管连接件

或异径三通时，无论对主管或支管，都采用同一应力集中系数值；在柔性分析中，如为支管连接件或异径三通则必须对主管和支管分别用不同的断面模量计算出不同的弯曲应力和剪切应力范围。

⑦ K类即高压管道，和D类、M类管道相比，对管道元件的结构提出了更为严格的限制。例如要求采用整体补强管件；要求采用高颈法兰；避免采用平焊、承插焊和松套法兰以及某些特殊的接头等。

⑧ 对D类、M类管道只进行由位移引起的柔性分析，而不必再进行压力疲劳评定。柔性分析中所计及的应力仅由位移引起，其循环次数仅对应于位移的循环次数，二者都与压力无关。对K类管道，既要进行由位移引起的柔性分析，更要按ASME Ⅷ-2规定的压力疲劳评定。在柔性分析时的许用应力范围和位移的循环次数无关，在压力疲劳评定中所计及的循环次数包括对应于压力、温差和位移的循环次数。在柔性分析中，只计及因管道膨胀或收缩、外加位移等因素导致管道所产生的弯矩、扭矩所引起的弯曲和剪切应力，ASME B31.3并未计及轴向荷载引起的应力，尽管轴向荷载有时确实存在，但和弯矩、扭矩相比甚小而规定可予忽略。

第四节　管道柔性设计时计算温度的确定

一、计算温度与计算压力的概念

管道应力计算中所采用的温度，称为计算温度。由于通常设计温度和设计压力的保守性过大，且管道在绝大多数时间内是在正常操作状态下运行，所以在一般情况下，可将计算温度和计算压力取为操作温度和操作压力，但应考虑到最不利的情况。当设计温度和设计压力与操作温度和操作压力相差不大时，也可将计算温度和计算压力取为设计温度和设计压力。计算温度的确定，不同标准的规定有所不同，GB 50316参照了ASME B31.3的规定。

管道计算压力应取计算温度下对应的操作压力。

二、GB 50316对计算温度的规定

管道的设计温度应为管道在运行时，压力和温度相耦合的最严重条件下的温度。对于0℃以下的管道，应考虑流体及环境温度的影响，设计温度应取低于或等于管道材料可达到的最低温度。

管道采用伴管或夹套加热时，应以外加热和管内流体温度中较高的温度为设计温度。

无隔热层的管道中，不同的管道组成件可具有不同的设计温度。管道组成件的设计温度应符合以下规定：

① 流体温度低于65℃时，管道组成件的设计温度可与流体温度相同；

② 流体温度等于或大于65℃时，除非按传热计算或试验确定有较低的平均壁温，管道组成件的设计温度不应低于以下数值：

A. 阀门、管子、突缘短节、焊接管件和厚度与管子相似的其他管道组成件，为流体温度的95%；

B. 法兰(除松套法兰外)，包括在管件和阀门上的法兰，为流体温度的90%；

C. 松套法兰，为流体温度的85%；

D. 法兰的紧固件，为流体温度的80%。

对于外保温管道，设计温度应为管道在运行时，压力和温度相耦合的最严重条件下的温

度。对于0℃以下的管道，应考虑流体及环境温度的影响，设计温度应取低于或等于管道材料可达到的最低温度。当另有计算、试验或测定的结果时，可取其他温度。

内保温管道的设计温度，应根据传热计算或试验确定。

对于非金属材料衬里的管道，设计温度应取流体的最高工作温度。当无外隔热层时，外层金属的设计温度可通过传热计算、试验决定，或按上述“无隔热层的管道”之相关规定确定。

三、SH/T 3041对计算温度的规定

对于计算温度的确定，其他一些行业标准也大多参照了GB 50316和ASME B31.3的规定，例如SH/T 3041对计算温度的规定如下：

对于无隔热层管道，介质温度低于65℃时，取介质温度为计算温度，介质温度等于或高于65℃时，取介质温度的95%为计算温度。

对于有外隔热层管道，除另有计算或经验数据外，应取介质温度为计算温度；

对于夹套管道，应取内管或套管介质温度的较高者作为计算温度；

对于外伴热管道，应根据具体条件确定计算温度；

对于衬里管道，应根据计算或经验数据确定计算温度；

对于安全泄压管道，应取排放时可能出现的最高或最低温度作为计算温度；

进行管道柔性设计时，不仅应考虑正常操作条件下的温度，还应考虑开车、停车、除焦、再生及蒸汽吹扫等工况；

除另有规定外，管道安装温度宜取20℃。

管道计算压力应取计算温度下对应的操作压力。对于安装温度，SH/T 3041中明确规定管道安装温度宜取20℃，在GB 50316和ASME B31.3中，虽然没有明确说明安装温度的取法，但从其给出的热膨胀系数表格中的参考温度可以看出，GB 50316将安装温度一般取为20℃，ASME B31.3将安装温度一般取为21℃(70 ℉)。

四、HG/T 20645对计算温度的规定

1. 确定安装温度

当管道操作温度高于环境温度时，取安装温度为20℃(或根据建厂地区气象条件确定)。

当管道操作温度低于环境温度时，取安装温度为39℃(或建厂地区的平均最高温度)。

2. 校核/选取计算温度(特殊条件下)

对蒸汽伴热管道，取工艺管道的操作温度与蒸汽温度的70%两者中的较大值(℃)。

对蒸汽夹套管道，取工艺管道的操作温度与蒸汽温度两者中的较大值(℃)。

对备用状态下的保温管道，取管道操作温度的50%(℃)(且不小于环境温度)。

对备用状态下的不保温管道，取管道的安装温度(℃)。

对备用状态下的蒸汽伴热管道，取工艺管道操作温度的70%(℃)。

对带有加热旁路的备用泵管道，取泵管道操作温度的70%(℃)。

五、管道柔性设计时计算温度的工程应用

管道柔性设计时计算温度的确定，各标准规范大体类似，但有一些是不同的，需根据工程实际情况选择使用。笔者遇到某火炬管道原设计温度为170℃，后增加低压蒸气伴热，低压蒸气设计温度210℃。刚开始设计时，工艺专业提出火炬管道设计温度仍是170℃。经分析，如果火炬管道内流体始终流动可以按照设计温度仍是170℃，但是火炬管道并非始终有流体流动，当装置停止排放时火炬管道设计温度会增加。因此，这根火炬管道柔性设计时计算温度应按照伴管的设计温度210℃执行。

进行管道柔性设计时，不仅要考虑正常操作条件下的温度，还要考虑短时超温工况(如蒸汽吹扫等)。某工程因漏考虑此项设计造成支架脱落事故。

另外，管道柔性设计时的环境温度选用非常重要。各标准规范规定略有不同，管道的安装温度也不一定是20℃，较保守的设计可依据建设项目所在地的气象环境来确定，高温管道的安装温度取建设项目所在地最冷月的月平均温度，低温管道的安装温度取建设项目所在地最热月的月平均温度。

第五节 管道柔性设计工作程序

一、确定管道的基础条件

管道的基础条件包括：介质、温度、压力、管径、壁厚、材质、荷载、端点位移等。

① 确定管道的计算温度；

② 钢材平均线膨胀系数可参照附录二选取。

③ 钢材弹性模量可参照附录三选取。

④ 计算二次应力范围时，管材的弹性模量应取安装温度下钢材的弹性模量。

⑤ 管道壁厚计算：

A. 内压金属直管的壁厚 根据SH 3059《石油化工管道设计器材选用通则》确定：

当 $S_0 < D_o/6$ 时，直管的计算壁厚为：

$$S_0 = pD_o/(2[\sigma]^t\Phi + 2pY)$$

直管的选用壁厚为： $S = S_0 + C$

式中 S_0——直管的计算壁厚，mm；

p——设计压力，MPa；

D_o——直管外径，mm；

$[\sigma]^t$——设计温度下直管材料的许用应力，MPa；

Φ——焊接接头系数，对无缝钢管，$\Phi=1$；

S——包括附加裕量在内的直管壁厚，mm；

C——直管壁厚的附加裕量，mm；

Y——温度修正系数，按表3.5.1选取。

表3.5.1 温度修整系数表

材 料	温度/℃					
	≤482	510	538	566	593	≥621
铁素体钢	0.4	0.5	0.7	0.7	0.7	0.7
奥氏体钢	0.4	0.4	0.4	0.4	0.5	0.7

当 $S_0 \geq D_o/6$ 或 $p/[\sigma]^t > 0.385$ 时，直管壁厚应根据断裂理论、疲劳、热应力及材料特性等因素综合考虑确定。

B. 外压直管的壁厚 应根据GB/T 150《压力容器》规定的方法确定。

二、管系的柔性设计程序

① 对于复杂管道可用固定点将其划分成几个形状较为简单的管段，如L形、Π形、Z形等管段再进行分析计算。

② 确定管道固定点位置时，宜使两固定点间的管段能够自然补偿。

③ 首先应利用改变管道走向获得必要的柔性，但由于布置空间的限制或其他原因也可采用其他补偿器获得柔性。

④ 在有毒及可燃介质管道中严禁采用填料函式补偿器。

⑤ 采用Ⅱ形管段补偿时，宜将其设置在两固定点中部。

⑥ 冷紧可降低操作时管道对连接设备或固定点的推力和力矩，但连接转动设备的管道不应采用冷紧。

⑦ 在管道柔性设计中，应考虑支架摩擦力的影响，摩擦系数应按表 3.5.2 选取。

表 3.5.2 摩擦系数

摩擦类型	接触面	μ
滑动摩擦	钢对混凝土	0.6
	钢对钢	0.3
	聚四氟乙烯对不锈钢	0.1
滚动摩擦	钢对钢	0.1

⑧ 当采用吊杆或弹簧吊架承受管道荷载时，可不考虑摩擦力的影响。

⑨ 往复式压缩机和往复泵的进出口管道除应进行柔性设计外，还应考虑流体压力脉动的影响。

⑩ 管道柔性设计包括简化分析方法和计算机分析方法。分析方法应根据管道所连接的设备类型、管道操作温度和公称直径等设计条件确定。

⑪宜采用计算机分析和不用柔性分析的管道，见本书第一章“SH 3041 对管道柔性计算范围和方法的规定”，也可参照其他标准规范的规定。

第六节 管道的补偿器类型及布置

改变管道走向可以获得必要的柔性，但由于布置空间的限制或其他原因也可采用其他补偿器获得柔性。管道设计中常用的补偿器有三种：自然补偿器、波形补偿器、套管式或球形补偿器，如表 3.6.1 所示。

表 3.6.1 管道补偿器的种类

自然补偿器(有 L 形、Z 形、Ⅱ形等)	
金属波纹管膨胀节(用于热补偿和增加管道柔性的金属管道元件)	
填料函式膨胀节(依靠部件的相对运动产生变形，达到吸收热位移的目的。由于填料函式膨胀节利用填料进行密封的同时，承受压力的作用，容易产生泄漏，因此可靠性较差，在重要管道上很少采用，在剧毒及易燃易爆介质管道中严禁采用)	① 套管式膨胀节
	② 球形膨胀节
金属软管(刚度极小，一般在接近完全软连接时采用，由于刚度很小所以金属软管比较容易产生振动，且对管径、压力有一定限制，不可能做得很大)	

一、自然补偿器

自然补偿器结构简单、运行可靠、投资少，在石油化工管道设计中广泛采用。由于工艺需要在布置管道时自然形成的弯曲管段，称为自然补偿器，如 L 形补偿器[图 3.6.1(a)]、Z 形补偿器[图 3.6.1(b)]、Ⅱ形补偿器(图 3.6.2)。

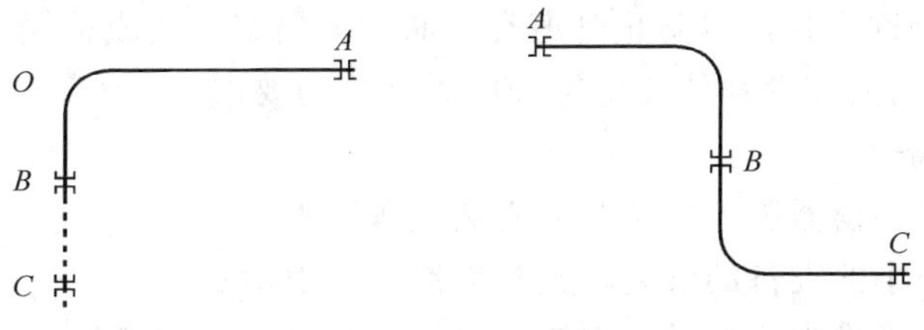

(a) L形补偿器　　(b) Z形补偿器

—╢╟— 表示轴向限位架

图 3.6.1 L 形与 Z 形自然补偿器

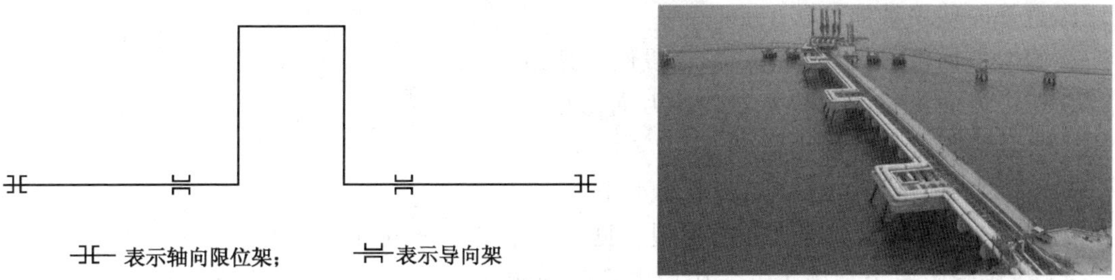

(a) Π 形补偿器简图　　(b) 某大型 LNG 项目码头的 Π 形补偿器

图 3.6.2 Π 形补偿器

如自然补偿的形式为 L 形，则需考虑其中较短管[图 3.6.1(a)OB 管段]是否有足够的吸收管道热膨胀之能力，如 OB 管段之长度不够，则应加长至 C 或重新考虑管线布置，以免发生管道因弯曲过甚而破坏。

如自然补偿的形式为 Z 形，则不应在 Z 形管路中 B 处[图 3.6.1(b)]加以固定使成为两个 L 形(AB 和 AC)，即只需在两端(A、C)加以固定保持 Z 形。

管路在自然补偿时如选用立体形方式，则较平面形的补偿效果更好。

Π 形补偿器结构简单、运行可靠、投资少，应优先选用；Π 形补偿器宜设置在两固定点中部，为防止管道横向位移过大，应在 Π 形补偿器两侧设置导向架。导向支座与 Π 补偿器管端的距离见本书第七章。

Π 形补偿器与固定点的距离不宜小于两固定点间距的三分之一。

二、波形补偿器

波形补偿器补偿能力大、占地小，但制造较为复杂，价格高，适用于低压大直径管道。装有膨胀节的管道做水压试验时，应考虑设置适当的临时支架以承受额外加到管道和膨胀节上的荷载。试验后应将临时支架拆除。

波形补偿器是用 3～4mm 厚的金属薄片制成的，它利用金属本身的弹性伸缩来吸收管线的热膨胀，每个波纹可吸收 5～15mm 的膨胀量。它的优点是体积小、结构严密。但是为了防止补偿器本身产生纵向弯曲，补偿器不能做得太长，每个补偿器的波纹总数一般不得超过 6 个。这使补偿器的补偿能力受到限制。这类补偿器仅用在内压小于 0.7MPa 的管道上。

布置无约束金属波纹管补偿器应符合下列要求：

① 两个固定支座间仅能布置一个补偿器；

② 固定支座必须具有足够的强度，以承受内压推力的作用；

③ 对管道必须进行严格地保护，尤其是靠近补偿器的部位应设置导向架，第一个导向支架与补偿器的距离应小于或等于 4 倍公称直径，第二个导向支架与第一个导向支架的距离

座小于或等于 14 倍公称直径，以防止管道有弯曲和径向偏移造成补偿器的破坏。

布置带约束的金属波纹管补偿器应符合应力计算的要求。

(1) 波形补偿器条件

① 比用弯管形式补偿器更为经济时或安装位置不够时；

② 连接两个间距小的设备的管道，其补偿能力不够时；

③ 为了减少压降、推力或振动，在工艺过程上可行而且在经济上合理时；

④ 为了保护有严格受力要求的设备管口。

(2) 波形补偿器的形式及适用条件

① 直管段使用轴向位移型；

② 两个方向位移的 L 形、Z 形管段使用角型；

③ 三个方向位移的 Z 形管段使用万向角型；

④ 吸收平行位移的使用横向型。

(3) 带约束的金属波纹管膨胀节的类型

带约束的金属波纹管膨胀节的类型，见本章第二十三节所述。

(4) 波纹管膨胀节在施工安装中应注意的问题

① 膨胀节的施工和安装应与设计要求相一致；

② 膨胀节的安装使用应严格按照产品安装说明书进行；

③ 禁止采用使膨胀节变形的方法来调整管道的安装偏差；

④ 固定支架和导向支架等应严格按照设计图纸进行施工，需要改动时应经原分析设计人员认可；

⑤ 膨胀节上的箭头表示介质流向，应与实际介质流向相一致，不能装反；

⑥ 安装铰链型膨胀节时，应按照施工图进行，铰链板方向不能装错；

⑦ 在管道系统(包括管道、膨胀节和支架等)安装完毕，系统试压之前，应将膨胀节的运输保护装置拆除或松开。按照 GB/T 12777 的规定，运输保护装置涂有黄色油漆，应注意不能将其他部件随意拆除。

⑧ 对于复式大拉杆膨胀节，不能随意松动大拉杆上的螺母，更不能将大拉杆拆除；

三、套管式或球形补偿器

套管式或球形补偿器因填料容易松弛，发生泄漏，在石化企业中很少采用。在有毒及可燃介质管道中严禁采用填料函式补偿器。

1. 球形补偿器的形式(表 **3.6.2**)

表 3.6.2 球形补偿器的形式

序号	形　式	外　形　图	说　明
1	压紧式球形补偿器	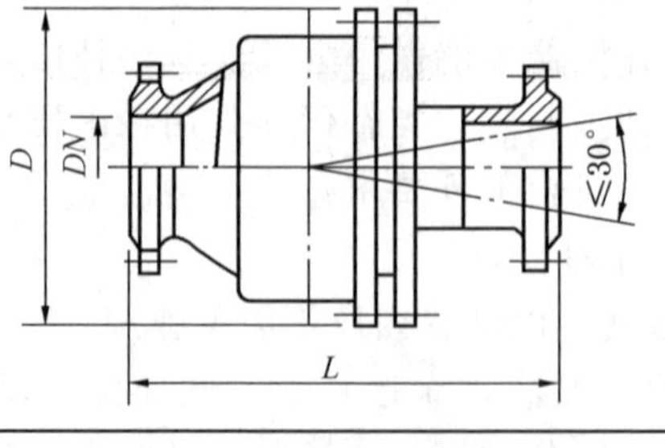	① 靠拧紧螺栓压紧填料实现密封；② 有法兰和接管焊接两种连接方式

续表

序号	形　式	外　形　图	说　明
2	注填式球形补偿器	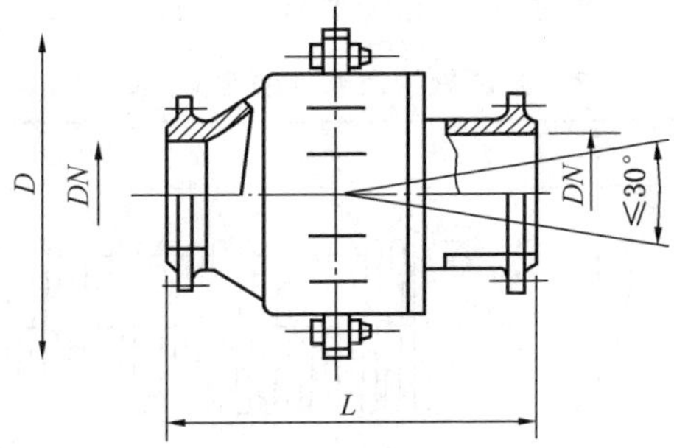	① 靠注射枪注入密封填料实现密封，并可在运行中带压注填； ② 有法兰和接管焊接两种连接方式

2. 球形补偿器的优点

为了保证热力管道的稳定工作和安全运行，减少管道因热胀冷缩产生的巨大应力，必须在管道上装设补偿装置。其中，球形补偿器便是应用在热力管道上的一种新型装置。球型补偿器的补偿能力比通常用的Π形补偿器大5～10倍，它具有补偿能力大、占空间小、阻力小、钢材消耗少、安装方便等优点。

球形补偿器应用特点：①角向补偿能力大，可沿球面向任一方向旋转(包括周向扭转)，补偿位移角度可达±15°；②补偿器自身可平衡管端因压力产生的盲板推力；③因填料产生的摩擦力矩不会因转角的变化而增大；④主要应用在工作温度≤450℃、工作压力≤4.0MPa的以热水、蒸汽、热气体等无毒或非易燃易爆流体为介质的管道上；⑤运行中如发生泄漏，对于压紧式球形补偿器可通过更换填料或拧紧螺栓来消除泄漏；对于注填式球形补偿器可通过加注密封剂来消除泄漏。

球形补偿器由中间的球体、两端的接管、法兰、填料及结构件组成，自身能承受管道两端的盲板推力，可吸收管道较大的角向位移。球形补偿器一般由两个或两个成组使用，主要应用在有L形、Z形或Π形管段的管线上。

3. 球形补偿器的工作原理

球形补偿器亦称球形接头，见图3.6.3，球形补偿器的球体可以绕本身轴线作360°旋转，球体还可以向任意方向做角折屈运行，利用球形补偿器的这个特点，可将其角度的位移转化为管道直线的位移来吸收管道的热膨胀量，因此，它必须2个或3个组成一组使用，单个球形补偿器不能吸收膨胀量。球形补偿器的折屈角θ由生产厂家提供，一般产品为15°或30°两种形式，见图3.6.3。

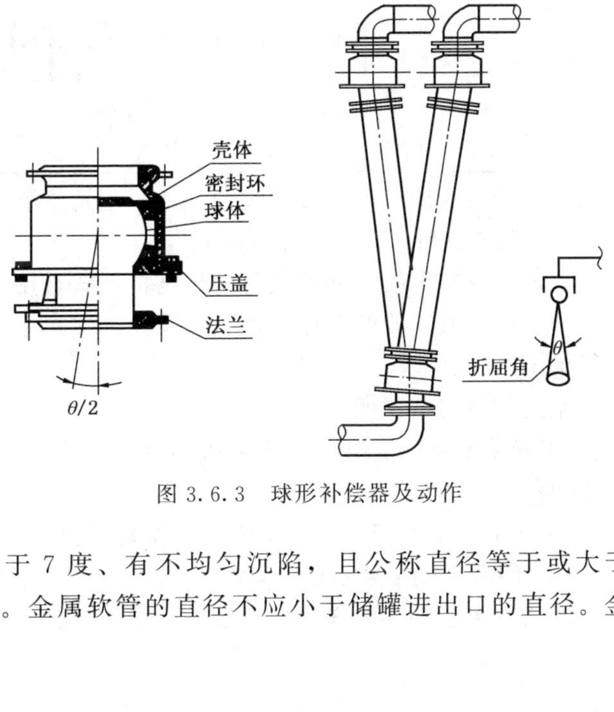

图3.6.3　球形补偿器及动作

四、金属软管的设计及工程应用

储罐前的管道当地震烈度等于或大于7度、有不均匀沉陷，且公称直径等于或大于150mm时，应设置储罐抗震用金属软管。金属软管的直径不应小于储罐进出口的直径。金属软管应布置在靠近储罐壁的第一道阀门和第二道阀门之间。

金属软管常在管道工程系统中为补偿位移和安装偏差、吸收振动及降噪声等所采用的波纹金属软管(以下简称“金属软管”或“软管”)。金属软管及部件的定义见表 3.6.3。

表 3.6.3 金属软管及部件的定义

序号	软管或部件	定义术语	结构图
1	螺旋波纹管	波纹呈螺旋状的波纹管	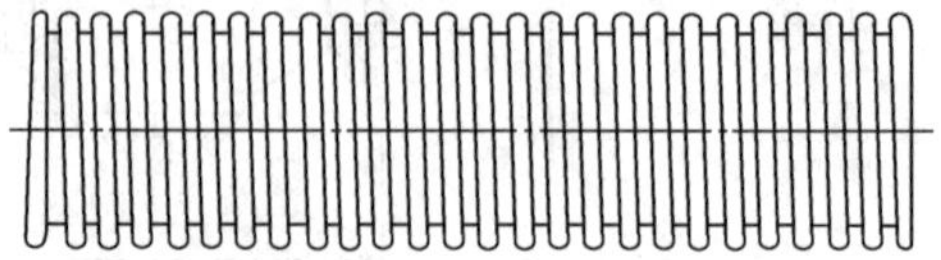
2	环形波纹管	波纹呈闭合圆环状的波纹管	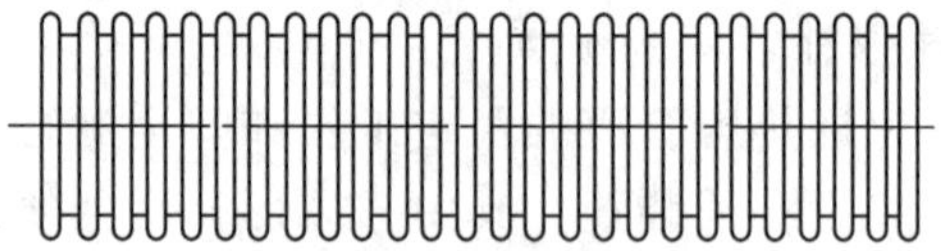
3	网套	波纹管外表面的金属编织物	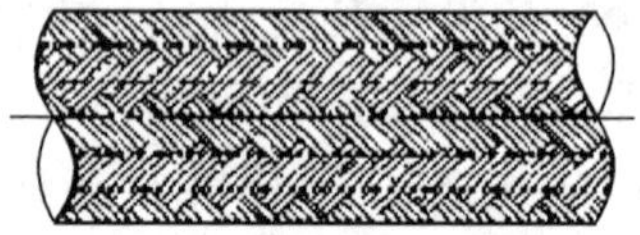 钢丝网套
			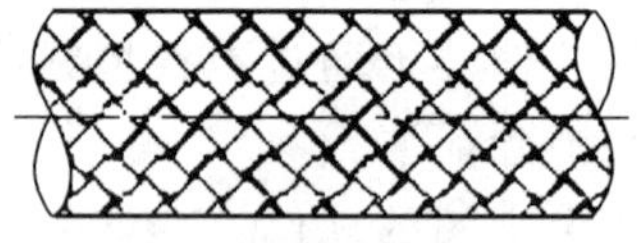 钢带网套
4	软管	波纹管、网套和接头的组合或波纹管和接头的组合	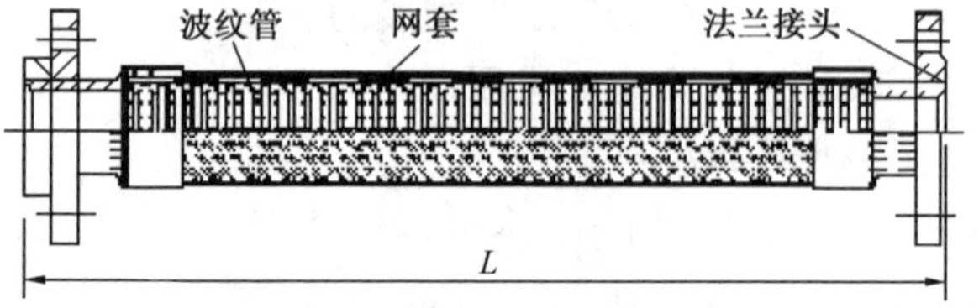

软管接头有球面型、管螺纹型、法兰型及平型活接头等多种形式。

(1) 泵连软管

泵连软管有无接管和带接管两种结构形式，用于泵或压缩机与阀门、仪器仪表等构成的管系中，可有效吸收管系振动，减少噪声，保护泵、阀及仪器仪表等重要部件。图 3.6.4 为其结构图。

泵连软管选型说明：

① 安装于泵的进出口，使管系轴线垂直于振动方向，并须直线安装，不得受拉、受压或受扭。

② 在适当位置安装固定支座，以隔离振动。

(2) 储罐抗震金属软管

安装在大型储罐的进出口管道上，用于减轻储罐的地震破坏及补偿储罐的地基沉降和管线的热膨胀位移。图 3.6.5 为其结构图。

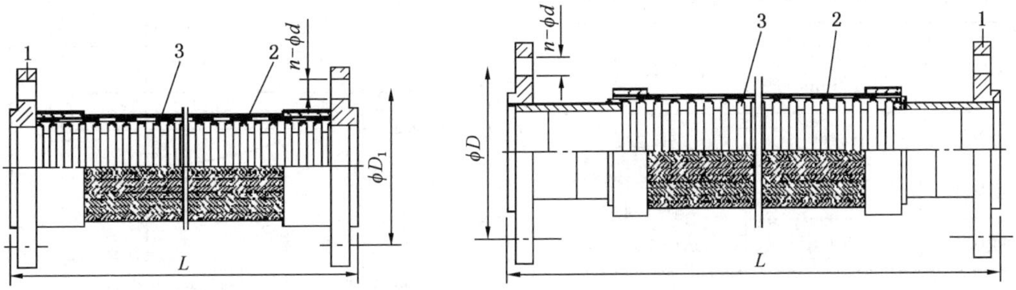

(a)无接管结构　　(b)带接管结构

图 3.6.4　泵连软管结构图

1—法兰；2—网套；3—波纹管

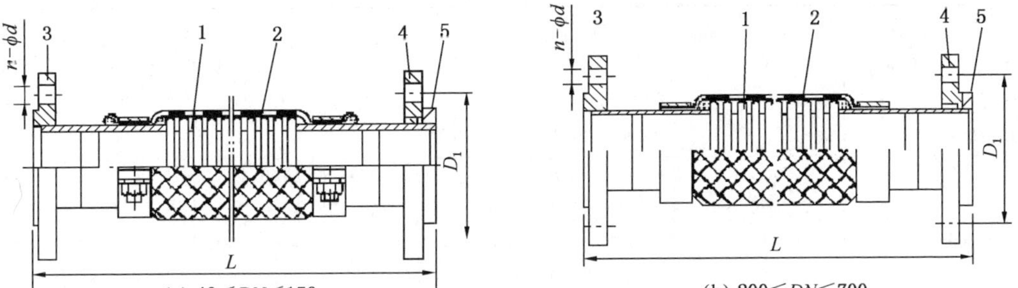

(a) 40≤*DN*≤150　　(b) 200≤*DN*≤700

图 3.6.5　储罐抗震金属软管结构图

1—波纹管；2—网套；3—平焊法兰；4—松套法兰；5—密封座

储罐金属软管选型说明：

① 主要安装在罐前阀后，见图 3.6.6。

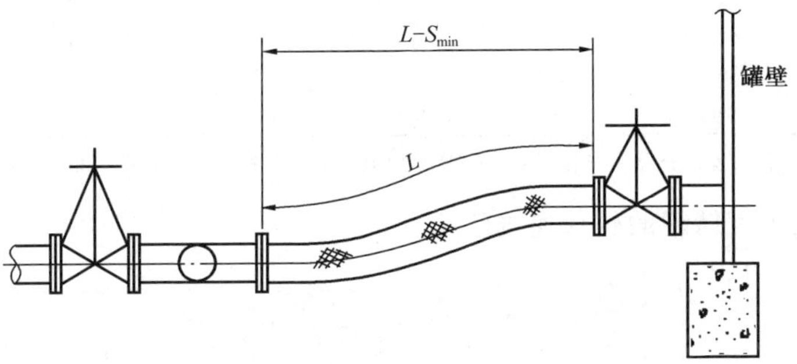

图 3.6.6　金属软管的安装

② 结构上采用钢带网套，*DN*40～150 采用机械夹固，*DN*200～700 采用焊接固定。两端为法兰连接：一端平焊法兰，一端松套法兰。

金属软管的横向补偿量 Y 值与地震烈度有关，可参照表 3.6.4 所列数值(并参见图 3.6.7)。若同时考虑地质条件不良而引起的下沉量，则 Y 值应考虑为两者的综合值。

金属软管与管道的连接，应采用法兰连接，便于安装、调节和更换。金属软管的直径，不应小于储罐的进出油接合管的直径，一般可与储罐的进出油接合管的直径相等；金属软管承受压力应等于或大于 1.0MPa。管道直径(金属软管直径)与金属软管的长度同横向补偿量 Y、安装距离 S_{min} 的对应数值，可参照表 3.6.5 或由制造厂家提供。

表 3.6.4 地震烈度与横向补偿量 Y 对照表

地震烈度	横向补偿量 Y/mm	地震条件
7 度区	±100	加速度 $a=(0.1\sim0.4)g$ 地震周期 $T=0.2\sim2s$
8 度区	±200	
9 度区	±400	

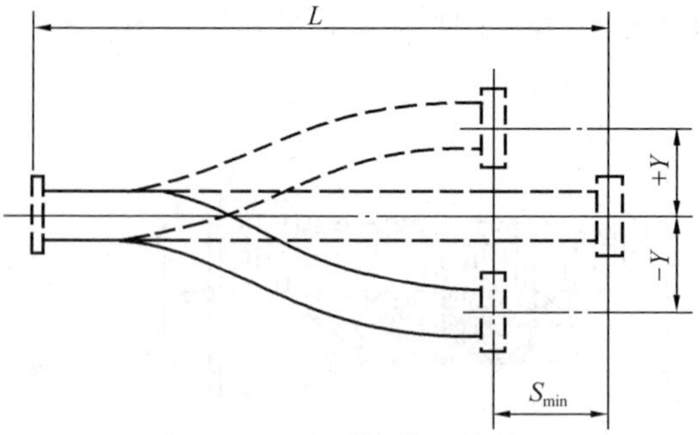

图 3.6.7 金属软管的补偿量

表 3.6.5 金属软管直径、横向补偿 Y、金属软管长度及安装位移最小距离 S_{min} 基本参数

mm

公称直径 DN \ L/S_{min} \ 横向补偿量 Y	±50 (100)	±100 (200)	±150 (300)	±200 (400)	±250 (500)	±300 (600)	±400 (800)
40	650/21	850/59	1000/102	1100/164	1200/218	1300/288	1500/404
50	750/20	950/50	1100/96	1200/147	1400/206	1500/272	1600/363
65	850/18	1100/48	1300/86	1400/130	1500/180	1700/237	1800/300
80	900/18	1200/44	1400/78	1500/118	1700/163	1800/214	2000/269
100	1100/16	1300/40	1500/70	1700/107	1900/148	2000/193	2200/241
125	1200/15	1500/37	1700/64	1900/98	2100/134	2300/174	2400/217
150	1300/14	1600/34	1900/60	2100/89	2300/122	2500/160	2600/200
175	1400/14	1700/33	2000/57	2200/85	2500/115	2700/150	2700/187
200	1400/13	1800/30	2100/54	2400/80	2600/109	2800/141	3000/176
225	1500/11	1900/30	2200/51	2500/72	2700/104	3000/135	3200/168
250	1600/10	1800/29	2400/50	2600/73	2900/100	3100/128	3300/160
300	1800/10	2200/27	2600/47	2900/69	3200/93	3500/120	3700/144
350	1800/10	2400/26	2900/44	3200/66	3500/89	3700/112	4000/140
400	2100/10	2600/25	3100/43	3400/62	3700/85	4000/108	4200/134

注：1. 分子为金属软管长度，分母为安装距离。2. 括弧内数字为横向补偿总位移量。3. L/S_{min} 见图 3.6.5、图 3.6.6。

图 3.6.8 为某工程储罐的软管连接照片。

图 3.6.8 某工程储罐抗震及补偿地基沉降的金属软管

第七节　冷　　紧

一、冷紧的概念

冷紧是指在安装时(冷态)使管道产生一个初位移和初应力的一种方法，冷紧通常是在安装时采用将管道割短(适用于操作温度高于安装温度情况)或加长(适用于操作温度低于安装温度情况)的方法来完成。冷紧的目的是将管道的热位移的一部分分配到冷态，从而降低管道在热态下的热胀应力和对端点的推力和力矩。冷紧并不能改变管道的柔性，因此也不能改变热胀的应力范围，但它能降低管道的热态力，故设计中时常被采用。

钢管道在常温下所能承受的荷载比热态下所承受的荷载要大得多，因此将管道热变形转移到冷态的做法是有利的，所以不同行业的管道设计规范都规定了对管道冷紧的要求。

二、冷紧与一次应力和二次应力的关系

冷紧所产生的应力不是外力荷载产生的应力，因此不属于一次应力，所以冷紧对一次应力的校核结果没有影响。

因为冷紧只能改变安装状态和操作状态应力的大小，但不能改变操作过程中的二次应力范围数值，因此冷紧也不能改变二次应力的校核结果。

三、冷紧比的概念

冷紧值与全补偿量(安装状态到操作状态的总变形值)之比称为冷紧比，冷紧比的数值在0～1之间，冷紧比为0时表示没有冷紧，冷紧比为1时表示100%冷紧。

四、冷紧的设计原则

通常应尽量避免采用冷紧，在必须采用冷紧的情况下，要遵循下列原则：

① 为了降低管道运行初期在工作状态下的应力和管道对连接设备或固定点的推力、力矩以及位移量，可以采用冷紧，但冷紧不能降低管道的应力范围；

② 对于材料在蠕变条件下(碳钢380℃以上，低合金钢和高铬钢420℃以上)工作的管道进行冷紧时，冷紧比(亦即冷紧值与全补偿量的比值)应不小于0.7。对于材料在非蠕变条件下工作的管道，冷紧比取0.5。对冷紧有效系数，热态取2/3，冷态取1。

③ 由于转动机器，管道在安装时要求对机器的作用力尽可能小，与转动机器相连的管道不宜采用冷紧。

④ 与敏感设备相连的管道不宜采用冷紧。因为由于施工误差使得冷紧量难于控制，另一方面，在管道安装完成要将与敏感设备管口相连的管口法兰卸开，以检查该法兰与设备法兰的同轴度和平行度，如果采用冷紧将无法进行这一检查。

⑤ 冷紧应尽量在已有的焊点处进行，避免出现额外焊口。

五、自冷紧的概念

如果热胀产生的初应力较大时，在运行初期，初始应力超过材料的屈服强度而发生塑性变形，或在高温持续作用下，管道上产生应力松弛或发生蠕变现象，在管道重新回到冷态时，则产生反方向的应力，这种现象称为自冷紧。

六、冷紧的设计

冷紧可以减少管道吊架的偏移量，调整冷态和热态的荷载比例，对于可能产生蠕变的高温管道可缓解其蠕变的发生。

连接转动设备、敏感设备的管道不宜采用冷紧。冷紧受施工过程中的人为因素较大，如

果处理不好会起不到作用，或者在冷态下产生较大的力，施工误差使得冷紧量难于控制。敏感设备不希望管道给予它一个附加力或者这个附加力应很小。由于冷紧时，管道在冷态下就给予敏感设备一个附加力，有时这个力比较大，尤其是施工误差使得冷紧量难于控制时，容易在冷态下产生较大的附加力。另一方面，在管道安装完成后，常将与敏感设备相连的管法兰卸开，以检查该法兰与设备法兰的同轴度和平行度，如果采用冷紧将无法进行这一检查。

在石油化工外管廊上常采用冷紧，降低管道的最大位移，降低固定点操作态受力。冷紧量一般取固定点到Ⅱ形自然补偿弯总位移量的一半。设计规范上通常要求冷紧接口位置需要在施工图(轴测图)上给出。如果没有给出，为了避免补偿器歪斜不应利用临近补偿器的接口作为拉伸冷紧接口，而应以与其近的接口留出调整间隙，如图 3.7.1 所示。

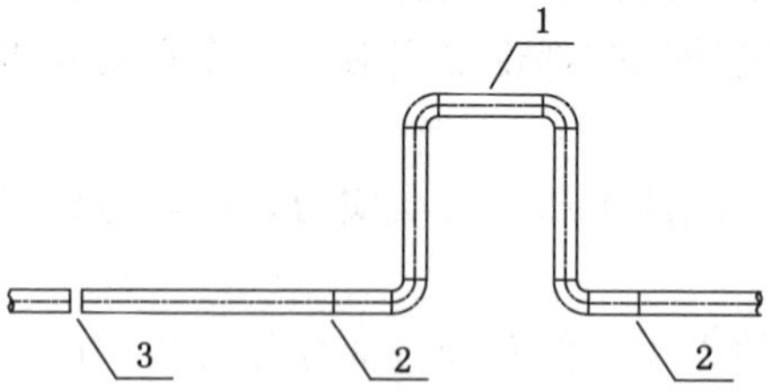

图 3.7.1 冷紧补偿器的接点分布图

1—Ⅱ形补偿器；2—管道连接点；3—冷紧时预留的接点间隙

冷紧口位置的选择应以热胀应力和推力都降低为原则，并注意冷紧后的效果。如图 3.7.2 所示，EF 段和 CD 段在水平方向上的热膨胀量之差为 Δl，如果在 EF 段设 $\Delta l/2$ 的间隙进行冷紧，管道热态应力和支点受力都将减少；如果在 CD 段设冷紧口，EF 段和 CD 段热膨胀量成了 $\Delta l+\Delta l/2$，结果是热胀力和支点的力大大增加。冷紧口位置的选择还要注意便于施工，要尽可能不在弯矩较小的位置。冷紧的方法如图 3.7.3 所示。当管子在自然状态下安装好以后，从上面切下一段长为 Δl 的管段，或者在下料时预先精确计算出尺寸，以留出 Δl 长的间隙。然后采用机械的办法将切口拉合并焊接。

七、冷紧或自冷紧时管道对固定点的推力计算

冷紧口设置后，必要时应校算冷紧时它对固定点的附加力。附加力(推力或力矩)的计算方法如下：设管道无中间约束且两端固定时(见图 3.7.3)，冷紧后对固定点推力的瞬时最大值按式(3.7.1)计算：

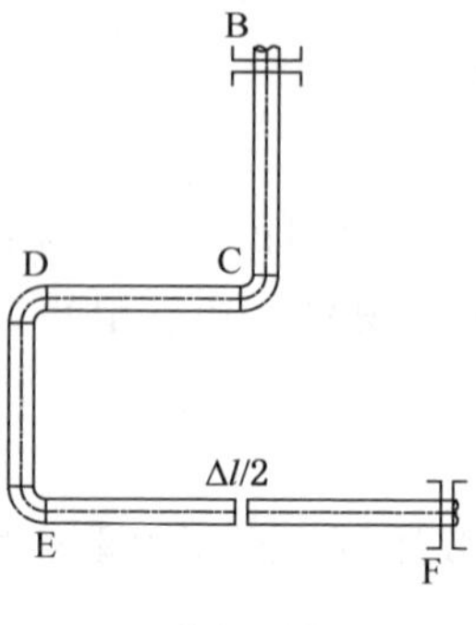

图 3.7.2 冷紧口位置的选择

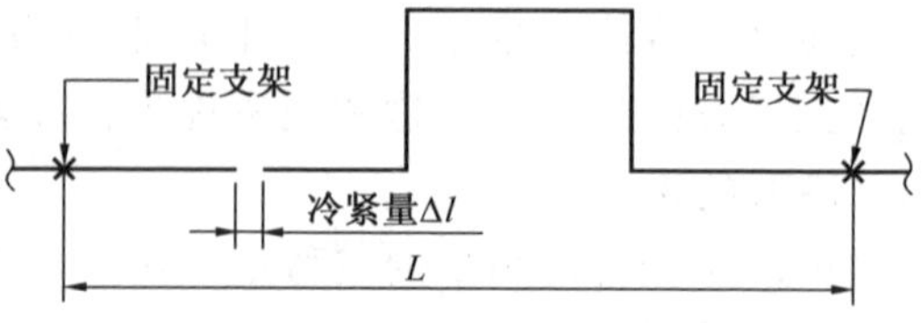

图 3.7.3 冷紧的方法示意图

$$R_{m}=R\left(1-\frac{2C}{3}\right)\frac{E_{m}}{E_{a}} \tag{3.7.1}$$

$$R_{a}=CR\text{ 或 }C_{1}R\quad\text{取二者中的最大值} \tag{3.7.2}$$

式中 R_m——在最高和最低设计温度下的瞬时最大推力(或力矩)，N(N·m)；

R——按全补偿值及 E_a 为基础计算的推力(或力矩)，N(N·m)；

C——冷紧比；

E_a——安装温度下管子材料的弹性模量，MPa；

E_m——最高或最低设计温度下管子材料的弹性模量，MPa；

R_a——安装温度下的估计瞬时推力(或力矩)，N(N·m)；

C_1——自冷紧比或应力松弛系数(如果 $C_1<0$ 则取为 0)；$C_1=1-\frac{[\sigma]^{t}}{\sigma_{E}}\cdot\frac{E_{a}}{E_{m}}$

σ_E——计算所得最大位移应力范围，MPa；

$[\sigma]^t$——热态钢材许用应力，MPa。

式(3.7.1)中将 R_m 定义为“在最高和最低设计温度下的瞬时最大推力”有其特定的含义。如果按式(3.7.1)R_m 计算值相对应的应力没有达到屈服和不发生蠕变，则由式(3.7.1)计算得到的 R_m 就是实际操作状态下的作用力，不是最大瞬时作用力。如果与式(3.7.1)中 R_m 计算值相对应的应力超过屈服极限或产生蠕变，则在 R_m 还没有达到式(3.7.1)的计算值时，塑性流动或蠕变就已发生，致使 R_m 达不到式(3.7.1)的计算值，也就是说，此时 R_m 达到式(3.7.1)的计算值，只是一种“可能性”。另外，即使在初次加载时 R_m 达到式(3.7.1)的计算值，由于塑性或蠕变引起的自冷紧，在以后的循环过程中，R_m 也将有所减小，因此式(3.7.1)的计算值只可能是初次加载时的瞬时值。

如果热膨胀产生的初始应力较大时，在操作状态下，管道中的应力超过材料的屈服极限而产生塑性变形或发生蠕变。在管道回到安装温度时，将产生反向的应力，管道的固定点处也相应地作用了一个与操作温度下方向相反的作用力。由于这种现象与冷紧有相似之处，都是在安装状态产生一个与操作状态方向相反的作用力，因此把该现象称为自冷紧。

自冷紧与冷紧虽然在现象上有相似之处，但它们存在本质区别。冷紧是为减小操作状态管道对设备的作用力，在安装状态通过改变管道长度而人为设定的，自冷紧则是由于操作温度下的初始应力超过屈服极限产生塑性变形或发生蠕变，经过循环回到安装状态时才产生。如果初始应力小于屈服极限或不发生蠕变，则不会发生自冷紧。

应该指出的是，式(3.7.1)、式(3.7.2)只适用于两端固定无中间约束的简单管系，这种简单管系在实际工程中很少存在，因此其使用价值非常有限。实际上目前比较常用的管道应力分析软件，并未采用上述计算公式的思路，在计算对固定点的作用力时，均按弹性方法进行，未考虑塑性和蠕变以及自冷紧的影响，其目的主要是为避免进行过于烦琐的非线性计算。这种做法使操作状态作用力的计算结果偏于保守，并且在循环中无法计算出返回安装温度后的自冷紧，因此计算不出因自冷紧产生的对固定点的作用力。由于管口有受力要求的转动机器管道应力水平一般较低，不会发生自冷紧；而静设备管道如果发生自冷紧，将使后继循环中操作状态管道对固定点的作用力有所降低，这有利于固定点的受力，因此若不考虑自冷紧也将得到偏于保守的结果。某些程序在计算管道对固定点的作用力时始终采用安装温度下的弹性模量，这更增加了计算的保守性。ASME B31.3 明确规定，在计算二次应力时应采用安装温度下的弹性模量，而在计算对固定点的作用力时，可考虑采用操作状态下的弹性模量。

八、冷紧的施工

冷紧前应安装好所有的固定支架和导向支架，否则冷紧将起不到作用。

冷紧前应使两端管道处于自由状态(重量支承除外)，不得受到任何未经平衡的弹簧力。

冷紧过程应设对中记号，并采取必要的措施使两边的管子不发生偏斜和扭转。

管子对接口的两侧焊上用角钢制作的拉爪，拉爪上开孔。拉紧管子接口有专门的工具。如果拉紧合金钢管道的补偿器，则不能将夹圈焊到管端的外壁上，可以把夹圈夹固到管端的外壁上，法兰连接的管道，在法兰对(不装垫片)中间垫装垫圈，用加长螺栓从四个角上拉紧，留下的其余法兰螺孔则穿上永久用的螺栓。

冷紧口焊接后应待焊口完全冷却下来才能拆除夹具。如果焊口需要热处理，应在热处理后才能拆除夹具，以防止冷紧力使焊缝拉裂。图 3.7.4、图 3.7.5 所示为拉紧对口用工具。

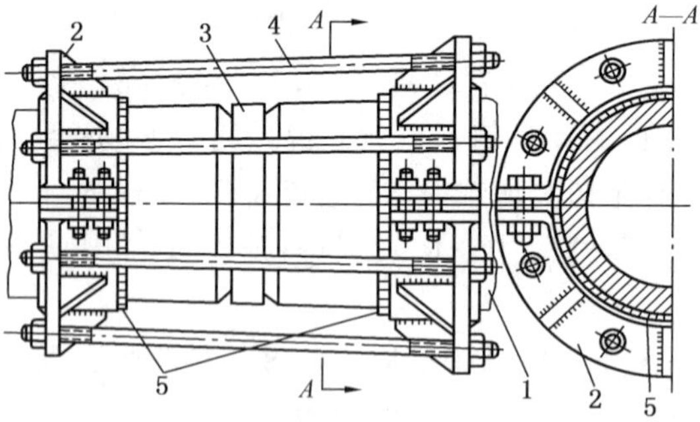

图 3.7.4 拉紧对口用的工具

1—管子；2—钢圈；3—夹垫的木圈；4—拉紧用的双头螺栓；5—挡环(环形堆焊凸肩)

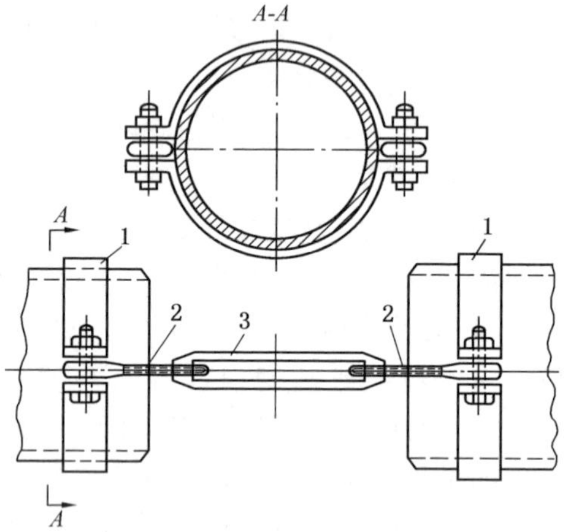

图 3.7.5 拉紧对口用的简易工具

1—夹圈；2—拉紧用螺栓；3—花篮螺栓

安装在负温下运行的管道时，则补偿器需进行压紧以代替拉伸。

九、某高压蒸汽管道冷紧的工程应用

某高压蒸汽管道设计温度为 420℃，设计压力为 10.0MPa，管径为 $DN600$，管道材质为合金钢，平均每 55m 设一个 Π 形自然补偿器，Π 形自然补偿器两侧的轴向限位架(固定架)热应力偏大，超出了标准管架的水平力承受范围。

在高压蒸汽管道设计轴测图上示意出两轴向限位架(固定架)之间采用 $\Delta l/2$ 的冷紧(Δl 为这段管道的热膨胀量)，降低管道的最大位移，降低了固定点热应力。

十、所有热管道是否都可进行冷紧设计的分析与工程应用

常有设计人咨询笔者，既然冷紧可以缓解热态时管道热应力和对固定点(或设备)的推力及力矩，能够使得管道更安全运行的一种简便易行的方法，能否把所有的此类管道都进行冷紧？当然，并非所有热管道都适宜冷紧设计。

(1)当管道布置具有良好的柔性，热胀应力在许用范围内，初始应力低于钢材在该工作条件下的屈服极限，且对端点的推力和力矩都能满足所连接设备的要求时，即管道的一次应力不超过许用值，二次应力不超过热胀许用应力范围时，管道也可以不冷紧。毕竟冷紧施工也是一笔不少的费用，冷紧施工错误、漏施工等情况也有发生，增加了风险。

(2)很多标准规范也规定，对于连接旋转机械设备的管道一般不采用冷紧。

(3)高温设备连接的管道，可以对设备设计和制造商提出管口强度加强要求，而不采用管道冷紧的办法以避免热态受力过载，但这种做法未必经济、可靠，通常只有当管道刚性很大，冷紧极难实施的情况才向设备设计和制造商提出要求。

十一、冷紧比取多大值最合适的分析与工程应用

冷紧比如本书前面所述，是指冷紧量与管道全位移量之比，通常用百分数来表示，并非取值越大效果越好。冷紧比的大小与管道工作温度、管道材质以及设备允许受力值有关。

一管道设计温度≤260℃时，冷紧量可取管道全位移量的一半，即冷紧比为50%。当管道设计温度>260℃时，钢材的许用应力明显降低，为了尽量减少的附加应力，一般冷紧比取60%，热态受力较小。

与本书前面所述一致，对于接近蠕变温度(碳钢为380℃以上，低合金钢和高合金钢为420℃以上)下工作的管道，可以70%～100%冷紧，以消除因热应力而引起的蠕变和非弹性应变的积累。

冷紧有效系数是一个安全系数，在计算管道冷态受力时，冷紧有效系数一般取1，在计算管道热态受力时，冷紧有效系数可取小于1的系数，通常为2/3。

第八节　自然补偿器的设计与计算

一、管线热补偿设计的注意事项

在管线设计中对管系的热胀必须妥善处理，一般应使管系的几何形状具有一定的弹性，以便能自补偿其热胀。由于设备布置或其他因素使管系的几何形状受到限制，不能满足自然补偿的要求时，应在管系的适宜位置上设置补偿器。在考虑热胀的同时对管系的端点位移(设备的热胀、基础的不均匀下沉等)亦应一并处理，不可忽视。所谓管系的弹性，即在力的作用下出现弹性变形，在力停止后又恢复原状的能力。在一定的变形下所需的力越小则管系的弹性就越大。

二、弹性的概念

弹性是刚性的倒数，它是由下述因素决定的：

① 管系的几何形状；

② 管系的展开长度；

③ 管子的尺寸(外径×厚度)；

④ 管材的弹性，一般可写成公式：

$$\text{弹性}=C\frac{f(L)}{EJ} \tag{3.8.1}$$

式中　C——与管系形状有关的系数；

E——管材的弹性模数；

J——管截面的惯性矩；

$f(L)$——管长的函数。

掌握了这个基本概念后，在布置管线时，应当利用管系的适宜的几何形状得到最大的弹性，而使所用的管子长度较短。

对于两端固定的直管，其热胀必须予以吸收（补偿），否则由于热胀产生的应力和对固定点的推力将使管线或固定点（可能是设备管口）破坏。例如：介质温度为200℃，单位长度的$\phi219\times6$的直管（20号钢无缝钢管）两端固定。根据虎克定律，求它产生的应力。

$$\sigma=\varepsilon\times E\left(\varepsilon=\frac{e_t}{l}\right) \tag{3.8.2}$$

查得：$e_{200}=0.22\text{cm/m}$（200℃时）

查表：$E_{200}=1.89\times10^6\text{kgf/cm}^2$（200℃时）

$$\sigma=\frac{0.22}{100}\times1.89\times10^6=4160(\text{kgf/cm}^2)$$

将其与许用热胀应力范围比较：（$\sigma_A=1925\text{kgf/cm}^2$，200℃时）

$$\frac{4160}{1925}=2.16(\text{倍})$$

这样大的热胀应力对材料本身是不允许的。它对固定点的推力

$$P=f\sigma$$

式中 f——管壁截面的有效面积，cm^2。

$\phi219\times6$的$f=40.1\text{cm}^2$，$P=40.1\times4160=167000(\text{kgf})$

这样大的力对固定点也是不允许的。

三、L形管系长臂与短臂的补偿设计

对于L形管系，长臂与短臂接近相等或差别不大时，常常有一个概念，认为该几何形状管系在任何情况下都富有弹性，这是错误的。实际上管系产生的力是很大的，见图3.8.1。

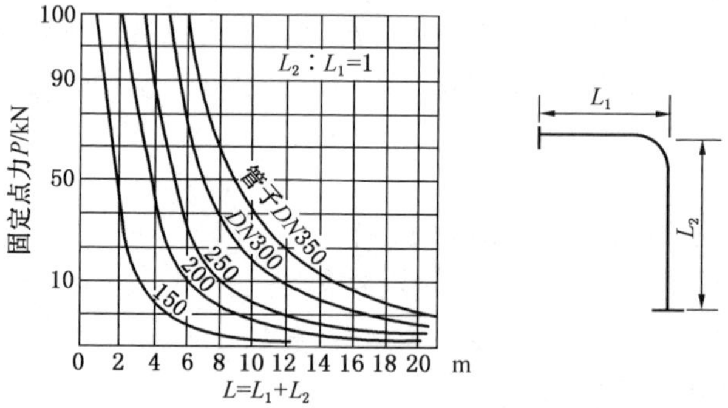

图3.8.1 L形管系长度与弹性力的关系

对平面管系，欲增加其弹性，宜增加远离固定点连线的管子长度。以L管系为例说明，见图3.8.2。

图3.8.2(a)中所示管系，其热胀不能自补偿，按(b)、(c)改变后均能自然补偿。如将原管系(a)改变为(d)、(e)的形状，其效果不如(b)、(c)。如按(f)、(g)图形改变，是不允许的。如按(h)、(i)的改变，是没有效果的。

对空间管系，欲增加其弹性一般情况下，是在远离端点连线的方向增加管子长度，使

图形接近正方体。以空间Z形为例(图3.8.3)，假定(a)为原几何形状，其热胀不能自补偿，需要改变形状。如果在高的方向增加管长是有效果的，如(b)，但不如(c)在宽的方向增加管系长度，使管系接近正立方体效果显著。如在长轴方向增加管长如(e)虽有效果，但此方法不好。如按(d)变化则弹性减少。

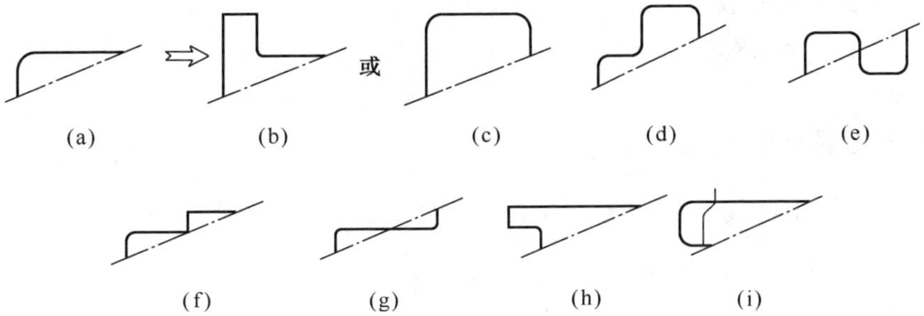

图3.8.2　L形平面管系布置方案图

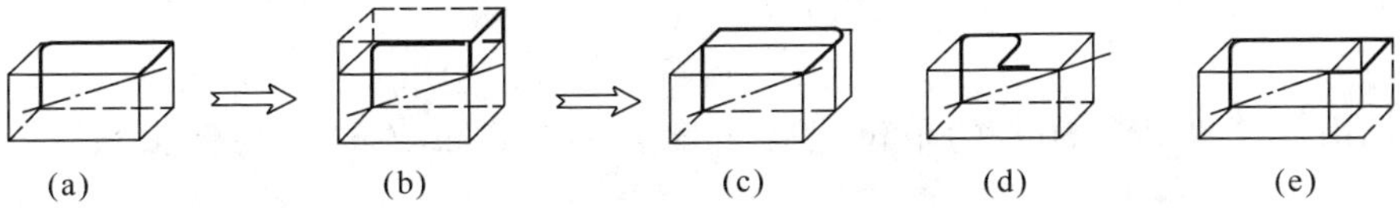

图3.8.3　空间(立体)管系布置方案图

四、L形补偿器短臂长度的计算——公式法、导向悬臂法与图表法

1. 公式法

L形补偿器如图3.8.4所示，其短臂L_2的长度可按式3.8.3计算。L形补偿器的长臂的长度不应取得太长，否则会造成短臂的侧向移动量过大。

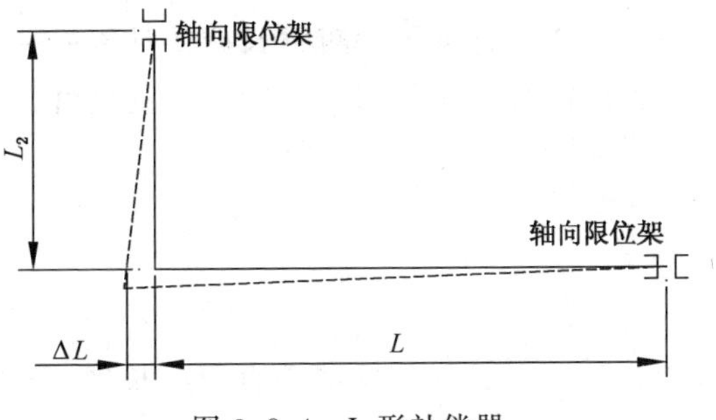

图3.8.4　L形补偿器

$$L_2 = 1.1\sqrt{\frac{\Delta L \cdot d}{300}} \tag{3.8.3}$$

式中　L_2——L形补偿器短臂的长度，m；

ΔL——长臂L的膨胀量，mm；

d——管子外径，mm。

例如有ϕ406×13.0碳钢钢管的L形补偿器，如果长臂的热膨胀量为60mm，求短臂的长度。

解： 短臂的长度　$L_2 = 1.1\sqrt{\frac{\Delta L \cdot d}{300}} = 1.1 \times \sqrt{\frac{60 \times 406}{300}} \approx 9.9(\mathrm{m})$

2. 导向悬臂法

$$H \geqslant 774.6\sqrt{\frac{D_o \Delta}{[\sigma]_A}} \tag{3.8.4}$$

$$\Delta = \alpha \Delta t L$$

式中　H——L形管道的短边最小长度，m；

L——L形管道的长边已知长度，m；

Δ——L形管道的长边的热膨胀量，m；

D_o——管子外径，m；

α——管材的线膨胀系数，1/℃；

Δt——最高和最低温度差，℃；

$[\sigma]_A$——许用应力，MPa。

3. 图表法

L形补偿器短臂长度 L_2的计算：

① 求得 $\dfrac{L_1 \cdot \sigma_A}{10^4 \cdot e}$（$\sigma_A$ 为许用应力，单位：MPa；e 为单位线膨胀量，单位：cm/m）；

② 从图 3.8.5 查得系数 K 值；

③ 计算出 $L_2 = K \cdot L_1$。

例如有 $DN400$ 碳素钢无缝钢管 L 形补偿器，管线设计温度 250℃，许用应力 $\sigma_A = 110\text{MPa}$。长臂 L_1为 15m，求短臂 L_2的长度。

解：

① 碳钢由 20℃升至 250℃的单位线膨胀量 $e = 0.289\text{cm/m}$（由线膨胀系数与温差计算得出）。

② $\dfrac{L_1 \cdot \sigma_A}{10^4 \cdot e} = \dfrac{15 \times 110}{10^4 \times 0.289} = 0.571$，因此由图 3.8.5 查得 K 为 0.65；

③ $L_2 = K \cdot L_1 = 0.65 \times 15 = 9.75\text{m}$。

五、Z 形补偿器垂直臂长度的计算——公式法

Z形补偿器如图 3.8.6 所示，垂直臂 L_3的长度可按式(3.8.5)计算。

$$L_3 = \sqrt{\frac{6 \cdot \Delta t \cdot E \cdot d}{10^3 \cdot R \cdot \left(1 + 1.2 \cdot \dfrac{L_1}{L_2}\right)}} \tag{3.8.5}$$

式中 L_3——Z形补偿器垂直臂的长度，m；

Δt——计算温差，℃；

E——管子的弹性模量，MPa；

d——管子外径，mm；

R——允许弯曲应力，MPa。

例如一条管线 $\phi 114 \times 5$ 碳钢管道，采用了 Z 形补偿器。其长平行臂 L_1为 16m，短平行臂 L_2为 12m，管线设计温度按 250℃，安装环境温度取 20℃，求 Z 形补偿器垂直臂的长度。

解： 由资料查得 $E = 183 \times 10^3\text{MPa}$，$R = 110\text{MPa}$，代入式(3.8.5)中得

$$L_3 = \sqrt{\frac{6 \cdot \Delta t \cdot E \cdot d}{10^3 \cdot R \cdot \left(1 + 1.2 \cdot \dfrac{L_1}{L_2}\right)}}$$

$$= \sqrt{\frac{6 \times (250 - 20) \times 183 \times 10^3 \times 114}{10^3 \times 110 \times \left(1 + 1.2 \times \dfrac{16}{12}\right)}} = 317\text{cm}$$

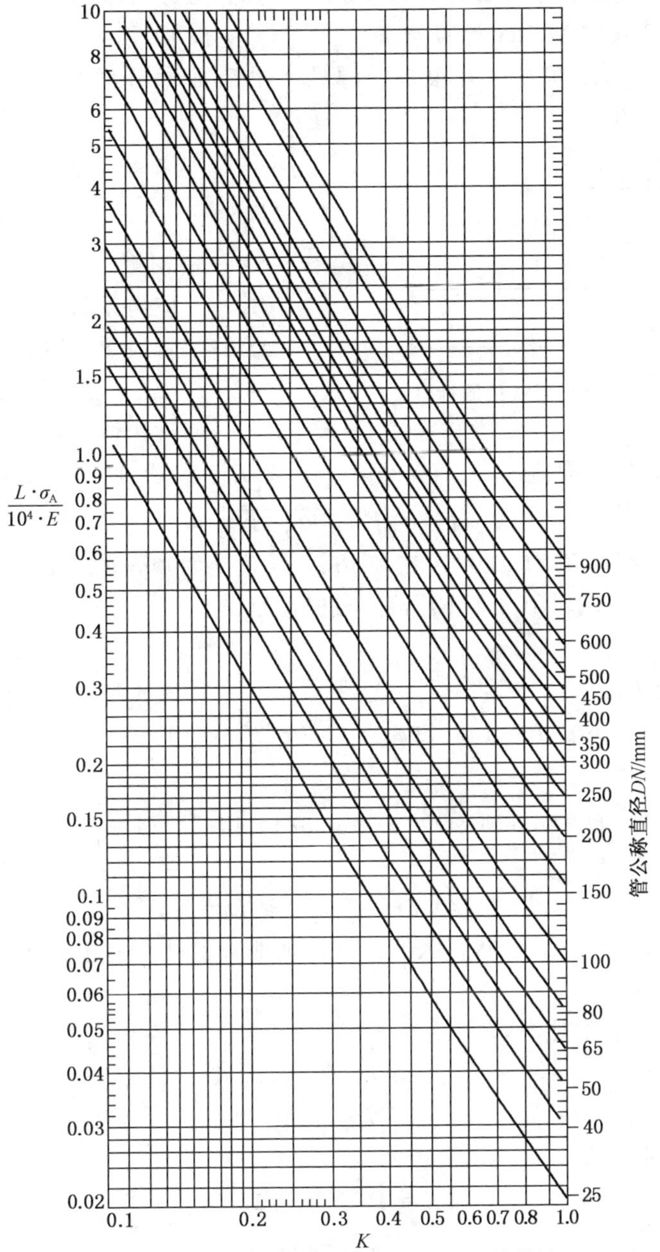

图 3.8.5　L 形补偿器短臂长度 L_2 的计算表

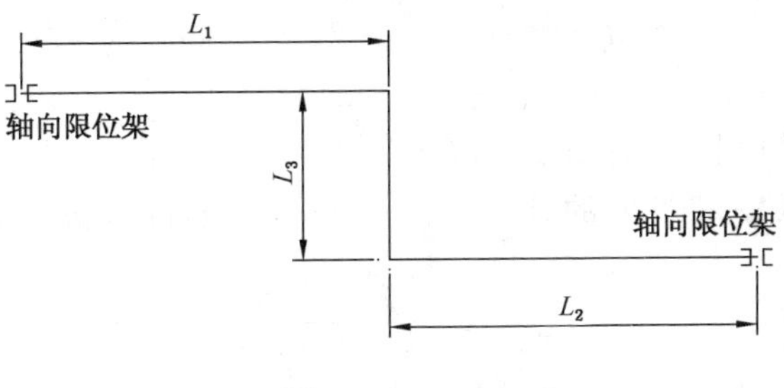

图 3.8.6　Z 形补偿器

六、Π形、L形、Z形补偿器臂长的Moller计算方法分析与工程应用

1. Π形补偿器臂长的Moller计算方法

Π形补偿器臂长的计算方法有很多，详见本书后面章节详细介绍，在本节主要讲述Moller方法，见图3.8.7。

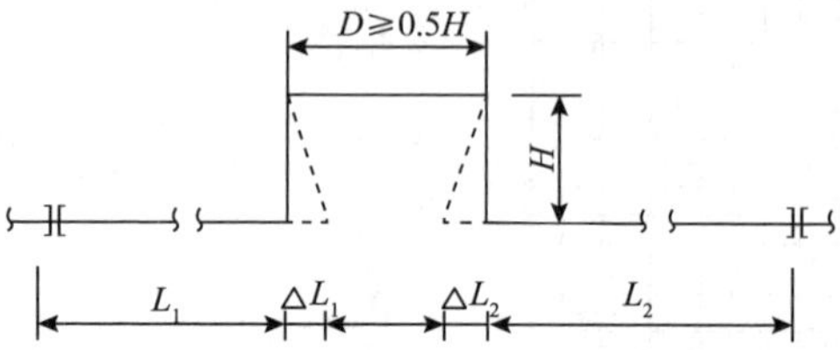

图3.8.7 Moller Π形补偿器臂长的计算

$$H=\left[\frac{E\cdot D_W\cdot\Delta L}{10^4\cdot S_P[\sigma_{bw}]}\right]^{\frac{1}{2}}\quad \mathrm{m}$$

式中 D_W——钢管外径，cm；

S_P——应力系数，平均取 $S_P=2.5$；

ΔL——管段热胀量，cm；

$$\Delta L=\Delta L_1+\Delta L_2$$

$[\sigma_{bw}]$——许用弯曲应力，kgf/mm²。

对于碳钢管道，如果取值：$[\sigma_{bw}]=8\mathrm{kgf/mm^2}$，$E=2.1\times10^4\mathrm{kgf/mm^2}$，代入得：

$$H=0.324\sqrt{D_W\Delta L}\quad \mathrm{m}$$

例如，某工程一根管道为 $\phi406\times12.5$mm，长度为200m的管道，设计温度为120℃，管道安装温度为20℃，试对Π形补偿器臂长进行设计。

解：

(1)求该管段的热膨胀量 ΔL：

$$\Delta L=\alpha\cdot\Delta t\cdot L=1.2\times10^{-2}\times(120-20)\times200=240\mathrm{mm}=24\mathrm{cm}$$

(2)求 H：

$$H=0.324\sqrt{D_W\Delta L}=0.324\sqrt{40.6\times24}=10\mathrm{m}$$

(3)求 D：

$$D\geqslant0.5H=5\mathrm{m}\quad 取\ D=5\mathrm{m}$$

上述计算是相对架空管道自然膨胀的计算。埋地管道见本书相关章节，受土壤摩擦约束和回填方式制约。

(4)对于先回填土后加热时：

$$\Delta L=0.8\times24=19.2\mathrm{cm}$$
$$H=9\mathrm{m}$$

(5)对于预拉伸时：

$$\Delta L=0.5\times24=12\mathrm{cm}$$
$$H=7\mathrm{m}$$

(6)对于预拉伸，先回填土后加热时：

$$\Delta L=0.5\times0.8\times24=9.6\mathrm{cm}$$
$$H=6\mathrm{m}$$

2. L形、Z形补偿器臂长的Moller计算方法

L形自然补偿器最大安装长度的计算，同Π形补偿器的计算。碳钢管道短臂最大值按下列公式计算：

$$H=0.65\sqrt{D_w\cdot\Delta L}\quad \mathrm{m}$$

Z形补偿器两个长臂最大安装长度计算，亦同Π形补偿器的计算。碳钢管道短臂最大值按下列公式计算：

$$H = 0.8 \times 0.65\sqrt{D_w \cdot \Delta L} \quad \text{m}$$

七、必须使用非弯管补偿器的情况

① 两设备的间距较小，其直接相接的管线弹性不足时；

② 为减少管系的压降和防止涡流，在工艺过程可能和经济上合算时；

③ 由于过大的力的作用致使设备的管口破坏或基础、构筑物过大时；

④ 需要减振时；

⑤ 低压大直径的管系利用补偿器比弯管自补偿更为经济时；

⑥ 不均匀沉降的设备的管线上；

⑦ 向回转设备供水、供汽、供油的管线上。

八、自然补偿设计时管托长度的设计

在管架(墩)上敷设的管线(带管托)其位移量不应超过管托的长度。较长距离的管线一般固定点将其分为若干独立的管系，分别处理热胀问题。各管系的自补偿量或补偿器的补偿量应使该管系最大位移量不得超过管托的长度。如果此滑动管托在随管子的热膨胀而滑落到支梁下时，则此处的管托可能会卡在支梁上，成了管线的限位支架，如图 3.8.8 所示。管托长度的设计见本书第七章。

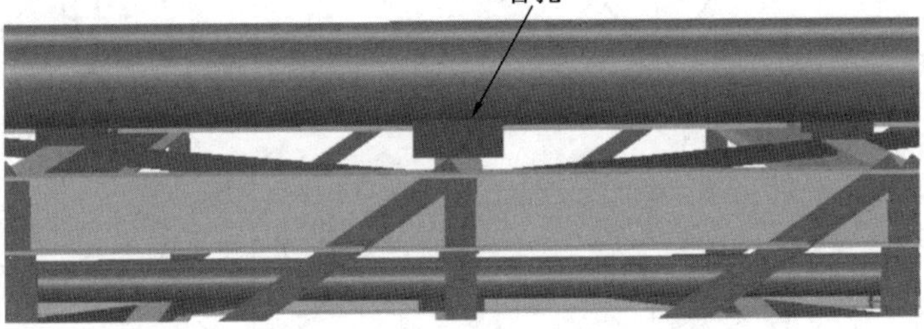

图 3.8.8 自然补偿设计时管托长度的设计

九、固定点(指较长距离的管线上的固定点)的选择

① 能合理利用管线自然补偿，且使位移量不超过管托长度；

② 固定点的受力不应过大；

③ 使分支管线的位移量尽可能小。例如图 3.8.9(a)将固定点(此处所谓的固定点，通常

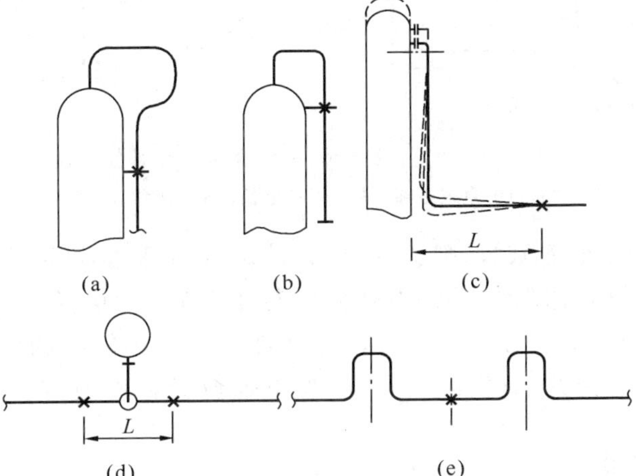

图 3.8.9 固定点设置

只是一个承重管架)上移则可取消“象鼻弯”，如图(b)所示。在图(c)中 L 的长度(在 L 的范围内可设弹簧支架)应能吸收竖管的热胀、端点位移以及设备的不均匀沉降，又如(d)中所示 L 的距离应小些，尽量靠近支管的节点处(支管的热胀应靠自补偿解决)这样，支管的位移量小，设备管口受的力和弯矩均小，在(e)中固定点尽量居中，该固定点是减载固定点，仅承受不平衡力。同时，管系的热胀应力基本一致。

第九节 塔管道的柔性设计

一、两塔管口处于同一标高时自然补偿的管道布置设计

图 3.9.1(a)为直接相接，若两管口距离共 4.5m，管径≤$DN100$ 则管道可能处于超应力状态或使管口处的塔体局部凹陷，这是不允许的。如管口开口方位不变(标高亦不变)可按图 3.9.1 用两个 U 形管相接，这时 L/U(L—管系总长；U—两管口间距离)由 1.00 增到 5.32，对管口的推力变小，但弯头处的应力应予校核。

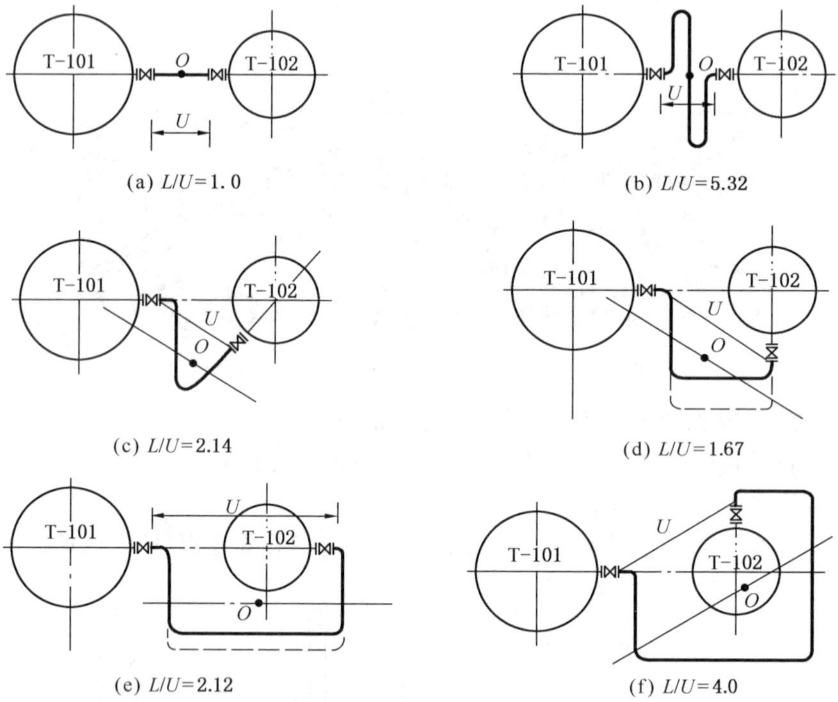

图 3.9.1 两塔管口处于同一标高时自然补偿的设计

U—两管口的直线距离，L—管系全长，S—管系的弹性中心

如可以将管口方位改变 45°，则 $L/U=2.14$。这时弯管应做应力计算，可知其是否在允许范围之内。一般对称的管线，中轴线平行于两管口间连线 U。如不对称，中轴线则绕弹性中心转 5°～15°角。按此原理可估计弹性中心和中轴线的位置。中轴线与“U”线之间的空间可用于调节管系的弹性，“U”线与中轴愈远弹性愈好；中轴线外管线愈长其弹性愈好。

图 3.9.1(d)中将 T-102 塔管口转 90°角，$L/U=1.67$，如果管径比较小时可采用这个方案，但管径大时可试用图 3.7.4(e)。它是将管口转 180°角，$L/U=2.12$ 或更大些。

如图 3.9.1(f)将管口转 270°角，这种方案的优点是形成一个回弯，$L/U=4$，这是最好的方案。

二、两塔管口标高不同时自然补偿的管道布置设计

图 3.9.2(a)是同一垂直平面的单根管线布置的两种方案，属于平面管系。图 3.9.2(b)、(c)、(d)是两个面上的布置方案属于立体管系。假定操作温度、管径、钢材均相同，比较各方案。

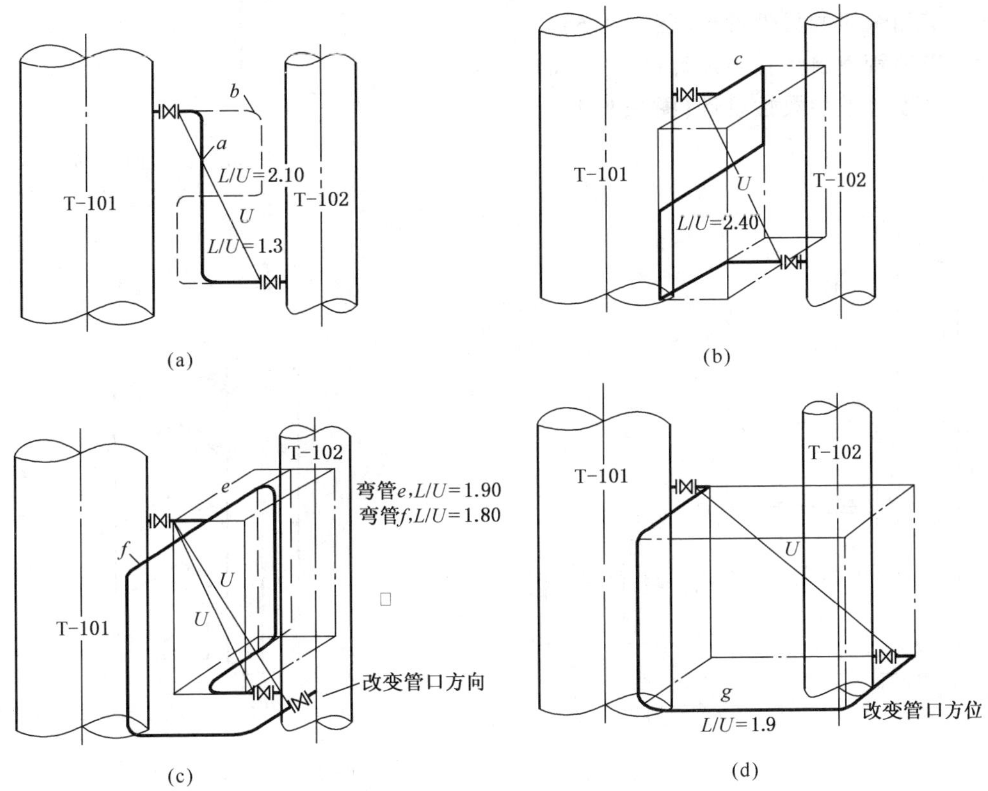

图 3.9.2　塔的不同标高管口开口和管线布置方案

a、b、e、f、g—弯管编号

图 3.9.2(a)中的 a 管是直接将两塔管口相连，比较简单，如果没有热胀则是可以的。但管内介质是热的，塔体热胀等都会使管系超应力，给管口部位造成很大的推力。这时可按虚线 b 弯管改变，$L/U=2.1$ 可有较好的弹性。

图 3.9.2(b)中 c 弯管与图(a)中 b 弯管相似，但前者是立体管系，L/U 为 2.4，其弹性更好些。

图 3.9.2(c)中，弯管是把垂直 Ⅱ 形管与管口连接面相互垂直安装。这样布置的效果好，如调整弯管的水平管段的尺寸，就能使弯管适应许用应力的要求。如图 3.9.2(c)中 f 弯管是改变管口(转 90°角)，加长了“U”，但实际上能否这样，要看具体情况。

图 3.9.2(d)将 T-102 塔管口方位在原标高上转 180°角，此时增大“U”值，弹性大为改善。这方案的“U”宜最大，$L/U=1.9$。改变 T-102 塔管口方位是能使管线加长，并使远离“U”线的空间管线加长。这种弯管如进行应力解析，一般都在许用应力范围之内。

三、三个抽出口或三个进料口的管线自然补偿设计

图 3.9.3 中(a)的接管是不允许的，应将各支管的长度加长，如图(b)表示的方法布置

管线。

四、塔底管线柔性设计

塔底的操作温度一般较高，因此在布置塔底管道时，其柔性应满足有关标准或规范的要求。尤其是塔底抽出管道和泵相连时，管道应短且少拐弯，又需有足够的柔性以减少泵嘴受力，如图 3.9.4 所示。

五、塔侧进线的柔性设计(图 3.9.5)

六、塔顶管道自然补偿设计(图 3.9.6)

七、塔顶管道的柔性设计(图 3.9.7)

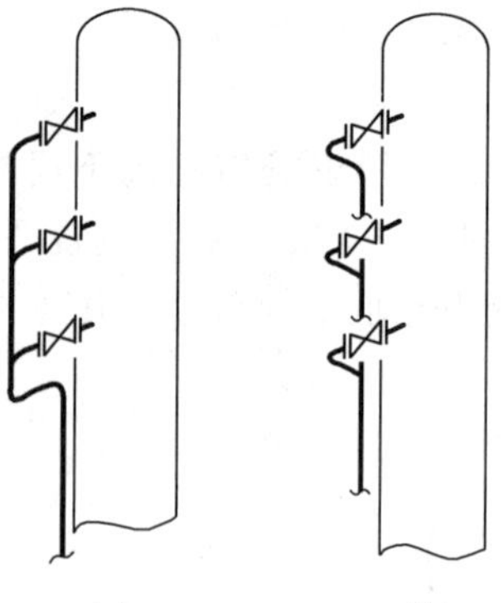

图 3.9.3 进料或抽出线的管线示意图

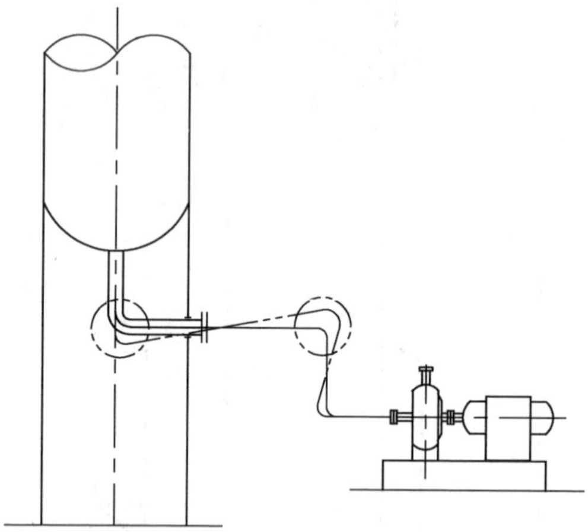

图 3.9.4 塔底管道运行时的变形

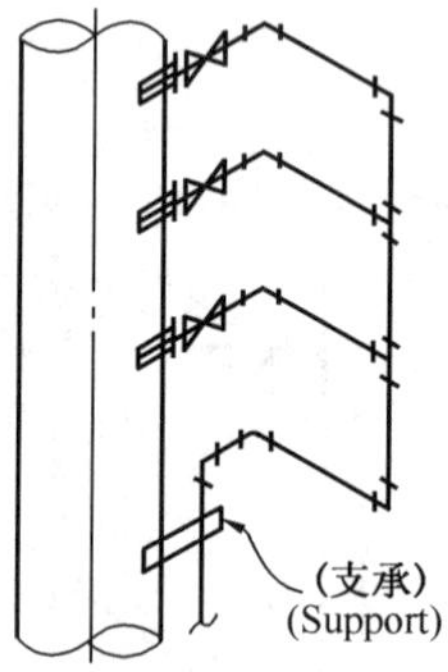

图 3.9.5 塔侧进线的柔性设计示意图

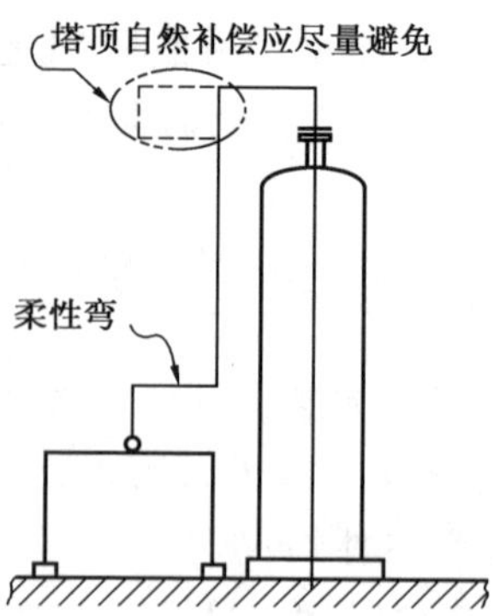

图 3.9.6 避免塔顶自然补偿示意图

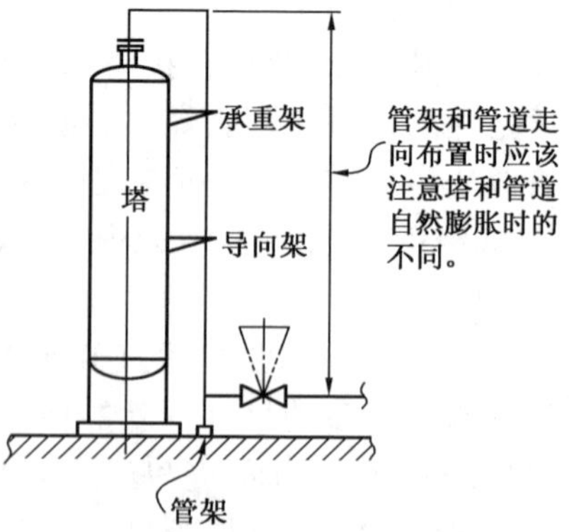

图 3.9.7 从塔顶下来管道的柔性设计

注：控制阀和固定管架不要放在立管的正下方

八、塔管道与邻近设备连接时柔性分析应考虑的因素及一般过程

管道连接每一个邻近的塔或者其他固定设备，应该检查因为风荷载、地震、热膨胀等因素引起的摇摆和位移，如图 3.9.8 所示。柔性分析的过程如 3.9.9 所示。

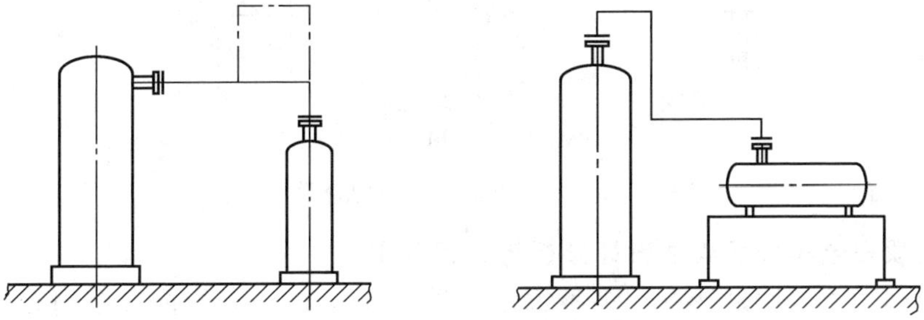

图 3.9.8　管道应考虑摇摆或热位移

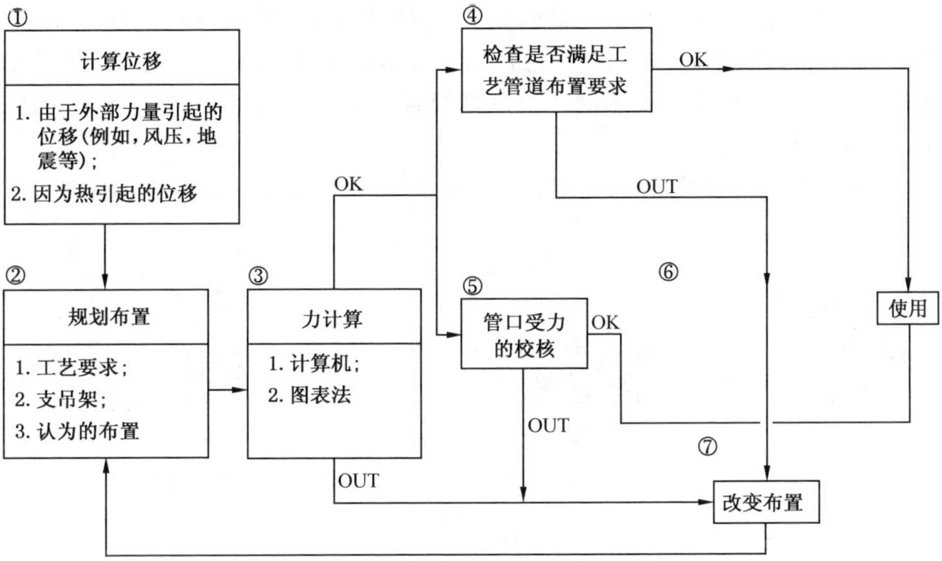

图 3.9.9　柔性分析的过程

九、塔到空冷器管道柔性设计分析与工程应用

塔到空冷器管道的柔性配管设计有很多种方案，图 3.9.10 为建议的配管柔性设计。

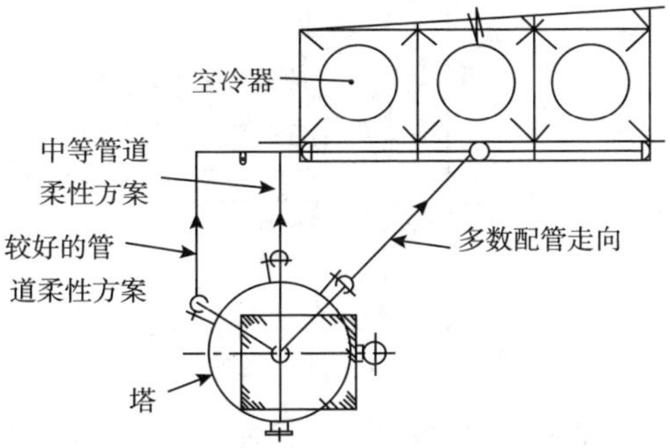

图 3.9.10　塔到空冷器管道的配管柔性设计

十、塔顶管口与配管柔性设计分析与工程应用

塔顶管口设计与配管柔性有很大的关系，见图 3.9.11。图 3.9.11(a)较常使用，图

3.9.11(b)需要与塔设备制造商协商。

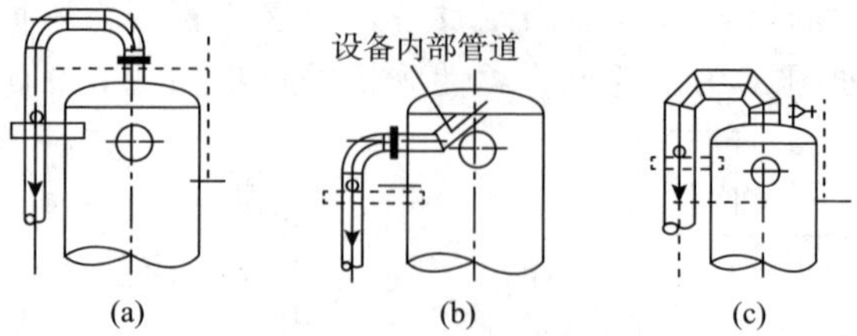

图 3.9.11 塔顶管口设计与配管柔性设计

十一、塔顶安全阀配管柔性设计分析与工程应用

塔顶安全阀配管柔性设计有很多种方法，见图 3.9.12。有的把安全阀布置在塔顶，有的为了方便安全阀检修方便，把安全阀布置在管廊顶部平台上，还有的把安全阀布置在塔中部平台上。笔者在某施工现场曾试图爬到 50m 高的塔顶部，检查某塔顶安全阀，确实非常费力，这个塔与旁边塔没有设置联合平台，如想再爬到旁边 40m 高塔顶部，就更加困难了。

笔者在某厂看到某球罐的安全阀，也从球罐顶部移到了管廊顶部平台，这是错误的设计，留下了事故隐患。

塔顶安全阀配管柔性设计详细介绍，可参见《工业管道配管设计与工程应用》。

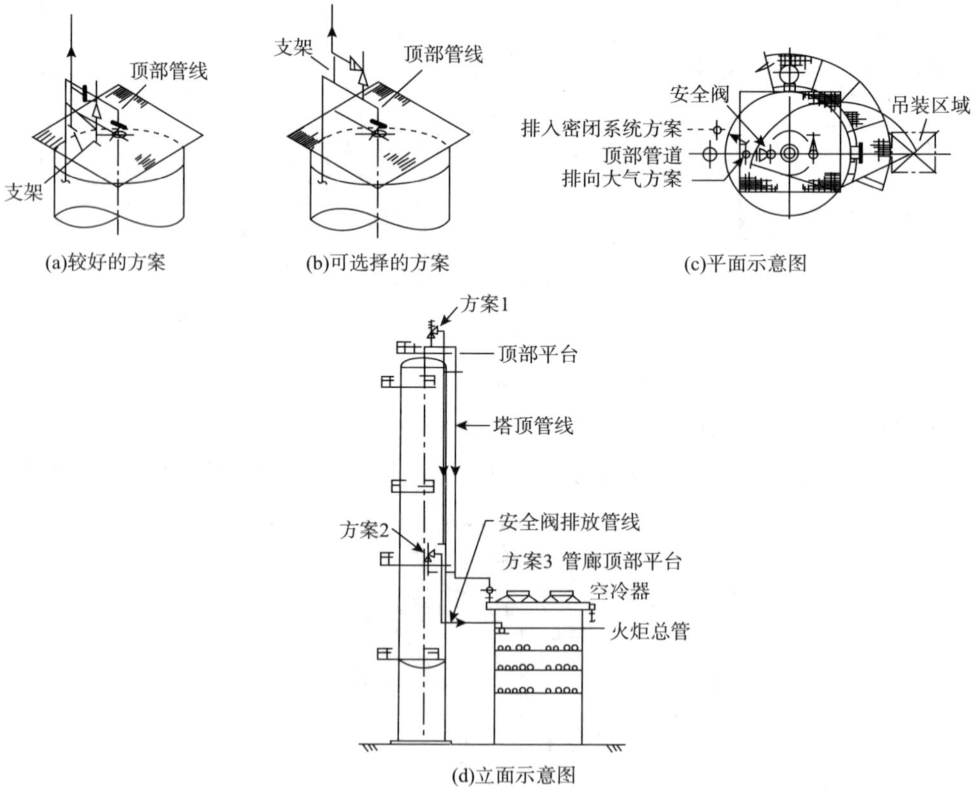

图 3.9.12 塔顶安全阀配管柔性设计

第十节　立式设备管道的柔性设计

与塔管道的柔性设计类似，上升管道应该通过管道连接管口的垂直中心线。承重架一般放在距离管口尽可能近的位置。当立式设备垂直下来的管道拐弯时，在管道垂直部分增加一承重架，如图 3.10.1 所示。其他配管设计要求，可参见《工业管道配管设计与工程应用》的详述。

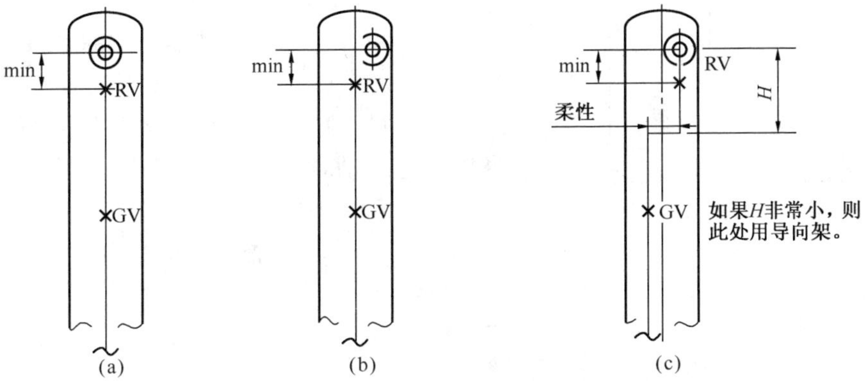

图 3.10.1　立式设备垂直下来的管道拐弯柔性设计

RV—承重架；GV—导向架

第十一节　换热设备管道的柔性设计

一、换热器管道的柔性设计

换热器管道的柔性设计如图 3.11.1 所示。

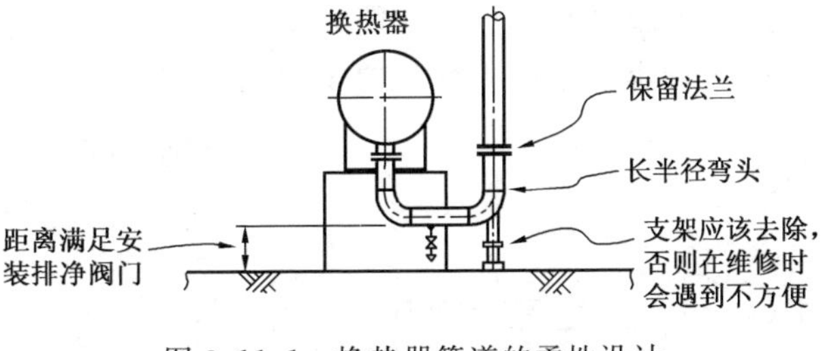

图 3.11.1　换热器管道的柔性设计

二、空冷器管道的柔性设计

空冷器的管口能够承受的应力有限，管道设计时，一方面需要满足流体的均匀分配原则，另一方面需要保证管子具有足够的柔性。如图 3.11.2 所示，某工程的空冷器管道以增加自然膨胀补偿弯的方法，一般均可以轻松实现空冷器管道的柔性设计。

(a) 空冷器管道的柔性设计3D模型

(b) 空冷器管道的柔性设计现场照片

图 3.11.2　空冷器管道的柔性设计

第十二节　再沸器管道的柔性设计

一、再沸器支腿长度的决定因素

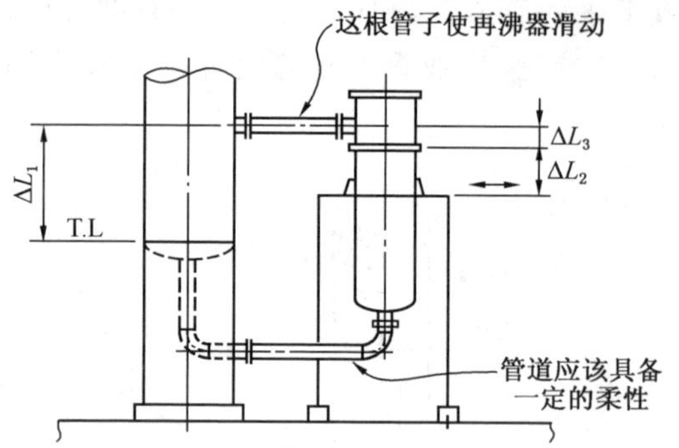

图 3.12.1　再沸器腿长度决定因素

如图 3.12.1 所示，塔 ΔL_1 的热伸长等于再沸器 $\Delta L_2+\Delta L_3$ 的热伸长。

二、可滑动再沸器的柔性设计

① 当再沸器是可滑动的，支承的结构应该考虑由再沸器施加的摩擦反作用力。

② 用这种方式再沸器应该是可滑动的，应保证热膨胀力作用下再沸器足够的滑动性，可使用 Teflon（特氟纶，聚四氟乙烯塑料）滑动垫板。

③ 检查管口的受力。

④ 再沸器滑动时开孔槽，如图 3.12.2 所示。

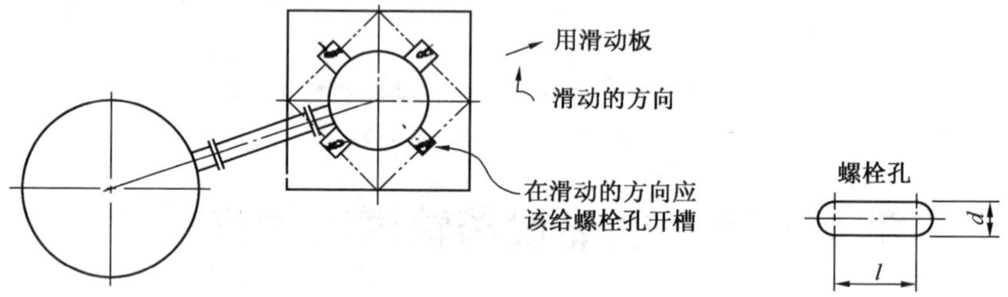

图 3.12.2　再沸器滑动时开孔槽

l—允许热位移的长度；d—螺栓孔直径，使用的螺栓

⑤ 再沸器的滑动板，如图 3.12.3 所示。

⑥ 再沸器管道的柔性布置，如图 3.12.4 所示。

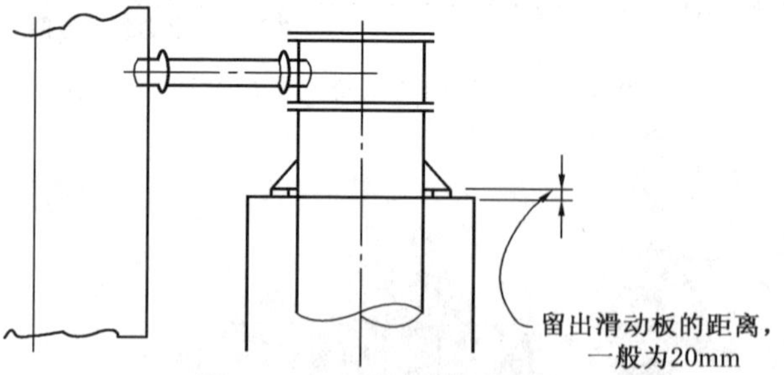

图 3.12.3　再沸器的滑动板

当没有必要使再沸器可滑动时，就没有必要螺栓开孔槽

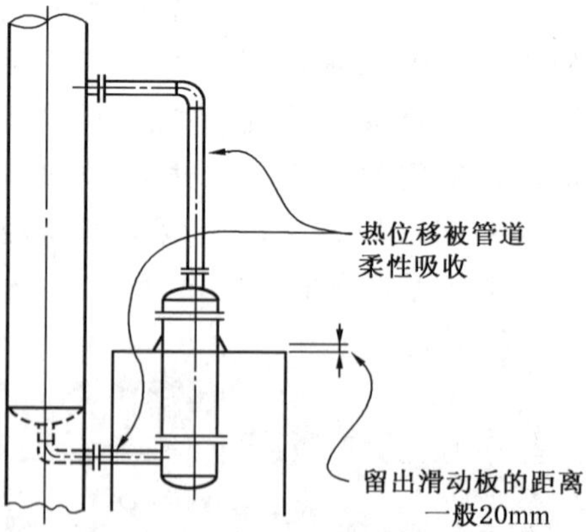

图 3.12.4　再沸器的滑动板与管道的柔性布置

三、尽可能不用波纹管(Bellows)缓和再沸器的热应力(图 3.12.5)

四、两个对称再沸器管道柔性的设计(图 3.12.6)

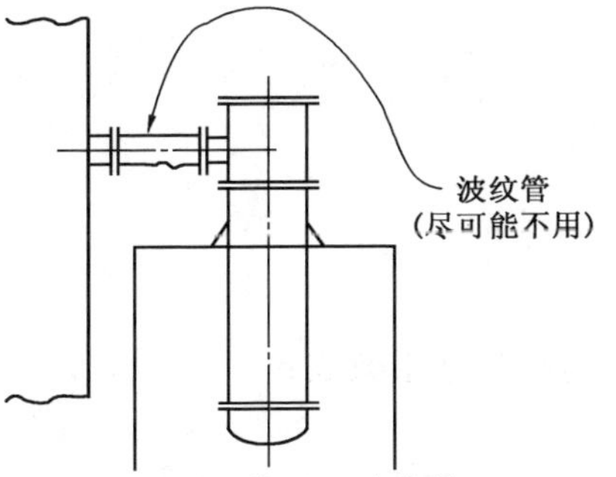

图 3.12.5 尽可能不用波纹管(Bellows)缓和再沸器的热应力

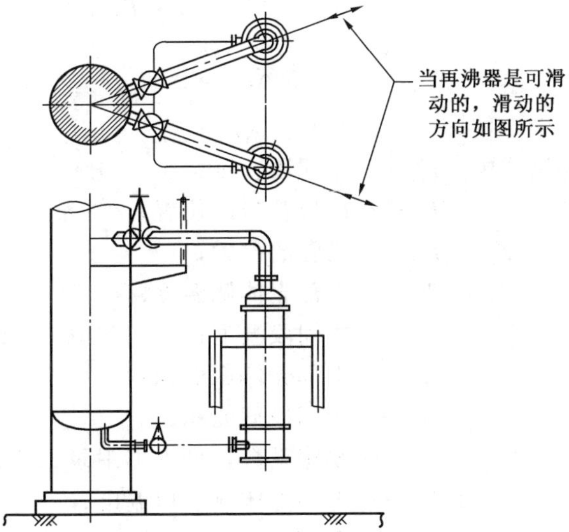

图 3.12.6 两个对称再沸器管道柔性的设计

① 确定支腿的高度。因此，再沸器 $\Delta L_2+\Delta L_3$ 等于容器的 ΔL_1，并且核查当再沸器关掉时管道和管口的应力。

② 如果结果没有通过，增加管道的柔性，可以通过改变再沸器的尺寸或形式。如果这样还不可行，则再沸器应该用弹簧支承。在这个例子中，检查由弹簧引起的荷载变化。

③ 平行式布置再沸器和管道并且对称。

④ 管子的走向尽量简单，以便于减少压降。当走向确定时应该让工艺工程师确认压力降。

⑤ 考虑维修，再沸器顶盖的去除如图 3.12.7 所示。

⑥ 检查再沸器周围的热应力。计算再沸器的热伸长和连接容器的热伸长的差异产生的应力(对于管口)，如图 3.12.8 所示。

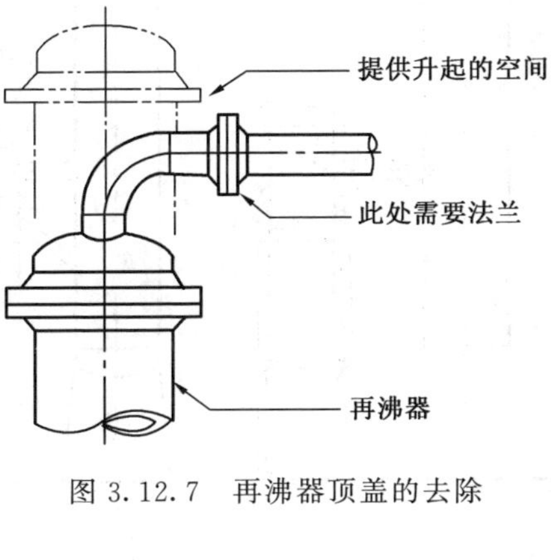

图 3.12.7 再沸器顶盖的去除

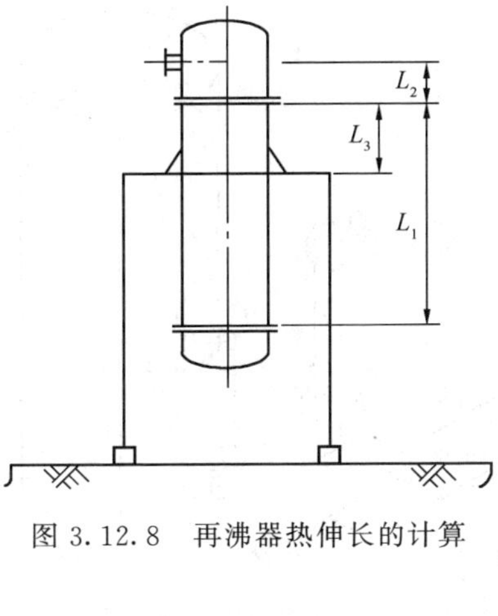

图 3.12.8 再沸器热伸长的计算

$$\Delta L_1=\frac{\alpha\cdot L_1(T_s\cdot A_s+T_t\cdot A_t)}{A_s+A_t}$$

$$\Delta L_2=\alpha\cdot T_{to}\cdot L_2\qquad T_t=\frac{T_{ti}+T_{to}}{2}$$

$$\Delta L_3=\Delta L_1\frac{L_3}{L_1}\qquad T_s=\frac{T_{si}+T_{so}}{2}$$

$$\Delta L=\Delta L_2+\Delta L_3$$

上述诸式中 L_1——中间段长度；

L_2——出口管口的位置；

L_3——支腿的位置；

T_s——上部壳体侧温度；

T_t——中间段温度；

A_s——上部壳体截面积；

A_t——中间段截面积；

α——膨胀系数，见本书附录二用钢材平均线膨胀系数表；

T_{si}——上部壳体侧入口温度；

T_{so}——上部壳体侧出口温度；

T_{ti}——中间段入口温度；

T_{to}——中间段出口温度；

ΔL_1——L_1 的热伸长；

ΔL_2——L_2 的热伸长；

ΔL_3——L_3 的热伸长；

ΔL——L_1 的热伸长。

⑦ 再沸器周边的管道布置，如图 3.12.9 所示。

五、再沸器与塔连接情况的应力分析

常会遇到再沸器与塔直连的情况，是由于工艺要求两台设备间的距离最短的原因造成的，塔通常是用裙座固定在地面基础上的，而再沸器的支承通常有两种形式：①支承在塔上，②支承在结构平台(地面)上，如图 3.12.10 所示。

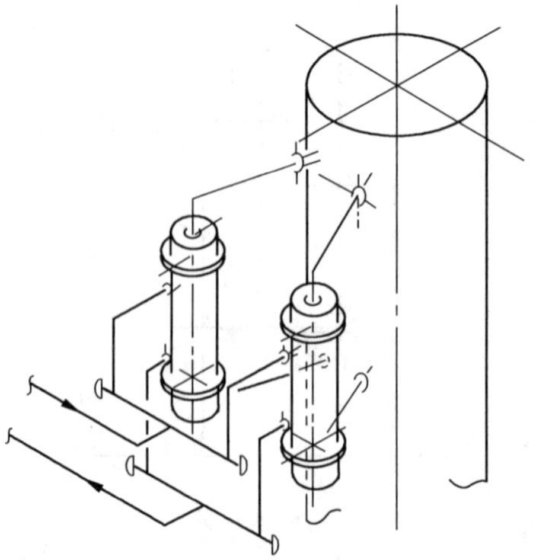

图 3.12.9 再沸器周边的管道布置

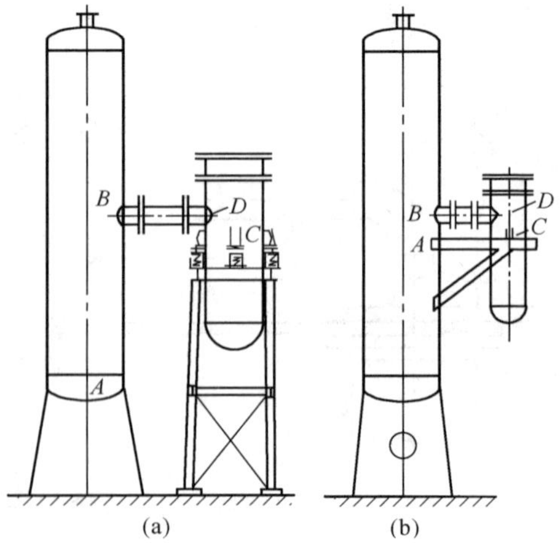

图 3.12.10 再沸器与塔典型的形式

由于塔与再沸器的材质和温度不同，引起膨胀量不同，因而在容器的管口上将产生较大的热胀反力，这是非常危险的。

对于图 3.12.10(b)中所示的支承结构通常根据两台设备的温度、材质等来确定再沸器支架在塔上的生根位置。同时确定再沸器的支耳位置，以使 $A-B$ 的膨胀量与 $C-D$ 的膨胀量相等或接近；通常做不到，则支架的刚度要求很大，通常 $C-D$ 的膨胀量大于 $A-B$ 的膨胀量，这时则需选择合适的支架，在满足强度前提下，也满足刚度需求，即允许支架有一定的挠度，用以吸收一些热膨胀，而使得在设备口的力和力矩减小到允许的范围内。

对于图 3.12.10(a)中所示的支承结构，相对于(b)而言则要容易处理一些，一种做法是尽量找出再沸器上的一点 C，在这点上再沸器 $C-D$ 的膨胀量等于或接近于塔 $A-B$ 的膨胀量，在支耳处设置弹簧架较好，但由于受系统稳定性及容器设计等因素的限制，更好的方法是在再沸器的 4 个(或 2 个)支耳处设置弹簧支架，通过设定弹簧荷载的办法，使设备管口处的作用力和力矩减小到允许范围内。

六、某卧式再沸器与塔管道的典型柔性连接(图 3.12.11、图 3.12.12)

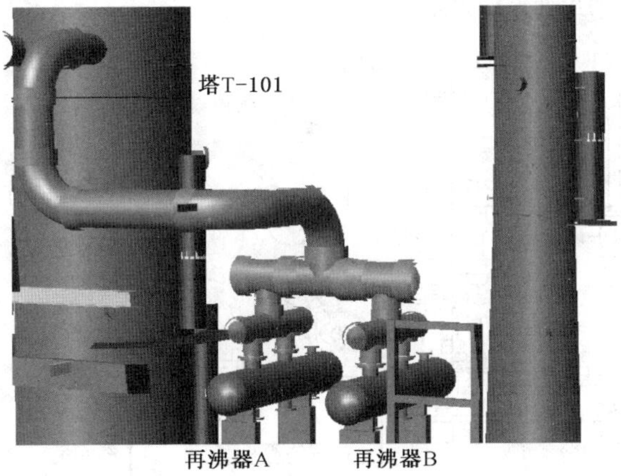

图 3.12.11　某双卧式再沸器与塔连接的管道

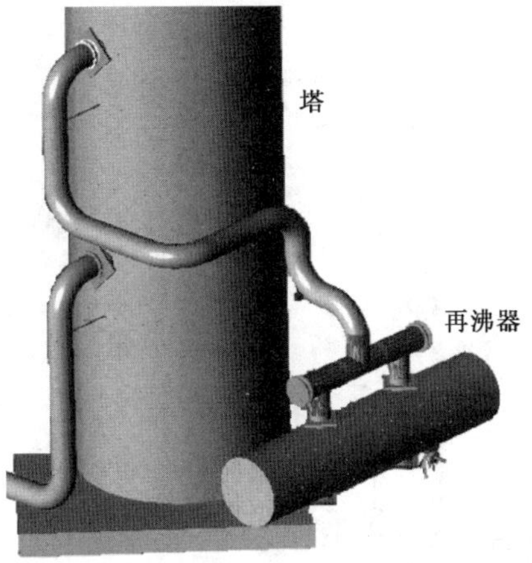

图 3.12.12　某单一卧式再沸器与塔连接的管道

第十三节　泵管道的柔性设计

一、泵管道的柔性设计要点(图 3.13.1)

二、泵吸入管道的柔性设计

泵吸入管道不应有 Trap(⊔)和 Pocket(⊓)，应该设计成水平状以便于由于管道的热膨胀没有下袋产生，见图 3.13.2。

三、竖直泵管道的柔性设计(图 3.13.3)

四、水平泵(冷却水泵)管道的柔性设计(图 3.13.4)

五、蒸汽透平管道的柔性设计(图 3.13.5)

六、制造商离心泵合成力和合成力矩的工程应用

某卧式离心泵制造商给设计方的条件如图 3.13.6 所示，仅列了力和力矩，缺少合成力和合成力矩。

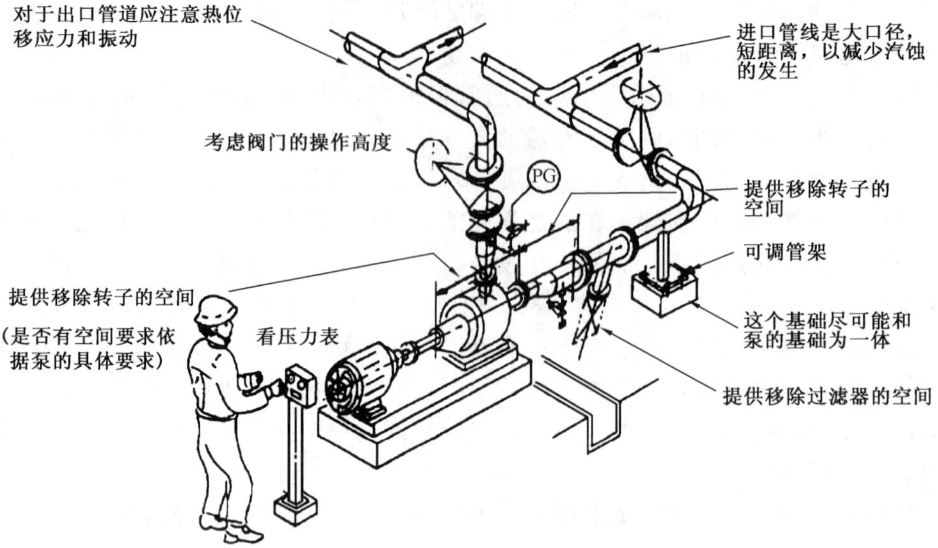

图 3.13.1 泵管道的柔性设计要点

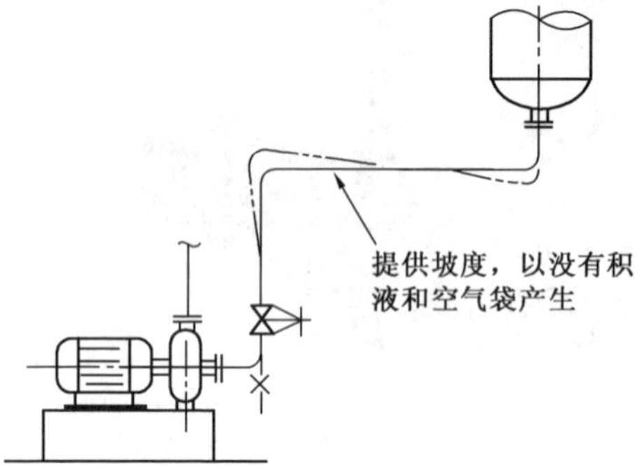

图 3.13.2 泵吸入管道的柔性设计

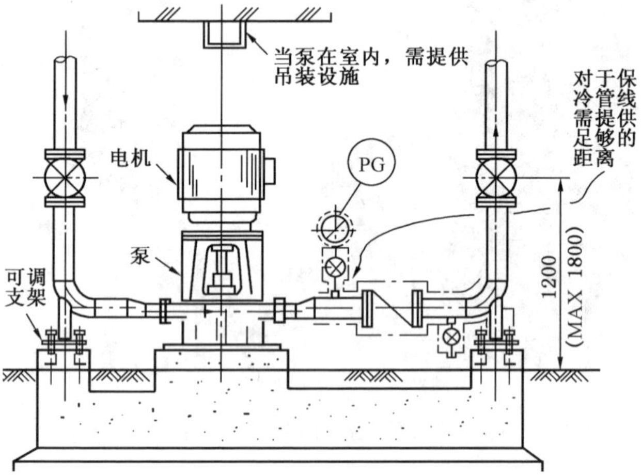

图 3.13.3 竖直泵管道的柔性设计

注：1. 泵基础和管道管架的基础应该为一体。
2. 管线提供排净阀。

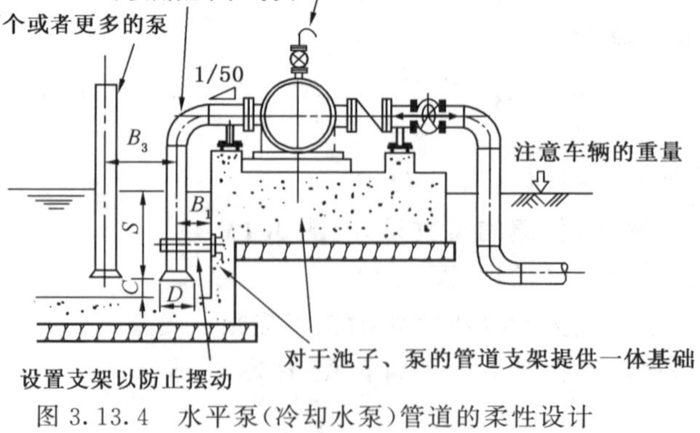

图 3.13.4 水平泵(冷却水泵)管道的柔性设计

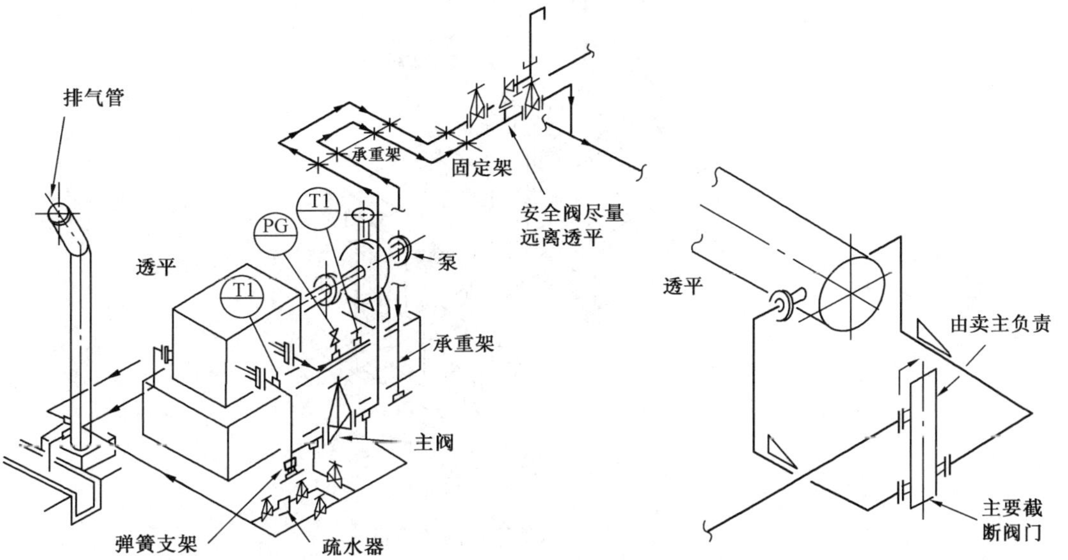

(a)蒸汽透平管道的典型布置　　(b)透平吸入管线（主要蒸汽管线通常由卖主负责）

图 3.13.5　蒸汽透平管道的柔性设计

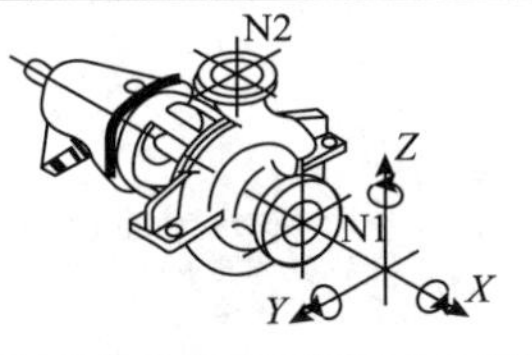

管口	力	值	力矩	值
N1	F_x	3560	M_x	2660
	F_y	2840	M_y	1360
	F_z	2320	M_z	2000
N2	F_x	1420	M_x	920
	F_y	1160	M_y	460
	F_z	1780	M_z	700

管口力(N)\力矩(N·m)

图 3.13.6　某卧式离心泵缺少合成力和合成力矩

为了离心泵可靠运行，泵管道上的外力和外力矩作用在泵体上，会引起泵的变形或轴的不对中，API 610《石油、重化学和天然气 工业用离心泵》与 IS0 13709《石油、石化和天然气工业用离心泵》对此有专门规定，由于管道设计、安装不当引起的力或力矩，或由于管道受热变形引起的力或力矩，引起泵体和驱动机之间轴不对中，进而易引起泵的变形或密封件的变形，因此，必须对其外力和外力矩进行核算。

作用在每个泵口法兰上的各分力和分力矩不得超过 API 610 规定的 2 倍以上。作用于每个泵口法兰上的合成力 F_{RSA}、F_{RDA}和合成力矩 M_{RSA}、M_{RDA}应当满足 API 610 规定的两个相互作用方程式。

作用在每口泵出法兰上的外加分力和分力矩必须平移到该立式离心泵的中心，外加的合力 F_{RCA}的大小，外加合力矩 M_{RCA}的大小，以及外力的力矩大小应当受制于 API 610 所列三个方程式。计算时应采用右手法则。

第十四节　加热炉管道的柔性设计

加热器的出口管道大多是合金钢，因为管道温度高，这就要求长度尽量短，需要考虑管道的柔性和合适的支架。加热炉管道的柔性设计如图 3.14.1 所示。

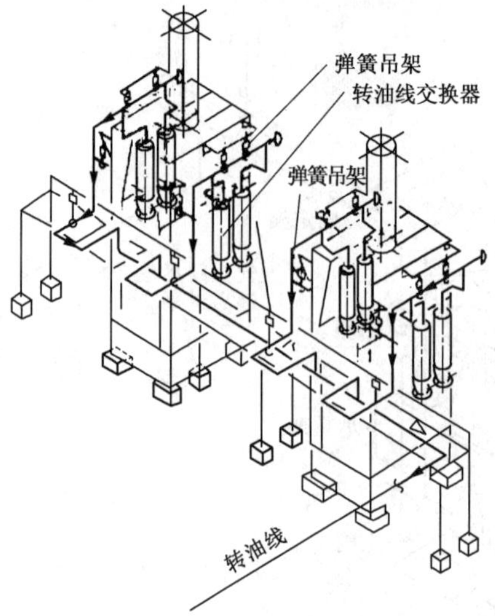

图 3.14.1 加热炉管道的柔性设计

第十五节 安全阀管道的柔性设计

一、蒸汽安全阀管道的柔性设计(图 3.15.1)

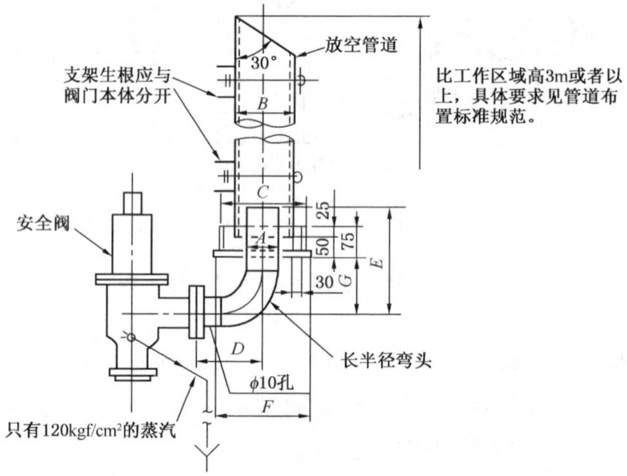

图 3.15.1 蒸汽安全阀管道的柔性设计

注：1. 图 3.15.1 的参考数据见表 3.15.1。

2. 当安全阀和管道支吊架之间的管道具有足够的柔性，图 3.15.2 的形式可能用到。

表 3.15.1 蒸汽管道安全阀管道的柔性设计 mm

A	*B*(PIPE)	*C*(PIPE)	*D*	*E*	*F*	*G*
2.5in	4in	10in	200	480	300	150
3in	4in	10in	220	500	300	170
4in	6in	12in	250	540	350	210
5in	8in	14in	300	580	400	250
6in	8in	14in	350	610	400	280
8in	10in	ϕ460	420	690	500	360
10in	12in	ϕ520	500	640	560	440
12in	14in	ϕ610	580	720	650	520

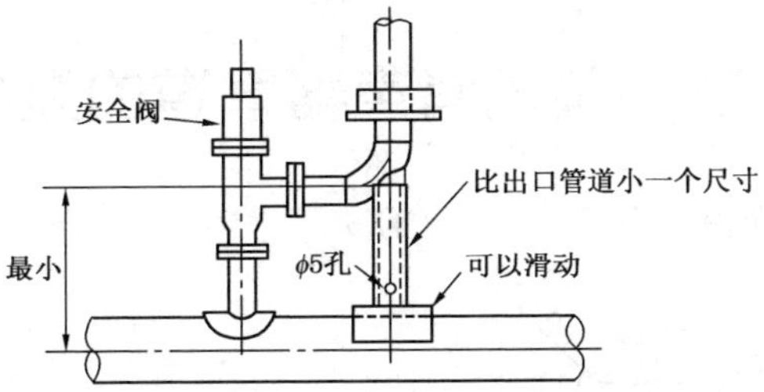

图 3.15.2　蒸汽安全阀管道的柔性设计

二、非蒸汽安全阀的柔性设计(图 3.15.3)

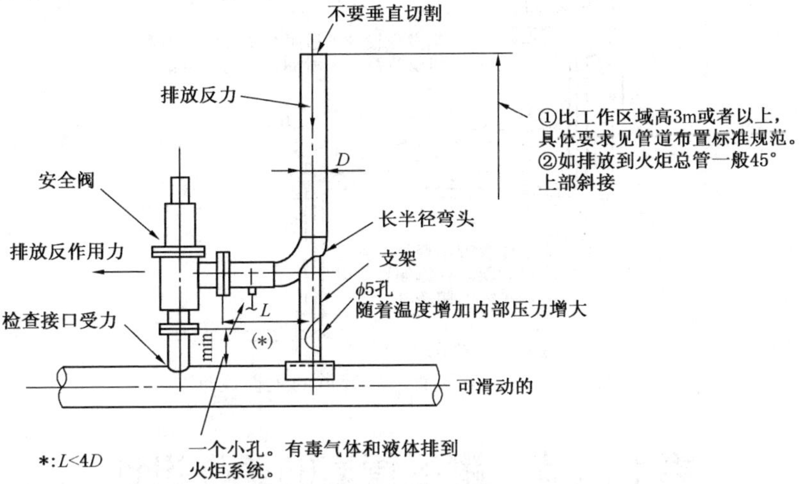

注：安全阀管道的柔性设计在本书支吊架章节有详细讲述。

图 3.15.3　非蒸汽安全阀管道的柔性设计

第十六节　排放竖管的柔性设计

一、小排放竖管(V. S. S. ，Vent Stack Small)的柔性设计

这个形式被用在低压或者中压蒸汽疏水器(Steam Traps)的排放系统，如图 3.16.1 所示。

二、大排放竖管(V. S. L. ，Vent Stack Large)的柔性设计

这个形式被用在透平警告蒸汽或者高压蒸汽的排放系统，如图 3.16.2 所示。

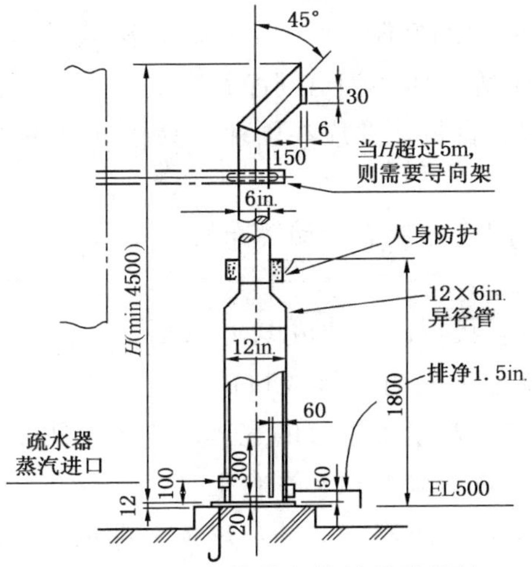

图 3.16.1　小排放竖管的柔性设计

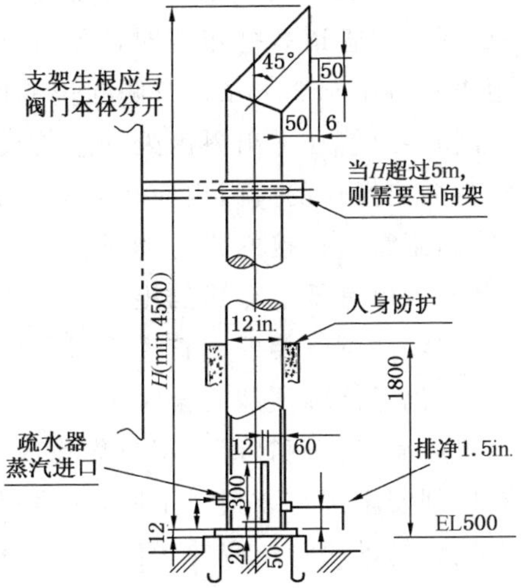

图 3.16.2　大排放竖管的柔性设计

第十七节 蒸汽消声器管道的柔性设计

蒸汽消声器管道的柔性设计如图 3.17.1 所示。

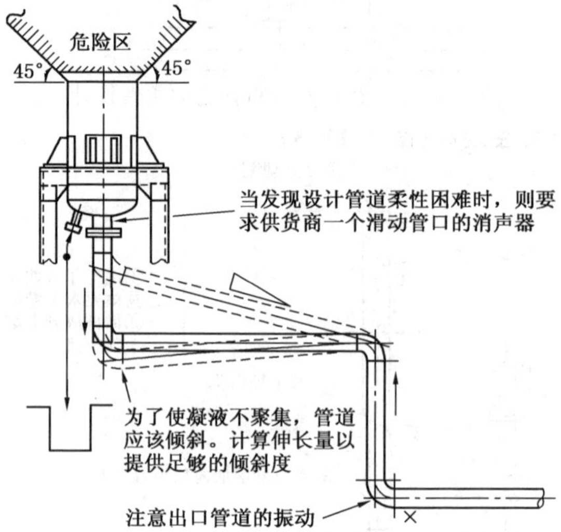

图 3.17.1 蒸汽消声器管道的柔性设计

第十八节 罐区管道的柔性设计

一、罐区围堰内管道的柔性设计

(1)进入储罐区范围内的所有管道宜集中布置，对于厂区储罐区宜采用低管廊布置，应使通往各储罐的支管相互交叉最少。无论是常压罐区还是压力罐区，罐区内一般采用地墩或矮墩管架布置，不宜采用多层管廊。

(2)储罐的管口标高应是在储罐充水使基础完成初期沉降后的标高。应注意控制基础的后期沉降量(一般宜在 25mm 以下)。

(3)罐区内单层低支架布置的管道，管道与地坪间的净高一般为 500mm。

(4)罐区多根管道并排布置时，不保温管道间净距离不得小于 50mm，法兰外缘与相邻管道净距离不得小于 30mm，有侧向位移的管道应适当加大管道间净距离。

(5)各物料总管在进出界区处均应装设切断阀和盲板，并应在围堰外易接近处集中布置。储罐上经常需要操作的阀门也应相对集中布置。

(6)与储罐管口连接的工艺物料管道上的切断阀应尽量靠近储罐布置。

(7)泵的入口宜低于储罐的出口。

(8)液化烃储罐气相返回管道不得形成下凹的袋状，以免造成 U 形液封。

(9)当液化烃储罐顶部安全阀出口允许直接排往大气时，排放口应垂直向上，并在排放管低点设置放净口，用管道引至收集槽或安全地点。对于重组分的气体应排入密闭系统或火炬。球罐顶部安全阀与装置塔不同，一般禁止布置在球罐旁顶部平台上。

(10)储罐的进料管道应在罐体下部与储罐连接，若进料管必须从罐体上部接入，则应在罐内向下延伸至距罐底 200mm 处。

(11)储罐的进出口管道宜采用柔性连接。有的项目常压拱顶等储罐采用金属软管或膨胀节，但是如果支架设置合理，储罐沉降不大，可以不用这些柔性连接。压力球罐一般可不用这些柔性连接，有些规范对球罐也强制要求柔性连接是不合理的。

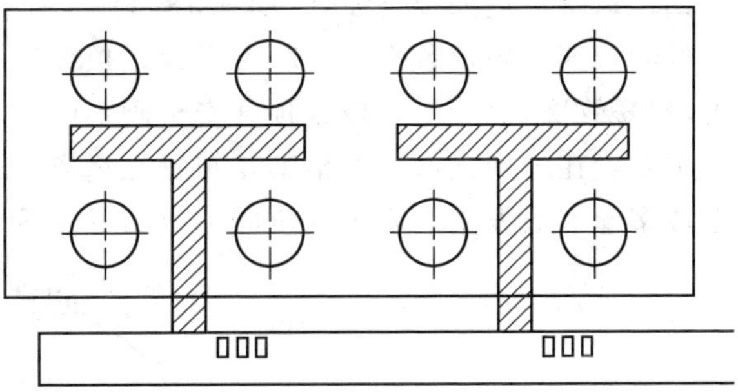

图 3.18.1 围堰内管道的柔性设计

管子应该成束布置在低墩（或低管架）上，泵的入口管线应该尽量最短。因此，当有多个罐时需布置两个或者更多的管道束，如图 3.18.1 所示。

二、常压罐区泵吸入口管道的柔性设计(图 3.18.2)

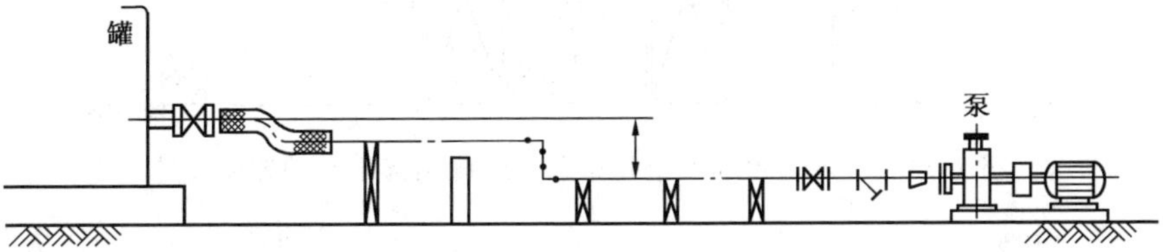

图 3.18.2 常压罐区泵吸入口管道的柔性设计

注：①管道不应有空气袋，罐的管口应该被放置在较高的高度。

②见《工业管道配管设计与工程应用》的详述。

三、柔性软管和管道系统的柔性设计

当罐充水试验沉降、非均匀沉降、地震沉降时，应当考虑罐管口使用柔性软管连接（不同于球罐），如图 3.18.3 所示，柔性软管的尺寸见表 3.18.1。

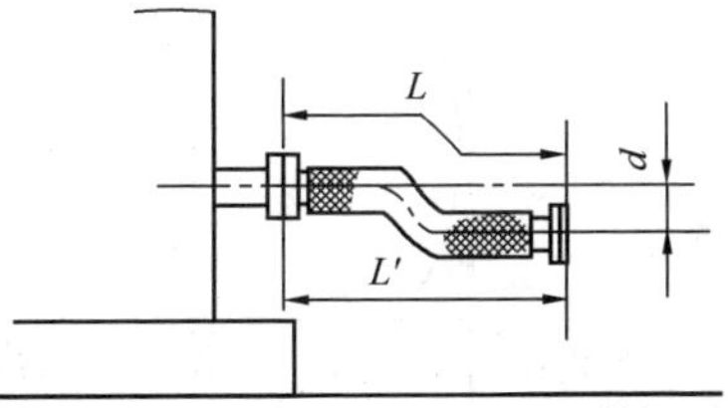

图 3.18.3 罐管口使用柔性软管连接

表 3.18.1 柔性软管的尺寸 mm

公称直径 DN	垂直方向的最大沉降 d							
	50	100	150	200	250	300	350	400
	柔性金属软管的实际长度 L							
40	500	600	700	800	900	1000	1100	1200
50	600	700	800	900	1000	1100	1200	1300
65	600	800	900	1000	1100	1200	1300	1400
80	700	800	1000	1100	1200	1300	1400	1500
100	700	900	1100	1200	1300	1400	1500	1600
125	800	1000	1200	1300	1400	1500	1600	1800
150	800	1100	1300	1500	1600	1700	1800	1900
200	900	1200	1400	1500	1700	1800	1900	2100
250	1000	1400	1500	1700	2000	2100	2200	2300
300	1100	1400	1700	1900	2200	2300	2500	2600
350	1200	1500	1800	2000	2200	2400	2600	2800
400	1300	1600	2000	2200	2500	2700	2900	3200

注：当与供货商订货时，应注意不要用 L' 代替 L。

四、球罐管道的柔性设计(图 3.18.4)

球罐顶部一般设置平台和联合平台，顶部管道从球罐顶部沿球面上的门型支架敷设到罐区地墩(矮管廊)总管上，球罐顶部安全阀不同于装置塔顶部安全阀的配管设计，需按标准规范要求布置在球罐顶部，严格禁止布置在远离球罐设备管口的其他平台，类似配管设计错误曾造成多起事故发生。塔顶安全阀可以布置在管廊顶部平台，如图 3.18.4 所示。

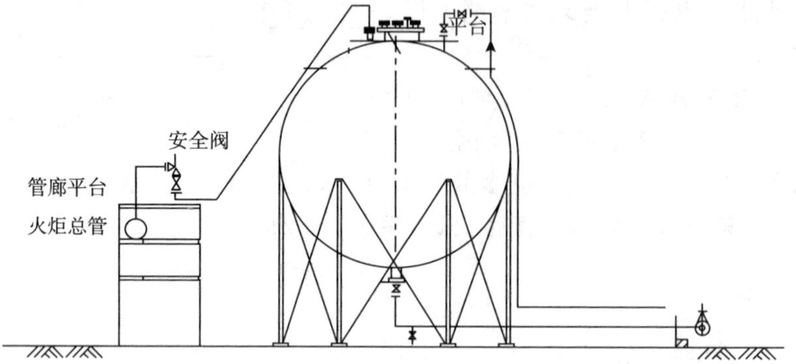

图 3.18.4 球罐顶部安全阀布置在管廊顶部平台的错误设计

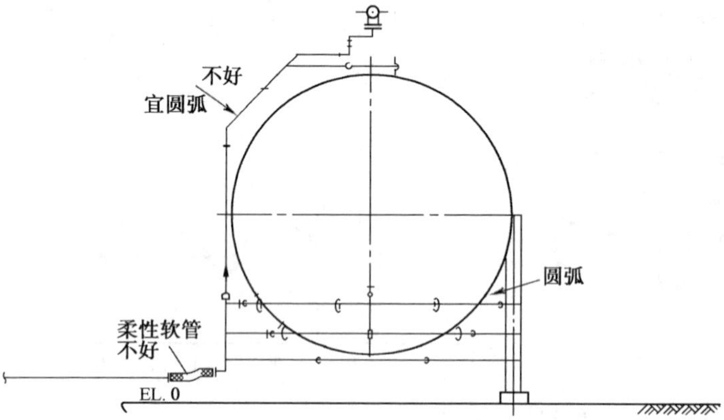

图 3.18.5 球罐使用柔性软管连接的不好设计

工艺管道一般从顶部直线布置敷设，但是对于消防总管及环管一般采用圆弧布置，柔性、支吊架、管件连接、管道柔性都更好。笔者见到一些球罐上的消防管道采用多角布置而不是圆弧，比较不合理，如图 3.18.5 所示。

五、消防泡沫液体罐管道的柔性设计

消防泡沫液体罐应该布置在控制室的附近，如图 3.18.6 所示。

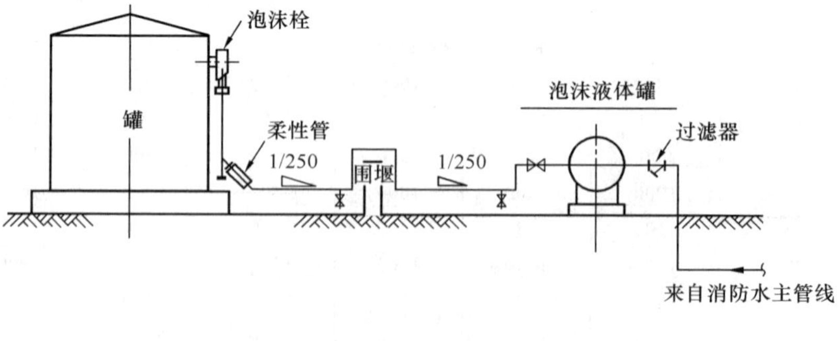

图 3.18.6 消防泡沫液体罐管道的柔性设计

第十九节　管廊上管道的柔性设计

一、管廊上管道的柔性设计一般要求

管廊是联系各装置或主项的大动脉，是石油化工等装置内最重要的设施。管廊上管道数量种类繁多，比装置内管道设计更难，大型工程管廊设计常常是各装置设计中的核心重点内容。管廊上管道的柔性设计一般要求如下：

(1)大直径管道宜靠近管廊柱子布置，小直径、气体管道和公用物料管道宜布置在管廊的中间。

(2)需要热补偿的管道宜布置在管廊一侧，便于集中设置Π型补偿器。

(3)介质操作温度等于或高于250℃的管道宜布置在上层；布置在下层的介质操作温度等于或高于250℃的管道可布置在外侧，但不应与液化烃管道相邻。

(4)管道上的阀门、法兰或活接头应靠近管廊梁布置。

(5)管廊上有坡度要求的管道，可采取调整管托高度、管托下加型钢或钢板垫枕等措施。

(6)管廊上管子的一次应力核算主要通过控制管子的跨距和管子的壁厚因素来解决。如果不同的设计工程，只有一个相同的管子跨距表是不合理的，因每个工程的管子壁厚可能不同，会造成管道只吊架的浪费或不安全。

有的设计人对不同的工程项目，管子壁厚均是选用默认标准壁厚，很少根据工程的具体情况核算管子的实际需要壁厚，也会造成工程的浪费或不安全。

对于管廊上管子的跨距也涉及管道的垂直荷载，需要给结构专业提出设计条件，垂直荷载偏大偏小都不合适，具体计算方法见本书后面章节。

(7)管廊上管子的热补偿常用自然补偿弯或膨胀节等来解决，并确定合理的固定架(管子轴向限位架)位置。固定架水平力荷载需要给结构专业提出设计条件。管廊上管道管间距离需要考虑管子热位移，如图3.2.1所示，X 和 Y 的距离也需考虑管子热位移。

(8)管廊上管道的柔性设计与布置其他要求可参见《工业管道配管设计与工程应用》。

二、管廊上管道自然补偿固定架和导向架与柔性设计(图3.19.1)

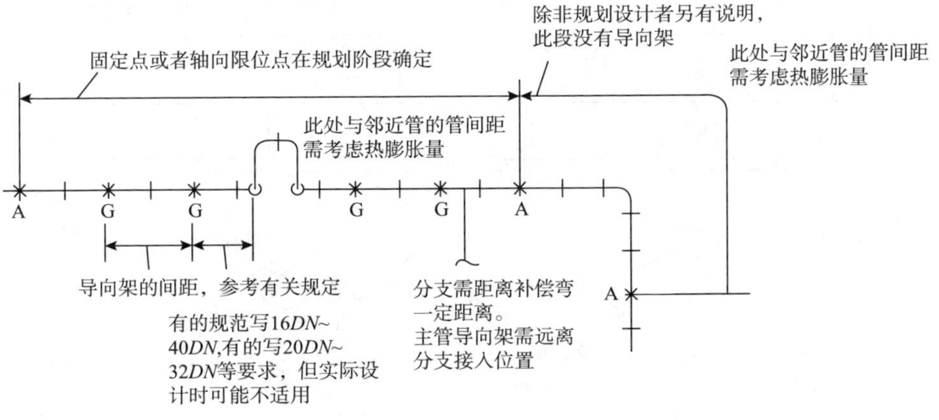

图3.19.1　管廊上管道自然补偿固定架和导向架与柔性设计

工厂大型综合管廊是联络各装置的最核心大动脉，是整个装置设计难度最大、工作量最大内容之一。有的工厂大型综合管廊横断面有数十根或数百根根管线，管廊上有的还布置有容器、换热设备等，高度有的达 40 多米，横断面宽度有的达 50m 左右，有的大型综合管廊交叉位置达 16 层。高温高压管线多，有的管线设计温度达 560℃，剧毒、易燃、易爆管线多。管廊上管线有的口径达 DN2500 左右。

管线作用于结构管廊受力复杂。笔者遇到某设计人负责设计的某 DN150 氨管线因柔性不够，在运行一段时间后，发生了泄漏，造成不好影响。如图 3.19.2 所示，管道作用于结构的荷载较复杂，必须提出管道系统柔性设计和有关荷载条件，才能保证质量与本质安全。

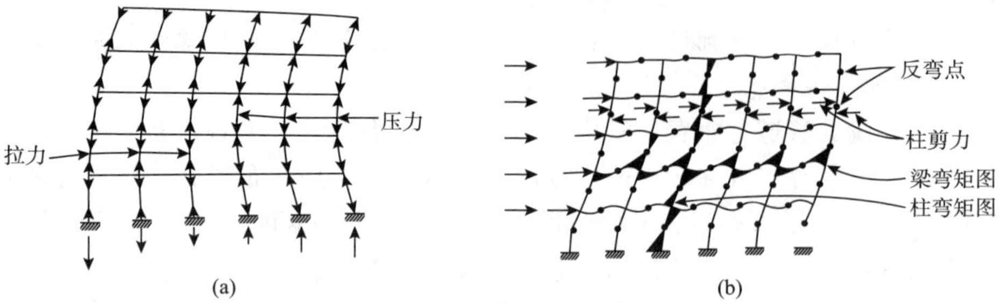

图 3.19.2　结构受力示意图

三、管廊上管道波纹补偿固定架和导向架与柔性设计(图 3.19.3)

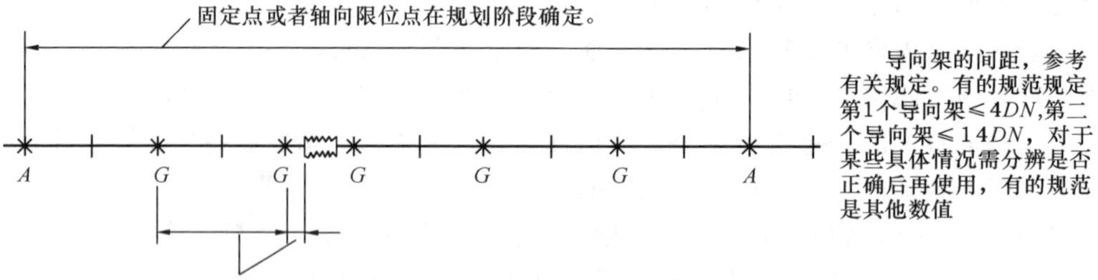

图 3.19.3　管廊上管道波纹补偿固定架和导向架与柔性设计

四、管廊上管道 Π 形自然补偿形式的优劣比较(图 3.19.4)

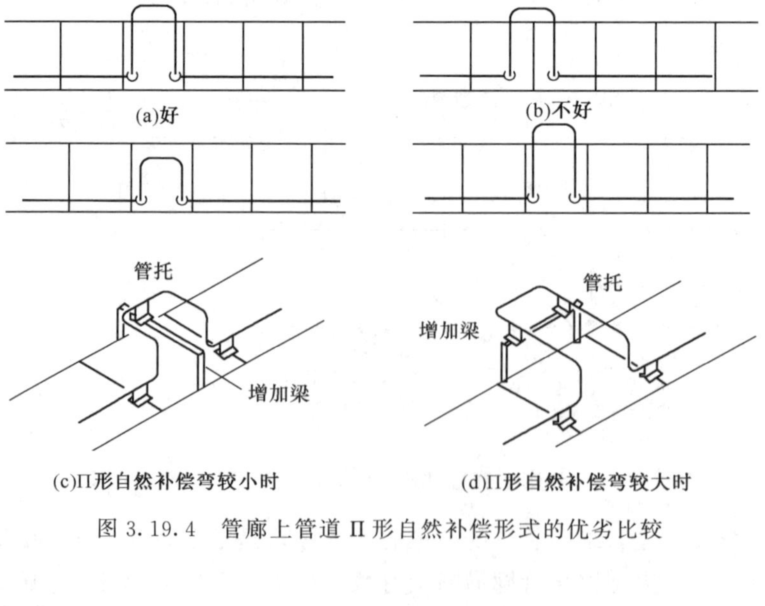

图 3.19.4　管廊上管道 Π 形自然补偿形式的优劣比较

五、管廊管道热位移碰撞配管设计分析与工程应用

管廊管道热位移常见碰撞配管如图 3.19.5 所示。

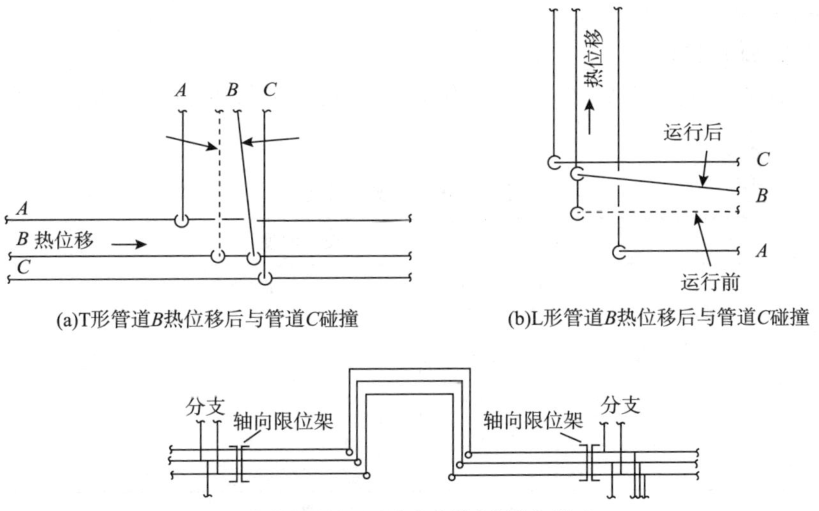

(a)T形管道B热位移后与管道C碰撞　(b)L形管道B热位移后与管道C碰撞

(c)管道分支设置在主管轴向限位架附近

图 3.19.5　管廊管道热位移碰撞配管设计分析与工程应用

第二十节　两端固定的无分支管系柔性简化计算

一、简化计算方法

1. 符号说明

A_s——形状系数；

A_T——温度系数；

D——管子外径，cm；

h——管系中短臂长度，m；

J_D——参照管的惯性矩，mm^4；

J_O——设计用管的惯性矩，mm^4；

L——管系中长臂长度，m；

Δi——管子端点的位移量，mm；

ΔL——长臂的膨胀量，mm；

ΔT——管道正常最高操作温度与安装温度之差，℃。

2. 计算公式

短臂的最小长度计算：

$$h=\max\left[\left(\frac{\Delta i+\Delta L}{\Delta L}\times\frac{J_D}{J_O}\times A_T\times D\right)\cdot(L\times d\times\Delta T\times A_s)^{1/2}\right]\tag{3.20.1}$$

长臂的最大长度计算：

$$L=h^2/(D\times\Delta T\times A_s)\tag{3.20.2}$$

3. 计算输入

按本规定的计算方法校正时，首先应知道管系的安装、运行的主要情况，包括：

① 已知计算端，或者根据图形分析假定端符合规定范围；

② 已知管子的材质、规格、截面惯性矩、正常最大操作温度、安装温度及线膨胀特殊条件：开工循环、蒸汽伴热等。

4. 温度系数和形状系数

按表 3.20.1 查出温度系数 A_T，表中仅列出了碳素钢管的温度系数；按表 3.20.2 查出形状系数 A_s。

表 3.20.1 温度系数

设计温度/℃	A_T	设计温度/℃	A_T
65	0.048	315	0.264
93	0.072	371	0.300
149	0.120	426	0.336
204	0.168	482	0.355
260	0.216	538	0.378

表 3.20.2 形状系数

管系形状	A_s	柔性条件
① L 形管系 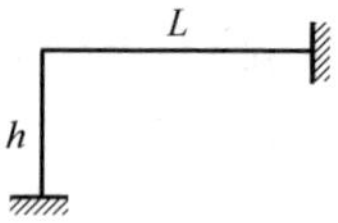	0.00054	两管段互相垂直
② 组合的 L 形平面管系 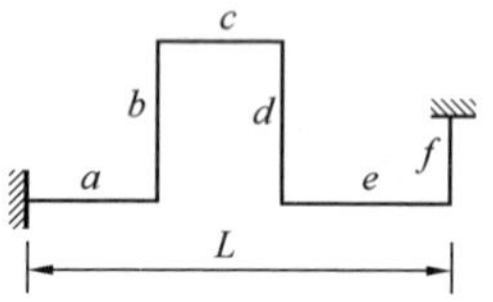	0.00054	(a) 相邻管段互相垂直 (b) $L=a+c+e>b+d+f$ (c) $(b^2+d^2+f^2)^{1/2}>h$
③ 组合的 L 形空间管系 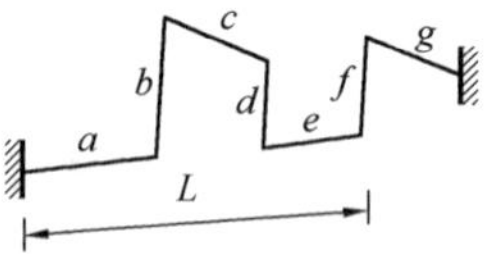	0.00054	(a)相邻管段互相垂直 (b)$L=a+e>c+g>b+d+f$ (c) $b+c+d+f+g\geqslant h$
④ Z 形管系 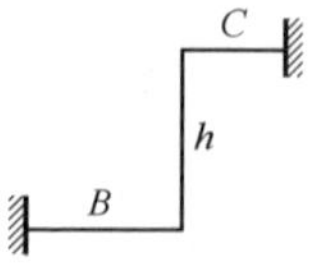	0.00054	(a)相邻管段互相垂直 (b)$B/C\geqslant 4$
⑤ 等臂 U 形管系 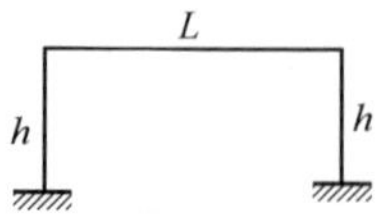	0.000345	相邻管段互相垂直

续表

管系形状	A_s	柔性条件
⑥ 不等臂 U 形管系 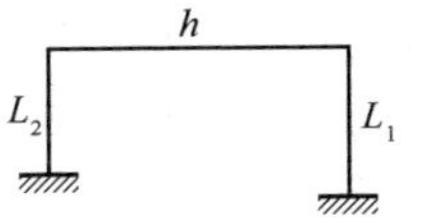	0.000454	(a) 相邻管段互相垂直 (b) 式(3.20.1)中第 1 式值为 $h+L_2$
⑦ 典型的方形伸缩器 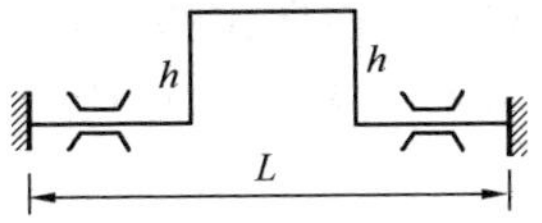	0.0000864	式(3.20.1)中第 1 式值为 1.25h

二、计算内容及结果修正

1. 计算内容

对管系进行柔性分析(校正)时，应先根据管系的形状选定系数 A_s(见表 3.20.2)，按式(3.20.1)或式(3.20.2)计算 h(或 L)后，还应校正表 3.20.2 所列柔性条件。计算校正可分为如下四类：

① 已知 L 的计算校正(L 形管系计算)，按式(3.20.1)计算 h 并校正表 3.20.2 中的柔性条件。

② 已知 h 的计算校正(L 形管系计算)，先取 L，按式(3.20.1)校正 h，若 h 符合要求，则按式(3.20.2)计算 L，最后校正表 3.20.2 中的柔性条件。

③ 已知 h、L 的计算校正，按式(3.20.1)校正 h，若符合要求则进一步校正表 3.20.2 中的柔性条件。

④ 未知 h、L 的计算校正，先取 L，按式(3.20.1)计算 h，再按式(3.20.2)计算 L。最后校正表 3.20.2 中的柔性条件。

2. 计算输出要求

计算完毕后，应列出下列结果：

① 按式(3.20.1)、式(3.20.2)计算的 h、L 值；

② h、L 是否满足表 3.20.2 中的柔性条件。

3. 计算结果处理

对管系柔性进行计算校正后，若能够满足要求，则可认为该管系具有足够的柔性，配管方案可行。

对管系柔性进行计算校正后，若不能满足要求，则需要进行如下工作。

① 调整 h、L 值，增加管系柔性，再按式(3.20.2)进行计算校正，最终使管系具有足够的柔性。

② 采取其他措施(如使用计算机程序分析计算管系应力)，验证并通过有效调整，以使管系具有足够的柔性。

第二十一节　膨胀节标准体系

一、波纹管膨胀节常用标准

波纹管膨胀节被广泛应用于管路热补偿、隔振、降噪。自 20 世纪 40 年代以来，世界各工业国家的研究机构和生产厂家对波纹管进行了广泛的研究。随着工业的发展，世界各国及公司制定了一定的标准规范来指导膨胀节的工程设计。

常用的膨胀节标准有以下四种：美国 ASME Ⅷ-1 强制性附录 26；美国膨胀节制造者协会标准 EJMA；GB/T 12777《金属波纹管膨胀节通用技术条件》；GB 16749《压力容器波形膨胀节》。另外还有日本的 JIS B8277《压力容器的膨胀节》等。其中，EJMA 和 GB/T 12777 常用于工业管道膨胀节的设计与选用。

二、标准的适用范围对比

膨胀节是用来吸收大变形的挠性元件，其变形可以是轴向位移、横向位移、角位移或者它们的组合。由于不同行业的要求不一样，标准能适用的膨胀节类型及应用场所也不一样，如表 3.21.1 所示。

表 3.21.1 标准的适用范围对比

标 准	膨胀节的类型	承载形式	应用场所
GB 16749	无加强单层或多层 U 形膨胀节	吸收轴向位移、横向位移、角位移以及它们的组合位移	钢制压力容器、钢制管壳式换热器和常压容器，设计压力不大于 6.4MPa
GB/T 12777	整体成型无加强 U 形、加强 U 形和 Ω 形波纹管的圆形膨胀节	吸收轴向位移、横向位移、角位移及它们的组合位移	管道
EJMA	无加强 U 形、加强 U 形、Ω 形、矩形及 V 形波纹管	吸收轴向位移、横向位移、角位移及它们的组合位移	对用于管道或容器投有明确的限制，应用范围很广
JIS B8277	顶部为 U 形、Ω 形或 U 形，但顶部和房部有平行圈筒部分和形状	吸收轴向位移，不吸收横向位移、角位移	固定管板式换热器的壳程、管程或带夹套的压力容器等

三、膨胀节的结构形式比较

1. GB 16749 中的结构形式分类

主要是 U 形波纹管形膨胀节，其结构形式与分类取决于波纹管的成型方法，如表 3.21.2 所示。

表 3.21.2 GB 16749 中膨胀节的结构形式

膨胀节类型		公称压力/MPa						
		0.25	0.6	1	1.6	2.5	4	6.4
ZX 形膨胀节	单层 多层	*DN*150～2000		*DN*150～2000		*DN*150～800	*DN*150～350	—
ZD 形膨胀节	单 层	*DN*150～2000		*DN*150～2000		*DN*150～1200	*DN*150～2000	*DN*150～350
HF 形膨胀节								
HZ 形膨胀节								

注：ZX：整体成型小波高膨胀节；ZD：整体成型高波高膨胀节；HF：膨胀节是由两个半波零件焊接而成；HZ：膨胀节是由两带直边的半波零件焊接而成。

2. GB/T 12777 中的结构形式分类

主要以膨胀节所吸收的荷载形式及能否承受波纹管的压力推力（即轴向推力）对膨胀节进行分类，其结构形式如表 3.21.3 所示。

表 3.21.3　GB/T 12777 中膨胀节的结构形式

膨胀节形式		代　号	承载形式
1	单式轴向型	DZ	吸收轴向位移
2	单式铰链型	DJ	吸收一个平面内的角位移，能承受压力推力
3	单式万向铰链型	DW	吸收任意一平面内的角位移，能承受压力推力
4	复式自由型	F2	吸收轴向和横向组合位移
5	复式拉杆型	FL	吸收任意一平面内的横向位移，能承受压力推力
6	复式铰链型	FJ	吸收一个平面内的横向位移、能承受压力推力
7	复式万向铰链型	FW	吸收任意一平面内的横向位移，能承受压力推力
8	弯管压力平衡型	WP	吸收轴向和板向组合位移，能承受压力推力
9	直管压力平衡型	ZP	吸收轴向位移，能承受压力推力
10	外压单式轴向型	VZ	吸收轴向位移

3. EJMA 中的结构形式分类

按照膨胀节所吸收的荷载不同及能否承受压力推力对膨胀节进行分类，主要形式如表 3.21.4 所示。

表 3.21.4　EJMA 中膨胀节的结构形式

膨胀节形式		承载形式
1	复式膨胀节	每个波纹管相当于一个单式膨胀节，可以吸收与它相连而与另一个波纹管不相关的管段的位移
2	万向铰链式	吸收平面内任意角位移，承受压力推力
3	铰链式	吸收平面内的某一方向的角位移，承受压力推力
4	内导向式	膨胀节只能沿轴向移动，可以避免在安装时出现初始横向偏差和角向偏差
5	压力平衡式	吸收轴向位移和横向位移，能承受压力推力
6	直管压力平衡式	吸收轴向位移和横向位移，能承受压力推力，但只能在直管段上使用
7	单式	吸收所在管段上的 3 种基本位移及其任意组合
8	摆动式	吸收平面内的横向位移和角向位移，能承受压力推力及外力
9	万能式	吸收任何由轴向位移、横向位移和角向位移及 3 种基本位移组合而成的位移；其控制杆可以避免中间接管失稳

4. JIS B8277 中的结构形式分类

主要用来设计吸收轴向位移的膨胀节，结构形式如表 3.21.5 所示。

表 3.21.5　JIS B8277 中膨胀节的结构形式

结构形式	构成
波纹管型	由波纹管和壳体构成，并根据需要可用补强环、控制环或压环补强波纹管
成形薄壳型	由具有轴向可挠性的成形薄壳和壳体构成

从结构形式上讲，GB/T 12777 与 EJMA 的分类方法基本相同，主要从膨胀节的功能对其进行分类；而 GB 16749 与 JIS B8277 的分类方法基本相同，如 GB 16749 的 HZ 形膨胀节与JIS B8277的成形薄壳型膨胀节类似。

四、不同标准膨胀节的设计准则

1. 共同点

各国膨胀节标准的设计准则都是用材料力学的方法来建立膨胀节的力学模型，一般将其视为曲梁、环板进行简化计算，并引入一定的修正系数(其系数是由板壳理论推导而来的，各国标准都来自于美国 EJMA)对简化公式进行修正。

2. 不同点

① 在对波纹管所受应力进行极限分析时，GB 16749 以许用应力和屈服强度作为评定的标准，内压引起的薄膜应力以许用应力作为评定标准，即薄膜应力必须小于许用应力；薄膜应力和弯曲应力之和则必须小于 1.5 倍的屈服强度。GB 12777、EJMA 及 JIS 都是以许用应力强度作为评定的标准。内压引起的薄膜应力必须小于应力强度，而薄膜应力和弯曲应力之和必须小于 1.5 倍的应力强度(对不带加强的结构)。

② 在对波纹管材料热处理的要求上，GB 16749 规定奥氏体不锈钢必须是软态的，而其他的标准规定的材料可以是热处理态的，也可以是成型态的，这说明 GB 16749 对压力容器使用的波纹管的材料要求偏于保守。

③ 膨胀节中用于支承推力的元件一般仅设计用于承受管道系统中的压力推力，以及热伸长使波纹管发生伸缩所需要的力。EJMA 标准对需要额外考虑的作用力给出了规定：在两个波纹管之间未加支承的接管和隔热层的重量；在运行或试验过程中管道系统中所包含的流体重量；风载、地震或冲击荷载；绕纵轴的扭转。且在确定上述力和荷载作用的同时，必须考虑温度和流动状态(瞬时和稳态)的影响。

五、不同标准稳定性设计的区别(表 3.21.6)

表 3.21.6 不同标准稳定性设计的区别

失稳类型		定义及原因
1	平面失稳	平面失稳是指一个或者多个波纹平面发生移动或偏转，波纹所在的平面不再与波纹管的轴线保持垂直，一个或多个波纹出现倾斜或翘曲。 平面失稳主要是由于波纹管的经向弯曲应力过大引起的。可以将其力学模型看成半个波纹两端固支并承受均布压力荷载的直梁。根据极限分析设计原则，当两端的虚拟应力达到材料屈服强度的 1.5 倍时，即形成塑性铰，出现平面失稳，此时的压力即为平面失稳的临界压力。 EJMA 考虑了径向薄膜应力对平面失稳压力的影响和初始角位移对柱面失稳压力的影响，而其他标准则没有考虑其影响，然而在实际工程中径向薄膜应力和初始角位移的影响是不可避免的。EJMA 对波纹管平面失稳及柱面失稳压力的公式进行了修正，下面对其结果与其他标准计算结果进行比较
2	柱面失稳	柱面失稳是指波纹管的中部整体侧向偏移

GB 16749 为压力容器用膨胀节标准，由于按成型方式分类，膨胀节的选用带有盲目性，因没有考虑薄膜应力对平面失稳压力的影响，标准给出的极限设计压力偏高，偏于不保守。GB/T 12777 为管道用膨胀节标准，由于没有考虑初始角位移的影响，因此根据弹性柱面失稳计算出的极限设计压力大于 EJMA 的结果，偏于不保守。

第二十二节　波形膨胀节应用事故分析

从以往事故案例中分析，多数事故是由于对波形膨胀节的应用缺乏了解，大体有如下几个方面。

一、膨胀节的选型错误

某炼油厂能量回收系统，三旋-烟气轮机的管道是三维立体“Z”形，原选用三个平面铰链型膨胀节(见图 3.22.1)是错误的，这样布置只能吸收 X、Y 两向位移，故运行不久就坏了，应将立管段上二个平面铰链改成两个万向形铰链就解决了 X、Y、Z 三向位移的吸收问题。

某城市热网改造中违背在两个固定支架之间只能设一个膨胀节的原则，原管线如图 3.22.2 所示。

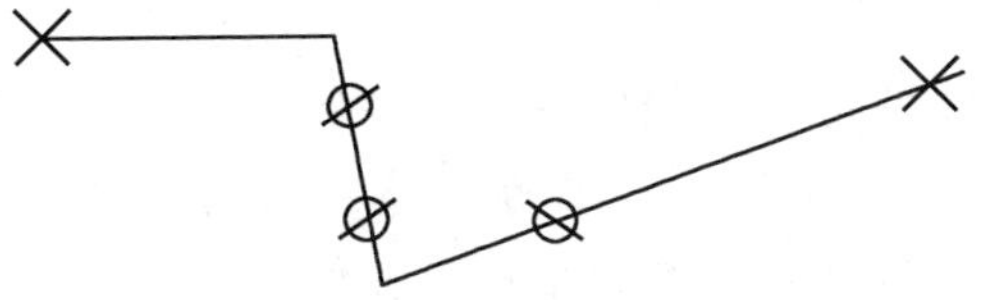

图 3.22.1　膨胀节的选型错误

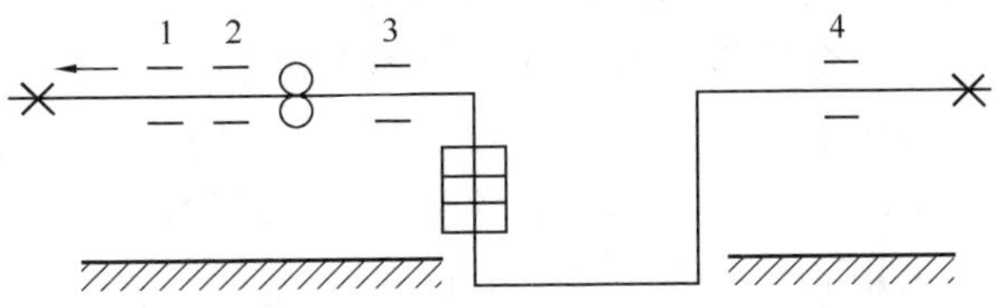

图 3.22.2　膨胀节的选型错误

在固定支架之间设置了一个 Π 形和一个万能型膨胀节代替原来球型补偿器，结果当管道超压时，在内压盲板力作用下，Π 形膨胀节被拉坏，托架“3”被推倒。正确的应当把托架“3”改成固定支架，问题就解决了。

二、旧蒸汽管线的改造

原蒸汽管线大多采用传统 Π 形弯管补偿器，它是没有内压力的盲板力，故对固定管架要求不高，仅承受弯管变形的弹性反力。而波形膨胀节存在盲板力，它比弹性反力大几个数量级。故当采用无约束波形膨胀节代替 Π 形弯管补偿器的管线进行改造时，必须核算原固定管架的强度，如某炼油厂的原蒸汽管线为 DN500mm，采用 Π 形弯管补偿，因占地大，热量损失和流动阻力均较大，不能满足该厂的生产要求。在进行改造时。采用大补偿量的外压式膨胀节，利用原来管廊式管架，未做强度核算，只凭经验估计，当系统热态运行时，在盲板力作用下，管架全部被推倒，膨胀节全部破坏，造成经济损失近亿元。

三、波形膨胀节选材错误

材料选择问题比较复杂，影响因素较多，与内部流动介质的成分、浓度、流速、温度有关，与外部环境的气候条件、腐蚀性氛围有关，有外保温的还与保温材料的氯离子含量有关，必须具体情况具体分析，才能正确选材。比如同样的蒸汽管线，有的用 304 材料就可以了，但有的必须采用 316L 的材料，这取决于蒸汽中氯离子的含量和游离氧的浓度，对外保温的膨胀节，必须选用不含或少含氯离子的保温材料，防止露天操作的管道，在下雨时，雨水经过保温材料渗进波纹管外表面，久而久之在此表面上沉积的氯离子浓度越来越浓，最终产生腐蚀破裂。

对承受内压盲板力的耳架的各条焊缝必须满焊且焊透，应进行强度核算，在实际运行中因这类焊缝质量差或强度不足而出事故的实例时有发生。

对于含硫化物的介质，膨胀节的设计应考虑运行环境温度的变化，特别是在寒冷地区运行的管道，膨胀节应采取外保温措施，避免波纹管表面温度过低，产生露点腐蚀。

第二十三节 金属波纹管膨胀节的选型与计算

一、金属波纹管膨胀节的概念和作用

膨胀节也称补偿器，是一种弹性补偿装置，主要用来补偿管道或设备因温度影响而引起的热胀冷缩位移(有时也称热位移)。膨胀节的补偿元件是波纹管。在操作过程中，波纹管除产生位移(变形)外，往往还要承受一定的工作压力，因此膨胀节也是一种承压的弹性补偿装置，所以保证其安全可靠地工作是十分重要的。

膨胀节除作为热位移补偿装置使用外，也常被用于隔振和降噪。

膨胀节波纹管的波形较多，常用的有U形、Ⅱ形、S形等，在这里主要介绍U形波纹管膨胀节的设计与应用中的有关问题。

二、金属波纹管膨胀节技术的发展

膨胀节之所以受到工程人员的特别关注，主要是它应用日趋广泛，航空航天、石化、化工、水利、电力、冶金和原子能等部门都用到它，就是机车、船舶等交通部门乃至高层建筑、民用大楼也少不了它；同时，膨胀节又是一个比较特殊的受力结构，在使用中要求它既要有较高的承压能力，又要有良好的柔性，这本身就是一对矛盾，此外，它还应具备一定的稳定性和疲劳寿命。因此，膨胀节的设计、选材、制造、试验等不能等同一般的压力容器和管件等刚性结构，而有其本身的独特性和复杂性，它的设计必须遵循一定的规范和标准。

1885年，德法成功研制"互连扣压连接式波纹管"或称"缠绕式波纹管"；1955年，美国一批在使用、设计和制造膨胀节方面有经验的公司发起成立了"膨胀节制造商协会"(EJMA)，并于1958年编制EJMA标准，之后不断完善，帮助用户正确选择和使用膨胀节，使管道和容器设备安全可靠，形成多数国家编制行业标准的基础。中国从1958年开始研究制造金属波纹管膨胀节和波纹金属软管，成功地应用于各型运载火箭上和地面发射设备中。在美国EJMA标准的基础上，我国根据国情和行业情况，结合国内的科研、设计和生产实践以及用户的使用经验，编制了GB/T 12777《金属波纹管膨胀节通用技术条件》。

三、波纹膨胀节的附件(图3.23.1)

① 波纹管　膨胀节的柔性元件，由一个或几个波组成，用薄的材料制成。

② 内衬　当流体流经膨胀节的波纹管时，减小波纹管内表面效应的装置。内衬主要用于高速流体的场合，以防止波纹管内表面的冲蚀，并减小流体流动引起振动的可能性。按使用要求，内衬的形式为单个、锥形或套入式结构。如果有内衬，膨胀节必须按流动方向以正确的方向安装。有时，内衬被称为内套筒。

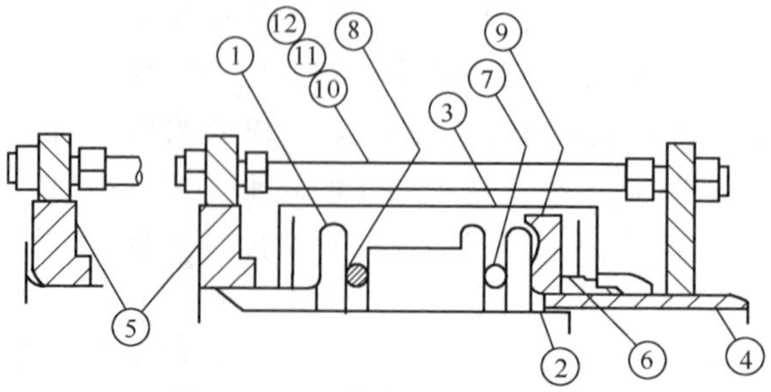

图3.23.1 波纹膨胀节的附件

③ 外罩　针对外部物体、机械损伤和/或外部流体流动，对波纹管起外防护作用的装置。对所有应用场合强烈推荐使用外罩。有时，外罩被称为防护罩。

④ 焊接端部　管子做成的膨胀节端部，用来与相邻的设备或管道焊接。通常

焊接端部有坡口以进行对接焊。

⑤ 法兰端部　法兰做成的膨胀节端部，用来与相邻的设备或管道上的配对法兰通过螺栓连接。

⑥ 直边段加强圈　一个有适当厚度的圆环或加厚件，用来加强波纹管的直边段，以防止内压作用下的鼓胀。

⑦ 空心加强环　在有些膨胀节中使用的紧贴于波纹根部的装置，主要用途是加强波纹管承受内压的能力。空心加强环通常用合适的管子或管状材料制成。

⑧ 实心根部环　作用同空心加强环，但用实心材料制成，强度更高。

⑨ 平衡环　横截面为T形，由铸铁、钢、不锈钢或其他合适的合金制成。除了抵抗内压之外，平衡环限制每个波的压缩位移量。

⑩ 控制杆　附属于膨胀节组件上，通常为杆或棒的装置，主要功能是在通用膨胀节的两个波之间分配所作用的位移。控制杆并不设计成用来抑制波纹管的压力推力。

⑪ 限位杆　附属于膨胀节组件上，通常为杆或棒的装置，主要功能是在正常操作时限制波的位移范围(轴向、横向和角位移)。在主固定支承失效时，限位杆设计成通过限制压力荷载和主固定支承失效而产生的动载力来防止波纹管被过度拉伸和压缩。

⑫ 拉杆　附属于膨胀节组件上，通常为杆或棒的装置，主要功能是在正常操作中仅允许横向位移时，抑制波纹管的压力推力。只有当使用两根拉杆且位于沿转动方向成90°安装时，可以允许角位移。

⑬ 位移联动装置　一种剪刀状装置，附属于膨胀节组件上的特殊形式的控制杆，其主要功能是在整个位移范围内，对通过膨胀节的两个波纹管之间正向平均分配位移。像控制杆一样，位移联动装置不设计成用来抑制压力推力。

四、金属波纹管膨胀节的分类

以下所有膨胀节(见图3.23.2)都有圆形和矩形两种类型。

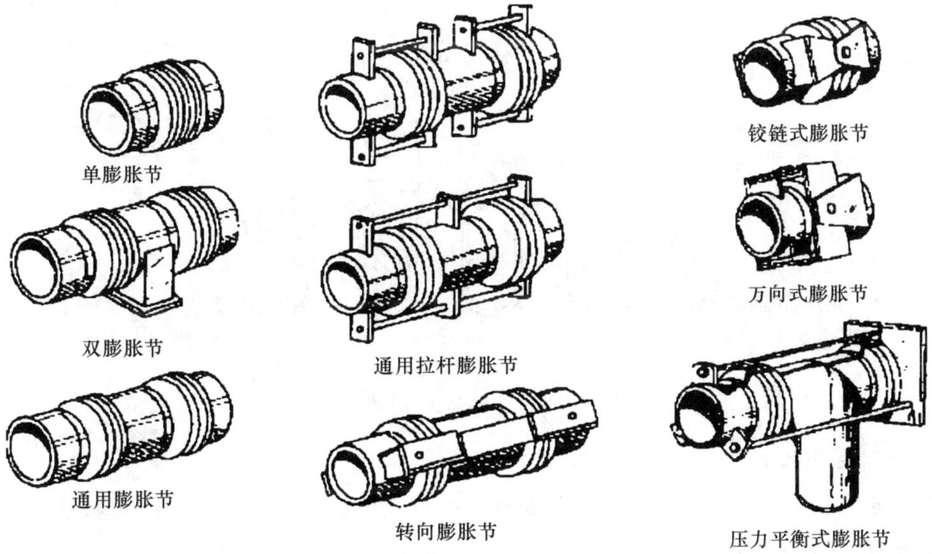

图3.23.2　膨胀节的分类

① 单膨胀节　膨胀节的最简单形式，一组波纹管结构，它吸收所安装的那个管段的所有位移。

② 双膨胀节　双膨胀节由两组波纹管组成，两组波纹管用一固定在刚性部件上的公共连接器相连，而该刚性部件安装于固定基座上。固定基座可以在安装时，或者膨胀节制造时与公共连接器连在一起。双膨胀节的每组波纹管像单个膨胀节一样单独发挥作用。不应将双膨胀节与通用膨胀节相混淆。

③ 通用膨胀节　通用膨胀节包含用一个公共连接器相连的两组波纹管，用来吸收三个基本位移的任意组合。通用膨胀节可用于吸收比单膨胀节所能吸收的更大的横向位移量。

④ 通用拉杆膨胀节　通用拉杆膨胀节用于必须在管道系统中消除压力推力的场合。在这种情况下，膨胀节将吸收横向位移，但不能吸收拉杆长度以外的轴向位移。

⑤ 转向膨胀节　转向膨胀节被设计成仅通过转向杆吸收一个平面内的横向和/或角位移，每根转向杆用销子与膨胀节的端部或靠近端部处相连。

⑥ 铰链式膨胀节　铰链式膨胀节包含一组波纹管，被设计成仅通过一对销子允许一个平面内的角位移，销子通过连接于膨胀节端部的板状结构而起作用。应采用 2 组或 3 组铰链式膨胀节使其很好发挥功能。

⑦ 万向式膨胀节　万向式膨胀节被设计成通过使用两对固定于波动万向环的铰链面允许在任何平面内的角位移。

注：类型④、⑤、⑥、⑦的膨胀节通常用来抑制压力推力。

⑧ 压力平衡式膨胀节　压力平衡式膨胀节被设计成吸收轴向和/或横向位移，同时，利用连接浮动波纹管和也受到管线压力的相向波纹管的装置以抑制压力推力。这种膨胀节安装在管道主管方向发生改变的场合。

五、金属波纹管膨胀节的结构分析及适用场合

为提高膨胀节的承载能力，可设计带加强环或稳定环的膨胀节，其结构如图 3.23.3 所示。

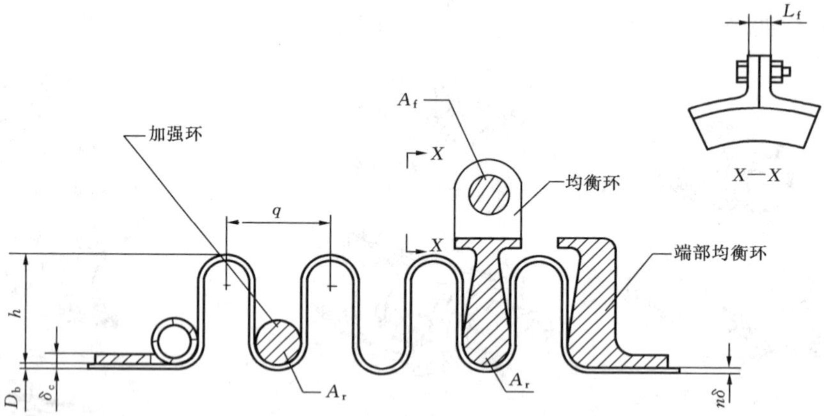

图 3.23.3　加强 U 形波纹管

1. 单式轴向型膨胀节

单式轴向型膨胀节由一个波纹管及结构件组成(图 3.23.4)。主要用于吸收轴向位移而不能承受波纹管压力推力。

2. 单式铰链型膨胀节

单式铰链型膨胀节由一个波纹管及销轴、铰链板和立板等结构件组成(图 3.23.5)，只能吸收一个平面内的角位移并能承受波纹管压力推力。

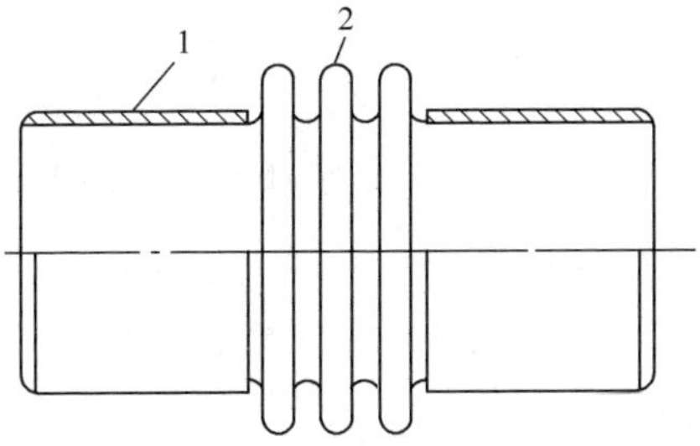

图 3.23.4　单式轴向型膨胀节

1—端管；2—波纹管

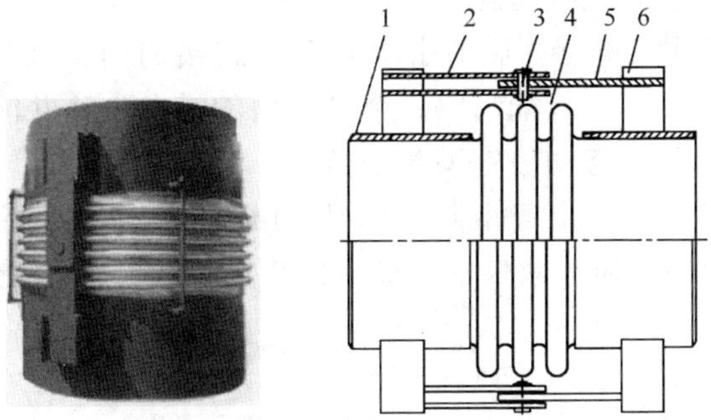

图 3.23.5　单式铰链型膨胀节

1—端管；2—副铰链板；3—销轴；4—波纹管；5—主铰链板；6—立板

3. 单式万向铰链型膨胀节

单式万向铰链型膨胀节由一个波纹管及销轴、铰链板、万向环和立板等结构件组成(图 3.23.6)。能吸收任一平面内的角位移并能承受波纹管压力推力。

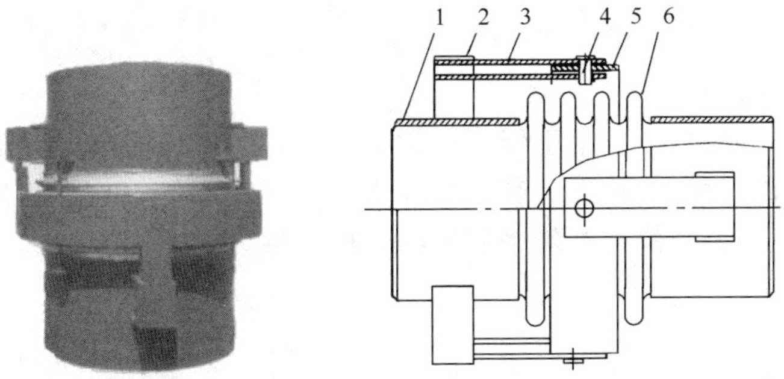

图 3.23.6　单式万向铰链型膨胀节

1—端管；2—立板；3—铰链板；4—销轴；5—万向环；6—波纹管

4. 复式自由型膨胀节

由中间管所连接的两个波纹管(及控制杆或四连杆)等结构件组成，主要用于吸收轴向与横向组合位移而不能承受波纹管压力推力的膨胀节(图 3.23.7)。

5. 复式拉杆型膨胀节

复式拉杆型膨胀节由中间管所连接的两个波纹管及拉杆、端板和球面与锥面垫圈等结构件组成(图 3.23.8)，能吸收任一平面内的横向位移并能承受波纹管压力推力。

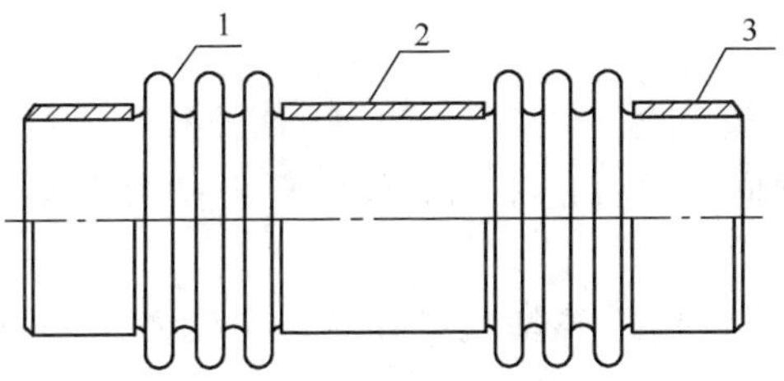

图 3.23.7　复式自由型膨胀节

1—波纹管；2—中间管；3—端管

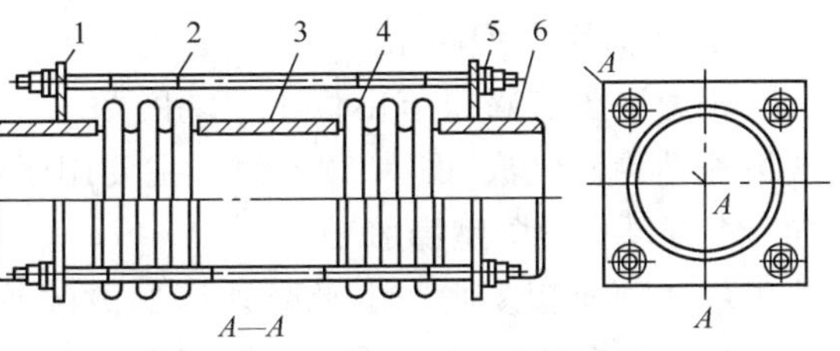

图 3.23.8　复式拉杆型膨胀节

1—端板；2—拉杆；3—中间管；4—波纹管；5—球面垫圈；6—端管

6. 复式铰链型膨胀节

复式铰链型膨胀节由中间管所连接的两个波纹管及销轴、铰链板和立板等结构件组成(图 3.23.9)，只能吸收一个平面内的横向位移并能承受波纹管压力推力。

7. 复式万向铰链型膨胀节

复式万向铰链型膨胀节由两个波纹管及十字销轴、铰链板和立板等结构件组成(图 3.23.10)，能吸收任一平面内的横向位移并能承受波纹管压力推力。

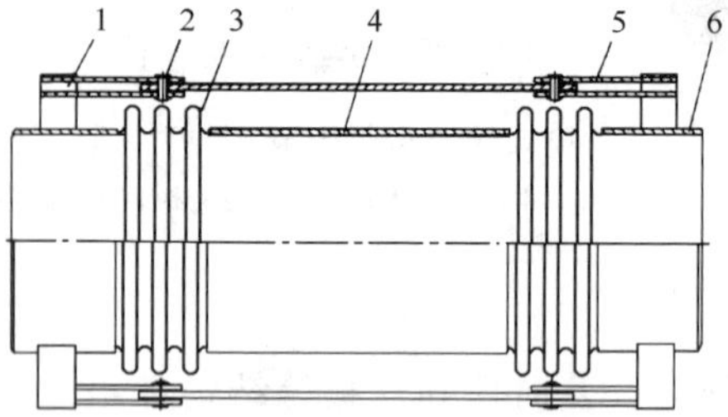

图 3.23.9 复式铰链型膨胀节

1—立板；2—销轴；3—波纹管；4—中间管；5—铰链板；6—端管

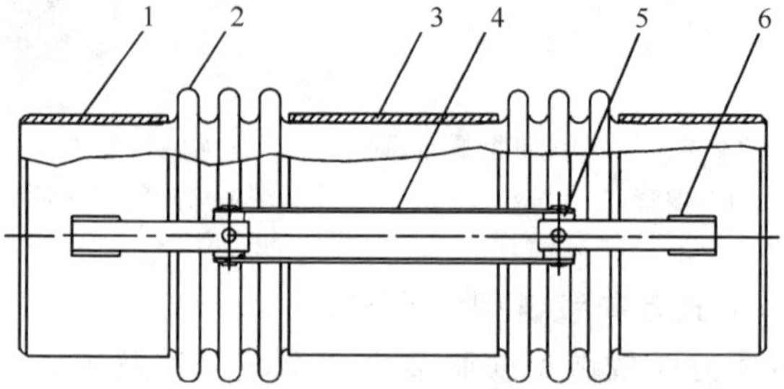

图 3.23.10 复式万向铰链型膨胀节

1—端管；2—波纹管；3—中间管；4—铰链板；5—十字销轴；6—立板

8. 弯管压力平衡型膨胀节

弯管压力平衡型膨胀节由一个工作波纹管或中间管所连接的两个工作波纹管和一个平衡波纹管及弯头或三通、封头、拉杆、端板和球面与锥面垫圈等结构件组成(图 3.23.11)。主要用于吸收轴向与横向组合位移并能平衡波纹管压力推力。

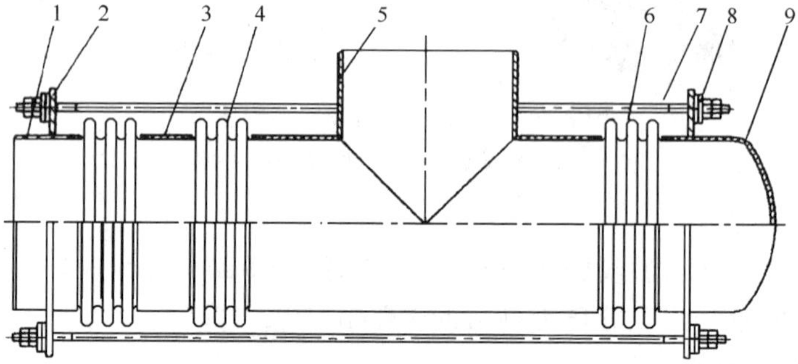

图 3.23.11 弯管压力平衡型膨胀节

1—端管；2—端板；3—中间管；4—工作波纹管；5—三通；6—平衡波纹管；7—拉杆；8—球面垫圈；9—封头

9. 直管压力平衡型膨胀节

直管压力平衡型膨胀节由位于两端的两个工作波纹管和位于中间的一个平衡波纹管及拉杆和端板等结构件组成(图 3.23.12)，主要用于吸收轴向位移并能平衡波纹管压力推力。

10. 外压单式轴向型膨胀节

外压单式轴向型膨胀节由承受外压的波纹管及外管和端环等结构件组成(图 3.23.13)，只能吸收轴向位移而不能承受波纹管压力推力。一般来讲，外压单式轴向型膨胀节比单式轴向型膨胀节的补偿量要大。

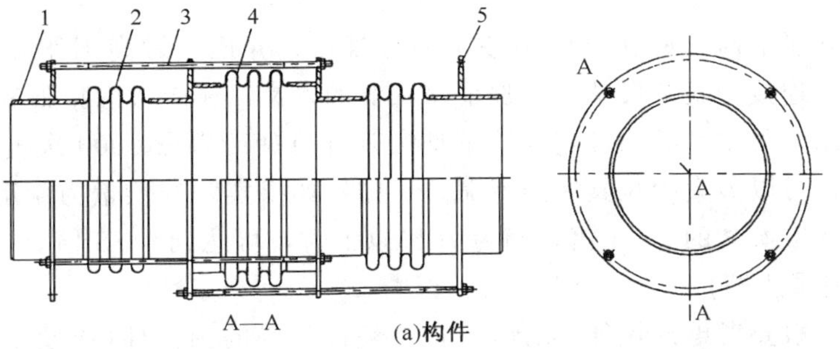

(a)构件

(b)某工艺管道直管压力平衡型膨胀节

图 3.23.12 直管压力平衡型膨胀节

1—端管；2—工作波纹管；3—拉杆；4—平衡波纹管；5—端板

六、金属波纹管膨胀节的选用及计算

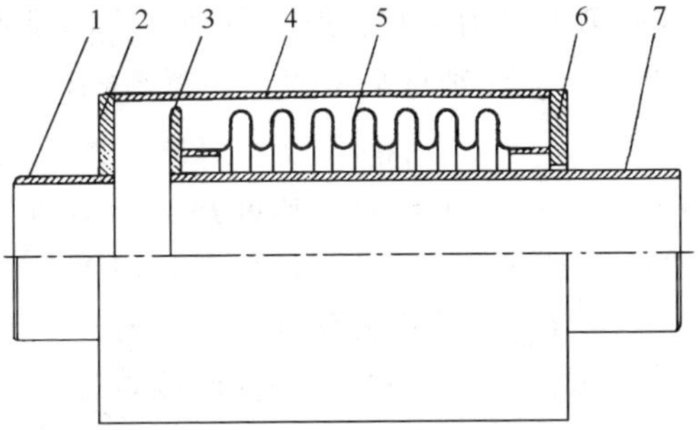

图 3.23.13 外压单式轴向型膨胀节

1—进口端管；2—进口端环；3—限位环；4—外管；5—波纹管；6—出口端环；7—出口端管

1. 金属波纹管膨胀节的选用

在工程设计中，经常因工艺、布置空间等方面的要求而使用波纹金属膨胀节。由于工艺要求、管线走向、空间限制等诸方面的因素是千变万化的，因而在膨胀节的选型、安装等方面的设计及计算也是很复杂的。

① 膨胀节通常适用于高温低压的场合；

② 对于有疲劳因素的管线应特别注意膨胀节的使用寿命(安全循环次数)；

③ 膨胀节绝不应使用于有扭转的位置；

④ 应特别注意负压时膨胀节对系统的影响。

在带有膨胀节的部分的实际计算过程中，厂商的样本只是一个参数，由于压力、温度、安装空间等因素，建议应力分析工程师向制造厂提出一个设计技术要求，并要求制造厂予以答复，然后进行复算，通过适当的调整，使各部分在负荷、应力、补偿量等诸方面满足要求。

以波纹管为核心挠性元件的膨胀节，在管系上可作轴向、横向和角向 3 个方向的补偿。但由于受到导流板等附件的限制，往往膨胀节只能做轴向位移和小量的横向和角向位移。在选用时要注意各个方向的位移量，以便正确地选用膨胀节。选择膨胀节类型，选择公称压力等级是充分发挥膨胀节作用的关键，过于保守的选择将使膨胀节造价增加，补偿性能降低，使用寿命缩短；反之，则不安全。公称压力的选择应根据管路实际最大操作压力和最高操作温度来选择。

用户在选择膨胀节时，应在合同中注明型号规格、介质、最高工作温度、最大工作压力、各向补偿量、连接型式及尺寸。为保证膨胀节的寿命，还应考虑膨胀节的疲劳寿命。一些厂家的资料显示，很多产品的额定补偿量是按其许可疲劳寿命1000次进行计算的．适当减小实际补偿量，可以大大延长其使用寿命。比如：如果实际补偿量为额定补偿量的74%，则寿命次数可为标准次数的3～4倍，当为70%以下时，可达到4～5倍。

2. 预拉伸(或预压缩)

在安装前，一般要考虑预拉伸(或预压缩)，经过正确的预拉伸(或预压缩)后进行安装，使补偿器能在正常的范围内工作。因为所受的应力小、变形小、弹力小，可以增强膨胀节的寿命。

当选用的补偿器的补偿量是实际最大伸缩量的数倍时，往往也会采用不预拉伸的方法进行安装，为保证固定支座受力计算的安全性，这时的 $\Delta\delta$ 应等于 ΔL。

3. 固定支座及滑动支座的设置

支座是管路中的重要构件，支座的作用是支承管道并限制管道的变形和位移；它承受管道传来的各种应力，并将这些应力传至支承结构或地面上去。在管路中设置固定支座及滑动支座位置，样式相当重要。滑动支座的型式一定要保证膨胀节能定向运动；固定支座的型式一定要保证能承受管路中的应力。在管段的2个固定支座之间，只能设置1个轴向膨胀节。

膨胀节一端应靠近固定支座，若过长，则按第1滑动支座的设置要求设置滑动支座，另一端按第1滑动支座、第2滑动支座的设置要求设置。其他导向滑动支座的最大间距可按式(3.23.1)计算[来自某工程，注意与式(7.6.1)的区别]：

$$L_{max}=0.001572\sqrt{E\cdot I/(F_P+K_x\cdot L_0)} \tag{3.23.1}$$

式中 L_{max}——两滑动支座间最大导向间距，m；

E——管材的弹性模量，MPa；

I——管道截面惯性矩，mm^4；

K_x——膨胀节的轴向刚度，N/mm；

L_0——膨胀节额定轴向补偿量，mm。

膨胀节压缩变形时 L_0 取正值，拉伸变形时 L_0 取负值。

管道系统中安装轴向膨胀节的管段，在管道盲端、弯头、弯截面处装有截止阀或减压阀的部位及侧支管线分路处，都要设置固定支架。固定支架的间距必须满足管段的热伸长量不超过补偿器所允许的补偿量及管段因热胀冷缩产生的推力不得超过固定支架所承受的允许推力。

4. 固定支架的推力

固定支架要考虑波纹管静压推力、变形弹性力等的作用。直管段除设在上述部位外，还可设置中间固定支架。中间固定支架可不考虑静压推力的作用。管道作用于固定支架的应力应考虑最不利运行状态下的工况。固定支架所承受的力：

$$F=F_p+F_x+F_q \tag{3.23.2}$$

(1) 管内水压力产生的推力 F_p

管内水压力的作用，会在垂直于管道内壁面上产生压力。在水系统中，理论上管内的水压力会随位置的不同及流量的变化而变化。水在异径处的压力为 $F_p=p(A_1-A_2)$(A_1、A_2 分别为1处、2处的管径有效面积)；在管段一端封住或转弯处，$F_p = pA_1$。在一个运行的水系统中，由于管内水压力会随位置不同及流量的变化而变化，一般考虑泵不运转时的静压力工况只考虑泵运转，系统满负荷运行时动压力工况。在设计过程中，一般取管段最高工作压力，

$$F_p = 100pA_p \tag{3.23.3}$$

式中 F_p——膨胀节的轴向压力推力，N；

p——管段管道最高工作压力，MPa；

A_p——膨胀节平均直径的有效面积，cm^2。

水在管内流动还会产生其他的力，如流动的水与管壁间的摩擦力、流过弯头时产生的离心力等，由于计算较烦琐，且对固定支架受力的影响较小，一般可忽略。

(2) 膨胀节的弹性力 F_x

膨胀节在使用过程中会被压缩或拉伸，考虑固定支架受力最大情况，膨胀节产生的弹性力和管内水压力产生的推力要一致，以保证固定支架的强度。

$$F_x = fK_x\Delta L \tag{3.23.4}$$

式中 F_x——膨胀节的轴向弹性力，N；

K_x——膨胀节的轴向刚度，N/mm；

ΔL——膨胀节实际应用的轴向补偿量，mm；$\Delta L = \alpha \cdot L \cdot \Delta t$，$\alpha = 0.012$mm/m·℃，$L$ 为膨胀节的管段间距，m；

f——系数，一般考虑其他力的作用，取1.0～1.05。

(3) 其他作用力 F_q

其他作用力包括：承受管系的重量，承受输送介质的重量，由导向支架、支架和其他管道外部的金属构件所引起的摩擦力，由管道挠曲产生的力和力矩，由管道变径、节流、弯曲、分流而产生的流动阻力。以上部分构成了膨胀节的其他作用力，此部分应力因管系状态的不同，可以根据影响的大小计算或忽略。

七、膨胀节型号表示方法

不同的工程公司或制造厂对膨胀节型号表示方法可能各不相同，以下表示方法仅供参考。

1. 膨胀节型式及代号(表 3.23.1)

表 3.23.1 膨胀节型式及代号

膨胀节型式	代 号	膨胀节型式	代 号
单式轴向型	DZ	复式铰链型	FJ
单式铰链型	DJ	复式万向铰链型	FW
单式万向铰链型	DW	弯管压力平衡型	WP
复式自由型	FZ	直管压力平衡型	ZP
复式拉杆型	FL	外压单式轴向型	WZ

2. 波纹管型式(表 3.23.2)

表 3.23.2 波纹管型式及代号

波纹管型式	代 号	波纹管型式	代 号
无加强 U 形	U	Ω 形	O
加强 C 形	J		

3. 端部连接型式(表 3.23.3)

表 3.23.3　端部连接型式

膨胀节端部连接型式	代　号	膨胀节端部连接型式	代　号
焊接	H	法兰	F

4. 膨胀节型号表示方法

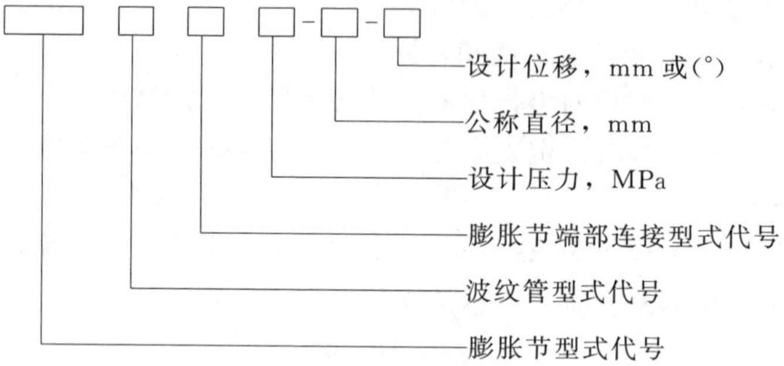

对于复式自由型膨胀节(代号 FZ)和弯管压力平衡型膨胀节(代号 WP)，设计位移分别表示设计轴向位移和设计横向位移，设计轴向位移在前，设计横向位移在后，两个设计位移之间用“/”号连接。在承制方的产品样本中，前一个设计位移为单一设计轴向位移(设计横向位移为零时)，后一个设计位移为单一设计横向位移(设计轴向位移为零时)。

对于膨胀节设计位移，在承制方产品样本中应明确说明波纹管的设计温度、设计疲劳寿命和材料等设计条件；订购方在规定膨胀节设计位移要求时，也应明确规定上述设计条件。

膨胀节型号表示示例如下：

① 设计压力为 1.6MPa，公称直径为 1000mm，设计轴向位移为 205mm，端部连接为焊接型式，波纹管为无加强 U 形的外压单式轴向型膨胀节，其型号表示为：WZUH1.6-1000-205。

② 设计压力为 0.6MPa，公称直径为 800mm，设计轴向位移(设计横向位移为零时)为 35mm，设计横向位移(设计轴向位移为零时)为 10mm，端部连接为法兰型式，波纹管为 Ω 形的弯管压力平衡型膨胀节，在承制方的产品样本中其型号表示为：WPOF0.6-800-35/10。

八、EJMA 与 ASME 不同之处

EJMA 为美国膨胀节制造商协会标准，ASME 为美国机械工程师学会标准。

宏观上讲，GB/T 12777 非等效采用 EJMA，而 GB 16749 非等效采用 ASME。

EJMA 主要制造的是“薄壁”膨胀节，一般用在管道上；而 ASME 主要是压力容器用膨胀节。

九、金属波纹管压力推力及固定支架作用力的计算

带约束的金属波纹管膨胀节的共同特点是管道的内压推力(俗称盲板力)没有作用于固定点或限位点处，而是由约束波纹管膨胀节用的金属部件承受。两端封闭的管道受到压力作用时，无论是否装有膨胀节，压力推力始终存在。只不过管道的刚度相对很大，该压力推力被刚度很大的管壁承受，因此不会造成很大变形，推力也不会作用到管道固定点上。当管道中装有波纹管膨胀节时，由于波纹管的刚度较小，所能承受的压力推力非常有限，因此波纹管很容易产生变形，当膨胀节自身没有附件平衡压力推力时，该推力将作用于膨胀节两端管道的固定点上，如果膨胀节两端管道没有固定点，膨胀节将被拉开，甚至破坏，因此对于自身

不能承受波纹管压力推力的膨胀节，使用时必须在其两端管道上设置固定点，以承受压力推力的作用，作用于主固定点的推力与波纹管的压力推力存在直接关系，因此必须首先正确计算波纹管的压力推力。

1. 波纹管压力推力的计算

根据 GB/T 12777 的规定，波纹管的压力推力由下式计算：

$$F_p = A_e \cdot p \tag{3.23.5}$$

式中　F_p——波纹管压力推力，MPa；

A_e——波纹管有效面积，mm^2；

p——压力，MPa。

$$A_e = \frac{\pi D_m^2}{4} \tag{3.23.6}$$

式中　D_m——波纹管平均直径，mm。

对于 U 形波纹管

$$D_m = D_b + h + n\delta \tag{3.23.7}$$

式中　D_b——波纹管直边段内径，mm；

H——波高，mm；

n——波纹管层数；

δ——波纹管一层材料的名义厚度，mm。

2. 采用无约束膨胀节时固定支架的设置

如图 3.23.14 所示，采用不能承受压力推力的无约束膨胀节时，必须设置固定支架。图中 MA 表示主固定支架，IA 表示中间固定支架，G 表示导向支架。

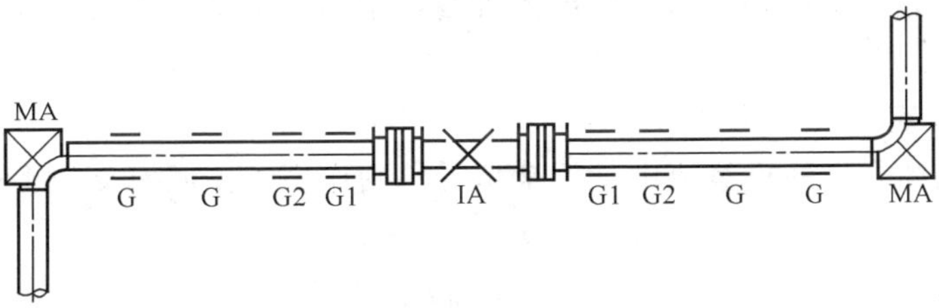

图 3.23.14　装有无约束波纹管膨胀节的管道

如图 3.23.14 所示，对于装有膨胀节的管道，根据所受主要作用力的不同，可将管道中的固定支架划分为中间固定支架和主固定支架。设计管道中间固定支架时，必须使其能够承受与它相连的各管段对它所施加的作用力。这包括使膨胀节达到额定位移所需的作用力，以及沿直管布置的导向支架、滑动支架所产生的摩擦力。应该注意的是，中间固定支架不是用来承受压力推力的，压力推力应由主固定支架或膨胀节上的构件来承受。

主固定支架设置在含有一个或多个无约束膨胀节的管系之中，且安置在下列部位：

① 管道走向改变处；

② 同一段直管上两个尺寸不同的膨胀节之间；

③ 带有一个无约束膨胀节的支管与主管连接处；

④ 两个膨胀节之间装有截止阀或减压阀的部位；

⑤ 管道的盲端。

设计管道上的主固定支架时，必须使其能够承受与它相连的各管段对它所施加的作用力。在一个管段包含有一个或多个膨胀节的情况下，这些作用力包括压力产生的总推力，使膨胀节达到额定最大位移所需要的作用力，以及沿直管布置的导向支架、滑动支架所产生的摩擦力。

在中间固定支架和主固定支架上还可能作用有其他无法确定的作用力，因此在固定支架的设计上，应采用比较保守的方式。现将装有无约束膨胀节直管的中间固定支架和主固定支架所承受的轴向作用力叙述如下。需要说明的是，固定支架实际所承受的作用力还可能包括重量、风等其他因素产生的作用力和力矩，在实际设计固定支架时，也应对这些因素加以适当考虑。

3. 直管上中间固定支架作用力的计算

假定管道和流体介质的重量要由支架来承受，则作用于中间固定支架上的轴向合力可由下式计算：

$$F_{IA}=F_{m1}+F_{G1}+F_{m2}+F_{G2} \tag{3.23.8}$$

式中 F_{IA}——作用于中间固定支架上的轴向合力，N；

F_{m1}——使紧靠中间固定支架右侧的膨胀节产生伸缩所需的作用力，N；

F_{G1}——位于中间固定支架右侧的导向支架所产生的摩擦力，N；

F_{m2}——使紧靠中间固定支架左侧的膨胀节产生伸缩所需的作用力，N；

F_{G2}——位于中间固定支架左侧的导向支架所产生的摩擦力，N。

如果中间固定支架两侧管道的直径相等，且两个管段上的导向支架数目和设计形式相同，则 F_{m2} 和 F_{G2} 将分别与 F_{m1} 和 F_{G1} 的大小相等、方向相反；于是 F_{IA} 将等于零。然而，管道可能从一端逐渐升温，致使一段管道比另一段管道先膨胀；因此，一般认为在设计中间固定支架时，妥善的方法是使它能够承受单侧管段所施加的水平作用力，即

$$F_{IA}=F_{m1}+F_{G1} \tag{3.23.9}$$

4. 直管上主固定支架作用力的计算

假定管道和流体介质的重量要由支架来承受，则作用于主固定支架上的轴向合力可由下式计算：

$$F_{MA}=F_{S}+F_{m}+F_{G} \tag{3.23.10}$$

式中 F_{MA}——单个管段作用于主固定支架上的轴向合力，N；

F_{S}——压力在膨胀节上产生的静轴向推力，N；

F_{m}——使紧靠主固定支架的膨胀节产生伸缩所需的作用力，N；

F_{G}——导向支架所产生的摩擦力，N。

十、金属波纹管膨胀节选用中应注意的问题

由于波纹管的壁厚很薄，所以金属波纹管膨胀节是管系中的薄弱环节，选用时必须谨慎，应注意以下问题。

① 对于自身不能吸收压力推力的无约束膨胀节，选用时应注意以下问题：

A. 为防止膨胀节由于压力推力的作用被拉开或压缩，必须在靠近膨胀节的管道两端设置固定支架，机器、容器等设备也可起固定支架的作用。当压力较高时，作用于固定支架的推力可能很大，甚至使固定支架难以承受，无约束膨胀节一般适用于压力较低的情况。固定支架必须具有足够的强度，以承受内压推力的作用。

B. 两固定支架之间的管道中仅能布置一个无约束膨胀节。

C. 为防止失稳，膨胀节附近必须设置导向支架。导向支架应安装在膨胀节附近，第一个导向支架与膨胀节之间的距离应不大于 4 倍管道外径，第二个导向支架与第一个导向支架之间的距离不得超过 14 倍管道外径。

② 膨胀节抗扭转能力较差，应尽量避免波纹管受扭。

③ 当有下述要求之一时需设导流筒：

A. 要求保持摩擦损失尽量小及流动平稳时。

B. 流速 u 达到表 3.23.4 所示值时：

表 3.23.4　需设导流筒的流速值

气体	$DN\leqslant150$mm，$u>0.05DN$ m/s	$DN>150$mm，$u>8$m/s
液体	$DN\leqslant150$mm，$u>0.02DN$ m/s	$DN>150$mm，$u>3$m/s

注：DN 为膨胀节公称直径，mm。当距膨胀节 10 倍管道直径范围内由于阀门、三通、弯头等发生湍流时，在采用上述判定之前，应将实际流速乘以 4。

C. 存在磨蚀可能时；

D. 介质温度高，需降低波纹管金属温度时；

E. 当膨胀节存在横向或弯曲变形时，导流筒的直径必须足够小，使导流筒与波纹管之间存在足够的间隙，变形后二者不会发生碰撞。

④ 导流筒厚度按下列方法计算：

A. 当导流筒长度 $L_1\leqslant460$mm 且介质流速 $u\leqslant30$m/s 时，推荐的导流筒最小厚度 δ_{min} 见表 3.23.5。

表 3.23.5　导流筒的最小厚度　　mm

DN	50～80	100～250	300～600	700～1200	1300～1800	>1800
δ_{min}	0.6	1.0	1.2	1.5	2.0	2.5

注：表中的 δ_{min} 指的是用不锈钢材料制造的导流筒应选取的最小厚度值，当导流筒材料为碳钢时，应在 δ_{min} 上再加上腐蚀裕量。当导流筒磨蚀较严重时，也应适当考虑增加 δ_{min} 的厚度。

B. 当导流筒长度 $L_1\leqslant460$mm 且介质流速 $u>30$m/s 时，导流筒厚度 $\delta_1\geqslant\delta_{min}(u/30)^{1/2}$。

C. 当导流筒长度 $L_1>460$mm 且介质流速 $u<30$mm/s 时，导流筒厚度 $\delta_1\geqslant\delta_{min}(L_1/460)^{1/2}$。

D. 当导流筒长度 $L_1>460$mm 且介质流速 $u>30$m/s 时，导流筒厚度 $\delta_1\geqslant\delta_{min}(L_1/460)^{1/2}\times(u/30)^{1/2}$。

E. 当距膨胀节逆介质流动方向 10 倍管道直径范围内由于阀门、三通、弯头等发生湍流时，在采用上述判定之前，应将实际流速乘以 4。

F. 导流筒一般应顺着介质流动方向设置。当介质为液体或蒸汽且向上流动时，导流筒应设排液孔。

⑤ 膨胀节应首先考虑采用单层波纹管制造。

⑥ 膨胀节中的端管、中间管、法兰接管等的材质应与安装膨胀节的管道材料相同或相近。

⑦ 选用膨胀节时，一般应向膨胀节制造厂提供必要的技术条件，作为膨胀节的设计和制造依据。这些条件主要有：膨胀节的型号(代号)、膨胀节形式、安装位置、安装方位、波

纹管和接管材料、连接尺寸和连接形式、整体长度、最大径向外形尺寸、重量、膨胀节刚度、补偿量、循环次数、管内介质、最高压力、操作压力、最高温度、操作温度、是否需要导流筒等。

十一、波纹管膨胀节的材质选用

在确定波纹管材料时，应考虑流动介质、外界环境和工作温度等因素。常用波纹管材料见表 3.23.6。

表 3.23.6 波纹管材料

序号	材料牌号		标准号		材料交货状态
	中国	美国	中国	美国	
1	06Cr18Ni11Ti(0Cr18Ni10Ti)	S32100	GB/T 3280 GB/T 4237	ASME SA 240	固熔
2	06Cr17Ni12Mo2(0Cr17Ni12Mo2)	S31600			
3	06Cr19Ni10(0Cr18Ni9)	S30400			
4	022Cr19Ni10(00Cr19Ni10)	S30403			
5	022Cr17Ni12Mo2(00Cr17Ni14Mo2)	S31603			
6	NS111	N08800	YB/T 5354	ASME SA 240	
7	NS112	N08810			
8	NS142	N08825		ASME SB 424	退火
9	NS312	N06600		ASME SB 168	
10	NS336	N06625 Ⅰ		ASME SB 443	
		N06625 Ⅱ			固熔
11	Q235B	—	GB/T 912	—	热轧
12	20		GB/T 710		
13	09CuPCrNi－A		GB/T 4171		

十二、金属波纹管膨胀节在安装和使用中应注意的问题

金属波纹管膨胀节的安装和使用应严格按照产品说明书进行，并应注意以下问题。

① 补偿器在安装前应先检查其型号、规格及管道配置情况，必须符合设计要求。

② 带内衬筒的补偿器应注意使内衬筒的导流方向与介质流向一致。

③ 铰链型补偿器的铰链转动平面应与位移转动平面一致。

④ 需要进行预变形的补偿器，预变形所用的辅助构件在管路安装完毕后拆除。

⑤ 严禁用波纹补偿器变形的方法来调整管道的安装偏差，补偿器轴线与相连的管道轴线必须对正。管道安装有偏差时，让管子找补偿器，不要通过补偿器变形去补偿安装偏差，以免影响补偿器的正常功能、降低其使用寿命及增加管系、设备、支承构件的荷载。不要强制扭转补偿器的一端去找正螺栓孔，波纹管不能承受扭矩。安装时先使补偿器调整到位，留出一个法兰最后调整合适再焊接。

⑥ 横向大拉杆式、轴向复式及调长器上的拉杆、螺母不得拆除。其中补偿器拉杆上法兰内侧涂黄漆的螺母安装后应松开一定距离。

⑦ 必须注意保护波纹管，使其免受敲击、划伤、焊液飞溅等原因造成的损害。安装焊接过程中，不允许焊渣飞溅到波壳表面，不允许波壳受到其他机械损伤。

⑧ 直埋补偿器安装前应把管沟底部夯实铲平，使补偿器和直埋保温管能够摆平对正。直埋补偿器的固定端(死端)应靠近管道固定支架安装。补偿器内衬筒主要起减少流体阻力及减振作用。

⑨ 在管道系统(包括管道、膨胀节和支架等)安装完毕、系统试压之前，应将膨胀节的运输保护的拉杆和辅助定位机构(涂黄色漆零件)去除，并按设计要求将限位装置调到规定位置。这些保护装置一般涂有黄色油漆。应注意不能将不是运输保护装置的膨胀节附件拆除。如图 3.23.15 所示。

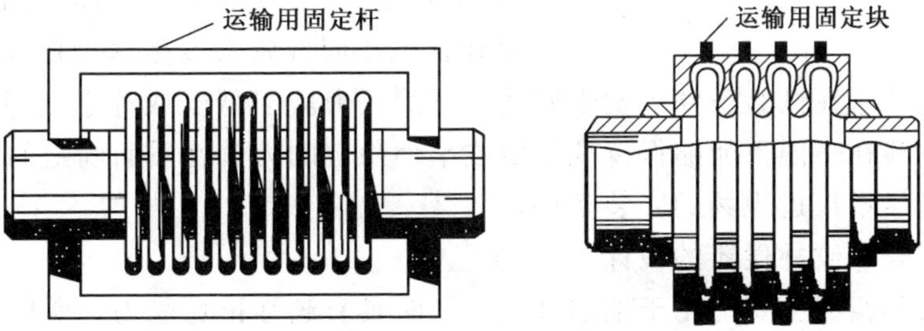

图 3.23.15 将膨胀节的运输保护的拉杆和辅助定位机构去除

⑩ 补偿器所有活动元件不得被外部构件卡死或限制其活动范围，应保证各活动部位的正常动作。

⑪ 系统水压试验时，按设计要求进行系统试压。应对装有补偿器管路端部的次固定管架进行加固，使管路不发生移动或转动。不要用运输拉杆承受试压推力。如果管道分段试任，分段盲端原是次固定支架，必须临时加固，以免推动和倾覆。试验压力不要超过膨胀工作压力的 1.5 倍。对用于气体介质的补偿器及其连接管路，充水时荷重增加要检查是否需要增设临时支架。水压试验用水及清洗液的氯离子含量不超过 25mg/L。

⑫ 装有波纹管膨胀节的气体介质管道，做水压试验时，应考虑设置适当的临时支架以承受额外加到管道和膨胀节上的荷载。试验后波纹管内可能产生积水，应尽快排除波壳中的积水，并迅速将波壳内表面吹干。如这对波纹管有害或会影响正常运行，则需要采取措施排除积水。

⑬ 与补偿器波纹管接触的保温材料应不含氯离子。

⑭ 如果在设计时未进行特殊考虑，禁止采用使波纹管膨胀节变形的方法来调整管道的安装偏差。

⑮ 选用膨胀节时应尽量避免在现场进行预定位，如必须在现场进行预定位时，应按制造厂专门的说明书来设置预定位的大小和方向。

⑯ 固定支架和导向支架等应严格按照设计图纸进行安装，现场安装所做的任何改动都可能影响到膨胀节功能的正常发挥，需要改动时应经原分析设计人员认可。

⑰ 安装铰链型膨胀节时，应注意角位移补偿方向不能装错。美国 EJMA 标准给出了各类膨胀节的选用实例，可供参考。

十三、波纹管的稳定性概念

膨胀节在使用中，若内压过大可以使波纹管丧失稳定，即出现屈曲。屈曲会大大降低波纹管的疲劳寿命和承受压力的能力，最常见的两种形式是柱屈曲和平面屈曲。柱屈曲系指波纹管的中部整体的侧向偏移，它使波纹管的中心线变成如图 3.23.16(a)所示的曲线。当波

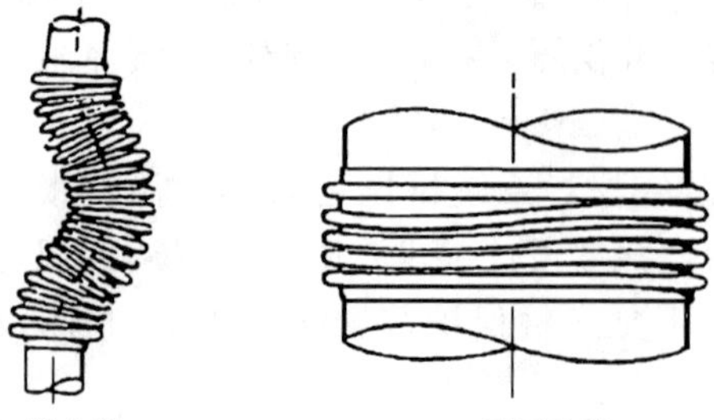

图 3.23.16 波纹管的失稳

纹管的长度与直径之比比较大时这种现象经常发生，与压杆失稳相似。

平面屈曲系指一个或多个波纹平面发生移动或偏转：即这些波纹的平面不再与波纹管轴线保持垂直。变形的特点是一个或多个波纹出现倾斜或翘曲，如图 3.23.16(b)所示。造成这种屈曲主要是由于沿子午向作用的弯曲应力过大，并在波峰和波谷形成了塑性铰。当波纹管的长度与直径之比比较小时经常会发生这种现象。

为了防止波纹管在试验条件下发生屈曲，试验压力应当低于或等于极限设计压力的 1.5 倍，这是根据材料在室温下能够保持柱稳定或平面稳定的力学性质而确定的。另外，应该使试验的固定方式尽量接近现场的安装条件。

十四、直埋式波纹补偿器的设计

直埋式波纹补偿器主要适用于轴向补偿，同时具有超强抗弯能力，所以不考虑管道下沉的影响。产品具有补偿量大、寿命长的特点。直埋式波纹补偿外壳及导向套筒保护下实现自由伸缩补偿，其他性能跟普通波纹补偿器相同。

补偿直埋的管道应在两处做固定点，一是在直管段的端部，二是在管道的分支处。长的无分支的直线管道两补偿器之间可以不设固定点，靠管道自然形成的“驻点”即可发挥固定点的作用。驻点是两补偿器之间管道的那个不动点，在管径相同，埋深一致时，驻点与两补偿器间的距离相等。补偿器(包括转角处自然补偿器)至固定点之间的距离不得超过管道的最大安装长度 L_{max}，管道最大安装长度的定义是固定点至自由端(补偿器)的长度，在此长度下产生的摩擦力不得超过管道许用应力下相应的弹性力。

目前波纹管补偿器多采用不锈钢材料制成，在运行中拉压应力和波纹节成型过程中形成的内在应力联合作用下，如管道内、外部环境中有氯、硫离子，极易受到应力腐蚀破坏，温度越高，氯、硫离子浓度越大这种腐蚀破坏速度越快。沿海地区应优先选用套筒补偿器，因为其耐腐蚀、抗汽水冲击的能力强，价格相对较低，寿命长，缺点是要定期注密封填料。

补偿器安装和使用要求如下：

① 补偿器在安装前应先检查其型号、规格及管道配置情况，必须符合设计要求。

② 对带内套筒的补偿器应注意使内套筒子的方向与介质流动方向一致，铰链型补偿器的铰链转动平面应与位移转动平面一致。

③ 需要进行“冷紧”的补偿器，预变形所用的辅助构件应在管路安装完毕后方可拆除。

④ 严禁用波纹补偿器变形的方法来调整管道的安装超差，以免影响补偿器的正常功能、降低使用寿命及增加管系、设备、支承构件的荷载。

⑤ 安装过程中，不允许焊渣飞溅到波壳表面，不允许波壳受到其他机械损伤。

⑥ 管系安装完毕后，应尽快拆除波纹补偿器上用作安装运输的黄色辅助定位构件及紧固件，并按设计要求将限位装置调到规定位置，使管系在环境条件下有充分的补偿能力。

⑦ 补偿器所有活动元件不得被外部构件卡死或限制其活动范围，应保证各活动部位的正常动作。

⑧ 水压试验时，应对装有补偿器管路端部的次固定管架进行加固，使管路不发生移动或转动。对用于气体介质的补偿器及其连接管路，要注意充水时是否需要增设临时支架。水

压试验用水清洗液的氯离子含量不超过 25mg/L。

⑨ 水压试验结束后，应尽快排除波壳中的积水，并迅速将波壳内表面吹干。

⑩ 与补偿器波纹管接触的保温材料应不含氯离子。

十五、波纹管补偿器的失效、设计疲劳寿命及可靠性

1. 波纹管补偿器的失效类型

波纹管的失效在管线试压和运行期间均有发生，如表 3.23.7 所示。

表 3.23.7　波纹管的失效

管线试压时波纹管补偿器的失效	由于管系临时支承不当，或管系固定支架设置不合理，导致支架破坏，波纹管过量变形而失效
	由于波纹管设计所考虑的压力或位移安全富裕度不够，管线试压时波纹管产生失稳变形失效
	补偿器制造质量问题，制造厂偷工减料，5 层不锈钢私自改为 3 层或更少
波纹管在运行期间的失效	腐蚀泄漏：其中以腐蚀失效居多。从腐蚀失效波纹管的解剖分析发现，腐蚀失效通常分点腐蚀穿孔和应力腐蚀开裂，其中氯离子应力腐蚀开裂约占整个腐蚀失效的 95%
	失稳变形：波纹管失稳有强度失稳和结构失稳两种类型，强度失稳包括内外压波纹管平面失稳和外压波纹管周向失稳；结构失稳是内压波纹管补偿器的柱失稳

2. 波纹管补偿器的设计疲劳寿命与稳定性及应力腐蚀的关系

① 设计疲劳寿命与稳定性及应力腐蚀的关系非常紧密。波纹管的设计主要考虑耐压强度、稳定性和疲劳性能等三个方面的因素。虽然国家标准和美国 EJMA 标准对这几方面的计算和评定都有明确的规定，但从多年的应用实践和波纹管失效分析中发现，标准中给出的关于稳定性的计算和评定方法不够全面，且疲劳寿命也仅给出了比较粗的界限范围(平均疲劳寿命在 10^3～10^5 次适用)。有时一个完全符合标准要求的产品，在实际使用时也会出现一些问题。如内压轴向型补偿器预变位状态在压力试验时波纹管易产生平面失稳，大直径外压轴向型补偿器全位移工作状态波纹管易产生周向失稳，小直径复式拉杆型补偿器、铰链型补偿器全位移工作状态易产生柱失稳。波纹管过大的变形不仅对其稳定性造成影响，还会为应力腐蚀提供有利的环境条件。

A. 波纹管疲劳寿命与其综合应力。波纹管的补偿量取决于其疲劳寿命，疲劳寿命越高，波纹管单波补偿量越小。为了降低成本，提高单波补偿量，有些生产厂家将波纹管的许用疲劳寿命降得很低，这样会导致由位移引起的波纹管子午向弯曲应力很大，综合应力很高，大大降低了波纹管的稳定性。

B. 波纹管的综合应力与其耐压强度。由标准中给出的波纹管平面稳定性和周向稳定性的计算方法和评定标准可以看出，二者反映的均为强度问题。当波纹管设计的许用寿命较低时，不仅其子午向综合应力较高，环向应力也比较高，使波纹管局部很快进入塑性变形，导致波纹管失稳。

② 对于内压波纹管，位移应力在波纹管波峰和波谷处形成塑性铰，再加上压力应力，波纹管很快产生平面失稳。这就是低疲劳寿命波纹管在位移条件下平面失稳压力远低于高疲劳寿命的波纹管的根本原因。例如在预变位状态下，即波纹管位移量为许用值的 1/2 时，一个许用疲劳寿命为 200 次的波纹管，尚未达到其允许设计压力时，已经产生平面失稳；许用疲劳寿命为 1000 次的波纹管，达到设计压力时，波纹管处于平面稳定状态，达到 1.5 倍设

计压力时，波纹管处于临界失稳状态；许用疲劳寿命为 2000 次的波纹管达到设计压力 1.5 倍时，波纹管仍处于平面稳定状态。

③ 从外压波纹管纵向剖面看，相当于一个受压力的拱梁，工作时波纹管处于拉伸状态，相当于拱梁降低了拱高，其抗失稳的能力自然降低。当波纹管单波位移过大时，波纹平直部分倾斜，使得波纹管波峰直径有缩小的趋势，但波峰圆环直径是确定的，为了协调变形，就会产生波峰塌陷，波纹管周向失稳。在国内外相应的标准中，关于位移对波纹管外压周向稳定性的影响均未涉及，有待于深入探讨。

虽然至今为止在热力管网的应用过程中尚未发现由疲劳而引起的破坏，但波纹管过低的设计疲劳寿命，将会导致灾难性的后果。

④ 补偿器位移与其柱稳定性。对于复式拉杆型和铰链型补偿器，横向位移是由波纹管角变位引起中间管段倾斜实现的。当波纹管产生角变位时，波纹管凸出侧承压面积大于凹陷侧承压面积，导致补偿器附加了一个横向力，较之轴向型补偿器更易产生柱失稳。显然波纹管单波位移越大，补偿器横向位移越大，越易产生柱失稳。

3. 波纹管补偿器的可靠性

波纹管补偿器的可靠性是由设计、制造、安装及运行管理等多个环节构成的。可靠性也应该从这几个方面进行考虑。

① 对用于供热管网的波纹管的选材，除应考虑工作介质、工作温度和外部环境外，还应考虑应力腐蚀的可能性、水处理剂和管道清洗剂对材料的影响等，并在此基础上结合波纹管材料的焊接、成型以及材料的性能价格比，优选出经济实用的波纹管制作材料。

一般情况下，选用波纹管的材料应满足下列条件：良好的塑性，便于波纹管的加工成形，且能通过随后的处理工艺(冷作硬化、热处理等)获得足够的硬度和强度；高弹性极限、抗拉强度和疲劳强度，保证波纹管正常工作；良好的焊接性能，满足波纹管在制作过程中的焊接工艺要求；较好的耐腐蚀性能，满足波纹管在不同环境下工作要求。大多数生产厂家都采用奥氏体不锈钢，如材料牌号为 0Cr18Ni9(06Cr19Ni10)(相当于 304)、00Cr19Ni10(022Cr19Ni10)(相当于 304L)、0Cr17Ni12Mo2(06G17Ni12Mo2)(相当于 316)、00Cr17Ni14Mo2(022Cr17Ni12Mo2)(相当于 316L)。为了提高波纹管的耐蚀性，现供热管网波纹管的用材多选用 316 或 316L，这两种材料用于热力管网应该是性能价格比较为优良的材料。

对于地沟敷设的热力管网，当补偿器所处管道地势较低时，雨水或事故性污水会浸泡波纹管，应考虑选用耐蚀性更强的材料，如铁镍合金、高镍合金等。由于此类材料价格较高，在制造波纹管时，可以考虑仅在与腐蚀性介质接触的表面增加一层耐蚀合金。

② 疲劳寿命设计。由波纹管补偿器的失效类型及原因分析可以看出，波纹管的平面稳定性、周向稳定性及耐腐蚀性能均与其位移量即疲劳寿命相关。过低的疲劳寿命将会导致波纹管稳定性及耐蚀性能下降。根据试验和使用经验，用于供热工程的波纹管疲劳寿命应不小于 1000 次。

大多数波纹管的失效是由外部环境腐蚀造成的，因此在进行补偿器的结构设计时，可考虑隔绝外部腐蚀介质与波纹管的接触。如对于外压轴向型补偿器可在出口端环与出口管之间增加填料密封装置，其作用相当于套筒补偿器，既可抵挡外部腐蚀介质的侵入，又给波纹管补偿器增加了一道安全屏障，即使波纹管破坏，补偿器还可以起到补偿作用并避免波纹管失效。

③ 保证安装质量。波纹管不能承重，应单独吊装。除设计要求预拉伸或冷紧的预变形量外，严禁用使波纹管变形的方法来调整管道的安装偏差。安装过程不允许焊渣飞溅到波纹管表面和受到其他机械性损伤。波纹管所有活动元件不得被外部构件卡死或限制其活动部位正常工作。水压试验用水须干净、无腐蚀性，对奥氏体不锈钢材质应严格控制水中氯离子含量不超过 25mg/L，并应及时排尽波纹中的积水等。

十六、某炼油工程大口径波纹管事故分析

波纹管安装时环境温度是-19℃，因厂家说试压完后才能去掉拉杆，安装完后因某种原因一直没有试压。后来发现波纹补偿器的拉杆变弯，有些轴向限位架被推坏。分析事故的原因，是因为在管道系统(包括管道、膨胀节和支架等)安装完毕、系统试压之前，应将膨胀节的运输保护的拉杆和辅助定位机构(涂黄色漆零件)去除，并按设计要求将限位装置调到规定位置，否则整个管道系统成了一个近似刚性的结构，当气候温度变为 20℃以上，管道的热应力把波纹补偿器的拉杆推弯，某些薄弱的轴向限位架变形(见图 3.23.17)。

(a) *DN*2000波纹管拉杆变弯曲（见箭头所示）

(b) 轴向限位架变形

图 3.23.17 某炼油工程 *DN*2000 波纹管事故

第二十四节 波纹膨胀节选型的工程应用

不同型式的膨胀节有不同位移补偿功能，在工业管道设计中，可以根据工业管道的结构及压力与口径等参数综合考虑给予选型。对轴向位移、横向位移、角位移及其组合位移的场合，正确选择和使用膨胀节需要考虑到管道的构形、运行条件、预期的循环寿命、管道和设备的承载能力、可用于支承的结构物等多种因素。在某些情况下，可能有几种膨胀节都适合同一项应用，这时可以单纯根据经济性来考虑选择哪一种。

万能式膨胀节特别适合吸收横向位移。此外，这种设计形式也可用于吸收轴向位移、角位移以及任意由这三种形式合成的位移。万能式膨胀节一般用法是将这种带连杆的膨胀节设置在呈 90°的 Z 形管道的中间管臂内。

铰链式膨胀节一般以两三个作为一组使用，用于吸收单平面管系中一个或多个方向的横向位移。在这种系统中每一个膨胀节被它的铰链所制约，产生纯角位移；然而，被管段分开的每对铰链式膨胀节互相配合，能够吸收横向位移。给定单个膨胀节的角位移，每对铰链式膨胀节所能吸收的横向位移与其铰链销轴之间的距离成正比，因此为了使膨胀节充分发挥效用，应尽量加大这一距离。膨胀节的铰链通常用于承受作用于膨胀节上的全部压力推力；另外，也可以用于承受管道和设备的重量、风载或类似的外力。

下面以某些工程项目膨胀节的典型应用图结合 EJMA 和某些标准规范作简要介绍。图中 MA 表示主固定支架，IA 表示中间固定支架，G 表示导向支架。

一、单式膨胀节吸收管线轴向膨胀实例(图 3.24.1)

(a)单式膨胀节

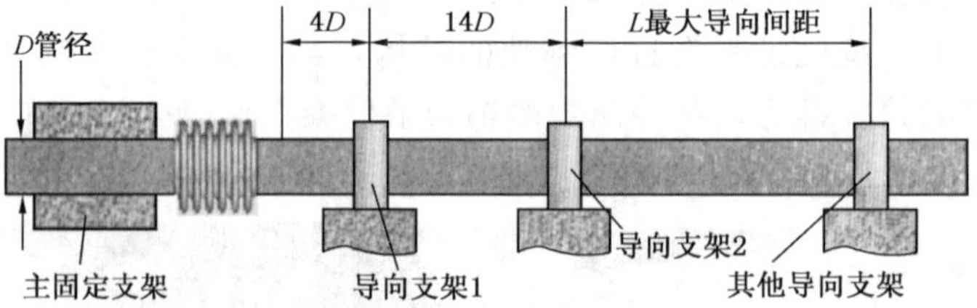

(b)单式膨胀节及管架布置

图 3.24.1　单式膨胀节吸收管线轴向膨胀

二、复式膨胀节吸收管线轴向膨胀实例(图 3.24.2)

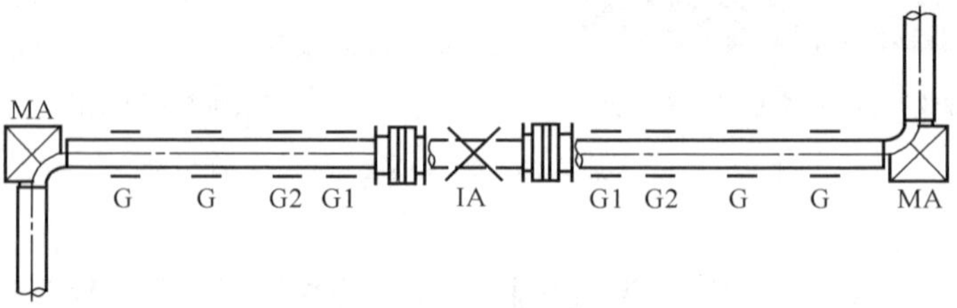

图 3.24.2　复式膨胀节吸收管线轴向膨胀

三、膨胀节吸收带支管的管线的轴向膨胀实例(图 3.24.3)

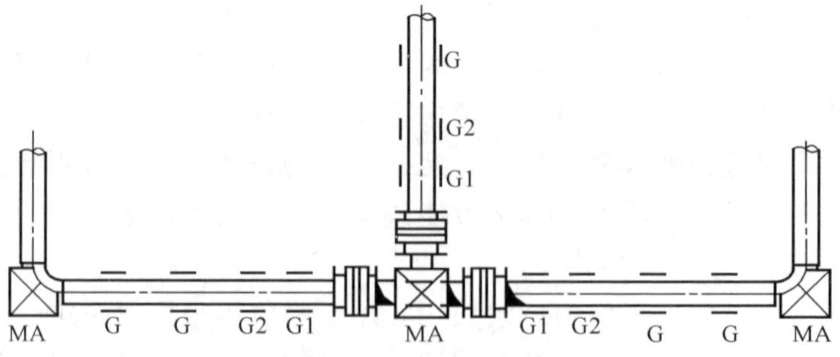

图 3.24.3　膨胀节吸收带支管的管线的轴向膨胀

四、膨胀节吸收具有异径管的管线的轴向膨胀实例(图 3.24.4)

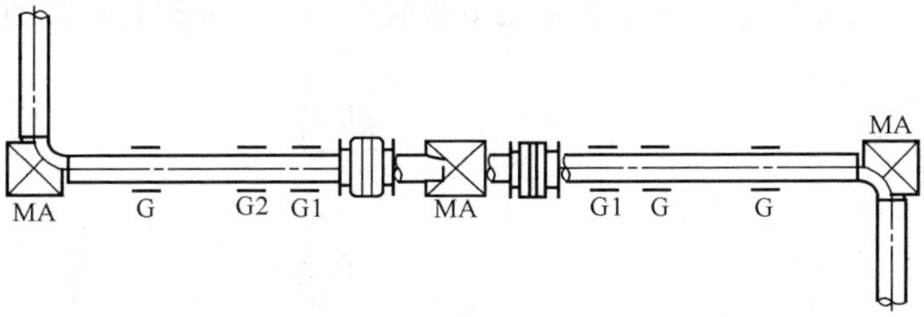

图 3.24.4 膨胀节吸收具有异径管的管线的轴向膨胀

五、包含 Z 形管段的管线上使用膨胀节的方法实例(图 3.24.5)

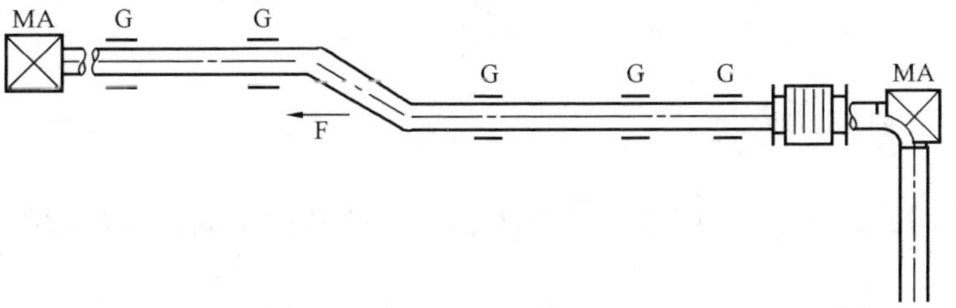

图 3.24.5 包含 Z 形管段的管线上使用膨胀节的方法

六、弯管压力平衡式膨胀节吸收管线轴向膨胀实例(图 3.24.6)

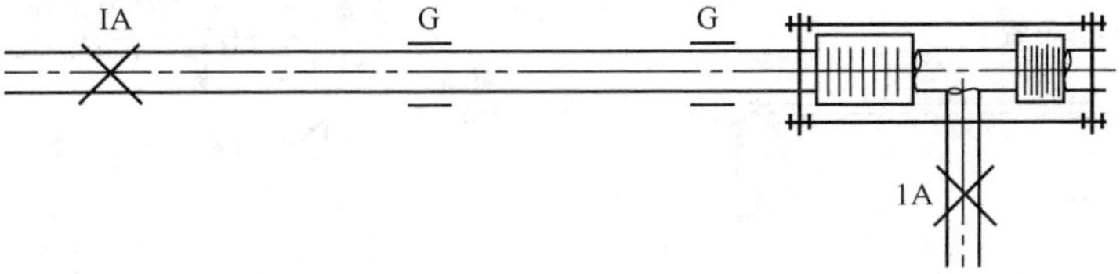

图 3.24.6 弯管压力平衡式膨胀节吸收管线轴向膨胀

七、直管压力平衡式膨胀节吸收长的直管段上的轴向位移实例(图 3.24.7)

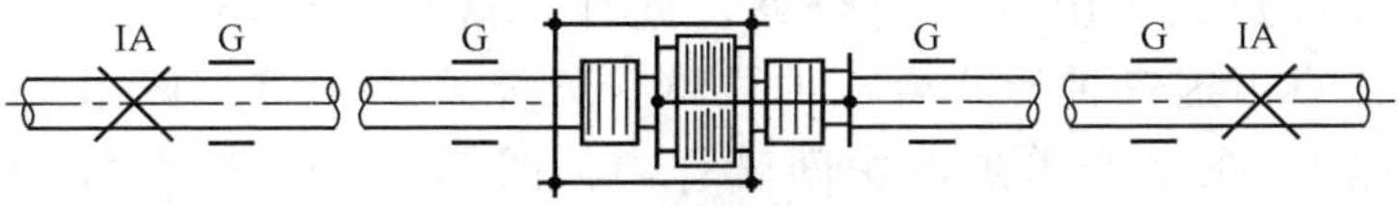

直管压力平衡式膨胀节及管架布置

图 3.24.7 直管压力平衡式膨胀节吸收长的直管段上的轴向位移

八、弯管压力平衡式膨胀节吸收汽轮机、泵、压缩机等设备的热膨胀实例(图 3.24.8)

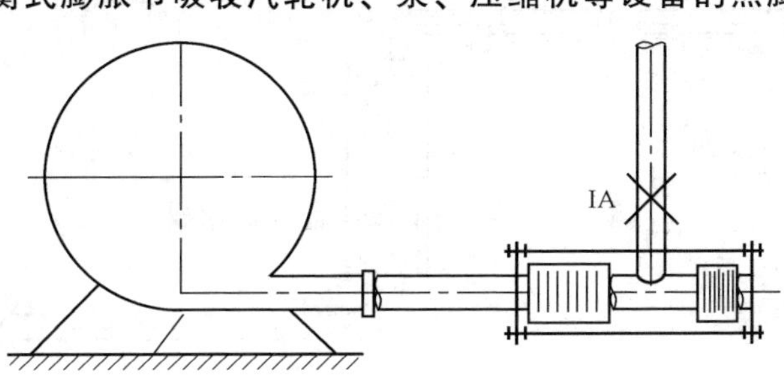

图 3.24.8 弯管压力平衡式膨胀节吸收汽轮机、泵、压缩机等设备的热膨胀

九、单式膨胀节吸收轴向与横向组合位移的典型实例

图 3.24.9、图 3.24.10 是采用单式膨胀节吸收轴向与横向组合位移的典型实例。

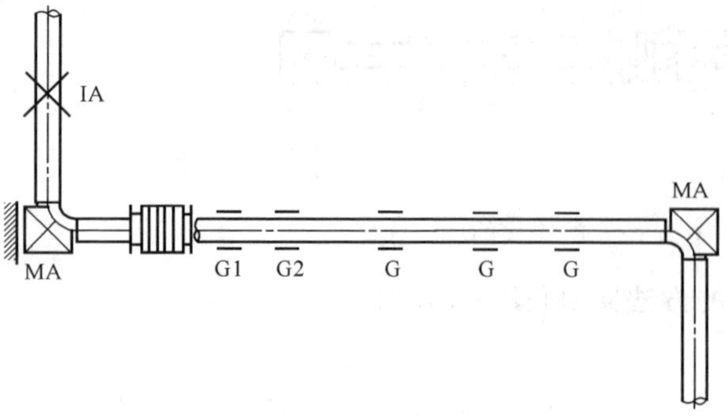

图 3.24.9

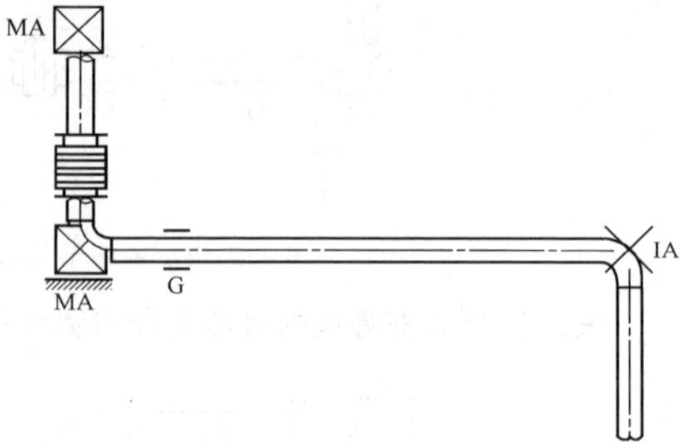

图 3.24.10

图 3.24.11、图 3.24.12 将图 3.24.10 中膨胀节两端的主固定支架改换为连杆。

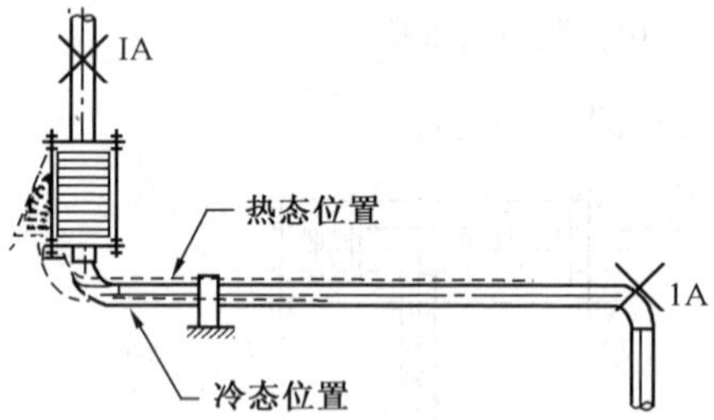

图 3.24.11

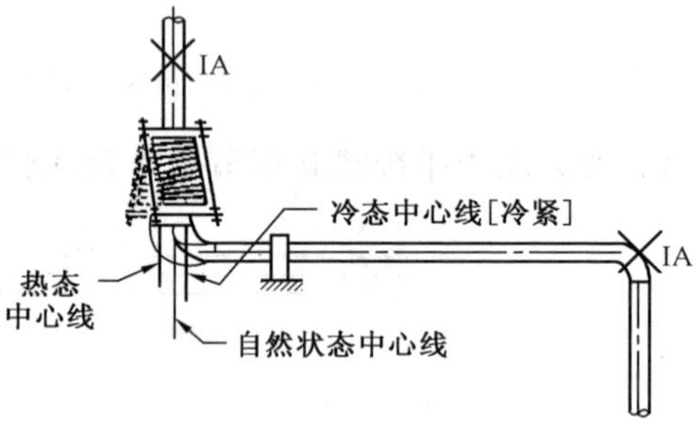

图 3.24.12

十、万能式膨胀节在 Z 形管道的中间管臂的应用

万能式膨胀节特别适合吸收横向位移。此外，这种设计形式也可用于吸收轴向位移、角位移以及任意由这三种形式合成的位移。万能式膨胀节一般用法是将这种带连杆的膨胀节设置在呈 90°的 Z 形管道的中间管臂内，图 3.24.13 和图 3.24.14 是两个应用实例。

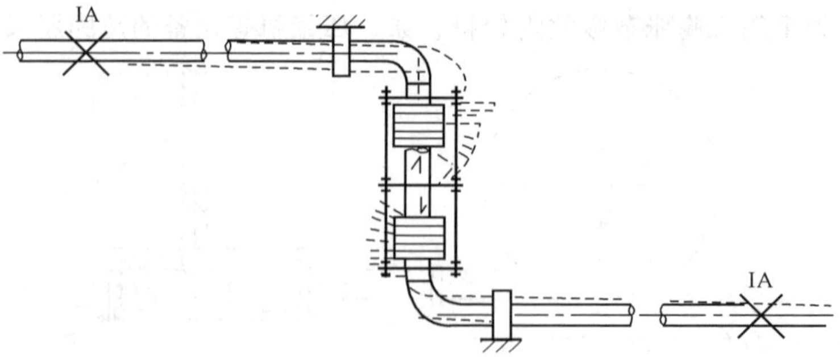

图 3.24.13　万能式膨胀节在 Z 形管道的中间管臂的应用

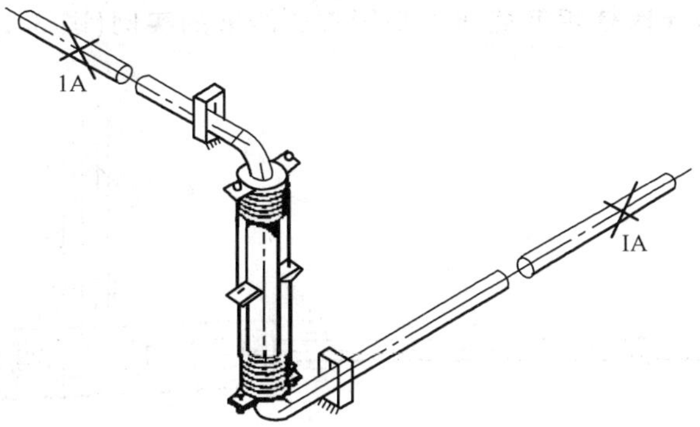

图 3.24.14 万能式膨胀节在 Z 形管道的中间管臂的应用

十一、存在轴向与横向组合位移的场合使用弯管压力平衡式膨胀节实例(图 3.24.15)

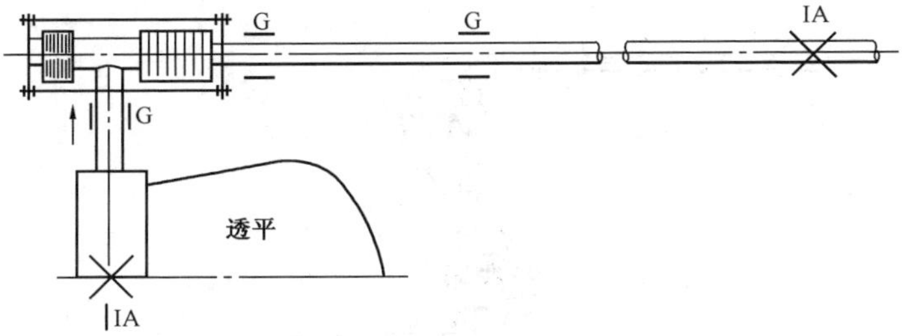

图 3.24.15 存在轴向与横向组合位移的场合使用弯管压力平衡式膨胀节

十二、管道转角不等于 90°时使用弯管压力平衡式膨胀节实例(图 3.24.16)

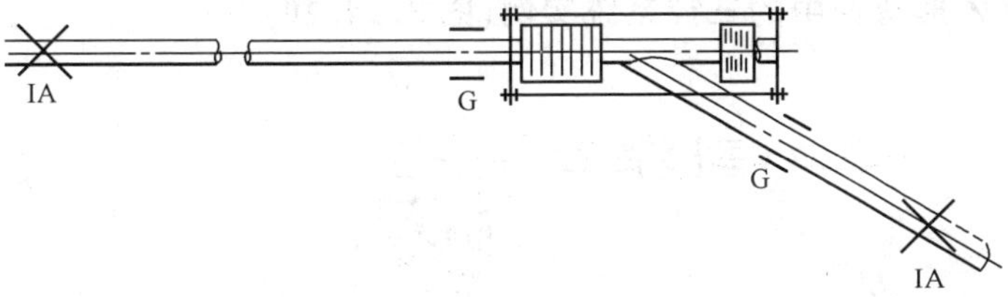

图 3.24.16 管道转角不等于 90°时使用弯管压力平衡式膨胀节

十三、工艺设备管口处弯管压力平衡式膨胀节实例(图 3.24.17)

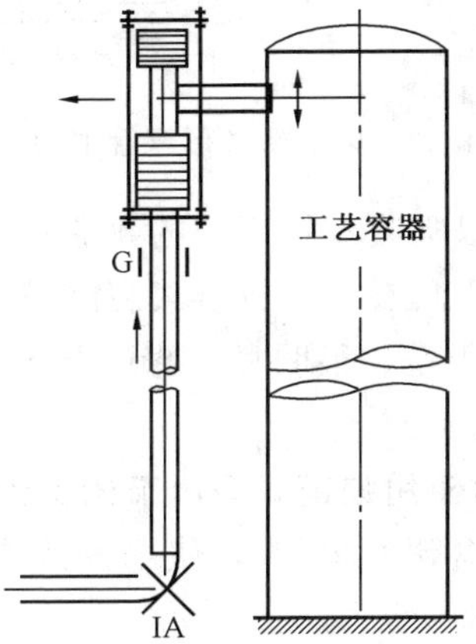

图 3.24.17 工艺设备管口处弯管压力平衡式膨胀节

十四、横向位移较大时使用万能压力平衡式膨胀节的实例(图 3.24.18)

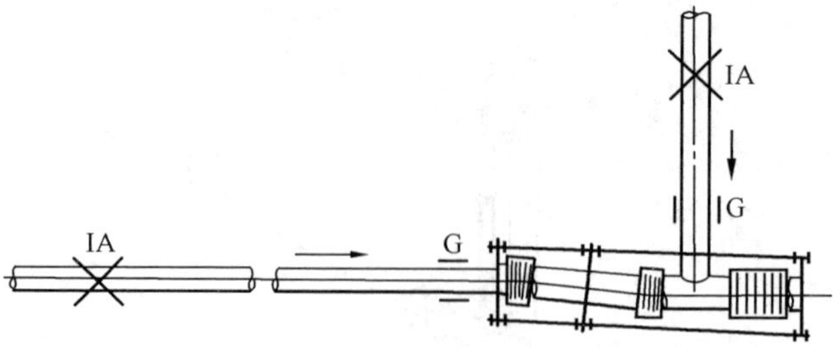

图 3.24.18 横向位移较大时使用万能压力平衡式膨胀节的实例

十五、双铰链系统吸收单平面 Z 形弯管的主要热膨胀实例(图 3.24.19)

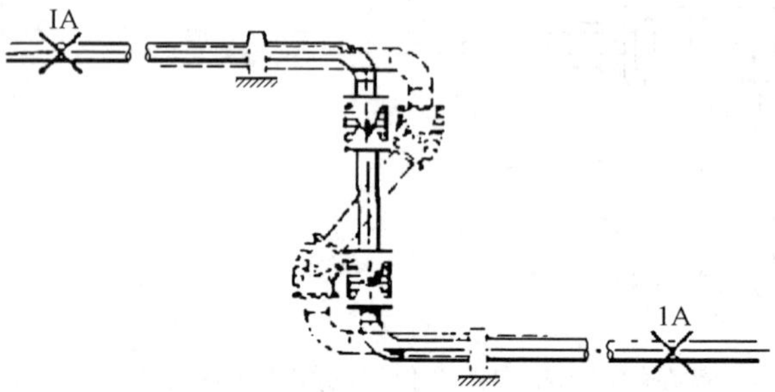

图 3.24.19 双铰链系统吸收单平面 Z 形弯管的主要热膨胀

十六、单平面 Z 形弯管中的三铰系统实例(图 3.24.20)

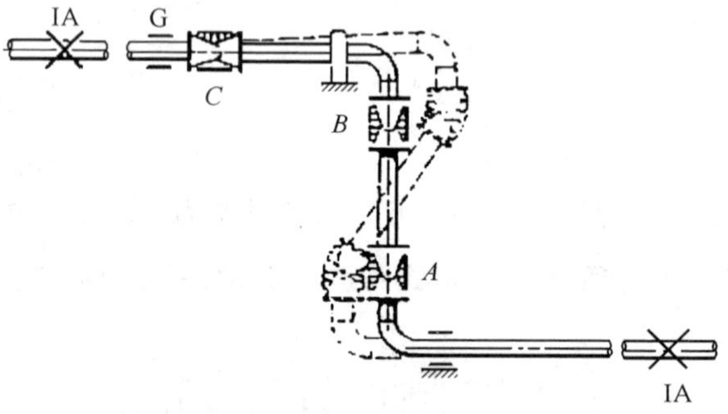

图 3.24.20 单平面 Z 形弯管中的三铰系统

如果单平面管系的柔性不足以吸收双铰系统的弯曲挠度，或者由弯曲而产生的荷载超过了连接设备的许用极限，则可采用具有三个铰链式膨胀节的系统。竖直管段的热膨胀将由 B 和 C 两个膨胀节的动作来吸收。于是，很明显，膨胀节 B 必须能吸收由 A 和 C 两个膨胀节一起形成的转动。

十七、弯管角度不等于 90°时使用铰链式膨胀节的实例

图 3.24.21 说明在弯管角度不等于 90°时，使用铰链式膨胀节的工作原理。在这里只需要使用中间固定支架平面导向支架。

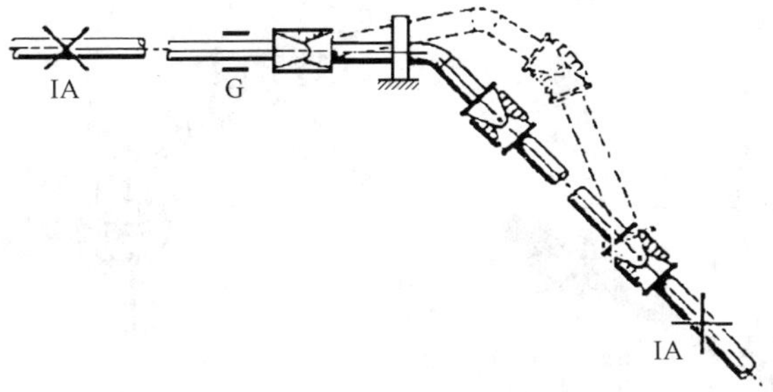

图 3.24.21　弯管角度不等于 90°时使用铰链式膨胀节

十八、连接设备也产生平面位移时铰链式膨胀节的应用实例(图 3.24.22)

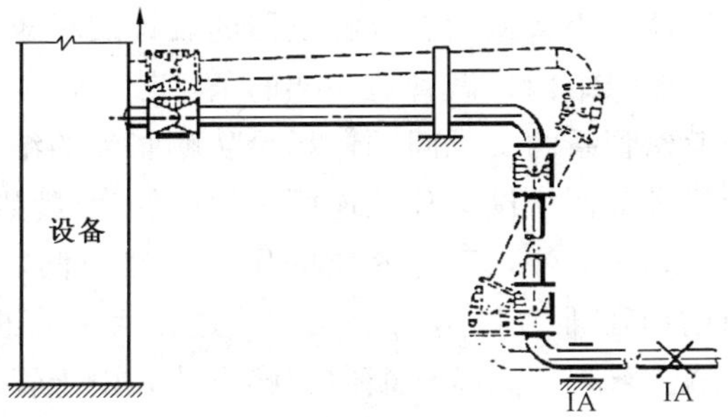

图 3.24.22　连接设备也产生平面位移时铰链式膨胀节的应用

十九、设备与管道连接系统中应用铰链膨胀节的实例(图 3.24.23)

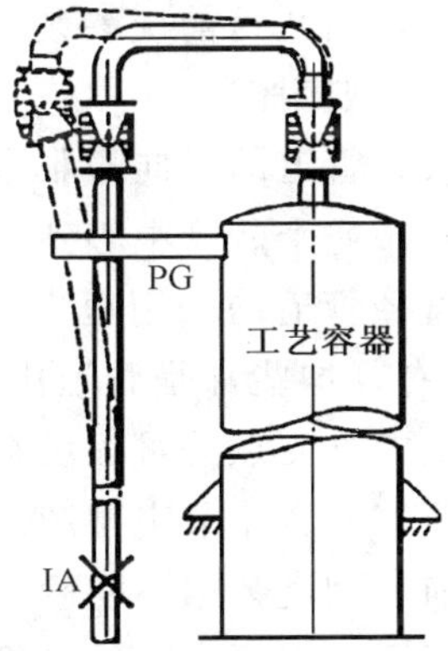

图 3.24.23　设备与管道连接系统中应用铰链膨胀节

二十、万向铰链式膨胀节工程应用实例

正如铰链式膨胀节在平面管系中具有很大的优越性一样，万向铰链式膨胀节在空间管系中具有类似的优越性。万向铰链式膨胀节具有吸收任意平面内的角位移的能力，常常利用这一点将它们组成一对，用来吸收横向位移。图 3.24.24 给出了一个应用实例。

如果不可能或不打算利用管道的弯曲来吸收竖直管臂的伸长，则可采用如图 3.24.25 所示由两个万向铰链式膨胀节和一个铰链式膨胀节组成的系统。

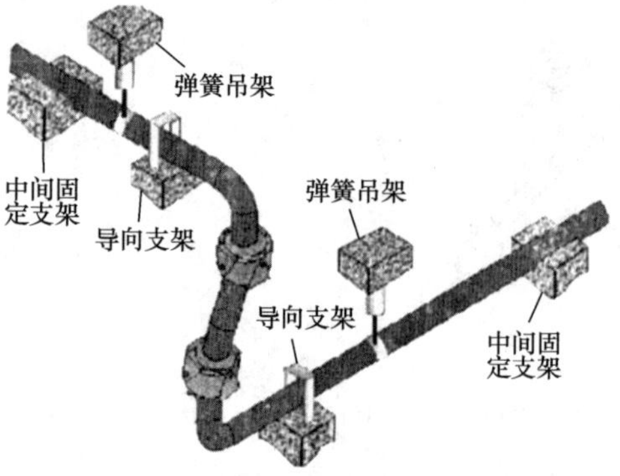

图 3.24.24 万向铰链式膨胀节的工程应用

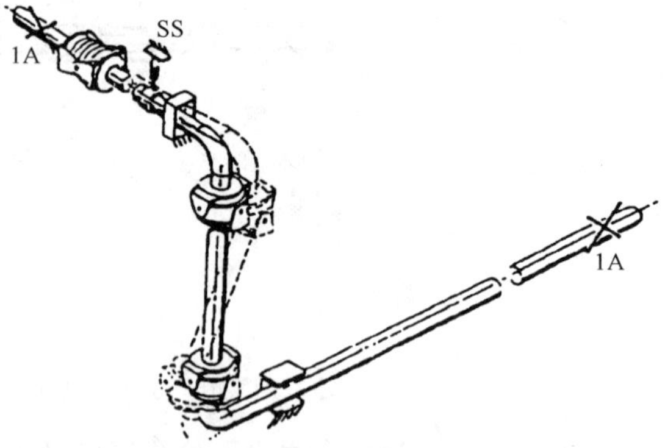

图 3.24.25 铰链式膨胀节与万向铰链式膨胀节的配合应用

二十一、乙烯装置大口径火炬管道的波纹补偿器的设计工程应用

乙烯装置大多为单层无框架结构，做管道支架的条件较差，均需从地面生根。膨胀节设置的位置和选型，要充分考虑管系的支承问题，尽量从膨胀节的结构形式上解决管系的支承问题。原则上不应因设置膨胀节而增设单独从地面生根的管架(特别是标高较高的管架)，以免影响操作维修和装置的外观。另外，工艺介质的压力虽然很低，但由于管道直径很大(最大 DN2000mm)，膨胀节的内压推力将达到十几吨，这样大的盲板力不容忽视，因此不能随意选用无约束型的膨胀节。若选用大拉杆横向型膨胀节，由于管道直径很大，膨胀节的整体尺寸业主一般也不愿意在制造厂整体订货，一般都是散件在现场组装。由于施工单位没有膨胀节的组装经验，大多组装得不对，达不到设计要求，使膨胀节不能正常工作，而且发现在现场组装过程中，对波纹管的损伤很大，降低了膨胀节的疲劳寿命。综合各方面的因素来考虑，乙烯装置的管道选用铰链型膨胀节最为经济合理。由于 SO_2、SO_3 气体管道在停车时有结露的可能，存在露点腐蚀的可能，因此目前硫酸装置中大多参照国外工程公司的做法，采用厚壁(3mm)、大波(波高 157mm)型膨胀节。

由于乙烯装置中的管道直径很大，管道的径向膨胀量不容忽视，尤其对于弹簧支吊架的选型影响很大，因此每个支承点必须做一个从管中心到管外壁带温度的刚性元件，使管架实际支承在管外壁。硫酸装置中的大直径管道均采用短半径焊制虾米弯和未补强的焊制三通，其应力集中系数分别达到 8 和 12 左右，这些都是管道中的危险点，在应力分析中应引起足够的重视，对于部分应力集中很严重的分支点处可加设补强圈。

目前管道应力分析中直接选用厂家的膨胀节定型产品较少，一般都是提出数据表，请厂家做非标设计，在厂家返回条件以前，刚度数据不明确，某些结构尺寸可能还要调整。目前情况下，国内主要是由业主订货，工程公司事先并不能确定制造厂家，这样往返下来设计周期较长。工程公司本身具有波纹膨胀节设计计算条件，就可以缩短设计往返周期。

第二十五节 波纹管膨胀节的刚度和应力分析

一、波纹管单波轴向刚度

波纹管的波高与直径之比较小，如将其展开，可简化为如图 3.25.1 所示的两端受轴向线荷载的曲杆。轴向的总力为 F_{11}。

U 形膨胀节也可看作环壳与环板的组合体，承受轴对称的荷载。列出平衡方程进行求

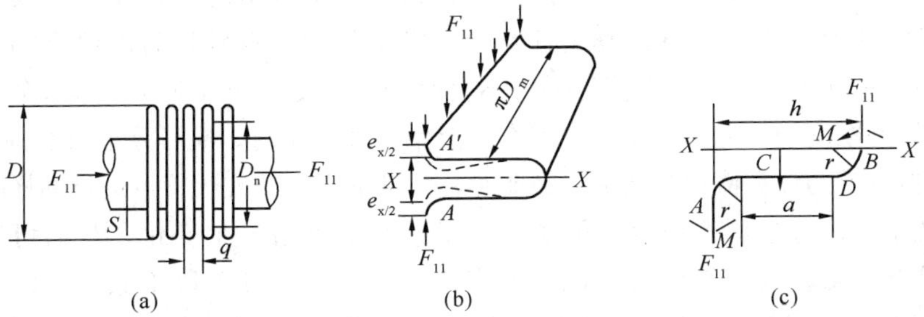

图 3.25.1 U 形波纹管受力图

解也可得出计算公式。但其过于繁复，不便于应用。近年来利用有限元法对膨胀节的应力分析研究工作也取得了进展。它以有限单元的集合代替无限单元的连续体，作物理上的近似，通过能量原理得出离散方程，经过求解，可以得到各离散单元的应力与位移的数值解，有利于进行精确设计计算。

二、U 形波纹管膨胀节的稳定性

膨胀节在使用中，若内压过大可以使波纹管丧失稳定，即出现屈曲。屈曲对波纹管的危害在于它会大大降低波纹管的疲劳寿命和承受压力的能力。最常见的两种形式是柱屈曲和平面屈曲。柱屈曲系指波纹管的中部整体的侧向偏移，它使波纹管的中心线变成如图 3.23.16(a)所示的曲线。当波纹管的长度与直径之比比较大时这种现象经常发生，与压杆失稳相似。

在其他支承条件下的极限设计压力按以下方法估算。为了防止波纹管在试验条件下发生屈曲，试验压力应当低于或等于极限设计压力的 1.5 倍，这是根据材料在室温下能够保持柱稳定或平面稳定的力学性质而确定的。另外，应该使试验的固定方式尽量接近现场的安装条件。

三、U 形波纹管膨胀节的疲劳寿命计算

U 形膨胀节作为补偿变形的元件，所承受的反复荷载所产生的应力常超过本身材料的屈服极限，这样会引起高应变低循环疲劳破坏。关于疲劳寿命的计算，各国所用公式不尽相同，但都同源于柯芬(Coffin)-曼森(Manson)公式。柯芬和曼森分别提出了描述塑性循环应变范围与材料循环寿命之间的关系式，由于影响膨胀节疲劳寿命的因素很多，考虑时很难面面俱到，所以得出的计算式也各不相同。GB/T 12777《金属波纹管膨胀节通用技术条件》中规定了 U 形波纹管膨胀节疲劳寿命计算式。

四、波纹管的自振频率与共振防治

在膨胀节工程应用中，当波纹管的自振频率和系统中的任一振动频率相同或相近时，就会产生共振。这样，一方面使波纹管的寿命大大降低，另一方面将引起容器、管道和法兰等应力集中和残余应力较大部位的泄漏和疲劳断裂。因此，研究波纹管的自振频率，合理地进行工程计算，使之与系统振动频率隔开，以防止发生共振，是十分必要的。

1. 波纹管的自振频率计算

膨胀节在实际使用中，大多为水平或垂直于地面安装，可能使波纹管承受横向(梁型)振动和轴向(手风琴型)振动，其自振频率应分别加以计算。

2. 设置波纹管管系的防振

当在压缩机、真空泵和柴油机等的管道系统中设置膨胀节时，管路设计应使机器的激发频率、管道内的气柱固有频率、管系结构的固有频率和波纹管的自振频率不相重合。在盲目配管时，有可能使以上某几种频率相等或相近，此时，管系将发生强烈振动。关于管系结构的固有频率，在管道的设计阶段，可根据具体管路、支承等情况进行计算，具体计算方法可查阅有关文献。综上所述，为防止波纹管及管系发生共振，在设计时应注意到：

① 由于机器的转速通常为一定值，一般不会改变，为使其激发频率与波纹管的自振频率不相重合，波纹管的刚度值，尤其是当波纹管作为消振元件使用时，应尽量取其相应工况下的实测值，从而使自振频率的计算值较为精确。必要时，对批量生产的波纹管可进行抽样刚度测试。

试验情况证明，通过调整波纹管的预变形量使其刚度值发生变化，从而可适当改变其自振频率值，但应注意波纹管其他力学性能的变化，并且在设计阶段不做这样的考虑。

② 为了避免气性的固有频率与机器的激振频率及波纹管的自振频率重合而发生共振，配管长度不应落在计算得出的范围内。

③ 对于管系结构的固有频率，也应与系统中的其他振动频率错开，当结构固有频率与机器激振频率相同或相近时，用增添管道支承的方法，能显著地改变管道机械固有频率，从而避免与激振力形成共振。同时结构固有频率也不应与波纹管的自振频率和气柱固有频率重合，若出现上述情况，可通过改变波纹管的刚度和改变配管长度，以及增添管道支架等方法，使它们相互错开，避免共振。

④ 金属波纹管可以在高频率和低振幅的振动场合下使用，但不适合于低频率和高振幅的振动场合。

由于压力脉冲会通过流动介质传递到波纹管以外的地方去，因此，当系统的振动是由压力脉冲引起时，是不能用设置波纹管来消除的。同时，如果管道振动是由于过大的压力脉冲引起的，那么，采用增添管道支承和捆绑加固的方法也是不行的。在这种情况下，可考虑装设缓冲器和减振器等，使高振幅低频率振动转换成为不太剧烈的较高频率和较低振幅的脉冲。在高流速的情况下，发生在波纹管上的紊流以及其内部的湍流都可以导致振动。为了减少这些现象，波纹管内应该设置内套筒。总之，在设计装有波纹管的管系时，应确保管系上的振动频率不相重合以及振动荷载不会损害波纹管的功能。

第二十六节　膨胀节管系支架的设计及受力计算

波形膨胀节具有优良的柔性，用于吸收管道热膨胀产生的位移和吸收机器产生的振动时，具有优良的性能。但是正因为具有优良的柔性，如果安装不当，不仅不能发挥其优良的性能，而且容易发生破坏，所以对设置膨胀节的管路，正确地进行支架设计和受力计算是很重要的。

一、符号说明

X——X 向位移，mm；

ϕ——角位移，(°)；

Y——Y 向位移，mm；

Y'——侧向位移，mm；

$$Y'=Y^2+Z^2$$

Z——Z 向位移，mm；

Δx——轴向位移，mm；

Δy——侧向位移产生的当量轴向位移，mm；

$\Delta\phi$——角位移严生的当量轴向位移，mm；

Δ——总位移，mm；

$\Delta=\Delta x+\Delta y+\Delta\phi$

$\Delta_{额定}$——膨胀节的设计额定总位移，mm；

ΔL——管道或设备受热的伸长量，mm；

$\Delta L=\alpha\cdot\Delta t\cdot L_G$

α——材料的线膨胀系数，mm/(mm·℃)；

Δt——操作温度与安装温度之差，℃；

E——管子材料的弹性模量，MPa；

I——管子惯性矩，mm^4；

A——波纹管的平均截面积，mm^2；

p——设计压力，MPa；

K_L——确定侧向位移产生的当量轴向位移的系数：

$K_L=[3L(L+L_b)]/(3L^2+L_b^2)$

L_b——一个膨胀节的有效长度，mm；

L——复式膨胀节两组波纹管中心之间的距离，mm；

D_m——波纹管平均直径，mm；

F——固定管架所受的合力，N；

d_t——管道外径，mm；

G——管道(包括介质保温材料)的重量，N；

K_x——膨胀节轴向工作刚度，N/mm；

F_p——内压产生的推力，N；

L_G——两个固定管架之间的长度，mm；

F_Δ——位移产生的反力，N；

F_τ——侧向位移产生的反力，N；

F_f——摩擦力，N；

F_ρ——流动产生的离心力，N；

$F_{\Delta x}$——轴向位移产生的反力，N；

θ——弯曲角度，(°)；

ρ——摩擦系数；

A_i——管内截面积，mm^2；

$A_i=\pi d_i^2/4$

d_i——配管内径，mm；

F_x——X 方向所受的力，N；

M_x——坐标系中 YOZ 平面所受的力矩，N·mm；

F_y——Y 方向所受的力，N；

M_y——坐标系中 XOZ 平面所受的力矩，N·mm；

F_z——Z 方向所受的力，N；

M_z——坐标系中 XOY 平面所受的力矩，N·mm；

L_x、L_y、L_z——力作用点的坐标。

二、膨胀节的位移

单式普通膨胀节

$\Delta x = X$

$\Delta y = (3D_m Y')/(L_b \pm X)$（拉伸时 X 取“+”号，压缩时取“-”号）

$\Delta\phi = (\phi D_m/2)\cdot(\pi/180)$

单式铰链膨胀节

$$\Delta\phi = (\phi D_m/2)\cdot(\pi/180)$$

复式万能膨胀节

$\Delta x = X/2$（带长拉杆时，X 仅为拉杆内的热膨胀量）

$\Delta y = (K_L D_m Y')/[2(L \pm X/2)]$

复式铰链膨胀节

$\Delta x = X/2$（X 仅为铰链内的热膨胀量）

$\Delta y = (D_m Y')/[2L]$

总位移

$$\Delta = \Delta x + \Delta y + \Delta\phi$$

使

$$\Delta \leqslant \Delta_{额定}$$

三、膨胀节所受的力和力矩

$F_{\Delta x} = K_x \Delta x$

$F_\tau = (K_x D_m \Delta y)/[2(L + L_b)]$（对于单式膨胀节，$L = 0$）

$M_y = (K_x D_m \Delta y)/4$

$M_\phi = (K_x D_m \Delta\phi)/4$

四、固定管架的受力计算

1. 主固定管架

管系安装一个或几个不吸收压力推力的普通膨胀节时，在管系的端点、分支点、弯曲点、设置阀门或盲板处应安装主固定管架。主固定管架要承受内压和流动所产生的推力，以及膨胀节位移产生的力和(或)力矩、导向管架和支架等产生的摩擦力。在某些场合下还要考虑管道、管路附件、保温材料和介质的重量，以及风荷载、管段弯曲等所产生的力和力矩。直管段主固定管架所受的力：

$$F = F_p + F_\Delta + F_f \tag{3.26.1}$$

式中 $F_p = p \cdot A_i$

$F_\Delta = K_x \cdot \Delta$

$F_f = \mu \cdot G$

对于弯曲处的主固定管架还需计及流体流动产生的离心力（当流速较慢、密度较小时，可忽略不计）。

2. 次固定管架

管系安装带长拉杆的复式万能膨胀节、铰链膨胀节和压力平衡式膨胀节时，内压产生的推力由拉杆或铰链销承受，这时可设置次固定管架，它承受除内压产生的推力以外的荷载。

$$F = F_\Delta + F_f$$

五、膨胀节管系导向管架

导向管架是为了保证膨胀节的位移沿着预定的方向进行，以及防止管道失稳。因此，它必须承受位移产生的反力和管道重量等荷载。

1. 轴向导向架

轴向导向架的设置是为了使管道沿着轴向进行。因此，一般规定导向管架与管子之间的间隙，以及导向管架间距，在保证正确导向的前提下，选用较大的间隙以减少摩擦力。导向管架与管子的间隙可参照下列推荐值选用：管径≤100mm 时，间隙为 1.5mm；管径>100mm 时，间隙为 3mm。

膨胀节与第一个导向管架的距离为管子直径的 4 倍。第一个与第二个导向管架的距离为管子的 14 倍。其他导向管架之间的最大距离见本书第七章第六节，可按式(7.6.1)计算。

2. 侧向位移和角位移的导向管架

在侧向位移或角位移的情况，导向管架与管子的间隙除考虑轴向导向管架的要求外，还要考虑某一方向的附加间隙，以允许管道在设计范围内的侧向位移和(或)弯曲。这种导向管架的结构随着使用膨胀节型式的不同和管道的布置方式不同而有异。

六、膨胀节管系其他管道支架

管道支架的设置要允许管道自由位移而又能支承管道、管路附件、保温材料、流动介质等重量。保证这些重量不作用在膨胀节上。弹簧吊架、管环、U 形螺栓、棍子支架等是常用的管道支架。

七、几种典型管道布置方式的膨胀节选型及其管架推力计算

1. 符号说明

：主固定管架

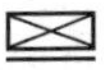：定向主固定管架

：次固定管架

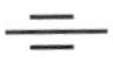：导向管架

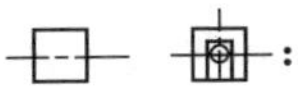：具有附加间隙的导向管架

2. 管架推力计算时的假设

① 管系和膨胀节被恰当地支承和导向；

② 管道的重量和管内介质的重量由支架支承；

③ 管道与导向管架、支架等的摩擦力为零；

④ 管道的挠曲所产生的力和力矩忽略不计；

⑤ 管系的坐标原点位于所考虑的点上，坐标系统如图 3.26.1 所示，箭头所指方向为+，相反为-。

$$M_x = F_z \cdot L_y - F_y \cdot L_z$$

$$M_y = F_x \cdot L_z - F_z \cdot L_x$$

$$M_z = F_y \cdot L_x - F_x \cdot L_y$$

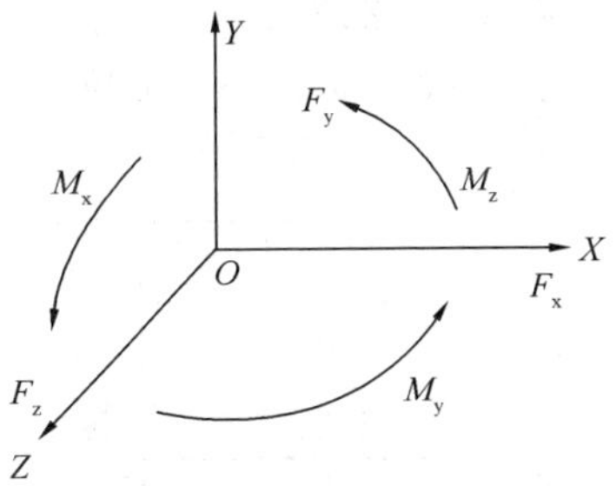

图 3.26.1

3. 直管段

直管段上只安装一个单式普通膨胀节的情况，如图 3.26.2 所示。

① 膨胀节的位移：

$$X = \Delta L_G = \alpha \cdot \Delta t \cdot L_G$$

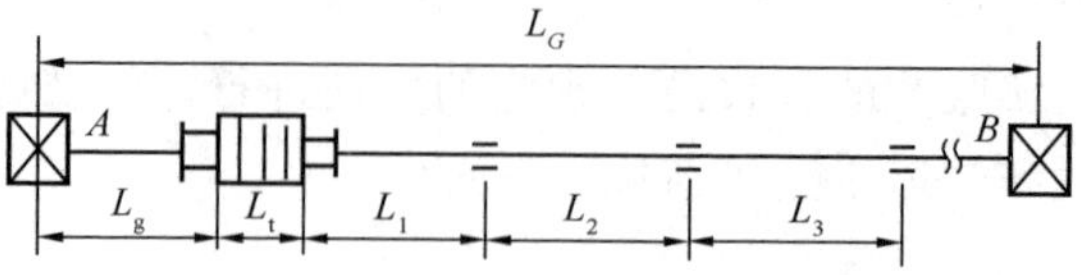

图 3.26.2

$$\Delta x = X,\ \Delta y = 0,\ \Delta z = 0$$

$$\Delta = \Delta x + \Delta y + \Delta z = X + 0 + 0 = X$$

选择$\Delta_{额定} \geqslant \Delta$的单式普通膨胀节即可。

② 管架所受的推力：

内压产生的推力： $F_p = p \cdot A_i$

位移产生的反力： $F_\Delta = K_x \cdot \Delta$

作用于 A 点的力： $F_{XB} = -F_{XA} = -(F_p + F_\Delta)$

A 和 B 均为主固定管架。

③ 导向管架的间距：

$$L_1 \leqslant 4d,\ L_2 \leqslant 14d$$

$$L_{2\text{-}n} \leqslant 1.571\sqrt{(EI)/(pA \pm K_x \Delta x)}$$

直管段上安装两个相同的单式普通膨胀节的情况如图 3.26.3 所示。

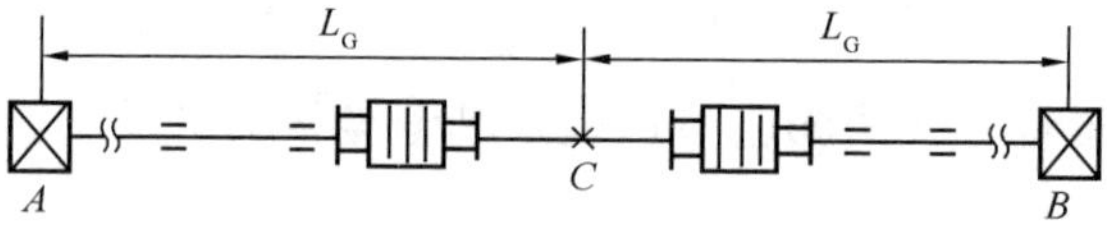

图 3.26.3

膨胀节的选择、导向间距和 A、B 点的受力计算同上节。A 和 B 点设置主固定管架，C 点设置次固定管架。由于 AC 和 BC 对称，正常操作时，受力互相抵消，但是，刚开始操作时，一端先受热膨胀，所以 C 点考虑承受一个膨胀节的位移产生的反力较安全。即 C 点所受的力为：

$$F_{XC} = \pm K_x \cdot X \tag{3.26.2}$$

4. L 形管道

在管段上安装一个带拉杆的单式普通膨胀节的情况如图 3.26.4 所示。

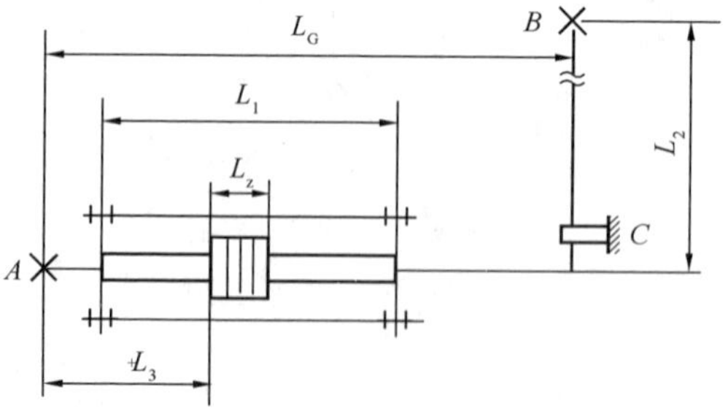

图 3.26.4

① 膨胀节的位移：

$$X = \Delta L_1;\quad Y = \Delta L_2$$

$$\Delta x = X;\quad \Delta y = (3D_m Y)/(L_b \pm X)$$

$$\Delta = \Delta x + \Delta y$$

选择$\Delta_{额定} \geqslant \Delta$的带拉杆的单式普通膨胀节。由于带拉杆，所以 A 点和 B 点可设置次固定管架，C 点设置带附加间隙的导向管架。

② 位移产生的力：

$$F_{\Delta X} = K_x \cdot \Delta x \quad F_\tau = (K_x D_m \Delta y)/[2L_b]$$

A 点所受的力和力矩

$$F_x=0;\ F_y=-F_\tau;\ F_z=0$$
$$L_X=L_3+L_b/2;\quad L_y=0;\ L_z=0$$
$$M_x=0;\ M_y=0$$
$$M_z=F_yL_x-F_xL_y=-F_\tau(L_3+L_b/2)-0=-F_\tau(L_3+L_b/2)$$

B 点所受的力和力矩

$$F_x=0;\ F_y=F_\tau;\ F_z=0$$
$$L_X=-(L_G-L_3-L_b/2);\ L_y=-L_2;\ L_z=0$$
$$M_x=0;\ M_y=0$$
$$M_z=F_yL_x-F_xL_y=F_\tau[-(L_G-L_3-L_b/2)]-0=-F_\tau(L_G-L_3-L_b/2)$$

这种布置方式的缺点是膨胀节只能吸收拉杆内的轴向位移。拉杆外的轴向位移要由管段 L_2 的变位吸收，因此管架受力要增加由此而产生的力和力矩。所以，应尽量增大拉杆的长度，如侧向位移较大时($BC>AC$)可采用带长杆的复式万能膨胀节。如果 $\Delta x>\Delta y$，膨胀节也只能安装在轴向时，这样可以采用定向固定管架。

在管段上安装一个不带拉杆的单式普通膨胀节的情况如图 3.26.5 所示。

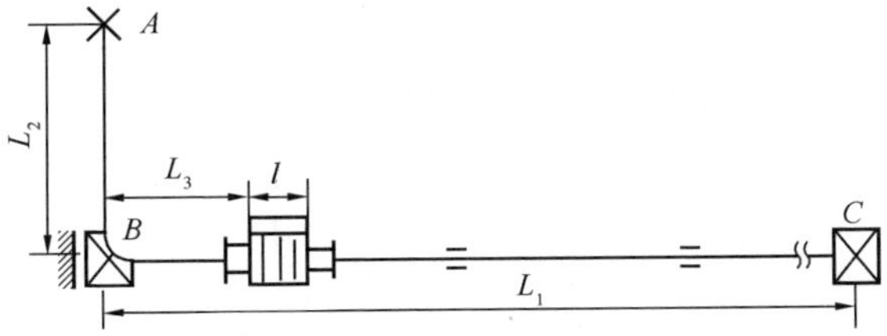

图 3.26.5

① 膨胀节的位移：

$$X=\Delta L_1;\ Y=\Delta L_2$$
$$\Delta x=X;\ \Delta y=(3D_mY)/(L_b\pm X)$$

选择 $\Delta_{额定}\geqslant\Delta$ 的单式普通膨胀节。

② 位移和内压产生的推力：

$$F_{\Delta X}=K_x\cdot\Delta x\quad F_\tau=(K_xD_m\Delta y)/[2L_b]\quad F_p=p\cdot A_i$$

③ 管架所受的力和力矩：

A 点：

$$F_x=0;\ F_y=F_\tau;\ F_z=0$$
$$L_X=L_3+L_b/2;\ L_y=-L_2;\ L_z=0$$
$$M_x=F_z\cdot L_y-F_y\cdot L_z=0$$
$$M_y=F_x\cdot L_z-F_z\cdot L_x=0$$
$$M_z=F_y\cdot L_x-F_x\cdot L_y=F_\tau(L_3+L_b/2)-0=F_\tau(L_3+L_b/2)$$

B 点：

$$F_x=-(F_{\Delta x}+F_p);\ F_y=0;\ F_z=0$$
$$L_X=L_3+L_b/2;\ L_y=0;\ L_z=0$$
$$M_x=0;\ M_y=0;\ M_z=0$$

C 点：

$$F_x = F_{\Delta X} + F_p;\ F_y = -F_\tau;\ F_z = 0;$$
$$L_X = -(L_1 - L_3 - L_b/2);\ L_y = 0;\ L_z = 0;$$
$$M_x = 0;\ M_y = 0;$$
$$M_z = F_y \cdot L_x - F_x \cdot L_y = (-F_\tau)[-(L_1 - L_3 - L_b/2)] - 0 = F_\tau(L_1 - L_3 - L_b/2);$$

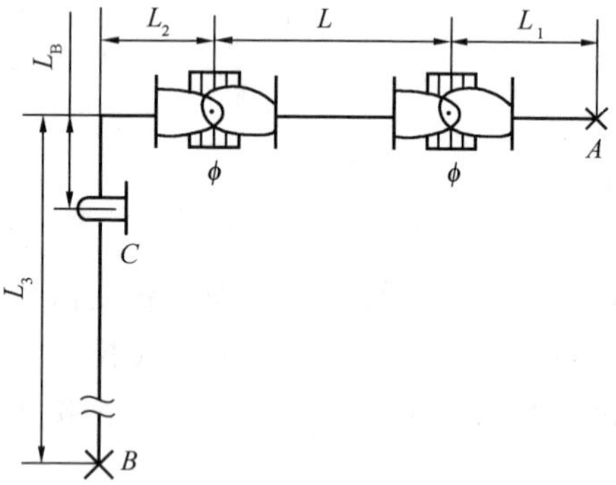

图 3.26.6

在较短的管段上安装两个单式铰链膨胀节的情况如图 3.26.6 所示。

① 膨胀节的位移：

$$Y = \Delta L_3 \quad \phi = \arcsin(Y/L)$$

选择两个相同的单式铰链膨胀节，

使 $\phi_{额定} \geqslant \phi$ 也可根据 $\phi_{额定}$，求出 L：

$$L = Y/\sin\phi_{额定}$$

② 偏转力和偏转力矩：

$$\Delta\phi = D_m Y/2L \quad M_\phi = (K_x D_m \Delta\phi)/4 \quad F_\phi = 2M_\phi/L$$

③ 管架所受的力和力矩：

A 点：

$$F_x = 0;\ F_y = F_\phi;\ F_z = 0;$$
$$L_x = -(L_1 + L/2);\ L_Y = 0;\ L_z = 0;$$
$$M_x = 0;\ M_y = 0;$$
$$M_z = F_y \cdot L_x - F_x \cdot L_y = F_\phi(L_1 + L/2) - 0 = F_\phi(L_1 + L/2);$$

B 点：

$$F_x = 0;\ F_y = -F_\phi;\ F_z = 0;\ L_x = L_2 + L/2;$$
$$L_Y = L_3;\ L_z = 0;\ M_x = 0;\ M_y = 0;$$
$$M_z = F_y \cdot L_x - F_x \cdot L_y = (-F_\phi)(L_1 + L/2) - 0 = -F_\phi(L_1 + L/2);$$

④ C 点为具有附加间隙的导向管架，它与膨胀节的距离 L_B 为：

$$L_B = 1.5L/2.5 = 0.6L$$

这种布置很简单，但不能吸收轴位移，如果轴向位移较大时，要采用复式铰链膨胀节，或者三支但是铰链膨胀节的布置方式。

5. Z 形管道

安装一个带长拉杆复式万能膨胀节的布置方式，如图 3.26.7 所示。

① 膨胀节的位移：

$$X = \Delta L_3;\ Y = \Delta L_1 + \Delta L_5;\ \Delta x = X/2$$
$$K_L = 3L(L + L_b)/(3L^2 + L_b{}^2)$$
$$\Delta y = (K_L D_m Y)/[2(L \pm X/2)];\ \Delta = \Delta x + \Delta y$$

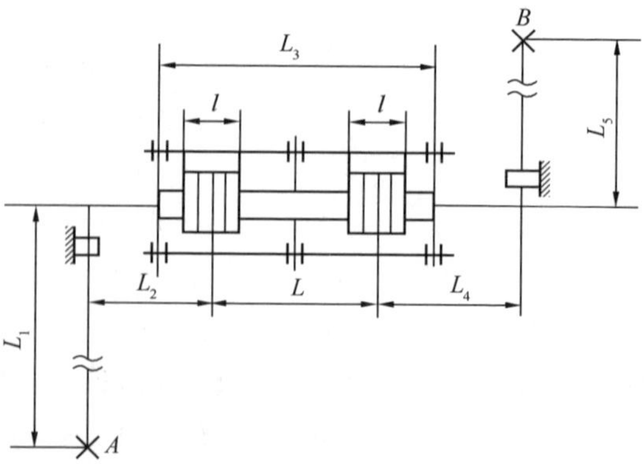

图 3.26.7

选择膨胀节时，使每组波纹管的额定补偿量$\Delta_{额定} \geqslant \Delta$。有些标准，给出$L$系列，并给出$Y_{额定}$。这样，直接选用$Y_{额定} \geqslant Y$的带长拉杆的复式万能膨胀节即可。

② 位移产生的力：

$$F_\tau = (K_x D_m \Delta y)/[2(L+L_b)] = K_Y \Delta y (K_y = (K_x D_m)/[2(L+L_b)]$$

③ 次固定管架所受的力和力矩：

A点：

$$F_x = 0;\ F_y = F_\tau;\ F_z = 0$$

$$L_x = L_2 + L/2;\ L_Y = L_1;\ L_z = 0;$$

$$M_x = 0;\ M_y = 0;$$

$$M_z = F_y \cdot L_x - F_x \cdot L_y = (-F_\tau)(L_2 + L/2) - 0 = -F_\tau(L_2 + L/2)$$

B点：

$$F_x = 0;\ F_y = F_\tau;\ F_z = 0;$$

$$L_x = -(L_4 + L/2);\ L_Y = -L_5;\ L_z = 0;\ M_x = 0;\ M_y = 0;$$

$$M_z = F_y \cdot L_x - F_x \cdot L_y = F_\tau[-(L_4 + L/2)] - 0 = -F_\tau(L_4 + L/2)$$

第二十七节　膨胀节性能测试

一、试验目的及规则

膨胀节是一个承受内压和位移荷载的弹性元件，不但要求其具备设计所要求的功能，而且应该能保证安全工作，显然这是十分重要的。为了考核有关的力学性能和安全性。必须进行有关的性能试验。特别是在下列情况，更有必要进行试验：

① 当新产品投产；

② 产品正式生产后因其结构、材料、工艺有较大改变且可能影响膨胀节的性能时；

③ 长期停产后恢复生产；

④ 有关部门进行制造资格认证或质量监督机构要求进行质量检查时都要做一系列的性能试验。

试验的主要项目有：耐压试验、气密试验、应力测定、刚度测定、稳定性试验、疲劳试验和爆破试验等。所有试验都应遵循国家或行业的有关标准与技术条件的要求，也可参考国外有关标准和技术条件。

二、耐压试验

膨胀节产品在出厂前，都要按规定进行耐压试验。试验的目的是检验膨胀节在超工作负荷条件下的宏观强度，检验它是否具备在设计荷载下安全运行的能力，同时，可检验膨胀节的致密性，检查材料、结构和制造工艺中可能存在的问题。耐压试验时，要求两端用盲板密封，还要将两端固定，使之在压力试验时不得伸长，一般情况下，是用坚固的拉杆拉紧两端盖。同时要测量各波间的波距。

1. 液压试验

液压试验时，试验压力按式(3.27.1)和式(3.27.2)计算，取其中的小值。

$$p_T = 1.5p[\sigma]/[\sigma]^t \tag{3.27.1}$$

$$p_T = 1.5p_{sc}E/E^t \tag{3.27.2}$$

式中　p_T——试验压力，MPa；

p——(内压或外压的)设计压力，MPa；

$[\sigma]$、$[\sigma]^t$——分别为试验温度和设计温度下波纹管材料的许用应力，MPa；

E、E^t——分别为试验和设计温度下波纹管材料的弹性模量，MPa；

p_{sc}——柱失稳极限设计压力，MPa。

进行耐压试验时，应注意检查波纹管波距的变化，在试验压力下，对于不带加强环(或稳定环)的膨胀节，受压时最大波距与受压前波距之比不得大于1.15；对于带加强环的膨胀节，受压时最大波距与受压前波距之比不得大于1.20。如果经过分析不能保证膨胀节在试验压力下波距的变化限制在规定范围内，可考虑适当降低试验压力，最后是否降压试验，须由技术负责人决定。

液压试验时，可用室温水做试验介质。对奥氏体不锈钢波纹管膨胀节，试验用水的氯离子含量应不超过25mg/L。试验时，压力应缓缓上升，当加压至设计压力后，压力应逐级增加，每级压力级差不超过试验压力的10%，一直升压至规定的试验压力，并保压10min，此时，各连接部位和焊缝处应无渗漏、无异常变形和异常的响声，并测量波距，分析波距的变化，判断其是否发生过失稳现象，并作出质量结论。试压情况及结论应及时记录在试验报告上，试验结束后，应排尽水，并擦干净膨胀节内外表面的水渍。

在耐压试验中，要注意到试验介质的温度和环境温度，因为，当试验温度低于材料的脆性转变温度时，有可能导致材料发生低应力脆断事故。为安全起见，参照TSG21《固定式压力容器安全技术监察规程》的规定，当端管、中间管和法兰为碳素钢和16MnR钢制造时，试压时的水温和环境温度不应低于5℃，当为其他低合金钢时(不包括低温用钢)，控制温度不低于15℃。其他材料制膨胀节的耐压试验温度按图样设计规定要求。

在进行耐压试验前，应进行必要的强度校核，使波纹管和有关接管的一次总体薄膜应力值不得超过所用材料在该试验温度下屈服点的90%。若强度校核不合格，由技术负责人处理，可作出降压试验的决定。在液压试验过程中，首先应将膨胀节内部充满水，排净滞留在膨胀节内的气体，静置一段时间，待膨胀节壁温与液体介质温度相同后方才升压。试验过程中，必须保持膨胀节外部表面干燥、清洁。

试验过程中所用压力表应在检验有效期内，其最大量程为试验压力的1.5～3倍。精度应符合要求，对低压情况精度不低于2.5级，对中压情况，精度不低下1.5级，并应安装在显著位置。

2. 气压试验

当膨胀节由于结构复杂，液压试验不足以反映出各点试压要求，或因其他原因不适合进行液压试验时，可考虑进行气压试验。试验压力按式(3.27.3)和式(3.27.4)计算，并取其中的较小值。

$$p_T = 1.1p[\sigma]/[\sigma]^t \tag{3.27.3}$$

$$p_T = 1.1p_{sc}E/E^t \tag{3.27.4}$$

式中符号意义同式(3.27.1)和式(3.27.2)。

进行气压试验时，现场必须有可靠的安全防护措施。进行气压试验的膨胀节，其主要焊缝应进行100%的无损探伤检测。气压试验介质一般为干燥、清洁的空气，也可以是氮气或其他惰性气体。试验温度也同样有一定要求，当接管等为碳素钢和低合金钢制膨胀节，试验用气体温度不得低于15℃，对于其他材料，则根据图样要求。

试压过程中，首先缓缓升压至规定试验压力的10%，保压5～10min，并对所有焊缝和连接部位进行初次检查，若无泄漏，可继续升压至规定试验压力的50%，若无异常情况，其后，按每级为规定试验压力的10%逐级升压到试验压力，保压10min，此间压力应保持不变，不得采用连续加压的方法维护压力，不得在有压力的情况下紧固螺栓。经肥皂液或其他方法检漏，无漏气，无可见异常变形为合格。

三、气密试验

膨胀节气密试验的主要目的是检验焊缝及各个可拆连接密封部位的致密性和密封性，以保证膨胀节在工作条件下严密不漏。在工程上，并非所有膨胀节都要进行气密性试验。根据规定，只有当工作介质为易燃易爆或为中度危害以上时，真空条件下操作且真空度大于0.085MPa时或对泄漏有特殊要求时，才进行气密试验。

易燃介质是指与空气混合的爆炸下限小于10%，或爆炸上限和下限之差值大于等于20%的气体，如甲胺、乙烷、乙烯、氯甲烷、环氧乙烷、丁烷、三甲胺、丁二烯、丁烯、丙烷、丙烯、甲烷等。中度危害介质，是指最高允许浓度为1.0～10mg/m^{3}的介质，这是根据GB 5044《职业性接触毒物危害程度分级》的规定。按规定危害程度分四级，其中中度危害为Ⅲ级，极度危害为Ⅰ级。中度危害介质如：二氧化硫、氨、一氧化碳、氯乙烯、甲醇、氧化乙烯、硫化乙烯、二硫化碳、乙炔、硫化氢等。

气密试验应在耐压试验合格后进行，若耐压试验为气压试验时，则无须进行气密试验。气密性试验压力一般取1倍的设计压力。气密试验前，应使膨胀节两端固定，防止试验时膨胀节端部移动。在试验时，压力应缓缓上升，达到规定试验压力后保压10min，不得有泄漏现象。试验介质温度应不低于5℃。

在气密试验时，可采用以下方法检查是否泄漏：

① 在焊缝、法兰等连接部位涂抹发泡剂(如用10%的肥皂水)进行检查。若有泄漏，该处会出现鼓泡。

② 沉水检查。对于尺寸不大的膨胀节，通常将其沉没于水池中检查，根据有无气泡冒出，判断是否严密。

③ 在试验气体介质中加入1%的氨气，在外壁焊缝等处贴上比焊缝宽20mm的试纸，观察有无颜色变化判断是否渗漏。例如，用酚酞试剂浸渍过的试纸遇了氨气就呈现红色。

在进行气密试验时，也要有相应的安全防护措施。

四、应力测定

对于波形膨胀节，不论是采用U形波还是Ω形波，其力学状态都是比较复杂的，为了便于工程计算，在进行力学分析时，都对计算模型进行了简化，如U形波，不同的研究者，分别将其简化成直梁、曲梁、环板模型。当然，这些模型与实际状态是有一定差别的。为了研究波纹的应力状态和最大应力点位置，对其应力进行实际测量是必要的，这种分析应力的方法，简称实验应力分析。目前应用较多的实验应力分析方法主要有光弹方法和电阻应变法。电阻应变法有精度高、数据处理简单等特点，但是只能测定构件表面的应力，所测应力也只是电阻应变片栅长范围内的平均应力值。

五、刚度测定

膨胀节的刚度反映了产生单位变形弹性反力的大小，是重要的力学性能之一。在工程上，有时要求提供较为精确的刚度值，如将膨胀节用在汽轮机上时，要求较为精确。但是，目前提供的计算式是在简化了的计算模型上推演得到的，和实际情况有一定的偏差，而且计算值皆为弹性范围内的刚度，而膨胀节的工作状态往往会进入塑性状态，因此，为了准确地掌握膨胀节的刚度特性，进行实际测定是很必要的。有时用户也要求提供较为符合实际的工作刚度。

1. 刚度测定方法

膨胀节的刚度可以在有关的材料力学试验机上进行测定，也可在有关的自制的试验机上进行测定。不管在哪种装置上测定，都要求能测定所加荷载并准确记录对应的位移，从而求得刚度。另外也可利用膨胀节的拉杆对波纹管加载，由电应变法测得加载后的应变，由应变求得拉杆上的应力，从而求得荷载值，在加载的同时，也测定波纹管产生的位移值。知道荷载和位移值，可求得刚度。

在自制的简易装置上测定刚度时，可以利用测力计或拉压力传感器测定荷载，同时用有关量具测定位移量，从而求得刚度。给出的刚度值应注明是单波刚度还是整体刚度，其单位为 N/mm。

2. 轴向工作刚度的确定

膨胀节的波纹管在弹性范围内，刚度和位移是成直线关系的，当位移较大时，波纹管进入塑性区，就不再保持直线关系了。实测刚度时，在荷载-位移曲线上表现为位移较小时的各测点连线近似为直线，当位移较大时，就超过了波纹管的弹性范围，此时各点的连线就不再是直线了，如图 3.27.1 所示。

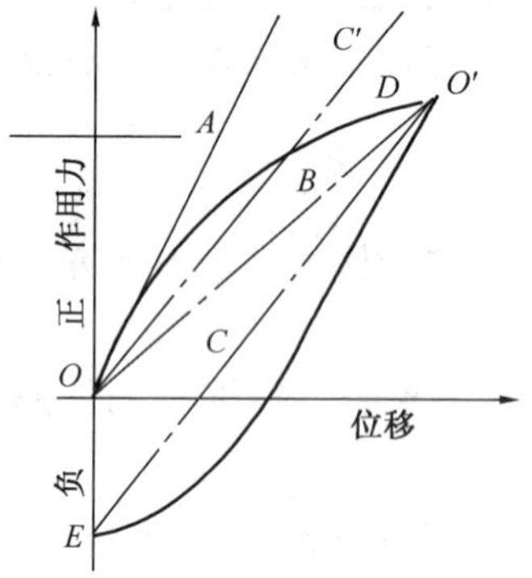

图 3.27.1 轴向工作刚度的确定

图 3.27.1 表示了波纹管轴向作用力和位移的关系，曲线 D 为轴向作用力和位移变化的实际对应关系，加载初期为直线，当位移增加到一定程度后则变为曲线。卸载时为直线，若反向进行轴向加载，可回复到初始位置，曲线 A 为按理论公式计算的结果，在位移较小时，和 D 曲线相吻合，由图可见，此时，若以 A 作为轴向刚度，则设计时给出的弹性反力会比实际大。若以连接 OO' 的 B 线作为轴向工作刚度，则设计时给出的弹性反力都比实际小。若以连接 $O'E$ 的直线 C 平移至 C' 作为轴向工作刚度，则给出的弹性反力值居于 A 和 B 之间，与实际值的偏差相对较小，但是与实际值还是有一定的出入。在工程设计中，可分析具体情况进行设计。

有些工程设计，需要准确地掌握波纹管的轴向工作刚度，此时，生产厂家应说明所提供的刚度的由来。必要时，需对实际产品进行测试，以便提供准确的荷载一位移特性。对于有角向位移与横向位移的膨胀节，也可以利用轴向工作刚度分别计算由角向位移与横向位移所引起的力矩和横向力。

六、稳定性试验

稳定试验的目的在于测定波纹管发生失稳时的临界内压值。试验中，根据波纹管的波距在内压作用下的改变量来确定是否发生了失稳。当初始均匀对称的波纹管在内压的作用下，各波纹之间不再保持平行，或相邻节圆对应点的距离出现长短不一时，即认为发生了屈曲，当内压作用所引起的最大波距与无内压时波距之比，对于无加强的波纹管超过了 1.15 倍，对于加强的波纹管超过了 1.20 倍时，则认为出现了失稳，此时对应的最大压力值即为临界压力。在试验时，应采取措施使波纹管处于平直状态，同时要使两端固定，在试验中，端部不得发生任何移动。在进行稳定性试验前应测量各波纹之间的波距。

在进行稳定性试验时，波纹管轴线可以处于水平位置，也可以处于垂直位置。但是，对于水平安装且柔度较大的波纹管，最好在水平位置进行试验。试验中不应在外部对波纹管的波纹进行任何约束，除非这种约束是膨胀节整个结构上的零部件所造成的。测定波距时，应在波纹变形最大的平面内测量。在实际测试中，膨胀节应模拟实际工况给予固定。但是，对于承受横向位移和角向位移的膨胀节，也许不能明确确定真正的失稳界线。

进行内压稳定性试验时，试验介质一般为水。加压应逐级进行，每个级间压力差不超过设计压力的15%，并应逐级分别测量波纹管各部位的波距变化和中间1～2个波的横向挠曲位移。

七、疲劳试验

当系统装置开停工操作或正常操作中的温度变化都可能引起管道及设备的热胀冷缩，从而也使波纹管产生伸缩变形。有些场合，也会因机械位移而产生伸缩变形。这些位移变化所引起的应力往往是交变应力。另外，操作压力的波动，也会引起交变应力。膨胀节在交变应力作用下就可能引起疲劳失效。对膨胀节而言因位移变化较大，所以引起的交变应力范围也较大，容易引起疲劳破坏，因此波纹管的疲劳已成为设计计算时必须认真考虑的问题。

关于膨胀节疲劳的设计计算公式或曲线，一般有两类：一类是为半经验的理论公式，如在曼森-柯芬公式基础推演而得的兰格公式就属此类。另一类是以实验数据为基础的公式或曲线，像EJMA(美国膨胀节制造商协会)标准中的计算式和曲线就属此类。根据实际应用情况来看，EJMA的计算公式和实际情况较为接近，但是各种设计公式或图线都是有一定适用条件的。同时，疲劳寿命的影响因素很多，数据也较分散，因此，为了实际考核膨胀节的抗疲劳性能或者为了检验波纹管可以承受预定的变形循环次数，进行疲劳试验是很有必要的。疲劳寿命也是考核膨胀节产品质量的一个重要指标。

1. 试件

膨胀节疲劳试验的试件，一般应是实际产品。作为试件的产品应是有代表性的合格产品。试件的波数应不小于3个，波纹的波形及制造工艺应符合有关标准要求，试验前，应全面掌握波纹管的各种参数。

2. 疲劳试验条件的决定

疲劳试验应在专用的疲劳试验机上进行，目前常用的疲劳试验机有液压式或机械式两类。对于设计温度在材料蠕变温度下的膨胀节，试验可在常温下进行。在进行疲劳试验时，波纹管内可以是常压，也可以是采用变化的压力。后者更接近于膨胀节的实际使用工况。其循环位移可以是拉压对称位移循环，也可以是从自由长度进行轴向压缩至规定值的位移循环。决定循环试验速率时，应使位移在各波间能均匀地分配为原则，一般以每分钟不超过30次为宜。疲劳试验中，当波纹管出现了穿透性裂纹时，即认为已发生疲劳破坏。此时测得的循环寿命，即为膨胀节的实际疲劳破坏寿命(次)。

在疲劳试验中各波的变形可能不一致，要注意观察各波距的变化。在进行疲劳破坏寿命计算时，可根据各波距循环位移的实际测量值和波纹管的实际尺寸进行。同时，为便于分析，也要根据图样上的名义尺寸进行计算，最后列表进行比较。

八、膨胀节的爆破试验

膨胀节有可能由于结构设计不合理，制造质量不符合有关标准要求，或操作不当等原因而引发爆破。发生爆破时，往往会给生命财产造成巨大损失，因此膨胀节发生爆破的问题，也被工程所重视。

U形波纹管在加压爆破试验过程中，形状变化很大，很不规则，而且其变形形状受长径比等参数的影响较明显，因此还没有建立较完善的爆破压力计算公式。爆破压力测定结果和计算结果见表 3.27.1。

表 3.27.1

试件号	波纹管材料	波纹形状	波纹尺寸/mm				层数	波数	爆破压力/MPa	
			内径	波高	波距	一层名义厚度			计算值	实测值
1	0Cr18Ni9Ti	U	219	37.5	42.5	0.5	2	5	9.25	8.6
2	1Cr18Ni9Ti	U	192	25.5	22	0.50	1	9	6.7	5.4

注：1 号试件材料 σ_b=630MPa；2 号试件材料 σ_b=600MPa。

第二十八节　容器管口允许受力(力矩)与分析

一、设备管口的允许推力和力矩的概念

所有对荷载敏感的设备(如泵、压缩机、透平、一般压力容器、大型储罐等)，都能够承受一定限度的强制力和力矩。针对不同的项目，都会制定相应的设备管口荷载评判规定。实际的强制荷载通常不应超过执行规定或通用规范的许用值，除非接收到设备制造商的许可。

设备管口的荷载通常可以被尽量降低，但无法被消除。即便使用膨胀节，管口荷载也是不可避免的。非限制性波纹管将会在管道系统中产生额外的内压推力，该内压推力只能被两端的设备及支架吸收。本节主要讨论容器静设备的管口允许推力和力矩。

静设备一般包括塔器、压力容器、储槽、换热器等。管道将力和力矩作用于静设备时，容器壁将产生变形。压力容器管口的允许推力和力矩应由压力容器设计单位提出，否则，管道施加在压力容器的力和力矩应由压力容器设计单位确认。

美国焊接委员会(WRC)107、297 和 368 公报提供了一个校核接管与设备连接处的应力的经验算法。WRC107、297 主要用来校核外载荷对接管连接处的应力，WRC368 提供了一个方法校核压力及压力推力对接管与设备连接处的应力。容器管口弯曲刚度计算方法还有很多，例如 San Kannappan 的方法。

一般规定仅能就静设备的接管口处(包括筒体或壳体)的许用荷载(力和力矩)作出限定，成套设备的内部接管口，设备的非接管形式管口一般都应由制造厂提供具体的许用荷载。连接在容器等静设备上的管道在容器上产生的薄膜应力和弯曲应力，可根据 ASMEⅧ-2 评估，精确结果可用有限元分析法。

笔者见到多起静设备管口失效现象，管道专业与有关方之间的管口受力确认非常重要。

二、影响容器管口受力的因素

容器的接管口许用荷载大小与设备壁厚、设备直径、壳体开孔形式、管口补强、接管壁厚，甚至设备压力和材料温度都有一定关系。无论采用何种校核表，都需要根据具体情况，依据以上参数加以换算。但无论设备能够允许的管口荷载是多少，都应低于接管口法兰面泄漏荷载。

三、静设备容器管口许用荷载

静设备管口应该承受多大的荷载？这个荷载力既要满足设备专业也要满足管道专业的合

理、经济、安全设计。如果要求管道荷载力接近 0，或者要求设备可以承受无穷大荷载都是不可取的。各工程公司常制定管口许用荷载标准，用于定义静设备管口的许用荷载。

笔者曾遇到某压力容器设计人返回的设计条件说，他设计的设备管口许用荷载是 0，并且球罐立柱上不能支承任何管道，当然这种说法是错误的。

例如，按管口的口径、温度、压力分类、法兰等级，将不同管径、温度的管道允许的受力列成表格，要求管道及设备两个专业共同遵循，只要管口受力不超出表列数值，管道专业就不用向设备专业提受力条件，设备专业在设计时应自行考虑表列的荷载，有利于设计进度，也是被大多数工程公司所采用。

通常许用荷载点设在接管口的法兰面处。静设备容器管口许用荷载包括三个方向的力和力矩，通常管口轴向力 P 以及两个弯矩 M_L 和 M_C 是最主要的评定条件，如图 3.28.1 所示。

四、Sam Kannappan 容器管口弯曲刚度计算

① 如图 3.28.2 所示，平面内弯矩 M_i（指施加该弯矩后管道轴线与容器轴线形成的平面仍然保持平行），平面外弯矩 M_o（指施加该弯矩后管道将偏离其轴线与容器轴线形成的平面），两个方向的弯矩最容易使容器壁产生变形。

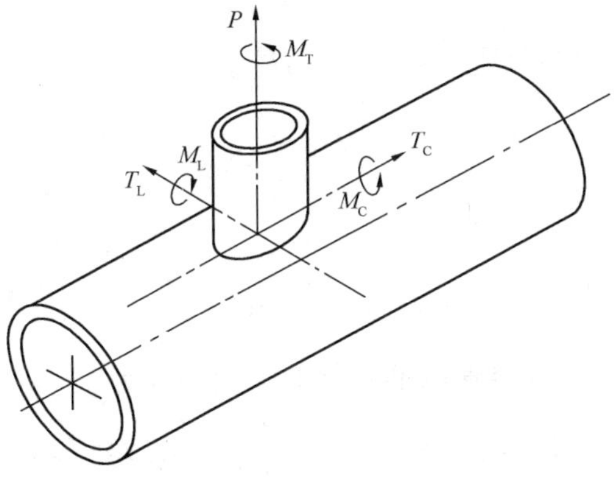

图 3.28.1 静设备的接管口许用荷载

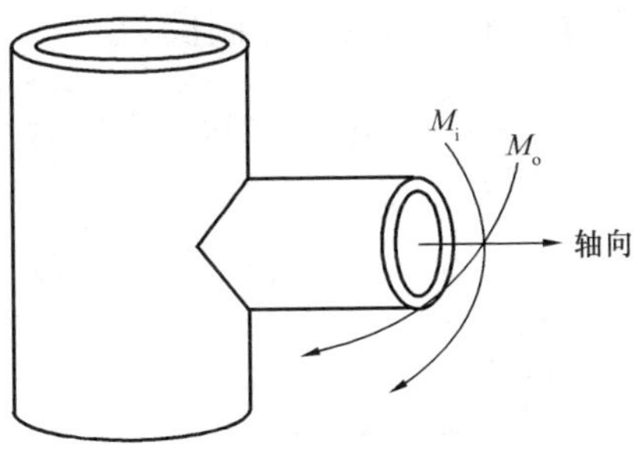

图 3.28.2 容器管口的弯矩

容器管口的柔性，不能缓解与重力和压力等相对应的一次荷载，能缓解由热膨胀和端点位移等引起的二次荷载。

② 弯矩作用下的容器管口弯曲刚度可按下式计算：

$$K_w = 1.745 \times 10^{-5} \frac{EI}{D_o k} \tag{3.28.1}$$

式中 K_w——平面内或平面外的弯曲刚度，N·m/(°)；

E——安装状态的弹性模量，MPa；

I——管道截面惯性矩，mm^4；

D_o——管道外径，mm；

k——柔性因子。

③ 柔性因子 k 按下式计算：

$$k = C\left(\frac{D}{T}\right)^{\frac{2}{3}} \times \frac{t}{T} \times \frac{D_o}{D} \tag{3.28.2}$$

式中 C——系数，平面内弯曲取 0.09，平面外弯曲取 0.27；

D——容器外径，mm；

t——管道壁厚，mm；

T——容器壁厚，mm。

④ 如果容器存在补强，应在容器壁厚中加入补强厚度。上述方法的适用条件是管口外径不大于容器外径的1/3。另外，此方法不适用于转动机器管口受力分析。

五、容器管口弯曲刚度计算实例

已知容器外径为3000mm，壁厚为20mm，管道外径为920mm，壁厚为13mm，弹性模量为2.06×10^5MPa。计算容器管口平面内和平面外的弯曲刚度。

解：管道的截面惯性矩为

$$I=\frac{\pi}{64}(D_o^4-D_i^4)=\frac{\pi}{64}[920^4-(920-2\times13)^4]=3.81\times10^9\text{mm}^4$$

平面内弯曲的柔性因子为

$$k_i=0.09\times\left(\frac{3000}{20}\right)^{\frac{3}{2}}\times\frac{13}{20}\times\frac{920}{3000}=32.95$$

平面外弯曲的柔性因子为

$$k_o=0.27\times\left(\frac{3000}{20}\right)^{\frac{3}{2}}\times\frac{13}{20}\times\frac{920}{3000}=98.87$$

容器管口平面内的弯曲刚度为

$$K_w=1.745\times10^{-5}\frac{EI}{D_ok_i}=1.745\times10^{-5}\times$$

$$\frac{2.06\times10^5\times3.81\times10^9}{920\times32.95}=4.518\times10^5\text{N}\cdot\text{m/度}$$

容器管口平面外的弯曲刚度为

$$K_w=1.745\times10^{-5}\frac{EI}{D_ok_o}=1.745\times10^{-5}\times$$

$$\frac{2.06\times10^5\times3.81\times10^9}{920\times98.87}$$

$$=1.506\times10^5\text{N}\cdot\text{m/(°)}$$

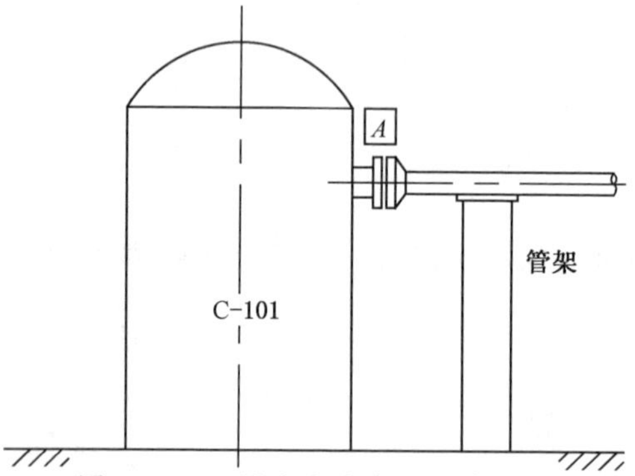

图3.28.3 没有考虑容器沉降造成管口受力超限法兰泄漏事故实例

六、没有考虑容器沉降造成管口受力超限法兰泄漏事故实例

如图3.28.3所示设计中，没有考虑容器沉降，当容器建成后，整个容器C-101正常向下沉降16mm，造成管口A处的法兰受力2.0×10^5kN，法兰泄漏，给整个新建工程造成严重事故。

七、WRC 368对设备管口应力计算与工程应用

WRC 368主要考虑两种载荷的影响，一个是内压引起的表面应力，另一个是压力推力。

压力推力是由于内部压力引起的作用在接管与设备连接处的载荷，图3.28.4所示典型的设备管口连接示意图。设设备和管道的内压为p，接管的内截面面积为A，因此内压产生的载荷pA将直接作用于弯头上，方向远离接管，与之平衡的载荷(pA)实际是作用于筒体壁上，方向与接管方向相反，但作用于设备上的平衡力被设备基础抵消，因此不需要考虑该

平衡力的影响。

管道与设备连接处可模拟成两端串联的两个带刚度的弹簧，一个是接管与设备固定点之间的弹簧，另一个是接管外系统与接管之间的弹簧，如图 3.28.5 所示。

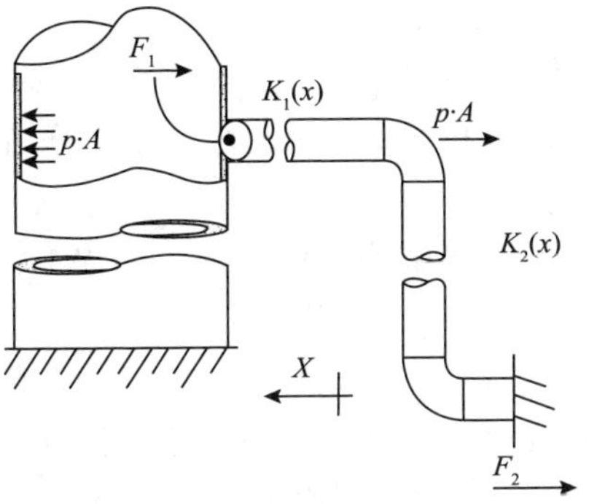

图 3.28.4 设备管口连接示意图

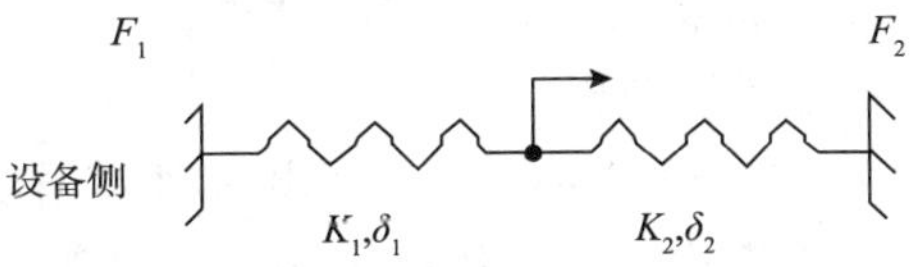

图 3.28.5 管道与设备连接的应力模拟

力 F 是两个弹簧力 F_1 和 F_2 之间的平衡力，则

$$F = F_1 + F_2$$

弹簧刚度 K 和位移 δ 的关系如下：

$$K_1 = F_1/\delta_1$$

$$K_2 = F_2/\delta_2$$

因此：

$$F = \delta_1 K_1 + \delta_2 K_2$$

由于 $\delta_1 = \delta_2$，统一表示为 δ：

因此

$$F = \delta(K_1 + K_2)$$

$$\delta = F/(K_1 + K_2)$$

因此设备-接管连接处的压力推力载荷为：

$$F_1 = FK_1/(K_1 + K_2)$$

如果应用载荷一端的管道系统是刚性的，如增加一个固定架，这时候压力推力将完全被固定支架吸收，管道将承受非常小的轴向力。当 K_2 非常大时，F_1 就非常小。如果弹簧 2 代表管道系统的柔性(膨胀弯的作用)，这时候接管将承受更多的压力载荷，因此在校核时需要恰当的考虑压力推力的作用。另外，如果是一个带法兰盖的接管，此时接管将承受全部的压力推力载荷，在这种情况下，必须考虑全部压力推力的影响。

八、WRC 107、WRC 297、EN 13445、PD5500、有限元法局部应力分析与工程应用

局部应力分析贯穿于整个管道应力分析及压力容器的设计分析工作当中。理解局部应力在管道及设备当中的成因和影响，对分析设计工作至关重要。

管道应力分析采用的是梁单元有限元法来分析。但是大口径薄壁管道的应力分析比较特殊，其管道单元属性已经超过梁单元定义范围，其既具备梁单元属性也具备壳单元属性，这些管道的柔性设计往往只能保证管道自身强度，对于管口、弯头等局部失效无法进行更为精确的强度评定。这些管件在管道应力分析中所使用的常规计算方法已不适用，需要采用 WRC 107、WRC 297(美国焊接研究委员会第 107 号公报及其增补 297 公报)、有限元等方法进行局部应力校核。

压力容器在外部集中力、风载、地震等作用下可能导致管口、支承件与壳体局部连接处失效，应采用 WRC 107、WRC 297、PD5500、有限元法等来进行局部应力分析。

对于薄壁管结构，起决定作用的是接管上的表面应力。WRC 107 和 EN 13445 两种方法均不适用于薄壁管结构，计算结果是不可靠的。

接管壁厚与筒体壁厚相当时，起控制作用的是筒体上的表面应力。WRC 107 方法算得的表面应力与有限元方法的结果最为接近，WRC 297 方法和 EN 13445 方法的计算结果都比有限元方法的结果保守。

当接管壁厚大于筒体壁厚时，WRC 107 方法的结果可能是偏不安全的。而 WRC 297 和 EN 13445 方法将得到较保守的结果。

1. 标准适用范围

WRC 107 和 WRC 297 给出了外载作用下壳体局部应力的计算原则及其计算公式。WRC 107 未考虑介质内压的影响，在计算局部应力时，对于实心附件，一般额外叠加壳体的整体膜应力；对于空心附件，还需要叠加由结构不连续引发的附加应力。

WRC 107：①筒体上的实心圆柱体、矩形附件和方形附件受外加机械载荷。②球壳上的接管、实心圆柱体和方形附件受外加机械载荷。③筒体与圆柱体连接结构的适用直径比 $d/D \leqslant 0.5$(HG 20583 上球壳与接管连接结构的适用直径比 $d/D \leqslant 0.5$)。④球壳与接管连接结构的适用直径比 $d/D \leqslant 0.375$。

WRC 297：WRC 297 是 WRC 107 的增补，与 WRC 107 起到相互补充的作用。WRC 107 以球壳或柱壳上的圆形或方形实心体为基本力学模型，因而能够计算附近有支座、接管作用下筒体的局部应力，但是不能计算圆形空心附件(接管)的局部应力。WRC 297 则以球壳或柱壳上开孔的圆形空心元件作为基本力学模型，因此可以计算连接处筒体周围的局部应力(这一部分与 WRC 107 基本相同)，以及接管上的局部应力。与 WRC 107 相同的，WRC 297 遵循 ASME Ⅷ-2 中对应力进行分类的原理，在外载荷及介质压力作用下，在局部四个点产生薄膜应力、弯曲应力、剪切应力等。对于接管局部应力的计算，由于不考虑接管和筒体连接处引发的应力集中，因此不计算附加峰值应力。WRC 297 适用范围具体包括：①筒体上接管受到外加机械载荷。②接管与筒体的直径比 $d/D \leqslant 0.5$。

EN 13445：局部应力计算方法，其适用范围：球壳与接管连接结构 $0.001 \leqslant d_e/R \leqslant 0.1$，筒体与接管连接结构 $0.001 \leqslant d_e/D \leqslant 0.1$。

尽管 WRC 107、WRC 297 及其他标准提供了局部应力的计算方法，但是两者并非万能，存在一定的应用局限性，在某些条件下计算结果与实际相差较大。

WRC 107 局限性包括：①不能进行接管补强板的详细分析，只能通过增大补强面积来进行近似计算。②不能计算非标准形式下的局部应力(例如斜接管、非径向接管等)。③不能计算设备顶部接管及偏移接管形式下的局部应力。④仅计算连接处筒体内外平面的 8 个点的局部应力，不能考虑完整情况。⑤不能全面而精确的考虑介质内压与外载荷的合成应力。

WRC 297 具有 WRC 107 的一些限制条件，另外：①当连接区域的接管壁厚小于补强壁厚时，其局部应力计算值可能过于保守。②WRC 107 和 WRC 297 具有不同的计算结果。通常 WRC 107 用于计算局部应力，WRC 297 通常用于计算柔性。

WRC 107 和 WRC 297 为外载荷(不包括内压)作用下的局部应力计算提供了一个粗略的方法，其结果在一定范围内是准确的，超出了这个范围，应该使用有限元分析软件进行求解。

2. 应力计算的比较。

应力计算的比较见表 3.28.1。

表 3.28.1 局部应力计算的比较

	WRC 107	WRC 297	EN 13445
管子上膜应力的计算	没有给出管子上膜应力计算方法	计算结果在绝大多数情况下小于有限元方法的结果	计算结果实际上是接管在弯矩作用下一般部位上的轴向弯曲应力(在圆周上的任意点处，应力沿壁厚方向是均布的)。计算结果没有考虑结构不连续产生的边缘应力
管子上表面应力的计算	没有给出管子上的表面应力计算方法	除非接管壁厚比壳体壁厚大很多，该方法的计算结果在绝大多数情况下总是大于有限元方法的结果	没有给出严格意义上的管子上的表面应力计算方法
壳体上薄膜应力的计算	薄壁管结构或接管壁厚与筒体壁厚相当时，膜应力计算结果偏小；仅当接管壁厚大于筒体壁厚时，计算结果才偏安全	不能得到确定的结论，但得到的膜应力或接近，或大于有限元方法的结果	将有限元方法得到的膜应力除以 1.5 倍许用应力后与 EN 13445 方法得到的载荷比相比，EN 13445 方法的结果其安全裕量总是大于有限元方法的结果
壳体上表面应力的计算	薄壁管结构，该方法的计算结果偏小；当接管壁厚与筒体壁厚相当或接管壁厚大于筒体壁厚时，在弯矩作用下，计算结果偏安全，在轴向力作用下，计算结果也偏小	计算结果在绝大多数情况下大于有限元方法的结果	计算结果总是大于有限元方法的结果；在弯矩作用工况下，该方法与有限元方法的结果之比有可能大于 2.0

第二十九节 离心泵管口允许受力(力矩)与分析

一、敏感转动设备管口的许用荷载应力分析与工程应用

敏感转动设备的管口许用荷载控制较严格，需考虑强度和变形的因素，例如离心泵、离心式压缩机、汽轮机等在高速运转过程中由于管口受力过大，可能会造成轴承变形超出允许范围，对细微的轴承或者壳体变形将会引起离心力的不对称，造成卡死，引起设备振动加剧，噪声变大，甚至损坏。

这些敏感设备遵循的制造规范所列出的许用荷载应力数值是对设备制造商的最低要求，这些许用荷载应力数值是制造商协会制定的，将这些数值制定地偏小了很多，这对管道布置是非常不利的，也是不现实的。如果一味使得管道受力满足制造商的条件，即使保护了设备，管道系统出现问题的概率也将会加大，付出的代价也是沉重的。其实这些敏感设备可以承受更大的受力而正常运行。这些敏感设备不能承受更大的受力，为了使这些设备承受 2 倍或者 3 倍的标准许用荷载应力数值而增加的制造成本，相对于管道系统的成本仍然是很低的。因此，增加敏感设备许用荷载应力数值的倍数是被大多数工程公司执行。

二、离心泵分类

离心泵分类如表 3.29.1 所示。

表 3.29.1 离 心 泵 分 类

离心泵	悬臂式	挠性联轴器传动	卧式	底脚安装式	OH1
				中心线支承式	OH2
			带轴承座的立式管道泵		OH3
		刚性联轴器传动	立式管道泵		OH4
		共轴式	立式管道泵		OH5
			与高速齿轮合成一整体的泵		OH6
	两端支承式	单级和两级	轴向剖分式		BB1
			径向剖分式		BB2
		多级	轴向剖分式		BB3
			径向剖分式	单层壳体式	BB4
				双层壳体式	BB5
	立式悬吊式	单层壳体式	通过立式排液管排出	导流壳式	VS1
				蜗壳式	VS2
				轴流式	VS3
			独立排液管	长轴式	VS4
				悬臂式	VS5
		双层壳体式	导流壳式		VS6
			蜗壳式		VS7

三、离心泵典型外形图(图 3.29.1)

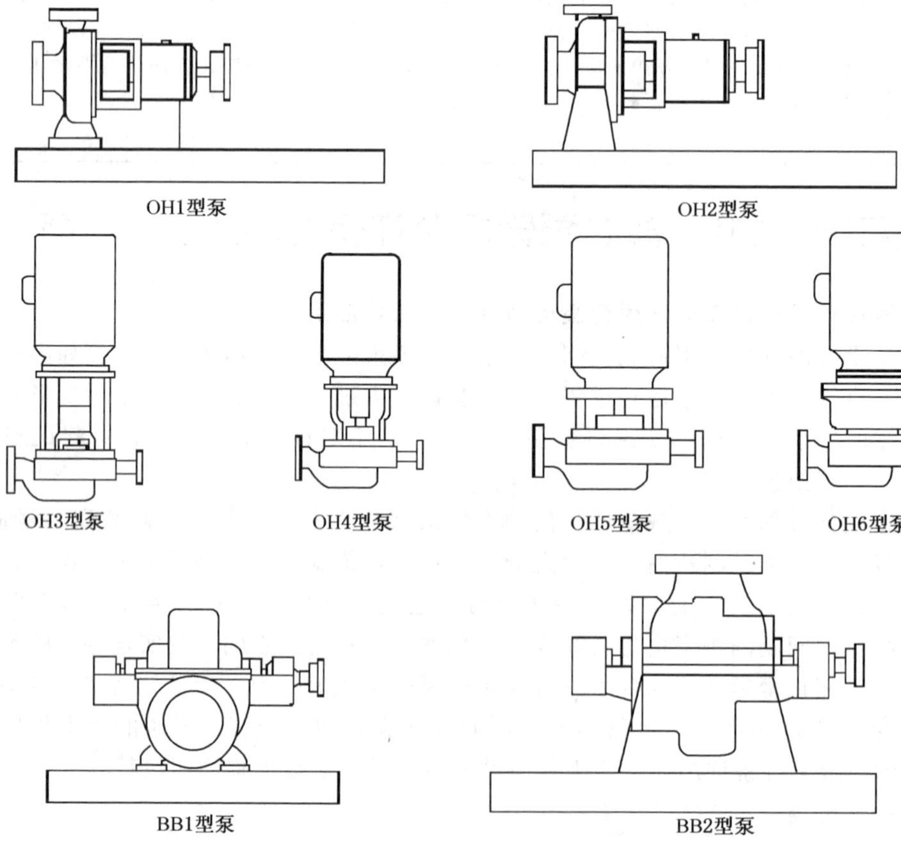

图 3.29.1 离心泵典型图

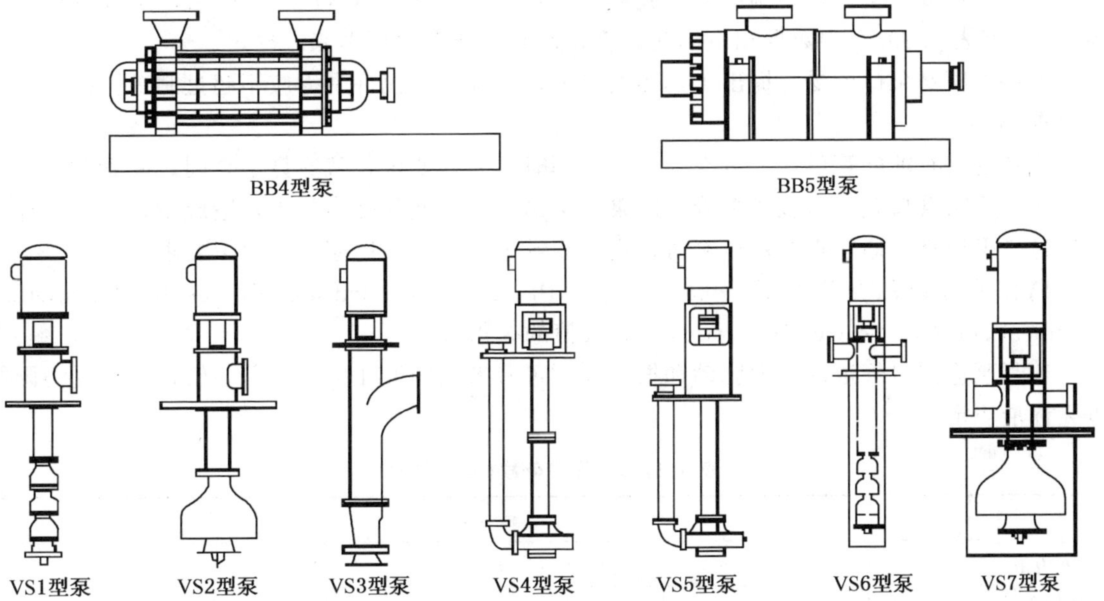

图 3.29.1 离心泵典型图(续)

四、泵管道应力的简单分析和详细分析方法的确定

泵属回转机械，过大的外力会造成泵轴和壳体的变形以及振动和噪声，甚至毁坏设备，因此泵管道应进行应力分析。根据管道尺寸和操作温度可将泵管道应力分析分为简单分析和详细分析。下列泵管道可不进行详细应力分析：

① 按运行良好的装置复制的管道，或在系统中没有作重大变动而且有满意的运行记录的更换管道；

② 与以前分析过的管道相比，能确认具有足够柔性的管道。

泵管道应力分析时应遵循下列分析原则：

① 应力分析后的泵口外力应满足受力(力矩)要求；

② 应力分析提出的任何管道方面的修改应符合工艺要求；

③ 在满足泵口受力要求的前提下，力求管道布置简捷，减少不必要的弯头；

④ 除工艺流程明确要求使用膨胀节(波形补偿器)外，采用膨胀节补偿方式应慎重。只有在工艺条件允许使用(即膨胀节本身能满足工艺条件)的前提下，下列情况方可采用膨胀节补偿方式：

A. 设备间距小，直接相连柔度不足，又无法采用其他布置形式；

B. 为追求最小压降；

C. 自然补偿无法进一步减小泵口受力；

D. 采用膨胀节比自然补偿更为经济。

五、离心泵、往复泵的泵口的允许受力(力矩)

钢和合金钢卧式泵以及底座和立式悬吊泵，应设计成在承受表 3.29.2(表 3.29.3)中的力和力矩时有令人满意的性能。对卧式泵，考虑了管口荷载的两种影响，泵壳的变形以及泵和驱动机轴的不对中。

立式管道泵侧面管口允许的力和力矩应是表 3.29.2(表 3.29.3)中荷载值的 2 倍。

对于非钢或合金钢材料制成的泵壳或者管口大于 $DN400$($NPS16$)的泵，卖方应提供与表 3.29.2(表 3.29.3)中数据相应的允许管口荷载，或者由买卖双方确定。

如制造厂对泵口的受力提出了具体的要求，其泵口的允许受力应不超过制造厂提出的受力要求。

笔者遇到有的配管设计人员在与厂家谈判时，未提要求，就签订了合同。配管时只能完全按照泵厂家管口允许荷载做配管，因泵厂家给的管口允许受力偏小，造成配管柔性设计不易通过，很被动。通常在技术谈判时，配管设计人员需向泵厂家提出以下要求：

离心泵管口的允许荷载一般不小于 API 610——Centrifugal Pumps for Petroleum, Chemical and Gas Service Industries 规定数值的 3 倍。

往复泵进出口管道的压力脉动和振动控制可参考 API 674 的方法二，管口允许受力限制也无标准规定。

表 3.29.2 管口荷载(公制单位)

力和力矩坐标系	公制单位								
	泵口公称直径/mm								
	50	80	100	150	200	250	300	350	400
	力(N)或力矩(N·m)								
每个顶部管口部									
F_X	710	1070	1420	2490	3780	5340	6670	7120	8450
F_Y	580	890	1160	2050	3110	4450	5340	5780	6670
F_Z	890	1330	1780	3110	4890	6670	8000	8900	10230
F_R	1280	1930	2560	4480	6920	9630	11700	12780	14850
每个侧面管口									
F_X	710	1070	1420	2490	3780	5340	6670	7120	8450
F_Y	890	1330	1780	3110	4890	6670	8000	8900	10230
F_Z	580	890	1160	2050	3110	4450	5340	5780	6670
F_R	1280	1930	2560	4480	6920	9630	11700	12780	14850
每个端部管口									
F_X	890	1330	1780	3110	4890	6670	8000	8900	10230
F_Y	710	1070	1420	2490	3780	5340	6670	7120	8450
F_Z	580	890	1160	2050	3110	4450	5340	5780	6670
F_R	1280	1930	2560	4480	6920	9630	11700	12780	14850
每个管口									
M_X	460	950	1330	2300	3530	5020	6100	6370	7320
M_Y	230	470	680	1180	1760	2440	2980	3120	3660
M_Z	350	720	1000	1760	2580	3800	4610	4750	5420
M_R	630	1280	1800	3130	4710	6750	8210	8540	9820

注：1. 管口荷载的方向参见图 3.29.2。按 API 610 以 Z 轴正方向垂直向上，而 SH/T 3041 中以 Y 轴正方向垂直向上。

2. 以上所示每一数值表示从负的此数值到正的数值的一个范围，如 710 表示的范围是从-710 至+710。

3. 本表数值取自 API 610。

4. F—力，N；M—力矩，N·m；R—合成值。

表 3.29.3　管口荷载(英制单位)

力/力矩	管口法兰的名义口径(NPS)/in								
	2	3	4	6	8	10	12	14	16
每个顶部管口									
F_X	160	240	320	560	850	1200	1500	1600	1900
F_Y	130	200	260	460	700	1000	1200	1300	1500
F_Z	200	300	400	700	1100	1500	1800	2000	2300
F_R	290	430	570	1010	1560	2200	2600	2900	3300
每个侧面管口									
F_X	160	240	320	560	850	1200	1500	1600	1900
F_Y	200	300	400	700	1100	1500	1800	2000	2300
F_Z	130	200	260	460	700	1000	1200	1300	1500
F_R	290	430	570	1010	1560	2200	2600	2900	3300
每个端部管口									
F_X	200	300	400	700	1100	1500	1800	2000	2300
F_Y	160	240	320	560	850	1200	1500	1600	1900
F_Z	130	200	260	460	700	1000	1200	1300	1500
F_R	290	430	570	1010	1560	2200	2600	2900	3300
每个管口									
M_X	340	700	980	1700	2600	3700	4500	4700	5400
M_Y	170	350	500	870	1300	1800	2200	2300	2700
M_Z	260	530	740	1300	1900	2800	3400	3500	4000
M_R	460	950	1330	2310	3500	5000	6100	6300	7200

注：1. 管口荷载的方向参见图 3.29.2。按 API 610 以 Z 轴正方向垂直向上，而 SH/T 3041 中以 Y 轴正方向垂直向上。

2. 以上所示每一数值表示从负的此数值到正的数值的一个范围，如 160 表示的范围是从 -160 至 +160。

六、离心泵接管管道应力计算机分析要点

① 计算工况应有工艺和配管专业提出，计算输入数据应以工艺和配管专业提供的数据为依据；

② 弯管支吊架在弯管弧线上的位置应该准确输入；

③ 泵口附近的弹簧支吊架应在假定所有泵同时工作的情况下选取；

④ 弯管支托的假管部分应模拟输入；

⑤ 支架的摩擦力不应忽略。

七、减小泵口受力的有效途径

① 合理设置支吊架位置，尽可能保持整个管道的重量平衡；

② 阀门附近设置支吊架；

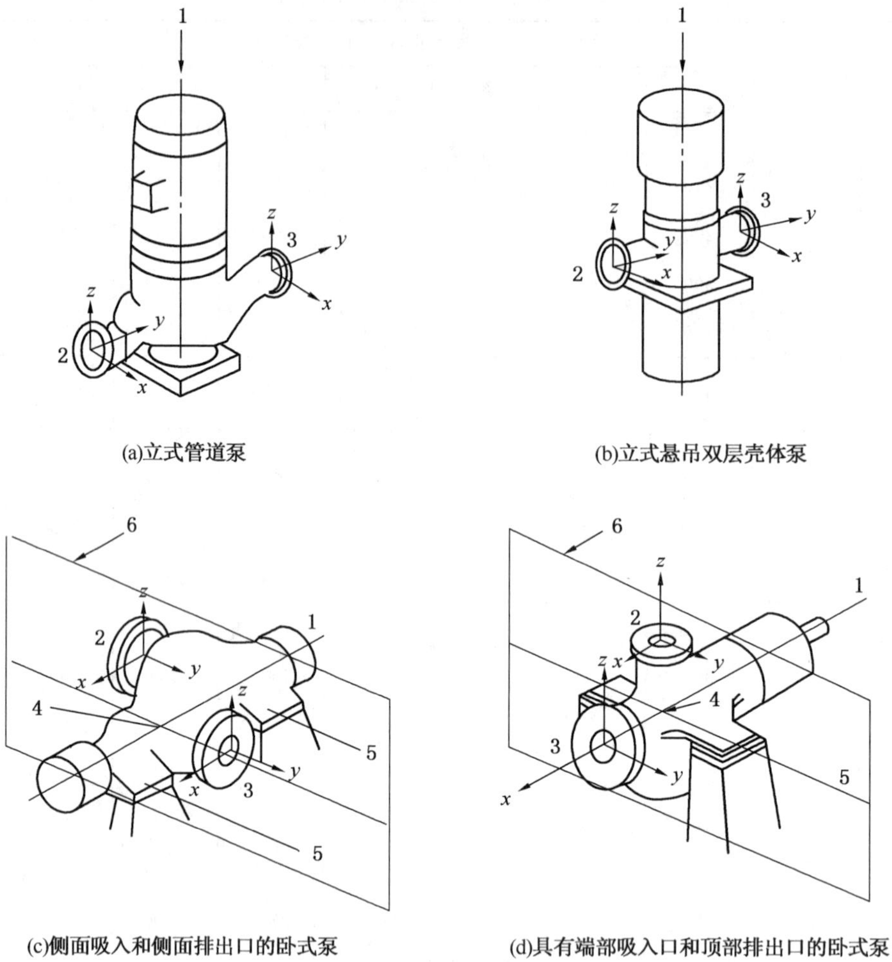

图 3.29.2 力和力矩坐标系

1—轴中心线；2—排出口；3—吸入口；4—泵中心；5—支座中心线；6—垂直平面

③ 泵口附近选用弹簧支吊架；

④ 两台或多台泵并排放置时，泵间管道产生的热胀推力(力矩)往往是使泵受力超标的主要原因，此时，可设法增加泵间管道的柔性；

⑤ 在适当位置设置限位架以阻止较远管道对泵的作用；

⑥ 适当加大端部或侧部管口与支架或弯管支托之间的距离，以减小泵口与支承之间发生下位移时所产生的力和力矩；

⑦ 在保证足够支承强度的情况下，泵附近的弯管支托采用较小管子；

⑧ 摩擦力的影响较大时采用吊架；

⑨ 采用金属波纹管膨胀节。

八、离心泵管道的柔性设计实例

离心泵管道的柔性设计进行离心泵管道的设计时，必须使其进出口管道具有足够的柔性，以减小管道作用于泵管口处的力和力矩。图 3.29.3 是泵出口管道布置的一个例子，图中 A、B 两台泵互为备用。

为使泵管口受力尽可能小，在阀门附近(如图 3.29.3 中的 c、d 点)设置支吊架，避免阀门重量作用于泵管口处。

靠近泵管口处的支吊点如存在垂直位移，应考虑选用弹簧支吊架，使热态时支吊架不会脱空，仍能承受管道荷载。图 3.29.5 中的 c、d 点采用弹簧吊架就是为了解决这一问题。如果 g 点采用刚性支架使泵管口热态受力较大，也可考虑采用弹簧支架。

在管系中的对称位置附近设置限位或导向支架(例如图 3.29.3 中 g 点的导向支架)，其作用是承受远端管道的水平推力，避免作用于泵管口处。

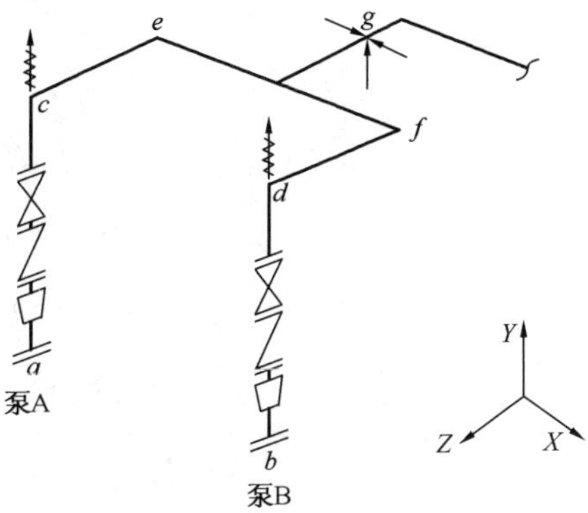

图 3.29.3　离心泵管道实例

当多台泵并列布置时，泵间管道(例如图 3.29.3 中，ef 段)热膨胀产生的作用力往往是泵口受力超标的重要原因。如果由于这一原因使泵口受力不能满足要求时，则应考虑增加与连接段相垂直的管道长度以吸收连接段的热膨胀。图 3.39.3 中的 ce 段和 df 段就是为了吸收 ef 段的热膨胀。

对于离心泵管道，除工艺流程明确要求使用金属波纹管膨胀节外，采用膨胀节补偿方式应慎重，只有在工艺条件允许的前提下才能使用，并且一般应满足下列条件：

① 设备间距小，直接相连管系柔性不足，又无法采用其他布置形式；

② 为追求最小压降；

③ 自然补偿无法进一步减小泵口受力；

④ 采用膨胀节比自然补偿更为经济。

九、卧式泵泵口受力计算准则

作用在每个泵口法兰上的各个分力和分力矩不超过表 3.29.3 所示值的 2 倍。

作用在每个泵口法兰上的合成外加力(FRS_A、FRD_A)和合成外加力矩(MRS_A、MRD_A)应当满足适当的相互作用方程式[式(3.29.1)和式(3.29.2)]。

$$(FRS_A\sqrt{1.5FRS_{T2}})+(MRS\sqrt{1.5MRS_{T2}})\leqslant 2 \tag{3.29.1}$$

$$(FRD_A\sqrt{1.5FRD_{T2}})+(MRD\sqrt{1.5MRD_{T2}})\leqslant 2 \tag{3.29.2}$$

作用在每个泵口法兰上的外加分力和分力矩必须平移到该泵的中心。外加的合力(FRC_A)的大小、外加合力矩(MRC_A)的大小以及外加的力矩的大小应当受制于式(3.29.3)、式(3.29.4)和式(3.29.5)(在计算这些方程式时应当采用右手法则)。

$$FRC_A < 1.5(FRS_{T2}+FRD_{T2}) \tag{3.29.3}$$

$$MYC_A < 2.0(MYS_{T2}+MYD_{T2})^{0.5} \tag{3.29.4}$$

$$MRC_A < 1.5(MRS_{T2}+MRD_{T2}) \tag{3.29.5}$$

式中

$$FRC_A=[(FXC_A)^2+(FYC_A)^2+(FZC_A)^2]^{0.5}$$

$$FXC_A=FXS_A+FXD_A$$

$$FYC_A=FYS_A+FYD_A$$

$$FZC_A = FZS_A + FZD_A$$

$$MRC_A = [(MXC_A)^2 + (MYC_A)^2 + (MZC_A)^2]^{0.5}$$

$$MXC_A = MXS_A + MXD_A - [(FYS_A)(zS) + (FYD_A)(zD) - (FZS_A)(yS) - (FZD_A)(yD)]/1000$$

$$MYC_A = MYS_A + MYD_A + [(FXS_A)(zS) + (FXD_A)(zD) - (FZS_A)(xS) - (FZD_A)(xD)]/1000$$

$$MZC_A = MZS_A + MZD_A - [(FXS_A)(yS) + (FXD_A)(yD) - (FYS_A)(xS) - (FYD_A)(xD)]/1000$$

注：如果采用英制单位，常数1000必须改换成12。这一常数是mm变换成m或in变换成ft的换算系数。

造成泵口荷载超出允许的限度的管道布置，必须由买卖双方共同批准。

十、立式泵泵口受力计算准则

立式管道泵仅只依靠联接管路来支承的立式管道泵可以承受超出表3.29.3所示值2倍以上的管道负荷，条件是这些负荷在两个泵口中任何一个泵口上都不致引起超过41MPa(5950psi)的主应力。为供计算用，泵口的剖面特点应当以"40壁厚系列"管为准("40壁厚系列"管的名义口径等于相当的泵口径)。可以用式(3.29.6)、式(3.29.7)和式(3.29.8)[或者式(3.29.9)、式(3.29.10)和式(3.29.11)]来分别计算泵口上的主应力、纵向应力、剪切应力。

$$p = (\sigma/2) + (\sigma^2/4 + \tau^2)^{0.5} < 41\text{MPa} \tag{3.29.6}$$

$$\sigma = [1.27FY/(D_n^2 - D_i^2)] + [1.02 \times 10^4 D_o(MX^2 + MZ^2)^{0.5}]/(D_o^4 - D_i^4) \tag{3.29.7}$$

$$\tau = [1.27(FX^2 + FZ^2)^{0.5}]/(D_o^3 - D_i^2) + [0.51 \times 10^4 D_o(MY)]/(D_o^4 - D_i^4) \tag{3.29.8}$$

对于英制单位，用下列公式：

$$p = (\sigma/2) + (\sigma^2/4 + \tau^2)^{0.5} < 5950 \tag{3.29.9}$$

$$\sigma = [1.27FY/(D_o^2 - D_i^2)] + [122D_o(MX^2 + MZ^2)^{0.5}]/(D_o^4 - D_i^4) \tag{3.29.10}$$

$$\tau = [1.27(FX^2 + FZ^2)^{0.5}]/(D_o^2 - D_i^2) + [61D_o(MY)]/(D_o^4 - D_i^4) \tag{3.29.11}$$

注：FX、FY、FZ、MX、MY和MZ代表作用在吸入口或出口上的外加负荷，后缀S_A和D_A已被删略以便简化公式。如果外加负荷使泵口受拉伸，则FY的符号为"正"；如果负荷使泵口受压缩，则符号为"负"。必须查看外加于泵口的负荷以便确定泵口究竟是受"拉伸"还是受"压缩"。在式(3.29.8)中应当用MY的绝对值。

十一、泵的柔性分析与管架设置工程应用实例

某泵的入口管线为水平与泵口连接时，泵口以下的泵体会因较高的温度而产生热膨胀，滑动支架靠近泵口过近，柔性分析不能通过。在节点 20 和 65 处是一承重架，从图 3.29.4 的结果中可知：在泵入口节点 5 和 80 上的荷载较大（*MY*，*FX*）。

分析调整应力分析的结果，除了通过改变管道走向外，还可以通过调整支架位置、约束型式等方式。当管线走向受空间不能随意改变时，可以通过用支架形式和位置的调整来改善应力和设备口的荷载。现在我们在节点 20 和 65 处各加一个导向架（*X* 向约束），见图 3.29.5，这时从图 3.29.5 结果中可以得出，在泵入口节点 5 和 80 上的荷载已下降。

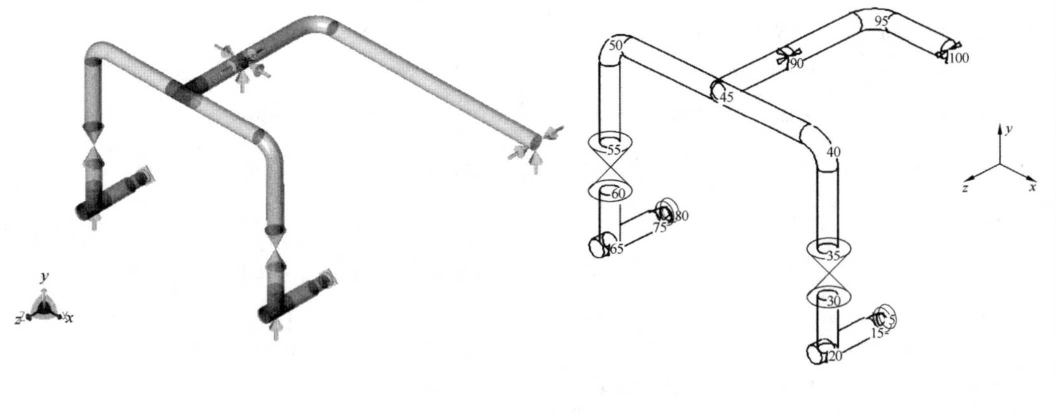

NODE	CASE	TYPE	FX	FY	FZ	MX	MY	MZ
			---- Forces(N.) ------			-- Moments(N.m.) ----		
5		Rigid ANC						
	1	OPE	1335.	625.	810.	-148.	1135.	-1555.
	2	SUS	-9.	-241.	0.	31.	-8.	4.
80		Rigid ANC						
	1	OPE	-1426.	288.	698.	-78.	-1220.	1667.
	2	SUS	15.	-247.	-1.	32.	11.	-2.
90		Rigid +Y Rigid GUI Rigid Z						
	1	OPE	92.	0.	-1430.	0.	0.	0.
	2	SUS	-4.	-2795.	3.	0.	0.	0.
100		Rigid GUI Rigid +Y						
	1	OPE	0.	-762.	-79.	0.	0.	0.
	2	SUS	0.	-755.	0.	0.	0.	0.

图 3.29.4　支架调整前

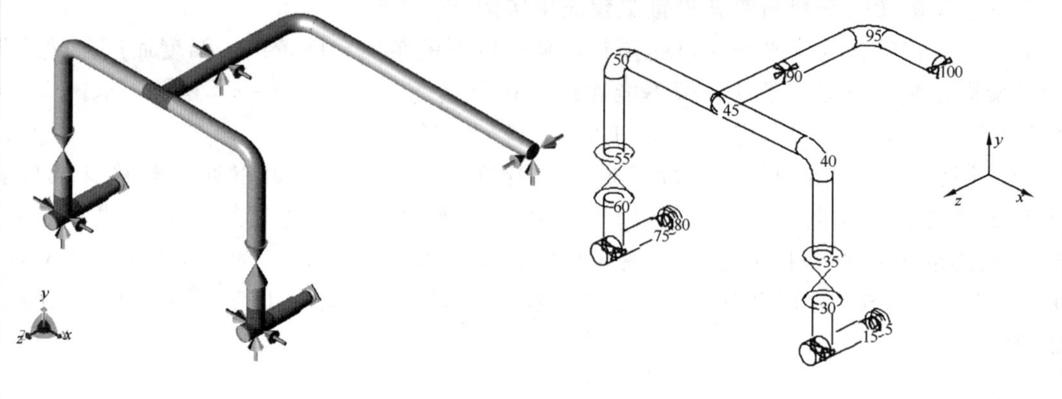

NODE	CASE	TYPE	FX	FY	FZ	MX	MY	MZ
			---- Forces(N.) ------			-- Moments(N.m.) ----		
5		Rigid ANC						
	1	OPE	-686.	738.	842.	-110.	-120.	-1650.
	2	SUS	3.	-241.	-1.	30.	1.	4.
80		Rigid ANC						
	1	OPE	640.	420.	737.	-106.	131.	1760.
	2	SUS	-2.	-248.	-3.	31.	0.	-4.
90		Rigid +Y Rigid GUI Rigid Z						
	1	OPE	95.	0.	-1500.	0.	0.	0.
	2	SUS	-6.	-2795.	3.	0.	0.	0.
100		Rigid GUI Rigid +Y						
	1	OPE	0.	-756.	-79.	0.	0.	0.
	2	SUS	0.	-755.	0.	0.	0.	0.

图 3.29.5 支架调整后

第三十节 空冷器管口允许受力(力矩)与分析

一、典型空冷器布置(图 3.30.1)

① 空冷器的进口管道不应有“液袋”。当管道无流量调节时，进口管道宜对称布置；当介质为气液两相流流体时，进出口管道应对称布置。

② 管道对空冷器管口的作用力和力矩应符合制造厂或 GB/T 15386《空冷式换热器》或 API 661 的要求。

③ 空冷器的进出口集合管应靠近空冷器管口布置，集合管的截面积宜大于各分支管截面积之和的 1.5 倍。

④ 空冷器入口管道较高，如距离较长，需在中间设置专门管架以支承管道。

⑤ 湿式空冷器的回水系统为自流管道时，应使管道短，弯头数量少。回水总管应有顺介质流向的坡度，坡度不应小于0.003。

⑥ 空冷器的操作平台上设有半固定蒸汽吹扫接头时，其阀门宜设在易接近处，并应注意蒸气接头方向，保证安全操作。

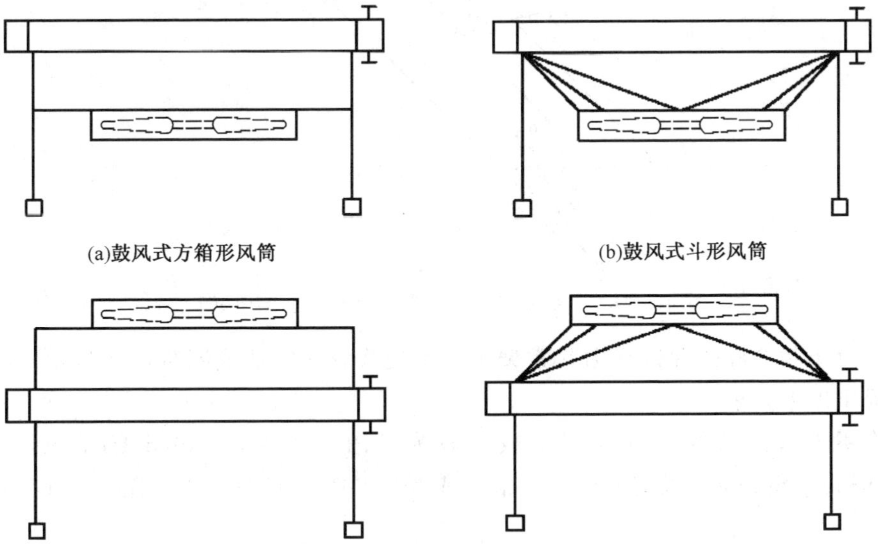

(a)鼓风式方箱形风筒　(b)鼓风式斗形风筒

(c)引风式方箱形风筒　(d)引风式斗形风筒

图3.30.1　典型空冷器布置类型

二、空冷器管口的允许受力(力矩)

空冷器相连的管线，除其应力需满足相关规范的要求外，如果制造商没有提出空冷器管口所承受的荷载，应满足API 661标准的要求，每个接管所承受的力和力矩不得超过表3.30.1中所列数据，空冷器管口荷载的方向见图3.30.2。

表3.30.1　空冷器接管最大许用荷载表

管口	力矩/N·m(ft·lbf)			作用力/N(lbf)		
DN(NPS)	M_x	M_y	M_z	F_x	F_y	F_z
40(1½)	110(80)	150(110)	110(80)	670(150)	1020(230)	670(150)
50(2)	150(110)	240(180)	150(110)	1020(230)	1330(300)	1020(230)
80(3)	410(300)	610(450)	410(300)	2000(450)	1690(380)	2000(450)
100(4)	810(600)	1220(900)	810(600)	3340(750)	2670(600)	3340(750)
150(6)	2140(1580)	3050(2250)	1630(1200)	4000(900)	5030(1130)	5030(1130)
200(8)	3050(2250)	6100(4500)	2240(1650)	5690(1280)	13340(3000)	8010(1800)
250(10)	4070(3000)	6100(4500)	2550(1880)	6670(1500)	13340(3000)	10010(2250)
300(12)	5080(3750)	6100(4500)	3050(2250)	8360(1880)	13340(3000)	13340(3000)
350(140)	6100(4500)	7120(5250)	3570(2630)	10010(2250)	16680(3750)	16680(3750)

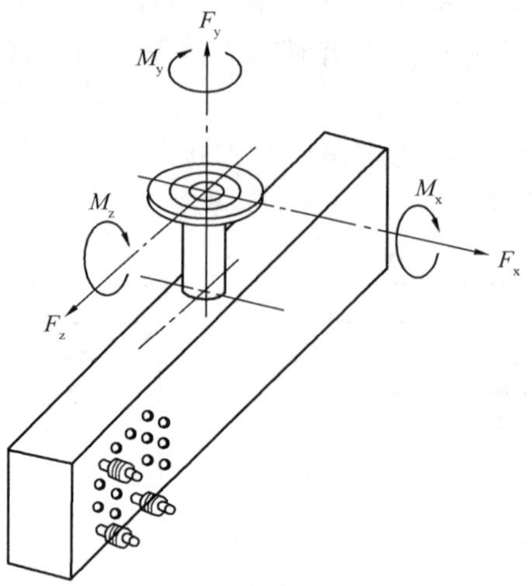

图 3.30.2 空冷器管口荷载方向(来自 API 661)

但是，由于制造商的允许受力常常偏小，给配管设计常造成困难，通常在与制造商技术谈判时，提出以下要求。

管道作用于空冷器管口的许用荷载一般为 API 661 Air-Cooled Heat Exchangers for General Refinery Services 规定数值的 2 倍，或者是 GB/T 15386 的 3 倍，也可与商家谈加大此值。

当固定箱上所有接管同时受载时，其总荷载不得超过表 3.30.2 的数值。

表 3.30.2

作用力矩/(N·m)			作用力/N		
M_x	M_y	M_z	F_x	F_y	F_z
6098	8130	4065	10013	20025	16688

第三十一节 离心式压缩机管口允许受力(力矩)与分析

一、典型离心压缩机的布置(图 3.31.1)

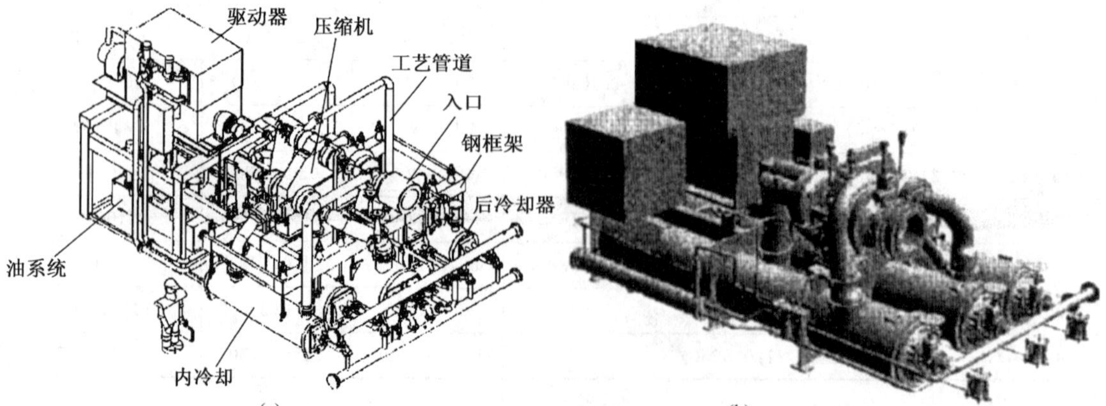

图 3.31.1 典型离心式压缩机的布置(一)

① 离心式压缩机壳体有两种形式：垂直剖分型用于高压，其机前不得有管道及其他障碍物；水平剖分型用于中、低压，其机上部不得有管道和其他障碍物。

② 压缩机进出口管道的布置在满足管道柔性及管口的作用力和力矩的条件下，应使管道短，弯头数量少。

③ 压缩机进口管道上的过滤器宜设置在水平管道上。若设置临时过滤器，在进口管道上应设置一段可拆卸的短管，在此短管上不宜设置仪表管口和分支管。

④ 离心式压缩机进口管道的布置应有利于流体分布均匀，进口管弯头与压缩机管口法兰之间应设置一段直管段，直管段的长度应满足制造厂的要求。

⑤ 离心式压缩机管口为上进上出或侧进上出时，在压缩机的进出口管道上宜设置一段可拆卸短管。

二、离心式压缩机、螺杆式压缩机、往复式压缩机管口的允许受力(力矩)

与离心式压缩机相连的管线，除其应力需满足相关规范的要求外，压缩机管口所承受的荷载应满足制造商或 API 617(针对离心式压缩机)标准的要求，且对于往复式压缩机应做动力分析。对于离心式压缩机，其管口处承受的荷载应不大于 NEMA SM23 规范中规定值的 1.85 倍，或依据 API 617 进行计算，计算的限定值由供货商提供。

但是，由于供货商给出的允许受力荷载常偏小，在技术谈判时，配管设计人员可按下面一般要求向供货商提出要求，避免以后的被动。

离心压缩机管口的允许荷载一般不小于 API 617 Centrifugal Compressors for Petroleum，Chemical，and Gas Service Industries 规定数值的 1.5 倍。

螺杆式压缩机管口的允许荷载一般不小于 API 619 Rotary Type Positive Displacement Compressors for Petroleum，Chemical，and Gas Service Industries 规定数值的 1.2 倍。

往复式压缩机进出口管道的压力脉动和振动控制可参考 API 618 的方法三。标准中没有管口允许受力限制，管道设计人员不要向设备制造厂要管口允许受力。

第三十二节　加热炉管口允许受力(力矩)与分析

一、典型加热炉布置(图 3.32.1)

①加热炉的管道布置应根据炉管的排列方式、进出口的方位、炉管的位移方向和大小、炉管的拆卸空间和连接方式等确定。

②加热炉的管道布置应与加热炉的炉型相适应，且应对与加热炉相关的所有管道进行统筹规划、集中布置，以达到协调和美观。

③加热炉的进口物料管道，应保持各路流量均匀；当进口物料为气液两相时，管道应对称布置。

④加热炉出口物料为气液两相时，管道应对称布置。

⑤加热炉燃料总管上的切断阀距加热炉炉体的间距应满足工艺要求，且不应小于 7.5m。

⑥加热炉的蒸汽分配管宜布置在地面上，距加热炉炉体的距离不应小于 7.5m。

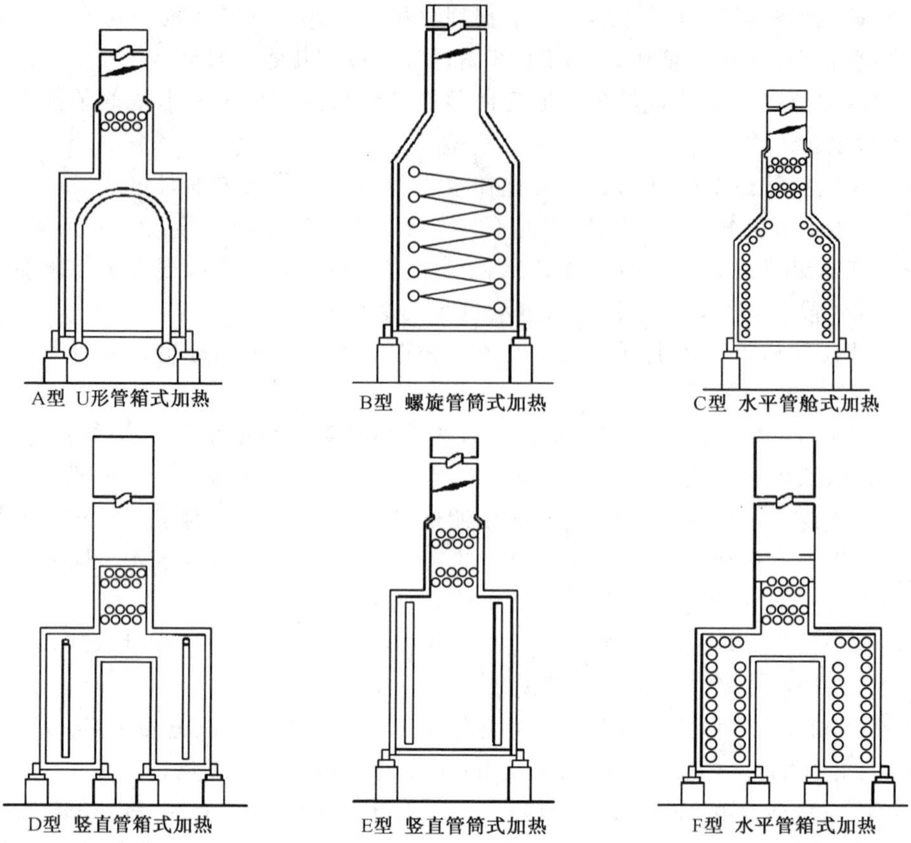

图 3.32.1　典型加热炉布置类型

二、加热炉管口的允许受力(力矩)

管道作用于工业炉管口的许用荷载一般不应超过工业炉制造商或工业炉专业规定的允许值，API 560-Fired Heaters for General Refinery Services 的规定比较保守，也可与商家谈加大此值。

如果加热炉制造商未对受力要求作出规定，其管口的受力限制和坐标系可参考图 3.32.2、表 3.32.1、表 3.32.2。

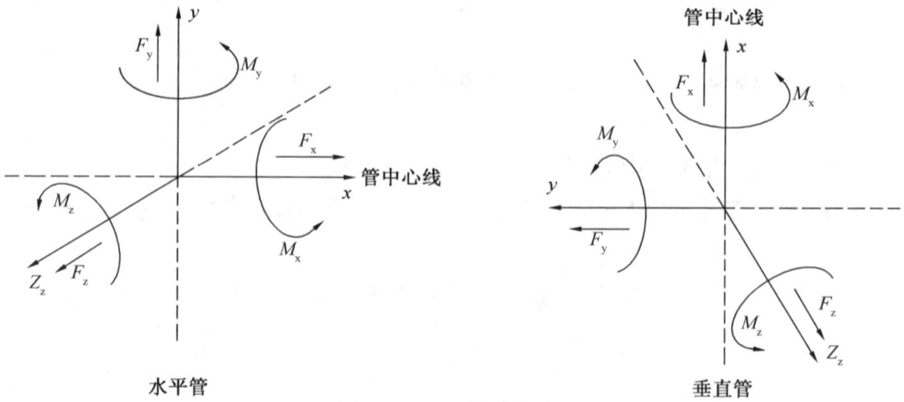

图 3.32.2　管的方向

表 3.32.1　加热炉管口的许用荷载表

管子口径/in	F_x		F_y		F_z		M_x		M_y		M_z	
	N	lbf	N	lbf	N	lbf	N·m	ft·lbf	N·m	ft·lbf	N·m	ft·lbf
2	445	100	890	200	890	200	475	350	339	250	339	250
3	667	150	1394	300	1334	300	610	450	475	350	475	350
4	890	200	1779	400	1779	400	813	600	610	450	610	450
5	1001	225	2002	450	2002	450	895	660	678	500	678	500
6	1112	250	2224	500	2224	500	990	730	746	550	746	550
8	1334	300	2669	600	2669	600	1166	850	881	650	881	650
10	1557	350	2891	650	2891	650	1261	930	949	700	949	700
12	1779	400	3114	700	3114	700	1356	1000	1017	750	1017	750

表 3.32.2　最大允许位移表

	水平管			垂直管		
	Δx	Δy	Δz	Δx	Δy	Δz
	mm(in)			mm(in)		
辐射炉管端	0	25(±1)	25(±1)	0	25(±1)	25(±1)
对流炉管端	0	13(+1/2)	13(±1/2)	—	—	—

第三十三节　蒸汽透平和汽轮机管口允许受力(力矩)与分析

一、NEMA SM23 对汽轮机管口受力的限制分析

定义机轴方向为 x 方向，铅垂向上方向为 $+y$，作用于任一管口上的合力及合力矩应满足以下要求：

$$0.9144F_R + M_R \leqslant 26.689D_e \tag{3.33.1}$$

式中　D_e——当量直径，mm；当管口公称直径不大于 200mm 时，D_e=管口公称直径；当管口公称直径大于 200mm 时，D_e=(管口公称直径+400)/3；

F_R——单个管口上的合力，当接管采用无约束膨胀节时应包括压力产生的作用力(凝汽式汽轮机垂直向下出口可不考虑膨胀节内压推力)，N；

M_R——单个管口上的合力矩，N·m。

$$F_R = \sqrt{F_x^2 + F_y^2 + F_z^2}$$

$$M_R = \sqrt{M_x^2 + M_y^2 + M_z^2}$$

式中　F_x、F_y、F_z——单个管口上 x、y、z 方向的作用力，N；

M_x、M_y、M_z——单个管口上 x、y、z 方向的力矩，N·m。

进汽口、抽汽口和排汽口上的力和力矩合成到排汽口中心处的合力及合力矩应满足以下两个条件：

$$0.6096F_c + M_c \leqslant 13.345D_c$$

式中　F_c——进汽口、抽汽口和排汽口的合力，N；

M_c——进汽口、抽汽口和排汽口的力和力矩合成到排汽口中心处的合力矩，N·m；

D_c——按公称直径计算得到的各管口面积之和的当量直径，mm。当各管口面积之和

折合成圆形的折算直径不大于 230mm 时，D_c=折算直径；当各管口面积之和折合成圆形的折算直径大于 230mm 时，D_c=(折算直径+460)/3。

F_c 和 M_c 在 x、y、z 三个方向的分力和分力距应满足以下条件：

$$|F_{cx}| \leqslant 8.756D_c \qquad |M_{cx}| \leqslant 13.345D_c$$

$$|F_{cy}| \leqslant 21.891D_c \qquad |M_{cy}| \leqslant 6.672D_c$$

$$|F_{cz}| \leqslant 17.513D_c \qquad |M_{cz}| \leqslant 6.672D_c$$

式中 F_{cx}、F_{cy}、F_{cz}——F_c 在 x、y、z 方向上的合力，N；

M_{cx}、M_{cy}、M_{cz}——M_c 在 x、y、z 方向上的分力矩，N·m。

对于具有向下排汽口的凝汽式汽轮机，其排气口安装无约束膨胀节时，允许存在由压力引起的附加力(此附加力垂直于排出口法兰面并作用于中心)。对于此种汽轮机，在进行前两项校核过程中，计算排汽口上的垂直分力时不包括压力荷载。

对于具有向下排汽口的凝汽式汽轮机，还应进行如下校核：

同时考虑压力荷载和其他荷载时，如果作用于排汽口的垂直分力不超出排汽口面积的 0.1069 倍，则认为压力荷载在排汽口引起的作用力是允许的。力的单位为 N，面积单位为 mm^2。

由于制造商给出的荷载偏小，汽轮机管口的允许荷载一般不小于 NEMA SM23 Steam Turbines for Mechanical Drive Service 规定数值的 3 倍。

二、汽轮机和离心式压缩机管道的柔性设计

离心式压缩机与汽轮机管道的柔性设计具有相似之处，现以汽轮机管道为例进行说明。进行汽轮机管道柔性设计时应注意以下问题：

① 计算时必须考虑机器管口的热态位移，并应考虑最不利的工况；

② 对汽轮机进行受力验算分析时，应该包括进出口和抽汽口，汽封管道可不作详细应力分析，但应保证具有足够柔性；

③ 计算时应注意考虑机器管口处管道法兰的重量；

④ 汽轮机管口附近的几组支吊架一般应采用弹簧支吊架，以减小因垂直管道的热膨胀引起的管口热态作用力，同时减小摩擦力的影响；

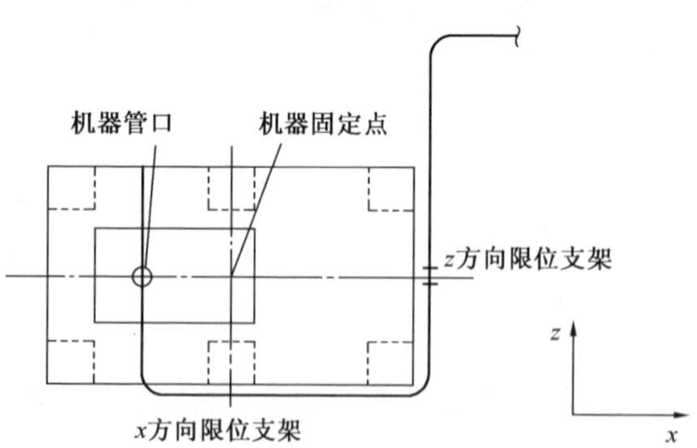

图 3.33.1 汽轮机管道的支架设置

⑤ 由于机器各管口受力的整体综合校核往往最难通过，因此计算时应综合考虑各管口的受力，使不同管口处的作用力能够相互抵消；

⑥ 如图 3.33.1 所示，宜在管道与机器固定点处坐标轴的交点位置附近设置限位支架从而使机器管口的热膨胀与管道热膨胀基本相当，减小管道对机器管口的作用力；

⑦ 如果调整支撑位置及形式和改变管道走向后，汽轮机受力仍难以满足要求时，可考虑在汽轮机出口的竖直管道上使一用金属波纹管膨胀节。

三、管道法兰与转动机器法兰之间的间距、平行度和同轴度的要求

为保证机器的正常运行，GB 50235《工业金属管道工程施工及验收规范》和 SH 3501《石油化工有毒、可燃介质钢制管道工程施工及验收规范》均对转动机器安装时管道法兰与机器法兰之间的间距、平行度和同轴度作出了严格的要求。

GB 50235 的规定见表 3.33.1，SH 3501 的规定见表 3.33.2。为使施工中便于达到这些要求，对转动机器管道进行柔性分析时，不但应使操作状态下机器管口受力满足相应标准的要求，而且应使安装状态下管道对机器管口的作用力尽量接近于零。

表 3.33.1　GB 50235 中自由状态下法兰平行度、同心度允许偏差

机器转速/r·min^{-1}	平行度/mm	同心度/mm
<3000	≤0.40	≤0.80
3000～6000	≤0.15	≤0.50
>6000	≤0.10	≤0.20

表 3.33.2　SH 3501 中自由状态下法兰密封面平行偏差、径向偏差及间距允许值

机器转速/r·min^{-1}	平行偏差/mm	径向偏差/mm	间距/mm
<3000	≤0.40	≤0.80	垫片厚+1.5
3000～6000	≤0.15	≤0.50	垫片厚+1.0
>6000	≤0.10	≤0.30	垫片厚+1.0

机器管口附近的第一个弹簧支吊架应尽量靠近管口，以便于施工中对法兰之间的间距、平行度和同轴度进行调节。转动机器管道在靠近机器管口处不宜采用冷紧。

第三十四节　某动力管道应力分析

一、基本概况

1. 分析的内容

某动力管道应力分析，主要是计算管道在内压、持续荷载(包括自重)作用下的应力和热胀、冷缩及其他位移受约束而产生的应力。由内压和持续外载产生的应力属于一次应力，采用极限分析法校核；管道热胀变形受约束而产生的应力属于二次应力，采用验算许用应力范围和控制一定的交变循环次数进行限定；峰值应力是指管道结构在不连续处由于局部应力集中而发生的一次应力和二次应力的增量，对于它的限定采用疲劳分析。

2. 计算参数

该某管线蒸汽参数为 550℃，10MPa。管道材料为 12Cr1MoV，材料的计算参数如下：

计算压力：10MPa

计算温度：550℃

计算安装温度：20℃

管子外径：324mm

管子内径：277mm

管子壁厚：23.5mm

弯管弯曲半径：1370mm

钢材线膨胀系数：14.58×10^{-6} mm/(mm·℃)

钢材在20℃的弹性模量：2.12×10^{5} MPa

钢材在计算温度下的弹性模量：1.616×10^{5} MPa

钢材在20℃的基本许用应力：160MPa

钢材在计算温度下基本许用应力：80MPa

管道单位长度质量(包括保温层)：235kg/m

3. 管道支吊架的检查

蒸汽管道的支吊架主要由恒力吊架和弹簧吊架组成(图3.34.1)。

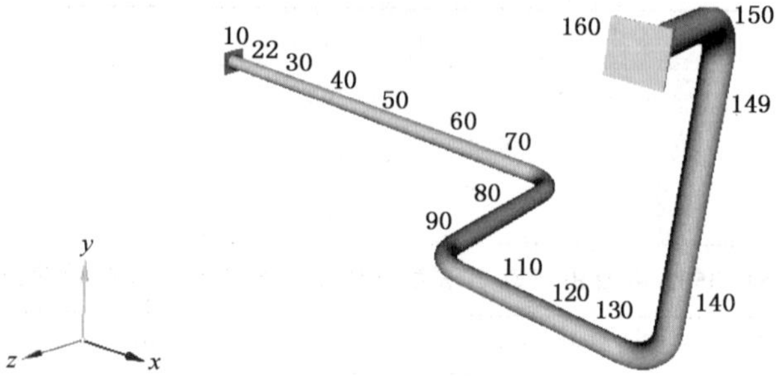

图3.34.1　该蒸汽管线的模型

二、一次应力校核

根据规范ASME B31.1，管道在工作状态下，由管道内压所产生的环向应力不大于热态许用应力；同时，由内压、自重和其他持续荷载所产生的纵向应力的总和不大于热态许用应力。对该蒸汽管道的计算模型，在自重、内压和支吊架荷载的作用下，最大应力的计算结果见表3.34.1。

表3.34.1　一次应力下计算的最大应力值

名　称	最大应力值/MPa	节　点	名　称	最大应力值/MPa	节　点
综合应力	65.0	70	轴向应力	27.0	40
弯曲应力	40.2	70	环向应力	57.0	22
扭转应力	6.1	130	三维应力	75.3	70

由基本概况可知，该蒸汽管道在工作状态下的许用应力为80MPa，根据表3.34.1的计算结果可见，管道的最大一次应力在70号节点处，其值为75.3MPa，小于许用应力，故一次应力校核合格。

三、二次应力校核

对于管道的热胀应力，其当量应力的强度条件为：

$$\sigma_f \leqslant f(1.25[\sigma]_j + 0.25[\sigma]_j^t) \qquad (3.34.1)$$

式中 σ_f 为热胀当量应力；f 为交变次数对许用应用范围的修正系数，当交变疲劳次数≤2500次时，取 $f=1.0$；$[\sigma]_j$ 为管材在冷态的基本许用应力；$[\sigma]_j^t$ 为管材在热态的基本许用应力。对蒸汽管道，由于启停次数仅有200多次，取 $f=1$，将已知条件代入式(3.34.1)，得到许用应力为220MPa。管道的计算模型的应变为全热态的，其最大应力的计算结果见表3.34.2。

表 3.34.2　二次应力下计算的最大应力值

名　称	最大应力值/MPa	节　点	名　称	最大应力值/MPa	节　点
综合应力	48.9	150	轴向应力	0.9	30
弯曲应力	45.6	150	环向应力	0.0	22
扭转应力	11.1	149	三维应力	49.9	150

根据表 3.34.2 的计算结果可见，该蒸汽管道的最大二次应力在 150 号节点处，其值为 49.9MPa，小于许用应力 220MPa，故二次应力校核合格。

第三十五节　高压管道的应力分析

一、高压管道的概念

根据 GB 50316 的规定，应力校核准则适用于公称压力小于或等于 42MPa 的工业金属管道，与美国标准相对应的压力等级为公称压力小于或等于 ASME B16.5 规定的 PN420（Class2500，42MPa）的情况。根据 ASME B31.3 的规定，当公称压力高于 ASME B16.5 规定的 PN420（Class2500，42MPa）时，应采用高压管道的分析校核准则。对于高压管道，由于管道壁厚较大，薄壁模型已不适用，反映在压力设计和分析校核准则上有很多不同。

二、ASME B31.3 内压作用下直管壁厚的计算

ASME B31.3 规定，在高压情况下，内压直管的理论计算壁厚应按下式计算

$$S_o = \frac{D_o}{2}\left[1 - \exp\left(\frac{-1.155p}{[\sigma]^t}\right)\right] \tag{3.35.1}$$

式中　S_o——内压作用下的直管理论计算壁厚，mm；

D_o——管道外径，mm；

p——内压力，mm；

$[\sigma]^t$——管道材料在操作状态下的许用应力，MPa。

实际上，管道中仅仅某一点达到屈服，并不意味着管道失效，仍能继续承载，只有当荷载增大到使整个截面完全屈服，也就是达到极限状态，管道才失去进一步的承载能力。高压管道的壁厚较大，在确定壁厚时必须考虑管道的极限承载能力，否则将造成很大浪费。式(3.35.1)是根据塑性极限分析得出的，是真正的厚壁计算公式。

三、高压管道应力的校核条件

ASME B31.3 中规定，对于高压管道，持续荷载产生的一次应力应满足校核条件。偶然荷载产生的一次应力应满足以下条件：由压力、重力和其他持续荷载以及风或地震等偶然荷载在管道中产生的纵向应力之和不得超过热态许用应力$[\sigma]^h$ 的 1.2 倍，风和地震荷载的作用不需同时考虑。

ASME B31.3 中规定，高压管道中二次应力的校核条件为：由热胀、冷缩及端点位移等引起的位移应力变化范围均不得超过允许的位移应力范围 σ_A，σ_A 由下式计算

$$\sigma_A = 1.25[\sigma]^c + 0.25[\sigma]^h \tag{3.35.2}$$

式中　σ_A——允许的位移应力范围，MPa；

$[\sigma]^c$——操作过程中管道最低温度下的许用应力，MPa；

$[\sigma]^h$——操作过程中管道最高温度下的许用应力，MPa。

将式(3.35.2)与工业管道二次应力校核条件$[\sigma]_A=f(1.25[\sigma]^c+0.25[\sigma]^h)$进行比较可以看出，式(3.35.2)的校核条件略去了应力范围减小系数 f。这并不意味循环次数较高时高压管道的二次应力校核条件可以放宽，实际上 ASME B31.3 还规定，对于高压管道除要求满足式(3.35.2)的校核条件外，还要求按照 ASME 锅炉及压力容器规范Ⅷ-2 进行详细的疲劳分析。

第三十六节 夹套管的应力分析

一、夹套管的结构

夹套管是指将较小的管道放置于较大管道内的结构。通常内管用于输送工艺介质，外管(套管)用于保护内管或承载热介质使内管中的工艺介质保持所需的温度。正确进行夹套管应力分析的关键是根据其特点正确建立力学模型。

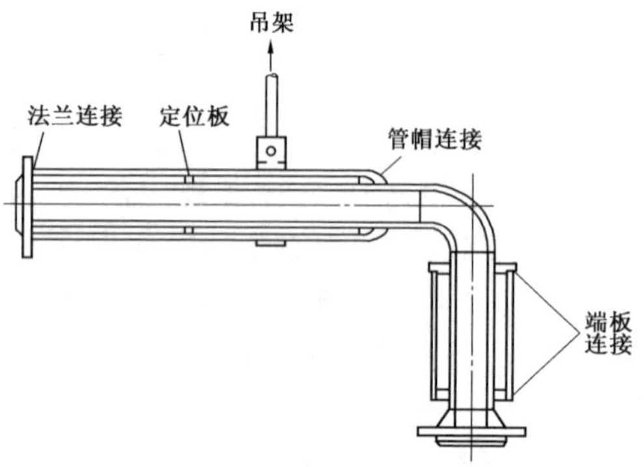

图 3.36.1 夹套管的连接形式

夹套管的连接形式见图 3.36.1，其管端结构见图 3.36.2。

如图 3.36.2 所示，内管与套管的连接形式有法兰连接、管帽连接和端板连接。内管与套管之间采用焊接于内管的定位板进行定位。

二、HG/T 20645 蒸汽夹套管端板强度的计算方法

蒸汽夹套管端板如图 3.36.3 所示，校核计算时所用符号说明如下：

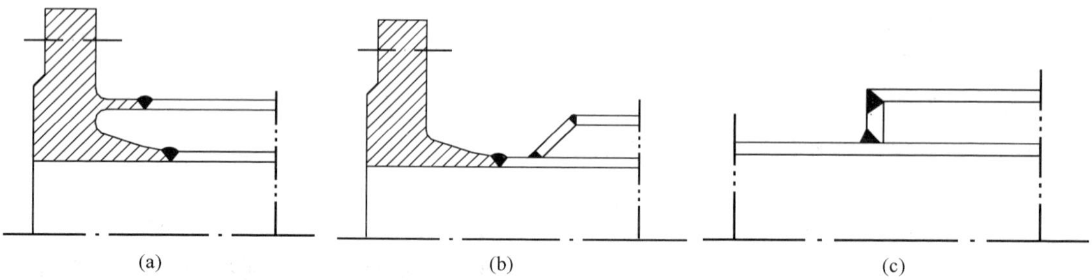

图 3.36.2 夹套管管端结构

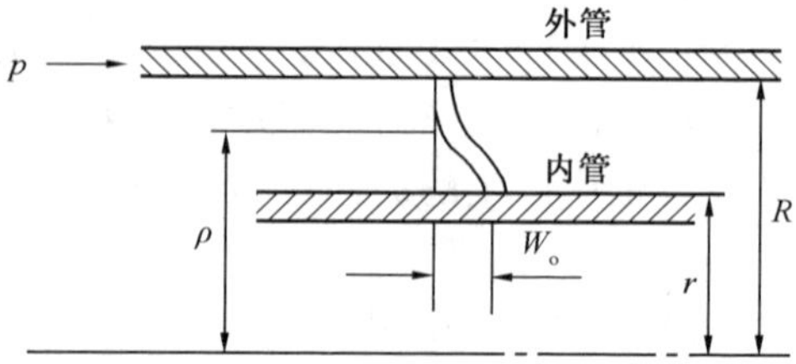

图 3.36.3 蒸汽夹套管端板简图

D_m——外套管的外径；

D_p——内套管的外径；

E_m——外套管的弹性模数；

E_p——内套管的弹性模数；

E_s——端板的弹性模数；

F_m——外套管的截面积；

F_p——内套管的截面积；

$F_{(p)}$——由内压引起的作用在外边缘上的反作用力；

p——夹套管内的介质压力；

$Q_{(p)}$——由内压引起的作用在内边缘上的反作用力；

R——端板外半径；

r——端板内半径；
T_m——外套管的温度；
T_p——内套管的温度；
T_s——端板的温度；
t_m——外套管的壁厚；
t_p——内套管的壁厚；
W——变形量；
W_o——端板内边缘和外边缘最大变形量；
$W_{o(\Delta L)}$——由热膨胀引起的端板变形量；
$W_{o(p)}$——由内压引起的端板变形量；
X——ρ/r，端板内半径处，$X=1$，端板外半径处，$X=R/r=\alpha$；
δ——端板厚度；
φ——转角；
μ——泊松比；
α_m——外套管的热膨胀系数；
α_p——内套管的热膨胀系数；
α_s——端板的热膨胀系数；
σ_p——径向应力；
σ_t——纵向应力；
σ_v——合成应力；
$\sigma_{p(\Delta L)}$——由热膨胀引起的端板径向应力；
$\sigma_{t(\Delta L)}$——由热膨胀引起的端板纵向应力；
$\sigma_{v(\Delta L)}$——由热膨胀引起的端板合成应力；
$\sigma_{p(p)}$——由内压引起的端板径向应力；
$\sigma_{t(p)}$——由内压引起的端板纵向应力；
$\sigma_{v(p)}$——由内压引起的端板合成应力；
$\sigma_{v[F(p)]}$——由边缘荷载 $F_{(p)}$ 引起的外边缘（或内边缘）应力：
σ_{vp}——由内压引起的端板内边缘（或外边缘）综合应力；
σ_{vmax}——由热膨胀和内压共同引起的端板内（外）边缘最大应力。

引起端板的变形主要是内管与外套管不同的热膨胀量和夹套中的内压，在校核端板强度时可对这两部分力分别进行计算，然后叠加就可得到端板的总应力。根据力判断，端板的计算应力必须小于或等于许用应力，以此条件确定端板厚度（已假定）是否能满足设计要求。

1. 计算热膨胀引起的应力和变形

① 径向应力：

$$\sigma_{P(\Delta L)}=\frac{3P_{(\Delta L)}}{2\pi\delta^2}\cdot\varepsilon$$

② 纵向应力：

$$\sigma_{t(\Delta L)}=\frac{3P_{(\Delta L)}}{2\pi\delta^2}\cdot\tau$$

或

$$\sigma_{t(\Delta L)}=\mu\sigma_{P(\Delta L)}$$

③ 合成应力：

$$\sigma_{v(\Delta L)}=\frac{3P_{(\Delta L)}}{2\pi\delta^{2}}\cdot\omega$$

或

$$\sigma_{v(\Delta L)}=\sqrt{\sigma^{2}_{P(\Delta L)}+\sigma^{2}_{t(\Delta L)}-\sigma_{p(\Delta L)}\cdot\sigma_{t(\Delta L)}}$$

④ 变形量：

$$W_{o(\Delta L)}=\frac{P_{(\Delta L)}\cdot R^{2}}{E_{s}\delta^{3}}\beta$$

2. 计算由内压引起的端板应力和变形量

夹套管夹套中的内压引起的端板应力分为两部分。其一，夹套管内压均匀地作用在端板上产生的端板应力；其二，该内压会引起一个作用在外管壁上的反作用力 $F_{(p)}$，这个力 $F_{(p)}$ 同 $P_{(\Delta L)}$ 相似，由 $F_{(p)}$ 也产生端板应力。以上两部分应力之和为内压引起的端板综合应力。

① 径向应力：

$$\sigma_{p(p)}=\frac{3pR^{2}}{2\delta^{2}}\lambda$$

② 纵向应力：

$$\sigma_{t(p)}=\frac{3pR^{2}}{2\delta^{2}}\varphi$$

或

$$\sigma_{\tau(p)}=\mu\sigma_{p(p)}$$

③ 合成应力：

$$\sigma_{v(p)}=\frac{3pR^{2}}{2\delta^{2}}e$$

或

$$\sigma_{v(p)}=\sqrt{\sigma^{2}_{p(p)}+\sigma^{2}_{t(p)}-\sigma^{2}_{p(p)}\cdot\sigma^{2}_{t(P)}}$$

④ 变形量：

$$W_{o(p)}=\frac{pR^{4}}{E_{s}\delta^{3}}v$$

⑤ 由 $F_{(p)}$ 产生的端板应力 $\sigma_{v[F(P)]}$：

$$\sigma_{v[F(p)]}=\frac{3F_{(p)}}{2\pi\delta^{2}}\omega$$

⑥ 由内压引起的端板内(外)边缘综合应力 σ_{vp}：

$$\sigma_{vp}=\sigma_{v(p)}-\sigma_{v[F(p)]}=\frac{3pR^{2}}{2\delta^{Z}}\left(e-\frac{\eta}{\pi}\omega\right)$$

4. 由热膨胀和内压共同引起的端板内(外)边缘最大应力 σ_{vmax}(选取二者中的应力大值作为校核判断依据)

$$\sigma_{vmax}=\sigma_{v(\Delta L)}+\sigma_{vp}$$

三、HG/T 20645 蒸汽夹套管端板强度的计算要求

已知参数：

D_{m}——外套管外径；

t_{m}——壁厚；

T_{m}——温度；

α_{m}——热膨胀系数；

E_{m}——弹性模数；

D_p——内套管外径；

t_p——壁厚；

T_p——温度；

α_p——热膨胀系数；

E_p——弹性模数；

L——夹套管长度；

P——夹套管压力。

1. 辅助数据计算

① 系数 α：

$$\alpha=\frac{R}{r}=\frac{D_m-2t_m}{2}\div\frac{D_p}{2}=\frac{D_m-2t_m}{D_p}$$

② 外套管截面积 F_m：

$$F_m=(D_m-t_m)\cdot\pi\cdot t_m$$

③ 内套管截面积 F_p：

$$F_p=(D_p-t_p)\cdot\pi\cdot t_p$$

④ 由内外套管热膨胀差引起的作用于外套管边缘上的荷载 $P_{(\Delta L)}$：

$$P_{(\Delta L)}=\frac{L(\alpha_p\cdot\Delta t_p-\alpha_m\cdot\Delta t_m)}{\dfrac{L}{E_p\cdot F_p}+\dfrac{L}{E_m\cdot F_m}+2\beta\dfrac{R^2}{E_s\delta^3}}$$

⑤ 由内压引起的外边缘荷载 $F_{(p)}$：

$$F_{(p)}=\eta p\cdot R^2$$

⑥ 由内压引起的内边缘荷载 $Q_{(p)}$：

$$Q_{(p)}=p(R^2-r^2)\cdot\pi-F_{(p)}$$

⑦ 系数 ε：

$$\varepsilon=(1+\mu)\ln X-\frac{\ln\alpha}{\alpha^2-1}\left(\frac{\alpha}{X}\right)^2[(1+\mu)X^2+(1-\mu)]+1$$

⑧ 系数 τ：

$$\tau=(1+\mu)\ln X-\frac{\ln\alpha}{\alpha^2-1}\left(\frac{\alpha}{X}\right)^2[(1+\mu)X^2-(1-\mu)]+\mu$$

⑨ 系数 β：

$$\beta=\frac{0.217\alpha^2-0.434+\dfrac{0.217}{\alpha^2}-0.868\ln^2\alpha}{\alpha^2-1}$$

⑩ 系数 λ：

$$\lambda=\frac{1-\mu}{2}+(1+\mu)\ln X-\frac{3+\mu}{4\alpha^2}X^2+\frac{1+\mu}{2}\left(\frac{3}{2}-\frac{2\alpha^2\ln\alpha}{\alpha^2-1}+\frac{1}{2\alpha^2}\right)$$

⑪ 系数 ϕ：

$$\phi=\mu+(1+\mu)\ln X-\frac{1+3\mu}{4\alpha^2}X^2-\frac{1+\mu}{\alpha^2-1}\alpha^2\ln\alpha+\frac{1+\mu}{4}\cdot\frac{\alpha^2+1}{\alpha^2}$$
$$+\frac{1-\mu}{\alpha^2-1}\cdot\frac{\alpha^2}{X^2}\ln\alpha-\frac{1-\mu}{4X^2}$$

⑫ 系数 v：

$$v=\frac{0.512\alpha^2-1.195+0.683\ln\alpha-273\ln^2\alpha-\dfrac{0.683}{\alpha^2}\ln\alpha+\dfrac{0.854}{\alpha^2}-\dfrac{0.171}{\alpha^4}}{\alpha^2-1}$$

⑬ 系数 e：

$$e=\sqrt{\lambda^2+\phi^2-\lambda\phi}$$

⑭ 系数 ω：

$$\omega=\sqrt{\varepsilon^2+\tau^2-\varepsilon\cdot\tau}$$

⑮ 系数 η：

$$\eta=\frac{r}{\beta}$$

2. 计算结果处理

端板内边缘(或外边缘)中的最大计算应力 σ_{vmax} 与许用应力 $[\sigma]^t$ 比较。最大计算应力 σ_{vmax} 小于或等于许用应力 $[\sigma]^t$，则选择的端板厚度 δ 满足设计要求。最大计算应力 σ_{vmax} 大于许用应力 $[\sigma]^t$，则选择的端板厚度 δ 不能满足设计要求，故增加端板厚度值再做重复校核计算，直至通过。

四、利用计算机进行夹套管应力分析的注意事项

① 利用计算程序对夹套管进行分析时，除将套管和内管模拟为空间中重合的两个管系外，在套管和内管的法兰连接、管帽连接和端板连接处，套管和内管应采用相同的节点号，其余各点则应采用不同节点号，二者在法兰、管帽或端板处相连接，同时还应对定位板进行正确模拟。在定位板处，应采用计算程序具有的约束功能，使套管与内管在管道径向具有相同的线位移，在其他方向则可具有相对线位移和角位移。支吊架应设置在套管的节点处。

② 套管的压力可采用套管内的介质压力，内管压力则应取内管介质压力与套管介质压力之差。

③ 对于夹套管道，应取内管或套管介质温度的较高者作为计算温度。

④ 如果套管内的介质为蒸汽，由于密度较小，可以忽略不计；当套管内的介质密度较大时，则必须考虑其密度对管系的重力作用，在采用计算机程序进行分析时应注意将内管与套管之间的介质密度转化为充满整个套管的平均密度，保证计算的正确性。

⑤ 通常内管与套管的膨胀量存在不同，所以二者的连接处存在较大的应力集中。一般的管道应力分析软件只适用于管系的整体分析，无法分析内管与套管连接处的局部应力，为避免局部应力过大，内管与套管宜采用同种材质或线胀系数相近的材质，且每节夹套管的长度应根据应力计算确定，一般不超 12m(SH/T 3040 规定不宜超 6m，笔者曾计算某全夹套管每 8m 一节)。

⑥ 内外管都有管线号的，参数条件可以参见管线表。计算加套管时要注意计算端板力，还有两个相邻端板距离太长时，要在内管加导向板，具体参见相关规定。

五、某国外项目的夹套管的应力分析

根据项目的应力分析工程规定，夹套管的应力分析按以下原则考虑。对于夹套管，可能有两种不同的操作条件：

① 内管温度高于外部夹套管温度；

② 内管温度低于外部夹套管温度。

对于①情况，应力分析时应取工艺流体温度作为内管的计算温度，夹套流体温度(通常为蒸汽)作为外部夹套管的计算温度；

对于②情况，应力分析时应分别考虑下面两种不同的操作条件：

正常操作条件下，取工艺流体温度和夹套流体温度的平均值作为内管的计算温度，夹套流体温度作为外部夹套管的计算温度；

停车情况下，统一取夹套流体温度作为内外管的计算温度。

同时，夹套管的应力分析还应包括由于内外管之间的单位热膨胀量差而产生的轴向应力校核。如果管道总的应力高于ASME规范所规定的许用应力，应考虑在外部夹套上加膨胀节。内管和夹套管之间的定位块靠近弯头的距离对内、外管之间的受力分配影响很大，往往可以通过调整这个距离来调整内、外管中的应力，因此这个距离的大小必须由应力分析决定。

六、内外管热膨胀与定位板的分析与工程应用

1. 内外管热膨胀的分析

为使套管和内管的热膨胀值一致，套管材料应与内管相同或线膨胀系数相近。但是实际设计中往往由于内管和套管的介质不同，介质温度差过大，所以管道的材料也不同，引起的热膨胀应力也不同，应当分别进行热应力计算。例如，某渣油管道内管为不锈钢，中压蒸汽夹套伴热，外管为碳钢。

内管产生的热胀量需要补偿时，宜采用自然补偿或设Π形补偿器。在弯头处，如果内外管的膨胀位移不能满足设计要求时，要适当改变外管直径以便减少内外管的膨胀差，在这种情况下，还应充分考虑导向板的位置，使其尽量多地吸收膨胀差。

2. 每节夹套管的长度分析

每节夹套管的长度取决于管道布置，并受内管与套管热胀量差的限制。每节夹套管的长度不宜超过6m(SH/T 3040是这样规定的，但实际上可根据应力分析情况，有的可以达12m)。

3. 定位板的分析

套管内管应采用定位板定位，定位板设置在内管的外壁上，设置的目的是为了防止内、外管的偏心。定位板的材质应与内管材质相一致，安装方位不应影响内管的热位移和介质流动。如果要在拐弯处设置定位板，不应影响内、外管的热位移，一般根据经验应设置在离弯头100mm的地方为宜。定位板长度一般为40mm。定位板的间距选取参见有关规范。安装详图见图3.36.4。

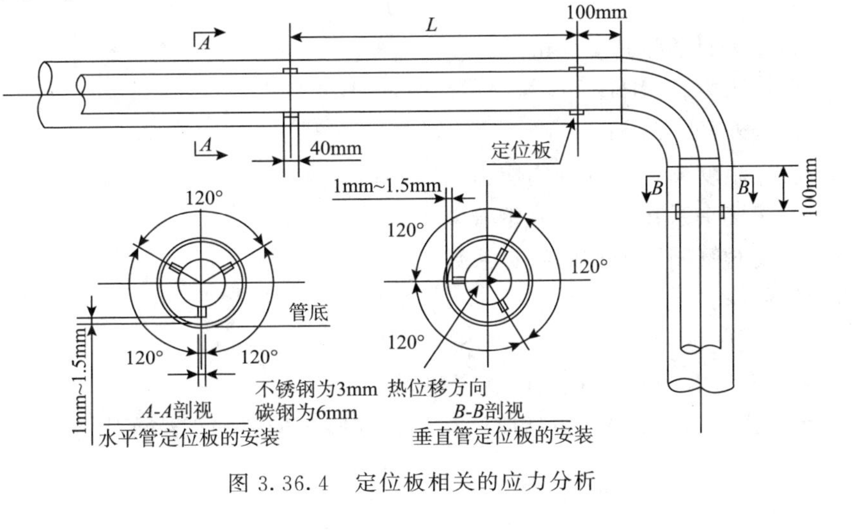

图3.36.4　定位板相关的应力分析

4. 夹套管材料的选用及应力分析

夹套管的内管应采用无缝钢管，套管可采无缝钢管或焊接钢管。在夹套管长度的设计时，要充分考虑热胀冷缩而造成的位移，根据实际情况选择合适的长度。套管材料宜要与内管相同，来保证套管和内管的热膨胀一致。

在实际工程设计中由于内管和套管的介质不同，管道的材料常常不同，引起的热膨胀应力也不同，应当分别进行热应力计算。如果两者热胀差异产生的热应力超出许用值时，内管与套管可通过控制每段夹套管长度来调节，也可采用同种材质或线膨胀系数相近的材质。内管产生的热膨胀需要补偿时，要采用自然补偿，或者设Ⅱ形补偿器。在弯头处，如果内外管的膨胀位移不能满足设计要求，需要采取适当改变外管的直径做法，来改变内外管的膨胀差。此种情况下，还要充分考虑导向板的位置，要根据导向板的位置来设计，使导向板尽量多地吸收膨胀差。隔板和导流板的材料要同与之相焊接的管道材料一致或等同于管道材料。在任何情况下，若工艺管道材料与夹套管道材料不一致时，板材则须与较高管道材料相一致。

夹套管材料的选用及壁厚的要求应符合管道等级的规定。一般来说，夹套管的内管和套管的材料选择要按照它们各自内含液体的特性、压力和温度来确定，要保证管壁的厚度要能承受最大的工作压力。夹套管内的实验压力的确定，要按照内外部设计压力最大值的1.5倍来设定，实验压力应为套管设计压力的1.5倍。

七、夹套内外管壁厚的应力计算与工程应用

1. 夹套外管壁厚的应力计算

外管侧要能耐最高使用内压。外管选用壁厚可按正常壁厚计算公式计算。一般常用管道设计标准规范均有，不再赘述。

2. 夹套内管壁厚的应力计算

内管侧既要耐最高使用内压，又要耐最高使用外压（指内管侧的压力为大气压或负压时）。

①当内管内介质压力高于内管外伴热介质压力时，内管壁厚可按内管最高压力进行计算。

当 $S_0<D_o/6$ 时，管子的计算壁厚为：

$$S_0=\frac{pD_o}{2[\sigma]^t\Phi+2pY}$$

式中 S_0——管子的计算壁厚，mm；

p——设计压力，MPa；

D_o——管子外径，mm；

$[\sigma]^t$——设计温度下管子的许用应力，MPa；

Φ——焊接接头系数，对无缝钢管取1；

Y——温度对管壁厚公式的修正系数。

管子的设计壁厚：

$$S=S_0+C$$

式中 S——包括管子附加余量在内的管子壁厚，mm；

C——管子壁厚附加余量（包括腐蚀裕量、壁厚负偏差和螺纹深度等）之和，mm。

当 $S_0 \geqslant D_o/6$ 或 $\frac{p}{[\sigma]^t \cdot \Phi} > 0.385$ 时，计算壁厚应根据断裂理论、疲劳、热应力及材料特性等综合因素考虑确定。

②当内管介质压力低于伴热介质压力时，管子壁厚的确定按 GB 150 进行计算。当确定 $D_o/S_0 < 10$ 的管子许用外压力时，应力 R_0应取下列式中的较小值：

$$R_0 = 1.5[\sigma]^t \text{和} R_0 = 0.9\sigma_s^t$$

式中　σ_s^t——设计温度下管子材料的屈服极限，MPa。

八、夹套管内外弯头部位热膨胀碰撞问题的分析与工程应用

对于夹套伴热配管设计国内外标准规范，一般均给出了夹套内管弯头和外管弯头的曲率半径。但是，在选用上述组合尺寸时还应考虑到由于管道热膨胀而引起的弯头部位接触问题，否则易引起应力失效，造成泄漏等事故。笔者曾调到某厂蒸汽夹套内管频繁泄漏，伴热蒸汽凝液内也是内管物料，后来设计人把外管材质修改为内管材质，把蒸汽凝液设置了单独系统，防止下次再泄漏。其实没有必要这么复杂设计，是弯头位置应力超限引起。

计算组合弯头的内外间隙。当 $R_1 > R_2$时，最小间隙在弯头内侧，当 $R_1 < R_2$时，最小间隙在弯头外侧，如图 3.36.5 所示。间隙小的位置，应根据弯头制造的允许偏差、焊缝高度等进行判断。如果间隙过小或已经热膨胀后碰撞，则夹套管外管尺寸应考虑加大或将弯头处局部扩大。

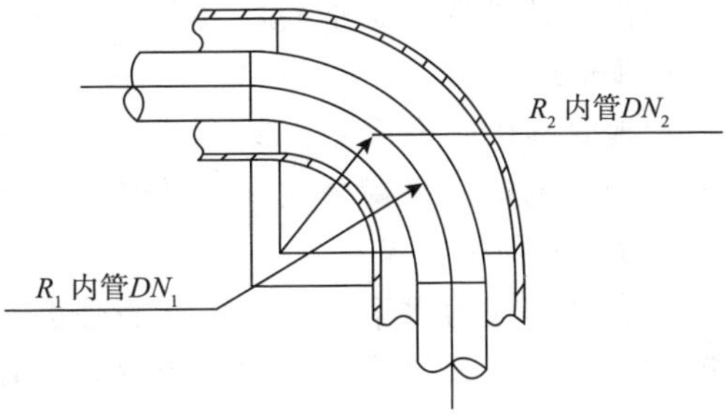

图 3.36.5　夹套管内外弯头热膨胀碰撞

九、夹套管段及夹套管整体的应力校核分析与工程应用

夹套管的应力校核主要包括两部分：夹套管段的应力校核和夹套管整体应力校核。

1. 夹套管段的应力校核

对于管帽式或端板式夹套管，每节夹套管内外管之间温差及压差产生的应力比较大，焊缝受力为剪应力，更容易受到破坏，容易造成套管与内管之间焊缝拉裂。

减小夹套管段端部应力的方法主要包括：控制内外介质温度差和减小夹套管段长度。SH/T 3040 要求内外管温差不大于 50℃，并要求夹套管段一般不大于 6m(实际应力计算后，有些工程的夹套管长度可达 12m 左右)。当介质温差过大时，可在套管设置波形膨胀节。

2. 夹套管整体的应力校核

夹套管整体的应力校核可按通常管道应力校核准则，对于夹套管的位移受约束而产生的二次应力范围，按外管普通管道计算，不大于许用应力范围即认为二次应力是合格的。公式见本书前面章节。

当内管伸长量大于外管伸长量，内管应力可能大于外管应力，这时把相对伸长产生的应力与外管应力相加，作为内管的校核应力，再判断安全条件。

对于热应力反力，应考虑将内外管的断面系数相加。

第三十七节 埋地管道的应力分析

一、埋地管与工艺管道应力分析的区别

埋地管的应力分析与工艺管道的应力分析存在很大不同，这主要表现在埋地管所具有的特殊性以及控制规范的不同和分析方法的差别，在分析中必须考虑管道与土壤的相互作用。

管道与土壤的相互作用主要表现在两个方面：土壤对管道轴向的摩擦力和土壤对管道的横向推力。土壤对管道的轴向摩擦力，只有当管道存在轴向移动趋势时起作用。土壤对管道的横向推力是管道产生横向位移时的反作用力。

埋地管道应力分析包括了管道位移、锚固力、管道侧向力、土壤摩擦力、土壤和管道的相互作用等的数值分析。埋地管道应力分析分析和地面上的工厂管道不同，管道的自身特点、规范的特殊要求也不同，具有以下特点：

1. 许用应力

埋地管道的走向简单。圆形管道，往往敷设较长距离后才改变方向。应力计算基于安全可靠的简单的静力平衡公式。埋地管道许用应力比工厂管道的许用应力高很多。

2. 屈服强度

提高许用应力水平，需克服屈服强度。超出屈服强度不会产生结构整体问题，但会导致变形和应变。在管道施工中往往采用屈服强度和极限拉伸强度比较高的管道。屈服强度往往是极限拉伸强度的80%。所有的许用应力都是基于屈服强度的。

3. 管道距离长

长距离管线的位移是由较小的温差引起的管道膨胀。而内压引起管道伸长，在工厂管道中往往被忽略外，但在埋地管道中必须考虑。

4. 土壤对管道的作用

埋地管道的主体部分都被埋到土壤里。管道的移动要克服土壤力，即管道滑动时的摩擦力和加压引发的压力。埋地管道应力分析的一个重要内容就是分析土壤与管道的相互作用。

5. 标准规范要求

依据ASME B31.4《液态烃和其他液体管线输送系统》；ASME B31.8《气体传输与分配管道系统》，气体在相对低的温度输送比较经济，所以气体长输直埋管道的应力问题比油品长输埋地管道小得多(油品管道往往热输)。

6. 壁厚

管道应力分析的第一步是计算壁厚。直管段的名义壁厚应大于等于下列公式的计算厚度。

$$t=\frac{pD}{2ES}+A$$

式中 t——管道的公称厚度，mm；

p——设计内压，MPa；

D——管道外径，mm；

E——焊接接头系数(有效性)；

S——最小额定屈服强度，即72%屈服强度；

A——丝扣、凹槽、腐蚀裕量的总和，为防腐必须将腐蚀裕量考虑进来，mm。

7. 膨胀和柔性

柔性分析是应力分析的主要工作。规范将埋地管道区分为完全约束的管道和非约束的管

道两个部分，如图 3.37.1 所示。一条管道，地上或地下，既有完全约束部分(没有位移)，也有非约束部分(可以位移)。可位移部分，就是规范讲的非约束管道，主要是产生弯曲应力。

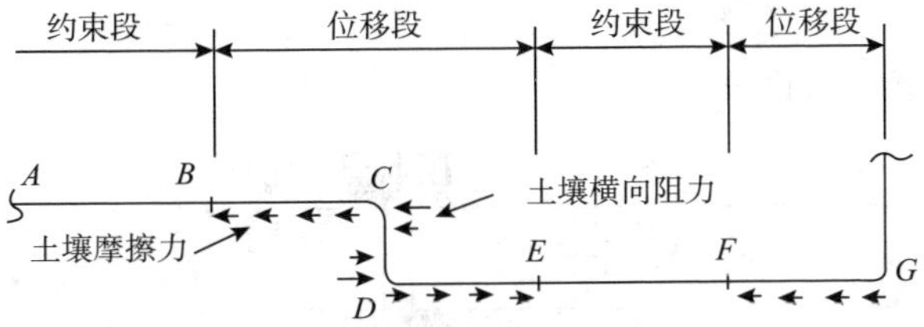

图 3.37.1　埋地管道示意图

架空管道约束限制热位移主要是靠固定架和导向架。但埋地完全约束管道部分主要是被土壤摩擦力约束住了。

当管道道加压和升温，拐角点 C、D 和 G 开始移动，并引发摩擦力，摩擦力的大小和移动部分的长度有关。如果该点土壤产生的摩擦力足够大，那么这点移动就停止了。B、E 和 F 点就是移动停止点，称作虚拟锚固点。不移动的部分 AB 和 EF 称作完全约束部分。

L——管道长度，mm；

T_1——安装时的温度，℃；

T_2——最高或最低操作温度，℃；

α——线热膨胀系数，mm/(mm·℃)；

ν——泊松系数(钢为 0.3)；

S_h——环向应力(液压引起的)，MPa；

E——管道弹性模量，MPa；

Δ——净自由膨胀量，mm；

S_L——管道纵向应力，MPa；

t——管道的公称壁厚，mm。

如果温度升高到 T_2，那么管道伸长为 $\alpha(T_2-T_1)L_3$，但环向的拉应力会使管道缩短 $\mu S_h L/E$，静热胀量是：

$$\Delta=\alpha(T_2-T_1)L-\mu S_h L/E$$

产生的轴向应力应当等于需要将上述膨胀量拉回去的应力大小。

$$S_L=-E\Delta/L$$

$$S_L=-E\alpha(T_2-T_1)+\mu S_h$$

规范没有单独对轴向应力加以限定，但综合应力不可以超过 90% 的管道屈服强度。

规范采用最大剪应力失效理论，即最大剪应力达到剪切屈服应力即失效。最大剪应力是：

$$\tau_{max}=\sqrt{\frac{(S_h-S_L)^2}{4}+\tau^2}$$

综合应力是最大剪应力的 2 倍。

$$S_e=2.0\tau_{max}=\sqrt{(S_h-S_L)^2+4\tau^2}$$

S_e 限制在 0.9 倍屈服强度。

在约束管道中，往往需要锚固墩来控制管道端部的移动。锚固墩将管道分为约束部分和可动部分。锚固墩的力来自两面，约束部分是轴向应力引起的力，可动部分是压力引起的力，如图 3.37.2 所示。轴向压力应力是 $0.5S_h$，那么锚固墩的力应当是：

$$F=A(0.5S_h-S_L)$$

$$或\ F=A[(0.5-\mu)S_h+E\alpha(T_2-T_1)]$$

式中，$A=\pi Dt$，为管道的截面积。

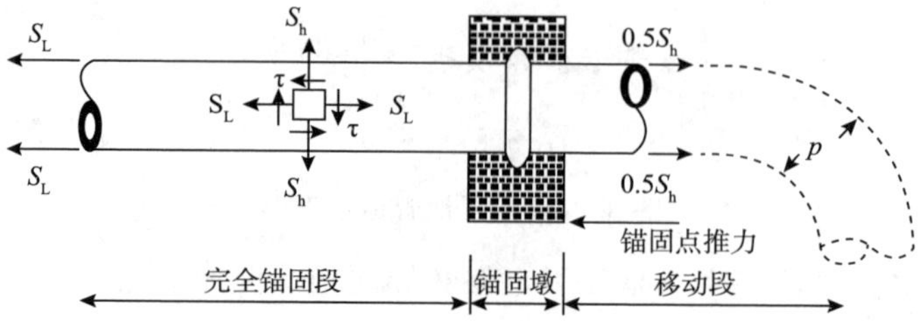

图 3.37.2 埋地管道示意图

应力分为自限性(二次应力)和持续性(一次应力)两种。自限性应力(二次应力)源于热胀和各种应变。埋地管道温差往往不高，压力延长效果作用明显。

管道轴向上，热胀量是 $\alpha(T_2-T_1)L$。考虑压力对轴向延长影响 $0.5S_hL/E$，但直径方向收缩。最后加入内压在环向的作用下，泊松效果，管道变粗，轴向收缩 $0.3S_hL/E$，这样净轴向伸长量：

$$\Delta D=\alpha(T_2-T_1)L+\frac{0.5S_hL}{E}-\frac{0.3S_hL}{E}$$

因为

$$\varepsilon=\frac{\Delta D}{L}$$

所以

$$\varepsilon=\alpha(T_2-T_1)+\frac{0.2S_h}{E}$$

二、埋地输油管道的应力分析与工程应用

某输油管道，直径 457mm，操作压力 6MPa，操作温度为 80℃，材料为 API 5L，管道采用电阻焊接，安装温度 20℃。根据规范、管子屈服强度为 359MPa，焊接接头系数取 1。

① 核算管道名义壁厚

$$t=\frac{pD}{2ES}+A$$

$$t=\frac{pD}{2SE}+A=\frac{6\times457}{2\times1\times0.72\times359}+0.0=5.3\text{mm}\quad 取\ 6.3\text{mm}$$

② 环向应力

$$S_h=\frac{pD}{2(t-A)}=\frac{6\times457}{2\times(6.3-0.0)}=217.6\ \text{MPa}$$

③ 完全锚固段轴向压应力

$$\begin{aligned}S_L&=-E\alpha(T_2-T_1)+0.35S_h\\&=-192.4\times10^3\times11.7\times10^{-6}\times(80-20)+0.35\times217.6\\&=-58.9\text{MPa}\end{aligned}$$

④ 锚固段合成应力

$S_e=\sqrt{(S_h-S_L)^2+4\tau^2}=\sqrt{(217.6+58.9)^2+0.0}=276.5<0.9\times359\text{MPa}=323\text{MPa}$
通过。

如果未通过可以修改壁厚再核算。

⑤ 锚固墩的推力

$F=\pi Dt[0.2S_h+E\alpha(T_2-T_1)]$

$=3.14\times457\times6.3\times[0.2\times217.6+0.192\times11.7\times(80-20)]$

$=1612.1\text{kN}$

⑥ 热胀率

$$\varepsilon_t=\alpha(T_2-T_1)=11.7X\ 10^{-6}\times(80-20)=6.96\text{mm}/10\text{m}$$

⑦ 压力延长率

$$\varepsilon_p=\frac{0.2S_h}{E}=0.2\times\frac{217.6}{0.19}\times10^{-6}=2.3\text{mm}/10\text{m}$$

⑧ 总伸长率

$$\varepsilon=\varepsilon_t+\varepsilon_p=6.96+2.3=9.3\ \text{mm}/10\text{m}$$

三、埋地管垂直荷载的计算

1. 埋地管的自重

$$G_p=\gamma\pi d_c t \tag{3.37.1}$$

式中 G_p——每米管子的重量，N/m；

γ——材料容重，N/m^3，见表 3.37.1；

d_c——平均直径，m；

t——管壁厚度，m。

2. 埋地管内的介质重量

$$G_i=\frac{\pi}{4}d_N^2\gamma_i^2 \tag{3.37.2}$$

式中 G_i——每米管子的重量，N/m；

d_N——管子的内径，m；

γ_i——介质的容重，当介质容重大于水的容重时以介质容重计，当小于水的容重时，以水的容重计算。

3. 埋地管保温材料和保护层重

$$G_B=\gamma\pi dt \tag{3.37.3}$$

式中 G_B——每米管子长的保温层重量，N/m；

γ——材料容重，N/m^3；

d——保温层的平均直径，m；

t——保温层的平均厚度，m。

4. 垂直土重量

① 沟埋式的垂直土重量(图 3.37.3)

$$G_P=G_T\gamma_S BH \tag{3.37.4}$$

式中 G_P——每米管道上总的垂直土荷载，N/m；

γ_S——土的容重，N/m^3，见表 3.37.1；

C_T——沟埋式埋管的荷载系数，由图 3.37.4 及表 3.37.2 查得；

B——地沟管道顶部处的宽度，m，见图 3.37.5。

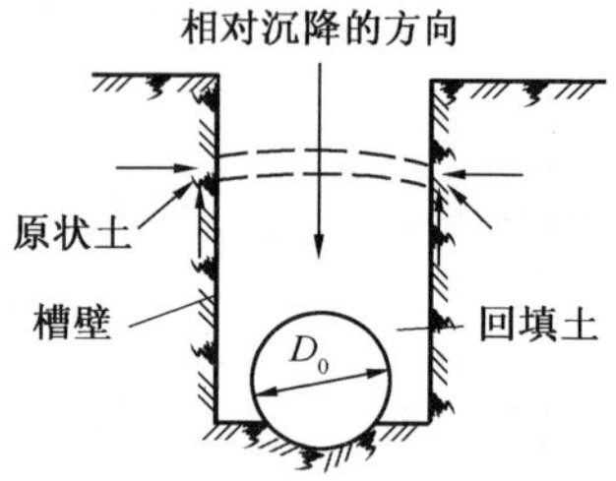

图 3.37.3　沟埋式拱效应图

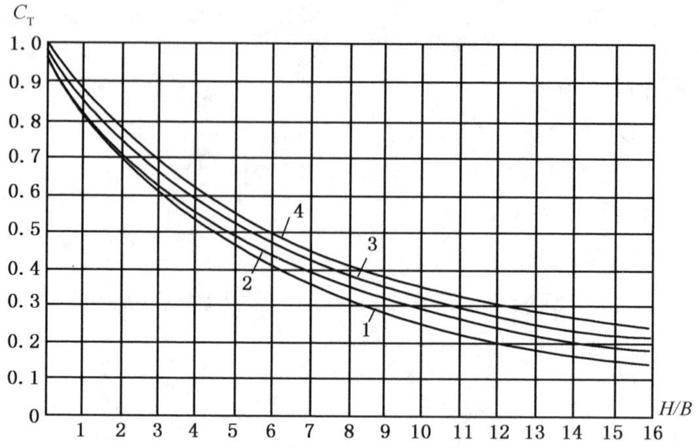

图 3.37.4　沟埋式埋管的荷载系数

表 3.37.1　不同管道材料的容重　　N/m³

材料名称	单位容重	材料名称	单位容重	材料名称	单位容重
铸铁	72500	浆砌机砖	19000	砂夹卵石(湿)	19200
钢	78500	浆砌矿渣砖	21000	天然级配砂石(湿)	22000
混凝土	24000	加气混凝土	7500	花岗石(片石堆置)	15400
钢筋混凝土	25000	膨胀珍珠岩制品	4000	浆砌细方石(花岗石)	26400
离心制钢筋混凝土	26000	钢丝网水泥	25000	浆砌毛方石	25000
普通砖	18000	黏土(湿)	18000	浆砌块石	23000
普通砖(机制)	19000	黏土(很湿)	20000	浆砌片石	22000
水泥砂浆	20000	砂土(湿)	18000	干砌片石	20000
石棉水泥浆	19000	砂土(很湿)	20000	聚氯乙烯管	16000
浆砌普通砖	18000	卵石(干)	18000	木材	7500

表 3.37.2　不同土质的特性系数 $K\mathrm{tg}\varphi'$

回填土类别	$K\mathrm{tg}\varphi'$	曲线编号
砂土(干燥)	0.192	1
砂土(湿的及饱和的)及硬黏土	0.165	2
塑性黏土	0.148	3
流动性黏土	0.132	4

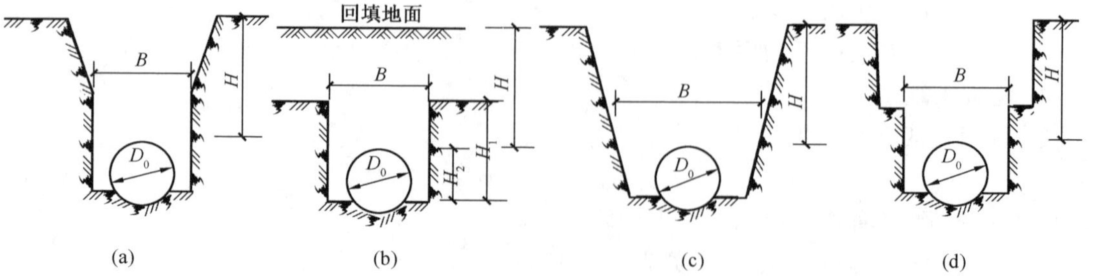

图 3.37.5　各种不同槽形的 B 值

② 上埋式埋管的垂直土荷载(图 3.37.6)

$$G_y = C_E \gamma_S D_o H \tag{3.37.5}$$

式中 G_y——上埋式管道上每米总的垂直土荷载，N/m；

C_E——上埋式埋管的荷载系数，在一般情况下可按表 3.37.3 采用(由于管道变位比两侧回填土的沉降小，在这种情况下，管道上的荷载由于两侧土体的一部分荷载转移到管道上部的土柱上而加大)；

D_o——管外径，m；

γ_S——土体的容重，N/m³，见表 3.37.1。

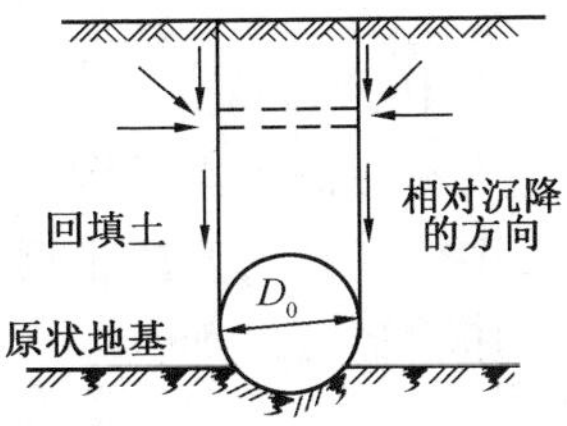

图 3.37.6 上埋式拱效应图

当前开槽埋管，槽底宽度按施工要求一般规定如表 3.37.4 所示。此时可按上埋式埋管计算。当开槽埋管槽宽小于表 3.37.4 的规定时，可按式(3.37.4)沟埋式计算，并将其结果与式(3.37.5)计算的值比较，取小者作为计算土压力值。当一个槽内平行埋两条以上的管道时，如管道间的净距为 A，则：

$$G_y = \gamma_S (D_o + A) H \tag{3.37.6}$$

式(3.37.6)算得的土压力值大于 $1.4\gamma_S D_o H$ 时，则 G_y 可按 $1.4\gamma_S D_o H$ 计算。

表 3.37.3 系数 C_E 表

条　　件	C_E
开槽埋管土质为砂土、轻亚黏土	1.1
开槽埋管土质为亚黏土、黏土时	1.2
原状地面上埋管后管上筑土堤	1.4

表 3.37.4 槽底一般宽度 mm

管径 D_o	槽底宽
≤4000	≥D_o+800
500～1000	≥D_o+1000
≥1100	≥D_o+1200

③ 顶管法施工的垂直土荷载(图 3.37.7)

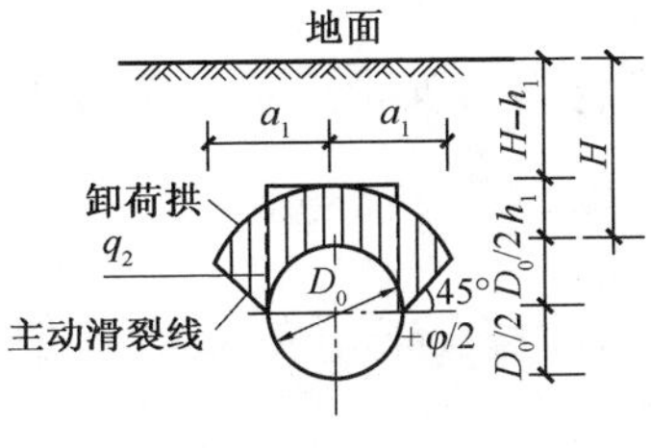

图 3.37.7 卸荷拱

在原状土中顶管，当管顶覆土较厚且为轻亚黏土或亚黏土时，管道上的垂直土荷载，只计算土层内形成天然卸荷拱以下高度为 h_1 破坏区内的压力，如图 3.37.5 所示。管顶卸荷拱高度 h_1，可按下式计算：

$$h_1 = \frac{\alpha_1}{f_{KP}} \tag{3.37.7}$$

$$\alpha_1 = \frac{D_o}{2}\left[1 + \mathrm{tg}\left(45° - \frac{\varphi}{2}\right)\right] \tag{3.37.8}$$

式中 h_1——卸荷拱高，m；

f_{KP}——土的坚实系数，见表 3.37.5。

表 3.37.5 各种土的坚实系数

土　壤　种　类	f_{KP}	土　壤　种　类	f_{KP}
沼泽土、新填土、淤泥等不稳定土	<0.6	塑态亚黏土、黏土、黄土	0.8
塑态轻亚黏土(I_P≤4)	0.6		
塑态轻亚黏土(I_P>4)	0.7	坚硬的亚黏土及黏土	1.0

注：I_P——土的塑性指数。

采用卸荷拱计算土荷载时，一般要求满足 $f_{KP} \geqslant 0.6$，以及管顶覆土厚度 $H \geqslant 2h_1$ 两个条件(当有实践经验时，方可适当减小，但不得小于 $1.3h_1$)。这时作用在管道上的垂直土荷

载可以按管顶以上 h_1 的高土柱计算，且不考虑地面活荷载的影响。因此顶管施工时，管子顶上的垂直土荷载按下式计算：

$$G_Y = \gamma_S D_o h_1 \tag{3.37.9}$$

式中 γ_S、D_o、H 符号的意义同式(3.37.5)。

当不能满足上述两个条件时，应按管顶以上全部覆土厚度计算。在砂、卵石、砂卵石等土层中或穿越河底软土层进行顶管时，由于不能形成卸荷拱，管顶垂直土压力应按管顶以上土柱压力计算。即：

$$G_y = \gamma_S D_o H \tag{3.37.10}$$

式中 γ_S、D_o、H 符号的意义同式(3.37.5)。

④ 其他作用力或荷载

其他作用力或荷载主要有地震作用力、温度作用力、水锤作用力及长期集中荷载(如管道阀门)、临时维修荷载等，根据具体工程条件计算确定。

管道位于车道下、路堤下或其他场地土下，必须考虑地面上可能出现的车辆荷载或其他临时堆放荷载。地面活载一般只考虑汽车荷载。在主要道路下，一般采用 20t 汽车(即《公路桥涵设计通用规范》中的汽-15 级的重车)，在次要道路下采用 15t 汽车(即汽-10 级重车)。当计算管道上作用的汽车荷载时，在纵向可用一辆汽车的后轮轮压，在横向可用两辆并列的汽车后轮轮压。当出现大于上述汽车的荷载时，应根据实际可能出现的荷载核算。管道埋在人行道、农田或其他场地下时，则应根据实际可能出现的地面活载计算管道上的压力。

四、埋地管道的摩擦力

土壤对管道轴向的摩擦力在数值上等于管道与土壤间的摩擦系数乘以土壤作用于管道的正压力。

$$F = \mu W \tag{3.37.11}$$

式中 F——管道单位长度上的轴向摩擦力，N/mm；

W——埋地管的自重+埋地管内的介质重量+埋地管保温材料和保护层重+垂直土重量+其他，N/m；

μ——管道与土壤之间的摩擦系数。

管道与土壤间的摩擦系数可通过试验得到，在没有试验数据的情况下，表 3.37.6 中的数值可以作为参考。

表 3.37.6 管道与土坡间的摩擦系数

土壤类别	淤 泥	细 沙	砂 砾	黏 土
摩擦系数	0.3	0.4	0.5	0.6～2.4

当管道发生横向位移时，土壤对管道产生横向推力。土壤对管道横向推力的大小与管道的横向位移之间的关系如图 3.37.8 所示，它类似于塑性力学中的理想弹塑性模型。该模型分为两个阶段，当位移较小时，横向推力与横向位移之间为线弹性关系；当位移较大、超过一定数值时，横向推力与横向位移之间的关系呈理想塑性性质，此时无论横向位移大小，横向推力将保持不变。

图 3.37.8 所示的双线性土壤作用力模型通常采用弹性刚度和最大推力两个参数来表达。作用于单位管道长度上的土壤线刚度差和最大推力 U 可通过相应的土壤和管道参数分别由式(3.37.12)和式(3.37.13)进行估算。

$$U=33.336\gamma_s(H+D_o)\tan^2\left(45°+\frac{\varphi}{2}\right) \tag{3.37.12}$$

式中 U——作用于单位管道长度上的土壤最大推力，N/mm^2；

γ_s——回填土的重度，N/mm^3；

D_o——管道外径，mm；

H——土壤表面到管道顶部的深度，mm；

φ——管道横向位移时的土壤摩擦角，沙土取27°～45°，淤泥取26°～35°，黏土取0°。

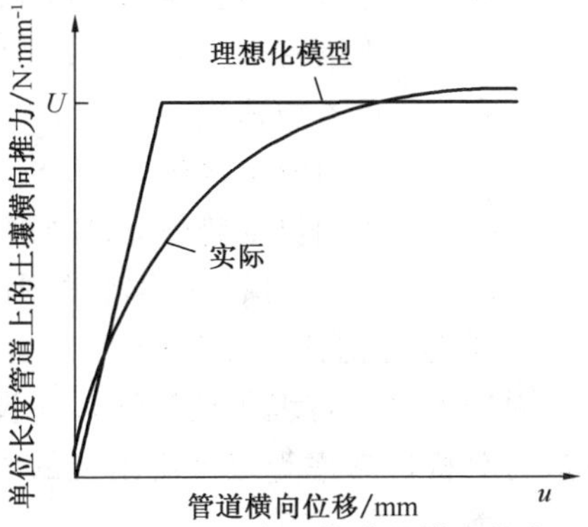

图 3.37.8 土壤对管道的横向推力与管道横向位移之间的关系

$$U=0.5\gamma_s(H+D_o)^2\tan^2\left(45°+\frac{\varphi}{2}\right) \tag{3.37.13}$$

式中 U——作用于单位管道长度上的土壤最大推力，N/mm。

在分析中，土壤对管道的横向推力采用分布于管道各点的弹簧进行模拟。

由于埋地管中各点轴向应力有所不同，为进行强度校核，在分析时必须将管道细分；另外，横向位移不同引起土壤对管道的反作用力推力也不相同，为准确地进行模拟也必须对管道进行细分。通常在横向位移较大的弯头、支管连接点、管道进出地表处附近，比直管段处应具有更细的单元划分，该区域的范围可用式(3.37.14)进行估算。

$$L_b=3.332\left(\frac{EI}{k}\right)^{\frac{1}{4}} \tag{3.37.14}$$

式中 L_b——横向位移较大的区域范围，mm；

E——管道弹性模量，MPa；

I——管道截面惯性矩，mm^4；

k——作用于单位管道长度上的土壤线刚度，N/mm^2。

五、直埋供热管道的一次应力、二次应力和峰值应力

1. 应力分析

直埋供热管道一次应力取决于静力平衡条件，如果一次应力超过极限，会导致管道爆裂或断裂。

热胀变形、管道沉降、土壤的轴向摩擦力和压缩反力引起二次应力。如果二次应力超过了极限状态，钢材也会产生屈服，发生塑性变形。

在管道局部不连接处都会产生应力集中的峰值应力。峰值应力不会引起显著的变形，但循环变化的峰值应力也会造成钢材内部结构的损伤，导致管道的局部疲劳破坏。

2. 应力计算

由内压所产生的一次应力和土壤侧向压缩反力引起的管道二次应力的计算可按照文献进行。对于大管径直埋管道，由于管道本身自重大，当管道发生轴向位移时，由自重产生的管道与土壤之间的摩擦力就不可忽略。摩擦力的计算公式中应考虑到管道自重，其计算公式为：

$$F=\mu[\pi\rho g(h+D_w/2)D_w+G] \tag{3.37.15}$$

式中 F——轴线方向每1m管道的摩擦力，N/m；

μ——外管壳与土壤的摩擦系数；

ρ——土壤密度，kg/m^3；

g——重力加速度，m/s^2；

h——管顶覆土深度，m；

D_w——预制保温管外壳的外径，m；

G——每 1m 预制保温管的满水重量，N/m。

3. 直埋管道的失效分析

对于大管径直埋供热管道，在设计中除了进行管道强度的计算外，还应对管道的安全状态进行分析，考虑管道可能出现的失效变形。直埋供热管道的失效包括强度失效与稳定失效两个方面。

(1) 强度失效

① 无限塑性流动。由于内压作用而产生的一次应力超过屈服应力时，管壁会产生较大的塑性变形，出现无限的塑性流动，引起管道爆裂或断裂。

② 循环塑性变形。在直埋供热管道中，温度应力起决定性作用。当温度变化较大而热胀变形又不能完全释放时，升温过程会使管壁因轴向压应力而产生轴向压缩塑性变形；降温过程则会使管壁因轴向拉应力产生轴向拉伸塑性变形。在管道的使用期内，由于循环变化的压力和温度变化产生的应力超过 2 倍的屈服应力时，将会产生循环塑性变形。

③ 疲劳破坏。通常在弯头、大小头及三通等管件处易产生应力集中。在温度和压力变化过程中，应力集中引起的峰值应力只在很小的局部范围内产生循环塑性变形。首先是由于该区域是被弹性区域包围的，不会引起爆裂或断裂；其次是塑性变形时，钢材的损伤作用使管道经历了一定的运行周期后，产生疲劳破坏。峰值应力的变化越大，疲劳破坏所产生的周期就越短。

(2) 稳定失效

当热力管道处于受压状态时，可能出现 2 种失稳破坏：

① 整体失稳。从整个管线看，管道属于管道件。当热胀变形不能完全释放时，运行工况下的轴向压力最大，由于压杆效应，可能引起管线的整体失稳。

② 局部失稳。从管道局部看，管道属于薄壳体。在轴向应力的作用下，管道可能出现局部褶皱，引起局部失稳。

横断面上的土壤荷载和交通荷载也会使管道界面产生椭圆化变形，过大的椭圆化变形也会使管道产生破坏。

4. 大管径直埋管道的设计要点

① 局部失稳和椭圆化变形。在直埋敷设热力管道中，当管径小于 500mm 时，管道只会出现无限塑性流动、循环塑性变形、疲劳破坏和整体失稳，而不会出现其他形式的破坏。在强度计算中，满足相应破坏方式的强度条件时，管径 500mm 以下的管道将处于安全状态。当管径大于 500mm 时，除上述破坏方式外，局部失稳和截面椭圆化变形将成为大管径直埋管道的主要失效方式。因此，必须使管道满足新的强度条件，才能处于安全状态。

② 局部失稳。产生局部失稳的因素是管道的轴向应变，轴向应变取决于热胀变形的大小和释放程度。此外，产生局部失稳的可能性还与管道的截面参数有关。在轴向应变相同的管道中，局部失稳的可能性随着管壁的增厚而减小，随着钢管平均半径的增大而增加。

③ 椭圆化变形。产生径向变形的原因是管道上作用的垂直荷载，包括土壤荷载和车辆荷载。土壤荷载随着管道的埋深增加而加大，车辆荷载则随管道的埋深增加而减小。同样，径向变形的大小也与管道的截面参数有关，在相同的垂直荷载作用下，钢管平均半径越大，径向变形越大，管壁越厚，径向变形越小。

④ 验算土壤压力和车辆荷载作用下控制钢管截面椭圆化变形的稳定条件为：保证钢管截面的径向变形不大于钢管外径的 30%。

⑤ 在大管径直埋管道设计中，除按照规程进行强度设计外，同时还要采取相应的措施来避免出现整体失稳、局部失稳和椭圆化变形。

A. 适当增加钢管壁厚，增大管道的刚度，以增大抗失稳能力，保证不出现截面椭圆化变形和局部失稳。采取增加覆土深度及避免在管线附近平行开沟等措施，增大外界的抗纵向失稳反力和保持外界抗水平失稳能力，防止出现整体失稳。

B. 采用预应力安装方式，提高安装温度，减小运行工况下的温升及相应的轴向应力，降低热胀变形量，防止出现局部失稳的现象。

C. 通过设置补偿器或弯管的方法，提高热胀变形的释放程度，保证不出现局部失稳。

六、埋地管道应力分析应用实例

某热电厂供热管网干线采用直埋敷设方式。设计条件：热网设计供水温度为 150℃，供水压力 1.6MPa，最大管径为 1000mm。管材材质为 Q235 钢，管顶埋深为 1～3m。

由于供水温度高，为满足管道稳定性条件，供热管网采用了有补偿直埋敷设方式。在大小头管径较大的一侧设置固定墩，管径较小一侧设置补偿器。管网中采用高密度聚乙烯预制保温管及耐高温的聚氨酯保温材料。

考虑到管径大，钢管相对来说是薄壁壳体，必须对管道的局部失稳进行校核计算。由于管道内的最大轴向应力发生在固定墩处，因此，固定墩处的应力必须同时满足以上 2 种校核计算结果。固定墩与补偿器之间的距离也以此为依据进行确定。

针对管道局部结构不连接处产生峰值应力的现象，对弯头、大小头、三通和折角处采取下列措施将应力释放，避免引起管道的低循环疲劳破坏：

① 使用大弯曲半径的弯头，所有直埋管道大口径弯头的弯曲半径不小于 3.5 倍公称直径。弯头的壁厚比相同管径的钢管壁厚多 2mm。同时在管道安装完毕回填砂以前，在弯头附近一定范围的弯壁内设置泡沫垫片，以增加弯壁吸收变形的能力。

② 在大管径直埋管道上设置的三通，采用带加强板的三通。三通支管距固定点的距离为 10～12m，当距离较大时在支管一定长度内设置泡沫垫片用以保护三通。在三通支管上设置补偿器或 Z 形弯来降低三通处的应力，补偿器或 Z 形弯距主管的距离为 20～25m。在部分三通支管管径较小时，也采用了平行三通的布置方法。

③ 针对地下敷设的管道易产生折角的现象，在管道布置中将大折角分解为几个小角度折角进行敷设。对于相距较近的折角，由于将其分解为小折角会很困难，则采用大弯曲半径的弯管来代替大折角，从而避免了折角处有预应力集中而产生低循环疲劳破坏或局部失稳破坏。

七、大口径管道浮管事故分析与工程应用

大口径管道、容器设备布置在埋地或者地沟敷设时，由于地下水或雨水等在地下积聚，造成大口径管道、容器设备上浮的事故发生。笔者遇到某厂某装置内埋地的一段 *DN*2000 的管道，管道内化工原料大部分已导空，由于多日暴雨，覆土覆沙被冲刷没了很多，沟内积

水，造成直埋管道上浮，管道支管连接处破裂的事故。

如图 3.37.9 所示，根据浮力产生的原理，浸入液体中的物体受到向上的浮力，浮力的大小等于物体排开的液体受到的重力。管道的上浮力等于管道排开水体重量减去管道、覆土和管内水体的重量。钢管内无水或者部分液体。可以推算出钢管起浮水位和最小覆土厚度，或者采用其他方法施加拉拽荷载，防止管道上浮。

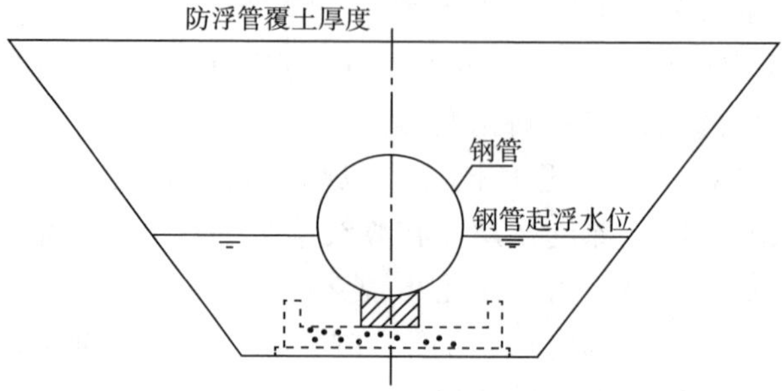

图 3.37.9 大口径管道浮管事故的计算

在一些长输管道经过地下水丰富地区，为了防止浮管事故，一般采用 360°混凝土包管处理。装置内埋地或地沟敷设管道，在雨季，防洪防汛措施应到位。在施工过程中，覆土按设计要求分层夯实。同时避免在施工过程中由于雨季或地下水造成浮管事故。

八、无补偿直埋热管道配管设计分析与工程应用

1. 无补偿直埋热管道配管设计的范围

无补偿直理配管节省了原材料并提高了管道流体运行性能，但需要具备下列条件：

①长距离输送供热介质，且中间分支较少；

②供热介质温度较低；

③施工现场有预热热源供应预热条件；

④施工现场的交通等允许因预热管道而延长施工周期。

2. 无补偿配管设计原理

一根管道，两端固定，中间无任何补偿装置。当管道受热或冷却时，管道必承受轴向压应力或轴向拉应力。根据虎克定律可知：

$$\sigma_{ax}=E\varepsilon=E\alpha\Delta t \quad \text{kgf/cm}^2$$

式中 σ_{ax}——管道因受热或冷却所产生的轴向应力，kgf/cm^2；当受热时，为压应力，采用负值；当冷却时，为拉应力，采用正值；

E——钢管的弹性模量，kgf/cm^2；

α——钢管的线膨胀系数，m/(m·℃)；

Δt——管道温升或温降值,℃。

由上式可以得出，当管道达到许用应力$[\sigma]$值时，所容许的最大温升或温降值。

如已知：$E=2.1\times10^6\text{kgf/cm}^2$，$\alpha=12\times10^{-6}$m/(m·℃)，$[\sigma]=1300\text{kgf/cm}^2$，则：

$$\Delta t=\frac{[\sigma]}{\alpha\cdot E}=\frac{1300}{12\times10^{-6}\times2.1\times10^6}=51.6 \quad ℃$$

由此说明管道即使没有任何补偿措施，也可以承受 $\Delta t=51.6$℃的温度波动，而其轴向力也不会超过许用应力$[\sigma]=1300\text{kgf/cm}^2$

①受土壤摩擦或固定约束的管道受热或冷却时，它承受的压应力或拉应力的大小，主要取决于管子的温升或温降，而与管子直径、长度、管壁厚度无关。

②碳钢管子温升或温降约在±50℃以内，即使无任何补偿装置，管道出现的应力，也不会超过许用应力[σ]值。

在管道安装时，首先将管道加热到一定温度，然后将管道焊接固定，当管道恢复到安装温度时(温度降低)，管道预先承受了一定的拉应力，当管道通热工作时，随着温度升高，管道拉应力逐渐减少，当达到预热安装温度时，管道应力为零，当继续升温时，管道压应力增加，当温度升到工作温度时，管道的压应力仍小于许用应力[σ]=1300kgf/cm^2，这样管道便可以不用补偿装置而正常工作了。

3. 预热温度的设计

根据虎克定律由温度变化产生的轴向应力 σ_1 为：

$$\sigma_1 = E \cdot \alpha \cdot \Delta t \quad \text{kgf/cm}^2$$

由环向应力产生的附加的轴向应力(即由泊松效应引起的拉应力)$\sigma_1{}' = \nu \cdot \sigma_{tan}$，则在轴向应力及环向应力共同作用下产生的轴向应力按下式计算：

$$\sigma_{ax} = \sigma_1 + \sigma_1{}' = E \cdot \alpha \cdot \Delta t + \nu \cdot \sigma_{tan} \quad \text{kgf/cm}^2$$

式中 σ_{ax}——两向力作用下的轴向应力，kgf/cm^2；

σ_{tan}——环向应力，kgf/cm^2，按下式计算：

$$\sigma_{tan} = \frac{pD_n}{2S}$$

式中 p——管道内压力，kgf/cm^2；

D_n——管内径，mm；

S——钢管壁厚，mm；

ν——泊松系数，取 $\nu = 0.3$。

设预热温度为 t_y，管内供热介质最高工作温度为 t_{max}，当温度由 t_y 上升到 t_{max}时，管道轴向应力应小于或等于[σ]，由式(4－8)知：

$$-[\sigma] = -E \cdot \alpha \cdot (t_{max} - t_y) + \nu \cdot \sigma_{tan}$$

$$t_y = t_{max} - \frac{[\sigma] + \nu \cdot \sigma_{tan}}{E \cdot \alpha}, \quad ℃$$

某供热系统，最高供水温度为 t_{max}(℃)，最高工作压力 p_{max}(kgf/cm^2)，钢管内径为 D_n(mm)。壁厚为 S(mm)。采用预热无补偿安装方法，求预热温度 t_y 及分析不同水温下管道的应力状况。

① 计算环向应力 σ_{tan}值：

$$\sigma_{tan} = \frac{p \cdot D_n}{2S} \quad \text{kgf/cm}^2$$

② 计算预热温度 t_y：

当水温达到 t_{max}时，要求管内许用应力不超过[σ]。

$$t_y = t_{max} - \frac{[\sigma] + \nu \cdot \sigma_{tan}}{E \cdot a} \quad ℃$$

因此，只要将管道预热到 t_y 时再将管道焊死，那么管道运行温度达 t_{max}时，管道所承受的压应力不会超过钢材的许用应力[σ]，运行是安全的。

4. 允许最低温度的设计

当管道冷冻时，将引起拉应力，当达到最低工作温度 t_{min} 时，管道轴向应力不能超过许用应力[σ]，即：

$$[\sigma]=E\alpha(t_y-t_{min})+v\sigma_{tan}$$

整理上式得：

$$t_{min}=t_y-\frac{[\sigma]-v\sigma_{tan}}{E\alpha}\quad ℃$$

当管网停止供热运行，管内无压力时，$\sigma_{tan}=0$，则 $t_{min2}=t_y-\frac{[\sigma]}{E\alpha}$ ℃

在管道温度降至 t_{min} 时，管道所受应力等于[σ]，温度继续下降，管道受到的应力将超过其许用应力[σ]范围，但此时还不至于破坏。只有达到钢管的破坏强度(屈服极限)，才开始破坏。如果按许用应力计算，可求得 t_{min}，此温度下，管道才能够破坏。

九、直埋热管道实际热膨胀量的计算分析与工程应用

直埋管道由于土壤摩擦力的影响，其实际热伸长量比架空的地沟敷设的管道热伸长量要小。

设固定点至伸缩器之间的间距为 L，管道因土壤摩擦而减少的热伸长量为 ΔL_f，土壤对管道的单位摩擦力为 f(图 3.37.10)，忽略补偿器的弹力。

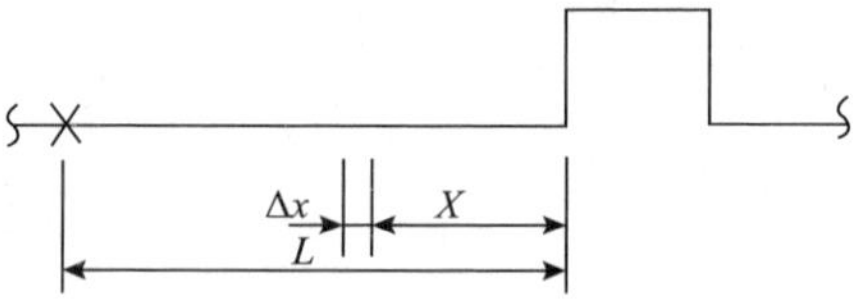

图 3.37.10 埋地管道热膨胀

直埋管道实际热伸长量为：

$$\begin{aligned}\Delta L&=\alpha\cdot\Delta t-\Delta L_f\\&=\alpha\cdot\Delta t\cdot L-\frac{f\cdot L^2}{2E\cdot A}\\&=\left(\alpha\cdot\Delta t-\frac{f\cdot L}{2E\cdot A}\right)\cdot L\quad \text{mm}\end{aligned}$$

在实际工程中，由于施工情况不同，直埋管道实际伸长量是不同的，计算起来比较复杂。丹麦 I. C. MOLLER 公司采取了如下简化计算方法：

①未回填土时管道受热后，管道为自然膨胀，其实际伸长量为：

$$\Delta L=\alpha\cdot\Delta t\cdot L$$

②回填土或砂子后，管道再加热时：

$$\Delta L=0.8\times\alpha\cdot\Delta t\cdot L$$

③当管道进行预拉时，即采取预应力的办法时：

$$\Delta L=0.5\times\alpha\cdot\Delta t\cdot L$$

④当管道预拉后，再回填土或砂子，然后加热时：

$$\Delta L=0.5\times0.8\times\alpha\cdot\Delta t\cdot L=0.4\times\alpha\cdot\Delta t\cdot L$$

在埋地管道配管设计分析时，这种简化计算完全满足工程设计需要。某设计人用了很多公式和高等数学知识，花半天时间计算了某根埋地管道热位移，与笔者使用简化方法快速估算出的数据很接近。

十、直埋钢套钢蒸汽管道设计分析与工程应用

石油化工装置蒸汽管道必须布置在地面以下时，有的设计人员由于不会设计直埋蒸汽管道，而采用地沟的方法设计，在成本上花费多了不少，其实完全可以用钢套钢蒸汽管道直埋。

内部钢管称为工作钢管，输送高温、高压蒸汽。外部钢管称为钢套管，是工作钢管的保护管，保护保温层，也是蒸汽管道伸缩、固定的主要受力件。德国在1970年就开始使用这种配管设计方法，钢套钢直埋蒸汽管道节约占地面积、减少管网占用地下空间位置，这种管道具有防水性能好，节约工程造价和管网运行维护费用，缩短施工工期，热损失小的优点。比地沟敷设成本低很多。直埋钢套钢蒸汽管道在我国石油化工装置、电力装置、市政管道均有不少应用。

1. 隔热材料

直埋高温蒸汽管道的隔热材料不但要有良好的绝热性能，而且防水、防腐蚀性能也要高，伸缩性能要好，不能因为摩阻影响使钢管变形。也不能因为钢管变形而破坏隔热结构的严密性，还要控制隔热材料的憎水性。

在管道运行过程中，隔热层不得进水，易破坏隔热结构，影响管道的隔热效果。

2. 直埋钢套钢蒸汽管道的支架设计

(1)滑动支架。滑动支架分为内管(外壁)滑动支架和外管(内壁)滑动支架，常用外管滑动支架，见图3.37.11(a)。

(2)内固定架。是在工作钢管和外钢套管之间设立固定支架。形成内外钢管之间的相对固定，用来阻止工作钢管受热膨胀的超标伸长，以确保管道伸缩器的安全运行，保证管道安全，见图3.37.11(b)。工作管产生的热应力通过固定板作用到钢套管上，起到了固定支墩的作用。

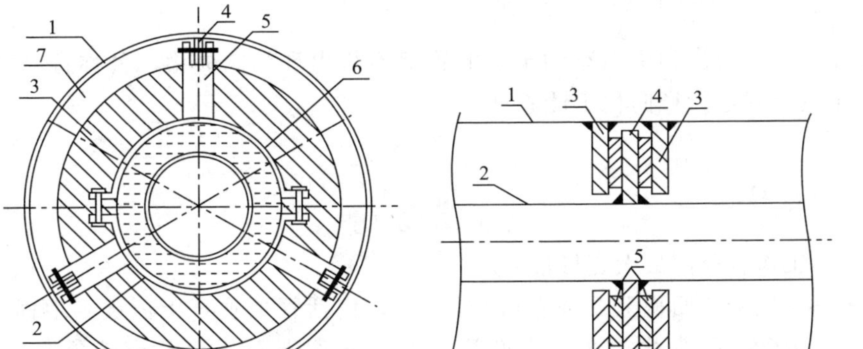

1—外套钢管
2—工作钢管　5—支承钢板架
3—保温材料　6—隔热材料
4—转动轮　7—空隙

(a)滑动支架

1—外套钢管
2—工作钢管　4—内工作管圆环固定板
3—外套管圆环固定板　5—隔热层

(b)固定支架

图3.37.11　直埋钢套钢蒸汽管道的支架设计

3. 直埋钢套钢蒸汽管道需要合理设计疏水器及排潮管

疏水器可避免蒸汽管道水击。排潮管既是排潮孔又是观察孔，在蒸汽管道运行初期将隔热材料中的潮气排除，万一工作管在某处损坏漏气，波纹补偿器损坏或钢套管渗水等，排潮管可作为信号管，检修人员可根据排潮管冒气快速判断事故的发生段。排潮管一般布置在固定支架附近或每一段蒸汽管道的相对高点，引到地面上来。

十一、直埋管道敷设深度分析与工程应用

当采用有补偿直埋敷设方式时，埋设深度只考虑由于地面荷载的作用不会破坏管道的稳定便可。按荷载计算，当管道覆土600mm，通过15t载重汽车时，受压强度仅为0.81kgf/cm^2，当道路施工时，12t碾压覆土250mm，压实到150mm时，其受压强度为1.0kgf/cm^2，冻土层膨胀反力一般不大于上述压力。

当采用无补偿直埋敷设方式时，埋设深度需要考虑管道的稳定要求。当采用不预热的无补偿直埋敷设管道时，最小覆土深度应不小于表3.37.1的规定。同时检查盖板覆土深度不宜小于0.2m。

表3.37.1 直埋热水管覆土深度

管道公称直径/mm	最小覆土深度/m	
	机动车道	非机动车道
≤125	0.8	0.7
150～300	1.0	0.7
350～500	1.2	0.9
600～700	1.3	1.0
800～1000	1.3	1.1
1100～1200	1.3	1.2

注：见CJJ/T 81《城镇供热直埋热水管道技术规程》

对于承受较大静土压和机动车动土压的管道不得出现径向失稳。公称直径大于500mm的管道应按下列公式进行径向稳定性验算：

$$\Delta X=\frac{1.728W\times D_{o}}{E(\delta^{3}/r^{3})+2562}$$

$$\Delta X\leqslant 0.03D_{o}$$

式中 ΔX——工作管径向最大变形量，m；

W——管顶单位面积上总垂直荷载，kPa，包括管顶垂直土荷载和地面车辆传递到钢管上的荷载，直埋管道管顶单位面积上总垂直荷载应符合表3.37.2的规定；

D_{o}——工作管外径，m；

E——钢材的弹性模量，kPa；

δ——工作管公称壁厚，m；

r——工作管平均半径，m。

表 3.37.2　直埋管道管顶单位面积上总垂直荷载

管顶覆土深度/m	管顶单位面积上总垂直荷载/kPa
1.3	62
1.4	60
1.5	58
1.6	56

十二、直埋热管道最大敷设长度分析与工程应用

1. 摩擦力的计算

当直埋热管道产生热伸长或冷却收缩时，管道与周围土壤之间便产生了摩擦约束力，轴向摩擦力按下式计算：

$$F_L = \pi D_w L F_m \quad \text{kgf}$$

$$F_m = r\mu\left(h + \frac{D_w}{2}\right) \quad \text{kgf/m}^2$$

式中　D_w——保温管道外径，m；

L——管道长度，m；

F_L——L 段长的摩擦力，kgf；

F_m——单位面积的摩擦力，kgf/m^2；

μ——摩擦系数，Moller 方法推荐：计算位移时，$\mu=0.2$；验算强度时 $\mu=0.6$；

h——管顶埋深，m。

根据 Moller 方法通过实验室砂箱摩擦试验，认为第一次推动管道时，摩擦力比理论计算值大，但多次推动后，摩擦力减少而接近恒定值。根据上述实验和考虑管顶埋深一般不超过 1.2m，推荐取用下面数值作为设计计算依据，即：

$$F_m = 450\text{kgf/m}^2$$

摩擦系数是计算摩擦力的主要数据，它的大小与下列因素有关：

①土壤(或砂)类型；

②土壤(或砂)含水率；

③回填方式；

④保护层(外壳)材料。

摩擦系数值见表 3.37.3。

表 3.37.3　摩擦系数参考

地区	土壤(或砂)类型	最大摩擦系数 μ_{max}	最小摩擦系数 μ_{max}
北欧	—	0.6	0.2
华北	砂质黏土	0.317～0.496	0.137～0.173

在设计中，对于摩擦约束段，从安全考虑一般以最大摩擦系数确定管道应力，以最小摩擦系数计算管道位移量。

2. 最大敷设长度的计算

如图 3.37.12 所示管道升温时，管道向补偿器热伸长，由于受到管外摩擦力的约束，在管道断面上产生轴向应力。在有补偿器的 A 点位置 ，温度变化时处于基本自由伸缩状态。

管道截面从 A 点逐渐移向 B 点时，由于管道受摩擦力的作用，使管道热伸长逐渐受阻。在 B 点位置，摩擦阻力增加到与温度变化引起的热胀力相等，管道不再向补偿器侧伸长，而进入嵌固状态。AB 的距离称之为摩擦长度。在这类管段中，管道热伸长由 A 点的自由伸缩过渡到 B 点的嵌固状态，管道的热伸长应力亦从 A 点位置为零过渡到 B 点位置的最大值。在摩擦段(过渡段)内，离 A 点距离为 L 断面处的轴向应力可用下式计算(暂不考虑补偿器反作用力、环向应力)：

图 3.37.12　直埋热管道最大敷设长度

$$F_L=\pi D_w L F_m=\sigma_{ax}A$$

式中　σ_{ax}——管道断面上的轴向应力，kgf/cm^2；

A——管道截面积，cm^2。

最大安装长度，即在许用应力范围内从自由补偿端到固定支点之间的最大距离 M 值。在此长度下产生的摩擦力不得超过管道许用应力下相应的弹性力。

从上式及最大安装长度定义可知：

$$M=L_{max}=\frac{[\sigma]A}{\pi D_W F_m}\quad m$$

Moller 方法，对于碳钢管道，采用许用压力$[\sigma]=1300kgf/cm^2$。

例如，某预知保温碳钢热水管道，直埋敷设。直到管子外径和截面积，代入上式，就可求出最大距离 M。

第三十八节　衬里管道的应力分析

一、衬里管道的结构

带有内衬的管道广泛应用于工业管道中。例如内衬玻璃的钢制管道广泛应用于腐蚀性极强的产品的生产装置中，在氯乙酸的生产过程中，大量使用了内衬玻璃的钢制管道；某些装置中承受高温的大口径混凝土衬里钢管道，常采用冷壁法、热壁法设计(冷壁法设计是采用混凝土衬里，使管壁的设计温度降至 150℃左右，管道的材质相应降低，一般采用碳钢，不仅节省投资，而且管壁温度不高，热应力也容易处理；热壁法设计是采用耐高温合金管道，管道外面加保温材料，投资很高且热应力不易处理)。图 3.38.1 为某大口径混凝土衬里钢管道的结构。

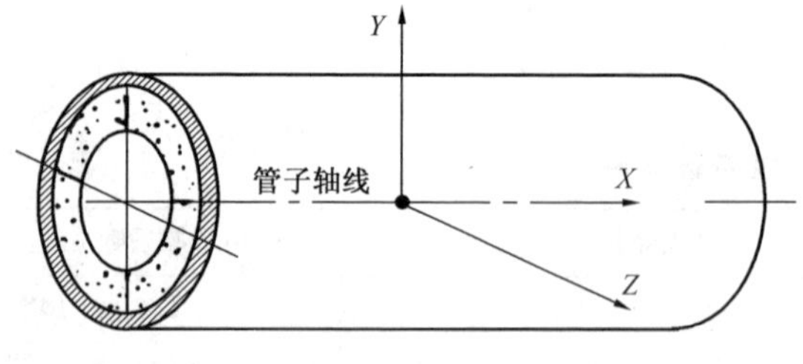

图 3.38.1　混凝土衬里管道的结构

衬里管道从内层算起为耐磨层、隔热层、碳钢管壁。衬里管道多采用龟甲网双层衬里、无龟甲网钢纤维增强双层衬里、无龟甲网钢纤维增强单层衬里等形式。由于采用衬里，对管道的应力、刚度产生了很大影响，因此需要对管道进行应力分析，以保证管系的正常运行和使用寿命。

衬里管道有关的标准有 SH/T 3128—2002《一般炼油装置火焰加热炉陶瓷纤维衬里》，SH 3531—2008《隔热耐磨混凝土衬里技术规范》，SY/T 0321—2000《钢质管道水泥砂浆衬里技术标准》。

二、衬里参数控制应力分析法

对于钢衬管道而言，普通的应力程序分析准则不适用，因为很小的应力和变形，钢衬管道就可能发生内衬破坏导致管道的腐蚀。在这里，控制的不是管道本身的强度，而是控制内衬不产生裂纹。有些供货商可以提供管道元件在受力状态下玻璃内衬所能承受的最大变形的数据，这些数据不仅与长度、直径、内衬厚度有关，而且与管壁厚度、材质和温度有关。严格讲，使用哪家供货商的产品，就应使用哪家的数据。例如，有的钢衬管道供货商能够提供管道的最大跨度表、允许最大弯度表，对衬里管道的应力分析非常必要。

三、当量计算应力分析法

衬里对管道内压所产生的应力影响很小，可以忽略；衬里的自重对管道弯曲应力的影响因管道外径、壁厚、衬里厚度和衬里材料密度的不同而变化很大，对不同管道情况应逐一进行详细应力分析。衬里管道因温降使得二次应力水平明显下降；管道热胀而受压应力时衬里对管道影响较大；衬里与钢材的线胀系数的差别对管道应力影响不大。需进行详细应力分析的衬里管道应先计算出等效钢管的当量壁厚和当量密度，代替钢管的壁厚和密度代入应力计算软件中进行分析，然后用当量许用应力进行校核。

对于混凝土衬里管道，隔热层与耐磨层作用力矩相差不多。而耐磨层与介质直接接触，当耐磨层破坏脱落后，高温介质就极易通过隔热层作用在钢管壁上，使管道破坏，因此，保证耐磨层的完整是最关键的。

1. 衬里管道的一次应力分析

衬里管道应力分析采用第三强度理论（最大剪应力理论）作为应力校核的理论依据。由自重和外载引起的弯曲应力是一次弯曲应力。弯曲应力在管道截面上是按直线分布的，截面一侧为拉应力，而另一侧为压应力，通过中心的中性轴的应力为零。

当管道外壁开始进入屈服时，中性轴附近仍处于弹性状态，所以可继续承受荷载，并且应力重新分布。这种应力可以运用极限荷载的概念进行分析，允许比一次膜态应力有较高的许用值。一般规定一次应力不能超过管材的许用应力。一次应力值小于或等于操作温度下材料的许用应力，则管道可以安全运行。衬里管道一次应力验算包括两部分，即内压产生的折算应力验算和持续外载应力验算。

2. 衬里管道二次应力分析

衬里管道不应仅仅考虑钢管的二次应力范围，能够保证操作状态下衬里材料的安全才是安全的关键。在高温大口径管道设计中，冷壁设计主要是利用衬里材料的隔热作用，使钢管壁温远远低于介质温度。由于温度的降低使衬里后的钢管热应力水平大幅度下降，这是衬里材料对管道二次应力的主要影响。

（1）衬里材料强度性质

根据混凝土衬里材料的强度性质可知其抗拉强度极小，抗压强度较大。对衬里管道的热胀应力是由钢管和衬里材料共同承担的，在热胀应力为拉应力时，因衬里材料抗拉强度差，对钢管的热应力影响不大，而热胀应力为压应力时，由于衬里材料抗压强度较好，压应力主要由衬里材料平衡，对钢管的热应力影响较大。

（2）衬里材料线胀系数

二次应力包括外壁径向温度梯度所产生的温差应力和管道与连接部件热胀系数不同而产生的热应力。由大口径管道壁厚较薄，其内外壁径向温度梯度所产生的温差应力可以忽略不计。由于衬里材料的线胀系数与钢管线胀系数不同，虽然由于衬里材料的温度高于钢管温度可以减少两种材料热胀差，但仍会产生一定的热应力。钢材线胀系数大，而衬里材料线胀系数小，因此衬里材料会有阻止钢管热胀的趋势，对衬里来说所受的是拉应力，而衬里材料抗拉强度较差，平衡热胀的应力仍主要由钢管来完成，则材质之间线胀系数的不同对管系影响不大。

（3）二次应力的校核

虽然衬里管道二次应力校核的关键是衬里材料的安全性，但钢管的二次应力也应满足许用应力范围，这样才能同时保证钢管和衬里材料的安全。所以对于衬里管道二次应力验算应该分别为钢管二次应力验算和衬里材料二次应力验算。当二者同时满足各自应力校核范围时，可认为衬里管道在热态下是安全的。通常的冷壁设计应力分析是采用特殊方法利用应力分析软件进行一次应力和二次应力的校核。

3. 当量计算法衬里管道的计算机分析

对衬里管道进行定量分析，其计算量是巨大的。使用应力计算软件可满足详细分析的要求。要对管系进行正确的分析就必须考虑衬里材料对管系性质带来的影响。

用应力计算软件分析衬里管道应力时，通常代入当量壁厚求得应力，再用当量许用应力校核的方法进行应力分析。由于管道截面是复合材料构成，且总厚度增加，就先要把衬里材料的影响折合到壁厚上求得一个当量壁厚，当量壁厚管系应与衬里管系刚度相当。同时还要折算出当量密度和当量许用应力。在此基础上通过应力计算软件求出管系的约束反力，再分层用最苛刻条件或最重要层的当量许用应力来进行校核。

（1）等效壁厚

由变换截面法推导出了变换截面后与衬里管道有等效刚度的等效钢管截面惯性矩，对于等效刚度的等效钢管来说当量壁厚可通过代入等效截面惯性矩近似求得。等效壁厚的确定可以比较近似地模拟出衬里管道的柔性。

（2）当量许用应力及管系应力

各层衬里层的应力值若超过了衬里的断裂模量的平均值就会造成衬里层的破坏，则各衬里层的当量应力值与安全系数之积应小于该衬里层的断裂模量的平均值，则衬里管道中钢管与衬里层都是安全的，从而证明管道设计是合理的。

第三十九节 标准法兰等级的校核

一、工业装置管道法兰等级校核的原因

工业装置管道法兰，除承受内压外，还要承受由于管道重量、热膨胀、振动等引起的轴向力和弯矩的作用。为防止在操作条件下发生泄漏和可能出现的损坏，必要时，对已选定的标准法兰等级进行可靠性校核，以判定是否需要采取进一步的安全措施。有一些标准规范或工程项目给出了法兰连接可靠性的判断方法，下面以 HG/T 20645 提出的方法来介绍。

法兰泄漏的原因较多，例如：法兰磅级偏低、垫片质量不过关、螺栓预紧力不够、螺栓应力松弛、外力与力矩等都可能导致法兰产生泄漏。本书重点关注外力与力矩对法兰的影响。

ASME Ⅷ-1 附录 2 的设计规则，提供了压力容器法兰接头能够承受最大的设计内压的校核方法，但是这个校核规则没有外力和力矩的计算。

可以通过 Kellogg 提出的当量压力法，将作用在法兰面上的力与力矩通过以下公式折合成当量设计压力得到等价的设计压力 p，再代入 ASME Ⅷ-1 附录 2 规则进行法兰的泄漏分析，使得这个公式也能适用于外力与力矩的情况。

本方法主要是校核法兰的强度、刚度同时，还要配合校核垫片的密封比压。压力温度曲线已预留了一部分用于抵抗管道可能承受的外力荷载，如果用压力温度曲线来查询法兰的许用压力是比较保守的设计。

如果法兰校核不合格，可以通过以下办法解决：更改管道布置，会使管道柔性增加，也增加了管道运行的阻力降等；提高法兰等级。很多种情况为了保证管道布置的合理性，毕竟管道不是越柔越好，不更改管道布置，只能提高法兰等级。

二、HG/T 20645 管道法兰等级校核的计算方法

采用把外荷载换算成当量内压的方法，最终对法兰等级进行校核和判断。符号意义如下：

b——垫片有效密封宽度；

b_0——垫片基本密封宽度；

$2b''$——操作状态垫片有效密封宽度；

D_b——螺栓中心圆直径；

D_G——垫片压紧力作用中心圆直径；

d_b——螺栓孔直径；

F——轴向力；

M——弯矩；

M_x——x 方向的弯矩；

M_y——y 方向的弯矩；

p——设计压力；

p_1——由轴向力引起的当量压力；

p_2——由弯矩引起的当量压力；

p_e——作用于法兰的当量总压力；

p'_{max}——法兰在操作温度(t)时的许用工作压力。

(1) 当量压力计算

① 轴向力转换成当量压力计算

$$p_1=\frac{4F}{\pi D_G^2}\quad \text{MPa}$$

式中 F——轴向力，N；使法兰受拉伸作用的 F 力为(+)，使法兰受压缩作用的 F 力为(-)；

D_G——垫片压紧力作用中心圆直径，mm。

② 力矩转换成当量压力计算

$$p_2=\pm\frac{16M}{\pi D_G^3}\times10^3\quad \text{MPa}$$

式中 M——弯矩，N·m。

（2）当量总压力计算

$$p_e=p+p_1+p_2=p+\frac{4F}{\pi D_G^2}\pm\frac{16M}{\pi D_G^3}\times10^3\quad \text{MPa}$$

三、HG/T 20645 管道法兰等级校核的计算要求

1. 输入数据

力矩 M 法兰所受力矩有三个方向，其中两个方向是弯矩，另一方向是扭矩，扭矩主要影响螺栓的截面积，对法兰强度影响可以不计。两个弯矩对法兰强度及泄漏起关键作用，因此，力矩 M 应是合成弯矩。即：

$$M=\sqrt{M_x^2+M_y^2}$$

式中 M_x——x 方向的弯矩，N·m；

M_y——y 方向的弯矩，N·m；

垫片压紧力作用中心圆直径 D_G 的确定，取决于法兰的形式及密封宽度：

（1）窄面法兰

对于松套法兰，垫片 D_G 值即是法兰与翻边接触面的平均直径。对于其他形式法兰，则按下述规定计算：

① 当 $b_0\leqslant6.4$mm 时，D_G＝垫片接触面的平均直径；

② 当 $b_0>6.4$mm 时，D_G＝垫片接触面外直径-2b。

其中有效密封宽度 b 按以下规定确定：当 $b_0\leqslant6.4$mm 时，$b=b_0$；当时 $b_0>6.4$mm 时，$b=2.53\sqrt{b_0}$。

（2）宽面法兰

垫片 $$D_G=D_b-(d_b+2b'')\quad \text{mm}$$

式中 D_b——螺栓中心圆直径，mm；

d_d——螺栓孔直径，mm；

$2b''$——操作状态垫片有效密封宽度，mm。

2. 许用工作应力 p_{max}^t

法兰在工作温度下无冲击的许用工作压力是衡量法兰可靠性的重要指标，并据此来限制法兰的使用工况。应依照法兰标准中的压力-温度等级规定，求得许用工作压力 p_{max}^t。

3. 输出数据

当量压力 p_e 是法兰在工作温度下的总当量压力，即考虑了外荷载的作用，是判定法兰是否安全操作的重要依据。p_e 值应取绝对值。

计算结果的处理等级校核应满足下式

$$p_e\leqslant p_{max}^t$$

如果 $p_e\leqslant p_{max}^t$，法兰在工作温度下有可能产生泄漏，为了保证法兰能安全工作，可分别采取以下措施：①减小轴向力和弯矩值(改变管道柔性)；②提高法兰的材料等级；③提高法兰的压力等级。

四、某标准法兰等级校核计算工程应用

1. 设计条件

法兰材料 20[#]；设计压力 $p=0.5\text{MPa}$；在操作温度 $t=200℃$ 下所受荷载：轴向力 $F=2000\text{N}$；弯矩 $M=150\text{N}\cdot\text{m}$；法兰等级为 $PN=1.6\text{MPa}$；垫片压紧力作用中心圆直径 $D_G=130\text{mm}$

2. 校核法兰是否安全

由法兰压力-温度等级表查得许用工作压力 $p_{max}^t=1.28\text{MPa}$；当量总压力：

$$p_e=p+\frac{4F}{\pi D_G^2}\pm\frac{16M}{\pi D_G^3}\times10^3$$

$$=0.5+\frac{4\times2000}{3.14\times130^2}\pm\frac{16\times150}{3.14\times130^3}\times10^3$$

$$=0.5+0.15\pm0.35=1\text{ 或 }0.3\text{MPa}$$

即 $$p_e(=1\text{ 或 }0.3)<p_{max}^t(=1.28)$$

可见选用的法兰等级是安全的。

第四十节　海底管道的应力分析

一、海底管道的类型及特点

1. 按管道作用分类

① 气田开发输送管道。包括油气田外输管道、油气田内部连接管道。特点是：管道内输送的流体流速、流量、压力等变化范围大。

油田内部管道通常用于输送油气田开发过程中产生的流体(油、气、水或者它们的混合物)，见图 3.40.1。

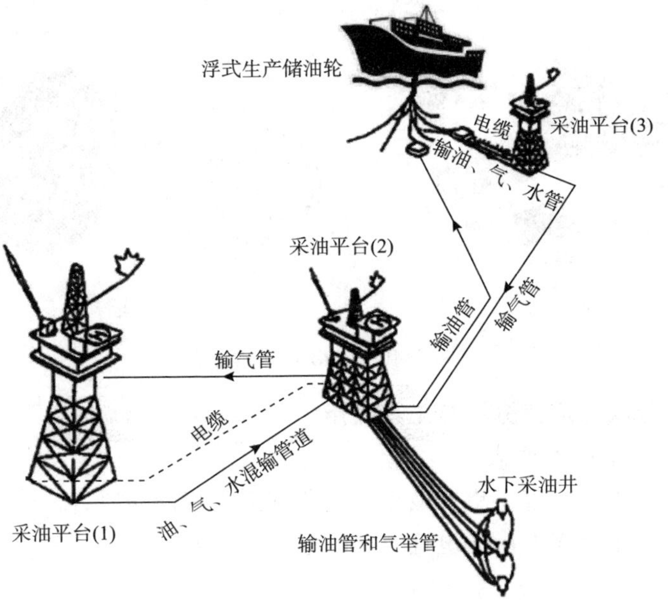

图 3.40.1　油田内部管道示意图

② 进出口油气输送管道。这种管道是把商业油气通过海底油气管道输送到预定位置，大多用在油气的进出口输送工程中。特点是：管道内输送的流体流速、流量、压力等变化范围小，流量大。外输管道用于输送油气田初处理后的原油和天然气，一般较长。

2. 按输送流体分类

包括：输油管道、输气管道、输水管道、水混输管道、油气水混输管道、油气混输管道。

3. 按结构分类

包括：双层钢管保温管道、单层钢管保温管道、非保温有混凝土配重管道、非保温无混凝土配重管道、管束及挠性软管，见图 3.40.2。

4. 集束管(Bundle System)分类

海底集束管系统由承载管、护套管、输油气管道、注水管道以及电缆等组成。一般分为两类，开放式与封闭式。

① 开放式集束管。是将单独的管(含电缆)用卡(夹)具或绳索固定成一体，防止相互窜动。优点：工艺简单，成本低廉。缺点：输油输气管直接暴露与海水中，易遭破坏，易污染环境。

② 封闭式集束管。将多根输油管、输气管、注水管、加热管和电缆等汇集在一根大口径的运送管(承载管)内，形成保护。优点：有效避免输油管的泄漏，减轻对海域的污染。缺点：工艺复杂，需要综合考虑油气田的产能和集输要求。

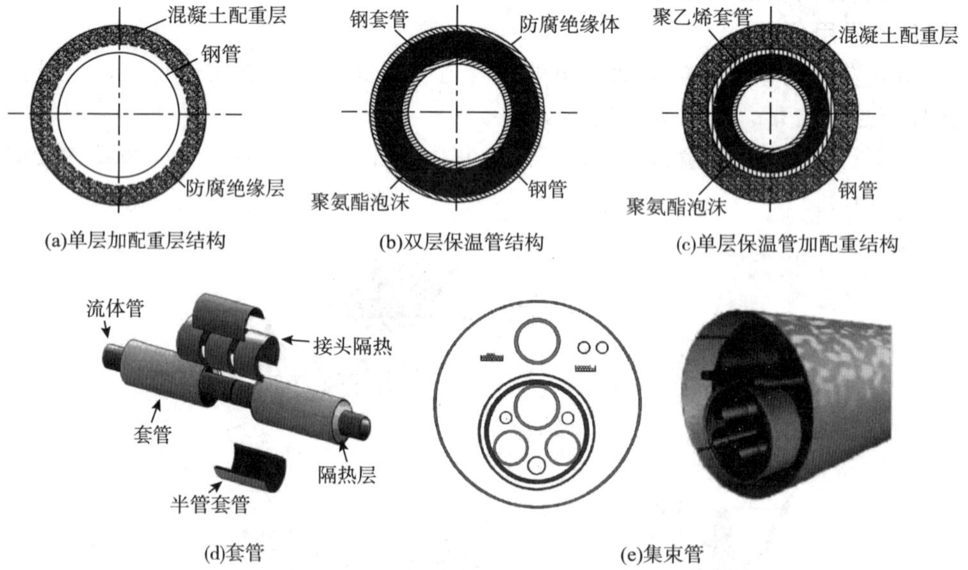

图 3.40.2 海底管道分类

二、海底管道配管的应力分析与工程应用

1. 海底管道布置的一般要求

①海底管道路径力求平直，距离最短，避免管道出现曲线段；

②管道轴线应处于海底地形平坦且稳定的地段，应避免在海床起伏较大、受风浪直接袭击的岩礁区域内；

③应避开船舶抛锚区、海洋倾倒区、现有水下物体(如沉船、桩基、岩石等)、活动断层、软弱土层滑动区和沉积层的严重冲淤区；

④定线时尽量避开正常航道和海产养殖、渔业捕捞频繁区域，当确实难以避让时，力求穿越航道和海产养殖、渔业捕捞区的管道长度最短，而且该管道的埋设深度应加深至安全埋深以下，防止航线船舶或渔船抛锚、拖网渔具等直接损伤海底管道；

⑤应避开将来有可能的航道开挖区域，如不可避免，则管道的埋深应满足航道开挖的要求。

2. 海底管道的应力分析

海底油气管道应力分析，包括：①允许应力法。DNV 1981《海底管道系统规范》、ASME B31.4、ASME B31.8。②极限状态法。DNV OS F101《海底管线系统》和 API RP 1111《海上烃类管道的设计、建造、操作和维修》。

采用允许应力法，在世界范围内设计了众多的海底管道，现在仍然被工程设计单位应用。国内外工程公司和科研单位开发出很多配套的计算机软件。

海底油气管道应力分析方法的发展趋势是极限状态法，允许应力法随着时间的推移将会被极限状态法所代替。地震作用下的强度计算等还没有成熟的极限状态法计算公式。

(1)允许应力法基本准则

$$\sigma \leqslant \eta \sigma_f$$

式中 σ——在荷载作用下管道的应力；

η——使用因子(0.5～0.96)；

σ_f——钢管的屈服强度。

DNV 1981 的 σ 计算公式：

①环向应力：$\sigma=(p_i-p_e)D/2t$

②相当应力：$\sigma=(\sigma_x{}^2+\sigma_y{}^2-\sigma_x\sigma_y+3\tau_{xy}{}^2)^{1/2}$

③施工应力 $\sigma=[(N/A+0.85M/W)^2+\sigma_y{}^2-(N/A+0.85M/W)\sigma_y]^{1/2}$

式中 p_i——内压；

p_e——外压；

D——管道公称外径；

t——管道公称壁厚；

σ_x——管道轴向应力；

σ_y——管道环向应力；

τ_{xy}——管道剪切应力；

N——轴力；

A——钢管截面积；

M——弯矩；

W——钢管的截面模量。

(2)极限状态法(也称荷载—抗力系数法)

极限状态法应用起步较晚，基于可靠度理论。根据 DNV OS F101 的划分，极限状态分为：①操作极限状态(SLS)，如果超过该状态，不再适于正常运行；②极端极限状态(ULS)，如果超过该状态，管道完整性将遭到破坏；③疲劳极限状态(FLS)：考虑累积循环荷载效应的极端极限状态；④偶然极限状态(ALS)，由偶然荷载导致的极端极限状态。

对于强度分析分为：①压力控制；②荷载控制(包括弯矩，有效轴力和内外部超压力)；③位移控制。

(3)海底管道悬跨和涡激振动

悬跨管道所受载荷包括重力、浮力、操作压力、热膨胀等、水动力(波浪、流作用)、海床支承力、轴向力，见图3.40.3。波浪及流对悬空段管道的作用因素很多，例如管道外径(影响雷诺数)、悬空高度、流速等，确定管土耦合或者弹簧刚度和阻尼。

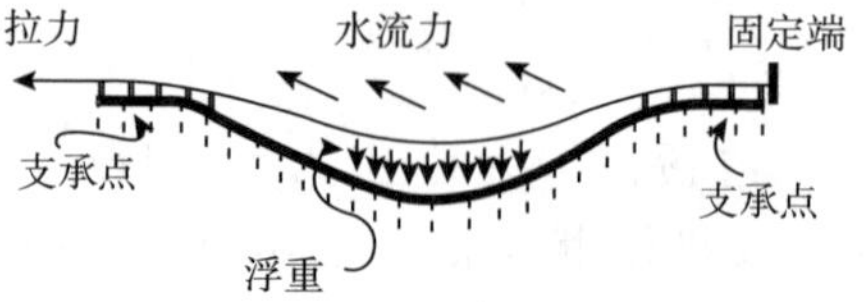

图3.40.3 海底管道悬跨和涡激振动

3. 海底管道的稳定性

海底油气管道的稳定性包括管道在海床上的稳定性和在挖沟埋设后的稳定性。①垂向稳定性，水中管道埋设后沉浮的稳定性，原则上不能浮起。②侧向稳定性，海浪流的作用下侧向运动。

如果管道在海流、波浪和浮力的作用下不能保持稳定性可以采用以下措施：①给管道施加混凝土配重涂层。②给管道压块(垫)或者锚固。在理论上计算压块或者压垫所受的海流力和波浪力比较困难。在实际的应用中，通常以重力和浮力的比值1.5～2.0倍来控制。在岩石构成的海床上，还可采用锚固管道的方式，适用于海流力和波浪力较大的海域。③抛石覆盖和挖沟埋设。抛石覆盖是在已铺设的管道上施以抛石覆盖管道。石块的名义直径5～200cm，密度应不小于2000kg/m^3。抛石覆盖所形成的坡角不应大于30°。④直径小的石块放在底层，直径大的石块放在上层。挖沟埋设是通过挖沟的方式将管道沉入到海床以下一定深度，通常1～2m，也可按照特殊要求处理。如果管道挖沟沉入到海床以下一定深度可以满足稳定要求，可以不采用人工回填埋设。

管道在海床上的稳定性分析方法包括：静态分析方法、动态分析方法和半动态分析方法。

(1)静态分析方法

这是一种传统的分析方法，即对管道在自身重力(W_{sub})、波浪和海流产生的升力(F_L)、阻力(F_D)、惯性力(F_I)以及土的摩擦力作用下的静态平衡进行分析的方法，其公式如下：

$$\frac{(W_{sub}-F_L)\mu}{F_D+F_I}\geqslant S$$

式中 μ——土壤与管道之间的横向摩擦因数。对于砂性土，其值在0.5～0.9之间，对于黏性土，其值在0.30～0.75之间；

S——安全系数，取1.1。

F_L、F_D和F_I按Morison方程计算的。在F_L、F_D和F_I的计算中涉及相关系数C_L、C_D和C_I，这3个系数受海底边界的影响，与一般孤立桩柱受波浪和海流力作用时的数值不一样。以前一般认为这3个系数与海流的雷诺数、管子的粗糙度、管子与海底的距离有关，现在通常认为除了与这3个系数有关外，还有K_c的函数。

(2)动态分析方法

基本原理是：波浪作为周期性荷载的作用下，在海床上发生往复运动。管道的这种运动对海床土壤产生扰动，而这种扰动使海床土壤的抗力大大降低，管道就在这种海床上逐步下沉。当管道下沉到一定程度后，波浪-管道-土壤的相互作用达到一种新的平衡。在这种动态分析中，水动力是时间的函数，管道下沉和土壤阻力也是时间的函数。

动态分析的基本步骤为：①根据给定的波浪条件模拟出波浪谱；②用波浪谱计算出力谱；③用力谱结合土壤类型计算出管道的动力响应。

(3)半动态分析方法

这种方法是将动态分析中次要的因素忽略，采用静态分析公式的形式，它用较短的计算时间即可获得精确的结果。

4. 海底管道敷设时的应力分析

海底管道主要铺设方法有：拖管法(浮拖法、近底拖法、底拖法)，铺管船铺设法(S形铺管法、J形铺管法和卷管式铺管法)，围堰法。

各种方法对管道疲劳损伤各不同，需综合比较技术、经济等因素后采用。例如，采用浮拖法时，管道漂浮在水面，首部由首拖轮通过拖缆拖航，尾部用尾拖船通过拖缆控制管道在水中的摇摆。这种方法适用于海面平静、风浪较小的海域，拖航速度较快，但波浪引起的管道疲劳损伤较大。而采用底拖法时，管道紧贴着海底，由拖船通过拖缆将管道拖航前进，其需要的拖力最大，但疲劳损伤最小。

第四章　管道系统动力分析

第一节　管道的防振设计

一、管道的振动来源

管系振动会引起管系和管架的疲劳损坏、建筑物诱发振动以及噪声等。大的振动将导致隔热材料损坏、仪表指示错误、管道疲劳失效等问题。因此，预计管道有害振动时，应进行管道振动分析，以便进行设计将振动减到最小。因此，管道设计时要考虑防止或控制管线发生振动。首先应掌握振源和起振力。尽可能选用起振力小的机械设备和用简单的方法减少起振力。引起管系起振的原因很多，大致可分为两类：

1. 管道的振动来源来自系统外

如当强大的风力对着管道或电缆成直角方向吹时，在管道的背风面产生的周期性的卡曼涡流会引起管道振动。

2. 管道的振动来源来自系统自身

① 回转设备的回转部分不平衡产生振动，此振动又传递给与其连接的管道。若回转设备的振动频率与连接管系的固有振动频率接近，就会引起管道发生共振，导致配管损坏。

往复式压缩机及往复泵的间歇吸入和排出，管道内产生压力脉动，而使管道振动。离心式压缩机或离心泵的回转部分的不平衡产生的机械振动也会传至管道。

② 管道内气体或液体的压力脉动使管系起振，或由于外部加上的起振力而引起的振动。

管道振动最常见的振源是机器的振动和管内流体的不稳定流动所引起的振动。主要振动源：两相流管道呈柱塞流时的振动、水锤、安全阀排气系统产生的振动。

二、易振动的管道

① 直径≥200mm 的蒸汽管道；

② 往复泵输送的液体管道；

③ 时开时停，扫线频繁的原油、重油管道；

④ 活塞式压缩机输送的气体管道；

⑤ 装有快速切断阀的管道；

⑥ 生产过程中突然升温增压的管道(如紧急放空线、去火炬管道)；

⑦ 转油管道、烟气管道；

⑧ 其他容易产生振动的管道。

三、易发生管道振动的部位

① 往复泵或活塞式压缩机出门处；

② 加热炉出口处；

③ 设有安全阀或减压阀处；

④ 设有降压孔板处；

⑤ 管道直径改变处；

⑥ 管道分支接头处；

⑦ 管道垂直或水平转弯处。

四、管道防振方法概述

管道系统在运行过程中当遇到一定频率的动载荷作用时，将会随之振动。例如，管道内有泡状流(Bubbly Flow)、段塞流(Slug Flow)、混状流(Churn Flow)、环状流(Annular Flow)、液丝环状流(Wispy-Annular Flow)等会引起管道的振动，如图 4.1.1 所示。

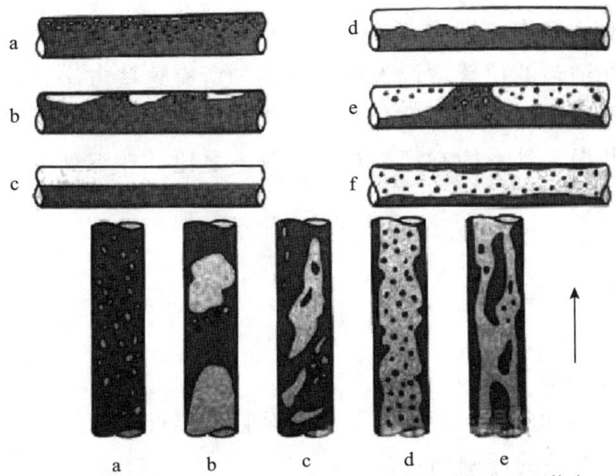

(a)泡状流 (b)段塞流 (c)分层流 (d)波状流 (e)弹状流 (f)环状流

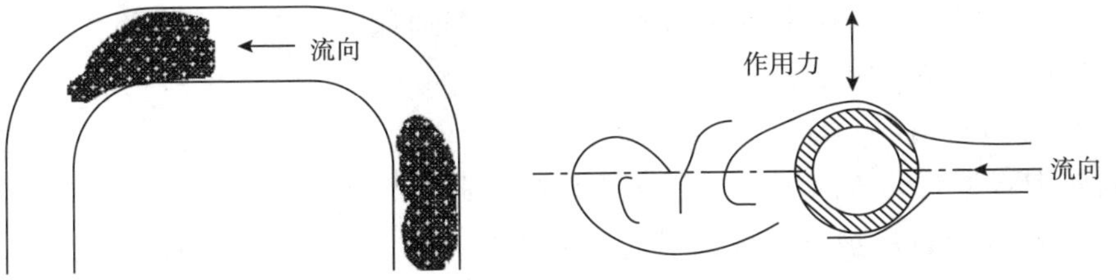

(g)段塞流　(h)涡流

图 4.1.1　管道内流体引起的管道振动

振动的幅度除了和阻尼常数有关外，还和频率有关。当管道的固有频率与动载荷的激发频率重叠时，如图 4.1.2 所示，将引起较强的管道振动，在配管设计时应该避免这样的情况。根据实验和统计证明：当管道的最低阶固有频率控制在 4Hz 以上时，将能很大程度减少随机冲击荷载造成的破坏。

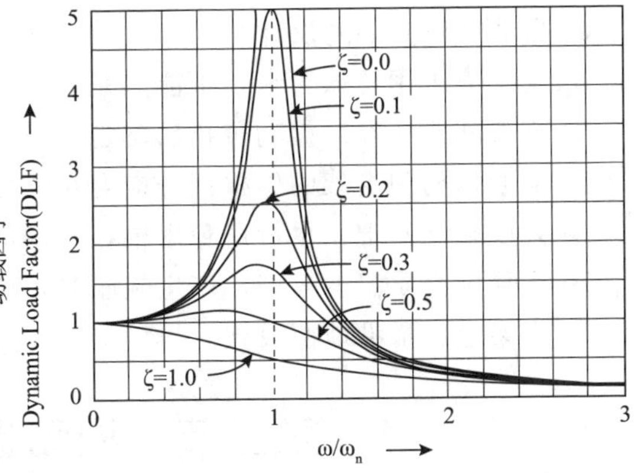

ζ：阻尼比；ω/ω_n：激振频率/固有频率

图 4.1.2　单自由系统的幅频响应曲线

消除和控制振动的方法，因振源不同而异。机械振动可用软管隔振；管道内的压力脉动可在管道上安装脉动衰减器减振；为防止风机在高压低流量不稳定状态区运行时产生的喘振，可调节风机的风量和风压。

管系的固有振动频率与振源的振动频率错开，可以防止产生共振。管道内的气柱压力为振源时，要对管系的固有振动频率和它的影响振动频率进行计算，并使它们错开，以免管系与压力脉动发生共振；管系的防振设计须与管系的其他技术要求，如热补偿、管道安装和拆卸方便等，统一考虑。弯管的固有振动频率较低，从防振的角度出发，希望把弯管固定住，但从热补偿考虑，则不希望固定，故应综合考虑。

1. 往复式压缩机进出口管道

由压缩机制造商对管系作详细的声学振动分析。防振措施常采用增加压缩机缓冲罐的容积、局部加大管径、在适当的位置增设人孔等方法。所有这些方法，取决于振动分析结果。

当脉动频率与管系机械固有频率重合或接近时，即使激发源很小，但由于共振，也将产生大的振动。为避免共振，管系固有频率与脉动频率之比，在下列范围之外，以确定管道支架跨距。

$$0.8 < f/f_h < 1.2 \quad (4.1.1)$$

式中 f——脉动频率；

f_h——管系固有频率。

2. 往复式泵的进出口管道

为使压力脉动最小(管道振源)，缓冲器应与泵管口接近，管道支架跨距也是按声学固有频率与脉动频率不发生共振的原则确定。

3. 减压比等于或大于 1.8 液体介质除外的减压阀周围的管道

采用低噪声的阀可减少振动带来的噪声，采用普通阀时，在阀下方设置 10 倍管内径的直管，阀四周的管道完全固定。

4. 安全阀出口管道

安全阀周围管道要完全固定，因为安全阀启跳引起的冲击力很大。

5. 常压或蒸馏装置从炉子到分馏塔的转油线

利用支架尽可能增加管道的刚性。因为激振源不能消除，首先进行管道柔性分析，然后进行管系的振动模态分析，此类管系的振动一般为低频振动，使管系的一阶振动频率大于 4Hz 即可避开共振。如果管系发生振动，常采用不限制管道热位移的减振器来减小振动。

6. 振动管道支架的设计

① 支架应采用防振管卡，不能只是简单支承；

② 支架间距应经过振动分析后确定；

③ 支架结构和支架的生根部分应有足够的刚度；

④ 宜设独立基础，尽量避免生根在厂房的梁柱上；

⑤ 当管内介质温度较高，产生热胀时，应满足柔性分析的要求；

⑥ 支架应尽量沿地面设置。

第二节 振动设计的基本术语

一、振动(Oscillation)和脉动(Pulsation)

管道脉动指管道内气柱因吸排气而有规律的气柱振动。管道振动指管道系统受气体产生的激振力作用而表现出的振动。

二、振动周期(T)

质点做一次完全振动所需的时间叫振动周期，一般用秒(s)表示。

三、振动频率(f)

单位时间内完成振动的次数叫振动频率，它是振动周期的倒数$\left(f=\frac{1}{T}\right)$，单位是秒$^{-1}$($s^{-1}$)。

四、角频率(ω)

$$\omega=\frac{2\pi}{T}=2\pi f \quad (\text{rad/s})$$

五、振幅(A)

振动物体离开其平衡位置的最大位移称为振幅。

六、自由度

决定弹性系统位置所需的坐标数叫作弹性系统的自由度。一个挂在无质量弹簧上重物的弹性系统，在无外力作用时，它只需要一个坐标就能表示它的振动状态，故称作具有一个自由度的系统。

七、振动形式

振动可分自由振动、受迫振动和自激振动三种基本形式。

八、阻尼振动

阻尼振动又称衰减振动。因为存在阻尼，在无其他外力作用的情况下，振动的振幅会随时间逐渐变小，但振动周期不变。

九、共振

从应用角度讲，共振是很重要的。振动频率与系统的固有振动频率一致或相接近时，振幅很大的振动，称为共振。

十、振幅倍率

振幅倍率是干扰力的频率和管系固有振动频率的函数。当两者比值接近1时，振幅倍率和受迫振动的振幅迅速增加；当两者相等时，振幅倍率和受迫振动的振幅都变为无限大，这就是产生共振的条件。此时，只要没有阻尼，而干扰力又恰好适时，方向也正合适地加在振动系统上，那么振动的振幅将无限地增大上去，产生共振。在工程设计中要注意避免这种现象的发生。

十一、自由振动、受迫振动和自激振动

1. 自由振动

在平衡位置上的一个弹性系统(如一根有荷载的梁，或一根扭转的轴，或一条压缩的弹簧)，当受到冲击，或在其上突然增加或除去外力，使这个弹性系统脱离了原来的平衡位置。在新的位置上，系统构件的弹性力就不再与荷载相平衡，而发生振动。这种只靠弹性系统的弹性力所维持的振动称为自由振动。所以自由振动是一种或多种固定振动频率的振动。

2. 受迫振动

弹性系统在外力作用下引起的振动叫强迫振动。其振动频率与系统固有频率无关。管系受迫振动的起因往往是旋转设备的动不平衡(如电动机、透平、压缩机、风机和泵等)，或是往复式机泵引起管道内压力的周期性变动(叫压力脉动)所造成的。

3. 自激振动

在前面讨论的各种受迫振动里，假定干扰力和振动无关。事实上有许多情况，维持受迫振动的力就是由振动本身产生的，振动停止，干扰力也就没有了。这种振动称作“自激”振动。自激振动是强迫振动中的一种。这种由于系统内部周期性的搅乱而产生的振动现象比较复杂(例如：离心泵、离心压缩机在低流量区发生的喘振，使输出压力周期性地变动)。在管系中往往发生于不稳定工况下，分析比较困难，一般要凭经验来判断。

第三节　往复式压缩机的抗振设计

一、往复式压缩机的振动原因

往复式压缩机进出口管系的振动原因主要包括：往复式压缩机的动不平衡而引起机身与管道的振动；往复式压缩机的间歇吸气和排气而引起的气柱振动；气柱的压力脉动及其动能变化而激起的管道振动；管道上节流和启闭元件引起的介质涡流而激起管道自激振动；管道的振动而引起的与其相连支承件的振动。

气流脉动

往复式压缩机的工作过程为吸气—压缩—排气—再吸气，这是单作用气缸在曲柄一转之内的工作过程，如此循环不已，如图 4.3.1 所示。以排气管(吸气管也完全类似)为例来说明气流脉动的产生。对排气管路来说，在曲柄一转之内，只有 90°左右的曲柄角范围为排气时间。这样，压缩机向管道排气的时间只占一转的四分之一，其他为“休息”时间。这就是说，压缩机向管道排气是间歇性的(对吸气管道来说其吸气是间歇性的)。这就不能不引起管道内的压力忽高忽低，气流速度忽快忽慢的弊病。所以，在往复式压缩机的管道内，气体的流动是不稳定的，如图 4.3.2 所示。气流的压力忽高忽低，其速度忽快忽慢，这种现象称为气流脉动。正是气流的脉动成为引起管道振动的主要原因。

往复压缩机管道内的压力、速度的不均匀性构成了流体的运行脉动。共振是气流脉动的

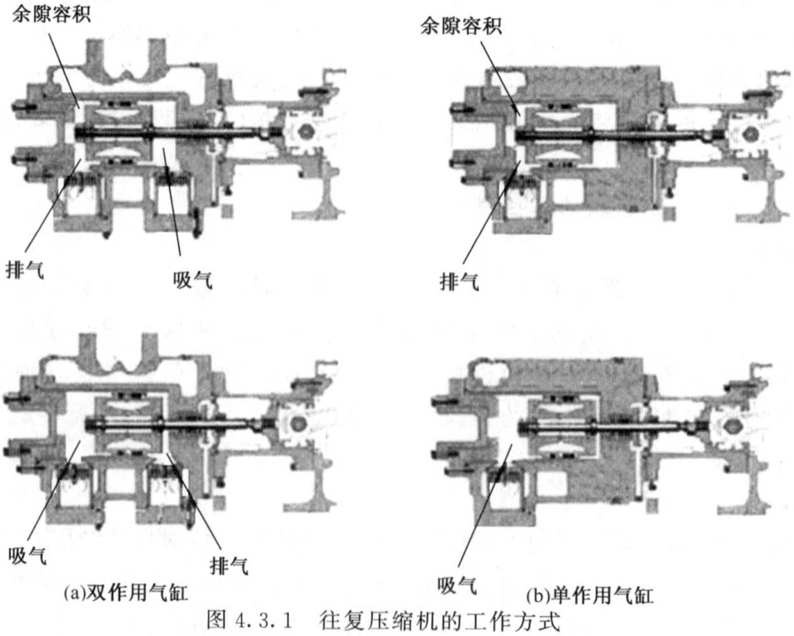

(a)双作用气缸　(b)单作用气缸

图 4.3.1　往复压缩机的工作方式

特殊形式。

当气流在脉动时，管内气体的压力就在平均压力值附近波动，如图 4.3.3 所示。为了表示气体压力脉动的程度，一般采用压力不均匀度来表示。压力不均匀度的定义是：压力脉动的大小，用压力不均匀度来衡量，压力不均匀度 δ 用式(4.3.1)表达。只要有压力不均匀度存在，管道就会发生振动。而且 δ 越大，由脉动气流作用到管路上的激发振动的力即激振力也就越大，管道振动也就越强烈。

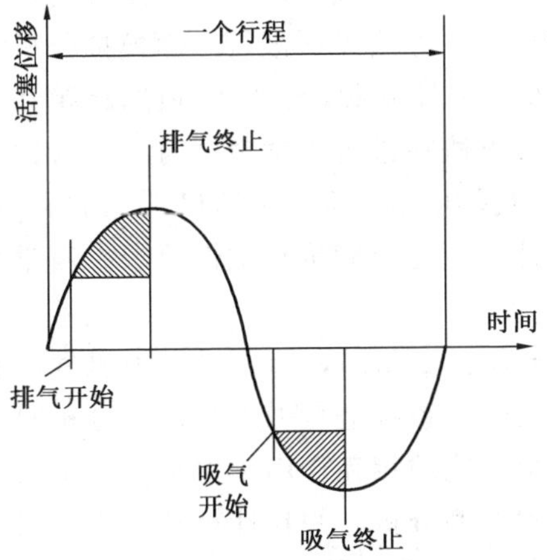

图 4.3.2　往复压缩机的活塞行程与吸排气的关系

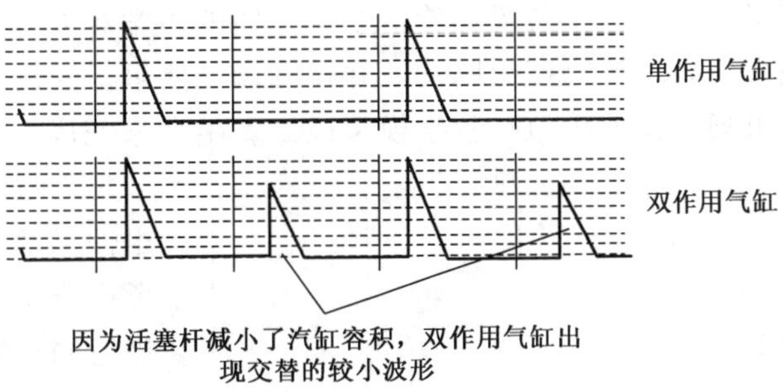

图 4.3.3　往复压缩机因吸排气在管道内的压力变化齿形波

$$\delta=\frac{p_{\max}-p_{\min}}{p_0}\times 100\% \tag{4.3.1}$$

式中　$p_{\max}$——不均匀压力的最大值(绝对压力)，MPa；

$p_{\min}$——不均匀压力的最小值(绝对压力)，MPa；

p_0——平均压力(绝对压力)，$p_0=(p_{\max}+p_{\min})/2$，MPa。

强烈的脉动气流会严重影响气阀的正常开闭，降低工作效率。此外，还会引起管系的机械振动，造成管件疲劳破坏，产生泄漏，甚至造成火灾爆炸等重大事故。降低气流脉动是往复式压缩机配管设计的主要任务。

脉动流体沿管道输送时，遇到弯头、异径管、分支管、阀门、盲板等元件将产生随时间变化的激振力，受该激振力作用，管系便产生一定的机械振动响应，因此管道机械系统在非共振条件下的振动是气流脉动的外在表象。压力脉动越大，管道振动的振幅和动应力越大。

压缩机管道系统内各点的压力脉动取决于三个因素：

① 压缩机的参数：包括转速、活塞冲程、连杆长度、气缸直径、流量、压力、温度和缓冲器的容积等。

② 被压缩介质的物理参数：包括相对分子质量、绝热系数、温度和压力等。

③ 系统的几何配置情况：包括各管段的长度、外径、壁厚、走向；分支管的位置；阀门的安装位置及其重量；各辅助设备的位置、外形尺寸；各支承的设置位置和刚性等。

二、往复式压缩机管道振动的控制标准

对于往复式压缩机管道气体压力脉动和管道振动的控制，目前主要参考美国石油学会标准 API 618。由于往复式压缩机管道的振动与机器的设计和制造具有直接关系，因此其振动

的控制也应主要由机器制造厂负责，API 618 主要是针对机器制造厂制定的，规定了机器制造厂应做的工作和必须满足的要求。

为了进行管内气体压力脉动和管道振动的控制，API 618 对机器制造厂规定了三种分析设计方法，并要求机器制造厂采用其中一种方法进行管道振动的控制。具体要求机器制造厂采用其中何种方法由买卖双方协商决定。这三种方法如下。

方法 1：使用专利或根据经验分析方法设计的脉动抑制装置来控制脉动，以满足正常操作条件下脉动抑制装置与管道连接处的脉动控制要求。合同中如有规定，还应对买方的管道系统进行简单的分析，确定可能导致声学共振的临界管长。该方法无须进行声学模拟分析。

方法 2：使用脉动抑制装置和经过验证的声学模拟技术来控制脉动，同时根据跨距和支承情况对管道各跨进行力学分析，以控制振动响应。这种方法在进行声学模拟时，要考虑压缩机、脉动抑制装置和管道系统之间的声学相互作用，以及压力脉动对压缩机性能的影响。该方法要求计算压力脉动，并使其满足要求。在配管设计中，还应满足热柔性要求。声学分析可通过模型模拟、数字模拟或二者结合来完成。

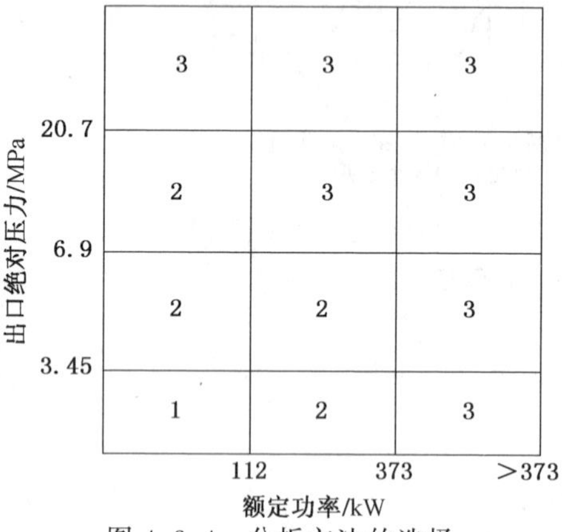

图 4.3.4　分析方法的选择

方法 3：与方法 2 相同，但要对压缩机气缸和组件以及相连的管道系统进行力学分析。分析时应考虑声学和力学系统的相互作用。力学分析中要求进行固有频率和振型分析，并且计算动应力。对压缩机气阀和气体通道之间的声学相互作用进行研究，并对其性能进行验证。为使设计达到最高效率和最好投资效果，采用声学和力学两种方法进行分析。

可以看出，上述三种方法一个比一个内容更详细、要求更严格。具体要求机器制造厂采用三种分析设计方法中的哪一种进行压力脉动和振动控制，API 618 中有一个推荐表格，见图 4.3.4。从图中可以看出，机器功率越大、出口压力越高时，要求作的分析也越详细。

三、往复式压缩机管道气体压力脉动和管道振动的允许值

1. 对循环应力峰-峰值的限制

管道振动所造成的是疲劳破坏。振幅的大小与疲劳损伤没有直接的对应关系，直接对疲劳破坏产生影响的是循环应力值。API 618 中对于压力脉动和管道振动最根本的控制指标是管道循环应力峰-峰值。API 618 中规定，考虑应力集中因素情况下，管道振动所产生的循环应力峰-峰值不得超过材料的疲劳持久极限。对于操作温度低于 371℃ 的碳钢管道，疲劳持久极限是 179.2MPa。

虽然方法 1 和方法 2 不计算循环压力，但上述准则仍是这两种方法最根本的指导原则。

2. 对管内气体压力不均匀度的限制

API 618 要求对管内气体压力不均匀度的数值进行限制。所采用的分析设计方法不同，允许值也有所不同。但所有这些限制从根本上讲都是为了满足对循环应力峰-峰值的限制。当下列对压力不均匀度的要求得到满足时，对循环应力峰-峰值的要求在一般情况下就能得到满足。

（1）一般要求

根据 API 618，压缩机气缸法兰处未滤波的气体压力不均匀度应限制。在式(4.3.2)的

计算值之内，若其数值大于7%，则取为7%。该要求与采用何种分析设计方法无关，是普遍的共同要求。

$$\delta_{cf}=3R \tag{4.3.2}$$

式中　δ_{cf}——压缩机气缸法兰处未滤波的气体压力不均匀度允许值，%；

R——本级压力比(出口绝对压力除以入口绝对压力)。

(2) 分析设计方法1对气体压力不均匀度的限制

采用分析设计方法1时，除了要求满足式(4.3.2)的条件以外，脉动抑制装置管道侧的气体压力不均匀度应限制在式(4.3.3)的计算值之内。

$$\delta_L=\frac{4.1}{(p_L)^{\frac{1}{3}}} \tag{4.3.3}$$

式中　δ_L——脉动抑制装置管道侧的压力不均匀度允许值，%；

p_L——管道的平均绝对压力，bar；

(3) 分析设计方法2和方法3对气体压力不均匀度的限制

采用分析设计方法2和方法3时，除了要求满足式(4.3.2)的条件以外，管系内的气体压力不均匀度应限制在式(4.3.4)的计算值之内。当管内气体绝对工作压力处于3.5～200bar之间时：

$$\delta_L=\frac{397.1}{(p_L I_D f)^{\frac{1}{2}}} \tag{4.3.4}$$

式中　δ_L——管系内气体压力不均匀度允许值，%；

I_D——管道内径，mm；

p_L——管道的平均绝对压力，bar；

f——脉动频率，Hz。

当管内气体绝对压力低于3.5bar时，式(4.3.4)中的平均绝对压力p_L取为3.5bar，且此时式(4.3.4)的计算结果是压力脉动的峰-峰值，不是百分数。

当管内气体绝对压力高于200bar时，则需详细计算管道循环应力峰-峰值，并满足对循环应力峰-峰值的要求。

3. 对脉动抑制装置容积的要求

为满足管内气体压力不均匀度的限制要求，API 618规定脉动抑制装置容积应符合下列要求。采用分析设计方法1时脉动抑制装置的最小容积，以及采用方法2、方法3时脉动抑制装置的最小初始计算容积，应按式(4.3.5)和式(4.3.6)计算。

$$V_s=8.1p_D\left(\frac{KT_s}{M}\right)^{\frac{1}{4}} \tag{4.3.5}$$

$$V_s\geqslant V_d$$

$$V_s\geqslant 0.028\text{m}^3$$

式中　V_s——需要的最小吸入缓冲容积，m^3；

V_d——需要的最小排出缓冲容积，m^3；

p_D——所有与入口缓冲罐相连的气缸每转从缓冲罐吸取的净容积之和，m^3/r；

K——气体在平均操作压力和温度时的等熵压缩指数；

T_s——入口绝对温度，K；

M——气体相对分子质量。

$$V_d = 1.6\left(\frac{V_s}{R^{\frac{1}{K}}}\right) \tag{4.3.6}$$

$$V_d \leqslant V_s$$

$$V_d \geqslant 0.028\text{m}^3$$

式中 R——气缸法兰处的级压力比(本级出口绝对压力除以入口绝对压力)。

四、往复式压缩机的动不平衡而引起机身与管道的振动

1. 压缩机输气管道

管道的一端与压缩机相连，在中间还连有各种容器、阀门等设备，再就是管架支承。在管道内部，输送着带压的气体。当机器未开动时，整个系统都是静止的。但是，机器一经启动，管道系统随之也就有振动。带压运行，多数管道振动随之加剧。往复式压缩机的主要结构是曲柄滑块机构，如图 4.3.5 所示。O 是曲轴，OA 为曲拐，B 是活塞，AB 是连杆，B 的滑道是气缸。当曲柄 OA 绕曲轴转动时，滑块 B 就沿滑道做往复性的运动。正是这种往复运动，导致基础和缸体做相反方向的、也是往复性的所谓伴随运动。

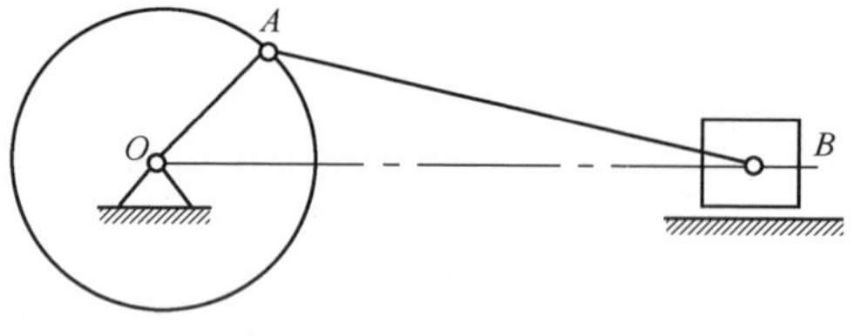

图 4.3.5 曲柄滑块机构

2. 回转机械旋转部分的不平衡的减振措施

回转机械旋转部分的不平衡是机械振动的主要来源。往复运动的机械，由于活塞等的惯性力和转矩的不平衡，也会产生振动，这种振动的频率虽然不会与机械转速相同，但有时是转速的倍数。把往复式压缩机的活塞、活塞杆、十字头和连杆等往复运动件的重量之和取作 W，则往复运动的惯性力为：

$$F = \frac{WR}{g}\omega^2\left(\cos\theta - \frac{\lambda}{2}\cos 2\theta\right) \tag{4.3.7}$$

式中 F——惯性力，kgf；

W——往复运动件的总质量，kg；

R——曲轴半径，cm；

g——重力加速度，cm/s^2；

ω——活塞的角速度，rad/s^2；

θ——曲轴角，(°)；

λ——连杆比，约 0.2。

图 4.3.6 的 V 形、W 形往复式压缩机的活塞的排列。在曲轴管上装上平衡锤，其重量

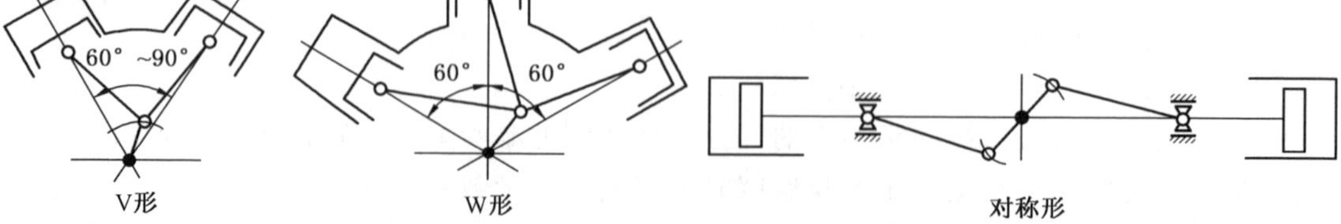

图 4.3.6 活塞的排列

相当于各活塞的重量，使之平衡一次惯性力($\cos\theta$ 项)那一项，但二次项($\cos 2\theta$)的惯性力不能平衡，所以会发生二次起振。对称形的设备，因二次项平衡，所以振动可以非常小。

管道系统的始端是与气缸相固连的。当气缸随基础一起做振动时，管道就不断地受到牵扯而发生振动。所以，往复机械的振动的确是引起管道振动的一个原因。为了减小基础的振动，可加大基础。

除了加大基础以外，人们还想出了另外一个办法。如图 4.3.7 所示，当一个人在小车上行走时，车子要向相反方向运动，用来调整人和车所形成的整个系统的重心位置不变。当两个人在小车上相对按同样步调运动时，系统是对称的，小车只有不动才能保持整个系统重心不动。人们根据上述理由，设计了对动平衡式压缩机。由于这种压缩机在运行中能够维持系统的重心位置基本不变，平衡性能好，主机的振动就很小，因此，它牵扯管道使之产生的振动也就很小了。近代大型压缩机，多采用对动平衡式结构，主机的振动问题基本上已得到解决。

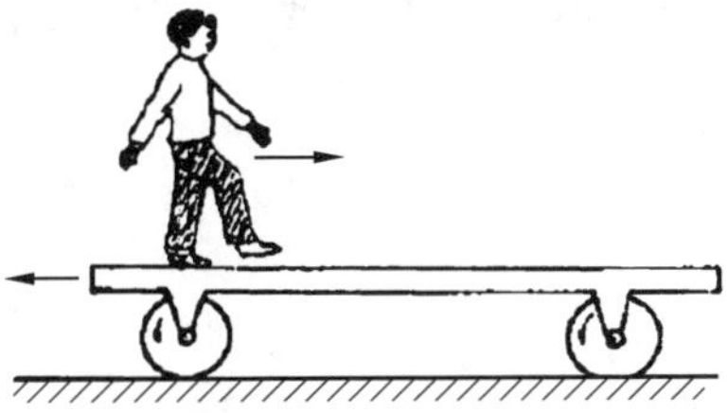
(a)人向右走，车子左行

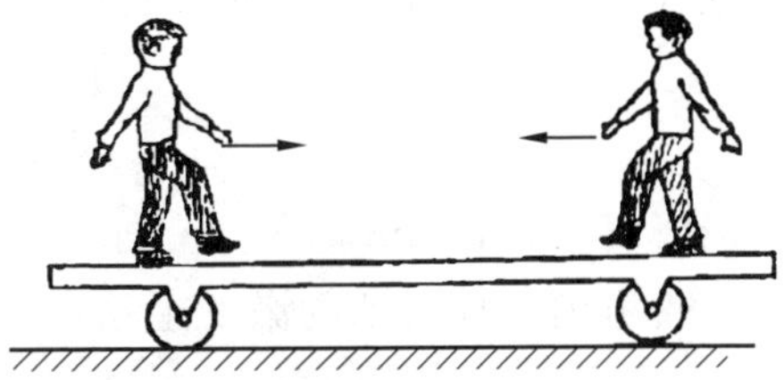
(b)两个质量相等的人相对运动，小车不动

图 4.3.7　重心运动守恒

3. 压缩机本身设计和加大机器基础质量的减振措施

当振幅偏大时，将带来一系列有害的作用，例如影响压缩机的正常工作，严重时将导致机器的损坏；影响管道的使用寿命等。理论上可以建立该振系的运动方程，并对其主振型进行分析。事实上，要做到这一点是很困难的，至少是求解机器本身的刚度和固有频率是比较难的。消除或缓解此类振动的方法主要是从机器本身设计和加大机器基础质量两方面入手。

由于该振系的振动并非是正常操作工况下的必然产物，而是由于机器本身设计不好而造成的，因此要消除或缓解该振动，应着重从机器设计入手，例如，在压缩机曲轴臂上加平衡锤，使不平衡转矩得到平衡，从而达到消除激振力的目的；活塞采用双作用对称布置，可以使惯性力得到平衡，从而达到消振的目的等。

五、往复式压缩机的间歇吸气和排气而引起的气柱振动

1. 往复式压缩机的间歇吸气和排气而引起的气柱振动分析

由于往复式压缩机的间歇性吸气和排气，导致其入口和出口管路中气体的压力和速度呈间歇性变化，即形成了所谓的气流脉动。压缩机的吸排气过程是按非正弦型周期性的规律进行的，因此，它对气柱的激振作用也是符合非正弦型周期性规律的。常用的分析方法大致有两种：一是声电模拟法。将声学中的声质质量、声容、声阻模拟成为电感、电容、电阻，并通过对电学的有关参数分析，来确定被模拟的气柱运动情况，求解出相应气柱的固有频率、气柱的振动特性等工程上有用的数据。该方法的优点是比较直观，无需进行复杂的数学计算，缺点是分析数据的精度较低，而且需要庞大的模拟专用设备。另一种分析方法是建立气柱声学平衡方程，并借助于计算机求解该方程。该方法的缺点是计算工作量较大，优点是精度较高。随着计算机的普及和发展，该方法应用得越来越多，目前国内普遍采用的是按一维非定常气流理论为基础的计算机数值分析法。

2. 压力不均匀度的控制

压力不均匀度太大时，会给机器本身、管道、管道支承件等带来一系列不利的影响。首先，它将加剧气柱的振动，并导致由气柱产生的激振力增加；它会降低气阀使用的可靠性，缩短气阀的使用寿命；它可能会破坏安全阀的严密性，影响安全阀的性能。因此对压力不均匀度控制在某一个值以下，该数值可由下式确定：

$$[\delta] \leqslant 1.9 p^{\frac{1}{3}} \times 100\% \tag{4.3.8}$$

式中 $[\delta]$——管道内许用的压力不均匀度，%；

p——管道内的平均压力(绝压)，MPa。

(1) 增加压缩机主轴转速控制压力不均匀度

一般情况下，当设计压力 p 为 0.35～20.7MPa 时，其压力不均度可以按下式计算：

$$\delta = \frac{126.77}{\sqrt{pD\omega}} \times 100\% \tag{4.3.9}$$

式中 D——管道内径，mm；

ω——管道内气柱振动的激发主频率，Hz。

$$\omega = Y_1 \cdot Y_2 \cdot \frac{n}{60} \tag{4.3.10}$$

其中 Y_1 为每周内压缩机的排气次数，对单作用缸 $Y_1=1$，双作用缸 $Y_1=2$；Y_2 为激发主频率的阶次，Y_2 分别等于 1，2，3…；n 为压缩机的主轴转速，r/min。

从式(4.3.9)中不难看出，影响管道内介质压力不均匀度的因素有管道的内径 D、设计压力 p 和气柱振动的激发主频率 ω，增加 p、D 和 ω 都可以达到降低压力不均匀度的目的。增加激振主频率，即增加压缩机主轴转速，将会引起一系列设计参数的改变，同时会带来其他一些不利的影响，因此一般不采用增加压缩机主轴转速的办法来减小压力不均匀度。

(2) 在压缩机出口设置孔板来实现控制压力不均匀度

管道内的平均压力 p 是生产装置的工艺操作参数，它的大小主要取决于工艺操作要求，一般是不宜改变的，不过可以通过局部瞬时高压来降低压力不均匀度，具体方法是在压缩机出口设置孔板来实现。孔板的作用原理：当压缩机排气时，气体的流速、流量和压力由较高值逐渐降低并跨过吸气低压阶段直到下次排气为止，从而达到降低孔板后管道内介质压力峰值即降低压力不均匀度的目的。从声学角度讲，孔板的设置是将气体的运动由驻波变成了行波。应该注意的是，设置孔板也有其不利的一面，即它会造成气体压力的损失，该压力降可以按下式计算：

$$\Delta p = \frac{1}{2} \xi \cdot v^2 \cdot \rho \tag{4.3.11}$$

式中 Δp——孔板压力降，Pa；

v——管内介质流速，m/s；

ρ——介质密度，kg/m^3；

ξ——孔板局部阻力系数。

$$\xi=\left(1+\frac{0.707}{\sqrt{1-\frac{d^2}{D^2}}}\right)^2\left(\frac{D^2}{d^2}-1\right)^2 \tag{4.3.12}$$

式中　D——管子内径，mm；

d——孔板内径，mm。

一般情况下，该压力降不应超过管路平均压力的0.25%。管路中的任何压力降对工艺的操作都是不利的，因此，孔板的应用应慎重。当采取其他措施能降低管路中的压力不均匀度时，最好不要用孔板。设置孔板时还应注意，一般孔径比(d/D)宜取0.43～0.5，孔板厚度宜取3～5mm，且孔板内径必须保留锐利棱角，否则不但达不到降低压力不均匀度的效果，还可能产生自激振动、发出噪声等负面影响。

(3) 压缩机吸气和排气口处设置缓冲罐来降低压力不均匀度

增加管道的直径也可以达到降低压力不均匀度的目的。但大幅度增加压缩机出入口管道的直径是不现实的，它不仅导致管道投资增加，还将带来一系列其他问题，如相应的机器和设备管口增大，管道由于热膨胀产生的管道静应力及对机器、设备和支吊架的推力增加。

通常采取管道系统局部扩径的办法来减小压力的不均匀度，具体的做法是在靠近压缩机吸气和排气口处设置缓冲罐。缓冲罐的作用原理：以出口缓冲罐为例，在排气过程中，介质进入缓冲罐时其体积扩大，故介质流速降低，介质压力高峰值减小，介质流出缓冲罐时就以较低的高峰值压力排出，排出压力随着时间的增加而降低，并逐渐进入低峰值，由于缓冲罐的缓冲储能作用，在压缩机下次排气到来之前，气体则以较高的低峰值压力排出。由此可见，由于缓冲罐的存在，起到了降低气体压力的高峰值、升高低峰值的作用，也即达到了减小压力不均匀度的目的。

在设置缓冲罐时，还应注意下列一些问题：

① 缓冲罐应尽量靠近气缸设置。缓冲罐仅能降低它之后的管道内的压力不均匀度，因此它越靠近压缩机的气缸，不能得到缓冲的管道就越短；

② 缓冲罐要有合适的体积。由式(4.3.14)就可以看出，若缓冲容积太小，它将不足以将管道内的压力不均匀度降到所要求的范围内。若缓冲容积偏大，将导致缓冲罐的安装、支承和制造困难，同时也是不经济的。工程经验告诉我们，一般情况下任何一个缓冲罐的缓冲容积应大于压缩机活塞行程容积的10倍以上且不应小于$0.03m^3$($1ft^3$)。API 618标准给出的缓冲罐容积的计算公式如下：

$$V_s=8.1pD\left(\frac{kT_s}{M}\right)^{\frac{1}{4}} \tag{4.3.13}$$

$$V_d=1.6\left(\frac{V_s}{r^{\frac{1}{k}}}\right) \tag{4.3.14}$$

式中　V_s——入口缓冲罐的最小容积，m^3；

V_d——出口缓冲罐的最小容积，m^3；

k——在平均气体运行压力和温度下的等熵压缩指数；

T_s——入口侧气体绝热温度，K；

M——摩尔质量；

pD——相应压缩机气缸每转内排(吸)气体的总净容积，m^3；

r——气缸法兰处的级压力比(绝对排气压力除以绝对吸气压力)。

③ 缓冲罐出入口管口的位置设置应合适。图 4.3.8 给出了三种缓冲罐出入口管口的设置情况。

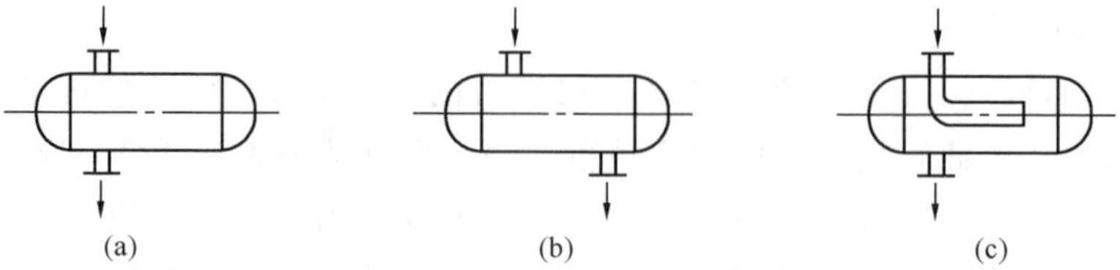

图 4.3.8 缓冲罐出入口管口的位置

其中图(a)所示的设置方式对降低压力不均度的效果较差；图(b)所示的设置方式比图(a)的效果较好些，它通常可比图(a)的效果提高约 15%～20%；图(c)所示的设置方式效果最好，它可比图(b)的效果提高近 2～3 倍。

(4) 共振控制及设计

当气柱的固有频率接近或等于激振频率时，气柱振动的振幅从理论上将趋于无穷大，此时即使激振力不大，也会引起剧烈振动。避免产生气柱共振，只要使气柱的固有频率与激振频率错开即可。振系的激发频率是多阶次的频率谱，而其固有频率也有多个(即该振系为多自由度振系)。要使气柱共振不发生，必须使气柱的每个阶次的固有频率与每个阶次的激振频率均错开。高阶次的频率(无论是激振频还是固有频率)对振动的影响较弱，实际上只要前三阶的频率能错开就可以了。一般要求气柱的固有频率须落在 0.8～1.2 倍的激振频率之外。影响气柱固有频率的因素除介质(气体)的组成外，还有缓冲器的尺寸和设置位置、接管直径的大小、管系的分支、直管段长度、管段端点状态等，改变这些条件即可改变气柱的固有频率。

气柱的固有频率可以用声电模拟法求得，也可以利用声学原理通过计算机算出，但这些方法总起来说都比较复杂。对于一些简单管系，可以通过共振管长这个概念进行简化设计，以避开共振。所谓的共振管长是指当激发频率一定时，导致气柱发生共振的光直管管段长度。共振管长可以分为下列几种情况进行计算。

① 一端为开端，一端为闭端情况：

此种情况下，与管道连接的容器，一端容积较小，另一端容积较大，例如缓冲器至压缩机气缸入口和压缩机气缸出口至缓冲器之间的管道。其共振管长可按下式计算：

$$l=(0.8\sim1.2)\frac{Y_2}{4}\cdot\frac{a}{\omega} \tag{4.3.15}$$

式中 l——共振管长，m；

Y_2——激发主频率阶次，$Y_2=1$，2，3…；

ω——激发主频率，Hz；

a——气体声速，m/s。气体的声速可按式(4.3.16)计算：

$$a=\sqrt{\frac{848K\cdot g}{M\cdot T}} \tag{4.3.16}$$

式中　g——重力加速度，$g=9.81\text{m/s}^2$；

K——绝热指数；

M——气体平均相对分子质量；

T——气体的绝热温度，K。

② 两端均为闭端情况：

此种情况下，管道两端连接的设备或容器的容积均比较小，例如压缩机气缸之间连接的管道。其共振管长可按下式计算：

$$l=(0.8\sim1.2)\frac{Y_2}{2}\cdot\frac{a}{\omega} \tag{4.3.17}$$

式中的符号意义同式(4.3.16)。

③ 两端均为开端情况：

此种情况下，管道两端连接的设备或容积均比较大，其共振管长的计算同样按式(4.3.17)计算。

3. 往复式压缩机的间歇吸气和排气而引起的气柱振动设计方法要点

① 首先要进行气柱固有频率的计算，使气柱固有频率(至少前三阶)与活塞激发频率错开，从而避开气柱共振。

② 合理设计缓冲器并安装在尽量靠近气缸的位置。缓冲器是最简单而有效的消振措施。它能使缓冲器后面的管道内的气流变得缓和，其作用与柔性分析中的补偿器相似。要达到理想的减振效果缓冲器应有足够的容积，可参照 API 618 标准给出的缓冲罐容积的计算公式确定。缓冲器有两种型式：一种是简单的无内件的缓冲器，另一种是有内件滤波型缓冲器。采用内件滤波型缓冲器可以更有效地控制缓冲器后的管道内的压力脉动，适当减少缓冲器的容积，但同时会增大阻力降。缓冲器的安装应尽量靠近气缸，对上进气下排气的压缩机，入口缓冲器应布置在气缸上方，并尽量靠近气缸。出口缓冲器应布置在气缸的正下方并尽量靠近气缸。

③ 合理地增设消振孔板。在容器的入口处加装适当尺寸的孔板，可以将该管段内的压力驻波变成行波，使管道尾端不再具有反射条件，从而降低了压力不均匀度，达到减轻管道振动的目的。加装消振孔板同时又产生局部阻力损失，所以压缩机制造厂在确定缓冲器容积时一般不应考虑加装孔板，但当缓冲器容积过大无法制造安装时，亦可考虑加装孔板，同时需对孔板的局部阻力损失进行核算。

消振孔板的孔径比要经压力脉动计算确定，一般孔径比为 0.43～0.5，孔板厚度为 3～5mm，孔板内径边缘处必须保留锐利棱角，不得倒角，否则效果要降低。孔板太厚会增大局部阻力损失，并产生噪声。孔板的材料与管道相同。孔板的型式与法兰的密封面相适应。消振孔板通常安装在缓冲器的进出口管口处。

④ 设置集管器。并机运行的管道在汇合处脉动量会相互叠加，叠加的结果有时相互抵消，有时相互加强，这就要看投入运行的压缩机的曲柄错角。如果相位一致则加强，相位相反则减弱。为避免在多机汇合处产生过大脉动值，在汇合处设置集管器，其尺寸太小不起缓冲作用。集管器的设计原则是：集管器的通流面积，应大于所有进气管通流面积总和的3倍。

⑤ 控制管系各管段的压力脉动值，使其不超过 API 618 的计算值。当主管道上的压力不均匀度超标时，首先核算缓冲器容积，缓冲器容积不够时，加大缓冲器容积，如果缓冲器

已制造完毕或缓冲器太大难以制造时，采取加装消振孔板方法。当分支管(如跨线、放空线等)脉动值超标时，可适当加大该管管径或在该分支的适当位置加装孔板。如果该分支的末端为盲板或关闭的阀门，应考虑改变该管段的长度。在整个管系脉动值都控制在允许的范围内后，再进行管系结构振动的计算，将机械振动的振幅和动应力控制在允许的范围内。

六、往复式压缩机气柱的压力脉动及其动能变化而激起的管道振动

1. 管道的激振频率同气柱的激振频率

气柱的压力脉动引起管道振动的激振力由两部分组成：一是气柱的压力脉动和动能变化引起的激振力；二是气柱本身振动而作用到管道上引起的激振力。对于前者，只要管系中具有拐弯、分支等结构，而不管气柱是否共振，都将引起管道的振动。对于后者，由于管道是气柱的载体，一旦发生共振，它将加剧振动，并由此带动管道剧烈振动。当气柱不发生共振时，它对管道的激振作用要远小于压力脉动和动能变化引起的激振作用。为了简化分析，通常不考虑气柱共振，即将这部分的作用略去。气柱和管道的激振源是一样的，都是气体的压力脉动所引起的，只不过激振源作用的方式和作用的主体不同而已。因此说，管道的激振频率同气柱的激振频率，它是按 ω，2ω、3ω……排列的频率谱。

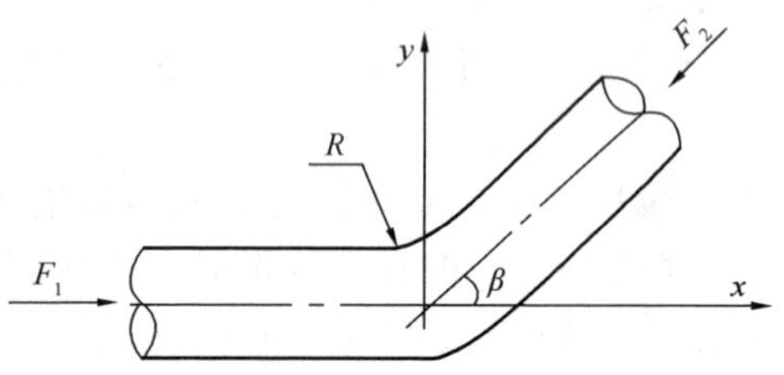

图 4.3.9 管道拐弯处的激振力计算

2. 激振力的计算

前面已经提到，如果压缩机进出口管道无分支、变径、拐弯和节流元件的话，运动的气柱是不会对管道产生激振作用的，正是由于上述结构的客观存在，才有了激振力。以管道的拐弯处为例，如图 4.3.9 所示，其激振力的计算如下：

(1) 气柱压力脉动产生的激振力

$$F_x = F_{1x} - F_{2x} = p \cdot S(1-\cos\beta) \tag{4.3.18}$$

$$F_y = F_{1y} - F_{2y} = -p \cdot S\sin\beta \tag{4.3.19}$$

式中 F_x——压力脉动产生的激振力在 x 方向的分量，N；

F_y——压力脉动产生的激振力在 y 方向的分量，N；

p——管道两端的压力，MPa；

S——管道截面积，mm^2；

β——管道的拐弯角度，(°)。

当气体的压力不随时间变化时，F_x、F_y 实质上就是介质压力产生的静力，此时它不会引起管道的振动，正因为压力 p 是随时间变化的，故 F_x、F_y 便成了激振力。

(2) 气柱动能变化产生的激振力

同样以图 4.3.9 为例，根据矢量动力学的理论可以得到：

$$F'_y = \frac{\gamma}{g} s v^2 (1-\cos\beta) \tag{4.3.20}$$

$$F'_y = \frac{\gamma}{g} s v^2 \sin\beta \tag{4.3.21}$$

式中 F'_x——动能变化产生的激振力在 x 方向的分量，kgf；

F'_y——动能变化产生的激振力在 y 方向的分量，kgf；

v——气体的流速，cm/s；

s——管道截面积，cm^2；

γ——气体的密度，kg/cm^3；

g——重力加速度，cm/s^2。

同理，因为此时的F'_x、F'_y是时间的函数，故它便成了激振力。如果气体的流速由零变化到v，则其压力p的上升值为$p=\frac{\gamma \cdot a \cdot v}{g}$，其中$a$为音速，那么有：

$$\frac{F_x}{F_y}=\frac{\frac{\gamma}{g}av \cdot s}{\frac{\gamma}{g}v^2 \cdot s}=\frac{a}{v} \tag{4.3.22}$$

一般情况下，$a \approx 10v$，由此可见气体的压力脉动对管道振动的影响要比气体动能变化产生的影响大得多(约为10倍)，故前面所讲的降低压力不均匀度的措施也同样能有效地缓解管道的振动。

3. 振动的控制措施及设计

管道振动设计步骤：首先根据其他原则进行管道布置和支承设计；其次进行振动计算，求解出振系的固有频率谱和振动振幅值，并求出其动应力值；最后逐项分析是否符合要求。如果其中的一项或数项不符合要求，再修改设计，或采取相应的措施，使之最终满足要求。

(1) 固有频率与激振频率

① 共振区域　共振区域如图4.3.10阴影所示，通常ω_0应避开$0.8\omega_1 \sim 1.2\omega_1$的区域，在工程中最好避开$0.5\omega_1 \sim 1.5\omega_1$，这样振幅较小。

② 通常ω_0应在ω_1(压缩机的吸入或吸出频率)的1.2倍以上，设计时最好控制ω_0在1.5倍ω_1以上。

③ 激振频率　$\omega=\frac{n}{60}\times$缸数$\times$单(双)作用　($s^{-1}$)

式中　n——压缩机转数，r/min。

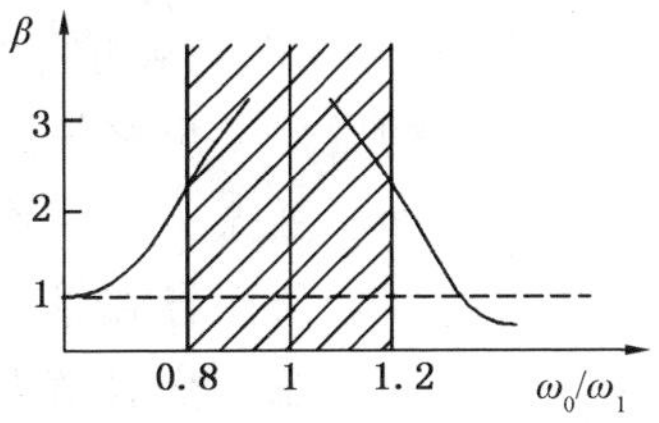

图4.3.10　固有频率与激振频率

注：β—放大因子；

ω_0—固有频率(角频)；

ω_1—激振频率(角频)

(2) 管道固有频率的影响因素及设计

求得管系的固有频率谱后，首要做的事情就是将它与激振频率谱进行对比，考查它们各阶次频率值的错开情况。当各阶次的固有频率(至少是前三阶)落在0.8～1.2倍的激振频率范围之外时，就可避开管道的机械共振(简称机械共振)。与气柱共振一样，机械共振在工程设计中是必须避免的。当管系的固有频度不能完全错开激振频率时，应调整管系结构，使它最终能满足要求。

管系的固有频率：

$$p=\frac{y_2}{2\pi}\sqrt{\frac{k}{m}} \tag{4.3.23}$$

式中　y_2——固有频率的阶次，$y_2=1, 2, 3\cdots$；

k——管系的刚度；

m——管系的质量。

从管系的固有频率定义式中可以看出，要改变它的大小，可通过改变管系的刚度k和质量m来实现。增大管系的刚度或减小管系的质量均可提高管系的固有频率，反之则减小管系的固有频率。管系的质量主要取决于管道及其元件的重量，而管道及其元件的重量又主要决定于其强度条件，因此一般是不能减少的。增加管道及其元件的质量，会带来一系列支承及经济性问题，因此也不宜随意增加。故调整管系刚度则成了工程上改变管系固有频度的主要方法。总的来说，影响管系刚度的因素主要有下列三个：

① 管道的支承 从静力分析中已经知道，增加支承数量、将一般的简支支承改为固定支承、降低支承高度以增加支架本身的刚度等等都能有效地提高管系的刚度，反之则将降低管系的刚度。当管系存在振动时，由静力条件确定的支承一般已满足不了要求，许多工程设计例子已证明了这一点。首先是支承型式的选择。不同的支承型式，对管系刚度的影响也不同。一般的承重支架仅限制管道一个方向的自由度，故它对提高管系刚度的影响比较小。固定支架可同时限制六个方向的自由度，它是增加管系刚度的最有效支承型式。因此，从防振来说，采用固定支架是最有效的办法。但这些振系一般都有温度(虽然温度不高)，采用固定支架不利于热胀的补偿。为了满足管系的热膨胀补偿要求，应给出其轴向(一个方向)的自由度，通常的做法是采用防振管卡作为支架。摩擦防振支架也是一种常用的防振支架，它是靠阻尼而不是靠增加管系的刚度来防振或抑振的。摩擦防振支架常用在自由振动情况下，对于强迫振动，其作用是有限的。其次是增加支架本身的刚度。支架本身的刚度大小对管系的刚度影响也比较大，如果支架本身的刚度太小，支架会随管道一起振动，从而起不到增加管道刚度的作用，如吊架就是如此。增加支架刚度的办法，一是降低支承高度，二是采用混凝土生根基础，并使其混凝土基础的重量远大于被支承管道的重量。

② 管道的布置 从静力分析中知道，管道布置时多拐弯并使其远离两固定点间的连线可增加管系的柔性，反之管线的刚度则增加。管系拐弯太多时，实际上增加了其激振力发生点，从而增加了激振力，因而对抗振是不利的。管系拐弯太少时，可能会导致因管系热胀产生的静力超标，从而导致管系的静力破坏，或导致管系对机器和设备管口、对支架的推力标超标。因此说，靠改变管道布置来改变管系刚度其作为是比较小的。

③ 管道直径 增加管道直径，将增加管系刚度，反之则减小管系刚度。减小管道直径时，会造成管内介质流速增加，从而增加了其介质压力损失。另一方面，减小管道直径时，也会增加其压力不均匀度，从而导致振动加剧。故管道直径不宜减小；增大管道直径时，会增加管道的工程投资，尤其是当介质压力较高时，其工程投资的增幅会很大。因此工程上有一个最佳的管道直径取值，一般情况下不宜靠改变管道直径来改变管系的刚度。

4. 振幅和动应力的影响因素及设计

振动引起管系机械强度的破坏是疲劳破坏，而影响疲劳破坏的主要因素是交变应力的大小、循环次数和材料的疲劳持久极限。交变应力值的大小除与上述的“瞬时静应力”大小有关外，还与管系的振幅大小有关，振幅越大，交变应力值越大。循环次数取决于振动频率。从第一节中已经知道，对于强迫振动，振系的振动频率为激振频率，因此它是个定值，大小取决于压缩机的设计参数，一般是不能改变的。疲劳极限取决于材料本身的品质。关于材料品质对其疲劳极限的影响将在本章第四节中讨论。归纳起来，在管系机械振动的强度设计方面，设计人员所能做的就是如何控制管系振动的振幅和动应力值。

通过计算机振动程序计算，可以求得管系的振幅和动应力。一般情况下，工程上对管系中各点的振幅值都有一个最高限制，例如，当振系的激振频率为 30Hz 时，管系中的最大振幅值应不超过 75μm，管系中的最大动应力值应不超过管材的疲劳持久极限，例如对碳素钢来说，其动应力值应不超过50MPa。

5. 影响管系振动振幅和动应力值的主要因素

(1) 气柱共振和机械共振

无论是气柱共振还是机械共振都将使管系的振幅趋于无穷大，故设计中必须避免气柱共振或机械共振的发生，而且固有频率离开激振频率越远其振幅将越小，故避免共振的各种有效措施都将有利于降低振幅和动应力值。

(2) 压力不均匀度

压力实际上是随时间而变化的，压力不均匀度越大，其峰值就越大，由此产生的激振力(F_x、F_y)的力幅就越大。因此，减小气体的压力不均匀度，可以减小激振力，从而减小振系的振幅和动应力值。由此可以说，凡是利于减小气体压力不均匀度的措施都有助于降低振幅和动应力值。

(3) 管系结构

由于管系中不可避免地存在拐弯、变径、分支或设有节流元件等结构，从而导致激振力的产生，减少这些结构可以减少激振源，也就减少了激振力。例如，管道布置时，在满足静力分析要求的情况下应尽量少拐弯，并且拐弯时尽可能用长半径弯头或45°弯头；加强设计过程中各专业的沟通，避免因专业之间衔接问题而在管系中使用变径管件；切断阀选用C_V值较高且不宜产生涡流的阀门，如全通型球阀；等。

(4) 管系的刚度及支承

强迫振动的振幅为：

$$X=\frac{F}{k}\cdot\frac{1}{\left|1-\frac{\omega^2 m}{k}\right|} \tag{4.3.24}$$

由上式可以看出，当力幅F、激振频率ω、振系质量m不变时，无限增加振系的刚度，将使$(1-\frac{\omega^2 m}{k})$的绝对值趋于1，而F/k将大大减小，故振幅X也将大大减小。也就是说，增加管系的刚度，可有效地降低振系的振幅和动应力值。前面已经谈到的增加振系固有频率的措施，对减小振系的振幅和动应力值都是有效的。

另外，集中质量作用点由于其固有频率较低，应进行专门支承以增加其刚度。

加强管道支承，增加管系刚度，可以减少管系的振幅和动应力值，这一结论也可以用阻尼的理论来解释：增加了支承，相当于增加了管道振动的阻尼力。根据第一节讲到的阻尼影响理论，就很容易理解其减少管系振幅和动应力的作用。

七、往复式压缩机管道的振动而引起的与其相连支承件的振动

1. 防止或缓解管道振动的支架设计

当支架与管子完全刚性连接时，此时支承件作为管系振体的一部分将随管道一起振动。但设计中常常在管道和支承件之间加一层非金属板，如聚四氟乙烯板或石棉橡胶板，其作用主要有两个：其一是隔振作用，即缓解管道的振动传递到支承件上；其二是给管道一个轴向自由度，以避免管道因热膨胀产生的静力超标。有了这一非金属件的存在，就使得管道支承件及其相关部分构成了一个振系。该振系的激振源是被支承的管子，振体为非金属板和支承元件。由于管道的支架主要是用于防止或缓解管道振动的，也就是说解决管道的振动问题是主要问题，故分析该振系的目的，主要是为了设置好支架结构，使它更有

利于管道的防振。

2. 隔振的设计

首先来看一下它在增加管道自由度方面的原理：由于非金属板的存在，缓解了支架对管子的刚性约束，当管道受热膨胀时，只要克服非金属垫板与管子之间的摩擦力，就可以轴向移动以获得柔性补偿，从而缓解了管道的静力和对机器设备管口及支架的推力。虽然管系内的介质温度不高(出口约 130℃)，但为了抗振需要使得管系的柔性处于很不好的状态，而且与它相连的机器对管系的推力比较敏感，故给予管系一定的柔性是必要的。

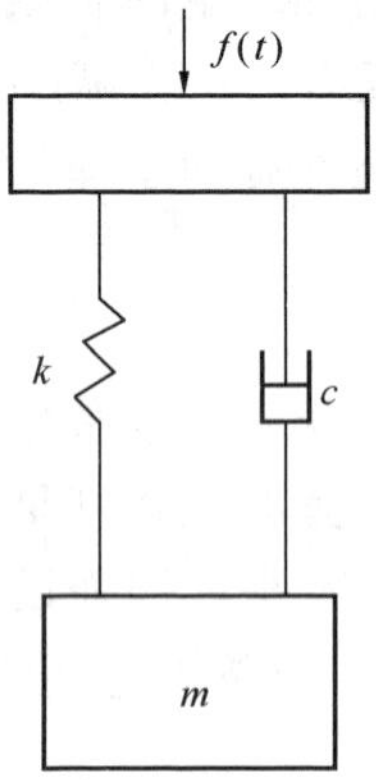

图 4.3.11　防振管卡的隔振原理

隔振的工作原理可以通过图 4.3.11 所示的简化模型来理解。图中 $f(t)$为管子振动而产生的激振力，k 为非金属垫板形成的该振系的刚度，c 为非金属垫板形成的振系的阻尼系数，m 为支承件和相应组成件形成的该振系的质量。由于非金属垫片较软，其刚度 k 很小，故此时使得振体(m)的振幅很小，由此便起到了隔振作用(强迫振动情况下阻尼的影响较小)。值得说明的是，这里的刚度 k 与非金属板的厚度及管卡的夹紧力有关。非金属板越厚，管卡的夹紧力越小，k 值越小，越有利于隔振。反之，非金属板越薄，管卡的夹紧力越大，则 k 值越大，越不利于隔振。从另一方面讲，这里的 k 值越小，使得支架对管道的刚性固定作用越小，也就是说它将使管系的刚度减小，这对管系的减振是不利的。可见取一个比较合适的 k 值，使其既有利于隔振，又不使管系的减振受到较大的损害是工程上要考虑的一个问题。经验告诉我们，如果非金属板为聚四氟乙烯板，则取其厚度为 4mm；如果为石棉橡胶板，则取其厚度为 2～3mm，并采用较大的夹紧力是比较适宜的。

3. 管架生根的设计

即使对管道支承件采取了隔振措施，也不要使支承生根在建、构筑物上，以避免因支承件的振动而导致建、构筑物的破坏。因为这里的隔振仅仅是缓解振动，并没有完全消除振动。支承件也不宜生根在压缩机的基础上，以免压缩机基础的振动传给支承件，进而传至管道而加剧管道的振动。

4. 管道振动的控制措施要点

① 进行管系的机械固有频率计算，使机械固有频率(至少前三阶)与活塞激发频率错开并与气柱固有频率(至少前三阶)错开。通常对与中低压管道($p<8$MPa)管道机械固有频率不低于 24Hz。对高压管道($p>8$MPa)管道机械固有频率不低于 28Hz。

② 在管道柔性分析满足的前提下，应尽量减少转弯，因为过多的转弯会减小管系的刚度，使管系的机械固有频率降低，并且在弯头处产生激振力，从而发生振动。

③ 支架应采取防振管卡，而不能只为承重或止推。因为防振管卡可以约束 x、y、z 三个方向的线位移，对直径较小的管子甚至可以约束 R_x、R_y、R_z 三个角位移，而承重或止推架却只能约束一个方向的线位移。为保证管道与管卡充分接触，在管卡与管道之间垫石棉橡胶板。

④ 支架的间距应满足最小频率的要求。

⑤ 管道应尽量沿地面敷设，便于设置支架。

对于较高的支架宜采用框架结构。

⑥ 为防止机组的转动不平衡力引起管系振动，进出口缓冲器要有牢固的支承，靠近压

缩机的管段的支架应重点考虑。

⑦ 在阀门等集中质量处应加支架，因为集中质量处振动频率低。

八、往复式压缩机管道振动设计的要点

1. 分析

进行气柱固有频率分析，使其避开激振力的频率；进行压力脉动不均匀度分析，采用设置缓冲器或孔板等脉动抑制措施，将压力不均匀度控制在允许的范围内；进行管系结构振动固有频率、振动特性及各节点的振幅及动应力分析，通过设置防振支架，优化管道布置，消除过大管道振动。

2. 管道布置

对于往复式压缩机管道，在进行管道布置时应尽量沿地面敷设。这样有利于管道支承，一旦在机器运行时发生管道振动问题，也比较容易进一步设置支架和采取减振措施。在进行管道布置时还应尽量减少弯头的数量，以减小激振力的作用。

3. 支架

往复式压缩机管道的支架应采用防振管卡或固定支架，不能采用简单支托，更不能采用吊架，为了增大管卡与管道之间的接触面积，使管卡能够卡紧，防振管卡应尽量采用扁钢，不宜采用圆钢，并且在管卡与管道之间应衬以石棉橡胶垫。如果采用带有管托的防振管卡，则管托应与其生根部位焊接，不能简单放置。防振支架宜设独立基础，尽量避免生根在压缩机基础和厂房的梁柱上。防振支架的结构和支架的生根部分应具有足够的刚度。防振支架的间距和位置应经过管系固有频率分析后确定。

4. 管系固有频率分析

管系固有频率分析的目的，是通过调整管道系统的固有频率使其避开机器的激振频率，从而避开共振。固有频率与系统的刚度有直接关系，刚度越大，固有频率越高，管系固有频率的调整主要通过调整系统刚度来完成。影响管系刚度的因素主要有管道走向、管径、壁厚和管道支承状况。减少弯头个数、增大管径和壁厚、增设支架都将使管系刚度增大。在大多数情况下，管径、壁厚由工艺条件确定，不易改变，因此可以调整的主要是管道走向和管道支承，在这二者中更常用的是通过增减支架来调整管系固有频率。通过调整固有频率应使激振频率避开共振区，与此同时管系的最低阶固有频率(基频)不得低于8Hz，这是为了保证管系具有一个基本的刚度。如果管系基频过低(管系柔性过大)，即使避开了激振频率，管系受到激振力的作用仍可能产生振动。对于管系固有频率的控制，国外公司比国内的做法更加严格，一般要求固有频率不得低于机器激振频率的2倍。这种做法偏于保守，但在分析中宜将管系固有频率控制在机器激振频率的1.2倍以上。在保证管系具有足够刚度的同时，还必须保证管系满足有关热应力的限制，在管道温度较高时应特别加以注意。对于复杂管系，固有频率分析一般应使用计算机程序来完成。这些程序大多运用有限元方法编制，并且采用梁单元模型。在静力分析中，对于直管段若无特殊考虑，没有必要通过单元细分来提高分析精度。对于固有频率分析则必须进行细分，避免计算中丢掉某些振型和频率。一般情况下，单元长度不应大于管道公称直径的10倍。

5. 静力强度和对机器、设备及支架推力方面的问题

压缩机进出口管道的静力问题是不容忽视的，在管系的振动分析和设计完成之后，还应对管系进行静应力校核，并使由压力脉动和其他荷载产生的综合一次应力不超过管道的许用应力值，对压缩机管口、缓冲罐管口、冷凝器管口、分液罐管口和支承件的推力不大于允

许值。

6. 管道连接处局部加强问题

管道的分支、拐弯和变径应尽可能利用标准管件实现，因为标准管件本身具有强度加强作用。对于不宜采用标准管件的地方如超出三通尺寸范围的分支处，应适当采取补强措施，这是因为该结构处存在应力集中，应力集中产生的峰值应力值一般较大，在振动情况下，该峰值应力也是交变的，它将会很快导致结构的疲劳破坏。由于相同的原因，此类管系中不宜采用螺纹连接。

7. 管道材料品质问题

材料的疲劳破坏是一个裂纹产生、裂纹扩展和脆性断裂的过程，故材料内部的气孔、非金属夹杂物、原始微裂纹等缺陷越少，其诱发宏观裂纹的机会就越少，材料的抗疲劳破坏性能就越好。尤其是焊接接头等容易出现缺陷的地方，应严格进行无损探伤，以提高其抗疲劳破坏的性能。对焊缝进行消除应力热处理也是必要的，因为无论什么材料，焊后都会产生焊接残余应力，只不过不同的材料其焊接残余应力值不同而已。焊接残余应力的存在使金属组织处于不稳定状态，并使金属的强度和硬度增加，而塑性和韧性下降，从而导致抗疲劳性能降低。

九、某合成气压缩机振动问题分析

1. 背景

某油田技术改造项目共包括三组(6 台)往复式压缩机。现场开车过程中，两台合成气压缩机及其附属管线产生较大振动，由于合成气压缩机具有结构复杂、压力高的特点，并且是整个生产过程中的重要环节，因此，振动问题能否解决将直接影响着开车能否顺利进行。

2. 现场分析

通过对现场情况的分析和研究，最终确定造成合成气压缩机工艺管线振动的主要原因存在于以下几个方面：

① 压缩机缓冲罐容积偏小，缓冲效果不明显，导致气体介质压力脉动较大。

② 压缩机的相关管线管径偏小，导致气体流速过大，振动加剧。

③ 个别管架的结构形式和生根位置存在不合理之处，无法对管路振动进行有效的抑制。

3. 采取措施

(1) 限制流速，降低压力脉动

首先应要减小振源振动，使管系不发生振动，再辅以必要的抑振措施。因此应在压缩机管路的适当位置安装减振孔板，并对振动较大的管线进行局部扩径，以降低气体介质的流速。

(2) 优化管线走向，增加管线刚度

压缩机进出口管线存在一些补偿弯，导致管系柔性增加，不利于减振。对各级进出口管线进行应力分析，在保证压缩机管口荷载不超出允许值的前提下，优化管路布置方案，对压缩机某入口管线采取扩径措施，尽量减少弯头数量，使压缩机进出口管线短而直，由于采用直管连接能减少气体流向的变化，降低因气流方向改变而转变为振动的机械能，从而起到减振的效果。

(3) 合理选择管架生根位置，增加管架刚度

现场发现部分管架生根在钢结构上，而钢结构又与厂房结构连为一体，这样振动很容易

通过钢结构传递给其他不发生振动的管线甚至整个压缩厂房。针对以上问题，将管架改为在地面上设置的，有独立基础的支架，选择较大截面积型钢，重点位置的减振支架增加斜撑以增强刚度，达到了很好的抑振效果。

(4) 管系动态分析，避免共振现象

当作用于管路系统的激振力频率等于或接近于系统的固有频率时，振动系统的振幅会急剧增大，称为共振现象。如产生共振，将会导致整个管路系统的极大破坏，因此共振现象是必须极力避免的。

用 AutoPIPE 软件对全部压缩机管线系统进行了分析，计算出了管路系统的各阶频率。并且通过对管道走向，管架位置和形式的调整和优化，使整个管系各阶频率大于激振力频率的 1.5 倍，并满足了不等于激振力频率整数倍的要求，避免了共振现象的出现。

十、某厂压缩机入口管线减振分析

某厂循环氢压缩机入口管线振动较大，且带动与其相连的设备和立柱一起振动。

1. 气柱固有频率计算分析

气流脉动共振现象发生在激发频率与气柱固有频率相重合的时候，欲避开气流脉动共振，需确定管系气柱固有频率。

管系气柱是多自由度的振动系统，它有许多阶固有频率。气柱固有频率取决于系统内的介质参数以及管系尺寸、器件和管系的几何配置。激发频率也存在着若干阶，这些阶的激发频率若有一个与气柱固有频率重合，就会引起气柱共振。此时管流脉动激烈，管系设计、计算者的首要任务是设法调整管系尺寸、元件布置，以期避开共振发生。通常要求避开一阶、二阶或更高一阶固有频率的共振。工程上规定，激发频率与气柱固有频率的比值，若在0.8～1.2范围内，脉动都是大的，称此范围为共振区。

计算表明(过程略)，修改管道走向、加缓冲器、孔板等措施后，前三阶气柱固有频率都避开了主频率的共振区。

2. 气流脉动计算分析

降低过大的压力脉动以及由此而引起的管道的机械振动是十分重要的。消减气流脉动的方法是比较多的，根据实际情况，按 API 618 标准衡量原管系的压力脉动值是否在允许值范围内，如未达到 API 618 标准，应找出超标原因，然后采取措施。

缓冲器是最简单有效的消振措施，但容积大小要合标准，安装位置要足够靠近气缸，才能使后继管线气流足够平稳，以期达到 API 618 标准。如增设孔板，则孔板计算要精确，孔板的安装位置要恰当，还应计算孔板阻力损失，使损失在允许范围内。如果条件允许适当改变管径，增加支管等措施也是行之有效的。

3. 机械振动计算分析

管道系统的布置和支承情况也直接影响着管道振动，如果管道的弯头位置不当、支承间距不恰当或支承设计不合理，即使气流脉动不大，也同样会引起危险的管道振动。

支承要有足够的刚性以便控制残留的激振力所引起的振动。较低频率的振动模态是由管道的横向振动组成的，故在支承有足够刚度的基础上，管卡的设计极为重要，如图 4.3.12 所示。在管道的径向不应有任何间隙，但应允许管道在轴向有位移的可能。

在管道的布置上，有集中质量(阀、法兰)等的部位应注意适当支承。另外在弯头、异径管等存在激振力的部位，约束应尽量靠近这些地方，即使对于直径较小的管道也有避免长距

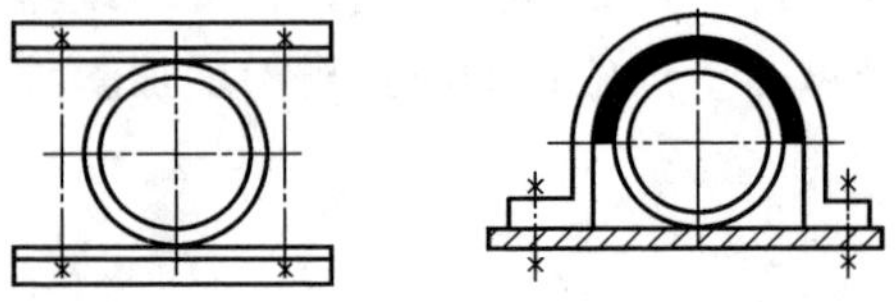

(a) 原管卡结构 (b) 改造后管卡结构

图 4.3.12 管卡的设计优化

注：现场发现管道原管卡结构形式不好，见图(a)，直接用角钢与螺栓将管子卡住，在振动中易松动，使管系刚度进一步降低，后采用如图(b)所示的防振型管卡使用了少许可以压缩的衬垫材料，如石棉橡胶等类似的材料，确保管卡与管道充分接触，在管的径向没有任何间隙，增加了管卡的阻尼。

离无支承或悬吊的情况。在管道缓冲器上的阀或仪表等，也不应让它自由无约束，而应将其支承在母管或容器上，目的是使这些元件一起振动，不要形成不同振动而导致应力产生。不要将分支上的阀或仪表等悬臂重量支承在另一个管道或振动物体上，因为二者振动不同会产生附加动应力。

管道跨距对于不同的管道配置是不同的，以保证每一管道在结构上具有合适的局部固有频率。如图 4.3.13 所示。

对于本案例，出口架空管线振动的主要原因是用来支承的立柱的刚度较低，由于管线较高，立柱的刚度设计很难满足要求。故须将此架空管线修改为沿地面敷设，在地面设管墩支承。

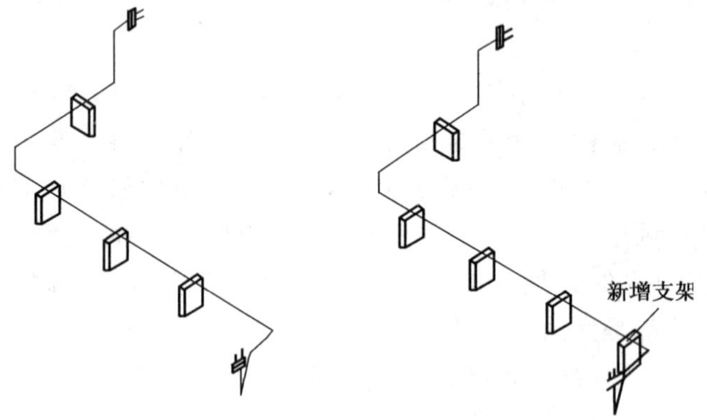

(a) 原支架布置 (b) 修改后的支架布置

图 4.3.13 改变管系固有频率

注：图中两种方案管系形状和尺寸完全相同。图(a)的前三阶固有频率分别是 10.70Hz、13.0Hz 和 16.9Hz，当增加一个支架后，如图(b)，管系的前三阶固有频率分别为 13.15Hz、14.36Hz、47.02Hz，可见通过增加支架或减小支架距跨来增加管系的刚度，可以提高管系的固有频率。

4. 解决方案要点

此压缩机入口管线产生振动的主要原因有：

① 用来支承立柱的刚度太小，无法满足防振的设计要求。

② 入口缓冲器的容积较小，抑制气体压力脉动效果差。

针对上述情况，将分液罐出口架空管线改为沿地敷设，管线在适当处增设支架，将入口缓冲器的容积加大。

第四节 往复泵管道的抗振设计

一、往复泵管道系统振动及原理

往复泵和往复式压缩机管道的振动是管道设计和机器运行中经常遇到的问题，如果不使这一问题得到解决，会影响到装置的正常运行。往复泵和往复式压缩机因间歇排出介质引起的振动是正常工况下出现的不可避免的强迫振动，也是最典型、最复杂的振动。就往复泵和往复式压缩机来说，二者的振动特性是相同的。

往复泵在运转过程中，由于吸入和排出的间断性以及活塞的变速运动，使管路中的液流压力和流量呈周期性变化的液流压力脉动。尤其当排出压力的变化频率与排出管路的固有振动频率(简称固有频率)相等或成倍数时，会引起管道系统的共振，直接缩短往复泵的使用寿命。管系的共振还会导致管道和管架的疲劳破坏，诱发建筑物振动与噪声以及管道与附件设备松动。因此，往复泵管道振动一直是设计和生产人员十分重视的问题。

往复泵管道振动的原理和往复式压缩机管道振动的原理相似。往复泵管道系统振动的原因大致分两类。一类是管道系统的机械共振，分为：①回转机械旋转部分不平衡产生的振动；②回转机械旋转部分不平衡产生的振动传递给与之相连接的管线，当回转机械的振动频率与连接管系的固有频率相近时引起的管道共振。另一类是管道内流体的压力脉动使管系共振。

二、往复泵管道系统振动原因分析和措施

1. 管路系统回转机械旋转部分的不平衡是机械振动的主要原因

作往复运动的机械由活塞惯性力和转矩的不平衡产生振动，这种振动的频率虽然不会与机械振动的频率相同，有时却是后一频率的数倍。设计合理的往复泵在运动处于动力平衡状态时振动是很小的。

2. 管道机械共振

由管子、管件和支架组成的管系是一个弹性系统。根据管道布置、支架形式、位置及边界条件的不同，有其固有振动频率。当泵作用于管道的激振力主频率 f 与管系的固有频率 δ 重合(即 $f=\delta$)时，将导致结构共振，引起较大的机械共振响应。为了防止管道机械共振，应当改变管道结构，使固有频率避开(0.8～1.2)f 的共振区。

(1)泵作用于管道的激振力主频率 f

$$f=nNP/60 \tag{4.4.1}$$

式中　n——气缸作用方式($n=1$，2，3…)；

N——泵转速，r/min。

P——柱塞数。

泵选定后其转速、作用方式、柱塞数随之确定，f 是个常数。

(2) 管系固有频率 δ

按一个自由度的弹性系统理论，结合支吊形式，各段管道分别按下式计算固有频率。

① 无集中荷载时，悬臂梁的固有频率 δ

$$\delta=\alpha\frac{EI}{WL^3} \tag{4.4.2}$$

固定支：α 取 109；简支梁：α 取 49.4。

② 有集中荷载时，悬臂梁的固有频率 δ

$$\delta=8.84\sqrt{\frac{EI}{\left(\frac{1}{4}W+P\right)L^3}} \tag{4.4.3}$$

式(4.4.2)、式(4.4.3)中，E 为弹性模数，N/cm^2；W 为管子总重量(包括保温、介质等)，N；I 为截面惯性矩，cm^4；L 为管架间距，cm；P 为集中荷载，N。

3. 液柱共振

管道系统内所容纳液体称为液柱。因为液体有一定的质量，可以被压缩、膨胀，所以液

柱类似弹性的振动系统，在一定激振力的作用下会形成振动。往复泵吸入和排出的间歇性，使液流压力和流量呈周期性变化，由于管壁和液体的弹性作用，造成这种压力脉动在管内迅速传递，使液体对管壁产生锤击，并向远方传播。而液柱构成的弹性系统根据配管情况和管道始末端的边界条件，也有其固有频率。假如液柱固有频率为 k，激振力主频率为 f，当 $k=f$ 时则发生液柱共振。但液体对管壁的锤击因管道的部位不同，其脉动情况亦不同，一般用压力不均匀系数 δ_p 或流量不均匀系数 δ_Q 表示其脉动程度，由此判断管道内液流脉动引起的管道振动情况。对液柱共振，可设置空气室消振。

压力不均匀系数 δ_p

$$\delta_p=\frac{p_{max}-p_{min}}{p_m}\times 100\% \tag{4.4.4}$$

式中 p_{max}——最大压力；

p_{min}——最小压力；

p_m——平均压力。

流量不均匀系数 δ_Q

$$\delta_{Q1}=\frac{Q_{max}-Q_m}{Q_m}\times 100\% \tag{4.4.5}$$

$$\delta_{Q2}=\frac{Q_m-Q_{min}}{Q_m}\times 100\% \tag{4.4.6}$$

式中 Q_{max}——最大流量；

Q_{min}——最小流量；

Q_m——平均流量。

往复泵流量不均匀系数见表 4.4.1。

表 4.4.1 往复泵流量不均匀系数

液缸数及作用形式	单缸单作用	双缸或单缸双作用	三缸单作用
$\delta_{Q1}/\%$	214	57.1	4.72
$\delta_{Q2}/\%$	100	100	9.07

减少往复泵流量脉动的方法，一是选用多级泵或双作用泵；二是在往复泵的进出口安装空气室，使进出口流量不均匀系数 δ_Q分别控制在 0.25%～1.25%、1%～4%内。

往复泵压力不均匀系数 δ_p 与流量不均匀系数 δ_Q 的近似换算关系为：

$$\delta_p=4\delta_Q \tag{4.4.7}$$

压力脉动的大小 Δp 是指偏离平均压力的最大幅度，与 δ_p 的关系为：

$$\Delta p=\frac{1}{2}(p_{max}-p_{min})=\frac{1}{2}p_m\cdot\delta_p \tag{4.4.8}$$

压力脉动大小由下式计算：

$$\Delta p=\rho\cdot C\cdot\Delta V \tag{4.4.9}$$

式中 ρ——水的密度，取 $\rho/g=102\text{kg}\cdot\text{s}^2/\text{m}^4=1000\text{N}\cdot\text{s}^2/\text{m}^4$；

C——压力脉动波速，m/s；

ΔV——流体速度的变化量，m/s。

其中：

$$C=\frac{C_0}{\sqrt{1+\frac{d}{e}\cdot\frac{E}{E_0}}}$$

$$\Delta V=\frac{(\delta_{Q3}+\delta_{Q2})Q_m}{\frac{\pi}{4}d^2}$$

$$C_0=(E/\rho)^{0.5}$$

式中　C_0——水的声速，m/s；

E——水的弹性系数，N/m^2；

E_0——钢管弹性系数，N/m^2；

d——钢管内径，m；

e——钢管壁厚，m；

Q——流量，m^3/s。

增设空气室就是利用气体可压缩和膨胀的特性，交替地储存或释放比均匀流量多或少的一部分液体，从而达到减少管路中流量和压力脉动的目的。

① 装在泵进口处的空气室称为吸入空气室。在吸入过程中，随着流量的增加，吸入管路的阻力也增加，这时液缸内的真空值随之增大。当空气室中的真空值小于液缸内的真空值，即空气室中的压力高于液缸中的压力时，空气室中的气体就膨胀，把其中一部分液体排入液缸，从而减少了管路中的流量。当泵的吸入量减少时，或在排出行程时，由于空气室中的真空值增大，在这一真空值的作用下，液体沿吸入管路进入空气室。如果把吸入空气室做得足够大，室中气体体积的变化相对减少，真空值的变化也可减少，吸入管路中液体的流动便趋于均匀。

吸入空气室容积 V 的计算：

$$V=\beta AS/\delta_p \tag{4.4.10}$$

式中　β——剩余流量系数；

A——柱塞杆的截面积，m^2；

S——柱塞行程，m；

δ_p——压力不均匀系数(通常为1%～5%，取2%)。

②装在泵出口处的空气室称为排出空气室。排出空气室内有一定体积的气体，当往复泵的瞬间流量大于平均流量时，由于流量增加，排出管路的阻力增加，液缸内压力上升，空气室内气体被压缩，从而在空气室内储存了一部分液体，减少了管路中的流量。同样，当泵的瞬间流量小于平均流量时，由于流量减少，排出管路的阻力也减少。泵内压力下降，空气室内气体就膨胀，把储存在空气室内一部分液体排入排出管路，增加了管路的流量，从而减少了管路中的流量和压力脉动；如果把排出空气室做得足够大，室中气体体积的变化相对减少，可使排出管路中流量和压力脉动降到允许范围内。

排出空气室容积 V_0 的计算：

$$V_0=(p_m/p_0)\cdot(\beta AS/\delta_p) \tag{4.4.11}$$

式中　p_m——平均压力，MPa；

p_0——平均压力，MPa；

β——剩余流量系数；

A——柱塞杆的截面积，m^2；

S——柱塞行程，m；

δ_p——压力不均匀系数(通常为2%～5%，取2%)。

三、往复泵管道振动的控制标准

往复泵管道振动的控制标准与往复式压缩机相类似，往复泵管道的流体脉动和管道振动的控制，国内尚无标准，目前主要参考美国石油学会标准 API 674 Positive Displacement Pumps——Reciprocating。根据 API 674 往复泵管道的振动控制也应主要由机器制造厂负责。API 674 规定了机器制造厂应做的工作和必须满足的要求。

1. 控制管内流体脉动和管道振动的分析设计方法

为了进行管内流体脉动和管道振动的控制，API 674 对机器制造厂规定了两种分析设计方法，并要求机器制造厂采用其中一种方法进行管道振动的控制，具体要求机器制造厂采用其中何种方法由买卖双方协商决定。

方法1：利用良好的管道布置、支架和约束设置、足够的入口压力和使用脉动抑制装置来控制脉动和振动。该方法无须对泵和管系进行声学模拟分析。当对类似系统的成功经验足以表明无须进行声学模拟时，可采用此方法。

方法2：利用经过验证的声学模拟技术研制的脉动抑制装置来控制脉动，同时对跨距和支承系统(管卡和间距)进行力学分析以控制振动响应。该方法通常适用于关键的泵和管道系统、多台泵并联运行和变速、多种流体和变化操作条件的情况，对于这些情况，安全和可靠性非常重要，并且必须用文件对其进行证明。

2. 往复泵管道中与各谐波相对应的最大允许脉动数值

采用方法2时，使用脉动抑制装置后进出口管系的脉动峰-峰值不应超过式(4.4.12)的计算值，该式规定了各阶频率的允许脉动峰-峰值。

$$p_1 = \frac{3500}{(I_D f)^{\frac{1}{2}}} \tag{4.4.12}$$

式中 p_1——最大允许脉动值(与基频和各谐波频率相对应的脉动峰-峰值)，kPa；

I_D——管道内径，mm；

f——脉动频率，由式(4.4.13)计算[同式(4.4.1)]计算，Hz。

$$f = \frac{rn}{60} \tag{4.4.13}$$

式中 r——机器转速，r/min；

n——1，2，3…。

3. 对最大吸入合成压力波的限制

除非另有规定，最大吸入合成压力波幅值不应超过式(4.4.14)的计算值。

$$p_2 < 1.5(p_s - p_v) \tag{4.4.14}$$

式中 p_2——合成压力波幅值，kPa；

p_s——平均吸入压力，kPa；

p_v——输送流体的蒸汽压力，kPa。

4. 对释放阀处合成压力波的限制

除非另有规定，释放阀处合成压力波的正峰值与释放阀设定值之间的余量应为泵最大规定排出压力的5%或165kPa，取二者中较大者。

四、往复泵管道振动的设计实例

某化肥装置高压水泵 P-3002A 选用单缸单作用柱塞泵。在试运行过程中，发现泵出入口管线强烈振动，泵体噪声大，泵入口处法兰震裂泄漏，泵出口管上压力表震坏，接口处松动，系统不能正常投入生产。

泵参数：

1 台；

单缸单作用柱塞式计量泵；

额定流量 8000L/h；

额定压力 7.3MPa；

实际流量 6500L/h；

进口压力 0.0MPa；

出口压力 5.3MPa；

进口温度常温；

介质软化水；

电机功率 40kW；

柱塞直径 110mm；

行程 90mm；

泵转速 180r/min。

1. 回转机械旋转部分不平衡原因分析

该泵在试运过程中，用手感检查泵体运转基本平稳，振动不大，泵基础与泵体连接牢固，地脚螺栓无松动现象，瓦缸噪声过大应是吸入条件变坏所致。经泵拆卸解体检查，泵安装无误差。可见此泵处于动力平衡状态，回转机械旋转部分不是造成管系振动的主要原因。

2. 管道机械共振原因分析

①泵作用于管道的激振力主频率 f

将 $n=1$，$N=180\text{r/min}$，$P=1$ 代入式(4.4.1)得

$$f=1\times180\times1/60=3.0\text{Hz}$$

②管系固有频率 δ

加大管径能有效地降低压力不均匀度，泵入口管径由原设计 $DN50$ 扩大为 $DN60$。通过增加支架和减小支架的跨距来加强管系的刚度，提高其固有频率，入口管线的 3 个滑动支架改为 4 个限制性支架，此为消振的初步改造方案。

将管系参数代入式(4.4.2)和式(4.4.3)计算，得出各管道的固有频率见表 4.4.2。

表 4.4.2　各段管道固有频率计算结果

管　段	A	B	C	D	E	F	G
固有频率 f/Hz	872	265	16	71	192	3.8	4.2

从表 4.4.2 可见，入口管道除 F 管段外，各管段的固有频率远高于管系的激振力主频率，不会发生机械共振。F 管段的固有频率为 3.8Hz，与管系的激振力主频率 3.0Hz 之比为 1.27，基本能避开(0.8～1.2)f 的共振区，发生机械振动的可能性也不大。若管系存在较大的液流脉动，则此管段易产生共振。

出口管道属复杂管系，根据经验判断 G 管段易振动，按悬臂梁考虑有集中荷载，初步

计算得出 G 管段固有频率为 4.2Hz，与管系的激振力主频率 3.0Hz 之比为 1.4，基本能避开(0.8～1.2)f 的共振区。

经初步改造(扩径、加固定支架)后，泵 P－302A 试运基本平稳，解决了泵出、入口管线的振动问题。

往复泵管道的设计有许多的特点和要求，液流脉动和管道结构都是引起管道振动的主要原因。在不同的情况下，振动的原因不同，消振措施也不同。对于液流脉动引起的振动，可设置空气室消振；属于机械共振则通过改变管道结构，使管道的固有频率远离激振力主频率来避免共振。

3. 对释放阀处合成压力波的限制

除非另有规定，释放阀处合成压力波的正峰值与释放阀设定值之间的余量应为泵最大规定排出压力的 5%或 165kPa，取二者中较大者。

第五节　两相流介质引起管道振动分析及设计

一、两相流介质呈柱塞流时引起管道振动的分析

两相流情况在石油化工生产装置中是很常见的。这里介绍的管道振动和水锤有类似之处，但是也不尽相同：

① 饱和蒸汽在经过一段较长管道输送之后，会凝出凝结水，如果该凝结水不能及时排出管外，后续管道中就会出现汽、水两相流。

② 减压转油线内因部分液相闪蒸汽化而形成汽、液两相流，等。

介质在管内流动时，在管道的拐弯、分支、变径及节流元件处，因压力和动能矢量的变化会对管道产生一个作用力，当介质的压力和动能不随时间变化时，该作用力为一静力，反之，该作用力则成为激振力。两相介质处于稳定流动时，它对管道的作用力就是一个静力，而当两相介质处于柱状或塞状流动时，因为汽液两相的质量和速度不同，产生的作用力也不同，因此该作用力就不再是静力而是激振力了。这样的激振力在工程中是很难定量或定性描述的，它与操作工况、传热及传质情况、介质流动状态、管道布置情况等都有关系。

二、两相流介质呈柱塞流时引起管道振动的设计

在解决这类管道的机械振动时，主要是从管道布置和工艺操作两方面来进行。例如对饱和蒸汽管道，每隔一段距离要进行一次疏水，及时排出凝结水，从而杜绝两相流动的出现；对于减压转油线，在它的两相流段尽量不拐弯、不缩径、不设节流元件，并使它沿介质流向呈一坡度设置，使汽、液两相介质分层流动，可避免激振力的产生。

对于这类有潜在振动可能的管道，作为防振措施尽量不采用吊架，并尽可能将一般承重支架改为导向支架或管卡型式，必要时可设一些摩擦防振支架。

三、火炬气介质管道设计分析与工程应用

并非所有的两相流管道都会引起振动，笔者见到有的配管设计人，一看到工艺专业标着两相流管道，就立刻把防振支架套到管道系统，造成各种浪费，其实管道流速非常缓慢，大部分管段不会出现振动。因此本节在分析火炬气介质管道和蒸汽凝液介质管道的振动问题时，都会先确定介质流速。

引起火炬气介质管道振动冲击荷载的主要参数“介质流速”进行分析。火炬气介质排放系统管网的马赫数不应大于 0.7(即 238m/s)，可能出现凝结液的可燃性气体排放管道末端的

马赫数不宜大于0.5(即170m/s)。因此，采取以下措施避免出现事故。

①火炬气管道坡度不应小于2‰，管道应坡向分液罐、水封罐；管道沿线出现低点，应设置分液罐或集液罐。

②含凝结液的可燃性气体(碳五及碳五以上)排放管道宜每1000～1500m进行一次分液处理。

③管道有震动、跳动可能时，应在适当位置采取径向限位措施。

④管道支管应由上方接入总管，支管与总管应成45°斜接。一般不从侧面接入，防止高速流动的介质夹带凝液进入分支管。采用45°斜接也会减轻对主管的冲击荷载。

⑤有凝结液的可燃性气体排放管道对固定管架的水平推力取值，不应小于表4.5.1的数值。当固定管架上有几根有凝结液的可燃性气体排放管道时，水平推力的作用点应分别考虑，推力值不应叠加。

表4.5.1 火炬气介质管道固定管架的水平推力取值

管道公称直径/mm	200	250	300	400	500	≥600，<1000	≥1000
固定管架的推力/t	1.9	2.3	3.2	5.7	9	13	15

四、蒸汽凝液介质管道设计分析与工程应用

引起蒸汽凝液介质管道“介质流速”如表4.5.2所示。

表4.5.2 蒸汽凝液介质管道一般流速范围

介 质	工作条件或管径范围	流速/m/s
饱和蒸汽	$DN>200$	30～40
	$DN=200\sim100$	35～25
	$DN<100$	30～15
饱和蒸汽	$P<1$MPa	15～20
	$P=1\sim4$MPa	20～40
	$P=4\sim12$MPa	40～60
过热蒸汽	$DN>200$	40～60
	$DN=200\sim100$	50～30
	$DN<100$	40～20
二次蒸汽	二次蒸汽要利用时	15～30
	二次蒸汽不利用时	60
蒸汽冷凝水		0.5～1.5

低压、中压蒸汽管道及蒸汽冷凝液回收管道，均属于此类两相流介质管道。因此管道配管设计一般要求如下：

①装置的蒸汽管道宜架空敷设，不宜管沟敷设，更不应埋地敷设。由工厂系统进入装置的主蒸汽管道，宜布置在管廊的上层。

②蒸汽主管进入装置界区的切断阀上游和主管末端应设排液设施。

③水平敷设的蒸汽主管上的排液设施的间隔宜符合下列要求：

在装置内，饱和蒸汽不宜大于80m，过热蒸汽不宜大于160m；

在装置外，顺坡时不宜大于300m，逆坡时不宜大于200m。

④蒸汽管道的低点宜设排液设施。排液设施应根据不同情况设放净阀、分液包疏水阀。有的工程蒸汽管道低点缺少排液设施，造成管道振动和水锤。有的工程是因疏水阀采购质量

不好引起疏水不畅。低压和中压蒸汽管道低点一般均设计排液设施，高压蒸汽也需设置合理的排凝设施，某工程高压蒸汽在暖管时，蒸汽温度并不太高，管道内凝液增多，造成管道热拱现象。因管道口径较大，管上都是蒸汽，管底部是凝液，管顶与管底差 100℃。因凝液多，还引起管道振动和水锤现象。

⑤直接排至大气的蒸汽放空管，宜在切断阀下游开一个 $\phi6 \sim \phi10mm$ 的排液孔，并引至安全位置。

⑥蒸汽凝液回收两相流管道，介质流速比火炬气和蒸汽流速低很多，冲击荷载也小很多。

A. 当回收凝结水时，装置内凝结水管道宜架空敷设；

B. 从不同压力等级蒸汽的疏水阀出来的凝结水应分别接至各自的凝结水回收总管；

C. 公称直径等于或大于 50mm 的支管应顺介质流向 45°斜接在凝结水回收总管顶部；

D. 成组布置的蒸汽伴热管上疏水阀后的凝结水管应集中接至凝结水集合管。

五、水锤和汽锤的比较分析与工程应用

水锤和汽锤的比较分析见表 4.5.3，在工程配管设计时应区分并采取相应的措施。

表 4.5.3 水锤与汽锤的比较

水锤	汽锤
流体密度，温度不弯	蒸汽密度，温度变化
压力波速度 1200m/s	压力波速度 600m/s
压力波反射，反复震荡，衰减	压力波很弱反射，快速衰减
引发，超压，爆管	压力骤增 10%～15%
抑制超压，计算水击力	无超压抑制，计算汽锤力
可计算液柱分离，气穴效果分析精确	忽略气体可压缩性，保守算法

六、柱塞流和水击的比较分析与工程应用

柱塞流和水击的比较分析见表 4.5.4，在工程配管设计时应区分并采取相应的措施。

表 4.5.4 柱塞流和水击的比较

柱塞流	水击
流体柱撞击弯头，动量变化，产生动载荷	压力骤增，导致一对弯头之间产生冲击荷载
作用时间长，秒	作用时间短，毫秒
按气体速度连续冲击管道	按声速传播，连续冲击管道
按流向依次敲击管道，到末端没有反射	到末端反射回来，并反复作用，衰减

第六节 水锤引起管道振动分析及设计

一、水锤的概念

水锤是管道瞬变流动中的一种压力波，在输送液体的管道中，如果其中某一截面的液体流量突然发生变化，或因事故使管道堵塞，会造成该处的液体压力瞬时上升或下降，从而造成液体对管道或其元件的冲击作用，这种压力的瞬交波称为水锤。

例如，管道系统包括泵和阀门一起考虑的时候，将分为以下两种现象：①泵启动把静止状态的管内流体加速时，泵的压出和吸入部位瞬时间生成及低压区，在管内形成压力差的压力波动而顺序传播压力波的现象。②管内正在滚动流体突然把设置在管路中的阀门急剧关闭

的时候，阀的上流和下流的压力突然升、降，这种压力差形成的压力波在管内往返传播的现象，从而造成液体对管道或其元件的冲击作用。

如图 4.6.1 所示，有一水位不变水深为 H_0 的水箱，通过管道输水，稳态时阀门全开，如忽略沿程和局部阻力，水力坡度线为 HGL，管中流速为 V_0。倘若由于某种原因阀门突然瞬间关闭，则 A 点流速突然滞止为零，则在阀前 A 点出现突然的压力升高，称为正水锤或正压波，而在阀后 B 点出现突然的压力降低，称为负水锤或负压波，水锤压力以 ΔH 表示，并以波的形式，以波速 a 向全管传播，压力波所到之处，均在基础压力上叠加一个 ΔH，按照水锤理论，若关阀时间 T_V 小于 $2L/a$，这时产生的水锤最大，称它为直接水锤，其计算见式(4.6.1)。

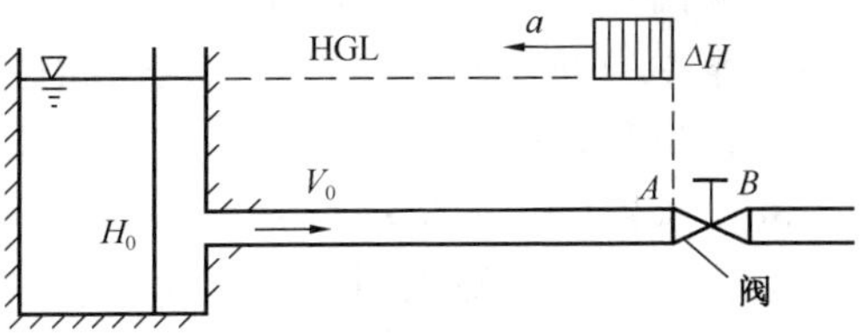

图 4.6.1

$$\Delta H = \pm \frac{a}{g} \Delta V \tag{4.6.1}$$

二、工程项目水锤事故实例

在管道输送液体时，水锤是经常发生的，有的水锤事故会造成十分严重的破坏。例如，某年北京某水厂由于维修上的疏忽，装在一个泵出口处的止回阀发生阀轴磨断，阀瓣突然脱落，冲到阀体的收缩出口处，突然堵截了出口，截断了流量，从而在该处产生了巨大的水锤，鼓破了阀顶盖，巨大的水柱连同炸成碎片的盖子冲向 20 多米高的厂房屋顶，半小时内具有十台水泵的厂房被淹没，工厂被迫停产，致使当天北京西区停水达 10h 之久，对生产和生活造成了很大的影响和损失。

某年某石化厂也发生了一起严重的因水锤而爆炸的事故，那是由于工人错误操作阀门所致，水锤压力破坏了输水管道，造成了总厂的几个卫星厂停工，损失严重。

某输水管道，倘若由于某种原因阀门突然瞬间关闭，则阀门处流速突然滞止为零，阀前出现突然的压力升高，称为正水锤，而阀后出现突然的压力下降，称为负水锤。这种突然的压力升高或压力降低数值称为水锤压力，它以一定速度向整个管道传播。在压力波遇到弯头等管道转向处，水锤压力将作用于管道，使管道发生剧烈振动。此外，当水锤压力过大时，管道还可能由于压力过高而发生爆裂。

2008 年 6 月，国内某大型乙烯工程项目内的某台大型水泵刚开动，就被水锤打翻到泵基础的外侧，庆幸没有引起人员伤亡。究其原因是因为泵口的阀门较大，开启速度过快引起水锤，应该由工艺专业设置小口径旁路阀门，缓慢开启。

1997 年 10 月，某苯乙烯装置内有一根 $DN600$ 火炬管线，跨一个 18m 的桁架，由于这根管线在这个桁架上支架过少，使得管线下挠度过大，火炬的气液两相流在下挠处产生的水锤把此火炬管线打断，产生了很严重的事故。

三、水锤引起的管道振动因素分析

有压管中运动着的液体，由于阀门或水泵突然关闭，使得液体流速和动量发生急剧变化，从而引起液体压强的骤然变化，这种现象称为水锤。在现代化热网中，由于加大了热源(热电厂和区域锅炉)单位热容量，由于大管径、长距离的热力管道与设有大量的调节设备、调节阀、闸板阀的大型水泵分站的投入运行，发生水锤的可能性大为提高。

在热水供热网中能引起流速变化而导致水锤的因素很多，主要有以下几种：

① 阀门的正常启闭和调节，事故开、关和阀瓣的损坏脱落；

② 泵的正常或事故启动和停止；

③ 泵中的叶轮或导叶的不稳定性和振动；

④ 管道的事故堵塞；

⑤ 负水锤产生的空泡溃灭水锤；

⑥ 过热，指一级水和二级水进行热交换时，如果二级水侧的流量由于某种原因减少，而一级水侧的流量仍保持不变，二级水所发生的过热现象；

⑦ 热平衡的变化，指由于冷热水之间的密度不同，热生产和热消耗的差异引起。

四、长输管道的水锤分析

长输管道的水锤现象和工厂配管的水锤现象相比没什么不同，但也有区别。例如100km管道摩擦损失即要达到大约10MPa，前面所述因阀急关而产生的压力上升值一般不会超过2MPa，也即在正常运行时压力波是在阀关闭以后出现。整个管内流体的速度小，管摩擦的损失也小。阀刚刚关闭后，阀上流一方压力不断上升，压力从2MPa达到10MPa，这种现象叫管塞现象。于是水锤由于长距离传播而逐渐衰减。这种水锤现象在长输管道中与工厂配管中完全不同。

图4.6.2把管塞现象和包含有压力波衰减的水锤压力上升和管道距离表示出来。

阀关闭以前管内压力波度 p' 见式(4.6.2)。

$$p' = \gamma\lambda(1/D)(v_0^2/2) \tag{4.6.2}$$

无因次变数：$X=p'x/p_0$，$V=v/v_0$，$P=p/p_0$，$T=p'at/p_0$。

式中 v——管道内任意时间和地点的流体速度，m/s；

p——任意地点的管内压力；

x——急关闭阀门从阀到上流所测距离，m；

t——时间，s；

λ——管摩擦系数；

p'——阀关闭以前管内压力波度，MPa/m。

本管道全长的管径和壁厚一致(即压力波传送一定)，初期流动为紊流，管摩擦损失以速度×2的比例，管线全长又假定为水平，当管道有高低差时，求管内压力必须从合适的基准线高的压力再加算。

管道上流端有阀门时，也即负压力波向管道下流传播时，由图4.6.2可知，压力数值为负值也不妨碍适用。

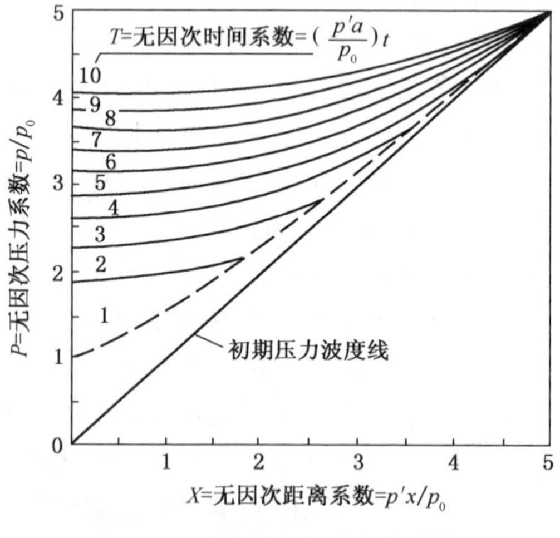

图4.6.2 长输管道压力波的传播

五、水锤荷载的计算

水锤是在泵突然停车或者在阀门关闭太快时，由于管道内流体的惯性，产生流体冲击波，就像锤子敲打一样，所以叫水锤。流体冲击波来回产生的力，有时会很大，可能破坏阀门、泵等。这就是流体力学当中的“水锤效应”，也就是正水锤。关闭的阀门在突然打开后，也会产生水锤，叫负水锤，也有一定的破坏力，但没有前者大。

水锤产生的条件：(1)阀门突然开启或关闭；(2)泵突然停车或开启；(3)管道向高处输送液体流体(供水地形高差较大)；(4)泵总扬程(或工作压力)大；(5)管道输送流体流度过

大；(6)输送管道过长，且地形变化大。

水锤效应的危害：水锤引起的压强升高，可达管道正常工作压强的几倍，甚至几十倍。这种大幅度的压强波动，对管道系统造成的危害主要有：(1)引起管道强烈振动，管道接头断裂；(2)破坏阀门，压强过高时可能造成管道爆管；(3)压强过低又会导致管子的瘪塌，还会损坏阀门和固定架；(4)引起泵等设备损坏。

一般情况下，水锤引起的瞬时局部压力变化可按下式计算：按照水锤理论，假设 L 为管道长度(m)，a 为波速(m/s)，如果阀门关闭时间 T_V 小于 $2L/a$，这时的水锤压力 Δp 为：

$$\Delta p = 10^{-6}\rho a \Delta V \tag{4.6.3}$$

式中 Δp——水锤压力，MPa；

ρ——流体密度，kg/m³；

ΔV——流速的瞬间变化量，m/s；

a——水锤传播的速度，m/s。

a 可按下式求得：

$$a = 10^3 \times \sqrt{\frac{K/\rho}{1+\dfrac{KD_i}{Et}}} \tag{4.6.4}$$

式中 K——液体的体积弹性模量(表 4.6.1)，MPa；

ρ——液体密度，kg/m³；

D_i——管道内径，mm；

E——管道材料弹性模量，MPa；

t——管道壁厚，mm。

由于水锤作用，通过管道而施加于固定支架的荷载 F_w 为：

$$F_w = 10^{-6}\rho a \Delta V \cdot A \tag{4.6.5}$$

式中 F_w——水锤荷载，N；

A——管道流通面积，mm²。

表 4.6.1 液体的体积弹性模量

液 体 名 称	体积弹性模量/MPa	液 体 名 称	体积弹性模量/MPa
新鲜水	2191	汽 油	1068
盐 水	2350	乙 醇	901
机械油	1311	四氯化碳	964
煤 油	1304	甘 油	4535

由于水锤冲击力为瞬时力，故该振系一般不会发生共振。水锤造成管道破坏的主要原因是振动初始值引起的较大振幅或力。

六、阀门开关发生水锤的条件及不平衡力的计算

对压力波造成的管道振动，以下方法仅考虑阀门刚关闭时管系中的压力升高，假定由此产生的管系中的应力是管系所经历的最大应力。该方法没有计压力波对管系产生的振动。这个方法得到的计算结果是偏保守的。满足以下不等式时会出现“水锤”现象：

$$T < \frac{2L}{v_s^2} \tag{4.6.6}$$

式中 T——阀门的有效关闭时间，s；

L——管系的长度，m；

υ_s——管道中流体的声速，m/s，将管道视为完全刚性时，可以按式(4.6.7)算得：

$$\upsilon_s=\sqrt{\frac{E_0}{\rho}}\times 10^3 \tag{4.6.7}$$

当考虑管道所具有的弹性时，υ_s 以式(4.6.8)计算：

$$\upsilon_s=\sqrt{\frac{1}{\rho\left(\frac{1}{E_0}-\frac{D}{TE}\right)}}\times 10^3 \tag{4.6.8}$$

E_0——流体的体积弹性模量，MPa；

ρ——管道中流体的密度，kg/m^3；

E——钢管在操作温度下的弹性模量，MPa。

压力升高值 Δp 以式(4.6.9)计算：

$$\Delta p=\upsilon_s\cdot\upsilon\cdot\rho\times 10^{-6}\quad (\text{MPa}) \tag{4.6.9}$$

式中 υ——管道中流体的实际流速，m/s。

非平衡力的计算：

对一段直管道，最大非平衡力 F 可以按式(4.6.10)、式(4.6.11)计算：

对刚性管道：

$$F=\frac{\pi\cdot D^2\cdot V_m\cdot L}{2\cdot V_a\cdot\lambda}\cdot\Delta p\times 10^{-3}\quad (\text{N}) \tag{4.6.10}$$

对柔性管道：

$$F=\frac{\pi\cdot D^2\cdot V_m\cdot L}{V_a\cdot\lambda}\cdot\Delta p\times 10^{-3}\quad (\text{N}) \tag{4.6.11}$$

式中 V_m——阀门关闭过程中的最高速率，m^2/s；

V_a——阀门关闭过程中的平均速率，用总关闭时间除阀门面积而得，m^2/s；

λ——压力波的波长，见式(4.6.12)，m。

$$\lambda=\upsilon_s\cdot T \tag{4.6.12}$$

七、管道弥合水锤分析与控制措施的工程应用

当管道流量调节过快或突然停泵等，造成局部压力骤降并出现断流空腔时，空腔两端的水柱会在压力波反射后迅速回冲，弥合断流空腔并引起较大的水柱撞击升压，称之为断流弥合水锤(Cavity Water Hammer)。这种水锤危害较大，一方面液柱分离造成的低压，可能使管道失稳变形(压瘪)；另一方面弥合水锤造成的高压可能击破管道，易造成管道爆裂、设备损坏等，造成巨大经济损失。盲目选用水锤防护设备和制定不合理的水锤综合防护措施，不仅达不到预期的水锤防护效果，甚至可能使断流空腔弥合水锤变得更严重。

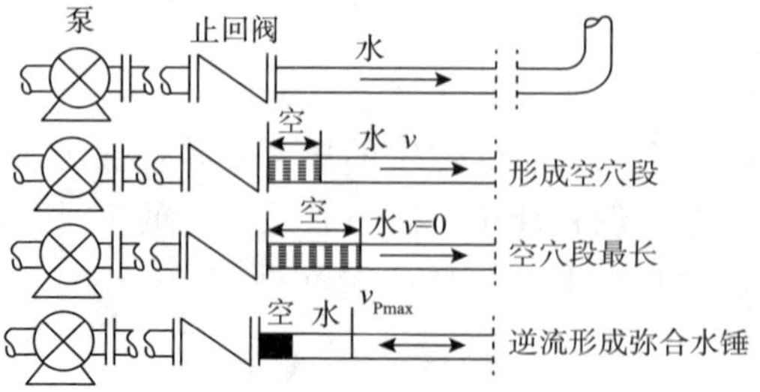

图 4.6.3 泵阀供水系统弥合水锤示意图

如图 4.6.3 所示，当泵的动力突然中断时，止回阀阀瓣快速关闭，阀后水柱由于惯性继续向前流动，使阀瓣附近形成负压，当负压达到水的饱和蒸气压，而水柱继续向前流动，则水发生冷沸、汽化，在阀后形成空穴段。当正向流动停止时，空穴段长度达到最大，水柱随即逆向流动去填补空穴段且速度逐渐加大，最后产生断流弥合，并以 υ_{Rmax} 最大逆流速度撞击到阀瓣，引起弥合水锤。

当管道足够长，以非常快的速度关闭泵或者阀门，原先流动介质的速度将从 v 变为 0，造成的压力升高，计算公式见本书式 4.6.9，其中 v_s是管道流体的声速。为什么使用声速呢？这主要用于计算，在单位时间内到底有多少介质从速度 v 变为 0 呢？这和依次喊话传递类似，当前方速度变为 0 了，将这个信息反馈到上游，在流体中反馈速度就是声速，如果管道的流速达到了声速，就会出现无法反馈的现象，也称声障。

长输管道在翻山越岭时，一般都会在高处设置调压塔，来防止突然关停泵出现的弥合水锤现象，另外，每隔 1km 设空气呼吸阀，在泵的进出口安装缓闭阀来解决。但是输油管道不可能随意使用空气呼气阀，需采用密闭输油法，在进出口设置自动调节阀，在水锤将要发生时，通过精确地控制调节阀和泵开关速度来防止弥合水锤事故。

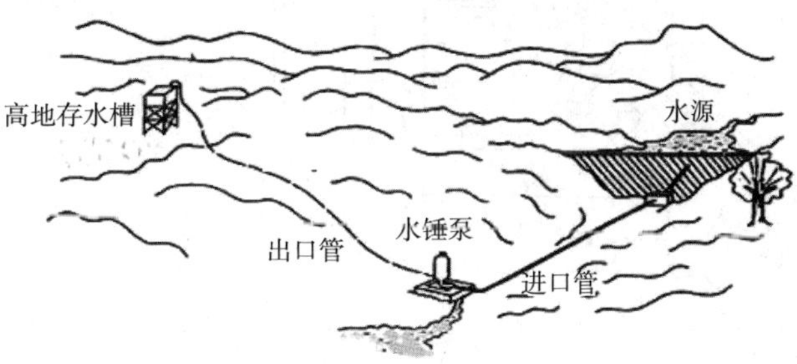

图 4.6.4　水锤泵

虽然水锤有害，但是可以充分利用水锤动能。例如，图 4.6.4 所示水锤泵，其工作原理是利用水在流动中突然受阻后，产生比正常压力高十倍以上的瞬时水锤压力实现提水。水锤泵构造主要有进水管、泵体、泄水阀、中心阀、压力罐、出水管六大部分组成，是可以将动能转换为压力能的一种简单机械。

八、水锤的缓和对策

水锤现象为纯物理现象，不可能避免。但由水锤产生的压力上升值是和压力波在管内往复所需要时间的流速变动的比较，此变动值比例非常大。如何才能限制使其慢慢变动，这是一项缓和水锤的对策。

1. 缓慢关阀

例如隔膜阀，其开度行程到 15%，阀的压力损失很小，不产生真正流速变动。可是此 15%慢慢关闭时(有效关闭锁时间)能使压力变动值很小，当阀的有效关闭时间为 $2L/a$ 的 10 倍时，其压力上升值约为 p_0的 1/10。

2. 设置缓冲击装置

水锤产生压力上升的原因是：阀上流的管道部分在管道的容许压力以下，瞬间产生高压的压缩把流体往管道系统外部泄放。短时间管内还可以继续流动而控制压力上升值较小。这种场合因为瞬间产生压力上升，阀不能在极短时间内完成打开操作，因此其通常机械构造不仿效安全阀，而是考虑水锤对策，把放水阀的可动部位改造为很小的冲击释放器，如图 4.6.5 所示。

3. 设置蓄能器

在飞机场向飞机输入燃料油的龙头，在限定容积装完时，阀门必须急速关闭管道。为了避免水锤现象，将瞬间压缩成高压的液体向蓄压瓶诱入，达到主管徐徐减速的目的。图 4.6.6 为蓄能器或防冲击罐设置。在蓄能器安装部位的管内压力上升时，储气罐的气体被压缩，流体在缸内积蓄。这种蓄能器若设置在管路的紧要部位时，如管内流体的压缩性增加，管内压力波的传播速度变小，水锤压力变动值也减小。

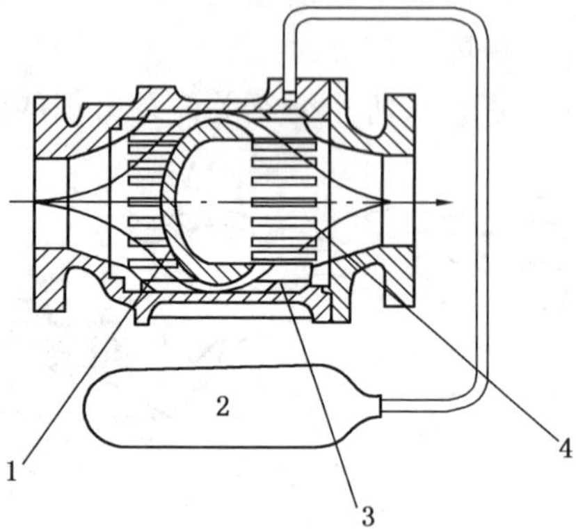

图 4.6.5　冲击释放器

1—中心部分；2—气罐；

3—橡胶阀体；4—槽隙

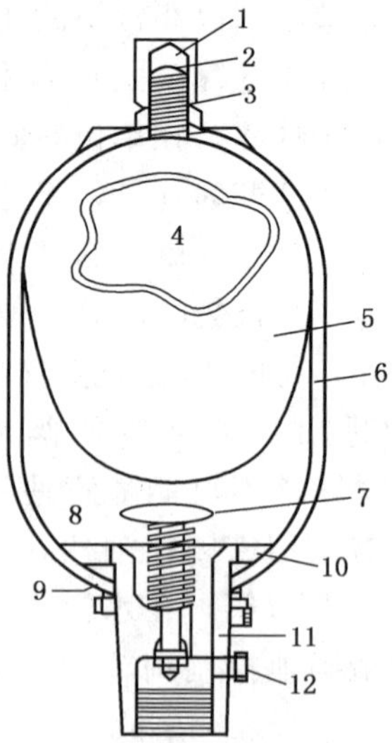

图 4.6.6　蓄能器

1—气阀；2—阀防护罩；3—阀轴；4—气；5—囊；

6—壳体；7—提升阀；8—油；9—O 形环；

10—防挤卡刘氏环；11—油路；12—放气阀

4. 从管道元件选型或工艺操作方面解决

例如，对大型泵出口管道上的止回阀，采用辅助液压缓闭型止回阀；流量调节时采用小流量长时间调节等。

5. 加强管道支承，使管道获得足够的刚度，从而使水锤产生的管道最大振幅不超过允许值

在冲击力发生的方向或力的作用方向设置适当的止推支架，可防止较大的瞬时冲击力直接导致的管子破坏。

九、某蒸汽管道水锤问题分析实例

某低压蒸汽管道如图 4.6.7 所示，在实际运行时出现水锤现象，管线振动移位现象严重。

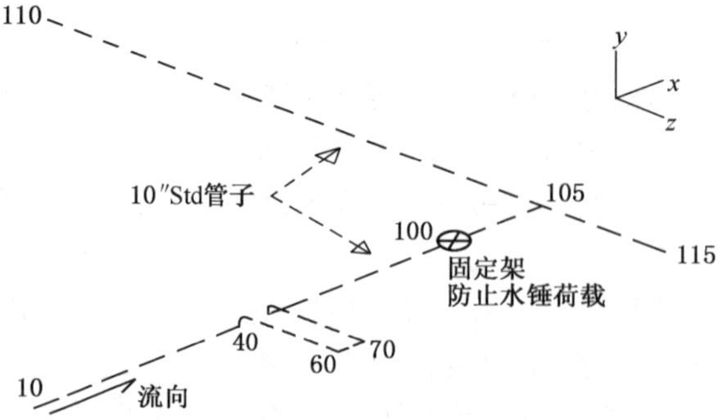

图 4.6.7　某工程低压蒸汽管道水锤分析

经过分析，发现在如图 4.6.7 所示的 10～40 段为管道下袋，此处聚集了冷凝液，见图 4.6.8。

解决的措施：

① 在 10～40 段管道接近节点 40 处增加集液包，见图 4.6.9。

②见图 4.6.7，在节点 100 处设置固定架，减少 10～40 段管道水锤荷载对 110～115 段管道的作用。

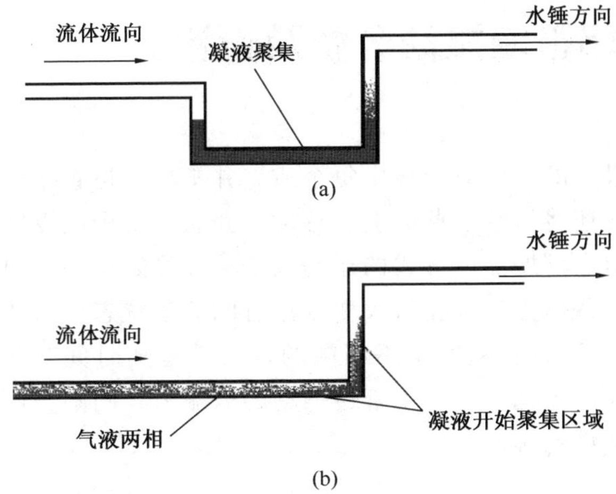

图 4.6.8　蒸汽管道低点凝液聚集引起水锤

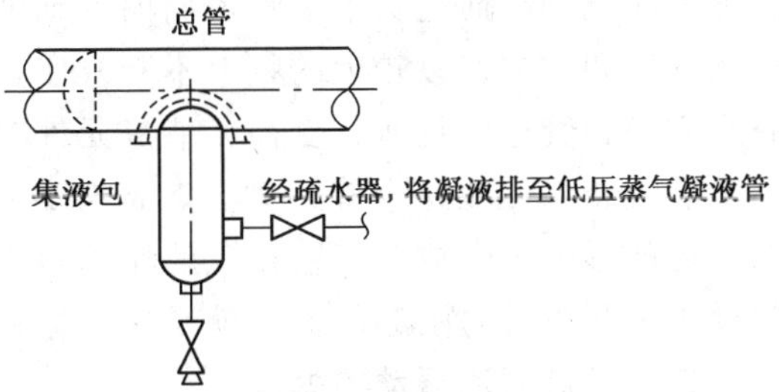

图 4.6.9　低压蒸汽管道集液包

十、管道水锤力计算分析与工程应用

如图 4.6.10 所示，计算某管道水锤力。拴(柱)塞流作用于管道管道三通位置动量的变化，对弯头产生作用力，作用力大小等于给定时间内动量的变化，可以得到下式：

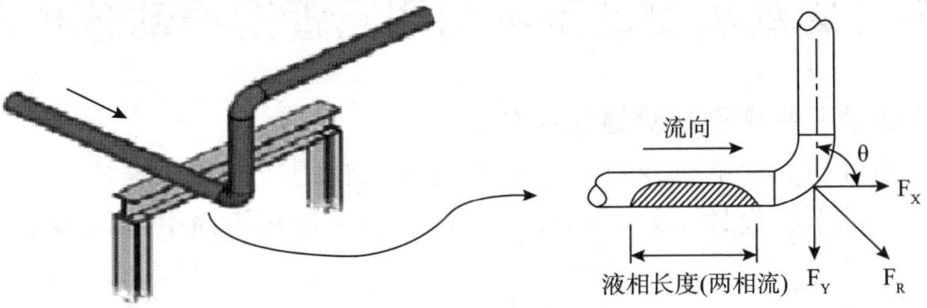

图 4.6.10　某管道水锤力的计算

$$F_R=\frac{dP}{dt}=\rho g v^2 A\sqrt{2(1-\cos\theta)}$$

式中　F_R——流体对弯头的作用力，N；

P——动量，N·s；

t——时间，s；

ρ——流体密度，kg/m^3；

θ——弯头弯曲度，(°)；

v——流体速度，m/s；

A——管道流通面积，m^2。

$$\Delta p=10^{-6}\rho gc\Delta V$$

$$F_W=10^6\Delta p\cdot A=\rho gcA\Delta V$$

式中　F_W——水锤荷载，N；

Δp——水锤压力，MPa；

c——水锤传播的速度，m/s；

ΔV——流速的瞬间变化量，m/s。

第七节　介质涡流引起管道振动分析及设计

一、管道涡流振动的原因

多数介质的管道输送都是在湍流状态下进行的，此时介质中每个质点并不再保持直线沿管道方向流动，而是除了沿管道向前流动外，还将沿管道截面上下移动。介质中每个质点的运动速度和方向将以较大的频率不断改变，但全部质点所形成的运动处于相对稳定状态，只有当它碰到管道的拐弯、变径、节流元件时，各质点又都受迫改变其原有的运动状态，形成一个湍流旋涡。在这个旋涡中，各部分的介质压力和速度是不相同的，而且是随时间变化的，这就形成了介质对管壁各点的作用力不同，由此便形成了管道振动的激振力。闸阀类阀门处于半开半关时引起的振动就是这类振动典型的实例。

二、管道涡流振动的处理

这类振动一般为自激振动，它与介质的性质、流速和流动状态等有关，也与管道的结构和管壁的粗糙度、管径大小等有关，它的激振力很难定量或定性地描述出来，只要不发生共振，其振幅一般是比较小的，工程上也不必刻意地去理会它，仅当振动频繁发生时，加强局部的管道支承即可。

第八节　转动机械动不平衡引起管道振动分析及设计

一、转动机械动不平衡引起管道振动分析

机械动平衡不好而引起的管道振动，只不过它是特指往复式压缩机而言的。对于其他转动机械来说，如果动平衡设计不好，同样会因它的不平衡转矩而引起机器本身和与其相连管道的振动。

二、某转动机械动不平衡引起管道振动实例

某空气冷却器引起的振动现象，空气冷器位于管架上部近 16m 高的位置，如图 4.8.1 所示。由于它的转子质量偏心，当空气冷却器开动时，便引起了本身构架、相连管架及其管道的强烈振动，状态十分吓人。因为它坐落在较高的钢架上，无法通过加大基础来抑制振动，故只好停止机器，配上平衡块，才能解决其振动问题。

图 4.8.1　某空气冷却器钢架振动现象

三、转动机械动不平衡引起管道振动的设计思路

控制这类振动的思路是比较明确的，即首先应在机器本身上做文章，通过修正转子的偏心矩或外加平衡质量来消除它的不平衡转矩。其次是当机器落地放置时，可通过加大其基础质量进行抑振。

第九节 风荷载引起管道振动分析与设计

一、风载引起的管道振动分析

自然界风的风压值是随时间而变化，而且这个变化是随机的，因此要分析它引起的管道振动规律是比较困难的，这里仅以两种情况对风载引起的管道振动进行分析。实际情况也可能是两种情况交替出现。

第一种情况：相邻两次风荷载的作用时间间隔较长，以致管道做有阻尼情况下的自由振动，并在自由振动停止后，第二次风荷载才起作用。此时可以求解该自由振动的振幅，并根据振幅来核算其动应力是否满足要求。

第二种情况：相邻两次的风荷载作用时间间隔较短，以致管道在其自由振动尚未完全停止时又受到第二次风荷载的作用，此时管道做强迫振动，其激振力的大小和频率是随机的，故只能用概率统计理论进行分析求解。

二、风载引起的管道振动的设计

但无论是何种振型，它们都具有如下特点：它们的激振周期一般都比较大(大于 1s)，而管系的基本周期(与管系的固有频率相对应)一般都比较小(小于 0.1s)。这样的振系一般不会发生共振，只要保证一定的支承条件，管道抗风荷载引起的振动是容易实现的。这里所说的一定支承条件是指：对于较长的水平或垂直管道，管道中间应有足够数量的导向支架。

第十节 地震引起管道振动分析及设计

一、地震荷载的特点

地震荷载引起的管道振动与风荷载有些类似，即都是随机的有阻尼情况下的自由振动，因此也很难用数学公式来求解其振动参数。但二者也有不同之处，即地震荷载的累积作用时间和一次持续作用时间一般都比较短，有时几年甚至几十年不发生一次，每次持续时间多则几分钟少则只有几秒钟。针对这一特点，只要不发生共振，地震荷载引起的管道振动疲劳破坏是很少发生的，故解决地震引起的管道振动问题就是控制其发生共振。

二、地震引起管道振动的设计

在地震荷载引起的管道振动里面，共存在着以下两个共振耦合：其一是管道和设备的共振；其二是管道在地震的作用下发生共振。对于前者，一般情况下设备的基本周期为0.45～1.5s，因此只要控制管道的基本周期在 0.3s 以下或固有频率在 3.3Hz 以上，就不会发生管道与设备的共振。对于后者，只能用统计规律找出地震的激振频率，然后调整管道的固有频率并使它错开激振频率的 0.8～1.2 倍范围即可。

实际上，具有一定支承条件的管道(这里的一定支承条件同风荷载部分)，满足地震荷载引起的管道振动的防振要求是很容易的，此时管道设计的关键是要防止地震直接引起的强度破坏。SH/T 3039《石油化工非埋地管道抗震设计规范》、GB/T 20801、ASME B31.1、ASME B31.3 等规范给出了这方面的设计要求。

本书第五章将详细讲述管道抗震设计。

第十一节 管道的低循环疲劳破坏及设计

一、管道材料发生疲劳破坏的特点

当前的发展趋势是把微观理论和宏观理论结合起来从本质上探究疲劳破坏的机理。疲劳破坏是一种损伤积累的过程，因此它的力学特征不同于静力破坏。不同之处主要表现为：①在循环应力远小于静强度极限(见材料的力学性能)的情况下破坏就可能发生，但不是立刻发生的，而要经历一段时间，甚至很长的时间；②疲劳破坏前，即使塑性材料(延性材料)有时也没有显著的残余变形。管道及其元件在交变应力作用下损坏叫作疲劳破坏(Fatigue Fracture)。

金属材料发生疲劳破坏时的结构应力远低于屈服极限，在材料没有发生明显塑性变形的情况下而突然断裂。尽管疲劳荷载有各种类型，但它们都有一些共同的特点：

① 断裂时并无明显的宏观塑性变形，断裂前没有明显的预兆，而是突然地破坏。

② 引起疲劳断裂的应力很低，常常低于静载时的屈服强度。

③ 疲劳破坏能清楚地显示出裂纹的发生、扩展和最后断裂三个组成部分。

由于结构存在形状突变或不连续性，或者材料内部存在气孔、非金属夹杂、裂纹等微观缺陷，造成局部应力集中，产生较大的峰值应力。在峰值应力的作用下，于应力集中点或微观缺陷尖锐处产生微裂纹。在应力的作用下，微裂纹处的金属晶粒很容易滑移和位错。如果应力是交变应力，那么这些晶粒将反复左右滑移和错位，同时吸收了机械能而变成金属原子的势能，使金属原子结合力降低，即降低了金属材料的强度。材料强度的降低，促使了裂纹的进一步扩展。经过一段时间之后，裂纹尺寸扩大到一定程度，致使金属结构的强度急剧下降而导致突然断裂。

实际上许多高温下工作的管道及其元件，既不是受纯静蠕变的作用，也不是受纯粹的高温疲劳作用。零件在高温下既发生蠕变应变又发生循环的交变应变。实验发现，蠕变应变能显著降低疲劳寿命；反过来，交变应变也会显著降低蠕变寿命。这就要求研究蠕变与疲劳的交互作用，并能预测蠕变与疲劳共同作用下的损伤。

金属构件如果发生疲劳破坏，往往是不可预测的，是灾难性的。因此，作为工程设计人员，有必要了解疲劳破坏的机理，掌握它发生的规律，以便在设计中采取适宜的措施以防止疲劳破坏的发生。

金属疲劳破坏可分为三个阶段：①微观裂纹扩展阶段。在循环加载下，由于物体内部微观组织结构的不均匀性，某些薄弱部位首先形成微观裂纹，此后，裂纹即沿着与主应力约成45°角的最大剪应力方向扩展。在此阶段，裂纹长度大致在0.05mm以内。若继续加载，微观裂纹就会发展成为宏观裂纹。②宏观裂纹扩展阶段。裂纹基本上沿着与主应力垂直的方向扩展。借助电子显微镜可在断口表面上观察到此阶段中每一应力循环所遗留的疲劳条带。③瞬时断裂阶段。当裂纹扩大到使物体残存截面不足以抵抗外荷载时，物体就会在某一次加载下突然断裂。

二、疲劳寿命的估算

在循环加载下，产生疲劳破坏所需的应力或应变循环数称为疲劳寿命。

法国的J. V. 彭赛列于1839年首先论述了疲劳问题并提出“疲劳”这一术语。但疲劳研究的奠基人则是德国的A. 沃勒。他在19世纪50～60年代首先得到表征疲劳性能的S-N曲线，并提出疲劳极限的概念。疲劳研究虽有百余年历史，文献极多，但理论不够完善。近年来，断裂力学的进展，丰富了传统疲劳理论的内容，促进了疲劳理论的发展。疲劳寿命的估算可以有三种方法：应力-寿命法即 S-N 法；应变-寿命法即 ε-N 法；断裂力学方法。

三、低循环疲劳破坏与机械振动的差别

低循环疲劳破坏与机械振动的差别主要在于二者的交变应力随时间变化的快慢不同。

机械振动的交变应力幅值较小(在不发生共振的情况下)，属于低应力、高频率型的疲劳破坏型式。低循环疲劳破坏情况下的交变应力幅值一般较大，属于高应力、低频率型的疲劳破坏型式；机械振动情况下，常伴有振系质点的物理位移发生，而低循环疲劳情况下一般没有受力体的物理位移发生。

二者的分析方法是不相同的，研究内容也不相同。工程上的低循环疲劳情况是很多的，诸如装置频繁开停工时的升压、降压和升温、降温过程；装置的不稳定操作过程，频繁切换操作过程；海底悬跨管线立管在周期性波浪荷载作用下，在其支承节点处易出现疲劳断裂。通常，对于在使用寿命期间其应力交换次数不超过 1000 次的低循环疲劳情况，不单独进行疲劳设计，仅计入其疲劳累积损伤。

四、避免低循环疲劳破坏的设计

在反复交变荷载的作用下，管道将发生疲劳破坏。主要是金属的低周疲劳，其特点是应力较大而交变频率较低。在几何结构不连续的地方和焊缝附近存在应力集中，有可能达到或超过材料的屈服极限。这些应力如果交变地加载和卸载，将使受力最大的晶粒产生塑性变形并逐渐发展为细微的裂纹。随着应力周期变化，裂纹也会逐步扩展，最后导致破坏。

① 避免运行条件恶化，包括超压、超温、腐蚀性介质超标、压力温度异常脉动等。

② 避免超温和超压。使用压力和温度是管道设计、选材、制造、安装的依据。操作压力和温度超过规定将导致管壁应力值的增加或材料力学性能的下降，尤其是在焊缝、法兰、弯头、阀门、异径管、补偿器等几何结构不连续处的局部应力和峰值应力会大幅增加，成为蠕变破坏的源头。过低的操作温度则会引起材料韧性下降，允许的临界裂纹尺寸减小，从而有可能导致脆性破坏。超温超压还会导致管道接头泄漏。

③ 避免管道下列原因而产生交变荷载：

A. 尽量避免间断输送介质而对管道反复加压和卸压、升温和降温；

B. 尽量避免运行中压力波动较大；

C. 尽量避免运行中温度发生周期性变化，使管壁产生反复性温度应力变化；

D. 尽量避免因其他设备、支承的交变外力和受迫振动。

④ 选择塑性较好的材料。

第十二节 管道阻尼器在防振设计中的应用

一、阻尼器的定义

提高管系结构刚度常用方法有：在管系的适当位置设置刚性约束的固定支架、导向支架、滑动支架等限位装置增加管系刚度。减少管道振动的方法也有很多，有增加管系结构的阻尼器、缓冲器、孔板、集管器、改造支架、管卡等方法。中国台北 101 大楼 89 层观景台楼内安装了风阻尼器。该风阻尼器球体直径 5.5m，重达 660t，从大楼 92 层悬挂到 88 层，对因地震、强风造成的水平偏移能产生 40%以上的反作用，是世界最大的风阻尼器。本书

主要介绍管道系统的液压阻尼器和脉动阻尼器。石油化工、火电、核电管道系统常用的阻尼器有抗安全阀排汽反力型管道阻尼器，主要用于承受安全阀排汽反力等单方向的冲击力，如图 4.12.1 所示。石油化工、冶金、火电、核电的管道及相关设备常用的阻尼器是抗振动型管道阻尼器，用于控制冲击性的流体振动（如水锤、汽锤、风载等）和地震激扰，如图 4.12.2 所示。

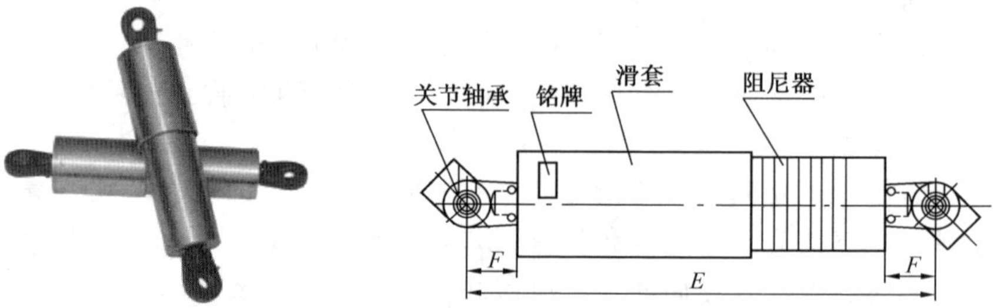

图 4.12.1　抗安全阀排汽反力型管道阻尼器

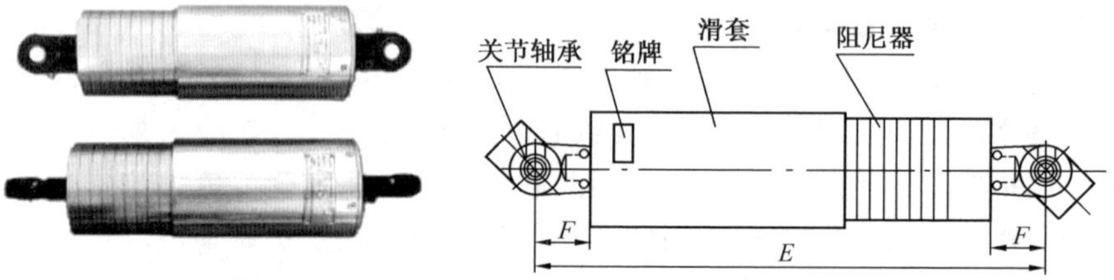

图 4.12.2　抗振动型管道阻尼器

二、管道阻尼器主要功能

①减小水锤对系统的危害。

②减小流速波动的峰值。

③保护管路、弯头、接头，减少压力波动的冲击。

④为计量泵创造良好的工作环境并改善泵的工作性能。

⑤允许系统使用更小的管径，降低成本，和背压阀等配合使用可以使管路的压力波动接近为零。

⑥降低系统的能耗。

三、液压阻尼器

液压阻尼器是 20 世纪 70 年代发展起来的一种对速度反应灵敏的减振装置，借助特殊结构阀门控制液压缸活塞移动以抑制管道或设备周期性载荷和冲击荷载影响。液尼阻尼器主要用于防止管道或设备因地震、水锤、汽锤、风载、安全阀排汽及其他冲击荷载所造成的破坏。液压阻尼器的工作过程可以用“刚柔相济”来描述，在管道或设备正常热膨胀时能随之缓慢移动，此时其几乎没有阻尼力，此时表现为“柔”；在载荷瞬变时液压阻尼器的阀门被激活，此时其产生出与振动力同样大小的反向阻力，扼制管道或设备产生较大的振动，减少振幅，从而起到保护管道或设备的作用，此时表现为“刚”。

液压阻尼器如图 4.12.3 所示，主要适用于核电厂、化工厂等的管道及设备的抗振动。常用于控制冲击性流体振动。

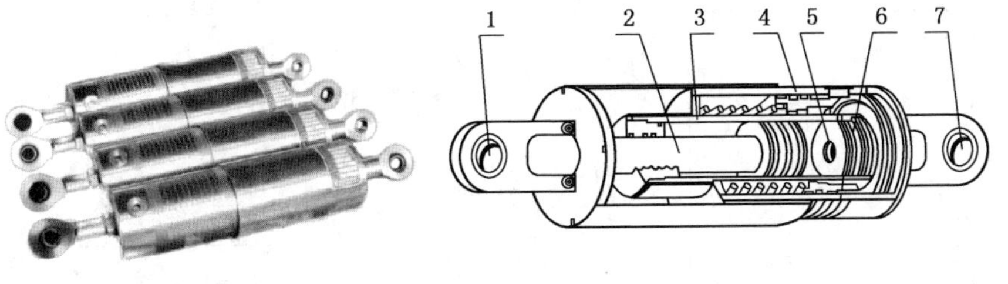

图 4.12.3　液压阻尼器

1—头部关节轴承；2—活塞杆；3—滚压缸；4—贮油缸；5—阻尼控制阀；6—行程指示刻度；7—尾部关节轴承

由图 4.12.4 液压阻尼器特性曲线图可以看出：当由力所引起的运动超过允许速度时，阻尼器将锁定、带载，并将速度限制在一个叫作闭锁后速度或渗漏率(Bleed Rate)的速度值。当发生瞬间冲击荷载时，阻尼器的速度阀关闭，阻尼器活塞的运动速度骤降，阻尼力迅速增大至额定载荷。液压油推动阀芯，使阀芯克服弹簧力关闭，液压油只能从阻尼小孔(节流阀)流过，形成阻尼力 F_n，使阻尼器闭锁，活塞运动速度骤降至 $V_{闭}$ 后，从而实现减振、抗振动的目的。

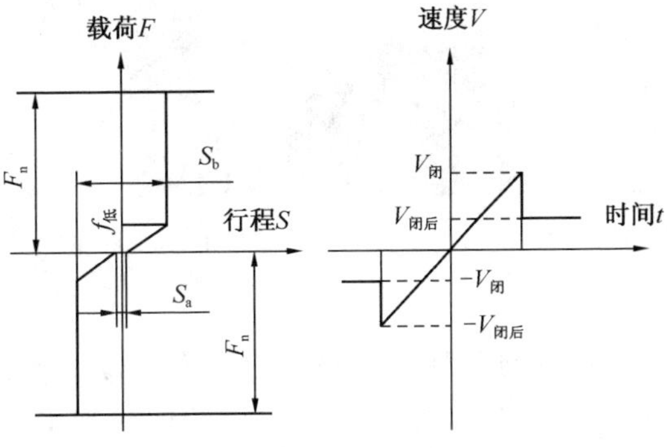

(a)载荷—位移曲线　(b)速度—时间曲线

图 4.12.4　液压阻尼器特性曲线图

F_n——阻尼器额定载荷；

S_b——阻尼器在拉、压双向产生阻尼力的最大位移，根据行程不同，其 S_b 值≤6～10mm；

S_a——阻尼器安装后所允许的最大空行程≤0.5mm；

$f_{低}$——阻尼器闭锁前低速行走阻力；

K——阻尼器的等值弹性刚度 $K=\frac{2F_n}{S_b}$

液压阻尼器在管道热膨胀过程中，液压阻尼器允许管道自由热位移，而不对管道产生附加应力。载荷范围大(最大可至 600kN)；工作行程长(最大可至 500mm)，阻尼力大，动作迅速可靠，特别适合低频大振幅工况环境，不会与管道或设备产生共振。适应各种工作环境，高于常温、低于常温、高湿、高盐度、粉尘、核辐照等环境。

液压阻尼器的选型设计与计算：

1. 二个一般原则

①有效行程原则：有效行程＝标准行程- 20；

②横担荷载原则：按 70％工作载荷选单边阻尼器。

2. 五个方面基本信息——确定阻尼器

①工作载荷(动载荷)——选阻尼器缸径；

②热位移的大小和方向——选阻尼器行程；

③用途，是抗振动，还是抗安全阀排气反力——选阻尼功能；

④管径、温度、保温层厚度——选限位管夹结构尺寸与材质；

⑤安装高度——选阻尼器是基本型或加长型的长度。

液压阻尼器的典型应用图例见图 4.12.5。

四、脉动阻尼器

脉动阻尼器又名脉动缓冲器，是消除管路脉动的常用元件，是计量泵必须配备的附件。脉动阻尼器能够平滑由柱塞泵、隔膜泵等容积泵引起的管路脉动和系统的水锤现象。它由耐

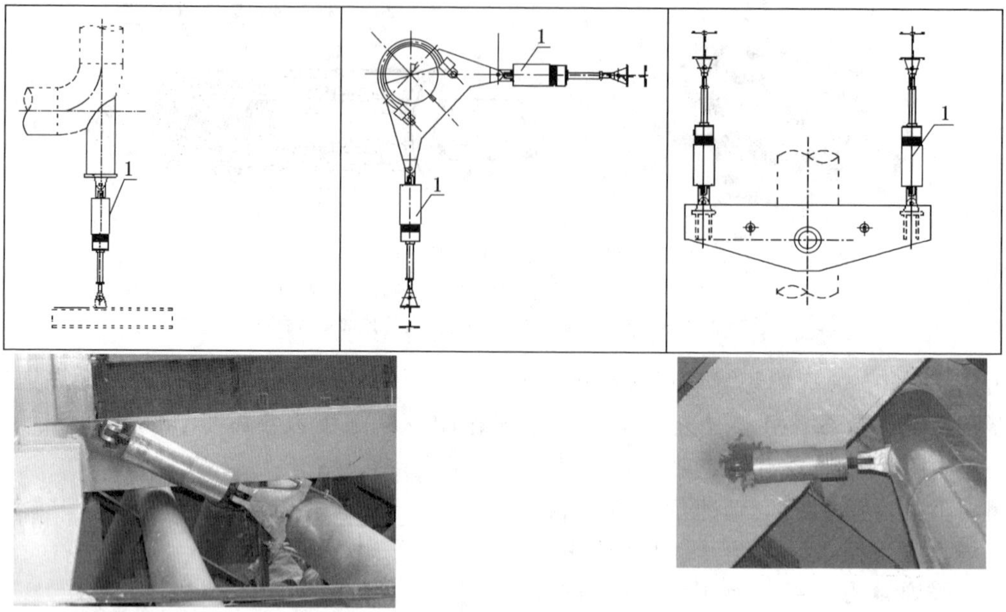

图 4.12.5　液压阻尼器的典型应用图例

1——阻尼器

腐蚀的隔膜将气体与管路中的液体隔离，通过气室容积的变化平滑管路脉动。根据玻意耳定律 $p_1V_1=p_2V_2$，通过改过气体的体积来平滑管路脉动。对于流速有正弦曲线特性的系统，波峰时，气室体积变小，脉动阻尼器吸收多余的流量的液体，波谷时，气室体积变大，释放存储的液体，从而达到平滑脉动的效果。

第十三节　弹簧减振器在防振设计中的应用

一、弹簧减振器

弹簧减振器是一种对位移反应灵敏的振动控制装置。弹簧减振器主要适用于核电厂、火电厂、化工厂、钢铁厂等的管道及设备的抗振动。弹簧减振器能有效地控制各种频率的振动和摆动，但在一定的程度上限制了管道的正常热位移。设计时应充分考虑弹簧减振器对管道产生的附加力。见图 4.13.1、图 4.13.2。

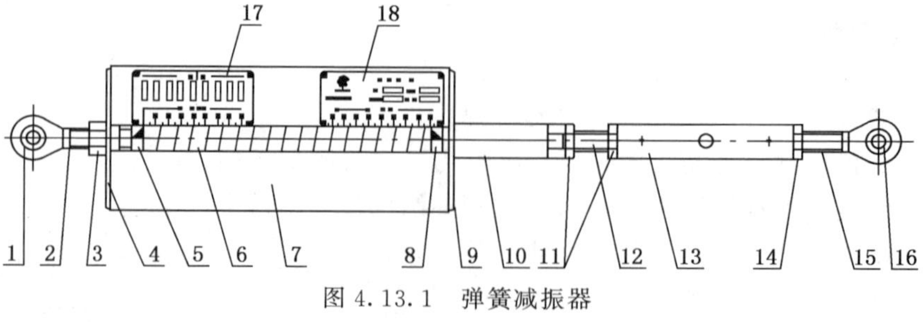

图 4.13.1　弹簧减振器

1，16—关节轴承；2—上销头；3—调整螺母；4—上盖板；5—上压板；6—弹簧；7—壳体；8—下压板；9—下盖板；10—外挑管；11—锁紧右螺母；12—拉压杆；13—长短连接管；14—锁紧左螺母；15—下销头；17—上刻度板；18—下刻度板

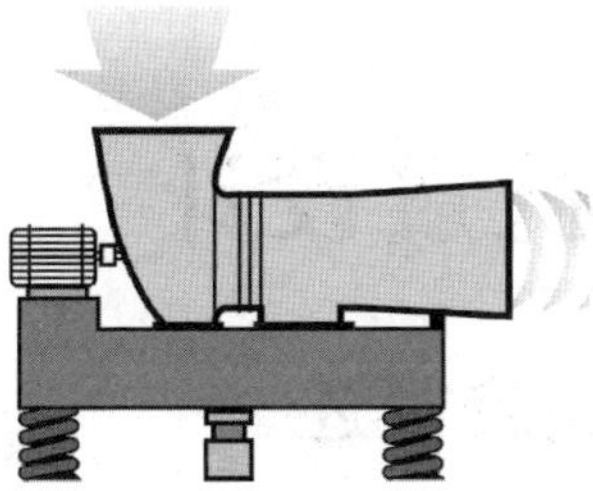

图 4.13.2 弹簧减振器在防振设计中的应用

试验实测得阻尼系数随振动频率的增加而减小，所以阻尼器对低频振动起有效的阻尼作用。这在汽轮机、风机、电动机中的使用正合适。在汽轮机启动或停机过程中，可能经过临界转速，需要阻尼器减振。此时激振力的频率低，阻尼器正好发挥作用。在汽轮机正常运行时，弹簧隔振起到很好的隔振效果。在凝结水管道、给水管道、新蒸汽管道或主蒸汽管道、液压管道，如压缩空气管道与油管道、磨煤机的细粉汇总管道等有应用。

二、弹簧减振器的选型设计

①根据防振力，选择弹簧减振器规格。根据管系的质量、刚度以及作用在管系的周期性或冲击性外载，进行管系动力分析计算出减振器装设处所需要的防振力，结合管道冷缩位移值(热位移量)，选择弹簧减振器规格。

②比较防振力与初始工作载荷，选择弹簧减振器型式。根据实际需要在安装和使用过程中加以调节初始工作载荷，以达到所需要的防振力。

③根据计算或实践经验，确定弹簧减振器安装位置，可根据管道动力分析计算确定。为了控制管道不同方向的振动，可在减振器装设点处装设几个不同方位的弹簧减振器。

④根据调节量、管道位移，选择弹簧减振器的行程。选用弹簧减振器的最大工作行程应比减振器防振力调节量与管道位移引起减振器轴位移量之和大 20%，且至少为 15mm。

⑤计算冷态时弹簧减振器对管道产生的附加力。弹簧减振器在热态运行时，如果没有管道振动力的作用，就不应对管道产生任何作用力；但当管道处于冷态时，由于冷缩位移使减振器弹簧变形量增加，因此弹簧减振器对管道产生附加力；管道冷态附加力根据减振器防振力调节量与管道位移引起减振器轴向位移量之和，需查许用表验算附加力是否在允许范围内。

⑥选择减振器配套件，绘制安装图。根据样本，选择与弹簧减振器配套的销座和限位管夹。选择任何一种管道减振产品，都需要对管道进行动力学有限元分析，了解管道的振动状态，分析其产生振动的原因，这是管道减振的关键。

⑦弹簧减振器的设计和选用见本书第七章第六节的简介，可以参考 HG/T 21578 管道减振器。

第五章　管道抗震设计

第一节　地震概念简述

地震基本名词如图 5.1.1 所示。

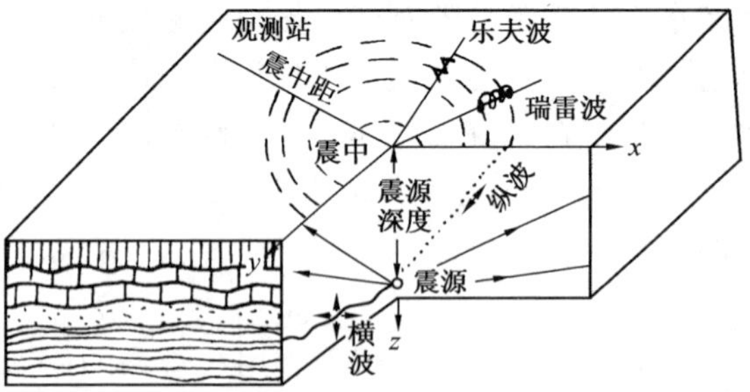

图 5.1.1　地震基本名词

一、震源

地球内部发生地震的地方称为震源。

二、震中

震源在地面上的投影称为震中。

三、震中距

地面上任何一个地方或观测点(如地震台)到震中的直线距离，称为震中距。

四、震中区

震中附近的地区称为震中区。强烈地震时，破坏最严重的地区，称为极震区。

五、震源深度

震中到震源的距离称为震源深度。

六、地震波

地震引起的振动以波的形式从震源向各个方向传播，称为地震波。地震波根据波动位置和形式可分为体波和面波。

1. 体波

体波是一种通过地球体内传播的地震波，分为纵波和横波。

① 纵波(P)，亦称压力波，质点振动方向与震波前进方向(发射线)一致，靠介质的扩张与收缩而传递，其传播速度约 5～6km/s，最先到达震中，振动的摧毁力较小。见图 5.1.2。

② 横波是剪切波，在地壳中的传播速度为 3.2～4.0km/s，第二个到达震中，又称 S 波，它使地面发生前后、左右抖动，破坏性较强。见图 5.1.3。

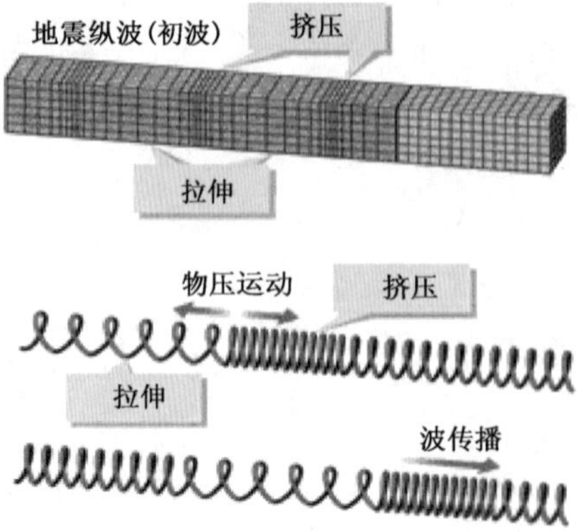

图 5.1.2　纵波

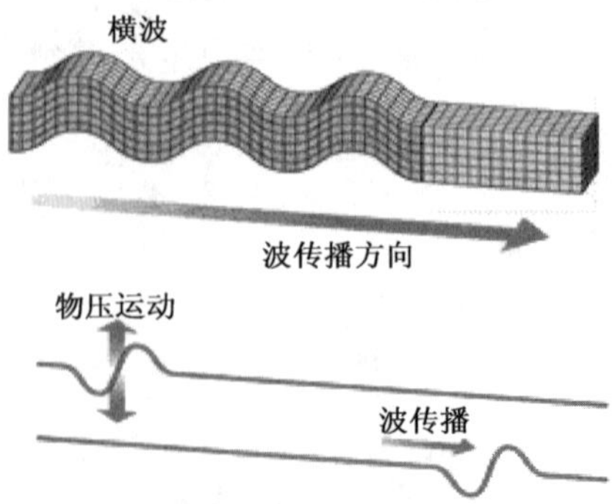

图 5.1.3　横波

2. 面波(L)

沿地表面传播的地震波称为面波。面波的传播速度最小，只有3km/s，但振幅大，故对地面的破坏最大，面波又分为瑞雷波(R)和乐夫波(Q)。如图5.1.4所示。

① 瑞雷波(R)。瑞雷波传播时，质点在波的传播方向和地表面法向组成的平面内做椭圆运动，而与该平面垂直的水平方向没有振动，即在地面上是滚动形式。

② 乐夫波(Q)。乐夫波传播时，质点在与传播方向相垂直的水平方向运动，即在地面上水平运动或者在地面上呈蛇形运动形式。

P波跑得快，但是它很弱，这是非常好的事情——因为地震预警，基本上就是要先利用地震P波，地震P波检测到以后就可以计算出灾害有多大，地震台就可以告诉大家一会儿面波要来了，大家可以采取措施尽可能地减少损失。

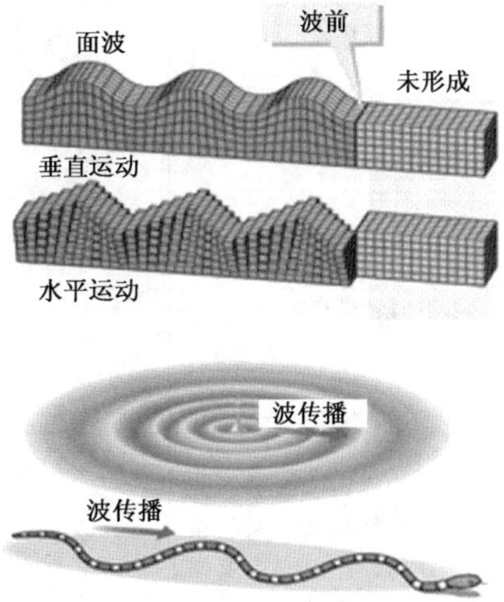

图5.1.4 面波

七、地震震级

地震的震级是指地震时释放出来的弹性波能量的大小。一次地震释放出的能量愈大，震级也就越高。震级与地震释放出的总能量之间的关系可用下式表示：

$$\lg E = 4.8 + 1.5M \tag{5.1.1}$$

式中 E——地震释放出的能量，J；

M——震级。

八、地震烈度

地震对地表和地表建筑物的影响和破坏的强烈程度，称为地震烈度。

1. 基本烈度

是指一个地区的未来一百年内，在一般场地条件下可能遭遇的最大地震烈度。

2. 场地烈度

是指建筑地因地质、地貌地形和水文地质条件等的不同而引起地震基本烈度的降低或提高的烈度，一般来说，建筑场地烈度比基本地震烈度提高或降低半度至一度。

3. 设计烈度

设计烈度又称计算烈度，是在地震基本烈度的基础上，考虑到建筑物的重要性，将地震基本烈度加以适当调整，调整后的抗震设计所采用的地震烈度称为设计烈度。

表5.1.1为中国地震烈度表，表5.1.2为几种地震烈度表的对比，表5.1.3为地震烈度图示。

表5.1.1 中国地震烈度表

烈度	房　　屋	结 构 物	地 表 现 象	其 他 现 象
1度	无损坏	无损坏	无	无感觉，仅仪器才能记录到
2度	无损坏	无损坏	无	个别非常敏感的，且在完全静止中的人能感觉到

续表

烈度	房屋	结构物	地表现象	其他现象
3度	无损坏	无损坏	无	室内少数在完全静止的人感觉到振动，如同载重的车辆很快旁驰过；细心的观察者注意到悬挂物轻微摇动
4度	门窗和纸糊的顶篷有时轻微作响	无损坏	无	室内大多数人有感觉，室外少数人有感觉，少数人从梦中惊醒。 悬挂物摇动，器皿中的液体轻微振荡，紧靠在一起的、不稳定的器皿作响
5度	门、窗、地板、天花板和屋架木料轻微作响，开着的门窗摇动，尘土落下，粉饰的灰粉散落，抹灰层上可能有细小裂缝	无损坏	不流通的水池里起不大的波浪	室内几乎所有人和室外大多数人有感觉，大多数人都从梦中惊醒，家畜不宁。 悬挂物明显摇摆，少量流体从装满的器皿中溢出，架上放置不稳的器物翻倒或落下
6度	Ⅰ类房屋许多损坏，少数破坏（非常坏的房、棚可能倾倒）。Ⅱ、Ⅲ类房屋许多轻微损坏，Ⅱ类房屋少数损坏。	牌坊、砖石砌的塔和院墙轻微损坏。 个别情况下，道路上湿土或新的填土中有细小裂缝	特殊情况下，潮湿、疏松的土里有细小裂缝。 个别情况下，山区中偶有不大的滑坡、土石散落的陷穴	很多人从室内跑出，行动不稳，家畜从厩中跑出。 器皿中液体剧烈动荡。 架上的书籍和器皿等有时翻倒或坠落，轻的家具可能移动
7度	Ⅰ类房屋大多数损坏，许多破坏，少数倾倒。 Ⅱ类房屋大多数损坏，少数破坏。 Ⅲ类房屋大多数轻微损坏，许多损坏（可能有破坏的）	不很坚固的院墙少数破坏，可能有些倒塌，较坚固的城墙有些地方损坏。 不很坚固的城墙很多地方损坏，有些地方破坏，堞墙少数倒塌，较坚固的城墙有些地方损坏。 牌坊，砖、石砌的塔及工厂的烟囱可能损坏。 碑石和纪念物很多轻微损坏。 由于黄土崩滑，土窑洞的洞口遭到破坏。 个别情况下，道路上有小裂缝，路基陡坡和新筑道路土堤的斜坡上，偶有塌方	干土中有时产生细小裂缝，潮湿或疏松的土中，裂缝较多，较大；少数情况下冒出夹泥沙的水。 个别情况下，陡坎滑坡，山区中有不大的滑坡和土石散落，土质松散的地区，可能发生崩滑。 泉水的流量和地下水位可能发生变化	人从室内仓皇逃出，驾驶汽车的人也有感觉。 悬挂物强烈摇摆，有时损坏或坠落。轻的家具移动。书籍、器皿和用具坠落

续表

烈度	房　　屋	结 构 物	地 表 现 象	其 他 现 象
8 度	Ⅰ类房屋大多数破坏，许多倾倒。 Ⅱ类房屋许多破坏，少数倾倒。 Ⅲ类房屋大多数损坏，少数破坏(可能有倾倒的)	不很坚固的院墙破坏，并有局部倒塌，较坚固的院墙局部破坏。 不很坚固的城墙很多地方破坏，有些地方崩塌，堞墙许多倒塌。较坚固的城墙有些地方破坏，砖、石堞墙少数倒塌。 牌坊许多损坏。 砖、石砌的塔及工厂烟囱遭受损坏；不很坚固者破坏，甚至崩塌。 不很稳定的碑石和纪念物移动或翻倒。较稳定的碑石和纪念物很多损坏，有些翻倒。 路堤和路堑的陡坡上有不大的塌方。 个别情况下，地下管道接头处遭受破坏	地上裂缝宽达几厘米。土质疏松的山坡和潮湿的河滩上，裂缝宽度可达 10cm 以上。在地下水位较高的地区里，常有夹泥沙的水从裂缝或喷口冒出。 在岩石破碎、土质疏松的地区里，常发生相当大的土石散落，滑坡和山崩。有时河流受阻，形成新的水塘。 有时井泉干涸或产生新泉	人很难站得住。 由于房屋破坏，人、畜有伤亡。 家具移动，并有部分翻倒
9 度	Ⅰ类房屋大多数倾倒。 Ⅱ类房屋许多倾倒。 Ⅲ类房屋许多破坏，少数倾倒	不很坚固的院墙大部分倒塌，较坚固的院墙大部分破坏，局部倒塌。 较坚固的城墙很多地方破坏，堞墙许多倒塌。 牌坊可能破坏。 砖、石砌的塔及工厂烟囱很多破坏，甚至倾倒。 较稳定的碑石和纪念物很多翻倒。 道路上有裂缝，有时路基毁坏。个别情况下，铁轨局部弯曲。 有些地方地下管道破裂或损伤	地下裂缝很多，宽达 10cm，斜坡上或河岸边疏松的堆积层中，有时裂缝纵横，宽度可达几十厘米，绵延很长。 很多滑坡和土石散落，山崩。 常有井泉干涸或新泉产生	家具翻倒并损坏
10 度	Ⅲ类房屋许多倾倒	牌坊许多破坏，砖、石砌的塔及工厂烟囱大都倒塌。 较稳定的碑石和纪念物大都翻倒。 路基和土堤毁坏，道路变形，并有很多裂缝，铁轨局部弯曲。 地下管道破裂	地上裂缝宽几十厘米，个别情况下，达 1m 以上，堆积层中的裂缝有时组成宽大的裂缝带，继续绵延可达几公里以上。个别情况下，岩石中有裂缝。 山区和岸边的悬崖崩塌。疏松的土大量崩滑，形成相当规模的新湖泊。 河、池中发生击岸的大浪	家具和家内用品大量损坏

续表

烈度	房　屋	结 构 物	地 表 现 象	其 他 现 象
11度	房屋普遍毁坏	路基和土堤等大段毁坏，大段铁路弯曲。 地下管道完全不能使用	地面形成许多宽大裂缝。有时从裂缝冒出大量疏松的、浸透水的沉积物。 大规模的滑坡、崩塌和山崩，地表产生相当大的垂直和水平断裂。 地表水情况和地下水位剧烈变化	由于房屋倒塌，压死大量人畜，埋没许多财物
12度	广大地区房屋普遍毁坏	建筑物普遍毁坏	广大地区内，地形有剧烈的变化； 广大地区内，地表水和地下水情况剧烈变化	由于浪潮及山区内崩塌和土石散落的影响，动、植物遭到毁灭

注：1. 房屋类型

Ⅰ类：(1)简陋的棚舍。(2)土坯或毛石等砌筑的拱窑。(3)夯土墙或土坯、碎砖、毛石、卵石等砌墙，用树枝、草泥做顶，施工粗糙的房屋。

Ⅱ类：(1)夯土墙或用低级灰浆砌筑的土坯、碎砖、毛石、卵石等墙，不用木桩的，或虽有细小木桩，但无正规木架的房屋。(2)老旧的有木架的房屋。

Ⅲ类：(1)有木架的房屋(宫殿、庙宇、城楼、钟楼、鼓楼和质量较好的民房)。(2)竹笆或灰板条外墙，有木架的房屋。(3)新式砖石房屋。

2. 建筑物的破坏程度

轻微损坏——粉饰的灰粉散落。抹灰层上有细小裂缝或小块剥落。偶有砖、瓦、土坯或灰浆碎块等坠落。不稳固的饰物滑动或损伤。

损坏——抹灰层上有裂缝，泥块脱落。砌体上产生小裂缝。不同的砌体之间(如砖墙与土坯墙间)产生裂缝。个别砌体局部崩塌。木架偶有轻微拔榫。砌体的突出部分和民房烟囱的顶部扭转或损伤。

破坏——抹灰层大片崩落。砌体裂开大缝或破裂，并有个别部分倒塌，木架拔榫，柱脚移动。部分屋顶破坏。民房烟囱倒下。

倾倒——建筑物的全部或相当大部分的墙壁、楼板和房顶倒塌。有时屋顶移动。砌体严重变形或倒塌。木架显著地倾斜，构件折断。

表 5.1.2　几种地震烈度表的对比

新的中国地震烈度表(1957)	美国修订的烈度表(MM表)(1931)	苏联地球物理研究所烈度表(1952)	MSK－1964烈度表①	欧洲烈度表(MCS表)(1917)	欧洲Rossi-Forel烈度表(1873)	日本烈度表(IMA)(1952)
1	1	1	1	1	1	0
2	2	2	2	2	2	1
3	3	3	3	3	3	2
4	4	4	4	4	4	2～3
5	5	5	5	5	5～6	3

续表

新的中国地震烈度表（1957）	美国修订的烈度表（MM表）（1931）	苏联地球物理研究所烈度表（1952）	MSK－1964烈度表①	欧洲烈度表（MCS表）（1917）	欧洲Rossi-Forel烈度表（1873）	日本烈度表（IMA）（1952）
6	6	6	6	6	7	4
7	7	7	7	7	8	4～5
8	8	8	8	8	9	5
9	9	9	9	9	10	6
10	10	10	10	10	10	6
11	11	11	11	11	10	7
12	12	12	12	12	10	7

注：①为国际地震和地震工程有关组织于1962～1964年在已有烈度表基础上制定的一种烈度表，意图逐渐统一烈度标准。

表5.1.3　地震烈度图示

Ⅱ	Ⅲ	Ⅳ	Ⅴ	Ⅴ～Ⅵ	Ⅵ	Ⅶ	Ⅷ及以上
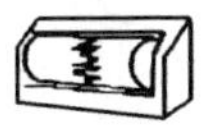							
人通常感觉不到，但是测震仪可测到	少数人能感觉到轻微的晃动	人从睡眠中觉醒，灯在晃动	灯晃动，桌子上的花瓶掉地上	老建筑可能被损坏，少数建筑倒塌	大多数建筑遭到严重破坏和倒塌	大部分建筑物被地震破坏	所有房屋倒塌

注：本表为国外工程的图示，与中国地震烈度定级不同。

九、基本烈度和设防烈度

地震烈度分为基本烈度和设防烈度。基本烈度是指一个地区在今后一定时期内，在一般场地条件下可以遭遇的最大地震烈度，即现行《中国地震烈度区划图》规定的烈度。全国主要城市的基本烈度见表5.1.4。在设计时，采用的地震烈度叫抗震设防烈度。抗震设防烈度就是按国家批准权限审定的作为一个地区抗震设防依据的地震烈度。一般的管道工程设防烈度可按基本烈度采用。对大中型生命线工程特别重要的关键部位的管道工程设防烈度，经报请批准后其设防烈度可比基本烈度提高一级（即规范第三水准烈度）。

十、中国地震烈度区划

我国有41％的国土、一半以上的城市位于地震基本烈度7度或7度以上地区，6度及6度以上地区占国土面积的79％。我国几个地震活动较为强烈的地区是青藏高原和云南、四川西部，华北太行山和京津唐地区，新疆及甘肃、宁夏，福建和广东沿海，台湾地区等。

表 5.1.4 全国主要城市基本烈度

市名	烈度	市名	烈度	市名	烈度	市名	烈度
北京	8	天津	8	石家庄	7	唐山	8
邯郸	7	张家口	7	秦皇岛	7	太原	8
大同	8	呼和浩特	8	包头	8	沈阳	7
大连	7	锦州	7	丹东	7	鞍山	7
抚顺	7	长春	7	吉林	7	哈尔滨	<6
上海	6	南京	7	无锡	<6	徐州	7
常州	<6	连云港	7	南通	<6	杭州	6
温州	6	宁波	6	合肥	7	淮南	7
蚌埠	7	芜湖	6	马鞍山	6	淮北	6
铜陵	6	南昌	<6	九江	7	福州	6
厦门	7	泉州	7	漳州	7	济南	6
枣庄	7	青岛	7	烟台	7	德州	7
广州	7	湛江	7	汕头	8	海口	8
深圳	6	珠海	7	北海	7	南宁	6
长沙	7	武汉	6	郑州	6	洛阳	6
安阳	8	焦作	7	三门峡	8	成都	7
重庆	<6	自贡	7	西昌	9	渡口	7
昆明	7	东川	9	下关	9	贵阳	6
拉萨	7	西安	8	咸阳	8	宝鸡	7
兰州	8	天水	8	嘉峪关	8	西宁	7
乌鲁木齐	7	银川	8	石嘴山	8		

注：主要城市包括：全国重点抗震城市、省会、百万人口以上特大城市、沿海开放城市、特区城市以及六度区重点开展抗震工作的城市。

第二节 地震中管道的损坏

一、地上管道地震中管道损坏的特点

工业管道很多都是架空敷设的，管道的支承有框架、支柱支撑、单杆支承，也有借助相邻近构筑物、设备实现支承的。处于与地震波传播方向垂直的管线损坏比较严重，震后出现支柱损伤、倾倒，轻型淡埋支架倒塌，管道滑落地面，有的落地管段出现波形曲线。

二、地下管道地震中管道损坏的特点

① 地震对管道造成损坏是严重的，损坏的程度受多种因素的影响，如震级、地质、管道材料、管道敷设方向与地震波传播方向的相对关系、连接结构形式等；

② 地震烈度大、管道损坏严重，震中损坏大。烈度在 8 度以下钢管道基本不发生明显损坏，烈度 8 度时出现小直径钢管道断裂，9 度以上大直径钢管损坏；

③ 地基密实、均匀性好，管道的抗震力强；

④ 敷设方向：敷设方向与地震波传播方向一致的管道破坏严重；

⑤ 管道材料：脆性材料的管道地震中易损坏；

⑥ 连接结构：螺纹连接、主支管交接处损坏严重，焊接结构抗震性好；

⑦ 振动方向：管道基础不均匀下沉和垂直方向(竖向)震动严重的位置，管道开裂、折断严重。

三、地震烈度与管道损坏程度

按国际上公认的地震烈度标准《欧洲地震烈度表》，管道在不同地震烈度时的损坏情况大致为：

地震烈度为6度——架空管道在管架上位移不明显，在土质条件差的区段有支墩倾斜。

地震烈度为7度——在个别情况下沿地上钢管道(公称直径100～150mm，柔性)纵轴平面出现明显屈曲，管道在管架上位移，但没有破坏。地上管道混凝土和少量钢筋混凝土支墩上出现裂纹，管道非刚性接口损坏，石棉水泥、混凝土和陶瓷管道破坏。

地震烈度为8度——钢筋混凝土支墩出现裂缝，混凝土支墩明显损坏。在许多管段出现浅埋柱式支架倾斜、下陷和塌落，个别情况出现管道从管架滑落，沿地柔性钢管出现纵向屈曲。

地震烈度为9度——大部混凝土或钢筋混凝土支墩破坏或明显破坏，支架损坏、管道滑落，地面钢管发生纵向屈曲。

地震烈度为10度——架空管道大量破坏，地下干线管道破坏。

地震烈度为11度——架空管道完全破坏，地下管道大量破坏，地面钢管明显破坏。

地震烈度为12度——架空管道完全破坏，所有地下管道破坏或损坏，地面钢管道大量破坏。

四、管道工程的震害实例

① 在城市和工矿地区，地上、地下各种管道纵横交错，一旦发生7度以上地震时，则可能对管道造成严重的破坏。它不仅可使给水、热力、煤气等管道系统处于瘫痪状态，并会产生次生灾害，危及人们的生命和工厂的安全。不论是城市还是工矿区，越是工业发展，越是现代化，管道抗震设施越显得重要。

② 1906年美国旧金山地区发生8.3级地震时，由于消防水源断绝，大火延燃3天3夜。火灾造成的损失比地震直接破坏的损失高3倍。

③ 1976年唐山地震时，大部分市区烈度为10度，城市供水全部瘫痪，DN80～600输配水管道遭到破坏444处，震后只能取洼坑、鱼塘、游泳池内的积水作为生活用水。同时这次地震开平化工厂液氯车间因阀门破坏，液氯漏出，中毒死亡两人，因值大雨液氯被稀释，才避免了更大的中毒灾害。秦京输油管道遭到破坏，部分原油流入滦河，污染了水体，这次地震发生在夏季，原油凝固较慢，加之全力抢修，仅用了11天就恢复供油，管道的油品尚未凝固，若在冬季，这条管道的原油只能允许停输4天，系统损失之大将要远远超过这次的损失。

④ 1948年10月5日苏联阿什哈巴德地区发生地震，地震烈度为9度。城市供水管网严重损坏，主要受损管线是走向与地震波传播方向一致的管线，而大多数损坏发生在主干管与支管的连接部位，以及管道与其他结构物、检查井等的连接处。震时地面出现明显裂纹的地

带常常发现有管道遭到破坏，钢管道的损坏发生在对接套管和法兰盘，螺口连接处的螺口断裂。钢筋混凝土管道的损坏发生在连接部位，并有横向开裂；铸铁管道和石棉水泥管道遭到明显破坏。

⑤乌兹别克加兹拉煤气工业区于1976年4月8日和5月17日及1984年3月18日发生多次地震，由此可以分析相同方向不同地震力作用于同一构筑物的特性。1976年4月8日在该地区发生了7.0级地震，加兹拉煤气工业区的地震烈度近8度。4月10日至5月16日期间发生100多次较小的地震。1976年5月17日发生7.2级地震，震中烈度为9度。1984年3月18日发生了7.2级地震，加兹拉地区地震烈度为8～9度，地震的主要作用方向为垂直方向。加兹拉地区的多支钢管煤气管网、供热管网、给水管网主要走向为出南向北。用高强合金钢制造的干管直径为720～2020mm，干管煤气设计压力为5.5MPa，在1976年和1984年地震时煤气压力为4MPa，1976年4～5月间调查未发现地下管道损坏，震后未经特殊检修，一直保持正常使用。调查发现由于地震方向与管道走向垂直，管道的损坏和变形主要发生在地上管段、管道出口处、管道与空压机、设备及检查井的连接处等。直径720mm的管道的地上管段支承在混凝土支墩上。地震时所有支墩均发现裂纹，但没有沿管轴线的横向错动，与压缩机相连的地上管道发现明显变形。架在管架的架空管段地震中所有支管均出现变形，部分支管从支架上滑落，许多支柱损伤和倾倒。一条与地震波传播方向一致的管线出现波型曲线，波的峰-峰幅值达0.5～1.5m，波长数十米。

1984年地震期间地上管道发生典型的变形和破坏，地震主要为竖向作用。安装在厚钢筋混凝土板式基础上所有箱形工艺设备的管道遭到破坏。空压站主干管出口处的地上管段，钢筋混凝土与金属支架部分发生破坏，特别在设置阀门的管段发生破坏。在相距加兹拉约100km的布哈拉，地震烈度低1～2度，其管网在地震中基本没有损坏。

五、地震中管道破坏的原因

① 地震行波沿管道传播和土层变形。在直线段管道产生数值很大的压/拉应力，导致管道变形和破坏。

② 发生管道轴向拉伸(压缩)或埋设在不同动力特性土中的相邻管段不同变形引起的弯曲变形。

③ 管道屈曲、断裂、剪切变形或在管道与结构物及其他走向管道连接处的轴向变形。

④ 管道的不均匀沉降，常发生在非刚性接口的管道和与水平中部下垂的管段连接的竖向管段中。

⑤ 地上管道损坏首要的原因是水平地震惯性力，导致管架损坏，管道从管架上沿落，还有管道自身变形及破坏、管架沿管道纵轴移动引起的纵向力。

六、地震对管道工程本身造成的震害

① 因发生断层运动，引起地层拉伸或压缩，造成管道的断裂、扭曲和屈折。

② 因地基土质液化使埋设管线上浮及造成接口松动，管道断裂。

③ 因与管道相连的设备摇动而使管道断裂。

④ 因地震弹性波在地层传播过程中的拉伸压缩作用，使管道接口断裂，这种现象多发生在承插口连接铸铁管和混凝土管类的管材。

⑤ 管道在地震力作用下因三通、弯头等转向管件造成应力集中而断裂。

⑥ 管道在地震力的晃动作用下，甩落而造成断裂。

⑦ 管道与阀门等附件、构筑物连接处，地震时由于该处动力特性不一致而应力集中，导致该处管道损坏。

⑧ 输送有毒物质的管道，一旦产生断裂现象，有毒气体会到处扩散，有毒液体会到处流淌。唐山地震时，开平化工厂因液氯管道断裂，曾造成二人中毒死亡。

⑨ 火灾易燃或可燃气(液)体泄漏后极易发生火灾，如1976年唐山地震时仅开平化工厂厂内地震后就发生三次火灾。加之地震时给水管道往往瘫痪，断绝了消防水源，更使火灾加剧。

⑩ 水管断裂使其他设施被水冲毁。

⑪ 建筑物倒塌，将管道砸坏。

⑫ 因地震滑坡造成的管道破坏。这种现象多发生在岸边或陡坎处。管道在土坡滑动力的作用下受到拉伸、压缩和弯曲，因而造成管道移位和断裂。

⑬ 因停止流动而造成管道所输送的介质凝固或结冰，如唐山地震时秦京输油管道险些凝固，海城地震也发生部分管道结冰。

⑭ 因设计或施工不合理，造成地震时作为支承结构的墙倾斜。这是由于墙体重量轻，偏心受压使墙体倾斜。

第三节 地震对管道的作用效应

一、撞击作用——倒摆振动现象

地震引起的振动是以波的形式从震源向各个方向传播的，这就是地震波。因而地震波必定在场地地基土的传导下作用于管道工程，管道工程在强烈的地震波运动的作用下就犹如一个外力对它产生撞击作用，因而引起变形、破坏，甚至产生断裂。管道工程在地震作用下的振动过程(即地震反应)，这是一个运动动力学问题。为了叙述方便，我们以一个架空管道为例进行讨论，由于管网可认为是一种无限长的柔性线状结构，因而我们可以假设管道的重量集中于一点，作用在支架顶端，如图5.3.1所示。这就把一个复杂的网状体系简化为一个单质点的结构体系。我们知道，每个质点的位置需要有三个参数来确定，也就是有三个自由度。对实际工程计算来说，可以认为每一次只有一个外力作用。因而也就可以进一步简化为一个平面的单质点体系。诚然，地震时地面的实际运动方向是三向的，即可能有两个水平方向的运动和一个竖直方向的运动。由于竖向分量一般只相当于结构自重的增加，对于烈度8度、9度地区分别增加10%、20%，由此看出其数值不大，就是基于这种原因，我们才把复杂的管网结构认为是单质点的平面体系。

现在我们来分析一下单质点系在地震力水平横向撞击运动的作用影响下所产生的运动状态。我们通常都假定地基是刚性平面，结构是坐落在这个刚性平面上的弹性体系，这就形成了图5.3.2所示的计算简图，它的基底按 $x_0(t)$ 的规律发生运动。这时 $x_0(t)$ 可以看成是地震时地面位移的一次实际记录。在这样的地面运动影响下，质点将发生振动。为了建立质点的运动方程式，我们可以把这个质点的支承结构分割开来，使之成为一个隔离体。这样根据牛顿运动定律，当质点处在运动状态时，作用力 F 与加速度 a 之间具有以下的关系式，即：

$$F = ma \tag{5.3.1}$$

式中　m——质点的质量。

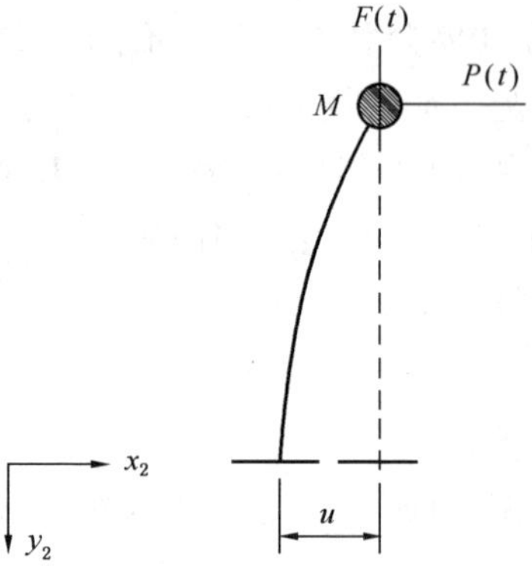

图 5.3.1　倒摆的竖向震动影响

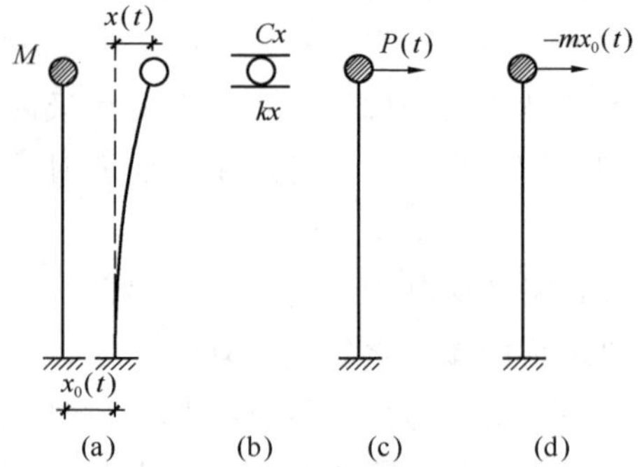

图 5.3.2　弹性体系地震计算图

式(5.3.1)也可以写为 $F-ma=0$ 的形式，ma 称为惯性力，亦即当考虑动力作用时只在原来的平衡力系上加上惯性力就可得到相应的动力方程式，这一形式的动力方程式通常称为达朗贝尔原理。因此，管道工程在地震力的作用下，由于其惯性的作用必产生一个与地面运动方向相反的相对运动，若以管道在地面生根处为基准点，管道工程就相当于在一个外力的冲撞作用下而发生了位移。若管道工程的强度不够，则可能在这突然的外力作用下而破坏，这个外力就是我们所要计算的地震作用力。

二、压密作用——不均匀沉降

地震波的传播可以近似地认为是按正弦波的规律疏密相间的连续向前传播的振动波。由于连续的振动，场地土在地震波的作用下，就会产生晃动或颠簸。在晃动或颠簸的过程中，由于场地土的密度情况不同，就会产生不同的地震效应。密实的场地土如地表为岩石、密实的砂砾石土则密度变化不大，而松软的场地土，如不经夯实的回填土、淤泥质土、松散砂土等则密度会增大，其宏观结果就是地表下沉。根据对我国多次地震的震害调查，在深度约6m 处即使在 9～10 度地震烈度的条件下，其压密程度即地基沉降对工程计算和工程实践已没有多大影响。或者说由于地震动力所形成的土的压密实际上已经不会发生，这一结论与1923 年的日本地震、1976 年我国唐山地震与 2008 年四川大地震所造成的震害调查十分吻合。

三、斜坡作用

由于地震能引起山摇地动，因此斜坡地区的岩(土)体在这一机械振动的作用下，会形成岩石崩坍、滑坡，使管道工程遭受位移或砸撞破坏，这种现象称其为斜坡效应。地震的斜坡效应，实质上也就是在斜坡地区边坡的稳定性问题，故各种斜坡的稳定性问题日益为人们所重视和研究。

地震是以波的形式向外传播的，因此地震附加力撞击的作用方向和震中的位置有关，当然在研究、计算和处理边坡地震稳定性问题时，一般是按最不利的情况考虑的，即在地震可能引起的滑体重心(或每块滑体重心)加一平行滑面的水平地震力 P，代入稳定性计算公式中进行计算。地震力 P 按某一地震烈度下由相应的地震系数来决定，其滑体受力模式如

图 5.3.3所示，其岩体受地震力的计算公式为：

$$P = Q\frac{a}{g} = Q \cdot K_c \qquad (5.3.2)$$

式中　P——地震力，kN/m；

K_c——地震系数，见表 5.3.1；

a——地震加速度；

g——重力加速度，9.81m/s^2；

Q——可能下滑岩体的重量，kN/m。

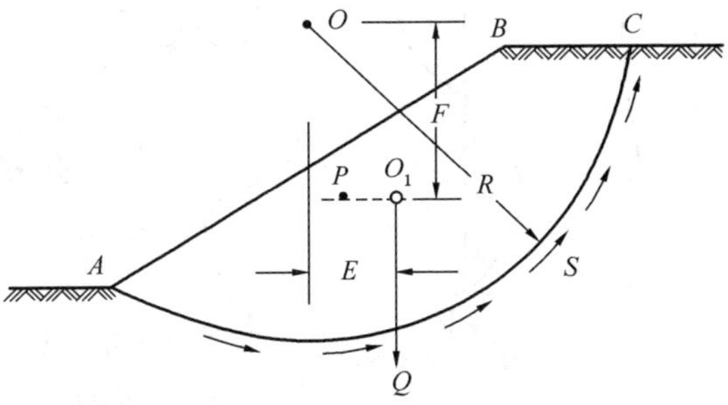

图 5.3.3　地震力对斜坡稳定性的作用图示

表 5.3.1　K_c　值

烈　度	7	8	9
K_c	0.125	0.25	0.5

注：依据 1980 年烈度表算出。

对于一般滑坡地段，在 7 度以上地震区要考虑地震作用，对重要工程地段，6 度地区也应考虑地震的作用。将地震力 P 代入稳定系数计算公式，则

$$K = \frac{F}{T} = \frac{S \cdot L \cdot R}{QE + PF} \qquad (5.3.3)$$

式中　F——抗滑力；

T——滑动力；

L——AC 弧的长；

S——AC 面上单位长度(面积的)的抗剪力。

若所求得的 K 值大于 1，从理论上讲则是稳定的，但一般考虑到有些不可预见因素，一般则认为 $K > 1.5$ 为稳定斜坡。必须指出：只有在地震作用下，边坡岩土结构认为不遭破坏。才能在稳定系数计算中增加地震力一值。如地震引起岩土结构破坏，则属于灾害性破坏，就另当别论了。

四、地基效应

因地震而引起地基失效的类型很多，如松散土体的地震压密、砂体液化、淤泥流塑等，但其反映到工程上的共同特点是：地基不均匀沉陷。根据我国历次地震的宏观调查，这些类型的震害尤以砂体液化所造成的危害最大，范围也最广。我国河北邢台、辽宁海城地震，大面积砂体液化，并在多处局部出现喷砂冒水现象。如 1975 年 2 月 4 日辽宁南部地区发生地震，仅盘锦地区喷出的积砂量就有 $363 \times 10^4 m^3$。此次地震发生在严寒季节的辽宁，当时冻土层厚度约为 1m，由于砂体液化喷砂尚如此严重，足以说明砂体液化是工程地质的一大震害，当然处于砂体液化区域的各种建筑工程也就必将出现不均匀沉降，严重时则导致工程破坏。

五、鞭击效应

由于架空敷设的管道，支架均近似杆状结构，其管道负荷可看作是集中于柱顶的一点。这时支架在地震疏密波的作用下，则可能呈现如图 5.3.4 所示的几种类型，这种地震引起的效应姑且称之为鞭击效应。由图中不难看出，支架顶端的重量越大，则结构越不稳定，因

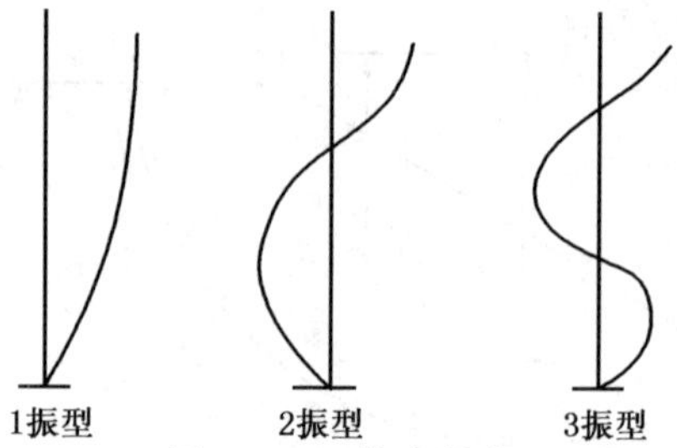

图 5.3.4 鞭击效应

此，减轻架空管道的重量是防震害或抗震的有效措施之一。

六、破裂作用

强烈地震时，由于地下断层的错动和地面运动的结果，常常在地面产生裂缝现象。地震裂缝断续总长可从几米到几公里。其形状呈平行斜裂或齿形交错。因此处于裂缝处的管道在地震力的作用下是极易断裂的。

七、抛掷效应(作用)

中外地震历史中都有物体被抛掷起来的记载，我国也有许多这方面的报道，据陕西省地震队的唐山地震现象调查报告，在唐山地震主震破裂带两侧，有一个宽约 600m、长约 11km 的抛掷带，那里有许多抛起事例，抛掷物的重量从约 10N 至 1000N，抛掷高度为 0.1～4m。抛掷现象说明在强地震时被抛掷的物体具有≥1.0g 的重力加速度。

八、强震地面效应的主要类型和特征

地震对管道工程的这些作用的侧重点，除撞击作用是所有地震地区的管道都承受其作用外，如压密作用、松散沉积列为分布的平原出现震害的机会较多，斜坡作用则以山区常见，地基效应出现于河漫滩、古河道为多，其他则在不同的地区有所不同。强震地面效应的主要类型和特征列于表 5.3.2。

表 5.3.2 强震地面效应的主要类型和特征

主要类型		主要特点和定义	实 例
破裂效应	地震断层	深部发震断层在地表直接或间接的标志，是和发展构造相关的地表破裂现象。往往由一个或几个带所组成。规模大、延伸长，不受地形地貌控制	昌马地震断层，通海地震断层，炉霍地震断层，台湾省新竹地震断层等
	地裂缝	地震应力波作用下，受特定的地质条件和地形、地貌条件控制的次生破裂效应，多半以张性为主	洛阳河，漳河两岸地裂缝，下辽河沿岸地裂缝
斜坡效应	崩 坍	岩、土体地震后崩落于坡脚。规模巨大者称为山崩，个别石块称为滚石。山崩多发育在高山峡谷地区	雄鸡岭砾石崩坍，甘孜斯俄黄土崩坍，牛扒崖、吊儿崖山崩
	剥 落	岩体中风化岩体小块崩落，规模小。路堑、渠道边坡多见	海口玄武岩剥落
	滑 坡	岩、土体相对地保持整体状态沿某一滑移与整体滑动	马颈子滑坡，蒿芝坝滑坡
	坍 滑	坡残积物沿基岩面自下而上牵引滑动，俗称"山扒皮"。坡体长度远大于厚度，横剖面呈阶梯状	钟家坪坍滑

续表

主要类型		主要特点和定义	实　例
斜坡效应	流　滑	土体以塑性蠕变体缓慢地滑动，多发生在平缓的斜坡地区。主要原因是土体结构中存在易液化层、饱水可塑性黏土或淤泥层，由于这些土层失效而导致上部土层的滑动	俞家河坎流滑体，新生农场流滑体
	泥石流	我国西部山区雨季多见，地震后山崩。崩坍物质来源广泛，在适当地形地貌条件下形成	老寨堡泥石流
地基基础效应	沉　陷	有局部的和大面积的，多半是由于砂层振动压密引起，并伴有喷砂、冒水现象	邢台、通海局部地段的沉陷
	液　化	饱水砂层振动液化。在沿海、沿湖是大面积的，河谷地段或故河道、古河道地段是呈线状分布的。液化是平原地区危害最大的地震地面效应	邢台地震，海城地震
	塌　陷	由特殊的地质或人为因素所造成。如在石灰岩地区溶洞的塌陷、矿坑塌陷、人工填土塌陷。塌陷引起的灾害是局部的	孤山公社溶洞坍陷，甘孜斯俄村人工填土塌陷

第四节　管道抗震设防的目标和设计范围

一、管道抗震设防的目标

当遭受低于本地区抗震设防烈度的多遇地震影响时，一般不受损坏或不需修理可继续使用；当遭受相当于本地区抗震设防烈度的地震影响时，可能有损坏，但经一般修理后仍可继续使用；当遭受高于本地区抗震设防烈度预估的罕遇地震影响时，不致产生严重的破坏和次生灾害。

二、管道抗震设防的设计范围

① 抗震设防烈度为 6 度及以上地区的管道，必须进行抗震设计。

② 抗震设防烈度必须按国家规定的权限审批、颁发的文件(图件)确定。

③ 一般情况下，抗震设防烈度可采用中国地震动参数区划图的地震基本烈度(或与 GB 50011《建筑抗震设计规范》中设计基本地震加速度值对应的烈度值)。对已编制抗震设防区划的城市，可按批准的抗震设防烈度或设计地震动参数进行抗震设防。

第五节　管道工程抗震设计的基本原则

根据现有经验，结合当前技术经济状况而估计预期达到的想象的安全结果。其目标就是小震不坏(即管网仍能正常运行)，大震不倒(断)。管道工程抗震设计的目的，也就是当遭遇低于本地区众值烈度的多遇地震影响时，一般不损坏或不需修理仍可继续使用运行。当遭遇本地区基本烈度的地震影响时，可能损坏，经一般修理或不经修理仍可继续运行。当遭遇高于本地区预估的罕遇地震影响时，不致发生危及生命的严重破坏。其目的就是要做到“预防为主，保障安全”。尽量避免产生次生灾害，以达到迅速投入运行的目的。由于地震是一种不确定的和复杂的力的作用过程，对管道工程的各种抗震计算也是以假定的模型和假定的力的作用为依据，所以实际的震型会与计算的结果产生差异。因此，20 世纪 70 年代，人们在总结大地震灾害经验中，提出了“概念设计”的要求。根据震害调查，“概念设计”比“计算设计”更为重要。我国各种管道工程抗震鉴定标准中的一些构造措施，就是“概念设计”的具体体现。工程抗震设防标准及抗震措施，就是要以最小的代价建成具有合理安全度的管道工程。在突发的地震影响作用下，要想使工程达到绝对安全、优化，对工程设计来说几乎是不可能。其困难主要是：①何时、何地发生几级地震难以预料；②宏观的地震灾害难以确切地用力学量来表达。地震区管道工程的一般设计原则是：

一、选择有利场地

选择对抗震有利场地。管道工程的抗震能力与场地有着密切的关系。历次地震震害调查表明，同类型的工程设施，由于场地不同，遭受地震破坏的程度会有很大差别。选择场地的原则是：

① 应避开地震时可能发生地基失稳的松软土场地，如饱和砂土、人工填土等，选择坚硬的场地，如基岩、坚实的碎石、硬黏土等。

② 避开地质构造上的断层带等。

③ 选择地势平坦开阔的场地，避开陡坡峡谷、孤立的山丘等地质构造不稳定的场地。

二、合理规划布局

合理规划布局，避免地震时产生次生灾害。非地震直接造成的灾害，称为次生灾害。有时次生灾害比地震直接造成的灾害损失还要大。在进行总体规划时，应特别注意输送有毒、易燃易爆介质的管道工程应远离人口稠密处，同时应考虑必要的切断和排放措施。

三、管系均匀分布

选择技术上先进、经济上合理的抗震结构方案，并力求管系体形简单，重量、刚度对称地均匀分布。管道工程的敷设方式可分地上和地下敷设两种，重心越低对抗震越有利，因而埋地比架空为好。当然架空敷设几根管道组合后的重心应尽量和支柱的轴线和形心相重合。

四、结构的整体性

保证结构的整体性，并应使其结构具有一定的延性和柔性，即选用柔性管材和采用柔性连接方式。结构的整体性主要是对有各种支承构件的敷设而言，应使其管道和支承结构连成一体，当管道没有卡箍和支承结构连接时，应在管道两侧设置挡板，以防甩动。各种管道宜采用柔性管材，不宜采用脆性管材。

五、减轻管道自重与降低管道重心

减轻地上管道的自重，尽量降低管道的重心。

六、保证施工质量

保证施工质量，确保地震设防措施的完好。

七、管线远离地震断层带，不应平行于断层

管线尽量远离地震断层带，且不应平行于断层可能变形最大的走向，当穿越断层时应斜交以减少管道的剪切变形。

八、布置成多回路、环状管网

管网应布置成多回路、环状管网，以便多向供应介质。当条件可能时，水源、气源等动力站应设置两个以上，并布置在不同方向，使管网形成并联网路。

九、防止位移措施

管道在地震力的作用下如何限制其水平和竖向位移在允许的范围内。管道在地震能量的作用下，一部分可以本体吸收，这就要求管道有一定的强度，一部分是消耗掉，如管道自身的弹性位移、弹性阻尼支架的消耗。防止位移措施如下：

① 稳定基础、防止液化。当管道处于有液化可能的地段时，应有防止液化的技术措施。避免地震时因地基液化造成管道失稳。

② 各种支架应生根牢固可靠，当生根于墙体上时，应验算墙体的稳定性，并不得架设在设防标准低于其管道设防烈度标准的建筑物上。

③ 架空管道的支架宜采用钢架或钢筋混凝土架，不宜采用砖石砌体支架。

④ 竖向敷设的管道应稳固，管径较大或较重时，下部应加支墩，如图 5.5.1 所示。

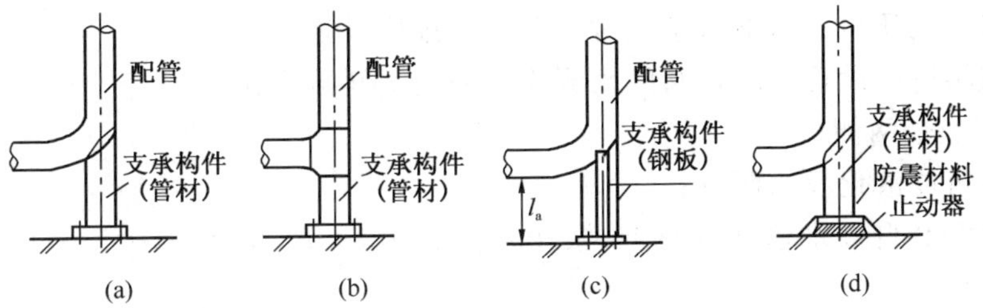

图 5.5.1 抗震支撑方法

⑤ 滑动支座的管道应在支架端部设置侧向挡板，对有滑脱危险的管座应将管托加长，管径 $DN\leqslant 250$mm 的管道每间隔一个支承点和端部支承点应设防震卡，如图 5.5.2 所示。

⑥ 地下管道的上方不宜堆放重物，管道应远离缺乏抗震能力的建筑，以防增加地基沉降和妨碍发震时应急抢修。

⑦ 管道应远离缺乏抗震能力的建(构)筑物，以防倒塌砸坏管道。

⑧ 当管道由铰接支架(沿管线方向)支承时，应设置防止支架轴向倾倒的措施。

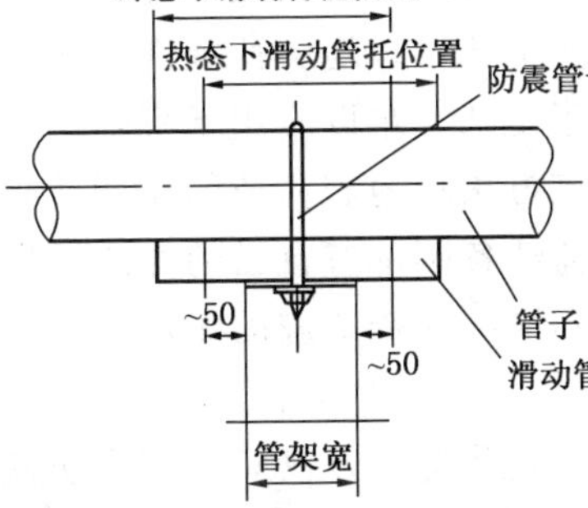

图 5.5.2 滑动管托正常位置图

十、抗震消能措施

所有管材应选用抗震性能好的，具有一定柔性的钢管、铸铁管、钢筋混凝土管等，少用或不用材质性脆的陶土(瓷)管、塑料管、玻璃管等。其连接方式对于钢管可采用焊接，对于承插管应采用柔性或半柔性连接。承插式管道下列部位必须采用柔性接口：

① 过河管两侧；

② 穿越铁路及其他重要交通干线两侧；

③ 主要干线、支线上的三通、四通，大于 45°的弯头等附件与直线管段连接处；

④ 管道与泵房、水池、气柜等建(构)筑物连接处；

⑤ 地基土质有突变处。

管道在穿过建(构)筑物的墙或基础时，应符合下列要求：

① 应在墙或基础上设置套管，管道与套管之间隙内应采用柔性填料充填；

② 当穿过的管道必须与墙或基础嵌固时，应在嵌固管段就近设置柔性接头；

③ 管道与设备连接时，应采取措施使管道能有适当的伸缩量和挠性；

④ 当管道穿过河流、沟渠、道路等障碍需要降低标高时，宜为降坡敷设，其倾斜角一般不大于30°，如图5.5.3所示，并应在两端设置柔性接口。

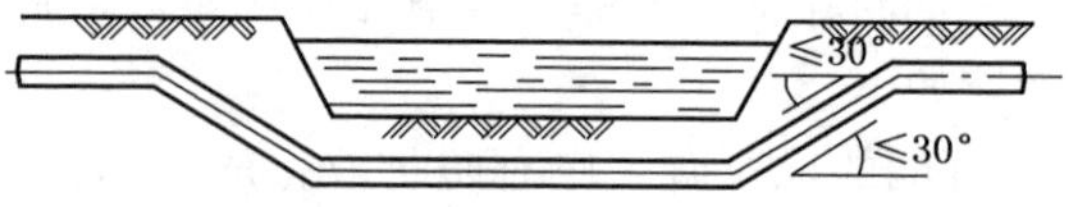

图5.5.3 管道降坡式敷设示意图

十一、其他措施

① 各种管道应有应急关断装置和排放措施，并应安全可靠。架空的阀门应有爬梯操作平台，埋地的阀门应设置阀门井，井内不应有淤泥和积水。

② 管道应避免死角，当不可避免时，应增设排放设施。

③ 在下列场所应设置阀门，阀门两侧均应采用柔性接头：

A. 地震断裂带两侧；

B. 地基土可能液化段的两侧；

C. 各种热水和自来水输送水网每隔2000～3000m，输配水网1000～1500m设一分段阀门。

④ 大型储罐与大口径管子的连接可采用抗震金属软管，见本书第三章第六节。

第六节 管道地震的设计与验算

一、管道地震荷载的计算

严格地说，地震荷载都属于动力荷载，应该用动力学方法进行分析。但由于动力分析方法过于复杂，难以应用于实际工程设计，所以考虑风和地震荷载时，均采用等效静力法来完成。该方法将地震荷载的作用转化为等效静力荷载，然后采用静力方法进行分析。计算等效静力荷载各国都有自己的方法，即使同一国家的不同标准所采用的方法也各不相同。主要是由于不同国家受地震的影响不同，以及不同行业的建筑物受风和地震的影响也不尽相同的缘故。

一般情况下，仅对抗震设防烈度较高、管道温度较高、管径较大、管内介质危害较大的管道才进行抗震验算。

二、GB 50316、GB/T 20801、ASME B31.1和ASME B31.3对管道地震荷载设计的对比

GB 50316和ASME B31.3均规定不需要考虑风和地震荷载同时发生。

GB 50316规定，地震烈度在9度及以上时，应进行地震验算。各行业对地震验算条件也有自己的规定，并通常比GB 50316更加严格。

GB 50316没有给出地震荷载的具体计算方法。ASME B31.1只是简单地说明需要根据场地数据确定地震荷载；ASME B31.3比较具体地指出，要求按照ASCE7和《Uniform Building Code》规定的方法计算地震荷载。与风荷载相类似，ASCE7和《Uniform Building Code》的计算公式中某些参数的取值与美国当地具体情况有直接关系，考虑到我国的情况有所不同，因此其计算公式的参考价值不大。

GB/T 20801 规定了抗震验算的范围，当同时满足以下条件时，应计及地震荷载：①GC1 类管道以及介质为有毒或易燃易爆的 GC2 类管道；②地震设防烈度大于等于 8 度，且设计基本地震加速度大于等于 0.24g。GB/T 20801 并在附录给出了水平地震力和地震弯矩的计算方法和公式。

三、地震载荷计算范围分析与工程应用

1. 设备布置抗震设计范围

进行设备布置配管设计时，管道、结构、设备三个专业应当协同考虑。当设备与框架都很高，设备在结构框架侧梁做导向。当地震时设备与反应框架的最高点都有较大的横向位移，如果设备与框架不是同一方向振动，则导向架受力很大，可能造成事故。虽然这些情况不一定激发，但是在做设备布置设计时应考虑防范措施。例如：①在设备的适当高度与框架做导向；②使用不限制竖向热胀位移的抗震阻尼器与结构协同绑定；③整个框架的最高点的横向位移最好也控制在更低的水平等措施。

2. 管道布置抗震设计范围

国内外标准规范均规定了管道布置抗震设计范围。表 5.6.1 所示是 SH/T 3039 规范规定的抗震设防范围和设防烈度要求。

表 5.6.1　SH/T 3039 抗震设防范围和设防烈度要求

管道级别	公称直径 DN	计算温度 T/℃	抗震设防烈度
SHA1 级	$80 \leqslant DN \leqslant 125$		9
	$DN > 125$		8、9
SHA2、SHA3、SHA4、SHB1、SHB2、SHB3、SHB4 级	$DN200/DN250$	$T \geqslant 300$	9
	$DN \geqslant 300$	$T \geqslant 200$	
	$DN \geqslant 500$ 且 $DN \geqslant 0.8$ 倍相连设备直径		8、9
	$DN \geqslant 800$		
SHC1、SHC2、SHC3、SHC4、SHC5 级	$DN \geqslant 300$	$T \geqslant 370$	9

注：管道级别按照国家现行标准 SH/T 3059 进行划分。

GB/T 20801《压力管道规范-工业管道》规定：

①同时满足以下条件时，应计及地震荷载：GC1 类管道、介质毒性为高度危害的 GC2 类管道或介质为可燃 GC2 类管道；地震设防烈度大于等于 8 度，且设计基本地震加速度大于等于 0.3g。

②如需计及风载，则风载和地震荷载无需同时与其他临时性荷载构成组合工况。

③如需计及因阀门开、关产生的荷载，则该荷载与地震荷载无需同时与其他临时性荷载构成组合工况。

四、管道抗震验算应如何进行

对于非埋地管道地震荷载的计算，可参照 SH/T 3039 给出的等效静力分析法进行。该方法来源于建筑抗震设计中的底部剪力法，所考虑的主要是地震惯性力的作用。由于竖向地震荷载只对悬臂结构和长跨重载结构影响显著，一般工程的构筑物均可不考虑，所以 SH/T 3039在管道抗震验算时仅考虑水平方向的地震荷载，不考虑竖直方向的地震作用，并

分别对两个主轴方向进行验算。管道水平地震作用，按式(5.6.1)计算。

$$q=\alpha_1 mg \tag{5.6.1}$$

式中 q——管道水平地震作用，N/m；

α_1——与管系基本自振周期相对应的水平地震影响系数；

m——管道每米长度的质量，kg/m；

g——重力加速度，m/s^2，取 $9.81m/s^2$。

水平地震作用与由压力、重力等持续荷载所引起的管道纵向应力不得大于管道在计算温度下许用应力的1.33倍。进行抗震验算时，不考虑风荷载的作用。

验算时可根据工程所在地的地震烈度(在我国设计地震动参数或抗震设防烈度可根据GB 18306《中国地震动参数区划图》选取)，给定地震荷载取若干个重力加速度。地震荷载按偶然荷载考虑，并且不与其他偶然荷载耦合。地震系数、设计基本加速度和抗震烈度关系见表5.6.2。

表5.6.2 地震系数、设计基本加速度和抗震烈度关系

地震系数	0.05	0.10	0.15	0.20	0.30	0.40
设计基本地震加速度	0.05g	0.1g	0.15g	0.20g	0.30g	0.40g
抗震设防烈度	6	7		8		9

埋地管道抗震验算时，可将管道与土壤之间视为刚性连接。

五、水平地震力和地震弯矩的计算

地震将对管系产生与地面平行和垂直的两个方向上的作用力，仅考虑地震引起的水平惯性力对管系的影响。与地面平行的地震作用力方向应选择使管系中应力水平最大的方向。本书仅给出地震作用时，管道所受惯性力的一般计算方法，设计也可用更精确的方法进行计算。当求得管道上的分布惯性力后，应对管道和管道元件进行强度校核，并应按算得的支承反力保证支吊架有足够的强度。当发生地震时，作用于管道上，对应于管道基本自振周期的水平分布力可以按式(5.6.2)计算：

$$Q_k=\alpha_1\cdot\eta_{1k}\cdot\Delta m_k\cdot g \tag{5.6.2}$$

式中 Q_k——管道质量作为离散分布，在k处的集中力，N；

α_1——对应于管道基本自振周期的地震影响系数α；

α——地震影响系数，按图5.6.1确定，但不小于$0.2\alpha_{max}$；

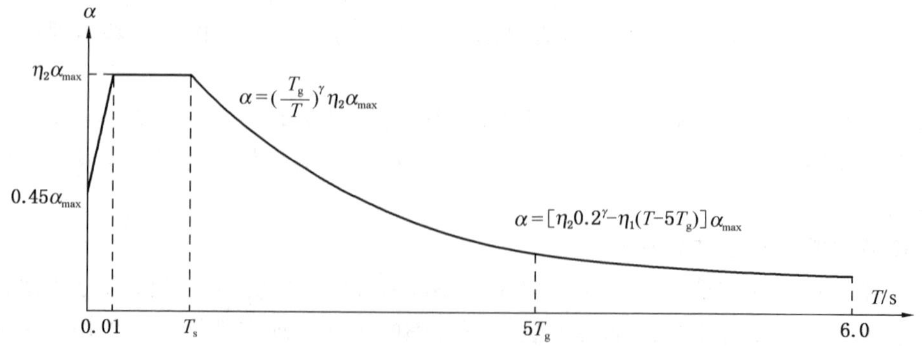

图5.6.1 地震影响系数曲线

α_{max}——地震影响系数的最大值，见表5.6.3。

表5.6.3 对应于设防烈度的α_{max}

设防烈度	8	9
α_{max}	0.24	0.32

T_g——各类场地土的特征周期，见表5.6.4；

表5.6.4 各类场地土的特征周期

设计地震分组	场地土类别			
	Ⅰ	Ⅱ	Ⅲ	Ⅳ
第一组	0.25	0.35	0.45	0.65
第二组	0.30	0.40	0.55	0.75
第三组	0.35	0.45	0.65	0.90

γ——曲线下降段的衰减指数，按式(5.6.3)计算：

$$\gamma = 0.9 + \frac{0.05-\zeta}{0.5+5\zeta} \tag{5.6.3}$$

η_1——直线下降段斜率的调整系数，按式(5.6.4)计算：

$$\eta_1 = 0.02 + \frac{0.05-\zeta}{8} \tag{5.6.4}$$

η_2——阻尼调整系数，按式(5.6.5)计算：

$$\eta_2 = 1 + \frac{0.05-\zeta}{0.06+1.7\zeta} \tag{5.6.5}$$

ξ——阻尼比；

η_{1k}——管道上k处的基本振型参与系数，按式(5.6.6)计算：

$$\eta_{1k} = \frac{\chi_k \sum_{i=1}^{n} \Delta m_i \chi_i}{\sum_{i=1}^{n} \Delta m_i \chi_i^2} \tag{5.6.6}$$

χ_i、χ_k——在地震荷载作用下，管道上某处或k处对应于所求振型的水平位移，mm；

Δm_i——管道质量作为离散分布，第i段的质量，kg。

地震荷载作用于管道的弯矩可按照以上所述的水平分布力进行计算。一般，对于管道在地震作用下的受激振动，需考虑高振型的影响。可按式(5.6.7)近似计算考虑高振型影响后的地震弯矩，也可按更详细的振型分析结果对弯矩进行组合：

$$M_h = 1.25 M_b \tag{5.6.7}$$

式中 M_h——考虑高振型影响后的地震弯矩，N·mm；

M_b——对应于基本振型的地震弯矩，N·mm。

六、管道柔性设计和防震设计的关系

管道的柔性设计是保证管道有足够的柔性以吸收由于热胀冷缩及端点位移产生的变形。防振设计是保证管系有一定的刚度，以避免在干扰作用下发生强烈振动。管道的布置及支架设置在满足柔性设计的要求同时还要满足防振设计要求。

七、抗震的设计应注意的问题

① 管件、阀门等管道组成件宜采用钢质制品。

② 管道的补偿器宜采用非填料函式补偿器(如Ⅱ形补偿器、波形补偿器等)；有填料的补偿器一旦出现过大的变形时易产生泄漏，导致次生性灾害；提高变形性能的伸缩段结构如图 5.6.2 所示；采用伸缩段吸收轴向变形要考虑垂直方向管道位移引起的附加荷载；

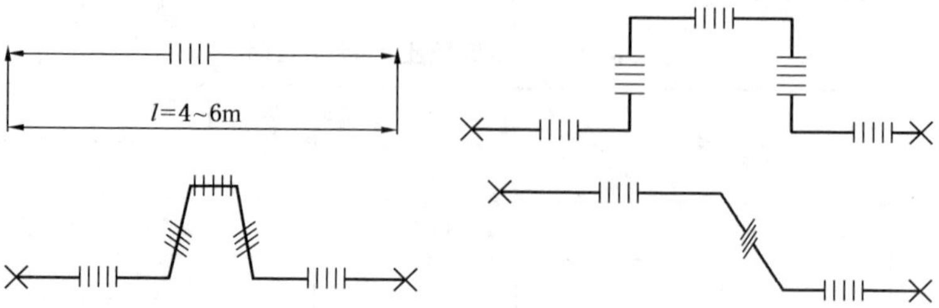

图 5.6.2 伸缩段(带有无保护外套的波纹伸缩节)

③ 管道与储罐等设备的连接应具有柔性；

④ 管道穿过建、构筑物件时应加套管，管道与套管之间应填塞软质不可燃材料；

⑤ 自力跨越道路的拱形管道应有防止倾倒的措施；设防烈度为 8 度、9 度时，不应采用自力跨越道路的拱形管道；

⑥ 管架上应设有防止管道侧向滑落的措施；

⑦ 铺设在港口码头、引桥上的管道应有防止管道被水浮起、冲落的措施；

⑧ 沿立式设备布置的竖直管道和采用吊架吊挂的管道应合理设置导向支架。

八、储罐抗震金属软管不需设置的分析与工程应用

在石油、化工等行业，常压储罐常设置金属软管或膨胀节，目的是为了防止沉降和抗震。常有一些配管设计人咨询笔者，国内有一些正在运行的大型化工储罐没有设置任何金属软管或膨胀节，国外很多国家的石油化工大型储罐也没有设置金属软管或膨胀节。其实，只要沉降数据符合管道柔性、配管柔性符合抗震要求，石油化工大型储罐是可以不用设置金属软管或膨胀节的。

有的标准规范规定，卧罐、球罐连接的管道也必须设置金属软管或膨胀节，其实一般是没有必要的。

第六章　管道荷载计算

第一节　荷载组合准则

一、管道荷载的内容

作用于管道的荷载有：管内介质产生的压力；管子重量(包括管内介质、隔热材料等)产生的均布荷载；阀门、三通、法兰等管件重量产生的集中荷载；管道支吊架产生的反力、风力、地震产生的荷载；还有管道温度变化热胀冷缩受约束产生的热荷载，管道安装施工时各部分尺寸误差产生的安装残余应力，与管道连接的设备变位或其他原因的管端位移引起管系变形而产生的荷载等。它们都使管道产生内力和变形。

由于管内介质压力脉动引起的管道振动以及液击产生的冲击波等也是管系设计中必须加以考虑的荷载。由于不同特征的荷载产生的应力性态及其对破坏的影响不同，因此需要对荷载进行分类，见表 6.1.1。

表 6.1.1　作用在管道上的负荷一览表

荷载的种类	荷载特点	荷　载　来　源	注
产生一次应力的荷载，为非自限性荷载，荷载过大，管道会被破坏			
内压力或外压力	在装置运行时产生，属长期静荷载	装置运行时在操作温度下，管内流体的内压或外压	因为在运行条件下管内压力和温度有种种变化，所以取最不利的压力温度组合作为设计条件
重　力	长期静荷载	其中包括管道、阀门、管件、隔热材料和流动介质的重量	应区分均布荷载和集中荷载
环境影响	短期静荷载	管内气体或蒸汽，在停工时由于大气的冷却，管内形成负压。由于气温升高或太阳直射使管内压力升高	通常在应力分析中不考虑，必要时设真空破坏器或安全阀防止管道破坏
试验荷载	短期静荷载	管道安装完毕后，进行水压试验或气压试验的荷载	一般试验压力根据有关规范确定
积雪荷载	短期静荷载	降雪地区的室外管道	按气象资料确定
风荷载	短期动荷载	作用下室外管道	一般根据气象资料按静力计算
地震荷载	短期静荷载	由地震引起的振动	一般根据有关资料按静力计算
压力冲击（水锤）	短期动荷载	机泵启动或关闭时、阀门快速启闭时和蒸汽管道暖管时等	在运行规程中设定机泵启动和关闭的规定，蒸汽管暖管的规定，对大口径的水泵出口设缓闭的逆止阀，以减少冲击荷载
产生二次应力的荷载为自限性荷载，管道变形后荷载减轻			
热膨胀变形	在管道上产生交变应力，每运行周期变化一次	因管道热胀或冷缩，管道变形而产生的交变应力	用计算机程序或有关图表计算

续表

荷载的种类	荷载特点	荷载来源	注
安装时冷紧	冷紧可减少管道对设备和固定支架的力	施工过程中产生	对二次应力无影响
管道端点位移	在管道上产生交变应力	与管道连接的设备膨胀	用计算机程序或有关图表计算
管道振动	长期振动荷载	管道受往复式机泵的压力脉动、两相流的压力脉动和机泵喘振而引起的振动	往复式机泵的进出口设置缓冲罐或增加管道的厚度
设备或支架基础下沉	可能引起管道对设备或支架的作用力改变或法兰泄漏	基础较差	如果在设计时能预知可能的下沉量，应在设计中予以考虑

二、恒荷载和活荷载

根据荷载作用时间的长短，可以分为恒荷载和活荷载。

恒荷载是指持续作用于管道的荷载，如介质压力、管道自重、支吊架反力、热胀受约束产生的热负荷、应变自均衡产生的自拉力和残余应力等。活荷载是指临时作用于管道的荷载，如风载和地震荷载等。

三、静力荷载和动力荷载

根据荷载作用的性质，可以分为静力荷载和动力荷载。

静力荷载是指缓慢、毫无振动地加到管道上的荷载，它的大小和位置与时间无关，或者是极为缓慢地变化，可略去惯性力的影响，不使管道产生显著运动。动力荷载是指随时间迅速变化的荷载，使管道产生显著的运动，而且必须考虑惯性力的影响，例如管道的振动、阀门突然关闭时的压力冲击、地震等。

静力荷载根据其不同的特性，分为自限性荷载和非自限性荷载。自限性荷载是指管道由于结构变形受约束所产生的荷载，例如管道温度变化产生的热荷载属于自限性荷载。只要管材塑性良好，初次施加自限性荷载不会直接导致破坏；非自限性荷载是指外力荷载，例如介质内压、管道自重产生的荷载等，非自限性荷载与管道的变形约束无关，超过一定的限度，就会直接导致破坏。

在一般管道的静力计算中，主要考虑的荷载有介质内压、管道自重、支吊架反力、热胀、冷缩和管道端点的附加位移等。通常将介质内压称为压力荷载，管道自重、支吊架反力和其他外载称为机械荷载或持续外载，热胀冷缩和端点附加位移等称为位移荷载或热负荷。

四、支吊架零部件对不同组合荷载的设计

支吊架应能承受管道和相关设备在可能出现的各种工况下所施加的静荷载和规定的动力荷载。支吊架零部件应按对其结构最不利的组合荷载进行选择和设计。工业管道设计荷载的种类和特点见表 6.1.2。

表 6.1.2　工业管道设计荷载的种类及特点

项号	在管道支吊架设计时，应考虑的荷载（但不限于下列各项）	支吊架结构上的荷载分类	不同种类荷载的特点
a)	管子、阀门、管件及隔热层的重力	永久荷载（恒荷载）	在支吊架结构使用期间，其值不随时间变化，或其变化值与平均值相比可以忽略不计的荷载
b)	支吊架零部件的重力		
c)	管道输送介质的重力	变化荷载（活荷载）	在支吊架结构使用期间，其值随时间变化，且变化值与平均值相比不可忽略的荷载。其中序号 d)项仅在水压试验或管路清洗时可能出现，又称为临时荷载
d)	水压试验或管路清洗时的介质重力		
e)	管道中柔性管件(如波纹管膨胀节、套筒式补偿器、柔性金属软管等)由于内部压力产生的作用力		
f)	支吊架约束管道位移(包括热胀、冷缩、冷紧、自拉和端点附加位移)所承受的约束反力和力矩		
g)	管道或管道隔热层外表面温度小于 20℃ 的室外管道受到的雪荷载(2008 年年初，中国南方遇到的大雪灾)	偶然荷载	在支吊架结构使用期间不一定出现，一旦出现，其值很大且持续时间较短的荷载。这类荷载通常是动荷载
h)	室外管道受到的风荷载		
i)	正常运行时，由于各种原因引起的管道振动力		
j)	管内流体动量瞬时突变(如流体锤)引起的瞬态作用力		
k)	流体排放产生的反力		
l)	地震引起的荷载		

五、最不利组合设计原则

支吊架结构设计应根据工况及结构上可能同时出现的荷载分别进行荷载效应组合，并取其中最不利组合进行设计。

六、支吊架结构荷载效应组合的工况

① 运行初期冷态工况，应考虑表 6.1.2 中 a)，b)，f)，g)，h)项的荷载效应组合，其中 f)项仅考虑管道冷紧位移的约束力；

② 运行初期热态工况，应考虑表 6.1.2 中 a)，b)，c)，f)，g)，h)，i)项的荷载效应组合，其中 f)项的冷紧位移应乘以冷紧有效系数；

③ 管道应变自均衡后冷态工况，应考虑表 6.1.2 中 a)，b)，f)，g)，h)项的荷载效应组合，其中 f)项按管道应变自均衡后的位移约束反力组合；

④ 管道应变自均衡后热态工况，应考虑表 6.1.2 中 a)，b)，c)，e)，f)，g)，h)，i)项的荷载效应组合，其中 f)项按管道应变自均衡后的位移约束反力组合；

⑤ 异常(事故)工况，应按各种异常(事故)情况分别进行组合：

A. 管道系统阀门瞬间启闭时，应考虑表 6.1.2 中 a)，b)，c)，e)，f)，g)，j)项的荷载效应组合；

B. 锅炉、压力容器或管道的安全阀或释放阀动作时，应考虑表 6.1.2 中 a)，b)，c)，e)，f)，g)，k)项的荷载效应组合；

C. 地震时，应考虑表 6.1.2 中 a)，b)，c)，e)，f)，g)，i)项的荷载效应组合；

D. 上述各种异常(事故)情况的荷载效应组合中，f)项的冷紧位移应乘以冷紧有效系数；

E. 水压试验或管路清洗时，应考虑表 6.1.2 中 a)，b)，d)，e)，f)，g)，h)项的荷载效应组合，其中 e)项应取水压试验或管路清洗时的介质内压产生的作用力。

⑥ 对于装有可变弹簧支吊架的管系，各个支吊架所承受的管系重力荷载应考虑到可变弹簧支吊架在冷状态和热状态下承载力的变化，并由此引起荷载向邻近刚性支吊架的转移。

⑦ 水平方向限位的支吊架在其约束方向的荷载还应考虑管系中各活动支吊架因摩擦力约束管道位移所引起的荷载传递。

⑧ 在荷载效应组合时，当永久荷载效应对结构有利时，永久荷载取其计算值；当永久荷载效应对结构不利时，取计算值的 1.2 倍。

⑨ 当考虑荷载长期效应组合时，雪荷载应按下列规定取值：

A. 东北地区取计算荷载的 0.2 倍；

B. 新疆北部地区取计算荷载的 0.15 倍；

C. 其他地区可不考虑。

⑩ 动力荷载应根据荷载的动力特性乘以相应的动载系数。

七、管道荷载条件依据的资料

① 管道布置设计工程规定；

② 管道布置图；

③ 装置设备布置图；

④ 管道等级表；

⑤ 隔热设计规定；

⑥ 管道材料专业发的有关文件；

⑦ 管道仪表流程图(PID)。

八、考虑承载的一般原则

① 设计管架时计算管道重量荷载、弹性荷载及摩擦力，其余荷载，如风载、地震荷载等可根据需要按相应规定计算。

② 当采用可变弹簧支吊架时，与其相邻的刚性支架的荷载应适当加大。一般取弹簧支吊架承受的最大荷载的 15%作为转移荷载，作用在相邻刚性支架上。

③ 对靠近泵、压缩机、汽轮机等敏感设备的支吊架，应能承受相应管段的全部重量。

④ 计算安全阀排气管道上的支吊架荷载时(排气管口为 T 形的除外)，尚应根据布置情况，考虑排气反作用力。

九、埋地管道荷载组合

1. 基本荷载组合

由经常作用的荷载组成：

① 管道结构自重：管子自重＋隔热层重；

② 管内介质重；

③ 管子的工作重，为安全计，一般采用管道的试验重；

④ 回填土荷载；

⑤ 车辆荷载或堆放荷载；

⑥ 温度作用力。

2. 附加荷载组合

由经常性作用荷载和暂时荷载组成：

① 运行中出现真空情况时，而以真空压力条件进行荷载计算，真空压力一般取 0.1MPa（按 GB 50316）；

② 水锤作用，当需要计算时计入；

③ 地震作用力，按照抗震规范，当需要计算时计入；

④ 集中荷载，当系统存在时计入。

第二节　基本荷载的确定

一、管道荷载计算的必要性

管道支吊架是用来承受管道荷载的元件，它自身也存在一个强度设计问题。支吊架也将把它承受的荷载传递给建构筑物、设备、加热炉等生根设施，管道设计人员需要将有关荷载提交给相应专业，以便相关专业在设计中计入相应的管道荷载。

支吊架承受的基本荷载是指管道自重、隔热结构重、管内介质重(包括水压试验时的充水重，当介质相对密度小于 1，且管道需进行水压试验时按充水重量考虑)、集中荷载(如阀门、法兰、小型管道设备等的重量)等。这类荷载有时也称持续荷载，它不随管系的温升或温降而改变，分配到每个支承点的荷载大小只与管道几何形状和支承点的位置有关。另外，根据需要考虑雪荷载等的作用。由于管段形式和支承点所处位置不同，支吊架所承受的重量荷载亦不尽相同。

管道工程设计时，大部分管线的荷载计算不可能都用应力计算软件，那样成本太高了，大部分工业管道的荷载计算需要使用手工计算、查表计算等简便快捷方法。

二、管道荷载计算的常用方法

管子荷载计算有很多种方法，应根据具体情况具体分析。对于管子基本荷载的确定应根据力及力矩分配的原则进行推算。对于管子的热应力荷载的计算较复杂，无分支简单几何管系需手算很长时间，现在的荷载计算常借助图表法和计算机法相结合进行，以提高工作效率。对于不能用计算机计算，或者认为计算机计算不合适时，可采用近似解法进行计算。作为有代表性的热应力荷载计算方法如下：

① 简支梁法(导向悬臂法)；

② 力矩分配法；

③ 弹性中心法；

④ 面积力矩法；

⑤ 变形能法；

其中最有代表性的方法是一般解析法，包括：

⑥ 矩阵解析法；

⑦ 除上述用数学的解析方法外还有利用图表解析的方法，如凯洛格法、特优顿(Tube Turn)法等；

⑧ 有限元法；

⑨ 挠性判断法。

上述计算方法中，除了⑤、⑥以外均为近似解析法，近似解析法多不考虑柔度系数和集中系数，因此近似解析法一般偏于安全。

三、单位长度管道的自重的计算

管道的单位长度自重可按下式计算：

$$q_1 = 0.2466C \cdot t \cdot (D - t) \tag{6.2.1}$$

式中 q_1——管子的单位长度重量，N/m；

C——管子材料的相对重量系数，碳钢取1.0，铸铁则为0.91，铁素体不锈钢为0.95，奥氏体不锈钢为1.02，铜为1.14，铝为0.35；

t——管子的公称壁厚，mm；

D——管子的外径，mm。

四、单位长度管道的隔热材料重量的计算

管道隔热材料的单位长度重量按下式计算：

$$q'_2 = 3.14 \times 10^{-6} \times D \cdot (D + S) \cdot \gamma_2 \tag{6.2.2}$$

式中 q'_2——隔热材料单位长度重量，N/mm；

D——管子的外径，mm；

S——隔热材料厚度，mm；

γ_2——隔热材料容重，N/m^3。

考虑管子隔热材料外保护层(如镀锌铁皮)、支承固定结构(如自攻螺钉、立管托板)等附助材料的影响，故实际应取的隔热材料单位长度重量为 $q_2 = 1.2q'_2$。

五、单位长度管道内的介质重量的计算

管道内单位长度的介质重量按下式计算：

$$q_3 = 0.785 \times 10^{-6} \times (D^2 - 4t^2) \cdot \gamma_3 \tag{6.2.3}$$

式中 q_3——管道内单位长度的介质重量，N/m；

D——管子的外径，mm；

t——管子的公称壁厚，mm；

γ_3——介质容重，N/m^3。

对于可能出现凝液的气体管道，其介质重可按第六章第二节给出的方法计算。

六、单位长度管内充水重量的计算

管道内单位长度的充水重量按下式计算：

$$q_4 = 0.785 \times 10^{-6} \times (D^2 - 4t^2) \tag{6.2.4}$$

式中 q_4——管道内单位长度的充水重量，N/m；

D、t——的意义同式(6.2.3)，其中水的容重按10000N/m^{3}计算。

值得注意的是，管道内的充水重量不能与介质重量同时考虑，并且只有当管子需要进行水压试验时才考虑充水重量的影响。一般情况下，对于大直径管道，尤其是大直径气体管道，其充水重量要比介质重量大许多，故这类管道的支吊架应考虑能承受水压试验时的充水重量。对于并行的多根管道，如管廊上的管道，每根管道不能同时计入充水重量，实际的水压试验过程也是逐根进行的，此时在向结构专业委托荷载资料时，以其中的最大一根管道充

水重量计算即可。

七、美国标准规范管道材料重量计算简化公式

对于一些采用美制(英制)单位的国外工程项目，以下用于管子重量、管内物料重量以及管道隔热层重量的公式将会有所帮助。

$$管子重量(lbf/ft)=10.68FT(D-T)$$

式中 T——壁厚，in；

D——外径，in；

F——相对重量系数。

管子重量是以 0.2833lbf/in³ 的低碳钢为基础而得出的。

相对重量系数 F：

铝	0.34	铁素体不锈钢	0.95
黄铜	1.09	奥氏体不锈钢	1.02
铸铁	0.92	钢	1.00
铜	1.14	熟铁	0.99

管内物料重量(lbf/ft)

$$0.3405G(D-2T)^2$$

式中 G——物料容重；

T——管壁厚度，in；

D——管子外径，in。

每英尺钢管重量容差见表 6.2.1。

表 6.2.1 钢管重量容差

规格		容差	规格		容差
ASTM A-53	标准管重量	+5% -5%	ASTM A-335	≤12[a]	+6.5% -3.5%
ASTM A-120	加强管重量	+5% -5%		>12[a]	+10% -5%
	特加强管重量	+10% -10%	ASTM A-312		
ASTM A-106	Sch 10～120	+6.5% -3.5%	ASTM A-376	≤12[a]	+6.5% -3.5%
	Sch 140～160	+10% -3.5%	API 5L	全部尺寸	+6.5% -3.5%

在规定的隔热层厚度和密度不同于所表示的那些时，参考下列“管道隔热层重量”的公式。

$$管道隔热层重量(lbf/ft)=0.0218IT(D+T)$$

式中 I——隔热层密度，lb/ft³；

T——隔热层厚度，in；

D——管子外径，in。

八、正常操作与水压试验时基本荷载的计算

管道的基本荷载应为上述各荷载之和，并加集中荷载。

正常操作时，每根管道的基本荷载应为：

$$Q=qL+\sum_{i=1}^{n}F_i=(q_1+q_2+q_3)L+\sum_{i=1}^{n}F_i \quad (6.2.5)$$

水压试验时每根管道的基本荷载应为：

$$Q = qL + \sum_{i=1}^{n} F_i = (q_1 + q_2 + q_4)L + \sum_{i=1}^{n} F_i \tag{6.2.6}$$

式中　Q——理论基本荷载，N；

L——管道总长，m；

F_i——第 i 个集中荷载，N，该管系共有 n 个集中荷载；

q——总的均布荷载单位长度重量，N/m。

考虑各荷载可能出现的正偏差影响(如管子壁厚出现正偏差)，故实际的基本荷载应取按上两式计算值的 1.2～1.4 倍。

第三节　基本荷载的分配

冷态下，管道的基本荷载是按管系的空间几何形状进行分配的，即通过管系的空间几何形状和支承点的位置可以计算出各承重点的分配荷载。在实际的工程中，管系的空间形状、支承位置、集中荷载作用点是千变万化的，在这里很难给出各种管系的具体计算公式，可从中了解其计算规律，并以此去处理千变万化的工程实际情况。热态下，管道的基本荷载不按下面公式计算。

一、水平直管无集中荷载(图 6.3.1)

$$G_B = \frac{q(a+b)}{2} \tag{6.3.1}$$

式中　G_B——B 点所承受的荷载，N；

q——管道单位长度的基本荷载，N/m；

a，b——支吊架间距，m。

二、带有集中荷载的水平直管(图 6.3.2)

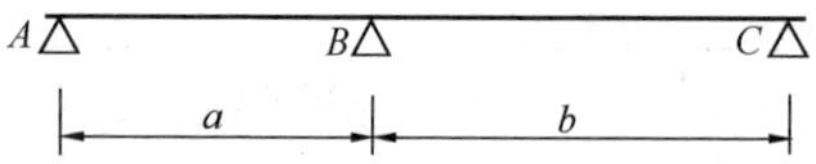

图 6.3.1　水平直管无集中荷载

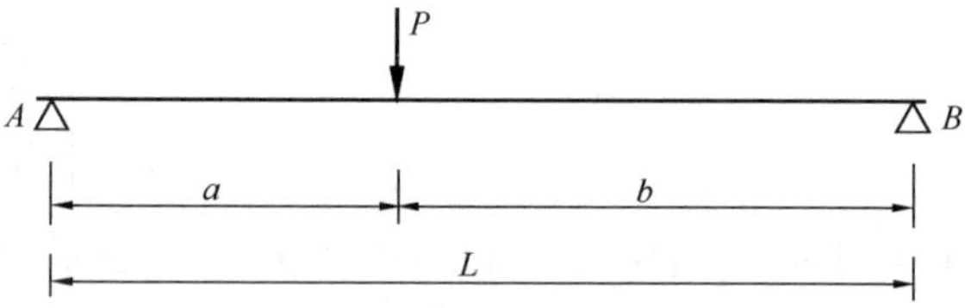

图 6.3.2　带有集中荷载的水平直管

$$G_A = \left(\frac{qL}{2} + \frac{Pb}{L}\right) \tag{6.3.2}$$

$$G_B = \left(\frac{qL}{2} + \frac{Pa}{L}\right) \tag{6.3.3}$$

式中　G_A、G_B——A 点、B 点承受的荷载，N；

q——管道单位长度的基本荷载，N/m；

a、b——支吊架间距，m。

三、带有阀门等集中荷载的水平管道基本荷载

图 6.3.3 给出了装有两个阀门的水平管道，阀门重量分别为 F_1 和 F_2。管道中共有 A、

B、C 三个支承点，各支承点的位置尺寸及阀门的位置尺寸分别为 L_1、L_2、a、b、c、d。那么各支承点所承受的基本荷载可分别按下式计算：

$$Q_A = \frac{1}{2}qL_1 + \frac{b}{L_1}F_1 \tag{6.3.4}$$

$$Q_B = \frac{1}{2}qL_1 + \frac{1}{2}q_2L_2 + \frac{a}{L_1}F_1 + \frac{d}{L_2}F_2 \tag{6.3.5}$$

$$Q_C = \frac{1}{2}qL_2 + \frac{c}{L_2}F_2 \tag{6.3.6}$$

式中 Q_A——支承点 A 所承受的管道基本荷载，N；

Q_B——支承点 B 所承受的管道基本荷载，N；

Q_C——支承点 C 所承受的管道基本荷载，N；

其他符号见定义。

四、带有垂直段管道的集中荷载

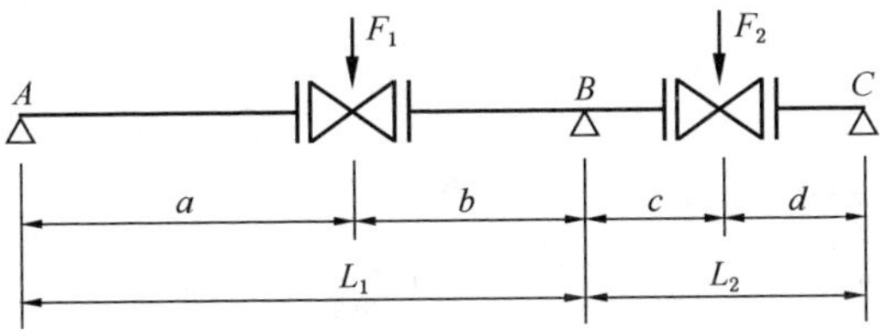

图 6.3.3 带有阀门等集中荷载的水平管道基本荷载分配示意图

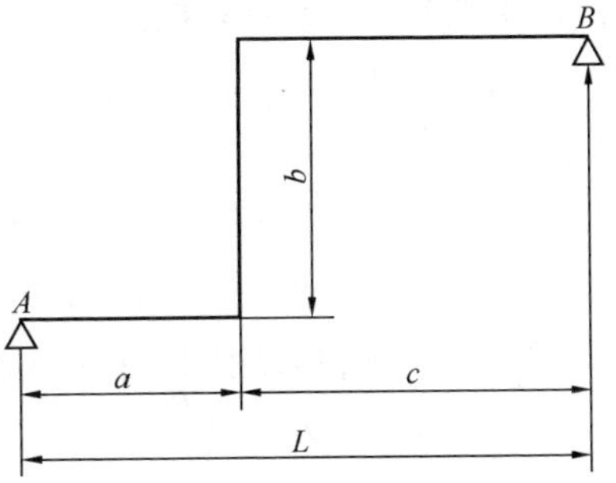

图 6.3.4 带有垂直段的管道基本荷载分配示意图

图 6.3.4 给出了有竖直管段的管道情况，此时对两个支承点 A、B 来说，可将竖直段管道看作一集中荷载，该集中荷载 $F=b\cdot q$，那么可以得到两支承点的荷载分别为：

$$Q_A = \frac{1}{2}qL + \frac{c}{L}bq \tag{6.3.7}$$

$$Q_B = \frac{1}{2}qL + \frac{a}{L}bq \tag{6.3.8}$$

式中 Q_A——支承点 A 所承受的管道基本荷载，N；

Q_B——支承点 B 所承受的管道基本荷载，N；

q——管子总单位长度重量，N/m；

a，b，c，L——分别为图示的结构尺寸，m。

五、垂直管道的集中荷载(图 6.3.5)

垂直管线上支点的集中荷载等于垂直部分全部荷载于水平部分 1/2 荷载之和。

$$G_B = \frac{qa}{2} + \frac{qb}{2} + ql \tag{6.3.9}$$

六、L形垂直弯管(图 6.3.6)

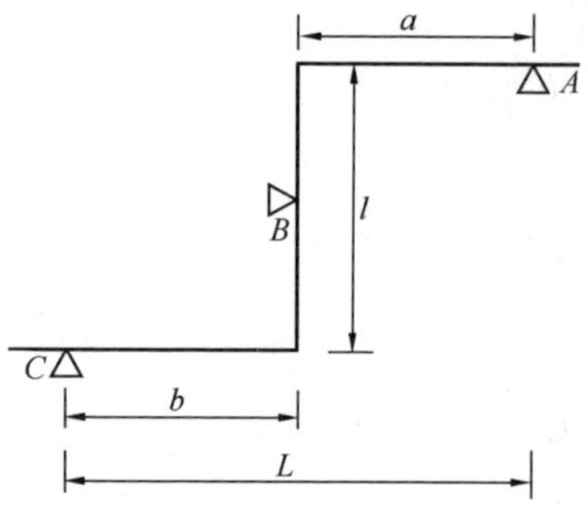

图 6.3.5 垂直管道的集中荷载

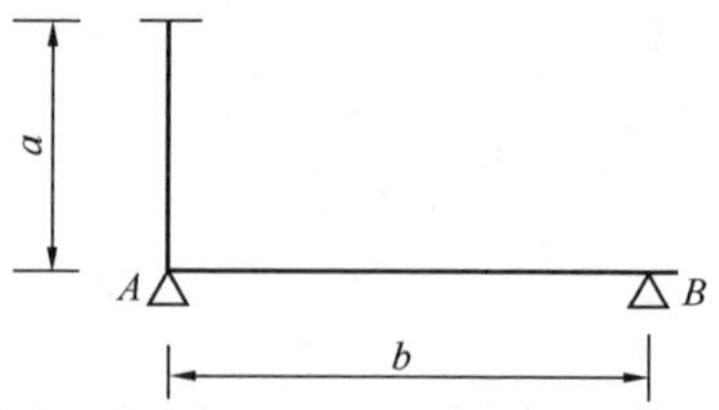

图 6.3.6 L形垂直弯管的集中荷载

$$G_A = qa + \frac{qb}{2} \tag{6.3.10}$$

$$G_B = ab/2 \tag{6.3.11}$$

七、水平弯管(弯管两段接近相等)(图 6.3.7)

在弯管两段接近相等的条件下，按下式计算：

$$G_A = G_B = \frac{q(a+b)}{2} \tag{6.3.12}$$

式中 G_A、G_B——A 点、B 点的荷载，N；

q——管道单位长度的基本荷载，N/m；

a、b——管段长度，m。

八、水平弯管(弯管两段不相等)(图 6.3.8)

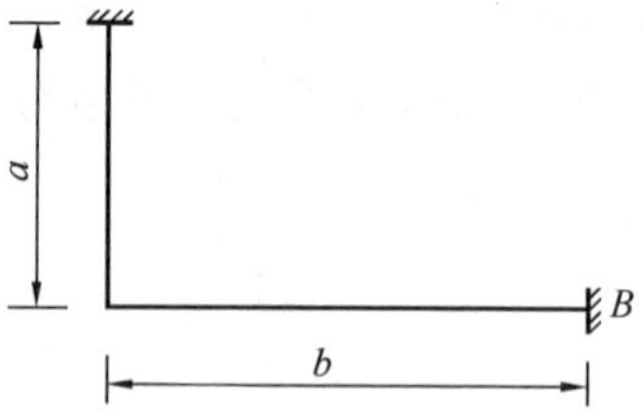

图 6.3.7 水平弯管(弯管两段接近相等)

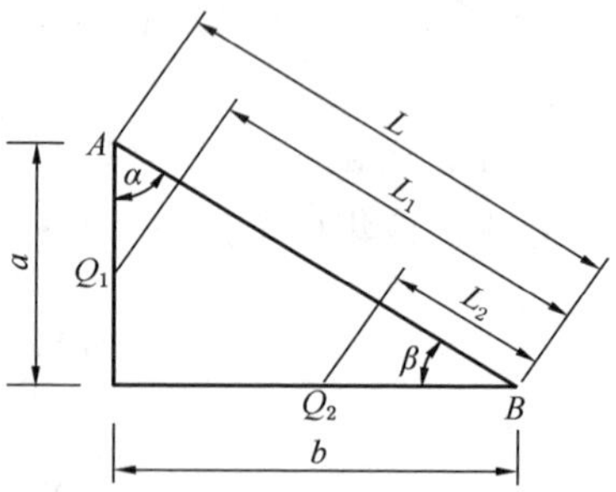

图 6.3.8 弯管两段不相等

$$G_A = \frac{Q_1 L_1 + Q_2 L_2}{L} \tag{6.3.13}$$

$$G_B = Q_1 + Q_2 - G_A \tag{6.3.14}$$

式中 Q_1、Q_2——a、b 管段的基本荷载，N；

a——管段长度，m；

b——管段长度，m；

L——A、B 两端间垂直距离，m；

L_1——$a/2$ 处距 B 端的垂直距离，m；

L_2——$b/2$ 处距 B 端的垂直距离，m。

九、带分支的水平管(分支在同一平面)(图 6.3.9)

$$G_A = \frac{q_1 L}{2} + \frac{q_2 bc}{2L} \tag{6.3.15}$$

$$G_B = \frac{q_1 L}{2} + \frac{q_2 ac}{2L} \tag{6.3.16}$$

$$G_C = \frac{q_2 c}{2} \tag{6.3.17}$$

式中　G_A、G_B、G_C——A、B、C 点的荷载，N；

q_1、q_2——管道单位长度的基本荷载，N/m；

a、b、c、L——管段长度或支吊架间距，m。

十、带分支的水平管(分支在同一平面，带有垂直管段)(图 6.3.10)

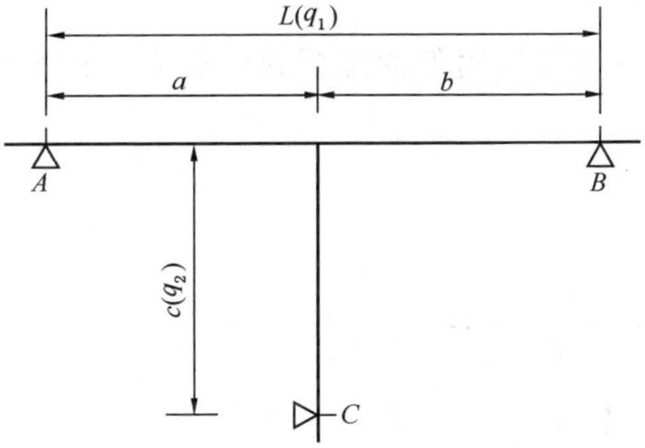

图 6.3.9　带分支的水平管
(分支在同一平面)

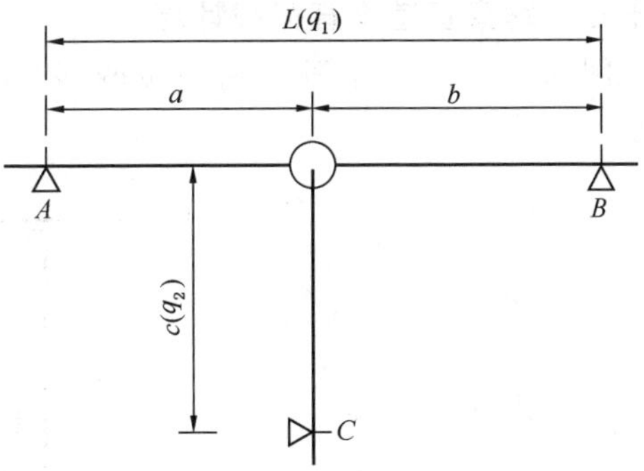

图 6.3.10　带分支的水平管
(分支在同一平面，带有垂直管段)

$$G_A = \left[\frac{q_1 L}{2} + \frac{q_2 b}{L}\left(\frac{c}{2} + l\right)\right] \tag{6.3.18}$$

$$G_B = \left[\frac{q_1 L}{2} + \frac{q_2 a}{L}\left(\frac{c}{2} + l\right)\right] \tag{6.3.19}$$

$$G_C = \frac{q_2 c}{2} \tag{6.3.20}$$

式中　G_A、G_B、G_C——A、B、C 点的荷载，N；

q_1、q_2——管道单位长度的基本荷载，N；

a、b、c、L——管段长度或支吊架间距，m；

l——垂直管段的长度，m。

十一、水平门形管道(水平单支点)(图 6.3.11)

$$Q_B = \frac{q(b + c)}{2} \tag{6.3.21}$$

$$Q_C = \frac{q(a + b)}{2} \tag{6.3.22}$$

十二、水平门形管道(水平双支点)(图 6.3.12)

$$Q_C = \frac{q(b+c)}{2} \tag{6.3.23}$$

$$Q_D = \frac{q(a+b)}{2} \tag{6.3.24}$$

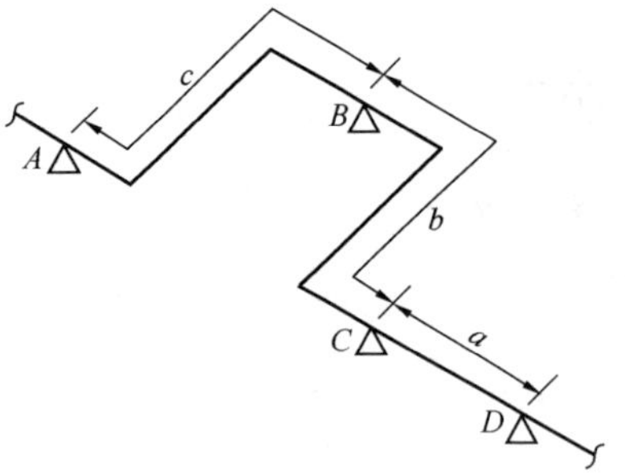

图 6.3.11 水平门形管道(水平单支点)

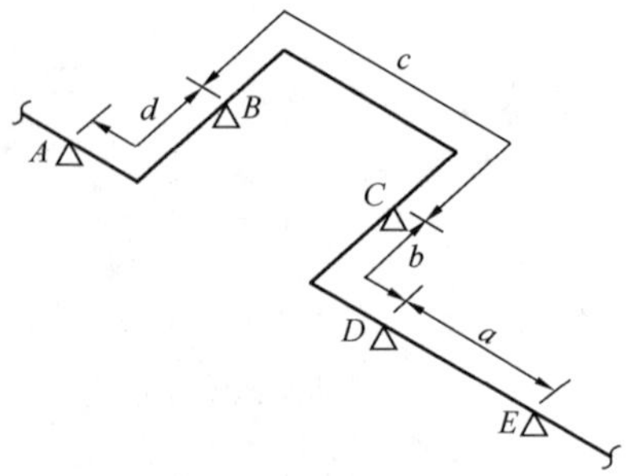

图 6.3.12 水平门形管道(水平双支点)

十三、垂直管道垂直荷载计算

如图 6.3.13 所示，垂直管可按两支点间管道和管道附件的总荷载。平均分配于两侧管架承受。

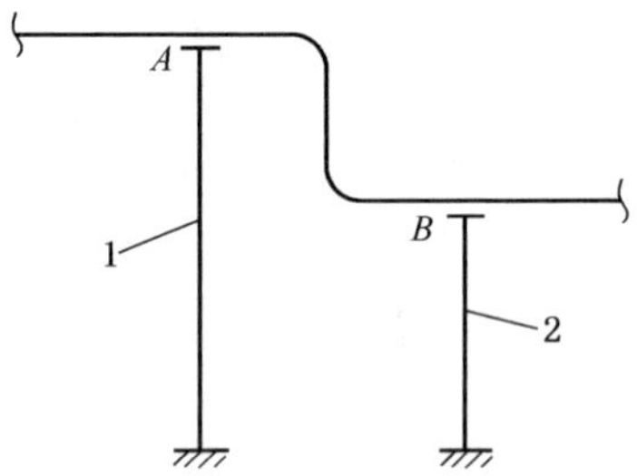

图 6.3.13 垂直管道示意

1—高管架；2—低管架

热态下，管系中各支承点不仅承受管道的基本荷载，还将承受位移荷载。由于管系中各点发生了位移，使得管系中各支承点的基本荷载发生了重新分配。当管系中无弹簧支吊架时，基本荷载仍然符合几何分配原则，但此时应注意是否有支承点脱空现象，如果有的话应不考虑该支承点的承重。当管系中有弹簧支吊架时，基本荷载的分配原则符合热态吊零或冷态吊零分配原则，此时弹簧支吊架承受的荷载一旦确定，可将它视为一个集中荷载，那么管系中的基本荷载分配仍然符合几何分配原则。

第四节 支架上垂直荷载的计算

一、管廊上管道的一般分布

图 6.4.1 某管廊上管道的一般分布。通常≤$DN300$(也可根据工程实际情况，按其他口径)的管道只向结构专业提交“均布荷载”(见下面介绍的均布荷载的计算方法)设计条件。>$DN300$ 的管道向结构专业提交“集中荷载”(按基本荷载的分配计算)设计条件。图 6.4.1 支管廊接入主管廊处以及自然补偿弯处在主管廊的侧纵联系梁上需要提出荷载条件。

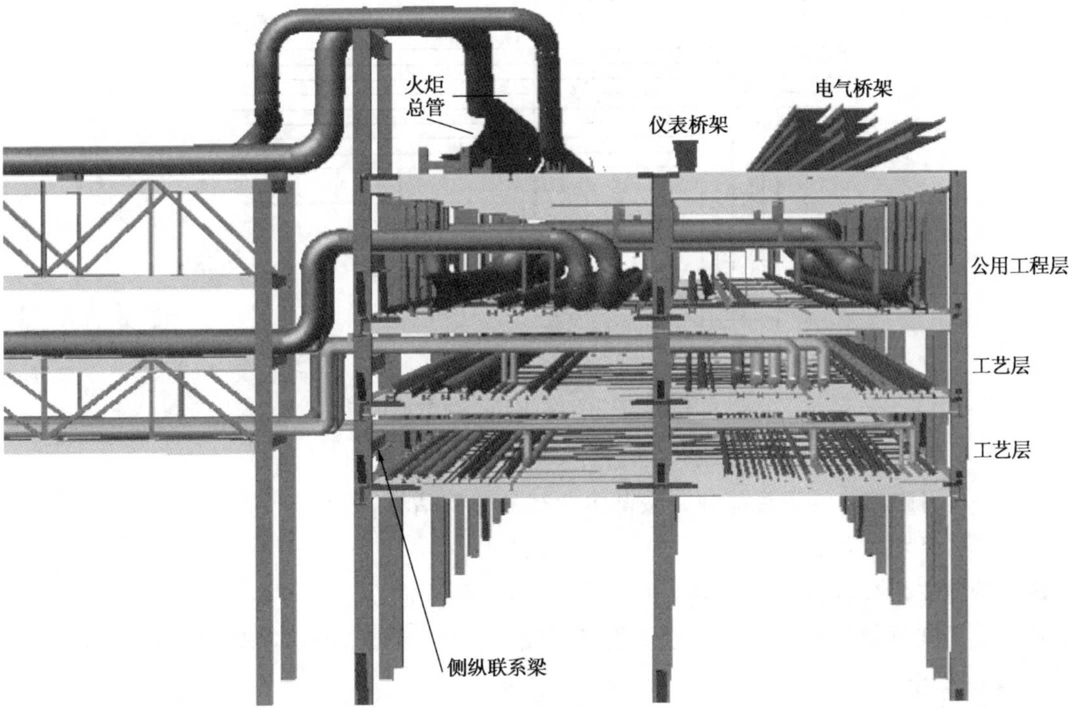

图 6.4.1　某管廊设计

二、管廊上垂直均布荷载的计算方法(图 6.4.2)

$$q = w/S \tag{6.4.1}$$

式中　q——均布荷载，管廊单位面积管子的荷载；kN/m²；

w——阴影部分单位长度管子总荷载，kN/m；

S——管线总宽，m；

L——管廊宽度。

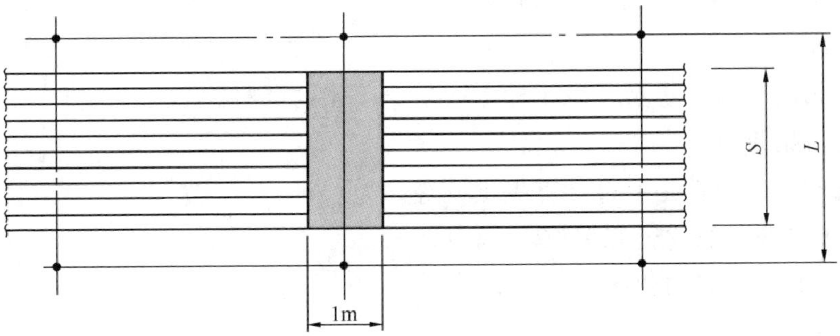

图 6.4.2　管廊上均布荷载的计算

三、侧纵支梁上垂直均布荷载的计算方法(图 6.4.3)

$$Q = W/S \tag{6.4.2}$$

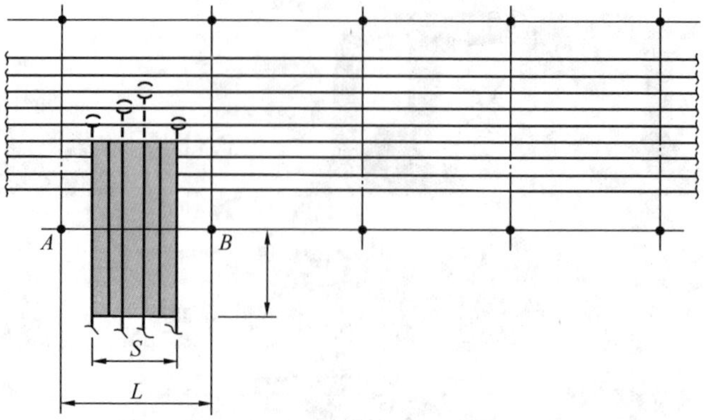

图 6.4.3 侧纵支架上均布荷载的计算

式中 Q——侧纵支梁上均布荷载，kN/m；

W——阴影部分管子总荷载，按基本荷载的分配估算，kN；

S——管束总宽度；

四、管道支吊架垂直荷载计算

管道支吊架承受的垂直荷载，除了进行荷载组合外，计算时还应满足以下要求：

1. 管道重量

按管道材料标准或管材生产厂家的资料计算。

2. 流体重量

管内输送可凝气体时，其介质重量应按管内冷凝液的实际重量计算。水平管道的冷凝液重量，可按下列规定估算：

① 管道公称直径小于100mm时，可取满管液重的50%；

② 管道公称直径为100～500mm时，可取满管液重的15%；

③ 管道公称直径大于500mm时，可取满管液重的10%。

3. 隔热层重量计算

按隔热标准或生产厂家提供资料计算。

4. 集中荷载

① 管件、阀门、法兰重量来源于样本或生产厂家的资料。

② 管道支吊架重量。

③ 安全阀反力，通常是通过计算提供，等。

五、管道垂直荷载简化计算表(表6.4.1)

六、法兰及阀门荷载简化表

1. 法兰连接的阀门质量表

表6.4.2为法兰连接的阀门质量表。

2. 法兰质量表

HG/T 20592～20635《钢制管法兰、垫片和紧固件》内包含欧洲体系、美洲体系钢制管法兰的参考质量，见表6.4.3。

表 6.4.1　管线垂直荷载的简化计算表

DN	空管重/(kg/m)				隔热层重		充水重/(kg/m)	空管重+充水重+隔热层重/(kg/m)				空管重+充水重/(kg/m)			
	Class150	Class300	Class600	Class1500	隔热层厚度/mm	隔热层重/(kg/m)		Class150	Class300	Class600	Class1500	Class150	Class300	Class600	Class1500
50	5.44	7.48	11.11	11.11	65	6.3	2.2	14.484	16.728	20.721	20.721	8.184	10.428	20.721	14.421
80	11.29	15.27	15.27	21.34	80	9	4.77	26.189	30.567	30.567	37.244	17.189	21.567	30.567	28.244
100	16.1	16.1	22.32	41.03	80	10.2	8.21	36.12	36.12	42.962	63.543	25.92	25.92	42.962	53.343
150	28.3	28.3	42.6	86	80	12.7	18.64	62.47	62.47	78.2	125.94	49.77	49.77	78.2	113.24
200	33.32	42.54	64.64	146	90	17.2	33.46	87.312	97.454	121.764	211.26	70.112	80.254	121.764	194.06
250	41.77	60.32	96	215.35	90	19.9	53.26	119.107	139.512	178.76	310.045	99.207	119.612	178.76	290.145
300	49.73	73.85	132.06	318.5	90	22.6	76.06	153.363	179.895	243.926	449.01	130.763	157.295	243.926	426.41
350	67.95	94.51	158.11	363	90	24.4	90.66	189.805	219.021	288.981	514.36	165.405	194.621	288.981	489.96
400	77.88	123.31	203.53	497.2	90	27	119.8	232.468	282.441	370.683	693.72	205.468	255.441	370.683	666.72
450	87.81	155.93	254.63	604.5	90	29.8	152.99	279.381	354.313	462.883	847.74	249.581	324.513	462.883	817.94
500	117.09	183.41	311.16		90	33	187.77	349.569	422.521	563.046		316.569	389.521	563.046	
600	140.96	255.18	441.84		90	38	273.9	466.956	592.598	797.924		428.956	554.598	797.924	
750	176.76	206.01	349		100	50	433.5	677.936	710.111	867.4		627.936	660.111	867.4	
900	265.08	282.41			100	60	622.93	974.518	993.581			914.518	933.581		
1050	268.68	330.14			100	68	859.61	1223.158	1290.764			1155.158	1222.764		
1200	331.45	471.1			100	77	1125.23	1566.825	1720.44			1489.825			

隔热材料：岩棉

表面材料：铝

例如：从表中可以直接查出 *DN*350 的管子，Class300 时，空管重大约为 94.51kg/m，空管重+充水重+隔热层重大约为 219.021kg/m。

表 6.4.2 法兰连接的阀门质量 kg

DN	闸阀			截止阀			止回阀		
	Class150	Class300	Class600	Class150	Class300	Class600	Class150	Class300	Class600
1/2	2.5	—	9	3	5	5	2	3.0	6
3/4	4.5	6.2	13	5	7	7	3	4.5	9
1	5.5	7.5	18	6	9	9	5	6.0	11
1¼	9.2	13.2	22	11	15	15	8	9.0	15
1½	12.5	17.0	35	14	18	18	11	13.0	22
2	23.0	34.0	50	21	36	40	17	27.0	31
2½	31.0	46.0	62	30	48	53	23	37.0	45
3	40.0	60.0	85	36	60	71	28	48.0	58
4	59.0	93.0	140	59	96	136	45	73.0	105
5	—	—	—	—	—	—	—	—	—
6	100.0	180.0	270	109	172	362	81	130.0	219
8	165.0	280.0	570	180	391	650	139	228.0	389
10	250.0	390.0	840	255	560	906	189	282.0	503
12	335.0	640.0	1200	390	831	1224	303	587.0	745
14	570.0	890.0	1715	599	—	—	450	615.0	—
16	715.0	1090.0	2120	807	—	—	580	845.0	1725
18	820.0	1535.0	2850	—	—	—	752	1115.0	—
20	1040.0	1890.0	3258	—	—	—	928	1390.0	—
22	1315.0	2090.0	4240	—	—	—	—	—	—
24	1590.0	2290.0	5067	—	—	—	1185	1832.0	—

表 6.4.3 法兰的质量 kg

DN/in	对焊法兰			滑套法兰			孔板法兰		
	Class150	Class300	Class600	Class150	Class300	Class600	Class150	Class300	Class600
1/2	0.9	0.9	1.4	0.9	1.4	1.4	—	—	—
3/4	0.9	1.4	1.8	0.9	1.4	1.4	—	—	—
1	1.1	1.8	2.3	0.9	1.4	1.8	—	8.2	8.2
1¼	1.1	2.7	3.2	1.4	1.8	2.7	—	9.5	9.5
1½	1.8	3.6	4.5	1.4	2.7	3.2	—	13.0	13.0
2	2.7	4.1	5.4	2.3	3.2	4.1	—	15.0	15.0
2½	4.5	5.4	8.2	3.2	4.5	5.9	—	19.5	19.5
3	5.2	6.8	10.4	3.6	5.9	7.1	—	22.0	22.0
4	6.8	11.3	19.0	5.9	10.0	16.8	—	31.0	44.0

续表

DN/in	对焊法兰			滑套法兰			孔板法兰		
	Class150	Class300	Class600	Class150	Class300	Class600	Class150	Class300	Class600
5	—	—	—	—	—	—	—	—	—
6	10.9	19.0	36.7	8.6	17.7	36.3	—	45.0	88.0
8	17.7	30.4	53.1	13.6	28.3	52.2	—	70.0	129.0
10	23.6	41.3	85.7	19.5	36.7	80.3	—	100.0	204.0
12	36.3	62.6	102.5	29.0	52.2	97.5	—	150.0	245.0
14	46.3	84.4	157.4	38.6	74.4	117.5	—	193.0	320.0
16	57.6	111.6	218.2	42.2	99.8	166.0	—	268.0	—
18	63.5	138.3	251.7	54.4	127.0	210.2	—	340.0	—
20	77.1	171.5	313.3	70.3	147.4	277.7	—	413.0	—
22	101.6	210.9	326.6	83.9	188.8	267.6	—	510.3	—
24	118.0	247.2	443.2	95.3	222.3	397.3	—	613.0	—

第五节　短时间作用荷载的计算

一、短时间作用荷载不同时计入原则

作用时间短，但有时可能产生较大的荷载值，故在支承件强度设计时应计入。考虑这些荷载同时出现的可能性很小，故工程上一般不同时计入，而是根据具体情况，计入其中的较大值。

二、风荷载计算范围、方法与工程应用

1. 风载荷计算范围

风载荷计算范围一般包括：

①沿塔类等高大设备垂直敷设的管道；

②结构上层管道；

③管架间距过大、柔性过大的管道；

④较大口径(≥DN600)的管道，或并排多根敷设的管道。

2. 风载荷计算的一般方法

严格地说，风和地震荷载都属于动力荷载，应该用动力学方法进行分析。但由于动力分析方法过于复杂，难以应用于实际工程设计，所以考虑风和地震荷载时，均采用等效静力法来完成。将风和地震荷载的作用转化为等效静力荷载，然后采用静力方法进行分析。计算等效静力荷载各国都有自己的方法，即使同一国家的不同标准所采用的方法也各不相同。这主要是由于不同国家受风和地展的影响不同，以及不同行业的建筑物受风和地震的影响也不尽相同的缘故。

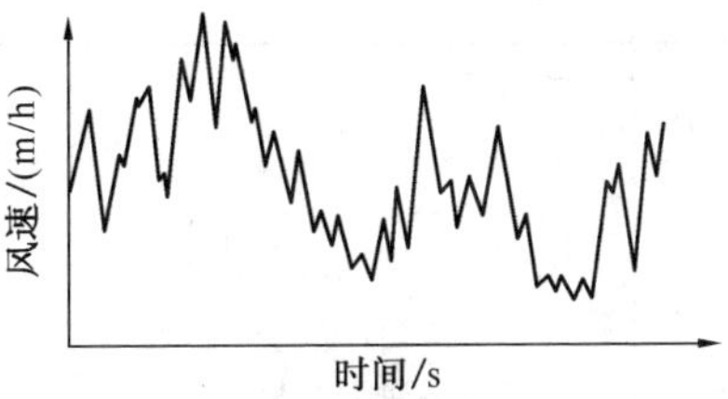

图 6.5.1　风速随时间变化的曲线

当空气撞击管子使风的动量减弱时，在管子上就产生了一种静压力风速产生的力。图 6.5.1 表示了一个典型的风速随时间变化的曲线。几乎所有考虑风荷载的设计都是采用一个等效于动力荷载的静荷载模

型，并且通过“突发系数”增大静荷载以计算潜在的动力影响。

GB 50316 没有给出风荷载的具体计算方法；ASME B31.1 只是简单地说明需要根据气象数据确定风荷载；ASME B31.3 比较具体地指出，要求按照美国土木工程协会(The American Society of Civil Engineers，简称 ASCE)规范 ASCE 7《Minimum Design Loads for Buildings and Other Structures》(《建筑结构最小荷载》) 有关于风载的规定，或《 Uniform Building Code》规定的方法计算风荷载。在我国风荷载及雪荷载可按 GB 50009《建筑结构荷载规范》进行计算。

如图 6.5.2 所示 Caesar Ⅱ应力计算软件对风荷载的考虑。第一个选项是按照 ASCE 7 规定的风荷载数，第二个选项是用户自定义风压值，第三个选项是用户自定义风速值。

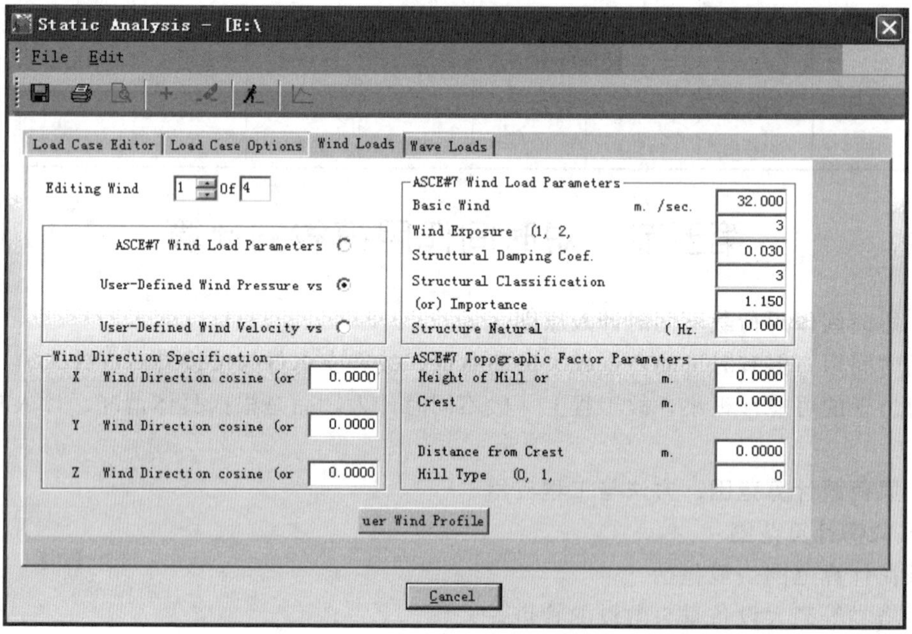

图 6.5.2 应力计算软件对风荷载的考虑

某工程风荷载计算方法：

作用在管道工程上的风荷载则按下式计算：

$$w = K \cdot K_z \cdot w_0 dL \tag{6.5.1}$$

架空管道风荷载体型系数 K 见表 6.5.1，风压高度变化系数 K_z 见表 6.5.2。

表 6.5.1 架空管道风载体型系数 K

序号	简图	K 值		
		$W_z d^2 \geqslant 2.0$	$W_z d^2 \leqslant 0.3$	$0.3 < W_z d^2 < 2.0$
1		+0.6	+1.2	在 +0.6～+1.2 之间，按插入法求得 $K_插$

续表

序号	简图	K 值					
		$W_zd^2\geqslant2.0$		$W_zd^2\leqslant0.3$		$0.3<W_zd^2<2.0$	
2	上下双管 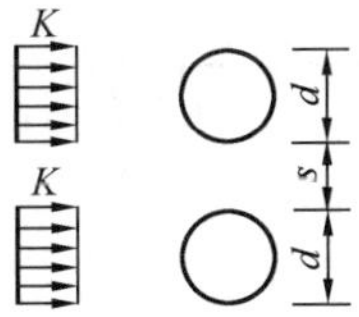					$r=\frac{K_{插}}{+0.60}$	
		s	K	s	K	s	K
		$\leqslant\frac{d}{4}$	+1.2	$\leqslant\frac{d}{4}$	+2.40	$\leqslant\frac{d}{4}$	$+1.20\gamma$
		$\frac{d}{2}$	+0.9	$\frac{d}{2}$	+1.80	$\frac{d}{2}$	$+0.90\gamma$
		$\frac{3d}{4}$	+0.75	$\frac{3d}{4}$	+1.50	$\frac{3d}{4}$	$+0.75\gamma$
		d	+0.70	d	+1.40	d	$+0.70\gamma$
		$1.5d$	+0.65	$1.5d$	+1.30	$1.5d$	$+0.65\gamma$
		$2.0d$	+0.63	$2.0d$	+1.26	$2d$	$+0.63\gamma$
		$\geqslant3d$	+0.60	$\geqslant3d$	+1.2	$\geqslant3d$	$+0.60\gamma$
		$s\geqslant3d$ 按单管取用		$s\geqslant3d$ 按单管取用		$s\geqslant3d$ 按单管取用	
3	前后双管 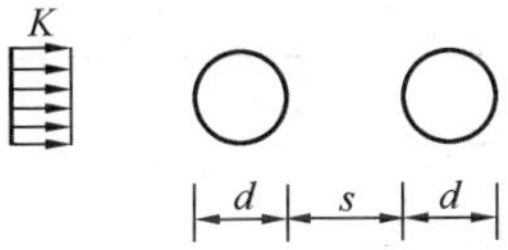 （K 为总值）	$\leqslant\frac{d}{2}$	+0.68	$\leqslant\frac{d}{2}$	+1.36	$\leqslant\frac{d}{2}$	$+0.68\gamma$
		d	+0.86	d	+1.72	d	$+0.86\gamma$
		$1.5d$	+0.94	$1.5d$	+1.88	$1.5d$	$+0.94\gamma$
		$2d$	+0.99	$2d$	+1.98	$2d$	$+0.99\gamma$
		$4d$	+1.08	$4d$	+2.16	$4d$	$+1.08\gamma$
		$6d$	+1.11	$6d$	+2.22	$6d$	$+1.11\gamma$
		$8d$	+1.14	$8d$	+2.28	$8d$	$+1.14\gamma$
		$\geqslant10d$	+1.20	$\geqslant10d$	+2.40	$\geqslant10d$	$+1.20\gamma$
		由表可见，$s\geqslant10d$ 即各按单管取用		由表可见，$s\geqslant10d$ 即各按单管取用		由表可见，$s\geqslant10d$ 即各按单管取用	
4	密排多管 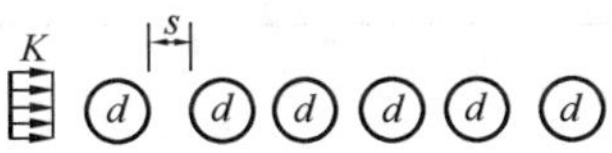 （K 为总值）	+1.4		+2.8		$\gamma=\frac{K_{插}}{+0.6}$ $K=+1.4\gamma$	

表 6.5.2 风压高度变化系数 K_z

离地高度/m	K_z	说明
≤5	0.8	中间值用插入法求取
10	1.0	
20	1.26	
30	1.42	
40	1.64	

三、GB/T 20801 对风荷载的计算

作用于管道上的水平风力可看成为作用于管道上的均布荷载，对于不等直径的管道，应按直径分段进行均布荷载的计算。单位长度上的水平风力可按式(6.5.2)计算。

$$p=K_1 \cdot K_2 \cdot q_0 \cdot f \cdot D \times 10^{-6} \tag{6.5.2}$$

式中 p——单位长度上管道所受的水平风力，N/mm；

D——所计算的管道外径，如有保温层，应计及保温层的厚度，mm；

K_1——空气动力系数，按以下方法取值：

① 上下双管见表 6.5.3。

表 6.5.3

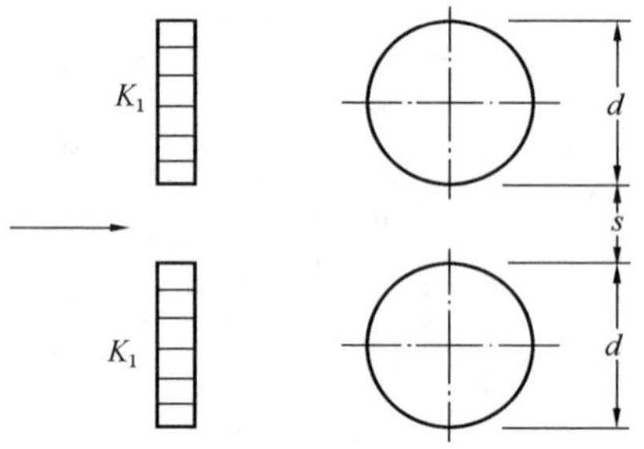

s/d	≤0.25	0.5	0.75	1.0	1.5	2.0	≥3.0
K_1	1.2	0.9	0.75	0.7	0.65	0.63	0.5

② 前后双管见表 6.5.4。

表 6.5.4

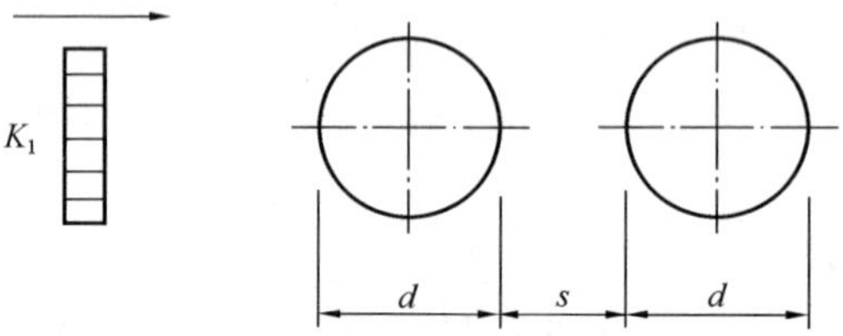

s/d	≤0.25	0.5	1.5	3.0	4.0	6.0	8.0	≥1.0
K_1	0.68	0.86	0.94	0.99	1.08	1.11	1.14	1.20

表列 K_1 值为前后两管之和，其中前管为 0.6。

③ 密排多管：

$$K_1=1.4$$

K_1——各管之总和；

f——风压高度变化系数，按表 6.5.5 选取。

K_2——风振系数，按式(6.5.3)计算：

$$K_2=1+\frac{\xi D\phi_z}{f} \tag{6.5.3}$$

ξ——脉动增大系数，按表 6.5.6 查取；

表 6.5.5　风压高度变化系数 f

计算截面距地面高度/m	地面粗糙度类别			
	A	B	C	D
5	1.17	1.00	0.74	0.62
10	1.38	1.00	0.74	0.62
15	1.52	1.14	0.74	0.62
20	1.63	1.25	0.84	0.62
30	1.80	1.42	1.00	0.62
40	1.92	1.56	1.13	0.73
50	2.03	1.67	1.25	0.84
60	2.12	1.77	1.35	0.93
70	2.20	1.86	1.45	1.02
80	2.27	1.95	1.54	1.11
90	2.34	2.02	1.62	1.19
100	2.40	2.09	1.70	1.27
150	2.64	2.38	2.03	1.61
200	2.83	2.61	2.30	1.92

注：A 类系指近海海面及海岛、海岸、湖岸及沙漠地区；B 类系指田野、乡村、丛林、丘陵以及房屋比较稀疏的乡镇和城市郊区；C 类系指有密集建筑群的城市市区；D 类系指有密集建筑群且房屋较高的城市市区。

表 6.5.6　脉动增大系数 ξ

$q_1T_1^2/(\mathrm{NS^2/m^2})$	10	20	40	60	80	100
ξ	1.47	1.57	1.69	1.77	1.83	1.88
$q_1T_1^2/(\mathrm{NS^2/m^2})$	200	400	600	800	1000	2000
ξ	2.04	2.24	2.36	2.46	2.53	2.80
$q_1T_1^2/(\mathrm{NS^2/m^2})$	4 000	6 000	8 000	10 000	20 000	30 000
ξ	3.09	3.28	3.42	3.54	3.91	4.14

注：计算 $q_1T_1^2$ 时，对 B 类可直接代入基本风压即 $q_2=q_0$，而对 A 类以 $q_1=1.38q_0$，C 类 $q_1=0.62q_0$，D 类 $q_1=0.32q_0$ 代入。计算管道系统的基本自振周期时，可在固定支吊架处将管段分开计算。对于非等直径，作用有集中荷载，或不能简化为双支承的多支承管道，其自振周期可用合适的数值方法求得，如矩阵传递法、矩阵迭代或有限元法等。

T_1——管系的基本自振周期，s；

v——脉动影响系数，按表 6.5.7 查取；可按一根管道的最高点查取；但当将 f 值用于计算 K_2 时，应按一根管道的最低点查取；

ϕ_z——振型系数。振型系数是指在某一振型下一点的水平相对位移；当水平风力按均布荷载计算时，可保守地取 1.0。

表 6.5.7　脉动影响系数 v

粗糙度类别	高度 D_n/m							
	10	20	40	60	80	100	150	200
A	0.78	0.83	0.87	0.89	0.89	0.89	0.87	0.84
B	0.72	0.79	0.85	0.88	0.89	0.90	0.89	0.88
C	0.64	0.73	0.82	0.87	0.90	0.91	0.93	0.93
D	0.53	0.65	0.77	0.84	0.89	0.92	0.97	1.00

q_0——基本风压值，$\mathrm{kN/m^2}$，按表 6.5.8 查取。

表 6.5.8 全国主要城市的风压数据 q_0 kN/m²

城市名	风　压	城市名	风　压	城市名	风　压
北　京	0.45	齐齐哈尔市	0.45	湛江市	0.80
天津市	0.50	绥化市	0.55	南宁市	0.35
塘　沽	0.55	安达市	0.55	桂林市	0.30
上　海	0.55	牡丹江市	0.50	柳州市	0.30
重　庆	0.40	济南市	0.45	连云港	0.55
石家庄市	0.35	德州市	0.45	常州市	0.40
邢台市	0.30	烟台市	0.55	杭州市	0.45
张家口市	0.55	威海市	0.65	金华市	0.35
承德市	0.40	淄博市张店	0.40	宁波市	0.50
秦皇岛市	0.45	青岛市	0.60	湖州市	0.35
唐山市	0.40	兖　州	0.40	温州市	0.60
保定市	0.40	南京市	0.40	合肥市	0.35
沧州市	0.40	徐州市	0.35	宿　县	0.40
太原市	0.40	镇　江	0.40	蚌埠市	0.35
大同市	0.55	无　锡	0.45	安庆市	0.40
阳泉市	0.55	泰　州	0.40	南昌市	0.45
临汾市	0.40	赣州市	0.30	西宁市	0.35
长治市	0.50	景德镇市	0.35	格尔木市	0.40
呼和浩特市	0.55	福州市	0.70	乌鲁木齐市	0.60
满洲里市	0.65	厦门市	0.80	克拉玛依市	0.90
海拉尔市	0.65	西安市	0.35	库尔勒市	0.45
乌兰浩特市	0.55	榆林市	0.40	喀什市	0.55
包头市	0.55	宝鸡市	0.35	哈　密	0.60
集宁市	0.60	兰州市	0.30	郑州市	0.45
通辽市	0.55	酒泉市	0.55	新乡市	0.40
赤峰市	0.55	张掖市	0.50	洛阳市	0.40
沈阳市	0.55	武威市	0.55	许昌市	0.40
阜新市	0.60	天水市	0.35	开封市	0.45
锦州市	0.60	银川市	0.65	梧州市	0.30
鞍山市	0.50	中　卫	0.45	北海市	0.75
本溪市	0.45	武汉市	0.35	海口市	0.75
抚顺市	0.45	宜昌市	0.30	三亚市	0.85
营口市	0.60	黄石市	0.35	成都市	0.30
丹东市	0.55	长沙市	0.35	宜宾市	0.30
大连市	0.65	岳阳市	0.40	西昌市	0.30
长春市	0.65	邵阳市	0.30	内江市	0.40
四平市	0.55	衡阳市	0.40	泸州市	0.30
吉林市	0.50	广州市	0.50	贵阳市	0.30
通化市	0.50	汕头市	0.80	遵义市	0.30
哈尔滨市	0.55	深圳市	0.75	昆明市	0.30

四、冰雪荷载的计算

冰雪荷载寒冷地区，当管壁温度在0℃以下时应考虑冰雪荷载。

作用在管道上的雪荷载标准值，按下式计算：

$$S_k = \mu_r S_0 d \tag{6.5.4}$$

式中　S_k——作用在管道上的雪荷载标准值，kN/m；

μ_r——管道积雪分布系数，可取 $\mu_r = 0.7$；

S_0——基本雪压值，kN/m^2；

d——管道外径(包括保温层)，m。

在设有冷凝水排放阀处，寒冷地区须考虑阀门裹冰的荷载，按集中力作用由下式计算：

$$G_s = \frac{\pi d_1^2}{4} \times 10 = 2.5\pi d_1^2 \tag{6.5.5}$$

式中　G_s——冷凝水排放阀裹冰荷载标准值，kN；

d_1——冷凝水排放管外直径(包括保温层)，m。

五、积灰荷载

管径大于300mm的管道，需计算积灰荷载，一般不超过 $0.3kN/m^2$。在某些工程公司，管道的积灰荷载是管道专业提出建议，结构专业具体考虑积灰荷载。

例如，某水泥厂联合储库，由于积灰未按规定设计和清除，厚达50cm，把30m跨的钢架压垮。GB 50009《建筑结构荷载规范》对积灰荷载的规定："对有雪地区，积灰荷载应与雪荷载同时考虑。此外，考虑到雨季的积灰荷载有可能接近饱和，此时的积灰荷载的增值为偏于安全，可通过不上人屋面活荷载来补偿"。

六、平台上活荷载的计算和实例

设有操作平台和走道板时，需考虑板自重及活荷载，活荷载可按 $2kN/m^2$ 设计，也可更具工程的实际情况估算。

SH/T 3011《石油化工工艺装置布置设计规范》和GB 4053《固定式钢梯及平台安全要求》规定操作平台的均布活荷载不应小于 $3kN/m^2$。SH/T 3011和SH 3076《石油化工建筑物结构设计规范》规定检修平台和建筑物楼面的均布活荷载不应小于 $4\ kN/m^2$。对于大型设备检修平台的均布荷载应按其最大检修部件的重量考虑，并注明荷载的检修区域。

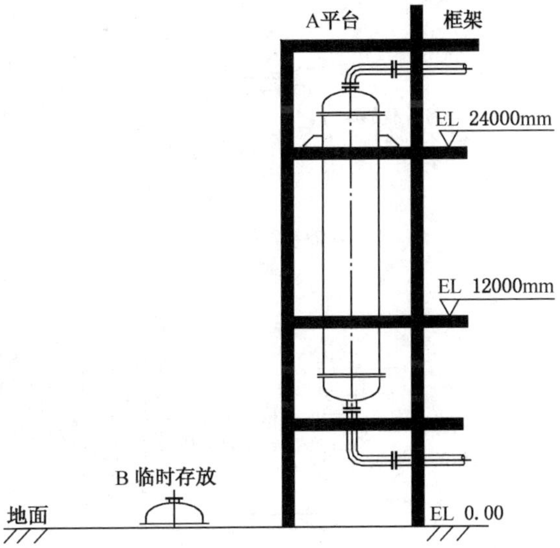

图6.5.3　某工程平台荷载的设计

如图6.5.3所示，某工程一直径5m的立式容器布置在框架上，该立式容器的顶部需要定期拆卸，有的管道设计人员把拆卸下的容器顶部规划在了图6.5.3所示的A平台上，则A平台的活荷载除了考虑人员操作的活荷载数值，还要考虑立式容器检修临时存放容器顶部件的重量。后来，从设备布置和经济性考虑，检修时容器顶部件规划布置到了地面上，如图6.5.3所示"B临时存放"的位置，这时A平台的荷载就减小了。

七、其他短时间作用荷载的计算

其他短时间作用荷载，例如安全阀、消音器、两相流、水锤等在本书的有关章节进行介绍。

第六节 安全阀排气反作用力的计算

一、安全阀的开式系统与闭式系统

当系统压力超过最高允许操作压力时，安全阀将进行排气泄放以降低系统压力，从而保证系统的安全。

安全阀开启时，气体直接排放到大气或排放到与安全阀不相连的放空管称为开式系统。安全阀开启时，气体通过直接与安全阀相连接的排气管道排放至密闭系统称为闭式系统。

二、安全阀管道系统柔性布置一般要求与工程应用

①在设备或管道上的安全阀一般应直立安装，但对于设置在液体管道、换热器、容器等处的安全阀，当阀门关闭后，可能由于热膨胀而使压力升高的场所，可水平安装。

②安全阀的安装应尽量靠近被保护的设备或管道，如不能靠近布置，则要求从被保护的设备管口到安全阀入口之间管道的压力降不超过该阀定压值的 3%。安全阀管道系统柔性布置一般要求见图 6.6.1。

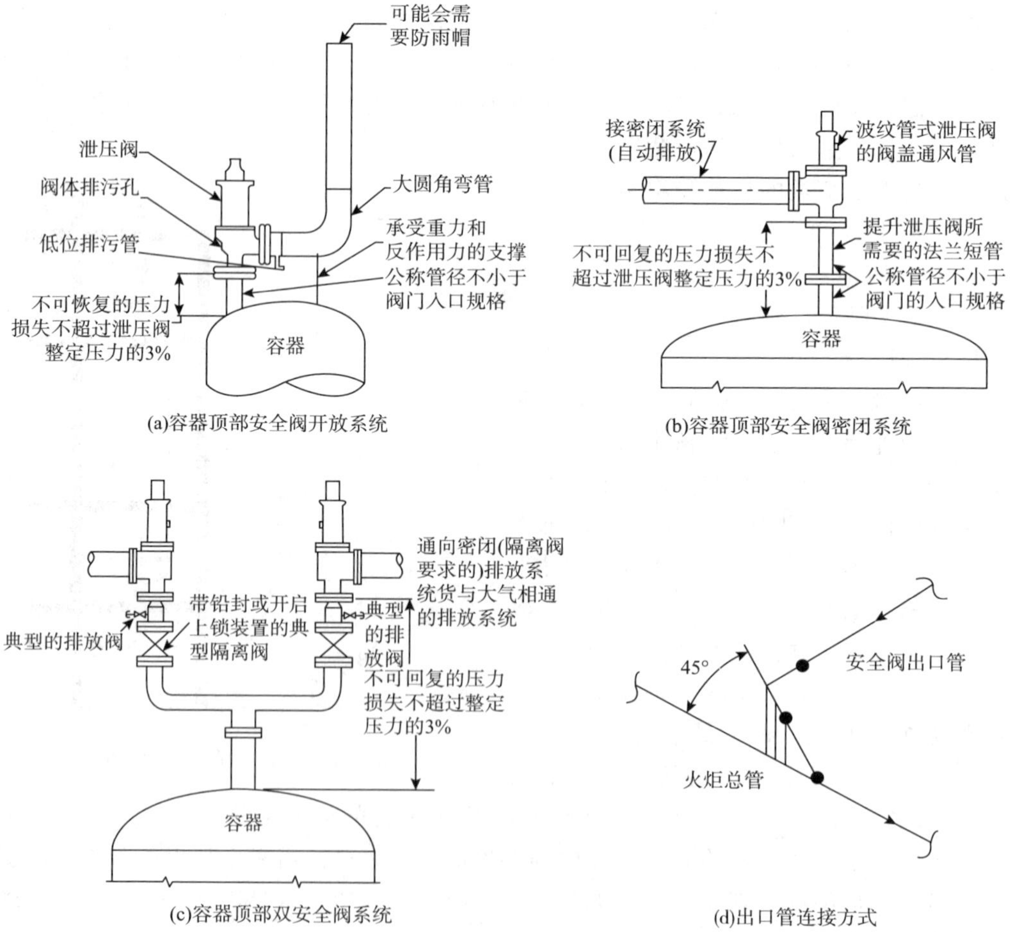

图 6.6.1 安全阀管道系统柔性布置一般要求

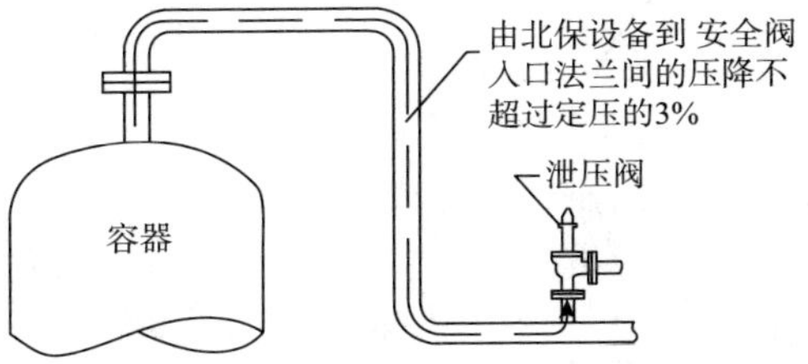

(e)压降要求

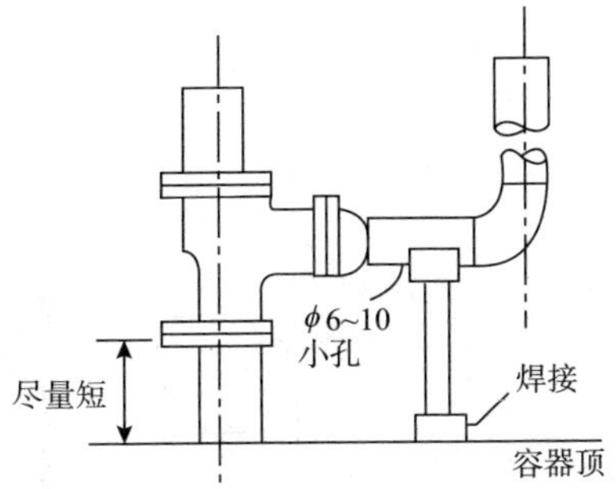

(f)入口管要求

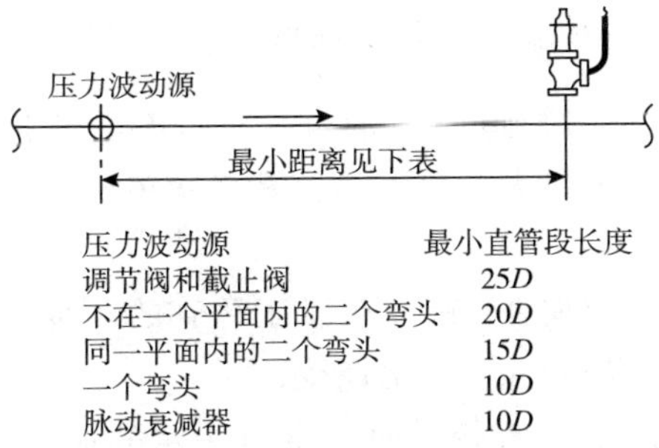

(g)安全阀在压力波动源后的安装

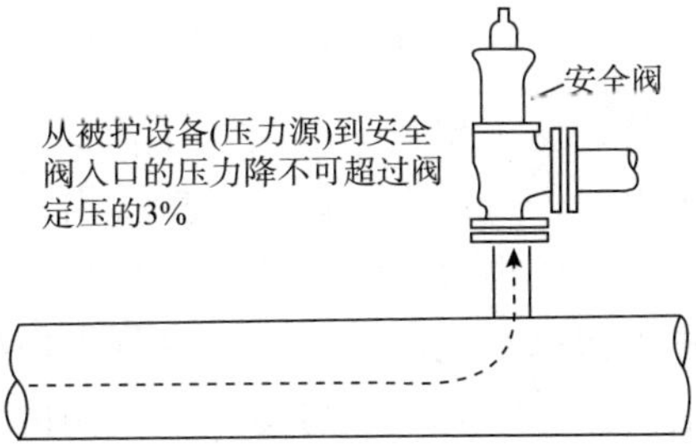

(h)在蒸汽管线的安装

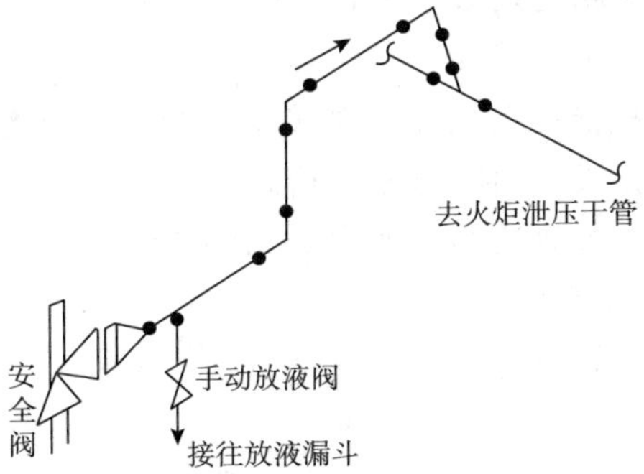

(i)放液阀

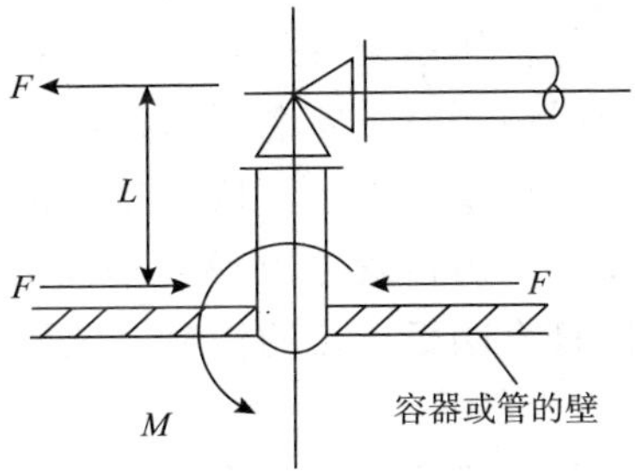

注：F为排放反力，M为弯矩$=F.L$

(j)排放反力和力矩

图 6.6.1　安全阀管道柔性设计一般要求(续)

③塔、卧式容器等设备上的安全阀，由于检修、安装等要求，常常从设备顶部移动布置到管廊顶部平台，虽然对于保护设备作用不太好，但也可以接受。

但是，对于球罐等设备，按照国内外标准规范要求，必须将安全阀布置在球罐等设备的顶部，严格禁止将安全阀布置在球罐附近管廊的顶部平台等位置，如图 6.6.2 所示。

④安全阀不应安装在长的水平管道的死端，防止死端积聚固体或液体物料，以免影响安全阀的正常工作。

安全阀应安装在易于检修和调节之处，周围要有足够的工作空间。对于大直径的安全阀，在布置时要考虑安全阀拆卸后吊装的可能，必要时设吊杆。

⑤安全阀入口管道可采用长半径弯头。

⑥安全阀出口管道的设计应考虑背压不超过安全阀定压的一定值。例如，对于普通弹簧

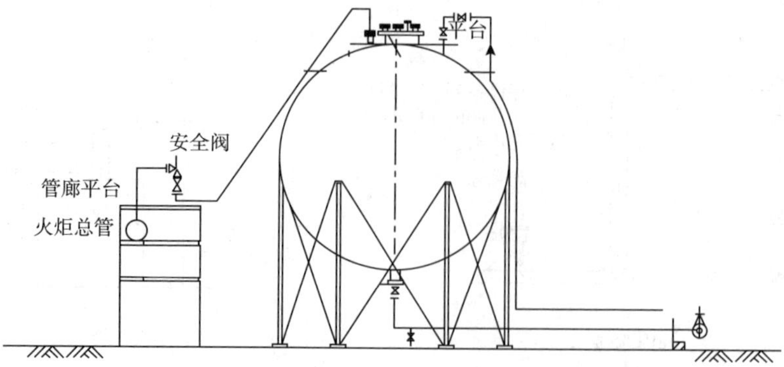

图 6.6.2　球罐顶部安全阀布置在管廊顶部平台的错误设计

安全阀，其背压不超过安全阀定压值的 10%。排出管道应尽量短，对过冷液体排出口径可同安全阀出口，对饱和液体，一般排出口径比阀出口大一级。蒸汽和气体流经阀孔时绝热膨胀，因此安全阀出口管口径比阀出口大。

⑦排入密闭系统的安全阀出口管道应顺介质流向 45°斜接在泄压总管的顶部，以免总管内的凝液倒流入支管，并可减少安全阀的背压，如图 6.6.1(d)所示

⑧安全阀出口管道不能出现“袋形”，安全阀出口管较长时，宜设一定的坡度(干气系统除外)。

⑨安全阀排放管向大气排放时，其出口不能朝向设备、平台、梯子、电缆等，排出口距离平台等设施的高度以有关规范为准。

⑩湿气体泄压系统排放管内部应有“袋形”积液处，安全阀的安装高度应高于泄压系统。当实际情况受限制时，安全阀出口低于泄压总管或排出管道需要抬高上翻接入总管时，应在低点易于接近处设分液包。低处易于接近位置设置放液阀，如图 6.6.1(i)所示。

⑪当安全阀出口管道上设有切断阀时，应选用单闸板闸阀，并铅封开，阀杆应水平安装，以免阀杆合阀板连接的销钉腐蚀或松动时，阀板滑落。当安全阀设有旁通阀时，该阀应铅封关。

⑫由于气体或蒸汽由安全阀出口排入大气时，会产生作用力 F，致使安全阀与容器连接管口有弯矩 M 和剪切力 F，如图 6.6.1(j)所示，以及出口管自重荷载、振动和热膨胀等应力的作用，安全阀出口管应设置牢固的支架。

某塔顶安全阀的支吊架设置不合理曾造成一起严重的伤亡事故。

⑬安全阀其他设计要求与管道柔性和应力计算关系不大的，此处不再赘述，详见《压力管道设计及工程实例》和《工业管道配管设计与工程应用》。

三、开放式系统安全阀气体排放反作用力计算与工程应用

下列公式是基于通过弯管和垂直排放管排放到大气中的可压缩性介质流在稳态临界流工况下制定的。反作用力(F)包括力矩和静压压力的影响，因此适用于任何气体、蒸气或水蒸气。

英制单位：

$$F=\frac{W}{366}\sqrt{\frac{kT}{(k+1)M}}+(Ap)$$

SI 制单位：

$$F=129W\sqrt{\frac{kT}{(k+1)M}}+0.1(Ap)$$

其中　F——排放点(向大气排放)的反作用力，N；

W——任何气体、蒸气或水蒸气的流量，kg/s；

k——出口工况下的比热容比(C_P/C_V)；

C_P——常压下的比热容；

C_V——恒定容积下的比热容；

T——出口温度,℃；

M——介质的相对分子质量；

A——排放点出口面积，mm^2；

p——排放点出口静态压力，psig[bar]。

四、开放式系统安全阀两相流排放反作用力计算与工程应用

下列公式可用于确定作用在两相介质开放式排放系统的入口管道上的反作用力。此公式假定两相介质混合物是处在均匀流动工况(无滑动)。

英制单位：

$$F=\frac{W^2}{2.898\times10^6A}\left[\frac{x}{\rho_g}+\frac{(1-x)}{\rho_1}\right]+A(p_e-p_a)$$

SI制单位：

$$F=\frac{W^2}{12.96A}\left[\frac{x}{\rho_g}+\frac{1-x}{\rho_1}\right]+\frac{A}{1000}(p_e-p_a)$$

其中　F——排放点(向大气排放)的反作用力，N；

W——流量，kg/s；

x——出口工况下蒸气的质量分数。

ρ_g——出口工况下蒸气的密度，kg/m^3；

ρ_1——出口工况下液体的密度，kg/m^3；

A——排放点出口面积，mm^2；

p_e——管道出口处的绝对压力，kPa；

p_a——室温下的绝对压力，kPa。

五、密闭排放系统安全阀反作用力计算与工程应用

在稳态介质流工况下向密闭系统中排放的泄压装置通常不会传给入口系统较大的力和弯矩，因为此密闭系统部件中压力和流速的变化很小。

只有在排放管道中发生突然膨胀之处，计算得出的入口反作用力会非常大。但简单的分析技术不适用于此密闭的排放系统。需要对此管道系统的复杂的时间关系进行分析以获得传递给入口管道系统的反作用力和相关力矩。

六、HG/T 20570、ASME B31.1与API 520安全阀排放反力计算的比较分析与工程应用

1. HG/T 20570的安全阀排放反力计算

(1)气相物料泄放至大气

$$f=1.02\times10^{-6}\times W\times\sqrt{\frac{kT}{(k+1)M}}+10\times A_0\times p_2$$

式中　f——泄放反力，N；

W——质量泄放流量，kg/h；

T——泄放温度，K；

M——相对分子质量；

A_0——泄放管出口截面积，mm^2；

p_2——泄放管出口静压力，MPa(表)；

k——绝热指数。

(2)气相物料泄放至密闭系统

泄放至密闭系统的稳态流动，在排出管中一般不会产生大的作用力和力矩，仅计算管径突然扩大位置的作用力。如果需要计算泄放至密闭系统的作用力，则应采用复杂的非稳态分析方法。

(3)液相物料的泄放反力

液体泄放时在安全阀出口中心线处的水平反力按下式计算。

$$f = 0.694 \times p \times A_0$$

式中 f——泄放反力，N；

p——泄放压力，MPa；

A_0——安全阀喉径面积，mm^2。

2. API RP520 的安全阀排放反力计算

$$F = 129W\sqrt{\frac{kT}{(k+1)M}} + 0.1Ap$$

式中 F——泄放反力，N；

W——气体或蒸汽的流量，kg/s；

k——出口条件下的绝热系数；

T——出口温度，K；

M——流体相对分子质量；

A——泄放管出口面积，mm^2；

p——泄放口压力，bar。

3. 比较分析与工程应用

HG/T 20570 与 API RP520 安全阀反力计算公式一致。

ASME B31.1 和 API RP520 给出的安全阀反力计算公式不同，主要是其临界参数的计算方法不同。API RP520 是采用滞止压力和滞止比体积方法确定的，ASME B31.1 则采用滞止焓来确定。在理想气体情况下，其描述的气体流动特征是一致的，因此两者实质是一致的。

API RP520 是理想气体状态下的排气反力的计算，在对非理想气体的计算会有一定的偏差。而 ASME B31.1 中由于引入了饱和蒸汽和过热蒸汽的热力学参数，在计算时得到的结果更为精确。在工程应用中，将过热蒸汽视为理想气体，可采用 API RP520 给出的公式进行计算，比 ASME B31.1 的方法更加方便快捷。

有一次笔者用不同的公式进行计算，发现同一安全阀反力差了 10 多倍，后来经检查发现是参数的单位用错了。修改单位后，算出的结果类似了。

七、安全阀排放反力的类别比较分析与工程应用

安全阀出口管道不同的配管，产生的反力方向和类别不同，见图 6.6.3。反力的方向不同，需要设置相应的支吊架，避免反力损坏设备管口或配管系统。

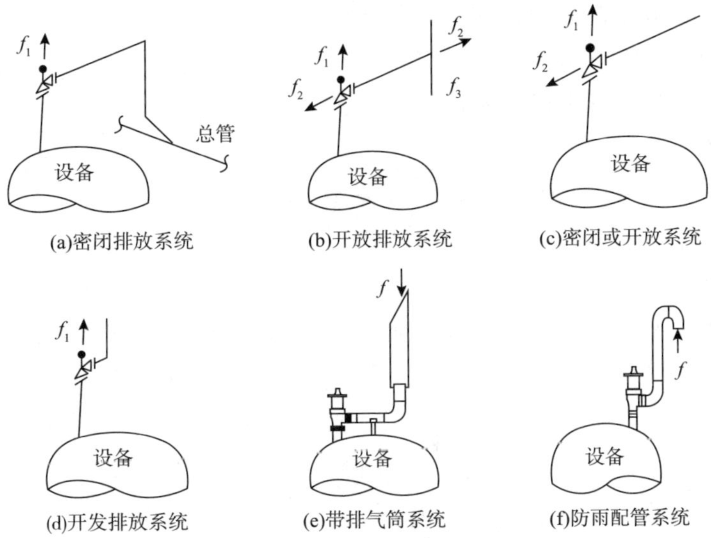

图 6.6.3　不同安全阀配管的反力类别

笔者遇到某设计人设计的安全配管系统如图 6.6.3(b)所示，未考虑 f_2 反力方向的支架，造成安全阀损坏伤人事故。图 6.6.3(f)所示系统是两个 90°弯头直连，口朝下以防雨，有的配管设计人设计成斜 45°弯头朝向斜上方，以防部分雨，这些设计理念是好的，但配管设计人一定要注意，不同的出口方向反力的方向是不同的，必须配置相应方向的支架。

第七节　消声器反力计算

一、消声器水平推力的计算(图 6.7.1)

图 6.7.1　消声器推力计算

1. 临界压力和临界比体积计算方法

(1) 临界压力 p_c

$$p_c=\sqrt{\frac{2}{k\cdot(k+1)}}\cdot\frac{G}{f}\cdot\sqrt{P_0V_0}\cdot10^{-3}\quad \text{MPa}$$

式中　p_c——临界压力，MPa；

v_c——临界比体积，m^3/kg；

k——介质绝热系数，对于过热蒸汽，$k=1.3$，对于饱和蒸汽，$k=1.13$；

f——排出口流量截面积，m^2；

p_0——节流、扩流管出口压力，MPa；

v_0——节流、扩流管出口比体积，m^3/kg。

(2) 临界比容 v_c

$$W_c = \sqrt{\frac{2k}{k+1} \cdot P_0 V_0} \cdot 10^{-3} \quad m/s$$

式中 v_c——$W_c \cdot f/G$；

W_c——临界速度，m/s。

当排气口的压力大于或等于环境压力时，排气为临界流动，计算参数按下式确定：

$$p_s = p_c \cdot \left(\frac{k+1}{2}\beta - \frac{k-1}{2\beta}\right)$$

$$W_s = W_c/\beta$$

$$v_s = v_c/\beta$$

$$\beta^2 = \frac{2k}{k+1}\xi + 1 + 2\ln\beta$$

$$\xi = \frac{\lambda}{D}L + \sum_i \xi_i$$

式中 p_s——节流、喷注管出口压力，MPa；

v_s——节流、喷注管出口比体积，m/kg；

W_s——节流、喷注管出口流速，m/s；

β——介质比体积比，$\beta = v_c/v_s$；

ξ——消声器总阻力系数，等于消声器内部各阻力系数之和；

λ——消声器折算当量管道摩擦系数；

D——消声器折算当量管道内径，m；

L——消声器折算当量管道长度，m；

$\sum_i \xi_i$——消声器内部局部阻力系数之和。

比体积比的计算可采用试算或迭代计算法求得。

2. 消声器器水平推力计算方法

对于水平进汽(或汽水混合物)，其推力即是介质流动的冲力，可参考下式计算：

对中进汽(水)，$F = G \cdot W$

切向进汽(水)，$F = 0.707G \cdot W$

式中 F——消声器进汽(水)管冲力，N；

G——消声器进汽(水)管质量流量，kg/s，按最大流量计算；

W——消声器进汽(水)管出口流速，m/s。

若消声器有两根或两根以上的水平进汽管(水)时，应考虑冲力对消声器的叠加影响。

3. 消声器出口反冲力计算

$$F = G \cdot W \cdot (p - p_a) \cdot f \cdot 10^6 \quad N$$

式中 F、G、W——分别为消声器出口反冲力(N)、质量流量(kg/s)、流速(m/s)；

p——排汽口静压或临界压力，MPa；

f——排汽口有效截面积，m^2；

p_a——排汽口大气压力，MPa。

二、某消声器管道支吊架设计及工程应用

很多厂家提供的消声器数据表已经包含了消声器反力数据，如图 6.7.2(a)所示，可据此荷载设计消声器的支承。图 6.7.2 为某消声器系统设计应力分析及有关管架设计，此管道系统为某减温减压系统，消声器及安全阀布置在管廊侧面是一种典型的设计方案，消声器固定在管廊的侧面顶上，连接的管道设计了一个 L 形自然补偿，吸收了消声器管道系统的热膨胀。

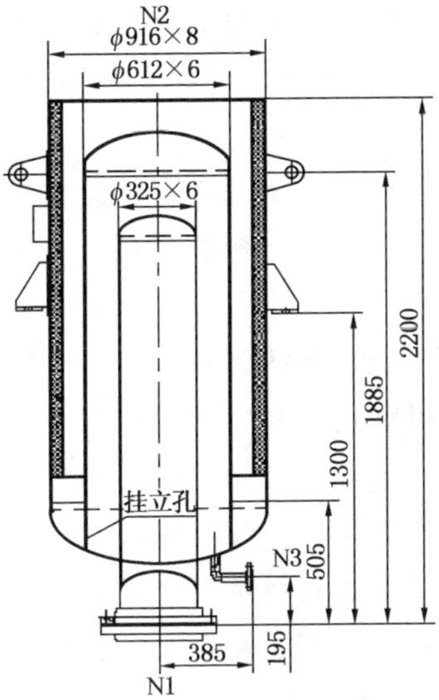

设计规范	参照GB/ T 150《压力容器》制造、检验和验收		
操作压力/MPa(G)	0.35	主体材质(内外)	304/16MnR
操作温度/℃	200	工作介质	蒸汽
排汽量/(t/h)	30	最终噪声dB(A)	≤85(距设备1m处)
设备重量/kg	585	设备温度/℃	280/-15
设备压力/MPa(G)	0.7	反力/kN	29.7
管口说明			
编号	连接面标准	规格	名称
N1	ASME B16.5	法兰 NPS12 Class150 SO/RF	入口
N2			出口
N3	ASME B16.5	法兰 NPS1 Class150 SO/RF	排放凝液口

(a)

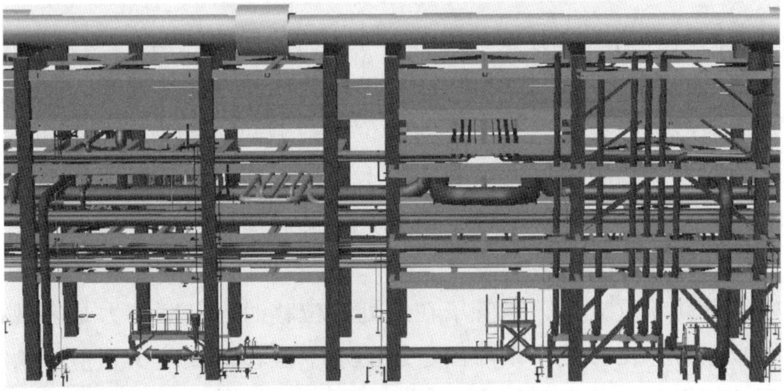

(b)消声器管道系统布置3D模型

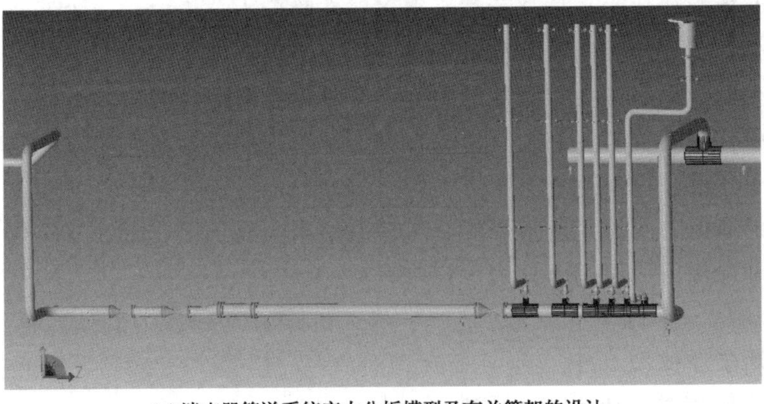

(c)消声器管道系统应力分析模型及有关管架的设计

(d)消声器系统管道及管架设计照片（箭头所示为消声器）

图 6.7.2　某消声器系统管道分析及管架设计

第八节　水平荷载的计算

一、管道水平荷载的产生

管道在热态下工作时，由于热胀的作用，管系中各承重点的基本荷载不仅会发生再分配，同时还将使约束位移的支承点遭受位移荷载，即对管系垂直位移有阻碍的支承点将承受垂直位移荷载；对管道水平位移有阻碍的支承点(如固定支架、止推支架、导向支架等)和端点(如与设备的连接点等)，将承受水平位移荷载。

在各滑动支架处，由于管道与支架之间存在相对运动，因此还会产生摩擦力，此类支架还将承受摩擦力。除此之外，对某些型式的支架和边界条件，它还将承受弯矩荷载。

二、位移荷载的计算

位移荷载完全是由管系的热胀位移所引起，它已不再符合几何分配原则，计算十分复杂，一般都是通过管系的静力分析而求得。对于简单的管系，可利用材料力学或结构力学的理论进行计算。

工程上常见的一些形状简单的管系，如Ⅱ形补偿器、L形管道等，一些手册或专著中给出了简单的近似计算公式，或列成了图表形式，设计人员可视管系的具体情况，或采取简单计算法，或采取查阅图表法，或采用计算机详细分析法去求解管系对支承点或端点的位移荷载。

位移荷载可能同时包括六个分量，即 F_x、F_y、F_z、M_x、M_y、M_z。不同的分量可以与同方向的其他荷载(如基本荷载、临时荷载等)进行叠加。一般情况下，竖直方向的位移荷载可以和管道的基本荷载进行叠加，水平方向的位移荷载可以和滑动支架的摩擦力进行叠加。静应力分析程序的输出结果中的竖向荷载实际上已将位移荷载和基本荷载进行了叠加。叠加后的总荷载才能作为支架强度计算的设计荷载，详见后面所述。

三、摩擦力的计算

对于管系中的滑动承重支架，当管子在此处有位移时，其摩擦力是客观存在的。管系中由于各承重点的摩擦力存在可使管系对固定端的水平位移荷载减少，但却给本来不承受水平荷载的滑动承重支架添加了一个附加力。

一般情况下，管系中的摩擦力要比水平位移荷载小得多，在静应力分析中，一般不计入摩擦力对水平位移荷载的影响，这样得到的位移荷载偏大，使支承设计偏于保守。

但在有些情况下，摩擦力给滑动承重支架添加的附加力是不可忽略的。例如基本荷载较大的管道，或者多根管道集中并排布置时，都会对滑动承重支承件产生较大的附加力，此时在进行支吊架强度设计时应予考虑。

管道在滑动承重支架处的摩擦力与该点所承受的垂直荷载的大小成正比，力的方向与管道在该点的位移方向相反，即摩擦力可以用下式表示：

$$F_f = -\mu \cdot \sum F_n \tag{6.8.1}$$

式中　F_f——滑动承重支架所受摩擦力，N；

μ——管子支架与支承件相对运动的摩擦系数；

F_n——支架摩擦面上所承受的各垂直荷载之和(包括基本荷载和位移荷载)，N。

对于常见的摩擦面，其摩擦系数可按表 3.5.2 取值。

对于单根管道的承重点，摩擦力会引起支承件的剪切破坏。而对于集中承重的管廊，摩擦力会引起梁的横向弯曲和剪切破坏。此时摩擦力引起的对梁的推力应为各热管道引起的摩擦力之和再乘以一个系数，即有：

$$F_f = -K \cdot \sum \mu \cdot F_n \tag{6.8.2}$$

式中　F_f、μ、F_n 的意义同上；

K——牵制系数。

当管廊上某支承面同时支承数根管道时，热管道因产生的摩擦力会推动支承梁沿管道的位移方向发生变形，而冷管道或位移量较小的管道会趋于阻止支承梁的这种变形，从而抵消了一部分热管道的摩擦力。这种由于同一支承面上相邻冷管道对热管道的位移阻碍而使热管道摩擦力减小的现象称为管道的牵制。由于牵制作用而使摩擦力减少的幅度用牵制系数 K 表示。牵制系数的选取应符合下列原则：

① 当某承重支承面并排敷设 1～2 根管道时，取 $K=1$；

② 当某承重支承面并排敷设 3 根管道时，应按表 6.8.1 选取；

③ 当某承重支承面并排敷设 4 根及 4 根以上的管道时，牵制系数 K 应按图 6.8.1 选取。

表 6.8.1　承受三根管道时的牵制系数

α	K	α	K
$\alpha<0.5$	0.5	$0.7<\alpha$	1
$0.5\leqslant\alpha\leqslant0.7$	0.67		

注：α 为主要热管道(指介质温度大于 100℃的管道)的重量与全部管道重量之比。当采用计算机程序计算时，若程序中未考虑牵制系数，计算中应予以考虑。

支架上敷设的水平弯管(见图 6.8.2)，其滑动支架承受的水平力应按式(6.8.3)、式(6.8.4)计算。

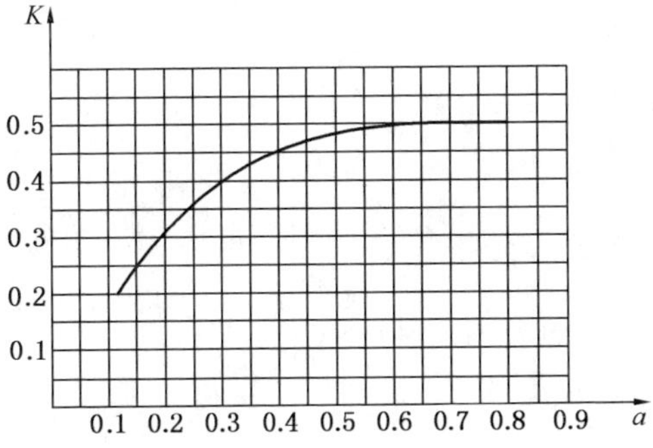

图 6.8.1　四根或四根以上管道的牵制系数

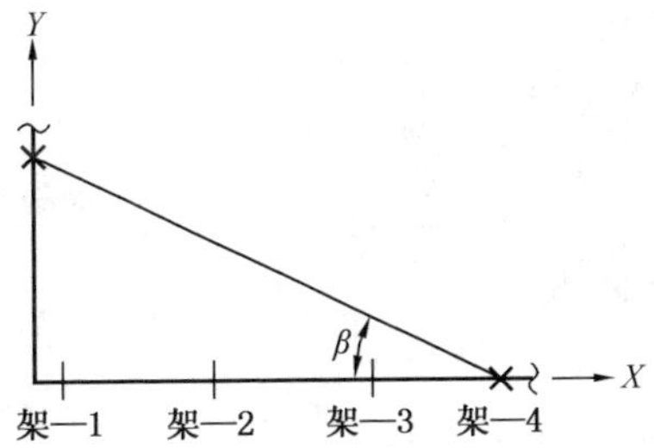

图 6.8.2　水平弯管管架

$$P_x = K\mu \sum Q_i \cos\beta \tag{6.8.3}$$

$$P_y = K\mu \sum Q_i \sin\beta \tag{6.8.4}$$

式中　K——牵制系数；

P_x——滑动支架(架 i) 处沿 x 轴的水平力，N；

P_y——滑动支架(架 i)处沿 y 轴的水平力，N；

Q_i——第 i 个滑动支架处承受的垂直荷载，N；

β——两固定点连线与 x 轴的夹角，(°)；

μ——摩擦系数。

四、L 形、Z 形自然补偿热应力计算公式(表 6.8.2)

表 6.8.2　自然补偿热应力计算公式

图　　形	推　力　计　算　公　式	应　力　计　算　公　式
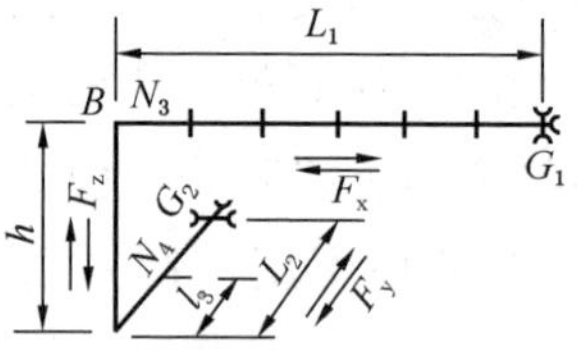 90° L 形管段	1. G_1 轴向及 N_4 横向推力 $F_x=\frac{kEJ\Delta l_1\varepsilon}{l_4^3}$(N) 2. G_2 轴向及 N_3 横向推力 $F_y=\frac{kEJ\Delta l_2}{l_2^3}$　(N)	$\sigma_{w4}=\frac{kER\Delta l_1\varepsilon}{l_4^2}$MPa $\sigma_{w3}=\frac{kER\Delta l_2}{l_3^2}$MPa $\sigma_w=[\sigma]w_2\phi$MPa
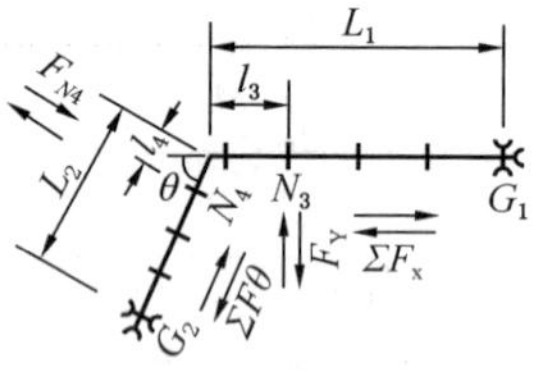 $\theta<90°$ L 形管段	1. G_1 的轴向推力 $\sum F_x=\frac{kEJ\Delta l_1\varepsilon}{(l_4\sin\theta)^3}+\frac{kEJ\Delta l_2\cos\theta}{(l_3\sin\theta)^3}$(N) 2. G_2 的轴向推力 $\sum F_\theta=\frac{kEJ\Delta l_1\varepsilon\cos\theta}{(l_4\sin\theta)^3}+\frac{kEJ\Delta l_2}{(l_3\sin\theta)^3}$(N) 3. N_4 横向推力 $F_{N4}=\frac{kEJ\Delta l_1\varepsilon\sin\theta}{(l_4\sin\theta)^3}$(N) 4. N_3 横向推力 $F_y=\frac{kEJ\Delta l_2\sin\theta}{(l_3\sin\theta)^3}$(N)	$\sigma_{w4}=\frac{kER\Delta l_1\varepsilon}{l_4^2\sin^2\theta}$(MPa) $=\frac{kER\Delta l_2}{l_3^2\sin^2\theta}$(MPa)
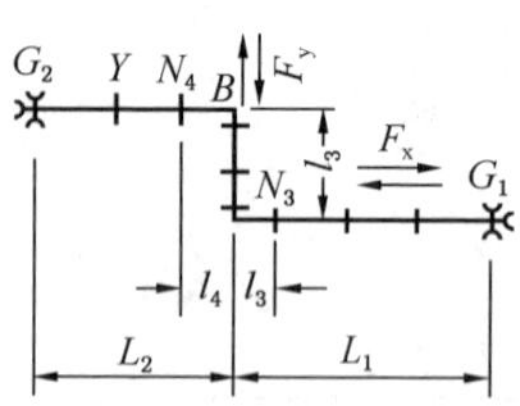 Z 形管段	1. G_1 及 G_2 的轴向推力 $F_x=\frac{kEJ(\Delta l_1\varepsilon+\Delta l_2)}{L_3^3}$(N) 2. N_3 及 N_4 的横向力 $F_y=\frac{kEJ\Delta_1}{l_4^3}=\frac{kEJ\Delta_2}{l_5^3}=\frac{kEJ\Delta l_1}{l_4^3+l_5^3}$(N) 其中 Δ_1 与 Δ_2 分别为管段 l_4 与 l_5 的挠度，解下列联立方程式可得： $\begin{cases}\frac{\Delta_1}{l_4^3}=\frac{\Delta_2}{l_3^3}\\ \Delta_1+\Delta_2=\Delta l_5\end{cases}$	因 $L_1>L_2$，B 点应力最大 $\sigma_B=\frac{kER(\Delta l_1\varepsilon+\Delta l_2)}{L_3^2}$MPa

续表

图　形	推 力 计 算 公 式	应 力 计 算 公 式
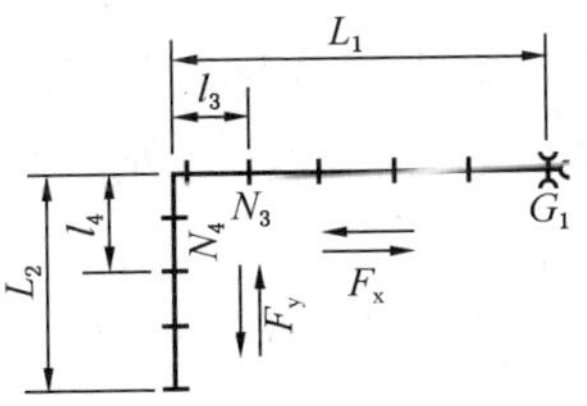 立体管段	1. G_1 轴向及 N_4 横向推力 F_x 由 Δl_1 所产生。F_x 对管段 l_3 产生弯曲变形 Δ_1，对管段 h 产生弯曲变形 Δ_2 和扭转变形（B 点角变之弧长）Δ_3，根据静力平衡和变形相等原则，可按下式求出： $F_x=\frac{kEJ\Delta_1}{l_3^2}=\frac{kEJ\Delta_2}{h^3}=\frac{0.762EJ\Delta_3}{h^2 l_3}$ $\begin{cases}\Delta_1+\Delta_2+\Delta_3=\Delta l_1\varepsilon(\text{cm}) & (1)\\ \frac{k\Delta_1}{l_3^2}=\frac{k\Delta_2}{h^3}=\frac{0.762\Delta_3}{h^2 l_3}(1/\text{cm}^2) & (2)\end{cases}$ 其中 Δ_3 是根据扭转角变形 θ_t 计算 $\Delta_3=h\theta_1=h\frac{M_P l_3}{GJ_P}=h\frac{F_X h l_3}{0.762EJ}=\frac{F_X h^2 l_3}{0.762EJ}(\text{cm})$ 先解联立方程(2)，再代入公式(1)求出 F_X 2. G_2 轴向及 N_3 轴向推力 $F_y=\frac{kEJ\Delta l_2}{h^3}(\text{N})$ 3. N_3 及 N_4 的竖向作用力 $F_z=\frac{kEJ\Delta h}{l_3^2}\quad(\text{N})$	A 点水平段以上的弯曲应力为 $\sigma_{wA}=\frac{kER\Delta_2}{h^2}(\text{MPa})$ $\sigma_{w4}=\frac{kER\Delta_1}{l_3^2}(\text{MPa})$ $\tau=\frac{M_P}{2Z}=\frac{F_x h}{2Z}=\frac{0.762ER\Delta_3}{2hl_3}(\text{MPa})$ $\tau=[\tau]\phi(\text{MPa})$

注：1. Δl_1，Δl_2，Δl_3，Δh——相应管段 L_1，L_2，L_3，h 的补偿量，cm；
E——管材的弹性模量，MPa；
J，J_P——管道断面惯性矩和极惯性矩，cm^4；
G——管材剪切模量，MPa，对碳素钢 $G=0.8\times10^6$ MPa；
M_P——扭矩，N·cm；
l_3，l_4，l_5——悬臂长度，cm；
θ_1——h 段扭转角变形，rad；
R——管道外半径，cm。

2. 立体管段中，如管段 l_3 很短或 A 点附近有半铰接支架约束时，则不能以立体管段计算。

五、T 形自然补偿热应力计算

T 形自然管段补偿器如图 6.8.3 所示。当干管未固定管段 l_p 对支管 L 的热伸长作 T 形自然补偿时，根据力学分析，支管 T 形管段的反弹力产生的轴向力为：

当 $a>b$ 时，$p=f_{max}\frac{3EI\cdot(3a+b)^2}{2a^3b^2}$

当 $a\leqslant b$ 时，$P=f_{max}\frac{102E_R}{L^3}$

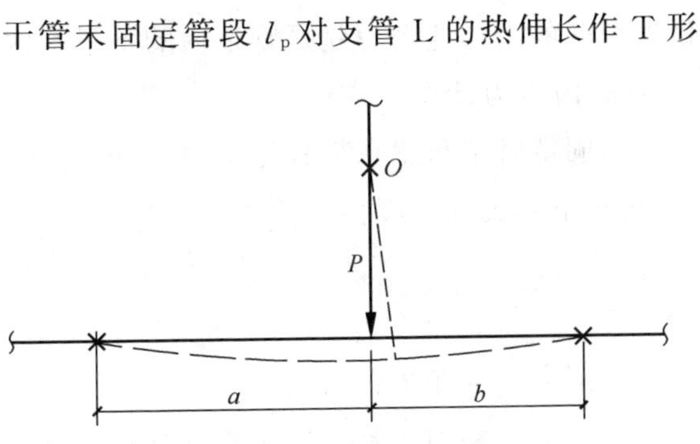

图 6.8.3　T 形自然管段补偿器

式中　P——T 形自然管段的弹性反力，N；

f_{max}——主管最大位移，mm；

$$f_{max}=\alpha l\Delta t$$

l——主管至支管固定点的距离，mm；

E——管子的弹性模数，MPa；

I——管子断面的惯性矩，mm；

Δt——介质温度与周围环境温度之差，K。

六、固定管架上水平推力的含义

管道在热态下工作时，由于热胀的作用，管系中各承重点的基本荷载不仅会发生再分配，同时还将使约束位移的支承点遭受位移荷载，即对管系垂直位移有阻碍的支承点将承受垂直位移荷载；对管道水平位移有阻碍的支承点(如固定支架、止推支架、导向支架等)和端点(如与设备的连接点等)，将承受水平位移荷载；在各滑动支架处，由于管道与支架之间存在相对运动，因此还会产生摩擦力。也就是说，此类支架还将承受摩擦力；除此之外，对某些型式的支架和边界条件，它还将承受弯矩荷载。

固定管架水平推力 P，一般由管道补偿器的反弹力、管道不平衡内压力和活动管架通过管道传给固定管架的反作用力(管道摩擦力或位移反弹力)组成。

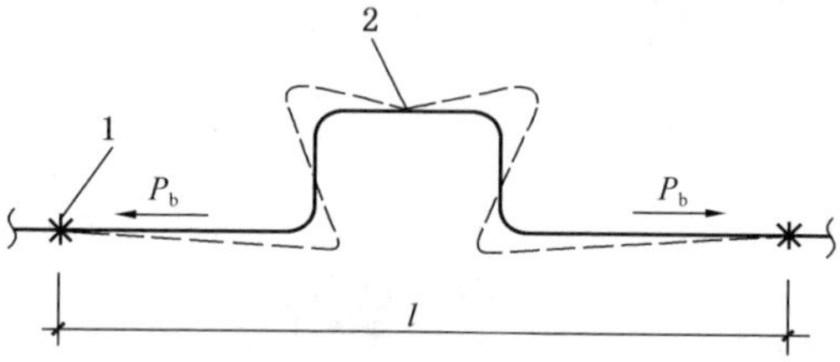

图 6.8.4　补偿器反弹力工作示意

1—固定管架；2—补偿器

1. 管道补偿器反弹力 P_b

① 反弹力的产生。如图 6.8.4 所示，当管道膨胀时，补偿器将被压缩变形由于补偿器的刚度作用，必将产生一个抵抗压缩变形的反力，这个反力通过管道作用于固定管架上，这就是补偿器的反弹力 P_b，此力由管道专业提供。

② 各种补偿器反弹力的性质：

A. 当采用套筒式补偿器时，反弹力为套筒填料函的摩擦作用力；

B. 当采用波形补偿器时，反弹力等于波纹管刚度所产生的推力；

C. 当采用球形补偿器时，反弹力等于球形补偿器的转动摩擦力。

2. 管道内的不平衡内压力

① 内压力的产生。如图 6.8.5 所示，在两个固定管架之间设有套筒式补偿器，并在补偿器的一侧又设有闸阀，如将闸阀关闭，由于闸阀受到内压力的作用，将有使套筒式补偿器脱开的趋势；为了不使套筒式补偿器脱开，固定管架必须有足够的刚度，以抵抗使套筒式补偿器脱开的力。这个力就是管道内的不平衡内压力 P_n。

② 内压力计算：

当固定管架布置在带有弯管段上(图 6.8.5)或者在装有闸阀或盲板的管段上时，内压力 P_n 可按下列公式计算：

$$P_n=p_0A \tag{6.8.5}$$

式中　p_0——介质工作压力；

A——套筒式补偿器的套筒外径横截面面积或轴向波型补偿器的有效截面面积。

如图 6.8.6 所示，当管道布置在两个不同直径的套筒式补偿器或轴向波型补偿器之间时，内压力 P_n 可按下式计算：

$$P_n = p_0(f_1 - f_2) \tag{6.8.6}$$

式中　f_1、f_2——依次为直径较大和直径较小的补偿器横截面面积。

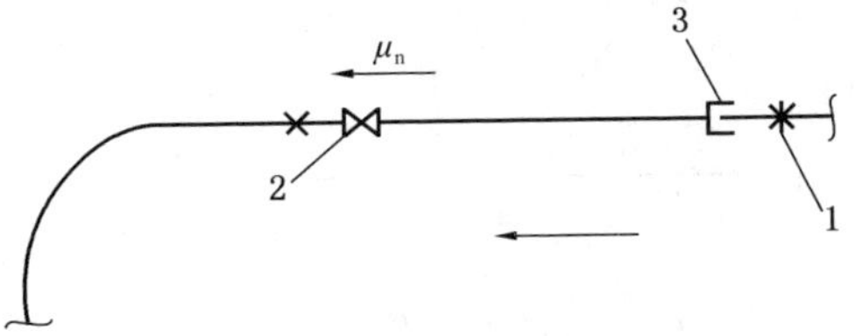

图 6.8.5　不平衡内压力工作示意

1—固定管架；2—闸阀；3—填料式补偿器

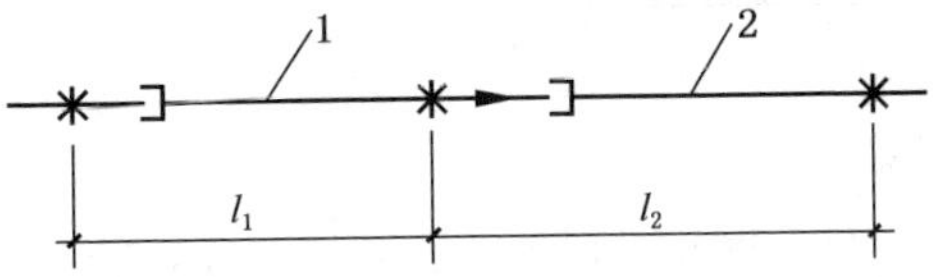

图 6.8.6　不同管径内压力工作示意

1—D_w325×8；2—D_w219×6

3. 活动管架通过管道传给固定管架的反作用力

当活动管架为刚性管架时，等于固定管架至补偿器之间各刚性管架的摩擦反力之和 $\sum P_m$；

当活动管架为柔性管架时，等于固定管架至补偿器之间各柔性管架的位移反弹力之和 $\sum P_f$；

当活动管架为半铰接管架时，水平推力可忽略不计。

固定管架的水平推力 P，一般均由管道专业计算提供，根据分工不同也可只提 $\sum P_b$、$\sum P_n$，再由结构人员根据中间活动管架特征不同，自行计算 $\sum P_b$、$\sum P_n$ 后并组合固定管架的水平推力 P 值。

七、固定管架(含摩擦力)水平推力计算公式

表 6.8.3、表 6.8.4、表 6.8.5、表 6.8.6 所述公式在石油化工行业应用较少。

① 方形补偿器和自然补偿器固定管架水平推力 P 计算公式，如表 6.8.3 所示。

② 套筒式补偿器固定管架水平推力 P 计算公式，如表 6.8.4 所示。

③ 波形补偿器固定管架水平推力 P 计算公式，如表 6.8.5 所示。

A. 波纹管内压引起的轴向推力，可按下式计算：

$$P_0 = P_B + p_0 f \tag{6.8.7}$$

$$P_n = p_0 A_t \tag{6.8.8}$$

式中　A_i——波纹管有效截面面积(由厂家提供)。

B. 波形补偿器的弹性力，可按下式计算：

$$P_A = K_w e_x \tag{6.8.9}$$

式中　K_w——波纹管总刚度；

e_x——设计补偿量。

④ 球型补偿器固定管架水平推力 P 计算公式，如表 6.8.6 所示

表 6.8.3 方形补偿器和自然补偿器固定管架水平推力计算公式

序号	管道布置简图	中间活动管架特征			计算条件
		刚性管架	柔性管架	半铰接管架	
1	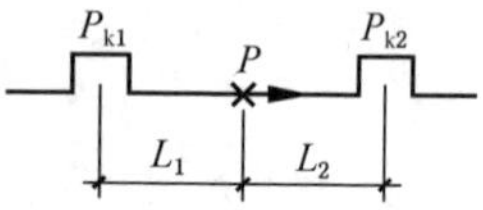	$P=P_{k1}-K_bP_{k2}-0.8$ $(\sum P_{m1}-0.8\sum P_{m2})$	$P=P_{k1}-K_bP_{k2}+$ $(\sum P_{f1}-\sum P_{f2})$	$P=P_{k1}-K_bP_{k2}$	$L_1\geqslant L_2$
2	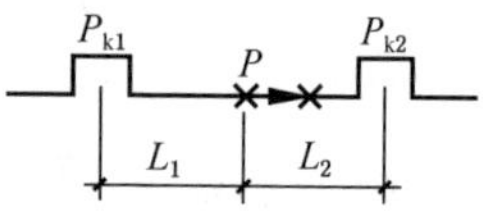	$P=P_{k1}+0.8\sum P_{m1}$	$P=P_{k1}+\sum P_{f1}$	$P=P_{k1}$	关闭阀门 （开时 同上式）
3	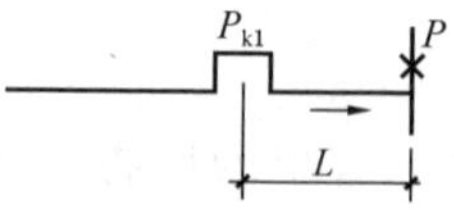	$P=P_{k1}+0.8\sum P_{m1}$	$P=P_{k1}+\sum P_{f1}$	$P=P_{k1}$	—
4	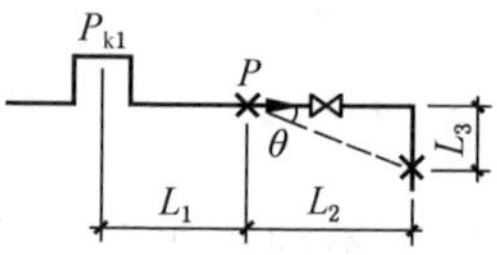	$P=P_{k1}-K_bP_k+0.8$ $[\sum P_{m1}-0.8(\sum P_{m2}$ $+0.5\sum P_{m3})\cos\theta]$ $P=P_{k1}+0.8\sum P_{m1}$	—	$P=P_{k1}-K_bP_x$ $P=P_k$	阀门打开 阀门关闭
5	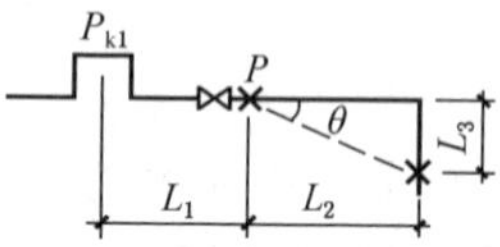	$P=P_{k1}-K_bP_k+0.8$ $[\sum P_{m1}-0.8(\sum P_{m2}$ $+0.5\sum P_{m3})\cos\theta]$ $P=P_{k1}+0.8\sum P_{m1}$	—	$P=P_{k1}-K_bP_x$ $P=P_{k1}$	阀门打开 阀门关闭
6	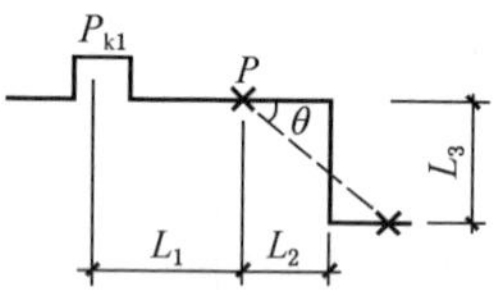	$P=P_{k1}-K_bP_k+0.8$ $[\sum P_{m1}-0.8(\sum P_{m2}$ $+0.25\sum P_{m3})\cos\theta]$ $P=P_{y1}+0.8(\sum P_{m2}+$ $0.25\sum P_{m3})\sin\theta$	—	$P=P_{k1}-K_bP_x$ $P=P_{y1}$	—
7	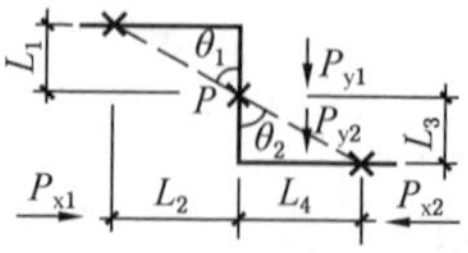	$P=P_{xy}-K_bP_{x2}+0.8$ $[(\sum P_{m2}+0.5\sum P_{m1})$ $\sin\theta-0.8(\sum P_{m4}+$ $0.5\sum P_{m3})\sin\theta]$ $P=P_{y1}-K_bP_{y2}+0.8$ $[(\sum P_{m2}+0.5\sum P_{m1})$ $\cos\theta-0.8(\sum P_{m4}+$ $0.5\sum P_{m3})\cos\theta$	—	$P=P_{x1}-K_bP_{x2}$ $P_y=P_{y1}\cdot K_bP_{y2}$	—

续表

序号	管道布置简图	中间活动管架特征			计算条件
		刚性管架	柔性管架	半铰接管架	
8	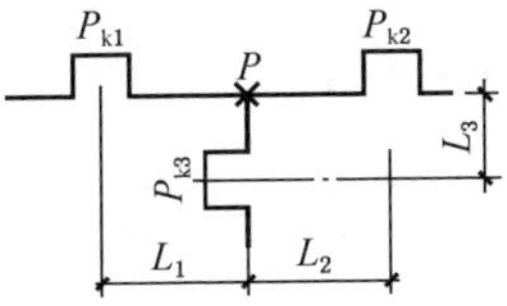	$P=P_{k1}-K_bP_{k2}+0.8(\sum P_{m1}-0.8\sum P_{m2})$ $P_y=P_{k3}+0.8\sum P_{m3}$	$P=P_{k1}-K_bP_{k2}+(\sum P_{k3}-\sum P_{f3})$ $P_y=P_{k3}+\sum P_{f3}$	$P=P_{k1}-K_bP_{k2}$ $P_y=P_{k3}$	—
9	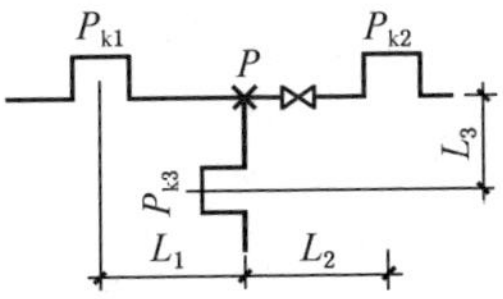	$P=P_{k1}+0.8\sum P_{m1}$ $P_y=P_{k3}+0.8\sum P_{m3}$	$P=P_{k1}+\sum P_{f1}$ $P_y=P_{k3}+\sum P_{f3}$	$P=P_{k1}$ $P_y=P_{k3}$	—

表 6.8.4　套筒式补偿器固定管架水平推力计算公式

序号	管道布置简图	中间活动管架特征			计算条件
		刚性管架	柔性管架	半铰接管架	
1	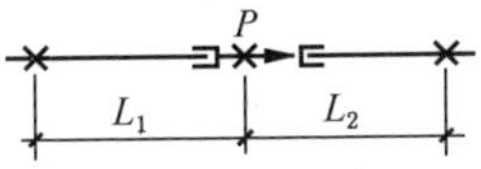	$P=P_{c1}-K_bP_{c2}+p_0(f_t-f_2)$	$L_1>L_2$	$L_1>L_2$	$L_1>L_2$
2	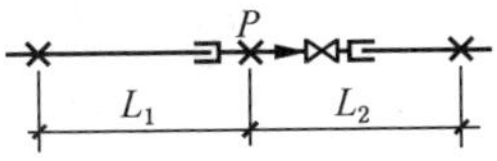	$P=P_{c1}+p_0f_1$	阀门关闭	阀门关闭	阀门关闭
3	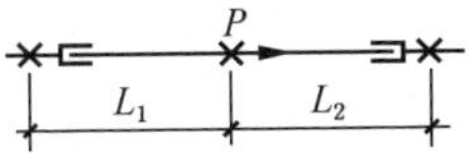	$P=P_{c1}-K_bP_{c2}+p_0(f_1-f_2)+0.8(\sum P_{m1}-0.8\sum P_{m2})$	$P=P_{c1}-K_bP_{c2}+p_0(f_1-f_2)+(\sum P_{m1}-\sum P_{m2})$	$P=P_{c1}+p_0f_1$	$L_1>L_2$
4	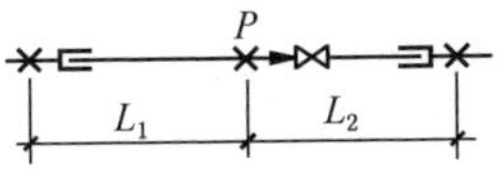	$P=P_{c1}+0.8\Sigma P_{m1}+p_0f_1$	$P=P_{c1}+\Sigma P_{c1}+p_0f_1$	$P=P_{c1}-K_bP_{c2}+p_0(f_1-f_t)$	—
5	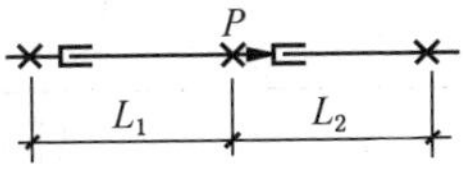	$P=P_{c1}-K_bP_{c2}+0.8\Sigma P_{m1}+p_0(f_1-f_2)$	$P=P_{c1}-K_bP_{c2}+p_0(f_t-f_2)+\Sigma P_{f1}$	$P=P_{c1}-K_bP_{c2}+p_0(f_1-f_t)$	—
6	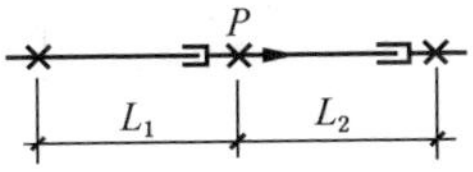	$P=P_{c1}-K_bP_{c2}+p_0(f_1-f_2)-0.8\Sigma P_{m2}$	$P=P_{c3}-K_bP_{c2}+p_0(f_t-f_2)+\Sigma P_{f2}$	$P=P_{ct}-K_bP_{c2}+p_0(f_1-f_t)-\Sigma P_{f2}$	—

续表

序号	管道布置简图	中间活动管架特征			计算条件
		刚性管架	柔性管架	半铰接管架	
7	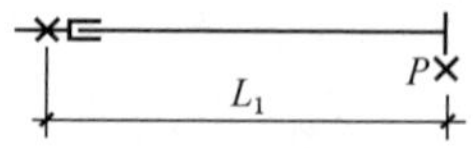	$P=P_{c1}+p_0f_1+\sum P_{m1}$	$P=P_{c1}+p_0f_1+\sum Pf_1$	$P=P_{c1}+p_0f_3$	—
8	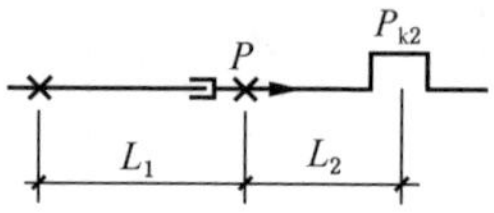	$P=P_{c1}-K_bP_{k2}+p_0(f_1-f_2)-0.8\sum P_{m2}$	$P=P_{c1}-K_bP_{k2}+p_0(f_t-f_2)-\sum P_{f2}$	$P=P_{c1}-K_bP_{c2}+p_0(f_1-f_t)$	—
9	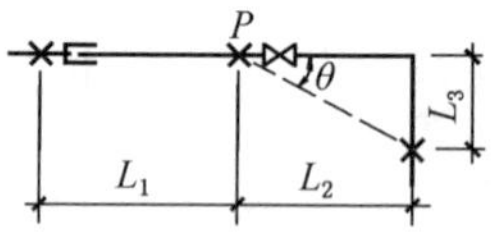	$P=P_{c1}+p_0f_1+0.8\sum P_{m1}$ $P=P_{c1}-K_bP_x+p_0f_1+0.8[\sum P_{m1}-0.8(\sum P_{m2}+0.5\sum P_{m3})\cos\theta]$	—	$P=P_{c1}+p_0f_1$ $P=P_{c1}-K_bP_x+p_0f_1$	阀门关闭 阀门打开
10	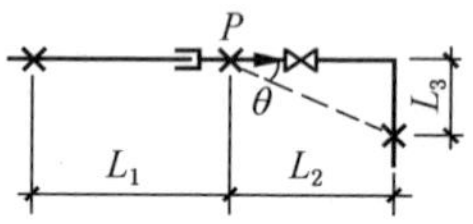	$P=P_{c1}-K_bP_x+p_0f_1-0.8(\sum P_{m2}+0.5\sum P_{m3})\cos\theta$ $P=P_{c1}+p_0f_1$	—	$P=P_{c1}-K_bP_x+p_0f_1$ $P=P_{c1}+p_0f_1$	阀门关闭 阀门打开
11	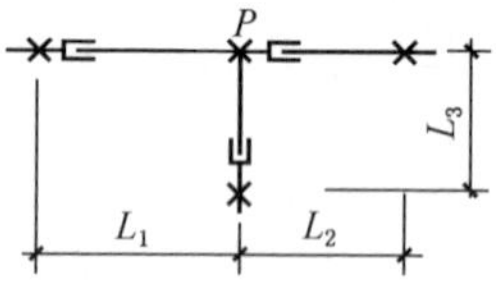	$P=P_{c1}-K_bP_x-0.8(\sum P_{m2}+0.25\sum P_{m3})\cos\theta$	—	$P=P_{c1}-K_bP_x$	—
12	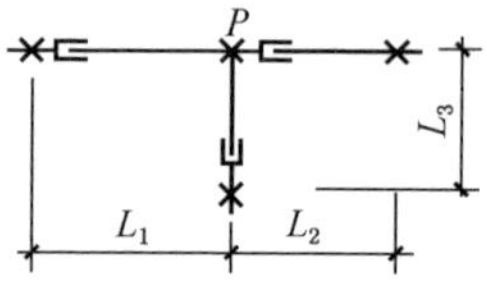	$P=P_{c1}-K_bP_{c2}+0.8\sum P_{m1}$ $P_y=P_{c3}+0.8\sum P_{m3}$	$P=P_{c1}-K_bP_{c2}+\sum P_{f3}$ $P_y=P_{c3}+\sum P_{f3}$	$P=P_{c1}-K_bP_{c2}$ $P=P_{c3}$	—
13	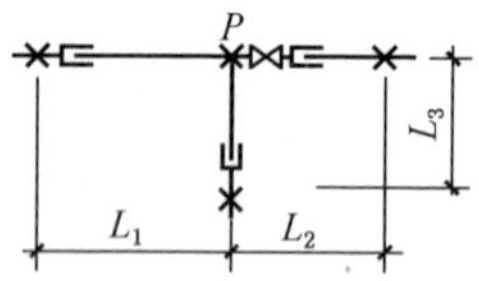	$P=P_{c1}+p_0f_1+0.8\sum P_{m1}$ $P_y=P_{c3}+0.8\sum P_{m3}$	$P=P_{c1}+p_0f_1+\sum P_{f1}$ $P_y=P_{c3}+\sum P_{f3}$	$P=P_{c1}+p_0f_1$ $P_y=P_{c3}$	—

表 6.8.5 波形补偿器固定管架水平推力计算公式

序号	管道布置简图	中间活动管架特征			计算条件
		刚性管架	柔性管架	半铰接管架	
1	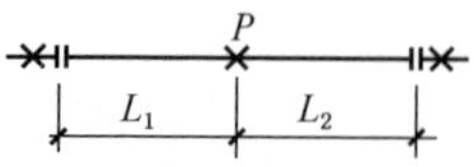	$P=P_{A1}+P_{B1}-K_b(P_{A2}+P_{B2})$ $0.8(\sum P_{m1}-0.8\sum P_{m2})$	$P=P_{A1}+P_{B1}-K_b(P_{A2}+P_{B2})+(\sum P_{f1}-\sum P_{f2})$	$P=P_{A1}+P_{B1}-K_b(P_{A2}+P_{B2})$	—

续表

序号	管道布置简图	中间活动管架特征			计算条件
		刚性管架	柔性管架	半铰接管架	
2	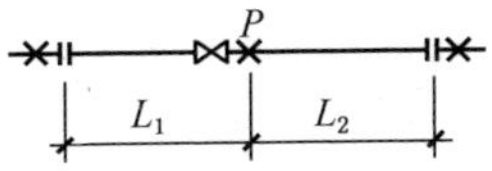	$P=P_{A2}+P_{B2}+p_0f+\Sigma P_{m2}$	$P=P_{A2}+P_{B2}+p_0f+\Sigma P_{f2}$	$P=P_{A2}+P_{B2}+p_0f$	阀门关闭
3	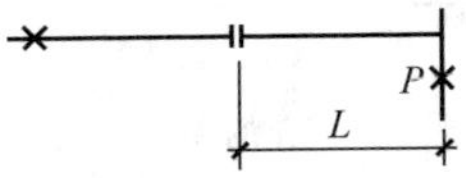	$P=P_{A2}+P_{B2}+p_0f+\Sigma P_{m1}$	$P=P_{A1}+P_{B1}+p_0f+\Sigma P_{f1}$	$P=P_{A1}+P_{B1}+p_0f$	—
4	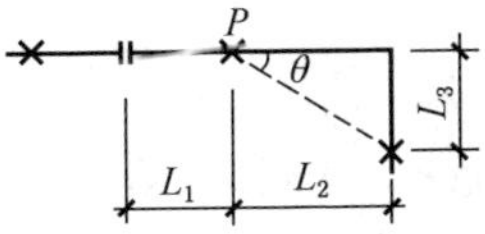	$P=P_{A1}+P_{B1}-K_bP_x+p_0f+0.8[\Sigma P_{m1}-0.8(\Sigma P_{m2}+0.5\Sigma P_{m3})\cos\theta]$ $P=P_y+0.8(\Sigma P_{m2}+0.5\Sigma P_{m3})\sin\theta$	—	$P=P_{A1}+P_{B1}+p_0f-K_bP_x$ $P=P_y$	—
5	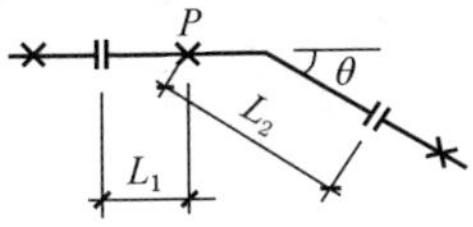	$P=P_{A1}+P_{B1}+p_0f-K_b(P_{A2}+P_{B2}+p_0f_2)\cos\theta-0.8(\Sigma P_{m1}-0.8\Sigma P_{m2}\times\cos\theta)$ $P=(P_{A2}+P_{B2}+p_0f_2+0.8\Sigma P_{m2})\sin\theta$	—	$P=P_{A1}+P_{B1}+p_0f_1-K_b(P_{A2}+P_{B2}+p_0f_1)\cos\theta$ $P=(P_{A2}+P_{B2}+p_0f_2)\sin\theta$	—
6	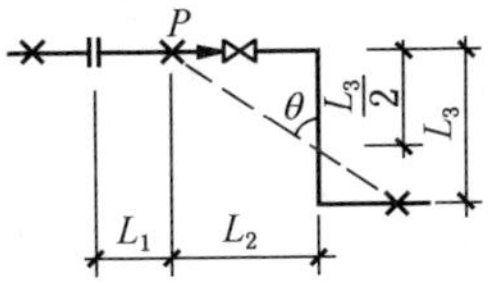	$P=P_{A1}+P_{B1}+p_0f-K_bP_t+0.8[\Sigma P_{m1}-0.8(\Sigma P_{m2}+0.25\Sigma P_{m2})\cos\theta]$ $P=P_y+(\Sigma P_{m2}+0.25\Sigma P_{m3})\sin\theta$	—	$P=P_{A1}+P_{B1}+K_bP_x$ $P=P_y$	阀门打开
7	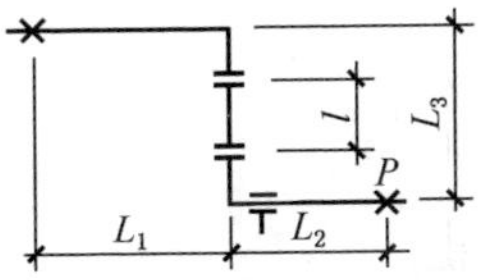	$P=P_A+0.08\Sigma P_{m2}$	—	—	—
8	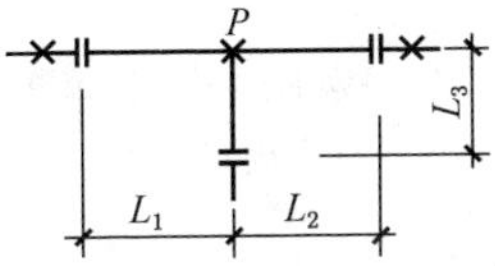	$P=P_{A1}+P_{B1}-K_b(P_{A2}+P_{B2})+0.8(\Sigma P_{m1}-0.8\Sigma P_{m2})$ $P=P_{A3}+P_{B3}+0.8\Sigma P_{m3}$	$P=P_{A1}+P_{B1}-K_b(P_{A2}+P_{B2})+(\Sigma P_{f1}-\Sigma P_{f2})$ $P=P_{A3}+P_{B3}+\Sigma P_{f3}$	$P=P_{A1}+P_{B1}-K_b(P_{A2}+P_{B2})$ $P=P_{A3}+P_{B3}$	—

续表

序号	管道布置简图	中间活动管架特征			计算条件
		刚性管架	柔性管架	半铰接管架	
9	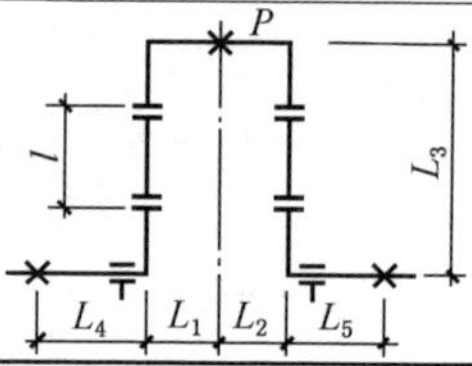	$P=P_{A1}-K_bP_{A2}+0.8(\sum P_{m1}-0.8\sum P_{m2})$	—	—	—

注：表 6.8.3～6.8.5 中公式符号意义如下：

P——固定管架承受的水平推力；

P_k——方形补偿器的弹性力；

P_K——自然补偿器在纵向的弹性力；

P_y——自然补偿器在横向的弹性力；

P_m——活动管架上的管道摩擦力；

P_f——活动管架上的位移反弹力；

P_t——套筒式补偿器的摩擦力；

P_A——波形补偿器的弹性力；

p_B——波形补偿器波壁承受的内压轴向力；

p_0——管内介质的工作压力；

f——管道的内截面面积；

L_1、L_2、L_3、L_4——管道长度；

θ——管道拐弯角度；

K_b——不平衡系数；

方形、波形补偿器 $K_b=0.8$；

鼓形补偿器 $K_b=0.7$；

套筒式补偿器 $K_b=0.5$。

表 6.8.6 球形补偿器固定管架水平推力计算公式

序号	管道布置简图	中间活动管架特征			计算条件
		刚性管架	柔性管架	半铰接管架	
1	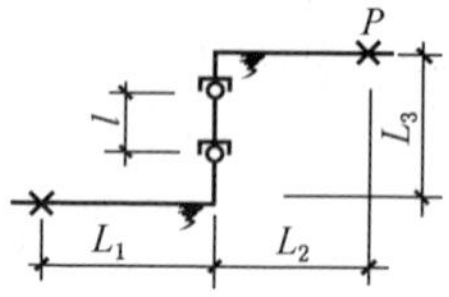	$P=P_A+0.8\sum P_{m2}$	—	$P=P_d$	—
2	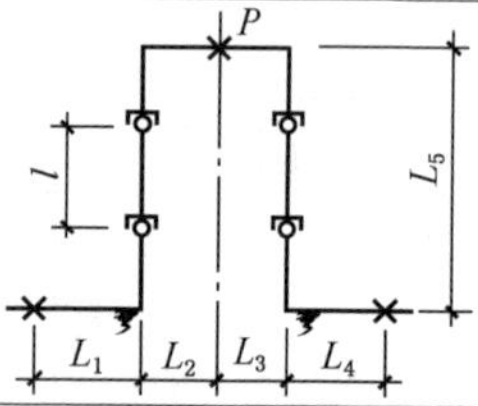	$P=P_{d1}-K_bP_{d2}+0.8(\sum P_{m2}-0.8\sum P_{m3})$	—	$P=P_{d1}-K_bP_{d2}$	—
3	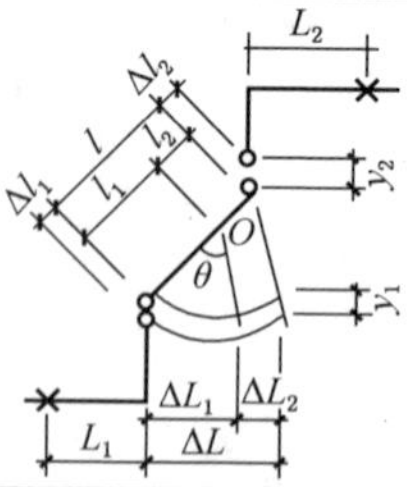	$P_d=\dfrac{M}{l_1}$ $l_1=\dfrac{\Delta L_1}{\Delta L}l$；　$l_2=\dfrac{\Delta L_2}{\Delta L}l$； 最小球心距： $l=\dfrac{\Delta L}{2\sin\dfrac{\theta}{2}}$	—	—	—

注：公式符号意义如下：

P——固定管架纵向水平推力；

P_d——球补转动摩擦力；

M——球补转动摩擦力矩(厂方提供)；

y_1，y_2——圆弧摆动引起的横向位移；

ΔL_1，ΔL_2——管段 L_1，L_2 热膨胀引起的热位移；

Δl_1，Δl_2——管段 l_1，l_2 热膨胀引起的热位移；

l——球心距，由设计者确定；

θ——转动角；

l_1，l_2——O 点距球中心距离；

ΔL——总热伸长量。

八、轴向波形补偿器固定管架水平推力计算实例

某工程热电厂供热管如图 6.8.7 所示，选用 $DN300$ 复式轴向型波形补偿器，计算 1 号、3 号固定管架水平推力。

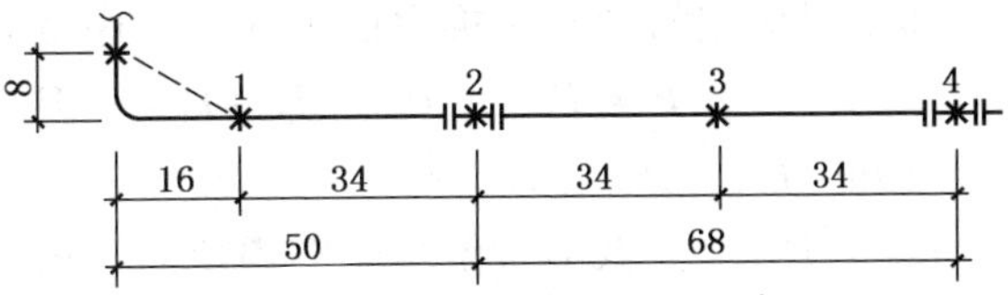

图 6.8.7　供热管网平面示意

1. 已知条件(表 6.8.7)

表 6.8.7　已知条件

序号	项　　目	内　　容	序号	项　　目	内　　容
1	管径	$D_W325\times8$	7	补偿器轴向总刚度	$K_w=225.6$N/mm
2	自然补偿器反弹力	$P_x=1000$N	8	波纹管有效截面积	$A_1=1075$cm^2
3	工作压力	$p_0=1.0$N/mm^2	9	轴向总补偿量	$e_x=105$mm
4	工作温度	$t=250$℃	10	管材	20$^\#$钢
5	输送介质	蒸汽	11	中间活动管架特征	刚性管架
6	管道计算荷载	$q=1145.3$N/m	12	摩擦系数	$\mu=0.3$

2. 位移荷载的计算

工程上常见的一些形状简单的管系，如 Π 型补偿器、L 形管道等，一些手册或专著中给出了简单的近似计算公式，或列成了图表形式，设计人员可视管系的具体情况，或采取简单计算法，或采取查阅图表法，或采用计算机详细分析法去求解管系对支承点或端点的位移荷载。

3. 推力计算

① 1 号固定管架水平推力由表 6.8.5 序号 4 得知，计算如下：

$$P=P_{A1}+P_{B1}-K_bP_x+p_0f+0.8\left[\sum P_{m1}-0.8\left(\sum P_{m2}+\frac{1}{2}\sum P_{m3}\right)\cos\theta\right]$$

P_{A1}——波形补偿器的弹性力，按式(6.8.9)计算。

$$P_{A1}=K_we_x=225.6\times105=23688\text{N}$$

$P_0=P_{B1}-p_0f$——波形管内压力引起的水平推力，按式(6.8.8)计算。

$$P_n=p_0A_t=1.0\times107500=10750\text{N}$$

$\sum P_{m1}$——右侧管段摩擦力，计算如下：

$$\sum P_{m1}=\sum q\mu l_1=1145.3\times0.3\times34=11682\text{N}$$

P_x——自然补偿器沿 x 轴的弹性力，$P_x=980$N

$\sum P_{m2}$，$\sum P_{m3}$——水平弯管段摩擦力，计算如下：

$$\sum P_{m2}=\sum q\mu l_2=1145.3\times0.3\times16=5497\text{N}$$

$$\sum P_{m3}=\sum q\mu l_3=1145.3\times0.3\times8=2749\text{N}$$

$$\cos\theta=0.8949(\theta=26.5°)$$

故得 1 号固定管架的水平推力为

$$P=23688+107500-0.8\times1000+0.8\times\left[11682-0.8\times\left(5497+\frac{1}{2}\times2749\right)\times0.8949\right]$$

$$=130388+0.8\times(11682-4919)$$

$$=135798\text{N}$$

② 3号固定管架水平推力由表6.8.5序号8得知，计算如下：

$$P=P_{A1}+P_{B1}-K_b(P_{A2}+P_{B2})+0.8(\sum P_{m1}-0.8\sum P_{m2})$$

已知 $P_{A1}-P_{A2}=23688N$

P_{B1}，P_{B2}——波形管壁承受的内压力，由式(6.8.7)计算如下：

$$P_B=P_n-p_0 f$$
$$=10750-1.0\times0.785\times(325-8\times2)^2=32547N$$
$$\sum P_{m1}=\sum P_{m2}=\sum q\mu l_1=11682N$$

故得3号固定管架的水平推力为

$$P=23688+32547-0.8\times(23688+32547)+0.8\times(11682-0.8\times11682)$$
$$=56235-44988+1869$$
$$=13116N$$

九、套筒式补偿器固定管架水平推力计算实例

某工程厂区管线布置如图6.8.8所示。采用套筒式补偿器，中间活动管架特征采用刚性管架。计算各固定管架水平推力。

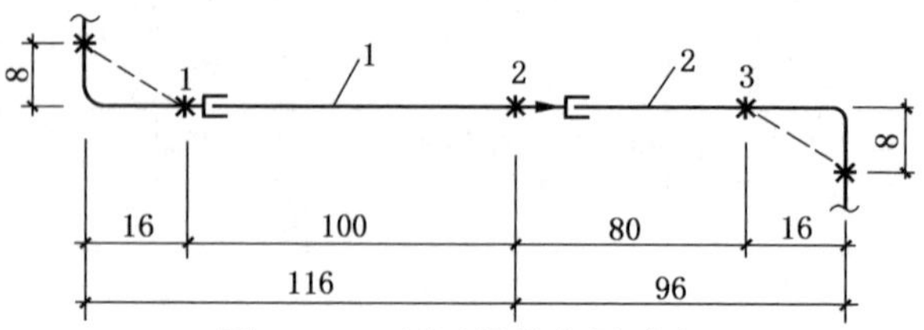

图6.8.8 厂区管线布置示意

1. 已知条件(表6.8.8)

表6.8.8 已知条件

序号	项　目	内　容	序号	项　目	内　容
1	管径	$D_W 325\times8$	9	管道计算荷载	(1)$q_1=1145.3N/m$
2	管内截面积	$f_1=74953mm^2$	10	管道计算荷载	(2)$q_2=645.5N\cdot m$
3	管径	$D_W 219\times6$	11	单位长度热伸长量	$\Delta t=3.2mm/m$
4	管内截面积	$f_2=33637mm^2$	12	DN300补偿量	$\Delta t_{max}=350$
5	自然补偿器弹性力	$P_x=1000N$	13	DN200补偿量	$\Delta t_{max}=300$
6	工作压力	$p_0=1.0N/mm^2$	14	DN300摩擦力	$P_{c1}=13857N$
7	工作温度	$t=250℃$	15	DN200摩擦力	$P_{c2}=6159N$
8	输送介质	蒸汽	16	摩擦系数	$\mu=0.3$

2. 推力计算

① 1号固定管架张力由表6.8.4序号10得知，计算如下：

$$P=P_c-K_bP_x+p_0 f_1-0.8\left(\sum P_{m2}+\frac{1}{2}\sum P_{m3}\right)\cos\theta$$

$p_0 f_1$——内压推力

$$p_0 f_1=1.0\times74953=74953N$$
$$P_{c1}=13857N$$
$$\sum P_{m3}=\sum q\mu l_3$$
$$=1145.3\times0.3\times8$$
$$=2749N$$

$$\sum P_{m2}=\sum q\mu l_2$$
$$=1145.3\times 0.3\times 16$$
$$=5497\text{N}$$
$$P_x=1000\text{N/mm}^2$$
$$\cos\alpha=0.8944(\alpha=26.56°)$$

故得1号固定管架的水平推力为

$$P=13857-0.8\times 1000-59962-0.8\times\left(5497+\frac{1}{2}\times 2749\right)\times 0.8944$$
$$=73035-4917$$
$$=68118\text{N}$$

② 2号固定管架水平推力由表6.8.4序号5得知，计算如下：

$$P=P_{c1}-K_bP_{c2}+0.8\sum P_{m1}+p_0(f_1-f_2)$$
$$\sum P_{m1}=\sum q\mu l_1$$
$$=1145.3\times 0.3\times 100$$
$$=34359\text{N}$$

故得2号固定管架的水平推力为

$$P=13857-0.5\times 6159+0.8\times 34359+0.8(74953-33637)$$
$$=71318\text{N}$$

③ 3号固定管架水平推力由表6.8.4序号9得知，计算如下：

$$P=P_{c1}-K_bP_x+p_0f+0.8\left[\sum P_{m1}-0.8\left(\sum P_{m2}+\frac{1}{2}\times\sum P_{m3}\right)\cos\theta\right]$$

$$p_0f=1.0\times 33637$$
$$=33637\text{N}$$
$$\sum P_{m1}=\sum q\mu l_2$$
$$=645.5\times 0.3\times 80$$
$$=15492\text{N}$$
$$\sum P_{m2}=\sum q\mu l_3$$
$$=645.5\times 0.3\times 16$$
$$=3098\text{N}$$
$$\sum P_{m3}=\sum q\mu l_4$$
$$=645.5\times 0.3\times 16$$
$$=1549\text{N}$$

故得3号固定管架的水平推力为

$$P=6159-0.8\times 1000+33637+0.8\times\left[15492-0.8\times\left(3098+\frac{1}{2}\times 1549\right)\times 0.8944\right]$$
$$=38996+10177$$
$$=49173\text{N}$$

十、某荷载计算错误造成工程事故

如图 6.8.9(a)、(b)所示，某荷载计算错误造成工作事故。某卧式容器顶部接出一根 *DN*2000 管子，设计温度 220℃，如图 6.8.9(a)所示，管子在 *A* 点的垂直荷载为 220kN，支承高度为 15m，在 *A* 点的水平位移为 6mm。设计人认为 *DN*2000 管子在 *A* 点的滑动摩擦为钢对钢，因此在此处的水平摩擦力为：220kN×0.3=66kN。结构专业按照这个水平力设计了如图 6.8.9(b)的大型钢结构。

其实，上述做法是错误的，大型钢结构给工程项目造成很大的浪费。在 *A* 点的支承，做成如图 6.8.9(c)所示的独立柱足够了。*DN*2000 管子在 *A* 点没有水平摩擦力，仅靠 15m 高的独立支柱的柔性，就可以满足管子 6mm 的水平位移。有一些管道设计专家建议将标准规范常用的一句话“管架应有足够的强度和刚度”，修改为“管架应有足够的强度和合适的刚度”。

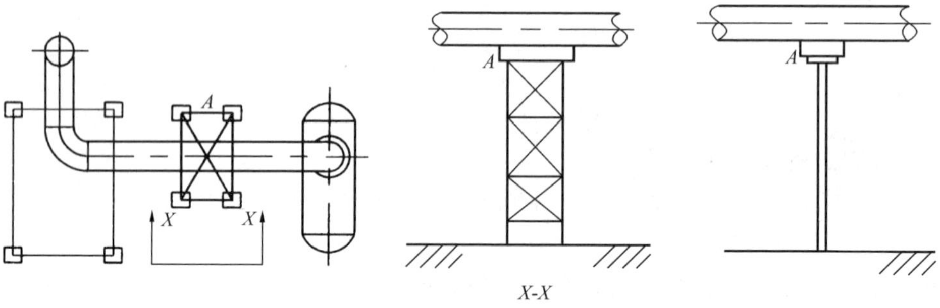

(a) (b) (c)

图 6.8.9 某荷载计算错误造成工程事故

第九节 热膨胀力的确定——格林乃尔(Grinnell)法

一、格林乃尔(Grinnell)法热膨胀力的计算步骤

对一般常见的几何形状简单的平面管系，由于管段热胀引起的弯曲应力及作用于固定管架的热膨胀力，可按格林乃尔(Grinnell)法快速推算，计算步骤如下：

① 根据管段形式按表 6.9.2～表 6.9.7 查出系数 K_x、K_y和 K_z。

② 根据管道操作条件和所用材料，由表 6.9.1 中查出相应之 *C* 值。

③ 按式(6.9.1)、式(6.9.2)、式(6.9.3)分别计算 *x*、*y*、*z* 三方向的热膨胀力。

$$F_x = 0.01 \cdot K_x \cdot C \cdot \frac{I}{L^2} \tag{6.9.1}$$

$$F_y = 0.01 \cdot K_y \cdot C \cdot \frac{I}{L^2} \tag{6.9.2}$$

$$F_z = 0.01 \cdot K_z \cdot C \cdot \frac{I}{L^2} \tag{6.9.3}$$

式中 F_x、F_y、F_z——分别为 *x*、*y*、*z* 方向上的热膨胀力，kN；

K_x、K_y、K_z——分别为 *x*、*y*、*z* 方向上的系数；

C——系数(见表 6.9.1)；

L——相应管段计算参数，m；

I——管子断面惯性矩，cm^4。

$$I=\frac{\pi}{64}(D^4-d^4) \tag{6.9.4}$$

式中　D——管子外径，cm；

d——管子内径，cm。

当管系所有弯管是斜接焊制弯头或刚性管件时，所得的结果是准确的。当管系所有弯管是弯头或焊接弯头时，所得的结果比实际要小。

二、格林乃尔(Grinnell)法综合系数 C

综合系数 C 计算方法：

$$C=\Delta l\times E\times 10^{-5} \tag{6.9.5}$$

式中　C——格林乃尔(Grinnell)法综合系数；

Δl——每 1m 的伸长量，mm；

E——弹性模量。

表 6.9.1　温度和综合系数 C 的关系

温度/℃	碳素钢、碳钼钢、低铬钼钢(至 Cr3Mo)	铬钼钢(Cr5Mo～Cr9Mo)	奥氏体不锈钢
20	0	0	0
50	0.1	0.1	0.1
100	0.2	0.2	0.3
150	0.3	0.3	0.5
200	0.5	0.4	0.6
250	0.6	0.5	0.8
300	0.8	0.7	1.0
350	0.9	0.8	1.2
400	1.1	0.9	1.4
450	1.3	1.1	1.6
500	1.4	1.2	1.8
550	1.3	1.3	2.0
600	1.8	1.5	2.2

表 6.9.1 的综合系数 C 是管系没有冷紧时，冷紧时可按下式计算：

$$C''=C\times\frac{\Delta L-\frac{2}{3}t}{\Delta L}$$

式中　C''——冷紧时格林乃尔(Grinnell)法综合系数；

ΔL——全热伸长量，mm；

t——冷紧量。

三、L 形管道的热膨胀力(表 6.9.2)

表 6.9.2

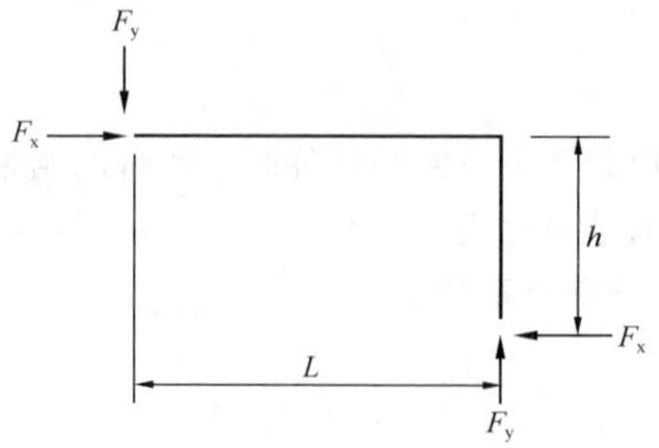

L/h	K_x	K_y	L/h	K_x	K_y	L/h	K_x	K_y
1.0	12	12	3.4	207	26	5.8	854	46
1.2	17	12	3.6	237	28	6.0	937	48
1.4	23	13	3.8	274	29	6.2	1019	50
1.6	32	14	4.0	315	31	6.4	1109	52
1.8	42	15	4.2	356	33	6.6	1211	53
2.0	54	17	4.4	406	35	6.8	1312	55
2.2	68	18	4.6	456	36	7.0	1425	57
2.4	84	19	4.8	509	38	7.2	1515	59
2.6	103	21	5.0	569	39	7.4	1653	60
2.8	125	22	5.2	629	41	7.6	1783	62
3.0	150	23	5.4	699	43	7.8	1915	64
3.2	175	25	5.6	774	45	8.0	2057	65

四、_⊓_形等长管道的热膨胀力(表 6.9.3)

表 6.9.3

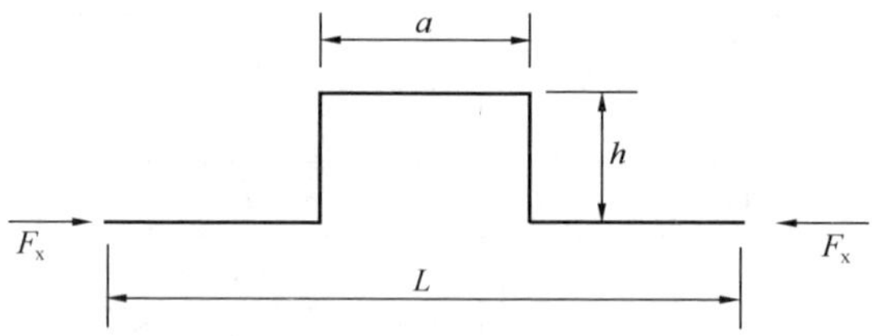

L/a→	2	3	4	5	6	7	8	9	10
L/h	K_x								
1.0	2	2	2	2	3	3	3	3	3
1.2	4	4	5	5	5	5	5	5	5
1.4	5	6	7	7	7	7	8	8	8
1.6	7	8	9	9	9	10	10	10	10
1.8	9	10	11	11	12	12	13	13	13
2.0	12	12	13	14	14	15	15	15	16
2.2	15	16	16	17	17	18	18	20	21

续表

L/a→	2	3	4	5	6	7	8	9	10
L/h	K_x								
2.4	18	19	20	21	21	22	24	25	26
2.6	21	23	24	25	26	27	29	30	31
2.8	25	27	29	30	31	33	34	36	37
3.0	29	31	33	35	37	39	40	41	43
3.2	34	35	39	41	43	45	48	50	50
3.4	38	40	44	46	49	52	55	58	59
3.6	43	46	50	52	57	59	63	66	67
3.8	49	52	56	60	65	68	71	74	76
4.0	54	58	63	68	73	77	80	83	86
4.2	60	64	70	77	81	86	89	94	96
4.4	67	70	78	86	90	96	99	105	107
4.6	73	78	86	95	101	105	111	117	119
4.8	80	86	95	104	111	117	123	129	132
5.0	87	94	104	114	121	129	135	141	146
5.2	95	103	113	124	133	141	148	156	161
5.4	103	112	122	135	145	153	161	171	177
5.6	111	121	133	146	157	167	175	185	193
5.8	119	131	143	157	170	181	191	201	209
6.0	128	140	154	170	183	196	207	217	226
6.2	137	151	166	182	197	211	223	234	243
6.4	147	162	177	196	211	226	239	250	261
6.6	157	172	189	210	226	243	257	268	280
6.8	167	183	202	224	242	260	276	289	302
7.0	177	194	215	238	259	278	296	311	325
7.2	188	205	228	253	277	297	316	333	347
7.4	199	220	242	269	295	316	336	354	370
7.6	210	232	257	285	313	336	355	377	394
7.8	222	245	272	301	331	355	377	400	418
8.0	234	258	287	319	348	375	401	423	444
8.2	246	272	302	337	368	396	425	446	470
8.4	259	286	317	354	388	418	450	471	497
8.6	272	301	333	373	409	441	475	497	525
8.8	285	315	347	391	430	465	500	524	554
9.0	299	329	363	412	451	490	525	553	584
9.2	313	345	380	433	474	515	550	583	614
9.4	327	361	398	453	498	540	578	612	644
9.6	342	377	418	475	522	564	605	642	677
9.8	356	393	439	497	545	590	633	673	710
10.0	371	410	461	520	569	618	659	704	743

五、_П_形——带不等长管道 $\frac{L_1}{L_2}=2$ 热膨胀力(表 6.9.4)

表 6.9.4

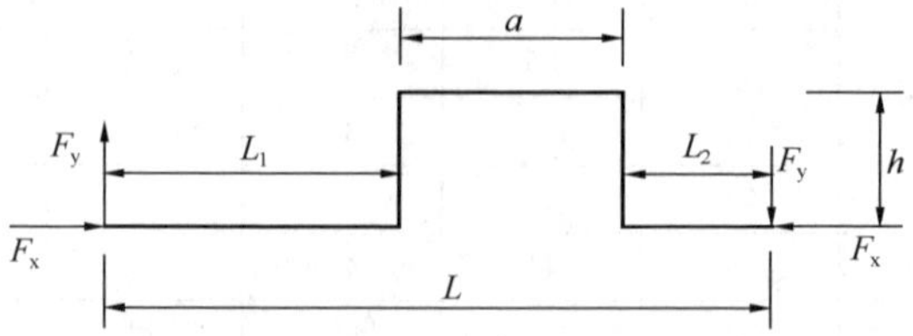

L/a→	2		4		6		8		10	
L/h	K_x	K_y	K_x	K_y	K_x	K_y	K_x	K_y	K_x	K_y
1.0	2	0	3	1	3	1	3	1	3	2
1.2	4	1	5	2	5	2	5	2	5	2
1.4	6	1	8	2	8	2	8	2	8	3
1.6	8	1	11	3	10	3	11	3	11	3
1.8	10	1	13	3	13	3	13	3	14	3
2.0	12	2	16	4	15	4	16	4	17	4
2.2	16	2	20	4	20	4	20	4	21	4
2.4	20	2	24	4	25	4	24	5	27	5
2.6	23	3	28	5	30	5	28	5	33	5
2.8	27	3	32	5	35	5	33	6	39	6
3.0	31	3	36	5	40	6	40	6	46	6
3.2	36	4	41	6	48	6	47	6	53	7
3.4	41	4	47	6	55	7	54	7	61	7
3.6	46	4	52	7	63	7	64	7	70	8
3.8	51	5	59	7	71	8	75	8	80	8
4.0	57	5	68	7	79	8	86	8	91	9
4.2	64	5	76	8	89	9	97	9	104	9
4.4	71	6	85	8	99	9	108	9	117	10
4.6	78	6	94	9	110	9	119	10	131	10
4.8	85	7	103	9	121	10	132	10	144	11
5.0	93	7	112	10	131	10	146	11	157	11
5.2	102	7	123	10	144	11	156	11	170	12
5.4	111	8	134	10	156	11	171	12	186	12
5.6	120	8	142	11	170	12	187	12	204	12
5.8	130	9	155	11	183	12	204	12	221	13
6.0	139	9	166	12	197	13	222	13	240	13
6.2	149	9	178	12	214	13	239	13	258	14
6.4	159	10	191	13	230	13	255	14	280	14
6.6	169	10	204	13	246	14	272	14	303	15
6.8	180	11	218	13	261	14	289	15	326	15
7.0	190	11	232	14	277	15	307	15	348	16

续表

L/a→	2		4		6		8		10	
L/h	K_x	K_y	K_x	K_y	K_x	K_y	K_x	K_y	K_x	K_y
7.2	202	11	247	14	296	15	326	16	371	16
7.4	214	12	261	15	316	16	345	16	395	17
7.6	226	12	276	15	335	16	363	17	421	17
7.8	238	13	292	15	353	16	382	17	446	18
8.0	249	13	309	16	373	17	404	17	471	18
8.2	263	13	327	16	394	17	426	18	497	18
8.4	277	14	345	17	416	18	448	18	525	19
8.6	292	14	362	17	438	18	471	19	555	19
8.8	306	15	380	18	460	19	498	19	586	20
9.0	320	15	398	18	482	19	526	20	618	20
9.2	336	15	417	19	507	20	554	20	650	21
9.4	351	16	436	19	532	20	582	20	682	21
9.6	367	16	455	19	556	20	612	21	715	22
9.8	383	17	475	20	581	21	640	21	746	22
10.0	399	17	495	20	607	21	668	22	779	22

六、⊓形——带不等长管道$\frac{L_1}{L_2}=4$热膨胀力(表6.9.5)

表6.9.5

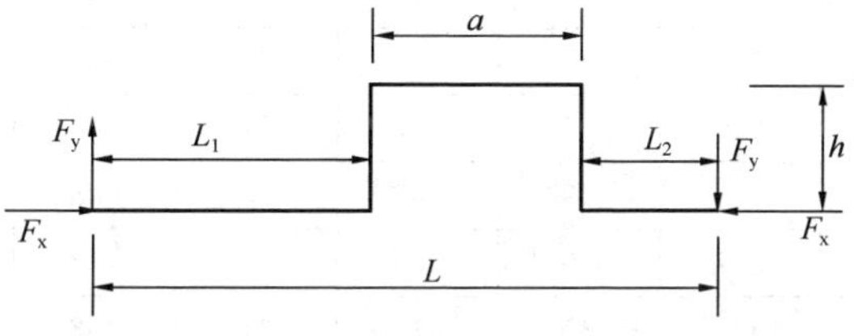

L/a→	2		4		6		8		10	
L/h	K_x	K_y	K_x	K_y	K_x	K_y	K_x	K_y	K_x	K_y
1.0	3	1	3	2	3	2	3	2	3	2
1.2	4	1	5	2	5	3	6	3	6	3
1.4	7	2	8	3	8	4	9	4	9	4
1.6	9	2	10	4	11	5	12	5	12	5
1.8	11	3	13	5	14	5	15	6	16	6
2.0	13	3	16	5	18	6	19	6	20	7
2.2	17	4	20	6	22	7	23	7	24	8
2.4	21	4	25	7	27	8	29	8	30	8
2.6	25	5	30	8	33	9	36	9	37	9
2.8	29	6	36	9	40	10	43	10	45	10
3.0	34	6	43	10	48	10	51	11	53	11

续表

L/a→	2		4		6		8		10	
L/h	K_x	K_y	K_x	K_y	K_x	K_y	K_x	K_y	K_x	K_y
3.2	40	7	49	10	55	11	59	12	62	12
3.4	47	8	55	11	64	12	69	13	71	13
3.6	51	8	63	12	73	13	79	13	81	14
3.8	58	9	71	13	82	14	89	14	93	14
4.0	65	10	80	14	92	15	101	15	107	16
4.2	71	11	89	15	103	16	112	16	.122	16
4.4	79	11	99	16	115	17	125	17	137	17
4.6	87	12	110	17	127	17	139	18	151	18
4.8	96	13	121	18	140	18	153	19	166	19
5.0	106	14	132	18	152	19	168	20	181	20
5.2	116	15	143	19	166	20	183	20	198	21
5.4	126	15	155	20	181	21	199	21	216	22
5.6	136	16	169	21	198	22	217	22	234	23
5.8	147	17	183	22	215	23	236	23	254	23
6.0	157	18	197	23	232	24	255	24	275	24
6.2	168	19	213	24	248	25	274	25	296	25
6.4	179	20	228	24	266	26	293	26	318	26
6.6	192	20	243	25	285	27	313	27	343	27
6.8	206	21	257	26	306	28	337	28	367	28
7.0	220	22	273	27	327	28	363	29	395	29
7.2	234	23	290	28	347	29	385	29	423	30
7.4	248	24	308	29	368	30	408	30	450	31
7.6	261	25	327	30	389	31	432	31	478	31
7.8	276	26	347	31	411	31	458	32	506	32
8.0	293	27	366	32	433	32	485	32	535	33
8.2	310	28	386	32	455	33	514	33	564	34
8.4	327	29	406	33	479	34	543	34	597	35
8.6	344	29	426	34	505	35	572	35	631	36
8.8	360	30	446	35	531	36	602	36	666	37
9.0	378	31	468	36	556	37	634	37	703	37
9.2	396	32	491	37	584	37	665	38	740	38
9.4	415	33	514	38	609	38	697	39	776	39
9.6	434	34	537	39	639	39	729	39	813	40
9.8	452	35	560	40	673	40	760	40	849	41
10.0	471	36	584	41	703	41	792	41	887	42

七、_⊓形——单边管道的热膨胀力(表 6.9.6)

表 6.9.6

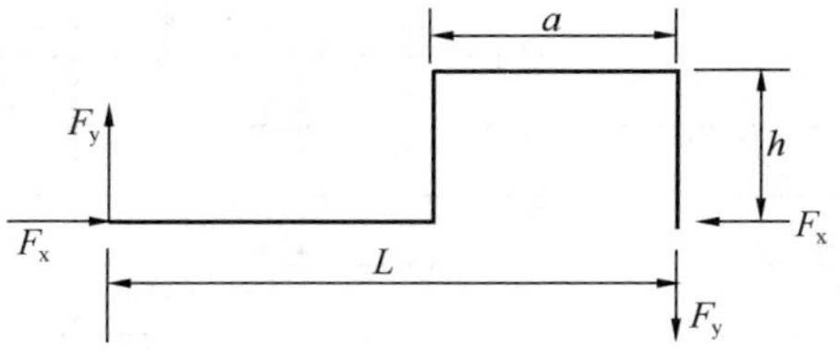

L/a→	1.5		2		3		4	
L/h	K_x	K_y	K_x	K_y	K_x	K_y	K_x	K_y
1.0	3	1	3	1	3	2	4	3
1.2	4	1	5	2	6	3	6	4
1.4	6	2	7	3	9	5	9	5
1.6	8	2	9	4	12	6	12	6
1.8	11	3	12	5	16	7	16	7
2.0	14	3	16	6	20	8	21	9
2.2	18	4	20	7	25	10	28	10
2.4	22	5	24	8	30	11	34	12
2.6	26	6	30	10	36	13	40	14
2.8	32	7	37	11	44	14	49	15
3.0	39	8	45	12	52	16	58	17
3.2	45	9	51	14	61	18	68	19
3.4	50	10	59	16	70	20	79	21
3.6	58	11	69	17	80	22	90	23
3.8	68	13	79	19	93	24	102	24
4.0	78	15	90	21	107	26	116	26
4.2	88	16	101	23	120	28	130	29
4.4	99	16	113	25	134	30	146	31
4.6	110	18	127	27	149	33	162	33
4.8	123	20	141	29	165	35	179	35
5.0	138	22	154	31	183	37	196	37
5.0	150	23	169	33	201	39	216	39
5.4	163	24	186	36	219	41	236	41
5.6	177	25	204	38	238	43	256	43
5.8	191	27	223	40	257	45	277	46
6.0	207	28	242	43	277	47	299	48
6.2	223	30	260	45	302	50	321	50
6.4	240	32	280	48	327	52	344	51
6.6	258	33	302	50	351	55	367	53
6.8	278	35	326	52	376	58	393	55
7.0	299	37	351	54	402	61	421	57
7.2	319	39	374	57	431	64	448	60

续表

L/a→	1.5		2		3		4	
L/h	K_x	K_y	K_x	K_y	K_x	K_y	K_x	K_y
7.4	339	41	399	59	459	66	476	62
7.6	360	43	426	62	488	69	505	64
7.8	383	45	455	65	518	71	536	67
8.0	407	46	486	68	547	74	568	69
8.2	435	49	515	70	581	77	603	72
8.4	463	51	545	73	615	79	638	74
8.6	492	52	574	76	649	82	672	76
8.8	521	54	604	78	684	84	707	79
9.0	549	57	634	81	719	87	743	81
9.2	580	59	672	84	757	90	780	84
9.4	611	62	711	87	797	93	818	86
9.6	643	64	749	91	837	96	855	88
9.8	674	66	789	94	876	99	893	91
10.0	707	69	829	98	916	102	931	93

八、空间形管道的热膨胀力(表 6.9.7)

表 6.9.7

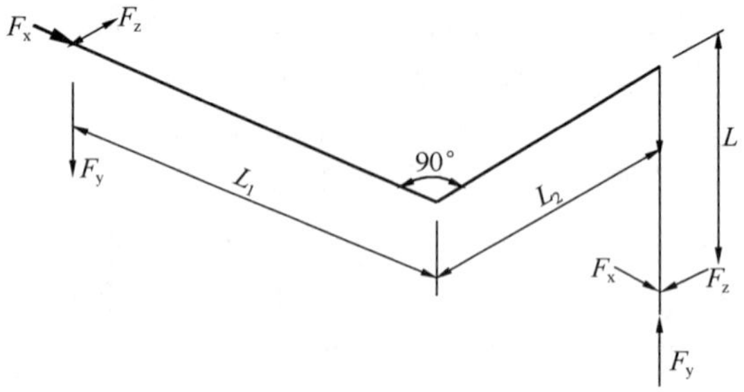

$L_1 \geqslant L \quad \frac{L_1}{L}=m \quad \frac{L_2}{L}=n$

	$m=1$			$m=2$		
n	K_x	K_y	K_z	K_x	K_y	K_z
0.25	8.47	8.47	3.17	9.90	2.72	1.40
0.50	5.20	5.20	3.96	6.85	1.80	1.93
0.75	3.74	3.74	4.36	4.73	1.28	1.98
1	2.77	2.77	4.75	3.66	0.97	1.98
2	1.19	1.19	6.34	1.26	0.45	2.04
3	0.93	0.93	7.82	0.84	0.29	2.36
4	0.76	0.73	9.41	0.64	0.21	2.69
5	0.61	0.61	10.89	0.51	0.17	3.07
6	0.52	0.52	12.47	0.44	0.14	3.40
7	0.47	0.47	13.96	0.39	0.12	3.75
8	0.42	0.42	15.54	0.35	0.11	4.12
9	0.38	0.38	17.03	0.31	0.09	4.46
10	0.35	0.35	18.61	0.29	0.08	4.79

续表

	m=3			m=4		
n	K_x	K_y	K_z	K_x	K_y	K_z
0.25	12.67	1.76	1.03	15.44	1.36	0.83
0.50	8.61	1.11	1.39	10.40	0.84	1.12
0.75	6.04	0.76	1.52	6.58	0.51	1.11
1	4.46	0.53	1.49	4.75	0.37	1.09
2	1.39	0.22	1.09	1.47	0.13	0.79
3	0.75	0.13	1.07	0.75	0.09	0.64
4	0.51	0.09	1.13	0.47	0.05	0.63
5	0.40	0.07	1.23	0.35	0.04	0.66
6	0.33	0.06	1.32	0.27	0.03	0.69
7	0.28	0.05	1.44	0.23	0.03	0.73
8	0.25	0.04	1.55	0.20	0.02	0.79
9	0.23	0.04	1.66	0.18	0.02	0.82
10	0.21	0.03	1.78	0.16	0.02	0.87

	m=5			m=6		
n	K_x	K_y	K_z	K_x	K_y	K_z
0.25	18.22	1.12	0.70	20.59	0.95	0.61
0.50	12.03	0.66	0.94	13.56	0.57	0.81
0.75	7.72	0.42	0.91	8.66	0.35	0.78
1	5.25	0.28	0.89	6.04	0.23	0.66
2	1.58	0.09	0.56	1.68	0.07	0.47
3	0.76	0.06	0.47	0.79	0.04	0.36
4	0.47	0.04	0.43	0.46	0.03	0.32
5	0.33	0.03	0.42	0.32	0.02	0.30
6	0.25	0.02	0.43	0.24	0.01	0.30
7	0.21	0.02	0.45	0.18	0.01	0.27
8	0.17	0.01	0.47	0.16	0.01	0.31
9	0.15	0.01	0.48	0.14	0.01	0.32
10	0.14	0.01	0.51	0.12	0.01	0.33

	m=7			m=8		
n	K_x	K_y	K_z	K_x	K_y	K_z
0.25	23.17	0.84	0.54	25.74	0.74	0.50
0.50	15.84	0.52	0.75	17.03	0.46	0.65
0.75	9.70	0.30	0.71	10.59	0.27	0.62
1	6.63	0.20	0.59	7.23	0.17	0.59
2	1.78	0.05	0.37	1.98	0.05	0.35
3	0.84	0.03	0.30	0.90	0.02	0.26
4	0.49	0.02	0.26	0.50	0.01	0.21
5	0.32	0.01	0.23	0.32	0.01	0.19
6	0.23	0.01	0.22	0.23	0.01	0.18
7	0.18	0.01	0.22	0.18	0.01	0.17
8	0.15	0.01	0.23	0.14	0.01	0.17
9	0.13	0.01	0.23	0.12	0.01	0.17
10	0.11	0.01	0.23	0.10	0.00	0.17

续表

	$m=9$			$m=10$		
n	K_x	K_y	K_z	K_x	K_y	K_z
0.25	28.31	0.68	0.45	30.79	0.61	0.41
0.50	18.32	0.40	0.58	20.00	0.37	0.54
0.75	11.48	0.24	0.56	12.38	0.21	0.51
1	7.72	0.15	0.53	8.22	0.09	0.49
2	2.08	0.04	0.31	2.28	0.03	0.28
3	0.93	0.02	0.20	0.99	0.02	0.20
4	0.51	0.01	0.16	0.54	0.01	0.16
5	0.33	0.01	0.14	0.35	0.01	0.14
6	0.24	0.01	0.14	0.24	0.01	0.13
7	0.18	0.01	0.14	0.18	0.00	0.12
8	0.14	0.00	0.14	0.14	0.00	0.11
9	0.11	0.00	0.14	0.11	0.00	0.11
10	0.10	0.00	0.14	0.10	0.00	0.11

九、格林乃尔(Grinnell)法热膨胀力的计算实例

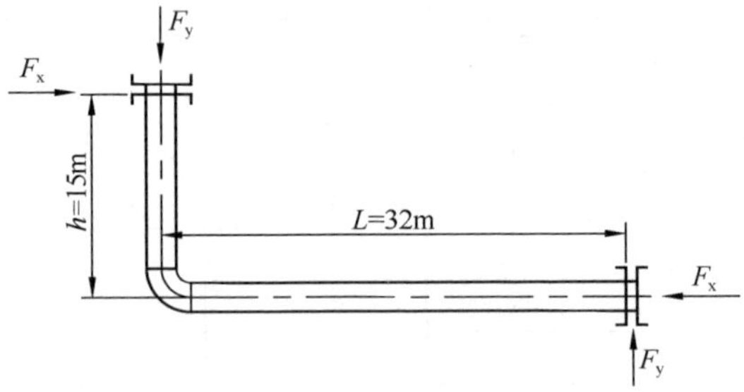

图 6.9.1

① 某碳钢管 $\phi325\times10$，设计温度为 350℃，如图 6.9.1。求弹性力 F_x 和 F_y。

解： 由钢管特性数据表查得 $I=12280.3\text{cm}^4$，$L=32\text{m}$，$h=15\text{m}$。由表 6.9.2 查得：

$\frac{L}{h}=\frac{32}{15}=2.1$ 时，$K_x=61$，$K_y=17.5$；

由表 6.9.1 查得 350℃时，$C=0.9$；由式(6.9.1)、式(6.9.2)得：

$$F_x=0.01\cdot K_x\cdot C\cdot\frac{I}{L^2}=0.01\times61\times0.9\times\frac{12280.3}{32^2}=6.58(\text{kN})$$

$$F_y=0.01\cdot K_y\cdot C\cdot\frac{I}{L^2}=0.01\times17.5\times0.9\times\frac{12280.3}{32^2}=1.89(\text{kN})$$

② 某碳钢管 $\phi273\times9.5$，如图 6.9.2 所示，设计温度为 450℃。求 C、D 点的弹性力 F_{xC}、F_{xD}。

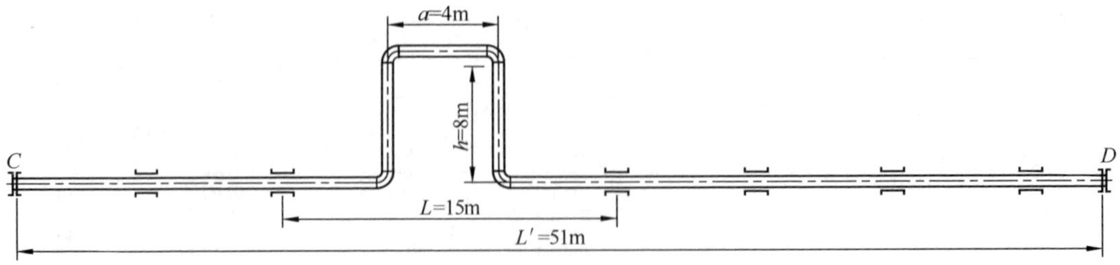

图 6.9.2

解： 由钢管特性数据表查得 $I=6830.8\text{cm}^4$，$L=165\text{m}$，$a=4\text{m}$，$h=8\text{m}$，$L'=51\text{m}$。由表 6.9.5 查得，当 $L/a=3.8$，$L/h\approx2$ 时，$K_x=49$，

由表 6.9.1 查得 450℃时，$C=1.3$；由式(6.9.1)得：

$$F_{xC}=F_{xD}=0.01\cdot K_x\cdot C\cdot\frac{I}{L^2}\cdot\left(\frac{L'}{L}\right)=0.01\times 49\times 1.3\times\frac{6830.8}{15^2}\times\frac{51}{15}=65.8(\mathrm{kN})$$

第十节　热膨胀力的确定方法——凯洛格法

一、凯洛格法来源于 ASME B31.3 判断公式

ASME B31.3 判断公式：

$$DN\Delta/(L-U)^2\leqslant 2.084 \tag{6.10.1}$$

式中　DN——管子的公称直径，cm；

Δ——管道的补偿量，cm；

L——管道的长度，m；

U——两固定点间的距离，m。

上述判断式与本书 1.3.1 公式是等效的。

二、ASME B31.3 判断公式工程实例

如图 6.10.1 所示的管道，公称直径 10cm，材质为碳钢管，设计温度 340℃，管口 A 下降 0.5cm，并在 x 向位移 0.4cm；T-102 管口 B 上升 0.4cm，并在 z 向位移 0.2cm，试判断其可靠性。

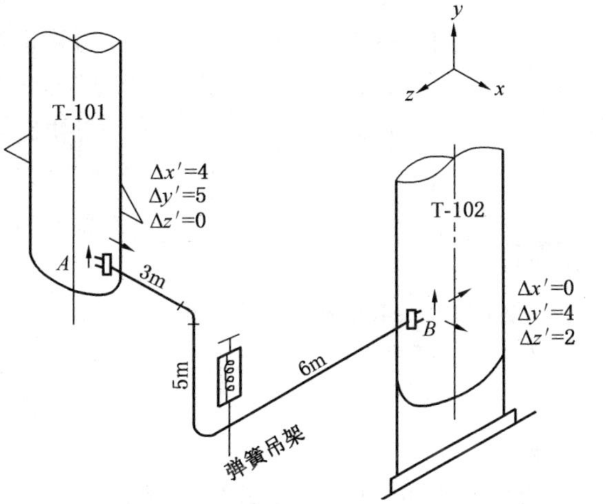

图 6.10.1

解： $L=3+5+6=14\text{m}$　$U=(3^2+5^2+6^2)^{0.5}=8.4\text{m}$

查附录一得碳钢在 340℃时的单位热膨胀量为 0.42cm/m。

$\Delta_x=0.42\times 3=1.26\text{cm}$，$\Delta_y=0.42\times 5=2.1\text{cm}$，$\Delta_z=0.42\times 6=2.52\text{cm}$。

$\Delta'_x=0.4\text{cm}$，$\Delta'_y=0.4+0.5=0.9\text{cm}$，$\Delta'_z=0.2\text{cm}$。

$\Delta=[(1.26+0.4)^2+(2.1+0.9)^2+(2.52+0.2)^2]^{0.5}=4.38\text{cm}$。

$DN\Delta/(L-U)^2=10\times 4.38/(14-8.4)^2=1.4\leqslant 2.084$。

所以，管道的柔性是可靠的，但只在管道两端支承全长 14m 管道的重量是不妥的，需在管道中间设弹簧架，以支承管道的重量。弹簧支架不限制管道的上下位移。

三、凯洛格公司热膨胀弹性力计算公式

为了使用方便，把上述判断式绘制成线算图。此时引入 $R=L/U$，式(6.10.1)改写为：

$$DN\Delta/[U^2(R-1)^2]\leqslant 2.084 \tag{6.10.2}$$

经运算整理可得下式：

$$\left(\frac{1}{2.084}\times\frac{DN}{U}\times\frac{\Delta}{U}\right)^{0.5}+1=R'\leqslant R \tag{6.10.3}$$

使用时根据 L/U 求出 R，再由图中根据 Δ/U 和 U/DN 求出 R'，如果 R' 小于 R，则管

道安全。

用判断式不能直接算出管道的热应力。凯洛格公司在《Design of Piping System》一书中在判断式的基础上推导出下式可求得应力：

$$S_E = DN\Delta S_a/[2.083U^2(R-1)^2] \tag{6.10.4}$$

式中 S_a——许用应力范围，MPa；

S_E——热应力，MPa。

第十一节 热膨胀弹性力的确定方法——图解法

一、图解法使用场合

图表是在对计算进行了简化的基础上编制的，在没有计算机时可以节省大量工时。用计算机程序进行核对，发现其结果的误差较大，偏于保守。特别是在计算管道对固定点的推力方面，误差较大。计算图表除可对形状简单比较典型的管道进行计算外，也可在用计算机计算之前设定管道形状时作初步估算，这样可以使计算机详细计算时很快合格。

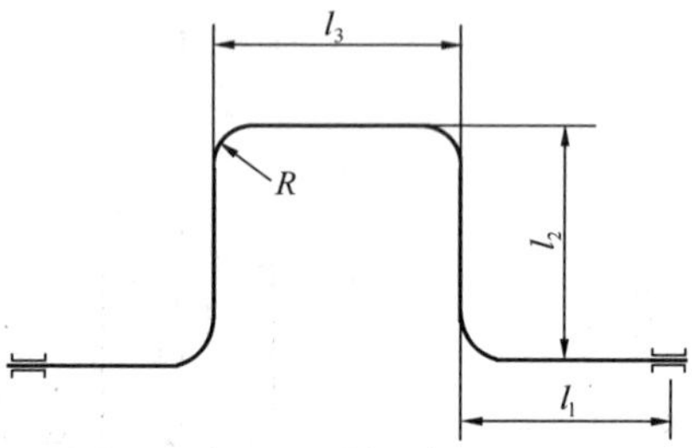

图 6.11.1 Π 形补偿器示意图

R—弯头的弯曲半径；l_1—自由长度；l_2—臂长；l_3—宽度

二、图解法计算最大补偿量及热态和冷态对固定点推力的工程实例

某 $\phi219\times6$，20 号无缝钢管，最高设计温度 300℃。Π 形补偿器，$l_3=7\text{m}$，$l_2=8\text{m}$，见图 6.11.1 求最大补偿。当冷紧比 $C=0$ 时，求热态和冷态对固定点的推力。

解：

查线算图 6.11.2，如虚线 1 所示，$\Delta x=360\text{mm}$。

查线算图 6.11.2，如虚线 2 所示，$P_x=300\text{kgf}=3\text{kN}$。

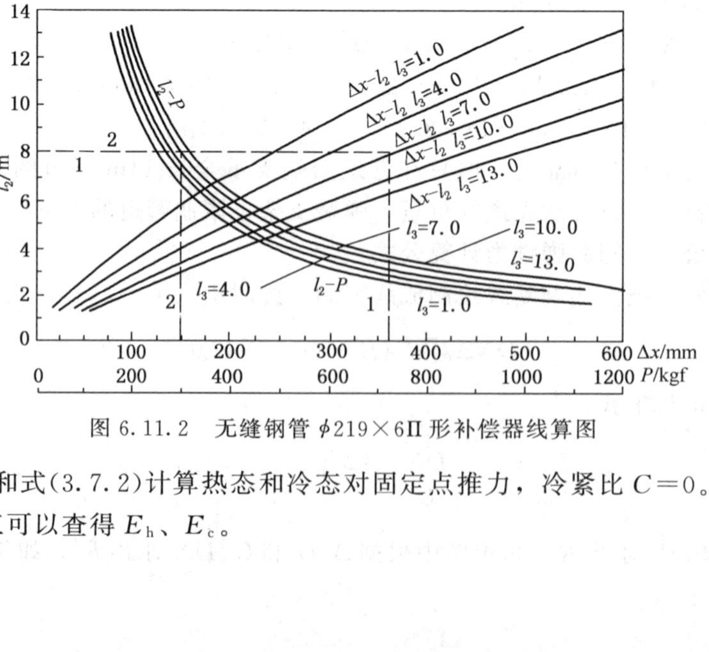

图 6.11.2 无缝钢管 $\phi219\times6$Π 形补偿器线算图

按式(3.7.1)和式(3.7.2)计算热态和冷态对固定点推力，冷紧比 $C=0$。

由本书附录三可以查得 E_h、E_c。

热态推力：$P_h=R_m=R\left(1-\frac{2C}{3}\right)\frac{E_m}{E_a}=P_x\times\frac{E_h}{E_c}=3\times\frac{185}{203}=2.73(\mathrm{kN})$

冷态推力：按式(3.7.2)，$R_n=CR$ 或 C_1R 取二者中的最大值，

$$P_c=R_a=C_1R=\left(1-\frac{[\sigma]^t}{\sigma_E}\cdot\frac{E_a}{E_m}\right)\cdot P_x=\left(1-\frac{95}{187.5}\times\frac{203}{185}\right)\times 3=1.33(\mathrm{kN})$$

第十二节　热膨胀弹性力的确定——其他常用方法与工程应用

一、有代表性的配管热应力计算方法

①简支梁法(导向悬壁法)；

②弹性中心法；

③力矩分配法；

④面积力矩法；

⑤变形能法；

⑥矩阵解析法；

⑦图表解析法，如凯洛格法、特优顿(Tube Turn)法等；

⑧有限元法；

⑨挠性判断法。

二、导向悬臂法热应力计算与工程应用

导向悬臂法(又称简支梁法)基本原理是将框架的解析应用于局部的解析方法。可用于任何形状的二端固定的管系，计算结果是偏安全的。使用时有下列假设：

①管系由直管组成，中有两端固定，管系内管子的直径不变，壁厚相同，交角成直角；

②所有的管段都与坐标轴平行；

③管系每段的热膨胀由与此管段成垂直的管段吸收；

④假定管段所能吸收的热膨胀量与其刚性成反比，由于管截面不变，所以管段吸收的热膨胀量与长度 L 的三次方成比例；

⑤管系的一端固定，另一端带导向支座的悬臂梁，管端在热膨胀时发生线位移，使管段稍有弯曲，但端部不允许发生角位移，简单的 L 形管系用导向悬壁法时的示意见图 6.12.1。

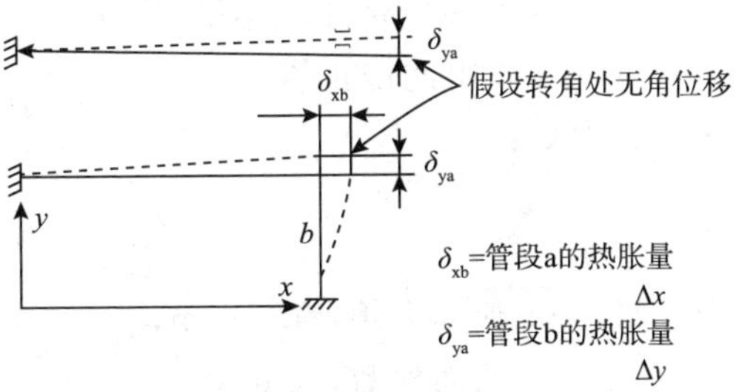

图 6.12.1　导向悬臂法管系热位移

根据上述假设③和④，可以求出管系在 x 方向的热膨胀吸收量，同理可得 y，z 方向的热膨胀吸收量：

$$\delta_x=\frac{L^3}{\sum L_y^3+\sum L_z^3}\cdot\Delta x \tag{6.12.1}$$

$$\delta_y=\frac{L^3}{\sum L_x^3+\sum L_z^3}\cdot\Delta y \tag{6.12.2}$$

$$\delta_z=\frac{L^3}{\sum L_x^3+\sum L_y^3}\cdot\Delta z \tag{6.12.3}$$

式中 δ_x、δ_y、δ_z——分别为 x、y、z 方向的变形量，cm；

L——计算管段的长度，m；

Δx、Δy、Δz——分别为 x、y、z 方向管系的总热胀量，cm；

$\sum L_y^3+\sum L_z^3$、$\sum L_x^3+\sum L_z^3$、$\sum L_x^3+\sum L_y^3$——与计算管段方向垂直的所有管段长度的立方和。

由假设⑤，图 6.12.1 所示的悬臂可写成：

$$\delta=\frac{L^2 S_A \cdot 3331.6}{E \cdot DN} \tag{6.12.4}$$

式中 δ——允许变形量，cm；

S_A——许多应力范围，kgf/cm^2；

L——计算管段长度，m；

E——弹性模数，kgf/cm^2；

DN——管子公称直径，cm。

为了便于于计算，按 $E=2.04\times10^5 kgf/cm^2$ 绘制成线算图。

计算时，先算出 δ_x、δ_y、δ_z，求出每管段的 δ 值。若 δ_x、δ_y、δ_z 都小于求得的 δ 值，表示整个管系有足够的挠性。

$\delta>\delta_{max}$（δ_{max}是 δ_x、δ_y、δ_z 中的最大值）管系是安全的。计算时，考虑到由于计算管段邻近管段的微量角位移减少了作用在弯头的力矩，要用系数 f 进行修正（f 值根据管段的位置和邻近管段的长度比查得）。若修正后的位移量 $f\delta$ 大于 δ_{max}，此管系是安全的。

$\delta_{max}/f\delta$ 是实际应力与许用应力的比值，因此可写在成

$$S_E=\frac{\delta_{max}}{f\delta}S_A \tag{6.12.5}$$

式中 S_E——计算热应力，kgf/cm^2；

S_A——许用应力范围，kgf/cm^2；

δ——查得的允许位移量，cm；

f——查得的修正值。

计算力矩：

$$M_b=\frac{S_E \cdot Z}{100} \tag{6.12.6}$$

式中 M_b——最大力矩，kgf·m；

Z——断面模数，cm^3。

三、弹性中心法热应力计算与工程应用

弹性中心法在 1943 年由 William E. Wilber 和 S. W. Spilvogel 开发。被广泛地应用于工程设计。虽然随着计算机的发展，目前在工程上对复杂的管系进行详细的精确的计算已不是一项繁重的工作，但是弹性中心法对无支管两端固定的管系进行应力分析仍有其实用意义。

弹性中心法采用下面几点假设：

①固定点是无位移无转动的绝对刚性支点，因此不考虑相邻管道的影响，如果固定点有已知的位移，其位移量可考虑在计算内，但位移后的固定点仍是无转动无位移的刚性支点；

②中间活动支架的摩擦力在计算中不予考虑；

③管系是按一根无重量的弹性线计算，管系的弹性变形仅决定于管系的热胀、冷缩和受

外界影响的附加位移的作用。

见图 6.12.2(b)，把管系两端固定，温度升高时产生热膨胀，如图中虚线。此时，在两固定端就产生力矩和力。先固定管系的一端 a，让另一端 c 自由移动，管段 $a-b$ 的热膨胀量是 Δy，$b-c$ 段是 Δx，见图 6.12.2(a)。假定管系的重心 G 和 C 端以刚性杆件，见图 6.12.2(d)，由于热膨胀 CG 移到 $C'G'$。在 G' 点加 F_x 和 F_y 的力，可使 G' 回到 C 点的位置上，则作用在 C 点的力矩 M。可由下式求得：

$$M_0 = F_x \cdot \bar{y} - F_y \cdot \bar{x} \tag{6.12.7}$$

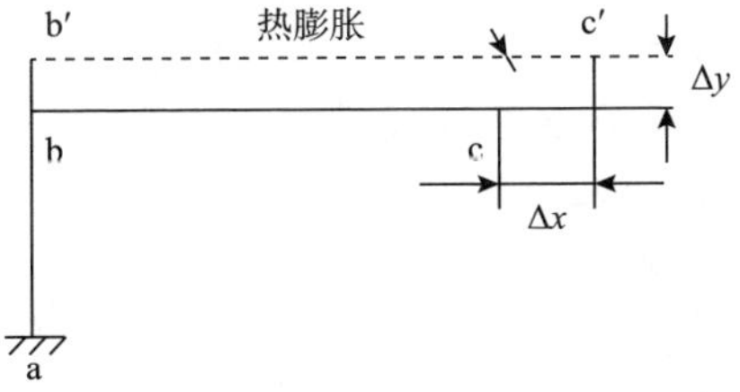

(a)L形管道热膨胀

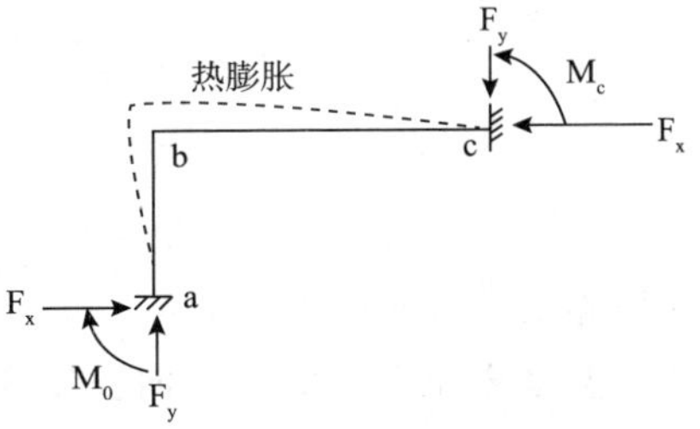

(b)L形管道力和力矩

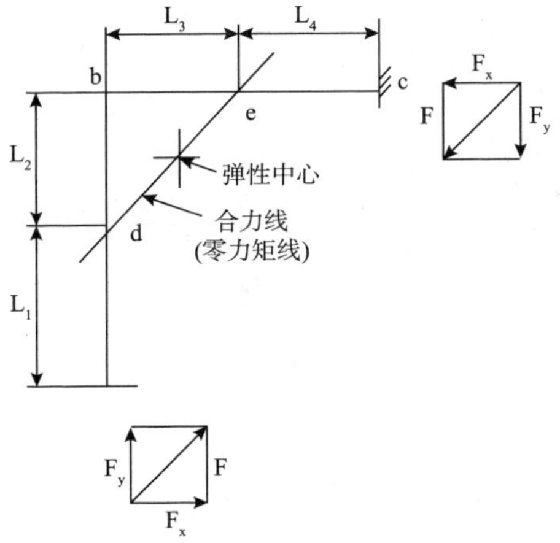

(c)管道弹力中心和零力矩线

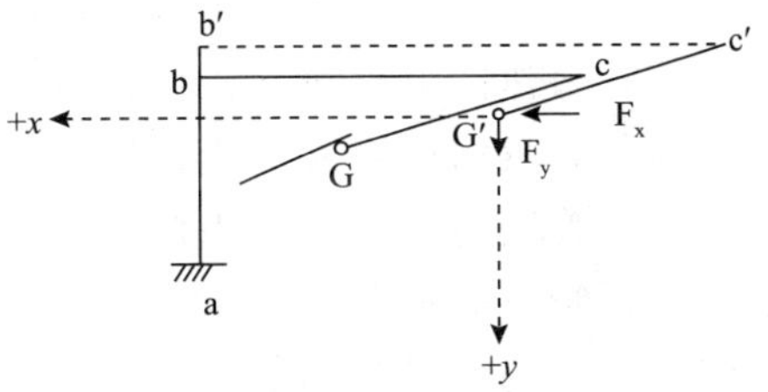

(d)复原力表示图

图 6.12.2　弹性中心法分析与应用图

x 方向加作用力 F_x 时，沿 x 方向和 y 方向产生的位移为 δ_{xx} 和 δ_{xy}(第一个下标表示力的方向，第二个下标表示位移的方向)，当加力 F_y 时，其位移分别为 δ_{yx} 和 δ_{yy}。这样，在 F_x、F_y 联合作用时 x 方向的全位移为 $F_x \cdot \delta_{xx} - F_y \cdot \delta_{yx}$；$y$ 方向的全位移为 $-F_x \cdot \delta_{xy} + F_y \cdot \delta_{yy}$，可是这些全位移量分别与热膨胀量 Δx、Δy 相等：

$$\begin{aligned} F_x \cdot \delta_{xx} - F_y \cdot \delta_{yx} &= \Delta x \\ -F_x \cdot \delta_{xy} - F_y \cdot \delta_{yy} &= \Delta y \end{aligned} \tag{6.12.8}$$

式中的 δ_{xx}、δ_{yx}、δ_{yy}、δ_{xy} 是由管系的形状、材质、尺寸等决定的。

$$\delta_{xx} = \frac{I_x}{EI}$$

$$\delta_{yy} = \frac{I_y}{EI}$$

$$\delta_{yx}=\delta_{xy}=\frac{I_{xy}}{EI} \tag{6.12.9}$$

将式(6.12.9)代入式(6.12.8)得：

$$F_x\frac{I_x}{EI}-F_y\frac{I_{xy}}{EI}=\Delta x$$

$$-F_x\frac{I_{xy}}{EI}+F_y\frac{I_y}{EI}=\Delta y \tag{6.12.10}$$

求得：

$$F_x=\frac{EI(\Delta x\cdot I_y+\Delta y\cdot I_{xy})}{I_x\cdot I_y-I_{x^2y}} \tag{6.12.11}$$

$$F_y=\frac{EI(\Delta y\cdot I_x+\Delta x\cdot I_{xy})}{I_x\cdot I_y-I_{xy^2}} \tag{6.12.12}$$

弹性中心法计算步骤如下：

①计算温度变化引起的各方向长度变化量。

②确定弹性中心的位置($\bar{x}$、$\bar{y}$)。

对同一管径，同一壁厚的配管，其弹性中心的位置与重心是一致的。

$$\bar{x}=\frac{\sum L\cdot x'}{\sum L}$$

$$\bar{y}=\frac{\sum L\cdot y'}{\sum L}$$

式中　$\bar{x}$——管系弹性中心的 x 坐标，m；

$\bar{y}$——管系弹性中心的 y 坐标，m；

x'——各管段的重心的 x 坐标，m；

y'——各管段的重心的 y 坐标，m；

L——各管段的长度，m。

③计算 x、y 方向的反力 F_x、F_y：

表 6.12.1　弹性中心坐标系

	水平	垂直	倾斜
	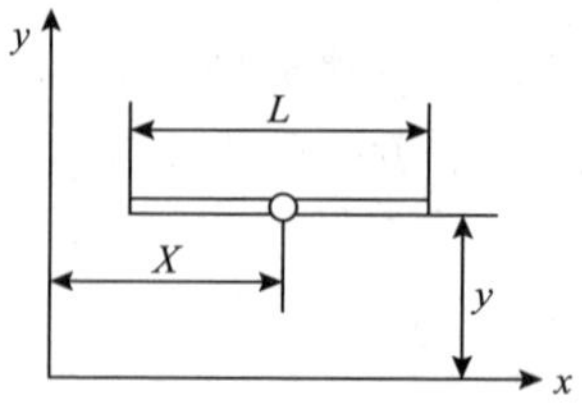	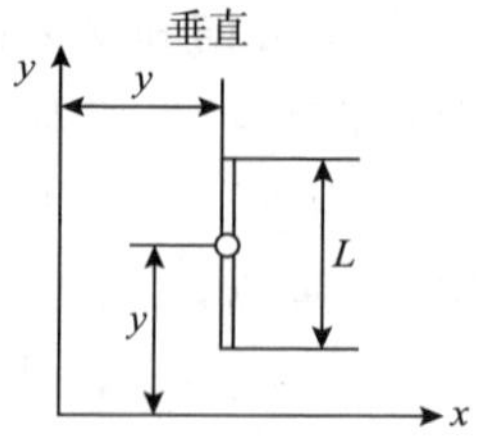	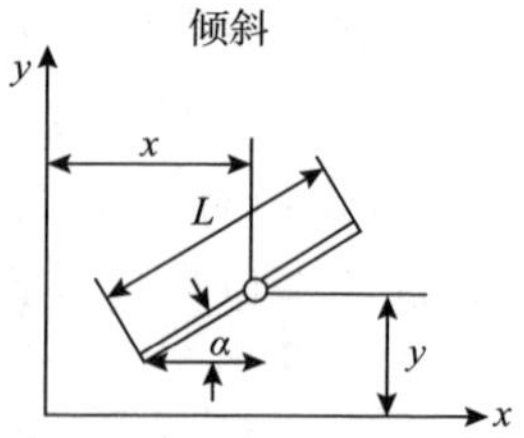
I_y I_x I_{xy}	$Lx^2+\frac{L^3}{12}$ Ly^2 Lxy	Lx^2 $Ly^2+\frac{L^3}{12}$ Lxy	$Lx^2+\frac{L^3}{12}\cos^2\alpha$ $Ly^2+\frac{L^3}{12}\sin^2\alpha$ $Lxy+\frac{L^3}{12}\sin\alpha\cos\alpha$

$$F_x=\frac{EeI\left(H+V\frac{I_{xy}}{I_y}\right)}{10^6\left\{I_x-\frac{(I_{xy})^2}{I_y}\right\}} \tag{6.12.13}$$

$$F_y=\frac{EeI\left(V+H\frac{I_{xy}}{I_y}\right)}{10^6\left\{I_y-\frac{(I_{xy})^2}{I_x}\right\}} \tag{6.12.14}$$

式中　F_x——水平方向的反力，kg；

F_y——垂直方向的反力，kg；

H——固定端间的水平距离，m；

V——固定端间的垂直距离，m；

I_x——以弹性中心为坐标系，全管系对 X 轴的惯性矩，m^3；

I_y——以弹性中心为坐标系，全管系对 Y 轴的惯性矩，m^3；

I_{xy}——以弹性中心为坐标系，全管系对 X、Y 轴的惯性矩，m^3（I_x、I_y、I_{xy}根据表6.12.1计算）；

L——各管段的长度，m；

x——从弹性中心到各管段重心的水平距离，m；

y——从弹性中心到各管段重心的垂直距离，m。

(4)确定合力的倾斜度(合力的倾角 tgα)如果求得 F_x 和 F_y，则合力的倾斜度可用下式表示：

$$合力倾斜度=\frac{F_y}{F_x}=\text{tg}\alpha$$

所以
$$\alpha=tg^{-1}\frac{F_y}{F_x}$$

(5)计算各点的力矩，见图 6.12.2(c)，通过管系弹性中心的合力线与管系的交点的力矩为 0，各点的力矩可由下式求得：

a 点的力矩　　$M_a=1_1\cdot F_x$

b 点的力矩　　$M_b=1_2\cdot F_x=1_3\cdot F_y$

c 点的力矩　　$M_c=1_4\cdot F_y$

由以上三点中心矩的最大值 M_{max}(kgf·m)求最大应力值。

$$S_{max}=\frac{100M_{max}}{Z},\quad \text{kgf/cm}^2$$

(6)最后，把最大应力 S_{max}和许用应力 S_A 比较，确定配管的安全性。

第七章　管道支吊架设计

第一节　管道支吊架的作用及分类

一、管道支吊架的定义

管道支吊架，即管道支承件(Pipe-supporting Elements)，是管道安装件和附着件的总称，是用于支承管道或约束管道位移的各种结构的总称。

安装件(Fixtures)是将负荷从管子或管道附着件上传递到支承结构或设备上的元件。有悬挂式和承载式两种。它包括吊杆、弹簧支吊架、斜拉杆、平衡锤、松紧螺栓、支承杆、链条、导轨、锚固件、鞍座、垫板、滚柱、托座和滑动支架等。

附着件(Structural Attachment)是用焊接、螺栓连接或夹紧等方法附装在管子上的零件，它包括管吊、吊(支)耳、圆环、夹子、吊夹、紧固夹板和裙式管座等。

管道支承件是将管道荷载，包括管道的自重、输送流体的重量、由于操作压力和温差所造成的荷载以及振动、风力、地震、雪载、冲击和位移应变引起的荷载等传递到管架结构上去的元件。它分为固定件和结构附件两类。

二、管道设计与支吊架设计进度关系(图 7.1.1)

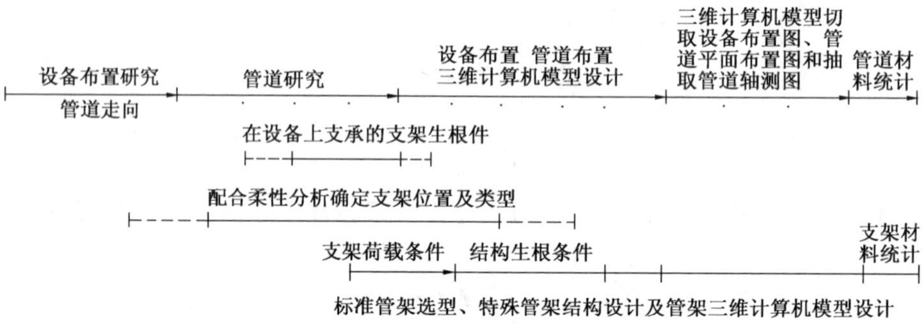

图 7.1.1　工业管道设计与支吊架设计进度关系

三、管道专业管架与结构专业管架设计的分工

支承管道的管架通常分为两部分，一部分属于土建主结构部分，习惯称之为“管架”及“管廊”；另一部分为管道与土建主结构之间相接的各种支、托、吊部分，也包括生根在建构筑物上的各种支架，以及高度在 2m 以下独立的支架，通常称为“管道支吊架”，简称“管道支架”。前者主结构、管架基础，以及建筑物的预埋件等均由土建专业负责设计，后者在工程设计中由管道专业负责设计。

四、管架概念不清引起的合同事故

A 工程公司承担某工程，将火炬区的设计、采购和施工分包到 B 工程公司，A 公司与 B 公司进行合同谈判时，B 公司在合同附件上写了一句“管架归 A 公司采购和施工”，A 公司合同谈判人员认为“管架”仅指管线的管道支吊架，认为一方面没多少，另一方面可以与此 *DN*2000 火炬管道前 1500m 管道支吊架统一风格，就欣然签字。

在后期实际执行合同时，发现B公司为此根 $DN2000$ 火炬管道设计的生根于地面的12m高独立支柱也算在了"管架"范围内，如图7.1.2所示管子在 y 方向需要做承重架的位置。其实这些位置的独立支柱"管架"，通常由结构专业来完成。A公司合同谈判人员对管架概念不清，造成A公司多承担了预算以外的结构专业管架，造成了不好的影响。

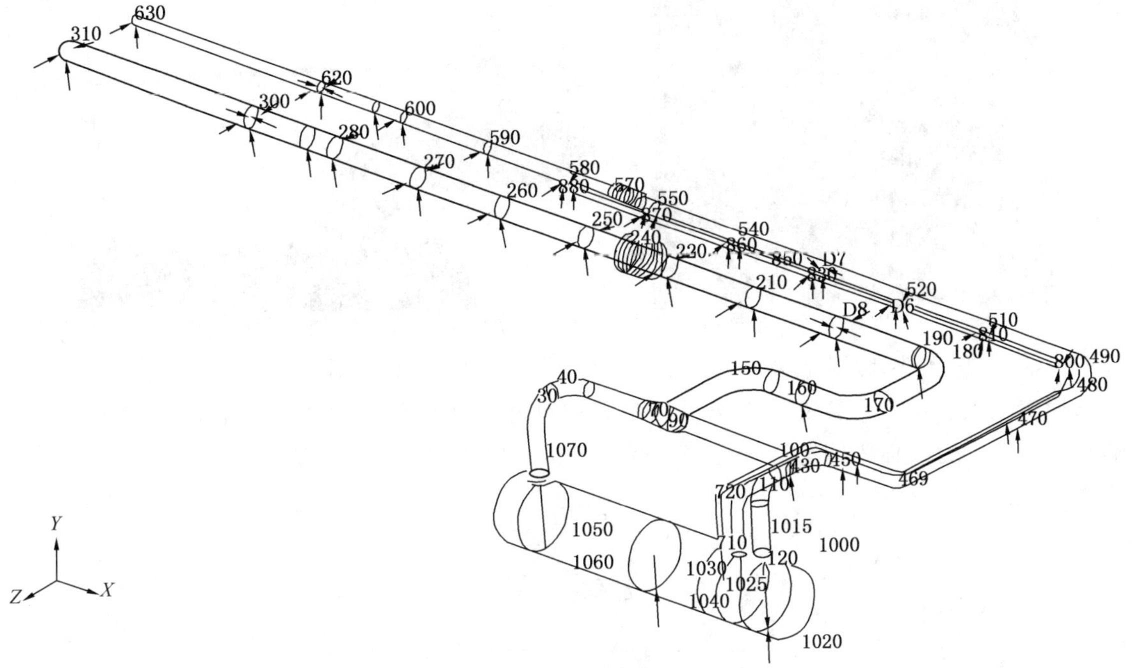

图7.1.2 管架概念不清引起的合同事故

五、管道支吊架在应力分析中的影响

支吊架是管道系统的重要组成部分，支吊架的设计是管道设计中的重要环节。如果支吊架设计不当，不能承受管道重量等引起的荷载，将可能导致管道一次应力超标。另外，通过支吊架的设置还可以对管系的变形加以控制，从而减小管道的二次应力和管道对设备的推力，保证管道与设备的正常运行。对于往复机械的振动管道，通过设置适当的支架还可以达到减小管道振动的目的。

有的工程公司为了节省设计工作量，把公称直径40mm以下的管道支架由施工人员根据标准选型，结果发现有些施工人员不了解设计意图，把有热位移的管道支架做成固定架，这是十分危险的。此外，设计者也有考虑不周的地方，如滑动管托不够长而从梁上滑落；管道的振幅过大；应选用滑动架的位置误选为固定架，使薄弱部位因热胀应力过大而断裂，弹簧托座的弹簧歪斜严重；水平力过大，把外管柱子推斜；放空管支架缺少，管道被反力推倒等。

如图7.1.3所示，某设备管口法兰连接的大口径管道拐了很多弯，一直没有做管道支吊架，管口法兰受应力过大。某管道内是气液两相流，需要有防振措施，后试运行时因振动才增加了三角支架。

如图7.1.4所示，安全阀启跳时后坐力较大，会引起管线震动，图内安全阀出口配管过长，而且没有支承件，安全阀启跳时很容易震动。距安全阀出口最近处应安装支架，但支架最好不要固定在其下面的大管弯头上，也不能将支架放在篦子板上，应从地面或楼板梁处生根做架。改变后的管线应不影响通道。

图 7.1.3 管口法兰连接管道缺少管道支吊架

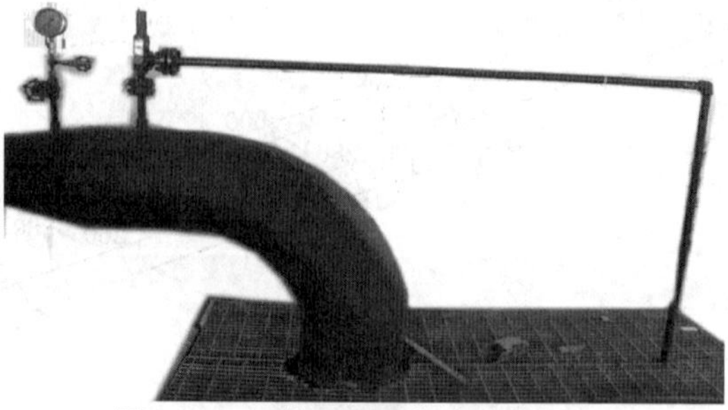

图 7.1.4 某工程现场安全阀出口管线布置与管架设计错误

如图 7.1.5 所示，管道支吊架设计不合理可能会造成管道局部受力超限，出现局部塌陷、变形、应力破坏等问题。管道局部受力分析可以使用有限元方法。

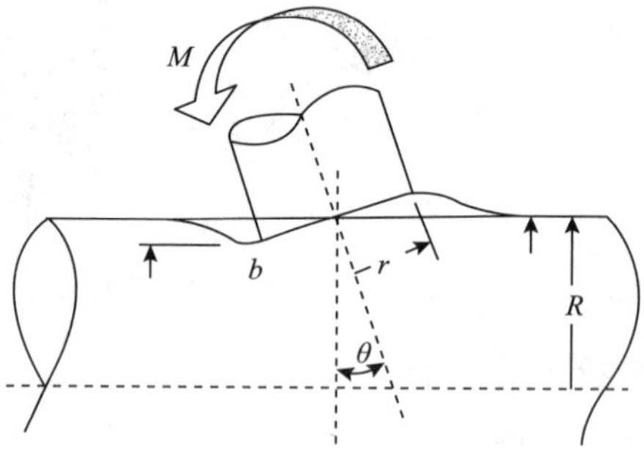

图 7.1.5 管道局部受力分析

第二节 管道支吊架分类

一、承重支架

承受管道的重量荷载，包括自重、介质重、隔热材料重、雪荷载等。承重支吊架可分为支架和吊架两大类。支架和吊架都可以完全或部分限制管道的向下位移，但二者的支承效果有所不同，表 7.2.1 为承重支架的分类及作用。

表 7.2.1 承重支架的分类及作用

名称	用途
可变弹簧支吊架	用于有少量垂直位移的场合。适用于支承点有垂直位移、用刚性支吊架会脱空或造成过大热胀推力的场合。与恒力弹簧支吊架相比，使用可变弹簧支吊架会造成一定的荷载转移。为防止过大的荷载转移，可变弹簧支吊架的荷载变化率应控制在 25%以下。当然，有时根据实际需要而有意识地去分配管系在各支承点的荷载，即有意识地给定一个较大的安装荷载而获得较大的荷载转移

续表

名　称	用　途
恒力弹簧支吊架	用于垂直位移较大或要求支吊点的荷载变化不能太大的场合。恒力弹簧支吊架适用于管道支承点垂直位移量较大或管系受力要求较苛刻的场合。通过采用恒力弹簧支吊架，可以避免管道支承点冷态和热态的受力变化太大而导致管系本身的应力或相连设备的受力超标。恒力弹簧的恒定度应小于或等于6%，以保证支吊点发生位移时，支承力的变化很小。恒力弹簧支吊架一般采用吊架型式，且根据受力情况可并联使用。如果认为刚性支吊架的刚度理论上为无穷大的话，那么恒力弹簧支吊架的刚度理论上则为零，而可变弹簧支吊架的刚度介于二者之间，它等于弹簧产生单位变形所需要的力
刚性支吊架	用于无垂直位移的场合。仅限制管道一个方向(通常为-y方向)的自由度
滑动支架	将管道支承在滑动底板下，用以承受管道自重荷载并约束管系在支点处的垂直位移
滚动支吊架	将管道支承在滚动部件上，用以承受管道自重荷载并约束管系在支点处的垂直位移

注：1. 有的标准把承重管架分为刚性支吊架、可调刚性支吊架、可变弹簧支吊架、恒力弹簧支吊架四类。其中可调刚性支吊架是一般刚性支吊架的一种特殊形式，即通过旋拧可调螺丝，使支吊架的高度在一定范围内得到调整，用于有少量竖直方向的热位移或附加位移的场合。在工作工况下，当支承点有竖直方向的热位移或附加位移时，会使管道脱离支架(俗称支架脱空)而起不到支承作用，或使支架被顶死而产生较大的管系力，此时应采用弹簧支吊架。如果支承点竖直方向的热位移或附加位移比较小，而且又位于容易接近的地方时，采用可调刚性支吊架比弹簧支吊架会更经济、更方便。

例如，一些支承点的热位移仅几毫米，甚至仅有1mm，查其荷载变化率则不足1000N，支承荷载也只有几千牛顿，设计人员在这种场合选用了弹簧支吊架，这显然是不经济的。可以想象或计算求证，如果此时支架在短时间内脱空或者顶死，也不会由此危及管系的强度安全，此时若选用可调刚性支架并及时进行调整，不仅可减少支承空间，而且更方便、更经济。

2. 采用滑动支架或滚动支架时应考虑摩擦力影响。摩擦力只有在支点与管道之间具有相对运动趋势时才存在，摩擦力与支架所受到的正压力之比称为摩擦系数，不同接触面之间的摩擦系数见表7.2.2。

支架因与支承管道之间可能存在摩擦而使得管道的水平位移受到一定的阻碍，同时产生摩擦力。支架的刚度比较大，其稳定性较好。

吊架对管道的约束刚度相对较小(除竖直方向外)，也不存在摩擦力，如果在一根较长的管道中吊架用太多，会使管系不稳定，在一条管道中，一般不宜均用吊架进行支承。

表7.2.2　摩擦系数

接触面	摩擦系数	接触面	摩擦系数
钢对混凝土	0.6	聚四氟乙烯对不锈钢	0.1
钢对钢	0.3	滚动摩擦	0.1

二、限制性管架

限制、控制管道的位移，阻止管道发生非预期方向的位移，使管系的变形或各点的位移朝着有利于保护敏感设备或有利于热补偿的方向进行，见表7.2.3。

表7.2.3　限制性管架的分类及作用

名　称	用　途
固定支架	用于固定点处，不允许有线位移和角位移的场合，限制了三个方向的线位移和三个方向的角位移。固定支架一般同时又能起承重作用。常用的固定支架型式有焊接型管托和螺栓固定管托两种

续表

名　称	用　途
限位支架	用于限位点处，需要限制管道轴向线位移的场合。常代替固定支架用于限制管道的轴向位移。根据限位方式的不同，常用的止推支架又分为“$+x/+z$”和“$-x/-z$”双向止推支架和“$+x/+z$”或“$-x/-z$”单向止推支架两种。常用的止推支架为单向止推架，它可限制管道支承点一个方向的线位
导向支架	用于允许有管道轴向位移，但不允许有横向位移的场合，限制了两个方向的线位移。常用于引导管道位移方向、使管道能沿轴向位移而不能横向位移的情况。当用于水平情况时，导向支架又同时能起承重作用。常用的导向支架型式有管托型导向支架、光管型导向支架、管卡型导向支架等

三、减振架

用于限制或缓和往复式机泵进出口管道和由地震、风压、水击、安全阀排出反力等引起的管道振动，用来控制管道的振动、摆动或冲击。除吊架以外，其他支架都在某种程度上起到防振作用，但要么防振作用的效果不好，要么会带来其他问题(如降低或限制了管系的热补偿能力)，因此，工程上对于防振情况则给出了专用支架，见表 7.2.4。

表 7.2.4　减振架的分类及作用

名　称	用　途
减振装置	可用于控制管系高频低幅振动或低频高幅晃动的装置，能承受管道振动力而不承受管道的重力，同时对管道热胀、冷缩有约束作用 例如，防振管卡能有效地控制管系的高频率强迫振动。防振管卡与固定支架不同，它允许管道有一定的轴向位移而使管系不会因热胀而破坏。防振管卡与一般的刚性承重支架和导向支架不同，它对管道施加了较大的刚度约束(从型式和数量上实现)，且增加了支架对管道的阻尼作用，从而有效地阻滞了管系的振动
阻尼装置	可用于控制管道瞬时冲击荷载或管系高速振动位移装置，能承受管道动力分析所要求的瞬态最大动力荷载，但不限制管系热胀冷缩。 阻尼器与减振支架的最大区别遮于它给予了管系较大的自由度，因而对连续强迫型高频机械振动的抑制效果较差，它常用于缓解瞬间激振(如主汽门突然关闭、泵突然停车、地震、水锤等)引起的有阻尼自由振动。工程上应用的阻尼器有油压式阻尼器、摩擦式阻尼器等

第三节　常用支吊架型式及其选用

一、常用支吊架型式标准化系列

常用支吊架型式已基本形成系列化。虽然不同的行业、不同的设计单位所用的支吊架型式、管架标准图册不尽相同，但总的来说大同小异。这些支吊架系列包括平管支托、弯管支托、型钢托架、悬壁支架、管托、管卡、摩擦防振支架、吊架等。对一些常用支吊架型式的标准化大大方便了设计人的设计工作，不用太多的计算只要从标准管架图册内选用就可以，仅需针对工程项目内一些个别的非标准的支吊架进行设计。目前，管道设计行业内流行的著名管架标准图册有很多套。我国发行的管道支吊架设计标准规范主要有 HG/T 21629、GB/T 17116、SH/T 3073。

HG/T 21629《管架标准图》包括的管架分 A(管架标准零部件)、B(管吊与吊架)、C(弹簧吊架和弹簧支架)、D(托架)、E(导向架)、F(支腿(耳))、G(支架)、J(管托(座))、K(挡块)、L(滚动支吊架)、M(非金属(塑料)管道支架及其零部件)十一大类，可供设计人员选用。

GB/T 17116《管道支吊架》包括三部分，第 1 部分 技术规范、第 2 部分 管道连接部件、第 3 部分 中间连接件和建筑结构连接件。

SH/T 3073《石油化工管道支吊架设计规范》系统介绍了型式选择和位置确定、管道跨距计算、荷载计算、材料和许用应力、焊缝强度计算、结构设计等内容。

另外，SH 3055《石油化工管架设计规范》主要是建筑结构专业参考使用的管道管架设计规范，规范内容主要包括管架荷载、管架计算(含独立式管架、纵梁式管架、吊索式管架、跨越管架、特种管架、管架基础)、管架材料及构造、管墩、振动管道、管道水平推力牵制系数、管架基本自振周期计算等内容。

二、管卡

管卡也是一种应用比较广泛的支架型式，它常与梁柱或其他支架(如悬臂支架等)配合使用，用于非隔热管道的承重、导向、止推和防振，也可用于保冷管道的导向和承重。一般由扁钢或圆钢制作。

常用的管卡型式如图 7.3.1 所示。A、B、C、D、E、F 六种管卡型式，其应用情况分述如下：

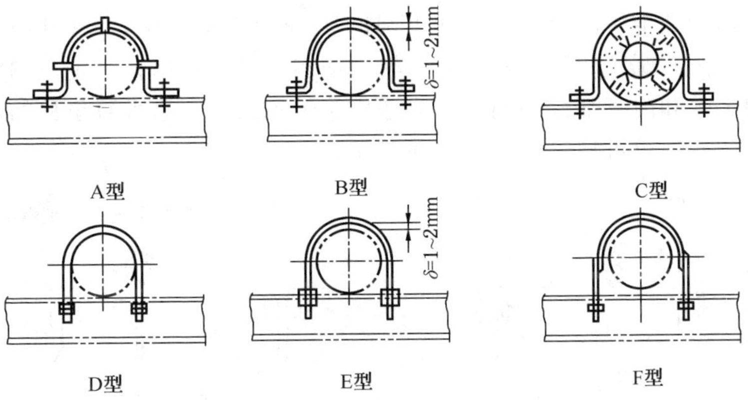

图 7.3.1 管卡系列示意图

A 型管卡常配有支耳板，当它们与悬臂支架配合用于竖管时，可起承重作用，当它们与水平梁配合用于水平管时，可起止推作用。该管卡的承载能力取决于扁钢的宽度、螺栓的数量、支耳板的大小和数量，一般情况它适用于 $DN80\sim350$ 的光管承重或止推。

B 型管卡既可与悬臂支架配合，又可与水平支承梁配合，用于 $DN80\sim350$ 光管(竖直或水平)的导向。

C 型管卡专用于保冷管道的承重和导向。当它用于竖直管子的承重时，限用于 $DN50$ 以下的管子，当管子直径较大时，应辅以其他承重支架。

D 型和 E 型管卡均用圆钢作支架零部件，型式较简单。又由于它沿管子切向拉紧，可获得较大的卡紧力，故 $DN\leqslant50$ 的竖直光管常以 D 型管卡进行承重。E 型常用于 $DN15\sim150$ 的竖直或水平光管的导向，此时它的固定螺母为生根件上下各一个，便于保证导向间隙。

F 型管卡常又称防振管卡，用于有机械振动的管道。该支架用扁钢作为卡箍零部件以增

图 7.3.2 某工程施工现场吊架典型照片

大其受力面积，而以螺栓切向拉紧有利于增加支架的卡紧力，管卡与管子之间垫若干石棉块既便于增加振动阻尼，又使管子能够有少量的轴向位移，固定螺母为双螺母以防止因振动而脱落。

三、吊架

吊架一般用于管子的承重。与前面介绍的几种承重支架相比，由于它的刚度较小，与管子之间又不存在摩擦力，故它对管系的柔性限制较小。但正因为它的刚度较小，降低了管系的稳定性。因此在一个管系中，不可全部用吊架承重，见图 7.3.2。

当管子有较大的横向位移时，也不能选用吊架，一般规定吊架吊杆的偏转角不大于 4°。何时选用吊架，何时选用其他型式的承重架，往往取决于可用的支架生根条件。当生根点位于被支承管子的上面时，可考虑用吊架。

常用的支吊架型式如图 7.3.3 所示。图中共给出了 A、B、C 三种生根型式和 1、2、3、4、5、6 六种吊装型式。两者组合共可得到 18 种吊架型式。在生根部件和附管部件之间还可根据需要添加其他中间连接件，如可调螺母(又称花篮螺母)、弹簧吊架等。可调螺母为一头左螺纹、一头右螺纹的特殊螺母，当转动该螺母时，可以在一定范围内调整吊杆的长度，即调整生根部件和附管部件的间距，以适应管子吊点有少量垂直位移的需要。当由于安装误差使吊杆松弛时，也可通过可调螺母使其拉紧。

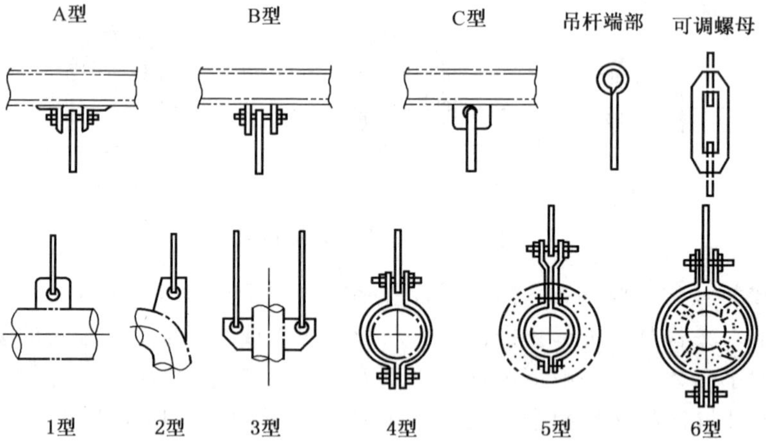

图 7.3.3 吊架系列示意图

四、管托

管托主要用于隔热管道，并分别与不同的生根型式配合使用可以实现管子的滑动(承重)、固定、导向、止推等作用。常用的管托型式如图 7.3.4 所示。

图 7.3.4 中共给出了 A、B、C 三种管托型式和 1、2、3、4 四种生根型式。三种管托型式可单独使用，也可与四种生根型式组合使用。两者组合使用时，可以得到 12 种限位管托型式。它们的适用场合分述如下：

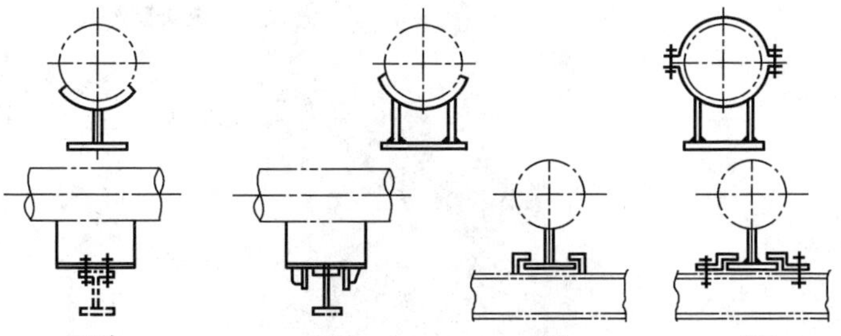

图 7.3.4　管托系列示意图

A 型和 B 型管托适用于管道允许现场焊接的情况，其中 A 型一般适用于管子 $DN \leqslant 150$ 的情况，B 型适用于 $DN = 200 \sim 400$ 的情况。对于 $DN \geqslant 450$ 的情况，应考虑按设备支座要求制作管托。当管道材料对支架材料不敏感时，A 型或 B 型中的垫板可以取消不用。C 型适用于管托不允许在现场直接与管道焊接的场合(例如管道保冷时)。A、B、C 型单独使用时即为一般的滑动管托。

1 型生根型式可以通过管托实现隔热管道在此处的全固定，使其成为固定点。以前也有将滑动管托直接焊接在支承梁上以实现全固定的做法，这种做法简便快捷，但不便于管道的拆卸，故现在一般不再推荐使用；2 型生根型式与管托配合可以实现管道的双向止推，即限制管道在此处的轴向位移。在使用该型式时，应注意支承梁宽度与管托的长度关系；3 型和 4 型与管托配合可以实现管子的导向，即限制管道在此处的横向位移。其中 4 型常与附塔悬臂支架配合用于竖直管道的导向。

对于不隔热管道，一般不用管托，此时它的止推和导向往往借助于图 7.3.5(a)、(b)所示的支架型式进行。而光管的固定则是借助于管卡和止推卡实现。光管的滑动则不需要任何支架，将管子直接置于支承梁上即可。对于较重的管道，有时为了防止因热位移而划伤管道，则在相应的位置焊一块垫板，如图 7.3.5(c)所示。

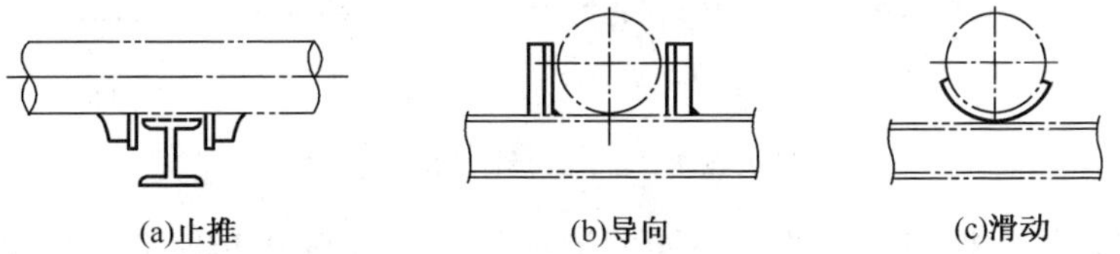

图 7.3.5　光管的止推和导向支架示意图

如图 7.3.6 所示，某工程的保冷型管托的保冷层用高密度聚氨酯，高密度聚氨酯的主要作用是将荷载传递到钢结构上及绝热功能。钢质金属管夹主要作用是将荷载传递到周围的钢结构，通过弹簧垫片控制的管夹将管道包紧防止滑动。在很多工程公司保冷型管托是从管托专业公司成套购买的。

五、平(弯)管支托

平(弯)管支托主要用于距地面或平台较近(一般不大于 1500mm)的水平管道或弯管的承重。根据结构的不同，它可分别适用于水平和垂直方向有少量位移的情况。常见的平(弯)管支托型式如图 7.3.7 所示。

图 7.3.7 中共给出 A、B、C 三种附管部件型式，同时给出了 1、2、3 三种生根部件型

(a) (b) (c)

(d) 保冷管道的双向止推，即限制管道在此处的轴向位移

图 7.3.6 保冷型管托

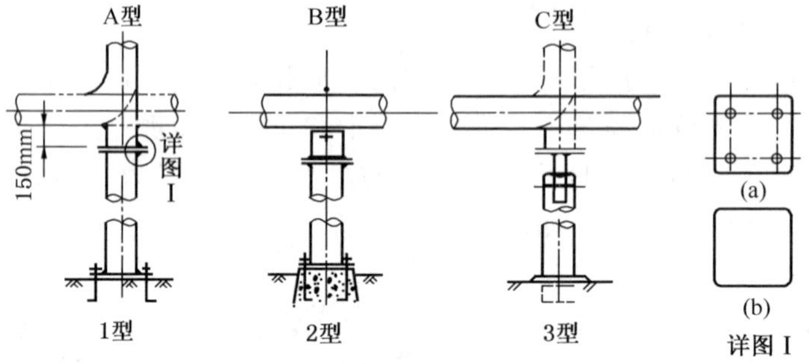

图 7.3.7 平(弯)管支托示意图

式，附管部件型式与生根部件型式以不同的形式组合可以得到 9 种平(弯)管支托型式。

A 型支承型式常用于允许附管部件与管子可直接焊接的情况；B 型用于附管部件不允许与管道直接焊接的情况；C 型用于高度可上下少量调节的情况。三种型式均可用于保温或光管情况。

1 型生根型式一般用于 $DN \leqslant 125$ 的管子支承；2 型一般用于 $DN \geqslant 150$ 的管子支承，此时应向土建专业提出有关基础大小、荷载大小、预埋地脚螺栓或钢板要求等资料；3 型一般用于置在平台上的情况，此时应向有关专业提出支承荷载大小，以便布置承重梁。三种情况均可以以螺栓与生根设施相连，也可以以焊接形式与生根设施相连，视方便而定，并向有关专业提相应要求。

图 7.3.7 给出了 A、B 两种支架上下部分的连接型式，A 型为螺栓连接，此时不允许管道有水平位移；B 型无连接要求，可允许管子有少量的水平位移。A、B 两种连接型式常配

对出现，用于阀组、集合管、蒸汽分配器等两端的支承。图 7.3.8 为某施工现场的平管支托照片。

图 7.3.8　平管支托

六、假管支托

假管支托主要用于水平敷设的管道承重。当水平管道拐弯且其跨度超出标准要求的最大允许值时，可以借助于该型式的支架进行支承承重。该支架一般仅作承重用，而且仅能用于允许支架与管子直接焊接的情况。当管道有保温时，它可与滑动管托配合使用，此时的滑动管托型式与直接支承在管子上的型式相同。

假管支托的最大长度斜视不同管径而定，一般最大不应超过 2000mm。

图 7.3.9 的 A 型适用于向下拐弯的情况，B 型适用于向上拐弯的情况，C 型适用于水平拐弯的情况。

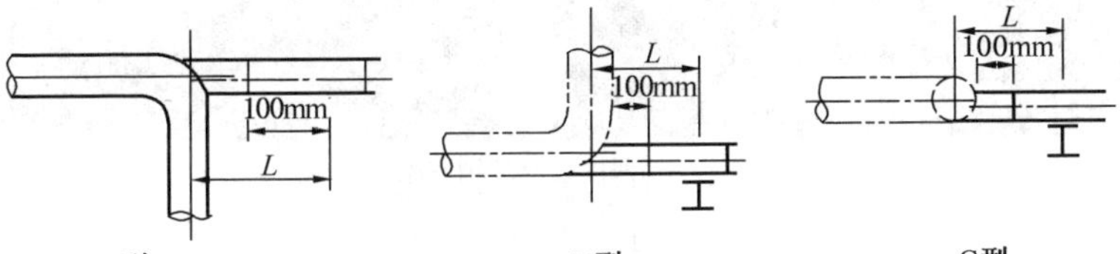

图 7.3.9　假管支托示意图

图 7.3.10 所示为某典型耳轴式支架。采用耳轴式支架时，由于滑动面是线接触，位移后接触线变短，应注意当荷载很大时，在耳轴管内宜加竖向筋板，以免耳轴端部变形。但是，笔者认为耳轴式支架焊接在弯头焊缝交叉和应力薄弱环节，最好减少使用。

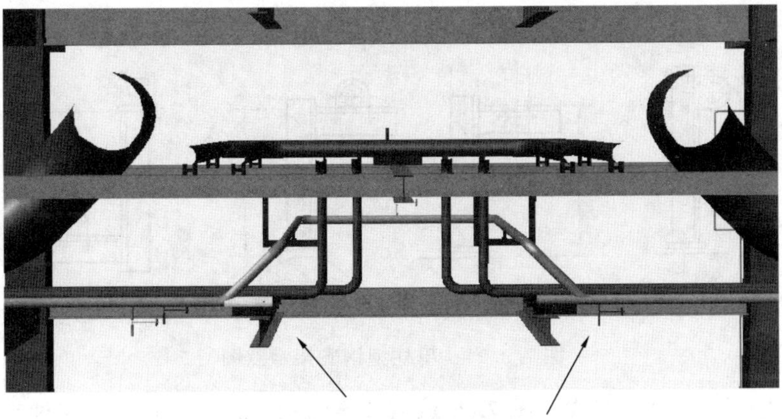

(a)管廊上管道的耳轴支架

图 7.3.10　某工程典型耳轴式支架

(b)平台上安全阀管道的耳轴支架

(c)保冷管的耳轴支架

图 7.3.10 某工程典型耳轴式支架(续)

七、柱型钢支架

单柱型钢支架常常代替平(弯)管支托用于小直径($DN \leqslant 40$)管道的承重。所用型钢一般为角钢，并与管卡配合使用。由于管卡不便于管道的热位移(尤其是管子隔热时更是如此)，故此类支架不适用于管子有较大位移的场合。

常用的单柱型钢支架型式如图 7.3.11 所示。

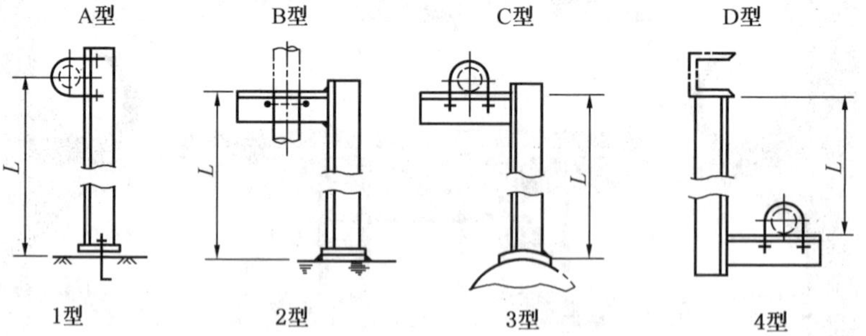

图 7.3.11 单柱型钢支架示意图

该支架型式也可为组合型式。图 7.3.11 中共给出了 A、B、C、D 四种支承型式，同时给出了 1、2、3、4 四种生根型式，两者组合可得到 16 种支架型式。

A、C、D 型支承型式均适用于平管的支承。其中 A 型常用于生根点距管子较近的情况，C 型和 D 型常用于生根点距管子较远的场合。C 型和 D 型的区别在于前者用于上支场合，后者用于下吊场合；B 型支承型式用于竖管的支承。

1 型生根型式适用于地面情况，此时无须向有关专业提条件，用膨胀螺栓固定即可；2

型用于平台生根情况，此时应酌情向有关专业提荷载条件，以便设置承重梁；3 型用于在设备上生根的情况。其中，增设垫板的目的是使质量较差的支架材料不会影响到设备材料，此时垫板材料应与设备同材质。该型式限用于设备允许现场焊接的情况；4 型用于生根在建筑物梁柱上的情况，此时一般不必向有关专业提出资料。

单柱型钢支架的最大支承高度 L 一般不宜超过 1200mm，最大承载视采用的型钢规格而定，最大不超过 4500N(对 L75×75×6 角钢)。

如图 7.3.12 所示，由于管道荷载计算错误，造成管子的单柱型钢支架选用错误，施工现场管子发生热膨胀，将单柱型钢支架推斜。

图 7.3.13 所示为某工程单柱型钢支架的错误设计，单柱型钢不应生根在篦子板平台上。

图 7.3.12 管子将单柱型钢支架推斜

图 7.3.13 某工程单柱型钢支架的设计错误

八、框架型型钢支架

框架型型钢支架主要用于水平管道的承重。在管道布置中，如果有单根或几根管道的标高凑不到系统支承梁的标高时，可采用框架型型钢支架。该类支架常利用系统已有的梁柱作为生根点，其特点是承重能力大，支承刚度大，常代替系统支承梁作局部支承。

常见的框架型型钢支架型式如图 7.3.14 所示。图 7.3.14 中共给出了 A、B、C、D 型四种型式，究竟采用哪种型式视原有的梁柱和被支承管的位置而定。一般情况下，该种支架的尺寸工最长不超过 1500mm，最高尺寸 H 应不超过 2000mm，支承荷载视所用型钢规格、尺寸 L 和 H 而定，一般最多不超过 10000N。

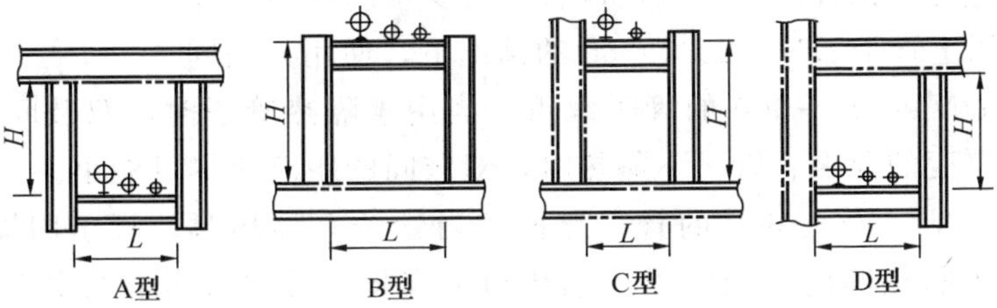

图 7.3.14 框架型型钢支架示意图

九、悬臂支架

悬臂支架常用于管道的承重或导向。此类支架是应用比较多的一种支架型式，支架的种类也比较多。按生根条件分，可分为生根在钢结构梁柱上的悬臂支架和生根在设备上的悬臂支架两种；按有无斜撑来分则分为悬臂式和三角式两种；按支承的作用来分则分为承重型和导向型两种；按悬臂的数量来分则分为单肢型和双肢型两种。在钢结构梁柱上生根的悬臂支架，此类支架常见类型如图 7.3.15 所示。

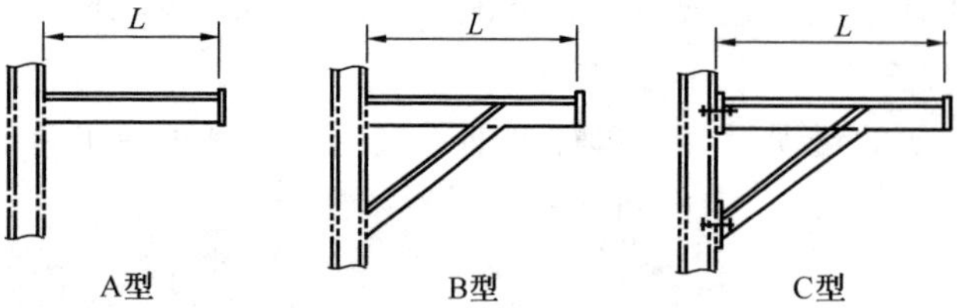

图 7.3.15 钢结构梁柱上生根的悬臂支架示意图

图 7.3.15 中共给出了 A、B、C 三种型式。A 型常用于支承荷载较小的情况，其长度 L 最大一般不宜超过 600mm。B、C 型常用于支承荷载较大的情况，其长度 L 最大一般不宜超过 1200mm。B 型和 C 型的区别在于前者生根部件与梁柱采用焊接，而后者则是采用螺栓连接，以便于支架的拆卸。支架承受的荷载大小视所选用型钢的规格和荷载作用点到梁柱的距离而定。

这类支架一般均用角钢、槽钢等作为受力部件。它可与滑动管托、导向管托等配合使用，分别用于水平保温管道的承重和导向，也可与固定管托、导向管托、管卡等配合使用，分别用于垂直保温管道的承重和导向及光管的承重(仅限于 $DN \leqslant 40$ 的情况)和导向。有关管托和管卡的型式见后面所述。

在设备上生根的悬臂支架常用于沿立式设备(如塔、罐等)上敷设的竖直管道的承重和导向。图 7.3.16 中共给出了 A、B、C、D 四种型式。

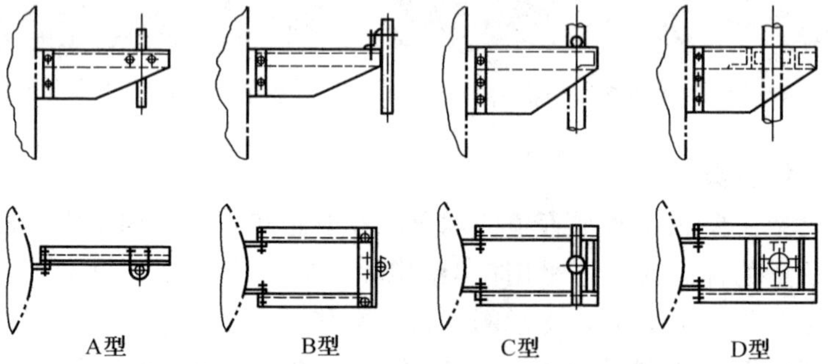

图 7.3.16 设备上生根的悬臂支架示意图

A 型一般用于 $DN \leqslant 150$ 的情况下。它通过与管卡、固定管托、滑动管托配合，分别用于光管承重(带支耳时)、光管的导向、保温管道的承重和导向。当用于承重时，与管卡或管托配合的螺栓孔应为横向椭圆形，以适应管道有少量的横向位移。

B 型一般适用于管子 $DN=200 \sim 350$ 的情况下，使用方法同 A 型。

C 型适用于 $DN=400 \sim 600$ 的管子承重。当用于隔热管子时，双肢间的距离应加大一些，以适应隔热厚度的要求。管子不隔热时，双肢间的距离应尽可能小。

D 型适用于 $DN=400 \sim 600$ 的管子导向。当管子有隔热时，管子四周应有滑动管托，且管托高度应大于隔热厚度。当管子不隔热时，应将管托去掉并代之以厚度为 4mm 的钢板，以防止管子发生位移时，支架划伤管子。无论隔热与否，都应控制支架内壁与管托或钢板之间有不大于 3mm 的间隙。

上述四种型式都适用于设备不允许现场焊接的情况。当设备允许现场焊接时，可将生根部件换成贴合钢垫板，而中间支承件直接焊在贴合钢垫板上即可，这样处理的结果可以简化支架型式，也便于减少支承误差，同时增加了支架的可靠性。

十、摩擦减振支架

摩擦力可以阻碍管道的位移。由于摩擦力始终与管道的位移方向相反，故对振动管道来说，摩擦始终对其振动位移起阻碍作用。摩擦防振支架就是利用给管道上一些点施加一个较大的摩擦力，以达到减振目的的。前面已经讲到，摩擦减振对强迫振动来说并不是很有效，故在设计中不能以这种支架作为强迫振动的防振支架，而仅能作为一种辅助防振支架。

常用的摩擦减振支架如图 7.3.17 所示，图中共给出了 A、B 两种型式的摩擦减振支架，分别适用于不同的生根型式。

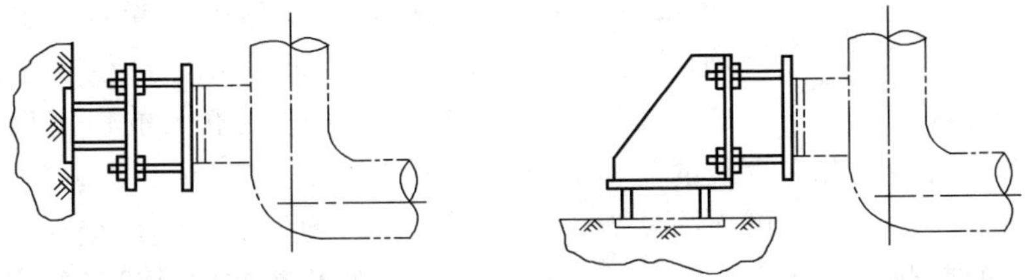

图 7.3.17　摩擦减振支架示意图

十一、其他支架型式

工程上还常常用到一些组合式支架，以满足一些特殊情况的管道支承需要。图 7.3.18 给出了几种常用组合支架型式。

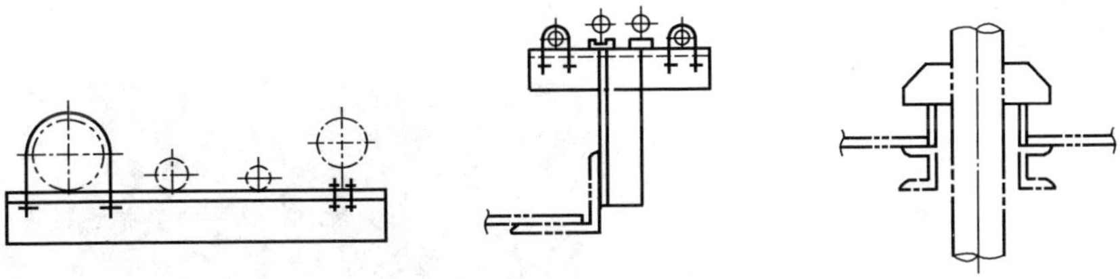

图 7.3.18　常用组合支架型式示意图

A 型支架是利用邻近的两个大管子来支承一些小管子。这种支架在管廊上或并排多根管道布置的场合应用较多。由于管廊上或并排多根布置的管道的支承梁间距一般是按多数管道直径所允许的跨度确定的，那么势必造成一些小直径管道的跨距不能满足要求，故常采用邻管支架对小直径管道进行支承。

B 型支架多用于软管站的管道支承。软管站一般由 2～4 根 $DN \leqslant 40$ 的管子组成，管子直径较小，敷设距离又远，故它们的支承生根条件有时较难找到。利用小巧灵活的 B 型支架可以随意生根在设备或土建平台的边梁甚至平台栏杆上，即满足了管子的支承需要，也方便了操作。

C 型支架常用于穿越平台管子的承重。管子穿越平台时，有时难以找到合适的支架生根位置，此时可借助于平台并利用 C 型支架进行承重。在采用 C 型支架时，一定要给相关专业提供有关的荷载资料，以便在平台的支承处设置承载梁，因为一般的平台钢板仅有几毫米厚，是不能直接承受管子荷载的。

第四节 弹簧支吊架

一、恒力弹簧或恒力作用支架与可变弹簧架的由来

在只用刚性管架支承的管系中，一旦管子发生热膨胀，很可能在某些管架处托空而在另一些管架处锁住。如果管子能够移动到其新位置，并且与此同时不脱离它的支架或者让管架能和管子一起移动。一种解决方案是重物和滑轮的组合，见图 7.4.1，这个方案的缺点是组合的体积太大，并且需要两倍于管道荷载的约束设计。

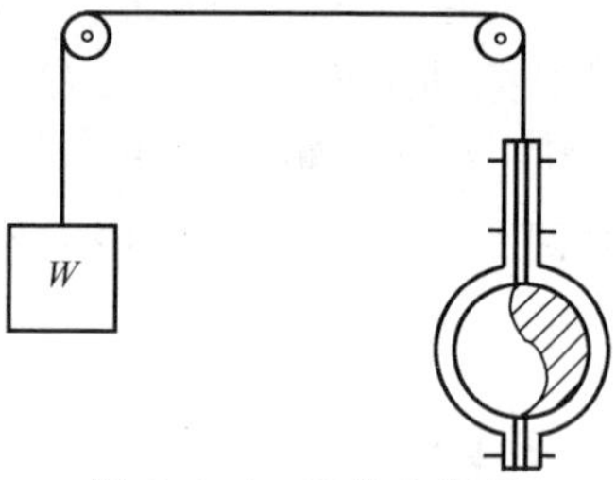

图 7.4.1 重物和滑轮防止管架脱空

另一种方法是采用恒力弹簧或恒力作用支架。这种恒力弹簧架有一个与弹簧相连的旋转臂，当管子上下移动时，绕转轴的力臂与弹簧的反力反向变化，产生一个绕转轴的恒定力矩，因而产生一个作用于管道重力的恒定反力。恒力弹簧的缺点是较昂贵，因而只有在管线的位移非常大时才应用。

一个不太昂贵的替代品是可变弹簧架，当管子移动时弹簧荷载稍微变化。当管子从冷态到热态时，管架的荷载有一些变化是容许的。按可接受的荷载范围来设计管系。一个预设在某个荷载的可变弹簧吊架，在管子运动的全过程提供支承：当管子从冷态到热态时，荷载是有一些变化的。当管子向上移动时，弹簧架上的承重板上移，允许弹簧减压，因而减低弹簧作用在管子上的荷载。当管子下移时，弹簧架上的承重板也下移，使弹簧更加压紧，因而使弹簧作用在管子上的荷载增大，见图 7.4.2，管子在立管上有垂直位移，在如图箭头所示位置设置了弹簧架。

(a) (b)

图 7.4.2 某工程弹簧吊架的设计(如箭头所示)

二、弹簧支吊架标准系列

弹簧支吊架是管道支吊架中的一种特殊型式，它一般是由专业生产厂制造的组合件，制造要求高，选用也比较复杂。

当管道在某处有竖向位移时，如果此时采用刚性支吊架会造成管道的脱空或顶死，从而造成相邻支吊架或设备管口的受力增加，严重时会导致它们的破坏。在这种情况下，就应考虑选用弹簧支吊架，使支吊架在承受一定荷载的情况下又能允许管系有一定的竖向位移。

目前工程上常用的弹簧支吊架主要有两类，即可变弹簧支吊架和恒力弹簧支吊架，而且已形成标准系列。对应的国家标准为 GB 10181《恒力弹簧支吊架》和 GB 10182《可变弹簧支吊架》。化工行业弹簧支吊架的标准一般以 HG/T 20644 为准。

NB/T 47038《恒力弹簧支吊架》规定了恒力弹簧支吊架的系列范围、选用方法及制造和检验要求，标准适用于位移范围为 50～400mm、荷载范围为 123～364120N 的恒力弹簧支吊架。NB/T 47039《可变弹簧支吊架》规定了可变弹簧支吊架的选用方法和制造与检验要求，标准适用于位移范围为 0～120mm、荷载范围为 154～217384N，使用温度范围为-20～200℃的可变弹簧支吊架。

三、可变弹簧支吊架简介及选用方法

可变弹簧支吊架的核心部件是一个被控制的圆柱弹簧，当被支承管道发生竖向位移时，会带动圆柱弹簧的控制板使弹簧被压缩或被拉长。可变弹簧支吊架的结构见图 7.4.3。

可变弹簧支吊架型号由下列四部分表示：

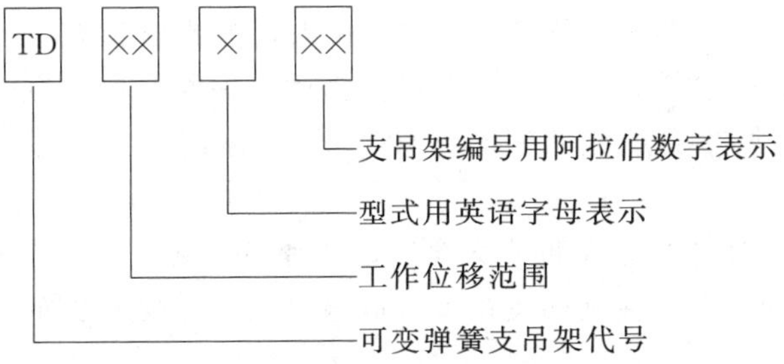

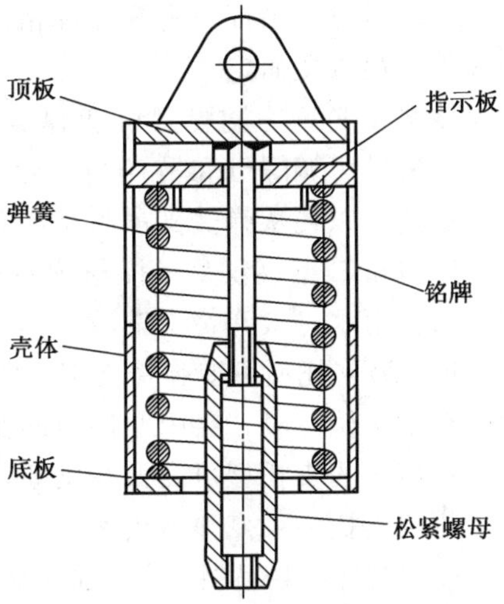

图 7.4.3　可变弹簧支吊架结构图

例如：TD30A7 表示允许工作位移范围 30mm，上螺纹悬吊型，7 号可变弹簧支吊架。

GB 10182 和 NB/T 47039 共给出了 A、B、C、D、E、F、G 七种标准型式，如图 7.4.4 所示。

A 型——上螺纹悬吊型；

B 型——单耳悬吊型；

C 型——双耳悬吊型；

D 型——上调节搁置型；

E 型——下调节搁置型；

F 型——支承搁置型；

G 型——并联悬吊型。

A、B、C 三种型式均为悬吊型可变弹簧吊架，上端通过吊杆与生根部件相连，下端则

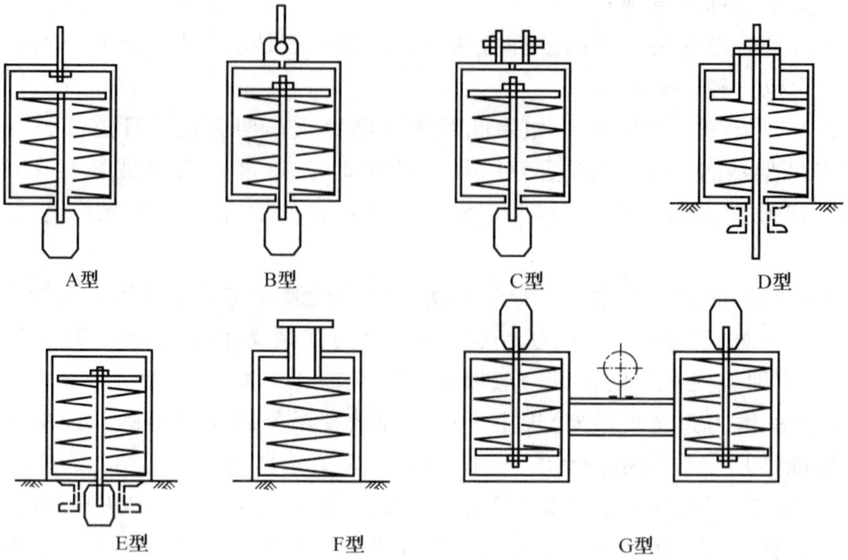

图 7.4.4 可变弹簧支吊架系列示意图

通过可调螺母和吊杆与附管部件相连。三者所不同的是上端与吊杆的连接方式不同，管道设计人员可视方便而定。

D 型和 E 型为搁置型可变弹簧吊架，即支吊架的底座搁置于支承梁或平台梁的上面，下端则通过可调螺母和吊杆与附管部件相连。与 A、B、C 型相比，D、E 型更容易使操作人员接近，以便从弹簧支吊架的刻度指示板上了解支承点的位移情况，并与计算值进行对比。D 型和 E 型仅仅是吊杆与弹簧连接的方式不同，前者便于随时调节弹簧荷载，而后者则对防止雨水进入弹簧支架较好。

F 型为支托型可变弹簧支架，它与前面几种吊架型式相比刚性较大，但当管道在支承点同时有横向位移时，会因摩擦力的作用而使它发生倾斜甚至失稳。为此，一些生产厂则开发出了带滚轮的支托型可变弹簧支架，当管子在支承点的横向位移大于 6mm 时，应考虑选用带滚轮的支托型可变弹簧支架。

G 型为并联悬吊型可变弹簧吊架，它常用于生根条件不太合适，或弹簧承载过大而需要并联设置时。当然，选用 A～E 中任何一种的两个可变弹簧支吊架并联也可以，应视方便而定。

可变弹簧支吊架的选用：

①在进行可变弹簧支吊架的系列化编排时，为了减少规格尺寸系列，对不同刚度的弹簧限定了其最大工作位移范围，因此在选择弹簧刚度时，还应使其工作荷载、安装荷载、位移量落在对应的位移范围内。可变弹簧支吊架标准系列中都给出了它们的对应关系数据表，选用时查表即可。

②当管系中某点的垂直位移量较大时，从标准弹簧支吊架表中可能已选不到合适的弹簧支吊架，即要么找不到最大工作位移能满足荷载要求的标准系列，要么因刚度较大而使荷载变化率超出标准要求，此时可考虑采用串联可变弹簧支吊架。如果弹簧支吊点的垂直位移比较大，选用两个可变弹簧串联仍不能满足要求时，可以串联更多的可变弹簧，但此时应考虑是否改用恒力弹簧更合适。当管道支承点的荷载超出标准可变弹簧支吊架的最大允许荷载时，或者受支承条件(如竖管支承)、生根条件等限制不宜采用单个可变弹簧支吊架进行支承时，可选用两个或两个以上的可变弹簧支吊架并联支承。

可变弹簧支吊架串联安装时，应选用最大荷载相同的弹簧，每个弹簧的压缩量应按其工作位移范围比例进行分配。可变弹簧支吊架并联安装时，应选用同一型号的弹簧，每个弹簧承受的荷载应按并联弹簧个数平均分配。

管道承重点如有垂直向热位移，一般要设弹性支架。弹性架最常用的是可变弹簧支吊架。有时为增加支架的承载能力可将几个弹簧并联使用。有时支点的位移量变化太大，以致使弹簧的荷载变化率超出了允许范围，也可将几个弹簧串联使用，这样，每个弹簧可在给定的荷载变化率的条件下增加了整个支架总的位移量。变力弹簧支吊架的荷载变化率一般控制在 25%以下。荷载的变化率按下式计算：

$$\text{变化率}=\frac{\text{工作荷载-安装荷载}}{\text{工作荷载}}\times 100\%$$

$$=\frac{\text{弹簧系数}\times\text{热位移量}}{\text{工作荷载}}\times 100\% \tag{7.4.1}$$

位移量的大小随弹簧系数而变化，所以不能认为荷载变化率和弹簧系数成比例；但一般情况，弹簧系数越小，荷载变化率越小。荷载变化率越高，弹簧越接近刚性吊杆，相应地，对管道的热膨胀所产生限制越大。另外，变化率越小，相对一定的荷载和给定的位移，弹簧就越笨重。在一般情况下，弹簧架按热态吊零设计，即保证管道在热态工作状态下，按各支承点垂直位移为零设计。管道在热态工况下具有良好的荷载分配。有时也有特殊设计需要，对某个或某几个弹簧支架按给定的安装荷载安装。

各标准规范大同小异，NB/T 47039《可变弹簧支吊架》上附有选用实例。

四、恒力弹簧支吊架简介及选用方法

当管系在支承点的竖向位移较大而选用可变弹簧会引起较大的荷载转移时，应考虑选用恒力弹簧支吊架。恒力弹簧支吊架的结构见图 7.4.5。

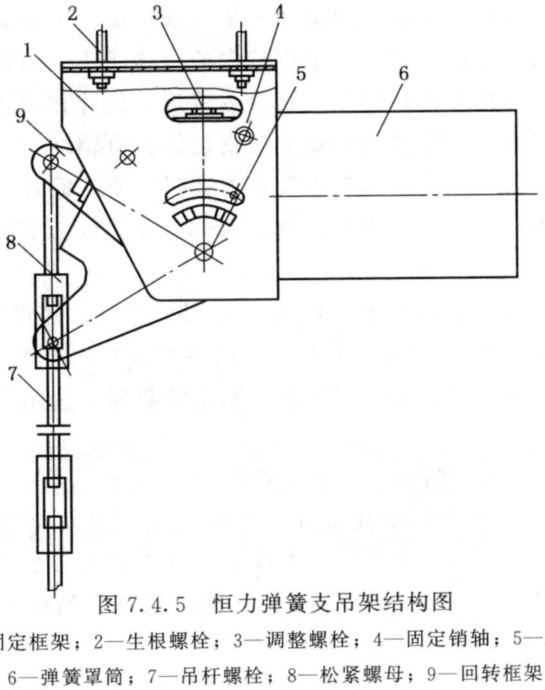

图 7.4.5　恒力弹簧支吊架结构图

1—固定框架；2—生根螺栓；3—调整螺栓；4—固定销轴；5—主轴；
6—弹簧罩筒；7—吊杆螺栓；8—松紧螺母；9—回转框架

恒力弹簧支吊架型号表示方法如下：

例1：PHA35-150/18200X-M24 表示 PHA 型、编号为35号、位移150mm、标准荷载为18200N的平式恒力弹簧支吊架，其位移方向向下，下接吊杆螺纹规格 M24。

□□—□/□□—□

- 吊杆螺纹规格，用 M×× 表示；
- 位移方向，用汉语拼音字母表示，S表示向上，X表示向下；
- 支吊架的标准荷载值，用阿拉伯数字表示；
- 支吊架的位移值，用阿拉伯数字表示；
- 支吊架的编号，用阿拉伯数字表示；
- 支吊架型式的代号，用两个汉语拼音字母和一个英语字母表示。

例2：LHB41-280/15112S-M30 表示 LHB 型、编号为41号、位移280mm、标准荷载为15112N的立式恒力弹簧支吊架，其位移方向向上，下接吊杆螺纹规格 M30。

工程中实际应用的恒力弹簧支吊架种类并不多，GB 10181 给出了两种常用的型式，即立式恒力弹簧吊架(用 LH 表示)和卧式恒力弹簧吊架(用 PH 表示)，一般情况下多用卧式系列。根据承受荷载大小的不同，恒力弹簧吊架有单吊和双吊两种。

可变弹簧支吊架串联的目的是为适应管道支承点有较大的位移量和防止有较大的荷载变化率，但这种问题对恒力弹簧吊架都不存在，故恒力弹簧吊架一般不串联使用，对于管道荷载较大，或者受吊点条件(如竖管)和生根条件的影响，恒力弹簧吊架可以并联使用。

恒力弹簧支吊架的选用方法：

如果支架垂直位移很大，冷态和热态的力又必须保持在较小的变化范围内，这种要求从经济上考虑已超出了使用可变(变力)弹簧支架的范围，此时应采用恒力架。

恒力架有弹簧及重锤式两种型式。恒力弹簧架一般包括一个或更多的弹簧，弹簧的移动通过杠杆或相似的机械效应加以放大。支承点较大的位移相应于弹簧较小的行程变化。对每一种弹簧号的支架其荷载和位移的乘积基本相等或接近。设计和制造通常都很严格，调整位移都可以从刻度上显示出来，另外恒力弹簧架有安装位置可调结构，应避免将恒力架的位移量范围用在安装高度的调节上。高度调节不仅在安装时需要，而且当管道永久变形后也需再作调整。恒力弹簧架并不是完全达到恒力，通常荷载变化值仅1%左右。有些产品在现场调整荷载的范围可达到±10%。

恒力弹簧架常用上悬式，有时因地位限制也采用下支式，详见 GB 10181。恒力弹簧架也是按荷载和垂直位移两个条件选用，并进一步从系列表找出弹簧号。GB 10181 中有完整的恒力弹簧架的系列。国际上一般是按照制造厂制定的系列表选用。选择恒力架时。应考虑留有余地，即：

$$\text{最大行程} = \text{计算位移量} \times 1.2 + 20\text{mm}$$

$$\text{荷载偏差} = \frac{\text{下移时最大读数} - \text{上移时最小读数}}{\text{下移时最大读数} + \text{上移时最小读数}} \tag{7.4.2}$$

全行程的偏差不超过6%，包括摩擦力在内。荷载超过系列范围可采用并联的结构，位移超过系列范围可采用串联结构。

各标准规范大同小异。NB/T 47038《恒力弹簧支吊架》附有选用实例。

五、水平位移对弹簧支架的影响

1. 水平位移对可变(变力)弹簧支座的影响

采用变力弹簧支座时，对水平位移要加以控制。横向水平位移较大时，可采取偏置安装，见图7.4.6(c)。图(a)为T形钢的管托，虽然轴向位移很大，但T形托仍未与弹簧托架的顶板错位，此情况是允许的。但图(b)的情况则不同，应控制位移值，采取偏置1/2总位移值。

国外有的工程公司设计中允许弹簧托顶板有轻微倾斜，允许错位量在20～40mm，最好不超过弹簧盒外径的15%，错位量为弹簧中心与管托中心的水平距离，如图7.4.6(b)、(c)所示。

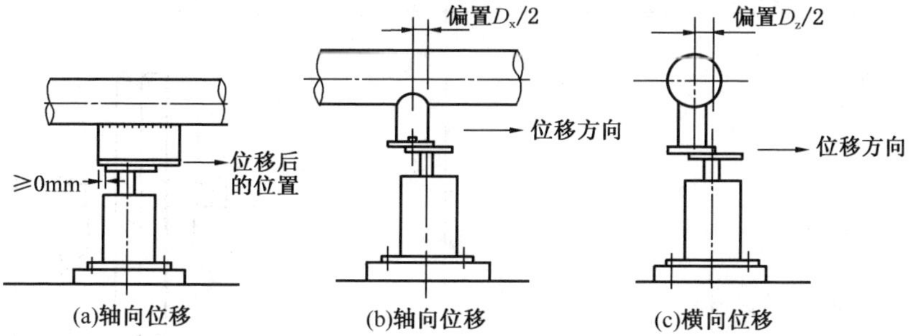

图7.4.6　弹簧支座的偏置安装

2. 水平位移对恒力弹簧架的影响

恒力弹簧架下端管道有水平位移时，垂直分力 $P_y - P \cdot \cos\theta$，垂直分力变化量 $\Delta P_y = P_y - P = P(\cos\theta - 1)$。实际上这种变化量是相当小的，可忽略不计。

六、摩擦力对恒力架承载的影响

在管道受热膨胀时，支点产生垂直向移动。当管道向上位移时，由于恒力架销轴间的摩擦力作用方向和受力方向一致，实际承载力下降；而管道向下移动时，由于摩擦力的作用方向和受力方向相反，实际承载力上升。恒力弹簧架本身的摩擦力的大小是随垂直向下位移量的增加而增加。因向下位移量的增加导致弹簧受力和支承力的增大；相反，向上位移时，摩擦力的数值有所减小。由于摩擦力的存在导致恒力弹簧架承载能力的变化，使其承载力呈滞后现象。在美国制造协会标准MSS SP－58中规定恒力架荷载在全行程中偏差不超过6%。

对重锤式恒力架，无论是杠杆式或滑轮结构都存在摩擦力。杠杆重锤式恒力架见图7.4.7。如销轴缺少润滑或生锈，会影响工作性能。为减小摩擦力，可采用润滑型轴承或聚四氟乙烯轴套，或采取其他措施，使摩擦系数降低。

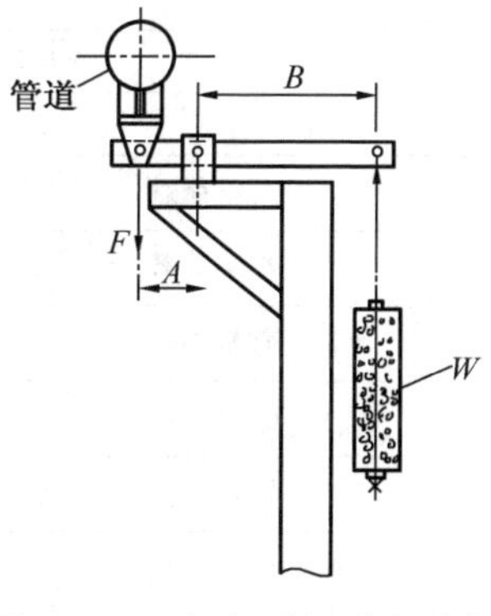

图7.4.7　杠杆重锤式恒力架

① 管道在支承点处有垂直位移且荷载变化率大于6%时，应选用可变弹簧支吊架；当荷载变化率不大于6%时，应选用恒力弹簧支吊架。

② 串联可变弹簧支吊架，应选用最大允许荷载相同的弹簧，此时热位移值应按弹簧的刚度来分配。

③ 当管道荷载超过一个可变弹簧支吊架的最大允许荷载时，可选用两个或两个以上相

同型号的可变弹簧并联安装。每个弹簧承受的荷载，应按并联弹簧数平均分配。

④ 当管道支吊点处垂直方向位移较大或有特殊要求的地方，宜选用恒力弹簧支吊架，恒力弹簧支吊架可并联安装。

⑤ 可变弹簧支吊架的设计应考虑限制弹簧偏移、翘曲、偏心受载或过应力的设施。

⑥ 选用恒力弹簧支吊架时，其公称位移量应比计算位移量大 20%，且应大于 20mm。计算位移量应考虑由于水平位移引起的吊杆长度的增加。

七、某弹簧支吊架许用表的应用(表 7.4.1)

表 7.4.1　某弹簧支吊架许用表的应用

<table>
<tr><td colspan="3">弹簧号</td><td>JXC－115</td></tr>
<tr><td colspan="3">弹簧样式和简图</td><td>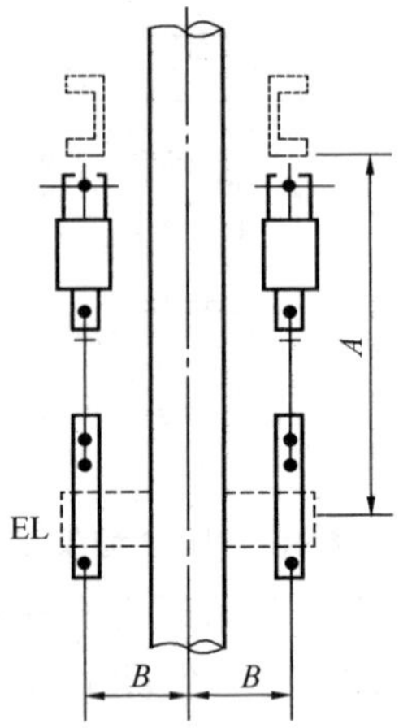
</td></tr>
<tr><td colspan="3">弹簧数量</td><td>2（套）</td></tr>
<tr><td rowspan="4">管子</td><td colspan="2">材料</td><td>A335 P11</td></tr>
<tr><td>口径</td><td>DN</td><td>12″(耳轴)</td></tr>
<tr><td>绝热厚度</td><td>mm</td><td>130</td></tr>
<tr><td>温度</td><td>℃</td><td>265</td></tr>
<tr><td colspan="2">操作荷载</td><td>kN</td><td>16(每个)</td></tr>
<tr><td colspan="2">安装荷载</td><td>kN</td><td>4.8(每个)</td></tr>
<tr><td colspan="2">弹簧刚度</td><td>kN/mm</td><td>—</td></tr>
<tr><td colspan="2">试验荷载</td><td>kN</td><td>24.71(每个)</td></tr>
<tr><td colspan="2">竖直方向</td><td>mm</td><td>－13.8</td></tr>
<tr><td colspan="2">水平方向</td><td>mm</td><td>±13.7</td></tr>
<tr><td colspan="3">管子标高</td><td>EL ＋11662</td></tr>
<tr><td rowspan="2">安装尺寸</td><td>B</td><td>mm</td><td>550</td></tr>
<tr><td>A</td><td>mm</td><td>1138</td></tr>
<tr><td colspan="3">弹簧架附件</td><td>吊耳、吊杆、管夹</td></tr>
<tr><td colspan="3">位置轴测图号</td><td>24″－MS－1002－A22A</td></tr>
</table>

第五节　弹簧支吊架的缺点及减少使用的方法

一、弹簧支吊架的缺点

刚性支吊架适用于没有垂直热位移或垂直热位移很小的场合。当管道与支吊架生根部位的相对垂直热位移较大且方向朝下时，如采用刚性支吊架，可能造成支吊架脱空，起不到支吊架的应有作用；当管道与支吊架生根部位的相对垂直热位移较大且方向向下时，如采用刚性支吊架，不但会使支吊架过载，支吊架难以承受，而且会导致管道应力和设备受力超标。在这两种情况下，必须采用弹簧支吊架。因弹簧支吊架既能承受荷载，又允许在支吊点处管道存在垂直热位移，所以可避免支吊架脱空和过载的问题。

虽然使用弹簧支吊架可避免脱空和过载，但同刚性支吊架相比，弹簧支吊架也存在诸多不足：

① 价格较贵，因弹簧支吊架的价格是刚性支吊架的几倍，所以为了节约投资应尽量少用弹簧支吊架。

② 可靠性较差，因弹簧在长期工作状态下有失效的问题，因此弹簧支吊架不如刚性支吊架耐用可靠。

③ 稳定性较差，因弹簧支吊架的刚度远低于刚性支吊架，所以过多设置弹簧支吊架会使管系各点位移方向失去控制，管系稳定性较差，易产生偏斜和振动。

④ 占用空间较大，因弹簧支吊架本身体积较大，配管时管道支吊点附近要为安装弹簧支吊架预留一定的空间，在管道密集处或空间较紧张区域难度较大 。

⑤ 设计、安装较复杂，对于悬吊式的弹簧架要选用管夹、吊耳和吊杆等连接件与其配合使用设计、安装都比较复杂。

在实际工程设计中还是应尽量少用弹簧支吊架，下面通过几个典型的例子来说明如何减少弹簧架的使用。

二、卧式容器及换热器管道支架减少弹簧架的工程应用

卧式设备的管道支吊架位置示意，见图 7.5.1。由图 7.5.1 可见，如果管道有热膨胀，a 点和 b 点有向下的热位移；如果把支架设在 a 、b 点之间，通常采用弹簧支架，如果采用刚性支架会造成支架过载。

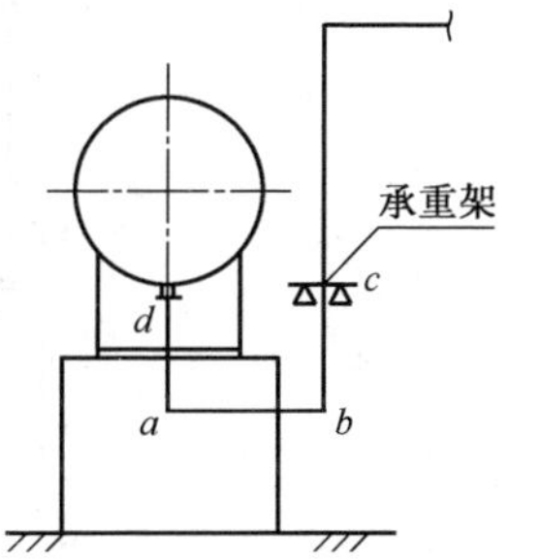

图 7.5.1　卧式设备的管道支吊架位置

现在把滑动支架 RS 放在 c 点，该点与管口的标高大致平齐，这样 a 点及 b 点向下的位移基本一致，RS 支架可采用刚性滑动架，在这点管道是没有垂直位移的，只有水平位移。c 点的位置也允许上下稍有变动。根据管径、温度情况，可采用不等腿的 U 形管。但如 bc 段太长，RS 架处就可能有向上的位移，使支架脱空，RS 刚性架就失去意义。所以 bc 段不能比 oa 段长得太多。RS 支架可以从设备或地面生根。

三、立式换热器管道支架减少弹簧架的工程应用

立式换热器的管道见图 7.5.2。由图 7.5.2 可知，支架位置的选择与卧式设备的管道原理一样，应放在设备支耳的高度附近，尽量利用设备的支架生根，焊出管支架构件。承重架同样可采用刚性的滑动架，不必使用弹簧支架。

四、Z形及L形管道支架减少弹簧架的工程应用

Z形管道布置见图7.5.3。由图7.5.3可以看出，垂直管段的热膨胀分配到下部为Δ_1，上部为Δ_2，下部水平管段的热位移如虚线所示。如果长度L满足应力校核的要求，承重架就可以采用刚性的滑动架。L的最小值可按照导向悬臂理论来决定。

$$F=\frac{12EI\Delta}{L^3} \tag{7.5.1}$$

$$M=\frac{FL}{2}=\frac{6EI\Delta}{L^2} \tag{7.5.2}$$

$$\sigma=\frac{M}{Z}=\frac{3ED\Delta}{L^2} \tag{7.5.3}$$

$$L=\sqrt{\frac{3ED\Delta}{\sigma}} \tag{7.5.4}$$

式中　F——端点的力，N；

M——力矩，N·m；

E——管材(热态)的弹性模量，MPa；

σ——热胀产生的应力，MPa；

I——管子的截面的惯性矩，m^4；

Z——管子的断面系数，m^3；

L——水平管段的长度，m；

D——管子外径，m；

Δ——水平管段末端的位移，m。

$$L\geqslant\sqrt{\frac{3ED\Delta}{\sigma}} \tag{7.5.5}$$

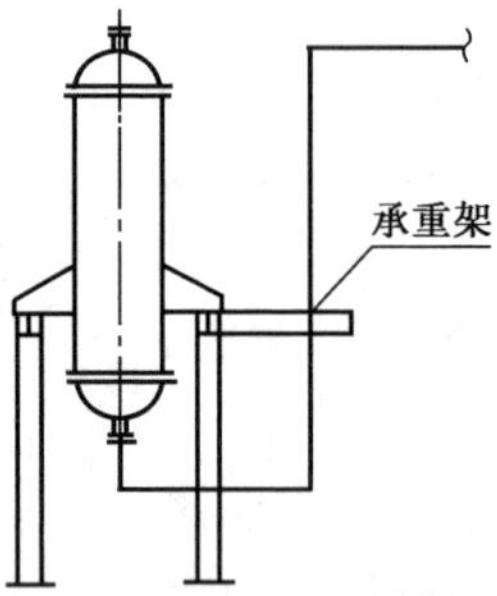

图7.5.2　立式换热器管道支吊架位置

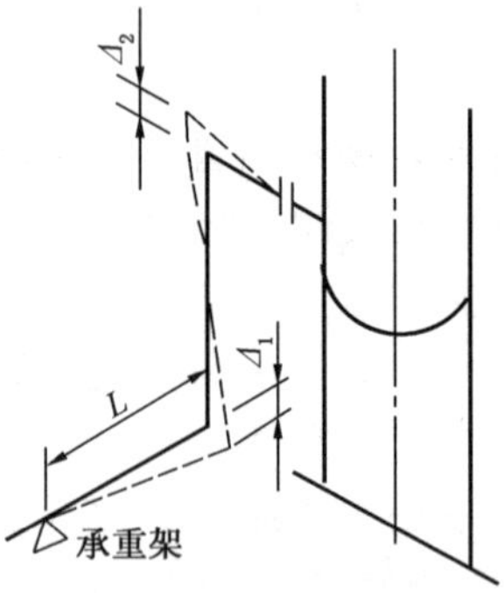

图7.5.3　Z形管道布置

用式(7.5.5)判断使用刚性架的位置是非常方便的。

五、立式再沸器支架减少弹簧架的工程应用

再沸器及塔顶管道支架见图7.5.4。由图7.5.4可知，再沸器安装在结构框架上，再沸器支耳采用钢性滑动支承，此时应保证塔出口管口与再沸器入口管口垂直方向的热位移相等，即满足式(7.5.6)。

$$\Delta_1=\Delta_2 \tag{7.5.6}$$

$$\Delta_1=H_1\times(T_1-T_0)\times\alpha_1 \tag{7.5.7}$$

$$\Delta_2 = H_2 \times (T_2 - T_0) \times \alpha_2 \tag{7.5.8}$$

即：

$$H_1 \times (T_1 - T_0) \times \alpha_1 = H_2 \times (T_2 - T) \times \alpha_2 \tag{7.5.9}$$

式中 Δ_1——塔出口管口垂直方向的热位移，mm；

Δ_2——再沸器入口管口垂直方向的热位移，mm；

H_1——塔出口管口到塔裙座根部的垂直距离，m；

H_2——再沸器入口管口到再沸器支耳的垂直距离，m；

T_0——安装温度，通常取 20℃；

T_1——从塔出口管口到塔裙座根部之间塔壁的平均温度,℃；

T_2——从再沸器入口管口到再沸器支耳之间再沸器壳体的平均温度,℃；

α_1——塔壁钢材的线膨胀系数，mm/(mm·℃)；

α_2——再沸器壳体钢材的线膨胀系数，mm/(mm·℃)。

式(7.5.9)中，H_1、T_1、T_2 通常根据工艺要求来确定，α_1、α_2 根据设备的选材来确定，这样即可算出 H_1 的值。因设备开口位置通常由设备设计专业按工艺要求确定，这样就可算出再沸器支耳所在的高度。也就是说，可通过调整再沸器支耳所在的高度，当满足式(7.5.9)的要求时，再沸器可采用钢性滑动支承，而不必使用弹簧架如式(7.5.9)两边不等，且差值大于 1mm 时，再沸器就应采用弹簧来支承。

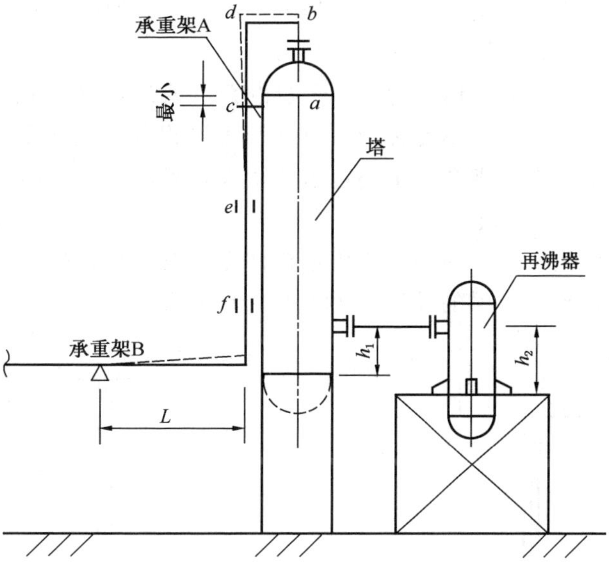

图 7.5.4 再沸器及塔顶管道支架

设备基础的沉降和附近支架基础的沉降不一致会造成过载。图 7.5.4 中通常塔基础的沉降量要比框架和管道支架“承重架 B”基础的沉降量大许多，而且沉降也不同步，这样会造成框架或支架过载，使管道应力和管口受力超标，为此基础设计时应尽可能将塔、框架和支架的基础做成一体。

六、塔顶线、塔侧线管道支吊架减少弹簧架的工程应用

图 7.5.4 中塔顶气相线应在距塔上封头最近处。点设置支架“承重架 A”，支架生根在塔壁上。因塔上 a 点到管道上弯头处的 b 点的垂直距离和管道支架设置点。c 点到上弯头 d 点的垂直距离相等，且因支架的设置点。距塔出口非常近，ab 段和 cd 段的平均温差非常小，也就是说 ab 段和 cd 段的热膨胀量近似相等，所以支架“承重架 A”可采用刚性架而不用弹簧架。如支架的位置距塔顶较远，塔壁和管壁的平均温差较大，就应该采用弹簧架另外，如塔体本身或单个支架本身的承载能力不够，需在立管上的 e 点或 f 点设置第 2 或第 3 承重架，也应选用弹簧架。

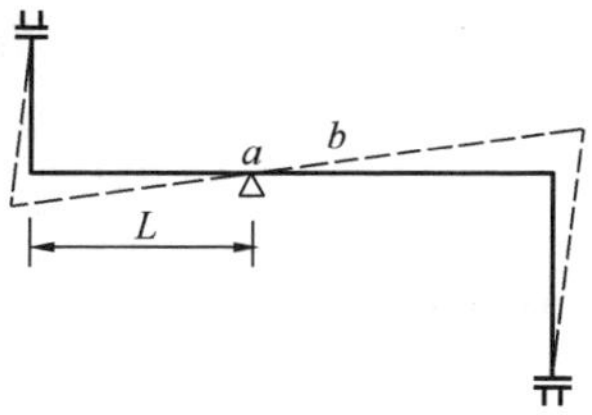

图 7.5.5 支架点的选择

如在管道下部水平管段上设置刚性支架，该架距弯头的距离 L 的最小值可用式(7.5.5)判断。

选择管道上无垂直位移或位移较小的点设置，支架点的选择见图 7.5.5。

由图 7.5.5 可以看出，水平管段上可以找到无垂直位移的点 a，此点如能设置支架，就可选用刚性架，长度 L 必须满足式(7.5.5)的要求，但往往在 a 点虽然无垂直位移，却没有做支架的条件，而在其附近的 b 点可做支架，b 点有较小的向上位移，对 bc 段长度采用式(7.5.5)判断也满足时，可在 b 点做刚性架，但在冷态时应在支架下垫厚度与垂直位移值相同的钢板，工作时支架不脱空，这样可避免使用弹簧架。

七、生根在大管上的支架减少弹簧架的工程应用

生根在大管上的支架结构(透平机的蒸汽管道)见图 7.5.6。由图 7.5.6 可知，在低点排冷凝水管道上设置支于地面的支架，应采用弹簧架。因为蒸汽管道垂直管段很长又向下膨胀，弯头处设了弹簧架，如小管 A 点采用刚性架支于地面，则会由于小管刚性较大，阻碍了大管上弹簧架向下位移，造成透平机管口受力过大，情况严重的话，可能导致机器振动，不能正常运行。如果将生根于地面的支架改在主管上生根，且长度 L 符合式(7.5.5)的要求，就可采用刚性架。这是由于小管与支架间垂直向相对位移减至最小，支架随主管一起升降，大管能够自由膨胀。

图 7.5.7 所示为出透平机的蒸汽管道，在低点有排冷凝水小管。如在 A 点作支于地面的支架，这是不允许的。因垂直管段很长又向下膨胀，弯头处设有弹簧支座，小管 A 点支在地面上，则会由于小管刚性较大，阻碍了弹簧向下移动。情况严重者，可能损坏机器，或导致其运行不正常。

图 7.5.8 中小管支架是在柱上生根，小管的水平段不够长刚性大，影响大管不能向下位移，也是错误的设计。图 7.5.9 是错误支架设置，图 7.5.10 是其正确设置。

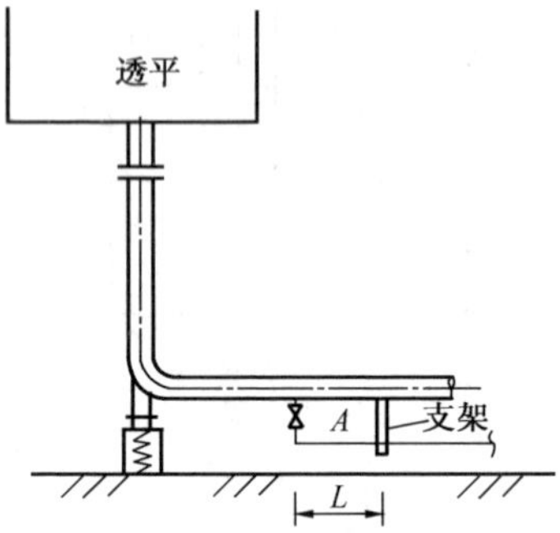

图 7.5.6 大管带小管

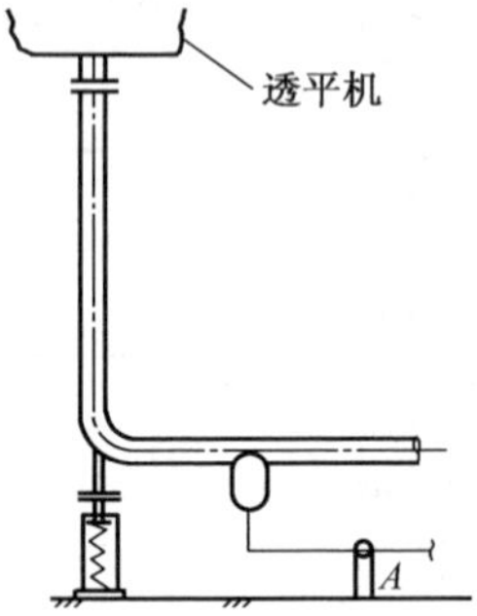

图 7.5.7 小管支架设置错误

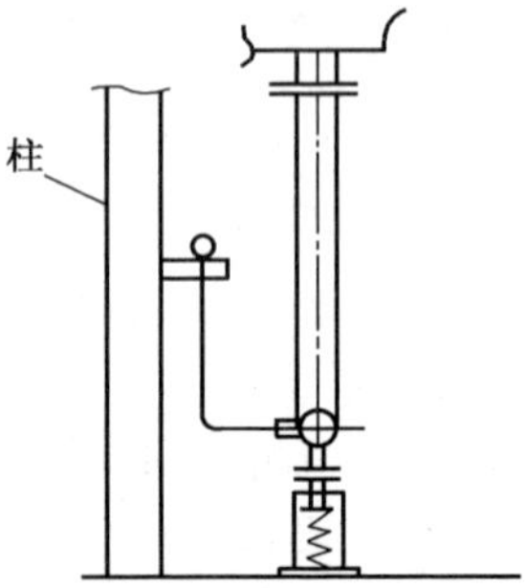

图 7.5.8 支架设置错误

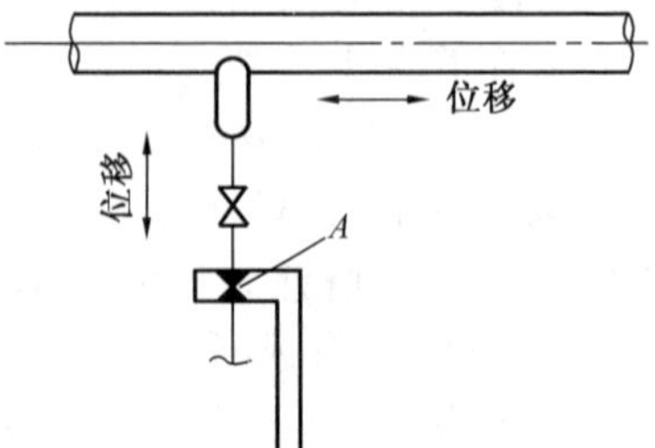

图 7.5.9 支架设置错误

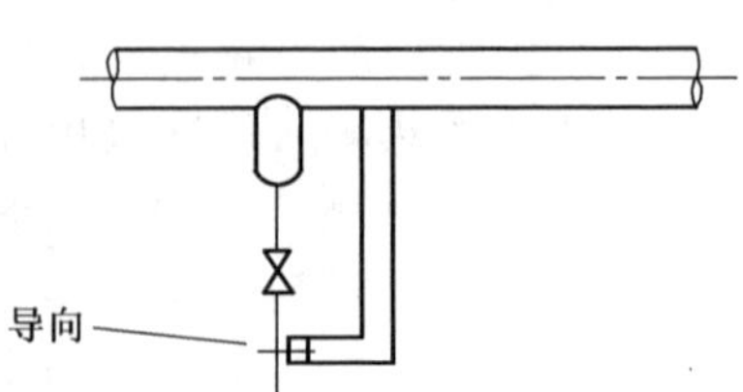

图 7.5.10 支架设置正确

第六节　支吊架设计的原则

一、支吊架设计的一般要求

① 安全可靠、经济合理、整齐美观、生根牢固，具有足够的强度和合适的刚度。

② 沿地面或浅沟敷设的管道，可设管架基础(管墩)支承，地沟管道应支在横梁式管架上，并设置相应的导向架和轴向限位架。

③ 不保温、不保冷的常温碳钢管道除非有坡度要求外，可不设置管托。非金属或金属衬里管道不宜用焊接管托，而用带管夹的管托。保温管托适宜高度与保温层的厚度有关，当保温层厚度小于或等于 80mm 时，管托高 100mm；当保温层厚度小于或等于 110mm 时，管托高 150mm；当保温层厚度大于 110mm 时，管托高 200mm；当保温层厚度特别厚时，管托高度视管道大小并根据管道布置情况做特殊处理。

④ 大直径管和薄壁管宜选用鞍座。这样既可防止管道与支承件接触处管道表面的磨损，又有利于管壁上应力分布趋向均匀化。

⑤ 对不锈钢、合金钢、铝和镀锌管，在与碳钢管架接触处应垫隔离层，如石棉布、橡胶和石棉橡胶等。

⑥ 同一管系上不宜过多地连续使用单一的圆钢吊杆吊架。因为连续安装数个圆钢吊杆吊架，管道的横向阻力很小，容易引起摆动或振动。

⑦ 支吊架的结构件应具有足够的强度和刚度，并应尽量简单。除选用的标准支吊架零部件外，支吊架结构和连接应进行强度和(或)刚度计算。

⑧ 支吊架的间距，应小于或等于管道的允许跨距。

⑨ 当有阀门等集中荷载时，支吊架宜设置在靠近集中荷载处。支架应设在不影响检修的位置，如图 7.6.1 所示。

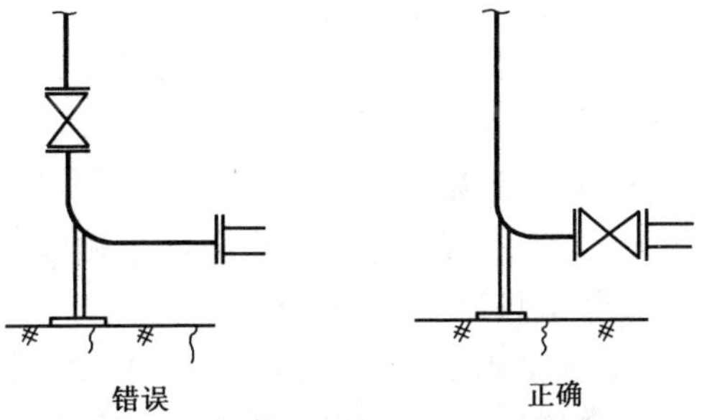

图 7.6.1　支架应设在不影响检修的位置

对于较大的阀门应在其附近设支架。阀门法兰与支架的距离应大于 300mm。该支架不应设在检修时需要拆卸的短管上，并考虑取下阀门时不应影响对管道的支承

⑩ 支吊架宜设置在直管段上，不宜设置在局部应力较高的部位。

⑪ 水平敷设在支架上的有隔热层的管道，应设置管托。垂直敷设的有隔热层的管道，在支架处应设置能保护隔热层的筋板或支耳等结构。

⑫ 输送介质温度等于或高于 400℃ 的碳钢管道和合金钢、不锈钢管道以及需要进行焊后热处理的管道应优先选用卡箍式管托、管吊或选用带同类材质垫板的支吊架。

⑬ 架设在高空不易焊接的管道、经常拆卸的管道和衬里管道，宜选用卡箍式管托、管吊。保冷管道，应选用保冷管托、管吊。

⑭ 当吊架有水平位移时，拉杆两端应为铰接，拉杆应具有足够长度。对刚性拉杆吊架，可活动的拉杆长度不应小于吊点处水平位移的 20 倍，吊杆与垂直线夹角不应大于 3°；对弹性吊架，可活动的拉杆长度不应小于吊点处水平位移的 15 倍，吊杆与垂直线夹角不应大于 4°，见图 7.6.2。

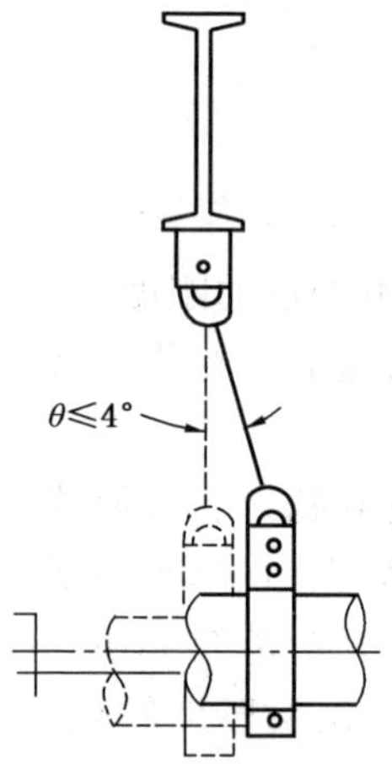

图 7.6.2 吊杆与垂直线夹角不应大于 4°

⑮ 当塔器水平管口直接安装公称直径等于或大于 150mm 的阀门时，应在阀门附近设支架。

⑯ 对管道位移有限制时，应选用限位支架。

⑰ 可能产生振动的管道，应有减振措施。

⑱ 安全阀出口放空管应设支架，以满足安全阀启跳时反作用力的要求。

⑲ 往复式压缩机进出口管道的支架基础，应与建筑物分开。

二、支吊架型式的一般选用原则

① 在确保安全使用的前提下，优先选用标准管架和定型元件，以减少管架类型和非标准管架。

选用标准系列支吊架有利于支吊架的预制和安装，也可减少用材品种，从而可节省采购、制造、管理等方面的费用。采用标准系列支吊架还有利于装置的美观。

② 支吊架型式应能满足管道的承重、限位或防振的基本要求。在进行支吊架选型时，应首先根据管道的承重、限位或防振要求来选择其合适的型式。

③ 在选用管道支吊架时，应按照支承点所承受的荷载大小和方向、管道的位移情况、工作温度、是否保温或保冷、管道的材质等条件选用适合的支吊架；

④ 焊接型的管托、管吊比卡箍型的管托、管吊省钢材，且制作简单，施工方便。因此，除下列情况外，应尽量采用焊接型的管托和管吊：

A. 管内介质温度等于或大于 400℃的碳素钢材质的管道；

B. 低温管道；

C. 合金钢材质的管道；

D. 生产中需要经常拆卸检修的管道；

E. 架空敷设且不易施工焊接的管道；

F. 非金属衬里管道。

⑤ 为防止管道过大的横向位移和可能承受的冲击荷载，一般在下列位置设置导向管托，以保证管道只沿着轴向位移：

A. 安全阀出口的高速放空管道和可能产生振动的两相流管道；

B. 横向位移过大可能影响邻近管道时；固定支架之间的距离过长，可能产生横向不稳定时；

C. 为防止法兰和活接头泄漏要求管道不宜有过大的横向位移时。

⑥ 当架空敷设的管道热胀量超过 100mm 时，应选用加长管托，以免管托滑到管架梁下。

⑦ 凡需要限制管道位移量时，应考虑设置限位架。

⑧ 支吊架型式应能适应管道或生根设备材料及热处理的要求。

⑨ 支吊架型式应能适应生根条件的要求。在通常的设计中，往往会出现这样的情况：最佳的支承位置和支吊架型式但不一定具备合适的支承生根条件。此时就应考虑变换支架型式，或者在满足要求的条件下改变生根位置进行支承。

⑩ 支吊架型式应便于管道的拆卸检修，有利于施工，并不妨碍操作及通行。当支吊架位于操作人员可能通过的地方且位置又较低时，应考虑取消三角支承或改为吊架。当管道经

常拆卸时，应避免采用焊接结构。

⑪ 支吊架选型应符合经济性原则。

三、管架生根点的确定

不同的支吊架型式对生根条件有不同的要求，而从保障管系的自身强度、稳定性、防振以及对边界条件的要求来说，总存在着在管系的某个地方支承，并以特定的支架型式支承为最理想。上述的两个条件有时是矛盾的，即最理想的支承位置并不一定具备支架生根条件，可用的生根条件并不一定满足最理想的支架型式需要。要处理好这样的问题是比较难的，或者说要将它上升到理论上去论述是比较难的，有时工程经验比理论更适用。实际的空间管系也是多样化的。

① 对于不同的管系，在确定其支吊架位置时都应遵守下列基本原则：管道支吊架的位置、数量、型式等应能满足管系静应力分析的要求。这个要求包括管系自身的强度、稳定性、最大位移以及对相连设备、生根设施的力学要求。

② 管道支吊架的位置、数量、型式应能满足管系动应力分析的要求。这个要求包括管系对管道的机械振动、水击、放空反冲击、地震、风载等荷载作用下的力学要求。

③ 管道支吊架应具备相应的生根条件。当该条与上述两条发生冲突时，应考虑改变管系的走向，最终使上两条要求得到满足。

④ 支吊架应尽可能利用已有的建构筑梁柱、平台、设备本体、加热炉钢结构、地面以及管廊的梁柱来支承管架。对于有可能集中支承的管道，应尽可能选择适宜的地方和方式集中支承。

⑤ 支吊架生根位置应不妨碍操作人员的通行、设备的检修和管道的拆卸等。需经常拆卸、清扫和维修的部位，不得设置任何型式的管架。

⑥ 支吊架生根的位置尚应考虑经济性原则。例如，对于管道比较集中的管廊，其跨距应视多数管道的允许跨距而定，而不宜以少数较小直径管道的允许跨距确定。

⑦ 支吊架的位置应尽可能整齐有序，使支承效果美观大方。

⑧ 充分了解管道与周围环境情况，如管道附近建构筑物和设备布置情况，合理选择管架生根点(其承受荷载较大时，应注意征得有关专业同意)。

⑨ 支承在地面上的支架，当荷载较大，特别是弯矩较大或有振动荷载时，应有供其生根的基础，基础一般高出地面 100mm 以上。

四、地面生根管架基础距离储槽(罐)最小距离

地面上的管架基础为避免由于沉降差而引起损坏，与储槽(罐)接管口采取非柔性连接的管道上第一个管架，必须放在离储槽(罐)足够远的地方。管架位置距储槽(罐)的最小尺寸见表 7.6.1。

表 7.6.1　管架位置距储槽(罐)的最小尺寸

管道公称直径/(in 或 mm)	从储槽到管架的距离/mm	管道公称直径/(in 或 mm)	从储槽到管架的距离/mm
4″(*DN*100)	5	12″(*DN*300)	9
6″(*DN*150)	6	14″～18″(*DN*350～450)	10
8″(*DN*200)	7	20″(*DN*500)以上	12
10″(*DN*250)	8		

五、承重支吊架位置的确定

承重支吊架的位置除满足上述的基本原则之外，尚应符合下列要求：

① 支吊架位置应能满足管道最大允许跨度的要求。

② 当有集中荷载时，支架应布置在靠近集中荷载的地方，以减少偏心荷载和弯曲应力；

③ 在敏感设备(泵、压缩机)的附近，宜设置承重支架，以防止设备管口承受过大的管道荷载；

④ 支吊架应设在弯管和大直径三通式分支管附近；

⑤ 当塔器的水平管口直接安装 $DN \geqslant 150$ 的阀门时，应在阀门附近设承重支架；

⑥ 沿立式容器、立式设备等敷设的竖直管道，应在尽可能靠近管口处的竖管上设承重支架；

⑦ 一般较长的竖直管道，应在靠近上面的端部设承重支架；

⑧ 当某些管道元件需要拆卸移走或相连设备需要拆卸移走时，应考虑相连管子的稳定性，必要时应设承重支架。

六、固定支架位置的确定

固定支架的位置除满足上述的基本原则之外，尚应符合下列要求：

① 对于复杂管系，可用固定支架将它划分成几个形状较简单的管段，如 L 形管段、U 形管段、Z 形管段等，以便分段进行分析计算和柔性设计；

② 确定管道固定支架位置时，应使其有利于两固定点之间管段的自然补偿；选用Ⅱ形补偿器时，宜将其设置在两固定支架的中部不能位于两固定支架的中部时，Ⅱ形补偿器距固定支架的距离不宜小于两支架间距的 1/3；

③ 固定支架宜靠近需要限制分支管位移的地方；

④ 固定支架应设置在需要承受管道振动、冲击荷载或需要限制管道多方向位移的地方；

⑤ 进出装置的工艺管道和非常温的公用工程管道，宜在装置分界处设固定支架；

⑥ 落地生根的调节阀组、蒸汽分配管、其他阀组和分配管等，应一端设固定支架，但此时固定支架的位置不应阻碍管系的热补偿；

⑦ 当管道在支承点处不得有任何位移时，应选用固定支架；

⑧ 介质温度等于或大于 100℃或需用蒸汽吹扫的进出装置管道，应在装置边界的邻近管架上固定，固定点的位置应与装置外的管道布置综合考虑；

⑨ 有热伸长管道的调节阀组，一端宜设固定支架；

⑩ 设在管系中部的固定支架承受的水平力为较大一侧水平力减去较小一侧水平力的 80%；

⑪ 装置内的其他管道应根据管道走向经分析后确定固定支架的位置。

七、导向支架位置的确定

① 竖直管道较长时，为了防止因风荷载等引起的管道大幅度振动或摆动，应在中间若干位置设置导向支架，以增加其稳定性。

② 管廊上管道直线距离较长而且中间无固定点和止推支架时，应在中间若干点设置导向支架，以防止管道产生横向不稳定。

③ 管道在拐弯处有较大位移并影响到邻近管道或其他设施时，应在适当位置设置导向支架。

④ 允许管道轴向位移而不允许横向位移的位置应设置导向支架。

⑤ 导向支架的位置应不影响管道的自然补偿。一般情况下，管道的弯头、分支处不应设导向支架。

⑥ 当管道在支承点处有轴向位移且需限制横向位移时，应选用导向支架。

⑦ 对于柔性较大、直管段较长的管道，应设置导向支架。

⑧ 设置导向支架时，应不影响管道的自然补偿。

⑨ 补偿器两侧宜设导向支架。导向支架的设置宜符合下列要求：

A. 水平管道上Ⅱ形补偿器与导向支架的间距按图 7.6.3 确定。水平设置的Ⅱ型补偿器两侧应设置导向支架，导向支架距补偿器的中心位置应为 $32DN \sim 40DN$，见图 7.6.3(按 SH/T 3073 的规定，但是 ASME B31.3 规定 $40DN$，而实际工程设计时，大口径管道不能按此数据，有的工程公司采用 6m 和 $40DN$ 之间较小的数据)。Ⅱ形补偿器的变形，见图 7.6.4。

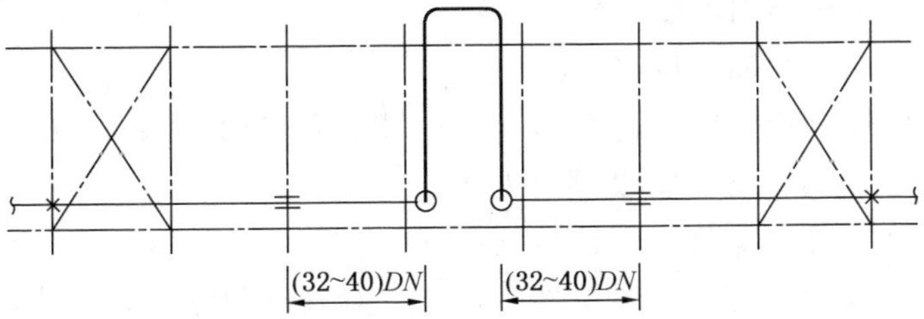

图 7.6.3　Ⅱ形补偿器与导向支架间距

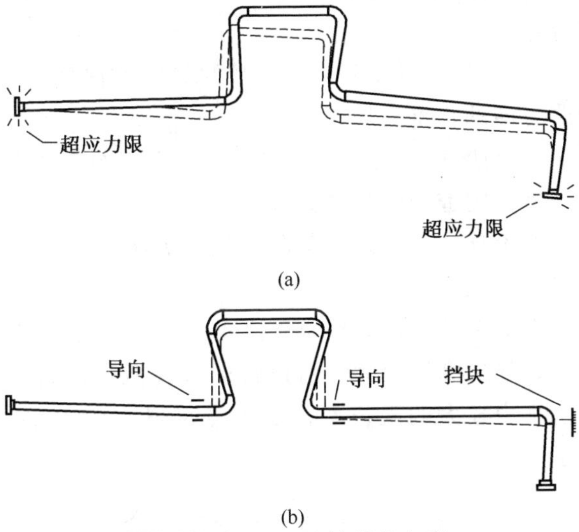

图 7.6.4　Ⅱ形补偿器的变形

B. 波纹管膨胀节应设在两固定支架(限位支架)之间。波纹管膨胀节宜靠近一端固定架设置，波纹管膨胀节与各导向支架的最大间距按图 7.6.5 确定。水平设置的自由型波纹管膨胀节两端应设置若干导向支架，第一组导向支架距膨胀节中心位置应不大于 $4DN$，第二组导向支架距第一组应不大于 $14DN$。

其他两导向支架间的最大间距可按式(7.6.1)计算(来自 SH/T 3073，注意和 EJMA 公式的区别)。

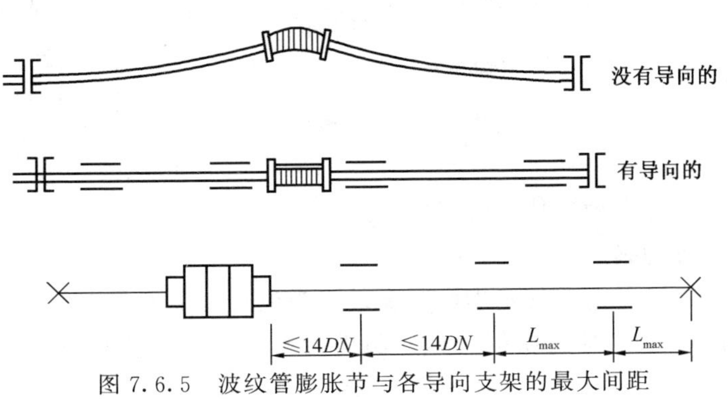

图 7.6.5　波纹管膨胀节与各导向支架的最大间距

$$L_{max}=0.000131\sqrt{\frac{E_tI_p}{p_dA_e\pm f_ie_x}} \tag{7.6.1}$$

式中 A_e——波纹管有效截面积，mm^2；

E_t——管道设计温度下的弹性模量，MPa；

I_p——管道截面惯性矩，mm^4；

L_{max}——两支架间最大间距，m；

p_d——波纹管膨胀节设计压力，MPa；

f_i——波纹管单波轴向刚度，N/mm；

e_x——波纹管单波的轴向位移，mm；

$\pm$——操作中波纹管受压时，用$+|f_ie_x|$；拉伸时，用$-|f_ie_x|$。

⑩ 沿立式设备敷设的管道，宜设导向支架。

⑪ 导向支架不宜设在弯头和支管连接处。

⑫ 管道导向支架间距，应按管道特性、现场自然条件和应力分析结果确定。

八、限位支架位置的确定

限位支架的位置除满足上述的基本原则之外，应符合下列要求：

① 限位支架在某些场合可代替固定支架，如补偿器的两端、装置边界线的管道固定点等；

② 在热态情况下，当管系的热胀方向朝向敏感设备管口时，可在适当的位置设置逆热膨胀方向的止推支架；

③ 刚度较大的管道对设备、设备基础等产生较大推力时，可在适当的位置设止推支架。

九、定值限位架的设计

在设计中常出现定值限位架，见图 7.6.6。限位架留有空隙若干毫米，当位移量超过此数时起限位作用。

有的定值限位架要求施工准确，故采用可调节的结构，见图 7.6.7。在膨胀反力很大的地方，如果摩擦力太大对设备接口有不利影响时，可采用加聚四氟乙烯滑动板的限位架。对于水平力较大的限位架，受力点尽量在管道中心线上，避免产生过大的弯矩，如图 7.6.8 所示。

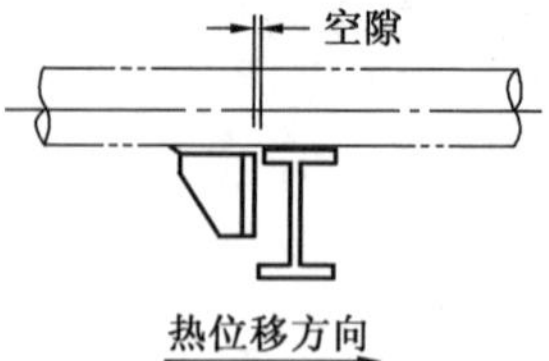

图 7.6.6 定值限位架（单向）

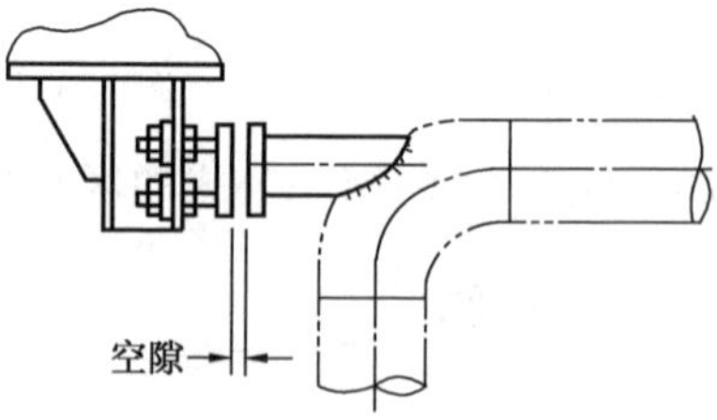

图 7.6.7 可调定值限位架（单向）

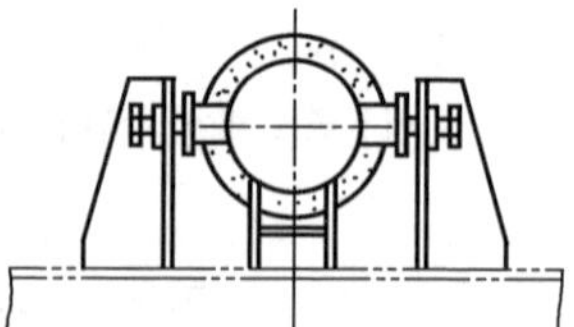

图 7.6.8 可调式双向限位架限位架

除了上述结构外还有一种限位杆是双向作用的。

十、防振支架位置的确定

防振支架的位置除满足上述的基本原则之外，尚应符合下列要求：

① 有机械振动的管道，应设防振管卡。防振管卡的数量及位置应满足管系动应力分析的要求；

② 有地震设防要求的管道应在适当位置设置防振支架；

③ 可能发生水击、两相流等而且能引起管道的振动时，应在适当位置设置防振管卡；

④ 防振支架的生根部分应有足够的刚度；

⑤ 防振支架应尽量沿地面设置；

⑥ 防振支架宜设独立基础，并避免生根在厂房的梁柱上。

十一、减振架的设计

有些管道容易产生振动，要注意控制。有时振动的管道可用一般限制性支架来防振，但是有的地方有热位移，不可能增加限制性支架，而要采用特殊结构的减振架。应指出最有效的减振，是改变振源情况，把振动的影响降到最低限度。例如，避免两相流产生；通过缓冲设备减小脉动等。另外，由于减振架较贵，要尽量少用。一个管道系统中有的地方要用承重架。采用滑动支架时在滑动面存在摩擦力，在防振方面优于吊架。支架类型合理的选配，才能实现经济的支架设计。

弹簧减振架(弹簧支吊架)在要求轻度缓冲振动的地方可使用弹簧支承架，对限制短期荷载(如周期性脉动、安全阀开启的振动、风载或地震荷载)引起的减振有一定的作用。弹簧支承架分为单弹簧和双弹簧两种。其荷载特性如图 7.6.9 及图 7.6.10 所示，弹簧支承架和其他弹性支架一样，都是以螺旋弹簧作为基本受力元件。弹簧反力的大小，取决于弹簧系数和支承的位移值。因此，如通过提高弹簧系数来提高阻止振动的反力，则可能会增加对热膨胀的不利影响。在设计时应注意选择热位移较小的点安装弹簧支承架。

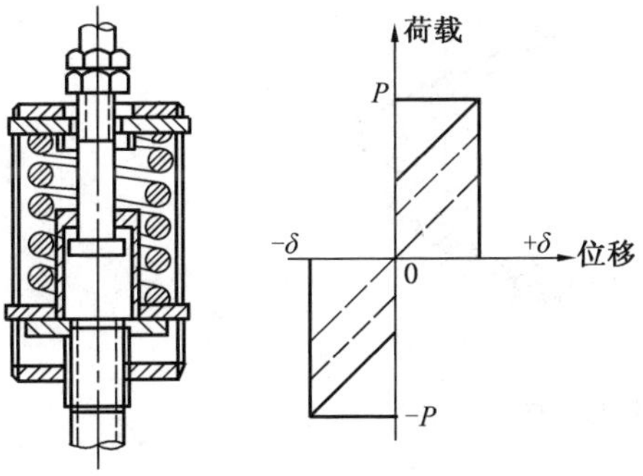

图 7.6.9 单弹簧特性

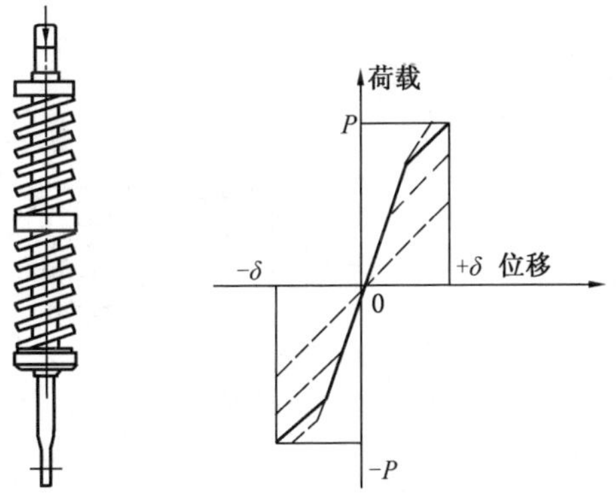

图 7.6.10 双弹簧特性

在双弹簧的结构中(见图 7.6.10)，两个弹簧相对布置，在没有外力作用的情况下，两个弹簧的反力各自作用在中间弹簧座上，并互相平衡。如果 K 是弹簧系数，δ_1 是弹簧的预压缩量，则在外力作用下，中间弹簧座移动的量为 δ_0，方向取决于 P 的方向，

$$K(\delta_1+\delta_0)=P+K(\delta_1-\delta_0) \tag{7.6.2}$$

$$P=2K\delta \tag{7.6.3}$$

虽然这两个弹簧似乎是串联排列的，但实际上效果是并联的，总弹簧系数是各自弹簧系数之和。从图 7.6.9 及图 7.6.10 的曲线看，很难说哪个特性较好。因在双弹簧的性能曲线中，在弹簧预压状态确定后，两侧弹簧对中座的力是平衡的。管道是连接在中座上的，就是在 0 点的力等于零。只有在管道移动 δ_0 时，支承架才会产生抵抗外部运动的反力。因此，

此型支承架是以管道的运动为前提，如果在工作状态管道热位移后，此架在0点，不能起到减振架的作用。在单弹簧的性能曲线中，如果在工作状态下性能曲线确定后（给定预压值δ_i），此时对管道虽不会产生多余的力，但它本身具有$K\delta_i$的防振力。一有振动，防振力就能马上起作用。所以，除非振动荷载大于弹簧的初压缩荷载$K\delta_i$，否则，管道是不会振动的。如在冷态下，管道受力和应力没有问题时，这种特性比双弹簧特性似乎要好些，有直接防振的作用。因为单弹簧的防振力为$K\delta_1$，预压值δ_1是与结构有关的，不需要依靠振幅来取得最起码的防振力。如果有振幅产生，约束力为$(\delta_1+\delta_0)$，可用于持续振动的管道上作减振。

但双弹簧只在有振幅δ_0时才有阻力$2K\delta_0$，如果要求振幅很小，就得依靠K有限度地来提高阻力。所以，双弹簧结构可用在摆动中减振，如安全阀管道较为合适，突然启振并很快得到衰减、消失，以保护管道不会在安全阀开启时冲击力过大，以致振动而损坏。但减振效果不是太满意。

弹簧减振架的安装方式见图7.6.11。(a)、(b)、(c)对减振作用有方向性，图(d)的方式在垂直于管道轴向的平面内任意方向均有减振作用。

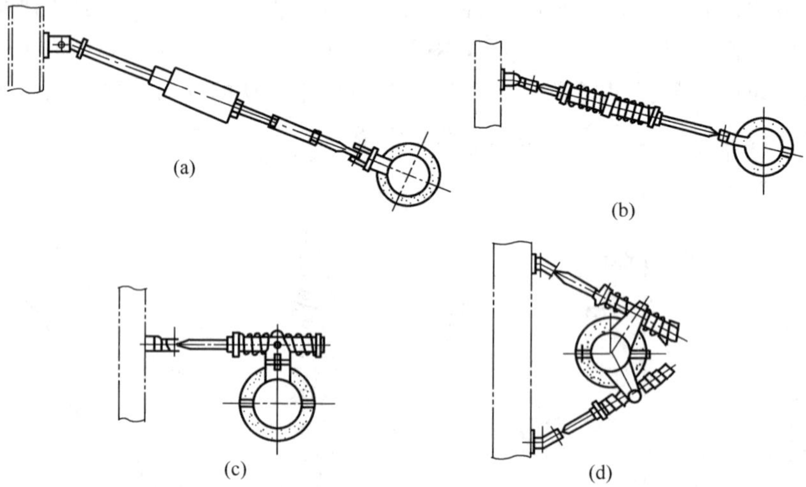

图7.6.11 弹簧减振架安装图

油压减振架弹簧有储存和释放能量的作用，但起不到消耗能量的作用，并且由于尺寸限制，其缓冲力不可能很大。而油压减振架恰恰具备了弹簧减振架所没有的优点：

① 可以提供较大的缓冲力，而尺寸相对较小；

② 由于缓冲力是速度的函数，对管道的热膨胀几乎没有阻碍作用；

③ 只要对孔做某些修改，便可显著地改变动载特性；

④ 缓冲力的大小不取决于活塞的位置；

⑤ 和弹簧不同，在活塞回程时无释放所存的能量问题。

缺点是价格较高，以及不适用于振动速度小的场合。目前有多种油压减振装置，如平动减振器，是在两个平行平面间使用黏性流体；转动减振器，是在活塞外圆周使用黏性流体，以及其他型式的装置。在管道上常用的是减振油缸型式的，由液压缸和液压阀等构件组成，使用工作温度范围内黏度相对恒定的液压油。当流体通过狭窄通道时产生阻力。油压减振架安装方式如图7.6.12所示。

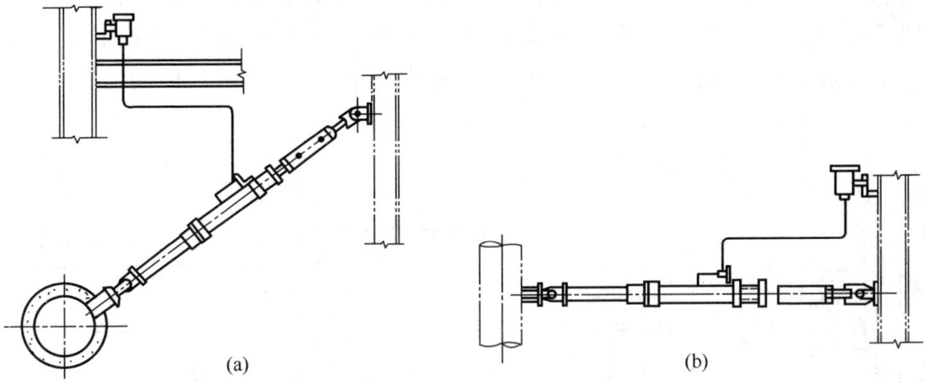

图 7.6.12　油压减振架安装示意图

十二、在管道中多设弹簧支吊架的缺点

不一定更安全，因为弹簧支吊架的刚度远低于刚性支吊架，所以过多设置弹簧支吊架会使管系各点位移方向失去控制，管系稳定性较差，易产生偏斜和振动。

十三、沿反应器布置的高温竖直管道上通常要设置弹簧支吊架

沿反应器布置的高温管道与反应器之间，或高温管道与构架之间有较大的位移差，所以通常要设弹簧支吊架来承受管道荷重。

十四、热力管道在不同地形的支架设计

地处山区工厂的热力管道，布置时应注意地形特点，因地制宜地布置管线，并应注意避免地质滑坡和洪峰口对管线的影响。对于这类工厂一般采用沿山坡或道路低管架布置(靠山坡一侧)；当管道直径≤500mm 时，可沿建筑物外墙敷设；爬山热力管道宜采用阶梯形布置；跨越冲沟或河流时，宜采用沿桥或栈桥布置或采用拱形管道布置，但应使管道的底标高高于最高洪水位。

十五、管托或支耳在运行时防止滑落的设计要点

管托、支耳等在管道热膨胀时会有水平位移，刚性支架选择时，应充分注意不使管托或支耳在运行时滑落，见图 7.6.13。在工作状态时，管托边缘距支承点(支承梁中心)的距离 B 不宜小 75mm。若水平位移较大时，应选用加长管托。一些工程公司要求管托的长度大于 3 倍的 D_x。有一些设计单位要求管托热位移后，管托边缘不超过结构梁中心线。但是，管托长度过长，易出现管托损热损坏管子现象。

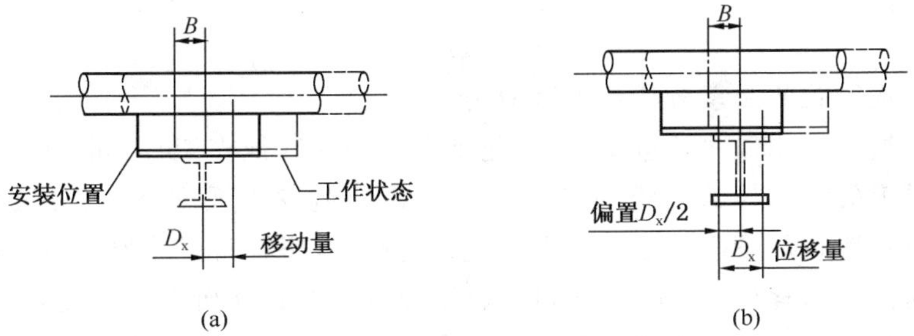

图 7.6.13　管托的长度要求

支耳和耳轴式支架的长度应保证位移后仍有良好的支承，见图 7.6.14。位移后支耳[图(b)]的支承长度 C 不宜小于 75mm，或者支承梁中心距离支耳边缘 B 不小于 50mm。弯管支架[图(c)]B不小于75mm，间隙E应大于20mm。在钢结构楼面或平台上加支梁时，宜在梁上加焊垫板或型钢，垫板或型钢的顶面应比网纹板高一些，使耳轴或支耳水平移动时，不至于与楼面钢板相碰，见[图(a)]，支梁的位置在保证B及E的长度的情况下，A值宜尽量小。

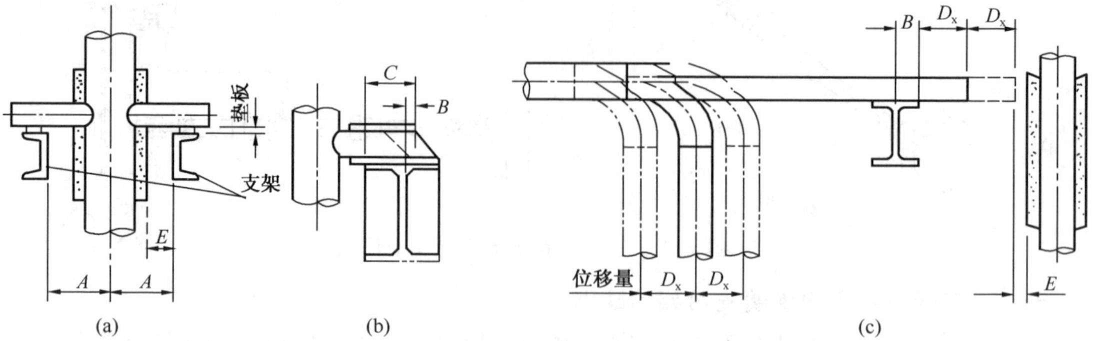

图 7.6.14 耳架的长度要求

十六、管道布置过程中对支架位置的考虑

管道走向首先要满足安全生产、工艺要求，操作方便，安装维修方便。

管道尽量集中布置，如成排布置，便于做联合支架，尽量减少分散独立设置的柱式架，同时达到整齐美观。

管道布置应靠近可能作支架的点，如靠近为其他目的做的构筑物，沿建筑物的墙、柱，或沿平台下敷设，以便利用梁和柱来支承。

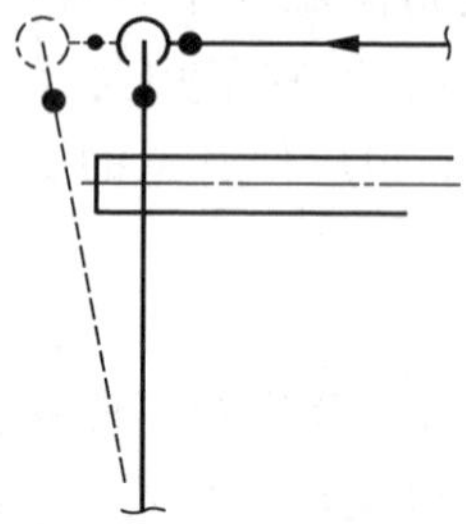

图 7.6.15 管子滑落管架

管道成组布置时，各管道的被支承面应取齐，即水平管管托底面和不保温管的管底应取齐，竖直管管托底面和不保温管的管底应侧齐，以便设计支架。

采用弹簧支座或吊架时，管道与生根构件之间应有足够的空间。

避免把一根管子放在一个开放的管架末端，而没有考虑热位移，有可能会导致管子滑落管架的事故发生，如图 7.6.15 所示。

第七节 管道跨距计算

一、影响管道跨距的因素分析与工程应用

管道跨距是指管道相邻两承重支架(或起承重作用的其他支架)之间的距离。如果该距离太大，会导致管道失稳，导致管道内部积液，导致管道发生强度破坏。因此，在管道布置时，承重支架的位置和数量应满足管道最大允许跨距(以下简称基本跨距)的要求。

影响管道跨距的因素包括：①管道口径、壁厚；②管道布置形式；③管内流体；④隔热层；⑤管道上的集中荷载，如阀门、分支等；⑥防止管道振动；⑦管道材料在设计温度的许用应力；⑧允许挠度；⑨防止两相流积液和液击等。

二、国内外各行业水平管道跨距的计算

管道基本跨距的确定实际上就是管系承重支架(或起承重作用的支架)的位置和数量的确定，也就是说管系中承重支架的位置和数量应满足管道基本跨距的要求。为了简化计算，对于水平连续敷设的管道，以三跨连续梁作为计算模型，并按承受均布荷载(指管道自重、介质重和隔热材料重之和)分别根据刚度条件和强度条件计算其最大允许跨距，最后取二者中的最小值。

1. 按刚度条件跨距的计算

刚度条件：以固有频率表示，避免管道在轻微干扰力下振动。笔者比较了国内外几个常用规范对挠度要求有以下区别。

SH/T 3073 规定刚度条件是限制管道自重产生的弯曲挠度，装置内管道的挠度不应大于 15mm；装置外管道的挠度不应大于 38mm ；敷设无坡度的蒸汽管道的挠度不宜大于 10mm 。

GB 50316 规定装置内最大挠度 15mm，装置外最大挠度 38mm。

ASME B31.1 规定电厂管道挠度取 2.5mm。但是，Kellogg 建议石油化工厂管道挠度为 12.5～25mm。

GB/T 20801 规定，①刚度条件：应控制管道自重产生的弯曲挠度，使管道在安全范围内使用。管道的相对挠度应小于管道疏放水时实际坡度的 1/4；②固有频率条件：对于可能产生振动或有抗震要求的管道，还应控制管道的挠度，使管道的固有频率被限制在适当的范围内；一般管道的挠度不宜大于 2.5mm；③局部应力条件：对于大直径薄壁管道，应考虑局部应力的影响，按给出的公式进行局部应力核算，如不能满足要求，可设置加强板或采取其他加强措施，否则应减小管道的跨距。

按刚度条件计算管道跨距时，假定管道为一单自由度振动系统(即仅考虑管道的上、下振动)，利用振动理论可以导出其固有频率表达式为：

$$f=\frac{1}{2\pi}\sqrt{\frac{g}{\delta}} \tag{7.7.1}$$

式中 f——管道的固有频率，Hz；

g——重力加速度，mm/s^2；

δ——管道的挠度，mm。

根据管道在轻微外界激振力的作用下不应发生明显振动的要求，工程上规定装置内管道的固有频率不宜小于 4Hz，装置外管道的固有频率不宜低于 2.55Hz。将这一数据代入式(7.7.1)可以求得，装置内两相邻承重支架间的管道允许挠度不宜超过 16mm，装置外两相邻承重支架间的管道允许挠度不宜超过 38mm。

根据材料力学的理论，可以得到三跨连续梁受均布荷载时的挠度计算公式为：

$$\delta=k\cdot\frac{qL^4}{100E_t\cdot I} \tag{7.7.2}$$

式中 δ——梁的挠度，cm；

k——挠度系数，对三跨连续梁，取 $k=0.677$；

q——均布荷载，kgf/cm；

L——跨度，cm。

E_t——设计温度下梁材料的弹性模量，kgf/cm^2；

I——梁截面的惯性矩，cm^4。

对式(7.7.2)进行变换可得到跨矩计算的表达式为：

$$L=\sqrt[4]{\frac{100E_t \cdot I \cdot \delta}{k \cdot q}} \tag{7.7.3}$$

将上述参数换成管道参数，并代入上文确定的允许挠度值(即16mm或38mm)，再进行单位换算，即可分别得到装置内和装置外管道按刚度条件确定的基本跨度计算公式分别为：

装置内

$$L_i=10^{-2}\times\sqrt[4]{\frac{100\times10\times E_t\times10^{-4}\times I\times0.1\times16}{0.677\times10^{-3}\times q}}=0.039\sqrt[4]{\frac{E_tI}{q}} \tag{7.7.4}$$

装置外

$$L_o=10^{-2}\times\sqrt[4]{\frac{100\times10\times E_t\times10^{-4}\times I\times0.1\times38}{0.677\times10^{-3}\times q}}=0.048\sqrt[4]{\frac{E_tI}{q}} \tag{7.7.5}$$

式中 L_i——装置内管道按刚度条件确定的基本跨距，mm；

L_o——装置外管道按刚度条件确定的基本跨距，mm；

E_t——管材在设计温度下的弹性模量，MPa；

I——管子扣除腐蚀裕量及负偏差后的惯性矩，mm^4；

q——每米管道的基本荷载，N/m。

2. 按强度条件跨距的计算

强度条件：管道中的最大纵向应力不大于设计温度下的许用应力(一次应力校核准则)。笔者比较了常用规范对强度条件要求有以下区别。

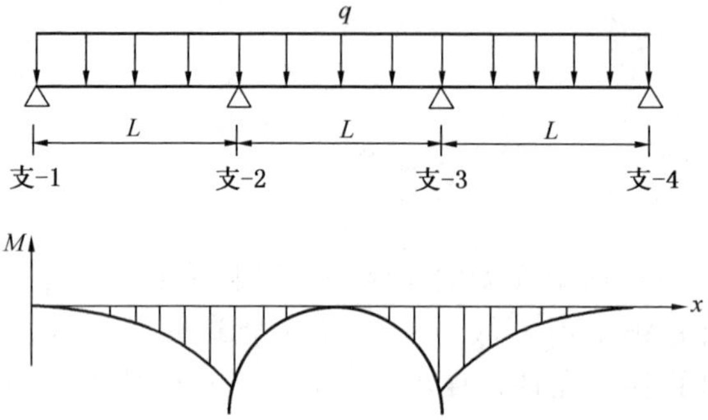

图 7.7.1 受均布荷载的三跨连续梁弯矩图

SH/T 3073 规定：强度条件是控制管道自重弯曲应力不应大于设计温度下材料许用应力的一半。

GB/T 20801 规定：强度条件应控制管道自重产生的弯曲应力，使管道的持续外载当量应力在允许范围内。一般管道的自重应力不宜大于16MPa。

图 7.7.1 为受均布荷载的三跨连续梁弯矩图。利用材料力学理论，对于连续梁中间的任一支点，可建立其三弯矩方程，即有：

$$M_{n-1}\cdot L_n+2M_n\cdot(L_n+L_{n+1})+M_{n+1}\cdot L_{n+1}$$
$$=-\frac{q_nL_n^3}{4}-\frac{q_{n+1}+L_{n+1}^3}{4} \tag{7.7.6}$$

对于图 7.7.1 所示的三跨等距连续梁，有 $L_{n-1}=L_n=L_{n+1}$，$q_n=q_{n+1}=q$。又由于仅为

三跨，故有 $M_1=M_4=0$。将这些条件代入式(7.7.6)表示的三弯矩方程，可分别求出支2和支3的三弯矩方程式为：

$$4M_2L+M_3L=-\frac{1}{2}qL^3 \tag{7.7.7}$$

$$M_2L+4M_3L=-\frac{1}{2}qL^3 \tag{7.7.8}$$

由于梁为等跨距且受同样的均布荷载，故有 $M_2=M_3$。将它代入式(7.7.7)或式(7.7.8)都可以得到：

$$M_2=M_3=M=\frac{1}{10}qL^2 \tag{7.7.9}$$

其中 M 为梁中的最大计算弯矩。由第六章介绍的概念可知，弯曲应力应符合下式表示的强度条件：

$$\sigma=\frac{M}{W}\leqslant[\sigma] \tag{7.7.10}$$

式中 σ——弯曲应力，MPa；

$[\sigma]$——梁的弯曲许用应力，MPa；

M——梁中最大弯矩，N/mm；

W——梁的抗弯截面模量，mm^3。

将式(7.7.9)代入式(7.7.10)并进行公式变换即可得到按强度条件确定的最大允许跨度值为：

$$L\leqslant\sqrt{\frac{10W\cdot[\sigma]}{q}} \tag{7.7.11}$$

将管道的参数代入式(7.7.11)，并进行物理单位换算可以求得不考虑内压时按强度条件确定的管道基本跨距为：

$$L_q=\sqrt{\frac{10W\cdot[\sigma]^t}{q}}=\frac{1}{1000}\times\sqrt{\frac{10\times10^3W\cdot[\sigma]^t}{q}}=0.1\sqrt{\frac{W\cdot[\sigma]^t}{q}} \tag{7.7.12}$$

式中 L_q——按强度条件不考虑内压时确定的管道基本跨距，m；

W——管子扣除腐蚀裕量及负偏差后的抗弯截面模量，mm^3；

$[\sigma]^t$——管材在设计温度下的许用应力，MPa；

q——每米管道的基本荷载，N/m。

当考虑介质压力时，为了使管道自重在承重支承情况下产生的弯曲应力不降低管道承受内压的能力，应限制弯曲应力不超过管道的允许轴向应力。在第六章中已经讲到，管子在内压作用下的轴向应力为周向应力的二分之一，那么当限制周向应力不超过材料的许力应力时，其轴向应力此时应不超过材料许用应力的二分之一。将此条件作为管道自重荷载引起的应力限制条件代入式(7.7.12)可以得到：

$$L_p=\sqrt{\frac{W\cdot0.5[\sigma]^t}{q}}=0.071\sqrt{\frac{W\cdot[\sigma]^t}{q}} \tag{7.7.13}$$

式中　L_p——按强度条件考虑内压时确定的管道基本跨距，m；

W、$[\sigma]^t$、q 意义同式(7.7.12)。

I 和 W 分别按以下两式计算：

$$I=\frac{\pi}{64}(D_o^4-D_i^4) \tag{7.7.14}$$

$$W=\frac{\pi}{32D_o}(D_o^4-D_i^4) \tag{7.7.15}$$

式中　D_i——管道内径，mm；

D_o——管道外径，mm。

三、管道跨距计算方法的选取

当挠度较小时，在常用的管径范围及温度范围内，管支架间距是以刚度条件控制的。当工作温度较高，且管道荷载较大时，小管道往往是要按强度条件决定支架间距的。

工程上，为了设计人员查阅方便，许多设计单位已将常用管道的基本跨距计算成表，设计人员在确定管道承重支架位置时，只要查相应数据表即可。

四、跨距计算时挠度值的选取

①SH/T 3073 规定装置内管道的挠度不应大于 15mm：装置外管道的挠度不应大于 38mm ；敷设无坡度的蒸汽管道的挠度不宜大于 10mm 。

②GB 50316 规定装置内最大挠度 15mm，装置外最大挠度 38mm。

③ASME B31.1 规定电厂管道挠度取 2.5mm。但是，Kellogg 建议石油化工厂管道挠度为 12.5～25mm。

可以看出，不同规范因挠度值要求不同，管道跨距表也不同。跨距表数值太保守或不符合规范要求都不合适。笔者有时遇到管道设计人随手拿起其他项目的跨距表，作为设计依据闭眼设计，很可能跨距数据是不符合新项目要求的。本书在后面章节给出的建议跨距表，也需根据具体工程项目要求核算后使用。

五、某 *DN*2000 管子跨距计算工程应用

某管廊 $DN2000$ 管子外径 2020mm，壁厚 15mm，碳钢管，设计温度 250℃，设计压力 0.35MPa，管内流体为气体，做气压试验，管线有 3/1000 的坡度，计算跨距。

解：根据设计条件，此管线支架间距可考虑按刚度条件控制，挠度值取≤38mm。可按式(7.7.5)来估算管线的跨距。

$$I=\frac{\pi}{64}(D_o^4-D_i^4)=\frac{\pi}{64}\times[2020^4-(2020-15-1.5)^4]=26378079201\text{mm}^4$$

(注：管线腐蚀裕量按 1.5mm，此处没有考虑管子负偏差)。

每米管道的基本荷载 q 可按 7420N/m 考虑。

由本书附录三可查得管线在设计温度下的弹性模量 E_t 为 1.88×10^5MPa，将 I、q、E_t 代入式(7.7.5)得：

$$L_o=0.048\sqrt[4]{\frac{E_tI}{q}}=0.048\sqrt[4]{\frac{1.88\times10^5\times26378079201}{7420}}\approx43.4\text{m}>24\text{m}$$

这个计算数据还需优化才能在工程实际中应用。此管道属于大直径薄壁管道，还有 3/1000 的坡度，上面的计算仅按刚度条件，还应核算：此管道的固有频率条件、局部应力条件、两相流管道跨距要求条件才能最终确定此管道的最大跨距，才能确定在此梁上是否再增加支承点。

六、水平弯管的跨距

水平管道的弯管部分，其两支架间的管道展开长度，应为水平直管跨距的 0.6～0.7 倍。见图 7.7.2。

七、L 形弯管的承重支架间距

L 形弯管的承重支架间距按图 7.7.3 选用。确定管道的基本跨距 L_0后，按支架配置情况定出弯管一边 A 或 B 的尺寸，再由图 7.7.3 求另一边的最大允许尺寸。

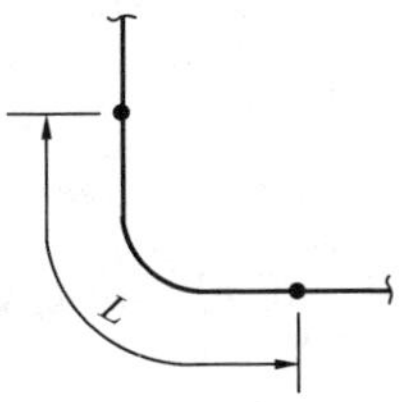

图 7.7.2　水平弯管道的跨距

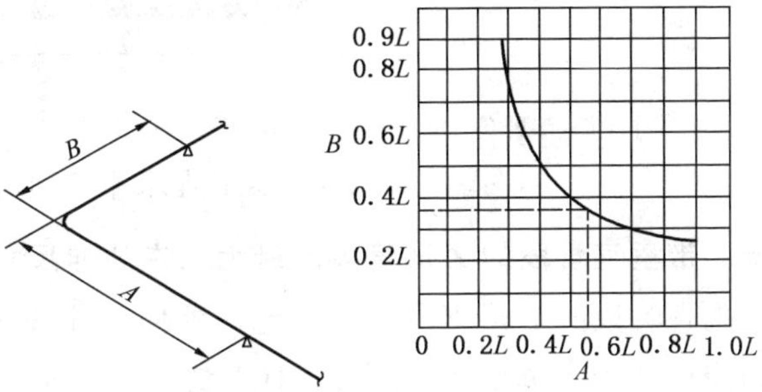

图 7.7.3　L 形弯管的承重支架间距

八、水平管道末端直管的允许跨距

水平管道末端直管的允许跨距，应为水平直管跨距的 0.7～0.8 倍，见图 7.7.4。

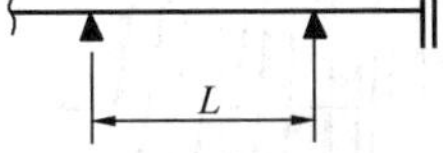

图 7.7.4　水平管道末端直管的允许跨距

九、水平 Π 形管段的最大允许外伸尺寸

水平 Π 形管段的最大允许外伸尺寸按图 7.7.5 选用。确定管道的基本跨距 L_0 后，定出 A 或 B 任一边的尺寸，再由图 7.7.5 求另一边的尺寸。

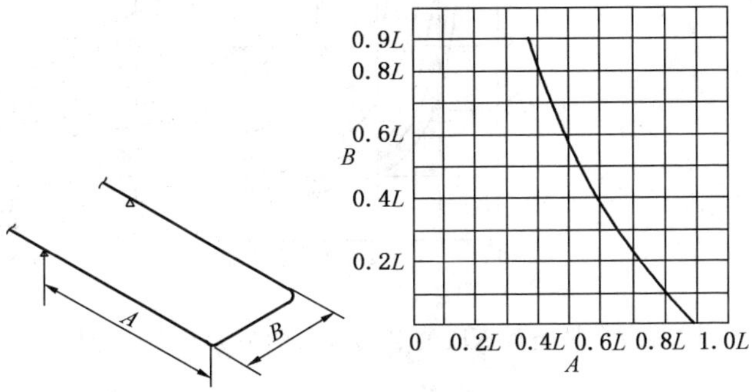

图 7.7.5　水平 Π 形管段的最大允许外伸尺寸

如图 7.7.6 所示 Π 形管段，B 段管线增设了结构支梁，以防止超跨距，如图 7.7.6 箭头所示。

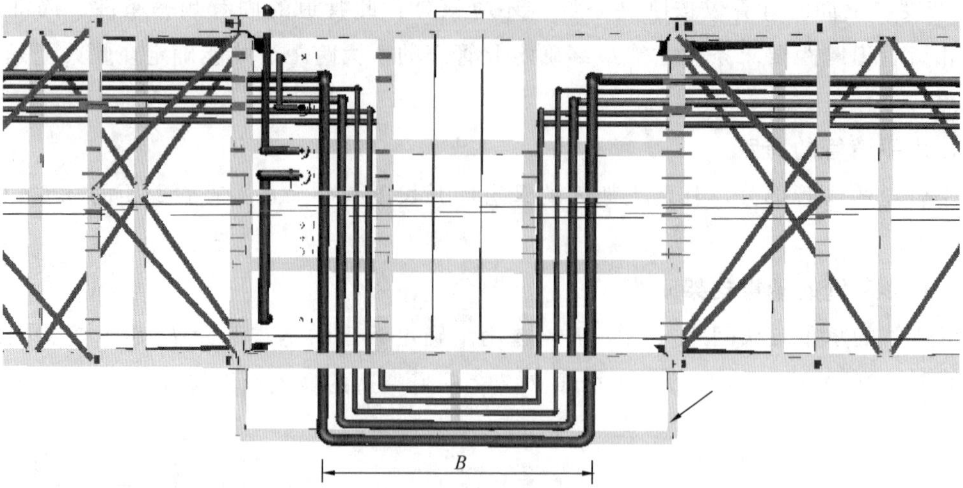

注：这种在一跨内作 Π 形比多根管子抱立柱作 Π 形更有优点，在本书有关章节有详述。

图 7.7.6 某工程水平 Π 形管段的典型设计

十、带垂直管段的 Z 形管段的最大允许外伸尺寸

带垂直管段的 Z 形管段的最大允许外伸尺寸按图 7.7.7 选用。确定基本跨距 L_0 后，依据已知的尺寸 B，再按 A、C 段中任一段尺寸求另一段尺寸。

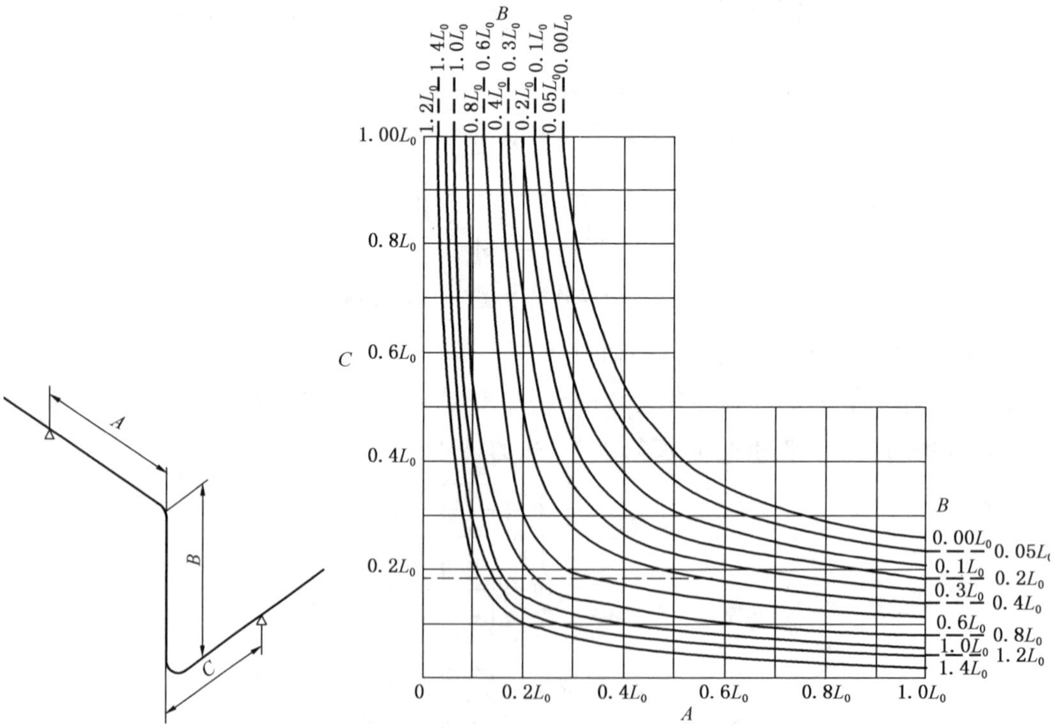

图 7.7.7 带垂直管段的 Z 形管段的最大允许外伸尺寸

十一、有集中荷载时水平管道的基本跨距(图 7.7.8)

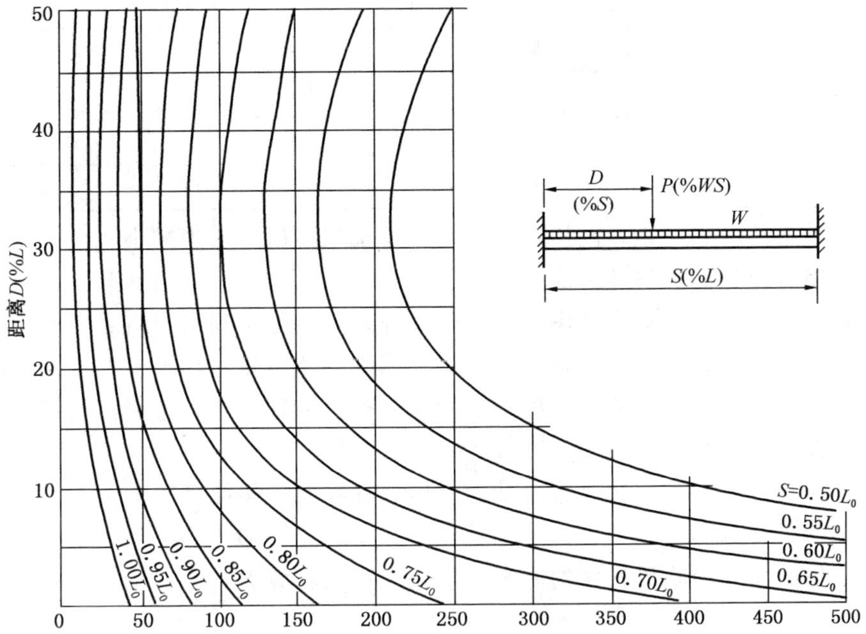

图 7.7.8　有集中荷载时水平管道的基本跨距

十二、垂直管道的管架间距

垂直管道管架的设置，除了考虑承重的因素外，还要注意防止风载引起的共振以及垂直管道的轴向失稳，因此在考虑承重架的同时，还应适当考虑增设必要的导向架。垂直管道最大导向间距的确定并没有太多的理论支持，一般是根据长期的工作实践总结确定的，一些标准中给出了有关的数据。一般垂直管道(钢管)的管架间距可按表 7.7.1 选用。

表 7.7.1　垂直管道的管架间距

管道公称直径/mm	气体管道/m		液体管道/m	
	光管	隔热	光管	隔热
25	4.3	3.4	4.0	3.4
40	5.2	4.0	4.6	3.7
50	5.8	4.6	4.9	4.3
80	7.0	6.1	6.1	5.5
100	7.9	7.0	6.7	6.1
150	9.8	8.8	7.9	7.3
200	11.3	10.1	8.8	8.2
250	12.5	11.6	9.8	9.4
300	13.7	12.8	10.4	10.1
350	14.6	13.4	10.7	10.4
400	15.5	14.3	11.3	11.0

续表

管道公称直径/mm	气体管道/m		液体管道/m	
	光管	隔热	光管	隔热
450	16.5	15.2	11.6	11.6
500	17.4	16.2	12.5	12.2
600	19.2	18.0	13.4	13.4

对于高温垂直管道的管架间距，同样可按表 7.7.1 选用，但应适当减小。

十三、水平管道导向架间距与计算原理

水平管道与垂直管道一样，除了考虑承重的因素外，还应注意到当管道需要约束，限制风载、地震、温差变形等引起的横向位移，或要避免因不平衡内压、热胀推力以及支承点摩擦力造成管道轴向失稳时，应适当地设置些必要的导向架。特别是在管道很长的情况下，更不能避免。热管道在操作温度下产生热膨胀，如管道为采用弯管自然补偿，直线长度比较长，常考虑装设导向支架。因管道在热胀时轴向受压，有导向支架使管道不至于产生过大的侧向弯曲变形。

根据两端铰接的欧拉杆的临界长度的一半，欧拉压杆的临界力：

$$P_c = \frac{\pi^2 EI}{(\mu L)^2} \tag{7.7.16}$$

杆两端为铰支时，$\mu=1$，则：

$$L = \pi\sqrt{\frac{EI}{P_c}} \tag{7.7.17}$$

当取临界长度的$\frac{1}{2}$时，

$$L = \frac{\pi}{2}\sqrt{\frac{EI}{P}} \tag{7.7.18}$$

将 L 改为以米为单位，则导向架的间距 L 可用式(7.7.19)式计算：

$$L = 0.01571\sqrt{\frac{EI}{P}} \tag{7.7.19}$$

式中 L——导向架的最大间距，m。

E——管子材料的弹性模量，kgf/cm^2（$1MPa=10.2kgf/cm^2$）；

I——管子的惯性矩，cm^4；

P——轴向总压力，kgf(1N=0.102kgf)。

轴向总压力包括热胀产生的弹性力及滑动支架的摩擦力，根据式(7.7.19)，轴向压力为：

$$P = 246.8\times10^{-6}\frac{EI}{L^2} \tag{7.7.20}$$

如 $E=1.65\times10^6 kgf/cm^2$ 及 L 以 3m 的倍数代入式(7.7.20)得：

$$P = KI \tag{7.7.21}$$

式中 I——管子的惯性矩；

K——与 L 对应的系数，见表 7.7.2。

表 7.7.2　K　系　数

间距 L/m	3	6	9	12	15	18	21	24	27	30	36
K	45.22	11.31	5.03	2.83	1.81	1.26	0.92	0.71	0.56	0.45	0.31

注：本表适用于 $t \leqslant 400$℃的碳钢管。

由标准规范附表或者计算均可获得钢管的惯性矩。如 12m 间距，允许轴向压力为 2.826×296＝8193kgf 或 81930N。如实际轴向力大于此数，应改用 9m 间距的 K 计算。由于管廊梁距多为 3m 的倍数，用 K 系数求允许轴向力较为方便。当导向架位置不合适时，会使管道的应力增大及轴向力增大。

水平管道(钢管)的导向架最大间距见表 7.7.3。

表 7.7.3　水平管段最大导向间距

管道公称直径 DN	最大导向间距/m	管道公称直径 DN	最大导向间距/m
25(1″)	12.2	250(10″)	30.5
40(1½″)	13.7	300(12″)	33.5
50(2″)	15.2	350(14″)	36.6
65(2½″)	18.3	400(16″)	38.1
80(3″)	19.8	450(18″)	41.4
100(4″)	22.9	500(20″)	42.7
150(6″)	24.4	600(24″)	45.7
200(8″)	27.4		

十四、L 形弯管导向架的间距

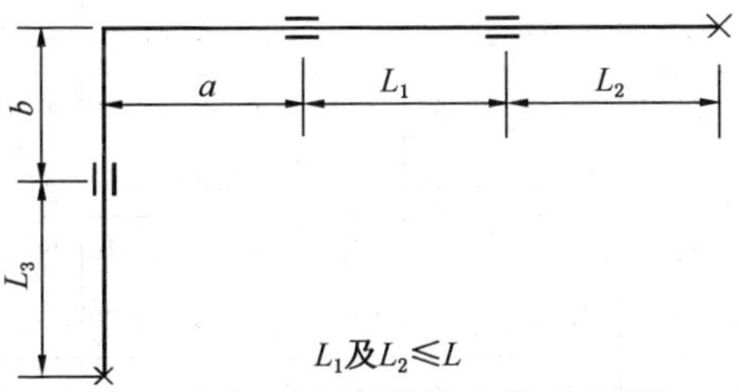

a、b 过小 L 为管道最大导向间距

图 7.7.9

当导向架位置不合适时，会使管道的应力增大及轴向力增大。如图 7.7.9 中 a、b 尺寸过小，将导致轴向力增大。这里只指出导向架位置与轴向力有影响，同时关系到导向架的间距。具体设计可参照第二章第八节自然补偿器的设计与计算。

十五、考虑地震荷载影响的管道基本跨距(表 7.7.4)

表 7.7.4　考虑地震荷载影响的管道基本跨距

DN/mm		25	40	50	80	100	150	200	250	300	350
管道跨距/m	气体管	2.2	2.7	3.0	3.7	4.3	5.2	6.1	6.8	7.5	7.9
	液体管	2.1	2.6	2.8	3.5	3.9	4.7	5.4	6.0	6.5	6.7
DN/mm		400	450	500	600	700	800	900	1000	1200	
管道跨距/m	气体管	8.4	9.0	9.5	10.4	11.3	12.1	12.8	13.8	14.8	
	液体管	7.1	7.4	7.7	8.2	8.6	9.0	9.4	9.8	10.3	

十六、有脉动影响的管道的管架间距

有脉动影响的管道的管架间距，要以避免管道产生共振为依据来考虑，一般均要在管道基本跨距的基础上减小一相应倍数的距离，该倍数是管道的固有频率和机器的脉动频率的函数，由设计工程师酌情确定。

十七、Sch20、Sch40、Sch80 无缝钢管，LG 级大直径焊接钢管、STD 级大直径焊接钢管、XS 级大直径焊接钢管不保温管道基本跨距(表 7.7.5～表 7.7.8)

表 7.7.5 无缝钢管不保温管道允许跨距

公称直径 *DN*	外径/mm	Sch20					Sch40					Sch80				
		壁厚/mm	管自重/(kg/m)	水重/(kg/m)	总重/(kg/m)	允许跨距/m	壁厚/mm	管自重/(kg/m)	水重/(kg/m)	总重/(kg/m)	允许跨距/m	壁厚/mm	管自重/(kg/m)	水重/(kg/m)	总重/(kg/m)	允许跨距/m
50	60.3	3.2	4.51	2.28	6.79	6.25	4.0	5.55	2.15	7.70	6.34	5.6	7.55	1.89	9.45	6.42
(65)	76.1	4.5	7.95	3.54	11.48	7.07	5.0	8.77	3.43	12.20	7.11	7.1	12.08	3.01	15.09	7.21
80	88.9	4.5	9.37	5.01	14.38	7.56	5.6	11.50	4.74	16.25	7.67	8.0	15.96	4.17	20.13	7.79
100	114.3	5.0	13.48	8.54	22.02	8.47	6.3	16.78	8.12	24.90	8.63	8.8	22.89	7.34	30.24	8.78
(125)	139.7	5.0	16.61	13.21	29.82	9.18	6.3	20.72	12.09	33.41	9.39	10.0	31.98	11.25	43.24	9.68
150	168.3	5.6	22.47	19.38	41.85	10.00	7.1	28.22	18.65	46.88	10.24	11.0	42.67	16.81	59.48	10.58
200	219.1	6.3	33.06	33.49	66.55	11.21	8.0	41.65	32.40	74.05	11.52	12.5	63.68	29.59	93.28	11.97
250	273.0	6.3	41.43	53.26	94.69	12.16	8.8	57.33	51.23	108.57	12.69	16.0	101.40	45.62	147.02	13.38
300	323.9	6.3	49.34	76.11	125.46	12.92	10.0	77.41	72.54	149.95	13.75	17.5	132.23	65.55	197.79	14.50
350	355.6	8.0	68.58	90.58	159.16	13.83	11.0	93.48	87.41	180.89	14.41	20.0	165.52	78.23	243.76	15.23
	377.0	9.0	81.68	101.22	182.90	14.36	12.0	108.02	97.87	205.89	14.89	20.0	176.08	89.20	265.28	15.62
400	406.4	8.0	78.60	119.70	198.31	14.50	12.5	121.42	114.25	235.68	15.39	22.2	210.33	102.92	313.27	16.25
	426.0	10.0	102.59	129.46	232.05	15.22	14.0	142.25	124.41	266.66	15.88	22.0	219.19	114.61	333.80	16.57
450	457.0	8.0	88.58	152.75	241.33	15.10	14.2	155.06	144.28	299.34	16.34	25.0	266.33	130.10	396.44	17.24
	480.0	11.0	127.23	164.75	291.88	16.11	15.0	172.01	159.04	331.06	16.76	24.0	269.90	146.57	416.47	17.55
500	508.0	10.0	122.81	187.04	309.85	16.21	16.0	194.14	177.95	372.09	17.26	28.0	331.45	160.46	491.91	18.18
	530.0	12.0	153.30	201.09	354.39	16.90	16.0	202.82	194.78	397.60	17.54					

① 操作温度 $T=250℃$。

② 管材为 20 号钢。

③ 当壁厚不大于 16mm 时，许用应用$[\sigma]^{250℃}$为 110MPa；当壁厚为 17～40mm 时，许用应力$[\sigma]^{250℃}$为 104MPa。

④ 弹性模数 $E^{250℃}$ 为 1.864×10^6MPa。

表 7.7.6 LG 级大直径焊接钢管不保温管道允许跨距

公称直径 *DN*	外径/mm	壁厚/mm	管自重/(kg/m)	水重/(kg/m)	总重/(kg/m)	允许跨距/m
400	406.4	8	78.60	119.70	198.31	14.50
450	457.0	8	88.58	152.75	241.33	15.10
500	508.0	8	98.65	190.12	288.76	15.65
600	610.0	8	118.77	277.12	395.89	16.62

续表

公称直径 DN	外 径/mm	壁 厚/mm	管自重/(kg/m)	水 重/(kg/m)	总 重/(kg/m)	允许跨距/m
700	711.0	8	138.70	379.37	518.06	17.46
800	813.0	8	158.82	498.89	657.71	18.20
900	914.0	8	178.75	633.38	812.09	18.64
1000	1016.0	8	198.87	785.40	984.27	18.85
1200	1220.0					
1400	1420.0					
1600	1620.0					

表 7.7.7 STD 级大直径焊接钢管不保温管道允许跨距

公称直径 DN	外 径/mm	壁 厚/mm	管自重/(kg/m)	水 重/(kg/m)	总 重/(kg/m)	允许跨距/m
400	406.4	10	97.76	117.26	215.02	14.97
450	457.0	10	110.24	149.99	260.22	15.61
500	508.0	10	122.81	187.04	309.85	16.21
600	610.0	10	147.97	273.40	421.37	17.62
700	711.0	10	172.88	375.01	547.89	18.16
800	813.0	10	198.03	493.90	691.93	18.97
900	914.0	10	222.94	627.72	850.66	19.69
1000	1016.0	10	248.09	779.13	1027.22	20.35
1200	1220.0	10	298.40	1130.97	1429.38	20.99
1400	1420.0	10	347.73	1539.38	1887.11	21.30
1600	1620.0	10	397.05	2010.62	2407.67	21.54

表 7.7.8 XS 级大直径焊接钢管不保温管道允许跨距

公称直径 DN	外 径/mm	壁 厚/mm	管自重/(kg/m)	水 重/(kg/m)	总 重/(kg/m)	允许跨距/m
400	406.4	12	116.72	114.85	231.57	15.32
450	457.0	12	131.69	147.25	278.95	16.01
500	508.0	12	146.79	183.98	330.77	16.64
600	610.0	12	176.97	269.70	446.67	17.76
700	711.0	12	206.86	370.68	577.54	18.72
800	813.0	12	237.05	488.93	725.97	19.58
900	914.0	12	266.94	622.11	889.05	20.35
1000	1016.0	12	297.12	772.88	1070.00	21.05
1200	1220.0	12	357.49	1123.45	1480.94	22.30
1400	1420.0	12	416.68	1530.60	1947.28	22.92
1600	1620.0	12	475.87	2000.58	2476.45	23.22

十八、Sch20、Sch40、Sch80 无缝钢管，LG 级大直径焊接钢管、STD 级大直径焊接钢管、XS 级大直径焊接钢管保温管道基本跨距(表 7.7.9～表 7.7.14)

表 7.7.9 Sch20 无缝钢管保温管道允许跨距

公称直径 DN	保温、保冷材料密度/(kg/m³)		Class200		Class300		Class400	
	管外径×厚/mm	保温层厚/mm	管重、充水重及保温重/(kg/m)	允许跨距/m	管重、充水重及保温重/(kg/m)	允许跨距/m	管重、充水重及保温重/(kg/m)	允许跨距/m
50	60.3×3.2	30	10.28	5.63				
		40	11.40	5.49	12.66	5.35		
		50	12.64	5.35	14.37	5.18	16.10	5.03
		60	14.01	5.21	16.27	5.02	18.54	4.81
		70	15.50	5.08	18.36	4.84	21.23	4.50
		80	17.11	4.96	20.64	4.56	24.17	4.22
		90	18.86	4.77	23.11	4.31		
		110	22.72	4.35	28.61	3.88		
(65)	76.1×4.5	30	15.51	6.56				
		40	16.72	6.44	21.79	6.58		
		50	18.06	6.31	23.65	6.44	22.03	6.01
		60	19.53	6.19	25.70	6.31	24.66	5.84
		70	21.12	6.07	27.94	6.18	27.55	5.68
		80	22.84	5.95	30.37	6.05	30.68	5.53
		90	24.68	5.84	32.98	5.93		
		110	28.74	5.62	38.78	5.69		
80	88.9×4.5	40	20.13	6.95				
		50	21.55	6.83	23.74	6.67		
		60	23.10	6.71	25.91	6.52	28.71	6.36
		70			28.27	6.38	31.76	5.20
		80	26.57	6.48	30.81	6.25	35.06	6.05
		90	28.49	6.37	33.55	6.12	38.61	5.85
		100	30.54	6.26	36.47	5.99		
		120	35.01	6.05	42.89	5.55		
100	114.3×5.0	40	28.79	7.92				
		50	30.37	7.81	32.95	7.66		
		60	32.07	7.71	35.36	7.52	38.65	7.36
		70			37.96	7.39	42.01	7.21
		80	35.86	7.50	40.74	7.26	45.63	7.06
		90	37.94	7.39	43.72	7.13	49.50	6.92
		100	40.15	7.29	46.88	7.01		
		120	44.94	7.08	53.78	6.77		
(125)	139.7×5.0	40	37.60	8.66	39.86	8.54	42.12	8.42
		50	39.34	8.57	42.52	8.41	45.30	8.27
		60	41.21	8.47	44.97	8.28	48.74	8.12
		70	43.20	8.37	47.81	8.16	52.42	7.97
		80	45.31	8.27	50.84	8.03	56.36	7.83
		90	47.56	8.17	54.05	7.91	60.55	7.69
		100	49.92	8.07	57.45	7.79	64.98	7.56
		120	55.04	7.88	64.83	7.56	74.62	7.13

续表

公称直径 DN	保温、保冷材料密度/(kg/m³)		Class200		Class300		Class400	
	管外径×厚/mm	保温层厚/mm	管重、充水重及保温重/(kg/m)	允许跨距/m	管重、充水重及保温重/(kg/m)	允许跨距/m	管重、充水重及保温重/(kg/m)	允许跨距/m
150	168.3×5.6	40	50.78	9.52	53.40	9.41	56.01	9.29
		50	52.70	9.44	56.13	9.29	59.55	9.15
		60	54.74	9.35	59.04	9.17	63.35	9.01
		70	56.91	9.26	62.15	9.06	67.39	8.87
		80	59.21	9.17	65.45	8.94	71.69	8.74
		90	61.63	9.07	68.93	8.82	76.24	8.60
		100	64.18	8.98	72.60	8.71	81.03	8.47
		120	69.65	8.80	80.52	8.49	91.38	8.22
200	219.1×6.3	40	77.51	10.79				
		50	79.74	10.72	83.97	10.58		
		60	82.11	10.64	87.37	10.47	92.63	10.32
		70	84.60	10.56	90.95	10.37	97.31	10.20
		80	87.21	10.48	94.73	10.26	102.25	10.07
		100	92.82	10.32	102.84	10.06	112.87	9.82
		110	95.81	10.24	107.18	9.95		
		130	102.17	10.07	116.43	9.75		
		140			121.34	9.65		
250	273.0×6.3	40	107.80	11.77				
		50	110.37	11.70	115.45	11.57		
		60	113.08	11.63	119.35	11.47	125.63	11.33
		70	115.90	11.56	123.45	11.38	130.99	11.21
		80	118.86	11.49	127.73	11.28	136.60	11.09
		100	125.14	11.34	135.86	11.09	148.58	10.86
		110	128.47	11.27	141.71	10.99		
		130	135.51	11.12	151.97	10.80		
		140			157.38	10.71		
300	323.9×6.3	40	140.59	12.56				
		50	143.49	12.49	149.36	12.37		
		70	149.66	12.36	158.32	12.19	166.98	12.03
		80	152.93	12.29	163.08	12.10	173.24	11.92
		90	156.33	12.23	168.04	12.01		
		100			173.17	11.92	186.49	11.70
		110	163.51	12.09	178.50	11.83	193.50	11.59
		130	171.19	11.95	189.72	11.65		
		150	179.37	11.81	201.70	11.47		
350	355.6×8.0	40	175.56	13.49				
		50	178.66	13.43	169.49	13.02		
		60	181.88	13.37	189.71	13.23	197.54	13.10
		70	185.22	13.31	194.58	13.15	203.94	13.00
		80	188.70	13.25	199.64	13.07	210.59	12.89
		90	192.30	13.19	204.89	12.98		
		100			210.33	12.90	224.65	12.69
		110	199.87	13.06	215.96	12.81	232.05	12.58
		130	207.95	12.93	227.78	12.64		
		150	216.52	12.80	240.35	12.47		

续表

公称直径 *DN*	保温、保冷材料密度/(kg/m³)		Class200		Class300		Class400	
	管外径×厚/mm	保温层厚/mm	管重、充水重及保温重/(kg/m)	允许跨距/m	管重、充水重及保温重/(kg/m)	允许跨距/m	管重、充水重及保温重/(kg/m)	允许跨距/m
400	406.4×8.0	40	216.74	14.18				
		50	220.15	14.12				
		60			232.48	13.93		
		80	231.15	13.95	243.37	13.77		
		90	235.07	13.89	249.10	13.69		
		110	243.28	13.77	261.13	13.53		
		120	247.57	13.71	267.42	13.45		
		140	256.54	13.59	280.57	13.29		
		160	266.01	13.47	294.48	13.13		
450	457.0×8.0	40	261.78	14.79				
		50	265.51	14.74				
		60			279.12	14.56		
		80	277.47	14.58	290.96	14.41		
		90	281.70	14.52	297.17	14.33		
		110	290.55	14.41	310.14	14.18		
		120	295.16	14.36	316.91	14.10		
		140	304.76	14.24	331.02	13.95		
		160	314.87	14.13	345.88	13.80		
500	508.0×10.0	40	332.34	15.93	339.23	15.84		
		50	336.39	15.88	345.16	15.78		
		60	340.57	15.83	351.28	15.71		
		80	349.31	15.73	364.09	15.57		
		90	353.86	15.68	370.77	15.50		
		110	363.35	15.58	384.71	15.35		
		120	368.29	15.52	391.96	15.28		
		140	378.53	15.42	407.03	15.14		
		160	389.27	15.31	422.85	15.00		
350	377.0×9.0	40	200.16	14.04	—	—	—	—
		50	203.39	13.98	210.10	13.87	—	—
		60	206.75	13.92	214.98	13.79	223.22	13.66
		70	210.23	13.86	220.06	13.71	229.89	13.56
		80	213.83	13.81	225.32	13.63	236.81	13.46
		90	217.57	13.75	230.77	13.54	—	—
		100	—	—	236.41	13.46	251.40	13.26
		110	225.41	13.62	242.24	13.38	259.07	13.16
		130	233.75	13.50	254.46	13.22		
		150	242.60	13.38	267.44	13.05		
400	426.0×10.0	40	251.27	14.92	—	—		
		50	254.81	14.87	—	—		
		60	—	—	267.83	14.69		
		80	266.17	14.71	278.89	14.54		
		90	270.21	14.66	284.80	14.46		
		110	278.67	14.54	297.20	14.31		
		120	283.09	14.49	303.67	14.23		
		140	292.30	14.37	317.20	14.08		
		160	302.02	14.25	331.47	13.93		

续表

公称直径 *DN*	保温、保冷材料密度/(kg/m³) 管外径×厚/mm	保温层厚/mm	Class200 管重、充水重及保温重/(kg/m)	Class200 允许跨距/m	Class300 管重、充水重及保温重/(kg/m)	Class300 允许跨距/m	Class400 管重、充水重及保温重/(kg/m)	Class400 允许跨距/m
450	480.0×11.0	40	313.35	15.82	—	—		
		50	317.22	15.78	—	—		
		60	—	—	331.41	15.60		
		80	329.61	15.63	343.68	15.46		
		90	333.99	15.57	350.11	15.39		
		110	343.13	15.47	363.52	15.25		
		120	347.88	15.42	370.50	15.18		
		140	357.78	15.31	385.04	15.03		
		160	368.17	15.20	400.34	14.88		
500	530.0×12.0	40	377.75	16.63	384.92	16.55		
		50	381.94	16.58	391.05	16.49		
		60	386.26	16.54	397.38	16.42		
		80	395.27	16.44	410.60	16.29		
		90	399.97	16.39	417.50	16.22		
		110	409.73	16.29	431.85	16.08		
		120	414.80	16.24	439.31	16.01		
		140	425.32	16.14	454.79	15.87		
		160	436.34	16.04	471.03	15.74		

表 7.7.10　Sch40 无缝钢管保温管道允许跨距

公称直径 *DN*	保温、保冷材料密度/(kg/m³) 管外径×厚/mm	保温层厚/mm	Class200 管重、充水重及保温重/(kg/m)	Class200 允许跨距/m	Class300 管重、充水重及保温重/(kg/m)	Class300 允许跨距/m	Class400 管重、充水重及保温重/(kg/m)	Class400 允许跨距/m
50	60.3×4.0	30	11.20	5.77				
		40	12.31	5.64	13.57	5.50		
		50	13.55	5.50	15.29	5.34	17.02	5.20
		60	14.92	5.37	17.19	5.18	19.46	5.03
		70	16.41	5.24	19.28	5.04	22.14	4.83
		80	18.03	5.12	21.55	4.89	25.08	4.53
		90	19.77	5.01	24.02	4.63		
		110	23.63	4.67	29.52	4.18		
65	76.1×5.0	30	16.23	6.62				
		40	17.44	6.51	18.90	6.38		
		50	18.78	6.39	20.76	6.23	22.74	6.09
		60	20.25	6.27	22.81	6.08	25.38	5.92
		70	21.84	6.15	25.05	5.94	28.26	5.77
		80	23.55	6.04	27.48	5.81	31.40	5.62
		90	25.40	5.92	30.09	5.68		
		110	29.46	5.71	35.89	5.35		

续表

公称直径DN	保温、保冷材料密度/(kg/m³) 管外径×厚/mm	保温层厚/mm	Class200 管重、充水重及保温重/(kg/m)	Class200 允许跨距/m	Class300 管重、充水重及保温重/(kg/m)	Class300 允许跨距/m	Class400 管重、充水重及保温重/(kg/m)	Class400 允许跨距/m
80	88.9×5.6	40	22.00	7.11				
		50	23.42	7.00	25.60	6.85		
		60	24.97	6.89	27.77	6.71	30.58	6.55
		70			30.13	6.57	33.63	6.40
		80	28.43	6.67	32.68	6.44	36.92	6.25
		90	30.36	6.56	35.41	6.31	40.47	6.11
		100	32.40	6.46	38.34	6.19		
		120	36.88	6.25	44.75	5.95		
100	114.3×6.3	40	31.67	8.12				
		50	33.25	8.02	35.83	7.88		
		60	34.96	7.92	38.24	7.75	41.53	7.59
		70			40.84	7.62	44.89	7.44
		80	38.74	7.72	43.63	7.50	48.51	7.30
		90	40.83	7.62	46.60	7.37	52.38	7.16
		100	43.03	7.52	49.77	7.25		
		120	47.83	7.33	56.66	7.02		
125	139.7×6.3	40	41.20	8.91	43.45	8.79	45.71	8.68
		50	42.93	8.82	45.91	8.67	48.89	8.53
		60	44.80	8.72	48.56	8.55	52.33	8.39
		70	46.79	8.63	51.40	8.43	56.01	8.25
		80	48.91	8.53	54.43	8.31	59.95	8.11
		90	51.15	8.44	57.64	8.19	64.14	7.97
		100	53.52	8.34	61.05	8.07	68.58	7.84
		120	58.63	8.16	68.42	7.85	78.21	7.59
150	168.3×7.1	40	55.80	9.80	58.42	9.69	61.04	9.59
		50	57.72	9.72	61.15	9.58	64.58	9.45
		60	59.76	9.64	64.07	9.47	68.37	9.32
		70	61.93	9.55	67.17	9.36	72.41	9.19
		80	64.23	9.47	70.47	9.25	76.71	9.05
		90	66.65	9.38	73.95	9.14	81.26	8.93
		100	69.20	9.29	77.63	9.03	86.06	8.80
		120	74.52	9.11	85.54	8.81	96.41	8.55
200	219.1×8.0	40	85.00	11.13				
		50	87.24	11.06	91.46	10.93		
		60	89.60	10.98	94.86	10.83	100.12	10.68
		70	92.09	10.91	98.45	10.73	104.80	10.56
		80	94.70	10.83	102.22	10.63	109.74	10.44
		100	100.31	10.68	110.34	10.43	120.36	10.20
		110	103.30	10.60	114.68	10.33		
		130	109.66	10.44	123.92	10.13		
		140			128.83	10.03		

续表

公称直径DN	保温、保冷材料密度/(kg/m³)		Class200		Class300		Class400	
	管外径×厚/mm	保温层厚/mm	管重、充水重及保温重/(kg/m)	允许跨距/m	管重、充水重及保温重/(kg/m)	允许跨距/m	管重、充水重及保温重/(kg/m)	允许跨距/m
250	273.0×8.8	40	121.67	12.33				
		50	124.25	12.26	129.32	12.14		
		60	126.95	12.20	133.23	12.05	139.51	11.91
		70	129.78	12.13	137.32	11.96	144.87	11.80
		80	132.73	12.06	141.61	11.87	150.48	11.69
		100	139.02	11.93	150.74	11.69	162.45	11.47
		110	142.35	11.85	155.58	11.59		
		130	149.39	11.71	165.85	11.41		
		140			171.26	11.32		
300	323.9×10.0	40	165.09	13.42				
		50	167.98	13.36	173.05	13.25		
		70	174.15	13.24	182.81	13.08	191.48	12.93
		80	177.43	13.18	187.58	13.00	197.73	12.83
		90	180.82	13.12	192.53	12.92		
		100			197.67	12.83	210.98	12.62
		110	188.00	12.99	202.99	12.75	217.99	12.52
		130	195.68	12.86	214.22	12.58		
		150	203.86	12.73	226.19	12.41		
350	355.6×11.0	40	197.29	14.10				
		50	200.39	14.05	206.76	13.94		
		60	203.61	13.99	211.44	13.86	219.28	13.73
		70	206.96	13.93	216.31	13.78	225.67	13.63
		80	210.43	13.87	221.38	13.70	232.22	13.54
		90	214.03	13.82	226.63	13.62		
		100			232.06	13.54	246.38	13.34
		110	221.60	13.70	237.69	13.46	253.78	13.24
		130	229.68	13.57	249.51	13.30		
		150	238.26	13.45	262.08	13.13		
400	406.4×12.5	40	254.11	15.11				
		50	257.52	15.06				
		60			269.85	14.88		
		80	268.52	14.90	280.75	14.73		
		90	272.44	14.85	286.47	14.66		
		110	280.65	14.74	298.58	14.51		
		120	284.94	14.68	304.79	14.44		
		140	293.91	14.57	317.94	14.28		
		160	303.38	14.45	331.85	14.13		
450	457.0×14.2	40	319.79	16.08				
		50	323.53	16.03				
		60			337.13	15.86		
		80	335.48	15.88	348.97	15.73		
		90	339.71	15.83	355.18	15.66		
		110	348.56	15.73	368.16	15.52		
		120	353.17	15.68	374.93	15.45		
		140	362.78	15.58	389.03	15.31		
		160	372.88	15.47	403.90	15.16		

续表

公称直径 DN	保温、保冷材料密度/(kg/m³) 管外径×厚/mm	保温层厚/mm	Class200 管重、充水重及保温重/(kg/m)	Class200 允许跨距/m	Class300 管重、充水重及保温重/(kg/m)	Class300 允许跨距/m	Class400 管重、充水重及保温重/(kg/m)	Class400 允许跨距/m
500	508.0×16.0	40	394.58	17.01	401.46	16.93		
		50	398.63	16.96	407.39	16.87		
		60	402.81	16.92	413.51	16.81		
		80	411.54	16.83	426.32	16.68		
		90	416.10	16.78	433.01	16.62		
		110	425.59	16.69	446.94	16.49		
		120	430.52	16.64	454.20	16.42		
		140	440.76	16.54	469.26	16.29		
		160	451.51	16.44	485.09	16.15		
350	377.0×12.0	40	223.14	14.59				
		50	226.37	14.54	233.08	14.43		
		60	229.73	14.48	237.97	14.36	246.20	14.23
		70	233.21	14.43	243.04	14.28	252.87	14.14
		80	236.82	14.37	248.30	14.20	259.79	14.05
		90	240.55	14.32	253.75	14.13		
		100			259.39	14.05	274.38	13.85
		110	248.39	14.20	265.22	13.97	282.05	13.76
		130	256.74	14.09	277.44	13.82		
		150	265.39	13.97	290.42	13.66		
400	426.0×14.0	40	285.87	15.61				
		50	289.41	15.56				
		60			302.23	15.39		
		80	300.78	15.41	313.50	15.25		
		90	304.82	15.36	319.41	15.18		
		110	313.28	15.25	331.80	15.04		
		120	317.69	15.20	338.28	14.96		
		140	326.91	15.09	351.80	14.82		
		160	336.62	14.98	366.08	14.67		
450	480.0×15.0	40	352.43	16.50				
		50	356.30	16.46				
		60			370.49	16.30		
		80	368.69	16.32	382.76	16.16		
		90	373.07	16.27	389.19	16.10		
		110	382.21	16.17	402.60	15.96		
		120	386.96	16.12	409.58	15.89		
		140	396.86	16.02	424.12	15.75		
		160	407.25	15.92	439.12	15.62		
500	530.0×16.0	40	420.96	17.29	428.13	17.22		
		50	425.16	17.25	434.27	17.16		
		60	429.47	17.21	440.59	17.10		
		80	438.48	17.12	453.82	16.97		
		90	443.18	17.07	460.71	16.91		
		110	452.94	16.98	475.06	16.78		
		120	458.02	16.93	482.52	16.71		
		140	468.53	18.84	498.00	16.58		
		160	479.56	16.74	514.24	16.45		

表 7.7.11　Sch80 无缝钢管保温管道跨距

公称直径 DN	保温、保冷材料密度/(kg/m³)		Class200		Class300		Class400	
	管外径×厚/mm	保温层厚/mm	管重、充水重及保温重/(kg/m)	允许跨距/m	管重、充水重及保温重/(kg/m)	允许跨距/m	管重、充水重及保温重/(kg/m)	允许跨距/m
50	60.3×5.6	30	12.94	5.93				
		40	14.06	5.81	15.32	5.69		
		50	15.30	5.69	17.03	5.54	18.76	5.41
		60	16.67	5.57	18.93	5.39	21.20	5.24
		70	18.16	5.45	21.02	5.25	23.89	5.09
		80	19.77	5.34	23.30	5.12	26.83	4.94
		90	21.52	5.22	25.77	4.99		
		110	25.38	5.01	31.27	4.61		
(65)	76.1×7.1	30	19.12	6.80				
		40	20.33	6.69	21.79	6.58		
		50	21.67	6.59	23.56	6.44	25.63	6.32
		60	23.14	6.48	25.70	6.31	28.27	6.16
		70	24.73	6.37	27.94	6.18	31.16	6.02
		80	26.45	6.27	30.37	6.05	34.29	5.87
		90	28.29	6.16	32.98	5.93		
		110	32.35	5.96	38.78	5.69		
80	88.9×8.0	40	25.89	7.31				
		50	27.31	7.22	29.49	7.08		
		60	28.85	7.12	31.66	6.95	34.47	6.81
		70			34.02	6.83	37.51	6.66
		80	32.32	6.92	36.57	6.71	40.81	6.53
		90	34.25	6.82	39.30	6.59	44.36	6.39
		100	36.29	6.72	42.23	6.47		
		120	40.77	6.53	48.64	6.25		
100	114.3×8.8	40	37.01	8.36				
		50	38.59	8.27	41.17	8.13		
		60	40.29	8.18	43.58	8.02	46.86	7.87
		70			46.18	7.90	50.23	7.74
		80	44.08	7.99	48.96	7.79	53.85	7.60
		90	46.16	7.90	51.94	7.67	57.72	7.47
		100	48.37	7.81	55.10	7.56		
		120	53.16	7.63	62.00	7.34		
(125)	139.7×10.0	40	51.02	9.29	53.28	9.19	55.54	9.09
		50	52.76	9.21	55.74	9.09	58.72	8.97
		60	54.63	9.13	58.39	8.98	62.15	8.84
		70	56.62	9.05	61.23	8.87	65.84	8.72
		80	58.73	8.97	64.25	8.77	69.78	8.59
		90	60.97	8.88	67.47	8.66	73.96	8.47
		100	63.34	8.80	70.87	8.56	78.40	8.34
		120	68.45	8.63	78.24	8.35	88.03	8.10

续表

公称直径 DN	保温、保冷材料密度/(kg/m³)		Class200		Class300		Class400	
	管外径×厚/mm	保温层厚/mm	管重、充水重及保温重/(kg/m)	允许跨距/m	管重、充水重及保温重/(kg/m)	允许跨距/m	管重、充水重及保温重/(kg/m)	允许跨距/m
150	168.3×11.0	40	68.41	10.21	71.02	10.12	73.64	10.03
		50	70.33	10.14	73.75	10.02	77.18	9.91
		60	72.37	10.07	76.67	9.93	80.98	9.79
		70	74.54	10.00	79.78	9.83	85.02	9.67
		80	76.84	9.92	83.08	9.73	89.32	9.56
		90	79.26	9.84	86.56	9.63	93.86	9.44
		100	81.80	9.77	90.23	9.53	98.66	9.32
		120	87.28	9.61	98.14	9.33	109.01	9.09
200	219.1×12.5	40	104.23	11.64				
		50	106.47	11.58	110.70	11.47		
		60	108.83	11.52	114.09	11.38	119.35	11.25
		70	111.32	11.45	117.68	11.29	124.04	11.15
		80	113.94	11.39	121.45	11.21	128.97	11.04
		100	119.54	11.25	129.57	11.03	139.59	10.82
		110	122.54	11.18	133.91	10.93		
		130	128.90	11.04	143.15	10.75		
		140			148.06	10.66		
250	273.0×16.0	40	160.13	13.10				
		50	162.71	13.05	167.78	12.95		
		60	165.41	13.00	171.69	12.88	177.96	12.76
		70	168.24	12.94	175.78	12.80	183.32	12.67
		80	171.19	12.88	180.06	12.72	188.93	12.57
		100	177.47	12.77	189.19	12.57	200.91	12.38
		110	180.81	12.71	194.04	12.49		
		130	187.84	12.59	204.30	12.33		
		140			209.72	12.25		
300	323.9×17.5	40	212.92	14.23				
		50	215.82	14.19	221.69	14.09		
		70	221.99	14.09	230.65	13.95	239.32	13.82
		80	225.26	14.03	235.42	13.88	245.57	13.74
		90	228.66	13.98	240.37	13.81		
		100			245.51	13.74	258.82	13.56
		110	235.84	13.87	250.83	13.66	265.83	13.47
		130	243.52	13.76	262.05	13.51		
		150	251.70	13.65	274.03	13.36		
350	355.6×20.0	40	260.16	14.99				
		50	263.15	14.94	269.63	14.85		
		60	266.48	14.90	274.31	14.79	282.14	14.69
		70	269.82	14.85	279.18	14.73	288.54	14.61
		80	273.30	14.80	284.24	14.66	295.19	14.52
		90	276.89	14.76	289.49	14.59		
		100			294.93	14.53	309.24	14.35
		110	284.47	14.66	300.56	14.46	316.65	14.27
		130	292.54	14.55	312.38	14.32		
		150	301.12	14.45	324.95	14.18		

续表

公称直径 *DN*	保温、保冷材料密度/(kg/m^3)		Class200		Class300		Class400	
	管外径×厚/mm	保温层厚/mm	管重、充水重及保温重/(kg/m)	允许跨距/m	管重、充水重及保温重/(kg/m)	允许跨距/m	管重、充水重及保温重/(kg/m)	允许跨距/m
400	406.4×22.2	40	331.70	16.02				
		50	335.11	15.98				
		60			347.44	15.84		
		80	346.11	15.85	358.34	15.72		
		90	350.03	15.81	364.06	15.65		
		110	358.24	15.72	376.09	15.53		
		120	362.53	15.67	382.38	15.46		
		140	371.50	15.57	395.53	15.33		
		160	380.97	15.48	409.44	15.20		
450	457.0×25.0	40	416.90	17.02				
		50	420.63	16.98				
		60			434.33	16.85		
		80	432.58	16.87	446.08	16.74		
		90	436.82	16.82	452.28	16.68		
		110	445.67	16.74	465.26	16.56		
		120	450.28	16.70	472.03	16.50		
		140	459.88	16.61	486.14	16.38		
		160	469.98	16.52	501.00	16.26		
500	508.0×28.0	40	514.40	17.98	521.79	17.92		
		50	518.45	17.95	527.22	17.87		
		60	522.63	17.91	533.34	17.82		
		80	531.37	17.84	546.14	17.71		
		90	535.92	17.80	552.83	17.66		
		110	545.41	17.72	566.77	17.55		
		120	550.34	17.68	574.02	17.49		
		140	560.59	17.60	589.09	17.38		
		160	571.33	17.52	604.91	17.27		
350	377.0×16.0	40	253.18	15.07				
		50	256.41	15.02	263.12	14.92		
		60	259.77	14.97	268.01	14.86	276.24	14.74
		70	263.25	14.92	273.08	14.79	282.91	14.66
		80	266.86	14.87	278.34	14.72	289.83	14.57
		90	270.59	14.82	283.80	14.64		
		100			289.44	14.57	304.42	14.39
		110	278.43	14.71	295.26	14.50	312.09	14.30
		130	286.78	14.61	307.49	14.35		
		150	295.63	14.50	320.46	14.21		
400	426.0×18.0	40	319.79	16.05				
		50	323.33	16.00				
		60			336.15	15.85		
		80	334.69	15.86	347.41	15.72		
		90	338.73	15.82	353.32	15.65		
		110	347.19	15.72	365.72	15.52		
		120	351.61	15.67	372.19	15.45		
		140	360.82	15.57	385.72	15.31		
		160	370.54	15.47	399.99	15.17		

续表

公称直径DN	保温、保冷材料密度/(kg/m³)		Class200		Class300		Class400	
	管外径×厚/mm	保温层厚/mm	管重、充水重及保温重/(kg/m)	允许跨距/m	管重、充水重及保温重/(kg/m)	允许跨距/m	管重、充水重及保温重/(kg/m)	允许跨距/m
450	480.0×19.0	40	390.82	15.95				
		50	394.70	16.91				
		60			408.88	16.76		
		80	407.08	15.78	421.16	16.64		
		90	411.46	16.73	427.58	16.57		
		110	420.60	16.64	440.99	16.45		
		120	425.36	16.60	447.98	16.38		
		140	435.25	16.50	462.52	16.25		
		160	445.64	16.40	477.81	16.12		
500	530.0×20.0	40	463.49	17.75	470.65	17.68		
		50	467.68	17.71	476.79	17.62		
		60	472.00	17.67	483.12	17.56		
		80	481.01	17.58	496.34	17.45		
		90	485.70	17.54	503.23	17.39		
		110	495.47	17.45	517.58	17.26		
		120	500.54	17.41	525.04	17.20		
		140	511.06	17.32	540.53	17.08		
		160	522.08	17.23	556.76	16.95		

表 7.7.12 LG 级大直径焊接管保温管道允许跨距

公称直径DN	保温、保冷材料密度/(kg/m³)		Class200		Class300		Class400	
	管外径×厚/mm	保温层厚/mm	管重、充水重及保温重/(kg/m)	允许跨距/m	管重、充水重及保温重/(kg/m)	允许跨距/m	管重、充水重及保温重/(kg/m)	允许跨距/m
400	406.4×8	40	216.74	14.18	222.35	14.09		
		50	220.15	14.12	227.32	14.01		
		60	223.69	14.07	232.48	13.93		
		80	231.15	13.95	243.37	13.77		
		90	235.07	13.89	249.10	13.69		
		110	243.28	13.77	261.13	13.53		
		120	247.57	13.71	267.42	13.45		
		140	256.54	13.59	280.57	13.29		
		160	266.01	13.47	294.48	13.13		
450	457.0×8	40	261.78	14.79	268.03	14.71		
		50	265.51	14.74	273.48	14.65		
		60	269.37	14.69	279.12	14.56		
		80	277.47	14.58	290.96	14.41		
		90	281.70	14.52	297.17	14.33		
		110	290.55	14.41	310.14	14.18		
		120	295.16	14.36	316.91	14.10		
		140	304.76	14.24	331.02	13.95		
		160	314.87	14.13	345.88	13.80		

续表

公称直径 *DN*	保温、保冷材料密度/(kg/m³)		Class200		Class300		Class400	
	管外径×厚/mm	保温层厚/mm	管重、充水重及保温重/(kg/m)	允许跨距/m	管重、充水重及保温重/(kg/m)	允许跨距/m	管重、充水重及保温重/(kg/m)	允许跨距/m
500	508.0×8	40	311.25	15.36	318.14	15.27		
		50	315.30	15.31	324.07	15.20		
		60	319.48	15.26	330.19	15.13		
		80	328.22	15.15	343.00	14.99		
		90	332.77	15.10	349.68	14.92		
		110	342.26	15.00	363.62	14.77		
		120	347.20	14.94	370.87	14.70		
		140	357.44	14.83	385.94	14.55		
		160	368.18	14.73	401.76	14.41		
600	610.0×8	40	422.45	16.35	430.62	16.27		
		50	427.14	16.31	437.51	16.21		
		60	431.96	16.26	444.59	16.15		
		80	441.98	16.17	459.32	16.01		
		90	447.17	16.12	466.97	15.95		
		110	457.95	16.03	482.83	15.82		
		120	463.52	15.98	491.04	15.75		
		140	475.04	15.88	508.03	15.62		
		160	487.07	15.78	525.78	15.36		
700	711.0×8	50	553.99	17.17	565.94	17.07		
		60	559.44	17.12	573.97	17.01		
		70	565.02	17.08	582.20	16.95		
		80	570.73	17.04	590.61	16.89		
		90	576.56	17.00	599.21	16.82		
		110	588.60	16.91	616.97	16.57		
		130	601.14	16.79	635.49	16.33		
		150	614.19	16.61	654.76	16.09		
		170	627.73	16.43	674.78	15.85		
800	813.0×8	50	698.35	17.85	711.90	17.68		
		60	704.44	17.77	720.90	17.57		
		70	710.66	17.70	730.08	17.46		
		80	717.01	17.62	730.45	17.35		
		90	723.48	17.54	749.02	17.24		
		110	736.81	17.38	768.70	17.01		
		130	750.63	17.22	789.14	16.79		
		150	764.96	17.06	810.34	16.57		
		170	779.79	16.89	832.29	16.35		
900	914.0×8	50	857.40	18.14	872.54	17.98		
		60	864.13	18.07	882.49	17.88		
		70	870.98	18.00	892.62	17.78		
		80	877.97	17.93	902.95	17.68		
		90	885.07	17.86	913.46	17.58		
		110	899.66	17.71	935.05	17.37		
		130	914.76	17.56	957.39	17.17		
		150	930.35	17.42	980.49	16.96		
		170	946.45	17.27	1004.34	16.76		

续表

公称直径 DN	保温、保冷材料密度/(kg/m³)		Class200		Class300		Class400	
	管外径×厚/mm	保温层厚/mm	管重、充水重及保温重/(kg/m)	允许跨距/m	管重、充水重及保温重/(kg/m)	允许跨距/m	管重、充水重及保温重/(kg/m)	允许跨距/m
1000	1016.0×8	60	1041.66	18.32	1061.94	18.14		
		70	1049.15	18.25	1073.04	18.05		
		80	1056.78	18.19	1084.32	17.96		
		90	1064.52	18.12	1095.79	17.89		
		100	1072.40	18.06	1107.46	17.77		
		120	1088.52	17.92	1131.35	17.58		
		140	1105.15	17.79	1155.99	17.39		
		160	1122.28	17.65	1181.39	17.20		
		180	1139.91	17.51	1207.54	17.02		

表 7.7.13 STD 级大直径焊接管保温管道允许跨距

公称直径 DN	保温、保冷材料密度/(kg/m³)		Class200		Class300		Class400	
	管外径×厚/mm	保温层厚/mm	管重、充水重及保温重/(kg/m)	允许跨距/m	管重、充水重及保温重/(kg/m)	允许跨距/m	管重、充水重及保温重/(kg/m)	允许跨距/m
400	406.4×10	40	233.45	14.66	239.06	14.57		
		50	236.87	14.61	244.04	14.50		
		60	240.41	14.55	249.20	14.42		
		80	247.87	14.44	260.09	14.27		
		90	251.78	14.39	265.02	14.19		
		110	260.00	14.27	277.84	14.04		
		120	264.29	14.21	284.14	13.96		
		140	273.26	14.10	297.29	13.80		
		160	282.73	13.98	311.20	13.64		
450	457.0×10	40	280.68	15.32	286.92	15.24		
		50	284.41	15.27	292.37	15.17		
		60	288.27	15.22	298.01	15.09		
		80	296.36	15.11	309.86	14.95		
		90	300.60	15.06	316.06	14.87		
		110	309.44	14.95	329.04	14.72		
		120	314.06	14.90	335.81	14.65		
		140	323.66	14.78	349.92	14.50		
		160	333.76	14.67	364.78	14.35		
500	508.0×10	40	332.34	15.93	339.23	15.84		
		50	336.39	15.88	345.16	15.78		
		60	340.57	15.83	351.28	15.71		
		80	349.31	15.73	364.09	15.57		
		90	353.86	15.68	370.77	15.50		
		100	363.35	15.58	384.71	15.35		
		120	368.29	15.52	391.96	15.28		
		140	378.53	15.42	407.03	15.14		
		160	389.27	15.31	422.85	15.00		

续表

公称直径 DN	保温、保冷材料密度/(kg/m³)		Class200		Class300		Class400	
	管外径×厚/mm	保温层厚/mm	管重、充水重及保温重/(kg/m)	允许跨距/m	管重、充水重及保温重/(kg/m)	允许跨距/m	管重、充水重及保温重/(kg/m)	允许跨距/m
600	610.0×10	40	447.93	17.00	456.10	16.92		
		50	452.62	16.95	462.99	16.86		
		60	457.44	16.91	470.07	16.79		
		80	467.46	16.82	484.80	16.66		
		90	472.65	16.77	492.45	16.60		
		110	483.43	16.68	508.31	16.47		
		120	489.00	16.63	516.52	16.40		
		140	500.52	16.53	533.51	16.27		
		160	512.55	16.43	551.26	16.14		
700	711.0×10	50	583.81	17.88	595.77	17.79		
		60	589.27	17.84	603.80	17.73		
		70	594.85	17.79	612.02	17.67		
		80	600.55	17.75	620.43	17.61		
		90	606.38	17.71	629.03	17.55		
		110	618.42	17.62	646.80	17.42		
		130	630.97	17.53	665.31	17.30		
		150	644.01	17.44	684.59	17.18		
		170	657.56	17.35	704.61	17.06		
800	813.0×10	50	732.57	18.70	746.12	18.62		
		60	738.66	18.66	755.12	18.56		
		70	744.88	18.62	764.30	18.50		
		80	751.23	18.58	773.67	18.45		
		90	757.70	18.55	783.23	18.39		
		110	771.02	18.46	802.92	18.28		
		130	784.85	18.38	823.36	18.16		
		150	799.17	18.30	844.55	18.05		
		170	814.00	18.22	866.50	17.85		
900	814.0×10	50	895.96	19.44	911.10	19.36		
		60	902.69	19.40	921.05	19.30		
		70	909.55	19.36	931.19	19.25		
		80	916.53	19.33	941.51	19.20		
		90	923.64	19.29	952.02	19.14		
		110	938.23	19.21	973.61	18.97		
		130	953.32	19.14	995.96	18.76		
		150	968.92	19.02	1019.06	18.54		
		170	985.02	18.86	1042.91	18.33		
1000	1016.0×10	60	1084.61	20.01	1104.89	19.83		
		70	1092.11	19.94	1115.99	19.73		
		80	1099.73	19.88	1127.27	19.63		
		90	1107.48	19.81	1138.75	19.53		
		100	1115.35	19.74	1150.41	19.43		
		120	1131.47	19.59	1174.30	19.23		
		140	1148.10	19.45	1198.94	19.04		
		160	1165.23	19.31	1224.34	18.84		
		180	1182.86	19.16	1250.49	18.64		

续表

公称直径DN	保温、保冷材料密度/(kg/m³) 管外径×厚/mm	保温层厚/mm	Class200 管重、充水重及保温重/(kg/m)	Class200 允许跨距/m	Class300 管重、充水重及保温重/(kg/m)	Class300 允许跨距/m	Class400 管重、充水重及保温重/(kg/m)	Class400 允许跨距/m
1200	1220.1×10	70	1506.25	20.44	1534.62	20.25		
		80	1515.16	20.38	1547.83	20.17		
		90	1524.19	20.32	1561.23	20.08		
		100	1533.34	20.26	1574.81	19.99		
		110	1542.62	20.20	1588.58	19.91		
		130	1561.56	20.08	1616.70	19.73		
		150	1581.00	19.95	1645.56	19.56		
		170	1600.95	19.83	1675.18	19.39		
		190	1621.39	19.70	1705.56	19.21		
1400	1420.0×10	80	1985.90	20.76	2023.60	20.56		
		90	1996.19	20.71	2038.88	20.49		
		100	2006.60	20.65	2054.35	20.41		
		110	2017.14	20.60	2070.01	20.33		
		120	2027.80	20.54	2085.86	20.26		
		140	2049.50	20.43	2118.11	20.10		
		160	2071.71	20.32	2151.13	19.95		
		180	2094.42	20.21	2184.89	19.79		
		200	2117.63	20.10	2219.42	19.64		
1600	1620.0×10	80	2519.47	21.05	2562.20	20.88		
		90	2531.02	21.01	2579.37	20.81		
		100	2542.69	20.96	2596.72	20.74		
		110	2554.48	20.91	2614.26	20.67		
		120	2566.40	20.86	2632.00	20.60		
		140	2590.62	20.76	2668.03	20.46		
		160	2615.34	20.66	2704.81	20.32		
		180	2640.56	20.57	2742.35	20.18		
		200	2666.28	20.47	2780.64	20.04		

表 7.7.14 XS 级大直径焊接管保温管道允许跨距

公称直径DN	保温、保冷材料密度/(kg/m³) 管外径×厚/mm	保温层厚/mm	Class200 管重、充水重及保温重/(kg/m)	Class200 允许跨距/m	Class300 管重、充水重及保温重/(kg/m)	Class300 允许跨距/m	Class400 管重、充水重及保温重/(kg/m)	Class400 允许跨距/m
400	406.4×12	40	250.00	15.03	255.61	14.95		
		50	253.41	14.98	260.58	14.87		
		60	256.95	14.93	265.74	14.80		
		80	264.41	14.82	276.64	14.65		
		90	268.33	14.76	282.36	14.58		
		110	276.51	14.65	294.39	14.43		
		120	280.84	14.60	300.68	14.35		
		140	289.80	14.48	313.83	14.20		
		160	299.27	14.37	327.74	14.04		

续表

公称直径 *DN*	保温、保冷材料密度/(kg/m³)		Class200		Class300		Class400	
	管外径×厚/mm	保温层厚/mm	管重、充水重及保温重/(kg/m)	允许跨距/m	管重、充水重及保温重/(kg/m)	允许跨距/m	管重、充水重及保温重/(kg/m)	允许跨距/m
450	457.0×12	40	299.40	15.73	305.64	15.65		
		50	303.13	15.68	311.09	15.58		
		60	306.99	15.63	316.73	15.51		
		80	315.08	15.53	328.58	15.36		
		90	319.32	15.48	334.78	15.29		
		110	328.17	15.37	347.76	15.15		
		120	332.78	15.32	354.53	15.08		
		140	342.38	15.21	368.64	14.93		
		160	352.49	15.10	383.50	14.78		
500	508.0×12	40	353.26	16.37	360.14	16.29		
		50	357.31	16.32	366.08	16.22		
		60	361.49	16.27	372.20	16.16		
		80	370.22	16.18	385.00	16.02		
		90	374.78	16.13	391.69	15.95		
		110	384.27	16.03	405.63	15.81		
		120	389.20	15.98	412.88	15.74		
		140	399.45	15.87	427.95	15.60		
		160	410.19	15.77	443.77	15.46		
600	610.0×12	40	473.23	17.50	481.40	17.43		
		50	477.93	17.46	488.30	17.37		
		60	482.75	17.42	495.38	17.31		
		80	492.77	17.33	510.11	17.18		
		90	497.96	17.28	517.75	17.12		
		110	508.73	17.19	533.61	16.99		
		120	514.31	17.14	541.83	16.92		
		140	525.83	17.05	558.82	16.79		
		160	537.86	16.95	576.56	16.66		
700	711.0×12	50	613.47	18.44	625.42	18.35		
		60	618.92	18.40	633.45	18.29		
		70	624.50	18.36	641.68	18.23		
		80	630.21	18.32	650.09	18.18		
		90	636.04	18.28	658.69	18.12		
		110	648.08	18.19	676.45	18.00		
		130	660.62	18.10	694.97	17.87		
		150	673.67	18.01	714.24	17.75		
		170	687.21	17.93	734.27	17.63		
800	813.0×12	50	766.61	19.32	780.17	19.23		
		60	772.70	19.28	789.16	19.18		
		70	778.93	19.24	798.34	19.12		
		80	785.27	19.20	807.72	19.07		
		90	791.74	19.16	817.28	19.01		
		110	805.07	19.08	836.96	18.90		
		130	818.89	19.00	857.40	18.78		
		150	833.22	18.92	878.60	18.67		
		170	848.05	18.84	900.55	18.56		

续表

公称直径DN	保温、保冷材料密度/(kg/m³)		Class200		Class300		Class400	
	管外径×厚/mm	保温层厚/mm	管重、充水重及保温重/(kg/m)	允许跨距/m	管重、充水重及保温重/(kg/m)	允许跨距/m	管重、充水重及保温重/(kg/m)	允许跨距/m
900	914.0×12	50	934.35	20.10	949.50	20.02		
		60	941.08	20.06	959.44	19.96		
		70	947.94	20.02	969.58	19.91		
		80	954.92	19.99	979.90	19.86		
		90	962.03	19.95	990.41	19.81		
		110	976.62	19.88	1012.01	19.70		
		130	991.71	19.80	1034.35	19.59		
		150	1007.31	19.72	1057.45	19.49		
		170	1023.41	19.65	1081.30	19.38		
1000	1016.0×12	60	1127.39	20.78	1147.67	20.69		
		70	1134.89	20.75	1158.77	20.64		
		80	1142.51	20.71	1170.06	20.59		
		90	1150.26	20.68	1181.53	20.54		
		100	1158.13	20.64	1193.19	20.49		
		120	1174.26	20.57	1217.08	20.39		
		140	1190.88	20.50	1241.73	20.28		
		160	1208.01	20.42	1267.12	20.18		
		180	1225.64	20.35	1293.28	20.02		
1200	1220.0×12	70	1557.82	21.97	1586.18	21.77		
		80	1566.72	21.90	1599.39	21.68		
		90	1575.75	21.84	1612.79	21.59		
		100	1584.90	21.78	1626.37	21.50		
		110	1594.18	21.71	1640.51	21.41		
		130	1613.12	21.59	1668.26	21.23		
		150	1632.56	21.46	1697.12	21.05		
		170	1652.51	21.33	1726.74	20.86		
		190	1672.96	21.20	1757.12	20.68		
1400	1420.0×12	80	2046.07	22.36	2083.77	22.15		
		90	2056.36	22.30	2099.05	22.07		
		100	2066.77	22.24	2114.52	21.99		
		110	2077.31	22.19	2130.18	21.91		
		120	2087.97	22.13	2146.02	21.83		
		140	2109.67	22.02	2178.28	21.67		
		160	2131.88	21.90	2211.30	21.50		
		180	2154.59	21.79	2245.06	21.34		
		200	2177.80	21.67	2279.59	21.18		
1600	1620.0×12	80	2588.25	22.71	2630.98	22.53		
		90	2599.79	22.66	2648.14	22.45		
		100	2611.46	22.61	2665.50	22.38		
		110	2623.26	22.56	2683.04	22.31		
		120	2635.18	22.51	2700.77	22.23		
		140	2659.39	22.41	2736.80	22.09		
		160	2684.11	22.30	2773.59	21.94		
		180	2709.34	22.20	2811.12	21.79		
		200	2735.06	22.09	2844.41	21.65		

十九、化工标准装置内不保温管道基本跨距(表 7.7.15)

表 7.7.15　装置内不保温管道基本跨距

管子公称直径/mm	外径×壁厚/mm	管道计算重量/(kg/m)		管道基本跨距/m			
				管道设计温度≤200℃		管道设计温度≤350℃	
		气体管	液体管	气体管	液体管	气体管	液体管
15	21.25×2.75	1.55	1.74	3.43	3.33	3.37	3.28
	18×2.5	1.18	1.31	3.15	3.07	3.09	3.01
	18×3	1.36	1.47	3.11	3.05	3.06	3.00
20	26.75×2.75	2.04	2.38	3.89	3.74	3.82	3.67
	25×2.5	1.74	2.04	3.76	3.61	3.70	3.55
	25×3	2.02	2.29	3.73	3.61	3.62	3.56
25	33.5×3.25	3.05	3.60	4.36	4.18	4.28	4.11
	32×2.5	2.32	2.87	4.28	4.06	4.21	3.99
	32×3.5	3.07	3.54	4.24	4.09	4.17	4.02
32	42.25×3.25	3.99	4.95	4.92	4.66	4.84	4.58
	38×2.5	2.83	3.65	4.68	4.39	4.60	4.31
	38×3.5	3.75	4.48	4.65	4.45	4.57	4.37
40	48×3.5	4.93	6.19	5.25	4.96	5.16	4.87
	45×3	4.02	5.16	5.09	4.78	5.00	4.70
	45×3.5	4.57	4.66	5.08	4.81	4.99	4.73
50	60×3.5	6.38	8.50	5.89	5.48	5.78	5.38
	57×3.5	6.01	7.90	5.74	5.36	5.63	5.26
	57×4	6.73	8.54	5.73	5.40	5.63	5.30
70	75.5×3.75	8.83	12.32	6.60	6.08	6.49	5.97
	76×4	9.39	12.88	6.63	6.12	6.51	6.02
	76×6	13.20	16.29	6.60	6.26	6.48	6.15
80	88.5×4	11.22	16.11	7.14	6.53	7.02	6.41
	89×4	11.0	16.24	7.16	6.54	7.04	6.43
	89×6	15.85	20.32	7.16	6.73	7.04	6.61
100	114×4	15.14	23.60	8.06	7.23	7.93	7.10
	108×4	14.19	21.73	7.87	7.08	7.73	6.95
	108×6	19.85	26.79	7.90	7.33	7.76	7.20
125	140×4.5	21.28	34.21	8.93	7.93	8.78	7.80
	133×4	18.21	29.99	8.69	7.67	8.54	7.54
	133×6	25.31	36.34	8.76	8.00	8.60	7.86
150	165×4.5	25.9	44.30	9.65	8.44	9.48	8.29
	159×4.5	24.81	41.77	9.48	8.33	9.32	8.18
	159×6	31.24	47.52	9.56	8.60	9.39	8.45
200	219×6	45.89	78.18	11.12	9.73	10.92	9.56
	219×8	57.72	88.77	11.20	10.06	11.01	9.88

续表

管子公称直径/mm	外径×壁厚/mm	管道计算重量/(kg/m)		管道基本跨距/m			
				管道设计温度≤200℃		管道设计温度≤350℃	
		气体管	液体管	气体管	液体管	气体管	液体管
250	273×6	60.24	111.58	12.31	10.55	12.09	10.36
	273×8	75.18	124.95	12.44	10.96	12.22	10.76
	273×10	89.89	138.12	12.51	11.24	12.29	11.04
300	325×6	75.10	148.93	13.31	11.21	13.07	11.02
	325×8	93.03	164.99	13.49	11.09	13.25	11.49
	325×10	110.74	180.84	13.59	12.03	13.36	11.81
350	377×6	90.97	191.37	14.21	11.80	13.96	11.59
	377×8	111.91	210.12	14.44	12.33	14.18	12.12
	377×10	132.61	228.66	14.57	12.72	14.32	12.49
400	426×6	106.86	236.03	14.96	12.28	14.71	12.07
	426×8	130.63	257.31	15.25	12.87	14.98	12.65
	426×10	154.16	278.38	15.42	13.30	15.15	13.07
450	480×6	125.42	290.46	15.75	12.77	15.48	12.55
	480×10	178.95	338.41	18.28	13.88	15.99	13.63
	480×12	205.36	362.06	16.41	14.24	16.12	13.99
500	530×6	143.89	345.80	16.42	13.18	16.13	12.76
	530×9	188.14	385.70	16.91	14.13	16.61	13.89
	530×12	232.18	425.13	17.19	14.76	16.87	14.50
600	630×6	182.75	470.56	17.62	13.91	17.31	13.03
	630×9	235.95	518.21	18.23	14.97	17.91	14.71
700	720×6	221.21	598.96	18.59	14.49	18.26	13.23
	720×9	282.20	653.58	19.29	15.64	18.96	15.37
800	820×6	267.53	759.53	19.55	14.71	19.21	13.40
	820×9	337.17	821.89	20.37	16.30	20.01	15.69
900	920×6	317.61	938.93	20.43	14.86	20.08	13.54
	920×9	395.91	1009.94	21.35	16.90	20.97	15.92
1000	1020×6	323.91	1137.17	21.98	14.98	21.59	13.65
	1020×9	411.42	1215.03	22.86	17.44	22.46	16.10
1200	1220×6	422.18	1590.17	23.55	15.18	23.13	13.83
	1220×8	492.19	1625.46	24.32	17.15	23.89	15.63
1400	1420×8	613.40	2191.16	25.81	17.36	25.36	15.82
	1420×10	694.78	2263.57	26.43	19.05	25.96	17.36
1600	1620×8	745.93	2805.21	27.15	17.52	26.67	15.96
	1620×10	838.95	2887.95	27.85	19.27	27.36	17.56

二十、化工标准装置内保温管道基本跨距(表 7. 7. 16)

表 7. 7. 16　装置内保温管道基本跨距

管子公称直径/mm	外径×壁厚/mm	管道设计温度≤200℃					管道设计温度≤350℃				
		保温厚度/mm	气体管道计算重量/(kg/m)	液体管道计算重量/(kg/m)	管道基本跨距/m		保温厚度/mm	气体管道计算重量/(kg/m)	液体管道计算重量/(kg/m)	管道基本跨距/m	
					气体管	液体管				气体管	液体管
25	33. 5×3. 25	45	9. 54	10. 09	3. 44	3. 31	65	14. 06	14. 06	2. 58	2. 53
	32×2. 5	45	8. 70	9. 25	3. 11	3. 01	65	13. 18	13. 73	2. 30	2. 28
	32×3. 5	45	9. 45	9. 92	36. 36	3. 28	65	13. 93	14. 40	2. 52	2. 48
32	42. 25×3. 25	50	12. 24	13. 20	3. 95	3. 81	65	15. 91	16. 36	3. 16	3. 07
	38×2. 5	50	10. 72	10. 72	3. 39	3. 27	65	14. 31	16. 14	2. 67	2. 60
	38×3. 5	50	11. 65	11. 65	3. 70	3. 59	65	15. 24	15. 96	2. 94	2. 88
40	48×3. 5	50	13. 64	14. 91	4. 44	4. 25	70	16. 85	20. 12	3. 44	3. 33
	45×3	50	12. 49	13. 63	4. 07	3. 89	70	17. 61	18. 75	3. 12	3. 02
	45×3. 5	50	13. 04	14. 13	4. 02	4. 06	70	18. 16	19. 25	3. 26	3. 17
50	60×3. 5	50	16. 09	18. 21	5. 23	4. 91	70	21. 63	23. 75	4. 11	3. 92
	57×3. 5	50	15. 47	17. 36	5. 04	4. 76	70	20. 93	22. 82	3. 95	3. 78
	57×4	50	16. 19	18. 00	5. 20	4. 93	70	21. 65	23. 46	4. 10	3. 93
70	75. 5×3. 75	55	21. 21	24. 70	6. 01	5. 57	75	27. 47	30. 95	4. 81	4. 53
	76×4	55	21. 82	25. 30	6. 13	5. 69	75	28. 09	31. 57	4. 92	4. 64
	76×6	55	25. 62	27. 71	6. 66	6. 29	75	31. 89	34. 98	5. 20	5. 08
80	88. 5×4	55	24. 77	29. 65	6. 78	6. 19	80	33. 22	38. 10	5. 33	4. 98
	89×4	55	24. 89	29. 83	6. 80	6. 21	80	33. 35	38. 30	5. 35	5. 00
	89×6	55	29. 44	33. 91	7. 40	6. 90	80	37. 91	42. 38	5. 66	5. 50
100	114×4	60	32. 69	41. 16	7. 72	6. 88	80	40. 31	48. 77	6. 21	5. 76
	108×4	60	31. 17	38. 71	7. 46	6. 70	80	38. 62	46. 15	6. 02	5. 59
	108×6	60	36. 82	43. 77	8. 18	7. 50	80	44. 27	51. 21	6. 35	6. 12
125	140×4. 5	60	41. 34	54. 27	8. 98	7. 84	85	49. 68	62. 62	7. 10	6. 65
	133×4	60	37. 60	49. 38	8. 46	7. 38	85	47. 96	59. 74	6. 70	6. 11
	133×6	60	44. 70	55. 73	9. 29	8. 32	85	55. 06	66. 09	7. 08	6. 77
150	165×4. 5	60	48. 44	66. 78	9. 85	8. 39	90	62. 52	80. 76	7. 61	6. 95
	159×4. 5	60.	46. 71	63. 67	9. 65	8. 26	90	60. 44	77. 40	7. 46	6. 83
	159×6	60	53. 14	69. 42	10. 30	9. 01	90	60. 87	83. 15	7. 76	7. 35
200	219×6	65	76. 12	108. 40	12. 04	10. 10	95	92. 79	125. 08	9. 16	8. 50
	219×8	65	87. 94	118. 90	12. 51	10. 96	95	104. 61	135. 67	9. 46	8. 80
250	273×6	65	96. 06	147. 40	13. 47	10. 87	95	115. 00	166. 34	10. 28	9. 33
	273×8	65	111. 00	160. 77	14. 00	11. 83	95	129. 94	179. 71	10. 66	9. 83
	273×10	65	125. 71	173. 94	14. 27	12. 64	95	144. 65	192. 88	10. 91	10. 16

续表

管子公称直径/mm	外径×壁厚/mm	管道设计温度≤200℃ 保温厚度/mm	气体管道计算重量/(kg/m)	液体管道计算重量/(kg/m)	管道基本跨距/m 气体管	液体管	管道设计温度≤350℃ 保温厚度/mm	气体管道计算重量/(kg/m)	液体管道计算重量/(kg/m)	管道基本跨距/m 气体管	液体管
300	325×6	70	119.65	193.48	14.44	11.36	100	141.19	215.02	11.16	9.82
	325×6	70	137.58	209.54	15.18	12.48	100	159.13	231.08	11.59	10.56
	325×6	70	158.71	228.81	15.42	13.23	100	176.83	246.94	11.88	10.93
350	377×6	70	141.27	241.67	15.48	11.83	100	165.00	265.40	12.03	10.29
	377×8	70	162.21	260.42	16.33	13.06	100	185.99	284.15	12.49	11.24
	377×10	70	182.91	278.96	16.68	13.99	100	205.64	302.69	12.81	11.65
400	426×6	70	162.58	291.74	16.35	12.20	105	192.91	322.07	12.69	10.58
	426×8	70	186.34	313.02	17.31	13.51	105	216.67	343.35	13.20	11.75
	426×10	70	209.87	334.10	17.71	14.51	105	240.20	364.42	13.56	12.21
450	480×6	70	187.11	352.17	17.21	12.54	105	220.09	385.14	13.45	10.93
	480×10	70	240.64	400.10	18.75	15.00	105	273.61	433.07	14.38	12.82
	480×12	70	287.05	423.75	19.07	15.87	105	300.02	456.73	14.66	13.20
500	530×8	70	210.80	413.01	17.94	12.81	105	246.23	448.44	14.10	11.20
	530×9	70	255.36	452.91	19.44	14.86	105	290.78	488.34	14.90	13.04
	530×12	70	299.40	492.34	19.99	16.32	105	334.82	527.78	15.39	13.74
600	630×6	75	266.57	554.39	19.01	13.18	110	307.38	595.20	15.20	11.59
	630×9	75	319.78	602.03	20.96	15.38	110	306.59	642.85	16.11	13.56
700	720×6	75	315.61	693.37	20.00	13.50	110	380.84	738.59	16.16	11.91
	720×9	75	376.61	747.98	22.27	15.81	110	421.83	793.21	17.14	13.99
800	82×6	75	373.69	865.68	20.97	13.78	110	423.81	915.81	17.12	12.20
	820×9	75	443.33	928.05	23.45	16.21	110	493.45	918.17	18.19	14.38
900	920×6	75	435.53	1056.84	21.82	14.01	110	490.55	1111.87	18.01	12.44
	920×9	75	513.82	1126.95	24.48	16.53	110	568.85	1181.98	19.16	14.71
1000	1020×6	80	461.93	1272.19	23.51	14.15	125	540.24	1353.10	19.00	12.51
	1020×9	80	549.45	1353.05	26.28	16.75	125	627.75	1431.36	20.21	14.84
1200	1220×6	80	585.11	1753.11	25.02	14.45	125	676.02	1844.01	20.56	12.84
	1220×8	80	655.12	1815.40	27.24	16.36	125	746.03	1906.30	21.53	14.55
1400	1420×8	80	801.24	2379.00	28.71	16.66	125	904.75	2482.51	23.01	14.86
	1420×10	80	882.63	2451.41	30.51	18.31	125	986.13	2554.92	23.79	16.34
1600	1620×8	80	958.69	3017.97	29.79	16.89	125	1074.79	3134.07	24.34	15.01
	1620×10	80	1051.68	3100.71	31.93	18.60	125	1167.79	3216.81	25.19	16.64

二十一、化工标准装置外不保温管道基本跨距(表 7.7.17)

表 7.7.17　化工标准装置外不保温管道基本跨距

管子公称直径/mm	外径×壁厚/mm	管道计算重量/(kg/m)		管道基本跨距/m			
				管道设计温度≤200℃		管道设计温度≤350℃	
		气体管	液体管	气体管	液体管	气体管	液体管
15	21.25×2.75	1.55	1.74	4.26	4.18	4.18	4.07
	18×2.5	1.18	1.31	3.90	3.84	3.84	3.74
	18×3	1.36	1.47	3.86	3.79	3.79	3.71
20	26.75×2.75	2.04	2.38	4.62	4.64	4.74	4.56
	25×2.5	1.74	2.04	4.67	4.84	4.59	4.41
	25×3	2.02	2.29	4.63	4.49	4.55	4.41
25	33.5×3.25	3.05	3.60	5.41	5.19	5.31	5.10
	32×2.5	2.32	2.87	5.32	5.04	5.22	4.93
	32×3.5	3.07	3.54	5.26	5.08	5.17	4.99
32	42.25×3.25	3.99	4.95	6.11	5.79	6.00	5.66
	38×2.5	2.83	3.65	5.81	5.42	5.71	5.29
	38×3.5	3.75	4.48	5.77	5.52	5.67	5.42
40	48×3.5	4.93	6.19	6.52	6.16	6.40	6.01
	45×3	4.02	5.16	6.32	5.93	6.21	5.77
	45×3.5	4.57	4.66	6.30	5.98	6.19	5.85
50	60×3.5	6.38	8.50	7.30	6.80	7.18	6.55
	57×3.5	6.01	7.90	7.12	6.65	6.99	6.43
	57×4	6.73	8.54	7.11	6.70	6.98	6.52
70	75.5×3.75	8.83	12.32	8.19	7.54	8.05	7.18
	76×4	9.39	12.88	8.22	7.60	8.08	7.27
	76×6	13.20	16.29	8.19	7.77	8.05	7.61
80	88.5×4	11.22	16.11	8.86	8.10	8.71	7.66
	89×4	11.0	16.24	8.89	8.12	8.73	7.67
	89×6	15.85	20.32	8.89	8.35	8.73	8.12
100	114×4	15.14	23.60	10.02	8.97	9.85	8.27
	108×4	14.19	21.73	9.77	8.78	9.59	8.15
	108×6	19.85	26.79	9.80	9.09	9.63	8.74
125	140×4.5	21.28	34.21	11.08	9.84	10.89	8.99
	133×4	18.21	29.99	10.78	9.47	10.59	8.63
	133×6	25.31	36.34	10.87	9.93	10.68	9.38
150	165×4.5	25.9	44.30	11.97	10.30	11.76	9.38
	159×4.5	24.81	41.77	11.77	10.20	11.56	9.30
	159×6	31.24	47.52	11.85	10.67	11.65	9.92
200	219×6	45.89	78.18	13.80	11.88	13.55	10.82
	219×8	57.72	88.77	13.90	12.48	13.66	11.57

续表

管子公称直径/mm	外径×壁厚/mm	管道计算重量/(kg/m)		管道基本跨距/m			
				管道设计温度≤200℃		管道设计温度≤350℃	
		气体管	液体管	气体管	液体管	气体管	液体管
250	273×6	60.24	111.58	15.27	12.50	15.00	11.39
	273×8	75.18	124.95	15.44	13.48	15.17	12.29
	273×10	89.89	138.12	15.52	13.94	15.25	129.2
300	325×6	75.10	148.93	16.51	12.94	16.22	11.79
	325×8	93.03	164.99	16.74	14.07	16.45	12.82
	325×10	110.74	180.84	16.87	14.89	16.57	13.56
350	377×6	90.97	191.37	17.63	13.30	17.32	12.12
	377×8	111.91	210.12	17.91	14.54	17.59	13.25
	377×10	132.61	228.66	18.08	15.46	17.76	14.09
400	426×6	106.86	236.03	18.58	13.57	18.25	12.36
	426×8	130.63	257.31	18.92	14.90	18.59	13.57
	426×10	154.16	278.38	19.13	15.90	18.79	14.49
450	480×6	125.42	290.46	19.55	13.81	19.15	12.52
	480×10	178.95	338.41	20.19	16.31	19.84	14.87
	480×12	205.36	362.06	20.36	17.17	19.99	15.64
500	530×6	143.89	345.80	20.37	14.00	19.80	12.76
	530×9	188.14	385.70	20.98	16.10	20.62	14.67
	530×12	232.18	425.13	21.30	17.56	20.93	15.00
600	630×6	182.75	470.56	21.87	14.31	20.92	13.04
	630×9	235.95	518.21	22.62	16.58	22.22	15.11
700	720×6	221.21	598.96	23.06	14.52	21.77	13.23
	720×9	282.20	653.58	23.49	16.92	23.46	15.41
800	820×6	267.53	759.53	24.26	14.71	22.58	13.40
	820×9	337.17	821.89	25.27	17.22	24.50	15.69
900	920×6	317.61	938.93	25.36	14.86	23.28	13.54
	920×9	395.91	1009.94	26.49	17.47	25.41	15.92
1000	1020×6	323.91	1137.17	27.27	14.98	25.58	13.65
	1020×9	411.42	1215.03	28.37	17.67	27.68	16.10
1200	1220×6	422.18	1590.17	29.22	15.18	26.84	13.83
	1220×8	492.19	1625.46	30.18	17.15	28.63	15.63
1400	1420×8	613.40	2191.16	32.03	17.36	29.89	15.82
	1420×10	694.78	2263.57	32.79	19.05	31.34	17.36
1600	1620×8	745.93	2805.21	33.68	17.52	30.96	15.96
	1620×10	838.95	2887.95	34.55	19.27	32.58	17.56

二十二、化工标准装置外保温管道基本跨距(表 7.7.18)

表 7.7.18　装置外保温管道基本跨距

管子公称直径/mm	外径×壁厚/mm	管道设计温度≤200℃					管道设计温度≤350℃				
		保温厚度/mm	气体管道计算重量/(kg/m)	液体管道计算重量/(kg/m)	管道基本跨距/m		保温厚度/mm	气体管道计算重量/(kg/m)	液体管道计算重量/(kg/m)	管道基本跨距/m	
					气体管	液体管				气体管	液体管
25	33.5×3.25	45	9.54	10.09	3.44	3.34	65	14.01	14.061	2.50	2.53
	32×2.5	45	8.70	9.25	3.11	3.01	65	13.18	13.73	2.30	2.28
	32×3.5	45	9.45	9.92	3.36	3.28	65	13.93	14.40	2.52	2.48
32	42.25×3.25	50	12.24	13.20	3.95	3.81	65	15.91	16.88	3.16	3.07
	38×2.5	50	10.72	11.55	3.39	3.27	65	14.31	15.14	2.67	2.60
	38×3.5	50	11.65	112.37	3.70	3.59	65	15.24	15.96	2.94	2.88
40	48×3.5	50	13.64	14.91	4.44	4.25	70	18.85	20.12	3.44	3.33
	45×3	50	12.49	13.63	4.07	3.89	70	17.61	18.75	3.12	3.02
	45×3.5	50	13.04	14.13	4.23	4.06	70	18.16	19.25	3.26	3.17
50	60×3.5	50	16.09	18.21	5.23	4.91	70	21.63	23.75	4.11	3.92
	57×3.5	50	15.47	17.36	5.04	4.76	70	20.93	22.82	3.95	3.78
	57×4	50	16.19	18.00	5.20	4.93	70	21.65	23.46	4.10	3.99
70	75.5×3.75	55	21.21	24.70	6.01	5.57	75	27.47	30.95	4.81	4.53
	76×4	55	21.82	25.30	6.13	5.69	75	28.09	31.57	4.92	4.64
	76×6	55	25.62	28.71	6.66	6.29	75	31.89	34.98	5.44	5.19
80	88.5×4	55	24.77	29.65	6.78	6.19	80	33.22	38.10	5.33	4.98
	89×4	55	24.89	29.83	6.80	6.21	80	33.35	38.30	5.35	5.00
	89×6	55	29.44	33.91	7.40	6.90	80	37.91	42.38	5.94	5.62
100	114×4	60	32.69	41.16	7.76	6.88	80	40.31	48.77	6.33	5.76
	108×4	60	31.17	38.71	7.46	6.70	80	38.62	46.15	6.11	5.59
	108×6	60	36.82	43.77	8.18	7.50	80	44.27	51.21	6.79	6.32
125	140×4.5	60	41.34	54.27	8.98	7.84	85	49.68	62.62	7.46	6.65
	133×4	60	37.60	49.38	8.46	7.38	85	47.96	59.74	6.82	6.11
	133×6	60	44.70	55.73	9.29	8.32	85	55.06	66.09	7.62	6.96
150	165×4.5	60	48.44	66.78	9.85	8.39	90	62.52	80.76	7.90	6.95
	159×4.5	60.	46.71	63.67	9.65	8.26	90	60.44	77.40	7.73	6.83
	159×6	60	53.14	69.42	10.30	9.01	90	60.87	83.15	8.36	7.50
200	219×6	65	76.12	108.40	12.04	10.10	95	92.79	125.08	9.93	8.56
	219×8	65	87.94	118.90	12.51	10.96	95	104.61	135.67	10.65	9.36
250	273×6	65	96.06	147.40	13.47	10.87	95	115.00	166.34	11.21	9.33
	273×8	65	111.00	160.77	14.00	11.89	95	129.94	179.71	12.05	10.25
	273×10	65	125.71	173.94	14.27	12.64	95	144.65	192.88	12.63	10.93

续表

管子公称直径/mm	外径×壁厚/mm	管道设计温度≤200℃					管道设计温度≤350℃				
		保温厚度/mm	气体管道计算重量/(kg/m)	液体管道计算重量/(kg/m)	管道基本跨距/m		保温厚度/mm	气体管道计算重量/(kg/m)	液体管道计算重量/(kg/m)	管道基本跨距/m	
					气体管	液体管				气体管	液体管
300	325×6	70	119.65	193.48	14.44	11.36	100	141.19	215.02	12.11	9.82
	325×6	70	137.58	209.54	15.18	12.48	100	159.13	231.08	13.05	10.83
	325×6	70	158.71	228.81	15.42	13.23	100	176.83	24694	13.72	11.61
350	377×6	70	141.27	241.67	15.48	11.83	100	165.00	265.40	13.05	10.29
	377×8	70	162.21	260.42	16.33	13.06	100	185.99	284.15	14.08	11.39
	377×10	70	182.91	278.96	16.68	13.99	100	206.64	302.69	14.81	12.24
400	426×6	70	162.58	291.74	16.35	12.20	105	192.91	322.07	13.67	10.58
	426×8	70	186.34	313.02	17.31	13.51	105	216.67	343.35	14.79	11.75
	426×10	70	209.87	334.10	17.71	14.51	105	240.20	364.42	15.60	12.66
450	480×6	70	187.11	352.17	17.21	12.54	105	220.09	385.14	14.46	10.93
	480×10	70	240.64	400.10	18.75	15.00	105	273.61	433.07	16.53	13.14
	480×12	70	287.05	423.75	19.07	15.87	105	300.02	456.73	17.19	13.93
500	530×8	70	210.80	413.01	17.94	12.81	105	246.23	448.44	115.12	11.20
	530×9	70	255.36	452.91	19.44	14.86	105	290.78	488.34	16.90	13.04
	530×12	70	299.40	492.34	19.99	16.32	105	334.82	527.78	18.03	14.36
600	630×6	75	266.57	554.39	19.01	13.18	110	307.38	595.20	16.13	11.59
	630×9	75	319.78	602.03	20.96	15.38	110	306.59	642.85	18.11	13.56
700	720×6	75	315.61	693.37	20.00	13.50	110	380.84	738.59	17.04	11.91
	720×9	75	376.61	747.98	22.27	15.81	110	421.83	793.21	19.19	13.99
800	820×6	75	373.69	865.68	20.97	13.78	110	423.81	915.81	17.94	12.20
	820×9	75	443.33	928.05	23.45	16.21	110	493.95	978.17	20.20	14.38
900	920×6	75	435.53	1056.84	21.82	14.01	110	490.55	1111.87	18.73	12.44
	920×9	75	513.82	1126.95	24.48	16.53	110	568.85	1181.98	21.20	14.71
1000	1020×6	80	461.93	1272.19	23.51	14.15	125	540.24	1353.50	19.81	12.51
	1020×9	80	549.45	1353.05	26.28	16.75	125	627.75	1431.36	22.40	14.84
1200	1220×6	80	585.11	1753.11	25.02	14.45	125	676.02	1844.01	21.21	12.84
	1220×8	80	655.12	1815.40	27.24	16.36	125	746.03	1906.30	23.26	14.55
1400	1420×8	80	801.24	2379.00	28.71	16.66	125	804.75	2482.51	24.61	14.86
	1420×10	80	882.63	2451.41	30.51	18.31	125	986.13	2554.92	26.30	16.34
1600	1620×8	80	958.69	3017.97	29.79	168.9	125	1074.79	3134.01	25.79	15.01
	1620×10	80	1051.68	3100.71	31.93	18.60	125	1167.79	3216.81	27.61	16.64

二十三、最大基本跨距简化表

碳钢管和厚壁不锈钢管的最大基本跨距(按装置内挠度、刚度计算)见表 7.7.19。

表 7.7.19 中数据遵循下列要求：

① 设计温度低于 350℃的 STD 标准壁厚或者更大壁厚的碳钢管；

② 设计温度低于 350℃的 Sch40S 壁厚或者更大壁厚的 *DN*400 以下的奥氏体不锈钢管；

③ 设计温度低于 280℃的 Sch10S 壁厚或者更大壁厚的双相不锈钢管。

表 7.7.19 碳钢管和厚壁不锈钢管的最大基本跨距

DN	最大跨度①②/mm			
	气体管道		液体管道	
	裸管	保温管	裸管	保温管③
25	3850	2300	3450	2250
40	4750	3000	4100	2800
50	5350	3600	4550	3300
80	6550	4600	5450	4200
100	7500	5550	6100	4900
150	9150	6800	7100	5800
200	10500	8050	7950	6700
250	11800	9050	8700	7400
300	12900	9800	9150	7800
350	15150	11850	10850	9300
400	16250	12850	11200	9750
450	17250	13750	11500	10150
500	18200	14450	11750	10400
600	18950	16050	12150	10950

注：① 跨度是基于直管，其他形式应该乘上一个形状系数(参见图 7.7.10)。

② 具有不小于 1.5mm/m 坡度自流管子需要另外核实跨度。

③ 表内保温的重量基于：保温厚度从 *DN*25 是 70mm 到 *DN*600 是 200mm，保温层密度为 200kg/m³。

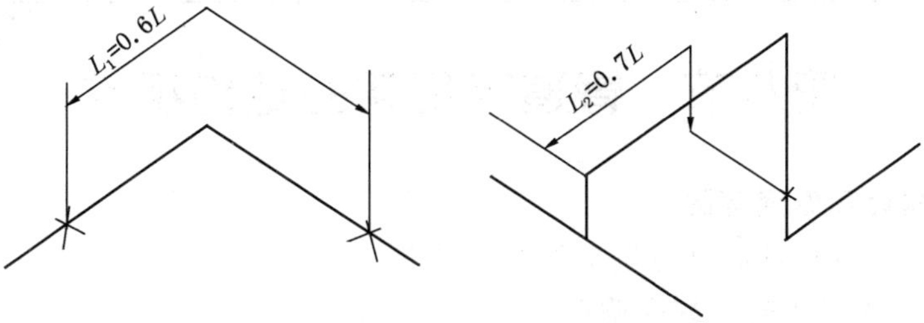

图 7.7.10

壁厚为Sch10S，最高设计温度为350℃奥氏体不锈钢管(按装置内挠度、钢度计算)最大基本跨度见表7.7.20。

表7.7.20 Sch10S不锈钢管的最大基本跨度

DN	最大跨度①②/mm			
	气体管道		液体管道	
	裸管	保温管③	裸管	保温管③
25	3900	2200	3450	2100
40	4850	2800	4000	2600
50	5450	3300	4300	3000
80	6700	4050	4950	3500
100	7650	4800	5300	4000
150	9400	5750	5950	4600
200	10750	6800	6450	5200
250	12000	7600	6950	5650
300	13000	8250	7350	6050
350	13750	8700	7600	6300
400	14700	9450	7750	6550
450	15650	10150	7850	6750
500	16450	11000	8400	7300
600	18050	12700	9050	8050

注：① 跨度是基于直管，其他形式应该乘上一个形状系数(参见图7.7.11)。

② 具有不小于1.5mm/m坡度自流管子需要另外核实跨度。

③ 表内保温的重量基于：保温厚度从*DN*25是70mm到*DN*600是200mm，保温层密度为190kg/m³。

垂直管线的最大跨度见表7.7.21。

表7.7.21 垂直管线的最大跨度

管　　径	最大跨度/mm	管　　径	最大跨度/mm
	充水+保温		充水+保温
3/4″～2″	3000	8″～14″	6000
3″～6″	5000	16″及以上	8000

第八节　管道支吊架的结构组成

一、管架结构计算温度范围

对于附管部件，其设计温度应按下列原则选取：

① 管道保温且无衬里时，取介质温度；

② 管道不保温且无衬里时，取介质温度的95%；

③ 管道有衬里时，取实际管道壁温；

④ 附管部件位于管道隔热层外面时，取隔热层外表面温度。对保冷管道取当地露点温

度加 2℃；对保温管道，一般取 60℃。

对于生根部件，其设计温度应按下列原则选取：

① 生根在建筑物梁柱、平台、墙壁或地面上时，取常温；

② 生根在设备平台、裙座或加热炉钢结构上时，取常温；

③ 生根在另一管道上时，按附管部件选取；

④ 生根在设备本体上时，若设备保温而且无内衬里时，取设备介质温度；若设备不保温而且无内衬里时，取设备介质温度的 80%；设备有衬里时，取设备实际壁温的 80%。

对于中间连接件，其设计温度应按下列原则选取：

① 一般情况下取常温；

② 与管道或设备较近时，应根据实际情况选取，但不应超过附管部件或敷塔(设备)生根部件的设计温度。

二、支吊架的结构组成

一般情况下，管道支吊架可以分为三部分，即附管部件、生根部件和中间连接件。与管子直接相接触或与管子直接焊在一起的部分称为附管部件。与地面、设备、建构筑物等支承设施相连的部分称为生根部件。连接附管部件和生根部件的部分称为中间连接件。但不是所有支吊架都由这三部分组成，有时仅有两部分甚至一部分组成。

三、附管部件

附管部件是必不可少的部件。但也有例外，如不需要隔热、又无坡度要求的光管直接敷设在管架上时，就可以认为它没有附管部件。由于附管部件与管子直接相连接，故应考虑它对管子材料及操作条件的适应性。一般情况下，附管部件与管子的连接有两种方式，即直接焊接或管卡连接。

四、附管部件不能与管子直接焊接的情况

一般情况下，附管部件应与管子同材质，只有当管子为普通碳素钢，并确认管子壁厚有较大富裕量时，可采用普通碳素钢。理论上认为，当管子与附管部件焊接时，具有较多杂质元素的附管部件材料其有害杂质元素硫、磷等会侵入管子部分，并影响到管子材料的局部性能。又由于管子在支承处有较大的应力集中，因此容易导致管子在支承处形成薄弱环节，尤其是对工作温度超过 100℃的低碳不锈钢管道，还会发生碳迁移现象，使不锈钢管子局部含碳量增加，影响其耐腐蚀性能。附管部件不能与管子直接焊接的情况包括以下几种：

1. 吊架支承且管内介质温度等于或大于 400℃的碳素钢管道

对于吊架支承情况，由于焊缝受拉，而且焊缝受力面积较小，又存在较大的应力集中，焊后一般也不进行热处理，故在高于 400℃的情况下，焊缝会因回火而发生应力松弛，而且是在高应力的作用下发生应力松弛，此时容易在应力松弛过程中因金属不稳定而造成焊缝拉裂。故焊接型吊架不应用在高于 400℃情况下。

2. 低温管道

对于低温管道，如果采用焊接结构，会由于金属传热较快而造成较大的冷量损失。因此，对于低温管道一般应选用管卡型式，且管卡卡在保冷层的外层，使金属支吊架不直接与管子接触。保冷层中要适当设置一些软木块等以起到强度加强作用。

对于多数合金钢管道，或者设计提出要求焊后热处理的碳钢管道，如果焊后不进行热处理，会影响材料的使用性。例如，增加其应力腐蚀开裂的倾向，或增加高合金钢延迟裂纹产生的倾向。对于高空敷设的管道，现场不能或者不便进行热处理，故此时不应采用焊接型支

吊架。对于大气腐蚀较严重的潮湿地区，不锈管道也不宜采用焊接，以防电偶腐蚀的发生而导致支吊架很快破坏。

3. 生产中需要经常拆卸检修的管道。

经常拆卸的管道，如果采用焊接，不便于支吊架的拆除，除非附管部件与中间连接件可以拆除。

4. 高空敷设且不宜焊接施工的管道。

金属焊接的劳动强度较大，而且需要专用的设备，高空作业比较困难，故高空敷设的管道不宜采用焊接型管道支吊架。

5. 衬里管道

非金属衬里管道、镀锌管道、渗铝管道等不允许焊接的管子，一旦现场焊接了支吊架，会损坏其耐腐蚀复层，故此时也不应采用焊接型管道支吊架。

五、不能采用焊接附管部件而采用管卡(管箍)型附管部件时注意事项

不能采用焊接附管部件时，应采用管卡(管箍)型附管部件。在使用管卡(管箍)作为附管部件时，除上面讲到的保冷管道其附管部件应置于保冷层外面时，尚应注意下列问题：

① 与不锈钢管子(尤其是温度高于100℃的不锈钢管子)相连时，应在管子与管卡(管箍)之间设置非金属(如石棉)垫层，使其隔离，以免发生电偶腐蚀或碳迁移现象；

② 对于 $DN \geqslant 50$ 的管子，当采用管卡承重时，应设置挡铁；

③ 当管子有保温时，管卡(管箍)与中间连接件相连的部分应漏出隔热层外，以便于隔热保护层的封闭；

④ 当水平管子在工作状态下有平面位移时，管卡(管箍)宜与吊架配合使用，以适应管子支承点的位移，避免隔热层的损坏。

六、附管部件材质选用表(表7.8.1)

表7.8.1 附管部件材质选用表

<table>
<tr><th rowspan="2">管道材料</th><th rowspan="2">介质温度/℃</th><th rowspan="2">尽量选用</th><th colspan="2">不可拆卸式</th><th colspan="2">可拆卸式</th><th rowspan="2">备注</th></tr>
<tr><th>鞍板、支腿、耳轴</th><th>挡块、吊耳、导向板、管托</th><th>管卡、管托、管座等</th><th>U形螺栓</th></tr>
<tr><td>碳钢</td><td>≤350</td><td>不可拆卸式</td><td>同管材</td><td>20</td><td>20</td><td>碳钢</td><td>注5</td></tr>
<tr><td>优质碳钢</td><td>≤425</td><td>可拆卸式</td><td>同管材</td><td>20</td><td>20</td><td>20</td><td>注5</td></tr>
<tr><td>镀锌碳钢</td><td>≤200</td><td>可拆卸式</td><td>—</td><td>—</td><td>20</td><td>碳钢</td><td>注5</td></tr>
<tr><td rowspan="2">高温用钢</td><td>≤540</td><td>可拆卸式</td><td>同管材</td><td>15CrMo</td><td>15CrMo</td><td>—</td><td>注4</td></tr>
<tr><td>≤575</td><td>可拆卸式</td><td>同管材</td><td>12Cr1MoV</td><td>12Cr1MoV</td><td>—</td><td>注4</td></tr>
<tr><td rowspan="3">不锈钢</td><td>≤350</td><td>可拆卸式</td><td>同管材</td><td>0Cr18Ni9
(06Cr19Ni10)
或20</td><td>20</td><td>注2</td><td>注1</td></tr>
<tr><td>≤650</td><td>可拆卸式</td><td>同管材</td><td>0Cr18Ni9
(06Cr19Ni10)</td><td>0Cr18Ni9
(06Cr19Ni10)</td><td>—</td><td>注4</td></tr>
<tr><td>>-190</td><td>可拆卸式</td><td>同管材</td><td>0Cr18Ni9
(06Cr19Ni10)</td><td>0Cr18Ni9
(06Cr19Ni10)</td><td></td><td>注5</td></tr>
<tr><td rowspan="2">低温用钢</td><td>-45～-105</td><td>可拆卸式</td><td>同管材</td><td>同管材</td><td>0Cr18Ni9
(06Cr19Ni10)
注3</td><td></td><td>注5</td></tr>
<tr><td>-20～-45</td><td>可拆卸式</td><td>同管材</td><td>同管材或
0Cr18Ni9
(06Cr19Ni10)</td><td>16Mn</td><td></td><td>注5</td></tr>
</table>

续表

管道材料	介质温度/℃	尽量选用	不可拆卸式		可拆卸式		备注
			鞍板、支腿、耳轴	挡块、吊耳、导向板、管托	管卡、管托、管座等	U形螺栓	
碳钢衬塑料等	<100	可拆卸式	—	—	20	碳钢	注1
有色金属		可拆卸式	—	—	20	—	注1
非金属	<100	可拆卸式	—	—	20	—	注1

注：1. 在管壁与支架间应加垫软质材料，如橡胶石棉板等。

2. 采用不锈钢扁钢与碳钢无头螺栓焊接成的U形卡。

3. 在保冷层外侧时，可用20钢材料。

4. 425℃以上使用时避免用U形螺栓。

5. 壁厚小于3mm或大于17.5mm，以及管径 $DN<50$ 的管道，应尽量使用可拆卸式的管部附着件。

6. 为简化支架材料品种，奥氏体不锈钢尽量选用0Cr18Ni9(06Cr19Ni10)和0Cr17Ni12Mo2(06Cr17Ni12Mo2)，相当于ASTM标准的304及316不锈钢。

7. 标注为“同管材”的，当用鞍板时，可从管子上切取。

七、生根部件

1. 生根部位

① 一般情况下，可用于管道支吊架生根的有建、构筑物的梁柱或者建、构筑物的墙体。

A. 墙上预留孔、砌预制块(带有预埋钢板)，以及采用膨胀螺栓固定等。

B. 墙架是管道支吊架常用的一种形式。当管径较小，管道根数较少，且有可能沿建筑物(构筑物)的墙壁敷设时，应尽量采用这种形式。墙架可采用型钢单梁(图7.8.1)或三角架(图7.8.2)形式，管道可搁置在墙架上或悬挂在墙架下。

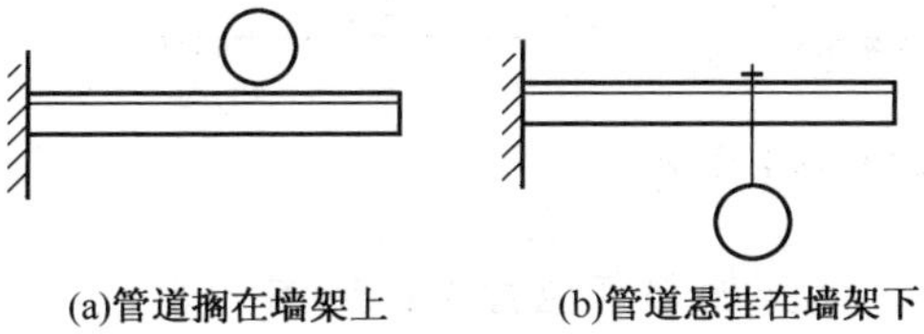

图7.8.1　单梁墙架

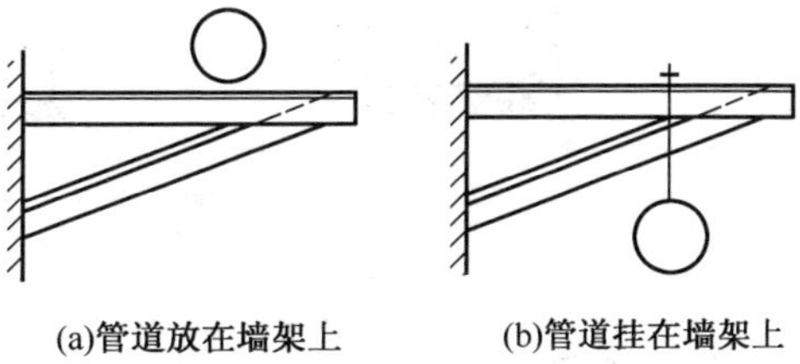

图7.8.2　三角架墙架

C. 通过预埋件固定在砖墙上(图7.8.3、图7.8.4)。除对墙体进行承载力验算外，还应对预埋件的锚板及锚筋进行承载力计算。

D. 采用膨胀螺栓固定在墙体上(图7.8.5)。膨胀螺栓应按墙架上的反力进行选用。同样应进行必要的承载力及稳定性验算。

E. 直接焊于钢结构构件上(图7.8.6)。此时应保证被焊件的承载力与稳定性。

F. 直接固定在窗间墙或墙壁柱上(图7.8.7)。固定点处的墙体应进行承载力验算。

② 设备本体(包括塔、罐、换热器等)，采用预焊生根件。

③ 设备基础及其他混凝土结构，通常采用的方法有预埋钢板或型钢或套管、在混凝土结构上钻孔后用膨胀螺栓固定等。

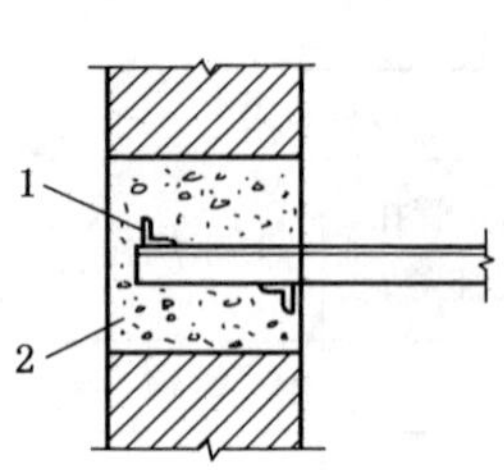

图 7.8.3 墙架直接固定

1—加固角钢；2—混凝土填实

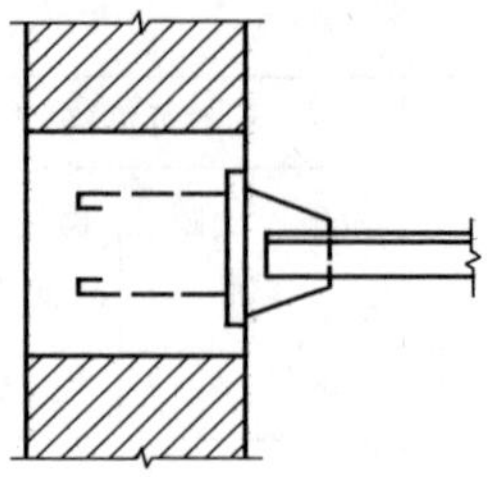

图 7.8.4 墙架预埋件固定

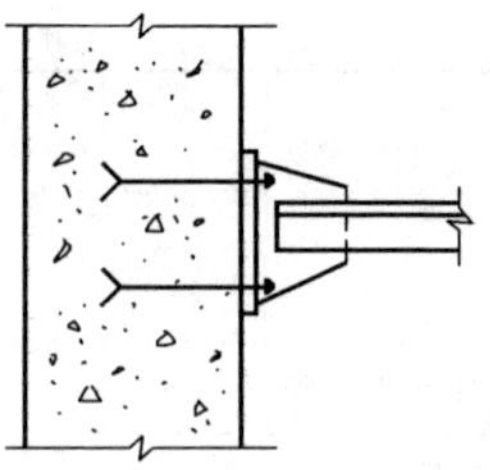

图 7.8.5 墙架膨胀螺栓的固定

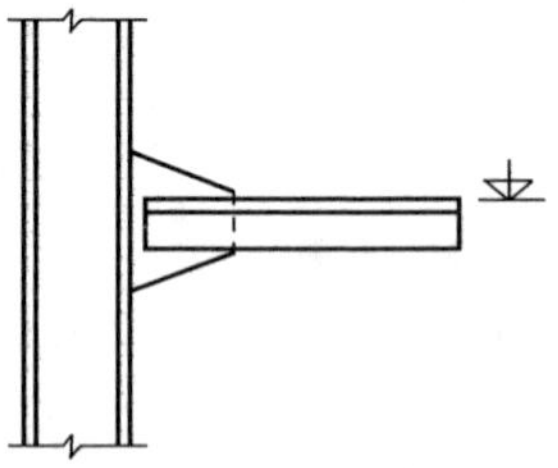

图 7.8.6 墙架焊接固定示意

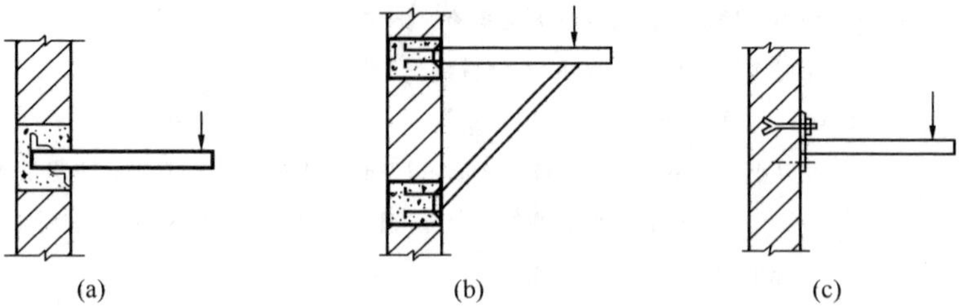

图 7.8.7 在墙上生根

④ 加热炉钢构架。

⑤ 建、构筑物平台及设备平台。

⑥ 地面，见图 7.8.8。

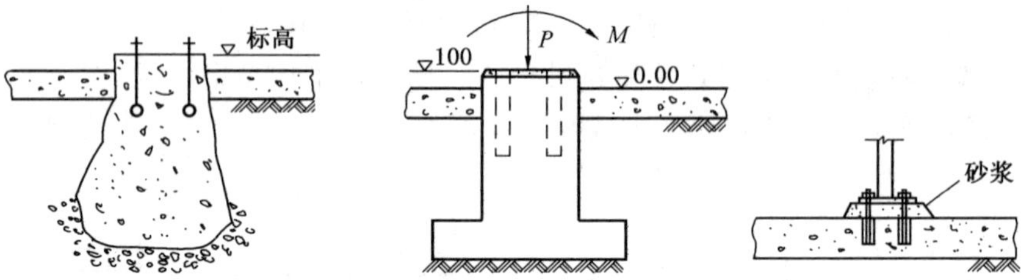

图 7.8.8 在地面/基础上生根

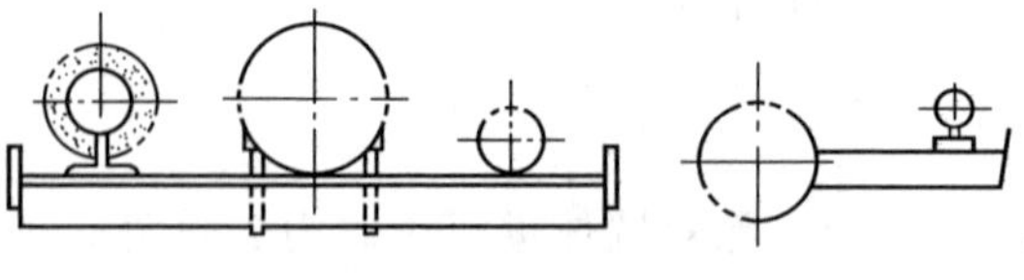

图 7.8.9 在大管上生根

⑦ 相邻其他管子，见图 7.8.9。

2. 注意事项

① 当支吊架在建构筑物的梁柱、加热炉钢结构、塔与建构筑物平台等部位生根时，生根部件采用焊接方式直接焊在上述结构上是最简便有效的办法。由于这些部位处于常温，故生根部件可采用普通碳素钢(镇静钢或沸腾钢)材料。在征得有关专业的同意后，也可以采用螺栓连接。无论采用焊接还是螺栓连接，均应向有关专业提出支吊架所承受的荷载条件，并得到相关专业的确认。除此之外，尚应注意生根点的平面尺寸是否能满足生根件尺寸的要求，否则应采取措施。

② 当支吊架生根在建构筑物的墙体、设备基础等非钢体结构上时，应及时向有关专业提出预埋钢板的条件，详细给出生根位置、生根面积和支承荷载等有关要求。此时生根构件可采用焊接型式，生根构件材料采用普通碳素钢。

③ 设计从设备上生根的支架时，要求在设备上预焊生根件。如果现场安装支架在设备壁上直接焊接，许多设备需要重新检验，且拖延施工进度。焊后残余应力会影响设备的防腐能力和机械性能。对于非金属衬里的设备，现场焊接会损坏内衬如橡胶、塑料、玻璃等。

④ 对容器类设备上的生根件(包括管道支架预焊件、平台预焊件及保温(冷)的预焊件等)确定下来，把条件及资料送交设备制造厂，这对于提前制造设备是十分有利的。越是复杂的及制造周期长的设备，越需提前提出条件。

⑤ 在设计中，应将生根件(预焊件)的位置、荷载(力及力矩)、预焊件的尺寸或标准等提供给设备设计者，以满足支架设计的要求。

⑥ 当支吊架生根在地面上时，应考虑地面的承载能力。当地面为一般的混凝土时，管道专业可不向有关专业提条件，此时生根部件可直接置于地面或采用膨胀螺栓固定在地面上，生根部件材料采用普通碳素钢。当管子直径较大而支架承重荷载较大时，一般的路面已不能满足其承重要求，此时应为支吊架专设基础，并预埋钢板或地脚螺栓，生根部件与预埋件焊接或螺栓连接。一些设计单位规定，凡 $DN\geqslant150$ 的管子其落地支架均应专设基础，并详细向土建专业提出支架位置、基础标高、支承标高、支承荷载、预埋件尺寸等资料。

⑦ 当支吊架生根在邻近的大管子上时，它的生根部件对于大管子来说相当于其附管部件，故此时要求同附管部件部分。

八、中间连接件

中间连接件泛指与附管部件和生根部件相连的所有其他支吊架零部件。由于支吊架型式较多，因此它的中间连接件可谓五花八门，很难一概而论。一般情况下，它对被支承的管子和被生根的设备等已不再产生影响，故多选用普通碳素钢。当某些中间连接件与高温的被支承管子或被生根设备较近时，它的材料应能适应高温的要求。当中间连接件为一些专用定型件(如弹簧支吊架)时，其材料尚应符合定型部件的标准需要。

九、管架泪孔的设计

如果垂直耳轴管的两端全部封闭，应该在底部设计一个 5mm 直径的小孔，小孔高度尽量低，见图 7.8.10(a)。当管子由水平耳轴管支承，在耳轴管端部应该焊制一块钢板(Stiffner Plate，通常为 PL9t)，见图 7.8.10(b)。

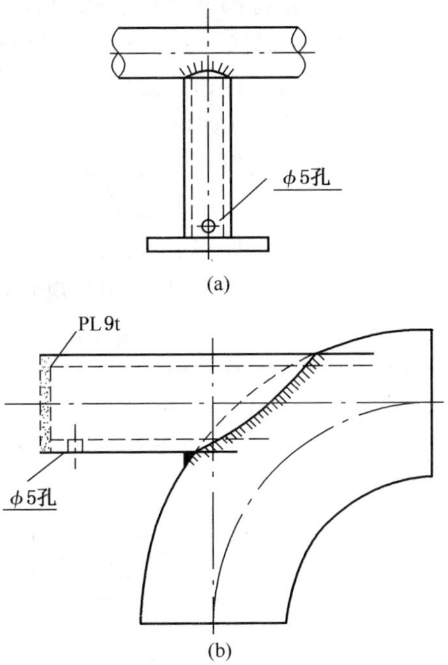

图 7.8.10　泪孔的设计

第九节　支吊架强度与材料选用

一、管道支承件的强度

每个支承点可能同时承受多种荷载的作用。在进行管道支承件的强度设计时，应将其可能同时承受的多种荷载进行叠加。在获得每个支承点的荷载后，即可进行支承件的强度计算及结构设计。支承件的强度计算及结构设计应包括两部分：管道支吊架本身的强度计算和结构设计；管道支吊架生根结构的强度计算和结构设计。

二、管道支吊架承受的荷载组合

① 对于承重支架，其设计计算荷载应为：基本荷载＋竖直位移荷载＋风荷载和雪荷载中的较大值，同时应考虑摩擦力产生的横向弯曲剪力；当承受安全阀排放反力时，尚应进行反力荷载核算；当进行水压试验并且充水重对其基本荷载贡献较大时，应考虑充水重的影响。但考虑充水重时，不应同时考虑位移荷载和临时荷载；对于承重吊架，当其吊杆偏转角不大于4°时，不考虑摩擦力的影响；

② 对于固定支架，其设计计算荷载应为：基本荷载＋位移荷载(包括 F_x、F_y、F_z、M_x、M_y、M_z)＋风荷载和雪荷载中的较大值；当进行水压试验并且充水重对基本荷载贡献较大时，应考虑充水重的影响。但考虑充水重时，不应同时考虑位移荷载和临时荷载；

③ 对于轴向双向限位支架，其荷载组合的方法同固定支架；对于止推支架，仅考虑位移荷载和摩擦力；

④ 对于水平导向支架，其荷载同承重支架，但同时应考虑水平位移荷载；对于竖向导向支架，其荷载应为横向位移荷载＋风荷载。当有地震设防要求时，应进行地震荷载校核；

⑤ 防振管卡同导向支架，摩擦防振支架同止推支架。

三、支吊架各部件材料选取的原则

① 对附管部件，当它与管道直接焊接时，宜与管子同材质，或材料相当；不与管子直接焊接时，可选用普通碳素钢(例如 Q235B)，但此时所选材料应能适应设计温度的要求；

② 对于在设备(如塔、容器等)上生根的生根部件，当它与设备直接焊接时，宜与设备同材质，或材质相当；不与设备直接焊接时，可选用普通碳素钢(例如 Q235B)，但此时所选材料应能适应设计温度的要求；

③ 其他生根部件和中间连接件，可选用普通碳素钢，但所选材料应能适应设计温度的要求；

④ 常用支吊架材料的适用温度范围应符合表 7.9.1 的要求。

表 7.9.1 常用支吊架材料的适用温度范围

材料	使用温度范围/℃	材料标准		
		管材	板材	棒材
Q235，Q235B	－30～350	GB/T 3091 GB/T 3092	GB 709	GB 702
20	－30～475	GB 8162 GB 8163	GB 710，GB 711	GB 699
12CrMo	≤525	GB 9948	GB 150	GB 3077
15CrMo	≤550	GB 9948	GB 150	GB 3077
1Cr5Mo	≤600	GB 9948	GB 150	GB 1221
奥氏体不锈钢	－196～700	GB/T 14975 GB/T 14976	GB 4237 GB 4238	GB 1220 GB 1221
超低碳奥氏体不锈钢	－196～525	GB/T 14975 GB/T 14976	GB 4237	GB1220

注：材料的化学成分、机械性能及制造要求应符合 GB/T 150 的要求。

⑤ 碳素钢和碳锰钢在高于 425℃温度下长期使用时，应考虑钢中碳化物相的石墨化倾向。奥氏体不锈钢的使用温度高于 525℃时，钢中含碳量应不小于 0.04%。当钢材的使用温度等于或低于－20℃时，应考虑钢材冲击韧性降低的问题。用于承受动荷载的支吊架零部件不得采用沸腾钢，不得采用没有冲击功值的钢材。

⑥ 支吊架材料应尽量选用标准型材。常用的型材标准除表 7.9.1 所列的管材、板材和棒材之外，尚有下列常用型材标准：

GB/T 702　热轧钢棒尺寸、外形、重量及允许偏差
GB 704　热轧扁钢尺寸、外形、重量及允许偏差
GB/T 706　热轧型钢
GB 707　热轧槽钢尺寸、外形、重量及允许偏差
GB 9787　热轧等边角钢尺寸、外形、重量及允许偏差
GB 9788　热轧不等边角钢尺寸、外形、重量及允许偏差

⑦ 许用应力及允许最大挠度。

关于材料许用应力的选取，不同的标准有不同的规定(见本章第十节“支吊架材料及许用应力”)。

MSS SP-69 标准规定：一般支吊架材料的许用应力应取下列三个数据中的最小值：

A. 材料在室温下最小抗拉强度的 1/5；

B. 材料在设计温度下最小抗拉强度的 1/4；

C. 材料在设计温度下最小屈服强度的 5/8。

SH/T 3037 规定，支吊架材料的许用应力应按 GB/T 150 的要求确定。

SH/T 3037 规定的许用应力值偏高。支吊架对管道是起保护作用的，而且某些部件受力面积较小，更容易出现材料失稳，应取更大的强度裕量。因此，倾向于将一般支吊架材料的许用应力按 MSS 标准确定。事实上，目前做不到按 MSS 标准确定材料的许用应力值，因为它不能直接查有关的数据表获得。为工程设计操作方便起见，支吊架材料的基本许用应力可取从 GB/T 150 中查到的许用应力再乘以 0.6 的系数(即 1/5÷1/3＝0.6)。

对于支吊架用螺栓材料，其许用应力可取按 MSS 标准确定的基本许用应力的 25％；对支吊架材料所受的剪应力，其许用应力可取按 MSS 标准确定的基本许用应力的 0.8 倍；压缩应力不应超过材料基本许用应力的 160％。

支吊架的承重横梁在竖直方向的挠度应不大于 $0.004L$，L 为梁在两支点间的长度，或悬臂梁端部到支点的长度。

⑧ 支吊架的强度计算及结构设计。

一旦支吊架所承受的荷载以及各部件的设计温度、材料、许用应力确定，支吊架的强度计算便不是太难的事情，一般情况下，用材料力学的知识即可计算。由于支吊架的型式较多，需要进行强度计算的部件也较多，本书后面的章节给出了一些计算方法，可查阅参考。正如前文所述，目前工程上已将常用支吊架进行了系列化，设计人员在大多数情况下选用标准支吊架即可，而不必再进行支吊架的强度计算。支吊架标准系列中均给出了相应的选用限制荷载，在选用标准支吊架时，只要按允许的荷载选用就能满足其强度要求。

⑨ 非金属材料的型号和类型较多，其性能差别较大，如若选用应充分考虑下列因素：

A. 发生火灾时的破坏情况；

B. 温度升高对材料强度的减弱情况；

C. 长时间使用时性能变化情况；

D. 毒性作用。

四、管道支吊架生根结构的强度设计

这里所说的管道支吊架生根结构是指支承管道支吊架的建构筑物梁柱、墙体、平台以及设备本体、平台等。这些生根结构在受到支架转递给它的管道荷载后，也应在其强度计算荷载中计入管道荷载。然而，上述生根结构的强度计算不属于管道设计专业的工作范围，管道设计人员不要忘记向相关专业提出发生的管道荷载，并得到相关专业的确认。

第十节 支吊架材料及许用应力

一、支吊架材料及许用应力(表 7.10.1)

表 7.10.1 支吊架材料及许用应力

材料牌号指标	标准号	使用状态	材料尺寸/mm	常温强度指标		使用温度范围/℃																			
				σ_{bmin}/MPa	σ_{smin}/MPa	−20~20	100	150	200	250	300	325	350	375	400	425	450	475	500	525	550	575	600	625	650
钢板						最大许用应力/MPa																			
Q235AF②	GB 912	热轧	3~3	375	235	83	83	83	83	83	—	—	—	—	—	—	—	—	—	—	—	—	—	—	—
Q235BF②	GB 3247	热轧	4.5~16	375	235	83	83	83	83	83	—	—	—	—	—	—	—	—	—	—	—	—	—	—	—
Q235A② Q235B②	GB 912	热轧	3~4	375	235	83	83	83	83	83	80	73	66	—	—	—	—	—	—	—	—	—	—	—	—
	GB 3247		4.5~16	375	235	83	83	83	83	83	80	73	66	—	—	—	—	—	—	—	—	—	—	—	—
			17~40	375	225	83	83	83	83	83	76	70	63	—	—	—	—	—	—	—	—	—	—	—	—
			41~60	375	215	83	83	83	83	79	72	66	60	—	—	—	—	—	—	—	—	—	—	—	—
			61~100	375	205	83	83	83	83	74	66	63	57	—	—	—	—	—	—	—	—	—	—	—	—
Q235C Q235D	GB 912	热轧	3~4	375	235	93	93	93	93	93	89	81	73	—	—	—	—	—	—	—	—	—	—	—	—
	GB 3247		4.5~16	375	235	93	93	93	93	93	89	81	73	—	—	—	—	—	—	—	—	—	—	—	—
			16~40	375	225	93	93	93	93	92	85	77	70	—	—	—	—	—	—	—	—	—	—	—	—
			41~60	375	215	93	93	93	93	85	81	74	66	—	—	—	—	—	—	—	—	—	—	—	—
			61~100	375	205	93	93	93	93	81	77	70	63	—	—	—	—	—	—	—	—	—	—	—	—
16MnDR	GB 3531	正火加回水	6~16	490	315	122	122	—	—	—	—	—	—	—	—	—	—	—	—	—	—	—	—	—	—
			17~36	470	295	117	117	—	—	—	—	—	—	—	—	—	—	—	—	—	—	—	—	—	—
			37~60	450	275	112	112	—	—	—	—	—	—	—	—	—	—	—	—	—	—	—	—	—	—
			61~100	450	255	112	109	—	—	—	—	—	—	—	—	—	—	—	—	—	—	—	—	—	—

续表

材料牌号	标准号	使用状态	材料尺寸/mm	常温强度指标		使用温度范围/℃																			
				σ_{bmin}/MPa	σ_{smin}/MPa	-20~20	100	150	200	250	300	325	350	375	400	425	450	475	500	525	550	575	600	625	650
钢板						最大许用应力/MPa																			
12Cr2Mo1R	GB/T 150	回火	6~150	515	310	128	128	260	245	230	221	213	206	125	122	119	116	113	83	56	43	35	—	—	—
0Cr13 (06Cr13)	GB/T 4237	退火	2~60	410	205	102	102	102	102	102	102	102	102	102	101	97	93	88	83	75	67	—	—	—	—
0Cr18Ni9 (06Cr19Ni10)	GB/T 4237	固溶	2~60	520	205	128	106	96	90	84	79	78	76	75	74	72	71	70	69	67	66	—	—	—	—
0Cr18Ni10Ti (06Cr18Ni11Ti)	GB/T 4237	固溶	2~60	520	205	128	106	96	90	84	79	78	76	75	75	73	73	71	71	70	69	—	—	—	—
0Cr17Ni12Mo2 (06Cr17Ni12Mo2)	GB/T 4237	固溶	2~60	520	205	128	109	100	93	86	81	80	78	77	76	76	75	75	74	73	73	—	—	—	—
0Cr19Ni13Mo3 (06Cr19Ni13Mo3)	GB/T 4237	固溶	2~60	520	205	128	109	100	93	86	81	80	78	77	76	76	75	75	74	73	73	—	—	—	—
00Cr19Ni10 (022Cr19Ni10)	GB/T 4237	固溶	2~60	480	177	110	90	81	76	71	68	66	65	63	63	61	61	—	—	—	—	—	—	—	—
00Cr17Ni14Mo2 (022Cr17Ni12Mo2)	GB/T 4237	固溶	2~60	480	177	110	90	81	75	69	65	63	62	61	60	58	58	—	—	—	—	—	—	—	—
00Cr19Ni13Mo3 (022Cr19Ni13Mo3)	GB/T 4237	固溶	2~60	480	177	110	109	100	93	86	81	80	78	77	76	76	75	—	—	—	—	—	—	—	—
钢管						最大许用应力/MPa																			
12Cr1MoVG	GB 5310	正火加回火	≤16	470	255	117	117	117	117	117	117	117	117	117	117	117	117	117	115	90	68	50	34	—	—
			17~40	470	245	117	117	117	117	117	117	117	117	117	117	117	117	117	115	90	68	50	34	—	—
			>40	470	235	117	117	117	117	117	117	117	117	117	117	117	117	111	113	90	68	50	34	—	—
1Cr5Mo	GB 6479	退火	≤16	390	195	97	97	97	97	97	95	93	91	90	88	86	85	78	58	43	33	24	16	—	—
			17~40	390	185	97	97	97	95	91	88	86	85	83	82	80	79	78	58	43	33	24	16	—	—
1Cr5Mo	GB 9948	退火	≤16	390	195	97	97	97	97	97	95	93	91	90	88	86	85	78	58	43	33	24	16	—	—
			>16	390	185	97	97	97	95	91	88	86	85	83	82	80	79	78	58	43	33	24	16	—	—
0Cr19Ni9	GB/T 12771	固溶	≤16	520	210	128	106	90	90	85	80	78	77	75	74	73	71	70	69	67	66	62	59	48	39
0Cr18Ni11Nb	GB/T 12771	固溶	≤16	520	210	128	128	128	128	128	125	123	121	120	119	118	118	118	118	117	117	90	82	65	51

续表

材料牌号	标准号	使用状态	材料尺寸/mm	常温强度指标 σ_{bmin}/MPa	常温强度指标 σ_{smin}/MPa	使用温度范围/℃ −20～20	100	150	200	250	300	325	350	375	400	425	450	475	500	525	550	575	600	625	650
锻件						最大许用应力/MPa																			
20	JB 4726	正火	≤200	390	215	123	119	113	104	95	85	82	79	76	73	71	56	38	—	—	—	—	—	—	—
35	JB 4726	正火①	≤100	510	265	127	127	127	125	113	104	99	95	91	88	79	56	38	—	—	—	—	—	—	—
			101～300	490	245	122	122	122	119	107	98	93	89	85	82	73	56	38	—	—	—	—	—	—	—
16Mn	JB 5726		≤300	450	275	112	112	112	112	112	112	112	110	107	104	87	61	40	—	—	—	—	—	—	—
20MnMo	JB 4726	淬火加回火	≤300	530	370	132	132	132	132	132	132	132	132	132	132	132	122	78	46	—	—	—	—	—	—
			301～500	510	350	127	127	127	127	127	127	127	127	127	127	127	122	78	46	—	—	—	—	—	—
			501～700	490	330	122	122	122	122	122	122	122	122	122	122	122	122	78	46	—	—	—	—	—	—
20MnMoNb	JB 4726	淬火加回火	≤300	620	470	155	155	155	155	155	155	155	155	155	155	155	155	110	—	—	—	—	—	—	—
			301～500	610	460	152	152	152	152	152	152	152	152	152	152	152	152	110	—	—	—	—	—	—	—
15CrMo	JB 4726	淬火加回火	≤300	440	275	110	110	110	110	110	110	110	110	110	110	106	104	102	82	54	35	—	—	—	—
			301～500	430	255	107	107	107	107	107	107	106	104	101	98	96	95	93	82	54	35	—	—	—	—
35CrMo	JB 4726	淬火加回火	≤300	620	440	155	155	155	155	155	155	155	155	155	155	155	140	104	73	46	—	—	—	—	—
			301～500	610	430	152	152	152	152	152	152	152	152	152	152	152	140	104	73	46	—	—	—	—	—
12CrMoV	JB 4726	正火加回火或淬火加回火	≤300	440	255	110	110	110	110	110	110	106	104	101	98	96	95	91	88	76	53	32	—	—	—
			301～500	430	245	107	107	107	107	107	107	106	104	101	98	96	95	91	88	76	53	32	—	—	—
12Cr1Mo1	JB 4726		≤300	510	310	127	127	127	127	127	127	127	127	127	127	127	127	127	83	56	43	35	—	—	—
			301～500	500	300	125	125	125	125	125	125	125	125	125	125	125	125	125	83	56	43	35	—	—	—
1CrTMo	JB 4726		≤500	590	390	147	147	147	147	147	147	147	147	147	147	145	100	78	58	43	33	24	—	—	—

续表

材料牌号	标准号	使用状态	材料尺寸/mm	常温强度指标		使用温度范围/℃																			
				σ_{bmin}/MPa	σ_{smin}/MPa	−20~20	100	150	200	250	300	325	350	375	400	425	450	475	500	525	550	575	600	625	650
螺栓						最大许用应力/MPa																			
35	GB/T 699	正火	<M24	530	315	121	121	121	121	121	115	110	106	—	—	—	—	—	—	—	—	—	—	—	—
			M24～M56	510	295	127	127	127	127	127	119	114	110	—	—	—	—	—	—	—	—	—	—	—	
40MnB	GB/T 3077	调质	<M24	805	685	201	201	201	201	201	201	201	201	201	201	—	—	—	—	—	—	—	—	—	—
			M24～M56	765	635	191	191	191	191	191	191	191	191	191	191	—	—	—	—	—	—	—	—	—	
40MnVB	GB/T 3077	调质	<M24	835	735	208	208	208	208	208	208	208	208	208	208	—	—	—	—	—	—	—	—	—	—
			M24～M56	805	685	201	201	201	201	201	201	201	201	201	201	—	—	—	—	—	—	—	—	—	
40Cr	GB/T 3077	调质	<M24	805	685	201	201	201	201	201	201	201	201	201	201	—	—	—	—	—	—	—	—	—	—
			M24～M56	765	635	191	191	191	191	191	191	191	191	191	191	—	—	—	—	—	—	—	—	—	
35CrMoA	GB/T 3077	调质	<M24	835	735	208	208	208	208	208	208	208	208	208	140	104	73	—	—	—	—	—	—	—	—
			M24～M80	805	685	201	201	201	201	201	201	201	201	201	140	104	73	—	—	—	—	—	—	—	—
			M85～M105	735	590	183	183	183	183	183	183	183	183	183	140	104	73	—	—	—	—	—	—	—	—
25Cr2MoVA	GB/T 3077	调质	≤M48	835	735	208	208	208	208	208	208	208	208	208	208	208	122	67	36	—	—	—	—	—	—
			M52～M105	805	685	201	201	201	201	201	201	201	201	201	201	201	122	67	36	—	—	—	—	—	—
			M110～M140	735	590	183	183	183	183	183	183	183	183	183	183	183	122	67	36	—	—	—	—	—	—
1Cr5Mo	GB/T 1221	调质	≤M40	590	390	147	147	147	147	147	147	147	147	147	100	78	58	43	33	24	16	—	—	—	

注：① 使用状态为正火加回火。
② 所列材料的许用应力值，已乘质量系数 0.9，其使用温度下限为−20℃。
1. 这些材料的许用应力是基于相似化学特性的材料。
2. GB 6654 和 GB713 合并为新版的 GB 713，新版标准取消了 GB 6654 的牌号 20R、16MnR、15MnVR、18MnMoNbR、13MnNiMoNbR、15GrMoR，取消了 GB 713 的牌号 20g、12CrMoVg。
3. 常用钢管许用应力见本书附录六。
4. 表中粗实线左侧为材料推荐使用温度范围。

二、支吊架ASTM材料及许用应力(表7.10.2)

表7.10.2 ASTM管架材料及许用应力

ASTM规范	等级	材料组成	处理	最小拉伸强度/ksi	最小屈服强度/ksi	在不超过°F温度时的最大允许拉伸强度/ksi												
						-20~450	650	700	750	800	850	900	950	1000	1050	1100	1150	1200
结构钢																		
A36	—	碳素钢	HR	58.0	36.0	16.6	16.6	15.6	13.0									
(1)A500	B	碳素钢	CF	58.0	46.0	16.6	16.6	15.6	13.0									
(1)A500	C	碳素钢	CF	62.0	50.0	17.1	15.8	15.3	13.0									
(1)A501	—	碳素钢	HR	58.0	36.0	16.6	16.6	15.6	13.0									
A572	50	低合金	—	65.0	50.0	18.6	18.6	18.6										
A992	—	碳素钢	—	65.0	50.0	18.6	18.6	18.6										
拉杆																		
A36	—	碳素钢	HR	58.0	36.0	16.6	16.6	15.6	13.0									
(1)A108	1018	碳素钢	CF	60.0	40.0	17.1	17.1											
(1)A108	1141	碳素钢	CF	90.0	80.0	23.1	23.1											
(1)A108	12L14	碳素钢	CF	78.0	60.0	20.0	20.0											
A276	304	18Cr-8Ni	—	75.0	30.0	13.3	12	11.7	11.5	11.2	11	10.8	10.6	10.4				
A276	316	16Cr-12Ni-2Mo	—	75.0	30.0	13.8	12.3	12.1	11.9	11.7	11.6	11.5	11.4	11.3				
A276	321	18Cr-10Ni-Ti	—	75.0	30.0	14.8	13.2	13	12.7	12.6	12.4	12.3	12.1	12				
A276	347	18Cr-10Ni-Cb	—	75.0	30.0	15.5	14	13.8	13.7	13.6	13.5	13.4	13.4	13.4				
A322	4130	1Cr-1/5Mo	A	81.0	52.0	20.8	20.8											
A322	4140	1Cr-1/5Mo	A	95.0	70.0	24.4	24.4											
A331	41L40	1Cr-1/5Mo	A	95.0	70.0	24.4	24.4											
(2)A479	304	18Cr-8Ni	—	75.0	30.0	13.3	12	11.7	11.5	11.2	11	10.8	10.6	10.4	10.1	9.8	7.7	6.1
(2)A479	316	16Cr-12Ni-2Mo	—	75.0	30.0	13.8	12.3	12.1	11.9	11.7	11.6	11.5	11.4	11.3	11.2	11	9.8	7.4
(2)A479	321	18Cr-10Ni-Ti	—	75.0	30.0	14.8	13.2	13	12.7	12.6	12.4	12.3	12.1	12	9.6	6.9	5.0	3.6
(2)A479	347	18Cr-10Ni-Cb	—	75.0	30.0	15.5	14	13.8	13.7	13.6	13.5	13.4	13.4	13.4	12.1	9.1	6.1	4.4
(6)A564	630	17-4PH	AH	145.0	125.0	34.8	38.7											
(1)A575	M1010	碳素钢	HR	47.0	26.0	12.1	12.1											
(1)A575	M1015	碳素钢	HR	50.0	27.0	12.9	12.9											
(1)A575	M1020	碳素钢	HR	55.0	30.0	14.1	14.1											
(1)A575	M1025	碳素钢	HR	58.0	32.0	14.9	14.9											
(1)A576	1010	碳素钢	HR	47.0	26.0	12.1	12.1											
(1)A576	1015	碳素钢	HR	50.0	25.0	13.9	12.4											
(1)A576	1020	碳素钢	HR	55.0	27.5	15.3	13.6											
(1)A576	1025	碳素钢	HR	60.0	30.0	16.7	14.8											
A675	60	碳素钢	HR	60.0	30.0	16.7	14.8	14.3	13.0									
A675	65	碳素钢	HR	65.0	32.5	18.1	16.1	15.5	13.9									
A675	70	碳素钢	HR	70.0	35.0	19.4	17.3	16.7	14.8									

续表

ASTM规范	等级	材料组成	处理	最小拉伸强度/ksi	最小屈服强度/ksi	在不超过°F温度时的最大允许拉伸强度/ksi												
						-20~450	650	700	750	800	850	900	950	1000	1050	1100	1150	1200
板																		
A36	—	碳素钢	HR	58.0	36.0	16.6	16.6	15.6	13.0									
(2,3)A240	30A	18Cr-8Ni	—	75.0	30.0	13.3	12.0	11.7	11.5	11.2	11.0	10.8	10.6	10.4	10.1	9.8	7.7	6.1
(2,3)A240	316	16Cr-12Ni-2Mo	—	75.0	30.0	13.8	12.3	12.1	11.9	11.7	11.6	11.5	11.4	11.3	11.2	11.0	9.8	7.4
(2,3)A240	321	18Cr-10Ni-Ti	—	75.0	30.0	14.8	13.2	13.0	12.7	12.6	12.4	12.3	12.1	12.0	9.6	6.9	5.0	3.6
(2,3)A240	347	18Cr-10Ni-Cb	—	75.0	30.0	15.6	14.0	13.8	13.7	13.6	13.5	13.4	13.4	13.4	12.1	9.1	6.1	4.4
A285	A	碳素钢	HR	45.0	24.0	12.9	11.9	11.5	10.7									
A285	B	碳素钢	HR	50.0	27.0	14.3	13.3	12.5	11.7									
A285	C	碳素钢	HR	55.0	30.0	15.7	14.8	14.3	13.0									
(1)A387	22	2¼Cr-1Mo	—	60.0	30.0	16.6	16.6	16.6	16.6	16.6	16.6	13.6	10.8	8.0	5.7	3.8	2.4	1.4
(14)A387	91	9Cr-1Mo-V	—	85.0	60.0	24.1	23.4	22.9	22.2	21.3	20.3	19.1	17.8	16.3	14.0	10.3	7.0	4.3
(15)A387	91	9Cr-1Mo-V	—	85.0	60.0	24.1	23.4	22.9	22.2	21.3	20.3	19.1	17.8	16.3	12.9	9.6	7.0	4.3
A514	$t\leqslant 2.5$in	合金钢	QT	110.0	100.0	31.4	31.3	30.7										
A514	$t>2.5$in	合金钢	QT	100.0	90.0	28.5	28.4	28.0										
A515	60	碳素钢	HR	60.0	37.0	17.1	15.8	15.3	13.0									
A515	65	碳素钢	HR	65.0	35.0	18.6	17.3	16.7	13.9									
A515	70	碳素钢	HR	70.0	38.0	20.0	18.8	18.1	14.8									
A516	65	碳素钢	HR	65.0	35.0	18.6	17.3	16.7	13.9									
A516	70	碳素钢	HR	70.0	38.0	20.0	18.8	18.1	14.8									
A517	$t\leqslant 2.5$in	合金钢	QT	115.0	100.0	32.8	32.7	32.2										
A517	$t>2.5$in	合金钢	QT	105.0	90.0	30.0	29.9	29.3										
薄板和带钢																		
A109	#4	碳素钢	CF	48.0	—	12.3	12.3											
(2,2)A240	B	18Cr-8Ni	—	75.0	30.0	13.3	12	11.7	11.5	11.2	11	10.8	10.6	10.4	10.1	9.8	7.7	6.1
(2,3)A240	316	16Cr-12Ni-2Mo	—	75.0	30.0	13.8	12.3	12.1	11.9	11.7	11.6	11.5	11.4	11.3	11.2	11	9.8	7.4
(2,3)A240	321	18Cr-10Ni-Ti	—	75.0	30.0	14.8	13.2	13	12.7	12.6	12.4	12.3	12.1	12	9.6	6.9	5	3.6
(2,3)A240	347	18Cr-10Ni-Cb	—	75.0	30.0	15.5	14	13.8	13.7	13.6	13.5	13.4	13.4	13.4	12.1	9.1	6.1	4.4
A446	A	碳素钢	HR	45.0	24.0	12.9	11.9											
A526	—	碳素钢	HR	45.0	24.0	12.9	11.9											
(1)A569	(由 A1011 CS 取代)																	
(1)A569	(由 A1011 SS 取代)																	
(1)A635	1010	碳素钢	HR	47.0	26.0	12.1	12.1											
A653 SS	33	预镀钢	—	45.0	33.0	12.9	12.9											
(1,5)A653CS	预镀钢	—	—	—	30.0	11.7	11.7											
A659	1020	碳素钢	HR	50.0	27.0	14.3	13.3											
A693	630	17-4PH	AH	185.0	160.0	39.8	38.5											
(1)A1011SS	33	碳素钢	HR	52.0	33.0	14.9	14.9											
(1)A1011SS	40	碳素钢	HR	55.0	40.0	15.7	15.7											
(1)A1011CS		碳素钢	HR	—	30.0	13.5	13.5											

续表

ASTM规范	等级	材料组成	处理	最小拉伸强度/ksi	最小屈服强度/ksi	在不超过℉温度时的最大允许拉伸强度/ksi												
						-20～450	650	700	750	800	850	900	950	1000	1050	1100	1150	1200
管道																		
A53	A	碳素钢	HR	48.0	30.0	13.7	13.7	12.5	10.7									
A53	B	碳素钢	HR	60.0	35.0	17.1	17.1	15.6	13.0									
A106	A	碳素钢	HR	48.0	30.0	13.7	13.7	12.5	10.7									
A106	B	碳素钢	HR	60.0	35.0	17.1	17.1	15.6	13.0									
A106	C	碳素钢	HR	70.0	40.0	20.0	19.8	18.3	14.8									
(2)A312	304	18Cr-8Ni	—	75.0	30.0	11.3	10.2	10	9.8	9.6	9.4	9.2	9	8.8	8.6	8.3	6.6	5.2
(2)A312	316	16Cr-12Ni-2Mo	—	75.0	30.0	11.7	10.5	10.3	10.1	10	9.9	9.8	9.7	9.6	9.5	9.4	8.3	6.3
(2)A312	321	18Cr-10Ni-Ti	—	75.0	30.0	12.6	11.2	11	10.8	10.7	10.5	10.4	10.3	10.2	8.2	5.9	4.3	3.1
(2)A312	347	18Cr-10Ni-Cb	—	75.0	30.0	13.2	11.9	11.8	11.6	11.5	11.5	11.4	11.4	11.4	10.3	7.8	5.2	3.8
A335	P11	1½Cr-½Mo	HR	60.0	30.0	16.5	15.4	15.1	14.8	14.4	14.0	13.6	9.3	6.3	4.2	2.8	1.9	1.2
A335	P22	2¼Cr-1Mo	HR	60.0	30.0	16.6	16.6	16.6	16.6	16.6	16.6	13.6	10.8	8.0	5.7	3.8	2.4	1.4
A335	P91	9Cr-1Mo-V	—	85.0	60.0	24.1	23.4	22.9	22.2	21.3	20.3	19.1	17.8	16.3	14.0	10.3	7.0	4.3
A513	1020	碳素钢	HR	50.0	32.0	14.3	14.3											
A513	1020	碳素钢	HR	50.0	32.0	14.3	4.3											
A513	1025	碳素钢	HR	55.0	35.5	15.7	15.7											
A519	1018	碳素钢	HR	50.0	32.0	14.3	14.3											
铸件																		
A47	32510	可锻铸铁	A	50.0	32.5	11.4												
A47	35018	可锻铸铁	A	53.0	35.0	12.1												
A48	20	灰铁	—	20.0	—	2.0		限于										
A48	25	灰铁	—	25.0	—	2.5		限于										
A48	30	灰铁	—	30.0	—	3.0		限于										
A126	A	灰铁	—	21.0	—	2.0		限于										
A126	B	灰铁	—	31.0	—	3.0		限于										
A126	C	灰铁	—	41.0	—	4.0		限于										
A197	—	可锻铸铁	A	40.0	30.0	9.1												
A216	WCA	碳素钢	N	60.0	30.0	16.7	14.8	14.3										
A216	WCB	碳素钢	N	70.0	36.0	19.8	17.8	17.2										
A217	WC6	1¼Cr-½Mo	NT	70.0	40.0	20.0	20.0	20.0										
A217	WC9	2¼Cr-1Mo	NT	70.0	40.0	19.3	19.1	18.8										
A351	CF8	18Cr-8Ni	—	70.0	30.0	10.6	9.6	9.4	9.2	9.0								
A351	CF8C	18Cr-10Ni-Cb	—	70.0	30.0	12.4	11.2	11.0	11.0	10.9								
A351	CF8M	16Cr-12Ni-2Mo	—	70.0	30.0	11.0	9.8	9.7	9.5	9.4								
A395	—	铁	—	60.0	40.0	13.7	13.7											
A536	65-45-12	铁	—	65.0	45.0	14.9	14.9											
A105	—	碳素钢	HT	70.0	36.0	19.8	17.8	17.2										
A181	70	碳素钢	HT	70.0	36.0	19.8	17.8	17.2										
A182	F11	1¼Cr-½Mo-Si	A	70.0	40.0	20.0	20.0	20.0	19.7	19.2	18.7	13.7	9.3	6.3	4.2	2.8	1.9	4.2
A182	F22	1¼Cr-1Mo	A	75.0	45.0	20.5	20.2	20.0	19.7	19.3	18.7	15.8	11.4	7.8	5.1	3.2	2.0	1.2

续表

ASTM规范	等级	材料组成	处理	最小拉伸强度/ksi	最小屈服强度/ksi	在不超过℉温度时的最大允许拉伸强度/ksi												
						-20～450	650	700	750	800	850	900	950	1000	1050	1100	1150	1200
(2)A182	F304	18Cr-8Ni	HT	75.0	30.0	13.3	12.0	11.7	11.5	11.2	11.0	10.8	10.6	10.4	10.1	9.8	7.7	6.1
(2)A182	F316	16Cr-12Ni-2Mo	HT	75.0	30.0	13.8	12.3	12.1	11.9	11.8	11.6	11.5	11.4	11.3	11.2	11.0	9.8	7.4
(2)A182	F321	18Cr-10Ni-Ti	HT	75.0	30.0	14.8	13.2	13.0	12.7	12.6	12.4	12.3	12.1	12.0	9.6	6.9	5.0	3.6
(2)A182	F347	18Cr-10Ni-Cr	HT	75.0	30.0	15.5	14.0	13.8	13.7	13.6	13.5	13.4	13.4	13.5	12.1	9.1	6.1	4.1
A668	A	碳素钢	—	47.0	—	13.4	13.4											
A668	B	碳素钢	A	60.0	30.0	17.1	17.1											
A668	C	碳素钢	A	66.0	33.0	18.8	18.8											
A668	D	碳素钢	N	75.0	37.5	21.4	21.4											
A668	E	碳素钢	DNT	83.0	43.0	23.7	23.7											
(16)A668	F	碳素钢	QT	90.0	55.0	25.7	25.7											
螺栓																		
(10)A193	B7	1Cr-1/5Mo	HT	125.0	105.0	25	25	25	23.6	21	17	12.5	8.5	4.5				
(11)A193	B7	1Cr-1/5Mo	HT	115.0	95.0	23	23	23	22.5	20	16.3	12.5	8.5	4.5				
(12)A193	B7	1Cr-1/5Mo	HT	100.0	75.0	18.8	18.8	18.8	18.8	18	16.3	12.5	8.5	4.5				
(2,3,4)A193	B8	18Cr-SNi	—	75.0	30.0	13.3	12	11.8	11.5	11.2	11	10.8	10.6	10.4	10.1	9.8	7.7	6
(2,3,4)A193	BSM	16Cr-12Ni-Mo	—	75.0	30.0	13.8	12.3	12.1	11.9	11.7	11.6	11.5	11.4	11.3	11.2	11	9.8	7.4
(2,3,4)A193	B8C	18Cr-10Ni-Cb	—	75.0	30.0	15.2	14.1	13.8	13.7	13.6	13.5	13.5	13.4	13.4	12.1	9.1	9.1	6.1
(2,3,4)A193	B8T	18Cr-10Ni-Ti	—	75.0	30.0	14.8	13.3	12.9	12.7	12.5	12.4	12.3	12.1	12	9.6	6.9	5	3.6
A307	A	碳素钢	—	60.0	—	17.1	17.1											
A307	B	碳素钢	—	60.0	—	17.1	17.1											
(8)A325	TYPE2	碳素钢	HT	120.0	—	34.3	34.3											
(9)A325	TYPE2	碳素钢	HT	105.0	—	30.0	30.0											
(8)A449	—	碳素钢	QT	120.0	—	26.2	26.2											
(8)A449	—	碳素钢	QT	105.0	—	22.8	22.8											
(13)A449	—	碳素钢	QT	90.0	—	16.5	16.5											
A449	—	合金钢	QT	150.0	130.0	42.9	42.9											
铆钉和螺母																		
A194	ALL	—	—	生产规范														
A502	—	碳素钢	—	52.0	28.0	14.9	14.9											
A563	ALL	碳素钢	—	生产规范														
弹簧 材料和应力，见 M55 SP-58 标准																		

注：A—退火，N—常化，DNT—双重常化与回火，QT—淬火与回火，HT—热处理，HR—热轧，GH—冷精轧，AH—时效硬化，NT—常化与退火。

1 这些材料的允许应力基于类似化学性能的可比材料的允许应力。

2 1000℉以上，基于热分析，仅当含碳量为0.04%或更高时，这些应力值才适用。

3 1000℉以上，仅当热处理至1900℉最低温度并在水中淬火或用其他方法迅速冷却时，这些应力值才可使用。

4 仅限1级。

5 仅限B级。

6 在1075℉下时效硬化。

7 对于850℉以上温度，基于热分析，仅当含碳量为0.05%或更高时，这些应力值才适用。

8 对于螺栓直径大于1in与更小。

9 对于螺栓直径大于1in～1.5in。

10 对于螺栓直径2in与更小。

11 对于螺栓直径大于2.5～3in。

12 对于直径大于4in。

13 对于螺栓直径大于1.5～3in。

14 对于材料厚度3in。

15 对于材料厚度大于3in。

16 对于直径4in与更小。

第十一节 管架的加工和安装说明

一、管架的加工和安装说明编制依据

以管架表、管架材料表、标准管架图和非标准管架图为依据进行编制。

二、内容和深度

1. 材料要求

所有使用材料应进行抽查检验，使其化学成分、机械性能和尺寸偏差符合有关标准要求。

所有标准零部件及其他配套件的材料，除注明者外，均应符合有关标准规定。

2. 成形

坯料厚度小于等于 12mm，且最小内侧弯曲半径大于等于 12mm；以及坯料厚度大于 12mm，且最小内侧弯曲半径大于等于 30mm 的构件可采用冷态成形。

热态成形的坯料成形温度、保温时间要明确规定，成形后应在静止空气中自然冷却。

3. 加工制作

尺寸公差、孔间距偏差、普遍螺纹的制造精度要有明确规定。

管架型式、加工尺寸、焊接等应符合设计要求。

加工完成后要进行外观检查，不允许存在漏焊、欠焊、裂纹等缺陷。

制作合格的支、吊架应进行除锈及防腐处理，并按照设计要求进行编码标记，妥善保管。

4. 焊接

所有焊缝为连续焊缝，角焊缝高度取较薄焊件厚度，且不小于 6mm。

对含碳量大于 0.3%或焊缝厚度大于 25mm 的碳钢焊件，焊缝厚度超过 10mm 的铬钼钢焊件焊前应进行预热。

对接焊缝的厚度或角焊缝的高度，对碳钢大于 20mm 和铬钼钢大于 12mm 时，应进行焊后消除应力的热处理。冷却时应在炉内或静止空气中缓慢降温。

5. 安装

无热位移的管道，其吊杆应垂直安装；有热位移的管道，吊杆应在位移相反方向，按位移值之半倾斜安装。

导向支架的滑动面，安装位置应从支承面中心向位移反向偏移，偏移值应为位移值之半。

弹簧支(吊)架的安装高度，由制造厂家负责调整，安装时不能随意改变。弹簧定位销应待系统安装试压、绝热完毕后方可拆除。

临时支(吊)架应有明显标记，管道安装完毕后应予拆除。

膨胀节的安装应遵照生产厂家的安装指南执行。

6. 表面处理及防腐

所有管架进行去污、除锈等表面处理后，应刷涂底漆两遍，刷涂面漆两遍，面漆颜色一般为中灰，或按合同要求。

管架连接件在安装完毕后，亦应进行去污、除锈及防腐处理。

7. 连接用的高强度螺栓

连接用的高强度螺栓、螺母和垫圈的技术条件应符合国家现行的规定，例如 GB/T 1231《钢结构用高强度大六角头螺栓、大六角螺母、垫圈技术条件》。

安装前应以钢丝刷或手提砂轮清除表面浮锈，并使清理后的表面保持干净。

8. 包装、运输及储存

螺纹制件的螺纹涂防锈油(黄油或无酸工业凡士林)，并采取必要的防护措施。避免搬运中损伤螺纹。

管架及配套零部件应按设计文件要求注明编号，为安装提供方便。

管架的包装应考虑运输和存放过程中不致受潮生锈或受其他损伤。

第十二节　管道支吊架的强度计算

一、导向架挡铁和导向块最大承剪力的计算

挡铁和导向块见图 7.12.1，按式(7.12.1)计算最大承剪力

$$Q_{max}=0.8\sigma^{t}\cdot A \text{ 且 } Q_{max}\geqslant Q \tag{7.12.1}$$

式中　σ^{t}——设计温度下材料的许用应力，MPa；

Q_{max}——计算后，构件承受的最大荷载，N；

L——荷载作用高度，一般以管子外半径计，mm；

A——型钢受力方向上的截面积，mm^2。

当导向支架如图 7.12.2 所示时，则应分别计算承剪能力和抗弯强度。

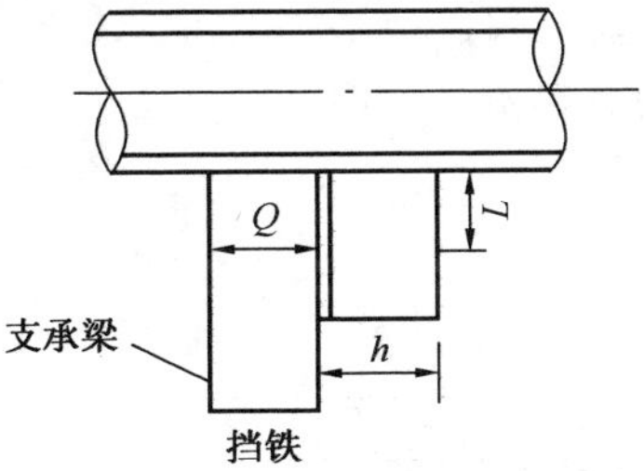

图 7.12.1　导向架挡铁和导向块最大承剪力的计算

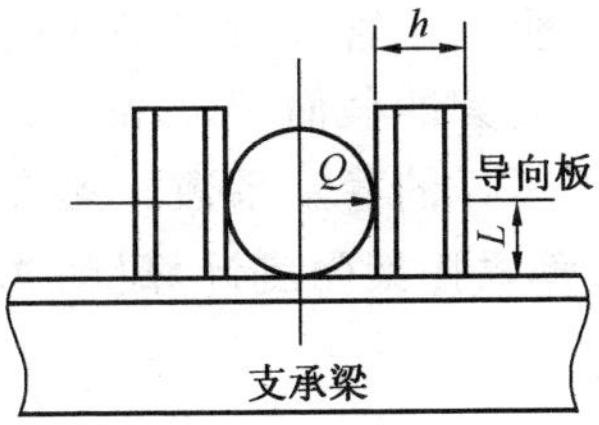

图 7.12.2

$$\sigma_u=\sqrt{\sigma^2+\tau^2} \tag{7.12.2}$$

$$\sigma=\frac{M}{W}$$

$$M=Qh$$

$$\tau=\frac{Q}{A}$$

式中　Q——挡铁或导向板上所承受的荷载，N；

W——断面系数，mm^2。

型钢的其他参数，热轧型钢见 GB/T 706，热轧等边角钢见 GB 9787，热轧不等边角钢见 GB 9788。

二、垂直管道的水平管式托架强度计算(图 7.12.3)

直立管道的水平管式托架，其强度按式(7.12.3)计算：

$$\sigma_{bm}=\frac{L\sqrt{P_L^2+P_C^2}}{W} \quad \text{且 } \sigma_{bm}\leqslant[\sigma]_{bm} \tag{7.12.3}$$

式中　σ_{bm}——由弯矩产生的正应力，MPa；

P_L——平行于管子轴向加于托架的总荷载；(即管道的垂直荷重)，N；

P_C——垂直于管子所在平面同时加于托架的总荷载，N。

三、水平管道及弯头的底座式托架强度计算(图 7.12.4)

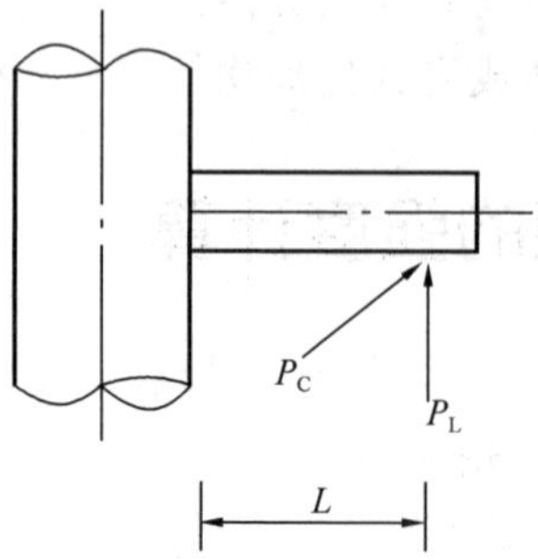

图 7.12.3 垂直管道的水平管式托架

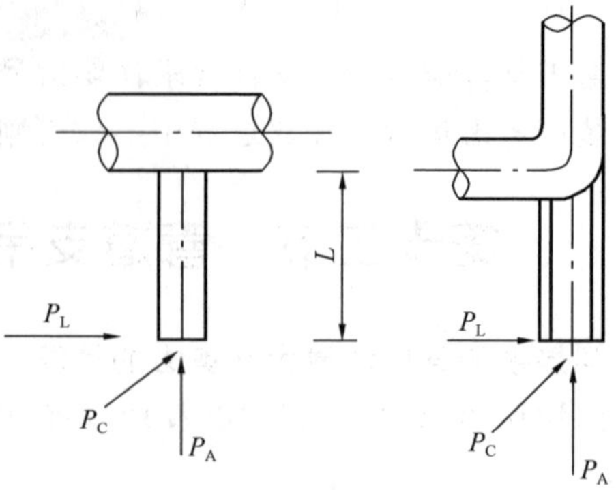

图 7.12.4 水平管道及弯头的底座式托架

弯曲应力按式(7.12.4)计算

$$\sigma_{bm}=\frac{L\sqrt{P_L^2+P_C^2}}{W} \quad 且\ \sigma_{bm}+\frac{P_A}{\varphi A_b}\leqslant[\sigma]^t \tag{7.12.4}$$

式中 P_A——垂直于管子轴向同时加于托架的总荷载，N；

p_L——平行于管子轴向同时加于托架的总荷载，N；

P_C——垂直于管子所在平面同时加于托架的总荷载，N；

A_b——支架的截面积，mm^2；

φ——压杆的稳定系数，见表 7.12.1。

四、L 形管式托架强度计算(图 7.12.5)

$$\sigma_{bm}=\frac{\sqrt{(P_L L_1+P_A L_2)^2+(P_C L_2)^2+(P_C L_1)^2}}{W}$$

且 $$\sigma_{bm}\leqslant[\sigma]_{bm}^t \tag{7.12.5}$$

式中 $[\sigma]_{bm}^t$——设计温度下的许用弯曲应力值，MPa；

P_A——平行于管道轴向作用于托架的总荷载，N；

P_C——垂直于管道所在平面同时作用于托架的总荷载，N；

p_L——垂直于管道轴向同时作用于托架的总荷载，N。

五、板式托架强度计算(图 7.12.6)

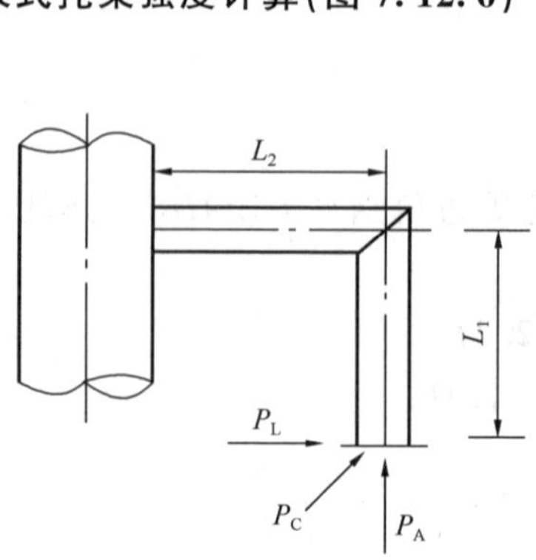

图 7.12.5 L 形管式托架强度计算

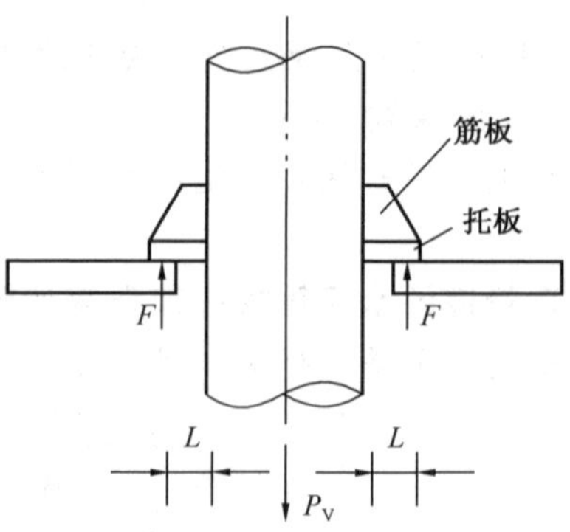

图 7.12.6 板式托架强度计算

焊接的板式托架，按式(7.12.16)计算筋板的组合应力。

$$\left.\begin{aligned}&\sigma_u=\sqrt{\sigma_{bm}^2+\tau^2}\ 且\ \sigma_u<[\sigma]_{bm}^t\\&\sigma_{bm}=\frac{M}{W}\quad M=F\cdot L\quad W=\frac{bh^2}{\sigma}\\&\tau=\frac{F}{A}\end{aligned}\right\}\tag{7.12.6}$$

式中　σ_u——组合应力值，MPa；

σ_{bm}——在荷载下的抗弯应力，MPa；

τ——在荷载下的抗剪切应力，MPa；

A——筋板与管道连接处的截面积，mm^2；

W——筋板与管道连接处的断面系数，mm^2；

$[\sigma]_{bm}^t$——在设计温度下的抗弯许用应力，MPa；

F——支架反力，N。

六、吊杆强度计算

吊杆许用承载力按式(7.12.7)计算。

$$[F_y]=\frac{\pi d_3^2}{4}[\sigma]\tag{7.12.7}$$

式中　$[F_y]$——吊杆许用承载力，N；

d_3——吊杆直径(螺纹连接时为螺纹内径)，mm；

$[\sigma]$——吊杆材料的抗拉许用应力，MPa。

七、悬臂支架计算

$$\sigma=\frac{10^3M_x}{W_x}+\frac{10^3M_y}{W_y}\leqslant[\sigma]^t\tag{7.12.8}$$

$$M_x=P_V\cdot L$$

$$M_y=P_H\cdot L$$

式中　σ——钢支架的应力，MPa；

$[\sigma]^t$——钢材材料在设计温度下的许用应力，MPa；

M_x——由管道垂直荷重产生的弯矩，N·m；

M_y——由管道水平推力产生的弯矩，N·m；

P_H——管道水平推力，N；

P_V——管道垂直荷载，N；

W_x——型钢截面对 $x-x$ 轴的抗弯断面系数 mm^3；图 7.12.7 中(c)(d)为组合型钢，其断面系数为 $W_{x1}=2W_x$。

W_y——型钢截面对 $y-y$ 轴的抗弯断面系数，mm^2；图 7.12.7 中(c)(d)为组合型钢，其断面系数为 $W_{y1}=J_{y1}/\frac{h}{2}$；图 7.12.7 中(c)的 $J_{y1}=2\left[J_y+F\times\left(\frac{h}{2}-Z_0\right)^2\right]$；(d)的 $J_{y1}=2\left[J_y+F\times\left(\frac{y_1}{2}+Z_0\right)^2\right]$；$J_y$ 为型钢截面的惯性矩，mm^4；F 为型钢截面面积，mm^2；h 为组合型钢的宽度，mm；Z_0 为重心距离，mm。型钢截面的惯性矩、截面面积等参数，见相应的标准规范。

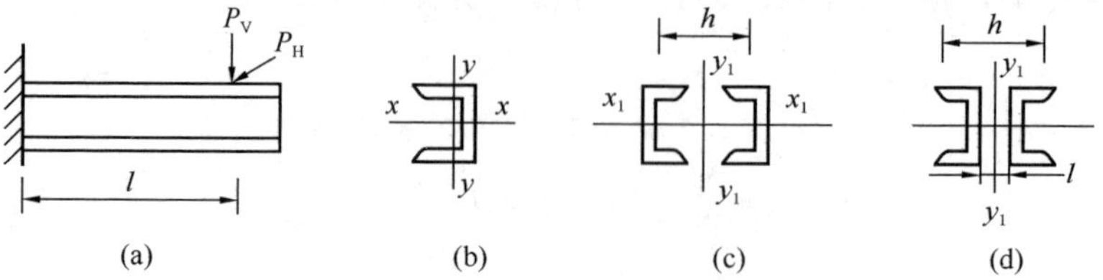

图 7.12.7　悬臂支架计算

八、三角斜撑的强度计算

1. 三角支架端部(管道位于横梁与斜撑的交点)受力的计算(图 **7.12.8**)

在垂直荷载 P_V 的作用下，横梁所受的轴向拉力为 $N_1=\frac{P_V}{\mathrm{tg}\alpha}$，斜撑所受的轴向压力为 $N_2=\frac{P_V}{\sin\alpha}$。为简化计算，假定横梁为一端固定的悬臂梁，水平推力 P_H 全部由横梁承担，故由 P_H 产生的弯矩为：$M_y=P_H\cdot L$。

横梁的计算：如上所述，横梁的强度计算应包括两个部分：

① 垂直荷载产生的轴向拉力及它产生的正应力；

② 由水平推力产生的弯矩及由该弯矩引起的应力，二者之和应不超过材料的许用应力。即：

$$\sigma=\frac{N_1}{A_b}+\frac{10^3M_y}{W_y}\leqslant[\sigma]^t \tag{7.12.9}$$

式中　A_b——横梁截面积，mm^2；

其他符号含义同式(7.12.8)。

斜撑的计算：为了使斜撑在受压过程中不发生弯曲变形，保持足够的稳定性，即压杆应稳定。因此，对长细比有一定的要求，对长细比的规定，国外一些国家的取法也不一致，例如，美国取 $\lambda\leqslant200$，德国和日本取 $\lambda\leqslant250$，苏联取 $\lambda\leqslant120$。对支架这一特殊件，国外某公司规定为 $\lambda\leqslant61$。碳钢杆件的极限长细比为 $\lambda=120$，当 $\lambda>120$ 时，斜撑为大柔度杆，当 $\lambda\leqslant61.6$ 时，为小柔度杆，介于二者之间的称中柔度杆。把斜撑定为中柔度杆是合理的，因此取 $\lambda=120$。为了简化计算，把压杆稳定当作强度问题处理，因此引入稳定系数 φ，其数值见表 7.12.1。

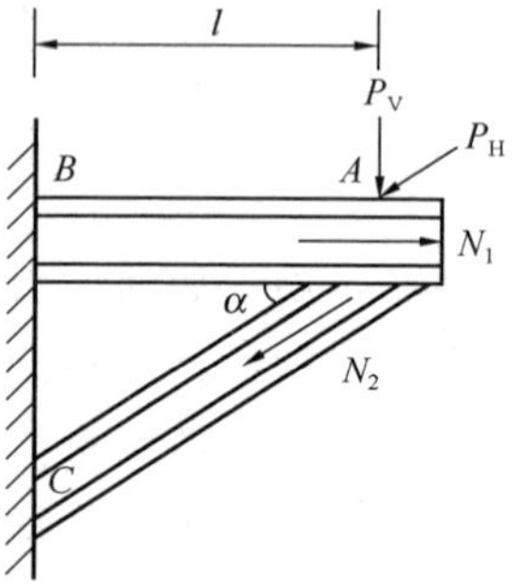

图 7.12.8　三角支架受力示意图

表 7.12.1　压杆稳定系数

长细比/λ	稳定系数/φ	长细比/λ	稳定系数/φ
0	1.000	50	0.888
10	0.995	60	0.842
20	0.981	70	0.789
30	0.958	80	0.731
40	0.927	90	0.669

续表

长细比/λ	稳定系数/φ	长细比/λ	稳定系数/φ
100	0.604	160	0.272
110	0.536	170	0.243
120	0.466	180	0.218
130	0.400	190	0.197
140	0.349	200	0.180
150	0.306		

注：1. 中间值按插入法计算。

2. 碳钢构件轴心受压时的稳定系数 φ 可参照本表取值。

当 $\lambda=120$ 时，$\varphi=0.45$。斜撑计算可分两步进行，

第一步选取型钢的规格，首先要满足长细比的要求，即：

$$\lambda=\frac{L_0}{i}\leqslant 120 \tag{7.12.10}$$

式中　λ——斜撑的长细比；

L_0——斜撑的自由长度，$L_0=\frac{L}{\cos\alpha}$，cm；

i——斜撑材料截面的最小惯性半径，cm。

第二步，在确定了斜撑的规格后，再对其进行强度核算：

$$\sigma=\frac{N_2}{\varphi F}\leqslant[\sigma] \tag{7.12.11}$$

式中符号意义同前。

2. 三角支架中间受力的计算

首先将横梁视为一端固定的简支梁，如图 7.12.9 所示。根据一端固定另一端简支的单跨梁计算公式，在 P_V 的作用下 A 点的支点反力 R，为：

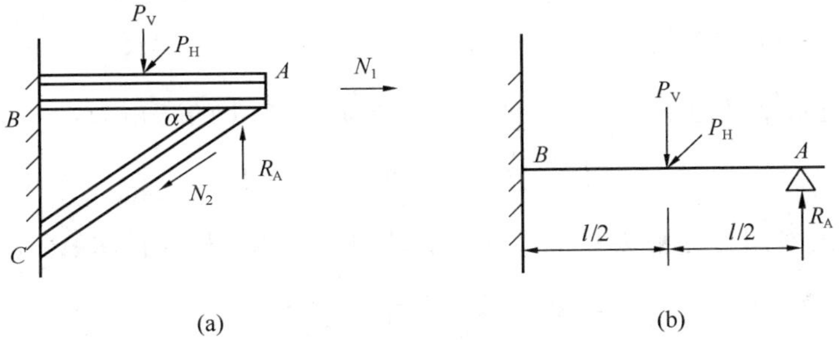

图 7.12.9　三角支架中间受力的计算

B 点的弯矩为：

$$R_A=\frac{5P_V}{16} \tag{7.12.12}$$

一般受力点靠近 A 点，为安全起见和简化计算，常将力的作用点定为 1/2 处。由于管道水平推力 P_H 的作用，在 B 点产生 $M_y=P_H\cdot l/2$。于是将 P_A 分解为对横梁超的轴向拉力 N_1 及对斜撑 AC 的轴向压力 N_2。

$$N_1 = \frac{P_A}{\text{tg}\alpha} \tag{7.12.13}$$

$$N_2 = \frac{P_A}{\sin\alpha} \tag{7.12.14}$$

$$R_A = \frac{5P_V}{16} + P_{V2} \tag{7.12.15}$$

B 点的弯矩为：

$$M_B = -\frac{3P_V L}{16} \tag{7.12.16}$$

由于两根管道水平推力 P_{H1} 与 P_{H2} 的作用，在 B 点产生的弯矩为：

$$M_y = P_{H1} \cdot L/2 + P_{H2} \cdot L \tag{7.12.17}$$

于是将 A 点的作用力分解为对横梁 AB 的轴向拉力 N_1 及对斜撑 AC 的轴向压力 N_2

$$N_1 = \frac{P_A}{\text{tg}\alpha};\ N_2 = \frac{P_A}{\sin\alpha} \tag{7.12.18}$$

横梁的计算：

$$\sigma = \frac{N_1}{F} + \frac{M_x}{W_x} + \frac{M_y}{W_y} \leqslant [\sigma] \tag{7.12.19}$$

式中 M_x——在危险断面 B 处，由 P_V 产生的弯矩，$M_x = -\frac{3P_V L}{16}$，N·mm；

M_y——在危险断面处，由 P_H 产生的弯矩，$M_y = P_H \cdot L/2$，N·mm。

斜梁式按式(7.12.20)、式(7.12.21)计算。

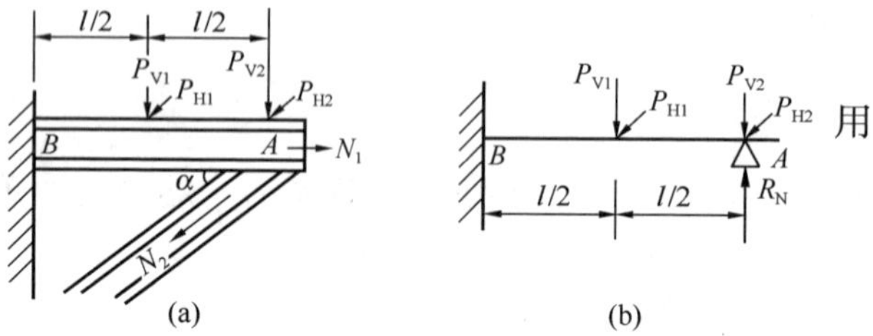

图 7.12.10 三角支架中间和端部同时受力示意图

3. 三角支架中间和端部同时受力的计算

由于两根管道垂直荷重 P_{V1} 与 P_{V2} 的作用，见图 7.12.10，在 A 点的作用力为：

$$P_A = \frac{5P_{V1}}{16} + P_{V2} \tag{7.12.20}$$

在 B 点的弯矩为：

$$M_x = \frac{3P_{V1}}{16}L \tag{7.12.21}$$

由于两根管道水平推力 P_{H1} 与 P_{H2} 的作用，在 B 点产生的弯矩为：

$$M_y = P_{H1} \cdot L/2 + P_{H2} \cdot L \tag{7.12.22}$$

于是将 A 点的作用力分解为对横梁 AB 的轴向拉力 N_1 及对斜撑 AC 的轴向压力 N_2

$$N_1 = \frac{P_A}{\text{tg}\alpha};\ N_2 = \frac{P_A}{\sin\alpha} \tag{7.12.23}$$

横梁按式(7.12.19)计算。

斜梁式按式(7.12.20)、式(7.12.21)计算。

4. 三角支架悬臂端受力

三角支架悬臂端受力的计算由于在悬臂的端点受力，危险断面在 A 点，A 的弯矩 M_A 用公式(7.12.18)。

$$M_A = M_{max} = P_V a \tag{7.12.24}$$

横梁的计算：

$$\sigma = \frac{M_A}{W} \leqslant [\sigma] \tag{7.12.25}$$

斜撑的计算：

如图 7.12.11 所示，根据单跨梁的计算公式，支点 A 的反力：

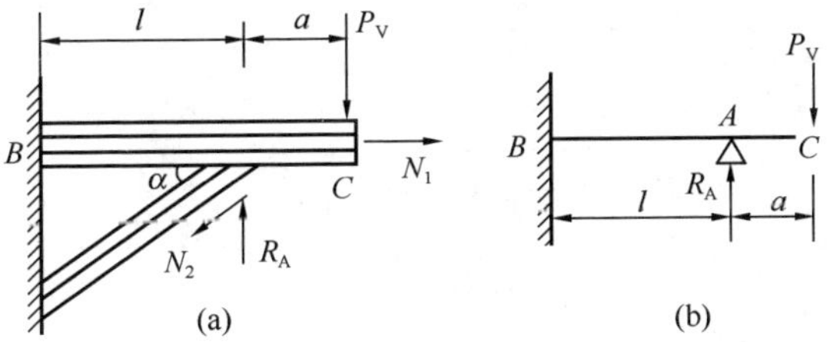

图 7.12.11　三角支架悬臂端受力

$$R_A = P_V\left(1 + \frac{3a}{2L}\right) = - P_A \tag{7.12.26}$$

P_A 对斜撑产生的轴向压力：

$$N_2 = \frac{P_A}{\sin\alpha} = \frac{P_V\left(1 + \frac{3\alpha}{2L}\right)}{\sin\alpha} \tag{7.12.27}$$

根据式(7.12.10)计算，选出型钢的规格后再根据式(7.12.11)校核其强度。

九、焊缝强度的计算

管道的钢支架与其生根构件的连接一般采用贴角焊，其焊缝强度可按式(7.12.28)计算。

$$\tau = \frac{P}{0.7h(a-1)} \times 0.01 \leqslant [\tau] \tag{7.12.28}$$

式中　τ——焊缝的剪切应力，MPa；

$[\tau]$——许用的剪切应力，MPa；

P——荷载，N；

h——焊缝直角边高度，cm，一般取较薄的连接件厚度；

a——焊缝的实际长度，cm。

常用焊接生根结构的焊缝强度计算见表 7.12.2。

表 7.12.2　焊缝强度计算

简　　图	计　算　公　式
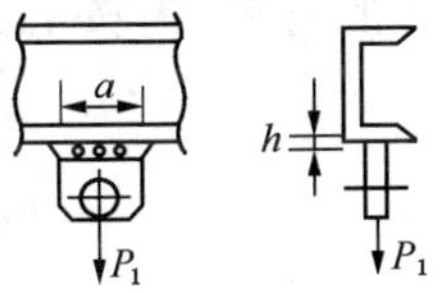	$\tau = \frac{P_1}{1.4h(a-10)} \leqslant [\tau]$
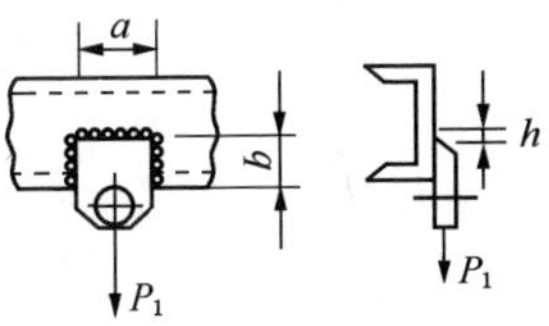	$\tau = \frac{P_1}{0.7h(2b+a-10)} \leqslant [\tau]$

续表

简图	计算公式
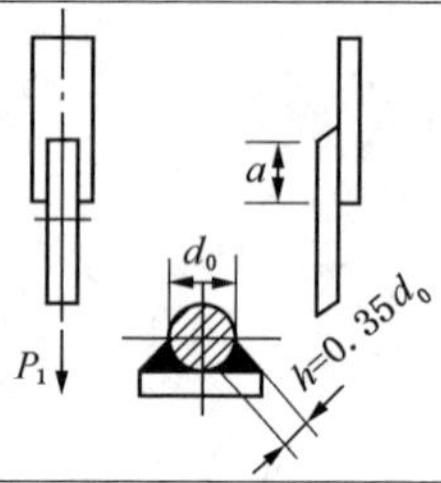	$\tau=\dfrac{P_1}{(2a-1)\times 0.35d_0}\leqslant[\tau]$ 取 $a\geqslant 2.3d_0+1$ 即可满足要求
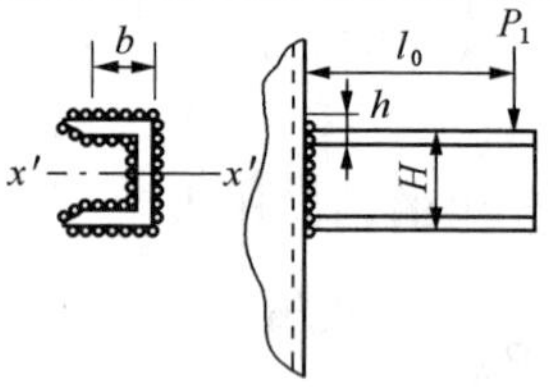	$\tau=P_1\sqrt{\left(\dfrac{l_0}{0.2W}\right)^2+\left(\dfrac{1}{0.7A}\right)^2}$
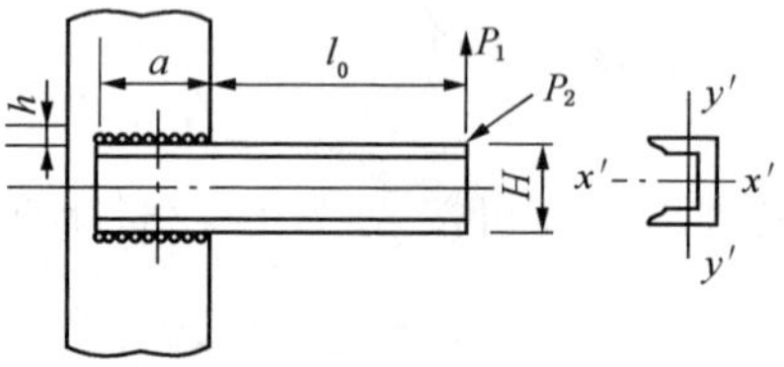	$\tau_1=\dfrac{P_1}{1.4h(a-10)}$　$\tau_2=\dfrac{P_1(l_0+a/2)}{W_0}$ $\tau'_1=\dfrac{P_2}{1.4h(a-10)}$　$\tau'_2=\dfrac{P_1(l_0+a/2)}{Wy'}$ $W_0=\dfrac{1.4\times\left[h\cdot(a-10)\times\left(\dfrac{H}{2}\right)^2+\dfrac{1}{12}(a-10)h^3+\dfrac{1}{12}h(a-10)^3\right]}{\dfrac{1}{2}\sqrt{H^2+a^2}}$ $W_{y'}=\dfrac{1.4h(a-10)^2}{6}$ $\tau=\sqrt{(\tau_1+\tau_2)^2+(\tau_1'+\tau'_2)^2}\leqslant[\tau]$ 注：在一般条件下，l_0 大于 H 很多，P_2 产生的扭矩对焊缝的影响未考虑

注：τ—焊缝的剪切应力，MPa；

$[\tau]$—许用的剪切应力，MPa；

P_1—垂直荷重，N；

P_2—水平推力，N；

τ_1—由于垂直荷重的剪力所产生的应力，MPa；

τ'_1—由于水平推力的剪力所产生的应力，MPa；

τ_2—由于垂直荷重的弯矩所产生的弯曲应力；MPa；

τ'_2—由于水平推力的弯矩所产生的弯曲应力，MPa；

A—按角焊缝高度 h 计算的焊缝面积，m^2；

W_0—按角焊缝高度 h 计算的焊缝断面对 X－X′ 轴的抗弯断面系数，mm^3；

h—角焊缝高度，mm；

a、b、l_0、d_0、H—焊件结构尺寸，mm。

十、大直径薄壁管支承点局部应力计算

对直接支承于管架构件的大直径薄壁管道(一般指大于 $DN400$ 的管道)需按下式对管壁支承点作局部应力核算：

$$\sigma_{alt}=1.17\sqrt{R/t'}\cdot\frac{f_A}{t'}\leqslant 0.5[\sigma]^t \tag{7.12.29}$$

式中 σ_{alt}——支承点管壁的局部应力，MPa；

R——管子外半径，mm；

t'——管子扣除腐蚀裕量后的壁厚，mm；

f_A——支承反力作用于管壁的线荷载，N/mm；$f_A=9.81\times q_0 L/B$；

L——管道跨距，m；

q_0——每米管道的质量，kg/m；

B——管壁与管架构件的支承线长度，mm；

$[\sigma]^t$——管材在设计温度下的额定许用应力，MPa。

第十三节　管道支吊架结构的计算

管道支架的管部附着件及支架构件应有足够的强度及合适的刚度，附着件是与管子直接接触或焊接，应考虑其计算应力不超过工作温度下的许用应力。对于保温保冷的管道一般均需设置管部附着件。对于支架构件，通常是在环境温度下工作，有些管道是直接支承在土建的结构上，不需要支架构件。国内外一些工程公司或者互相借鉴，或者自行编制，对常用的管道支吊架进行了标准化和系列化，管道设计人员直接选用即可，省去了很多计算。本节内容提供的公式是一些工程项目在验证、修改和计算标准管道支吊架、设计管道特殊支吊架时常用到的计算方法。

常用计算参数：

P_x、P_y、P_z——x、y、z 轴向的作用力；

P_{ix}、P_{iy}、P_{iz}——第 i 件在 x、y、z 轴向的力；

p——单位长度的荷载；

R_{ix}、R_{iy}、R_{iz}——分配到第 i 件在 x、y、z 轴向的反力；

R_{Ax}、R_{Ay}、R_{Az}——在 A 点沿 x、y、z 轴向的反力；

R_{Bx}、R_{By}、R_{Bz}——在 B 点沿 x、y、z 轴向的反力；

M_{Cx}、M_{Cz}——在 C 点对 x、z 轴向的弯矩；

M_{max}——最大弯矩；

σ_w——弯曲应力；

σ 及 σ'——拉或压应力；

σ_c——接触压应力；

$[\sigma]$——许用拉应力；

$[\sigma']$——螺栓许用拉应力；

τ——剪切应力；

τ_x、τ_y——沿 x、y 轴向的剪切应力；

$[\tau]$——许用剪切应力；

$[\tau']$——螺栓许用剪切应力；

E——材料的弹性模量；

G——材料的剪切弹性模量；

I_{ix}、I_{iy}、I_{iz}——第 i 件对于截面 x、y、z 轴的惯性矩；

Z_{ix}、Z_{iy}、Z_{iz}——第 i 件对于截面 x、y、z 轴的断面系数；

ψ——压杆基本许用应力降低系数；

ξ——构件受力分配系数；

A_i——第 i 件构件断面积；

Δ——挠度；

Δ_x、Δ_z——x 或 z 轴向的挠度；

d_0——螺栓的螺纹根部直径；

θ——平面角度；

α——垂直面角度；

β——扭角；
D——直径；
B、B_1——宽度；
L、L_0、L_1、L_2、L_3——长度；
H——高度；
t——厚度。

一、导向架结构的计算(图 7.13.1)

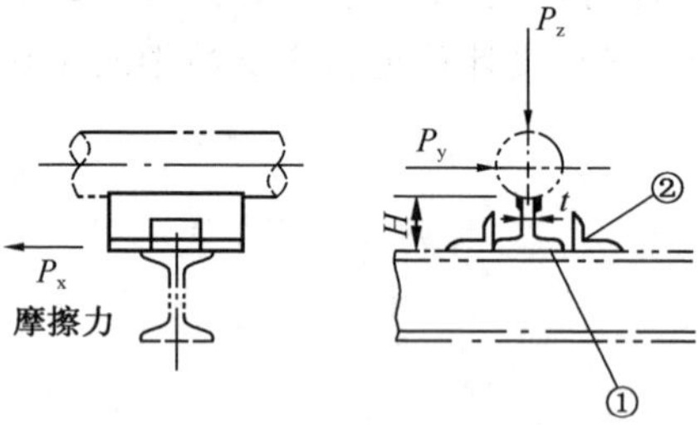

图 7.13.1 导向架(侧向限位架)

件① $\tau=\sqrt{\tau_x^2+\tau_y^2}\leqslant[\tau]$

$\tau_x=\dfrac{P_x}{L\cdot t}\quad \tau_y=\dfrac{P_y}{L\cdot t}$

P_z 引起的压应力略去不计

$\sigma_W=\dfrac{6P_y\cdot H}{L\cdot t^2}$

$\sigma=\sqrt{\sigma_W^2+4\tau^2}\leqslant[\sigma]$

件② $\tau=\dfrac{P_y}{0.7l_2\cdot t_2}\leqslant[\tau]$

l_2—— 件 ② 的焊缝总长

t_2—— 件 ② 的厚度

二、轴向限位架结构的计算(图 7.13.2)

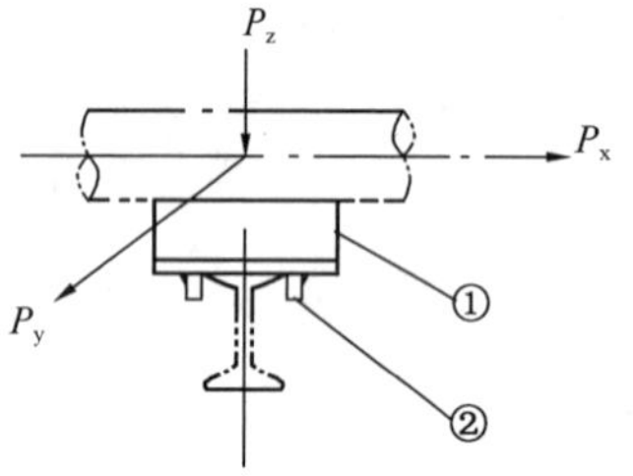

图 7.13.2 轴向限位架

件① $\tau=\sqrt{\tau_x^2+\tau_y^2}\leqslant[\tau]$

$\tau_x=\dfrac{P_x}{L\cdot t}\quad \tau_y=\dfrac{P_y}{L\cdot t}$

P_z 引起的压应力略去不计

$\sigma_W=\dfrac{6P_y\cdot H}{L\cdot t^2}$

$\sigma=\sqrt{\sigma_W^2+4\tau^2}\leqslant[\sigma]$

件② 焊缝 $\tau=\dfrac{P_x}{0.7l_2\cdot t_2}\leqslant[\tau]$

三、水平管刚性吊架结构的计算(图 7.13.3)

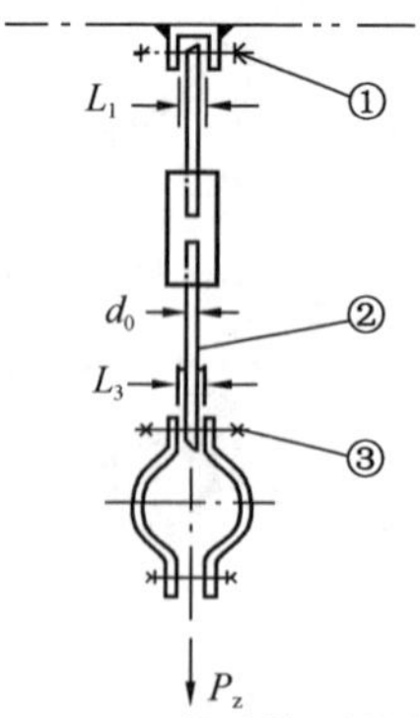

图 7.13.3 水平管刚性吊架

件 ① $\sigma=\dfrac{P_z\cdot L_1}{0.393d_0^3}\leqslant[\sigma']$

$\tau=\dfrac{P_z}{1.57d_0^2}\leqslant[\tau']$

件 ② $\sigma=\dfrac{P_z}{0.7854d_0^2}\leqslant[\sigma']$

件 ③ 按件 ① 计算，以 L_3 代 L_1。

如件号 ③ 有定距套管，则仅计算 τ，与件号 ① 公式相同。

四、垂直管的双刚性吊架结构的计算(图 7.13.4)

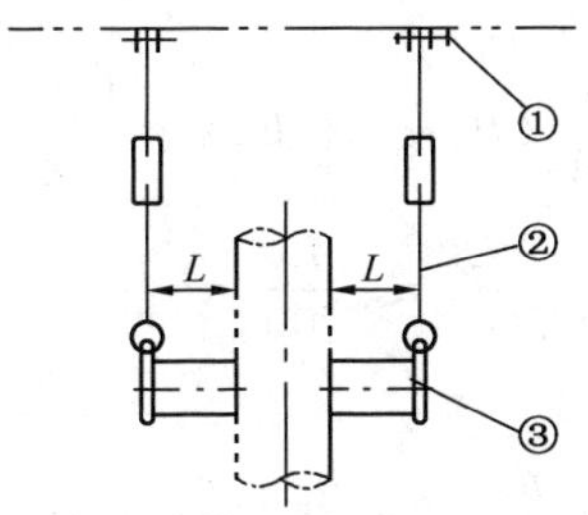

图 7.13.4　垂直管的双刚性吊架

件 ①　$\sigma=\dfrac{P_z\cdot L_1}{0.393d_0^3}\leqslant[\sigma']$

$\tau=\dfrac{P_z}{1.57d_0^2}\leqslant[\tau']$

件 ②　$\sigma=\dfrac{P_z}{0.7854d_0^2}\leqslant[\sigma']$

件 ③ 见下述“十五、双目轴支架结构的计算”。

（注：P_z 为总荷载的 1/2。）

五、悬臂架结构的计算(图 7.13.5)

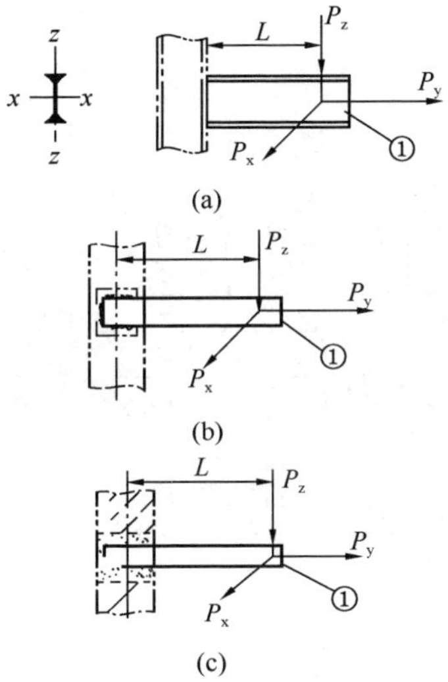

图 7.13.5　悬臂架

件 ①　$\sigma=L\left(\dfrac{P_z}{Z_{1x}}+\dfrac{P_x}{Z_{1z}}\right)\leqslant[\sigma]$

悬臂端挠度：

$$\Delta=\frac{L^2}{3E}\sqrt{\left(\frac{P_z}{I_{1x}}\right)^2+\left(\frac{P_x}{I_{1z}}\right)^2}$$

$$\Delta\leqslant\frac{L}{500}$$

六、带水平斜撑的悬臂架结构的计算(图 7.13.6)

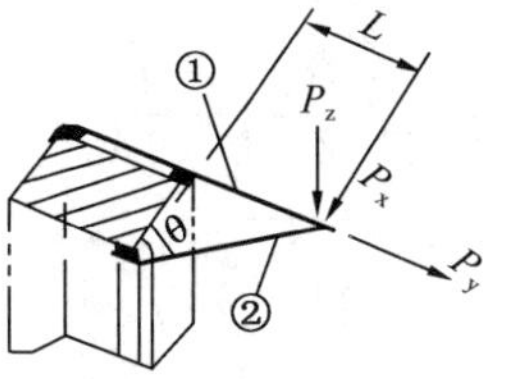

图 7.13.6　带水平斜撑的悬臂架

件 ①

$$P_{1z}=P_z\left(\frac{I_{1x}}{I_{1x}+I_{2x}\sin^3\theta}\right)$$

$$\sigma=\frac{1}{A_1}(P_x\lg\theta+P_y)+\frac{P_{1z}\cdot L}{Z_{1x}}\leqslant[\sigma]$$

件 ②　$P_{2z}=P_z-P_{1z}$

$$\sigma=\frac{P_x}{\psi A_2\cos\theta}+\frac{P_{2z}\cdot L}{Z_{2x}\sin\theta}\leqslant[\sigma]$$

$$\Delta=\frac{P_{1z}\cdot L^3}{3EI_{1x}}\leqslant\frac{L}{500}$$

ψ 见附表 9.2。

七、带水平支承的悬臂架结构的计算(图 7.13.7)

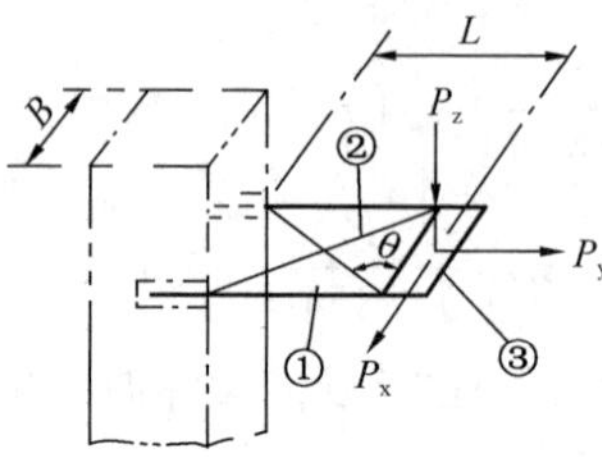

图 7.13.7 带水平支承的悬臂架

件 ①

$$\sigma=\frac{1}{2A_t}(P_x \mathrm{tg}\theta+P_y)+\frac{P_z \cdot L}{2Z_{1x}}\leqslant[\sigma]$$

$$\Delta=\frac{P_z \cdot L^3}{6EI_{1x}}\leqslant\frac{L}{500}$$

件 ②

$$\sigma=\frac{P_x}{2\psi A_2\cos\theta}\leqslant[\sigma]$$，ψ 见附表 9.2。

件 ③

$$\sigma=\frac{B}{8}\left(\frac{P_z}{Z_{3x}}+\frac{P_x}{Z_{3z}}\right)\leqslant[\sigma]$$

八、双悬臂架结构的计算(图 7.13.8)

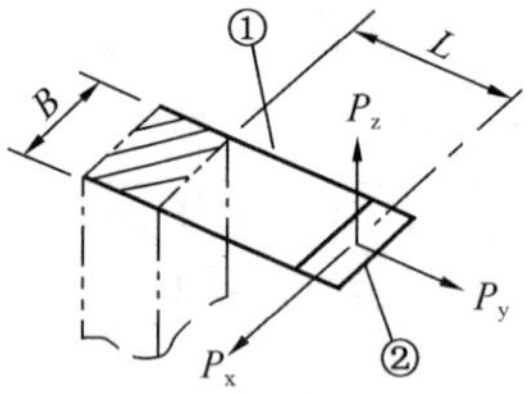

图 7.13.8 双悬臂架

件 ①

$$\sigma=\frac{L}{2}\left(\frac{P_z}{Z_{1x}}+\frac{P_x}{Z_{1z}}\right)+\frac{P_y}{2A_1}\leqslant[\sigma]$$

$$\Delta=\frac{L^3}{6E}\sqrt{\left(\frac{P_z}{I_{1x}}\right)^2+\left(\frac{P_x}{I_{1z}}\right)^2}\leqslant\frac{L}{500}$$

件 ②

$$\sigma=\frac{B}{8}\left(\frac{P_z}{Z_{3x}}+\frac{P_x}{Z_{3z}}\right)\leqslant[\sigma]$$

九、耳轴型双悬臂架结构的计算(图 7.13.9)

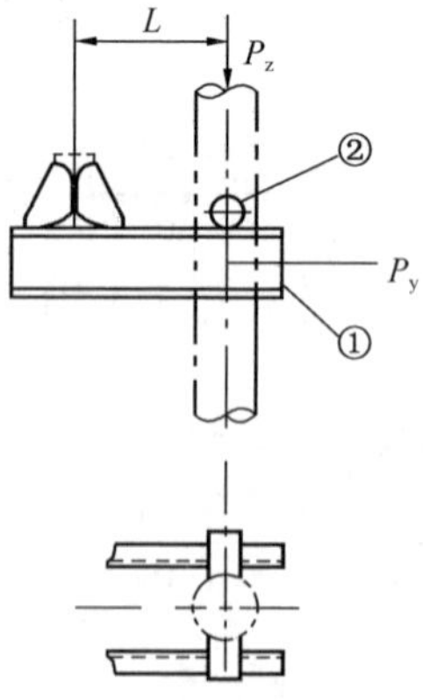

图 7.13.9 耳轴型双悬臂架

件 ①

$$\sigma=\frac{L}{2}\left(\frac{P_z}{Z_{1x}}+\frac{P_x}{Z_{1z}}\right)+\frac{P_y}{2A_1}\leqslant[\sigma]$$

$$\Delta=\frac{L^3}{6E}\sqrt{\left(\frac{P_z}{I_{1x}}\right)^2+\left(\frac{P_x}{I_{1z}}\right)^2}\leqslant\frac{L}{500}$$

件②见“十五、双耳轴支架结构的计算”。注意，$P \cdot L$ 不宜过大，以免生根的梁受扭变形。

十、三角架结构的计算(图 7.13.10)

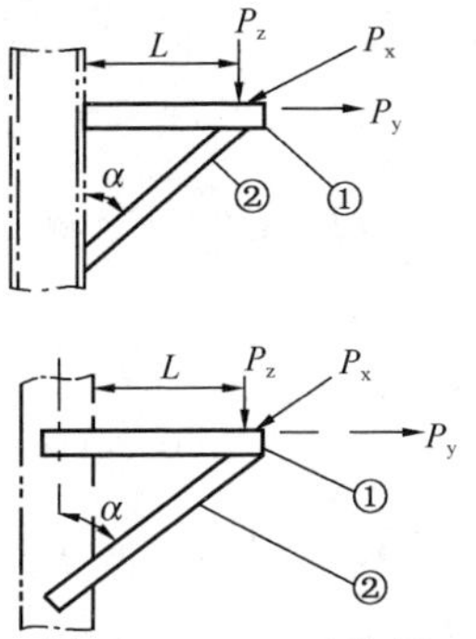

图 7.13.10　三角架

件 ①　$\xi = \dfrac{I_{1z}}{I_{1z} + I_{2z}\sin^3 a}$

$$\sigma = \frac{P_z \mathrm{tg}\alpha + P_y}{A_1} + \frac{P_x \cdot L \cdot \xi}{Z_{1z}} \leqslant [\sigma]$$

件 ②

$$\sigma = \frac{P_z}{\psi A_2 \cos\alpha} + \frac{P_x L(1-\xi)}{Z_{2z}\sin\alpha} \leqslant [\sigma]$$

ψ 见附表 9.2。

十一、带悬臂段三角架结构的计算(图 7.13.11)

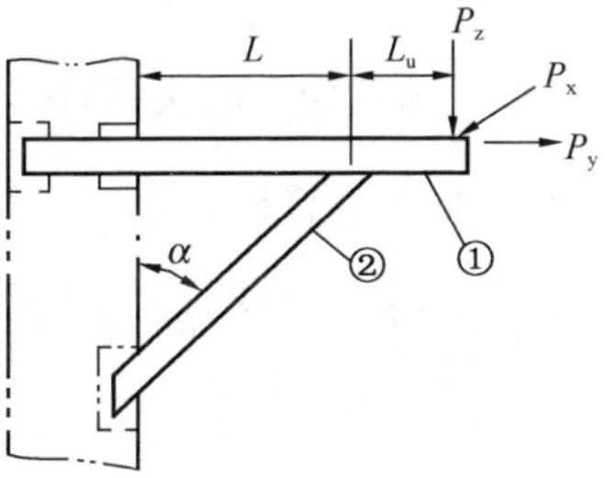

图 7.13.11　带悬臂段三角架

件 ①　$\xi = \dfrac{I_{1z}}{I_{1z} + I_{2z}\sin^3 \alpha}$

$$\sigma = \frac{P_z}{A_1}\left(1 + \frac{3L_0}{2L}\right)\mathrm{tg}\alpha + \frac{P_y}{A_1} + \frac{P_z \cdot L_0}{2Z_{1x}} + \frac{P_x}{Z_{1z}}$$

$(L_0 + \xi L) \leqslant [\sigma]$

当 L_0 较大时，加算悬臂段：

$$\sigma = \left(\frac{P_z}{Z_{1x}} + \frac{P_x}{Z_{1z}}\right)L_o + \frac{P_y}{A_1} \leqslant [\sigma]$$

剪切应力略去不计

$$\Delta_1 = \frac{P_z L_0^3}{3EI_{1x}} \quad \Delta_2 = \frac{P_x L_0^3}{3EI_{1z}}$$

$$\Delta = \sqrt{\Delta_1^2 + \Delta_2^2} \leqslant \frac{L_0}{500}$$

件 ②

$$\sigma = \frac{P_z\left(1 + \dfrac{3}{2}\dfrac{L_0}{L}\right)}{\psi A_2 \cos\alpha} + \frac{P_x[L_1 + L(1-\xi)]}{Z_{2z}\sin\alpha} \leqslant [\sigma]$$

ψ 见附表 9.2。

十二、双三角架结构的计算(图 7.13.12)

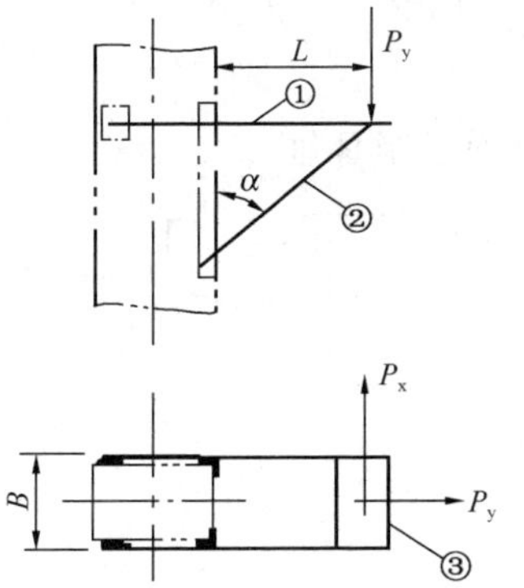

图 7.13.12　双三角架

件 ①　$\sigma = \dfrac{1}{2}\left(\dfrac{P_z \mathrm{tg}\alpha}{A_1} + \dfrac{P_y}{A_1} + \dfrac{P_x L}{Z_{1z}}\right) \leqslant [\sigma]$

件 ②　$\sigma = \dfrac{P_z}{2\psi A_2 \cos\alpha} \leqslant [\sigma]$

件 ③　$\sigma = \dfrac{B}{8}\left(\dfrac{P_z}{Z_{4x}} + \dfrac{P_y}{Z_{4z}}\right) \leqslant [\sigma]$

ψ 见附表 9.2。

十三、带水平斜撑的双三角架结构的计算(图 7.13.13)

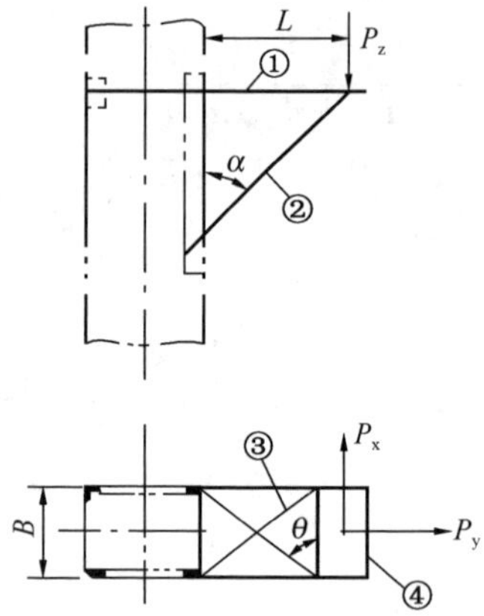

图 7.13.13　带水平斜撑的双三角架

件 ①　$\sigma=\dfrac{1}{2A_1}(P_x\text{tg}\theta+P_z\text{tg}\alpha+P_y)\leqslant[\sigma]$

件 ②　$\sigma=\dfrac{P_z}{2\psi A_2\cos\alpha}\leqslant[\sigma]$

件 ③　$\sigma=\dfrac{P_x}{2\psi A_3\cos\theta}\leqslant[\sigma]$

件 ④　$\sigma=\dfrac{B}{8}\left(\dfrac{P_z}{Z_{5x}}+\dfrac{P_x}{Z_{5z}}\right)\leqslant[\sigma]$

ψ 见附表 9.2。

十四、带悬臂段及水平斜撑的双三角架结构的计算(图 7.13.14)

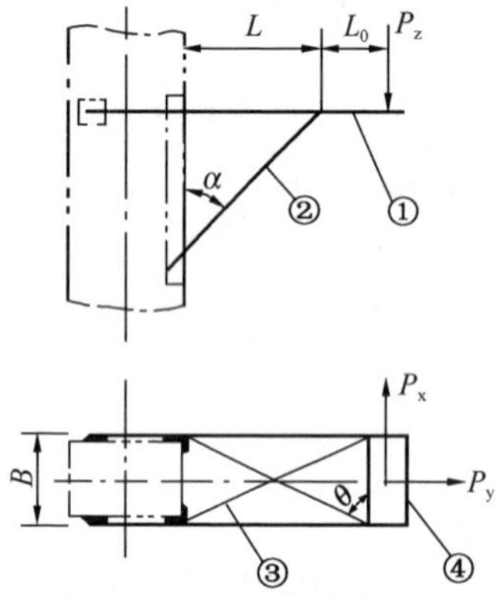

图 7.13.14　带悬臂段及水平斜撑的双三角架

件 ①　$\sigma=\dfrac{1}{2A_1}\left[P_z\left(1+\dfrac{3L_0}{2L}\right)\text{tg}\alpha+P_x\text{tg}\theta+P_y\right]+\dfrac{P_zL_0}{4Z_{1x}}\leqslant[\sigma]$ 剪切应力略去不计

当 L_0 较大时，加算悬臂段：

$\sigma=\dfrac{P_zL_0}{2Z_{1x}}+\dfrac{1}{2A_1}(P_y+P_x\text{tg}\theta)\leqslant[\sigma]$

$\Delta=\dfrac{P_zL_0^3}{6EI_{1x}}\leqslant\dfrac{L_0}{500}$

件 ②　$\sigma=\dfrac{P_z}{2\psi A_2\cos\alpha}\left(1+\dfrac{3}{2}\dfrac{L_0}{L}\right)\leqslant[\sigma]$

件 ③　$\sigma=\dfrac{P_x}{2\psi A_3\cos\theta}\leqslant[\sigma]$　ψ 见附表 9.2。

件 ④　$\sigma=\dfrac{B}{8}\left(\dfrac{P_z}{Z_{4x}}+\dfrac{P_x}{Z_{4z}}\right)\leqslant[\sigma]$

十五、双耳轴支架结构的计算(图 7.13.15)

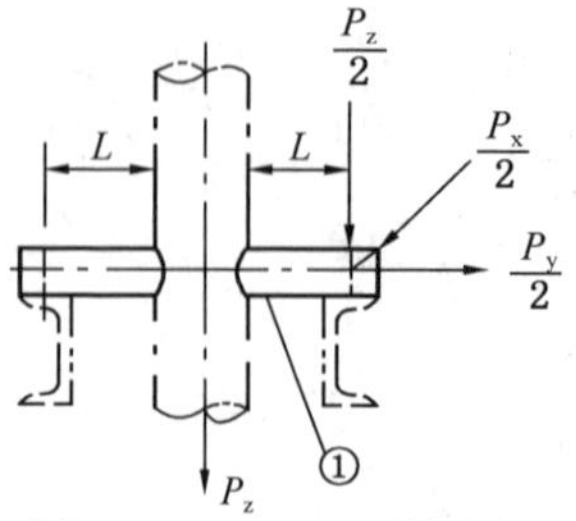

图 7.13.15　双耳轴支架

件 ①　用管子制耳轴

$\sigma_W=\dfrac{L}{2Z_{1x}}\sqrt{P_z^2+P_x^2}\leqslant[\sigma]$

$P_A=\dfrac{P_y}{2}$

$M_L=\dfrac{P_zL}{2}$

$M_C=\dfrac{P_xL}{2}$

以管子做水平管的支架(称为支腿管),由于力 P_A,及力矩 M_C 及 M_L 的作用(图7.13.16),被支承管生根部位产生局部应力,其计算方法如下:

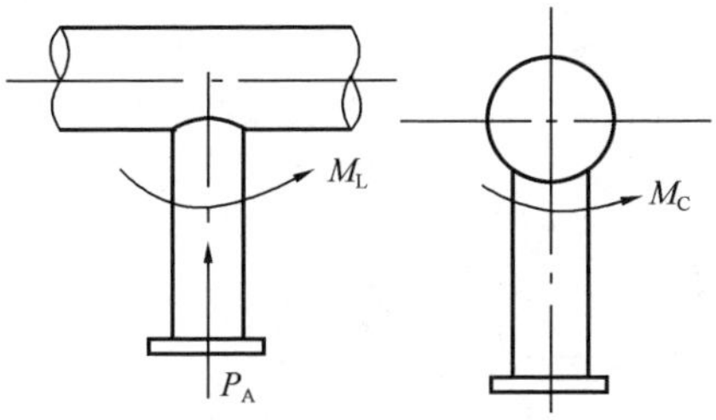

图 7.13.16　支柱架

$$\sigma_{at}=\frac{1.17f\sqrt{R}}{t^{1.5}}$$

$$f=\sqrt{(1.5f_C)^2+f_L^2}+1.5f_P$$

$$f_P=\frac{P_A}{2\pi r}$$

$$f_C=\frac{M_C}{\pi r^2}$$

$$f_L=\frac{M_L}{\pi r^2}$$

式中　σ_{at}——被支承管生根部位的局部应力,dyn/cm²;
R——被支承管的外半径,cm;
t——被支承管扣除腐蚀裕量后的厚度,cm;
r——荷载线(支腿管)的外半径,cm;
f_P——由径向力 P_A 引起的线荷载,dyn/cm;
f_C——由环向力矩 M_C 引起的线荷载,dyn/cm;
f_L——由纵向力矩 M_L 引起的线荷载,dyn/cm;
P_A——沿被支承管径向作用的力,dyn;
M_C——环向力矩,dyn/cm;
M_L——纵向力矩,dyn/cm。

静载局部应力和操作压力引起的薄膜综合应力的:

环向:
$$\sigma_{ap}=\sigma_{at}+\frac{pR_0}{t}$$

纵向
$$\sigma_{ap}=\sigma_{at}+\frac{pR_0}{2t}$$

$$\sigma_{ap}\leqslant 1.5[\sigma]^t$$

式中　σ_{ap}——内压和局部应力的综合应力,dyn/cm²;
p——操作压力(表),dyn/cm²;
R_0——被支承管的平均半径,cm;
$[\sigma]^t$——被支承管材料在设计温度下的许用应力,dyn/cm²。

十六、管柱支架结构的计算(图 7.13.17)

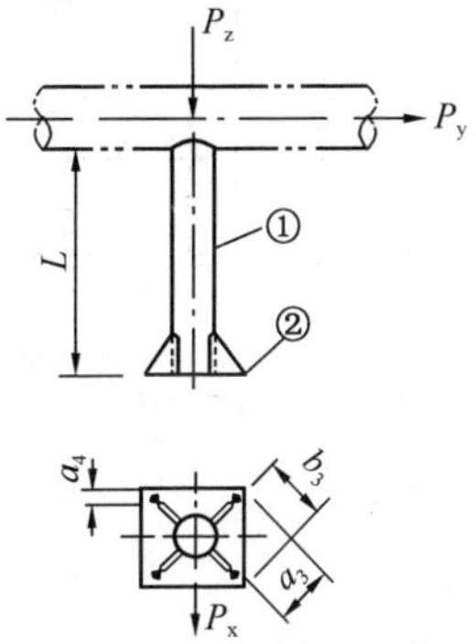

图 7.13.17　管柱支架

件 ①　参照附录九的计算公式:

$$\lambda=\frac{CL}{i}$$

式中　$i=\sqrt{\frac{I}{A}}$,$C=0.7$,见附图 9.1。

由 λ 查附表 9.2 得 ψ。

$$\sigma=\frac{P_z}{\psi A_1}+\frac{L\sqrt{P_x^2+P_y^2}}{Z_{1x}}\left(1+\frac{L^2P_L}{3EI_{1x}}\right)\leqslant[\sigma]$$

按"十五、双耳轴支架结构的计算"之内容校核主管的局部应力，必要时加鞍板，$P_A = P_z$，$M_L = P_y \cdot L$，$M_C = P_x \cdot L$

件② 按“二十四、底板的计算”之内容校核底板的强度。

$$\delta \geqslant \sqrt{\frac{6M}{[\sigma]}}$$

M 按式(7.13.1d) 及式(7.13.1e)，取较大值。

十七、钢柱支架结构的计算(图 7.13.18)

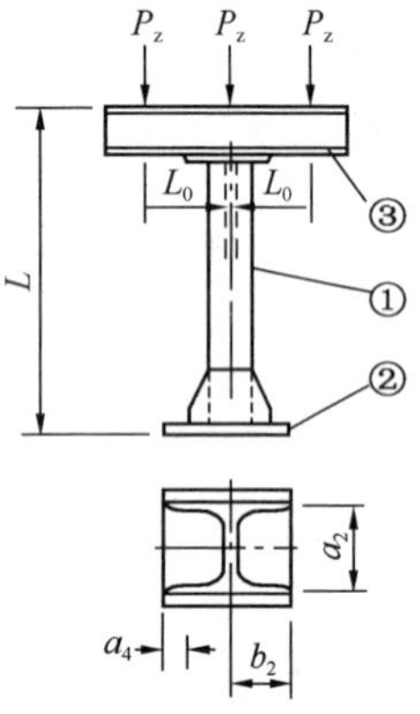

图 7.13.18 钢柱支架

件③ $\sigma = L\left(\frac{P_z}{Z_{1x}} + \frac{P_x}{Z_{1z}}\right) \leqslant [\sigma]$

悬臂端挠度：

$$\Delta = \frac{L^3}{3E}\sqrt{\left(\frac{P_z}{I_{1x}}\right)^2 + \left(\frac{P_x}{I_{1z}}\right)^2}$$

$$\Delta \leqslant \frac{L}{500}$$

以 L_0 代 L。

件① λ 及 i 计算式见“十六、管柱支架结构的计算”，$C=2$，查附表 9.2 得 ψ。

$$\sigma = \frac{\sum P_z}{\psi A_1} \leqslant [\sigma]$$

如有水平力时，采用“十六、管柱支架结构的计算”公式计算应力 σ，但不需校核主管的局部应力。

件② 按“二十四、底板的计算”之内容校核底板

$$\sigma = \sqrt{\frac{6M}{[\sigma]}}$$

M 按式(7.13.1c) 及式(7.13.1e)，取较大值。

十八、立管侧向支架结构的计算(图 7.13.19)

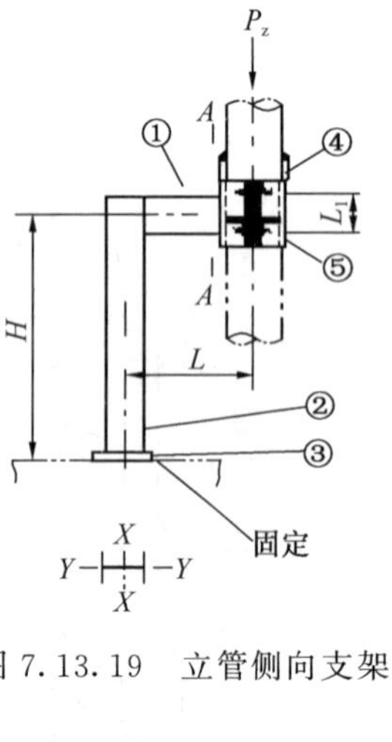

图 7.13.19 立管侧向支架

件① $\sigma = L\left(\frac{P_z}{Z_{1x}} + \frac{P_x}{I_{1z}}\right) \leqslant [\sigma]$

悬臂端挠度：

$$\Delta = \frac{L^3}{3E}\sqrt{\left(\frac{P_z}{I_{1x}}\right)^2 + \left(\frac{P_x}{Z_{1z}}\right)^2}$$

$$\Delta \leqslant \frac{L}{500}$$

件② 此型高度 H 不宜过大

$$\sigma = \frac{P_z}{\psi A_2} + \frac{P_Z L}{Z_{2X}} \leqslant [\sigma]$$

ψ 见附表 9.2。

件③ 按“二十四、底板的计算”之内容验算底板强度。

件④ 焊缝

$$\tau = \frac{P_z}{0.7lt} \leqslant [\tau]$$

$l = 2$ 块板焊缝的总长度

如件②底部为滑动，应核算 $A-A$ 处强度及管下的受力。即；

件①　$\sigma=\dfrac{P_zL}{Z_{1x}}\leqslant[\sigma]$

件⑤　管卡螺栓按 4 个计：

螺栓拉应力 $\sigma=\dfrac{P_zL}{1.57\cdot L_1\cdot d_0^2}\leqslant[\sigma']$

下侧螺栓附近应加筋板，以防管卡变形，见图 7.13.19。

十九、梁上生根支架结构的计算(图 7.13.20)

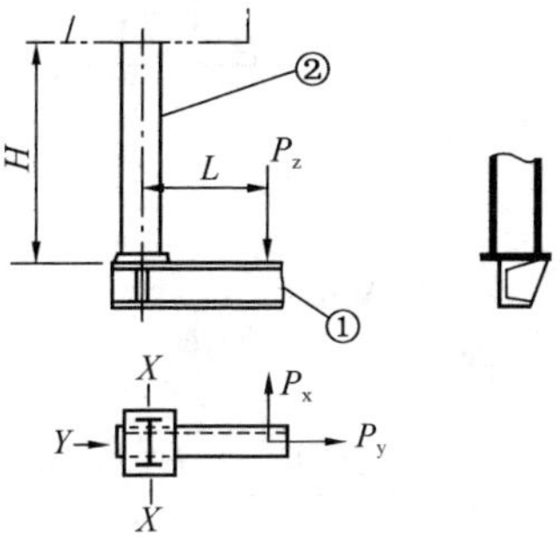

图 7.13.20　梁上生根支架

件①　$\sigma=L\left(\dfrac{P_z}{Z_{1x}}+\dfrac{P_x}{Z_{1z}}\right)\leqslant[\sigma]$

悬臂端挠度：

$$\Delta=\frac{L^3}{3E}\sqrt{\left(\frac{P_z}{I_{1x}}\right)^2+\left(\frac{P_x}{I_{1z}}\right)^2}$$

$$\Delta\leqslant\frac{L}{500}$$

件①　挠度

$$\Delta_Z=\frac{LH}{2EI_{2x}}(P_yH+2P_zL)+\frac{P_zL^3}{3EI_{1x}}$$

$$\Delta_X=\frac{P_xL^3}{3EI_{1z}}+\frac{P_xH^3}{3EI_{2y}}$$

$$\Delta=\sqrt{\Delta_z^2+\Delta_x^2}\leqslant\frac{L}{500}\text{及}\frac{H}{500}$$

件②　扭角

$$\beta=\frac{P_xL^2}{I_tG}\cdot\frac{180}{\pi}\leqslant 0.3^\circ$$

件②

在翼缘末端

$$\sigma=\frac{P_zL+P_rH}{Z_{2x}}+\frac{P_xH}{Z_{2y}}+\frac{P_z}{A_z}$$

在翼缘外侧中点

$$C=\frac{P_xLC}{I_t}+\frac{P_y}{A'_z}$$

I_t 见附录十一中附表 11.1。

A'_2 ＝翼缘断面积(件 2)

$$\sigma'=\sqrt{\left(\frac{P_xH}{Z_{2y}}+\frac{P_z}{A_2}\right)^2+4C^2}$$

上面 σ 与 σ' 取较大值 $\leqslant[\sigma]$

二十、梁上生根多管支架结构的计算(图 7.13.21、图 7.13.22)

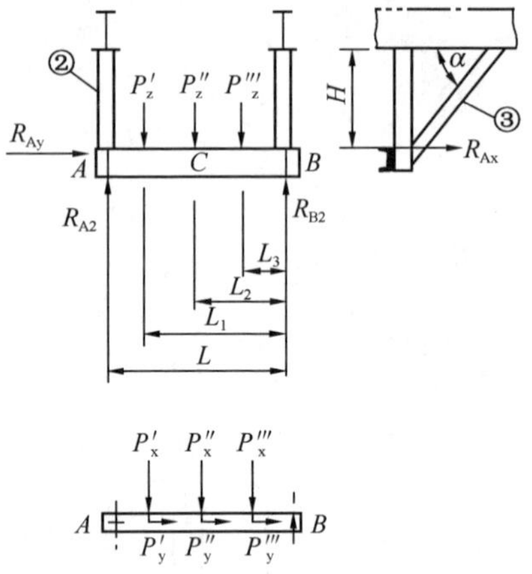

图 7.13.21 梁上生根多管支架(A 形)

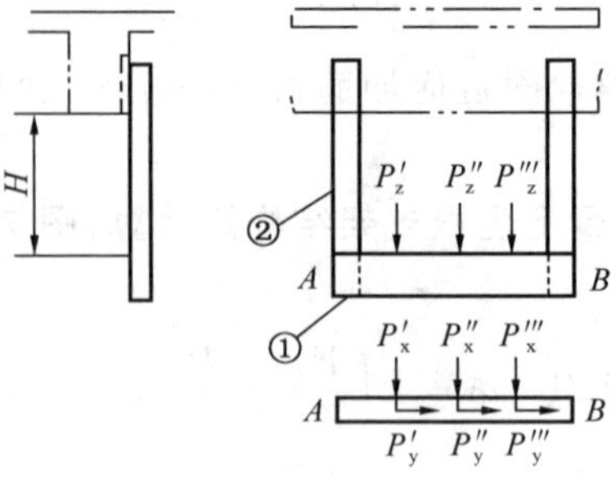

图 7.13.22 梁上生根多管支架(B 形)

对于 A 形:

件 ①

$$R_{Az}=\frac{P'_zL_1+P''_zL^2+P'''_zL_3}{L}$$

$$R_{Bz}=(P'_z+P''_z+P'''_z)-R_{Az}$$

在 C 点 $M_{Cx}=R_{Bz}L_2-P'''_z(L_2-L_3)$

同理:$R_{Ax}=\dfrac{P'_xL_1+P''_xL_2+P'''_xL_3}{L}$

$$R_{Bx}=(P'_x+P''_x+P'''_x)-R_{Ax}$$

$$M_{Cz}=R_{Bx}L_2-P'''_x(L_2-L_3)$$

$$\sigma=\frac{M_{Cx}}{Z_{1x}}+\frac{M_{Cz}}{Z_{1z}}\leqslant[\sigma]$$

件 ②

A、B 两点反力取较大一侧为准计算。

设 A 点较大,即取 R_{Az}、R_{Ax}

$$R_{Ay}=\frac{P'_y+P''_y+P'''_y}{2}$$

$$\xi=\frac{I_{2x}}{I_{2x}+I_{3x}\sin^3\alpha}$$

$$R_{2y}=R_{Ay}\xi$$

$$\sigma=\frac{1}{A_2}(R_{Az}\text{tg}\alpha+R_{Az})+\frac{R_{Ay}\cdot H\xi}{Z_{2y}}\leqslant[\sigma]$$

件 ③

$$\sigma=\frac{R_{Ax}}{\psi A_3\cos\alpha}+\frac{R_{Ay}\cdot H(1-\xi)}{Z_{3x}\sin\alpha}\leqslant[\sigma]$$

件 ① 梁的挠度，可先求合力及位置，然后按两端简支梁的集中力公式，分别求 z 及 x 向近似挠度。ψ 见附表 9.2

对于 B 形：

件 ①　计算同上。

件 ②　设 A 点反力较大，即取 R_{Az}、R_{Ax}

$$R_{Ay}=\frac{1}{2}(P'_y+P''_y+P'''_y)$$

$$\sigma=\frac{R_{Az}}{A_2}+\left(\frac{R_{Ax}}{Z_{2y}}+\frac{R_{Ay}}{Z_{2x}}\right)H\leqslant[\sigma]$$

二十一、竖向排列多管支架结构的计算(图 7.13.23)

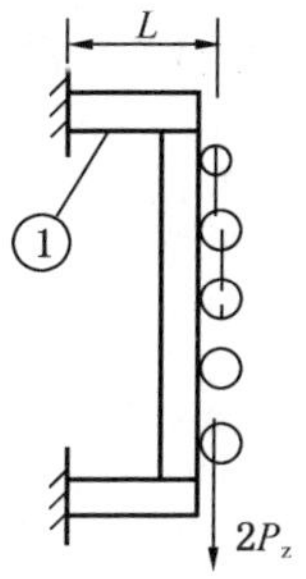

图 7.13.23　竖向排列多管支架

设数根管的总荷载三向分力为：

$2P_z$、$2P_x$、$2P_y$

件①　每根水平杆的荷载为 P_z、P_x、P_y，可按下面公式计算：

件 ① $\sigma=L\left(\frac{P_z}{Z_{1x}}+\frac{P_x}{Z_{1z}}\right)\leqslant[\sigma]$

悬臂端挠度：

$$\Delta=\frac{L^2}{3E}\sqrt{\left(\frac{P_z}{I_{1x}}\right)^2+\left(\frac{P_x}{I_{1z}}\right)^2}$$

$$\Delta\leqslant\frac{L}{500}$$

二十二、Π 形支架结构的计算(图 7.13.24)

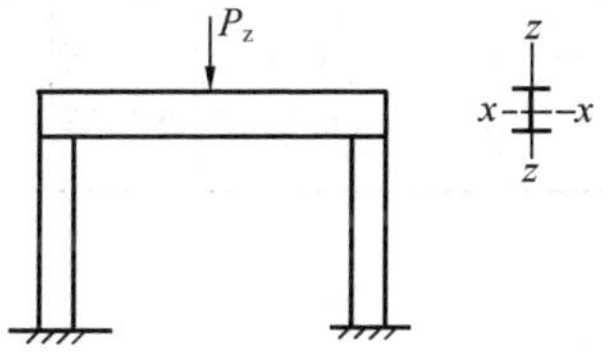

图 7.13.24　Π形支架

如支架上有数根管时，可简化为集中力或均布荷载，然后按附录十的 Π 形框架计算最大弯矩，并校核梁、柱应力及刚度

$$\sigma=\frac{M_{max}}{Z_{1x}}\leqslant[\sigma]$$

二十三、Γ 形支架结构的计算(图 7.13.25)

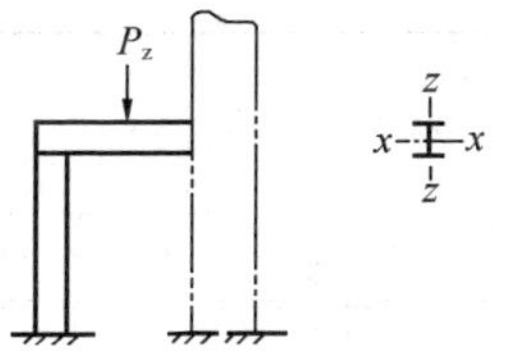

图 7.13.25　Γ 形支架

采用“二十二、Π形支架结构的计算”方法，然后按附录十的 Γ 形框架计算最大弯矩，并校核梁、柱应力及刚度

$$\sigma=\frac{M_{max}}{Z_{1x}}\leqslant[\sigma]$$

二十四、底板的计算

(1) 底板的面积 A(长×宽)应符合式(7.13.1)的要求。

$$A \geqslant \frac{P}{[R]} \tag{7.13.1}$$

式中 P——垂直力;

$[R]$——混凝土的许用压应力。

(2) 底板的厚度 δ 按下式计算:

$$\delta = \sqrt{\frac{6M}{[\sigma]}} \tag{7.13.1a}$$

式中 $[\sigma]$——底板材料的许用弯曲应力;

M——单位长度弯矩(与底板的支承方式有关),见式(7.13.1b)~式(7.13.1h)。

① 四边支承板:

$$M = \beta_1 R a_1^2 \tag{7.13.1b}$$

式中 β_1——与$\frac{b_1}{a_1}$有关的参数,见表 7.13.1;

R——混凝土对底板单位面积的反力;

a_1——板的短边;

b_1——板的长边。

表 7.13.1 四边支承板的参数 β_1

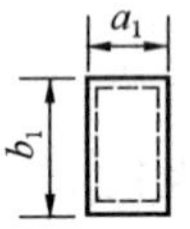	b_1/a_1	1.0	1.1	1.2	1.3	1.4	1.5	1.6	1.7	1.8	1.9	2.0	>2.0
	β_1	0.0479	0.0553	0.0626	0.0693	0.0753	0.0812	0.0862	0.0908	0.0948	0.0985	0.1017	0.125

② 三边支承板:

$$M = \beta_2 R a_2^2 \tag{7.13.1c}$$

式中 β_2——与$\frac{b_2}{a_2}$有关的参数,见表 7.13.2;

a_2 及 b_2——板的自由边长和相邻于自由边的边长。

表 7.13.2 三边支承板的参数 β_2

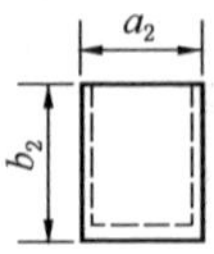	$\frac{b_2}{a_2}$	0.3	0.35	0.4	0.45	0.5	0.55	0.6	0.65	0.7	0.75	0.8
	β_2	0.0273	0.0355	0.0439	0.0522	0.0602	0.0677	0.0747	0.0812	0.0871	0.0924	0.0972
	$\frac{b_2}{a_2}$	0.85	0.9	0.95	1.0	1.1	1.2	1.3	1.4	1.5	1.75	2.0
	β_2	0.1015	0.1053	0.1087	0.1117	0.1167	0.1205	0.1235	0.1258	0.1275	0.1302	0.1316

注:当$\frac{b_2}{a_2}<0.3$时,按悬伸长度为 b_2 的悬臂板计算。

③ 两相邻边支承的板：

$$M=\beta_3 R a_3^2 \tag{7.13.1d}$$

式中　β_3——与$\dfrac{b_3}{a_3}$有关的参数，见表 7.13.3；

a_3 及 b_3——两互相垂直的边长。

表 7.13.3　参数 β_3

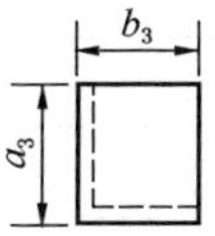	$\dfrac{b_3}{a_3}$	0.125	0.25	0.375	0.5	0.75	1.0
	β_3	0.008	0.031	0.066	0.105	0.198	0.295

④ 矩形悬臂板：

$$M=\frac{1}{2}R a_4^2 \tag{7.13.1e}$$

式中　a_4——悬臂长度，见图 7.13.26。

⑤ 三角悬臂板：

$$M=\frac{1}{6}R a_5^2 \tag{7.13.1f}$$

a_5 尺寸见图 7.13.27。

⑥ 二边简支板：

$$M=\frac{1}{8}R a_6^2 \tag{7.13.1g}$$

a_6 尺寸见图 7.13.28。

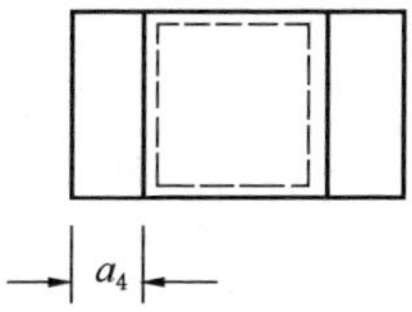

图 7.13.26　矩形悬臂板

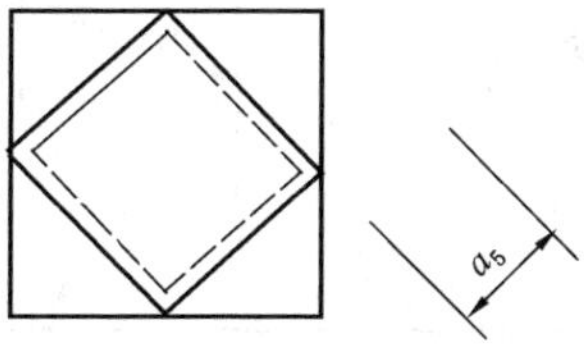

图 7.13.27　三角悬臂板

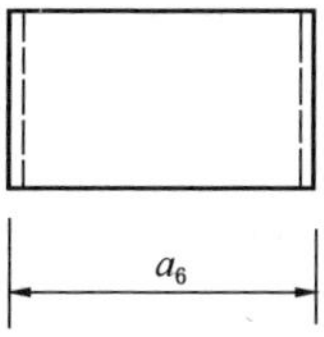

图 7.13.28　二边简支板

⑦ 受拉区底板：

$$M=\frac{P\cdot a_7}{b_7} \tag{7.13.1h}$$

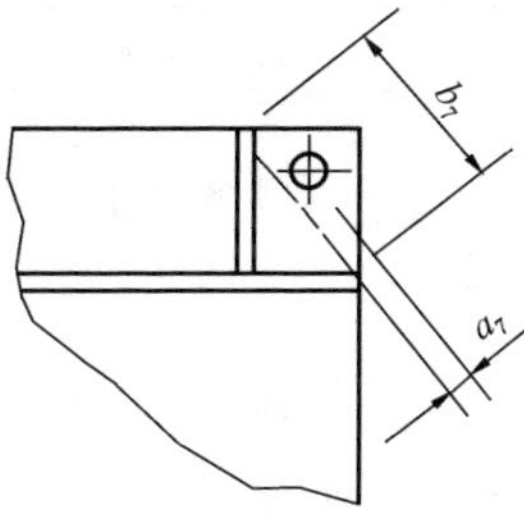

图 7.13.29　受拉螺栓区底板

式中　P——地脚螺栓的拉力；

a_7 及 b_7 尺寸见图 7.13.29。

底板如有受拉区时，板厚应取受压区及受拉区计算的较大值。

对于支架的底板，还应考虑焊接时变形的影响，不宜采用过薄的钢板，钢板与型钢焊接时，钢板外伸悬臂部分（见图 7.13.25 中

a_4)越长,变形的可能性越大,越需要较厚的钢板。一般作为管道支架的底板考虑焊接影响时,厚度不宜小于10mm,实际厚度还应按强度计算决定。

第十四节 型钢开洞位置及大小

一、热轧轻型工字钢开洞(表7.14.1)

表7.14.1 热轧轻型工字钢开洞位置及大小

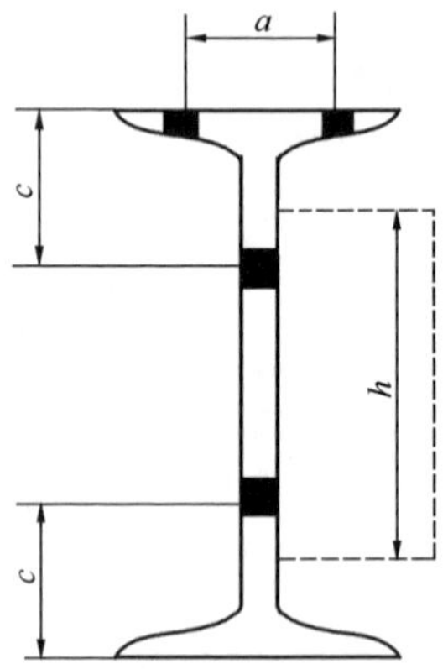

型号	翼缘			腹板		
	a	T	孔径	c	h	孔径
10	32	7.1	9	30	70	11
12	36	7.2	11	36	88	13
14	40	7.4	11	40	107	13
16	45	7.7	13	40	125	15
18	50(55)	8.0(8.2)	15(17)	50	143(142)	17
20	55(60)	8.3(8.5)	17(19)	50	161(160)	17
22	60(65)	8.6(8.8)	19(21)	60	178	21
24	60(70)	9.5	19(21)	60	196(195)	21
27	70	9.5(9.9)	21(23)	60	224(222)	21(23)
30	70(80)	9.9(10.4)	23	65	251(248)	23
33	80	10.8	23	65	277	23
36	80	12.1	23	70	302	23
40	80	12.8	23	70	339	25
45	90	13.9	23	70	384	25
50	100	14.9	25	80	430	25
55	100	16.2	25	80	475	25
60	110	17.2	25	90	518	25
65	110	19.0	25	90	561	25
70	120	20.3(23.6)	28.5	100	604(598)	28.5

二、热轧普通工字钢开洞(表7.14.2)

表7.14.2 热轧普通工字钢开洞位置及大小

型号	翼缘			腹板		
	a	T	最大孔径	c	h	最大孔径
10	36	7.6	12	40	70	17
(12)	42	8.2	12	41	85	17
12.6	42	8.2	12	41	85	17
14	44	9.0	12	42	105	17
16	44	9.7	14	44	120	17
18	44	10.7	17	45	140	17
20	54	11.4	17	47	155	17

续表

型号	翼缘			腹板		
	a	T	最大孔径	c	h	最大孔径
22	54	12.1	17	48	175	17
(24)	64	12.8	20	54	190	20
25	64	12.8	20	54	195	20
(27)	64	13.7	20	56	215	20
28	64	13.7	20	56	220	20
(30)	64	14.7	20	57	245	20
32	70	15.0	20	60	255	20
36	74	15.8	23	64	300	23
40	84	15.9	23	65	300	23
45	84	17.8	23	67	325	23
50	94	19.2	23	70	430	23
(55)	104	19.8	23	72	475	23
56	104	19.8	23	72	480	23
60	104	21.2	23	74	520	23
63	110	21.2	23	80	540	23

注：① 括号内数字为保留品种，不推荐使用。括号内的数字用于“a”型号。

② T—翼缘在规线处的厚度，h—连接件的最大高度。

三、角钢开洞（表 7.14.3）

表 7.14.3　角钢开洞位置及大小

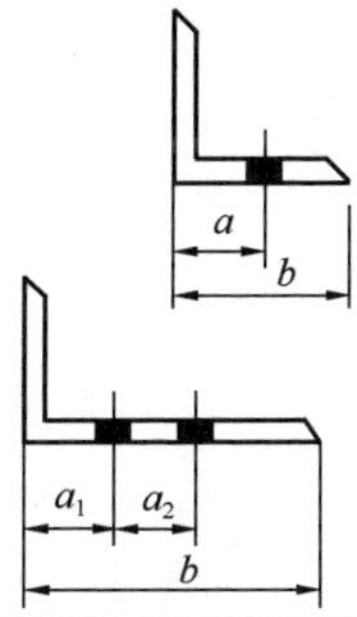

b	a	孔径	b	a	a_1	a_2	孔径
45	25	14	100	60			24
50	30	14	110	65			26
56	35	16	125	(75)	50	30	(28)24
63	38	18	140		55	40	26
70	40	20	160		65	50	28
75	45	22	180		70	70	30
80	45	22	200		75	80	30
90	55	22					

四、槽钢开洞（表 7.14.4）

表 7.14.4　槽钢开洞位置及大小

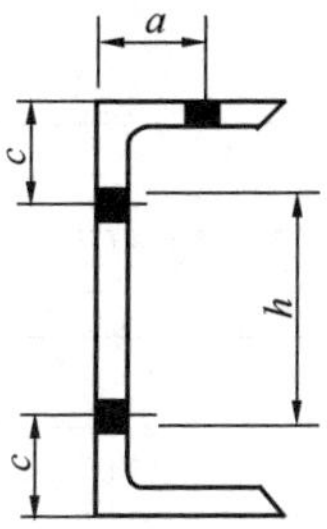

热轧普通槽钢							热轧轻型槽钢						
型号	翼缘			腹板			型号	翼缘			腹板		
	a	T	最大孔径	c	h	最大孔径		a	T	最大孔径	c	h	最大孔径
5					20		5	20	6.8	9	25	22	7
6.3			10	32	30	17	6.5	20	7.2	11	32.5	37	11
(6.5)			10	32	30	17	8	25	7.1	11	40	50	13

续表

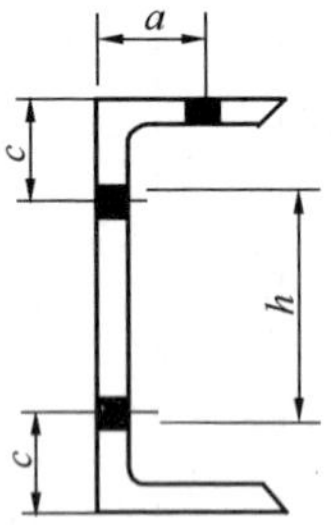

热轧普通槽钢						
型号	翼缘			腹板		
	a	T	最大孔径	c	h	最大孔径
8	25	7.9	14	35	45	17
10	28	8.4	14	40	60	17
(12)	30	9.0	17	45	80	17
12.6	30	9.0	17	45	85	17
14	35	9.2	17	47	95	17
16	35	10.0	20	49	115	20
18	40	10.2	20	53	130	20
20	45	10.5	20	54	150	20
22	45	11.2	20	55	165	20
(24)	50	11.2	20	56	185	20
25	50	12.0	20	60	195	20
(27)	50	12.0	23	62	215	23
28	50	12.0	23	62	225	23
(30)	50	13.1	23	64	240	23
32	50	13.8	23	66	260	23
36	60	15.3	23	70	290	23
40	60	17.7	23	74	322	23

热轧轻型槽钢						
型号	翼缘			腹板		
	a	T	最大孔径	c	h	最大孔径
10	30	7.1	13	33	68	9
12	30	7.6	17	40	86	13
14	35	7.7 (8.5)	17	45	104 (102)	15
16	40	8.4 (8.6)	19	50	122 (120)	17
18	40 (45)	8.0 (8.8)	21	55	140 (138)	19
20	45 (50)	8.6 (9.0)	23	60	158 (156)	21
22	50	8.9 (9.8)	23 (25)	65	175 (173)	23
24	50 (60)	9.8 (9.7)	25	65	192 (190)	25
27	60	9.6		70	220	25
30	60	10.3	25	70	247	25
33	60	11.3	25	70	373	25
36	70	11.5	25	75	300	25
40	70	12.7	25	75	335	25

注:① 括号内型号为保留品种,不推荐使用。括号内数字用于“a”型号。

② T—翼缘在规线处的厚度,h—连接件的最大高度。

第十五节　各种型钢承载力

一、等边角钢承载力

两端简支的钢梁在承载均布荷载时,可直接查表 7.15.1 选用材料。

① 跨度单位为 m;承载能力单位为 kgf/m。

② 表内的分子数为按挠度 $n_0=\frac{1}{250}$计算所得承载能力,分母数为按强度计算所得承载能力。

表 7.15.1　等边角钢承载力选用表

规格	跨度/m														
	0.5	0.8	1.0	1.3	1.5	1.8	2.0	2.3	2.5	3.0	3.5	4.0	4.5	5.0	6.0
	承载能力/(kgf/m)														
∠40×40×4	3736/819	791/320	296/204	135/121	87/91										

续表

规格	跨度/m														
	0.5	0.8	1.0	1.3	1.5	1.8	2.0	2.3	2.5	3.0	3.5	4.0	4.5	5.0	6.0
	承载能力/(kgf/m)														
∠45×45×5	4149/1285	1012/502	519/321	236/190	153/143										
∠50×50×5	5784/1602	1411/626	723/400	329/237	214/178	123									
∠56×56×5	8266/1635	2017/794	1033/508	470/300	306/226	177/156	129/127								
∠63×63×6	13994/3072	3451/1200	1749/768	797/454	518/341	300/237	218/192	143/145	112/123						
∠63×63×8	17781/3963	4338/1550	2223/992	911/587	658/440	381/306	277/248	182/187	142/167	82/110					
∠70×70×6	9480/3829	4759/1496	2436/957	1110/566	721/425	417/295	304/239	200/180	156/153	90/106					
∠70×70×8	24840/4956	6065/1936	3105/1239	1415/733	919/550	532/382	388/309	255/234	198/198	115/138					
∠75×75×6	24226/4423	5915/1728	3282/1105	1380/654	896/491	519/341	378/276	249/209	193/177	112/123					
∠75×75×8	30945/5734	7554/2240	3867/1433	1760/848	1145/637	663/442	483/358	318/271	247/220	143/159					
∠80×80×6	29592/5053	7225/1974	3699/1236	1686/747	1095/561	6342/389	4620/316	304/238	236/202	137/140					
∠80×80×8	37920/6568	9252/2566	4740/1642	2157/971	1404/729	814/506	592/410	389/310	303/262	175/182	110/134				
∠90×90×7	48932/7444	11947/2908	6116/1861	2788/1101	1811/827	1048/574	764/465	506/351	391/297	226/256	142/160				
∠90×90×10	66347/10275	16073/4014	3898/2568	3780/1520	2455/1141	1422/793	1036/642	681/485	531/411	307/284	193/210	129/150			
∠100×100×7	68039/9267	16601/3620	8504/2316	3876/1671	2518/1029	1458/715	1063/579	698/438	544/311	315/257	197/189	133/110			
∠100×100×10		22616/5012	11578/3208	5277/1898	3428/1425	1985/989	1447/802	951/606	741/513	429/356	269/262	180/200	127/158		
∠100×100×12		26300/5896	13474/3773	6141/2232	3989/1677	2310/1165	1683/943	1107/713	862/604	499/419	314/308	210/235	147/186		
∠110×110×8		25114/4990	12868/3193	5856/1889	3810/1411	2206/986	1607/798	1057/603	823/511	476/355	200/260	201/199	141/157		
∠110×110×10		30490/6120	15621/3917	7120/2317	4625/1740	2678/1209	1952/979	1284/740	999/627	578/435	364/320	244/245	171/193		

续表

规格	跨度/m														
	0.5	0.8	1.0	1.3	1.5	1.8	2.0	2.3	2.5	3.0	3.5	4.0	4.5	5.0	6.0
	承载能力/(kgf/m)														
∠110×110×12		35573/7210	18224/4614	8306/2730	5396/2050	3125/1424	2277/1153	1497/872	1166/738	675/513	424/377	284/288	200/227	146/184	
∠125×125×10		45534/7994	23327/5116	10634/3027	6908/2273	4000/1579	2915/1279	1916/967	1493/818	864/568	543/418	364/320	256/253	186/105	
∠125×125×12		53314/8234	27293/5270	12441/3116	8082/2342	4684/1626	3411/1317	2242/996	1746/843	1093/585	636/430	426/329	299/260	218/210	126/146
∠140×140×10		64794/10116	33194/6474	15130/3831	9830/2877	5692/1997	4148/1618	2727/1223	2124/1036	1229/719	772/528	518/405	364/319	265/259	153/179
∠140×140×12			38943/7654	17729/4529	11530/3402	6676/2362	4865/1913	3199/1446	2491/1224	1442/849	907/625	608/478	427/378	311/306	170/212
∠160×160×10			40279/8537	22918/5052	14889/3794	8621/2635	6283/2134	4131/1613	3217/1366	1862/948	1172/697	785/533	551/421	402/341	232/236
∠160×160×12			59120/10109	26947/5982	17506/4492	10137/3119	7387/2527	4857/1910	3785/1617	2189/1123	1378/825	924/631	648/499	473/404	273/280

二、槽钢承载力(表7.15.2)

表7.15.2 槽钢承载力选用表

规格	跨度/m											
	0.5	0.8	1.0	1.5	2.0	2.5	3.0	3.5	4.0	4.5	5.0	6.0
	承载能力/(kgf/m)											
5	13418/5324	3275/2080	1677/1331	496/591	209/332	107/212	62/147					
6.3	26211/8253	6399/3224	3276/2063	970/916	409/515	209/330	121/230	76/168				
8	52278/12953	12854/5060	6535/3238	1935/1439	816/809	418/518	242/359	152/264	102/202	72/159		
10	97177/20326	25000/7940	12792/5081	3787/2258	1600/1270	8185/813	4737/564	298/414	202/317	140/250	102/203	
12.6	101029/31815	48061/12428	24610/7953	7286/3534	3075/1988	1575/1272	913/883	574/649	384/497	270/392	197/318	114/220
14a	290914/41216	70969/16100	36364/10304	10767/4578	4543/2576	2327/1648	1347/1144	848/841	568/644	399/508	291/412	168/285
14b	314500/44595	76723/17420	39310/11148	11640/4954	4912/2787	2516/1783	1456/1038	916/910	614/696	431/550	315/445	120/309
16a			55880/13862	16540/6160	6982/3465	3576/2217	2069/1540	1303/1131	873/866	613/684	447/554	259/384

续表

规格	跨度/m											
	0.5	0.8	1.0	1.5	2.0	2.5	3.0	3.5	4.0	4.5	5.0	6.0
	承载能力/(kgf/m)											
16b			60280/14950	17850/6643	7532/3737	3858/2392	2233/1660	1405/1220	942/934	662/738	482/598	279/414
18a			82102/18099	24308/8042	10257/4524	5254/2895	3040/2010	1914/1477	1283/1131	901/893	657/723	380/501
18b			88372/19481	26165/8657	11041/4870	5655/3113	3273/2164	2060/1590	1380/1217	969/961	707/799	409/540
20a			114827/22784	33998/10124	14346/5696	7347/3645	4252/2531	2677/1860	1794/1424	1260/1124	918/911	531/631
20b			123453/24499	36551/10886	15424/6124	7900/3919	4571/2721	2878/2000	1928/1531	1354/1209	987/979	571/679
22a				45723/12377	19295/6963	9882/4456	5719/3094	3600/2273	2413/1740	1694/1375	1235/1114	715/772
22b				49112/13298	20725/7481	10614/4788	6143/3324	3867/2443	2592/1870	1820/1477	1327/1197	769/829
25a				64360/15534	27160/8627	13910/5521	8050/3833	5068/2817	3396/2156	2385/1703	1739/1380	633/957
25b				67423/16060	28452/9036	14572/5783	8433/4015	5309/2951	3558/2259	2499/1784	1821/1445	1054/1002
28a					38402/10880	19668/6963	11382/4834	7166/3553	4802/2720	3373/2148	2460/1740	1422/1207
28b					41351/11726	21178/7505	12256/5211	7716/3829	5171/2931	3631/2316	2647/1876	1532/1300
32a					61240/15196	31364/9725	18151/6752	11427/4962	7658/3799	5378/3001	3921/2431	2269/1685
32b					65642/16288	33619/10424	19456/7238	12248/5319	8209/4272	5765/3216	4203/2606	2433/1806
36a						49016/13510	28367/9380	17858/6893	11969/5277	8405/4169	6128/3377	3546/2341
36b						52226/14395	30225/9995	19028/7345	12752/5623	8956/4442	6529/3598	3778/2495
40a						72561/17981	41993/12485	26437/9175	17718/7024	9072/5548	7072/4495	5249/3116

三、工字钢承载力(表 7.15.3)

表 7.15.3 工字钢承载力选用表

规格	跨度/m											
	0.5	0.8	1.0	1.5	2.0	2.5	3.0	3.5	4.0	4.5	5.0	6.0
	承载能力/(kgf/m)											
10	126400/25088	30870/9800	15800/6272	4683/2787	1975/1568	1011/1003	583/696	369/512	247/392	173/309	126/250	73/173

续表

规格	跨度/m											
	0.5	0.8	1.0	1.5	2.0	2.5	3.0	3.5	4.0	4.5	5.0	6.0
承载能力/(kgf/m)												
12.6		61537/15506	31508/9923	9335/4409	3937/2480	2016/1587	1167/1087	735/810	492/620	346/489	252/396	146/275
14		89705/20400	45931/13056	13599/5801	5738/3264	2940/2088	1701/1450	1071/1065	718/816	504/644	367/522	294/362
16		142368/28200	72896/18046	21583/8020	9107/4512	4666/2887	2700/2005	1700/1473	1137/1128	800/891	583/721	466/500
18			107866/23680	31706/10522	13380/5920	6852/3788	3966/2630	2498/1933	1673/1480	1175/1169	857/947	685/656
20a			152865/30336	45267/13480	19102/7584	9783/4853	5563/3370	3566/2476	2389/1896	1678/1497	1223/1213	708/841
20b			161275/32000	47750/14220	20150/8000	10320/5120	5972/3555	3762/2612	2520/2000	1770/1580	1290/1280	747/887
22a				64940/17575	27404/9888	14035/6328	8122/4393	5116/3229	3427/2472	2407/1952	1755/1582	1015/1096
22b				68187/18486	28742/10400	14739/6656	8528/4621	5372/3396	3600/2600	2527/2054	1840/1664	1066/1153
25a				95950/22858	40489/12860	20737/8230	12001/5714	7554/4199	5064/3215	3556/2539	2593/2057	1500/1426
25b				100924/24044	42589/13527	21812/8657	12623/6011	7947/4417	5326/3381	3741/2671	2727/2164	1573/1500
28a					57400/16260	29367/10406	16996/7225	10699/5310	7170/4065	5036/3211	3672/2601	2125/1803
28b					60288/17099	30877/10942	17870/7597	11249/5583	7539/4274	5295/3376	3860/2735	2234/1896
32a					89269/	45720/14176	26459/9843	16658/7233	11164/5537	7841/4374	5716/3544	3308/2457
32b						47973/14875	27763/10328	17478/7590	11714/5810	8227/4590	5998/3718	3471/2578
36a						65057/17920	37651/12442	23703/9143	15886/7000	11157/5530	8134/4480	4707/3106
36b						68236/18821	39490/13068	24816/9603	16662/7352	11702/5808	8531/4705	4937/3262

第十六节　非金属管道支吊架设计及工程应用

一、非金属管道应力分析及支吊架设计常用参数

在应力分析中非金属管道应力分析常用参数可以从相应的标准规范查找。

应力范围值：在应力范围的计算中，确定总位移应变中的热位移值所需的线膨胀系数；塑料管的线胀系数较大，约为金属管的3～10倍。

反作用力数值：对管道支架和连接设备（接口）的反作用力计算中，应正确选用线膨胀系数。

弹性模量：常用非金属材料的弹性模量为实验值，而一般条件下的实验数据与某些特定条件下（如荷载、温度、试件方位、纤维加强方式等）实际有效弹性模量之间可能存在差异。在可能的情况下，应以可靠的实际有效值为准。

泊松比：根据材料和温度的不同而变化，应视具体情况确定。

尺寸：在进行柔性分析计算时，采用管子和管件的公称外径和厚度。

二、非金属管道的柔性分析与支吊架设计工程应用

1. 下述管系不需柔性分析

① 运转良好装置的复制管系，或曾运转良好而没有重大改动的更换管系；

② 与已分析通过的管系比较，肯定具有足够柔性的管系；

③ 根据制造厂有关规定，管系布置采用较安全的内在柔性安全系数，或采用有效而可靠的方法。

凡不符合上述情况的管系，应采用适合其具体情况的应力分析方法，验证管系是否具有足够的柔性。

应特别注意，管道相对于支架，只有小间隙的移动（线位移和角位移）。在确定支管所需要的柔性时，应考虑主管在与小支管连接处的移动。

由于塑料管的线胀系数较大，塑料管的布置应具有良好的柔性。由热胀或端点位移引起的二次应力过大时，宜采用管系自然补偿的方法增加管系的柔性，必要时可选用U形补偿器或采用聚四氟乙烯波型补偿器。

塑料管道机械强度较小，其支吊架的基本跨距亦小，所以在布置管道时，应充分考虑支吊架的生根点和支吊方法后才能确定管道的走向。塑料管道一般沿建筑物或构筑物敷设。当管道通过距离超过基本跨距又无支吊架生根位置时，可将管道布置在连续托架（桥架）上。

塑料、钢塑、涂塑、橡胶衬里等管道不应敷设在操作温度高于介质自燃点的设备上方，否则应有防火措施。

2. 非金属管道补偿器的设计

非金属管道的热补偿优先选用自然补偿器，也可选用非金属管道波纹补偿器。非金属管道波纹补偿器有如下优点：

① 补偿热膨胀：非金属膨胀节可以在较小的尺寸范围内提供较大的多维方向补偿。

② 补偿安装误差：由于管道连接中，系统误差在所难免，非金属膨胀节可以较好地消除安装误差。

③ 消声隔震：纤维织物、保温棉本身具有吸声、隔绝震动传递的功能，能有效地减小锅炉、风机等系统的噪声和震动。

④ 无反推力：由于主体材料为纤维织物，无力的传递，用非金属膨胀节可简化设计。

⑤ 密封性能好：在各种介质作用下，具有良好的密封性，安装维修方便。

非金属管道波纹补偿器有良好的耐高温、耐腐蚀性。管道的固定支座、导向支座无特殊要求，可简化设计节省大量材料。安装时补偿器耐磨衬套标注方向与管道介质流向必须一致。非金属补偿器内设运输固定杆，安装完备后标有黄色的拉杆或固定杆应拆除，保证补偿器正常工作。

三、非金属管道的支吊架设计及工程应用

对非金属管道的承重架、导向架和固定架的选用原则应符合配管柔性分析及标准规范的规定和要求。对于热塑性塑料管道，其支架端面不得有尖锐的边缘，以免划伤管道，并应是连续的或是相隔成合理的间距，用以防止热变形造成过分下垂。设计者应考虑制造厂非金属管道推荐的支架。

四、脆性管道的支吊架设计及工程应用

支架的设计应防止划伤管道表面，在管道布置设计时应考虑减振和隔振措施。支架应能牢固支承管道，但又不得阻碍其膨胀或其他位移(移动)。对锚固点的设置要慎重，在任何无膨胀接头的直管道上不得装设一个以上的锚固点(即在两固定点间禁止直线连接)。较重的阀门和管道上的设备应单独支承，以免将其重量荷载传递到管道上。

五、热塑性塑料管道材料支吊架设计及工程应用

对于热塑性管道支吊架需要着重考虑的事项：

① 为了防止过大的应力和位移，管道应适当加以支承。

② 阀门及其他各种集中的重荷载的支承点应尽可能靠近集中荷载的地方。

③ 为防止机械损坏如压碎、擦伤和压痕，管道应加以支承。

④ 支吊架型式的选择应使管道有足够的柔性，以防过度弯曲和轴向应力以及由反复收缩膨胀引起的应力疲劳。由弹性垫或多个膨胀胀节组成的带有多个端点的管道必须正确约束，以抵抗轴向应力或使管道平移和旋转减至最低。

⑤ 用于钢管的支架对于热塑性管子也同样适用，但管道与钢支架间应提供保护措施。如钢支架与管子相连处加塑料 U 形卡或橡胶作为衬垫；作为另一种提供保护的方案，管子与支点连接处可加塑料衬套，以缓和钢支架对管子的冲击或振动，如图 7.16.1 所示。

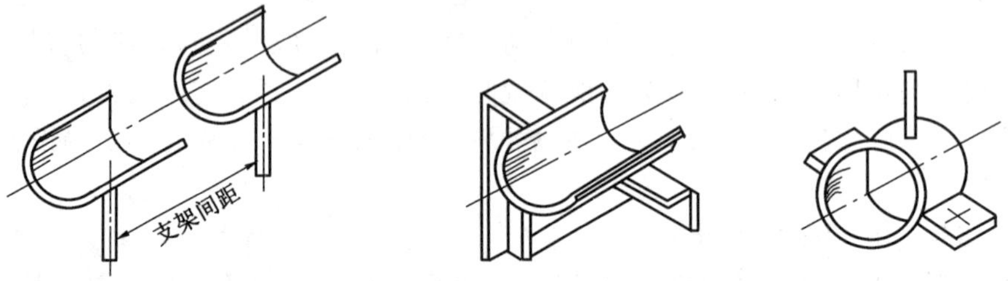

图 7.16.1 热塑性塑料管道半圆形管托和管卡

⑥ 为减少立管下部管件的荷载，必须每隔一定间距即加以支承。在管子连接处或其他管件下边使用立管管卡或双螺栓管卡以防止管子的过度压力。

⑦ 为防止管道的平移和转动须在特定的地方固定，应尽可能靠近二通及弯头处设固定支架，以能防止管件过度弯曲和轴向应力。

⑧ 为阻止横向位移但允许轴向时，必须设置导向支架以防止管道的超应力。

⑨ PVC(聚氯乙烯)、CPVC(氯化聚氯乙烯)、PVDF(聚偏三氯乙烯)、PP(聚丙烯)等热塑性管道材料的支吊架间距，需参考相关的标准规范或厂家提供数据。

六、热成型玻璃钢管道支吊架设计及工程应用

对热成型玻璃钢管道支架设计应考虑的事项：

① 为避免点荷载，管道必须加以支承。点荷载能引起极大破坏，它会影响系统的使用寿命。

② 管道应加支承以防止机械损坏，如压碎、擦伤和压痕。

③ 只要管子与钢支架间有保护层，用于钢管的支架对于热塑料管也同样适用。对于钢支架，可以在管子外加塑性 U 形夹或橡胶作为衬垫。

④ 为减少低处管件荷载，每隔一定间距竖管都需加支架。在靠近承插管箍或组装的玻璃钢管下方用承重管卡或双螺栓管卡可防止管卡过度压力。有的设计人员因设计支架偏少引起连接处泄漏事故。

⑤ 支吊架间距需参考相关的标准规范或厂家提供的数据。

参见图 7.16.2 玻璃钢管支吊架的典型详图。

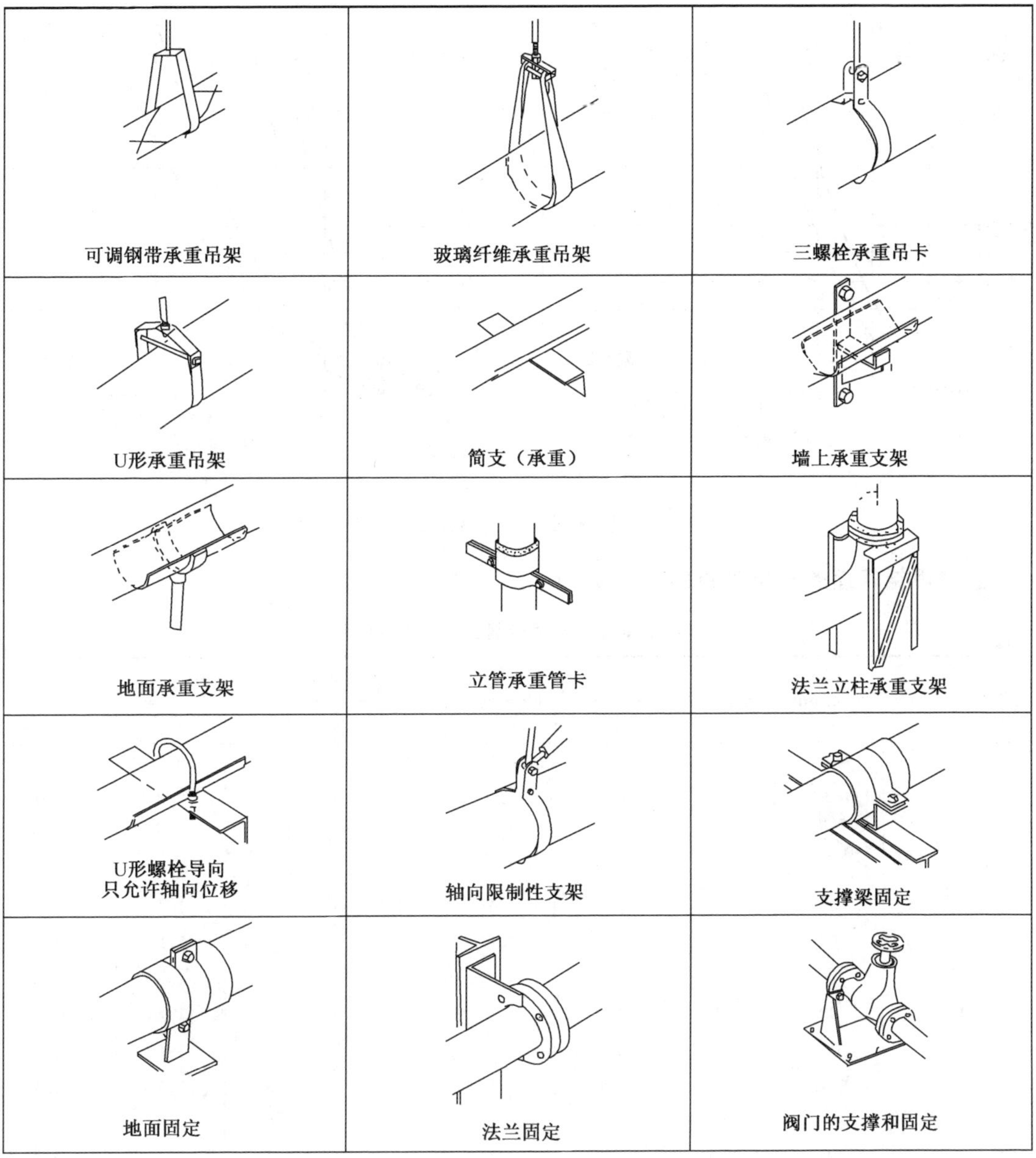

图 7.16.2　玻璃钢管支吊架的典型详图

七、一般塑料管道跨距的计算方法

$$y = \frac{WL^4}{384EI} \tag{7.16.1}$$

式中 y——挠度，cm；

W——管子及管内流体每 1cm 的重量，kgf/cm；

E——弹性模量，MPa；

I——惯性矩，cm^4；

L——支吊架间距，cm。

八、玻璃钢管(FRP)管道的一般跨距(图 7.16.3)

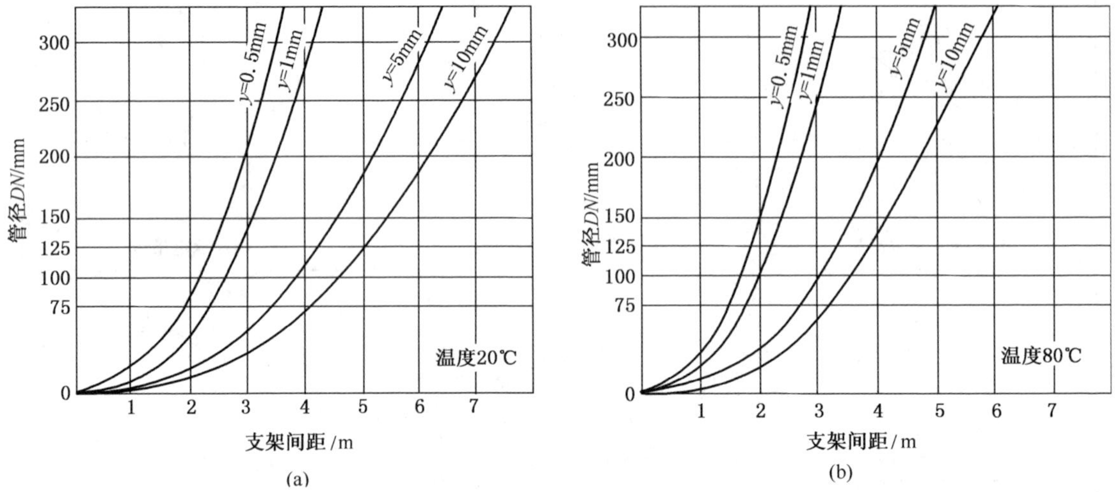

图 7.16.3 玻璃钢管(FRP)管道的一般跨距

九、聚丙烯管道的一般跨距(表 7.16.1)

表 7.16.1 聚丙烯管道的一般跨距

公称直径 DN/mm	外径/mm	壁厚/mm	不同工作温度下支架距离/m					
			40℃	50℃	60℃	70℃	80℃	90℃
15	20	2	0.8	0.8	0.8	0.7	0.7	0.7
20	25	2	0.9	0.9	0.8	0.8	0.8	0.7
25	32	3	1.0	1.0	1.0	0.9	0.9	0.9
32	40	3.5	1.2	1.1	1.1	1.0	1.0	1.0
40	51	4	1.3	1.2	1.2	1.1	1.1	1.1
50	63	4.5	1.4	1.4	1.3	1.3	1.2	1.2
65	75	5	1.5	1.5	1.4	1.4	1.3	1.3
80	90	6	1.7	1.6	1.6	1.5	1.4	1.4
100	114	7	1.9	1.8	1.7	1.6	1.6	1.5
125	140	8	2.0	1.9	1.9	1.8	1.7	1.7
150	166	8	2.1	2.0	2.0	1.9	1.8	1.7
200	218	10	2.4	2.3	2.2	2.1	2.0	2.0

注：工作温度高于 60℃时应尽量采用连续托架。

十、高压聚乙烯管道的一般跨距(表 7.16.2)

表 7.16.2　聚丙烯管道的一般跨距

公称直径 DN/mm	水平安装/m	垂直安装/m	公称直径 DN/mm	水平安装/m	垂直安装/m
10	0.5	1.0	32	1.0	2.0
15	0.6	1.2	40	1.2	2.4
20	0.7	1.4	50	1.5	3.0
25	0.8	1.6			

注：本表适用于常温管道。

水平敷设的软质聚乙烯管支架距离一般是管外径的 8～12 倍；垂直敷设的是管外径的 25 倍，硬质管约为软质管的 2 倍。当管内流动的液体的密度和温度变化时，应适当缩短距离。

十一、硬聚乙烯管道的一般跨距(表 7.16.3)

表 7.16.3　硬聚乙烯管道的一般跨距

工作温度/℃		<40			>40	
介质名称		液　体		气　体	液　体	气　体
工作压力/(10^5Pa)		0.5	2.5～6	<6	<2.5	<2.5
公称直径/mm	20 以下	1	1.2	1.5	0.7	0.8
	25～40	1.2	1.5	1.8	0.8	1.0
	50 以上	1.5	1.8	2.0	1.0	1.2

注：工作温度高于 40℃时应尽量采用连续托架。

硬质聚氯乙烯管内介质温度在 40℃以下时，支吊架间距为：$DN<50$mm，约 1～1.5m；$DN\geqslant50$mm，约为 1.5～2.5m；$DN\geqslant125$mm，约为 2.5～4m。这是极限的间距，尚应考虑流体内压、使用温度、管道形状、有无振动和外力等情况而适当缩小间距。

十二、PVC/FRP 复合管道的一般跨距(表 7.16.4)

表 7.16.4　PVC/FRP 复合管道的一般跨距

公称管内径/mm	15	20	25	32	40	50	65	80	100	125	150	200	250
支架间距/m	1.5	1.5	1.5	1.5	1.8	2.0	2.2	2.4	2.6	2.8	3.0	3.2	3.5

十三、橡胶衬里、涂塑、钢塑等复合管道的一般跨距与计算

橡胶衬里，涂塑、钢塑等复合管的支架间距，可按基材钢管的壁厚计算，其挠度 y 应比一般钢管道小，约为管道公称直径的 0.02 倍；对输送黏度较大的流体，$y\leqslant0.25iL$（i—管道的坡度，一般为 0.03，L—支架间距），此计算式也适用其他非金属管。

十四、某非金属管道的设计

某盐酸管线，从罐区到脱盐水站，口径 3″，设计温度-15～65℃，设计压力 1.0MPa。管子的材质为“玻璃纤维缠绕增强”玻璃钢管。这条管线的设计要点如下：

①管线的跨距按照“玻璃钢管(FRP)管道的一般跨距”设计。

②由于管线的热膨胀系数比普通钢管大很多，所以非金属管子的自然补偿弯较多，管线采用加长管托。

③由于盐酸具有很强的腐蚀性，为安全起见，将此根管线布置在了框架结构的最下层，如图 7.16.4 所示。管线的低点排液也引到地面上。

④玻璃钢管怕阳光直射，采用铝皮包裹。参照API标准，也可采用不怕阳光直射的玻璃钢管道，就不用包铝皮。

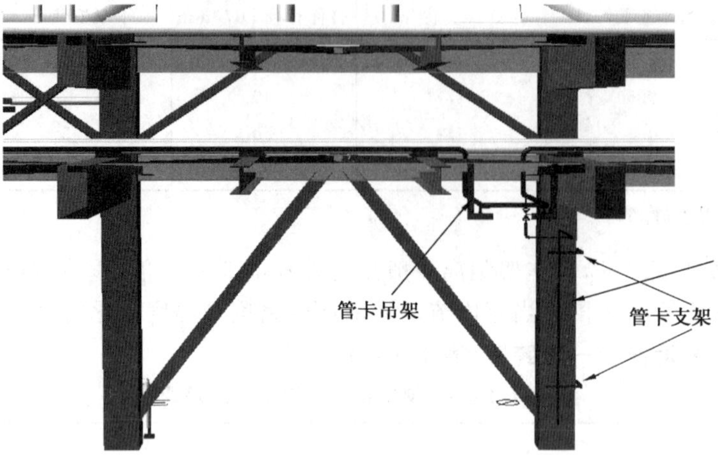

图7.16.4 某非金属管道的设计

第十七节 管廊管道支吊架设计及工程应用

1. 敷设在管廊上管道的种类

工艺管道：进出装置的原料、成品、中间产品、溶剂、化学剂、催化剂等管道；联系较远设备之间的工艺管道；安全泄放和工艺过程产生的烟气、废气和废水等管道；火炬气管道。

公用工程管道：蒸汽、凝结水、净化风和非净化风、氮气、循环水和新鲜水、软化水、热载体油、燃料气和燃料油等管道。

仪表和电气电缆槽架。

2. 管廊上管道排列的四个决定因素

①管径大小。大直径输送液体的管道（无论其为工艺管道还是公用工程管道）应布置在靠近管架柱子的位置，以使管架的梁承受较小的弯矩，特是个别大直径管道进入管廊改变标高有困难时可以平拐进入，此时该管道应布置在管廊的边缘。小直径的轻管道，宜布置在管架的中央部位。

②设备位置。比较经济合理的设备平面布置都是在管廊的两侧按工艺流程顺序布置设备，因此顺理成章与管廊左侧设备联系的管道布置在管廊的左侧而与右侧设备联系的管道布置在管廊的右侧。管廊的中间宜布置公用工程管道，易于向两侧引出。

③输送物料性质。低温管道和不宜受热的物料管道，如液化烃、冷冻管道等，不应靠近蒸汽管道或不保温的热管道布置；氧气管道不宜与可燃气体、可燃液体管道相邻布置；腐蚀性介质的管道，应布置在下层但不应布置在驱动设备的正上方。对于双层或者多层管廊，总原则是上层布置公用工程管道，下层布置工艺管道。通常是气体管道、热的管道、敷设距离较长的工艺管道宜布置在上层；液体的、冷的、液化石油气、化学药剂及其他有腐蚀性介质的管道宜布置在下层。因此，公用工程管道中的蒸汽、压缩空气、氮气、氧气、燃料气、火炬线，与管桥顶层设备有关的管道及其他工艺气体管道布置在上层；新鲜水、循环水等液体公用工程管道布置在下层或上层；工艺管道应视其两侧所连接的设备管嘴标高布置在上层或下层，以便使管道“步步

高"或"步步低",当没有调节阀在较低位置时,管道不得出现袋形。

④热应力。需要用Ⅱ形补偿器吸收热胀的多根管道宜集中成组水平布置。管径较大温度较高需要较大的Ⅱ形补偿器的管道宜放在外侧,反之放在内侧以便于成组地设置Ⅱ形补偿器。当管廊宽度较大时,这些需补偿的管道的位置应适中,以免弯管伸出的臂长过大。因为弯管的臂通常是支承在管廊的侧梁上的。

3. 管廊上管道支吊架设计的一般要求

① 管廊上管道支架的间距,受到管廊结构的梁及柱间距的限制。小管道支架需要在次梁上作支承。

② 设固定架的注意点:

A. 一般应在柱子轴线的主梁上设置;

B. 尽量使固定架两侧的推力相差不要过大;

C. 管廊上不应在应力或位移量较大处连接支管,支管附近应设固定架(或轴向限位架)。见图 7.17.1。

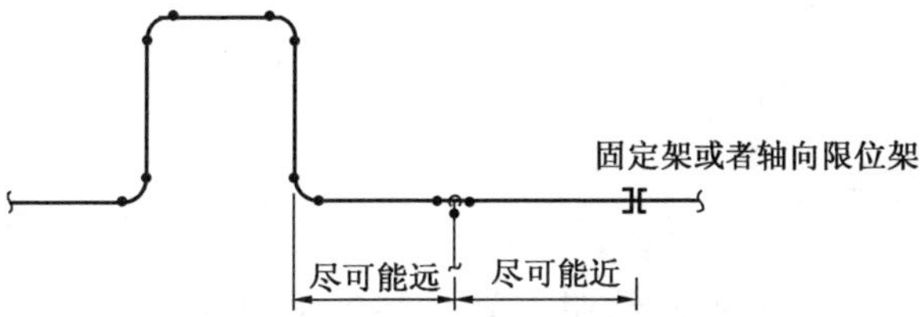

图 7.17.1　固定架的位置与支管

③ 设导向架的注意点:

A. 导向架的间距与对应的轴向力及管径有关。

B. 有横向引出管道的接点时,导向架与接点或弯头的距离(沿管廊纵向)不宜太近. 应使管道有一定的柔性。

C. Ⅱ形膨胀弯附近导向架的设置,及波形补偿器附近导向架的设置,见本书前面章节所述。

D. 设有Ⅱ形膨胀弯时,见图 7.17.2(a),4～5 点及 6～7 点的距离要适当,可按柔性分析决定(见本书自然补偿器的设计介绍),同时考虑管道的横向位移不至于太大,1～2 点之间管道应有充分的柔性。

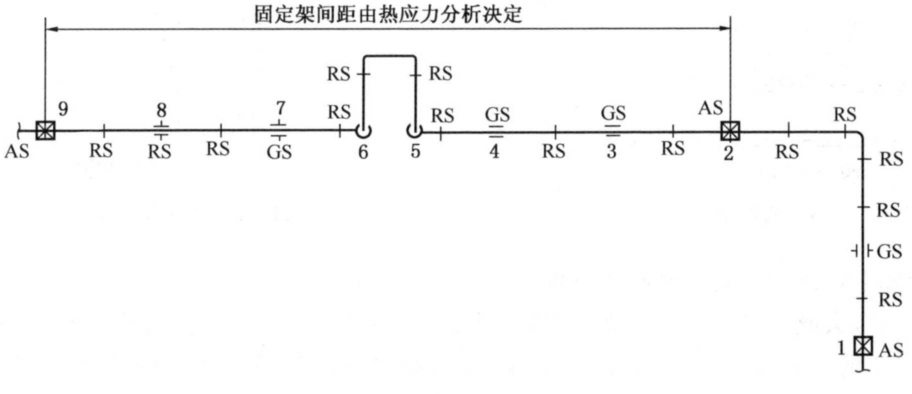

图 7.17.2(a)　管廊上管道支架类型举例

AS—固定支架;RS—承重支架;GS—导向支架

E. 见图 7.17.2(b),管廊上自然"Ⅱ"形补偿器最好位于两端轴向限位架的中心,"Ⅱ"形补偿器弯头处距离支架较近时不易设置导向支架。图中节点 80、节点 170 仅设置承重,不设置导向。

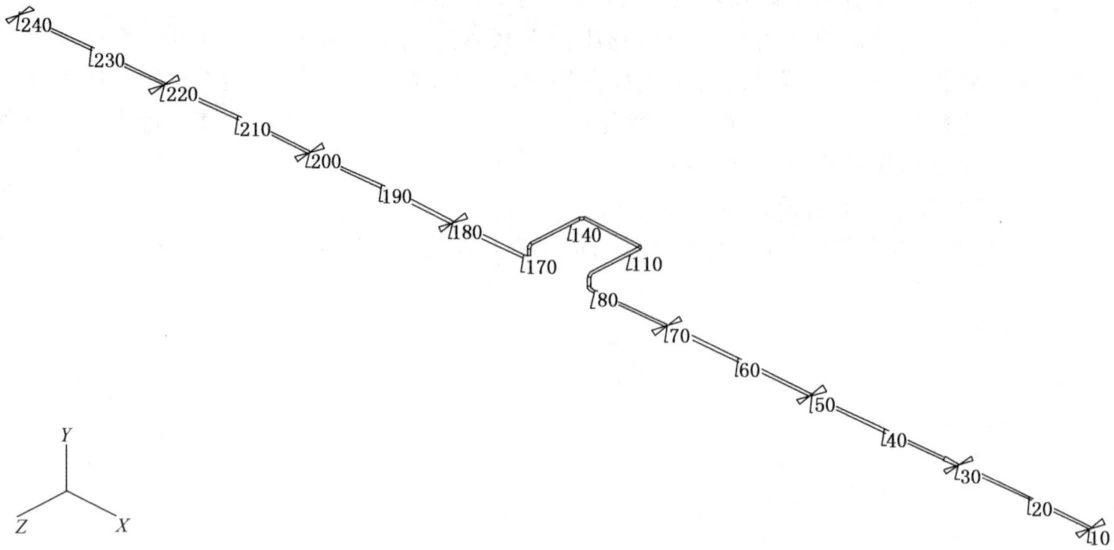

图 7.17.2(b) 管廊上管道应力分析举例

F. “Π”形补偿器上节点 110、节点 140 一般不设置导向支架。仅在管内流体流速特别快的情况下,可在悬臂中间设置轴向限位架。

④管廊上不锈钢管道的管架设计及工程应用:

管廊上管道支承时,对于奥氏体不锈钢裸管,宜在支点处的管道底部焊与管道材质相同的弧形垫板。见图 7.17.3。

不锈钢管道的固定架(限位架)一般不直接焊到管道上,见图 7.17.4。

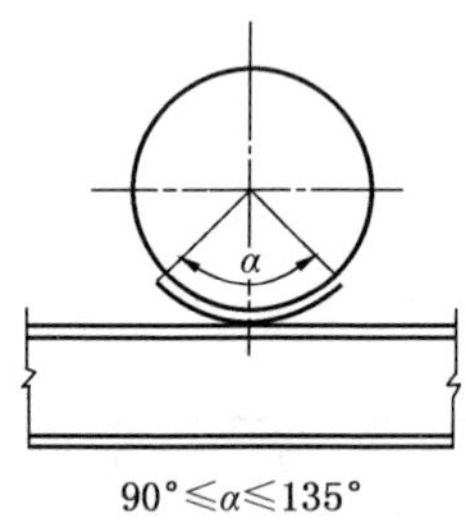

图 7.17.3 弧形垫板

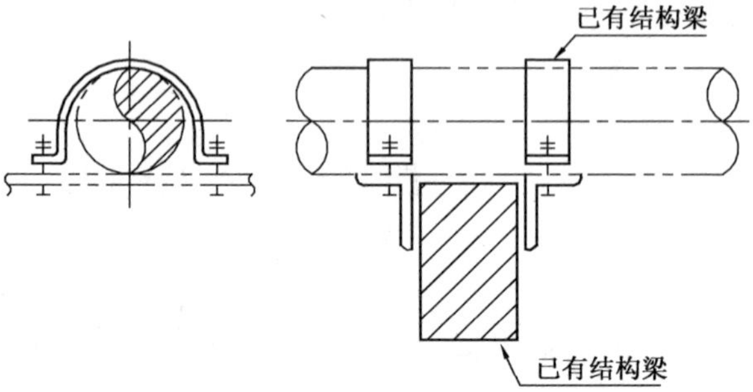

图 7.17.4 不锈钢管道的轴向限位架

⑤管廊上管道支架设计易碰撞位置:

大口径弯头或大半径弯管在梁拐弯时,易于支承梁(管架)发生碰撞,见图 7.17.5。

支管(积液包)的位置应与支承梁(管架)保持必要的距离,防止管子发生热位移后与支承梁(管架)碰撞,见图 7.17.6。

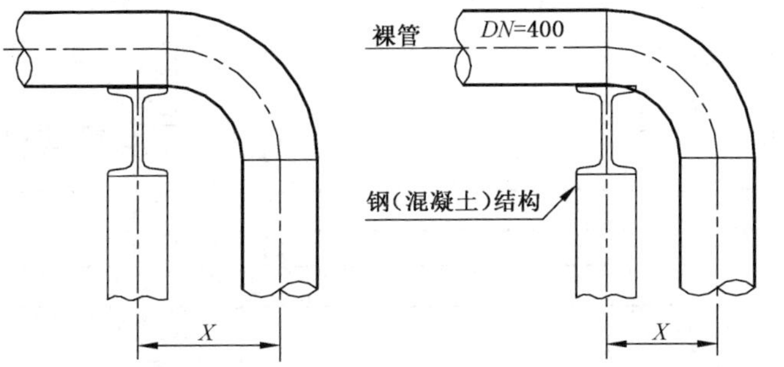

图 7.17.5　大口径弯头或大半径弯管易于支承梁发生碰撞

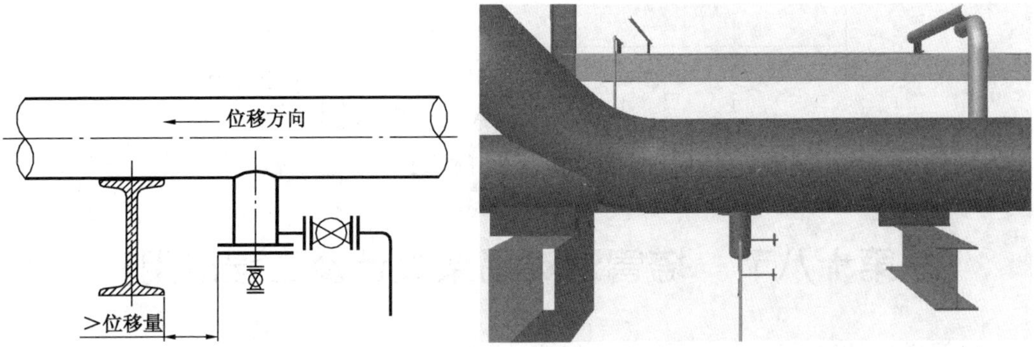

图 7.17.6　支管(积液包)的位置应与支承梁保持必要的距离

⑥管廊上管道支吊架需开长圆孔的地方：

设计吊架时不仅要计算承载力，同时要考虑管道在该处的位移量，如果吊杆的位移过大，使得吊杆倾斜超过 4°，应该在吊杆的生根部位设置长圆孔，见图 7.17.7。

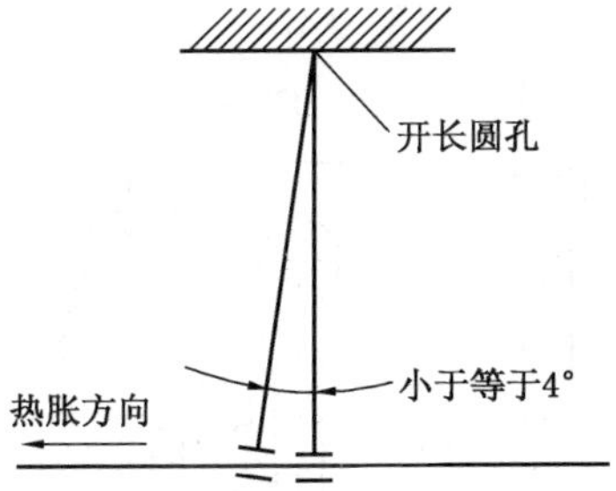

图 7.17.7　设计吊架时不仅要计算承载力，同时要考虑管道在该处的位移量

⑦管道出装置界区前需要设置固定架：

管道出装置界区前需要设置固定架在 GB 50316 和 SH/T 3041 均有要求，保护界区内阀门和法兰连接位置的受力安全。同时固定架界区内、外两侧的设计单位可以分别计算应力，互相不干涉，见图 7.17.8。

笔者遇到过多次有的设计人漏设计固定架，造成事故隐患。

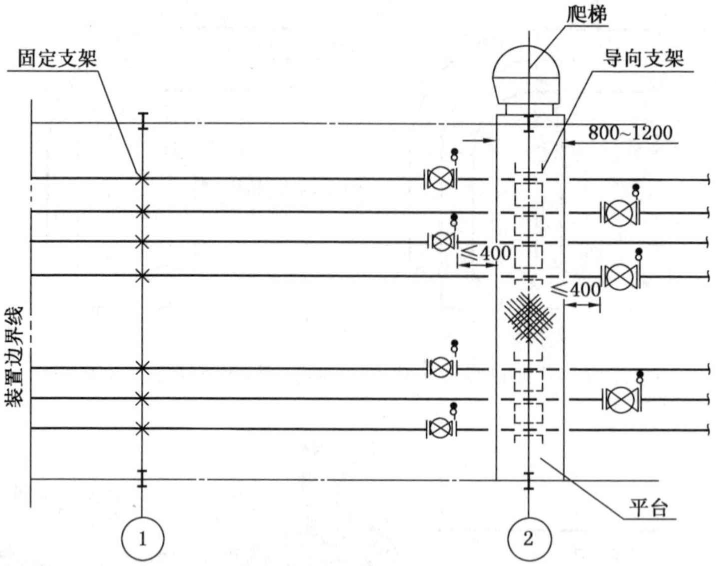

图 7.17.8 某管廊上管道阀门及其操作平台的设置

第十八节 塔管道支吊架设计及工程应用

一、塔管道支吊架设计的一般要求

塔顶部出来的管道或侧线进出口的管道，靠近管口处的第一个支架为承重支架，如再设第二个承重支架时应为弹簧支吊架。一般在承重支架之下，按规定间距设导向支架。塔顶气相管的固定架距上部封头焊接最小 150mm，其他支架为可上、下滑动的导向支架，见图 7.18.1。

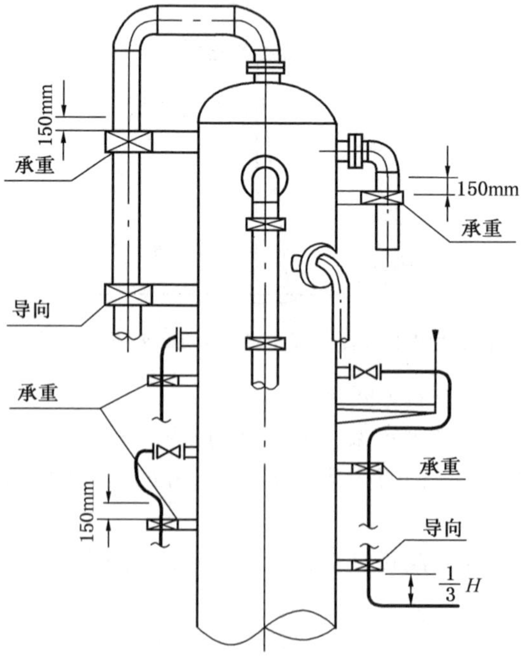

图 7.18.1 塔外壁上的支架设置

塔器上的垂直管道导向支架最大间距 H 见表 7.18.1。

表 7.18.1　塔器上的垂直管道导向支架最大间距

管径 DN/mm	15	20	25	40	50	80	100	150	200	250	300	350	400	600	800
最大间距 H/m	3.5	4	4.5	5.5	6	7	8	9	10	11	12	13	14	16	18

设置支架的顺序自上而下为固定支架、导向支架、弹簧支架。最后一个导向支架距水平管道宜不小于 25 倍管道公称直径，以免影响管道自然补偿。若沿塔壁垂直管段热位移量大时，其水平管段应设弹簧支架，若热位移不大时，可设导向支架，如图 7.18.2 所示。

塔管道的支架在塔壁上生根。当塔的材质和支架材料相同时，支架焊在塔上，不能直接焊的，可先在塔上焊一个带螺栓孔的支架连接板，支架用螺栓与连接板连接。

当沿塔壁垂直管段热位移量大时，其水平管段应设弹簧支架，如果热位移量不大，此处可设导向支架，见图 7.18.2。

塔顶安全阀排放时反力较大，安全阀出口管道应设牢固的支架。支架所在的塔平台需要考虑加固。安全阀排放时震动较大，安全阀入口管与主管连接处必要时采取拉筋加强，见图 7.18.3。

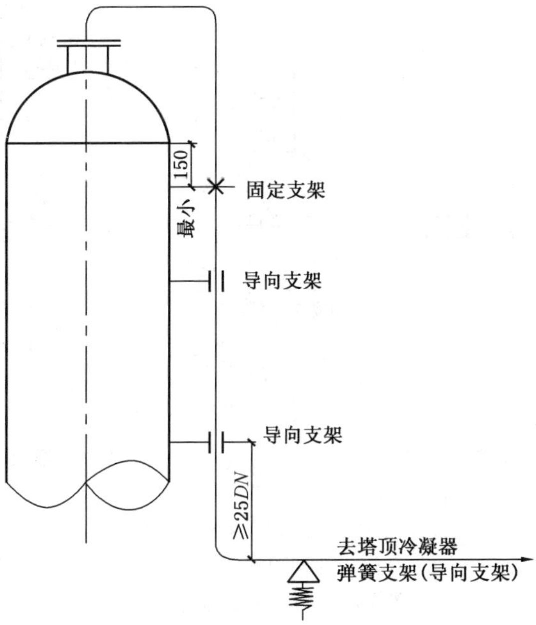

图 7.18.2　塔顶管道的支架设置

直接与塔管口相连接的大于等于 DN150mm 的阀门下面宜设支架，见图 7.18.4。

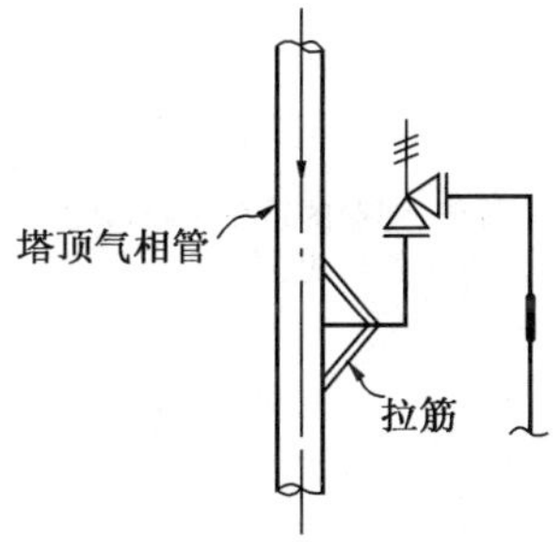

图 7.18.3　安全阀出口加强拉筋示意

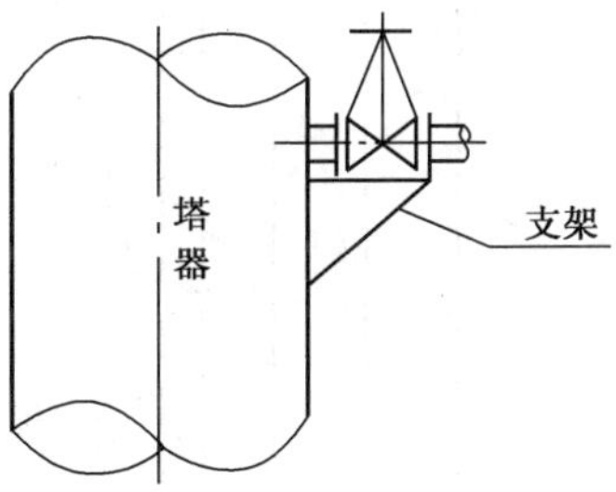

图 7.18.4　阀门下面的支架

二、塔管道支吊架设计及工程应用

①塔类管道支吊架的典型设计见图 7.18.5。

②图 7.18.6、图 7.18.7 为某塔顶管道的管架设计。一般塔顶管道介质主要是气相，管径较大，在布置的时候，管道应尽可能短，且应按“步步低”的要求布管，不易出现袋形，因为出现袋形后，容易积液，造成塔顶压力升高，塔的操作不稳定。

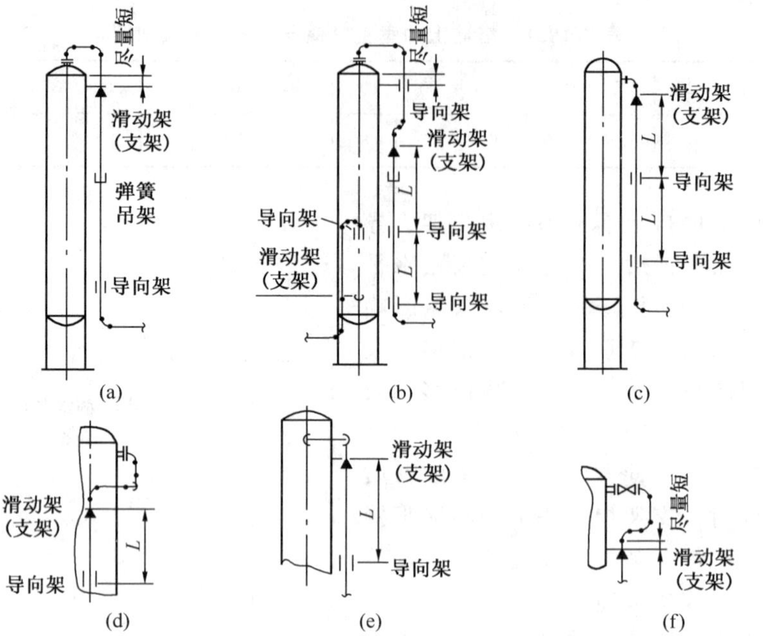

图 7.18.5 塔类管道支吊架的典型设计

注：

1. 图中的“滑动架”为“承重架”。

2. 图(a)中表示第一个承重架荷载过大时，另设第二个承重架，第二个承重架应采用弹簧架。

3. 图(b)的下接口管道的承重架位置设在与管口相同标高处，对热膨胀有利。

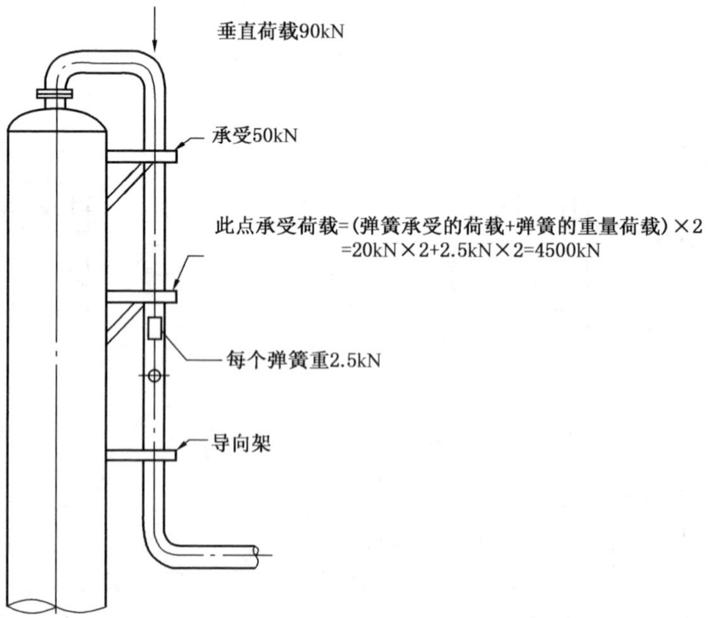

图 7.18.6 塔管架承受荷载的工程应用

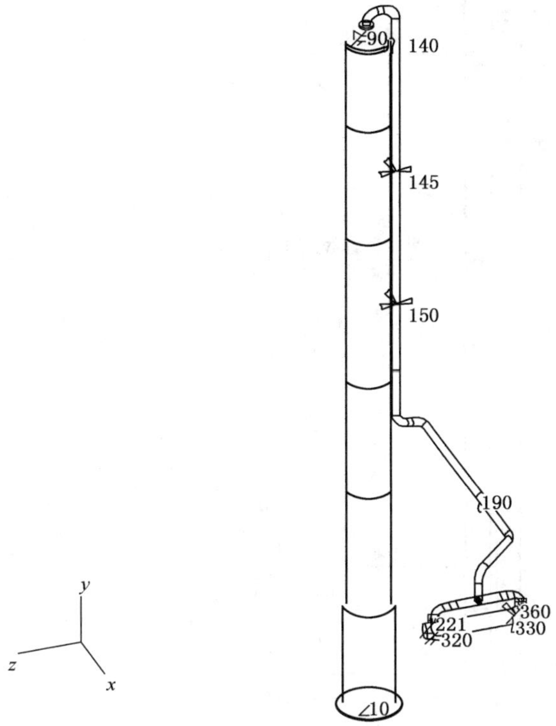

图 7.18.7　某塔顶管道管架设计

塔顶管线的承重支架一般设置在封头切线附近。

节点 140 即为第一个承重架的支承节点，一般将节点 140 与塔中心延伸的刚性件关联。还可以根据计算的节点位移用于节点 140 上来模拟这个承重支架。

根据管径大小、立管设置导向支架的要求增设导向支架，节点 145、节点 150 即为导向支架，离水平管最近的导向支架应离弯头有一定距离，以免水平管的轴向推力过大，节点 150 离下面的弯头留一定长度的管道。

当水平管的长度较长时，需在合适的地方设置承重架，距离弯头不宜太近。承重架的形式可以实际情况选择普通承重架或弹簧支架。

一般塔顶线至空冷器的管道不设置阀门，所以进空冷器的管道应保持均匀分配，以免形成偏流。

图 7.18.8 为变径塔管道支吊架设计，与普通塔类似。

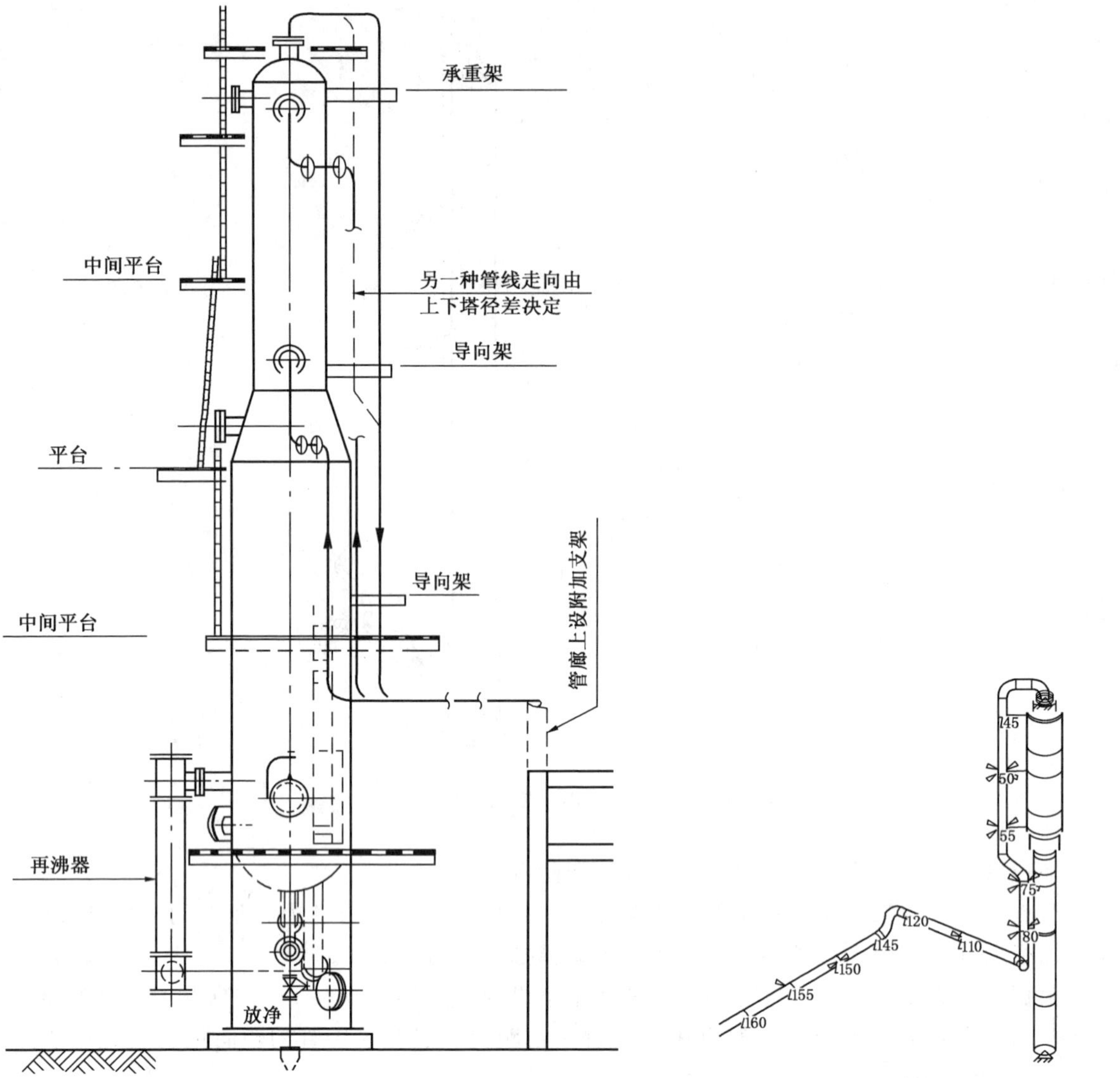

图 7.18.8 变径塔管道支吊架设计

第十九节 容器管道支吊架设计及工程应用

一、容器管道支吊架设计的一般要求

立式容器顶部出来的管道或侧线进出口的管道，靠近管口处的第一个支架应为承重支架，如再设第二个承重支架时应为弹簧支吊架。一般在承重支架之下，按规定间距设导向支架可参见上一节塔的支架设置图图 7.18.1。

直接与容器管口相连接的大于等于 DN150mm 的阀门下面宜设支架，参见图 7.18.1。

地面容器管道上设置的支架常用 T 形架或者管墩，图 7.19.1 表示设置此种支架的规划，但不限于此。当 T 形架高度和荷载超过标准管道支吊架所承受的范围后，应该给结构专业提交设计条件，由结构专业负责大型 T 形架的设计。

从容器筒体或容器上部平台设置的支架，见图 7.19.1。

为避免由于沉降差而引起损坏，与储槽接管口采取非柔性连接的管道上的第一个管架，一般需放在离储槽足够远的地方。管架位置距储槽的最小尺寸见表 7.19.1，也可据工程实际情况确定。

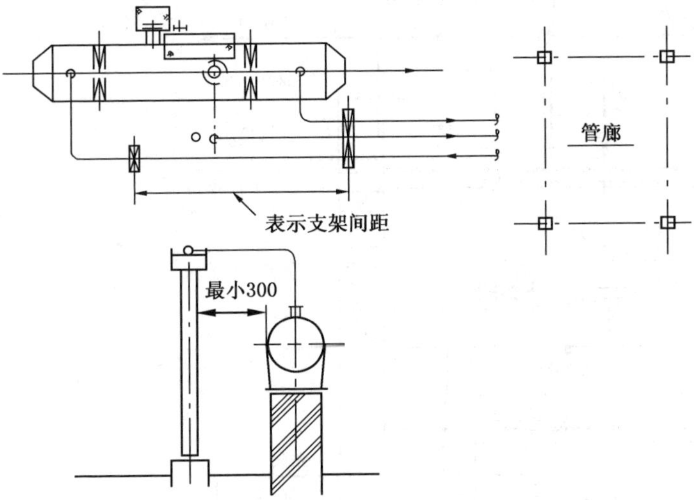

图 7.19.1　管道 T 形支架

表 7.19.1　管架位置距储槽的最小尺寸

管道公称直径	从储槽到管架的距离/m
4″	5
6″	6
8″	7
10″	8
12″	9
14″～18″	10
20″以上	12

对于常压储罐底部连接的管道支吊架需要考虑沉降和地震因素的影响，见本书有关章节介绍。

二、容器管道支吊架设计及工程应用

1. 立式容器管道支吊架典型图(图 **7.19.2**)

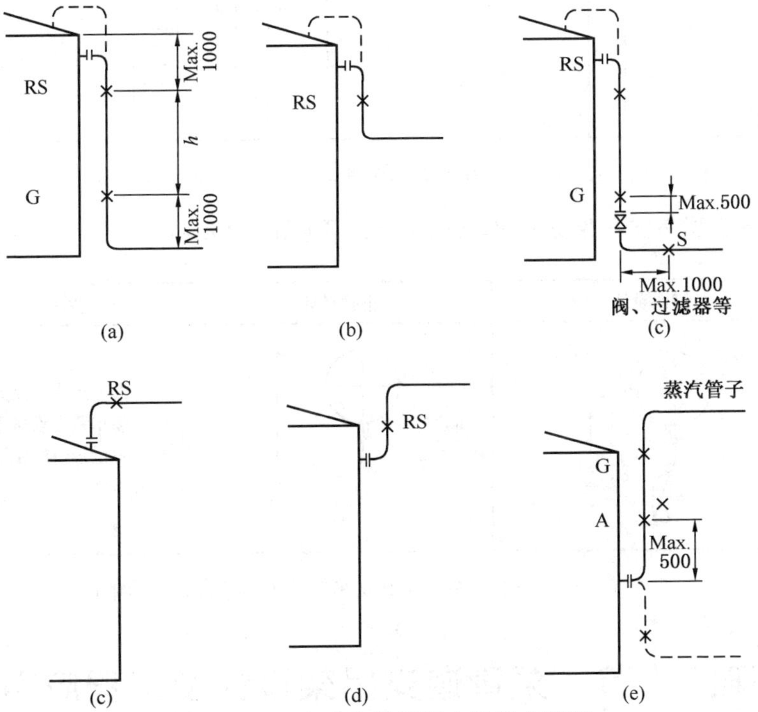

图 7.19.2　立式容器管道支吊架典型图

注：RS—承重架；G—导向架；A—固定架

2. 带分离罐的卧式容器管道布置(图 **7.19.3**)

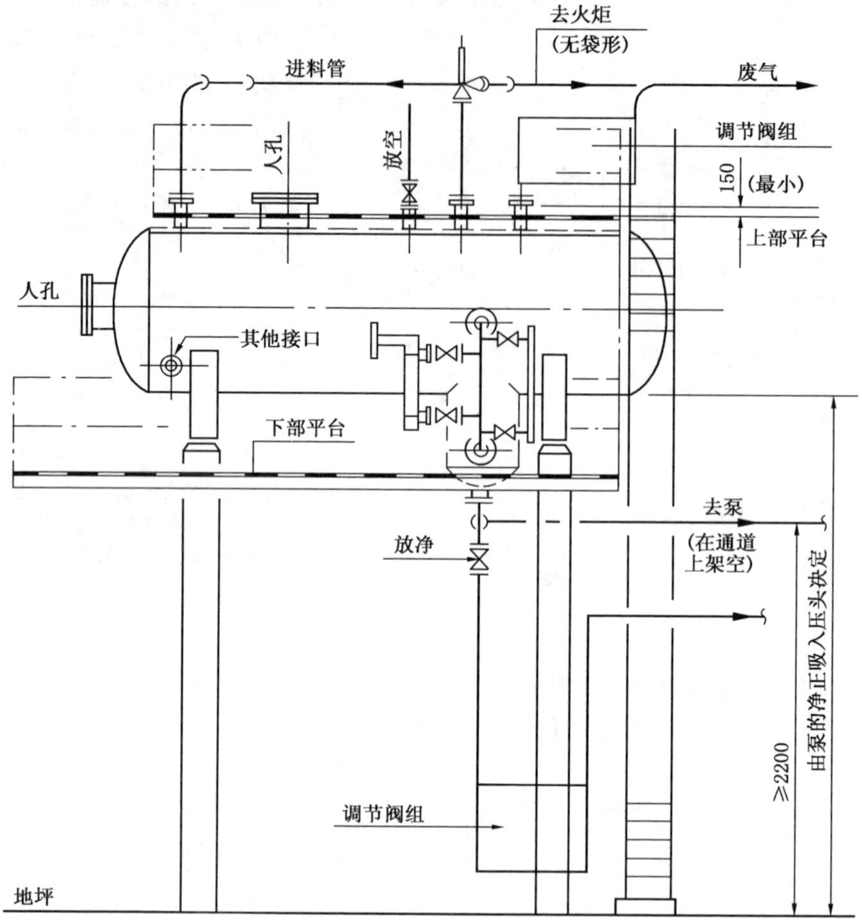

图 7.19.3　带分离罐的卧式容器管道布置立面图

3. 换热设备的管道支吊架设计常见错误及纠正(图 **7.19.4**)

错误设计	正确设计	备注
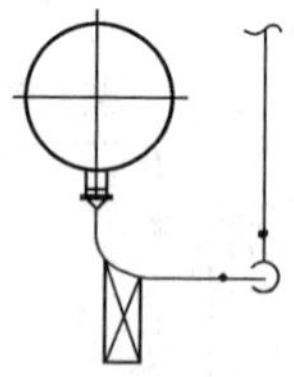	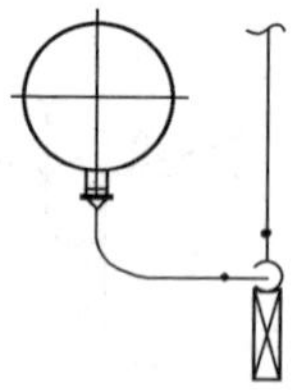	由于热胀，支架不可直接布置在设备下部，防止管口产生过大应力。

图 7.19.4　换热设备的管道支吊架设计常见错误及纠正

第二十节　泵管道支吊架设计及工程应用

一、泵管道支吊架设计的一般要求

泵类管道支吊架设计应满足管道的柔性，离心泵管口允许受力值可取API 610规定值的

3倍，或者其他协商数据。

为使泵体少受外力作用，应在靠近泵的管段上设置合理的普通支吊架或弹簧支吊架。与泵靠近的管架基础宜同泵的基础连成一体，如有条件时在泵的基础上生根。

① 泵的水平吸入管或泵前管道弯头处（垂直时）应设可调支架，见图 7.20.1 和图 7.20.2。

② 不带底座泵进出口管道支架应尽可能接近管口，见图 7.20.3。

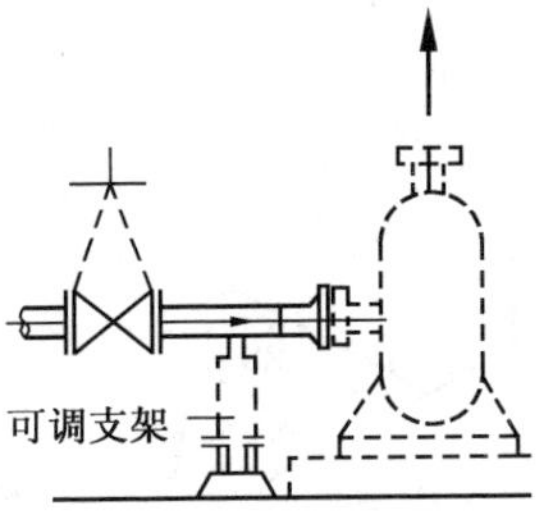

图 7.20.1 泵水平吸入管支架

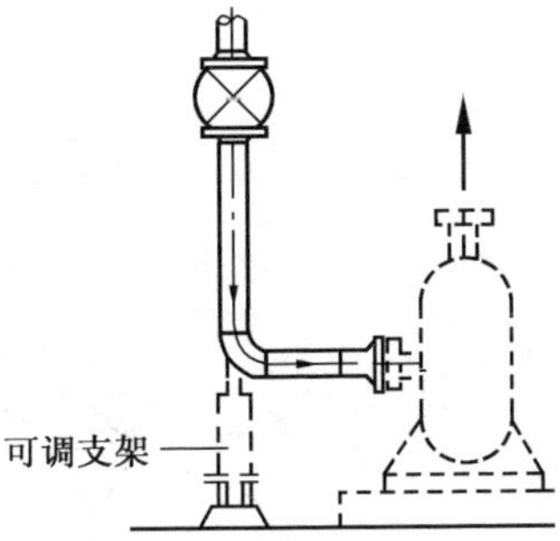

图 7.20.2 泵吸入管弯头处支架

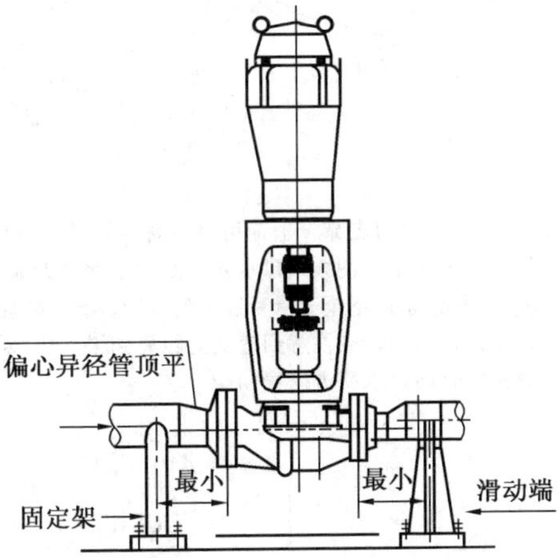

图 7.20.3 管道泵支架

③ 并联泵出口管固定架的一般位置见图 7.20.4。

④ 泵出口后的第一个弯头处或弯头附近设吊架或弹簧支架。当操作温度高于 120℃ 或附加于垂直的泵口上的管道荷载超过泵的允许荷载时应设弹簧吊架，见图 7.20.5。在缺乏制造厂提供的数据时离心泵垂直接管管口上的允许最大荷载，见本书第三章相关内容。

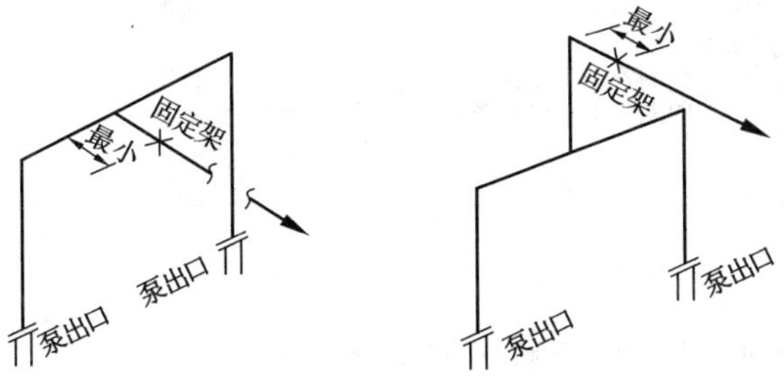

图 7.20.4 并联泵出口固定架示意图

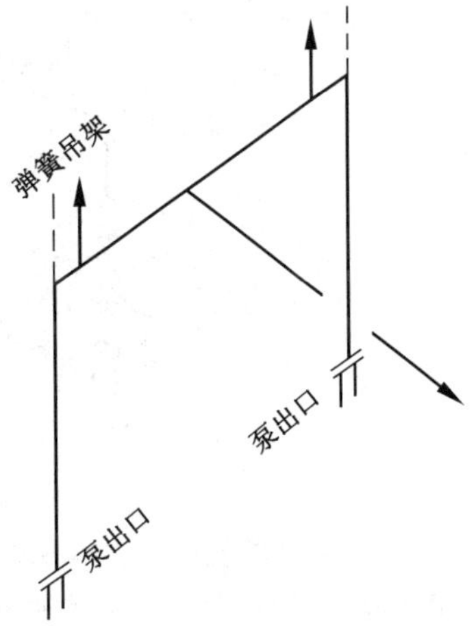

图 7.20.5 泵出口管支架示意图

为防止往复泵管道的脉冲震动，泵出口管道第一支架应采用固定架，管架间距应比一般管架间距小些。

二、泵管道支吊架设计与工程应用(图 7.20.6)

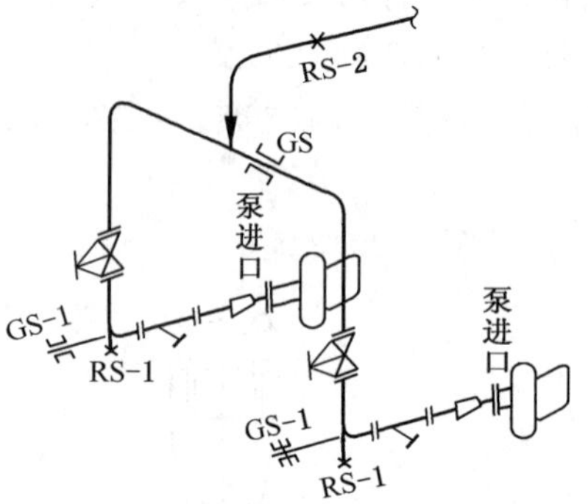

(a)

图中RS-1支架一般为可调节高度的承重架；GS-1是导向架，使泵入口水平管的轴线保持无偏移。以保证泵口不至于承受过大的弯矩，RS-2支架为承重滑动架，应注意到弯头的距离如果太小，将会托空；GS是水平方向导向架。

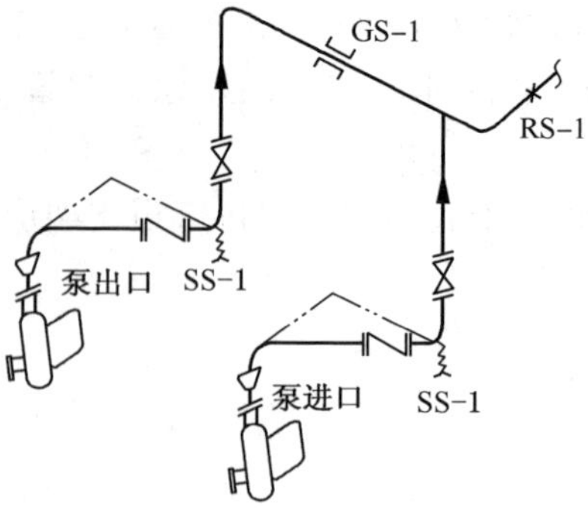

(b)

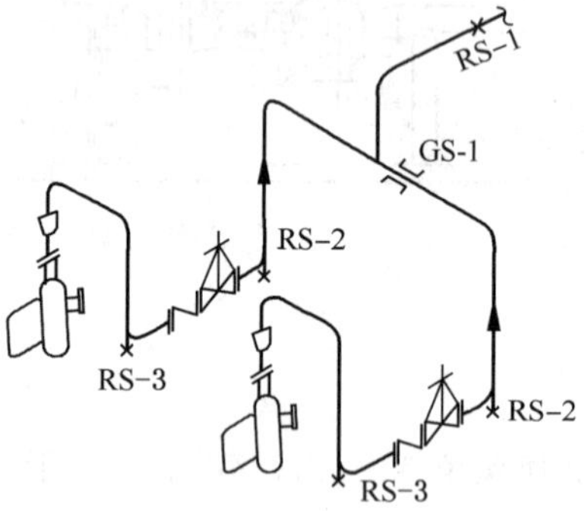

(c)

图中RS-3及RS-4可不用可调支架。

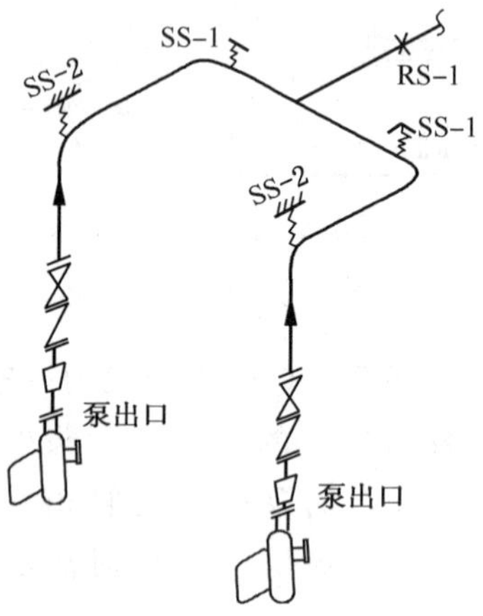

(d)

应注意泵出口管线的固有频率，如有必要可在SS-2下面垂直管段增加导向支架。

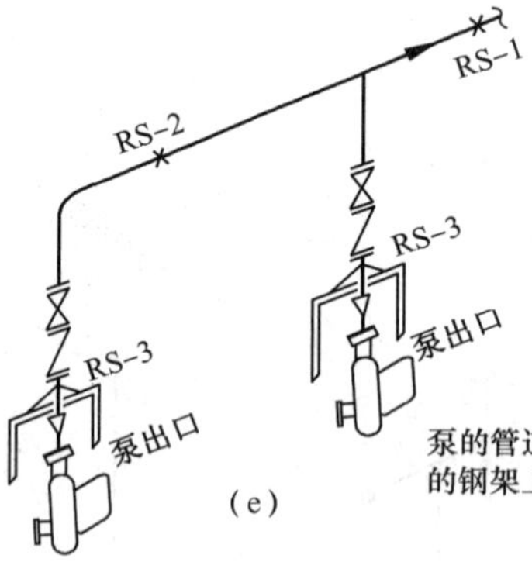

(e)

泵的管道为常温，RS-5采用支耳支承在落地的钢架上，这种类型不适用于高温管线。

注：

1. 图(a)～(d)为热力管道；图(e)为常温管道。

2. 图中的 RS 为承重架，GS 为导向架(沿管子轴向可自由滑动，限制管子侧向移动)，SS 为弹簧架。

3. 大型水泵出口管要注意止回阀关闭时推力的作用，在止回阀及切断阀附近应有坚固的支架，以承受水击及重力荷载。

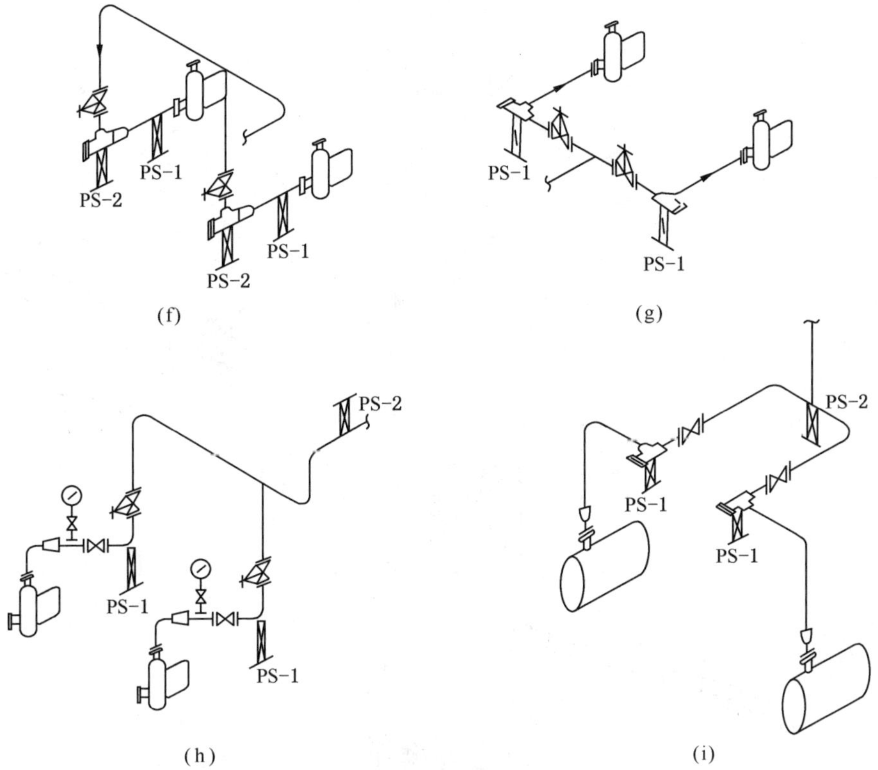

图 7.20.6　泵类管道支吊架统计工程应用

注：PS 表示管道支吊架。

三、泵管道应力分析与支吊架设计

泵管道的设计关系到泵的正常运转，当泵口受到外力作用时，会发生变形、振动和噪声，严重的发生断轴事故，在不改变管道走向或支架的情况下，即使更换轴承，事故依然会发生。

1. 泵入口管道

① 离心泵一般都有汽蚀余量或允许吸入真空高度的要求。

② 在汽蚀余量的允许前提下，设计时应充分满足管道柔性和泵管口允许受力要求，并使出入口管道最短，同时，需要充分考虑操作和检、维修空间。

③ 在应力计算时，一般泵的固定点选取在泵轴中心线上，见图 7.20.7，如节点 15 和节点 205，固定点至泵口以刚性件模拟。对于泵体较大、温度较高的离心泵，需要考虑泵轴以下部分的热膨胀问题。

④ 泵管口一般应设置可调支架，如节点 40 和节点 230。

⑤ 对于大型离心泵和温度较高的泵，节点 110 和节点 300 如果仅设置承重支架，管口 F_z 和 M_y 会较大，一般在弯头处 110 点和 300 点各加一导向支架。

图 7.20.7 是某离心泵入口连接管道($DN250$，设计温度 250℃)的应力分析与支吊架设计，经过计算机软件核算，发现仅节点 180 的荷载超过了设备专业提出的设备管口荷载限制。经过分析在节点 180 附近增加了吊架并增设了自然补偿弯。

2. 泵出口管道

① 在应力计算时，一般泵的固定点选取在泵轴中心线上，见图 7.20.8，节点 10 和节点 1010，固定点至泵口以刚性件模拟。对于泵体较大、温度较高的离心泵，需要考虑泵轴以下部分的热膨胀问题。

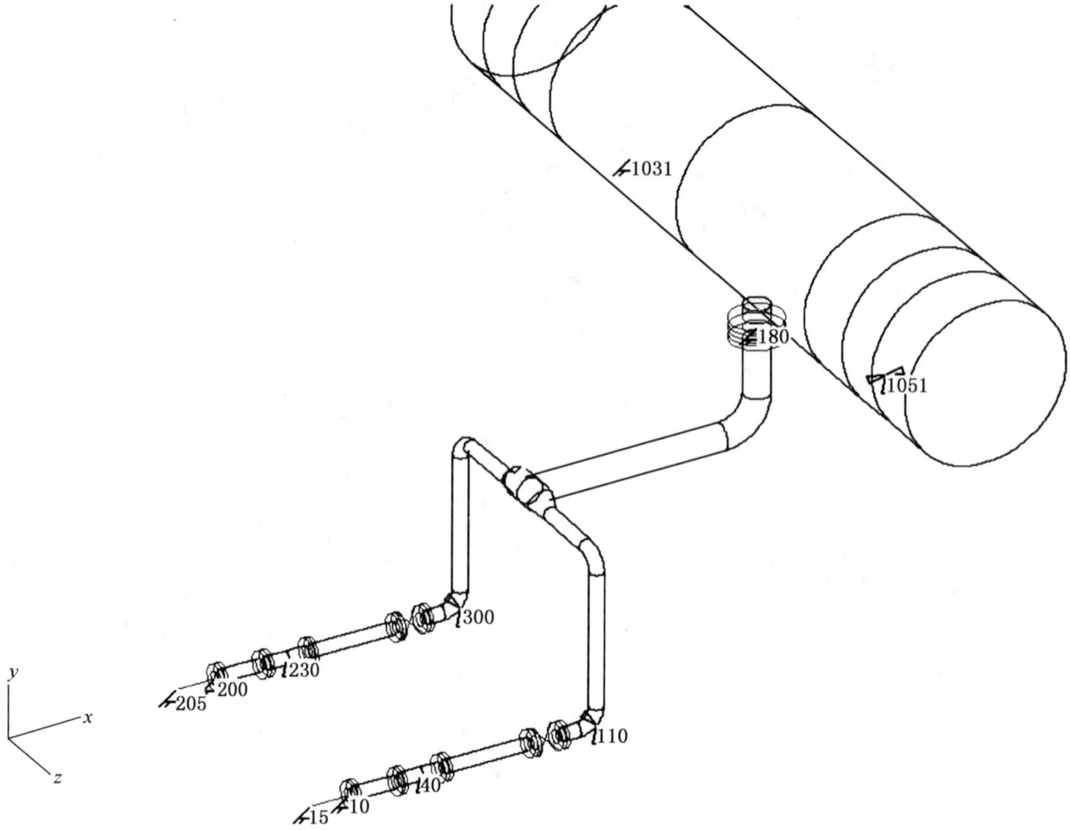

图 7.20.7　某泵入口管道

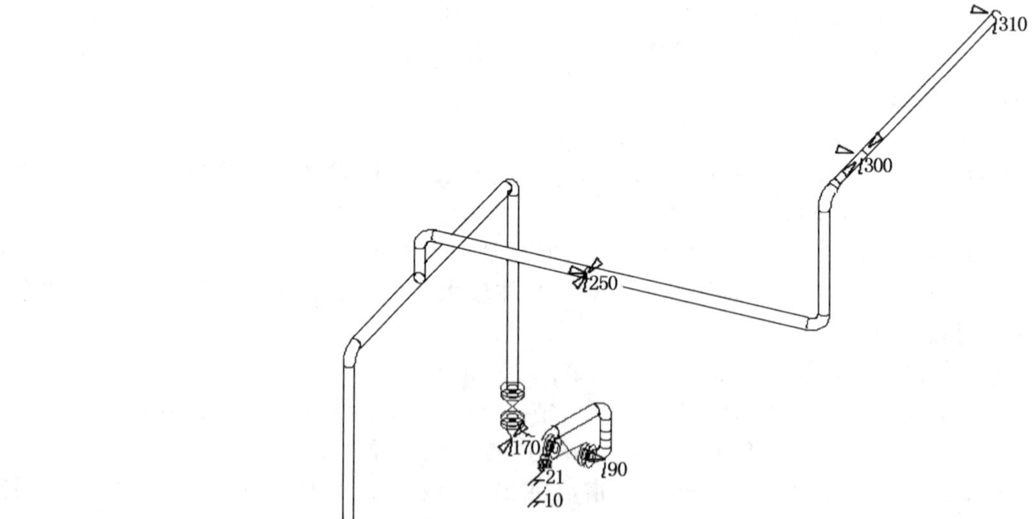

图 7.20.8　某泵出口管道

② 泵管口第一个支架一般应为可调支架，如节点 90 和节点 1090，同时设置 z 方向限位支架，可有效解决泵出口的振动问题。

③ 除在节点 170 和节点 1170 处增设承重支架外，一般还在节点 170 和节点 1170 各加一导向支架。

第二十一节　往复式压缩机管道支吊架设计及工程应用

往复式压缩机的吸入、排出管道上的管墩或管架，必须与压缩机基础和建构筑物基础脱开，并不得在楼板或平台上生根。应设计成独立的管墩或支架，如图 7.21.1 所示。管墩和管架的高度应尽可能低些。

压缩机吸入及排出管道上相邻管架的距离应不相等，其差值至少为 80mm，一般取 150mm。

在所有管道拐弯、分支以及标高有变化处，其附近需设抑振管架。

在管道所有集中荷载处，如切断阀、安全阀、法兰盖、法兰等附近，可设置抑振管架。在直管段上，抑振管架间允许的最大距离 L 有一定的要求，可按照抑振管架的距离表查询。

为了抑制往复式压缩机吸入及排出管道的振动，应采用压紧式抑振管托，如图 7.21.2 所示。经分析确认不会产生振动的管段不必采用抑振型管托，用普通型管托即可。

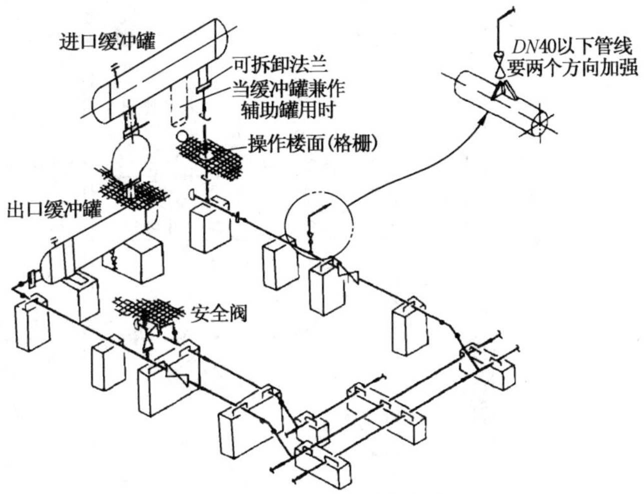

图 7.21.1　压缩机管道

对需要考虑热应力的管道，其管架位置需统筹考虑，并需经热应力分析的确认。

压缩机管口垂直下部出口管道管架设计，见图 7.21.3。

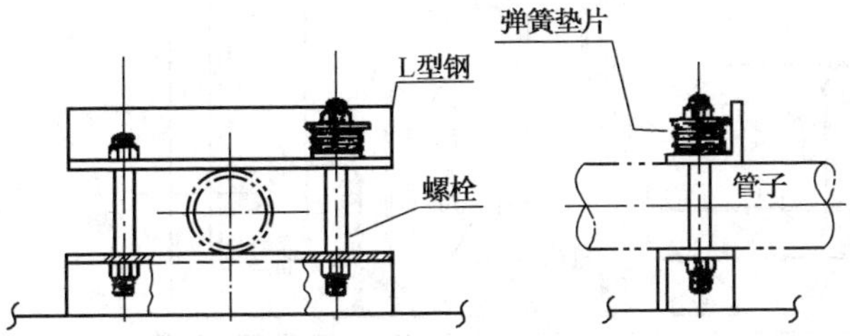

图 7.21.2　抑振管架

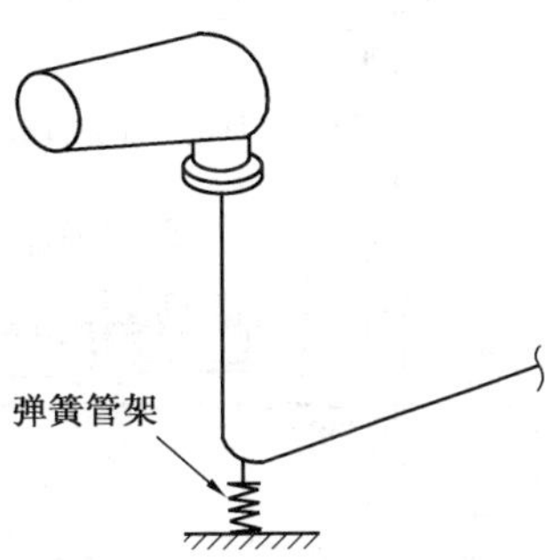

图 7.21.3　压缩机管口垂直下部出口管道需设弹簧架

图 7.21.4 是某往复式压缩机管道及其管架设计。

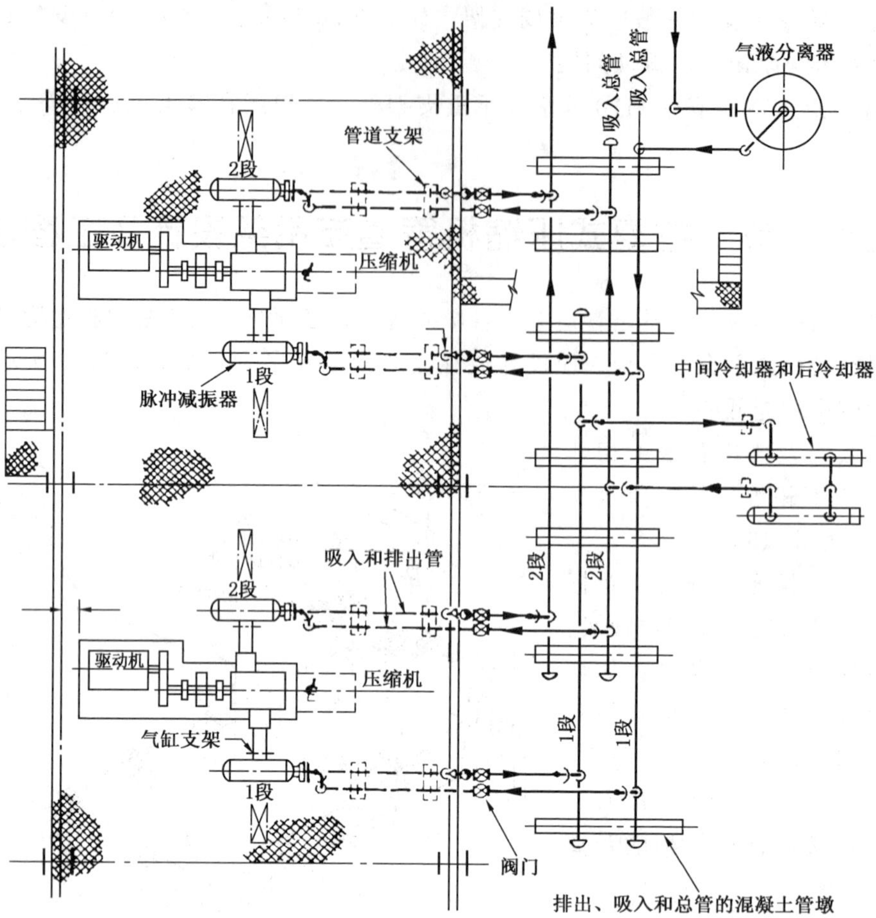

(a)平面图

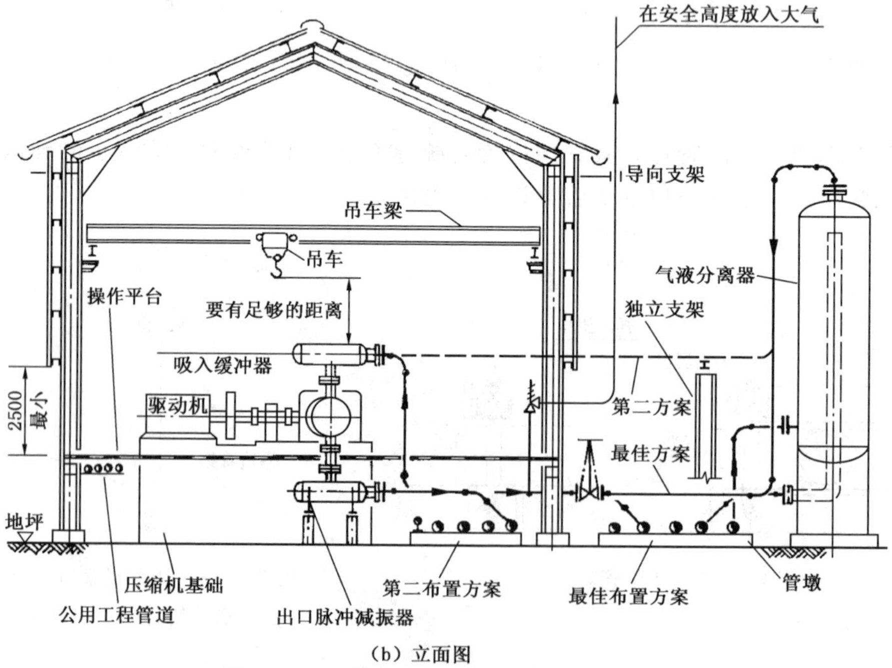

(b) 立面图

图 7.21.4 往复式压缩机配管及管架设计

第二十二节　离心式压缩机及汽轮机管道支吊架设计及工程应用

一、离心式压缩机及汽轮机管道支吊架设计的一般要求

① 离心式压缩机及汽轮机的配管必须具有足够的柔性。

② 离心式压缩机吸入和排出管口，及其中间冷却器的进出管口，在热态对管系所产生的推力和力矩必须小于其管口所允许的外力和力矩。否则，应改变管道的布置，或采取管道预拉伸和设置限位支架(见图 7.22.1)以满足上述要求。有的工程公司要求配管研究应力计算图提交压缩机制造厂确认后，可最终确定管道布置；有的工程公司只要求压缩机制造厂提出力和力矩要求，自己校对和确定管道布置。

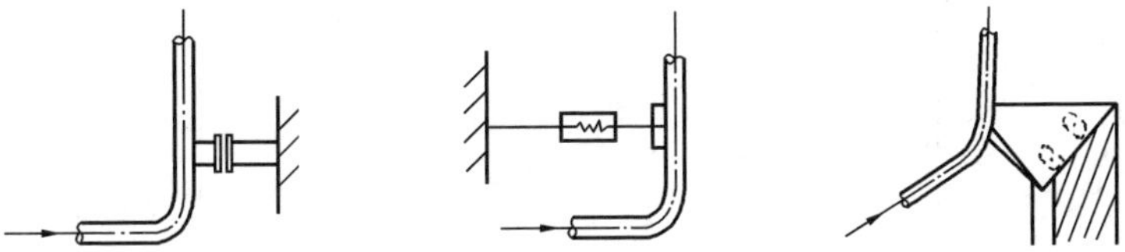

图 7.22.1　限位支架

③ 驱动压缩机的汽轮机在热态和冷态时，管系所产生的推力和力矩也必须小于其管口所允许的外力和力矩。

④ 在配管研究阶段，配管设计人员可用配管柔性算图、配管柔性算表等方法对配管的柔性进行校核。管架形式应满足配管应力解析要求。

⑤ 管架应尽量靠近弯管或法兰阀门处设置。

⑥ 为使压缩机及汽轮机的管口尽量不承受管线的重量，宜在其附近设置管架。如图 7.22.2 所示的弹簧架 1、2。

⑦ 压缩机及汽轮机的进出口管道支架的基础不应设在压缩机及汽轮机的混凝土基础上。油管及公用工程管道的支架需要时可以焊在建筑物的柱子上。

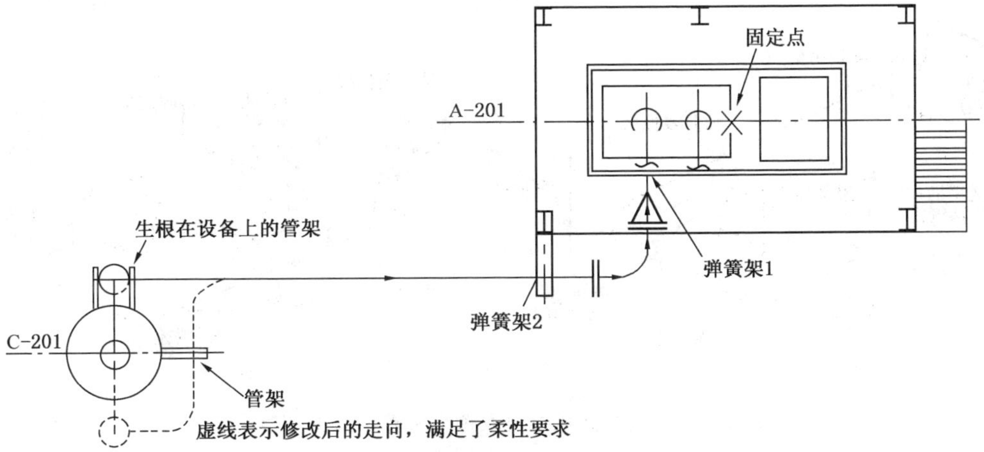

(a)离心式压缩机吸入管道布置平面图

图 7.22.2　离心式压缩机吸入管道

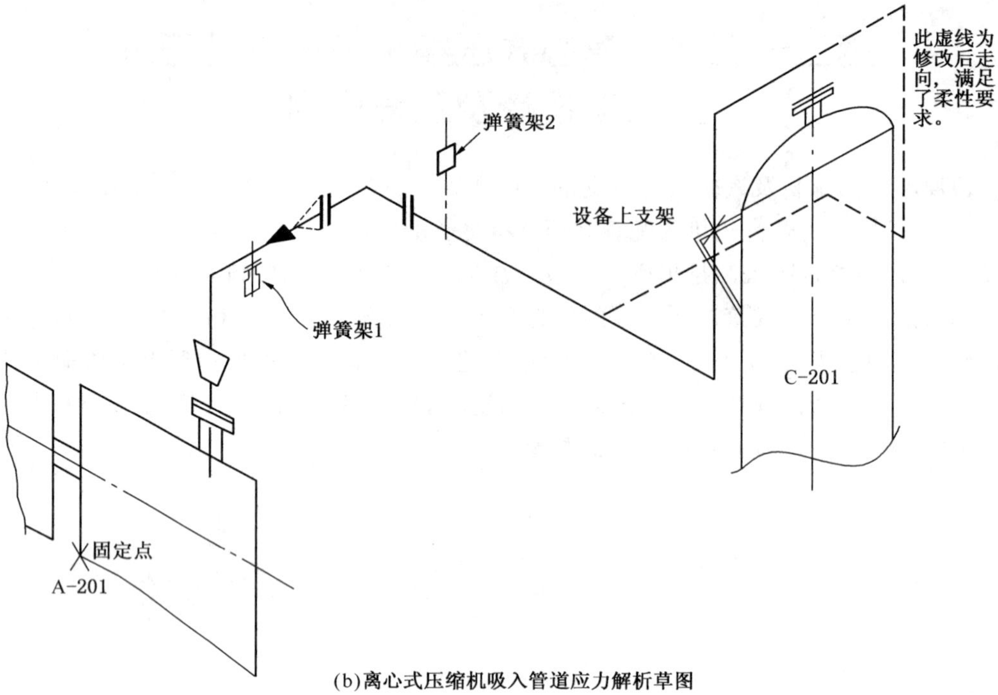

(b)离心式压缩机吸入管道应力解析草图

图 7.22.2 离心式压缩机吸入管道(续)

二、离心式压缩机及透平机管道的支吊架典型图(图 7.22.3)

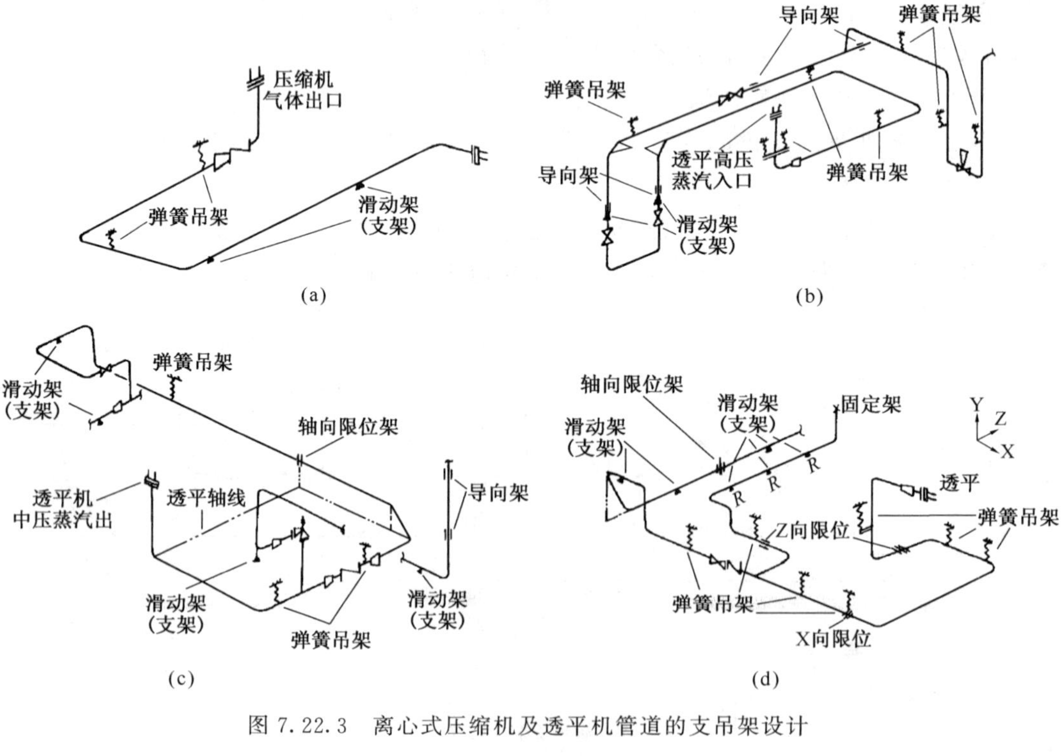

图 7.22.3 离心式压缩机及透平机管道的支吊架设计

注：

1. 图中的“滑动架”为“承重架”。

2. 靠近设备管口的支架大多采用弹簧架；有阀门的部位，应考虑管道的刚度，如图(b)，使阀门开闭时，不至于管道扭转、弯曲或晃动；必要时，在有些地方需设置控制位移方向的限位架，如图(d)，有时限位架与设备管口在一直线上，如图(c)。此类管道决定支架类型及位置也是有一定规律的。管支架位置及类型必须严格按照柔性计算结果而定。

3. 压缩机和透平机的管口向下时，有时为了能使管道沿轴向位移，常采用图 7.22.4 所示的支架。此外，压缩机及透平机管道的支架间距应比一般管道小，约为一般管道支架间距的 1/2～1/3。

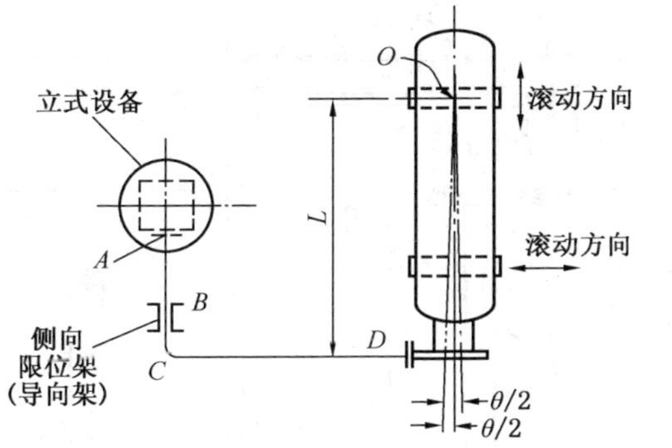

图 7.22.4 设备管口与管子共同位移吸收热膨胀

三、离心式压缩机管道的布置与支吊架设计典型图(图 7.22.5)

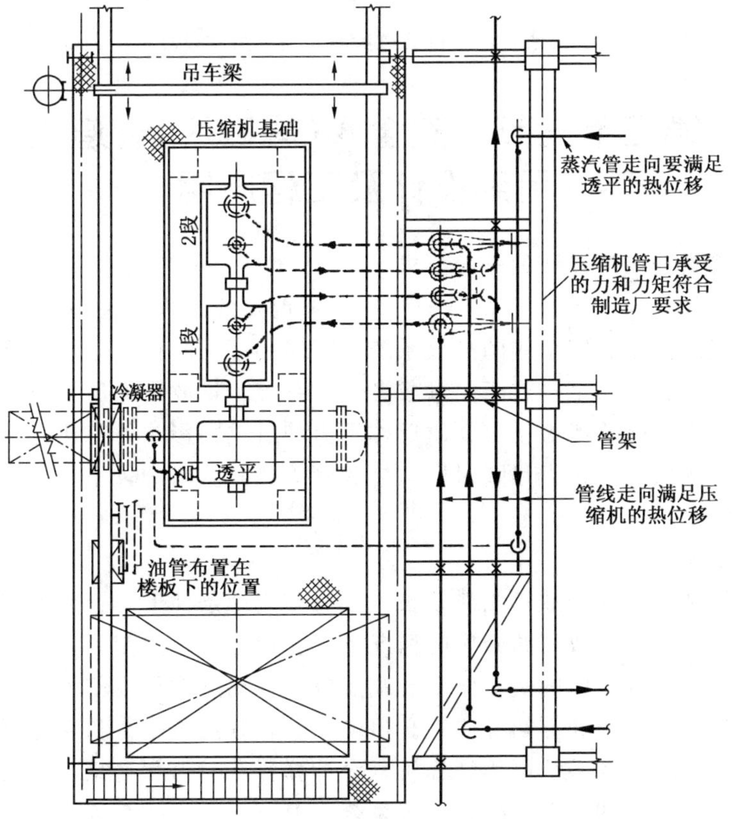

图 7.22.5 离心式压缩机管道的布置与支吊架设计典型图

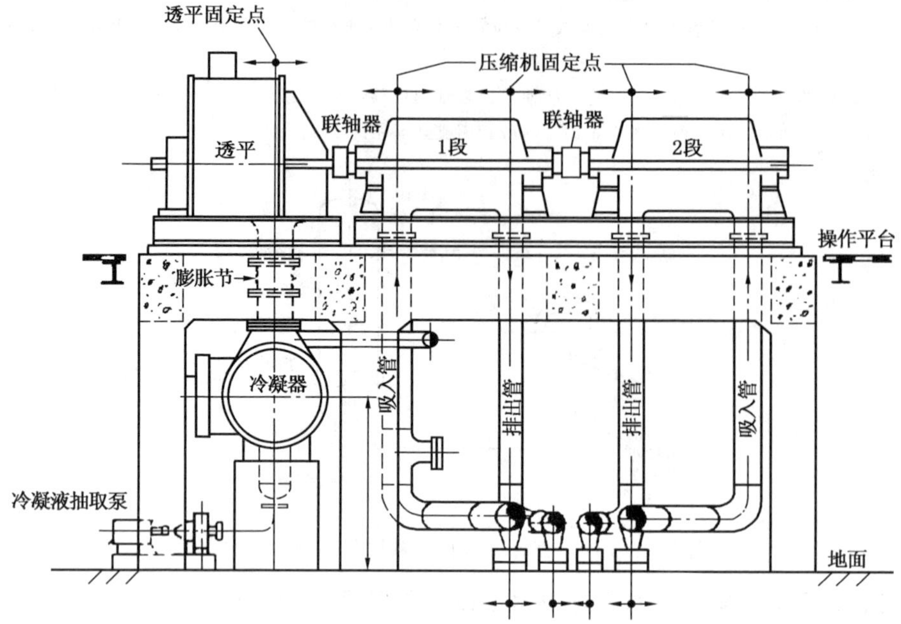

(b)立面图

图 7.22.5　离心式压缩机管道的布置与支吊架设计典型图(续)

第二十三节　安全阀(爆破片)管道支吊架设计及工程应用

一、安全阀管道支吊架设计的一般要求

在安全阀配管设计中，排放管支架设计是一项重要的工作，关系到安全阀能否正常工作，也关系到装置的安全。安全阀的排放系统分闭式和开式两种，计算其反作用力和力矩采用不同的方法。闭式排放系统排放至储罐或者火炬系统，排放终点通常连接设备，其出口管道产生的热位移较大。除要考虑排放介质反作用力和自重的影响外，还需计算二次应力。开式排放系统排放至大气，其特点是瞬时性，排放管受热介质影响较小，不计算热位移对出口管的影响，即不需计算二次应力。

1. 闭式排放系统

安全阀闭式排放系统的排放管相对较长，在稳态流动条件下，管系各部位所受的力和力矩具有自平衡性。在连续排放高温介质的情况下，会使管道产生变形。管道与设备(或火炬)相连接的地方，由于设备温度的变化而出现端点位移，端点位移也使管系变形。这些变形使管系承受弯曲、扭转、拉伸和剪切等应力。目前，计算各点所受力和力矩可用应力分析计算机程序进行计算。闭式排放系统可用计算机程序计算各点受力和力矩，以及各点的位移。根据这些结果，来选取合适的支架。闭式排放系统管道与开式排放系统管道固定支架的设计是不同的。下面分析闭式排放系统固定支架的设计。由前面分析，闭式排放系统排放管需考虑二次应力的影响。根据计算的结果，固定点处位移向上。如果采用开式排放系统管道固定支架形式，则该处在正常稳定排放时支点与固定架会脱空。为此，需在该处设置弹簧承重支架，如图 7.23.1 所示。

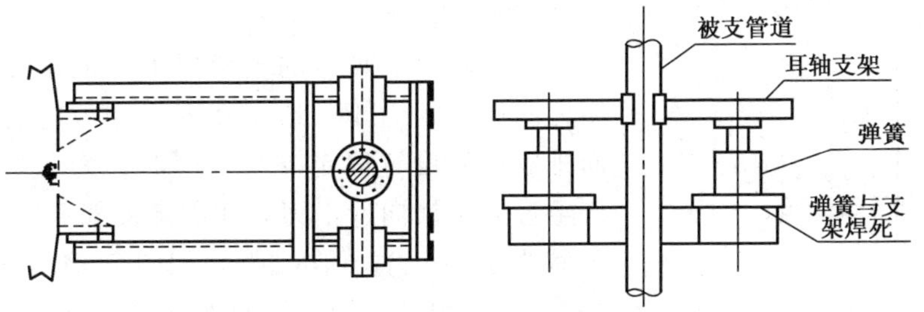

图 7.23.1　弹簧承重支架

与开式排放系统排放管固定支架选择方法一样，横梁和连接梁可按根据计算的力和力矩进行选择。弹簧支架可按承受的最大荷载和该点管道最大的垂直位移量来选择弹簧。

通过以上设计，安全阀放空管支架保证了安全阀正常、安全的工作。为了降低放空管在放空时对安全阀的影响，通常将放空管与出口管隔开，且放空管与安全阀支架生根点也分开，如图 7.23.2 所示。

2. 开式排放系统

开式排放系统的出口管道没有程序化的计算，其计算结果对排放管的支架设计很重要，因此我们将该部分作为重点进行分析和研究。目前计算安全阀排放管所受力和力矩常用的方法是荷载分析法。荷载分析及计算方法考虑安全阀的排放管除承受内压、自重等静荷载以外，还要承受排气的反作用力等动力荷载。下面将给出排放管动力荷载的计算公式。安全阀排放管出口的流动状态可能是临界流动(临界压力大于或等于大气压力)，也可能是亚临界流动(临界压力小于大气压力)，两者计算方法是不同的。安全阀开式排放系统管道包括出口管和放空管。其支架设计包括这两部分管道的支架设计。

(1) 出口管道

出口管道可按各家工程公司使用的管架标准，选取支托支架。通常，支承管管径比安全阀出口管小一级，如图 7.23.3 所示。

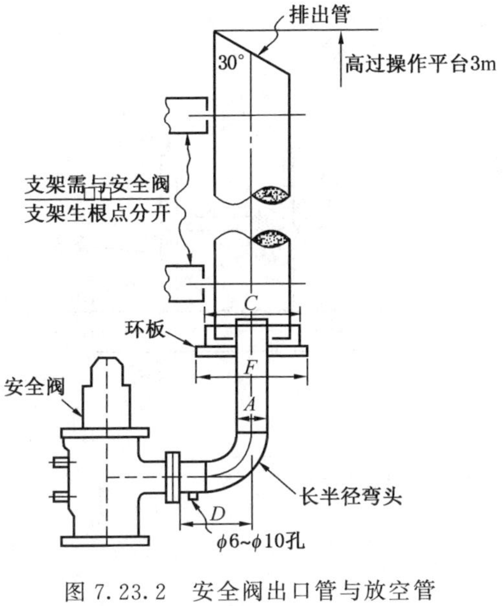

图 7.23.2　安全阀出口管与放空管

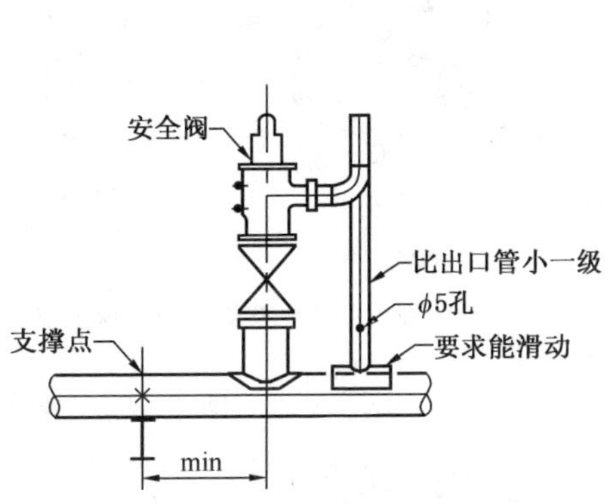

图 7.23.3　安全阀出口管支架

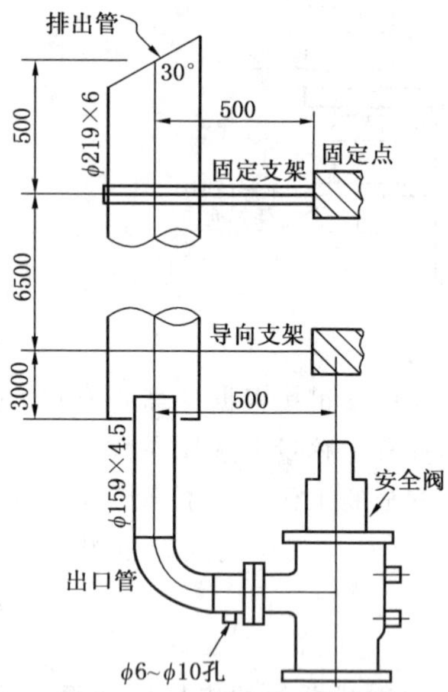

图 7.23.4 某工程安全阀出口管与放空管

(2) 放空管道

安全阀放空管道的支架要求应能承受泄放时的反作用力和产生的力矩。通常在安全阀放空管道上靠近最上面排放口处设置固定支架，同时，为了防止安全阀出口产生过大的横向冲击力，在固定支架下面的垂直管道上，每隔 6～8m 设置导向支架，如图 7.23.4 所示。

安全阀开启时有反力(图 7.23.5)，入口管的强度应注意校核，有时还需设置支架。反力的计算见本书第六章第六节。

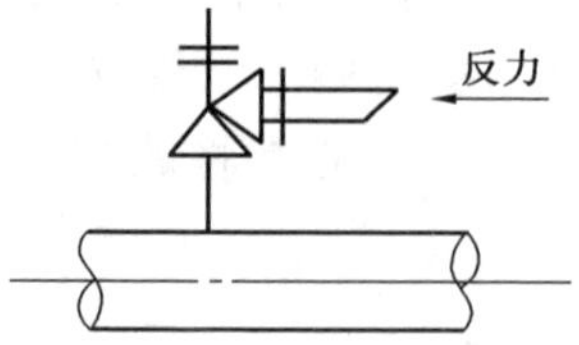

图 7.23.5 安全阀放空管反力方向

二、安全阀管道支吊架典型设计及工程应用(图 7.23.6)

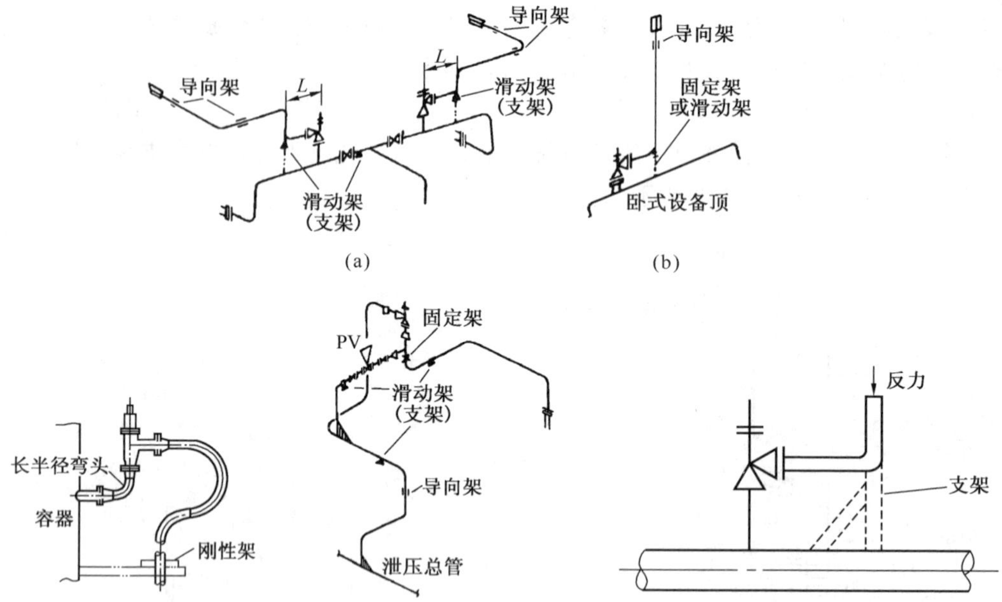

注：图中的“滑动架”为“承重架”。

图 7.23.6 安全阀(爆破片)管道支吊架设计

(f)一组安全阀向大气排放管道的布置

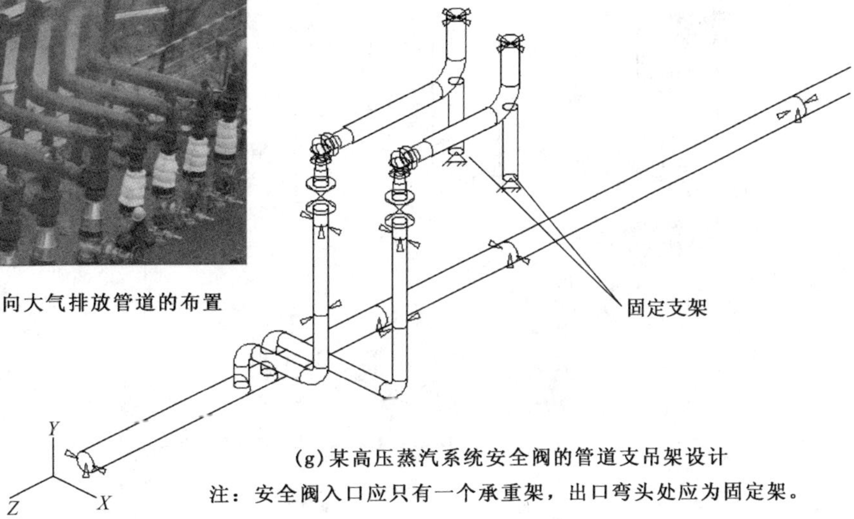

(g)某高压蒸汽系统安全阀的管道支吊架设计

注：安全阀入口应只有一个承重架，出口弯头处应为固定架。

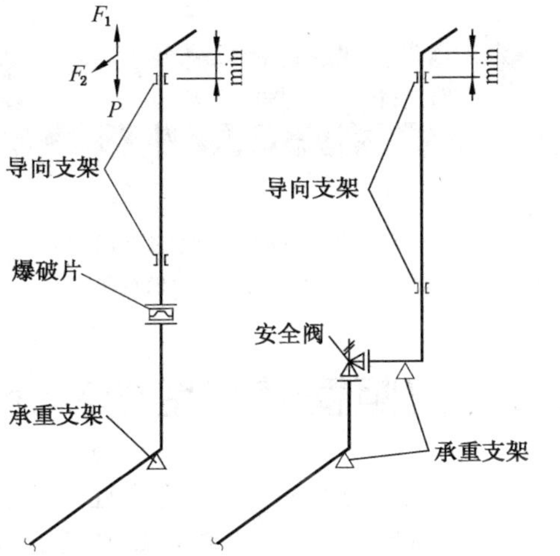

(h)安全阀（爆破片）管道支吊架设计

图 7.23.6　安全阀(爆破片)管道支吊架设计(续)

第二十四节　调节阀组管道支吊架设计及工程应用

①调节阀组一般布置在地面或平台上。有的调节阀布置在管廊内，无平台，造成无法检修和操作。

②调节阀应正立安装在水平管道上，特殊情况下才能水平或倾斜安装，当倾斜安装时，需核定膜头荷载，必要时需设置支承。

③低温或高温流体管道调节阀组的支架，一侧为固定支架(或限位支架)，其他支架为滑动支架(或导向支架)，如图 7.24.1 所示。

把管架设计在管子弯头上，是一种不好的设计，如图 7.24.1 所示，因弯头位置是应力薄弱环节，可把此处的支架移动到直管段位置。

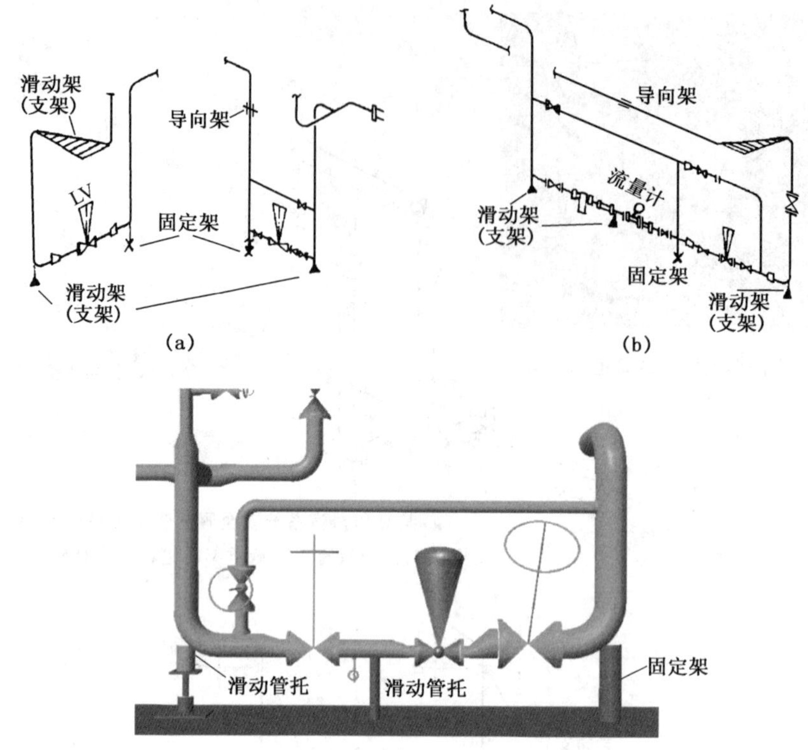

图 7.24.1 调节阀组管道的支吊架设计

注：图中的“滑动架”为“承重架”。

第二十五节 火炬管道支吊架设计及工程应用

火炬总管一般布置在主管廊上层的边缘，或沿管廊柱成 T 形管架支承火炬总管。

火炬总管应坡向装置边界线处的分液罐或全厂火炬总管，并不宜有“袋形”，否则，应采取排液措施。

确定火炬总管位置时，要考虑安全阀及其排放管高于火炬总管，并不宜有“袋形”，排放管应顺介质流向 45°斜接到火炬总管顶部，尽可能地减少局部阻力。

当火炬总管在装置边界线处设有“8”字盲板和切断阀时，应在切断阀前(装置内侧)设 DN20～40 排凝管，并在根部设双道切断阀。凝液应回收，不得随意排放。

火炬总管应在可能吹扫全部管道的端部设蒸汽或氮气吹扫管。当扫线介质为蒸汽时，火炬总管应设水平敷设的“Π”形补偿器或波纹补偿器”。

火炬总管应有防止滑落的管卡或挡铁。

在火炬总管上，不得有死角，当改变管道走向时，应采用 $R\geqslant1.5DN$ 弯头。

火炬管道一般口径较大，有的设计人员把火炬管道直接布置在了结构梁上未加管托，造成大口径管子与梁点接触，较大的荷载作用于管子一点上，易引起管子损坏。因此一般大口径无保温火炬管道也会增加管托，如图 7.25.1 所示。有一些管架标准规范要求≥12″(有的要求≥16″)裸管需加管托。

如图 7.25.1(b)所示，在大口径火炬管道管托下面，有的还加了四氟滑动板，可以减少对结构梁的水平摩擦力，以节省投资。但是，四氟滑动板使用一段时间后滑动效果就不太好了。

火炬管道在管廊上布置一般用阶梯管廊来实现坡度，但是有的在火炬管道自然补偿弯位置未设计坡度，造成配管设计事故。

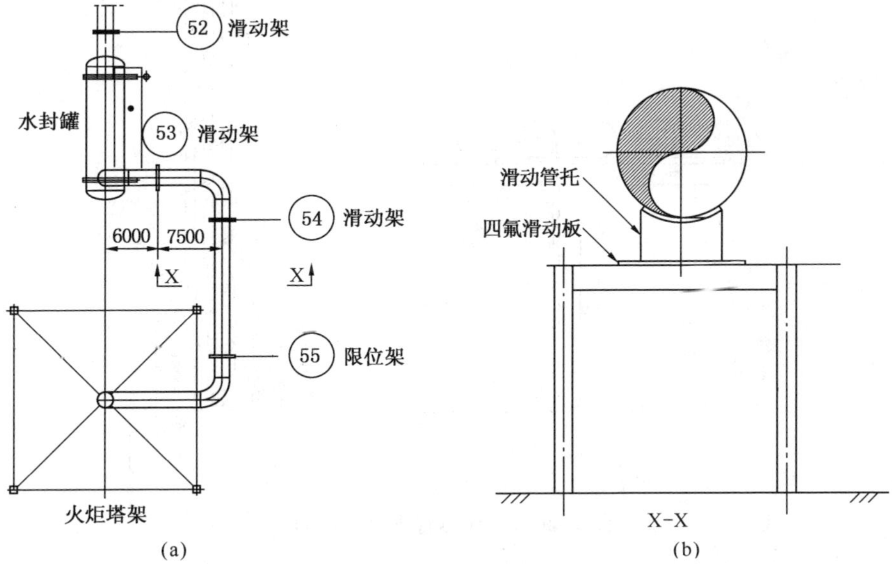

图 7.25.1　某火炬管道管架设计

第二十六节　蒸汽伴热管支吊架设计及工程应用

一、伴热管支吊架设计及工程应用

石油化工等装置伴热站和伴热管线较多，有些北方地区的工厂，管廊、装置框架等立柱附近的伴热站接近布置满员，每个站集束小口径管线很多，这些密集的伴热管的支吊架配管设计，影响着整个装置的管道设计。伴热管数量少时可参照图 7.26.1(a)、(b)、(c)、(d)，伴热管在接近供站和回收站时可参照图 7.26.1(e)。

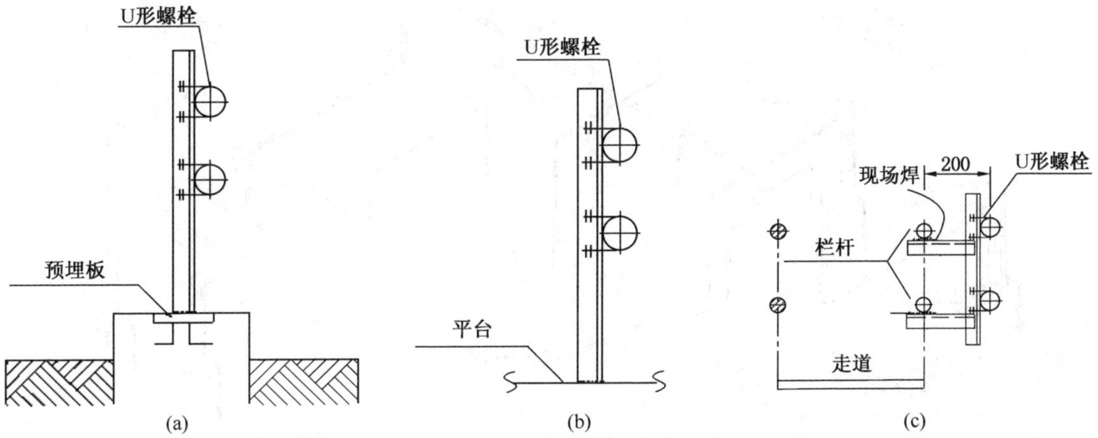

图 7.26.1　伴热管支吊架

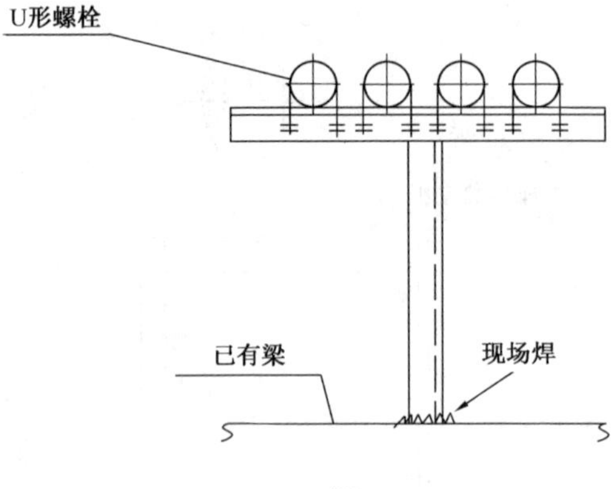

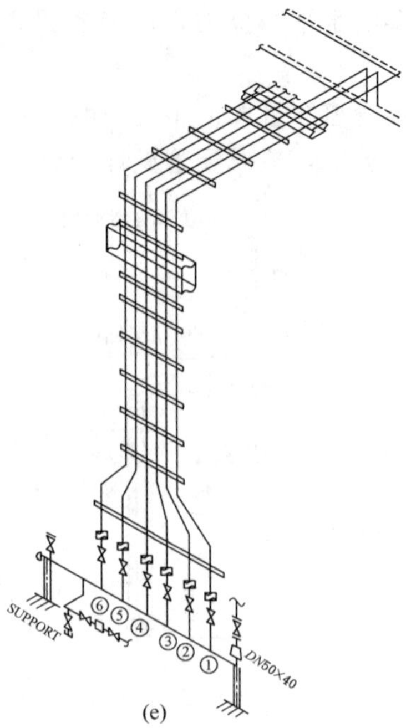

图 7.26.1　伴热管支吊架(续)

二、伴热管固定支架和膨胀环的设计及工程应用

伴热管线需要合理的管道支承和固定，并需有一定的柔性。有的设计人员不出伴热管线设计图纸，仅文字描述，造成现场配管紊乱、投用后泄漏事故常发生。有的设计人员会在轴测图上设计出伴热管线的固定与膨胀环位置，确保了管道设计质量，如图 7.26.2 所示。

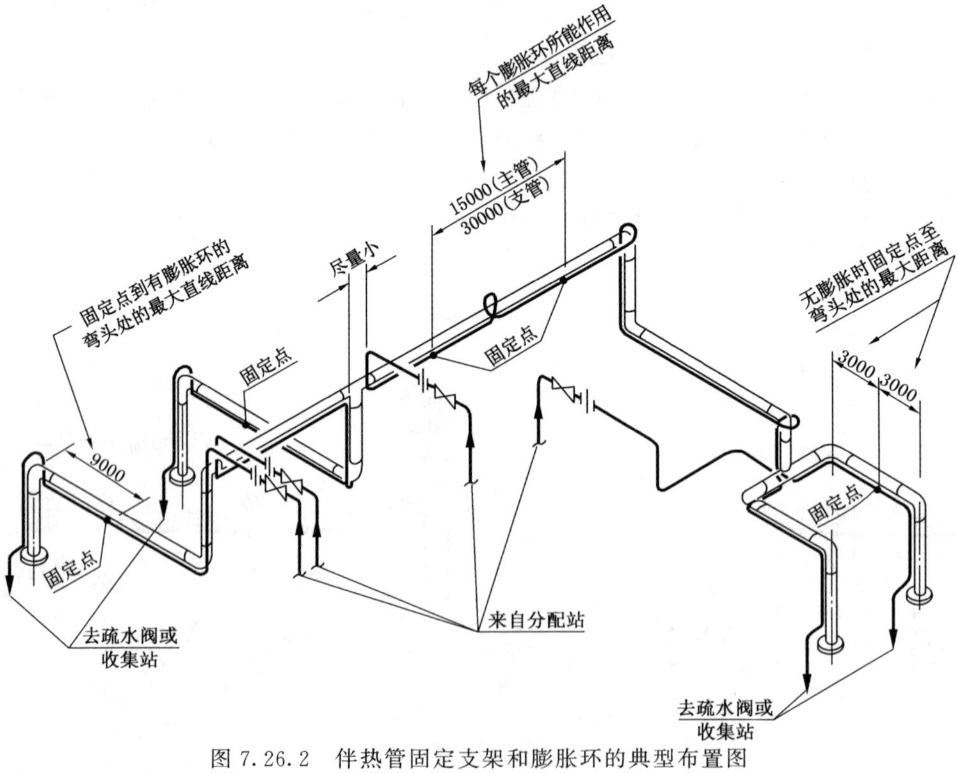

图 7.26.2　伴热管固定支架和膨胀环的典型布置图

第二十七节 低温和高温管道支吊架设计及工程应用

一、低温和高温管道支吊架设计的一般要求

适用于低温管线(-100～-196℃)的设计(-20～-100℃的低温管线可参照)和高温管线(大于460℃)的设计(280～460℃的高温管线可参照)。

① 管材的性质。用于低温或高温管线的奥式体不锈钢，其线性膨胀量大于碳钢。因此，奥式体不锈钢的位移量相当大。由于许多不锈钢管的壁厚较薄，强度较低，因此要考虑这些管子支架的设置。

② 管系的柔性。

A. 使用管系的自然补偿。

B. 使用膨胀环。

C. 使用膨胀节。

③ 支承点的位移。应对管线上每一支承点进行计算，以防止支架脱落和梁被推倒。

④ 隔热的管托。管线常采用隔热性、耐燃性和稳固性较好的低、高温隔热管托作支承。

二、低温管道支吊架设计及工程应用

如果保冷层内有小的缺陷，如裂缝、裂痕等，就会对管内的低温流体产生较大的影响。如保冷不当，水蒸气从外界透过保冷层就会产生结露，进而结冰。冰粒的不断增长，将破坏保冷材料，影响保冷效果。因此必须从材料方面考虑，采用湿气渗透性较低的保冷材料，外表面也应采用可防水的另一种保冷材料。

与保温不同，法兰、阀门和仪表不能露在外面，而要用保冷材料包住。

保冷层会很厚，因此，低温管道及支吊架设计应该考虑以下几个方面：

① 注意管线的位移，在管线与其他管线、设备、支架之间应预留有足够的间隙。

② 与保温不同，保冷管线上的法兰、阀门的厚度较大。

③ 排净和防空管的最小安装尺寸应在考虑了保冷方式之后再确定(见图7.27.1)。

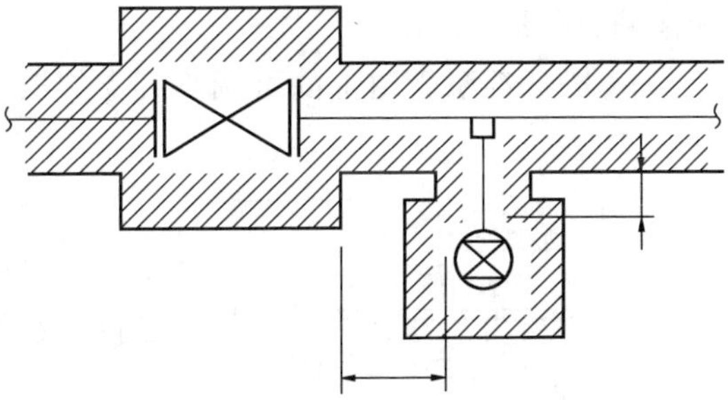

图7.27.1

④ 穿过楼板的开孔会增大，应注意管线和梁之间的关系。

⑤ 在立式设备上的管道较密的地方应考虑管架之间的安装空间。

⑥ 应考虑保冷施工空间。

⑦ 管架也应该设置保冷层，支架的保冷层厚度应为管线保冷层厚度的3倍或以上(见图7.27.2)。

⑧ 设备平台的梁及支耳的高度需注意计算支耳保冷层厚度(见图7.27.3)，因此，需注意梁的高度。

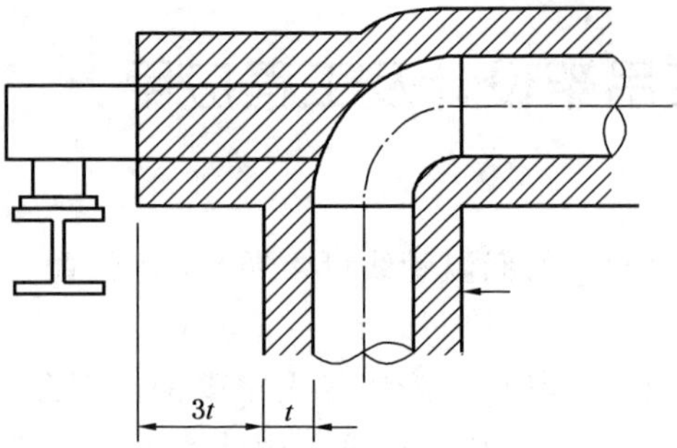

图 7.27.2

注：长假管支架的管托可不用绝热块。

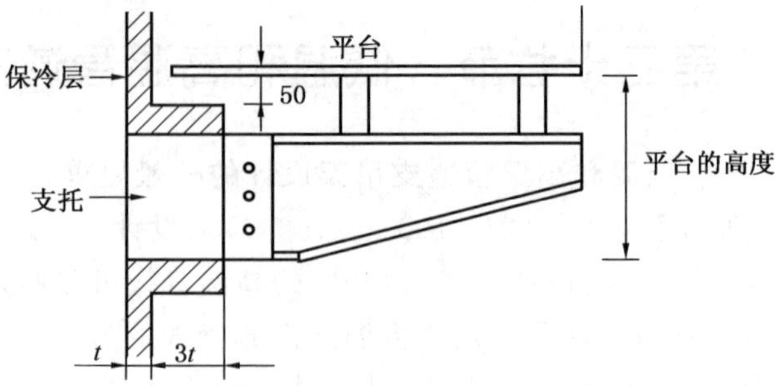

图 7.27.3

⑨ 隔热材料的强度较低，低温管线上的支架跨度一般小于裸管。

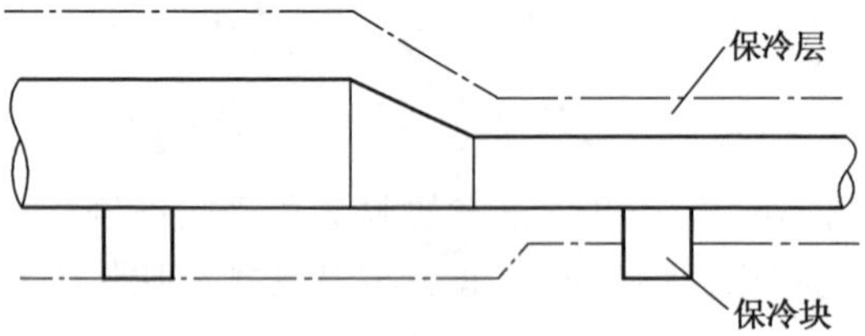

图 7.27.4

⑩ 管底标高应根据管架上保冷层的厚度确定。应注意支管的向上或向下的尺寸。若管线管径变小，保冷层的厚度也应相应变小。但在这种情况下，绝热块的厚度应不变，以保持管底平(见图 7.27.4)。

⑪ 为避免因管子弯曲碰到结构梁而引起保冷层的破坏，隔热块的厚度至少应比保冷层厚度大 5mm。

⑫ 支承设备支托(支耳)的保冷层长度应为设备保冷层厚度的 3 倍，故需增大支托的长度，而管子到设备外表面的距离也应相应增加。对于螺纹连接，有必要增加管口长度或采取其他措施(见图 7.27.5)。

⑬ 一般低温泵管道上的可调高度支架安装的高度会因保冷而变小(见图 7.27.6)。

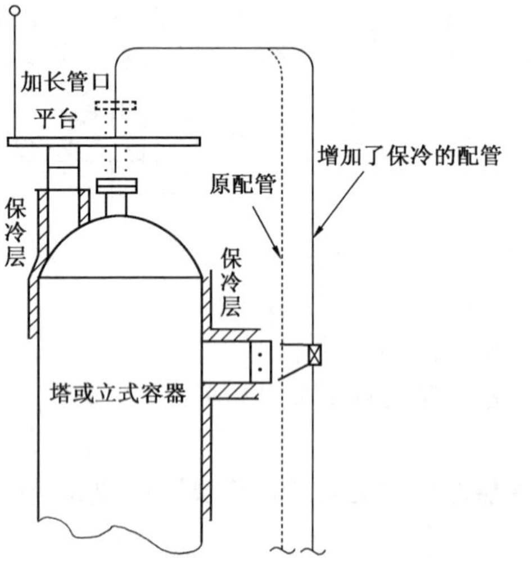

图 7.27.5

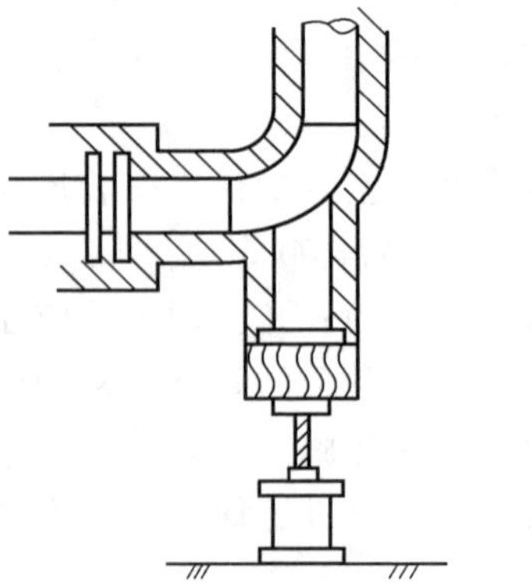

图 7.27.6　低温泵管道可调高度支架

⑭ 低温管道结露的位置易生锈，可在管架的滑动面设置滑动板。

⑮ 阀门低温阀带有长阀盖，可防止填料盖被冻住，破坏填料。流体是液体时，阀杆需朝上安装，以防止填料密封盖与低温流体不断接触。若阀门手柄较长，应注意阀门的配管。

在闸阀表面有一泄放孔，应在阀体的阀盖上标记泄压孔方向，标记不应被保冷层覆盖。或在填料密封盖上装设安全阀(V 形固体盘除外)。

当阀门完全关闭时，密闭在密封腔内的液体将受热蒸发，会产生额外的压力并破坏阀门。因此要采取措施释放压力。

⑯ 低温管道上仪表管口的保冷长度，至少为管道保冷厚度的 4 倍，低温管道中热电偶套管不应安装在垂直位置上，当保冷层破坏时，底座会结冰。

⑰ 操作平台和通道的设计。与高温不同，低温管道需经常检查，防止液体的泄漏和保冷层被破坏。

⑱ 保冷管道与保冷管托结构。管道的保冷管托可以有效防止保冷管道的冷量通过支承座传到结构梁上，从而防止产生冷桥，结露，减少冷量的传播，起到隔热、隔冷、减振和缓冲的作用，如图 7.27.7 所示。

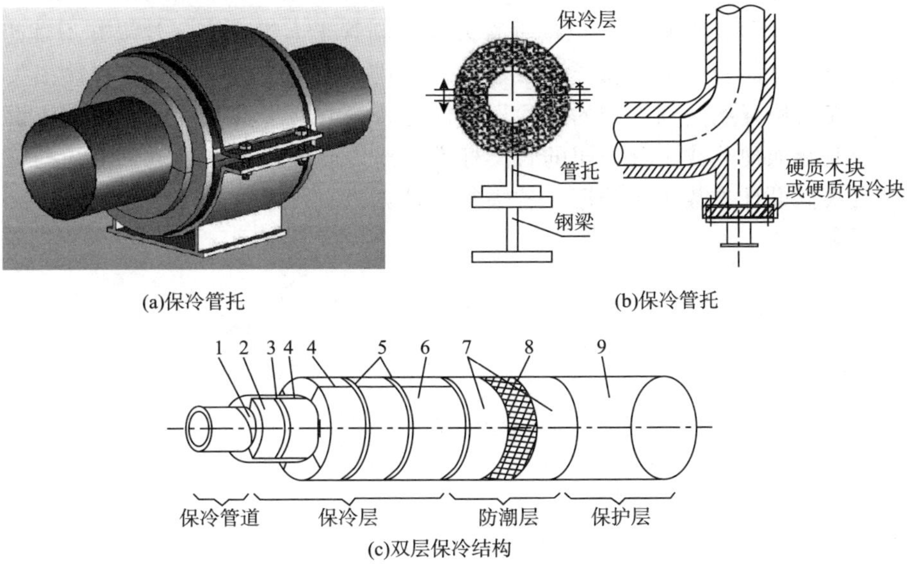

图 7.27.7　保冷管道与保冷管托结构

1—耐磨涂料；2—泡沫玻璃管壳；3—不锈钢带；4—发泡性黏合剂；5—镀锌钢带；6—聚氨酯泡沫塑料管壳；7—石油沥青玛碲脂 3mm；8—防潮玻璃布；9—镀锌铁皮或薄铝板

某装置保冷管道几乎所有低温设备和管道都有挂霜、结冰、滴水的现象。既增加了能耗，又加大了设备和管道的腐蚀。据勘察发现，管道保冷层设计偏薄、保冷材料老化，有的管道未设防潮隔潮层，管道凝露结冰现象严重，外表面温度远低于环境露点温度。保冷管托结构中的支承件未选用抗压强度好、导热系数小的管托，管道与支架直接接触，形成“冷桥”，造成运行过程中冷量大量损失，有的管架虽做了保冷木垫托，但未做防腐处理，木垫托损坏。

三、高温管道支吊架设计及工程应用

①高温管道支吊架的布置设计与低温管道类似，除了以上提到的内容，还需注意高温管道支吊架通常需要加高管托，目的是为了避免高温管道通过管托将热量过多地传递给结构梁，一般需保证结构梁面低于 120℃(有的规范要求不应超过 180℃)。常用的隔热管托结构如图 7.27.8 所示。某设计因高温管托未加高，引起结构梁出现变形的事故。

管托或耳轴底板温度的计算方法如图 7.27.9 所示。温度过高时，可通过增加管托或耳轴的高度降低温度，或选用高温隔热管架。

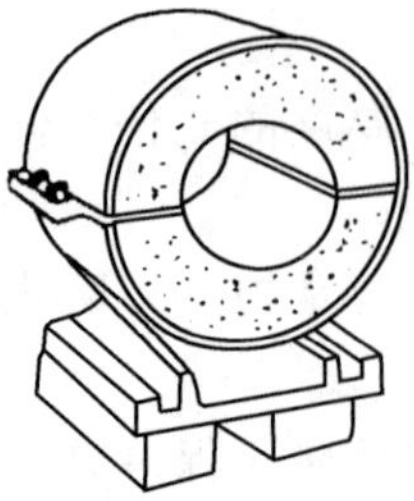

图 7.27.8 高温隔热管托典型结构图

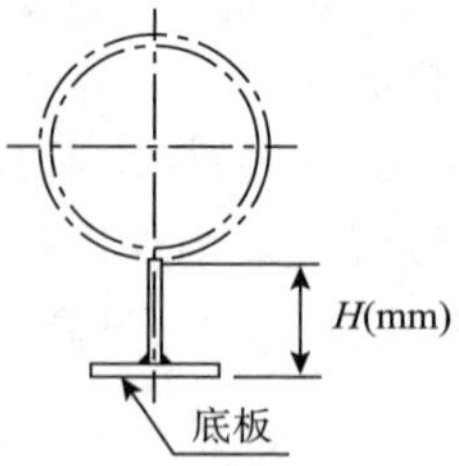

图 7.27.9 管托或耳轴底板温度的计算

国外某设计单位为了防止大口径高温管道起“热拱”现象，在如图 7.27.9 所示的底板上又焊接了倒 L 形扒钩到结构梁上，拟从垂直方向限制管子上拱，实际效果并不理想。

②对于高温管道而言，因金属导热系数大，管托又裸露在空气中，直接热损失很大。因此，近年来管托结构开始受到人们的关注，国内外普遍开展了这一管件的研究、设计和开发工作。有些行业标准规范或工程公司的管架标准图册内已经包含高温隔热管托的标准选型图表，设计时可根据设计参数直接选用，省去很多计算。

附录1　常用钢材总热膨胀量(附表1.1)

附表1.1　常用钢材总膨胀量

mm/m

温度/℃	材料														
	低碳钢至3Cr-Mo钢	5Cr-Mo至9Cr-Mo	奥氏体不锈钢如18Cr-8Ni	12Cr 17Cr 27Cr	25Cr-20Ni	蒙耐尔合金67Ni-30Cu	3.5Ni	铝	灰铸铁	青铜(Cu-Sn)	黄铜(Cu-Zn)	白铜70Cu-30Ni	Ni-Cr-Te(UNS N08XXX)系列	Ni-Cr-Te(UNS N06XXX)系列	球墨铸铁
-198	-1.97	-1.85	-3.21	-1.70		-2.19	-1.89	-3.91		-3.31	-3.23	-2.62			
-180	-1.84	-1.73	-2.98	-1.58		-2.09	-1.79	-3.65		-3.06	-2.99	-2.46			
-160	-1.69	-1.60	-2.71	-1.45		-1.96	-1.67	-3.36		-2.78	-2.71	-2.26			
-140	-1.54	-1.45	-2.44	-1.32		-1.82	-1.55	-3.04		-2.50	-2.43	-2.06			-1.35
-120	-1.37	-1.29	-2.16	-1.17		-1.65	-1.40	-2.72		-2.21	-2.14	-1.84			-1.20
-100	-1.20	-1.13	-1.88	-1.03		-1.47	-1.22	-2.38		-1.91	-1.85	-1.61			-1.06
-80	-1.02	-0.96	-1.58	-0.88		-1.26	-1.04	-2.03		-1.62	-1.58	-1.37			-0.92
-60	-0.83	-0.79	-1.29	-0.72		-1.03	-0.85	-1.67		-1.32	-1.29	-1.12			-0.76
-40	-0.64	-0.60	-0.98	-0.55		-0.79	-0.65	-1.28		-1.01	-0.99	-0.86			-0.50
-20	-0.44	-0.41	-0.66	-0.38		-0.54	-0.44	-0.88		-0.69	-0.67	-0.59			-0.41
0	-0.23	-0.21	-0.34	-0.20		-0.28	-0.23	-0.46		-0.36	-0.35	-0.31			-0.21
20	0.0	0.0	0.0	0.0	0.0	0.0	0.0	0.0	0.0	0.0	0.0	0.0	0.0	0.0	0.0
40	0.21	0.20	0.31	0.18	0.30	0.26	0.22	0.42	0.20	0.33	0.32	0.28	0.27	0.25	0.20
60	0.44	0.41	0.65	0.38	0.62	0.54	0.45	0.88	0.40	0.69	0.67	0.59	0.55	0.51	0.41
80	0.67	0.63	0.99	0.58	0.93	0.82	0.68	1.36	0.61	1.05	1.03	0.90	0.84	0.78	0.63
100	0.91	0.86	1.33	0.78	1.25	1.12	0.92	1.84	0.82	1.43	1.39	1.22	1.13	1.05	0.86

续表

温度/℃	材料														
	低碳钢至3Cr-Mo钢	5Cr-Mo至9Cr-Mo	奥氏体不锈钢如18Cr-8Ni	12Cr 17Cr 27Cr	25Cr-20Ni	蒙耐尔合金67Ni-30Cu	3.5Ni	铝	灰铸铁	青铜(Cu-Sn)	黄铜(Cu-Zn)	白铜70Cu-30Ni	Ni-Cr-Te(UNS N08XXX)系列	Ni-Cr-Te(UNS N06XXX)系列	球墨铸铁
120	1.15	1.09	1.67	0.99	1.57	1.41	1.17	2.33	1.04	1.79	1.76	1.54	1.44	1.33	1.09
140	1.40	1.32	2.02	1.21	1.90	1.71	1.42	2.83	1.26	2.16	2.13	1.86	1.77	1.61	1.33
160	1.66	1.56	2.37	1.42	2.22	2.02	1.67	3.34	1.49	2.54	2.51	2.19	2.11	1.90	1.57
180	1.92	1.80	2.73	1.64	2.55	2.32	1.93	3.85	1.72	2.91	2.90	2.52	2.46	2.19	1.83
200	2.19	2.04	3.09	1.87	2.87	2.64	2.19	4.37	1.96	3.29	3.29	2.86	2.82	2.48	2.08
220	2.46	2.20	3.45	2.10	3.19	2.96	2.45	4.90	2.20	3.67	3.69		3.16	2.77	2.36
240	2.74	2.54	3.81	2.33	3.51	3.28	2.71	5.44	2.45	4.05	4.09		3.49	3.06	2.64
260	3.02	2.80	4.17	2.56	3.84	3.61	2.98	5.98	2.70	4.44	4.50		3.83	3.55	2.95
280	3.30	3.06	4.54	2.81	4.16	3.95	3.26	6.53	2.96	4.83	4.92		4.16	3.65	3.21
300	3.60	3.32	4.91	3.05	4.48	4.28	3.53	7.09	3.22	5.22	5.34		4.50	3.95	3.49
320	3.90	3.59	5.29	3.30	4.81	4.62	3.82	7.64	3.49	5.62	5.76		4.85	4.25	3.76
340	4.20	3.86	5.66	3.55	5.14	4.98	4.10		3.76	6.01	6.20		5.19	4.56	4.04
360	4.51	4.13	6.04	3.80	5.46	5.33	4.39		4.04	6.41	6.63		5.54	4.87	4.32
380	4.83	4.41	6.42	4.06	5.79	5.69	4.68		4.32	6.81	7.08		5.89	5.18	4.61
400	5.15	4.69	6.81	4.32	6.11	6.05	4.97		4.60	7.21	7.53		6.24	5.49	4.90
420	5.47	4.98	7.21	4.58	6.44	6.42	5.26		4.89	7.62	7.99		6.60	5.81	5.20
440	5.80	5.28	7.60	4.84	6.76	6.79	5.56		5.18	8.03	8.46		6.95	6.11	5.48
460	6.14	5.57	7.99	5.11	7.10	7.17	5.86		5.48	8.44	8.93		7.31		5.78

续表

温度/℃	材料														
	低碳钢至3Cr-Mo钢	5Cr-Mo至9Cr-Mo	奥氏体不锈钢如18Cr-8Ni	12Cr 17Cr 27Cr	25Cr-20Ni	蒙耐尔合金67Ni-30Cu	3.5Ni	铝	灰铸铁	青铜(Cu-Sn)	黄铜(Cu-Zn)	白铜70Cu-30Ni	Ni-Cr-Te(UNS N08XXX)系列	Ni-Cr-Te(UNS N06XXX)系列	球墨铸铁
480	6.47	5.86	8.39	5.38	7.43	7.56	6.15		5.78	8.85	9.41		7.68		6.08
500	6.79	6.15	8.79	5.65	7.81	7.95	6.44		6.09	9.26	9.89		8.04		6.39
520	7.12	6.45	9.21	5.92	8.20	8.34	6.75		6.40	9.68	10.38		8.41		6.70
540	7.45	6.75	9.62	6.20	8.58	8.73	7.05		6.72	10.09	10.87		8.78		7.01
560	7.79	7.04	10.02	6.47	8.94	9.13				10.52	11.37		9.16		
580	8.13	7.34	10.43	6.74	9.30	9.54				10.95	11.87		9.53		
600	8.47	7.64	10.84	7.01	9.66	9.94				11.37	12.38		9.91		
620	8.79	7.94	11.25	7.28	10.05	10.36							10.29		
640	9.11	8.24	11.66	7.55	10.44	10.78							10.67		
660	9.44	8.54	12.07	7.82	10.84	11.20							11.08		
680	9.78	8.84	12.47	8.09	11.24	11.63							11.49		
700	10.11	9.15	12.88	8.36	11.63	12.06							11.90		
720	10.44	9.45	13.29	8.63	11.99	12.49							12.32		
740	10.78	9.75	13.69	8.91	12.35	12.92							12.74		
760	11.12	10.04	14.10	9.18	12.71	13.35							13.17		
780													13.60		
800													14.03		
815													14.33		

注：本表所给出的金属总热膨胀量系指由20℃变化至表中所示温度时所产生的总的单位长度热膨胀量。

附录 2　常用钢材平均线膨胀系数(附表 2.1)

附表 2.1　金属热膨胀系数　　10^{-6}mm/(mm·℃)

温度/℃	材料														
	低碳钢至 3Cr-Mo 钢	5Cr-Mo 至 9Cr-Mo	奥氏体不锈钢 18Cr-8Ni	12Cr 17Cr 27Cr	25Cr-20Ni	蒙耐尔合金 67Ni-30Cu	3.5Ni	铝	灰铸铁	青铜 (Cu-Sn)	黄铜 (Cu-Zn)	白铜 70Cu-30Ni	Ni-Cr-Te (UNS N08 XXX)系列	Ni-Cr-Te (UNS N06 XXX)系列	球墨铸铁
-198	9.00	8.46	14.67	7.74		10.00	8.57	17.83		15.12	14.76	11.97			
-180	9.17	8.63	14.82	7.88		10.39	8.88	18.15		15.24	14.86	12.23			
-160	9.35	8.81	14.99	8.02		10.83	9.21	18.53		15.37	14.98	12.50			
-140	9.53	8.99	15.16	8.18		11.28	9.59	18.90		15.50	15.08	12.78			8.37
-120	9.71	9.17	15.33	8.32		11.72	9.89	19.27		15.63	15.20	13.06			8.50
-100	9.91	9.37	15.49	8.47		12.16	10.07	19.65		15.76	15.32	13.33			8.78
-80	10.10	9.52	15.67	8.67		12.42	10.31	20.10		16.02	15.61	13.59			9.08
-60	10.29	9.68	15.89	8.87		12.68	10.49	20.56		16.28	15.90	13.85			9.35
-40	10.48	9.85	16.05	9.04		12.92	10.63	20.97		16.53	16.17	14.09			9.61
-20	10.61	9.99	16.15	9.17		13.09	10.78	21.31		16.75	16.37	14.27			9.87
0	10.75	10.14	16.27	9.28		13.26	10.98	21.65		16.97	16.65	14.47			10.08
20	10.92	10.31	16.39	9.43		13.46	11.25	22.03		17.23	16.81	14.69		12.83	10.33
40	11.05	10.44	16.50	9.54		13.61	11.40	22.34		17.41	16.98	14.85		12.97	10.49
60	11.21	10.61	16.61	9.68		13.80	11.48	22.71		17.66	17.20	15.04		13.10	10.62
80	11.36	10.77	16.73	9.81	15.82	13.99	11.56	23.07	10.35	17.88	17.43	15.23	14.22	13.23	10.75
100	11.53	10.91	16.84	9.93	15.84	14.16	11.65	23.32	10.39	18.07	17.62	15.41	14.32	13.35	10.89

续表

温度/℃	材料														
	低碳钢至3Cr-Mo钢	5Cr-Mo至9Cr-Mo	奥氏体不锈钢18Cr-8Ni	12Cr 17Cr 27Cr	25Cr-20Ni	蒙耐尔合金67Ni-30Cu	3.5Ni	铝	灰铸铁	青铜(Cu-Sn)	黄铜(Cu-Zn)	白铜70Cu-30Ni	Ni-Cr-Te(UNS N08XXX)系列	Ni-Cr-Te(UNS N06XXX)系列	球墨铸铁
120	11.67	11.01	16.93	10.04	15.89	14.27	11.78	23.60	10.51	18.14	17.78	15.53	14.60	13.46	11.04
140	11.81	11.10	17.01	10.14	15.94	14.39	11.91	23.81	10.63	18.19	17.93	15.63	14.90	13.56	11.19
160	11.98	11.20	17.09	10.25	15.99	14.51	12.03	24.02	10.73	18.26	18.09	15.75	15.19	13.67	11.34
180	12.10	11.30	17.17	10.34	16.02	14.62	12.13	24.23	10.85	18.33	18.22	15.88	15.48	13.75	11.49
200	12.24	11.39	17.25	10.44	16.05	14.74	12.22	24.43	10.96	18.40	18.38	15.99	15.78	13.84	11.64
220	12.38	11.49	17.32	10.54	16.06	14.86	12.30	24.64	11.08	18.46	18.53		15.83	13.90	11.85
240	12.51	11.60	17.39	10.63	16.06	14.99	12.38	24.83	11.19	18.52	18.69		15.95	13.97	12.08
260	12.64	11.70	17.46	10.73	16.07	15.12	12.47	25.02	11.30	18.58	18.85		16.02	14.04	12.33
280	12.77	11.80	17.54	10.84	16.07	15.24	12.58	25.22	11.43	18.65	18.99		16.08	14.10	12.42
300	12.90	11.91	17.62	10.95	16.07	15.36	12.67	25.42	11.55	18.73	19.14		16.14	14.18	12.50
320	13.04	12.01	17.69	11.06	16.09	15.47	12.77	25.56	11.67	18.80	19.28		16.21	14.23	12.59
340	13.17	12.10	17.76	11.15	16.11	15.60	12.87		11.79	18.86	19.43		16.28	14.30	12.66
360	13.31	12.20	17.83	11.22	16.11	15.73	12.95		11.91	18.91	19.57		16.34	14.37	12.75
380	13.45	12.29	17.89	11.30	16.13	15.86	13.03		12.03	18.97	19.73		16.40	14.42	12.83
400	13.58	12.39	17.99	11.40	16.13	15.97	13.12		12.14	19.03	19.88		16.47	14.49	12.93
420	13.72	12.49	18.06	11.48	16.14	16.09	13.19		12.26	19.10	20.04		16.53	14.56	13.02
440	13.86	12.60	18.14	11.55	16.15	16.21	13.26		12.36	19.17	20.19		16.59	14.58	13.08
460	13.98	12.68	18.21	11.65	16.17	16.34	13.34		12.48	19.23	20.35		16.66		13.18

续表

温度/℃	材料														
	低碳钢至3Cr-Mo钢	5Cr-Mo至9Cr-Mo	奥氏体不锈钢18Cr-8Ni	12Cr 17Cr 27Cr	25Cr-20Ni	蒙耐尔合金67Ni-30Cu	3.5Ni	铝	灰铸铁	青铜(Cu-Sn)	黄铜(Cu-Zn)	白铜70Cu-30Ni	Ni-Cr-Te(UNS N08XXX)系列	Ni-Cr-Te(UNS N06XXX)系列	球墨铸铁
480	14.10	12.77	18.28	11.73	16.20	16.47	13.40		12.59	19.29	20.50		16.73		13.26
500	14.19	12.85	18.36	11.81	16.32	16.60	13.46		12.72	19.34	20.66		16.79		13.35
520	14.28	12.93	18.45	11.87	16.44	16.71	13.52		12.83	19.39	20.80		16.86		13.43
540	14.36	13.00	18.53	11.94	16.53	16.83	13.59		12.94	19.45	20.95		16.93		13.50
560	14.45	13.07	18.60	12.00	16.58	16.95				19.52	21.10		16.99		
580	14.55	13.14	18.67	12.06	16.63	17.07				19.59	21.24		17.05		
600	14.63	13.19	18.72	12.11	16.68	17.18				19.65	21.38		17.12		
620	14.69	13.26	18.79	12.15	16.79	17.29				19.71	21.54		17.19		
640	14.72	13.31	18.84	12.19	16.87	17.41				19.78	21.69		17.25		
660	14.77	13.37	18.89	12.23	16.96	17.53							17.34		
680	14.84	13.42	18.93	12.28	17.06	17.64							17.44		
700	14.89	13.47	18.97	12.32	17.14	17.76							17.53		
720	14.94	13.52	19.01	12.35	17.16	17.86							17.63		
740	15.00	13.56	19.05	12.39	17.18	17.97							17.72		
760	15.05	13.59	19.08	12.42	17.21	18.07							17.82		
780			19.18										17.92		
800			19.25										18.01		
815			19.35										18.09		

注：本表所给出的金属热膨胀系数系指由20℃变化至表中所示温度时的平均热膨胀系数。

附录 3　常用钢材弹性模量(附表 3.1)

附表 3.1　常用钢材弹性模量

材料名称	在下列温度(℃)下的弹性模量 $E/(kN/mm^2)$																				
	-254	-198	-150	-100	20	100	150	200	250	300	350	400	450	500	550	600	650	700	750	800	816
铁基金属																					
灰铸铁					92	91	89	87	84	81	77	73									
碳钢，C≤0.3%	220	217	214	210	203	198	195	191	188	185	178	172	162	150	137	123					
碳钢，C>0.3%	219	215	212	209	202	197	193	190	187	183	178	170	160	149	135	122	106				
C-Mo 钢	219	215	212	208	201	196	193	189	186	183	178	170	160	148	135	121	105				
Ni 钢，N12%~9%	208	204	202	198	192	186	184	180	178	175	172	164									
Cr~Mo 钢，Cr0.5%~2%	221	218	215	212	205	199	196	192	190	186	183	178	174	169	164	158	150	142	132		
Cr~Mo 钢，Cr2.25%~3%	228	225	222	219	211	205	203	199	196	192	188	184	179	175	169	163	155	146	136		
Cr~Mo 钢，Cr5%~9%	230	227	224	221	213	207	205	200	198	194	199	184	176	166	153	139	126	108	91		
Cr 钢，Cr12%、17%、27%	219	215	213	210	201	196	192	188	184	181	178	174	163	152	144	129	114				
奥氏体钢(304、310、316、321、347 等)	212	209	206	202	195	190	186	183	178	176	173	169	165	161	156	152	146	140	133	127	125
钢及铜合金																					
海军黄铜(C4640)		110	108	107	103	100	99	97	95	93	90										
铜(C1100)		117	115	114	111	107	106	104	102	99	96										

续表

材料名称	在下列温度(℃)下的弹性模量 E/(kN/mm^2)																				
	-254	-198	-150	-100	20	100	150	200	250	300	350	400	450	500	550	600	650	700	750	800	816
铜、红铜，铝青铜(C1020、C1220、C2300、C6140)		125	123	122	118	114	113	111	108	105	102										
90Cu-10Ni(C7060)		131	129	128	125	121	120	117	115	112	108										
80Cu-20Ni(C7100)		146	144	143	138	134	132	129	127	124	120										
70Cu-30Ni(C7150)		161	159	157	152	148	145	143	140	136	131										
镍及镍合金																					
镍 200、201	225	221	218	215	207	202	199	197	194	192	190	186	182	179	175	173	169				
蒙耐尔 400	195	191	189	186	179	175	173	171	168	167	165	161	158	155	152	149	146				
Ni-Cr-Te 合金 600	233	228	226	223	214	208	206	204	201	198	196	192	188	184	181	178	175				
Ni-Cr-Te 合金 800、800H	214	210	208	204	196	191	189	187	184	182	179	177	174	170	167	164	160				
合金 C276	224	218	217	214	206	200	197	195	193	191	188	184	181	178	174	172	168				
钛及钛合金																					
TA0~TA3、TA9					107	103	101	97	92	88	84	79									
铝及铝合金																					
1060、3003、3004、6061、6063	79	76	76	74	69	66	64	60													
5052、5454	80	77	76	75	71	67	65	62													
5083、5086	81	78	77	76	71	68	66	63													

附录 4　管件应力的柔度系数和应力增强系数(附表 4.1)

附表 4.1　管件应力的柔度系数和应力增强系数[①]

类　型	柔度系数 k	应力增强系数[②③]		柔度特性 h	简　图
		平面外 i_u	平面内 i_i		
焊接弯头或弯管[②④~⑦]	$\frac{1.65}{h}$	$\frac{0.75}{h^{2/3}}$	$\frac{0.9}{h^{2/3}}$	$\frac{\bar{T}R_1}{r_2^2}$	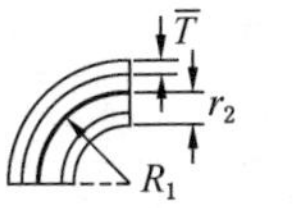
窄间距斜接弯管 $S<r_2(1+\tan\theta)$[②④⑥⑦]	$\frac{1.52}{h^{5/6}}$	$\frac{0.9}{h^{2/3}}$	$\frac{0.9}{h^{2/3}}$	$\frac{\cot\theta}{2}\left(\frac{s\bar{T}}{r_2^2}\right)$	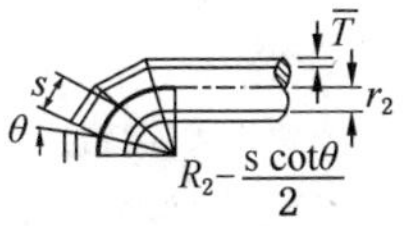
单节斜接弯管或 宽间距斜接弯管 $S\geq r_2(1+\tan\theta)$[②④⑦]	$\frac{1.52}{h^{5/6}}$	$\frac{0.9}{h^{2/3}}$	$\frac{0.9}{h^{2/3}}$	$\frac{1+\cot\theta}{2}\left(\frac{\bar{T}}{r_2}\right)$	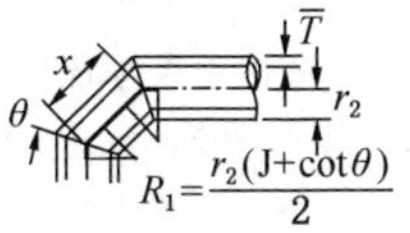
ASME B16.9 对焊三通 $r_x\geq 1/8D_n$, $T_c\geq 1.5\bar{T}$[②④⑥⑪⑬]	1	$\frac{0.9}{h^{2/3}}$	$\frac{3}{4}i_o+\frac{t}{4}$	$4.4\frac{\bar{T}}{r_2}$	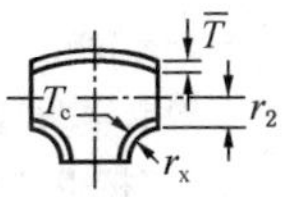
带补强板的 焊制一通[②④⑧⑪⑬]	1	$\frac{0.9}{h^{2/3}}$	$\frac{3}{4}i_o+\frac{1}{4}$	$\frac{\left(\bar{T}+\frac{1}{2}\bar{T}_s\right)^{5/2}}{\bar{T}^{3/2}r_2}$	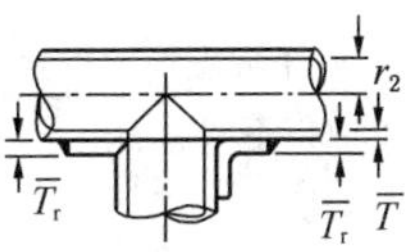
不带补强板的 焊制三通[②④⑫⑬]	1	$\frac{0.9}{h^{2/3}}$	$\frac{3}{4}i_o+\frac{1}{4}$	$\frac{\bar{T}}{r_2}$	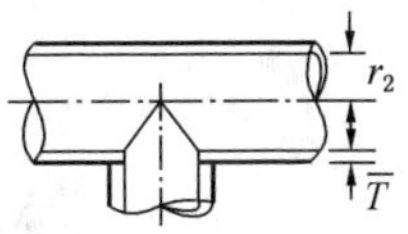
挤压成型的对焊三通 $r_x\geq 0.05D_b$ $T_c<1.5\bar{T}$[②④⑬]	1	$\frac{0.9}{h^{2/3}}$	$\frac{3}{4}i_o+\frac{1}{4}$	$\left(1+\frac{r_x}{r_2}\right)\frac{\bar{T}}{r_2}$	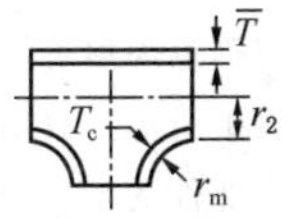
嵌入式焊接管座 $r_x\geq 1/8D_b$ $T_c\geq 1.5\bar{T}$[②④⑪⑬]	1	$\frac{0.9}{h^{2/3}}$	$\frac{3}{4}i_o+\frac{1}{4}$	$4.4\frac{\bar{T}}{r_2}$	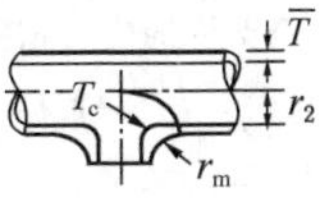

续表

类型	柔度系数 k	应力增强系数②③		柔度特性 h	简图
		平面外 i_u	平面内 i_i		
焊接支管座(整体加强)②④⑨⑫	1	$\frac{0.9}{h^{2/3}}$	$\frac{0.9}{h^{2/3}}$	$3.3\frac{\overline{T}}{r_2}$	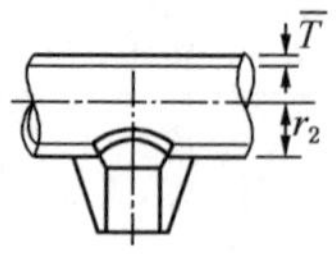

① 柔度系数和应力增强系数适用于缺少可直接使用数据，且 $D/\overline{T}\leqslant 100$ 的情况。

② 柔度系数 k 适用于部件在任何平面的弯曲，柔度系数 k 和应力增强系数 i 不小于 1，该系数于弯管和焊接弯头用于有效弧长上(在简图中以粗中心线表示)，对于三通用于主管与支管的中心线交叉点上。

③ 当需要时，平面内和平面外的应力增强系数均可用 $0.9/h^{2/3}$ 进行计算。

④ 当给出柔度特性 h 时，可通过附图 4.1 直接得到 k 和 t。符号解释如下：

$\overline{T}$——弯头和斜接弯管的公称厚度、与三通相连的管子的公称厚度；

T_c——三通圆角部(主管与支管相交处)厚度；

$\overline{T}_r$——垫板或鞍板厚度；

θ——斜接弯管相邻轴线间夹角的 1/2；

r_2——接管平均半径；

R_1——弯管或弯头的弯曲半径；

r_x——在主管和支管轴线所在的平面内，外轮廓转角处的曲率半径；

s——斜接弯管斜接段中心线上的间距；

D_b——支管外径。

⑤ 当弯管或弯头的一端或两端与法兰连接时，表中 k 和 i 的值需用修正系数 c_1 进行校正。当给出柔度特性 h 时，可通过附图 4.2 直接得到 c_1。

⑥ 铸造对焊弯头的厚度要比所连接管子的厚度大得多，设计者应考虑该增大的厚度造成的影响，否则会产生较大的误差。

⑦ 对于大直径薄壁弯管和弯头，内压对柔度系数 k 和应力增强系数 i 有显著影响，应对其进行修正，将表中的柔度系数 k 除以下式：

$$\left[1+6\left(\frac{P}{E}\right)\left(\frac{r_2}{\overline{T}}\right)^{7/3}\left(\frac{R_1}{r_2}\right)^{1/3}\right]$$

将表中的应力增强系数 i 除以下式：

$$\left[1+3.25\left(\frac{P}{E}\right)\left(\frac{r_2}{\overline{T}}\right)^{5/2}\left(\frac{R_1}{r_2}\right)^{2/3}\right]$$

式中 P——设计压力，MPa；

E——在安装温度下管材的弹性模量，MPa。

⑧ 当 $\overline{T}_r>1.5\overline{T}$ 时，取 $h=4\overline{T}/r_2$。

⑨ 应确定焊接支管座的压力等级与直管相同。

⑩ 表中所示系数用于弯曲，扭转的柔度系数为 0.9。

⑪ 当部件的半径和壁厚不能满足条件要求，且缺少可直接使用的数据时，取柔度特性 $h=\overline{T}/r_2$。

⑫ 对于异径分支管的支管与主管直径比为 $0.5<d/D<1.0$ 时，平面外的应力增强系数(SIF)可能是不保守的。光滑的凹形焊缝可以减小 SIF，设计者有责任选择正确的 SIF。

⑬ 分支管的应力增强系数，是在支管中心线两侧的直管长度最少为主管直径的两倍时经试验得出的数据。当荷载更靠近支管时，需要特殊考虑。

柔度特性 h 与柔度系数 k 及应力增强系数 i 的关系，见附图 4.1。

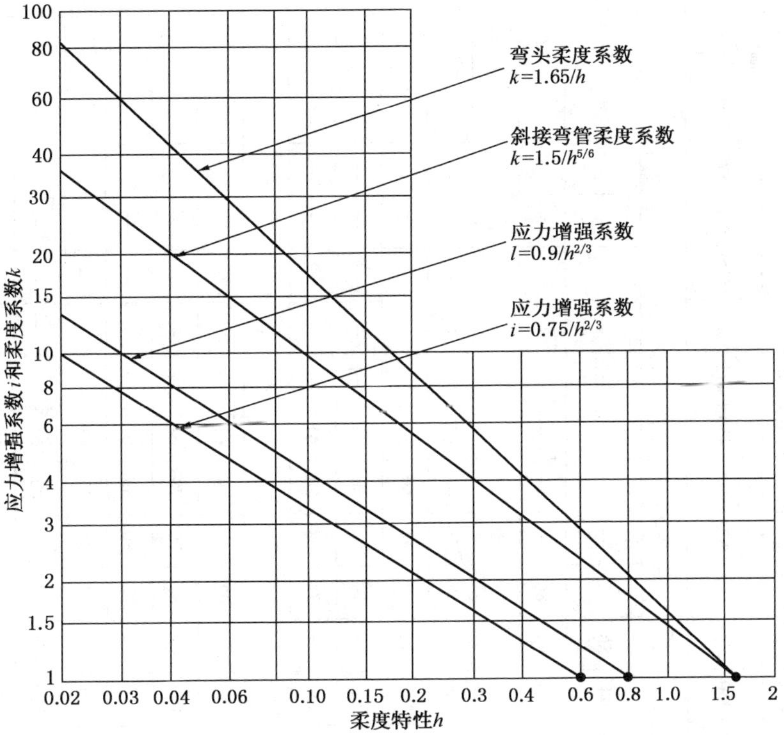

附图 4.1　柔度特性 h

修正系数 c_1，见附图 4.2。

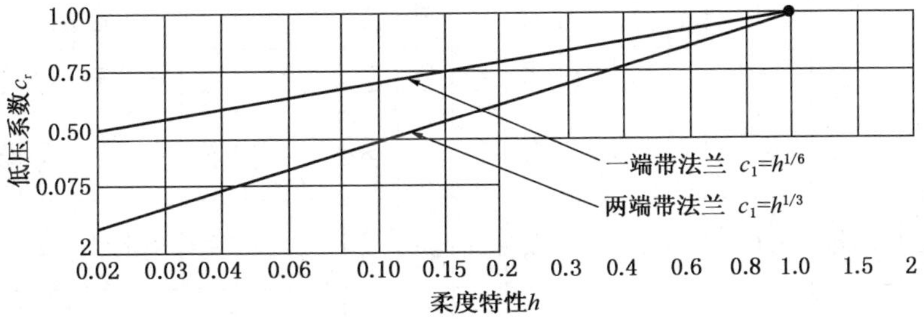

附图 4.2　修正系数

附录 5　焊接接头系数(附表 5.1)

附表 5.1　焊接接头系数

焊　　接	方法及检验要求	单面对接焊	双面对接焊
电熔焊	100%无损检测	0.90	1.00
	局部无损检测	0.80	0.85
	不作无损检测	0.60	0.70
电阻焊		0.65(不作无损检测)0.85(100%涡流探伤)	
加热护焊		0.60	
螺旋缝自动焊		0.80～0.85(无损检测)	

注：无损检测指采用射线或超声波检测。

附录6　常用钢管许用应力(附表6.1)

附表6.1　常用钢管许用应力

钢号	标准号	使用状态	厚度/mm	常温强度指标		在下列温度(℃)下的许用应力/MPa																使用温度下限/℃	注
				σ_b/MPa	σ_s/MPa	≤20	100	150	200	250	300	350	400	425	450	475	500	525	550	575	600		
碳素钢钢管(焊接管)																							
Q235A Q235B	GB/T 14980 GB/T 13793		≤12	375	235	113	113	113	105	94	86	77	—	—	—	—	—	—	—	—	—	0	①
20	GB/T 13793		≤12.7	390	(235)	130	130	125	116	104	95	86	—	—	—	—	—	—	—	—	—	-20	⑤①
碳素钢钢管(无缝管)																							
10	GB 9948	热轧、正火	≤16	330	205	110	110	106	101	92	83	77	71	69	61	—	—	—	—	—	—	-29 正火 状态	③
10	GB 6479 GB/T 8163	热轧、正火	≤15	335	205	112	112	108	101	92	83	77	71	69	61	—	—	—	—	—	—		
			16~40	335	195	112	110	104	98	89	79	74	68	66	61	—	—	—	—	—	—		
10	GB 3087	热轧、正火	≤25	333	196	111	110	104	98	89	79	74	68	66	61	—	—	—	—	—	—		
碳素钢钢管(无缝管)																							
20	GB/T 8163	热轧、正火	≤15	390	245	130	130	130	123	110	101	92	86	83	61	—	—	—	—	—	—	-20	③⑤
			16~40	390	235	130	130	125	116	104	95	86	79	78	61	—	—	—	—	—	—		
20	GB 3087	热轧、正火	≤15	392	245	131	130	130	123	110	101	92	86	83	61	—	—	—	—	—	—		
			16~26	392	226	131	130	124	113	101	93	84	77	75	61	—	—	—	—	—	—		
20	GB 9948	热轧、正火	≤16	410	245	137	137	132	123	110	101	92	86	83	61	—	—	—	—	—	—		
20G	GB 6479 GB 5310	正火	≤16	410	245	137	137	132	123	110	101	92	86	83	61	—	—	—	—	—	—		
			17~40	410	235	137	132	126	116	104	95	86	79	78	61	—	—	—	—	—	—		
低合金钢钢管(无缝管)																							
16Mn	GB 6479	正火	≤15	490	320	163	163	163	159	147	135	126	119	93	66	43	—	—	—	—	—	-40	
			16~40	490	310	163	163	163	153	141	129	119	116	93	66	43	—	—	—	—	—		

续表

钢号	标准号	使用状态	厚度/mm	常温强度指标 σ_b/MPa	常温强度指标 σ_s/MPa	≤20	100	150	200	250	300	350	400	425	450	475	500	525	550	575	600	使用温度下限/℃	注
15MnV	GB 6479	正火	≤16	510	350	170	170	170	170	166	153	141	129	—	—	—	—	—				-20	⑤
			17~40	510	340	170	170	170	170	159	147	135	126	—	—	—	—	—					
09MnD	—	正火	≤16	400	240	133	133	128	119	106	97	88	—	—	—	—	—	—	—	—	—	-50	④
12CrMoG 12CrMoG	GB 6479 GB 5310	正火加回火	≤16	410	205	128	113	108	101	95	89	83	77	75	74	72	71	50	—	—	—	-20	⑤
			17~40	410	195	122	110	104	98	92	86	79	74	72	71	69	68	50	—	—	—		
低合金钢钢管（无缝管）																							
12CrMo	GB 9948	正火加回火	≤16	410	205	128	113	108	101	95	89	83	77	75	74	72	71	50	—	—	—	-20	⑤
15CrMo	GB 9948	正火加回火	≤16	440	235	147	132	123	116	110	101	95	89	87	86	84	83	58	37	—	—		
15CrMo 15CrMoG	GB 6479 GB 5310	正火加回火	≤16	440	235	147	132	123	116	110	101	95	89	87	86	84	83	58	37	—	—		
			17~40	440	225	141	126	116	110	104	95	89	86	84	83	81	79	58	37	—	—		
12Cr1MoV3	GB 5310	正火加回火	≤16	470	255	147	144	135	126	119	110	104	98	96	95	92	89	82	57	35	—		
12Cr2Mo 12Cr2MoG	GB 6479 GB 5310	正火加回火	≤16	450	280	150	150	150	147	144	141	138	134	131	128	119	89	61	46	37	—		
			17~40	450	270	150	150	147	141	138	134	131	128	126	123	119	89	61	46	37	—		
1Cr5Mo	GB 6479 GB 9948	退火	≤16	390	195	122	110	104	101	98	95	92	89	87	86	83	62	46	35	26	18		
	GB 6479		17~40	390	185	116	104	98	95	92	89	86	83	81	79	78	62	46	35	26	18		
10MoWVNb	GB 6479	正火加回火	≤16	470	295	157	157	157	156	153	147	141	135	130	126	121	97	—	—	—	—		
			17~40	470	285	157	157	156	150	147	141	135	129	121	119	111	97	—	—	—	—		

Columns ≤20 through 600 are allowable stresses (MPa) at the temperatures (℃) shown.

续表

钢号	标准号	使用状态	厚度/mm	在下列温度(℃)下的许用应力/MPa ≤20	100	150	200	250	300	350	400	425	450	475	500	525	550	575	600	625	650	675	700	使用温度下限/℃	注
高合金钢钢管																									
0Cr13	GB/T 14976	退火	≤18	137	126	123	120	119	117	112	109	105	100	89	72	53	38	26	16	—	—	—	—	-20	⑤
0Cr19Ni9	GB/T 12771	固溶	≤14	137	137	137	130	122	114	111	107	105	103	101	100	98	91	79	64	52	42	32	27	-196	②①
0Cr18Ni9	GB/T 14976		≤18	137	114	103	96	90	85	82	79	78	76	75	74	73	71	67	62	52	42	32	27		
0Cr18Ni11Ti	GB/T 12771	固溶或稳定化	≤14	137	137	137	130	122	114	111	108	106	105	104	103	101	83	58	44	33	25	18	13		②①
0Cr18Ni10Ti	GB/T 14976		≤18	137	114	103	96	90	85	82	80	79	78	77	76	75	74	58	44	33	25	18	13		
0Cr17Ni12Mo2	GB/T 12771	固溶	≤14	137	137	137	134	125	118	113	111	110	109	108	107	106	105	96	81	65	50	38	30		②①
	GB/T 14976		≤18	137	117	107	99	93	87	84	82	81	81	80	79	78	78	76	73	65	50	38	30		
0Cr18Ni12Mo2Ti	GB/T 14976	固溶	≤18	137	137	137	134	125	118	113	111	110	109	108	107	—	—	—	—	—	—	—	—		②
				137	117	107	99	93	87	84	82	81	81	80	79	—	—	—	—	—	—	—	—		
0Cr19Ni13Mo3	GB/T 14976	固溶	≤18	137	137	137	134	125	118	113	111	110	109	108	107	106	105	96	81	65	50	38	30		②
				137	117	107	99	93	87	84	82	81	81	80	79	78	78	76	73	65	50	38	30		
00Cr19Ni11	GB/T 12771	固溶	≤14	118	118	118	110	103	98	94	91	89	—	—	—	—	—	—	—	—	—	—	—		②①
00Cr19Ni10	GB/T 14976		≤18	118	97	87	81	76	73	69	67	66	—	—	—	—	—	—	—	—	—	—	—		
00Cr17Ni14Mo2	GB/T 12771	固溶	≤14	118	118	117	108	100	95	90	86	85	84	—	—	—	—	—	—	—	—	—	—		②①
	GB/T 14976		≤18	118	97	87	80	74	70	67	64	63	62	—	—	—	—	—	—	—	—	—	—		
00Cr19Ni13Mo3	GB/T 14976	固溶	≤18	118	118	118	118	118	118	113	111	110	109	—	—	—	—	—	—	—	—	—	—		②
				118	117	107	99	93	87	84	82	81	81	—	—	—	—	—	—	—	—	—	—		

注：中间温度的许用应力，可按本表的数值用内插法求得。其他金属材料的许用应力见本书第十章第十节。

① GB 12771、GB 13793、GB 14980 焊接钢管的许用应力，未计入焊接接头系数。

② 该行许用应力，仅适用于允许产生微量永久变形之元件。

③ 使用温度上限不宜超过粗线的界限。粗线以上的数值仅用于特殊条件或短期使用。

④ 钢管的技术要求应符合《压力容器》GB/T 150 附录 A 的规定。

⑤ 使用温度下限为-20℃的材料，宜在大于-20℃的条件下使用，不需做低温韧性试验。

⑥ 0Cr18Ni9、00Cr19Ni10 等钢号已经分别变为 06Cr19Ni10、022Cr19Ni10，其他高合金钢钢号的变化见最新版的 GB/T 4237。

附录 7　非金属管道弹性模量(附表 7.1)

附表 7.1　非金属管道弹性模量

材　　料	应用温度范围/℃	弹性模量 $E/10^5$ MPa	备　　注
聚氯乙烯(硬)	-40～60	0.032	
聚乙烯(低密度)	-70～60	0.0013～0.0025	
(高密度)	-70～60	0.005～0.008	
聚三氟氯乙烯	<200	0.0116～0.0145	
聚四氟乙烯	<260	0.0047～0.0085	
聚丙烯	-14～120	0.011～0.016	
聚砜	-100～150	0.028	
聚苯醚	<80～104	0.025	
聚偏二氯乙烯	-60～150	0.0084	
聚酰胺(尼龙)PI-6	-50～120	0.0277～0.0287	
PI-66	-50～120	0.0287～0.03	
PI-11	-50～120	0.00062～0.0008	
PI-610	-50～120	0.0189	
PI-1010	-50～120	0.0109	
聚酰亚胺	<260	0.028～0.031	
聚苯乙烯	<70	0.014～0.042	
氯化聚醚	-30～120	0.011	
氯化聚氯乙烯(过氯乙烯)	<110	0.025～0.029	
丙烯腈-丁二烯-苯乙烯	-40～80	0.025～0.035	
玻璃钢(酚醛、玻璃纤维)	<180～280	0.02～0.07	
(聚丙烯、玻璃纤维)	<150	0.025～0.063	
(改性酚醛)		0.153～0.180	
耐酸陶	<90	0.537～0.680	
耐酸、耐温陶	<90	0.11～0.14	
工业陶	<90	0.65～0.80	
耐酸搪瓷	<200～300	0.5～1.3	
混凝土	<700	0.2	
硼硅玻璃	<200～400	0.6～0.7	

附录 8　非金属管道平均线膨胀系数(附表 8.1)

附表 8.1　非金属管道平均线膨胀系数

材　　料	应用温度范围/℃	平均线膨胀系数/ 10^{-6}/℃	备　　注
聚氯乙烯(硬)	-40～60	55～60	
聚乙烯(低密度)	-70～60	100～200	
(高密度)	-70～60	110～130	
聚三氟氯乙烯	<200	45～120	
聚四氟乙烯	<260	100	

续表

材　　料	应用温度范围/℃	平均线膨胀系数/ 10^{-6}/℃	备　注
聚丙烯	-14～120	110～120	
聚砜	-100～150	50～70	
聚苯醚	<80～104	59	
聚偏二氯乙烯	-60～150	85	
聚酰胺树脂(尼龙)PI-6	-50～120	83	
PI-66	-50～120	80～150	
PI-11	-50～120	100	
PI-610	-50～120	90	
聚苯乙烯	<70	60～200	
氯化聚醚	-30～120	30～120	
氯化聚氯乙烯(过氯乙烯)	<110	68～76	
丙烯腈-丁二烯-苯乙烯	-40～80	60～130	
玻璃钢(酚醛、玻璃纤维)	<180～280	6～21	
(聚丙烯、玻璃纤维)	<150	30～50	
(环氧、玻璃纤维)	<90～100	60～80	耐热型温度可至150℃
耐酸陶	<90	4.5～6	
工业陶	<90	3～6	
耐酸搪瓷	<200～300	3～13	
混凝土	<700	10	
硼硅玻璃	<200～400	5.2	
耐温硼硅玻璃	<0～500	41～42	"α"为非常温值
不透硅石墨(酚醛玉型)	<170	14.8～19.4	"α"适于100～200℃
(酚醛浸渍)	-15～170	55	
溶浑绿岩(铸石)	<15	40	

附录9　压杆计算公式

9.1　欧拉公式

临界力

$$P_{KP}=\frac{\pi^2 EI}{(CL)^2} \tag{9-1}$$

临界应力

$$\sigma_{KP}=\frac{\pi^2 E}{\lambda^2} \tag{9-2}$$

长细比

$$\lambda=\frac{CL}{i} \tag{9-3}$$

$$i=\sqrt{\frac{I}{A}} \tag{9-4}$$

式中　C——压杆长度系数，见附图9.1。

欧拉公式应用范围：

$$\lambda\geqslant\sqrt{\frac{\pi^2 E}{a_n}} \tag{9-5}$$

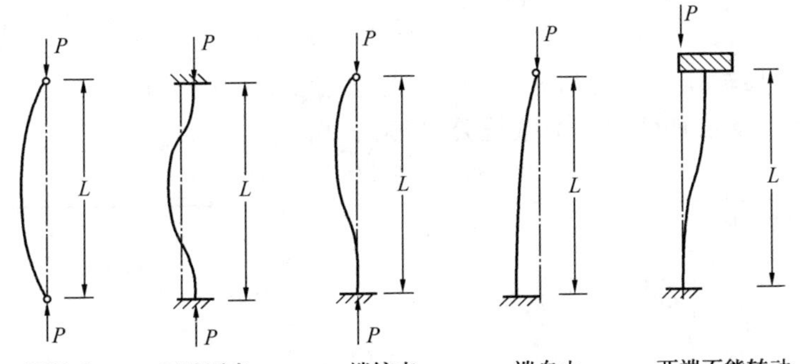

附图 9.1 压杆长度系数 C

欧拉公式仅对大柔度杆适用，结构钢的 $\sqrt{\dfrac{\pi^2 E}{a_n}}$ 值大约为 100，铸铁约为 80，木材约为 100。

稳定的许用应力

$$[\sigma_y]=\frac{\sigma_{KP}}{n_y}=\frac{P_{KP}}{A \cdot n_y} \tag{9-6}$$

$$\sigma=\frac{P}{A}\leqslant[\sigma_y] \tag{9-7}$$

式中 P——轴向力；

I——惯性矩；

A——断面积；

E——弹性模量；

n_y——稳定的安全系数(材料为钢时，根据屈服限取≥1.8)；

a_n——材料的比例极限。

在欧拉公式应用范围以外，临界应力常采用经验公式计算。

对于普通钢(Q235A)，$40<\lambda<100$ 时

$$\sigma_{KP}=3360-14.7\lambda \quad \text{kgf/cm}^2 \tag{9-8}$$

对于合金钢($\sigma_b=6000\text{kgf/cm}^2$)，$60<\lambda<95$ 时

$$\sigma_{KP}=5900-38.1\lambda \quad \text{kgf/cm}^2 \tag{9-9}$$

对于铸铁，$\lambda<80$ 时

$$\sigma_{KP}=7760-120\lambda+0.53\lambda^2 \quad \text{kgf/cm}^2 \tag{9-10}$$

工程实例：一根一端自由，一端固定的 20a 号工字钢压杆支柱，长 $L=3$m，钢的弹性模量 $E=200$GPa，请确定其临界压力。

解：查资料得 20a 号工字钢：$I_z=2370\text{cm}^4$，$I_y=158\text{cm}^4$

因一端自由，一端固定，得压杆长度系数 $C=2.0$

查资料得 20a 最小惯性半径为：$i_{min}=21.2$mm，而 $C=2.0$，故，长细比为：$\lambda=\dfrac{CL}{i}=$

$\dfrac{2.0\times 3000}{21.2}=283.0>\sqrt{\dfrac{\pi^2 E}{a_n}}$

因此，

临界压力：$P_{KP}=\dfrac{\pi^2 EI}{(CL)^2}=\dfrac{\pi^2\times 200\times 10^6\times 158\times 10^{-8}}{(2.0\times 3)^2}=87\text{kN}$

由此可知，如果轴向压力达到87kN时，此支柱压杆便会失稳。

9.2 变断面杆及沿杆件均载的欧拉公式(附表9.1)

附表9.1 杆件的临界力

<table>
<tr><th colspan="2">荷载形式及简图</th><th>临界力</th><th>长度系数</th></tr>
<tr><td>沿杆的长度上平均分布的 q(自重)</td><td>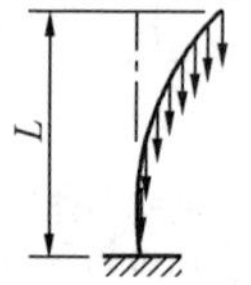</td><td>$(qL)_{KP}=\dfrac{\pi^2 EI}{(CL)^2}$
$=0.79\dfrac{\pi^2 EI}{L^2}$</td><td>$C=1.12$</td></tr>
<tr><td>沿杆的长度上平均分布的 q(自重)</td><td>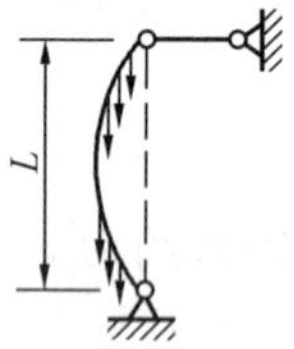</td><td>$(qL)_{KP}=\dfrac{\pi^2 EI}{(CL)^2}$
$=1.9\dfrac{\pi^2 EI}{L^2}$</td><td>$C=0.725$</td></tr>
<tr><td>二个力 P_1 及 P_2
$\dfrac{P_1+P_2}{P_1}=m$
$I_2:I_1=n$</td><td>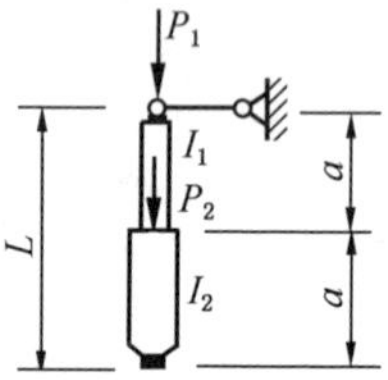</td><td>$(P_1+P_2)_{KP}=\dfrac{\pi^2 EI}{(CL)^2}$
C— 见右表</td><td>长度系数 C<table><tr><td>n \ m</td><td>1</td><td>1.25</td><td>1.5</td><td>1.75</td><td>2</td><td>3</td></tr><tr><td>1</td><td>1</td><td>0.95</td><td>0.91</td><td>0.89</td><td>0.87</td><td>0.82</td></tr><tr><td>1.5</td><td>1.12</td><td>1.06</td><td>1.02</td><td>0.99</td><td>0.96</td><td>—</td></tr><tr><td>2</td><td>1.24</td><td>1.16</td><td>1.12</td><td>1.08</td><td>1.05</td><td>—</td></tr></table></td></tr>
<tr><td>集中力 P
$I_1:I_2=n$
面积为常数(如4个角钢等)</td><td>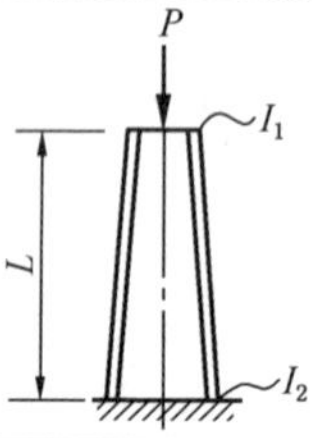</td><td>$P_{KP}=\dfrac{\pi^2 EI}{(CL)^2}$
C—见右表</td><td><table><tr><td>n</td><td>0</td><td>0.1</td><td>0.2</td><td>0.4</td><td>0.8</td><td>1.0</td></tr><tr><td>C</td><td>6.25</td><td>2.71</td><td>2.42</td><td>2.28</td><td>2.07</td><td>2.0</td></tr></table></td></tr>
</table>

9.3 压杆基本许用应力的降低系数 ψ(附表9.2)

采用降低系数 ψ 可简化计算压杆稳定的许用应力$[\sigma_y]$。即：

$$[\sigma_y]=\psi[\sigma]$$

$$\frac{P}{A}\leqslant[\sigma_y]$$

式中 $[\sigma]$——许用拉应力；

P——轴向力；

A——断面积。

附表9.2 压杆基本许用应力降低系数

$\lambda=\dfrac{CL}{i}$	ψ		
	碳钢Q235A	16Mn	铸　铁
0	1.0	1.0	1.0
10	0.99	0.97	0.97

续表

$\lambda=\frac{CL}{i}$	φ		
	碳钢 Q235A	16Mn	铸 铁
20	0.96	0.95	0.91
30	0.94	0.91	0.81
40	0.92	0.87	0.69
50	0.89	0.83	0.57
60	0.86	0.79	0.44
70	0.81	0.72	0.34
80	0.75	0.65	0.26
90	0.69	0.55	0.20
100	0.60	0.43	0.16
110	0.52	0.35	
120	0.45	0.30	
130	0.40	0.26	
140	0.36	0.23	
150	0.32	0.21	
160	0.29	0.19	
170	0.26	0.17	
180	0.23	0.15	
190	0.21	0.14	
200	0.19	0.13	

9.4 大柔度压杆柱的偏心压缩(附图 9.2)

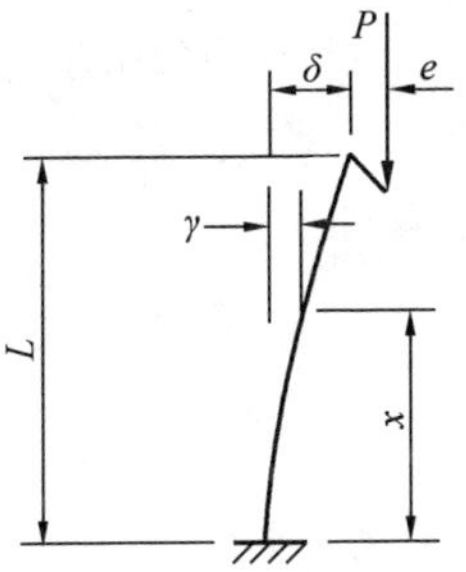

附图 9.2 柱的偏心压缩

$$p=\sqrt{\frac{P}{EI}}$$

柱顶挠度
$$\delta=\frac{e(1-\cos pL)}{\cos pL}$$

或
$$\delta=\frac{PeL^2}{2EI}\cdot\frac{1}{1-\frac{P}{P_{KP}}} \qquad (9-11)$$

距固定端 x 处的挠度
$$Y=\frac{e(1-\cos px)}{\cos px} \qquad (9-12)$$

(在 $pL<\frac{1}{10}$ 时,$\delta=\frac{PeL^2}{2EI}$)

最大弯矩
$$M_{max}=P(e+\delta)=Pe\sec pL \qquad (9-13)$$

对于两端均为铰支的柱,以$\frac{L}{2}$代入上面的 L 得:

$$\delta=\frac{e\left(1-\cos\frac{pL}{2}\right)}{\cos\frac{pL}{2}} \text{ 或 } \delta=\frac{PeL^2}{8EI}\cdot\frac{1}{1-\frac{P}{P_{KP}}} \qquad (9-14)$$

$$M_{max}=Pe\sec\frac{pL}{2} \qquad (9-15)$$

$$\sigma_{\max}=\frac{P}{A}+\frac{Pe}{Z}\cdot\sec\sqrt{\frac{P}{EI}}\cdot\frac{L}{2}\leqslant[\sigma] \tag{9-16}$$

式中 $M_{\max}$——最大弯矩；

$\sigma_{\max}$——最大计算应力；

P——集中荷载；

e——偏心距；

E——材料弹性模量；

I——惯性矩；

P_{KP}——临界力；

A——柱断面积；

Z——柱断面系数。

L、x 见附图 9.2 所示。

9.5 兼受横向力的压杆(附图 9.3)

挠度

$$\delta=\frac{QL^3}{3EI}\cdot\frac{1}{1-a} \tag{9-17}$$

$$\alpha=\frac{P(2L)^2}{EI\pi^2} \tag{9-18}$$

应力

$$\sigma=\frac{P}{A}+\frac{P\delta+QL}{Z}\leqslant[\sigma] \tag{9-19}$$

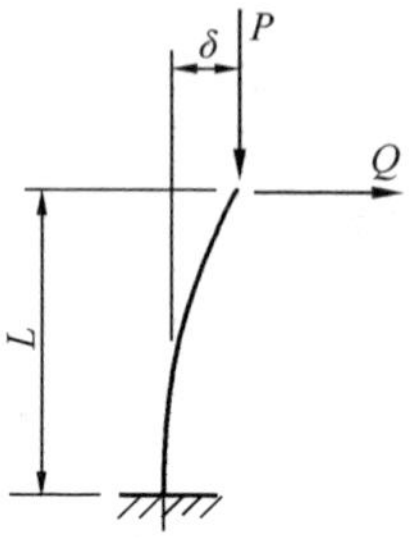

附图 9.3 兼受横向力的压杆

式中 Q——水平力；

δ——柱顶的挠度。

其他符号意义同上。

附录 10 框架计算公式

力和力矩的正负号规定如下：

V 向上为正；H 向内为正；M 以虚线一面受拉为正。

采用的符号意义：

V_A、V_B——A 点及 B 点的垂直反力；

H_A、H_B——A 点及 B 点的水平反力；

M_A、M_B、M_C——A、B、C 点的弯矩；

M_1、M_2、M_3、M_4——1、2、3、4 点的弯矩；

I_1、I_2——杆件 1 及 2 的截面惯性矩；

P——集中力；

W——水平力；

q——均布荷载；

m——弯矩；

L、h、h_1、h_2、a、b、c、d——长度，见附表 10.1、附表 10.2。

附表 10.1　Γ 形框架

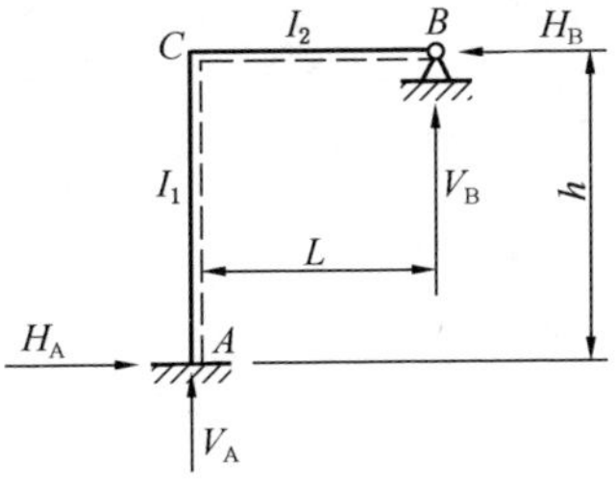	$K_1=\frac{I_1}{h}$ $K_2=\frac{I_2}{L}$ $\mu=\frac{1}{K_1+0.75K_2}$
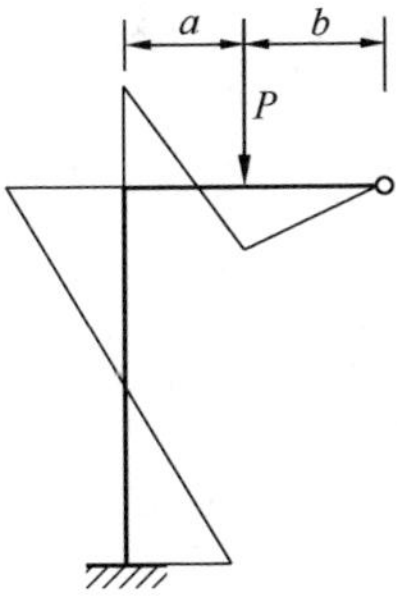	$V_A=\frac{Pb\mu K_1}{4L^3}\left[\frac{4L^2}{\mu K_1}+2a(L+b)\right]$ $V_B=\frac{Pa\mu K_1}{4L^3}\left[\frac{4L^2}{\mu K_1}-2b(L+b)\right]$ $H_A=H_B=\frac{3Pab\mu K_1}{4hL^2}(L+b)$ $M_A=\frac{Pab\mu K_1}{4L^2}(L+b)$ $M_C=-\frac{Pab\mu K_1}{2L^2}(L+b)$
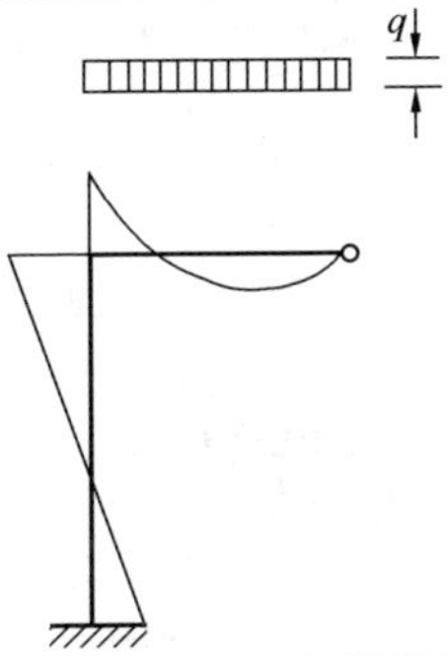	$V_A=\frac{qL\mu}{8}(3K_2+5K_1)$ $V_B=\frac{3qL\mu}{8}(K_2+K_1)$ $H_A=H_B=\frac{3qL^2\mu K_1}{16h}$ $M_A=\frac{qL^2\mu K_1}{16}$　$M_C=\frac{qL^2\mu K_1}{8}$
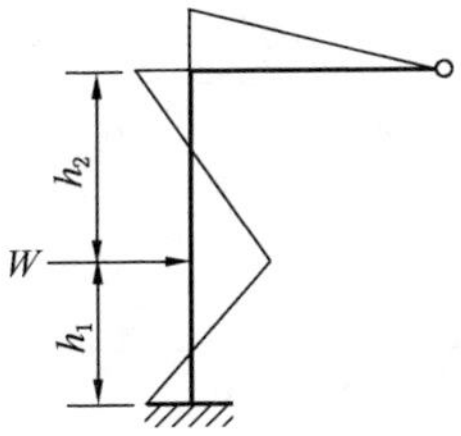	$V_A=-V_B=\frac{3Wh_1^2h_2\mu K_2}{4h^2L}$ $H_A=-(W-H_B)$ $H_B=\frac{Wh_1^2\mu K_1}{4h^3}\left[3\frac{K_2}{K_1}(3h_2+h_1)+2(3h_2+2h_1)\right]$ $M_A=-\frac{Wh_1h_2}{h^2}(0.5h_1\mu K_1+h_2)$ $M_C=-\frac{3Wh_1^2h_2\mu K_2}{4h^2}$
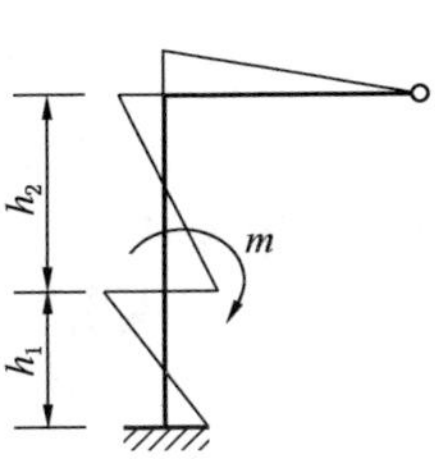	$V_A=-V_B=\frac{3mh_1\mu K_2}{4h^2L}(2h_2-h_1)$ $H_A=H_B=\frac{3mh_1\mu K_1}{2h^3}\left[h+h_2\left(\frac{3K_2}{K_1}+1\right)\right]$ $M_A=\frac{3m\mu K_1}{4h^2}\left[\frac{2}{3}h^2-2h_2^2+h_2(2h-3h_2)\frac{K_2}{K_1}\right]$ $M_C=-\frac{3mh_1\mu K_2}{4h^2}(2h_2-h_1)$

附表 10.2 Π形支架

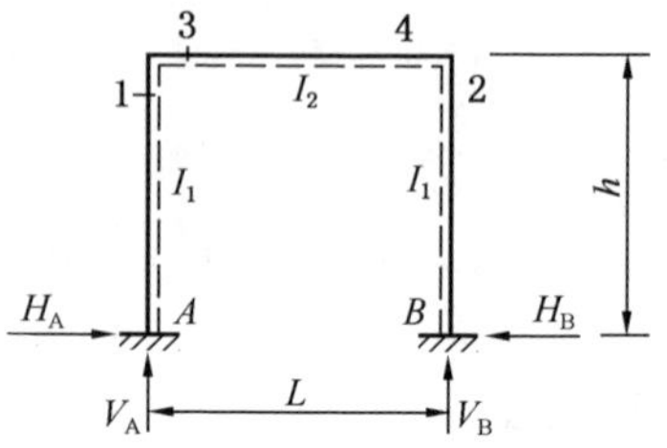

$K=\dfrac{h}{L}\cdot\dfrac{I_2}{I_1}$

$\mu_1=2+K$

$\mu_2=1+6K$

$W_{RA}=W_{RB}=\alpha\beta=\alpha-\alpha^2=\beta-\beta^2$

$W_{DA}=\alpha-\alpha^3 \quad W_{DB}=\beta-\beta^3$

$W_{MA}=3\alpha^2-1 \quad W_{MB}=3\beta^2-1$

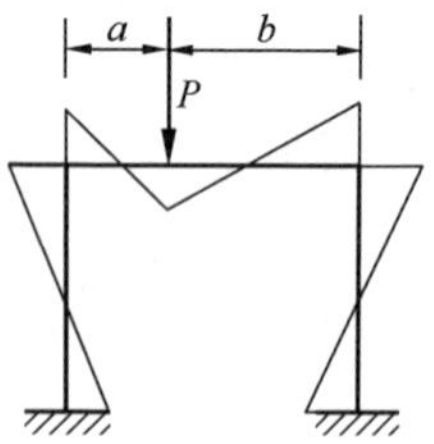

$\alpha=\dfrac{a}{L} \quad \phi=\dfrac{1}{\mu_2}(1-2\alpha)$

$H_A=H_B=\dfrac{3PL}{2h\mu_1}W_{RA}$

$\left.\begin{matrix}M_A\\M_B\end{matrix}\right\}=\dfrac{PL}{2}\left(\dfrac{1}{\mu_1}\mp\phi\right)W_{RA}$

$\left.\begin{matrix}M_1\\M_2\end{matrix}\right\}=-\dfrac{PL}{2}\left(\dfrac{2}{\mu_1}\mp\phi\right)W_{RA}$

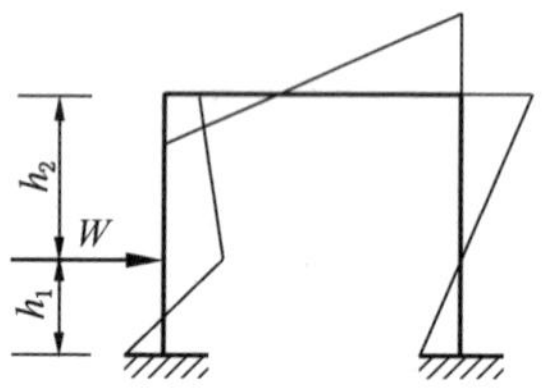

$\alpha=\dfrac{h_1}{h} \quad \beta=\dfrac{h_2}{h}$

$\left.\begin{matrix}H_A\\H_B\end{matrix}\right\}=-\dfrac{W}{2}\left\{1\pm1-\alpha-\dfrac{1}{\mu_1}[KW_{DA}-(1+K)W_{DB}]\right\}$

$\left.\begin{matrix}M_A\\M_B\end{matrix}\right\}=-\dfrac{Wh}{2}\left\{\dfrac{1}{\mu_1}[(1+k)W_{DB}-KW_{RA}]\pm\alpha\left(1-\dfrac{3Ka}{\mu_2}\right)\right\}$

$\left.\begin{matrix}M_1\\M_2\end{matrix}\right\}=-\dfrac{Wh}{2}K\alpha^2\left[\dfrac{1}{\mu_1}(1-\alpha)\mp\dfrac{3}{\mu_2}\right]$

当 $h_1=h \quad H_A=-H_B=-\dfrac{W}{2}$

$M_A=-M_B=-\dfrac{3Wh}{2}\left(\dfrac{1}{3}-\dfrac{K}{\mu_2}\right)$

$M_1=-M_2=\dfrac{3WhK}{2\mu_2}$

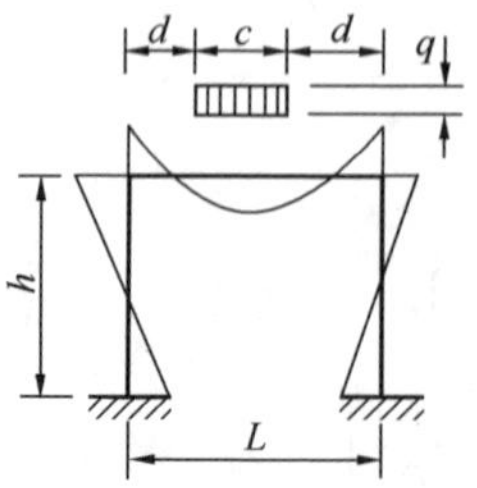

$\gamma=\dfrac{C}{L}$

$\phi=\dfrac{1}{2\mu_1}(3\gamma-\gamma^3)$

$H_A=H_B=\dfrac{qL^2}{4h}\phi$

$M_A=M_B=\dfrac{qL^2}{12}\phi$

$M_1=M_2=-\dfrac{qL^2}{6}\phi$

附录 11　各种断面杆件受扭转的公式(附表 11.1)

扭角 $\theta=\dfrac{M_t \cdot L}{I_t \cdot C}$　　弧度　　(11-1)

剪应力 $\tau=\dfrac{M_t}{Z_t}=\dfrac{M_t \cdot C}{I_t}$　　$\dfrac{\text{dyn}}{\text{cm}^2}$　　(11-2)

式中　M_t——扭矩，dyn·cm；

L——杆长度，cm；

I_t——扭转惯性矩，cm^4；

I_p——极惯性矩，cm^4；

G——剪切弹性模量，dyn/cm^2；

Z_t——扭转断面系数，cm^3。

附表 11.1　受扭转的剪切应力公式

断　面	惯性矩 I_t	扭转断面系数 Z_t	最大剪切应力点及剪切应力 τ
	$I_t=I_p=\dfrac{\pi d^4}{32}$	$\dfrac{\pi d^3}{16}$	$\dfrac{16M_t}{\pi d^3}$(在靠近断面边界的各点)
 $\dfrac{d}{D}=a$	$I_t=I_p=\dfrac{\pi D^4}{32}(1-\alpha^4)$	$\dfrac{\pi D^3}{16}(1-\alpha^4)$	$\dfrac{16M_t}{\pi D^3(1-\alpha^4)}$(在靠近断面外边的各点) $\tau_1=\tau\dfrac{d}{D}$(靠近断面里边的各点)
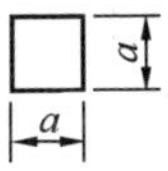	$0.1406a^4$	$0.208a^3$	$\dfrac{M_t}{0.208a^3}$(在各边的中点) 在各角处 $\tau=0$
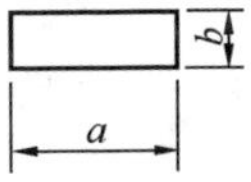 $\dfrac{a}{b}\geqslant 1$	$\dfrac{ab^3}{16}\left[\dfrac{16}{3}-3.36\dfrac{b}{a}\left(1-\dfrac{b^4}{12a^4}\right)\right]$(近似式) $I_t=K'ab^3$(较准确)	$\dfrac{a^2b^2}{3a+1.8b}$(近似) $Z_t=Kab^2$(较准确)	$\tau=\dfrac{M_t}{Z_t}$(在长边的中点) $\tau_1=K_1\tau$(在短边的中点) 在各角处 $\tau=0$

a/b	1.0	1.2	1.5	1.75	2.0	2.5	3.0	4.0	5.0	6.0	8.0	10.0	∞
K	0.208	0.219	0.231	0.239	0.246	0.258	0.267	0.282	0.291	0.299	0.307	0.312	0.333
K_1	1.0	0.93	0.86	0.82	0.796	0.77	0.753	0.745	0.743	0.743	0.743	0.743	0.743
K'	0.141	0.166	0.196	0.214	0.229	0.249	0.263	0.281	0.291	0.299	0.307	0.312	0.333

续表

断　面	惯性矩 I_t	最大剪切应力点及剪切力 τ
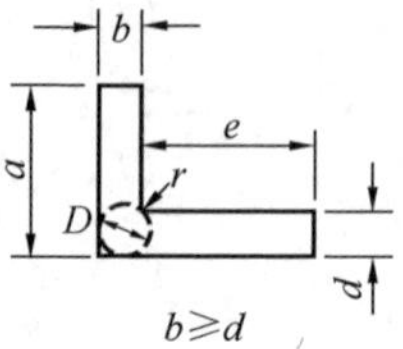 $b\geqslant d$	$I_t = I'_t + I''_t + \alpha D^4$ $I'_t = ab^3\left[\frac{1}{3} - 0.21\frac{b}{a}\cdot\left(1-\frac{b^4}{12a^4}\right)\right]$ $I''_t = ed^3\left[\frac{1}{3} - 0.105\frac{d}{e}\cdot\left(1-\frac{d^4}{192e^4}\right)\right]$ $\alpha = \frac{d}{b}\left(0.07+0.076\frac{r}{b}\right)$	在曲率为负（截面边界是凹的）的一点上，此最大应力可近似地求得如下： $\tau = G\frac{\theta}{L}C$ 或 $\tau = \frac{M_t}{I_t}\cdot C$ 式中： $C = \frac{D}{1+\frac{\pi^2 D^4}{16A^2}}\left\{1+\left[0.118\log_e\left(1-\frac{D}{2r}\right) - 0.283\frac{D}{2r}\right]\tanh\cdot\frac{2\phi}{\pi}\right\}$ ϕ——边界切线绕过凹部时所转过的角度，以弧度计（这里 r 为负）。 注：$\tanh x = \frac{e^x - e^{-x}}{e^x + e^{-x}}$
U形及Z形断面	以L形组合，取各部分 I_t 的和	

断　面	惯性矩 I_t	扭转断面系数 Z_t	最大剪切应力点及剪切应力 τ
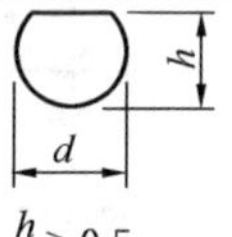 $\frac{h}{d}>0.5$	$\frac{d^4}{16}\left(2.6\frac{h}{d}-1\right)$	$\frac{d^3}{8}\cdot\frac{\left(2.6\frac{h}{d}-1\right)}{\left(0.3\frac{h}{d}+0.7\right)}$	$\frac{M_t}{Z_t}$

断　面	惯性矩 I_t	最大剪切应力点及剪切力 τ
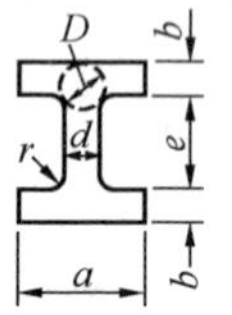 D 为最大内切圆直径 当 $b<d$ 时　$t=b$ $d<b$ 时　$t=d$ $b>d$ 时　$t_1=b$ $d>b$ 时　$t_1=d$	$I_t = 2I'_t + I''_t + 2\alpha D^4$ $I'_t = ab^3\left[\frac{1}{3} - 0.21\frac{b}{a}\cdot\left(1-\frac{b^4}{12a^4}\right)\right]$ $I''_t = \frac{1}{3}ed^3$ $\alpha = \frac{t}{t_1}\left(0.15+0.1\frac{r}{b}\right)$	对于各种不规则形状的实心截面，最大剪切应力位于或非常接近于最大内切圆与边界的切点之一*，以及位于边界曲率在代数上最小的一点（对于凸面边界曲率为正；对于凹面边界曲率为负） 在曲率为正（截面边界是直或凸的）的一点上，最大应力可近似地求得如下： $\tau = G\frac{\theta}{L}C$ 或 $\tau = \frac{M_t}{I_t}\cdot C$ 式中 $C = \frac{D}{1+\frac{\pi^2 D^4}{16A^2}}\left[1+0.15\left(\frac{\pi^2 D^4}{16A^2} - \frac{D}{2r}\right)\right]$ D——最大内切圆直径； r——该点上的边界曲率半径（这里为正）； A——截面积。 *除非在边界的其他一点上有一引起很高局部应力的尖锐凹角
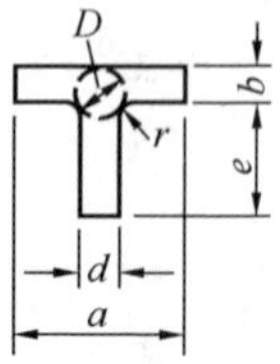 D，t，t_1 同上	$I_t = I'_t + I''_t + \alpha D^4$ $I'_t = ab^3\left[\frac{1}{3} - 0.21\frac{b}{a}\cdot\left(1-\frac{b^4}{12a^4}\right)\right]$ $I''_t = ed^3\left[\frac{1}{3} - 0.105\frac{d}{e}\cdot\left(1-\frac{d^4}{192e^4}\right)\right]$ $\alpha = \frac{t}{t_1}\left(0.15+0.1\frac{r}{b}\right)$	

附录 12 管道应力分析常用单位换算(附表 12.1)

附表 12.1 管道应力分析常用单位换算

1. 力
1 牛顿(N)=0.225 磅力(lbf)=0.102 千克力(kgf)
1 千克力(kgf)=9.81 牛顿(N)
1 磅力(lbf)=4.45 牛顿(N)
1 达因(dyn)=10^{-5}牛顿(N)
2. 压力
1 兆帕(MPa)=145 磅/英寸^2(psi)=10.2 千克力/厘米^2(kgf/cm^2)=10 巴(bar)=9.8 大气压(atm)
1N/mm^2=1MPa，1MPa=9.87atm，1atm=0.101MPa
1 磅/英寸^2(psi)=0.006895 兆帕(MPa)=0.0703 千克力/厘米^2(kgf/cm^2)=0.0689 巴(bar)=0.068 大气压(atm)
1 巴(bar)=0.1 兆帕(MPa)=14.503 磅/英寸^2(psi)=1.0197 千克力/厘米^2(kgf/cm^2)=0.987 大气压(atm)
1 大气压(atm)=0.101325 兆帕(MPa)=14.696 磅/英寸^2(psi)=1.0333 千克力/厘米^2(kgf/cm^2)=1.0133 巴(bar)
3. 温度
℉=(℃×9/5)+32
℃=(℉-32)×5/9
K=℃+273.16
注:℉—华氏温度,℃—摄氏温度，K—开尔文温度。
4. 长度
1 英寸(in) =25.4 毫米(mm)
1 英尺(ft)=12 英寸(in) =0.3048 米(m)
1 码(yd)=3 英尺(ft)=0.9144 米(m)
1 英里(mile) =1760 码(yd)=1.609 千米(km)
1 海里(nmile) =1852 米(m)= 1.1500 英里(mile)
1 米(m)=10 分米(dm)=100 厘米(cm)=1000 毫米(mm) =39.37 英寸(in) =1.0936 码(yd)=3.2808 英尺(ft)
1 千米(km)=0.6214 英里(mile)

参 考 文 献

1 国振喜，曲昭嘉编．管道支架设计手册．北京：中国建筑工业出版社，1998
2 Mohinder L. Nayyar 著．李国成等译．管道手册(第七版)．北京：中国石化出版社，2006
3 化学工业部化工工艺配管设计技术中心站组织编写．化工管路手册．北京：化学工业出版社，1986
4 H. A. 巴克兰诺夫著．化工管路手册．北京：重工业出版社，1954
5 沈松泉等主编．压力管道安全技术．南京：东南大学出版社，2000
6 唐永进著．压力管道应力分析(第二版)．北京：中国石化出版社，2010
7 国家质量监督检验检疫总局特种设备安全监察局．全国压力管道设计审批人员培训教材．北京：中国石化出版社，2005
8 张德姜，王怀义，刘绍叶主编．石油化工装置工艺管道安装设计手册 第二篇 管道器材(第四版)．北京：中国石化出版社，2009
9 王怀义主编．石油化工管道安装设计便查手册(第三版)．北京：中国石化出版社，2010
10 蔡尔辅．石油化工管道设计．北京：化学工业出版社，2002
11 汪寿建编著．化工厂工艺系统设计指南．北京：化学工业出版社，1996
12 岳进才编．压力管道技术(第二版)．北京：中国石化出版社，2009
13 宋岢岢主编．压力管道设计及工程实例．北京：化学工业出版社，2007
14 张德姜，王怀义，刘绍叶．石油化工装置工艺管道安装设计手册 第五篇 设计安装图册．北京：中国石化出版社，2008
15 左景伊，左禹编著．腐蚀数据与选材手册．北京：化学工业出版社，1995
16 王松汉主编．石油化工设计手册．北京：化学工业出版社，2001
17 朱俊华，战长松．往复泵．北京：机械工业出版社，1992
18 [美] James R. Farr Maan H. Jawad 著，郑津洋，徐平，方晓斌，傅强，马夏康译．ASME 压力容器设计指南．北京：化学工业出版社，2003
19 顾顺孚，潘秉勤主编．管道工程安装手册．北京：中国建筑工业出版社，1985
20 郭邦海主编．管道技术实用手册．北京：中国建材工业出版社，1999
21 化工部基建局组织编写．工业管道安装．北京：化学工业出版社，1998
22 郑茂鼎，许志远，黄振仁编．管道支架的设计与计算．北京：中国寰球工程公司全国化工配管设计技术中心站，1994
23 [美]E. 拉彼得斯等著，周佩正等译．化学反应器原理．北京：石油工业出版社，1984
24 [苏]B. H. 库德里亚夫采夫著，汪一磷等译．机械零件．北京：高等教育出版社，1985
25 [美] 玛克斯·皮特斯克洛斯·蒂默亳斯著，中国化工咨询服务公司译．Plant Design And Economics For Chemical Engineers. 北京：化学工业出版社，1988
26 M. W. Kellogg Co. . Design of piping systems Second Edition. John Wiley & Sons，Inc.，1956
27 Paul R. Smith P. E.，Thomas J. Van Laan，P. E. . Piping and Pipe Support Systems Design and Engineering. McGraw - Hill Book Company，1976
28 宋岢岢．工业管道配管设计与工程应用．北京：化学工业出版社，2006
29 王怀义，康美琴．管道设计“常见病”200 例．炼油设计，1989
30 周辉．配管设计中如何减少弹簧支吊架的使用．炼油与化工，2007
31 胡书君．衬里管道的应力分析．化工设计，2004
32 司景山，陈让曲．管道冷紧的设计与施工．炼油设计，1995
33 池村茂，吉村俊文 化学装置の配管设计
34 幡野佐一，成濑迪 配管便览，1971
35 王致祥．管道应力分析与计算．北京：水利水电出版社．1983